Ludwig Prandtl

Gesammelte Abhandlungen

Dritter Teil

Ludwig Prandtl
Gesammelte Abhandlungen

zur angewandten Mechanik, Hydro- und Aerodynamik

Herausgegeben im Auftrage

der Max-Planck-Gesellschaft zur Förderung der Wissenschaften
der Wissenschaftlichen Gesellschaft für Luftfahrt und
der Gesellschaft für Angewandte Mathematik und Mechanik

von

Walter Tollmien
Göttingen

Hermann Schlichting
Göttingen

Henry Görtler
Freiburg i. Br.

Schriftleitung

F. W. Riegels
Göttingen

In 3 Teilen
mit einem Porträt und 1003 Abbildungen

Dritter Teil (S. 1071-1620)

Springer-Verlag Berlin Heidelberg GmbH
1961

Ursprünglich erschienen bei Springer-Verlag OHG., Berlin/Göttingen/Heidelberg 1961
ISBN 978-3-662-11837-5 ISBN 978-3-662-11836-8 (eBook)
DOI 10.1007/978-3-662-11836-8

Inhaltsverzeichnis

Erster Teil

VII. METEOROLOGISCHE ANWENDUNGEN

Zeitschrift für Geophysik 1. Jg (1924) S. 47—55

Die Windverteilung über dem Erdboden, errechnet aus den Gesetzen der Rohrströmung[1]

Die in letzter Zeit sehr verfeinerten Kenntnisse von der Strömung durch Rohre mit rauher Wand geben die Möglichkeit, mit Hilfe gewisser Analogien Einzelheiten über die Windbewegung über dem rauhen Erdboden auszusagen. Die Ergebnisse der bezüglichen Rechnungen werden mitgeteilt und diskutiert.

1. Die Kenntnis von denjenigen turbulenten Flüssigkeitsbewegungen, die in der Technik eine Rolle spielen, hat in den letzten Jahren sehr gute Fortschritte gemacht. Es ist z. B. gelungen, aus den durch eine empirische Formel zusammengefaßten Versuchsergebnissen über den Widerstand des Wassers in glatten Rohren den Reibungswiderstand einer glatten, längs ihrer Ebene bewegten rechteckigen Platte und auch den einer rotierenden glatten Kreisscheibe vorherzusagen [*1*][2], und zwar stimmen die so abgeleiteten Formeln sehr gut mit den Versuchen über Platten- und Scheibenreibung überein. Ferner ist der Zusammenhang des Widerstandsgesetzes mit dem der Geschwindigkeitsverteilung in der Nähe der Wand weitgehend aufgeklärt [*1*]. Nachdem nun auch bezüglich der rauhen Rohre und Kanäle durch neue Arbeiten von Hopf und Fromm [*2*] die entsprechenden Versuchsgrundlagen geschaffen sind, ist auch die Berechnung des Widerstandes von rauhen Flächen und der Geschwindigkeitsverteilung über ihnen möglich.

Da die Erdoberfläche als eine rauhe Fläche von allerdings stark wechselnder Rauhigkeit anzusehen ist, hat es gewisse Aussichten, die Frage zu bearbeiten: Welche Beziehungen ergeben sich für die Windverteilung über der Erdoberfläche und für die Reibungskraft des Windes, wenn man nach den in der technischen Hydrodynamik und Aerodynamik[3] bewährten Ansätzen vorgeht? Wenn im folgenden das Ergebnis einer solchen Rechnung mitgeteilt wird, so mag gleich vorweg gesagt werden, daß es nicht unbedingt nötig ist, daß die Übereinstimmung mit der Wirklichkeit in jedem Fall so gut sein müßte wie beim Widerstand der Platten und Scheiben. Die Übereinstimmung

---

[1] In Gemeinschaft mit W. Tollmien. [2] s. Literatur S. 1080.

[3] Zwischen Wasser und Luft braucht, wie zuverlässig nachgewiesen ist, bei diesen Anwendungen ein Unterschied nicht gemacht zu werden.

wird nur dann zu erwarten sein, wenn die Luftmasse des ersten Kilometers über dem Boden im indifferenten Gleichgewicht ist, also konstante potentielle Temperatur besitzt, und wenn nicht durch Strahlungseinflüsse zu der mechanischen Turbulenz eine thermische dazukommt. Da bei starkem Wind die Durchmischung der Atmosphäre für konstante potentielle Temperatur in den unteren Schichten sorgt, wird hier vor allem Übereinstimmung zu erhoffen sein, wobei Wolkenbedeckung die Vorbedingungen noch verbessern wird. Die folgenden Rechnungen nehmen einen örtlich und zeitlich konstanten Druckgradienten an, deshalb gehört natürlich eine Annäherung an diesen Zustand ebenfalls zu den Vorbedingungen der Übereinstimmung.

2. Die für unsere Frage grundlegenden Beziehungen aus der Strömungslehre mögen hier kurz auseinandergesetzt werden. Wir gehen aus von der Reibungskraft auf der Flächeneinheit der Wand, die wir auch als „Schubspannung“ in den wandnahen Flüssigkeitsschichten wiederfinden und mit τ_0 bezeichnen. Für glatte Flächen ist aus Rohrversuchen hergeleitet worden, daß

$$\tau_0 = \text{Zahl} \cdot \varrho\, u_m^{7/4}\, \nu^{1/4}\, r^{-1/4} \tag{1}$$

ist. Hierin ist ϱ = Dichte, u_m mittlere (oder maximale) Geschwindigkeit, $\nu = \eta/\varrho$ kinematische Zähigkeit, r der hydraulische Radius = Querschnitt: benetzter Umfang (beim Fluß die Tiefe, beim Rohr = $\frac{1}{4}$ des Durchmessers usw.).

Die Geschwindigkeit nimmt nach der Wand hin ab, erst nur langsam, dann etwas rascher; bei oberflächlicher Betrachtung hat man den Eindruck, als ob sie an der Wand selbst noch endlich wäre, und zwar noch etwa gleich der Hälfte der größten Geschwindigkeit oder noch mehr. Genaue Messungen haben aber die Voraussage der Theorie bestätigt, daß die Geschwindigkeit in einer sehr dünnen Grenzschicht an der Wand bis auf Null abnimmt. Das Verhalten außerhalb dieser Grenzschicht wird ziemlich gut durch eine Potenzformel von der Gestalt $u = a\, y^\alpha$ wiedergegeben, wo y der Wandabstand und α positiv und klein gegen 1 ist. Die naheliegende Vermutung, daß die Wandreibung τ_0 in der Hauptsache von den Vorgängen in unmittelbarer Nähe der Wand (also z. B. von der Größe a in der Potenzformel), nicht aber von der Entfernung der übrigen Wände (also dem hydraulischen Radius r) abhängen müsse, führte den einen von uns 1920 zu einer Berechnung von α, die sich durch die Experimente gut bestätigt hat. Setzt man nämlich, mit u_1 = Geschwindigkeit in der Entfernung r, $u_1 = a\, r^\alpha$, und führt diese Geschwindigkeit an Stelle von u_m in Formel (1) ein, indem man gegebenenfalls einen passenden Zahlenfaktor zufügt, so führt die Forderung, daß r aus der Formel verschwinde, zu dem Wert $\alpha = \frac{1}{7}$.

Damit erhalten wir für die Wandreibung die rationelle Formel

$$\tau_0 = \text{Zahl} \cdot \varrho\, a^{7/4}\, \nu^{1/4} \tag{2}$$

und für die Geschwindigkeit im Abstand y von der Wand

$$u = a\, y^{1/7}. \tag{3}$$

Gewisse Überlegungen sprachen dafür, daß Gl. (3) auch in mäßig rauhen Rohren genähert gelten müsse. Nimmt man an der einzelnen Rauhigkeit, die durch eine Längenabmessung k charakterisiert wird, einen Widerstand nach dem gewöhnlichen quadratischen Gesetz an, und setzt die zugehörige Geschwindigkeit $u_0 = \text{Zahl} \cdot a\, k^{1/7}$, dann wird man zu folgender Formel für die Wandreibung geführt[1]:

$$\tau_0 = \text{Zahl} \cdot \varrho\, a^2\, k^{2/7}. \tag{4}$$

Diese von dem einen von uns und von v. KÁRMÁN [1] unabhängig aufgestellte Formel findet eine genäherte Bestätigung durch die Arbeiten von HOPF und FROMM [2]. Diese geben für den Druckabfall in einem Kanal von der Rauhigkeit k eine Formel an, die in unsere Größen umgerechnet

$$\tau_0 = 0{,}0089\, \varrho\, a^2\, k^{0{,}314} \tag{5}$$

lautet. Nach Formel (4) sollte der Exponent von k 0,286 sein. Bei der ziemlich beschränkten Genauigkeit solcher Messungen kann die Übereinstimmung als befriedigend angesehen werden. Für das Folgende soll immer die Gl. (5) zugrunde gelegt werden. Dieselben Überlegungen, die zu Formel (4) geführt haben, geben rückwärts angewandt mit Formel (5) als Ausgangspunkt

$$u = a\, y^{0{,}157}. \tag{6}$$

Über das Rauhigkeitsmaß k (nach obigem eine Länge) sei bemerkt, daß HOPF und FROMM in Ermangelung eines rationellen Verfahrens einer bestimmten rauhen Oberfläche, die sie verwendeten, willkürlich das Rauhigkeitsmaß $k = 1$ mm zugeordnet haben. Diese war durch ein Drahtsieb von 1,6 mm Maschenweite und 0,45 mm Drahtdurchmesser gebildet, das in einer bestimmten reproduzierbaren Weise mit Paraffin ausgeschmiert war. Die Höhenunterschiede in der Oberfläche waren im Mittel 0,23 mm.

3. Für die geplante Anwendung muß aus der Formel für τ_0 zunächst noch eine Formel für die turbulente Reibungsgröße im Inneren der Flüssigkeit gewonnen werden, die an Stelle der Zähigkeit einzuführen ist, um der Mischbewegung Rechnung zu tragen, und die wir mit W. SCHMIDT „Austauschgröße" nennen wollen. Wir setzten diese $= \varrho\, \varepsilon$, wobei dann ε der „kinematische Austausch" wird, der genau

[1] Widerstand *eines* Höckers $= \text{Zahl} \cdot \varrho\, u_0^2\, k^2$; Zahl der Höcker auf der Flächeneinheit proportional $1/k^2$.

analog der „kinematischen Zähigkeit“ ν ist, und wie diese die Dimension $L^2\, T^{-1}$ hat.

Die bisherigen Theorien der Meeresströmungen [3] und der Windbewegung über der Erdoberfläche [4] — beide beruhen auf denselben Formelansätzen — nehmen immer ε als konstant über der ganzen Höhe der strömenden Schicht an und geben infolge dieser Annahme besonders in der Nähe des Bodens keine Übereinstimmung mit der Wirklichkeit. Die Ablenkung des Bodenwindes gegen die Gradientrichtung ergibt sich bei Abwesenheit von Gleitung am Boden zu 45°. Wir wollen im Gegensatz dazu annehmen, daß jedenfalls in Bodennähe die Gl. (5) und (6) gelten. In Analogie mit den bisherigen Ansätzen nehmen wir als Ausdruck für die Schubspannung der turbulenten Flüssigkeitsreibung im Inneren der Flüssigkeit die Formel

$$\tau = \varrho\, \varepsilon \frac{d u}{d y}\,. \tag{7}$$

Mit Gl. (6) ergibt sich hieraus

$$\varepsilon = \frac{1}{0{,}157}\, \frac{\tau}{\varrho\, a}\, y^{0{,}843};$$

da die Formel zunächst nur für Bodennähe gilt, setzen wir $\tau = \tau_0$ und führen dessen Wert nach Gl. (5) ein. So wird

$$\varepsilon = 0{,}057\, a\, k^{0{,}314}\, y^{0{,}843}. \tag{8}$$

In dem allgemeinen Teil der Rechnungen wollen wir statt Gl. (6) und (8) schreiben:

$$u = a\, y^{\alpha} \tag{6a}$$

und

$$\varepsilon = c\, y^{1-\alpha}. \tag{8a}$$

Wir begehen nun in vorläufiger Ermangelung von etwas Besserem die Willkür, die Formel (8) durch die ganze in Betracht kommende Schicht der Atmosphäre als gültig anzusehen und sorgen dadurch jedenfalls dafür, daß in unmittelbarer Bodennähe die Übereinstimmung mit den Rohrreibungsgesetzen hergestellt wird. Für die größeren Höhen dürfen wir freilich unseren Formeln keine allzu große Beweiskraft zumessen.

4. Die weitere Rechnung vollzieht sich nach geläufigen Ansätzen der Hydrodynamik. Wir wollen die Aufgabe für einen räumlich und zeitlich konstanten Druckgradienten lösen. Wir legen die Z-Achse des Koordinatensystems lotrecht (so daß z an Stelle von y der Wandabstand wird), ferner soll die Y-Achse in Richtung des Druckgradienten gelegt werden. Die Geschwindigkeitskomponenten u und v sind dann Funktionen von z allein, w ist $= 0$ (später wird der Buchstabe w für die resultierende Geschwindigkeit $\sqrt{u^2 + v^2}$ wieder eingeführt). Die Dichtigkeit der Luft setzen wir der Einfachheit halber konstant.

Als Kräfte, auf die Volumeneinheit bezogen, haben wir in Richtung der X- bzw. Y-Achse:

1. Druckunterschiede: $-\frac{\partial p}{\partial x}$ bzw. $-\frac{\partial p}{\partial y}$,

2. Reibungskräfte: $\frac{\partial \tau_{xz}}{\partial z}$ bzw. $\frac{\partial \tau_{yz}}{\partial z}$.

(Die Schubspannung in irgendeiner waagerechten Schnittfläche hat die Komponenten τ_{xz} und τ_{yz}; betrachtet man eine Schicht von der Dicke dz, so wirkt in Richtung der X-Achse unten nach links τ_{xz}, oben nach rechts $\tau_{xz} + \frac{\partial \tau_{xz}}{\partial z} dz$.)

3. Corioliskräfte: $2\omega' v$, bzw. $-2\omega' u$.

(Ausdruck der Erddrehung, mit $\omega' = \omega \sin\varphi$, wo ω die Winkelgeschwindigkeit der Erde und φ die geographische Breite ist.)

Die Beschleunigung ist überall Null. In Analogie zu Gl. (7) und (8a) setzen wir

$$\tau_{xz} = \varepsilon \varrho \frac{\partial u}{\partial z} = \varrho c z^{1-\alpha} \frac{\partial u}{\partial z},$$

$$\tau_{yz} = \varepsilon \varrho \frac{\partial v}{\partial z} = \varrho c z^{1-\alpha} \frac{\partial v}{\partial z}$$

und erhalten somit als Ausdruck des Kräftegleichgewichtes, indem wir noch durch ϱ dividieren:

$$\left.\begin{aligned} -\frac{1}{\varrho}\frac{\partial p}{\partial x} + 2\omega' v + c\frac{\partial}{\partial z}\left(z^{1-\alpha}\frac{\partial u}{\partial z}\right) = 0, \\ -\frac{1}{\varrho}\frac{\partial p}{\partial y} - 2\omega' u + c\frac{\partial}{\partial z}\left(z^{1-\alpha}\frac{\partial v}{\partial z}\right) = 0. \end{aligned}\right\} \quad (9)$$

Nehmen wir entsprechend unserer Voraussetzung

$$\frac{\partial p}{\partial x} = 0 \quad \text{und} \quad -\frac{1}{\varrho}\frac{\partial p}{\partial y}$$

konstant $= G$ an, so vereinfachen sich die Gleichungen zu:

$$\left.\begin{aligned} 2\omega' v + c\frac{d}{dz}\left(z^{1-\alpha}\frac{du}{dz}\right) = 0, \\ G - 2\omega' u + c\frac{d}{dz}\left(z^{1-\alpha}\frac{dv}{dz}\right) = 0. \end{aligned}\right\} \quad (10)$$

Als Randbedingungen ergeben sich

a) für $z = 0$ Verschwinden der Geschwindigkeit, also

1) $u = 0$,

2) $v = 0$,

b) für $z = \infty$ Verschwinden der Reibung, also

$$3)\ \frac{du}{dz} = 0,$$

$$4)\ \frac{dv}{dz} = 0.$$

Aus 3) und 4) ergibt sich mit Hilfe der Gl. (10) sofort, daß für $z = \infty$,

$$v = 0 \quad \text{und} \quad u = \frac{G}{2\omega'}$$

ist. Es herrscht also dort der „Gradientwind".

Da diese Werte von u und v eine partikuläre Lösung des Systems (10) darstellen, so brauchen wir bloß das System der homogenen linearen Differentialgleichungen zweiter Ordnung bzw. die daraus resultierende homogene lineare Differentialgleichung vierter Ordnung zu lösen. Setzen wir

$$\zeta = \left(\frac{2\omega'}{c}\right)^{\frac{1}{1+\alpha}} z$$

und

$$\zeta^{1+\alpha} = \zeta^q = \eta,$$

so erhalten wir ein Fundamentalsystem von Lösungen durch folgenden Reihenansatz:

$$u_1 = a_0 + a_2\eta^2 + a_4\eta^4 + a_6\eta^6 + \cdots,$$
$$u_2 = a_1\eta + a_3\eta^3 + a_5\eta^5 + a_7\eta^7 + \cdots,$$
$$u_3 = \zeta^\alpha(b_0 + b_2\eta^2 + b_4\eta^4 + b_6\eta^6 + \cdots),$$
$$u_4 = \zeta^\alpha(b_1\eta + b_3\eta^3 + b_5\eta^5 + b_7\eta^7 + \cdots).$$

Die Koeffizienten a_0, a_1, b_0, b_1 sind willkürlich und sollen sämtlich gleich 1 gesetzt werden; die übrigen bestimmen sich aus den Rekursionsformeln:

$$a_{n-2} + nq[2(1-\alpha)\alpha^2 + (1-\alpha)(2-5\alpha)(nq-1) +$$
$$+ (4-4\alpha)(nq-1)(nq-2) + (nq-1)(nq-2)(nq-3)]\,a_n = 0,$$
$$b_{n-2} + (nq+\alpha)[2(1-\alpha)\alpha^2 + (1-\alpha)(2-5\alpha)(nq+\alpha-1) +$$
$$+ (4-4\alpha)(nq+\alpha-1)(nq+\alpha-2) +$$
$$+ (nq+\alpha-1)(nq+\alpha-2)(nq+\alpha-3)]\,b_n = 0.$$

Die Koeffizienten enthalten wegen der Einführung von ζ bzw. η weder ω' noch c. Die Reihen konvergieren im vorliegenden Fall für alle ζ. Aus den Randbedingungen 1) und 2) folgt für die Lösung:

$$\left.\begin{aligned} u &= \frac{G}{2\omega'}[1 - (u_1 + A\,u_3 + B\,u_4)],\\ v &= \frac{G}{2\omega'}\left[-\frac{u_2}{\alpha+1} - \frac{A\,u_4}{2\alpha^2+3\alpha+1} + B(2\alpha^2+3\alpha+1)\,u_3\right]\\ &= \frac{G}{2\omega'}[-0{,}865\,u_2 - 0{,}658\,A\,u_4 + 1{,}52\,B\,u_3]. \end{aligned}\right\} \quad (11)$$

Die beiden restlichen Konstanten A und B erhält man aus den Randbedingungen 3) und 4) auf folgendem Wege mit ausreichender Genauigkeit. Wir setzen für genügend große endliche ζ zur Erfüllung der Randbedingungen 3) und 4).

$$u_1 + A\,u_3 + B\,u_4 = 0,$$

$$-\,0{,}865\,u_2 - 0{,}658\,A\,u_4 + 1{,}52\,B\,u_3 = 0$$

und berechnen daraus A und B. Sobald man bei Vergrößerung von ζ keine merklichen Abweichungen in den berechneten Werten von A und B bekommt, hat man ζ groß genug gewählt und A und B mit genügender Genauigkeit bestimmt. Man erhält $A = -1{,}1$; $B = 0{,}16$ und als Lösung des Problems

$$\left.\begin{aligned} u &= \frac{G}{2\omega'}\left[1 - (u_1 - 1{,}1\,u_3 + 0{,}16\,u_4)\right], \\ v &= \frac{G}{2\omega'}\left[-\,0{,}865\,u_2 + 0{,}724\,u_4 + 0{,}243\,u_3\right]. \end{aligned}\right\} \tag{12}$$

Um die Art des Überganges in den Gradientwind noch näher zu studieren, haben wir die asymptotische Lösung für $\zeta = \infty$ aufgestellt. Sie lautet:

$$\left.\begin{aligned} u &= \frac{G}{2\omega'}\left[1 - e^{-\beta\zeta^p}(C\cos\beta\,\zeta^p + D\sin\beta\,\zeta^p)\right], \\ v &= \frac{G}{2\omega'}\,e^{-\beta\zeta^p}\left[C\sin\beta\,\zeta^p - D\cos\beta\,\zeta^p\right]. \end{aligned}\right\} \tag{13}$$

Dabei ist

$$p = \frac{1+\alpha}{2} = 0{,}578,$$

$$\beta = \frac{\sqrt{0{,}5}}{p} = 1{,}22.$$

C und D sind Konstanten, deren Bestimmung uns nicht weiter interessiert. In der üblichen Darstellung des Windvektors als Funktion der Höhe erhält man also für große z als Grundrißprojektion eine logarithmische Spirale mit 45° Steigung um den Punkt, dessen Radiusvektor den Gradientwind darstellt, gerade wie auch im Falle ε = konst.

Damit sind wir in der Lage, numerische Resultate über die Windverteilung nach dieser Theorie abzuleiten. Bezeichnet man mit w den Absolutwert der Geschwindigkeit und mit ψ den Ablenkungswinkel vom Gradienten, so erhält man nach Gl. (12) ganz allgemein folgende Tabelle:

ζ	0	0,01	0,1	0,3	0,5	1	1,5	2
$\frac{2\omega' u}{G}$ . .	0	0,533	0,758	0,890	0,932	0,989	1,008	1,017
$\frac{2\omega' v}{G}$ . .	0	0,115	0,144	0,136	0,116	0,078	0,050	0,034
ψ	77,5°	77,8°	79,2°	81,3°	82,9°	85,5°	87,2°	88,1°
$\frac{2\omega' w}{G}$ . .	0	0,545	0,772	0,899	0,941	0,993	1,009	1,017

In der Figur ist einmal $\frac{2\omega' w}{G}$ als Funktion von ζ, das andere Mal die Grundrißprojektion des Windvektors gezeichnet worden. Die Windverteilung bleibt nach dieser Theorie für verschiedene physikalische Parameter sich selbst ähnlich; denn ζ geht aus z durch eine Ähnlichkeitstransformation hervor. Ganz allgemein kann man feststellen, daß die Geschwindigkeit unmittelbar am Boden sehr rasch anwächst, in größeren Höhen schwächer, wobei in einem Gebiet der Wert des Gradientwindes um ein geringes überschritten wird. Der Winkel des Bodenwindes gegen den Gradienten ergibt sich nach dieser Theorie zu 77,5°.

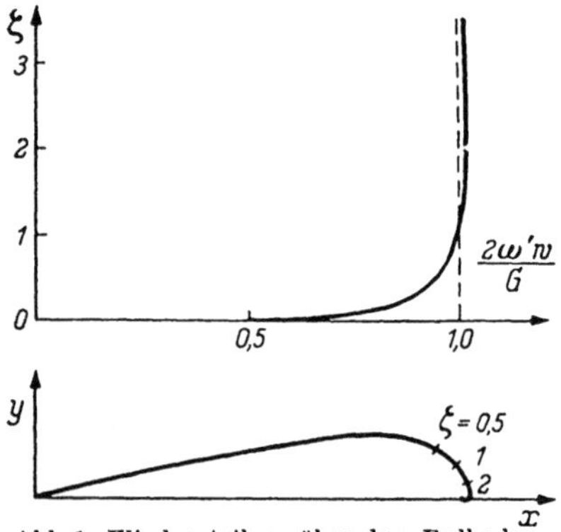

Abb. 1. Windverteilung über dem Erdboden

Da unsere Annahme über den Austausch [Gl. (8)] besonders in größerer Entfernung vom Boden recht willkürlich war, so sind natürlich diese Teile der Lösung, wo sich allerdings die Geschwindigkeit wenig mehr ändert, sehr wenig beweiskräftig. Die Partien in Bodennähe, bis etwa $\zeta = 0{,}5$, dürften dagegen besser begründet sein.

Um die Windverteilung in einem speziellen Fall zu erhalten, braucht man nur die Transformation festzustellen, die ζ wieder in z überführt. Es war

$$\zeta = \left(\frac{2\omega'}{c}\right)^{\frac{1}{1+\alpha}} z,$$

$$c = 0{,}057\, a\, k^{0,314}.$$

a war bisher frei geblieben und bestimmt sich laut Definition aus

$$a = \lim_{z=0} \frac{w}{z^{\alpha}} = \sqrt{A^2 + (2\alpha^2 + 3\alpha + 1)^2 B^2}\, \frac{G}{2\omega'} \left(\frac{2\omega'}{c}\right)^{\frac{\alpha}{1+\alpha}}.$$

Es ergibt sich hiernach

$$a^{1,136} = 1{,}67\, \frac{G}{2\omega'} \left(\frac{2\omega'}{k^{0,314}}\right)^{0,136}.$$

Setzt man diesen Wert von a in c ein, so erhält man

$$z = 0{,}126 \left(\frac{G}{4\omega'^2}\right)^{0,762} k^{0,238}\, \zeta.$$

Dabei ist

$$0{,}762 = \frac{1}{1+2\alpha}, \qquad 0{,}238 = \frac{2\alpha}{1+2\alpha}.$$

Nehmen wir die geographische Breite des Beobachtungsortes gleich 50° an und den Gradientwind $G/2\omega'$ nacheinander gleich 10 m/sec, 20 m/sec und 30 m/sec, so ergibt sich für verschiedene Rauhigkeitslängen k:

	$\frac{G}{2\omega'} = 10$ m/sec	$\frac{G}{2\omega'} = 20$ m/sec	$\frac{G}{2\omega'} = 30$ m/sec
$k = 0{,}1$ m	$z = 440\,\zeta$ m	$z = 740\,\zeta$ m	$z = 1000\,\zeta$ m
1 m	$z = 760\,\zeta$ m	$z = 1280\,\zeta$ m	$z = 1740\,\zeta$ m
10 m	$z = 1320\,\zeta$ m	$z = 2220\,\zeta$ m	$z = 3010\,\zeta$ m
100 m	$z = 2270\,\zeta$ m	$z = 3830\,\zeta$ m	$z = 5200\,\zeta$ m

Durch diese Umrechnungsformeln ist die Windverteilung nach der ersten Tabelle bestimmt.

Von Interesse ist ferner τ_0, d. i. die Reibungskraft am Erdboden. Diese Reibungskraft ist z. B. bei der Trift des Polareises in Tätigkeit. Die Größe der Eispressungen in Abhängigkeit vom Wind läßt sich hieraus ermitteln. Setzt man in die Formel (5) für τ_0 den Wert von a ein, so erhält man

$$\tau_0 = 0{,}022\,\varrho \left(\frac{G}{2\omega'}\right)^2 \left(\frac{k \cdot 4\omega'^2}{G}\right)^{0{,}238},$$

wobei $0{,}238 = \frac{2\alpha}{1 + 2\alpha}$ ist.

Nimmt man die geographische Breite wiederum gleich 50° an und drückt die Reibungskraft im technischen Maßsystem aus, so erhält man

$$\tau_0 = 0{,}000328 \left(\frac{G}{2\omega'}\right)^{1{,}76} k^{0{,}238}\ \text{kg/m}^2.$$

Für verschiedene Werte des Gradientwindes $G/2\omega'$ und der Rauhigkeitslänge k erhält man folgende Tabelle der τ_0:

	$\frac{G}{2\omega'} = 10$ m/sec	$\frac{G}{2\omega'} = 20$ m/sec	$\frac{G}{2\omega'} = 30$ m/sec
$k = 0{,}1$ m	$\tau_0 = 0{,}011$ kg/m²	$\tau_0 = 0{,}037$ kg/m²	$\tau_0 = 0{,}075$ kg/m²
1 m	$\tau_0 = 0{,}019$ kg/m²	$\tau_0 = 0{,}064$ kg/m²	$\tau_0 = 0{,}130$ kg/m²
10 m	$\tau_0 = 0{,}033$ kg/m²	$\tau_0 = 0{,}111$ kg/m²	$\tau_0 = 0{,}225$ kg/m²
100 m	$\tau_0 = 0{,}057$ kg/m²	$\tau_0 = 0{,}192$ kg/m²	$\tau_0 = 0{,}390$ kg/m²

Es ist natürlich noch unsicher, welche Geländearten durch obige Rauhigkeitslängen dargestellt werden. Hier kann nur der Vergleich mit der Wirklichkeit die Entscheidung bringen. Mit Vorbehalt könnte man aber sagen, daß $k = 1$ m etwa Feldern und Wiesen, $k = 10$ m gleichmäßigem Wald und $k = 100$ m einer Großstadt entspreche.

Literatur

[1] TH. V. KÁRMÁN, Über laminare und turbulente Reibung. Z. angew. Math. Mech. Bd. 1 (1921) S. 233 — Abhandl. Aerodyn. Inst. der Techn. Hochschule Aachen, 1. Lief., S. 1.

[2] L. HOPF, Die Messung der hydraulischen Rauhigkeit; K. FROMM, Strömungswiderstand in rauhen Rohren. Z. angew. Math. Mech. Bd. 3 (1923) S. 329 u. 339 — Abhandl. Aerodyn. Inst. der Techn. Hochschule Aachen, 3. Lief., S. 1 u. 13.

[3] V. W. EKMAN, On the Influence of the Earth's rotation on Ocean currents. Ark. Mat., Astronomi Fysik, 2. Bd., Nr. 11 (1905) — Beitrag zur Theorie der Meeresströmungen. Ann. Hydr. marit. Meteorol. (1906).

[4] F. A. ÅKERBLOM, Recherches sur les courants les plus bas de l'atmosphere au dessus de Paris. Nova Acta Regiae Soc. Sci. Upsaliensis 1908.

Weitere meteorologische Literatur in HESSELBERG und SVERDRUP: Die Reibung der Atmosphäre. Veröffentl. des Geophys. Inst. der Univ. Leipzig, 2. Serie, H. 10.

Beiträge zur Physik der freien Atmosphäre (BJERKNES-Festschrift) Bd. 19 (1932) S. 188—202

Meteorologische Anwendung der Strömungslehre

Der Aufforderung, anläßlich des 70. Geburtstages unseres allverehrten Herrn BJERKNES zu dem geplanten Jubelheft etwas beizutragen, bin ich mit Freuden nachgekommen. Verehren wir doch in Herrn BJERKNES den Altmeister der meteorologischen Mechanik und Strömungslehre. Allerdings habe ich zur Zeit nichts richtig Ausgereiftes vorrätig, und so bitte ich ihn, mit einigen mehr programmartigen Bemerkungen vorliebnehmen zu wollen. Die Ausführung der berührten Dinge ist zum Teil schon im Werden, zum Teil hoffe ich sie in nächster Zeit in Angriff nehmen zu können. Der augenblickliche Anlaß gibt mir gleichzeitig Gelegenheit, einige in der letzten Zeit erreichte neuere Einsichten in die Lehre von den turbulenten Strömungen[1] dem meteorologischen Leserkreis näherzubringen. Ich will meine Ausführungen damit beginnen.

1. Allgemeines über turbulente Strömungen

In der älteren Darstellung der turbulenten Strömungen wird meist so verfahren, daß man die Tatsache des Massenaustausches durch eine vermehrte Zähigkeit zum Ausdruck bringt. Ist u eine waagerechte Geschwindigkeit, die nach der Höhe (z) veränderlich sein mag, so setzt man — in der Bezeichnungsweise von WILH. SCHMIDT — die Schubspannung (scherende Kraft pro Flächeneinheit)

$$\tau = A \frac{\partial u}{\partial z}. \tag{1}$$

Die Größe A wird als „Austausch" bezeichnet. Die Dimension von A ist gleich derjenigen eines Produktes aus der Dichte des Mediums und einer Länge und einer Geschwindigkeit. Bezüglich dieser Länge haben nun die neueren Untersuchungen über die Eigenschaften der turbulenten Strömungen ergeben, daß man hierbei etwas einführen kann, was dem Sinne nach der mittleren freien Weglänge in der kinetischen Gastheorie entspricht. Bei der turbulenten Strömung handelt es sich offenbar um eine Wegstrecke, die ein in einheitlicher Bewegung befindlicher Flüssigkeitsteil relativ zu seiner Umgebung zurücklegt, bevor er sich mit ihr wieder mischt. Wir wollen diese Länge, die in den Formeln mit l bezeichnet werden mag, „Mischungsweg" nennen. Als Geschwindigkeit, die in der Austauschgröße A enthalten ist, wollen wir den

[1] Vgl. etwa die Ausführungen des Verfassers in der Z. angew. Math. Mech. Bd. 5 (1925) S. 136, und in den Verhandl. des II. Intern. Kongr. für techn. Mechanik in Zürich 1926, S. 62 (erschienen 1927).

Geschwindigkeitsunterschied ansehen, den irgendein Flüssigkeitsteil gegen seine Umgebung gewinnt, wenn er in der Richtung der größten Geschwindigkeitsunterschiede den Weg l zurücklegt. Dieser Geschwindigkeitsunterschied läßt sich in erster Näherung $= l \frac{\partial u}{\partial z}$ schreiben. Ist ferner ϱ die Dichte, so gewinnen wir für den Austausch jetzt die Beziehung

$$A = \varrho\, l^2 \frac{\partial u}{\partial z}. \tag{2}$$

Für die Schubspannung haben wir damit den Ausdruck

$$\tau = \varrho\, l^2 \left(\frac{\partial u}{\partial z}\right)^2 \tag{3}$$

gewonnen. Von dem Mischungsweg dürfen wir annehmen, daß er lediglich von den geometrischen Verhältnissen (von der Form der Wände, die die Strömung begrenzen, usw.) abhängt, nicht aber von den Geschwindigkeiten selbst; damit ergibt sich aus Gl. (3) sofort eine für alle hydraulischen Widerstände charakteristische Tatsache, daß nämlich diese Widerstände proportional der Dichte des Mediums und proportional dem Quadrat der Geschwindigkeit sind. Ein weiterer Fortschritt gegenüber der Gl. (1) besteht nun darin, daß man jetzt statt der noch nicht sehr übersichtlichen Austauschgröße, die noch von den geometrischen Verhältnissen, von der Dichte und von den Geschwindigkeiten abhängt, nur noch mit einer rein geometrischen Größe, dem Mischungsweg, zu tun hat. Natürlich ist man bis auf weiteres nur auf Grund von Versuchen in der Lage, Aussagen über die Größe von l zu gewinnen. Die Durchforschung des vorhandenen Versuchsmaterials und die Anstellung besonderer neuer Versuche hat nun Regeln für die Verteilung von l gegeben, die, wenn man sich nicht auf besondere Feinheiten einläßt, eine verhältnismäßig einfache Darstellung zulassen. So z. B. zeigt sich, daß — bei Abwesenheit von thermischen Schichtungen — in der Nähe einer Wand, sei sie glatt oder rauh, der Mischungsweg näherungsweise proportional dem Abstand von der Wand ist[1], und zwar ist der Proportionalitätsfaktor ungefähr gleich 0,4. Dies gibt sogleich die Möglichkeit, die Geschwindigkeitsverteilung in einer Luftmasse von konstanter potentieller Temperatur in der Nähe des Erdbodens zu berechnen. Der Erdboden ist praktisch immer rauh. Das Kennzeichen der rauhen Wand ist, daß unmittelbar an der Wand schon ein endlicher Wert des Mischungsweges besteht, der durch die Größe der Rauhigkeiten bestimmt wird. Wir erledigen dies in den Formeln mit dem einfachen Kunstgriff, daß wir den Nullpunkt unseres Koordi-

[1] Zu demselben Schluß gelangte auf einem theoretischen Wege auch v. KÁRMÁN, vgl. Göttinger Nachr. 1930, Math.-phys. Klasse, S. 58.

natensystems, von dem aus die Höhen z gerechnet werden, um so viel unter die Oberfläche legen, daß an der Oberfläche selbst schon der verlangte Mischungsweg vorhanden ist.

Aus Gl. (3) ergibt sich, wenn noch $l = 0{,}4z$ eingeführt wird,

$$\frac{du}{dz} = \frac{2{,}5}{z}\sqrt{\frac{\tau}{\varrho}}. \tag{4}$$

Die Schubspannung τ kann für die untersten Schichten (z. B. die untersten 50 oder 100 m) meist als genügend konstant angesehen werden, die vorstehende Gleichung läßt sich dann leicht integrieren. Es ergibt sich unter der Annahme einer konstanten Dichte

$$u = 2{,}5\sqrt{\frac{\tau}{\varrho}}\ln\frac{z}{z_0}, \tag{5}$$

wo z_0 eine Integrationskonstante ist. Diese Integrationskonstante läßt sich dabei offenbar noch so einrichten, daß an der Oberfläche der Rauhigkeiten gerade die richtige Geschwindigkeit herrscht. z_0 wird offenbar ein bestimmter Bruchteil der oben erwähnten Höhendifferenz und ist wie diese der Linearabmessung der Rauhigkeiten proportional zu setzen. Unsere diesbezüglichen Untersuchungen sind noch nicht abgeschlossen. Soviel sich bis jetzt ersehen läßt, ergibt sich bei rauhen Oberflächen, die aus aufgeklebten Sandkörnern von der Korngröße k bestehen, ungefähr ein Wert von $z_0 = k/30$.

Für andere Formen von Rauhigkeiten muß dieses Verhältnis erst durch Versuche wieder neu bestimmt werden, die vorstehenden Angaben genügen aber wohl immerhin schon für gewisse Abschätzungen.

Die Geschwindigkeitsverteilungen nach Formel (5) stimmen weitgehend mit den bisher üblichen Potenzformeln überein; der Logarithmus ist ja bekanntermaßen der Grenzwert einer sehr kleinen positiven Potenz. Die Potenzformeln sind von unserem Standpunkt aus als Interpolationsformeln zu werten. Die Tatsache, daß man für verschiedene Verhältnisse verschiedene Potenzen (Exponent $\frac{1}{5}$ bis $\frac{1}{10}$) bekommt, erklärt sich zwanglos durch verschiedene Größen von z_0 sowie auch durch thermische Einflüsse, vgl. das Folgende.

2. Der Einfluß von thermischer Schichtung und von Konvektionsströmen

Die Turbulenz wird von thermischen Schichtungen stark beeinflußt. Bei einer *stabilen* Schichtung, z. B. in der nächtlichen Bodeninversion, wird sie bekanntermaßen dadurch gehemmt, daß bei den Austauschbewegungen Schwereres gehoben und Leichteres nach unten geführt werden muß. Man kann die durch die mechanische Arbeit der Schubspannungen zugeführten und durch die Schwerpunktshebung verzehrten Energiebeträge abschätzen[1] und kommt dabei zu dem Schluß, daß es auf die dimensionslose Größe

$$-\frac{\frac{g}{\varrho}\frac{d\varrho}{dz}}{\left(\frac{du}{dz}\right)^2}$$

ankommt, soweit es sich um ein volumbeständiges Medium handelt. Für atmosphärische Luft kann man dafür

$$\frac{\frac{g}{T}\left[\left(\frac{dT}{dz}\right)-\left(\frac{dT}{dz}\right)_{adiab.}\right]}{\left(\frac{du}{dz}\right)^2}$$

schreiben. Für adiabatische Schichtung (konstante potentielle Temperatur) ist dieser Ausdruck Null, für stabile Schichtung positiv, für instabile negativ. Von einem gewissen positiven Zahlwert des Ausdruckes an hört die Turbulenz überhaupt auf, und es stellt sich einfaches Gleiten ohne wesentliche Schubspannungen ein. Der Zahlwert unserer Dimensionslosen an der Grenze ist bisher noch nicht hinreichend geklärt, verschiedene Theorien ergaben stark voneinander abweichende Werte dafür[2]. Eine experimentelle Bestimmung ist in Göttingen in Vorbereitung[3]. Wird der unbekannte Zahlwert hier mit β bezeichnet, so ergibt sich an der Grenze ein Geschwindigkeitsgefälle

$$\frac{du}{dz}=\sqrt{\frac{g}{\beta T}\left[\frac{dT}{dz}-\left(\frac{dT}{dz}\right)_{adiab.}\right]}, \tag{a}$$

also für konstante Temperaturgradienten angenähert ein lineares Anwachsen der Geschwindigkeit mit der Höhe. Bei mäßigen Schubspannungen ist zu erwarten, daß du/dz noch nicht viel größer ist als nach Formel (a); dieser Wert stellt den Kleinstwert von du/dz bei der vorhandenen Schichtung und bei nicht ganz verschwindender Schubspannung dar. Die Schubspannung wird einfach dadurch aufgenommen, daß sich eine ihrer Stärke entsprechende Turbulenz einstellt. Bei steigender Schubspannung wächst du/dz allmählich an, bleibt dabei im übrigen immer etwas höher als der entsprechende Wert bei der ungeschichteten Strömung.

---

[1] L. F. RICHARDSON, Proc. Roy. Soc. London (A) Bd. 97 (1920) S. 354 — PRANDTL, Vorträge über Aerodynamik, Aachen 1929, hrsg. von GILLES, HOPF und v. KÁRMÁN, S. 1. Berlin 1930. — G. J. TAYLOR, Proc. Roy. Soc. London (A) Bd. 132 (1931) S. 499. — S. GOLDSTEIN, ebenda, S. 524.

[2] RICHARDSON fand 1, PRANDTL 2, beide aus Energiebetrachtungen, TAYLOR und GOLDSTEIN $\frac{1}{4}$ durch Studium der kleinen Schwingungen.

[3] Zusatz bei der Korrektur: Inzwischen vorgenommene Vorversuche machen einen Wert $\frac{1}{4}$ bis $\frac{1}{2}$ als Stabilitätsgrenze wahrscheinlich.

Für den Fall der *instabilen* Schichtung hat man es mit einer Verstärkung der Turbulenz zu tun. Von besonderem Interesse ist hier der Grenzfall der Wärmekonvektion von einem erwärmten Boden aus bei Windstille. Ähnlich wie bei der Betrachtung über den Austausch bei Wind wollen wir hier annehmen, daß die linearen Abmessungen der jeweils gemeinsam bewegten Luftkörper (d) dem Abstand vom Boden (z) proportional und diese im übrigen ungefähr geometrisch ähnlich zueinander sind. Ferner nehmen wir eine Temperaturverteilung an, die sich von der adiabatischen Temperaturverteilung dadurch unterscheidet, daß eine gegen den Boden hin zunehmende Übertemperatur ΔT hinzukommt. Wir setzen dabei versuchsweise

$$\Delta T = \frac{\text{konst.}}{z^n}, \tag{1}$$

wobei wir uns noch vorbehalten, für den Exponenten n einen geeigneten Wert ausfindig zu machen. Den Mischungsweg l, der von der Größenordnung von d ist, nehmen wir ebenfalls proportional zu z an, womit sich aus einer einfachen Betrachtung ergibt, daß die örtlichen Temperaturunterschiede in den einzelnen Luftkörpern auch dem Temperaturunterschied ΔT proportional gesetzt werden können. Die Steiggeschwindigkeit der erwärmten Luftkörper läßt sich nun einfach aus dem NEWTONschen Widerstandsgesetz ermitteln. Ist v die Steiggeschwindigkeit, so läßt sich also schreiben

$$\varrho\, v^2 d^2 = \text{Zahl} \cdot g\, \varrho\, d^3 \frac{\Delta T}{T},$$

woraus sich unter Berücksichtigung der Proportionalität zwischen d und z ergibt

$$v = \text{Zahl} \cdot \sqrt{g\, z \frac{\Delta T}{T}}. \tag{2}$$

Berücksichtigt man Gl. (1), so ergibt sich hieraus

$$v = \text{konst.}\, z^{\frac{1-n}{2}}. \tag{2a}$$

Für den Austausch läßt sich setzen

$$A = \text{Zahl} \cdot \varrho\, v\, d. \tag{3}$$

Wenn man der Vereinfachung wegen von der Veränderlichkeit der Dichte mit der Höhe überall dort absieht, wo es sich nicht um die Auftriebsdifferenzen handelt, so kann in Gl. (3) ϱ als konstant behandelt werden; dann ergibt sich unter Berücksichtigung von Gl. (2a):

$$A = \text{konst.}\, z^{\frac{3-n}{2}}. \tag{3a}$$

Nun ist aber im stationären Fall, wo die mittlere Temperatur der betrachteten Schichten nicht mehr steigt, der Wärmetransport in allen

Schichten derselbe. Dieser ist aber nach der Austauschformel

$$W = A\left[\frac{dT}{dz} - \left(\frac{dT}{dz}\right)_{adiab.}\right] = A\,\frac{d}{dz}(\Delta T). \tag{4}$$

Mit

$$\frac{d}{dz}(\Delta T) = \frac{\text{konst.}}{z^{n+1}}$$

gemäß Gl. (1) ergibt sich aus $W = $ konst. für den Exponenten n die Gleichung

$$\frac{3-n}{2} - (n+1) = 0$$

oder

$$n = \frac{1}{3}.$$

Diese Beziehung ist experimentell noch nicht nachgeprüft. Es würde von Interesse sein, zu sehen, ob in der Tat die Übertemperaturen umgekehrt proportional der dritten Wurzel aus der Höhe gesetzt werden können, wenn es sich um die stationäre Wärmekonvektion bei Windstille handelt. Die Formel würde, wenn keine Verwicklungen auftreten (s. u.), gegen den Boden hin als gültig angesehen werden können bis zu Abmessungen von der Größenordnung der vorkommenden Rauhigkeiten, oder in dem Fall eines sehr glatten Bodens bis dahin, wo die Zähigkeit der Luft, die hier unberücksichtigt geblieben ist, anfängt, eine Rolle zu spielen.

Wenn wir nachträglich eine schwache waagerechte Luftbewegung annehmen, so würde der Austausch zunächst immer noch gemäß Gl. (3) bzw. (3a) angesetzt werden können, dann also proportional $z^{4/3}$ sein. Bei konstanter Schubspannung würde hieraus folgen

$$\frac{du}{dz} = \text{konst.}\, z^{-\frac{4}{3}},$$

also

$$u = u_1 - \text{konst.}\, z^{-\frac{1}{3}}$$

sein. Man kann annehmen, daß, wenn zwei Ursachen vorhanden sind, die einen Austausch hervorbringen, der wirklich eintretende Austausch ungefähr mit dem größeren von den beiden Austauschbeträgen übereinstimmt. Von diesem Standpunkt aus würde man schließen, daß bei dem Hinzukommen einer Schubspannung der Austausch in der bodennahen Zone sich nach der Schubspannung richtet [aus Gl. (2), (3) und (4) des ersten Abschnittes läßt sich die Beziehung

$$A = \frac{\tau}{du/dz} = 0{,}4\, z\sqrt{\tau\varrho}$$

herleiten], in höheren Schichten aber durch die Wärmekonvektion geregelt wird. Im ganzen gibt das ein Geschwindigkeitsprofil, das am

Boden dem gewöhnlichen Reibungsprofil entspricht, in der Höhe aber wesentlich steiler verläuft.

Die Wärmekonvektion bringt im übrigen selbst auch mäßige Bodenströmungen hervor, so daß dadurch der Austausch in Bodennähe verstärkt wird. Möglicherweise wirkt sich dies so aus, daß auch in dem Fall der Windstille wegen der kleinen „Sonnenböen" die oben angegebene Potenz $n = \frac{1}{3}$ für die unteren Schichten noch korrigiert werden muß. Man kann die Verhältnisse, die hier herrschen, wie folgt einigermaßen abschätzen. Eine aufsteigende erwärmte Flüssigkeitsmasse vom Durchmesser d bringt, wie leicht nachzuweisen, um sie herum Druckunterschiede und Schubspannungen von der Größenordnung $\frac{\Delta T_1}{T_1} \varrho g d$ hervor. Zu dem ganzen Spannungssystem gehören auch Schubspannungen in Bodennähe, die radial auf den Punkt senkrecht unter der Mitte der aufsteigenden Luftmasse hin gerichtet sind. Diese Schubspannungen sind nun unter unseren früheren Annahmen am stärksten für diejenigen großen verhältnismäßig schwach erwärmten Luftmassen, die sich in den größten an dem Konvektionsvorgang beteiligten Höhen befinden. Nennen wir diese Höhe h, so wird d proportional h zu setzen sein, und wir erhalten mit der eben angegebenen Formel für den Austausch in Bodennähe infolge von Schubspannungen eine Proportionalität des Austausches mit $\varrho z \sqrt{g h^{1-n}}$. Es ist also wieder so, daß der Austausch in den bodennahen Schichten größer ist als nach unserer Formel (3a). Im Bereich dieser Formel, in der sich der Austausch wie im Fall des reinen Horizontalwindes proportional zu z ergibt, würde man demnach auf $n = 0$, d. h. auf den Logarithmus geführt. Ob in dem Gesamtvorgang die gänzlich ungeordnete Auf- und Abwärtsbewegung, wie wir sie zuerst annahmen, oder die durch die größten vorhandenen Luftkörper in eine bestimmte Ordnung gebrachte Konvektion den Ausschlag gibt, läßt sich theoretisch wohl kaum entscheiden; die Antwort wird also aus der Beobachtung gewonnen werden müssen.

3. Der Einfluß von Zeitdauer und Erddrehung

Von nicht geringem Interesse ist die Frage nach der nichtstationären Windverteilung, die eintritt, wenn irgendeine Luftmasse mit beträchtlicher waagerechter Geschwindigkeit neu mit dem Erdboden in Berührung tritt, wie dies bei Fallwinden vorkommt. Ähnliche Verhältnisse treten auf, wenn eine Luftmasse über See auf das Land zuweht und dort plötzlich mehr Reibung findet. Auch die reibungsvermehrende Wirkung einer Großstadt auf den Wind, der von sehr flachem Gelände aus auf die Stadt zuweht, gehört hierher. Die Formulierung ist für diese Fälle nicht genau dieselbe wie für den erstgenannten

Fall. Hier mag nur dieser ausführlicher behandelt werden. Eine Luftmasse, die in allen Teilen die waagerechte Geschwindigkeit U besitzt, bisher aber durch eine Inversionsschicht vom Boden getrennt war, komme zur Zeit $t = 0$ mit dem Boden in Berührung. Es wird sich hier eine mit der Zeit wachsende Schicht ausbilden, für die wir näherungsweise ein Geschwindigkeitsprofil gemäß Gl. (5) von Abschnitt 1 annehmen können. Die zeitlich veränderliche Höhe, bis zu der die Turbulenz zur Zeit t vorgedrungen ist, mag mit h bezeichnet werden. Dann kann unter Berücksichtigung des Umstandes, daß für $z = h$ $u = U$ sein muß, gemäß den Ergebnissen des ersten Abschnittes

$$u = U \frac{\ln \frac{z}{z_0}}{\ln \frac{h}{z_0}} \tag{1}$$

gesetzt werden. Die Umkehrung von Gl. (5) des ersten Abschnittes angewandt auf $z = h$, ergibt

$$\tau = \frac{0{,}16 \varrho U^2}{\left(\ln \frac{h}{z_0}\right)^2}. \tag{2}$$

Wir wenden nun den Satz vom Antrieb in der Form an, daß wir den Impulsverlust in der Reibungsschicht einführen, der auf die über der Flächeneinheit der Bodenfläche befindliche Luftmasse entfällt:

$$J = \varrho \int_{z_0}^{h} (U - u)\, d y, \tag{3}$$

und nun ansetzen, daß die zeitliche Zunahme dieses Impulsverlustes gleich der Reibungskraft am Boden, ebenfalls bezogen auf die Flächeneinheit, ist. Es ist also

$$\frac{dJ}{dt} = \tau. \tag{4}$$

Die ziemlich elementaren Rechnungen übergehe ich und gebe gleich das Resultat an. Man erhält

$$\frac{dh}{dt} = \frac{0{,}16 U}{\ln \frac{h}{z_0} - 1 + \frac{z_0}{h}}. \tag{5}$$

Durch Integration ergibt sich hieraus

$$(h + z_0) \ln \frac{h}{z_0} - 2(h - z_0) = 0{,}16 U t, \tag{6}$$

eine Gleichung, aus der sich zu jedem Wert von h die zugehörige Zeit berechnen läßt. Gl. (6) läßt sich durch Division mit z_0 dimensionslos machen und durch Umkehrung findet man dann

$$\frac{h}{z_0} = F\left(\frac{U t}{z_0}\right). \tag{7}$$

Diese Funktion ist in Abb. 1 graphisch dargestellt. Es interessiert noch der zeitliche Verlauf der Geschwindigkeit in einer festen Höhe z_1 über dem Erdboden. Wir brauchen dazu nur auf Gl. (1) zurückzugreifen und erhalten

$$u_1 = U \frac{\ln \frac{z_1}{z_0}}{\ln F\left(\frac{U t}{z_0}\right)}. \tag{8}$$

Die Funktion $1/\ln F\left(\frac{U t}{z_0}\right)$ ist in Abb. 1 ebenfalls in ihrem Verlauf dargestellt. Die Kurve ist so anzuwenden, daß für die erste Zeit, wo noch $h < z_1$ ist, $u_1 = U$ ist, und für $h > z_1$ u_1 entsprechend der an-

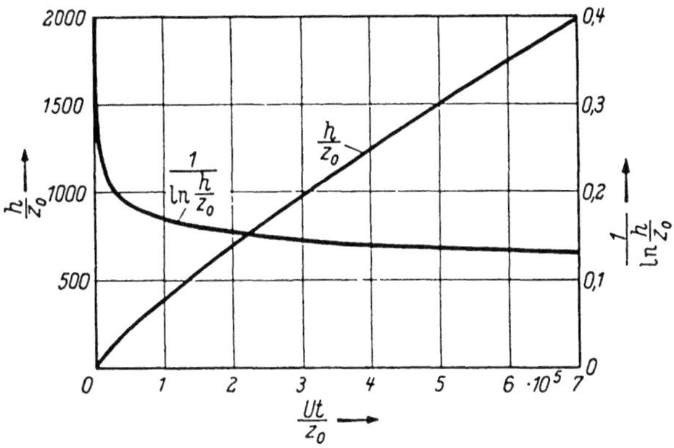

Abb. 1

gegebenen Kurve mit der Zeit abnimmt. Die Winddrucke, die auf die einzelnen Bodenrauhigkeiten entfallen, lassen sich nach Gl. (2) abschätzen, wenn man ebenfalls h/z_0 gemäß Gl. (7) ersetzt. Es ergeben sich die stärksten Wirkungen im ersten Moment (nach der Formel unendlich, was aber deshalb bedeutungslos ist, da der räumliche Übergang von der Geschwindigkeit Null zur Geschwindigkeit U niemals ganz plötzlich erfolgt); später läßt der Winddruck, wie das ja auch bei Gewitterböen wirklich beobachtet wird, allmählich mehr und mehr nach.

Bei der sehr verwandten Aufgabe des auflandigen Windes oder des Windes, der eine Stadt trifft, läßt sich auch die bekannte Erscheinung des Reibungsaufwindes quantitativ verfolgen, doch soll hierauf hier nicht mehr eingegangen werden.

Bei stationär wehendem Wind kommt die Erddrehung zur Geltung. Hierüber habe ich schon bei einer früheren Gelegenheit zusammen mit meinem damaligen Mitarbeiter Dr. TOLLMIEN eine Rechnung veröffentlicht, die die Ergebnisse von Versuchen über die turbulente Reibung in einem rauhen Rohr auf die Windverteilung über dem Erdboden übertrug[1].

Den damaligen Rechnungen war ein älterer Ansatz für die turbulente Rohrreibung zugrunde gelegt. Da der Ansatz aber aus Experimenten abgeleitet ist, dürften die numerischen Resultate, mindestens bezüglich des Verhaltens der bodennahen Schichten, nicht sehr falsch sein. Was korrekturbedürftig ist, ist das Verhalten in den höheren Schichten, von dem im übrigen auch der Ablenkungswinkel der bodennahen Windschichten gegen die Richtung des Gradienten mit abhängt. Eine Neuberechnung nach den jetzigen Ansätzen ist geplant, aber noch nicht durchgeführt. Es mag hier deshalb nur eine Abschätzung der hauptsächlichsten Größen angegeben werden.

Der waagerechte Druckgradient G (barometrischer Gradient) hängt mit dem in der Höhe vorhandenen Gradientwind U und mit der Winkelgeschwindigkeit ω der Erde durch die Formel zusammen

$$G = 2\varrho\, U\, \omega \sin\varphi\,. \tag{9}$$

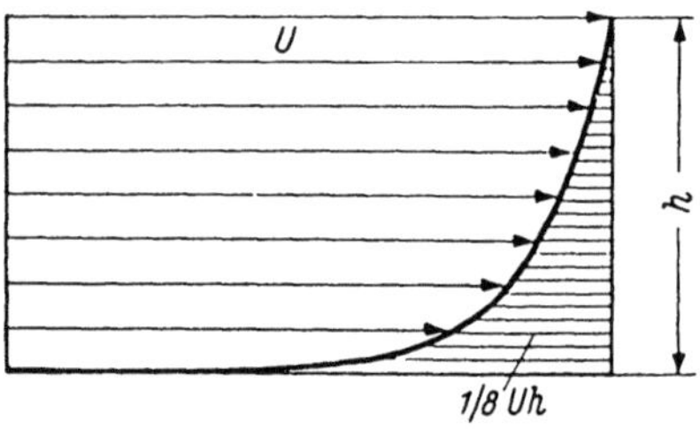

Abb. 2

Für die am Boden herrschende Schubspannung kann man eine Abschätzung in folgender Weise gewinnen: Der Gradientwind ist durch Vermittlung der Erddrehung (Coriolis-Beschleunigung) mit dem Druckgradienten im Gleichgewicht. Ein Kraftüberschuß verbleibt für die unteren Schichten dadurch, daß ihre Geschwindigkeit von dem Gradientwind abweicht. Wenn wir einmal ganz roh eine Geschwindigkeit proportional der siebenten Wurzel der Höhe annehmen und festsetzen, daß in der Höhe h die Geschwindigkeit U erreicht sein soll, so wird der Kraftüberschuß des Druckgradienten durch die in Abb. 2 schraffierte Fläche gekennzeichnet, die sich durch Integrieren zu $\frac{1}{8} U h$ ergibt. Die entsprechende Kraft wird durch Multiplikation mit $2\varrho\,\omega\sin\varphi$ erhalten und gibt daher eine Schubspannungskomponente in Richtung des Gradienten $\tau_G = \frac{1}{8} G\, h$. Die Komponente in der Richtung des Gradientwindes (senkrecht zur ersteren Richtung) ergibt sich im Verhältnis der Kotangente des Ablenkungswinkels größer. Nimmt man diesen zu etwa 32° an, so kann man

$$\tau_U = \frac{1}{5} G\, h \tag{10}$$

[1] L. Prandtl und W. Tollmien, Z. Geophys. Bd. 1 (1925) S. 47.

schreiben. Setzen wir gemäß Gl. (2)

$$\tau_U = \frac{0{,}16\,\varrho\,U^2}{\left(\ln \frac{h}{z_0}\right)^2},$$

so findet sich jetzt leicht

$$h\left(\ln \frac{h}{z_0}\right)^2 = 0{,}4\,\frac{U}{\omega \sin \varphi}. \tag{11}$$

Um an einem Zahlenbeispiel die Größenordnung von h zu zeigen, mag zunächst $\ln \frac{h}{z_0} = 10$ angenommen werden, was einem $\frac{h}{z_0} = \text{rd. } 22000$ entspricht. Für den 50. Breitengrad ist $\omega \sin \varphi$ rd. 1/18000. Man erhält also für einen Gradientwind von 20 m/sec, was einem frischen Wind am Boden entspricht,

$$h = \frac{0{,}4 \cdot 20 \cdot 18000}{10^2} = 1440\ \text{m}.$$

Dies gibt nachträglich ein z_0 von rd. 6,5 cm, also eine Bodenunebenheit von rd. 2 m, was etwa vorbehaltlich späterer besserer Bestimmungen einer Heide- oder Buschlandschaft entsprechen dürfte.

Es braucht nicht besonders betont zu werden, daß durch thermische Schichtungen die Einflußhöhe der Turbulenz wesentlich verkleinert und durch Wärmekonvektion wesentlich vergrößert werden kann. Besonders wenn es zu Kumulusbildung kommt, kommen die bodennahen Schichten mit sehr hoch gelegenen Schichten in Austausch. Die hier abgeleiteten Formeln werden vor allem für die starken Winde brauchbar sein, wo die turbulente Durchmischung dafür sorgt, daß die Vorbedingung für die Gültigkeit der Formeln, konstante potentielle Temperatur in der betrachteten Schicht, gut erfüllt ist. Bezüglich Formel (11) verdient zweierlei erwähnt zu werden. Das eine betrifft die Rolle der Geschwindigkeit. Die Einflußhöhe der Bodenreibung ergibt sich nahezu proportional der Geschwindigkeit. Nun ist der Massentransport in der Richtung des Gradienten annähernd proportional $\varrho\,U\,h$. Wenn h näherungsweise proportional U ist, so ist der Massentransport genähert proportional U^2. Dies läßt sich sofort z. B. für den Aufbau einer Zyklone anwenden. Wenn in den äußeren Teilen die Geschwindigkeit in der Höhe wie bei einem Potentialwirbel verteilt ist, also umgekehrt proportional der Entfernung vom Zentrum ist, so ergibt sich, daß hier aus einem Ringstreifen mehr Masse nach innen abfließt als von außen zufließt, also die oberen Luftmassen nachsinken müssen. Dagegen fließt im inneren Teil der Zyklone, wo die Geschwindigkeiten ungefähr proportional der Entfernung vom Zentrum sind, von außen mehr zu- als von innen abfließt; daraus folgt, daß die oberen Luftmassen hier aufsteigen müssen. Die Intensität des Aufsteigens ergibt sich in diesem Fall genähert proportional dem Radius, ist also in der Mitte wieder Null. Natürlich werden in Wirklichkeit Schichtungs- und Konvektionseinflüsse mannigfache Änderungen an diesem einfachen Schema ergeben. Die zweite erwähnenswerte Eigenschaft, die aus Gl. (11) hervortritt, ist die Abhängigkeit von der geographischen Breite. Dieser Punkt ist allerdings nicht neu. Es mag lediglich mit Rücksicht auf die Darlegungen des folgenden Abschnittes darauf hingewiesen werden, daß in Äquatornähe die Höhe h sehr groß wird und am Äquator selbst unendlich würde, d. h. dort tritt die ganze Erscheinung des Gradientwindes nicht auf. Es ist also dort für den Reibungsaustausch des Bodens mit beliebig hohen Luftschichten kein Hindernis von der Art vorhanden, wie das in den übrigen Zonen durch die Wirkung der Erddrehung der Fall ist.

4. Gedanken zur allgemeinen Zirkulation in der Erdatmosphäre

Von den im vorstehenden geschilderten Gedankengängen ausgehend, kann man sich nun die Aufgabe stellen, auch die allgemeine Zirkulation in der Erdatmosphäre rechnerisch zu erfassen und dadurch besser verstehen zu lernen. Man wird sich dabei in bezug auf den Ansatz allerhand Vereinfachungen erlauben müssen, um die mathematischen Schwierigkeiten zu verringern, so z. B. Ersetzung der thermischen Auftriebe durch eingeprägte Kräfte bei Annahme eines volumbeständigen strömenden Mediums, konstante Höhe der Atmosphäre usw. Ich glaube, daß trotz solcher Vereinfachungen noch genug Wissenswertes zu finden sein wird, wenn man im übrigen die Aufgabe konsequent und in Einklang mit den mechanischen Sätzen durchführt. Im Augenblick bin ich noch nicht in der Lage, irgendwelche Ergebnisse mitzuteilen, möchte vielmehr hier nur einige qualitative Betrachtungen vorbringen.

In der Hydrodynamik der reibenden Flüssigkeiten ist es häufig so, daß man die Vorgänge beim Bewegungsbeginn aus der Ruhe heraus leichter verstehen kann als die der fertig ausgebildeten stationären Strömung. Ich habe mir deshalb die Frage vorgelegt: Was würde sich ereignen, wenn ein um seine Achse rotierender Planet, der bis dahin keine Bestrahlung erfahren hat und dessen Atmosphäre daher wie ein starrer Körper gleichförmig mit ihm rotiert, nun plötzlich eine Strahlung von der Art erfährt, wie das bei der Erde der Fall ist. Man könnte, um sich das Beispiel astronomisch näher auszudenken, annehmen, daß der Planet sich weit draußen im Weltenraum aufgehalten hat und nun der Sonne sich zu nähern beginnt. Die stärkste Erwärmung wird sich in einer Zone um den Äquator herum einstellen, und es werden hier zuerst stärkere aufsteigende Ströme einsetzen, wobei aus der Nachbarschaft am Boden Luftmassen zum Ersatz herumströmen.

Durch Rotation des Planeten wird diese Ersatzströmung die Form eines Passatwindes annehmen. Was geschieht aber mit den aufsteigenden Massen? Diese arbeiten sich in der bisherigen niedertemperierten isothermischen Schichtung allmählich höher und breiten sich auch nach Norden und Süden etwas aus. Bezüglich der ersten Phasen dieser Ausbreitung läßt sich folgendes sagen:

Die aufsteigenden Luftströme werden infolge der steigenden Temperatur etwas Auftriebsüberschuß gegen ihre Umgebung haben und so während des Aufsteigens eine gewisse vertikale Geschwindigkeit gewinnen. Wenn die einzelne Luftmasse dann oben eine Inversionsschicht trifft, so wird diese Geschwindigkeit in die Horizontale umgelenkt werden. Solange kein waagerechter barometrischer Gradient vorhanden ist — was wir fürs erste annehmen wollen —, wird die Luftmasse dann, eingeschichtet zwischen andere Luftmassen mit nach oben hin steigender potentieller Energie, sich waagerecht mit annähernd konstanter Geschwindigkeit weiterbewegen. Hier setzt nun die Ablenkung durch die Erddrehung ein, durch die die Bahn auf der Nordhalbkugel nach rechts, auf der Südhalbkugel nach links abgelenkt wird. Ist v die waagerechte Geschwindigkeit und r der Krümmungsradius der Bahn eines Teilchens, so muß die Normalbeschleunigung v^2/r gleich der CORIOLIS-Beschleunigung gesetzt werden:

$$\frac{v^2}{r} = 2 v \omega \sin\varphi . \tag{1}$$

Nennen wir die Entfernung irgendeines Punktes von der Äquatorebene x und ist R der Erdradius, so ist $\sin\varphi = x/R$, und wir erhalten daher für den Krümmungsradius der Bahn die Gleichung

$$\frac{1}{r} = \frac{2\omega}{v} \frac{x}{R} . \tag{2}$$

Für $v =$ konst. erhalten wir daher $1/r =$ konst. x. Diese Gleichung ist von der Theorie der elastischen Linien her bekannt als „Gleichung der Elastica". Sie besitzt sehr verschiedengestaltige Lösungen je nach den Anfangsbedingungen. In Abb. 3 sind verschiedene Gestalten dargestellt. Man sieht, daß diejenigen Linien, die vom Äquator ausgehen, immer wieder auf ihn zurückbiegen. Es interessiert, die wirkliche Größe dieser Figuren kennenzulernen. Dazu benutzen wir die angenäherte Beziehung, daß bei denjenigen Figuren, die am weitesten vom Äquator wegführen, der Krümmungsradius am äußersten Ende etwa $r_{\min} = \frac{1}{4} x_{\max}$ gesetzt

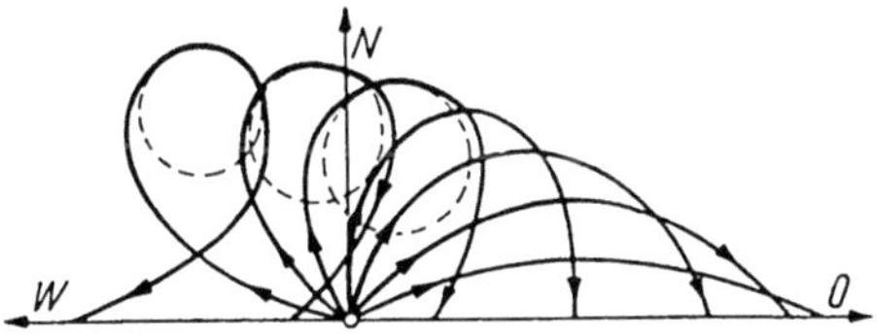

Abb. 3. Trägheitsbahnen von Massenteilchen, die über dem Äquator waagerecht ausgestoßen werden

werden kann (aus Abb. 3 abzulesen). Führen wir dies in Gl. (2) ein, so findet sich

$$x_{\max} = \sqrt{\frac{2 R v}{\omega}}$$

oder

$$\frac{x_{\max}}{R} = \sin \varphi_{\max} = \sqrt{\frac{2 v}{R \omega}} \,. \qquad (3)$$

Dabei ist $R\,\omega$ gleich der Umfangsgeschwindigkeit der Erde am Äquator gleich 464 m/sec. Man erhält damit für eine Geschwindigkeit

$v =$	5	10	20 m/sec
$\varphi_{\max} =$	8,5°	12°	17°

Es ergeben sich also mit ziemlich mäßigen Geschwindigkeiten einigermaßen beträchtliche Entfernungen in Nord-Süd-Richtung. Immerhin wird man festzustellen haben, daß die Massen die Tendenz zur Rückkehr zum Äquator haben. Durch die Hinaufbeförderung immer weiterer Massen wird sich daher in den größeren Höhen ein immer stärkeres barometrisches Hoch bilden, durch dessen Vorhandensein die Bewegungen abgeändert werden. Die aufgestiegenen Massen werden immer weiter nord- und südwärts gedrängt und durch einen Druckabfall vom Äquator weg dort festgehalten. Es wird also die ganze umgewälzte Luftmenge zunächst in den bodennahen Schichten der Äquatorgegend die dortige Umfangsgeschwindigkeit der Erde annehmen und sich nachher, soweit sie nicht von neuem in Reibungskontakt mit der Erdoberfläche kommt, nach dem Flächensatz verhalten. Dieser schreibt aber vor, daß die Geschwindigkeit sich bei Änderung des Abstandes von der Drehachse umgekehrt proportional diesem Abstand ändert. Das gibt, je weiter nördlich die Massen vordringen, um so stärkere Westwinde. Die absolute west-östliche Geschwindigkeit mag mit $u_{abs.}$ bezeichnet werden, dann ergibt sich gemäß dem Gesagten für eine Breite φ

$$u_{abs.} = \frac{R\,\omega}{\cos\varphi} \,.$$

Die Umfangsgeschwindigkeit der Erde ist aber

$$u_{erde} = R\,\omega \cos\varphi \,,$$

so daß die relative, von den Erdbewohnern festzustellende Geschwindigkeit

$$u_{rel.} = R\,\omega \left(\frac{1}{\cos\varphi} - \cos\varphi\right) \qquad (4)$$

ist. Die absolute Bewegung ist eine Potentialbewegung. Man kann deshalb den Druck nach der BERNOULLIschen Gleichung ermitteln.

Wenn das Schwerefeld außer acht bleibt, so wird

$$\begin{aligned} p_{abs.} &= \text{konst.} - \frac{\varrho}{2} u_{abs.}^2 \\ &= \text{konst.} - \frac{\varrho}{2} \frac{R^2 \omega^2}{\cos^2 \varphi}. \end{aligned} \tag{5}$$

ϱ ist dabei die Dichte in der gerade betrachteten Schicht. Für die Druckmessungen auf einer Niveaufläche des Geoids ist jedoch zu beachten, daß die Zentrifugalwirkung durch die Erddrehung hier schon im Ansatz des Schwerefeldes berücksichtigt ist. Die Druckgleichheit auf dem Geoid ergibt sich für den Zustand, in dem die Erdatmosphäre wie ein starrer Körper mit der Erde mitrotiert.

Man muß also von $p_{abs.}$ die Zentrifugalwirkung einer gleichförmig rotierenden Luftmasse, die einen Druckanteil

$$p' = \text{konst.} + \frac{1}{2} R^2 \omega^2 \cos^2 \varphi$$

liefert, abrechnen. Damit ergibt sich der Druck auf dem Geoid zu

$$p_{rel.} = \text{konst.} - \frac{1}{2} R^2 \omega^2 \left(\frac{1}{\cos^2 \varphi} + \cos^2 \varphi \right). \tag{6}$$

Der Verlauf dieses Druckes mit der geographischen Breite ist in Abb. 4 dargestellt. Man sieht, daß für mäßige Breiten die Druckabnahmen zunächst gering sind, später aber ganz gewaltig ansteigen. Wenn weiter nichts mehr passieren würde, so würde im Lauf der Zeit die ganze Atmosphäre in Äquatornähe in die Höhe befördert und in den eben beschriebenen Zustand versetzt werden, wobei sich für die höheren Breiten ungeheure Geschwindigkeiten ergäben und das Hoch in der heißen Zone allmählich so stark würde, daß trotz der höheren Temperatur nichts weiter mehr hinaufbefördert werden könnte. Dieser Zustand wird nun dadurch abgeändert, daß in den gemäßigten Breiten durch die ungeheuer großen Geschwindigkeiten in der Höhe doch wieder ein Reibungskontakt mit der Erde eintritt, was zu einer Ermäßigung dieser Geschwindigkeiten und zu einer Abminderung des Äquatorhochs führt. Sobald durch die in der heißen Zone erwärmten Luftmassen wieder eine aufsteigende Tendenz geschaffen ist, hat man in Bodennähe am Äquator ein schwaches Tief, durch dessen Wirkung wieder neue Luftmassen zum Äquator hinströmen. Das Hoch in größeren Höhen bleibt aber soweit bestehen, daß die ganzen Umlaufbewegungen dadurch wesentlich gedrosselt werden, und daß vor allem auch schon in verhältnismäßig niederen Höhen über dem Boden abgedrängte auf-

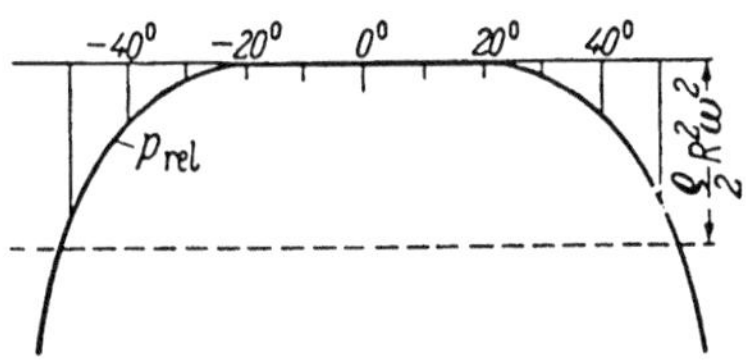

Abb. 4. Druckverlauf in einer Luftmasse von konstantem Impulsmoment, bezogen auf den Druck in einer zur rotierenden Erde ruhenden Atmosphäre

steigende Massen mit einer nördlichen Komponente angetroffen werden, die nach dem Flächensatz Westwinde sind (Antipassat).

Der Reibungskontakt in der gemäßigten Zone gibt Anlaß zu Süd-west-Winden, durch die beträchtliche Luftmassen polwärts befördert werden. Es fragt sich, wie diese Massen unter Berücksichtigung der CORIOLIS-Wirkung [Gl. (9) des vorigen Abschnittes] wieder nach Süden zurückgeführt werden sollen, denn im ganzen muß über einen Parallelkreis ebensoviel Masse nach Norden wie nach Süden strömen. Über diesen Punkt ist ja viel diskutiert worden, und man hat für diesen Massenersatz die Nordost-Winde haftbar gemacht, die manchmal zwischen den Zyklonengruppen hindurch Luft nach Süden führen. Mir scheint aber dieser Südtransport nicht ausreichend zu sein. Ich glaube vielmehr, daß eine Lösung in der Weise möglich ist: Wenn man für die gemäßigten Breiten Windverteilungen von der in Kurve *a* von Abb. 5 skizzierten Art annimmt, so ergibt der Vertikalaustausch, der durch den Zyklonenmechanismus bis in große Höhen hinaufreicht, in der hohlen Krümmung der Kurve Anlaß zu einem Antrieb der dortigen Massen nach Osten, und diesem Antrieb nach Osten entspricht im Gleichgewicht mit der CORIOLIS-Kraft eine langsame Verfrachtung dieser Massen nach Süden. Da sich diese Wirkung über eine Luftschicht von beträchtlicher Mächtigkeit erstreckt, braucht die Südkomponente lange nicht so groß zu sein wie die Nordkomponente, die durch die Reibung am Boden im untersten Kilometer erzeugt wird. Ich habe keine aerologischen Daten zur Hand, um die Wahrscheinlichkeit einer solchen Geschwindigkeitsverteilung wie in Kurve *a* von Abb. 5 gegeben nachzuweisen, ich glaube aber, daß kein anderer Weg bleibt, um den Ausgleich des Massentransportes herzustellen. Das entsprechende Bild für die Passatregion ist in Kurve *b* von Abb. 5 dargestellt. Auch dieses Bild hat vom Standpunkt unserer mechanischen Betrachtung große Wahrscheinlichkeit. Es würde von großem Interesse sein, die Fachleute der Aerologie darüber zu hören, wieweit diese Geschwindigkeitsverteilungen mit der Wirklichkeit übereinstimmen.

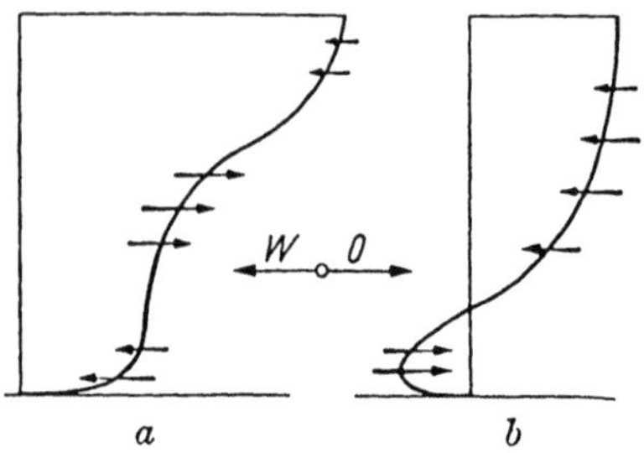

Abb. 5. West-östliche Geschwindigkeitsprofile
a gemäßigte Zone, *b* Passatzone. Die Höhen bedeuten Massen

Nun ist noch eines in dem ganzen Bild zu berücksichtigen, der Wärmehaushalt der Atmosphäre. Es muß im Lauf von langen Zeiten der Atmosphäre ebensoviel Wärme zugeführt wie abgeführt werden. Daß die hauptsächlichste Wärmezufuhr durch Bestrahlung des Bodens und der staubhaltigen bodennahen Schichten vor sich geht, ist wohl nie bezweifelt worden. Wo die Hauptkältequellen liegen, ist weniger klar. Nach einem Satz von Herrn BJERKNES[1] muß, damit mechanische Arbeit frei wird, die Kältequelle höher gelegen sein als die Wärmequelle. Eine bloße Abkühlung der polnahen Bodenschichten würde demnach nicht genügen. Es muß also Ausstrahlung der hochgelegenen Luftschichten oder aber auch ein Strahlungsausgleich dieser Schichten mit der abgekühlten Erdoberfläche der Polargegenden stattfinden.

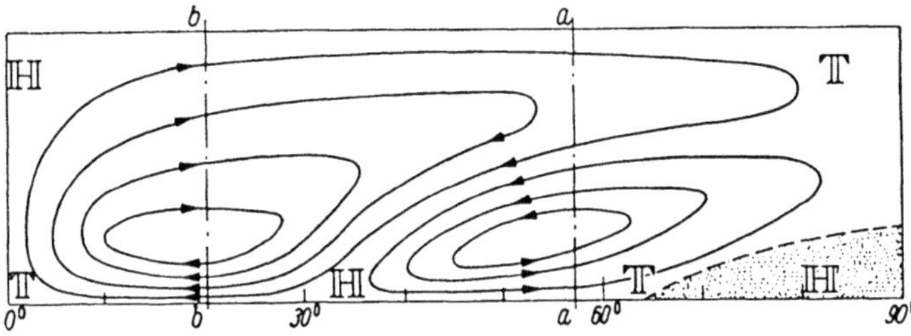

Abb. 6. Schema der allgemeinen Zirkulation in der Erdatmosphäre. Die Höhen bedeuten Massen. a—a und b—b sind die Stellen der Profile von Abb. 5

Ich vermute, daß die erstere Ursache die mächtigere ist. Die Abkühlung der bodennahen Schichten ist dabei noch intensiver. Sie erzeugt die Kaltluftmassen, die in der „Polarfront" eine charakteristische Rolle spielen.

Man muß also annehmen — was ja auch sonst wohl in ähnlicher Weise angenommen worden ist —, daß die am Äquator aufgestiegenen Massen, soweit sie in große Höhe gelangt sind, langsam bis in die Polargegenden verfrachtet werden, wo sie sich stark abkühlen und heruntersteigen. Sie kommen dann in die mittlere Zone, wo sie wieder nach Süden wandern und im Azorenhoch und den anderen Hochdruckgebieten gleicher Art den Boden erreichen. Darunter lagert sich in der gemäßigten Zone die umgekehrte Zirkulation, die durch die südwestlichen Bodenwinde verursacht wird.

Die Wärmeschichtung ist in der Passatregion durchaus stabil, in den gemäßigten Breiten jedoch wegen der relativ kalten Luftströmung in mittlerer Höhe und wegen der großen Geschwindigkeiten der hohen Schichten thermisch und mechanisch instabil. Bei einer Nachrechnung der Vorgänge wird man die damit zusammenhängende Größenverschiedenheit des Austausches in den einzelnen Zonen unschwer rechnerisch berücksichtigen können. Ich hoffe sehr, daß es mir in nicht allzulanger Zeit möglich sein wird, über Ergebnisse solcher Rechnungen zu berichten.

[1] V. BJERKNES, Abhandl. der Sächs. Ges. Wiss., Math.-phys. Klasse, Bd. XXXV, Nr. 1.

Proceedings of the IV. International Congress for Applied Mechanics, Cambridge 1934, S. 238 u. 239. (1935).

Anwendung der turbulenten Reibungsgesetze auf atmosphärische Strömungen

Die neueren quantitativen Gesetzmäßigkeiten der turbulenten Strömung längs rauher Oberflächen gestatten verschiedenerlei Anwendungen auf die Luftströmungen in der freien Atmosphäre. In Anknüpfung an meine Ausführungen in der BJERKNES-Festschrift der „Beiträge zur Physik der freien Atmosphäre“[1] sei hier von weiteren Fortschritten berichtet.

In Gemeinschaft mit L. ROUX wurden auf Grund der vereinfachten Ansätze über die Geschwindigkeitsverteilung[2] verschiedene Aufgaben der räumlichen und zeitlichen Änderung des Geschwindigkeitsprofils behandelt: Übergang von Seewind auf Land (auch Übergang vom flachen Land auf die Großstadt), Verhältnisse beim Einbruch einer flachen Kaltluftmasse, beschleunigtes Vorstoßen eines steileren Kaltluftkeiles, zeitliche Änderung der Reibungshöhe h und des Ablenkungswinkels α unter dem Einfluß der Erddrehung

a) mit anfänglich konstanter Geschwindigkeit gleich der des Gradientwindes,

b) bei anfänglicher Ruhe, aber einem konstanten Druckgradienten.

Die Methode besteht in allen Fällen in der Anwendung von Impulssätzen.

Mit F. KROPATSCHECK habe ich versucht, die Vorgänge der großen atmosphärischen Zirkulation auf Grund der hydrodynamischen Gleichungen quantitativ zu verfolgen. Dies ist natürlich nur unter erheblichen Vereinfachungen des mechanischen Systems möglich. Die Luft wird durch eine volumbeständige Flüssigkeit ersetzt, die thermischen Auftriebe durch ein Feld von eingeprägten Kräften. Es wird ferner angenommen, daß die Stärke des eingeprägten Kraftfeldes k überall klein ist gegenüber der Erdbeschleunigung g. Dann sind auch die Strömungsgeschwindigkeiten klein gegen die Umfangsgeschwindigkeit der rotierenden Erde, und es ist die Reibungshöhe h klein gegen die Höhe der Troposphäre H. Diese ist wieder klein angenommen gegenüber dem Erdradius. Nimmt man überall nur die jeweils größten

---

[1] Bd. 19 (1932) S. 188.

[2] $u = U \log \frac{z}{z_0} \Big/ \log \frac{h}{z_0}$; $\tau_0 = 0{,}03\, \varrho\, U^2 \Big/ \left(\log \frac{h}{z_0}\right)^2$;
U = Geschwindigkeit für $z > h$, u = Geschwindigkeit für $z < h$, h = Reibungshöhe, z_0 = Rauhigkeitsmaß $\approx 1/30$ der Höhe der Unebenheiten, log = Logarithmus für die Basis 10.

Glieder mit, so wird das Gleichungssystem für die oberhalb der Reibungshöhe vor sich gehenden Strömungen linearisiert. Die Aufgabe führt, wenn man von einer geeigneten Verteilung der Süd-Nord-Geschwindigkeiten v ausgeht und diese durch FOURIER-Glieder ausdrückt, auf Quadraturen. Die Ost-West-Gleichung liefert aus der CORIOLIS-Beschleunigung $2\omega\, v \sin\Phi$ unter Annahme einer passenden Stärke des Austausches A die Ost-West-Geschwindigkeit u bis auf eine Integrationskonstante; die Süd-Nord-Gleichung und die Vertikalgleichung dienen nachträglich zur Bestimmung des zugeordneten Kraftfeldes k und des Druckfeldes p.

Die erwähnte Integrationskonstante, die Geschwindigkeit des Gradientwindes in Bodennähe, folgt aus dem Drehimpulssatz

$$\int_0^{\Phi_1} \tau_0 \cos^2\Phi\, d\Phi = \cos^2\Phi_1 \int_0^H \varrho\, u\, v\, dz.$$

Die Methode eignet sich dazu, Musterbeispiele für verschiedene mechanisch zulässige Zirkulationsarten aufzustellen.

Abhandlungen der Gesellschaft der Wissenschaften zu Göttingen, Mathematisch-physikalische Klasse, III. Folge, Heft 18 (1937) S. 75—84
Abhandlungen der Physikalisch-Mathematischen Gesellschaft zu Sofia 24, September-Oktober 1938, S. 1—11

Betrachtungen zur Mechanik der freien Atmosphäre

1. Die Fortschritte, die im letzten Jahrzehnt in der Strömungslehre, besonders im Hinblick auf die quantitative Erfassung der turbulenten Strömungen, aber auch in bezug auf die rechnerische Beherrschung von reibungslosen Vorgängen, erzielt worden sind, ließen es lohnend erscheinen, die gewonnenen Methoden auch auf die Strömungsvorgänge in der freien Atmosphäre anzuwenden. Es kommen dabei gegenüber den gewöhnlichen hydrodynamischen und aerodynamischen Vorgängen hauptsächlich zwei Dinge neu hinzu, einmal die veränderliche Dichte und dann die Erddrehung. Soweit es sich bei der veränderlichen Dichte um die Wirkung der Erdschwere auf eine homogene (d. h. adiabatisch geschichtete) Luftmasse handelt, ist diese kaum eine grundsätzliche Erschwerung, sondern macht nur die Formeln etwas weniger einfach. Die eigentlichen meteorologischen Vorgänge werden aber gerade beherrscht von den Inhomogenitäten der Dichteverteilung, d. h. von den durch Temperaturunterschiede hervorgerufenen Dichteunterschieden an räumlich auseinanderliegenden Stellen gleichen Druckes. Durch die Inhomogenität wird eine strenge rechnerische Erfassung sofort sehr verwickelt. Da aber die Dichteunterschiede auf den Flächen gleichen Druckes (Isobarenflächen) meist nicht sehr groß sind, macht man in den berechneten Beschleunigungen keinen großen Fehler, wenn man in den Trägheitsgliedern die Dichte als vorgegebene Funktion des Druckes — oder, was nicht viel Unterschied macht, als vorgegebene Funktion der Höhe über dem Erdboden — annimmt. Im Schwereglied muß natürlich die wirklich vorhandene Inhomogenität zutage kommen und wird hier, um nicht zweierlei Dichten in derselben Gleichung in Erscheinung treten zu lassen, einfach als ein zusätzliches Kraftfeld eingeführt. Dadurch ist eine solche Vereinfachung des Rechenschemas gewonnen, daß auch verschiedene verwickeltere Aufgaben bewältigt werden können. Wenn man auf diese Weise Näherungswerte für die gesuchten Größen gewonnen hat, so ist es grundsätzlich immer noch möglich, mit Hilfe dieser Näherungswerte die ursprünglichen Gleichungen zu verbessern und in einem zweiten Verfahren bessere Näherungen zu gewinnen.

Als ganz beherrschend für den Ablauf der meteorologischen Vorgänge erweist sich der Umstand, daß diese Vorgänge auf der um ihre Achse rotierenden Erde vor sich gehen. Bekanntlich hat man beim

Übergang vom nichtrotierenden zum rotierenden Bezugssystem die ablenkende Kraft der Erddrehung, die sogenannte CORIOLIS-Kraft, einzuführen, die bei freien waagerechten Bewegungen auf der Nordhalbkugel eine Ablenkung nach rechts, auf der Südhalbkugel eine Ablenkung nach links verursacht und sich bei erzwungenen Bewegungen als ein entsprechend seitwärts gerichteter Drang der bewegten Masse äußert. Es gibt eine gute Vorstellung von der Größe dieser Ablenkung, wenn man dabei den Begriff des „Pendeltages" einführt. Darunter ist verstanden die Zeit, die ein FOUCAULTsches Pendel braucht, um einen Winkel von 360° zurückzulegen. Der Pendeltag stimmt an den Polen mit dem Sterntag überein und ist an einem Ort mit der geographischen Breite φ gleich einem Sterntag dividiert durch $\sin\varphi$ (also unter 30° Breite mit $\sin\varphi = 0{,}5$ gleich 2 Sterntagen, unterm Äquator, wo das FOUCAULTsche Pendel sich nicht dreht, von unendlicher Dauer). Die Ablenkung eines frei in waagerechter Richtung bewegten Massenpunktes durch die Erddrehung erfolgt nun in einer solchen Stärke, daß der Massenpunkt in einem halben Pendeltag einen vollen Kreis („Trägheitskreis") beschreibt, auf der Nordhalbkugel im Uhrzeigersinn, auf der Südhalbkugel in entgegengesetzter Umlaufrichtung[1]. Man erkennt daraus, daß überall dort, wo eine Luftmasse mehr als ein paar Stunden in derselben Richtung weiter fortschreitet, irgendwelche Kräfte vorhanden sein müssen, die diese Bewegung erzwingen. In den meisten Fällen sind es Druckunterschiede, in der Nähe des Bodens können es auch Kräfte der turbulenten Scheinreibung sein. Diese Kräfte stehen, wie seit langem bekannt, senkrecht auf der Bewegungsrichtung und sind für die Volumeneinheit $= 2\varrho\,\omega \sin\varphi\, w$ (mit ϱ = Dichte, ω = Winkelgeschwindigkeit der Erde und w = Windgeschwindigkeit). Die Änderungen der Geschwindigkeit für ein individuelles Teilchen sind bei den meisten meteorologischen Großvorgängen so gering, daß sie beim Ansatz der Bewegungsgleichungen ganz außer Ansatz bleiben können, so daß man als einziges Beschleunigungs- oder Trägheitsglied das CORIOLIS-Glied hat (Gleichgewicht des Druckfeldes usw. mit den ablenkenden Kräften der Erddrehung). Wo diese Gleichheit bei meteorologischen Vorgängen kleineren Ausmaßes nicht erreicht ist, da überlagern sich häufig Bewegungen entlang einem Trägheitskreis über die fortschreitende Bewegung. Bei den

[1] Die Beschreibung der freien waagerechten Bewegung durch den Trägheitskreis stellt, wie bemerkt werden möge, nur eine Annäherung dar, die so lange richtig ist, als bei dieser Bewegung die prozentuale Änderung von $\sin\varphi$ bedeutungslos bleibt. In der Äquatornähe ergeben sich Bahnen, deren Krümmung mit dem Abstand vom Äquator proportional ist, also in erster Näherung Kurven vom Typ der Elastica, vgl. Abb. 3, S. 198 in meinem Beitrag zur BJERKNES-Festschrift 1932 [*1*] (s. Schrifttum S. 1108).

Meeresströmungen, für die ganz entsprechende Gesetze gelten, hat man derartiges beobachtet.

Es ist im übrigen auch für die Klärung der Anschauung von Nutzen, sich zu überlegen, welche Bewegungen eine an die Stelle der Atmosphäre gesetzte Wassermasse ausführen könnte. Man hat hier statt des allmählichen Überganges zu immer geringeren Dichten ein plötzliches Ende der Dichteverteilung an dem freien Wasserspiegel, was übersichtlichere Verhältnisse ergibt. Soweit man den Meeresgrund als waagerecht ansehen kann (es soll ja nicht das wirkliche Meer, sondern ein gedanklicher Ersatz für das Luftmeer sein) und solange man von Reibungsvorgängen absieht, ergibt sich das auf den ersten Augenblick sehr merkwürdige Resultat, daß durch das Hinzutreten der Coriolis-Kraft ein Gleichgewicht auch bei nichtwaagerechtem Wasserspiegel möglich ist, wenn nur die Spiegelneigungen innerhalb gewisser mäßiger Grenzen bleiben. Die Gestalt der Höhenschichtenkarte der Wasseroberfläche ist dabei ganz willkürlich, es gehört nur zu jedem Zustand der Oberfläche ein Strömungszustand, bei dem das Wasser den Schichtlinien der Höhenschichtenkarte entlang fließt. Dieses Resultat trifft allerdings genaugenommen nur zu für Gebiete von mäßiger Ausdehnung, innerhalb derer man die Änderung von $\sin\varphi$ vernachlässigen kann. Es wird aber auch für die ganze Erde brauchbar, wenn man die Wassertiefe nicht konstant, sondern proportional $\sin\varphi$ setzt (in diesem Fall ergibt sich für die Strömung eine Stromfunktion

$$\psi = \frac{H}{2\omega\sin\varphi}\,z,$$

wo z die Ordinate des Wasserspiegels und H die Wassertiefe ist). In Anwendung auf die Meteorologie, wo an Stelle des einen Wasserspiegels eine irgendwie gestaltete stabile Schichtung von Luftmassen verschiedener potentieller Temperatur[1] tritt, können wir hieraus schließen, daß Hoch und- Tiefdruckgebiete in beliebiger Gestalt nebeneinander bestehen können und bei Abwesenheit von Reibung und anderen störenden Einflüssen sich beliebig lang erhalten würden. Wenn es nun Vorgänge gibt, die derartige Strömungsgebilde zu schaffen imstande sind, so erkennt man, daß im Verlauf von längerer Zeit erhebliche Energiemengen in diesen Gebilden gespeichert werden können.

2. Wenn wir jetzt an die Einflüsse der Reibung denken, so ist festzustellen, daß der Bodenwind unter der Einwirkung der Reibung eine Komponente in der Richtung des Druckgefälles erhält, während die Strömung ohne Reibungseinfluß den Isobaren entlang verläuft. Wenn wir die aus der Bodenreibung entspringenden Vorgänge zunächst wieder an dem Bild der Wassermasse verfolgen, so sehen wir jetzt, daß

[1] Darstellbar durch eine Vielzahl von solchen Spiegeln!

der in der Richtung des Druckgefälles verlaufende Anteil der Strömung in Bodennähe immer so fließt, daß er die vorhandenen Höhenunterschiede des freien Wasserspiegels abbaut. Es ist also mit Berücksichtigung der Bodenreibung das früher angegebene Strömungssystem nicht von beliebig langer Dauer, sondern es folgt im Lauf einer längeren Zeit eine gänzliche Beruhigung der vorher vorhandenen Umläufe lediglich durch den Wassertransport in der Bodenschicht. Es wird also durch den Mechanismus, den die CORIOLIS-Kraft in das System hineinbringt, die ganze kinetische und potentielle Energie, die vorher vorhanden war, in Reibung der Bodenschichten, also bei der Anwendung auf die Meteorologie in „Windarbeit" umgesetzt. Die Entziehung der kinetischen Energie erfolgt dabei in den bodenfernen Schichten unter allmählicher Versetzung der einzelnen strömenden Teilchen quer zu den Niveaulinien, ohne daß diese Teilchen von irgendwelchen Reibungsvorgängen ergriffen würden.

Der Mechanismus des Entstehens oder Entziehens von Geschwindigkeit in einem rotierenden Flüssigkeitssystem mag noch etwas mehr im einzelnen betrachtet werden. Um den Vorgang möglichst einfach darzustellen, soll angenommen werden, daß eine Luftmasse, die ursprünglich in Ruhe war, durch irgendwelche Ursachen in der x-Richtung in Bewegung gesetzt werden möge. Ist $u = dx/dt$ die augenblickliche Geschwindigkeit in dieser Richtung, so entspricht ihr nach dem Satz von CORIOLIS eine Beschleunigung in der y-Richtung

$$\frac{dv}{dt} = -2\omega \sin\varphi \frac{dx}{dt}.$$

Diese Gleichung läßt sich, da innerhalb mäßiger Bereiche $\sin\varphi$ als Konstante behandelt werden kann, sofort integrieren zu

$$v = -2\omega \sin\varphi (x - x_0),$$

wobei x_0 die Ausgangslage des Teilchens bedeutet, in der dieses in Ruhe war. Man sieht also, daß der Verschiebung $x - x_0$ eine Geschwindigkeit des ursprünglich in Ruhe befindlichen Mediums senkrecht zur Verschiebungsrichtung entspricht. Diese Beziehung ist für das Verständnis meteorologischer Vorgänge sehr wertvoll. Nimmt man z. B. an, daß in einer Kumuluswolke Luft aus einer niedrigeren Schicht in eine höhere Schicht aufsteigt, so werden in der niederen Schicht benachbarte Luftteile nachströmen, um den Platz auszufüllen, den die Aufstiegsmasse vorher eingenommen hatte, und in der oberen Schicht werden die Luftteile, die vorher an dem Platz waren, durch die Aufstiegsmasse nach den Seiten hin abgedrängt. Man erkennt leicht, daß durch diesen Vorgang in den unteren Schichten ein zyklonales, in den oberen Schichten ein antizyklonales Strömungsfeld entstanden ist. Diesen Strömungsfeldern entsprechen auch die nach CORIOLIS zugehörigen Druckfelder. Es wird also der Druck am ursprünglichen Ort der Aufstiegsmassen und in seiner Nachbarschaft gegenüber gleich hohen Schichten weiter abgefallen sein, und am neuen Ort der Aufstiegsmassen wird er gestiegen sein. Es kommt also durch Vermittlung der CORIOLIS-Kraft eine Art elastische Gegenwirkung zustande, die sich der Fortsetzung des Vorganges bis zu einem gewissen Grad entgegenstemmt. Wenn also noch weitere Aufstiegsmassen folgen, so müssen diese das entgegenwirkende Druckfeld überwinden und somit mehr Arbeit leisten als die ersten. Dies ist in genauem Einklang damit, daß zu dem erneuten Zuwachs an Umlaufsgeschwindigkeit ein Zuwachs der kinetischen Energie entsprechend dem Quadrat der Geschwindigkeit gehört. Die nähere Durchrechnung solcher Vorgänge [5] zeigt, daß bei stabiler Schichtung die waagerechte Ausdehnung der Ausgleichsvorgänge ziemlich bedeutend ist. Man kann sich also leicht davon Rechenschaft geben, daß dadurch, daß auf einem größeren Gebiet überall solche Aufstiegsmassen an der Arbeit sind, eine ausgedehnte Umlaufsbewegung entstehen kann, die in der unteren Schicht ein Tiefdruckgebiet, in der oberen Schicht ein Hochdruckgebiet darstellt, deren jedes so lange bestehenbleibt, bis es durch irgenwelche entgegengesetzte waagerechte Durchmesseränderungen wieder abgebaut wird.

Wenn die Temperatur einer Luftmasse von Süden nach Norden abnimmt, die in gleicher Höhe vorhandenen Dichten also nach Norden hin zunehmen, so ändert sich dadurch der Druckgradient mit der Höhe. Dies hat wieder im Gefolge, daß die höheren Schichten schneller in westöstlicher Richtung wandern als die unteren. Wenn wir nun das im vorigen Absatz beschriebene Strömungsgebilde betrachten und eine Temperaturverteilung der angegebenen Art als vorhanden annehmen, dann wird das obere Hochdruckgebiet allmählich über dem unteren Tiefdruckgebiet nach Osten herausgeschoben und tritt hier als selbständiges Gebilde auf, das jetzt seine Wirkung bis zum Boden herunter erstreckt, während gleichzeitig das Tiefdruckgebiet, dessen Druckfeld vorher durch dasjenige des Hochdruckgebietes abgeschwächt war, nun ebenfalls zu stärkerer Entfaltung kommt. Bleibt in dem Tiefdruckgebiet die vorherige Aufstiegstendenz bestehen, so kann es sich immer mehr verstärken und im Lauf der Zeit erhebliche Windstärken ansammeln. Hört aber der thermische Auftrieb auf, so wird es in kurzer Frist (1 bis 2 Tage) durch Reibung bis auf einen schwachen Rest aufgezehrt sein.

Natürlich ist bei genauerem Zusehen alles sehr viel verwickelter. Der ursprünglich vorhandene südnördliche Temperaturabfall wird durch die umlaufende Strömung mit der Zeit mehr und mehr in einen Temperaturfall von Osten nach Westen in den unteren Schichten und von Westen nach Osten in den oberen Schichten umgewandelt. Unter Berücksichtigung des Voreilens des oberen Hochdruckgebietes ergibt sich also auf der Vorderseite des Tiefs eine Erwärmung in kleinen und großen Höhen mit einer nichterwärmten Zwischenschicht, was zu neuen Aufstiegsvorgängen Anlaß gibt. Hiermit dürfte das starke Vorrücken mancher Tiefs entlang der Isothermen der Großwetterlage in Zusammenhang zu bringen sein. Die rechnerische Verfolgung derartiger Vorgänge ist erst in den Anfängen, verspricht aber allerhand lehrreiche Aufschlüsse für das Verständnis des Wettergeschehens zu liefern.

3. Etwas weiter ist bisher die Behandlung der Frage nach der großen Zirkulation der Atmosphäre gediehen. Wir haben uns die folgende Frage vorgelegt, die ganz auf das Gebiet der Strömungsmechanik zurückgeführt ist: Eine volumbeständige Flüssigkeit bedecke in gleichmäßiger Höhe H einen rotierenden Planeten. Es sei (entsprechend den in Wirklichkeit vorhandenen Temperaturunterschieden) zusätzlich zur gewöhnlichen Schwere ein Kraftfeld vorhanden, das die Flüssigkeit in der Umgebung des Äquators nach oben, in den höheren Breiten aber nach unten zu ziehen bestrebt ist. Welche Art Strömung stellt sich ein, wenn angenommen wird, daß durch irgendwelche nicht näher beschriebene Vorgänge eine vertikale Durchmischung der Flüssigkeit von passender Stärke vor sich geht? [5] Die Antwort, die in der verdienstvollen Dissertation von Dr. F. Kropatscheck [2] erarbeitet ist, ist so ausgefallen, daß trotz der starken Vereinfachung der Aufgabe bereits die wesentlichen Kennzeichen der in Wirklichkeit beobachteten Zirkulation wiedergefunden wurden. Am Boden ergibt sich in unmittelbarer Nähe des Äquators Windstille, in einem Gürtel zu beiden Seiten des Äquators eine Passatregion mit Nordostwinden auf der Nordhalbkugel und Südostwinden auf der Südhalbkugel. Es folgt eine Zone von Windstille und hohem Druck und von da ab ein südnördlicher Druckabfall mit den entsprechenden Südwestwinden am Boden auf der Nordhalbkugel und Nordwestwinden auf der Südhalbkugel. Die Polarfront trat bei der Einfachheit des Kräfteschemas nicht auf. Die Winde in der Höhe sind abgesehen vom Äquator, wo Windstille herrscht, durchweg reine Westwinde mit nach oben und nach den Polen hin zunehmender Stärke, was ebenfalls mit den Beobachtungen übereinstimmt. Über dieses Windsystem lagert sich nun eine schwache meridionale Zirkulationsbewegung, die im wesentlichen ein Aufsteigen über der Passatregion und ein Absteigen in den höheren Breiten entsprechend dem Kraftfeld liefert. Darüber lagert sich noch eine flache Gegenzirkulation, die durch die Windablenkung in Bodennähe in den höheren Breiten verursacht ist, vgl. Abb. 1. Zwei Profile der West-Ost-Komponente und der Süd-Nord-Komponente sind in Abb. 2 dargestellt. Es steht natürlich nichts im Wege, ein Kraftfeld anzunehmen, das den wirklichen Bedingungen in der Atmosphäre noch besser angepaßt ist als das hier angenommene, und außerdem mit einer nach oben hin abnehmenden Dichte zu rechnen, wobei dann auch noch die Stärke des Vertikalaustausches, der hier die Zyklonentätigkeit mit einschließt, in die richtige Abhängigkeit von der Breite gebracht werden müßte. Es ist zu erwarten, daß dann auch das für die allgemeine Zirkulation erhaltene Schema noch besser mit dem beobachteten übereinstimmen würde. Jedoch würde die Durchführung dieser Rechnungen wesentlich mehr Mühe kosten, als dies bei dem einfachen Beispiel der Fall war.

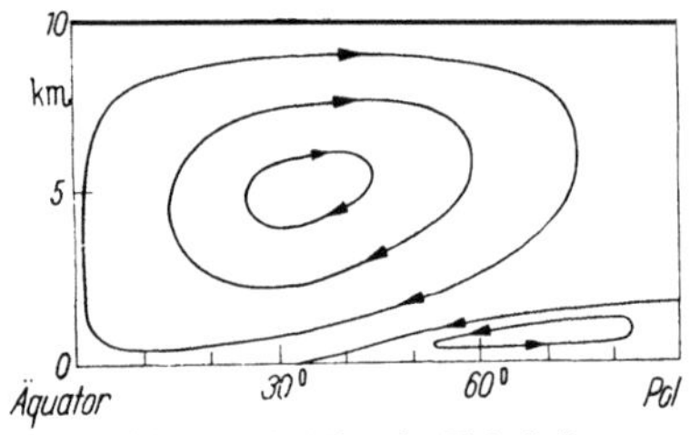

Abb. 1. Meridionale Zirkulation

In Wirklichkeit wird die atmosphärische Zirkulation durch den Wechsel von Land und Wasser, besonders aber durch die hohen Kettengebirge stark gestört. Es ist deshalb wichtig, auch das Problem der Strömung einer geschichteten Luftmasse über einem Bergrücken rechnerisch zu verfolgen. Derartige Rechnungen sind im Gange, aber noch nicht bis zu den Endresultaten gediehen.

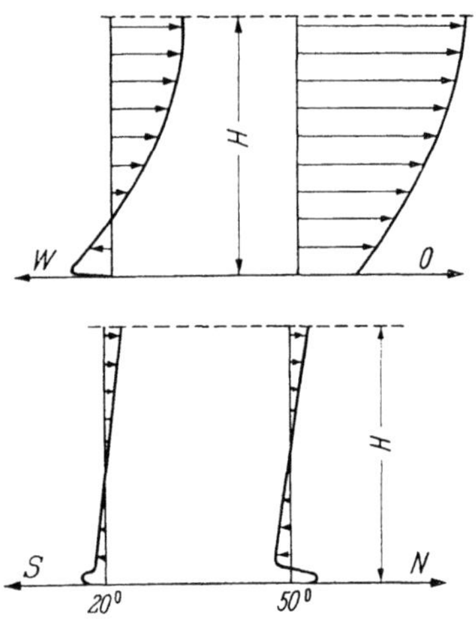

Abb. 2. Geschwindigkeitsprofile

4. In der Erforschung der technischen Strömungen haben jederzeit Versuche, besonders auch Modellversuche, eine große Rolle gespielt, um diejenigen Dinge aufzuklären, die mit der Rechnung nicht bewältigt werden können. In der Meteorologie ist man in diesem Punkt im allgemeinen auf die Beobachtung der Natur selbst angewiesen, die uns leider nicht den Gefallen tut, uns irgendwelche einfachen Schulfälle vorzuführen, sondern bei der alle möglichen, zum Teil schwer erfaßbaren Einflüsse mit im Spiel sind. Ein richtiger Modellversuch mit Abnahme der Dichte nach oben wäre nur ausführbar, wenn man imstande wäre, in dem Versuchsapparat die Schwerkraft auf etwa das Zehn- bis Fünzigtausendfache zu steigern, so daß die Troposphäre im Modell eine Höhe von 1 m bzw. 20 cm haben würde. Da uns dieses Mittel nicht zur Verfügung steht, sind alle Vorgänge, bei denen die Dichteänderungen wesentlich sind, vom Modellversuch ausgeschlossen. Es bleiben immerhin noch solche Vorgänge übrig, bei denen die Strömung einer volumbeständigen Flüssigkeit, sei es mit gleichförmiger Dichte oder mit Dichteunterschieden, ein genügend wirklichkeitstreues Bild ergeben. Es ist in dem von mir geleiteten Institut mit solchen Modellversuchen bereits begonnen worden, bei denen es sich darum handelt, die Bewegung einer Flüssigkeit in einer anderen von um ein geringes verschiedenen Dichte zu studieren. Es sind Modellversuche für einen Kaltlufteinbruch sowie solche über die Ausbreitung einer Kumuluswolke an einer Stabilitätsschicht mit Salzlösungen von verschiedenem Salzgehalt durchgeführt worden [4]. Eine weitere Problemstellung ist das Studium der Flüssigkeitsbewegungen in einem rotierenden Gefäß, wofür im Kaiser-Wilhelm-Institut für Strömungsforschung ein „rotierendes Laboratorium" zur Verfügung steht, ein mit allem Nötigen ausgestatteter Raum, der um eine vertikale Achse umlaufen kann. In diesem Raum kann irgendein Versuch aufgebaut werden, und der Beobachter nimmt selbst an der Rotation mit teil, so daß der Eindruck von den zu beobachtenden Strömungen genau der ist, wie ein Beobachter auf der rotierenden Erde ihn hat. Unter anderem haben wir hier Versuche mit

Abb. 3. Tiefdruckgebiet[1]

Abb. 4. Hochdruckgebiet

einem kreisrunden Becken mit ebenem Boden gemacht, das etwa 10 cm hoch mit Wasser gefüllt war. Wenn man den Raum rotieren läßt und zunächst abwartet, bis das Wasser relativ zu dem Becken zur Ruhe gekommen ist, dann stellt sich nach einer plötzlichen Verminderung der Drehgeschwindigkeit eine Bodenströmung ein, die spiralig nach innen verläuft und somit dem Windsystem eines Tiefdruckgebietes ent-

[1] Abb. 3 ist durch ein Versehen seitenverkehrt wiedergegeben.

spricht. Vermehrt man jedoch die Drehzahl, so erhält man entsprechend das Windsystem eines Hochdruckgebietes mit spiralig nach außen verlaufender Bodenströmung. (Im ersteren Fall rotiert die Wassermasse relativ zum Boden in der Richtung der „Erddrehung", im anderen Fall entgegengesetzt zur Erddrehung, wie es bei den Tiefdruckgebieten und Hochdruckgebieten der Fall ist.) Die Beobachtung der Bodenströmung geschieht dadurch, daß kleine Kristalle von Kaliumpermanganat auf den Boden des Gefäßes gestreut werden, die sich dann unter Erzeugung einer Farbfahne auflösen. Die beiden Abb. 3 und 4 zeigen diese Erscheinung. Allerdings sind sie nicht so, wie oben angegeben, sondern nach raschem Übergang von der Drehung zur völligen Ruhe bzw. von der Ruhe zur Drehung aufgenommen, was aber an der beobachteten Strömungsform praktisch nichts ändert. Die Ablenkung der Farbfahnen ist hier etwa 45°, wie es auch nach der Theorie der hier vorhanden gewesenen laminaren Strömung entspricht. Bei der turbulenten Strömung, die auch bei den Versuchen erreicht werden kann, sind die Ablenkungen etwas geringer, wie das auch in der Atmosphäre der Fall ist. Die Farbfahnen sind jedoch hier unruhig und werden wolkig auseinandergerissen und geben keine so klaren Bilder. Es ist beabsichtigt, mit Hilfe dieser Einrichtung eine Reihe von weiteren typischen Vorgängen zu studieren. Hierüber mag bei einer späteren Gelegenheit berichtet werden.

Schrifttum

[1] L. PRANDTL, Meteorologische Anwendungen der Strömungslehre. BJERKNES-Festschrift der „Beitr. Phys. fr. Atmosphäre" Bd. XIX (1932) S. 188.

[2] F. KROPATSCHECK, Die Mechanik der großen Zirkulation der Atmosphäre. Beitr. Phys. fr. Atmosphäre, Bd. XXII (1935) S. 272.

[3] L. ROUX, Turbulente Windströmungen auf der rauhen Erdoberfläche. Z. Geophys. 11. Jg. (1935) S. 165.

[4] V. M. GHATAGE, Modellversuche über die gegenseitige Bewegung von Luftmassen verschiedener Temperaturen. Dissertation Göttingen 1936.

[5] L. PRANDTL, Beiträge zur Mechanik der Atmosphäre. Bericht an den Internationalen Meteorologie-Kongreß in Edinburgh 1936, erscheint 1937 in den Berichten der „Union Géodésique et Géophysique internationale", Paris.

Berichte der l'Association Météorologique de l'Union Geodaetique et Geophysique, Edinbrugh 1936, S. 1—32. Paris: Dupont 1939.

Beiträge zur Mechanik der Atmosphäre

(Contribution a la Mécanique de l'Atmosphère)

Sommaire

Lorsqu'on veut étudier les phénomènes des courants atmosphériques à l'aide des lois de la Mécanique, on ne saurait trop recommander de faire des hypothèses simplificatrices pour pouvoir transformer ces phénomènes en un problème de mécanique assez simple pour être traité par des méthodes aussi exactes que possible.

Comme exemples nous avons développé:

1° *La circulation générale atmosphérique pour laquelle nous avons pu donner une solution approchée finie;*

2° *L'influence du relief du sol sur le vent, en tenant compte de la rotation terrestre;*

3° *Une mécanique linéaire des dépressions et anticyclones;*

4° *Une série de phénomènes atmosphériques de petite échelle (évolution de profils de vitesses du vent turbulent sous l'influence de la rotation terrestre et essai sur modèle réduit relatif au mouvement de masses d'air chaudes et froides).*

Vorbemerkung

Die Fortschritte, die im letzten Jahrzehnt in der Beherrschung der Gesetze der Strömungsvorgänge erzielt worden sind, lassen es lohnend erscheinen, mit den neu gewonnenen Hilfsmitteln die Probleme der Mechanik der Atmosphäre von neuem anzugreifen. Gelegentlich der in den „Beiträgen zur Physik der freien Atmosphäre" herausgegebenen Festschrift zum 70. Geburtstag von Herrn V. BJERKNES[1] habe ich verschiedene Einzelheiten der neugewonnenen Gesetzmäßigkeiten über die turbulente Strömung mitgeteilt und in einer im wesentlichen nur qualitativen Weise einige Spezialprobleme erläutert. In der Zwischenzeit habe ich mit einigen Schülern begonnen, auch in einer mehr quantitativen Art eine Reihe von Problemen anzugreifen. Als allgemeines Prinzip für diese Arbeiten möchte ich hier formulieren, daß die durch die verschiedensten Einflüsse (Wärmekonvektion, Strahlung, Feuchtigkeit usw.) verwickelten atmosphärischen Beziehungen zunächst in irgendeiner das Wesentliche herausschälenden Form so vereinfacht werden, daß nur ein Problem der Mechanik übrigbleibt und daß man dieses mechanische Problem nun aber in strenger Form formuliert und zu lösen versucht.

[1] Meteorologische Anwendungen der Strömungslehre. Beitr. Phys. fr. Atmosphäre Bd. 19 (1932) S. 188.

1. Große Zirkulation

Eine erste Aufgabe dieser Art bezieht sich auf die allgemeine Zirkulation der Atmosphäre über der rotierenden Erdkugel. Es empfiehlt sich, für eine erste einfachste Theorie statt der zusammendrückbaren Luft eine unzusammendrückbare Flüssigkeit anzunehmen und statt der Gewichtsunterschiede durch Temperaturänderung ein passendes Kraftfeld einzuführen derart, daß man an den Stellen, wo in Wirklichkeit die Temperatur hoch ist, bei ungeänderter Dichte der Flüssigkeit die Schwere durch eine entgegenwirkende Kraft geschwächt, dort, wo die Temperatur niedrig ist, aber durch eine gleichgerichtete Kraft verstärkt annimmt. Es wird also die Aufgabe in die folgende, rein mechanische Aufgabe umgewandelt: Eine homogene und unzusammendrückbare Flüssigkeit bedecke einen kugelförmigen rotierenden Himmelskörper, und es ist neben der Schwere noch ein zusätzliches Kraftfeld vorhanden, das in der Äquatorgegend aufwärts, in den höheren Breiten aber abwärts gerichtet ist. Das Kraftfeld sei gegeben. Es wird gefragt nach der stationären Bewegung, die sich hier einstellt.

Die allgemeine Zirkulation ist bereits in alten Zeiten theoretisch behandelt worden, ausgehend von den hydrodynamischen Differentialgleichungen, und man hat dabei meist dieselben Vereinfachungen eingeführt, wie sie hier vorgeschlagen werden. Die am meisten durchgearbeitete Theorie dieser Art ist diejenige von OBERBECK (1888)[1]. Gegen diese Theorie ist jedoch einzuwenden, daß OBERBECK eine Entwicklung nach Potenzen der Winkelgeschwindigkeit der Erdrotation vornimmt, was natürlich nur dann eine konvergente Entwicklung liefert, wenn die von der Erdrotation stammenden Glieder klein sind gegenüber denjenigen, die man ohne Erdrotation erhält. Das ist nun durchaus nicht der Fall, wie man sich schon an Hand der Größe der Geschwindigkeiten klarmachen kann. Die Umfangsgeschwindigkeit der Erde ist am Äquator 464 m/sec, die mittleren Windgeschwindigkeiten relativ zur Erde erreichen aber nirgends mehr als $^1/_{10}$ dieser Geschwindigkeit. Infolgedessen kann eine Theorie wie die OBERBECKsche nicht mehr als eine ganz qualitative Ähnlichkeit mit der wirklichen Zirkulation liefern. Eine Theorie, die quantitative Vergleiche zuläßt, muß im Gegensatz zu der OBERBECKschen davon ausgehen, daß die von der Erdrotation stammenden Glieder zu den entscheidenden Gliedern der ersten Näherung gehören.

[1] A. OBERBECK, Über die Bewegungserscheinungen in der Atmosphäre. Sitzungsberichte der Kgl. Preuß. Akademie der Wissenschaften 1888, S. 383. Eine Neuberechnung der OBERBECKschen Resultate mit abweichenden Methoden ist von Y. KODEIRA, On the General Circulation of the Atmosphere. Bull. of the Central Meteorological Observ. Japan, Bd. V, Nr. 1, durchgeführt.

Man muß nun, um überhaupt rechnen zu können, eine von den wesentlichen Größen als klein betrachten dürfen. Wir wollen hierfür das Kraftfeld wählen und wollen also die Aufgabe so formulieren: „Es wird gefragt nach der Strömung, die in der den rotierenden Himmelskörper bedeckenden Flüssigkeit entsteht, wenn das Kraftfeld, das die Bewegung hervorruft, nur eine geringe Intensität hat.“ Man kann sich dann immer noch vorbehalten, hinterher, wenn die erste Näherung vorliegt, auf Grund einer passenden Iterationsmethode Verbesserungen zu berechnen.

Das Gleichungssystem, von dem wir ausgehen, ist dasselbe, das auch Oberbeck benützt. Wie bei Oberbeck wird angenommen, daß die Höhe der Flüssigkeitsschicht klein ist gegenüber dem Erdradius, so daß alle Beschleunigungen in vertikaler Richtung außer acht bleiben können; dies bedeutet, daß in jeder Vertikalen der Druck an irgendeiner Stelle genau dem Gewicht der darüber befindlichen Masse entspricht (wobei natürlich die vertikale Komponente des zusätzlichen Kraftfeldes mit in das Gewicht eingerechnet werden muß). Die Bewegung sei stationär. Das Kraftfeld sei rotationssymmetrisch angenommen. Die Bewegung wird dann auch rotationssymmetrisch, d. h. die Größen hängen nur von der geographischen Breite φ und von der Höhe z über dem Erdboden ab. Die drei Gleichungen für die Beschleunigungen in der Ost-West-Richtung, für die in der Süd-Nord-Richtung und die in der lotrechten Richtung lauten dann wie folgt:

$$\frac{v}{R}\frac{\partial u}{\partial \varphi} + w\frac{\partial u}{\partial z} - \frac{u\,v}{R}\operatorname{tg}\varphi = \underline{\frac{1}{\varrho}\frac{\partial}{\partial z}\left(A\frac{\partial u}{\partial z}\right)}\,\underline{+\,2\omega v\sin\varphi}\,, \tag{1}$$

$$\frac{v}{R}\frac{\partial v}{\partial \varphi} + w\frac{\partial v}{\partial z} + \frac{u^2}{R}\operatorname{tg}\varphi + \underline{\frac{1}{\varrho R}\frac{\partial p}{\partial \varphi}} = \underline{\frac{1}{\varrho}\frac{\partial}{\partial z}\left(A\frac{\partial u}{\partial z}\right)}\,\underline{-\,2\omega u\sin\varphi}\,, \tag{2}$$

$$\underline{\frac{1}{\varrho}\frac{\partial p}{\partial z}} = \underline{-g + f}\,. \tag{3}$$

Dazu tritt noch die Kontinuitätsgleichung

$$\frac{1}{R}\frac{\partial v}{\partial \varphi} + \frac{\partial w}{\partial z} - \frac{v}{R}\operatorname{tg}\varphi = 0.^{1} \tag{4}$$

In diesen Gleichungen bedeutet u die Windgeschwindigkeit in West-Ost-Richtung, v diejenige in Süd-Nord-Richtung, w die vertikale Geschwindigkeit, ω die Winkelgeschwindigkeit der Erde, R den Erdradius, f die Feldstärke des störenden Kraftfeldes und A den turbulenten Austausch. Über diesen mag folgendes bemerkt werden. In der Atmosphäre sind Umwälzungsvorgänge im Gange, durch die Luftmassen aus den unteren Schichten nach oben und auch solche aus höheren Schichten

[1] Statt dieser Gleichung kann auch die unten angegebene integrierte Form, Gl. (9), genommen werden.

nach unten befördert werden. Diese Massen vermengen sich mit ihrer neuen Umgebung und bewirken dadurch einen Austausch ihrer Bewegungsgröße. In kleinerem Maße erfolgt dieser Austausch durch die gewöhnliche Turbulenz, in größerem hauptsächlich durch die Zyklone. Die hier eingeführte Austauschgröße A muß also so gewählt werden, daß sie den Mittelwert dieses Impulstransportes richtig darstellt. Auf diese Weise ist es formal möglich, den für die große atmosphärische Zirkulation unentbehrlichen Mechanismus der Zyklonen und Antizyklonen in seinen Auswirkungen zu berücksichtigen, ohne das einfache Schema einer rotationssymmetrischen Strömung zu verlassen.

Es gilt nun, die Größe der einzelnen Glieder abzuschätzen. Man kann dies in der Weise machen, daß man zunächst irgendwelche aus der Beobachtung entnommenen Werte für u, v usw. in die Gleichungen einsetzt und zusieht, welche Glieder die größten sind. Wenn man beachtet, daß u (die West-Ost-Geschwindigkeit) in größeren Höhen von der Größenordnung 20 m/sec ist, v aber eher von der Größenordnung 1 m/sec, dann zeigt sich, daß die in den Gl. (1) bis (3) unterstrichenen Glieder die größten sind. Die nichtunterstrichenen Glieder können daher in einer ersten Näherung vernachlässigt werden.

Wir erhalten noch eine recht wichtige Gleichung, wenn wir die in der angegebenen Weise vereinfachte Gl. (2) nach z und die Gl. (3) nach φ differenzieren und so zwei Ausdrücke für $\frac{\partial^2 p}{\partial \varphi \, \partial z}$ gewinnen. Wir erhalten so Gl. (5):

$$0 = \frac{\partial f}{\partial \varphi} + 2R\,\omega \frac{\partial u}{\partial z} \sin \varphi . \tag{5}$$

Die Wichtigkeit gerade dieser Gleichung ist auch in der neueren Literatur des öfteren hervorgehoben worden. Aus ihr kann die West-Ost-Geschwindigkeit u in ihrer Abhängigkeit von z bis auf eine vom Winkel φ abhängige Integrationskonstante bestimmt werden.

Gl. (5) liefert sofort eine wertvolle Aussage für die Stratosphäre. Wir wollen im Rahmen unserer Problemstellung unter der Stratosphäre denjenigen oberen Teil unserer Flüssigkeitsmassen verstehen, in dem das Kraftfeld f verschwindet (oder, was für unsere Rechnung auf dasselbe hinauskommt, einen konstanten Wert annimmt). Gl. (5) liefert hier für $\partial u / \partial z = 0$. Wir können also jederzeit über unserer Troposphäre, in der sich der eigentliche Mechanismus der Zirkulation abspielt, eine Stratosphäre mit einem der Höhe nach konstanten, der geographischen Breite nach aber ganz beliebigen u aufbauen. Die Coriolis-Kraft der u-Strömung sorgt ohne weiteres für das gegenseitige Gleichgewicht der Flüssigkeitsmassen von benachbarten Parallelkreisen.

Welche Integrationskonstante wir am Fuß der Troposphäre für u einzuführen haben, läßt sich also aus den bisherigen Gleichungen nicht ermitteln. Diese „bodennahe Geschwindigkeit" muß deshalb mit anderen

Methoden gefunden werden. Dieser Punkt hat seinerzeit die größten Schwierigkeiten gemacht. Es zeigt sich, daß folgender Weg zu einer brauchbaren Näherung führt: Mit τ_0 soll die Schubspannung der Reibung des West-Ost-Windes auf der Erdoberfläche bezeichnet werden. Man kann nun ansetzen, daß das gesamte Drehmoment der Reibungskräfte zwischen dem Äquator und dem Parallelkreis unter der Breite φ entgegengesetzt gleich sein muß dem Impulsmoment, das von der u-v-Strömung in der vertikalen Fläche über diesem Parallelkreis von Süden nach Norden übertragen wird. Dies führt mit $R \cos\varphi$ = Radius des Parallelkreises zu der Gleichung

$$\int_0^{\varphi} \tau_0 \cos^2\varphi \, d\varphi = -\frac{\cos^2\varphi}{R} \int_0^H \varrho \, u \, v \, dz. \tag{6}$$

Die Geschwindigkeiten u und v bestehen nun aus den Anteilen u_1 und v_1, die sich aus den Gl. (5) und (1) berechnen lassen, und aus Anteilen u_2 und v_2, die die Besonderheiten des Bodenwindes wiedergeben[1]. Man kann verabreden, daß u_2 und v_2 oberhalb der Bodenschicht konstant sind, so zwar, daß u_2 hier die gesuchte Integrationskonstante darstellt und v_2 so bestimmt wird, daß im ganzen die Kontinuität gewahrt ist, d. h. daß über jeden Parallelkreis ebensoviel Masse nach Norden wie nach Süden geht[2]. u_1 beginnt nach dieser Verabredung am Boden (bei $z = 0$) mit dem Wert Null.

Führt man nun auf der rechten Seite von Gl. (6) für $u\,v$ ein $(u_1 + u_2)(v_1 + v_2)$, so ergeben sich vier Produkte: $u_1 v_1$, $u_1 v_2$, $u_2 v_1$ und $u_2 v_2$. Eine Abschätzung der numerischen Werte der Integrale über die einzelnen Produkte[3] zeigt nun, daß das Integral über das Produkt $u_1 v_1$ die anderen drei Integrale so stark überwiegt, daß es genügt, dieses allein zu berücksichtigen. Wenn man jetzt für den Zusammenhang der Schubspannung τ_0 mit der Gradientgeschwindigkeit u_g

[1] Die Gl. (1) und (2) würden den Bodenwind samt Windablenkung richtig wiedergeben, wenn in Gl. (2) das Glied

$$\frac{1}{\varrho} \frac{\delta}{\delta z}\left(A \frac{\delta v}{\delta z}\right)$$

mitgenommen würde. Die Gl. (5) würde dann aber ihre Einfachheit verlieren. Wir sind deshalb gezwungen, dieses Glied, das oberhalb der Bodenschicht sehr klein ist, zu vernachlässigen und dafür den Bodenwind in der geschilderten Weise besonders einzuführen.

[2] Die Strömung v_1 erfüllt die Kontinuität gemäß der vereinfachten Gl. (1) von allein, wenn am Boden $A = 0$ und in der Tropopause $du/dz = 0$ angenommen wird.

[3] Eine ins einzelne gehende Abschätzung der Größenordnungen findet sich in der auf meine Anregung hin entstandenen Arbeit „Die Mechanik der großen Zirkulation der Atmosphäre“ von Dipl.-Ing. F. Kropatscheck, Beitr. Phys. fr. Atmosphäre Bd. 22 (1935) S. 272ff.

am oberen Ende der Reibungsschicht, die genügend genau mit dem Wert u_2 für $z > \delta$, also mit der gesuchten Integrationskonstanten, identifiziert werden kann, eine passende Näherungsformel einführt, etwa

$$\tau_0 \approx 0{,}002\,\varrho\, u_\delta^2\,,$$

so ergibt sich im Zusammenhang mit Gl. (6) die Formel:

$$u_\delta \approx \pm\, 22{,}4 \sqrt{\frac{1}{R\cos^2\varphi}\left|\frac{\partial}{\partial\varphi}\left(\cos^2\varphi\int\limits_0^H u_1\, v_1\, dz\right)\right|}\,. \tag{7}$$

Der Verlauf von v_2 ergibt sich aus der Winddrehung am Boden in bekannter Weise. Die Kontinuität ergibt schließlich auch die Vertikalgeschwindigkeit w und Gl. (2) die Druckverteilung nach der Breite.

Der Rechnungsgang ist also folgender: Es wird zunächst ein Kraftfeld f angenommen. Gl. (5) liefert dann $\partial u_1/\partial z$, woraus u_1 folgt. Mit Hilfe von passenden Annahmen für den Austausch A folgt nun aus der vereinfachten Gl. (1):

$$v_1 = -\frac{1}{2\varrho\,\omega\sin\varphi}\,\frac{\partial}{\partial z}\left(A\,\frac{\partial u_1}{\partial z}\right). \tag{8}$$

Aus der Kontinuität ergibt sich für w_1:

$$w_1 = -\frac{1}{R\cos\varphi}\int^z \frac{\partial(v_1\cos\varphi)}{\partial\varphi}\, dz\,. \tag{9}$$

Mit u_1 und v_1 ergibt sich aus Gl. (7) u_δ und damit das ganze $u = u_1 + u_\delta$, mit Hilfe dessen Gl. (2) das Druckfeld liefert. Aus dem zu u_δ nach den Windablenkungsgesetzen dazugehörigen v_2 liefert nun die Kontinuität das zugehörige w_2.[1] Da die Aufgabe nur Differentiationen und Quadraturen erfordert, ist sie für jede Wahl des Kraftfeldes f durchführbar. Einfache Verhältnisse ergeben sich aber nur, wenn man für die Funktionen f und A einfache Annahmen macht.

Bisher sind nur Fälle durchgerechnet worden, bei denen sich diese Funktionen und auch die wichtigsten abgeleiteten Funktionen als Produkte einer Funktion der geographischen Breite φ und einer Funktion der Höhe z darstellen lassen. Dies zwingt dazu, die Höhe der Troposphäre, H, als konstant über die ganze Erde anzunehmen. Es zeigt sich, daß man die wesentlichsten Züge der atmosphärischen Zirkulation auch unter dieser von der Wirklichkeit erheblich abweichenden Annahme erhalten kann. Bei der Wahl von f muß darauf geachtet werden, daß wegen des Verschwindens der Coriolis-Kraft am Äquator hier leicht unendliche Geschwindigkeiten auftreten können. Ich verweise in diesem

[1] Da v_2 nur in einer Schicht von der Dicke δ beträchtlich ist, ist der durch v bewirkte südnördliche Massentransport proportional $v_{2\,\mathrm{mittel}} \cdot \delta$. Nach Gl. (11) ist δ ungefähr proportional u_δ, $v_{2\,\mathrm{mittel}}$ ist ebenfalls proportional u_δ, so daß der Massentransport proportional u_δ^2, also proportional τ_0 ist.

Zusammenhang auf die Darlegungen, die an Abb. 4 meines Beitrages zur BJERKNES-Festschrift (a. a. O., S. 200) anknüpfen. Man muß den Druckgradienten am Äquator mit einer höheren als der ersten Ordnung verschwinden lassen. In meinem Vortrag auf dem Internationalen Mechanik-Kongreß in Cambridge 1934 habe ich die Funktion f folgendermaßen gewählt:

$$f = c\left(1 - \frac{z}{H}\right)\left(\cos 2\varphi - \frac{1}{4}\cos 4\varphi\right) + f_0(z).$$

Dies führt aber zu einer bis zum 45. Breitengrad reichenden Passatregion. Ich will deshalb hier ein anderes Beispiel mitteilen, das Herr KROPATSCHEK (a. a. O., S. 289) in etwas anderer Bezeichnung angegeben hat. Es lautet

$$f = f_0(z) - c\left(1 - \frac{z}{H}\right)\left|\sin\varphi - \frac{\sin^3\varphi}{3}\right|.$$

Was nun den Austausch betrifft, so ist folgendes zu sagen: Zunächst ist schon bei den gewöhnlichen turbulenten Strömungen der Austausch am Boden nahezu gleich Null und wächst praktisch linear mit der Höhe. Wir wollen diese Eigenschaft hier unverändert übernehmen, da man doch über die Verteilung des Austausches der Höhe nach noch nicht sehr viel weiß. Was die Verteilung des Austausches nach der geographischen Breite betrifft, so ist zu betonen, daß dieser in der Zyklonenregion besonders stark sein wird, in der Passatregion aber wesentlich schwächer, dagegen wieder sehr stark in der Kalmenzone am Äquator. Wenn wir jetzt den Ansatz machen

$$A = \varrho\, a \frac{z}{H} \sin\varphi,$$

dann werden wir zwar nicht für den Äquator selbst, aber bereits für die Gebiete in geringer Entfernung vom Äquator ungefähr das Richtige haben, vielleicht allerdings nicht in den Polargegenden, wo der Austausch wieder geringer sein dürfte. Den konzentrierten Austausch am Äquator werden wir einfach dadurch berücksichtigen, daß wir die Ost-West-Geschwindigkeit am Äquator für alle Höhen gleich Null annehmen, was in der Wahl der Funktion f berücksichtigt ist. Wenn man mit den beiden Annahmen die oben beschriebene Rechnung durchführt, so findet man, wenn noch zur Abkürzung $z/H = Z$ gesetzt wird,

$$u_1 = \frac{cH}{2R\omega}(2Z - Z^2)\,|\sin 2\varphi|,$$

$$v_1 = \frac{c\,a}{2R\omega^2 H}(2Z - 1)\sin 2\varphi$$

und

$$w_1 = \frac{c\,a}{2R^2\omega^2}(Z^2 - Z)(1 - 3\sin^2\varphi).$$

Damit wird das über einen Breitenkreis hinüber ausgetauschte Impulsmoment

$$J = 2\pi\varrho R^2 \cos^2\varphi \int u_1 v_1 \, dz = \frac{2\pi\varrho c^2 a H}{24\omega^3} \sin^2 2\varphi \cos^2\varphi ,$$

deshalb gemäß der nach φ differenzierten Gl. (6) die Schubspannung

$$\tau_0 = \frac{\varrho c^2 a H}{24 R^3 \omega^3} (3 \sin 4\varphi - 2 \sin 2\varphi)$$

und damit für $z > \delta$

$$u_2 = u_0 = \pm 4{,}6 \frac{c}{R\omega} \sqrt{\frac{a H}{R\omega}} \sqrt{|3 \sin 4\varphi - 2 \sin 2\varphi|} .$$

Das Vorzeichen ist hierbei dasselbe wie dasjenige von τ_0. Zu u_2 gehört jeweils ein v_2, das in der bodennahen Zone ein Südwind ist, wenn u_2 Westwind ist und Nordwind, wenn u_2 Ostwind ist. Oberhalb der Boden-

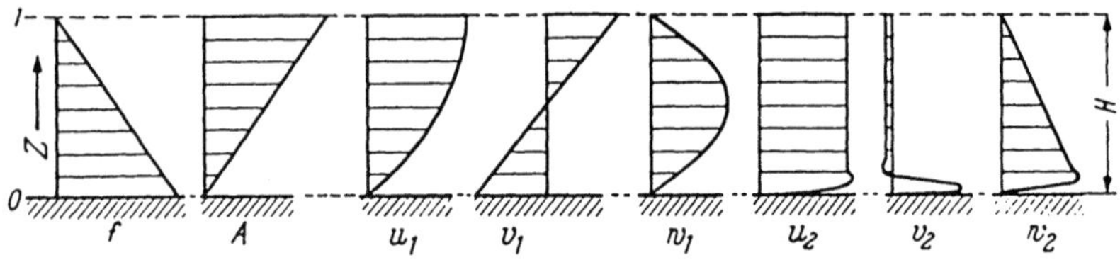

Abb. 1. Abhängigkeit von der Höhe z

schicht hat v_2 die umgekehrte Richtung, ist dort aber gegen v_1 geringfügig. Aus v_2 ergibt sich mit Hilfe von Gl. (9) die Vertikalgeschwindigkeit w_2. Der Verlauf der verschiedenen Größen, abhängig von z und von φ, ist aus Abb. 1 und 2 ersichtlich. Man erkennt, daß in der Tat die Bodenwinde sich ganz ähnlich verhalten wie das in solchen Teilen der Erdoberfläche, die nicht durch größere Bodenerhebungen gestört sind, beobachtet wird. Es ergibt sich, wenn wir die Gesamtgeschwindigkeit $u = u_1 + u_2$ betrachten, zwischen dem Äquator und rd. 35° Breite die Passatregion mit Ostwinden am Boden und darüber einem nach oben immer mehr zunehmenden Westwind. In den höheren Breiten ergeben sich nur Westwinde, die am Boden mäßig, in den größeren Höhen aber sehr stark sind. Da der Verlauf der Winde dem wirklichen weitgehend entspricht, ist dies natürlich mit dem Luftdruck ebenso der Fall. Wegen der Einzelheiten, die hier übergangen werden können, sei auf die KROPATSCHEKsche Arbeit hingewiesen.

Im übrigen wäre noch auf die Faktoren aufmerksam zu machen, die sich bei den einzelnen Formeln finden. Hervorzuheben wäre zunächst als grundsätzlicher Unterschied gegenüber den älteren Theorien, daß die Winkelgeschwindigkeit der Erde in allen Formeln im Nenner steht, während sie dort nur in den Gliedern der zweiten Näherung im Zähler auftritt. Der Faktor des Kraftfeldes steht in unseren Formeln richtig im Zähler, so daß mit seinem Verschwinden auch die hier betrachteten Größen verschwinden. Zu einer richtigen Größenabschätzung ist das Auftreten des Verhältnisses H/R in den Formeln zu beachten, auch wäre es nötig, den Austauschfaktor a durch andere Größen auszudrücken. Leider existiert bisher keine Theorie des Austausches in rotierenden Massen, und das einzige uns zugängliche Experiment, eben die rotierende Erde, liefert sozusagen nur einen Punkt der Funktion $a(\omega, c, H/R)$. Rein formal kann man indes den Austausch proportional zu dem Produkt aus u_1 und H setzen. Mit dem Faktor von u_1, $\frac{cH}{R\omega}$ kann man also $a = \text{Zahl} \cdot \frac{cH^2}{R\omega}$ setzen. Damit erhält v_1 den Faktor $\frac{c^2 H}{R^2 \omega^3}$ und u_δ, das mit dem geometrischen Mittel von u_1 und v_1 geht, den Faktor $\sqrt{\frac{c^3 H^3}{R^3 \omega^4}}$. Mit den Potenzen von c, die sich so ergeben, läßt sich nachträglich die Größenordnung der einzelnen Glieder der Gl. (1) und (2) noch einmal nachprüfen. Man erkennt, daß tatsächlich die in der ersten Näherung berücksichtigten Glieder diejenigen mit der niedrigsten in der Gleichung vorkommenden Potenz von c sind [zweite Potenz in Gl. (1) und erste Potenz in Gl. (2)].

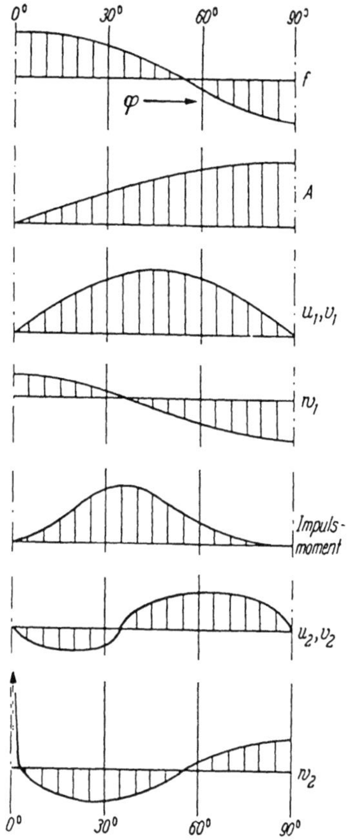

Abb. 2. Abhängigkeit von der geographischen Breite φ

Das im vorstehenden angegebene Beispiel hat noch verschiedene Mängel, die bei einer verfeinerten Untersuchung noch beseitigt werden könnten. Vor allem ist darauf hinzuweisen, daß die unendlichen Differentialquotienten von u_2 und v_2 einen Mangel des Verfahrens enthüllen. Dieser hängt mit den in Gl. (1) und (2) unterdrückten Gliedern zusammen. Bei der angegebenen Lösung wird das Glied $\frac{v}{R}\frac{\partial u}{\partial \varphi}$ in Gl. (1) unendlich, was darauf hindeutet, daß man dieses Glied in den in Rede stehenden schmalen Regionen nicht hätte vernachlässigen sollen. Ein rechnerischer Versuch, dieses Glied zu berücksichtigen, ist in der Kropatscheкschen Arbeit gemacht (a. a. O., S. 294), und es ist gezeigt, daß bei Berücksichtigung dieses Gliedes das Unendlichwerden nicht mehr eintritt. Jedoch werden die Rechnungen sofort ziemlich verwickelt und können nur in Form einer Korrekturrechnung durchgeführt werden.

Ein anderer Punkt ist, daß, genaugenommen, durch Hinzunehmen des kleinen Betrages v_2 zu v_1 die vereinfachte Gl. (1) verletzt wird. Es zeigt sich, daß die nachträgliche Berücksichtigung der in Gl. (1) vernachlässigten Glieder die Sache in Ordnung bringt. Mit dem obigen Ansatz für a sind diese Glieder mit dem Faktor c^3 behaftet, also klein von dritter Ordnung in bezug auf das Kraftfeld. In der Tat ist v_2 oberhalb der Bodenschicht auch von dritter Ordnung, da es dem Produkt $u_\delta \cdot \delta/H$ proportional ist.

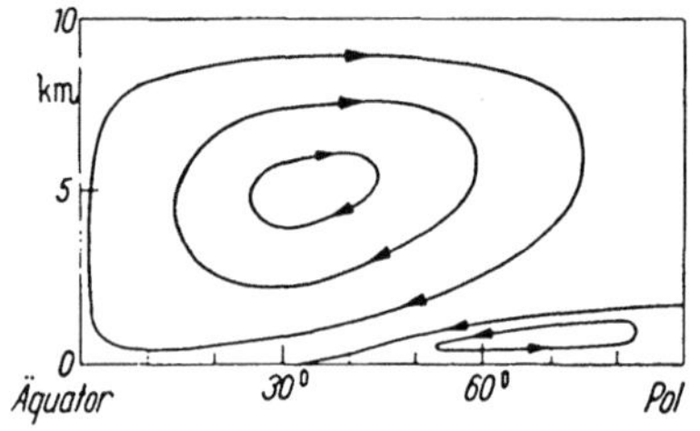

Abb. 3. Stromlinien im Meridianschnitt

Aus den erhaltenen Windsystemen folgt eindeutig eine bestimmte Form der Zirkulation, die von dem Schema, das gewöhnlich angegeben wird, ziemlich abweicht. Es ist in Abb. 3 etwas schematisiert angegeben. Abgesehen von einer kleinen, durch die Bodenwinde hervorgerufenen Zirkulation in den höheren Breiten ergibt sich nur *ein* Umlauf, der über dem Äquator und der Passatregion aufwärts, über den höheren Breiten abwärts führt[1].

Man kann nun natürlich die Betrachtungen dadurch verfeinern, daß man sich an Hand dieses Zirkulationsschemas sowie der Einstrahlung und Ausstrahlung Aussagen für die zu erwartenden Temperaturen und damit für eine verbesserte Funktion f zurechtlegt. Hierbei mag besonders darauf aufmerksam gemacht werden, daß die Süd-West-Winde in den gemäßigten Breiten am Boden warme Luft nach Norden verfrachten und daß darüber her ein Strom von Norden nach Süden geht, der erwartungsgemäß im Durchschnitt eine niedrigere Temperatur haben wird. Hierdurch ist, zudem die höheren Luftmassen eine starke west-östliche Geschwindigkeit haben, hier eine starke Luftunruhe zu erwarten, während im Passat die aus den kältesten Regionen kommenden Luftmassen unten liegen und so die Anordnung wesentlich stabiler ist.

Die warmen Süd-West-Winde werden in Wirklichkeit nicht, wie es das Schema angibt, bis in die Nähe des Pols gelangen, sondern durch den verstärkten Austausch der Zyklonen in die Höhe geführt, wobei

[1] Für diejenigen, die ein anderes Zirkulationssystem vorziehen, sei angemerkt, daß man auch die Aufgabe lösen kann, aus der Verteilung der Vertikalgeschwindigkeit w_1 das Kraftfeld, also die Temperaturverteilung, zu rechnen, wenn man über den Austausch plausible Annahmen macht. Man kann daher für irgendwelche sonst vorgeschlagene Zirkulationssysteme nachprüfen, ob die dafür nötige Temperaturverteilung mit den Beobachtungen verträglich ist.

sie unter sich Platz lassen für die Kaltluftmassen der „Polarfront". Durch eine geeignete Abänderung der Funktion f, etwa in Form eines Zusatzgliedes, das hauptsächlich in Bodennähe Beiträge liefert, würde man derartiges berücksichtigen können, jedoch werden voraussichtlich die Rechnungen dadurch sofort sehr verwickelt werden. Wenn man sich zum numerischen Rechnen entschließt, kann man natürlich auch noch den Verlauf der Tropopause mit dem beobachteten in Übereinstimmung bringen. Dabei wird man auch den Umstand, daß in Wirklichkeit die Luftdichte nach oben stark abnimmt, während wir sie zur Vereinfachung der Rechnung konstant gesetzt haben, wohl in der Weise annähernd berücksichtigen können, daß man unter der z-Koordinate nicht den vertikalen Abstand vom Boden, sondern die zwischen dem Boden und dem betrachteten Punkt befindliche Masse auf der Flächeneinheit versteht. Sinngemäß wird dann die Vertikalgeschwindigkeit w den vertikalen Massentransport durch die Flächeneinheit bedeuten. Auf diese Weise wird, soviel ich übersehe, das Formelsystem auch für Berücksichtigung der Abnahme der Dichte mit der Höhe brauchbar bleiben. Man wird so ein mit der Wirklichkeit noch besser übereinstimmendes Ergebnis erhalten, soweit man das bei einer Theorie verlangen kann, die die Verteilung von Wasser und Land und den Einfluß der hohen Gebirgszüge nicht berücksichtigt. Die Gebirge, von denen sich z. B. diejenigen des amerikanischen Kontinents wie eine große, von Norden nach Süden verlaufende Sperrmauer und diejenigen von Asien wie eine von Ost nach West verlaufende verhalten, haben sicher einen erheblichen Einfluß auf die Gesamtzirkulation, einen viel stärkeren natürlich auf die örtlichen Vorgänge. Es wird sich deshalb empfehlen, sich mit den Strömungen über die Gebirge mit Berücksichtigung der Erdrotation und der Schichtung eingehend zu befassen.

2. Einfluß von Bodenerhebungen

Für das Studium des Einflusses von Bodenerhebungen auf das Verhalten der darüber hinwegströmenden Luftmassen haben wir hier in Göttingen bereits einen Anfang gemacht, doch sind die Rechnungen erst im Gange. Man kann das Schema dadurch vereinfachen, daß man eine homogene Flüssigkeit mit freiem Spiegel oder aber auch oben durch eine waagerechte ebene Wand geführt über einen Gebirgsrücken strömen läßt. Statt der homogenen Flüssigkeit kann man ebenso auch eine adiabatisch geschichtete Luftmasse annehmen, was die Rechnungen nicht viel schwieriger macht (die Schwierigkeiten treten erst ein, wenn man eine stabile Schichtung annimmt). Hier wollen wir lediglich annehmen, daß eine homogene Flüssigkeit von der Schichthöhe H über einen Höhenrücken von der Höhe h strömt. Der Kamm des Höhenrückens verlaufe in der Richtung der y-Achse, die Breite des Rückens und ebenso diejenige seiner Böschungen sei groß gegenüber H. Dann läßt sich für eine Luftmasse, die mit konstanter Geschwindigkeit vor dem Bergrücken ankommt, der HELMHOLTZsche Satz anwenden, daß die absolute Drehung sich so verändert wie die Länge des in Betracht kommenden Stückes der Wirbellinien. Eine Wirbellinie von der Länge H verändert sich aber bei dem Überschreiten des Bergrückens in eine von der Länge $H - h$. Gemäß unserer Annahme ist die relative Drehung gegenüber der Erde für die ankommende Strömung gleich Null. Dann ist die relative Drehung an irgendeiner Stelle mit der Berghöhe h

$$\frac{1}{2}\left(\frac{\partial v}{\partial x} - \frac{\partial u}{\partial y}\right) = \omega \sin\varphi\left(\frac{H-h}{H} - 1\right) = -\omega\sin\varphi\,\frac{h}{H}\,.$$

Da hier aber u nur von x nicht aber von y abhängt und also $\partial u/\partial y$ verschwindet, läßt sich $\partial v/d x$ sofort integrieren zu

$$v = v_1 - 2\,\omega\sin\varphi\int\frac{h\,dx}{H}\,. \tag{10}$$

Betrachtet man die Stromlinien ($\operatorname{tg}\alpha = v/u$ mit α = Winkel der Stromlinie mit der X-Achse), so ergibt sich also über dem Bergrücken eine Abbiegung der Strömung, die um so stärker ist, je höher und je breiter der Rücken ist und je kleiner die Geschwindigkeit ist, mit der die Strömung ankam. Abb. 4 gibt ein Bild einer solchen Strömung. Aus den Geschwindigkeiten folgt mit Hilfe der EULERschen Gleichung für rotierende Räume die Verteilung des Druckes. Die Rechnung ergibt

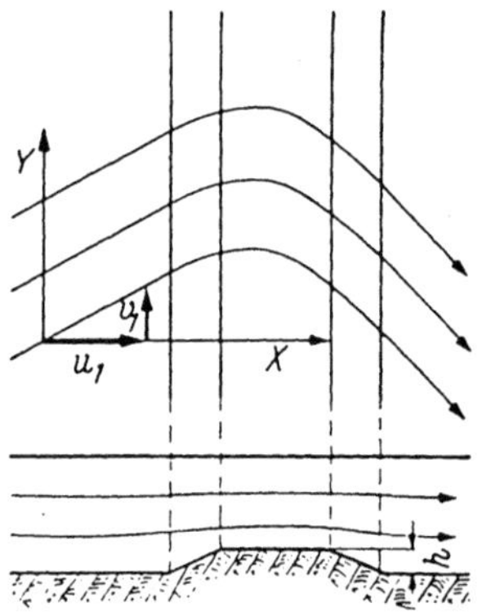

Abb. 4. Strömung über Bergrücken

$$p = p_0 - \frac{\varrho}{2}\,(u^2 - u_1^2) + \\ + 2\,\varrho\,\omega\sin\varphi\left(\int\limits_0^x v\,dx - u_1\,y\right),$$

wo p_0 der Druck in gleicher Höhe bei $x = 0$, $y = 0$ ist. Man beherrscht also für diesen einfachsten Fall alles Wissenswerte. Man wird die Ergebnisse auch auf Bergrücken von weniger einfacher Gestalt und auf weniger einfache Strömungsfelder qualitativ übertragen dürfen und findet dann mit Rücksicht darauf, daß die Isobaren ungefähr mit den Stromlinien der freien Strömung übereinstimmen, Abbiegungen der Isobaren von der Art, wie es in Abb. 5 und 6 für ein Hochdruck- bzw. ein Tiefdruckgebiet dargestellt ist. Die Isobarenkarte der Alpengegend zeigt häufig — besonders bei mäßigen Beträgen des Druckgradienten — ähnliche Bilder (sogenanntes Alpenhoch).

Die vorstehende Theorie berücksichtigt nicht den Einfluß des Bodenwindes, der um so größer ist, je stärker die Ablenkungen der Stromlinien sind. In dem Grenzfall sehr kleiner Geschwindigkeiten oder eines sehr ausgedehnten Hochlandes wird der Bodenwind zum beherrschenden Einfluß des ganzen Problems. Man kommt dabei auf dieselben Formulierungen, die V. W. EKMAN[1] in seiner Theorie der Meeresströmung behandelt hat. In diesem Fall wird der Grad der Ablenkung durch das Verhältnis der Höhe h zu der Dicke δ der Reibungsschicht bestimmt. Nach meinen Ausführungen in der BJERKNES-Festschrift (a. a. O. S. 196) ist die Dicke der Reibungsschicht δ (dort mit h bezeichnet) näherungsweise durch eine Gleichung gegeben:

$$\delta\left(\ln\frac{\delta}{z_0}\right)^2 = 0{,}4\,\frac{U}{\omega\sin\varphi}\,. \tag{11}$$

Hierin ist U der Betrag des Gradientwindes und z_0 eine von den Rauhigkeitserhebungen abhängige Größe (je nach Form der Rauhigkeiten $^1/_{10}$ bis $^1/_{30}$ der Höhenerstreckung der Rauhigkeit). Es ergibt sich daraus, daß die Reibungsschichtdicke mit der Stärke des Gradientwindes und in schwächerem Maße mit der Größe der Rauhigkeitserhebungen wächst, was bei Anwendung der EKMANschen Theorie zu berücksichtigen wäre. Man erhält bei dieser Theorie das Resultat, daß eine Bodenerhebung von einer Höhe, die ein Mehrfaches der Reibungsschichtdicke ist, eine praktisch fast völlige Absperrung des Luftraumes über dem Hochland hervorbringt.

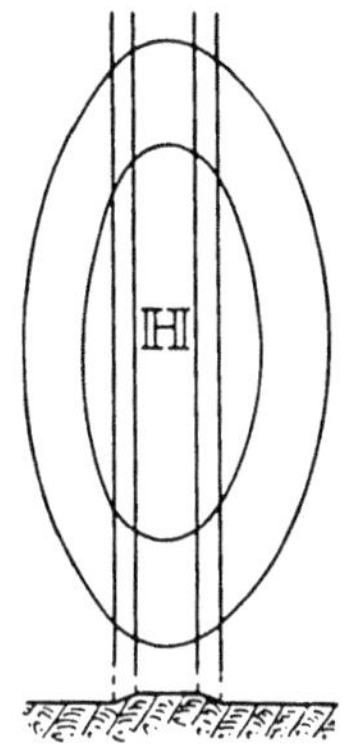

Abb. 5

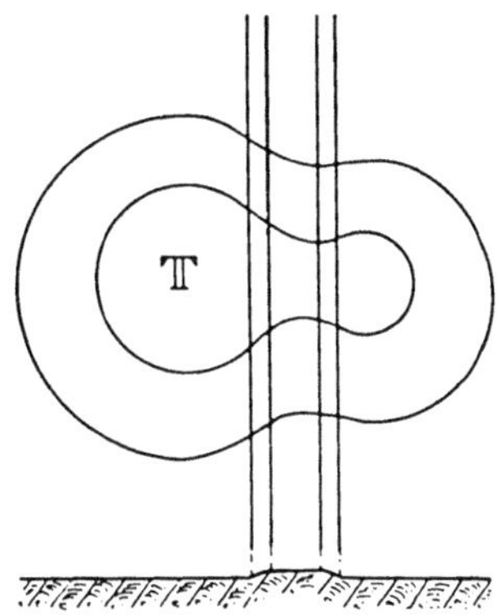

Abb. 6

Abb. 5 u. 6. Hoch- und Tiefdruckgebiet durch Bergrücken beeinflußt

Es wird nötig sein, dieses für eine homogene Flüssigkeit erhaltene Resultat auch für stabil geschichtete Luftmassen nachzuprüfen, und es ist zu vermuten, daß sich hier andere Resultate ergeben werden.

3. Zur Mechanik der Zyklone und Antizyklone

Bei vielen Aufgaben der Hydrodynamik hat es sich bewährt, die Frage zu stellen: Wie bildet sich die Bewegung aus, wenn sie aus der Ruhe heraus beginnt? Der Ruhezustand ist eine genaue Lösung der hydrodynamischen Differentialgleichungen, und es ist häufig nicht unwichtig, die Weiterentwicklung einer Lösung von einem Zustand aus

[1] V. W. EKMAN, Dynamische Gesetze der Meeresströmungen, abgedruckt in „Vorträge aus dem Gebiet der Hydro- und Aerodynamik, Innsbruck 1922", hrsg. von v. KÁRMÁN und LEVI-CIVITA, S. 97, 1924.

zu verfolgen, der selbst eine Lösung ist. Bei den meisten Betrachtungen über Zyklone usw. wird von vornherein nur ein begrenztes Raumgebiet betrachtet und darin irgendeine Verteilung der Geschwindigkeiten, Drücke usw. angenommen. Die Wechselwirkung mit der äußeren Umgebung dieses Gebietes wird dabei meist überhaupt nicht in Betracht gezogen. In dem Streben, ein vom Standpunkt der Mechanik aus reinliches Problem zu bekommen, habe ich mir nun vorgenommen, einen Zyklon oder Antizyklon zu studieren, der in einer zunächst ruhenden, irgendwie geschichteten Luftmasse allmählich durch gewisse Umschichtungen entsteht. Da die Ausmaße des einzelnen Zyklons gegenüber dem Erdradius verhältnismäßig klein sind, braucht man bei der einfachsten Form der Theorie nicht auf die Erdkrümmung und nicht auf die verschiedene Länge des Pendeltages an verschiedenen Stellen des Wirkungsgebietes des Zyklons zu achten, sondern kann den Schauplatz auf eine gleichförmig rotierende ebene Scheibe verlegen (Winkelgeschwindigkeit ω', zahlenmäßig gleich dem Wert von $\omega \sin \varphi$ in der Mitte des Strömungsbildes)[1].

Man kann sich solche Umlagerungen z. B. durch die Tätigkeit von Kumuluswolken vor sich gehend denken. Erwärmte Luft steigt von bodennahen Schichten um mehrere tausend Meter aufwärts und lagert sich in einer höheren Schicht wieder stabil ein. Es wird also aus den unteren Schichten Masse entfernt und den oberen Schichten Masse zugeführt. Dieser Massentransport gibt Anlaß zu waagerechten Bewegungen, die in den unteren Schichten nach der Mitte zu und in den oberen Schichten von der Mitte fortführen, und die durch das Hinzutreten der CORIOLIS-Kraft zu zyklonalen Drehungen in den unteren Schichten und antizyklonalen in den oberen Schichten Anlaß geben. Man kann mit den Mitteln der theoretischen Hydrodynamik das Verschwinden an dem einen Ort und das Neuauftreten an dem anderen durch sogenannte „Senken" und „Quellen" darstellen. Die Aufgabe wird also sein, in einer irgendwie geschichteten Luftmasse, die relativ zu einer rotierenden Scheibe ursprünglich in Ruhe ist, diejenigen Zustandsveränderungen zu suchen, die durch Quellen und Senken hervorgebracht werden.

Um die Aufgabe etwas zu vereinfachen, sollen nicht rotationssymmetrische Anordnungen studiert werden, wie es einer idealisierten Zyklone am meisten entsprechen würde, sondern solche „zweidimensionalen" Vorgänge, die nur von zwei Koordinaten x und z abhängen, wie es etwa einer langgestreckten Tiefdruckrinne entsprechen würde. Es zeigt sich, daß ein solches Gebilde, bei dem also an allen Stellen einer zur y-Achse parallelen Linie derselbe Zustand angetroffen wird, bereits

[1] Die Theorie des vorigen Abschnittes (Strömung über einen Bergrücken) hatte ebenfalls die rotierende „Scheibe" zugrunde gelegt.

die wesentlichen Züge wiedergibt. Als eine Vorarbeit mag zunächst die Wirkung der CORIOLIS-Beschleunigung auf eine Verschiebung in der x-Richtung studiert werden. Ist u die Geschwindigkeit in der x-Richtung und v diejenige in der y-Richtung, so gilt bei Abwesenheit von hemmenden Kräften in der y-Richtung:

$$\frac{dv}{dt} = -2\,\omega' u = -2\,\omega' \frac{dx}{dt}.$$

Dies läßt sich aber sofort nach der Zeit integrieren zu

$$v = -2\,\omega(x - x_0) = -2\,\omega\,\xi.$$

Es ist also für ein anfänglich in Ruhe befindliches Flüssigkeitsteilchen nach einer *Verschiebung* ξ in der x-Richtung eine *Geschwindigkeit* in der y-Richtung vorhanden, der natürlich ihrerseits wieder eine CORIOLIS-Beschleunigung nach x entsprechen würde. Es sei aber angenommen, daß eine weitere Verschiebung in der x-Richtung nicht erfolgt, ξ also konstant bleibt. In diesem Fall erhält man durch die verhinderte Beschleunigung einen Druckgradient in der x-Richtung, und zwar von dem Betrag

$$\frac{\partial p}{\partial x} = 2\,\varrho\,\omega' v = -4\,\omega'^2\,\varrho\,\xi. \tag{12}$$

Aus Gl. (12) ist sofort zu ersehen, daß für $\partial\xi/\partial x > 0$, also da, wo nebeneinander befindliche Luftteilchen auseinanderrücken, ein Hoch entsteht; wo sie sich annähern, entsteht umgekehrt ein Tief.

Da auch der Durchmesser eines Zyklons noch groß ist gegenüber der Höhe der Schicht, in der die Hauptmasse der Atmosphäre enthalten ist, ist es auch hier wieder erlaubt, die Vertikalbeschleunigungen zu vernachlässigen. Der Druck in irgendeiner Schicht ist also auch hier wieder gleich dem Gewicht der über dem betrachteten Punkt auf der Flächeneinheit stehenden Luftmasse. Es kann also der Druck in irgendeiner waagerechten Ebene sich nur dadurch ändern, daß gleichzeitig die darüberbefindliche Luftmasse zunimmt bzw. abnimmt. Die Verschiebungen ξ können z. B. solche Änderungen der Massenverteilung dadurch hervorrufen, daß dichtere Schichten auseinandergezogen werden, so daß ihre Dicke abnimmt, und daß gleichzeitig dünnere Schichten zusammengeschoben werden und dadurch verdickt werden. Offenbar nimmt die Masse oberhalb eines Punktes hierdurch ab. Dabei sind dieselben Verschiebungen laut Gl. (12) mit den durch die Änderung der Massenverteilung erzeugten Druckgradienten verknüpft.

Es ist leicht zu sehen, daß die Verhältnisse ziemlich verwickelt sind und nur durch eine exakte Rechnung wirklich geklärt werden können. Es wird dabei nicht schaden, wenn man sich auf den Fall von geringen Aufstiegsmassen beschränkt, wobei dann wieder eine Theorie der ersten Ordnung mit kleinen Verschiebungen ξ und kleinen CORIOLIS-

Geschwindigkeiten v der an dem Aufstieg nicht unmittelbar beteiligten Luftmassen entsteht. Es sei im folgenden angedeutet, wie eine solche Theorie aufgebaut werden kann. Völlig fertige Endergebnisse kann ich allerdings bis heute, da die Zeit zur Durchführung fehlte, noch nicht melden. Ich glaube aber, daß auch die bisherigen Teilergebnisse schon aufschlußreich genug sind, um ihre Darlegung lohnend erscheinen zu lassen.

Wir gehen folgendermaßen vor: Zunächst werde die ungestörte Schichtung formuliert. Es sei $\varrho(z)$ die Dichte und $p(z)$ der Druck der ungestörten Schichtung in irgendeiner Höhe z. Beide Größen sind wegen der Schwere durch die Beziehung

$$p = g \int_z^H \varrho \, dz$$

verknüpft. H ist dabei die Höhe der ganzen Atmosphäre. Die beim Übergang vom ungestörten Gleichgewicht zum gestörten Gleichgewicht an demselben Ort auftretende neue Dichte heiße $\varrho + \sigma$, der neue Druck $p + \psi$. Infolge der Schwere ist hier

$$p + \psi = g \int_z^H (\varrho + \sigma) \, dz .$$

Durch Vergleich mit der obigen Gleichung folgt also

$$\psi = g \int_z^H \sigma \, dz .$$

Durch Differentiation nach z folgt hieraus

$$\frac{\partial \psi}{\partial z} = - g \sigma . \tag{13}$$

Die Veränderungen σ und ψ sind gemäß dem Obigen diejenigen für festgehaltenen Ort. Davon sind zu unterscheiden die Veränderungen für ein festgehaltenes Substanzteilchen. Diese mögen $\Delta \varrho$ und Δp heißen. Ist ζ die Vertikalverschiebung eines Teilchens, so ist auf erste Ordnung

$$\Delta \varrho = \sigma + \zeta \frac{d \varrho}{d z}$$

und

$$\Delta p = \psi + \zeta \frac{d p}{d z} .$$

Wenn wir nun verlangen, daß jedes einzelne Teilchen sich adiabatisch verhalten soll, dann ist, ebenfalls auf erste Ordnung,

$$\frac{\Delta p}{p} = \varkappa \frac{\Delta \varrho}{\varrho}$$

oder wegen $\varkappa\, p/\varrho = c^2$, wo c die Schallgeschwindigkeit ist,

$$\Delta p = c^2 \Delta \varrho .$$

Mit den obigen Werten von $\Delta\varrho$ und Δp ergibt dies wegen $dp/dz = -g\,\varrho$

$$\psi - \zeta\, g\, \varrho = c^2\left(\sigma + \zeta \frac{d\varrho}{dz}\right). \tag{14}$$

Weiter ist noch Gl. (12) zu beachten, wobei hier natürlich $p + \psi$ für p zu schreiben ist. Da p hier von x nicht abhängt, wird also

$$\frac{\partial \psi}{\partial x} = -4\,\omega'^2 \varrho\, \xi \tag{15}$$

(da es sich nur um eine Theorie der ersten Ordnung handelt, kann für $\varrho + \sigma$, das eigentlich hier zu stehen hätte, unbedenklich ϱ geschrieben werden). Als weitere Gleichung hat man noch die Kontinuität

$$\frac{\partial}{\partial x}(\varrho\, \xi) + \frac{\partial}{\partial z}(\varrho\, \zeta) = -\sigma = +\frac{1}{g}\frac{\partial \psi}{\partial z}. \tag{16}$$

Dieses ist das grundlegende Gleichungssystem. Man erkennt, daß man aus Gl. (13) σ, aus Gl. (14) ζ und aus Gl. (15) ξ durch ψ ausdrücken kann. Setzt man alles in Gl. (16) ein, so ergibt sich die Differentialgleichung des Systems, die ihrer Umständlichkeit wegen hier in allgemeiner Form nicht angeschrieben werden soll.

Es interessieren nun verschiedene Spezialfälle, zunächst die *adiabatische Schichtung*, die bei den zusammendrückbaren Medien die Rolle des homogenen Mediums spielt. Hier ist offenbar

$$\psi = c^2\, \sigma$$

oder mit Berücksichtigung von Gl. (13)

$$\frac{\partial \psi}{\partial z} + \frac{g\,\psi}{c^2} = 0. \tag{17}$$

Nehmen wir Gl. (15) hinzu, so läßt sich $\frac{\partial^2 \psi}{\partial x\, \partial z}$ in zweierlei Weise ausdrücken, und man findet

$$\frac{g}{c^2}\frac{\partial \psi}{\partial x} = 4\,\omega'^2 \frac{\partial}{\partial z}(\varrho\, \xi).$$

Ersetzt man hierin noch $\partial\psi/\partial x$ aus Gl. (15), so findet man

$$\frac{\partial \xi}{\partial z} + \left(\frac{1}{\varrho}\frac{d\varrho}{dz} + \frac{g}{c^2}\right)\xi = 0.$$

Nun gilt aber

$$c^2 = \frac{dp}{d\varrho} = -\frac{g\,\varrho\, dz}{d\varrho},$$

woraus zu ersehen ist, daß die beiden Glieder in der Klammer sich gegenseitig fortheben. Es bleibt also

$$\frac{\partial \xi}{\partial z} = 0,$$

was soviel bedeutet, daß ξ eine Funktion von x allein ist, das heißt, daß alle auf einer senkrechten Linie befindlichen Teilchen der Luftmasse auch nach der Verschiebung wieder auf einer senkrechten Linie bleiben.

Nun ist für die adiabatische Schichtung

$$\varrho = \varrho_1 \left(1 - \frac{z}{H_1}\right)^{\frac{1}{\varkappa - 1}}$$

und

$$p = p_1 \left(1 - \frac{z}{H_1}\right)^{\frac{\varkappa}{\varkappa - 1}}.$$

Hierin ist H_1 die Höhe einer bis zum oberen Ende hin adiabatisch geschichteten Atmosphäre. Mit der Höhe der gleichförmigen Atmosphäre $h_1 = p_1/g\,\varrho_1$ ist

$$H_1 = \frac{\varkappa}{\varkappa - 1} h_1.$$

Ferner ist

$$\frac{c^2}{g} = \varkappa h_1 \left(1 - \frac{z}{H_1}\right).$$

Nun kann Gl. (17) integriert werden. Die Lösung ist

$$\psi = K(x) \left(1 - \frac{z}{H_1}\right)^{\frac{1}{\varkappa - 1}} \tag{18}$$

(die Integrationskonstante K kann eine beliebige Funktion von x sein, da nur nach z integriert ist). Mit $\sigma = \psi/c^2$ liefert nun die Kontinuität [Gl. (16)], wenn man aus Gl. (15) noch ξ berechnet, eine Differentialgleichung erster Ordnung, deren Lösung lautet:

$$\zeta = C(x) \left(1 - \frac{z}{H_1}\right)^{-\frac{1}{\varkappa - 1}} + \frac{K(x)\,h_1}{p_1} - \frac{K''(x)\,h_1}{4\,\omega'^2\,\varrho_1}\left(1 - \frac{z}{H_1}\right). \tag{19}$$

Die neu hier auftretende „Integrationskonstante" C ist wieder eine willkürliche Funktion von x. Sie kommt dann zur Anwendung, wenn am oberen Ende der adiabatischen Schicht Last zugefügt oder fortgenommen wird, anderenfalls tritt dieses Glied nicht in Erscheinung. Es ist bemerkenswert, daß der übrige Teil, der von der Druckfunktion $K(x)$ abhängt, eine lineare Funktion von z wird.

Man erkennt aus Gl. (18), daß in der adiabatischen Atmosphäre nichts vorkommt, was sich als Quelle oder Senke deuten läßt. Dies hat seinen Grund einfach darin, daß die adiabatisch geschichtete Atmosphäre völlig indifferent ist und irgendein erwärmtes Teilchen, auch wenn keine Kondensation eintritt, bis an die Grenze der Schicht hindurchsteigt. Man kann aber einen Zustand von der gesuchten Form bekommen, wenn man zwei adiabatische Schichten mit einem Temperatursprung (einer Inversion) übereinander baut. Jetzt werden irgendwelche Teile, deren potentielle Temperatur zwischen der der einen und der der anderen Schicht liegt, sich an der Grenze zwischen beiden

Schichten einlagern, und man erhält hier nun, wie ich im Augenblick nicht näher ausführen will, in der Tat einen Zustand der gesuchten Art.

Statt Inversionen zu betrachten, kann man auch eine in ihrer ganzen Masse stabil geschichtete Atmosphäre zugrunde legen. Es bietet sich hier mit Rücksicht auf die Ähnlichkeit mit den wirklich in der Atmosphäre vorkommenden Schichtungen besonders die polytropische Schichtung dar, die durch die Formel

$$\frac{p}{p_1} = \left(\frac{\varrho}{\varrho_1}\right)^n$$

gekennzeichnet ist. Wir haben die Differentialgleichung für diesen Fall aufgestellt und auch die Lösungstypen diskutiert. Ich möchte mich hier darauf beschränken, nur den Fall $n = 1$ (isothermische Schichtung) näher darzulegen, einerseits weil seine mathematische Behandlung wesentlich einfacher ist als der allgemeine Fall und trotzdem zu ganz ähnlichen Resultaten führt, andererseits, weil auch durch die nahezu isothermische Schichtung in der Stratosphäre ein spezielles Interesse für diese Schichtung besteht. Für die Dichte und den Druck erhält man hier

$$\varrho = \varrho_1 e^{-\frac{z}{h_1}}; \quad p = p_1 e^{-\frac{z}{h_1}}.$$

Dabei ist h_1 wieder wie vorher die Höhe der gleichförmigen Atmosphäre. Wegen der konstanten Temperatur ist hier die Schallgeschwindigkeit konstant, und zwar gilt

$$c^2 = \varkappa g h_1 .$$

Setzt man diese Beziehungen in Gl. (14) bis (16) ein, so ergibt sich die folgende Differentialgleichung für ψ

$$\frac{\varkappa - 1}{\varkappa} \frac{g}{4\omega'^2} \frac{\partial^2 \psi}{\partial x^2} + h_1 \frac{\partial^2 \psi}{\partial z^2} + \frac{\partial \psi}{\partial z} = 0. \tag{20}$$

Man kann hier noch zu dimensionslosen Koordinaten übergehen, wenn man setzt

$$Z = \frac{z}{h_1}$$

und

$$X = x \sqrt{\frac{4\omega'^2 \varkappa}{g h_1 (\varkappa - 1)}}.$$

Damit ergibt sich

$$\frac{\partial^2 \psi}{\partial X^2} + \frac{\partial^2 \psi}{\partial Z^2} + \frac{\partial \psi}{\partial Z} = 0. \tag{20a}$$

Von dieser Differentialgleichung kann man verschiedene Lösungen finden. Eine der einfachsten wird durch den Ansatz

$$\psi = A\, e^{\lambda Z} \cos \mu X$$

gegeben, wobei sich zu einem Wert von μ zwei Werte von λ ergeben. Wir wollen hier jedoch, obschon diese Lösung auch gelegentlich von Nutzen sein wird, nicht näher darauf eingehen, sondern nur die einer

Quelle entsprechende Lösung studieren. Ich verdanke diese Fräulein Dr.-Ing. J. LOTZ. Sie lautet

$$\psi = A\, e^{-\frac{Z}{2}}\, i\, H_0^{(1)}\left(\frac{i}{2}\sqrt{X^2 + Z^2}\right). \tag{21}$$

$H_0^{(1)}$ ist dabei eine HANKELsche Zylinderfunktion. Sie hat die Eigenschaft, daß sie sich in der Gegend von $X = 0$, $Z = 0$ wie $\ln\sqrt{X^2 + Z^2}$ verhält, das heißt wie das Potential einer Quellströmung. Abb. 7 veranschaulicht den Verlauf der Funktion. Es zeigt sich, daß die Druckstörung überall von einerlei Vorzeichen ist; wenn also der durch Gl. (21) dargestellte Zustand herrscht, so wird bei positivem A in der ganzen Umgebung Überdruck herrschen, der Zustand also antizyklonal sein. Für negatives A erhält man entsprechend einen zyklonalen Zustand. Das ist aber gerade das, was wir erwartet hatten. Wenn wir von den dimensionslosen Koordinaten X, Z zu den gewöhnlichen Koordinaten x, z zurückgehen, so bedeutet das, daß die Lösung in den beiden Richtungen in verschiedener Weise gedehnt werden muß. In Anwendung auf die Erde findet man, wenn die Höhe der gleichförmigen Atmosphäre zu 8000 m angenommen wird, daß das Verhältnis der waagerechten Streckung zur senkrechten $129/\sin\varphi$ wird. Für den 50. Breitengrad erhält man also Streckungen im Verhältnis von 1:170[1]. Die ganzen Gebilde werden also sehr flach und seitlich weit ausgedehnt. Eine Kurve $\psi =$ konst., die in den dimensionslosen Koordinaten nahezu kreisförmig ist, wird also in den gewöhnlichen Koordinaten eine Ellipse, deren waagerechter Durchmesser das 170fache des senkrechten ist. Für die am Schluß von einem Gewitter-Kumulus übrigbleibende Stratuswolke ist dies ein, wie mir scheint, ganz zutreffendes Maßverhältnis.

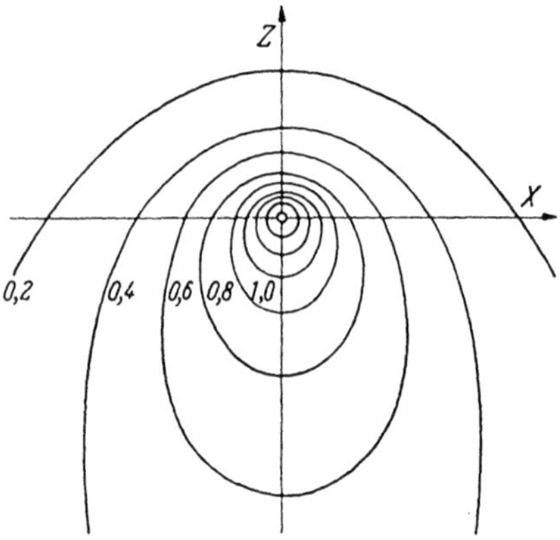

Abb. 7. Druckstörung ψ einer „Quelle" in isotherm geschichteter Luftmasse

---

[1] Für eine polytropische Schichtung mit $n > 1$ ist die Stabilität geringer. In dem Glied $\partial^2\psi/\partial x^2$ der Gleichung, die der Gl. (20) entspricht, tritt hier der Faktor $\varkappa - n$ hinzu, woraus geschlossen werden kann, daß die Streckung hier um den Faktor $\sqrt{\frac{\varkappa - n}{\varkappa - 1}}$ kleiner wird. Für $n = \varkappa$ (Adiabate) wird die Streckung Null, was mit dem berechneten Verhalten im Einklang ist.

Wenn wir nun wieder an die Ausbildung des Zustandes beim Aufsteigen einer Warmluftmasse denken, so haben wir also in der Höhe ein antizyklonales und in Bodennähe ein zyklonales System. Durch die gegenseitige Einwirkung werden die Druckfelder sich teilweise kompensieren. Wenn man nun aber in Betracht zieht, daß oben stärkere Winde herrschen als unten, so wird das antizyklonale System voreilen, und es wird die gegenseitige Schwächung der Druckfelder geringer werden und schließlich ganz aufhören. Zwischen den beiden Systemen wird der Druckgradient verstärkt sein. Der auffällig hohe Druck, der sich manchmal auf der Ostseite eines Tiefdruckgebietes vorfindet, findet damit seine Erklärung. Man kann diesen Gedanken noch weiter ausspinnen. Denkt man sich an irgendeiner Stelle der Erde einen starken Zyklon, der dauernd weitere Luftmassen hoch hinauf befördert, wobei sie dann mit dem oberen Wind fortgeführt werden, so erkennt man, daß aus der Aneinanderreihung der antizyklonalen Systeme ein langgestreckter Hochdruckrücken werden kann, der den Druck in Gegenden, die weit von dem Zyklon entfernt sind, zum Steigen bringt und Anlaß zu einem sogenannten „warmen Hochdruckgebiet" gibt. Es wäre wünschenswert, wenn die praktische Meteorologie Feststellungen darüber machen würde, ob jedesmal, wenn ein solches, aus der übrigen Wetterlage schwer erklärbares warmes Hochdruckgebiet auftritt, irgendwo weit im Westen einige Zeit vorher sich ein starker Zyklon betätigt hatte. Dies wäre für die bisher rätselhafte Erscheinung eine sehr befriedigende Erklärung.

Einige kurze Bemerkungen mögen noch über den Einfluß der zugehörigen Bodenwinde auf die weitere Entwicklung der Zyklone und Antizyklone gemacht werden. Durch dieses Windsystem wird bei einem Zyklon Luft von außen nach innen geschafft. Man müßte, um dies nach unserer Theorie zu verfolgen, außen Senken und innen Quellen, beide in Bodennähe, hinzufügen. Beim Antizyklon gilt das Umgekehrte. In jedem Fall kommt die Wirkung dieser Zusatzquellen und -senken darauf hinaus, daß die Druckstörung in der Mitte geschwächt und nach den Seiten hin weiter ausgedehnt wird, so daß ein Zyklon oder Antizyklon, dem keine neue Energie zugeführt wird, also nach einiger Zeit zum Erliegen kommt.

4. Studium der Kleinformen des Wetters

Die formelmäßige Darstellung der turbulenten Strömungen, die in den letzten Jahren gewonnen worden ist, läßt sich verwenden, um eine Reihe von Aufgaben der Windströmung zu behandeln. Ich weise dabei auf die Arbeit meines Schülers L. Roux[1] hin, der sich mit ver-

---

[1] L. Roux, Turbulente Windströmungen auf der rauhen Erdoberfläche. Z. Geophys. 11. Jg. (1935) S. 165.

schiedenen Arten der Umformung des turbulenten Geschwindigkeitsprofils in Bodennähe befaßt hat. So wurde durch eine Näherungsrechnung untersucht, welche Besonderheiten in einem Wind erwartet werden müssen, der von der glatten Wasseroberfläche auf die rauhe Oberfläche des festen Landes übergeht. Ein anderes, von ROUX durchgerechnetes Beispiel möchte ich hier etwas ausführlicher erwähnen. Wenn in einer klaren Nacht durch Temperaturumkehr am Boden die Turbulenz erlischt, so wird bis zu verhältnismäßig geringen Höhen über dem Boden herunter Gradientwind herrschen. Es sei nun angenommen, daß bei Tagesbeginn die dünne Gleitschicht sich auflöst, oder daß sie durch irgendwelche meteorologischen Einflüsse nach der Seite hin weggezogen wird, so daß der der Höhe nach gleichförmige Gradientwind einen Augenblick lang mit dem Erdboden in Berührung kommt. Es ist gefragt, wie dies weitergehen wird. Der Fall, daß die Erddrehung unwesentlich ist — dies wird man für eine kurze Zeit als zulässig ansehen können —, ist bereits in meinem erwähnten Beitrag zur BJERKNES-Festschrift (a. a. O. S. 193ff.) angegeben. Herr ROUX hat den Fall in ziemlich mühsamen Rechnungen mit Berücksichtigung der Erddrehung verfolgt. Das Geschwindigkeitsprofil mußte dabei etwas schematisiert werden. Wir setzen die Komponente in Richtung des Gradientwindes

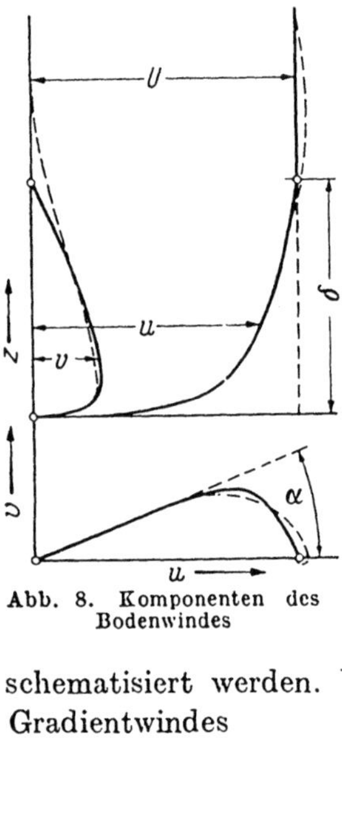

Abb. 8. Komponenten des Bodenwindes

$$u = U \frac{\ln\left(1 + \frac{z}{z_0}\right)}{\ln\left(1 + \frac{\delta}{z_0}\right)},$$

die Komponente in Richtung des Druckgefälles

$$v = u \operatorname{tg}\alpha \left(1 - \frac{z}{\delta}\right).$$

Dabei bedeutet δ die Reibungsschichtdicke und α den Windablenkungswinkel. Die Formeln sind durch die ausgezogenen Linien in Abb. 8 dargestellt. Die feinpunktierten Kurven stellen die Windverteilung für den stationären Fall auf Grund einer feineren Theorie des stationären Zustandes dar. Es hat sich aber hier nur darum gehandelt, den Impuls der Strömung in der x-Richtung und in der y-Richtung abzuschätzen, so daß unsere Annäherungsformeln trotz ihrer geringen Genauigkeit zulässig erscheinen. Der zeitliche Verlauf von δ und α ist nun für einen Gradientwind von 10 m/sec berechnet worden, wobei das Rauhigkeitsmaß z_0 zu 0,1 m angenommen wurde, was etwa Bodenunebenheiten von der Höhe $k = 3$ m entsprechen mag[1]. Man erkennt aus Abb. 9, daß die Reibungsschichtdicke zunächst fast ebenso anwächst, wie es ohne Erddrehung sein würde (dies ist durch die nach oben weiterverlaufende Linie dargestellt), und daß sie erst später unter dem Einfluß der Erddrehung wieder auf das Maß des stationären Zustandes verringert wird. Der Windablenkungswinkel wächst erst langsam, schwingt dann aber auch über seine Gleichgewichtslage hinaus. Als Abszisse ist an-

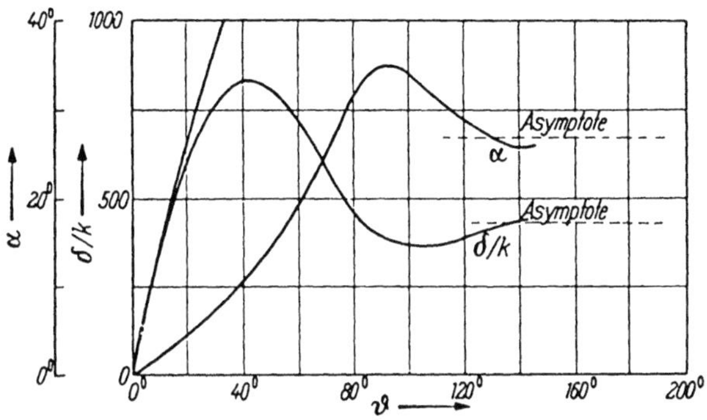

Abb. 9

Verlauf der Dicke δ der Reibungsschicht und der Windablenkung α mit dem „Pendelwinkel" ϑ

gegeben der Winkel, um den sich während derselben Zeit ein FOUCAULTsches Pendel drehen würde. Der Einfluß verschiedener geographischer Breite ist hierdurch richtig dargestellt.

Bei Vorgängen wie bei der Bewegung eines Kumulus oder einer vorstoßenden Kaltluftmasse wird man die volle Hydrodynamik anzuwenden haben, also die vertikale Beschleunigungskomponente mit berücksichtigen müssen. Die Dinge werden hierdurch recht verwickelt, immerhin werden sich auch hier Lösungen finden lassen. Als Vorbereitung für derartige Studien lassen sich mit Vorteil Modellversuche anwenden, die man in der Weise machen kann, daß man die Bewegung von angefärbtem Salzwasser in gewöhnlichem Wasser verfolgt. In einer soeben abgeschlossenen Arbeit von V. M. GHATAGE[2] sind derartige

[1] Neuere Messungen zeigten, daß wahrscheinlich das zu demselben z_0 gehörige k etwas kleiner ist. Es ist aber $k = 3$ m beibehalten worden mit Rücksicht auf die Bezifferung der Figur, in der die Reibungsschichtdicke mit der Rauhigkeitshöhe k dimensionslos gemacht ist.

[2] V. M. GHATAGE, Modellversuche über die gegenseitige Bewegung von Luftmasse verschiedener Temperaturen. Dissertation Göttingen 1936.

Versuche gemacht. Abb. 10 zeigt den Vorstoß einer Kaltluftmasse nach kinematographischen Aufnahmen. Die Bewegung wurde dadurch eingeleitet, daß ein Tauchkörper (rechts im Bild zu sehen) in den zunächst waagerecht liegenden Salzwassersee hineingesenkt wird und das Salzwasser dadurch nach oben drängt. Die Bewegung des Tauchkörpers ist rasch beendet und nun setzt sich die Kaltluftmasse in Bewegung. Man sieht, wie das früher auch schon von W. SCHMIDT[1] beobachtet worden ist, daß sich die vorstoßende Zunge des Salzwassers umbiegt und nach rückwärts einrollt. Die Formen, die dabei entstehen, haben große Ähnlichkeit mit dem, was man an vorrückenden Sandsturmfronten, aber auch an Wolkenformen von Kaltlufteinbrüchen beobachten kann. Nach den Messungen schreitet die Front etwa mit der halben Geschwindigkeit der Strömung hinter der Front vorwärts, was sich auch hydrodynamisch gut erklären läßt (am vordersten Punkt der Front bildet sich ein Staupunkt aus; hier muß der Staudruck der Kaltluft ebenso groß sein wie der Staudruck in der ihr im Wege stehenden Warmluft; dies gibt dann

$$\frac{\varrho_1}{2} u_f^2 = \frac{\varrho_2}{2} (u - u_f)^2,$$

wobei u die Geschwindigkeit der Kaltluftmasse und u_f die Geschwindigkeit der Front ist; wenn die Dichten nicht sehr verschieden sind, wird also $u_f = u/2$). Dies stimmt auch mit Beobachtungen von KOSCHMIEDER über das Einsetzen des Seewindes überein[2].

Ein anderes Beispiel solcher Modellversuche ist das Aufsteigen eines Kumulus. Wir haben eine Schale von der Form eines Zylindersegmentes mit gefärbtem Salzwasser gefüllt und dann die Schale so beiseite gedreht, daß das Salzwasser, ohne in Bewegung gesetzt zu werden, frei wurde. Infolge seines höheren spezifischen Gewichtes setzte es sich in Bewegung und zeigte deutlich die Form eines Kumulus in seinen verschiedenen Stadien. Am Boden des Gefäßes war eine noch stärkere Salzlösung aufgeschichtet, sodaß der Kumulus, der zuerst in sie eindrang, wieder auf die Grenze der beiden Flüssigkeiten zurückging. Man sieht diesen Vorgang in Abb. 11 sich abspielen. Um die Ähnlichkeit mit einer Wolke noch deutlicher zu machen, sind die Bilder dabei umgedreht, so daß gegenüber dem Wasserbecken unten und oben vertauscht ist. Man erkennt deutlich, wie der Kumulus zuerst in die Inversion eindringt, die durch schwache Anfärbung der starken Salzlösung sichtbar gemacht ist, und wie er dann absinkt und sich allmählich in eine Stratuswolke verwandelt. Es mag dabei auf die Form der vorstoßenden Köpfe in den letzten beiden Bildern hin-

---

[1] W. SCHMIDT, Zur Mechanik der Böen. Meteorol. Z. Bd. 28 (1911) S. 355.

[2] H. KOSCHMIEDER, Der Seewind von Danzig. Meteorol. Z. Bd. 52 (1935) S. 491.

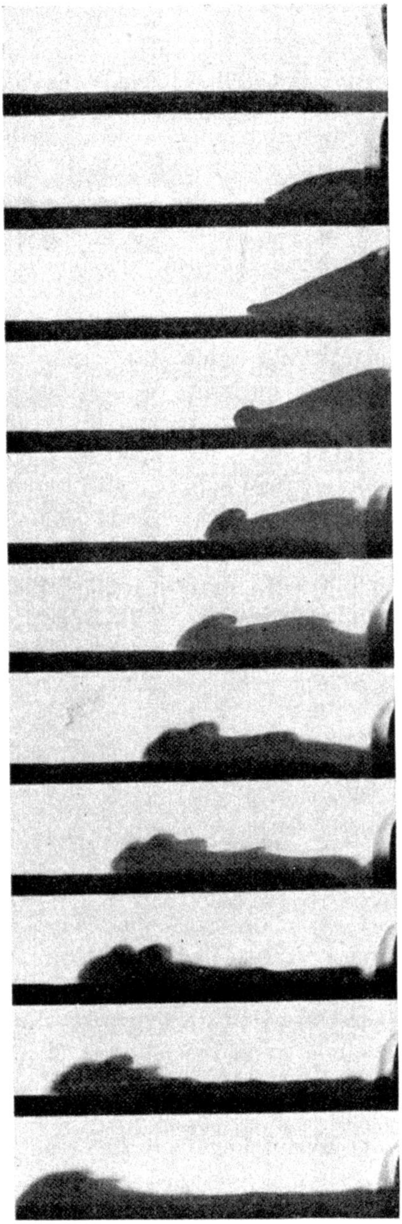

Abb. 10. Modellversuch für einen Kaltluft-einbruch

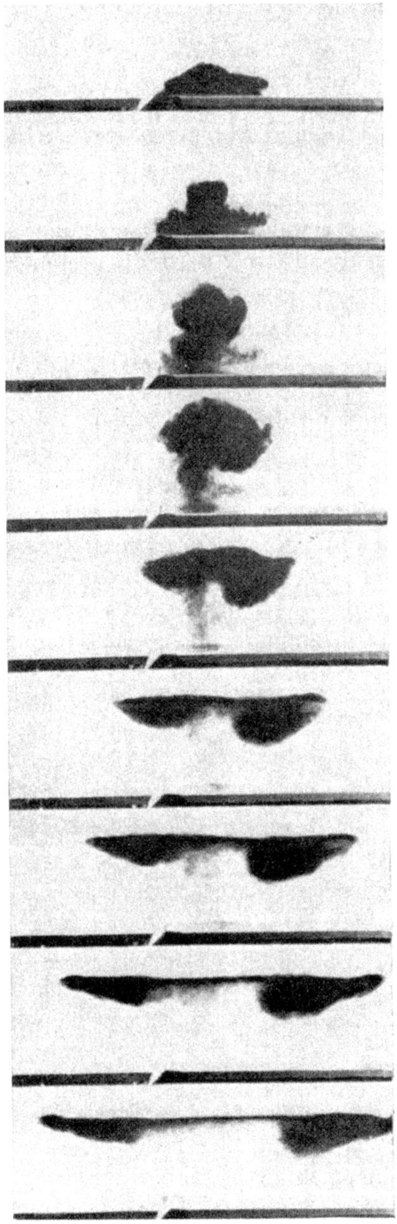

Abb. 11. Modellversuch für die Umformung einer Kumuluswolke an einer Inversion

gewiesen werden. Es findet hier derselbe Aufstauungsvorgang statt wie bei dem Kaltlufteinbruch, nur wird ein Teil der aufgestauten Flüssigkeit oben herum, der andere unten herum zurückgerollt.

Herr GHATAGE hat auch quantitative Rechnungen angestellt und die beobachteten Geschwindigkeiten mit den gerechneten verglichen. Die Übereinstimmung war nicht gerade vollständig, aber doch im ganzen recht befriedigend gewesen. Es zeigte sich, daß z. B. in dem Anfangsstadium des Kälteeinbruches, aber auch bei anderen, hier nicht erwähnten Beispielen diejenigen Geschwindigkeiten beobachtet werden, die mit Berücksichtigung der Dichteunterschiede aus den Fallgesetzen berechnet werden.

Über die Bewegung von Kumuluswolken hoffe ich durch weitere Modellversuche und Rechnungen quantitative Aufschlüsse erhalten zu können. Modellversuche beabsichtige ich auch für die „Strömung auf der rotierenden Scheibe" ausführen zu lassen. Hierfür steht uns in Göttingen ein um eine lotrechte Achse rotierender Versuchsraum zur Verfügung, in dem wir mit der Versuchseinrichtung mitrotierend die Vorgänge beobachten können. Es wird hier nicht schwer sein, zu der unter Nr. 3 angegebenen Zyklonentheorie Modellversuche zu machen und zu zeigen, wie z. B. durch Wegnahme eines Flüssigkeitsquantums aus der Mitte des Gefäßes erst ein Zyklon entsteht und dann durch die Einwirkung der Sekundärströmung in der Bodenschicht wieder zur Ruhe gebracht wird. Über diese Dinge hoffe ich bei einer späteren Gelegenheit berichten zu können.

Diskussion

Dr. SCHMIDT: Vielleicht ist eine historische Bemerkung von Vorteil: Prof. PRANDTL wurde durch eine von der Notgemeinschaft der Deutschen Wissenschaft in Berlin eingeleitete Zusammenarbeit auf dem Gebiet der Strömungen in freier Luft veranlaßt, sich auch mit den Fragen der Meteorologie zu beschäftigen. Tatsächlich sind, wie der vorliegende Aufsatz zeigt, die Methoden des Aerodynamikers und des Technikers von großem noch nicht leicht übersehbarem heuristischem Wert. So z. B. das Ausgehen von bestimmten vereinfachten und anschaulichen Annahmen, deren Berechtigung zum Teil erst aus der Übereinstimmung mit den Tatsachen abgeleitet ist. Daneben sei aber ausdrücklich auf die zweite Methode der Benutzung von Strömungsversuchen als besonders wertvoll hingewiesen: sie ist imstande, in verwickelten Fragen rasch überschlägige Auskunft zu geben.

Prof. V. BJERKNES sprach seine große Freude darüber aus, daß ein Hydrodynamiker von PRANDTLS Rang sich jetzt den großen meteorologischen Problemen zuwendet. Er greift ein von neuen Gesichtspunkten aus und reiht neue Methoden an, die sich sicher in seinen Händen fruchtbar erweisen werden.

Bei seiner Methode wird die *Wahl der Voraussetzungen* ausschlaggebend. Bei seiner Diskussion der großen Zirkulation wird die Lösung vorläufig durch zwei Voraussetzungen ordentlich eingeengt: durch die Vernachlässigung der Vertikalbeschleunigung und durch die Voraussetzungen der rotationssymmetrischen Bewegung. Ich gestatte mir, in dieser Beziehung auf den Vortrag hinzuweisen, den ich in einer vorhergehenden Sitzung gehalten habe.

M. WEHRLÉ: Il est réconfortant pour les météorologistes de voir un aérodynamicien de la réputation de M. le Professeur PRANDTL, s'intéresser aux problèmes de la Mécanique de l'Atmosphère. C'est en effet un domaine très ingrat: on y trouve plus d'épines que de fleurs.

Je note avec plaisir que M. PRANDTL pose dès l'abord les grandes simplifications qui s'imposent: la circulation générale est un mouvement de *révolution*, les cyclones n'en faisant pas partie et n'intervenant que statistiquement par un coefficient A „d'Austausch".

Par contre, j'estime que d'autres simplifications ont enlevé à la Circulation générale à laquelle aboutit M. PRANDTL certains caractères (essentiels) auxquels un météorologiste renonce difficilement.

Citons:

a) La tropopause a une altitude constante en tous les points du Globe, et la stratosphère, une température indépendante de la altitude.

b) Le vent n'est pas parallèle aux isobares, ce qui est pourtant un fait bien constaté en régime stationnaire.

c) L'atmosphère n'est pas en équilibre vertical [la force $f(\varphi, z)$ qui mesure la force perturbatrice de cet équilibre joue un rôle décisif dans la théorie], et cependant la formule de LAPLACE doit être considérée comme exacte avec une très grande approximation (par exemple: mesures du stratostrat américain l'Explorer).

Enfin, les formules obtenues dépendent uniquement du choix — largement empirique — de la fonction f plus haut citée et de la fonction $A(\varphi, z)$ (Austausch), ce qui suffit à ôter à la théorie le plus clair de son pouvoir d'explication.

Prof. WEICKMANN: Auf die von den Herren Prof. V. BJERKNES und WEHRLÉ angegebenen Abweichungen der PRANDTLschen Annahmen und teilweise auch der Ergebnisse von den wirklichen Verhältnissen wie sie die Beobachtungen zeigen, hat bereits Prof. PRANDTL selbst in seiner Untersuchung hingewiesen; ich habe auf die betreffenden Stellen aufmerksam gemacht, z. B. auf die mit der Gl. (5) zusammenhängenden Angaben über die Stratosphäre, auf die Art der Einführung des

Bodenwindes, auf die sich ergebende Form der allgemeinen Zirkulation u. a.

Wir stimmen aber sicher alle überein, wenn ich sage, daß wir die Mitarbeit von Prof. PRANDTL und seiner Schule in theoretischen und experimentellen Untersuchungen an den uns interessierenden Fragen außerordentlich begrüßen und daß wir, wie bereits Prof. SCHMIDT hervorgehoben hat, aus der Fragestellung und Arbeitsmethode dieses von der Hydrodynamik her die Probleme betrachtenden Mitarbeiters sehr viel lernen können.

Schriften der Deutschen Akademie der Luftfahrtforschung Bd. 8 (1944) S. 157 bis 179
Auszug in Deutsche Luftfahrtforschung, Untersuchungen und Mitteilungen Nr. 6605

Neuere Erkenntnisse der meteorologischen Strömungslehre[1]

(Der Deutschen Akademie der Luftfahrtforschung vorgetragen am 13. März 1944)

Das Kaiser-Wilhelm-Institut für Strömungsforschung in Göttingen kümmert sich um alles, was strömt. Hierzu gehört nicht zum letzten die Erdatmosphäre. Diese bietet ungelöste Probleme in reicher Fülle, und so war es natürlich, daß wir uns ihr nach Lösung der grundlegenden Aufgaben der gewöhnlichen Strömungslehre in steigendem Maße widmen. Was ich Ihnen hier vortragen will, ist ein Ausschnitt aus diesen Arbeiten, der Ihnen ein Bild von unseren Bestrebungen geben soll. Eine ausführlichere lebhafte Darstellung des gleichen Gegenstandes findet sich in meinem im Vorjahr erschienenen Buch „Führer durch die Strömungslehre", von dem zur Zeit eine Neuauflage in Vorbereitung ist[2].

Natürlich haben seit langen Zeiten auch die Fachmeteorologen sich mit den Strömungsvorgängen in der Atmosphäre eingehend beschäftigt und wichtige Resultate erzielt. Wenn wir in einzelnen Dingen einen Vorsprung zu haben glauben, so ist es unsere bei der Beschäftigung mit den allgemeinen Strömungsgesetzen erarbeitete Übung in der Behandlung von Aufgaben der idealen wie der turbulent-reibenden Strömung. Andererseits fühlen wir uns den Fachmeteorologen nicht gewachsen in der Kenntnis der Beobachtungstatsachen und ebenso in der Kenntnis des meteorologischen Schrifttums. Es ist sehr leicht möglich, daß uns wichtige theoretische Arbeiten auf diesem Gebiet entgangen sind, durch die möglicherweise irgendwelche Resultate der folgenden Betrachtungen vorweggenommen sein könnten. In diesem Punkt bitte ich die Fachmeteorologen ausdrücklich um ihre Nachsicht, auch um ihre Unterstützung durch Hinweise auf solche Arbeiten.

Zur Einführung der Nichtmeteorologen unter den Hörern dieses Vortrages werde ich natürlich auch verschiedene den Fachleuten durchaus bekannte Dinge erwähnen müssen. Die wirklichen meteorologischen Vorgänge sind äußerst verwickelt, neben statischen und dynamischen Be-

---

[1] Der Vortrag war für die Sitzung am 2. Dezember 1943 in Berlin vorbereitet, konnte aber erst am 13. März 1944 in Weimar gehalten werden. Bei der Vorbereitung für die Drucklegung im Juni 1944 ist der letzte Abschnitt teilweise umgearbeitet worden. Auch sonst sind kleinere Bemerkungen zugefügt worden.

[2] Inzwischen erschienen!

ziehungen spielen Wärmeein- und -ausstrahlung, Wärmeaustausch der Luftmassen untereinander und mit dem Erdboden und thermodynamische Umsätze verschiedener Art eine wesentliche Rolle. Ich sehe unsere Aufgabe weniger in der Verfolgung der wirklichen Vorgänge, die ich lieber den Fachmeteorologen überlasse, sondern darin, unter möglichster Beschränkung auf die jeweils wichtigsten Umstände vereinfachte Schulbeispiele aufzustellen, an deren Hand dann eine bessere Einsicht in die beobachteten wirklichen Vorgänge gewonnen werden kann.

Bei den meteorologischen Anwendungen der Strömungslehre kommen gegenüber der übrigen Strömungslehre zwei besondere Umstände neu hinzu, einerseits die *Erdrotation*, andererseits die *Ungleichheiten der Dichte* der Luftmassen. Beide Umstände bewirken für sich allein schon ein gegenüber den gewöhnlich betrachteten Vorgängen verschiedenes, häufig auch dem Strömungsfachmann fremdartiges Verhalten. Die Fremdartigkeit wird noch gesteigert, wenn beide Umstände zusammenwirken.

2. Erddrehung, reibungslos

Die *Einwirkung der Erddrehung* wird am bequemsten in einem mit der Erde mitrotierenden Bezugssystem behandelt. Man hat hier bekanntlich zwei Zusatzkräfte einzuführen, von denen allerdings die eine, die Zentrifugalkraft der Erddrehung, die auf relativ zur Erde ruhende wie auf bewegte Massen gleicherweise wirkt, herkömmlicherweise schon in das, was wir Schwere nennen, miteinbezogen ist, so daß für uns nur die Coriolis-Kraft übrigbleibt. Da im allgemeinen immer Dichteunterschiede vorliegen, die eine vertikale Stabilität erzeugen, werden die vertikalen Komponenten der Coriolis-Kräfte praktisch fast immer von den sehr viel größeren Schwerewirkungen der Dichteschichtung abgefangen. Man braucht deshalb den Drehungsanteil um eine horizontale Achse, der mit Ost-West-Geschwindigkeiten vertikale Coriolis-Kräfte liefert, nicht zu berücksichtigen[1]. Es genügt also, die Komponente der Erddrehung, die um eine vertikale Achse dreht, allein zu berücksichtigen. Unter der geographischen Breite φ ist diese $= \omega \sin \varphi$, wenn ω die Winkelgeschwindigkeit der Erde ist.

Vielfach genügt es, in den Rechnungen $\sin \varphi$ durch seinen Mittelwert in dem fraglichen Gebiet zu ersetzen und auch von der Krümmung der Erdoberfläche abzusehen. Als Kennzeichen dieser Art von Näherung soll für $\omega \sin \varphi$ hier immer ω' geschrieben werden. ω' ist dann die Winkelgeschwindigkeit der „drehenden Scheibe", die an Stelle des in Betracht kommenden Stückes der Erdoberfläche angenommen wird.

[1] Auch die Horizontalkräfte durch diesen Drehungsanteil sind meist sehr klein, da sie von den Vertikalgeschwindigkeiten stammen, die, mindestens für große Massen, aus räumlichen Gründen immer sehr klein sind.

Das einfachste Beispiel ist eine waagerechte geradlinige Strömung auf der drehenden Scheibe mit einer konstanten Geschwindigkeit u. Die Relativbeschleunigung ist hier $= 0$, also muß die CORIOLIS-Kraft auf der Volumeneinheit, $2\varrho\, u\, \omega'$, durch einen gleich großen Druckgradienten im Gleichgewicht gehalten werden. Der Druckanstieg erfolgt senkrecht zur Geschwindigkeit, auf der Nordhalbkugel nach rechts hin, wenn man mit dem Wind schaut.

Wenn umgekehrt der Druck konstant ist, ergibt eine Anfangsgeschwindigkeit u eine Relativbeschleunigung $2\omega' u$ nach rechts. Da diese Beschleunigung immer senkrecht auf der Geschwindigkeit steht, ändert sich der *Betrag* der Geschwindigkeit nicht, die Bahn eines Luftteilchens ist daher ein Kreis, der *Trägheitskreis*, vgl. Abb. 1. Aus der Zentripetalbeschleunigung $u^2/r = 2\omega' u$ ergibt sich ein Radius $r = u/2\omega'$ [1] und eine Umlaufzeit $T = 2\pi\, r/u = \pi/\omega'$; diese ist also unabhängig von der Größe der Geschwindigkeit. Die Zeit T ist die Hälfte eines „Pendeltages", d. i. die Umlaufzeit des FOUCAULTschen Pendels zum Nachweis der Erddrehung; ein Pendeltag ist im Verhältnis $1/\sin\varphi$ größer als ein Sterntag[2].

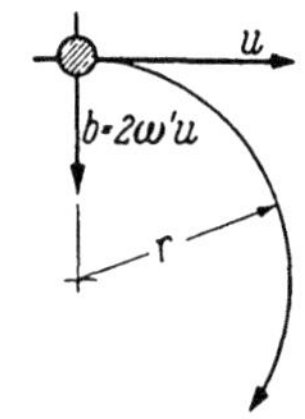

Abb. 1
Trägheitskreis

Aus diesem Beispiel schließen wir, daß es zweckmäßig ist, in der Meteorologie zwischen *kurz dauernden* und *lang dauernden* Strömungen zu unterscheiden. Bei den kurz dauernden, bei denen die Ereignisfolge für jedes Teilchen höchstens ein paar Stunden umfaßt, gibt die CORIOLIS-Wirkung nur gewisse mäßige Korrekturen an *den* Bewegungsformen, wie sie auch ohne Erddrehung vorhanden wären; für lang dauernde, die in gleichbleibender Strömungsform einen halben Pendeltag überschreiten, sind dagegen die gewöhnlichen Trägheitswirkungen nur Nebenerscheinungen, so daß hier die von der Erddrehung geweckte CORIOLIS-Kraft dominiert und die anderen Trägheitswirkungen die Rolle von Korrekturen spielen. Wenn allerdings die charakteristischen Zeiten der Bewegung zwischen diesen Extremen, also z. B. bei einem Viertelpendeltag liegen, dann sind beide Beschleunigungsanteile von gleicher Größenordnung, was die rechnerische Behandlung sehr erschwert bzw. meist unmöglich macht[3].

Bei den lang dauernden Strömungen, denen ich mich in den späteren Abschnitten des Vortrages besonders widmen will, ergibt sich durch die Vernachlässigung der gewöhnlichen Beschleunigungsglieder eine rechnerische Vereinfachung, durch die viele Aufgaben der theoretischen Behandlung zugänglich werden, deren exakte Behandlung zu große mathe-

[1] In unseren Breiten Größenordnung: $r = 10$ km für $u = 1$ m/sec.

[2] Die Länge eines Sterntages ist $T_0 = 2\pi/\omega$. Der Vergleich gibt $T = \frac{1}{2} T_0/\sin\varphi$.

[3] Am Äquator ist $\sin\varphi = 0$, dort geht also die Länge des Pendeltages gegen ∞, hier tritt somit die Erddrehung praktisch nicht in Erscheinung.

matische Schwierigkeiten ergäbe. Wo eine exakte Lösung mit Berücksichtigung aller Beschleunigungsteile möglich ist, ist diese natürlich vorzuziehen. Ein Beispiel hierfür ergibt sich aus der Betrachtung rein horizontaler ebener Bewegungen, die durch äußere Einwirkungen auf eine *ursprünglich relativ zum Erdboden ruhende Luftmasse* vor sich gehen, wenn von aller Reibung abgesehen werden darf und keine nennenswerten Volumenänderungen vorkommen sowie keine Schichtungsstabilität störend eingreift. Die Anwendung des bekannten THOMSONschen Satzes von der Konstanz der Zirkulation einer flüssigen Linie, der zunächst für ein nichtdrehendes Bezugssystem gilt, läßt in diesem Fall eine sehr einfache Übertragung auf die Bewegung relativ zum rotierenden Erdboden zu und liefert das Ergebnis, daß überall, wo wirklich *ebene* Bewegung herrscht, also die Höhe der Luftschicht unverändert bleibt, die Relativbewegung zur Erde als Potentialbewegung verläuft. Ist im Inneren des Gebietes ein Bezirk enthalten, in dem durch Fremdeinwirkung die Grundfläche der strömenden Schicht geändert wird (z. B. dadurch, daß Massen zugefügt bzw. weggenommen werden), so tritt um dieses Gebiet herum, das selbst in Drehung versetzt wird, eine *Potentialbewegung mit Zirkulation* ein, so zwar, daß bei Vergrößerung der Grundfläche des gestörten Bezirkes ein antizyklonaler Umlauf, bei Verkleinerung dagegen ein zyklonaler entsteht. Zur Veranschaulichung der Vorgänge in der Nachbarschaft eines in der angegebenen Weise gestörten Bezirkes mag folgende schematisierte Betrachtung dienen, die sich auf das Verhalten eines kleineren Bereiches dortselbst bezieht[1].

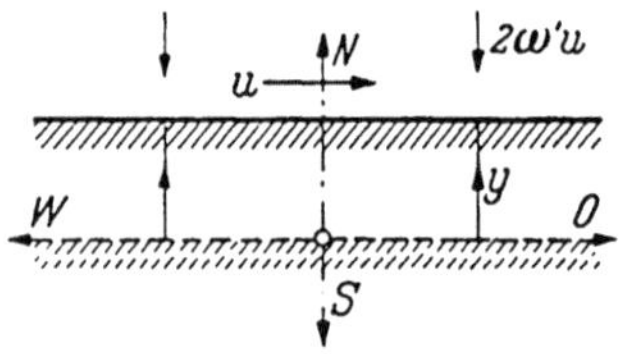

Abb. 2. Wirkung einer Massenverschiebung

Wenn eine Luftmasse, die längs einer westöstlich verlaufenden Linie an ein gestörtes Gebiet grenzt, auf breiter Front um *einen kleinen Weg* y nach Norden verschoben wird, vgl. Abb. 2, so summieren sich, falls in westöstlicher Richtung freie Bewegungsmöglichkeit angenommen wird, die zur Geschwindigkeit dy/dt gehörenden CORIOLIS-Beschleunigungen nach Osten zu einer Geschwindigkeit $u = 2\omega' y$, die nun anhält, solange die Verschiebung y aufrechterhalten wird[2]. Der Geschwindigkeit u ist dann ein Druckanstieg je Längeneinheit nach Süden $= 2\varrho\,\omega' u = 4\varrho\,\omega'^2 y$ zugeordnet. Das Aufrechterhalten der Verschiebung y nach Norden erfordert also einen zu y proportionalen Druckanstieg von Nord nach Süd, es besteht somit vermöge der Erdrotation an der verschobenen Masse

[1] Eine allgemeinere Formulierung der hier obwaltenden Beziehung findet sich in der IV. Auflage meiner „Strömungslehre", S. 316; vgl. auch die Fußnote 1, S. 1141.

[2] Es ist in unseren Breiten für $y = 10$ km rd. $u = 1$ m/sec (die Formel für y stimmt mit der für den Radius des Trägheitskreises überein!).

eine Art elastischer Widerstand gegen die die Verschiebung bewirkende Fremdmasse. Umgekehrt ist die Entstehung eines waagerechten Druckgradienten und des zugehörigen Gradientwindes unter den angegebenen Umständen immer mit einer Verschiebung der Luftmasse in der Richtung senkrecht zum Wind verbunden, deren Größe aus obiger Beziehung folgt[1].

Die Verhältnisse in der Umgebung eines gestörten Gebietes, aus dem durch irgendwelche Vorgänge Luftmassen herausgenommen werden oder in das fremde Luftmassen einströmen, lassen sich auf Grund dieser Betrachtung gut übersehen; der erstere Vorgang führt zur zyklonalen Umströmung und zur Druckabsenkung, der letztere zur antizyklonalen Umströmung und zur Druckerhöhung im Störgebiet und in seiner Umgebung.

3. Rolle der Reibung am Erdboden

Eine andere Erscheinung entsteht durch das Zusammenspiel der Erddrehung mit der Reibung des Windes am Erdboden. Der Druckgradient der von der Reibung unbeeinflußten oberen Strömung prägt sich der Reibungsschicht mit auf, ihre Geschwindigkeit ist aber kleiner, so daß hier das Gleichgewicht zwischen Druckgradient und CORIOLIS-Kraft gestört ist; das Überwiegen des Druckgradienten verursacht eine Auslenkung der Bodenströmung in Richtung des Druckabfalles, die aber nicht beliebig groß wird, da jetzt auch eine Komponente der Reibungskraft dem Druckgefälle entgegenwirkt. Dies gibt die bekannte Ablenkung des Bodenwindes um etwa 25 bis 30° nach der Seite des tieferen Druckes hin. Durch die Anwendung der im Laboratorium ermittelten Gesetzmäßigkeiten der turbulenten Reibungsströmung in rauhen Rohren[2] ergeben sich Beziehungen, aus denen sich die Höhe der Reibungsschicht abhängig von der *Windgeschwindigkeit in der Höhe* und von der *Bodenrauhigkeit* abschätzen läßt[3]. Die Reibungsschichthöhe wächst sehr stark (nahezu proportional) mit der Windgeschwindigkeit, aber nur schwach mit der Abmessung der Rauhigkeitselemente der Erdoberfläche.

In einem Tiefdruckgebiet strömt die Luft der Reibungsschicht vermöge der zum Gradientwind senkrechten Bodenwindkomponente in das Zentrum des tiefen Druckes ein, wodurch nach dem unter Nr. 2 Gesagten

---

[1] Für die Zulässigkeit der eben durchgeführten Betrachtung ist eine Vorbedingung, daß das aus den Verschiebungen ermittelte Geschwindigkeitsfeld nicht gegen die Grenzbedingungen verstößt. Wenn ein solcher Verstoß vorliegt, dann bilden sich während der vor sich gehenden Verschiebung Druckfelder der auf S. 1139 oben besprochenen Art aus, durch die die unzulässigen Geschwindigkeitsfelder gelöscht werden. Die Druckfelder verschwinden mit der Beendigung der Verschiebungsbewegung.

[2] Vgl. etwa J. NIKURADSE, VDI-Forsch.-Heft 361 (1933).

[3] Führer durch die Strömungslehre, S. 319ff.

der Druck dort steigt, das Tiefdruckgebiet also allmählich ausgefüllt wird (falls nicht etwa thermische Ursachen für neue Vertiefung sorgen). Entsprechendes gilt für ein Hochdruckgebiet. Auf diese Weise wird durch die Reibungsarbeit am Boden die kinetische Energie der gesamten Luftmassen, auch derjenigen, die selbst keine Reibungswirkungen erfahren, vermöge der CORIOLIS-Wirkung abgebaut. Der zeitliche Ablauf läßt sich auf Grund der Formeln für den Reibungswind quantitativ verfolgen[1].

4. Dichteunterschiede

Diese sind die eigentlichen Bewegungsursachen in der Atmosphäre. (Die *Entstehung* der Dichteunterschiede ist überwiegend von thermischer Art, ihre Behandlung liegt außerhalb des diesem Vortrag gesteckten Rahmens.) Der einfachste Fall eines Dichteunterschiedes liegt vor, wenn es sich um zwei Luftkörper handelt, von denen jeder in sich homogen ist, aber der eine dichter ist als der andere. Zunächst mag die Erddrehung außer acht gelassen werden, also nach ,,kurz dauernden Vorgängen" gefragt werden. Die stabile Ruhelage der beiden Luftkörper ist so, daß der dichtere unten und der weniger dichte darüber liegt und die Grenze eine waagerechte Ebene bildet. Diese Grenze ist aber schwingungsfähig, sie vermag Wellenbewegungen auszuführen, ähnlich den Wellen auf einer freien Wasseroberfläche. Solche Wellen (HELMHOLTZsche Luftwogen) werden gelegentlich durch Wolkenbildungen sichtbar, lassen sich aber durch feine Druckregistrierungen auch in solchen Fällen nachweisen, in denen keine Wolken ihr Vorhandensein verraten.

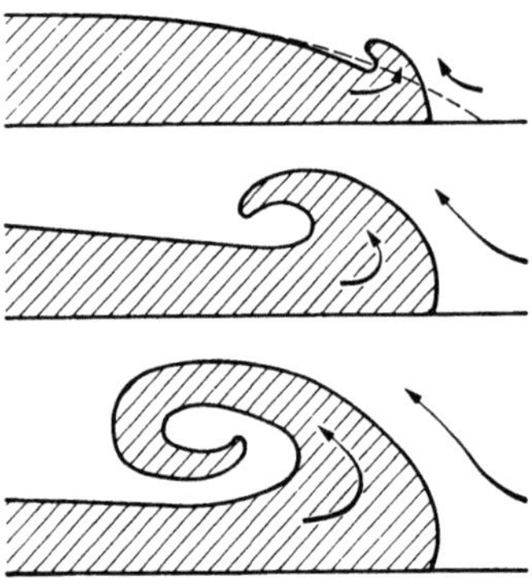

Abb. 3. Ausbreitung einer Kaltluftmasse

Eine Kaltluftmasse kann durch ein Gebirge aufgestaut werden und überfließend in die jenseitigen Quertäler eindringen. Es ergibt sich dann in einem solchen Tal das zunächst befremdende Bild, daß über der Sohle des an drei Seiten durch hohe Wände eingeschlossenen Tales stundenlang ein heftiger Sturm von dem Talabschluß her entlangbraust, und daß alles bei blauem Himmel und leichten Wölkchen über den Bergen, so daß man sich fragt, wo hier ein Sturm überhaupt herkommen kann. Die Energie des Sturmes stammt von dem Fall der schweren Kaltluft von der Paßhöhe bis ins Tal und kann leicht rechnerisch abgeschätzt werden.

Der Windstoß, der eine Gewitterbö einleitet, ist ein Fallwind ähn-

[1] Führer durch die Strömungslehre, S. 321.

licher Art. Der Dichteunterschied wird hier verursacht durch die Verdunstungskälte der im Regengebiet mit dem Regen absteigenden Luftmasse. Bei ihrem Aufprall auf den Boden wird ihre Fallgeschwindigkeit in die Waagerechte umgelenkt. Die Strömungsform ist bei diesem Vorgang ganz ähnlich wie auch beim ersten Einsetzen des Talsturmes: Die Luftmasse, die in verhältnismäßig niedriger Schicht gegen ruhende Warmluft anströmt, staut sich an dieser und wird nach rückwärts eingerollt, vgl. Abb. 3. Die vollständige Bewegungsform wird vor allem in Staubstürmen, wie sie u. a. im amerikanischen Mittelwesten auftreten, sichtbar, läßt sich aber, wenigstens in ihrem oberen Teil, auch in den Wolkenbildungen unserer Gewitterböen manchmal gut erkennen (sogenannter Böenkragen). Die Front des Kaltluftstromes schreitet annähernd mit der halben Blasgeschwindigkeit der Kaltluft vorwärts[1], wenn die Warmluft vorher in Ruhe war. Abb. 4 zeigt eine Bilderreihe aus einem Film, den Herr M. V. Ghatage gelegentlich seiner Dissertation[2] in einem mit Wasser gefüllten Becken aufgenommen hat. In der obersten Abbildung ist die rechts ersichtliche Vertiefung mit einer gefärbten Salzlösung gefüllt; diese wird dann durch einen Verdränger herausgehoben, worauf der zu beobachtende Vorgang sich abspielt. (Im Vortrag wurden mehrere Aufnahmen als Lauffilme vorgeführt, darunter auch die Ausbreitung eines aufsteigenden Kumulus zu einer Stratuswolke an einer Sperrschicht.)

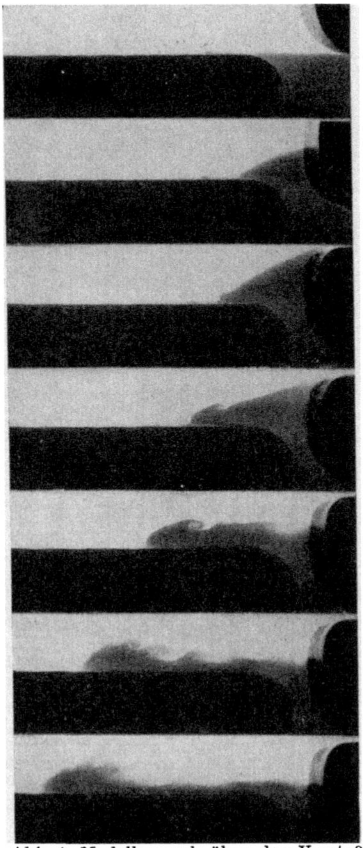

Abb. 4. Modellversuch über den Vorstoß einer Kaltluftmasse nach Ghatage

[1] Die Beobachtungen von Herrn Koschmieder über das Einsetzen des Seewindes landeinwärts bestätigen dieses sehr gut, vgl. etwa sein Buch „Kleinräumige Luftbewegungen", S. 247ff. Leipzig 1943. Dort S. 119ff. auch Bilder von Staubstürmen.

[2] Modellversuche über die gegenseitige Bewegung von Luftmassen verschiedener Temperatur. Göttingen 1936.

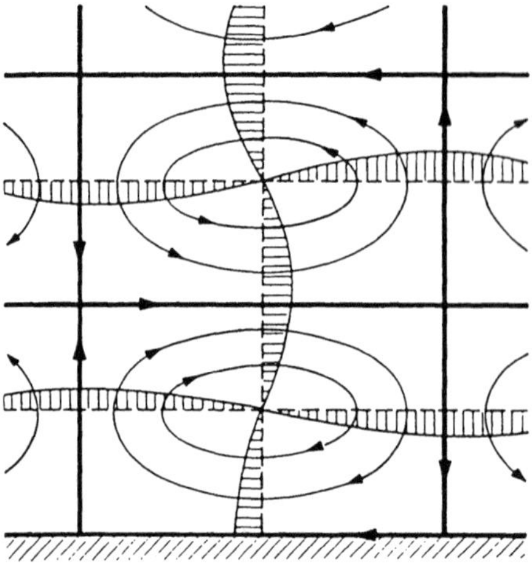

Abb. 5. Zellulare Schwingung vom Schweretyp

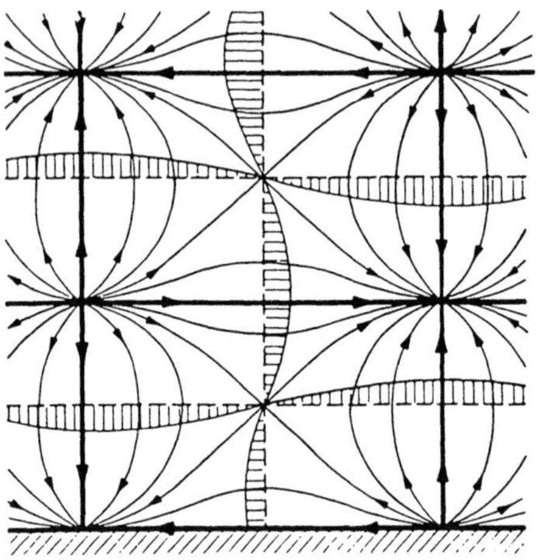

Abb. 6. Zellulare Schwingung vom Schalltyp

5. Stetig veränderliche Dichte

Ein *zweiter Schulfall der Dichteunterschiede ist die mit der Höhe stetig veränderliche Dichte.* Hier ergibt sich ein stabiler Zustand, wenn die Temperatur nach oben langsamer abnimmt als im adiabatischen Fall (in diesem beträgt die Abnahme rd. 1° auf 100 m Höhe). Bei solcher stabilen Schichtung ergibt sich eine sehr große Mannigfaltigkeit von Schwingungen, darunter verhältnismäßig langsame, bei denen die Schwere in Verbindung mit den Dichteunterschieden regiert und wieder sehr schnelle, bei denen die Kompressibilität die Hauptrolle spielt, vgl. Abb. 5 und 6. Bei beiden Schwingungsarten sind in der Waagerechten wie in der Senkrechten alle Wellenlängen zugelassen, und es gibt sowohl stehende wie auch fortlaufende Wellen. Ausführliche Diskussion hierüber findet sich in der „Physikalischen Hydrodynamik" von V. Bjerknes und Mitarbeitern (Berlin 1933).

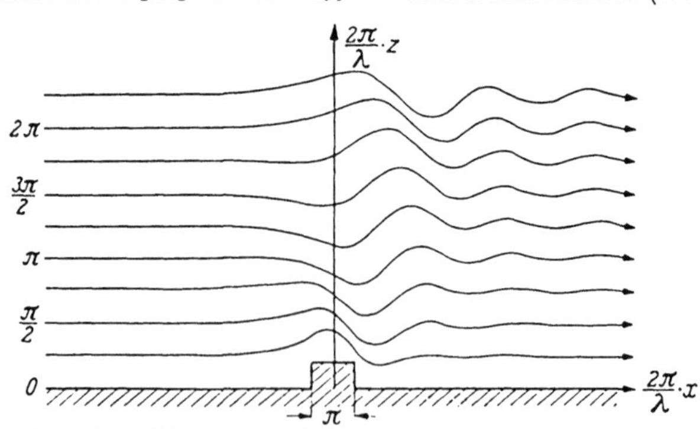

Abb. 7. „Leewellen" hinter einem Gebirgskamm nach Lyra (dreifach überhöht)

Ein fliegerisch interessierender Sonderfall der langsameren Form ergibt sich bei Anregung solcher Wellen durch den Wind, der über einen querlaufenden Gebirgszug strömt. Hier werden alle diejenigen Wellen angeregt, die eine Phasengeschwindigkeit gleich der Windgeschwindigkeit haben, so daß sich eine stationäre Strömungsform ergibt. Dieser Fall ist von G. LYRA[1] sehr eingehend untersucht und zeigt Schwingungsformen, die mit den in der Natur, z. B. am Riesengebirge, beobachteten Vorgängen in guter Übereinstimmung stehen. Abb. 7 zeigt in überhöhter Darstellung die für einen Sonderfall berechneten Stromlinien.

6. Zusammenwirken von Dichteunterschieden mit der Erddrehung

Hier ergibt sich bei lange dauernden Vorgängen eine neue Mannigfaltigkeit von Erscheinungen. Besonders einfach zu übersehen ist der Fall einer relativ zur Erde ruhenden Luftmasse mit stetiger stabiler Dichteschichtung. Hier kommt für ein irgendwie durch störende Kräfte verschobenes Luftquantum zu der früher beschriebenen Stabilität in der Waagerechten durch Erddrehung noch eine Stabilität in der Senkrechten durch die Dichteschichtung hinzu (das Luftquantum ist bei Hebung am neuen Ort dichter als die dortige Umgebung und hat deshalb das Bestreben, auf die alte Höhe zurückzusinken; entsprechend ist ein abwärts geführtes Luftquantum dort leichter als seine neue Umgebung und strebt auch hier zur Ausgangsstellung zurück). Man kann z. B. rechnerisch den Vorgang verfolgen, der sich einstellt, wenn ein Luftquantum, das durch örtliche Erwärmung und gegebenenfalls durch Freiwerden von latenter Wärme bei der Kondensation von Wasser beim Aufsteigen in einer beträchtlich höheren Lage wieder zur Ruhe kommt (Kumuluswolke, die sich nach Beendigung des Aufstieges als Stratuswolke in die neue Umgebung einlagert[2]). Hier entsteht nach früherem (s. S. 1140 unten) in dem Gebiet, aus dem das Luftquantum sich entfernt hat, ein Tiefdruckgebiet und dort, wo es sich neu einlagert, ein Hochdruckgebiet, das eine mit einem zyklonalen, das andere mit einem antizyklonalen Umlauf. Umgekehrt ergeben sich beim Absinken von durch Ausstrahlung abgekühlten hochgelegenen Luftmassen oben Tiefdruckgebiete, unten Hochdruckgebiete[3].

---

[1] G. LYRA, Beitr. Phys. fr. Atmosphäre Bd. 26 (1940) S. 197. — G. LYRA, Z. angew. Math. Mech. Bd. 23 (1943) S. 1.

[2] Das Verhältnis der senkrechten Ausdehnung einer neu eingelagerten Luftmasse zu ihrer waagerechten Ausdehnung bestimmt sich aus dem Verhältnis der beiden Stabilitäten. Für einen Temperaturgradienten von z. B. 0,5° für 100 m und wolkenfreie Umgebung der Aufstiegsmasse wird dieses Verhältnis etwa 1 : 120.

[3] Die Geschwindigkeits- und Druckverteilungen nach solchen Umlagerungen sind für den Schulfall einer sehr kleinen umgelagerten Masse von H. STÜMKE berechnet worden, vgl. seine Abhandlung in der Z. Geophys. Bd. 16 (1940) S. 127 (Göttinger Dissertation 1939).

Wenn sich in einem Bezirk mehrere derartige Vorgänge häufen, so haben die späteren die bis dahin bereits entstandenen Druckunterschiede zu überwinden und benötigen also mehr Auftriebsarbeit als die früheren. Dem entspricht genau der Umstand, daß die kinetische Energie der gesamten Umlaufbewegung proportional dem Quadrat der Geschwindigkeiten anwächst, so daß die späteren Beiträge zu den Umlaufgeschwindigkeiten größere Energiebeträge erbringen müssen als die früheren. — Gebilde der hier beschriebenen Art können, soweit sie nicht durch Bodenreibung abgebaut werden (s. o.), sehr dauerhaft sein und, nach anderen Gegenden verfrachtet, dort das Wetter beeinflußen (sogenannte stratosphärische Steuerung des Wetters[1]).

7. Waagerechter Dichtegang

Wenn *die Dichte* nicht nur in der Vertikalen, sondern auch *in der Waagerechten veränderlich* ist, ergeben sich aus dem Zusammenwirken mit der Erddrehung weitere bemerkenswerte Beziehungen. Die waagerechten Dichteunterschiede erzeugen auch waagerechte Druckunterschiede und hiermit auch waagerechte Geschwindigkeiten. Das folgende Beispiel ist sehr lehrreich, dabei nicht neu. Wir wollen der Einfachheit wegen annehmen, daß nur Geschwindigkeiten parallel zu *einer* Richtung vorhanden sind, die als x-Richtung gewählt werde. Der Geschwindigkeitsbetrag soll eine Funktion von y und z sein, dabei als zeitlich unveränderlich vorausgesetzt werden, also: $u = u(y, z)$; die Beschleunigung relativ zum Erdboden ist dann $= 0$, dadurch ist hier die Näherungstheorie der lang dauernden Strömung gleichzeitig exakte Theorie. Die Dichte ϱ sei ebenfalls von y und z abhängig (y waagerecht, z senkrecht). Das Druckfeld ergibt sich, wenn wieder der Bequemlichkeit halber die Vertikalkomponenten der Coriolis-Kräfte unberücksichtigt bleiben[2], aus Schwere und Coriolis-Kraft nach den Beziehungen

$$\frac{\partial p}{\partial z} = -g\,\varrho \quad \text{und} \quad \frac{\partial p}{\partial y} = -2\,\omega'\,\varrho\,u$$

($\omega' = \omega \sin\varphi$ wie früher!). Die Verträglichkeitsbedingung dieser beiden Gleichungen, $\partial^2 p/\partial z\,\partial y = \partial^2 p/\partial y\,\partial z$, ergibt die erstmalig auf einem anderen Wege von M. Margules[3] 1906 aufgestellte Beziehung

$$g\,\frac{\partial \varrho}{\partial y} = 2\,\omega'\,\frac{\partial}{\partial z}(\varrho\,u), \tag{1}$$

es ist also der Dichtegang in der Waagerechten mit dem Gang von $\varrho\,u$ in der Senkrechten gekoppelt. Von dieser auch sonst sehr wertvollen

[1] Vgl. etwa L. Prandtl, Führer durch die Strömungslehre, S. 340.

[2] Diese würden sonst unter geringen Vertikalverschiebungen der Luftteilchen durch die Schichtungskräfte aufgefangen werden.

[3] Meteorol. Z., Hann-Bd. (1906) S. 293.

Beziehung[1] sollen hier als Beispiele zwei spezielle Anwendungen gemacht werden.

Zunächst soll die Frage behandelt werden, was aus Gl. (1) in dem Fall folgt, daß ϱ eine im übrigen willkürliche Funktion des Druckes ist: $\varrho = \varrho(p)$. Mit $d\varrho/dp = \varrho'(p)$ wird somit

$$\frac{\partial \varrho}{\partial y} = \varrho'(p)\frac{\partial p}{\partial y} = -\varrho'(p)\,2\,\omega' u\,\varrho$$

und

$$\frac{\partial \varrho}{\partial z} = \varrho'(p)\frac{\partial p}{\partial z} = -\varrho'(p) g\,\varrho.$$

Hieraus ergibt sich nach kurzer Rechnung $\partial u/\partial z = 0$, also $u =$ konst. [oder auch $u = f(y)$!][2]. Das zweite Beispiel bezieht sich auf zwei Luftkörper I und II der vorbeschriebenen Art, die gemäß Abb. 8 durch eine Zwischenschicht getrennt sein mögen, in der die Dichte und die Geschwindigkeit sich stetig von dem Wert in I zu dem in II ändert.

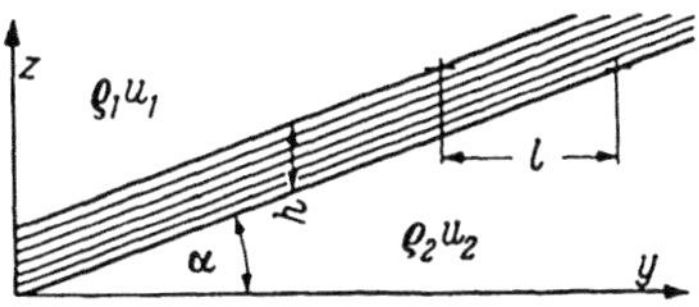

Abb. 8
Gleichgewicht zweier Luftkörper mit verschiedener Dichte und Geschwindigkeit

Die Geschwindigkeit soll in beiden Luftkörpern je konstant angenommen werden, $u = u_1$ in I und $u = u_2$ in II; der Vereinfachung der Rechnung wegen (die an sich nicht zwingend wäre) sollen auch die beiden Dichten ϱ_1 und ϱ_2 je als konstant angenommen werden.

Nun ist, wenn der Einfachheit halber der Übergang von ϱ und ϱu in der Zwischenschicht als linear angenommen wird, gemäß Abb. 8 in dem Zwischenstreifen

$$\frac{\partial \varrho}{\partial y} = \frac{\varrho_2 - \varrho_1}{l}$$

und

$$\frac{\partial}{\partial z}(\varrho u) = \frac{\varrho_1 u_1 - \varrho_2 u_2}{h}.$$

---

[1] Ich habe den Eindruck, daß sie von den praktischen Meteorologen viel zuwenig beachtet wird. Es gibt keine lang dauernden waagerechten Geschwindigkeitsunterschiede übereinander befindlicher Luftmassen ohne den zugehörigen Dichtegang in der Waagerechten senkrecht dazu.

[2] Dieselbe Rechnung, angewandt auf eine dreidimensionale Strömung allgemeinerer Art, ergibt, falls die Strömung als „lang dauernd" betrachtet werden darf, $u = f_1(x, y)$, $v = f_2(x, y)$. Es bleiben also vermöge der Erddrehung Luftteilchen, die sich senkrecht übereinander befinden, dauernd senkrecht übereinander, wenn die Dichte vom Druck allein abhängt.

Zusatz bei der Korrektur:

Wenn man die um die waagerechte Achse drehende Komponente der Erddrehung, $\omega \cos\varphi$, die hier gemäß den Ausführungen S. 1138 vernachlässigt ist, mitberücksichtigt, so ändert sich gegenüber diesem Resultat nur so viel, daß die Linien konstanter Geschwindigkeit nicht senkrecht, sondern parallel der Erdachse verlaufen.

Damit ergibt sich aus Gl. (1)

$$\frac{h}{l} = \operatorname{tg}\alpha = \frac{2\omega'}{g} \frac{\varrho_1 u_1 - \varrho_2 u_2}{\varrho_2 - \varrho_1}. \tag{2}$$

Die Neigung der Grenzfläche der zwei Luftkörper liegt also fest, wenn ϱ_1, u_1, ϱ_2 und u_2 gegeben sind. Diese Formel ist sehr bekannt, sie stammt aus der gleichen Arbeit von MARGULES.

8. Betrachtungen über die Vertikalgeschwindigkeit

Dieses MARGULESsche Schema liefert bekanntlich das einfachste Vorbild dessen, was in den Warmfronten und Kaltfronten zutage tritt. Die norwegische Schule nimmt nach J. B. BJERKNES und H. SOLBERG an, daß in der Warmfront die Warmluft als Ganzes auf die Kaltluft „aufgleitet" und bei der Kaltfront von der Kaltluftmasse aufgestaut und dadurch hochgehoben wird. Eine weitere Wetterform ist das „Abgleiten" der Warmluft an einer breiten Kaltluftmasse im „Zwischenhoch". Ich habe mich damit beschäftigt, was es mit dem Aufgleiten und Abgleiten auf sich hat. Rechnet man zunächst reibungslos, dann ergibt sich für beliebige lang dauernde *stationäre* Strömungen mit mäßigen Geschwindigkeiten (bei denen man also die gewöhnlichen Beschleunigungsglieder gegen die CORIOLIS-Glieder vernachlässigen darf) aus der Beziehung $\partial^2 p/\partial x\, \partial y = \partial^2 p/\partial y\, \partial x$ mittels der Kontinuität $\partial(\varrho w)/\partial z = 0$[1]; über ebenem Boden wird also in erster Näherung die Vertikalgeschwindigkeit $w = 0$. In Wirklichkeit sind die Strömungsvorgänge meist nicht stationär, was sich vor allem in zeitlichen Änderungen der Dichte ϱ am festgehaltenen Ort auswirkt[2]. Diese Änderungen kommen einerseits von der zeitlichen Änderung von p an einem festgehaltenen Ort, wenn es sich um einen einheitlichen Luftkörper handelt, der sich auf der Wanderung befindet, andererseits aber davon, daß eine Luftkörpergrenze (Front) an der betrachteten Stelle durchgeht. Bei einer Warmfront ist dort $\partial \varrho/\partial t$ kräftig negativ, bei der Kaltfront positiv. Das würde nach Fußnote 2 heißen, daß im ersteren Fall in der Übergangsschicht $\partial(\varrho w)/\partial z$ positiv ist, im letzteren Fall negativ. Nimmt man in

[1] Es wird gesetzt $\partial p/\partial x = +2\omega'\varrho v$; $\partial p/\partial y = -2\omega'\varrho u$; $\partial p/\partial z = -g\varrho$. Wenn u, v und g Funktionen von x, y und z sind, die so allgemein sind, als mit $\partial^2 p/\partial x\,\partial z = \partial^2 p/\partial z\,\partial x$ und $\partial^2 p/\partial y\,\partial z = \partial^2 p/\partial z\,\partial y$ verträglich ist, ergibt sich aus $\partial^2 p/\partial x\,\partial y = \partial^2 p/\partial y\,\partial x$ $\partial(\varrho u)/\partial x + \partial(\varrho v)/\partial y = 0$, was im stationären Fall wegen der Kontinuitätsgleichung

$$\frac{\partial(\varrho u)}{\partial x} + \frac{\partial(\varrho v)}{\partial y} + \frac{\partial(\varrho w)}{\partial z} = 0$$

$\partial(\varrho w)/\partial z = 0$ oder $\varrho w = f(x, y)$ ergibt; bei ebenem Boden ($w = 0$ für $z = 0$) folgt hieraus $\varrho w = 0$ für alle z.

[2] Dann folgt aus derselben Rechnung $\partial(\varrho w)/\partial z + \partial\varrho/\partial t = 0$, was mit $w = 0$ am Boden

$$\varrho w = -\int_0^z \frac{\partial \varrho}{\partial t}\, dz.$$

gibt.

der bodennahen Schicht $\varrho w = 0$ an, würde dies bei der Warmfront ein Aufgleiten, bei der Kaltfront ein Abgleiten bedeuten. Die Beträge sind aber recht geringfügig[1]; noch kleiner sind aber meist die Beträge durch Änderung des Barometerstandes am festgehaltenen Ort.

Diese Betrachtung zeigt, daß die Annahme des „Aufgleitens" wie auch der Aufstauung einerseits und des Abgleitens andererseits irgendwie nicht in Ordnung ist. Die Lösung ergibt sich durch Berücksichtigung der Bodenreibung. Die Rechnung ergibt hier, daß über ebenem Boden Vertikalgeschwindigkeiten dort entstehen, wo der Vektor der Boden-Schubspannung, $\mathfrak{T}_B$, „Drehung" aufweist[2]. Für den Raum oberhalb der

[1] Rechnet man nach dem Schema von Abb. 8, in der eine Zwischenschicht mit linearem Verlauf der Dichte zwischen den Randwerten ϱ_2 und ϱ_1 angenommen war, und nimmt eine Wanderungsgeschwindigkeit v der Front nach rechts an, so ist mit Index 1 für die Warmluft und Index 2 für die Kaltluft $\partial\varrho/\partial t \approx (\varrho_1 - \varrho_2) v/l$ und $\partial(\varrho w)/\partial z = \varrho_1 w_1/h$ (da $w_2 = 0$ angenommen wurde). Der Gesamtbetrag über der Höhe h gibt $\varrho_1 w_1 = (\varrho_2 - \varrho_1) v \cdot h/l = (\varrho_2 - \varrho_1) v \operatorname{tg}\alpha$. Mit $\operatorname{tg}\alpha = 0{,}01$ und $(\varrho_2 - \varrho_1)/\varrho_1 = 0{,}02$ entsprechend einem Temperatursprung von 6° ergibt dies mit $v = 15$ m/sec $w_1 = 0{,}3$ cm/sec oder 10,8 m/h, also ziemlich klein. Man kann dieses Resultat auch so einsehen: Durch den Sprung der Dichte an der Luftkörpergrenze bringt der zur Geschwindigkeit v gehörige Druckabfall in Richtung der Frontlinie in der leichteren Luft eine etwas größere v-Geschwindigkeit hervor als in der schwereren: $\partial p/\partial x = 2\omega' \varrho_1 v_1 = 2\omega' \varrho_2 v_2$. Dies gibt ein $w = (v_1 - v_2) \operatorname{tg}\alpha$, was im Bereich der Näherungsformel dasselbe gibt wie oben.

[2] Wenn man die Komponenten der scheinbaren Schubspannung der turbulenten Strömung, $\tau_x = A\,\partial u/\partial z$ und $\tau_y = A\,\partial v/\partial z$ (mit A = Austauschfaktor) in die ersten beiden Gleichungen von Fußnote 1, S. 1148, einführt, so ergibt sich

$$\frac{\partial p}{\partial x} = 2\omega' \varrho v + \frac{\partial \tau_x}{\partial z}; \quad \frac{\partial p}{\partial y} = -2\omega' \varrho u + \frac{\partial \tau_y}{\partial z}.$$

Hier liefert die Verträglichkeitsbedingung $\partial^2 p/\partial x\,\partial y = \partial^2 p/\partial y\,\partial x$

$$\frac{\partial}{\partial x}(\varrho u) + \frac{\partial}{\partial y}(\varrho v) = \frac{1}{2\omega'}\left(-\frac{\partial^2 \tau_x}{\partial z\,\partial y} + \frac{\partial^2 \tau_y}{\partial z\,\partial x}\right).$$

Durch Einführung der Kontinuitätsgleichung und Integration ergibt sich entsprechend Fußnote 2, S. 1148,

$$\varrho w + \int_0^z \frac{\partial \varrho}{\partial t}\,dz = \frac{1}{2\omega'}\left(\frac{\partial \tau_x}{\partial y} - \frac{\partial \tau_y}{\partial x}\right) + f(x, y, t).$$

Am Boden ist $w = 0$. Daraus folgt

$$f(x, y, t) = \frac{1}{2\omega'}\left(\frac{\partial \tau_y}{\partial x} - \frac{\partial \tau_x}{\partial y}\right)_B = \frac{1}{2\omega'} \operatorname{rot} \mathfrak{T}_B.$$

Für die Gebiete oberhalb der Bodenwindzone ist im allgemeinen τ_x und τ_y unbedeutend, so daß man hier unter Vernachlässigung des Integrals über $\partial\varrho/dt$ annähernd

$$(\varrho w)_{ob} = f(x, y, t) = \frac{1}{2\omega'} \operatorname{rot} \mathfrak{T}_B$$

schreiben kann. Der Verlauf von $\mathfrak{T}_B$ für ein gegebenes Windsystem läßt sich nach den von mir früher angegebenen Näherungsformeln für den Reibungswind über dem rauhen Erdboden ermitteln (vgl. Strömungslehre, S. 319), so daß mit dem Windsystem auch $(\varrho w)_{ob}$ gegeben ist.

Bodenwindzone lautet die Formel, wenn die eben genannten anderen Einflüsse vernachlässigt werden,

$$(\varrho\, w)_{ob} = \frac{1}{2\,\omega'}\,\mathrm{rot}\,\mathfrak{T}_B\,. \tag{3}$$

Auf der Nordhalbkugel bringt Drehung im Uhrzeigersinn eine absteigende Bewegung hervor, Drehung im Gegenzeigersinn aufsteigende Bewegung.

Das Qualitative dieser Beziehung ist seit langem ein Bestandteil der Theorien der Zyklone und Antizyklone (Ferrel u. a.), die quantitative Formel scheint aber neu zu sein. Was nun aber die „Fronten" betrifft, so ist bei diesen Drehung von $\mathfrak{T}_B$ in besonders ausgeprägter Form vorhanden. Damit hängt offenbar zusammen, daß in der Nähe der Fronten

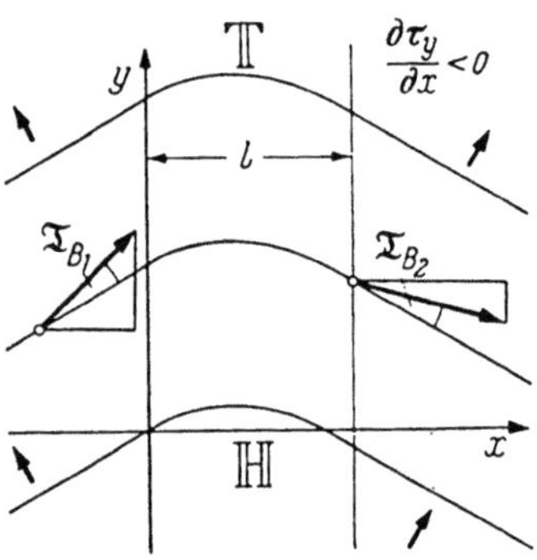

Abb. 9. Hochdruckrücken

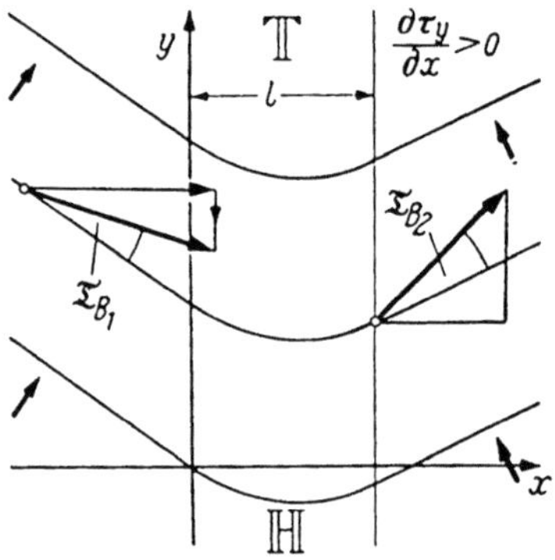

Abb. 10. Tiefdruckrinne

die Hauptniederschlaggebiete liegen. Der Hauptbeitrag zu $\mathrm{rot}\,\mathfrak{T}_B$ besteht dabei in der Änderung der zur Frontrichtung parallelen Komponente von $\mathfrak{T}_B$, die sich ergibt, wenn man bei festgehaltener Zeit senkrecht zur Front vorwärts geht.

In Abb. 9 und 10 sind solche Fronten von besonders einfacher Form dargestellt. Die Isobaren sind als dünne Linien gezeichnet, die Vektoren $\mathfrak{T}$ sind durch dicke lange Pfeile dargestellt; die kurzen dicken Pfeile zeigen die Richtungen des Druckgefälles an. Die Frontrichtung ist als y-Achse gewählt; auf ihr und auf jeder anderen Linie $x =$ konst., $z =$ konst. mag konstante Dichte und konstante Geschwindigkeit herrschen; die Front schreitet dann mit konstanter Geschwindigkeit in der x-Richtung vorwärts. Der oben erwähnte „Hauptbeitrag" zu $\mathrm{rot}\,\mathfrak{T}_B$ ist dann $\partial \tau_y / \partial x_B$.

Bei der „Front" von Abb. 9 wird durch die Divergenz der Bodenwinde, die mit der absteigenden Bewegung nach Gl. (3) zusammenhängt, der Hochdruckrücken auf dem in Nr. 2, Ende, beschriebenen Wege schnell abgeflacht, so daß man sehr bald von keiner „Front" mehr sprechen kann; im Fall der Abb. 10 bringen meist die aufsteigenden Bewegungen thermodynamische Energieumsätze mit sich, durch die die Front scharf gehalten werden kann.

Die aus Formel (3) sich ergebenden Beträge der Vertikalgeschwindigkeit sind nun in der Tat sehr viel größer als die vorher betrachteten und reichen völlig hin, um den meteorologischen Beobachtungstatsachen gerecht zu werden. Nimmt man für eine Abschätzung die Faustformel $\tau_B = 0{,}002 \varrho_B U^2$ und betrachtet einen Fall, wo die Komponente von $\mathfrak{T}$ parallel der Front sich innerhalb einer Strecke l senkrecht zur Front gerade um diesen Betrag ändert[1], so wird mit $2\omega' = 0{,}00011/\text{sec}$ (für $\varphi = 50°$) $w = 0{,}002/0{,}00011\, \varrho_B U^2/\varrho\, l$. Mit $U = 15\,\text{m/sec}$, $l = 100\,\text{km}$ und $\varrho \approx \varrho_B$ ergibt dies $w = 18 \cdot 225/10^5 \approx 0{,}04\,\text{m/sec} = 144\,\text{m/h}$. Dies mag für eine Warmfront gelten. Bei einer Kaltfront ist l meist kleiner; dies gibt dann entsprechend höhere Beträge für w.

9. Verhalten der Bodenwinde an den Fronten

In den schematischen Abb. 9 und 10 ist noch offengelassen, auf welcher Seite der Front sich der Warmluftkörper befindet. Im Fall der Abb. 9 (Abgleiten) wird man es, nach den Windrichtungen zu schließen, im allgemeinen nur mit einem Übergang von der Kaltluft zur Warmluft zu tun haben, der Fall der Abb. 10 trifft jedoch sowohl für ausgeprägte Warmfronten wie Kaltfronten zu. Bezüglich dieser beiden mag noch von einem Versuch berichtet werden, festzustellen, was aus den Reibungsschichten am Boden wird, wenn sie ihrer Trägheit gehorchend an der Front aus ihrem Luftkörper heraustreten. Um die Überlegungen möglichst zu vereinfachen, mag ähnlich wie bei Abb. 9 und 10 angenommen werden, daß auf jeder Linie $x =$ konst., $z =$ konst. konstante Geschwindigkeit herrscht und daß die x-Komponente der Geschwindigkeit U_0 für alle x und z oberhalb der Bodenreibungsschicht den gleichen Wert habe (was nach Ziffer 7 erfordert, daß auch ϱ für jede Linie $x =$ konst., $z =$ konst. konstant ist). In diesem Fall hat man ein Gebilde vor sich, das sich als Ganzes mit der Geschwindigkeit U_0 fortbewegt, während die y-Komponenten V_0 von Ort zu Ort verschieden sind und eine Verteilung haben mögen, wie sie in Abb. 8 betrachtet wurde[2]. Die Bewegung ist somit für ein mit der Geschwindigkeit U_0 mitbewegtes Bezugssystem, dessen wir uns im folgenden bedienen wollen, stationär, und jedes Teilchen bewegt sich geradlinig und gleichförmig längs der y-Achse. Die Beschleunigung relativ zur Erde ist also hier $= 0$, so daß die „lang dauernde" Näherungslösung hier eine exakte Lösung ist. Eine Ausnahme

[1] Also wo z. B. die Vektoren $\mathfrak{T}_1$ und $\mathfrak{T}_2$ ein gleichseitiges Dreieck miteinander bilden.

[2] Was in Abb. 8 y-Achse heißt, ist hier x-Achse. Entsprechend ist, was dort u hieß, hier γ und U, was dort v hieß.

bilden die Bodenschichten im Frontbezirk. Für diese müssen daher die beschleunigten Bewegungen nach Ziffer 2 studiert werden. Da die hydrodynamische Behandlung dieser Aufgabe die Grenzen des heutigen Könnens übersteigen würde, mag jeweils eine Teilschicht der Reibungszone nach den Regeln der Punktmechanik behandelt werden. Auch hier wollen wir uns mit einer rohen Abschätzung begnügen, in der wir u. a. die Rückwirkung der Bewegung solcher Reibungsschichten auf den Verlauf der Luftkörpergrenzen ignorieren.

Zunächst mag Abb. 10 als Wetterkarte einer Warmfront angesehen werden (also links Warmluft, rechts Kaltluft). In Abb. 11 ist rechts ein Vertikalschnitt längs einer Ebene senkrecht zur Frontlinie dargestellt,

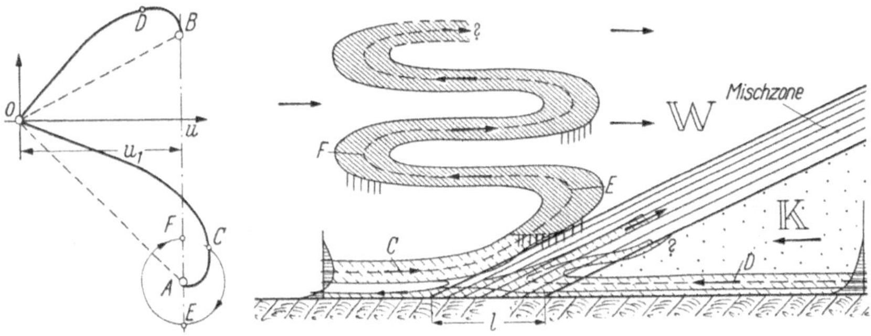

Abb. 11. Bodenwinde einer Warmfront

links ein Vektordiagramm der Windsysteme der beiden Luftkörper. OA ist dabei der Gradientwind der Warmluft, OB derjenige der Kaltluft, die beiden Spiralen geben den Geschwindigkeitsverlauf in den beiden Reibungsschichten wieder. Die Linie AB scheidet die Luftschichten, die der Front voreilen, von denen, die hinter ihr zurückbleiben.

Die unteren Schichten der Warmluftmasse entfernen sich von der Front und sind daher für uns ohne Interesse. Von den voreilenden Schichten soll gemäß dem Vorgesagten eine mittlere Schicht C dieses Teiles der Reibungsschicht (Geschwindigkeitsvektor OC) so behandelt werden, als ob der ganze voreilende Teil ursprünglich diese Geschwindigkeit hätte. Entsprechendes gilt für die Schicht von der Geschwindigkeit OD in der Reibungszone der Kaltluftmasse. Die Schicht C wird bei ihrem Voreilen gegenüber der Front, da sie wegen ihrer Wärme über der Mischzone bleiben wird, längs dieser in die Höhe steigen[1]. Da sie hier keine Berührung mit dem Boden mehr hat und der Austausch mit der Inversionsschicht als neuer Unterlage sehr gering ist, wird sie praktisch nur noch wenig gebremst. Wenn man der Einfachheit halber von

[1] Soweit sie nicht durch stabile Schichtung der Warmluft nach einem gewissen Weg zur Umkehr veranlaßt wird. Die obige Betrachtung gilt für hinreichend schwache Stabilität der Warmluftmasse.

Reibungseinflüssen ganz absieht, dann findet man, daß sie relativ zur Warmluft einen Trägheitskreis beschreibt; der Endpunkt des Geschwindigkeitsvektors wird also mit der Winkelgeschwindigkeit $2\omega'$ um den Punkt A kreisen. Dieser Kreis ist in Abb. 11 eingezeichnet. Man erkennt, daß, sobald die Schicht C hierbei den Punkt E erreicht, sie parallel zur Front läuft und demnach ihre Projektion auf den Vertikalschnitt von da an rückläufig wird. Wenn sie durch die Hebung, die sie bis dahin erfuhr, schon Kondensation erfahren hat, ist sie gegen vorher etwas erwärmt und wird sich etwas höher einschichten. Ob sich das Spiel noch mehrmals wiederholt, wie es in der Abbildung angenommen ist, ist fraglich. Es ist aber nicht unwahrscheinlich, da die Reibung auch in den höheren

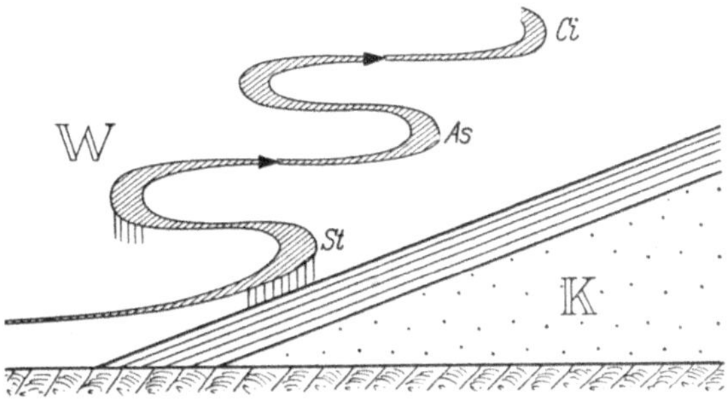

Abb. 12. Warmfront mit Dichtegang in Frontrichtung

Schichten, wenn die Bewegung nicht durch Kumulusbildung gestört wird, recht gering sein dürfte. Eine Kontinuitätsbetrachtung ergibt, daß die Schicht da, wo sie umkehrt, erheblich an Dicke anschwellen muß, da überall in der Zeiteinheit die gleiche Menge durch eine Ebene senkrecht zu unserem Vertikalschnitt transportiert werden muß und die Vertikalgeschwindigkeiten im allgemeinen erheblich kleiner sind als die waagerechten. Ob in jeder Verdickung Kondensation eintritt oder nicht, ist ungewiß, aber nicht unwahrscheinlich. In diesem Fall ergibt sich ein Weg der Luftschicht C, dessen Projektion parallel der Front etwa den in Abb. 11 gezeichneten Verlauf nehmen dürfte.

Bisher war vorausgesetzt, daß entlang jeder zur Front parallelen Geraden konstante Dichte herrscht. In Wirklichkeit wird meist im nördlichen Teil des Tiefs eine niedrigere Temperatur, also größere Dichte herrschen. Nach der MARGULESschen Formel $g\,\partial\varrho/\partial y = 2\omega'\,\partial(\varrho\,u)/\partial z$ wird dann die Geschwindigkeitskomponente u nach oben hin zunehmen. Wenn man auf diese weniger einfache Strömung, die für das mit der Front mitwandernde Bezugssystem nicht mehr stationär ist, das eben gewonnene Schema übertragen darf, so ergibt sich für den Weg der Schicht C ein Bild von der Art von Abb. 12, das eine schöne Erklärung für den oft beobachteten Wolkenaufzug bei Warmfronten abgeben könnte (erst Zirrus, dann abgesetzt davon Altostratus, schließlich niederer Stratus mit Regen!). Der Aufbau dieses dreifachen Systems erfordert allerdings etwa $1^1/_4$ Pendeltag (für jede volle Schleife einen halben Pendeltag, wie früher angeführt)[1].

Die Schicksale der der Kaltluft entstammenden Schicht D sind anderer Art, weil diese hinter der Front zurückbleibt und dadurch in das Druckfeld der Warmluft gerät. Schon vorher, beim Durchschreiten der Mischzone, ist das Druckfeld bereits geändert und entspricht Gradientwind-Vektoren mit Endpunkt irgendwo auf der Verbindungslinie AB[2]. Die niedersten D-Schichten werden sich mit den untersten Warmluftschichten vermischen und rückläufig bleiben, die höheren dagegen in die Kaltluft zurückkehren, oder gegebenenfalls nach Anwärmung durch Ver-

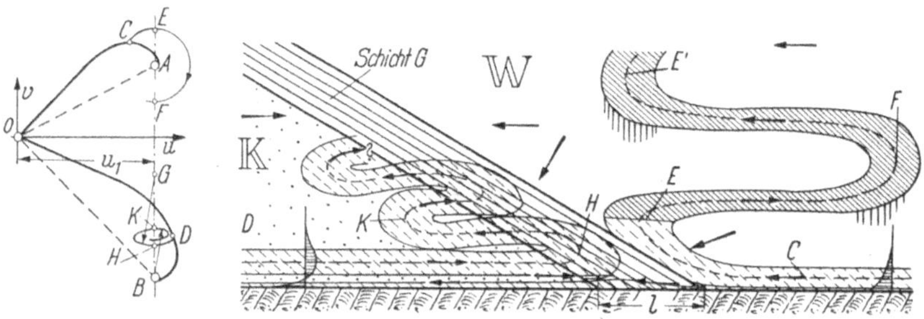

Abb. 13. Bodenwinde einer Kaltfront

mischung ihren weiteren Weg in der Mischzone suchen. Wenn, wie angenommen, keine Kondensation eintritt, dann werden Reibungsvorgänge für das weitere Schicksal dieser Schicht entscheidend sein, die sich schwer voraussagen lassen werden.

Bei einer Kaltfront (in Abb. 10 links Kaltluft, rechts Warmluft!) liegen die Dinge insofern ähnlich, als auch hier der Reibungswind der Warmluft in dieser verbleibt, derjenige der Kaltluft aber gegen den Warmluftkörper vorstößt; im einzelnen ist jedoch manches anders. Abb. 13 gibt das der Abb. 11 entsprechende Bild. Für die Reibungs-

---

[1] Zusatz bei der Drucklegung: Abb. 11 und 12 sind in keiner Weise als quantitativ anzusehen; in ihnen ist nur ein mögliches Verhalten skizziert; sowohl eine etwaige stabile Schichtung der Warmluft, die die Ausschläge längs der Gleitschicht verkleinert, wie auch feuchtlabile Umsetzungen, durch die sich die wandernde Schicht mit der über ihr befindlichen Luftmasse vermischt, können das Bild stark ändern; im besonderen ist es unsicher, ob die wanderndeSchicht wirklich bis in das Zirrusniveau gelangen kann. Die Entscheidung liegt bei den Wetterfliegern, die auch in die Gassen zwischen dem Stratus, dem Altostratus und dem Zirrus hineinsehen können und feststellen können, wie es dahinter aussieht.

[2] Ergebnis der Mischung der Gradientenwinde OA und OB; Gl. (2) liefert den Zusammenhang mit dem Dichteverlauf.

schicht der Warmluft, die wieder mit C bezeichnet werden mag, ergibt sich ein Weg, der zu dem von Abb. 11 ungefähr spiegelbildlich verläuft; jedoch ist der Bogen CE des Trägheitskreises hier viel kürzer als in dem Fall der Warmfront, die erste Umkehr des Warmluftstromes erfolgt deshalb auch hier nach einem kürzeren Anstieg. In der Abbildung ist angenommen, daß bei E zwar Kondensation erfolgt ist, aber noch kein Niederschlag ausfällt. Der Strom bewegt sich jetzt nach rechts, wo er bei F zum Stillstand kommt und sich nach oben hin verdickt. Dieser Vorgang dürfte für den für manche Kaltlufteinbrüche typischen „Böenvorregen" verantwortlich sein. Bei der Rückkehr des Warmluftstromes zu Punkt E im Geschwindigkeitsplan (E' im Vertikalschnitt), die natürlich nur erfolgt, wenn nicht starke Kumulusbildung bei F die Geschwindigkeitsdifferenz gegen die Hauptmasse der Warmluft vernichtet, ist ein zweiter Regenfall zu erwarten. Der Hauptteil der Reibungsschicht der Kaltluft, repräsentiert durch Punkt D im Vektordiagramm, eilt der Front vor. In dem Maß, als er in die Mischzone eindringt, findet er Druckgradienten vor, deren Gradientwindvektor wieder ein Mischungsergebnis der Vektoren OA und OB darstellt. OG ist ein solcher Vektor. Man erkennt, daß, sobald G oberhalb D liegt, der Antrieb des Druckfeldes auf Verkleinerung der Vorwärtsgeschwindigkeit wirkt. Hinter H wird der Strom D rückläufig, um aber nach Rückkehr in die Kaltluftmasse bald wieder rechtläufig zu werden (alles relativ zur fortschreitenden Front!). Dieses Spiel dürfte sich mehrmals wiederholen, so daß erhebliche Teile des Raumes, der ursprünglich von der Mischzone eingenommen war, jetzt von Kaltluft eingenommen werden. Die Mischzone wird hierdurch angehoben [was ja auch dem Inhalt von Gl. (3), S. 1150, entspricht] und führt dadurch auch die Hebung der Warmluft herbei, die vereint mit den Vorgängen bei E', den Hauptregen der Kaltluft bringt; der Kaltluftstrom rückt jetzt weiter vor und trifft mit der Zeit unmittelbar auf die Warmluft. Der schroffe Windsprung mit gleichzeitigem Temperaturfall beim Einsetzen der Bö findet hierdurch eine erwünschte Erklärung.

Wenn auch die vorstehenden Betrachtungen noch erhebliche Unsicherheiten und Lücken bestehen lassen, so geben sie andererseits doch so viel Positives, daß dadurch ihre Mitteilung gerechtfertigt erschien.

Zusammenfassung

Als wesentliche Aufgabe der meteorologischen Strömungsforschung wird die Durchführung von Schulbeispielen für die einzelnen Vorgänge auf Grund der Gesetze der Strömungsmechanik betrachtet. Es wird zunächst einerseits der Einfluß der Erddrehung auf die Strömungsformen eines reibungslosen Mediums sowie auf die turbulenten Reibungsschichten über der rauhen Erdoberfläche behandelt, andererseits werden die

Strömungsformen unter dem Einfluß von Dichtigkeitssprüngen und von stetiger Dichteschichtung studiert, weiter auch die Vorgänge, die sich unter der gleichzeitigen Wirkung von Erddrehung und Dichteschichtung ergeben, wobei besonders Aufgaben mit Grenzbereichen zwischen zwei Luftkörpern (Fronten) Gegenstand der Betrachtungen sind. Ein weiterer Abschnitt bezieht sich auf die Frage der Vertikalgeschwindigkeit bei den Wettervorgängen, ein letzter auf das Verhalten der turbulenten Bodenschicht in Frontgebieten.

Meteorologische Zeitschrift Bd. 61 (1944) S. 12—14

Zur Frage des vertikalen Turbulenz-Wärmestromes[1]

Zusammenfassung. Der von Herrn ERTEL betrachtete „Fluktuationsstrom“ kann nur für schwachwindige Wetterlagen mit starker Einstrahlung auf den Erdboden in Betracht gezogen werden. Bei starkem Wind ist sein Beitrag zum Wärmeaustausch belanglos. Die Forderung des zweiten Hauptsatzes der Wärmelehre, daß die Entropie nicht abnehmen darf, ist von vornherein bei jeder turbulenten Strömung erfüllt, deshalb kann aus ihr keine Aussage über die Richtung des Wärmestromes fließen. Der SCHMIDTsche bei stabiler Schichtung von oben nach unten fließende Wärmestrom ist für starkwindige Luftkörper theoretisch sichergestellt und bewirkt eine allmähliche Abnahme der Stabilität. Der Grenzzustand ist der der adiabatischen bzw. der feucht-adiabatischen Schichtung.

1. Herr H. ERTEL veröffentlichte im Augustheft 1942 der Meteorologischen Zeitschrift[2] kritische Betrachtungen zu dem Satz von WILH. SCHMIDT, daß der vertikale Austausch des turbulenten Windes einen vertikalen Wärmestrom hervorbringt, der im Fall einer stabilen Schichtung von oben nach unten gerichtet ist. Mit η = Austauschkoeffizient[3], Γ = adiabatischer Temperaturgradient, α = tatsächlicher Temperaturgradient

$$\left(\alpha = -\frac{\partial T}{\partial z}\right)$$

ist dieser Wärmestrom nach W. SCHMIDT

$$W = -c_p \eta (\Gamma - \alpha). \tag{1}$$

[1] Zur Vorgeschichte dieser Darlegung sei folgendes bemerkt: Der ERTELsche Aufsatz kam mir leider verspätet zu Gesicht. Da seine Ausführungen Irrtümer zu enthalten schienen, die zu berichtigen ein allgemeines Interesse vorlag, sandte ich im April 1943 der Schriftleitung der Meteorologischen Zeitschrift eine Entgegnung ein. Daraufhin teilte mir die Schriftleitung mit, daß vor mir schon Herr W. WAGNER in Freilassing eine Entgegnung eingereicht hatte, und machte mir dessen Text zugänglich. Zunächst bestanden Unstimmigkeiten zwischen Herrn WAGNERS und meiner Auffassung. Durch eine eingehende mündliche Aussprache konnten diese aber bereinigt werden, und wir kamen überein, daß ich nun den ganzen Text abfassen sollte, wobei ich es gerne übernahm, die Punkte, die Herr WAGNER vorher schon geltend gemacht hatte, als solche kenntlich zu machen. Ich begann nun in dem Wunsch, auch Herrn ERTEL von der Richtigkeit meiner Überlegungen zu überzeugen, mit diesem einen Briefwechsel, der erst jetzt (Ende September) zu Ende kam. Zu meinem Bedauern hatte dieser Briefwechsel nicht das gewünschte Ergebnis, wohl aber für mich selbst den Gewinn, daß er mir eine wesentliche Vertiefung meiner Kenntnis von den in Rede stehenden Fragen erbrachte. Der vorliegende Text ist gegenüber meiner ersten Einsendung zu einem Teil vereinfacht, zum anderen Teil erweitert worden.

[2] Der vertikale Turbulenz-Wärmestrom in der Atmosphäre. Meteorol. Z. Bd. 59 (1942) S. 250.

[3] Bezeichnungen wie bei ERTEL.

Herr ERTEL bestreitet die Richtigkeit dieser Formel; er ergänzt deshalb das von den Meteorologen gelegentlich als unbequem empfundene Resultat durch eine Betrachtung, in der er von der Annahme ausgeht, daß die Temperatur schon vor dem Eintritt der einzelnen vertikalen Bewegung ungleichmäßig verteilt sein kann, und daß in den erwärmten Bezirken aufsteigende, in den abgekühlten absteigende Bewegungen vorherrschen werden. Da Herr ERTEL diese Temperaturabweichung also in den aufwärts bewegten Massen im Durchschnitt positiv, in den abwärts bewegten negativ annimmt, erhält er einen zusätzlichen, nach oben gerichteten Wärmestrom, den er „*Fluktuationsstrom*" nennt. Wie mir Herr ERTEL ausdrücklich bestätigt hat, dachte er hierbei nicht etwa an die Thermikzustände bei schwachwindigem Strahlungswetter, sondern an die normale Turbulenz von kräftigen Winden.

Herr WAGNER wandte zu der ERTELschen Konzeption ein, daß doch die „Ausgangslage", von der aus die Vertikalverschiebungen $\xi_i\uparrow$ und $\xi_i\downarrow$ erfolgen, nicht definiert sei, es sei denn, daß man festsetzt, daß sie definiert würde als die Lage, in der der letzte Temperaturaustausch mit der Umgebung stattgefunden hat bzw. stattgefunden haben könnte, in der also die potentielle Temperatur des Teilchens mit der mittleren potentiellen Temperatur der gleichen Höhenschicht übereinstimmte. Wenn man so verfährt, haben die Temperaturunterschiede $\sigma_i\uparrow$ und $\sigma_i\downarrow$ natürlich keine Berechtigung mehr, und infolgedessen auch nicht der Fluktuationsstrom.

Ich selbst glaubte, in diesem Punkt insofern Herrn ERTEL ein wenig entgegenkommen zu sollen, indem ich annahm, daß es vielleicht eine Möglichkeit, eine „Ausgangslage" zu definieren, geben könnte, wenn ich auch selbst keinen greifbaren praktischen Weg dazu sehe. Man könnte daran denken, als Ausgangslage die Ruhelage (oder Umkehrlage?) vor der letzten Vertikalbewegung zu definieren. In einer solchen Ruhelage wird im allgemeinen die Temperatur nicht gerade mit dem Mittelwert der zugehörigen Horizontalschicht übereinstimmen, es werden also Abweichungen wohl möglich sein. Das Auf und Ab der Windturbulenz wird aber — wenn man von Thermik bei schwachem Wind über bestrahltem Boden oder von feuchten Quellwolken absieht — durch viel stärkere Kräfte hervorgebracht, als kleine Temperaturunterschiede sie zu erzeugen vermögen. Es wird deshalb auch die Korrelation der Steige- und Fallgeschwindigkeiten mit den vor Beginn der jeweiligen Bewegung vorhandenen Temperaturabweichungen im allgemeinen nahe an Null sein; so komme ich ebenfalls zu dem Schluß, daß bei kräftiger Windturbulenz ein merklicher „Fluktuationsstrom" nicht zu erwarten sein wird.

2. Ob der Gesamtwärmestrom in einem speziellen Fall positiv oder negativ oder Null wird, glaubte Herr ERTEL durch Heranziehung des *zweiten Hauptsatzes der Thermodynamik* entscheiden zu können, den er in der Form anwendet, daß die Entropie in jedem Fall nur zunehmen, nicht aber abnehmen dürfe. Nun besteht aber, wie leicht zu sehen, der Austauschvorgang zu einem Teil aus adiabatischen Prozessen (Abkühlung beim Aufsteigen, Erwärmung beim Absinken), bei denen die Entropie jedes Teilgebietes ungeändert bleibt, und zum anderen Teil aus Vermischungsvorgängen von verschieden temperierten Massen, bei denen die Gesamtentropie jedesmal wächst, zum dritten aus Reibungsvorgängen, bei denen sie ebenfalls wächst. *Das Ertelsche Postulat ist daher bei jedem wirklichen Turbulenzvorgang in der Atmosphäre von selbst schon erfüllt, kann also unmöglich eine zusätzliche Aussage über das Vorzeichen und die Größe des Wärmestromes liefern.* Der ERTELsche in Gl. (22) bis (26) geführte Beweis mußte also einen Fehlschluß enthalten. Dieser liegt, kurz gesagt, darin, daß Herr ERTEL bei dieser Betrachtung die Vorgänge so behandelt, als ob es sich um die Wärmeleitung durch einen ruhenden Körper handelte; er gelangt dabei zu dem für diesen letzteren Fall zutreffenden Ergebnis, daß der Wärmestrom die Richtung des Temperaturgefälles haben muß. Diese Betrachtung ist aber nicht mehr zulässig, wenn es sich um bewegte Massen handelt, an denen durch äußere Kräfte Arbeiten geleistet werden. Auch gilt die übliche Form des zweiten Hauptsatzes nur für den Fall, daß keine Massen in das System neu eintreten oder es verlassen[1].

Die richtige Art, derartige Dinge zu betrachten, findet sich in einer älteren ERTELschen Arbeit, die im Zusammenhang mit dem Turbulenzkriterium für stabil geschichtete Luftmassen von L. F. RICHARDSON verfaßt ist[2]. Herr ERTEL betrachtet darin den thermodynamischen Kreisprozeß einer Luftmasse m, die durch das Eingreifen von äußeren Kräften aus einem Niveau z in ein höheres Niveau gehoben wird, wobei sie sich adiabatisch abkühlt, sich dann mit der neuen Umgebung vermischt, hierauf wieder in das Niveau mit niedrigerem Druck z zurückgebracht wird, wobei sie sich adiabatisch erwärmt, und sich schließlich hier zum zweiten Male vermischt. Herr ERTEL zeigte, daß es sich hierbei im Fall von stabiler Schichtung um einen arbeitsverzehrenden Prozeß ähnlich demjenigen einer Kältemaschine handelt. Die Arbeit wird dem Wind auf dem Wege über den Turbulenzmechanismus entzogen. Die Energiebilanz führt auf das Kriterium von RICHARDSON. Herr ERTEL berechnete auch die Entropievermehrung bei diesem Prozeß und zeigte, daß die

[1] Auch Herr WAGNER hatte in seiner Entgegnung darauf hingewiesen, daß der zweite Hauptsatz in dieser Form ein abgeschlossenes System zur Voraussetzung habe.

[2] Thermodynamische Begründung des RICHARDSONschen Turbulenzkriteriums. Meteorol. Z. Bd. 56 (1939) S. 109.

Forderung, den zweiten Hauptsatz zu erfüllen, wieder auf das RICHARDSONsche Kriterium führt. Es ist schwer zu verstehen, daß Herr ERTEL diesen Weg, der nach meiner Meinung völlig korrekt ist, inzwischen aufgegeben hat. Der Kreisprozeß liefert im übrigen auch den SCHMIDTschen Wärmestrom, wenn auch in einer etwas verfeinerten Form. Die Verfeinerung besteht in der Berücksichtigung des Wärmeäquivalents der geleisteten Arbeit; die Korrektur ist jedoch praktisch ganz unerheblich.

3. Um den Sachverhalt zunächst an einem einfacheren Beispiel zu erläutern, sei der Fall einer in einem Gerinne strömenden Salzwassermasse betrachtet, deren Salzgehalt mit der Tiefe unter dem Spiegel veränderlich ist. Durch diese „Schichtung", bei der sich natürlich die salzärmsten (leichtesten) Teilgebiete oben, die salzreichsten (schwersten) unten befinden, wird eine Stabilität erzeugt, die der Ausbildung der Turbulenz abträglich ist, ganz ähnlich wie bei einer Atmosphäre mit stabiler Temperaturschichtung ($\alpha < \Gamma$). Es sei angenommen, daß die Strömungsgeschwindigkeiten ausreichen, um Turbulenz zu erzeugen. Das Ergebnis des Weiterströmens ist dann, daß die Schichten mehr und mehr durchgemischt werden, so daß der Salzgehalt sich immer mehr vergleichmäßigt. Wenn die Wassertiefe an allen Stellen gleich ist, wird daher durch das Aufsteigen der dichteren Teile und das Absinken der weniger dichten der Schwerpunkt innerhalb des Querschnittes höher gerückt; die hierfür erforderliche Arbeit wird der Strömung entzogen und hat ihr Äquivalent in einer Senkung des Wasserspiegels in der Strömungsrichtung.

Betrachtet man nun eine stabil geschichtete über ebenem Boden strömende *Luftmasse,* so ist zu beachten, daß auf- und absteigende Luftteile sich vor ihrer Wiedervermischung adiabatisch verhalten. Wenn die Luftmasse *adiabatisch geschichtet* ist, dann finden die vertikal verschobenen Luftteile in jeder neuen Lage immer wieder Luftteile von derselben Temperatur vor, die sie selbst gerade haben, so daß durch eine durch das Gebiet gezogene horizontale Fläche kein einseitiger Wärmetransport stattfindet. Dieser Fall entspricht also genau demjenigen einer strömenden Wassermasse von durch und durch gleichförmigen Salzgehalt, wo auch durch eine zum Wasserspiegel parallele Fläche ebensoviel Salz nach oben wie nach unten transportiert wird.

Handelt es sich jedoch um *stabil geschichtete Luft,* bei der also die Temperaturabnahme nach oben kleiner ist als die adiabatische, so werden die von oben kommenden Luftteile, die sich auf ihrem Wege adiabatisch verhalten, in der betrachteten Ebene wärmer eintreffen, die von unten kommenden aber kälter, als es der mittleren Temperatur dort entspricht, es ist also klar, daß von oben nach unten mehr Wärme hindurchgeführt wird, als von unten nach oben. *Diese Differenz ist der*

Schmidtsche Wärmestrom![1] Er bewirkt offenbar, daß es im weiteren Verlauf der Bewegung unten wärmer und oben kälter wird, d. h. daß die Temperaturverteilung sich der adiabatischen nähert. Diese letztere entspricht also auch hierin dem Zustand der Wassermasse mit einheitlichem Salzgehalt! Durch die Erwärmung der unteren Schichten und die Abkühlung der oberen dehnen sich die ersteren aus, die letzteren ziehen sich zusammen, es kommt auch hier also zu einer Hebung des Schwerpunktes (natürlich auf Kosten von Schwerpunktssenkungen anderswo, nämlich da, wo die mechanische Energie erzeugt wird, die der Wind verbraucht).

4. Der SCHMIDTsche Wärmestrom war vielfach den Meteorologen unsympathisch, da sie der Einstrahlung in die bodennahen Schichten wegen einen umgekehrten Wärmestrom lieber gesehen hätten. Die vorstehende Betrachtung zeigt jedoch, daß man vor ihm keine Angst zu haben braucht. Er bewirkt nur eine Vergleichmäßigung der potentiellen Temperatur in der turbulenten Schicht, und mit der Erreichung dieses Zieles hört er auf [wie auch Formel (1) zeigt!].

Es scheint mir eine dankbare Aufgabe der Aerologie zu sein, die zeitliche Veränderung des Schichtungsgradienten α in turbulent strömenden Luftkörpern zu verfolgen. Natürlich ist dabei der Zustand der Atmosphäre mit zu betrachten, denn bei Gegenwart von flüssigem Wasser (Wolken oder Regen) ist natürlich die Feuchtadiabate der zugehörige indifferente Grenzzustand. Ich könnte mir denken, daß gewisse Beobachtungen über die allmähliche Abnahme der Stabilität in bewegten Luftkörpern ihre Erklärung durch den SCHMIDTschen Wärmestrom finden und damit einer quantitativen Verfolgung zugänglich werden. Umgekehrt würden solche α-Messungen auch eine Abschätzung der Austauschgröße η liefern können.

Nachtrag

Herr ERTEL hat inzwischen in einer kurzen Note auf S. 246 dieser Zeitschrift, Jahrgang 1943, seine frühere Aussage über das Verhalten der Entropie im turbulenten Wärmestrom der Atmosphäre verschärft. Ich habe dazu nur zu bemerken, daß meine auf die Entropie bezüglichen Äußerungen sinngemäß ohne weiteres auf die Entropiegröße bezogen werden können, auf die Herr ERTEL gemäß Formel (10) seiner neuen Arbeit seine Aussagen beschränkt wissen wollte. Mein Einwand, daß es

---

[1] Der SCHMIDTsche Wärmestrom bezieht sich also auf die Umschichtung von Entropie *innerhalb der Flüssigkeit* von einem Teil auf einen anderen, und zwar im Sinne einer Verringerung der Entropiedifferenz. Mit dem Satz von der *Zunahme der Gesamtentropie* hat diese Beziehung nichts zu tun (deshalb kann dieser Satz auch keine Aussage über die hier behandelten Vorgänge liefern!).

zur richtigen Anwendung des Entropiesatzes notwendig ist, die Arbeitsleistungen durch Druckänderungen heranzuziehen — wie Herr Ertel dies selbst in seiner Arbeit von 1939 tat — und daß es bei Berücksichtigung dieser Arbeiten keinen Widerspruch gegen den zweiten Hauptsatz bedeutet, wenn Wärme von einem kälteren Körper zu einem wärmeren übergeht, ist durch die neue Ergänzung von Herrn Ertel in keiner Weise entkräftet.

Meteorologische Zeitschrift Bd. 61 (1944) S. 169 u. 170

Nochmals der vertikale Turbulenz-Wärmestrom

Zusammenfassung. Eine Abschätzung der turbulenten Temperatur- und Druckschwankungen mittels Aussagen, die der Turbulenzlehre entnommen werden, erweist die Richtigkeit der W. SCHMIDTschen Formel für den vertikalen Turbulenzwärmestrom. Entgegenstehende Schlußfolgerungen von Herrn ERTEL werden berichtigt. Abschließend folgen Bemerkungen über die zu erwartende räumliche Verteilung des Wärmestromes.

Die beiden von Herrn H. ERTEL in dem Januarheft der Meteorologischen Zeitschrift, S. 8 und 14 veröffentlichten Aufsätze „Über die Richtung des troposphärischen Turbulenzwärmestromes" und „Statistische Theorie des vertikalen Turbulenzwärmestromes", in denen er entgegen meiner ihm zur Zeit der Einreichung der Aufsätze bekannten Stellungnahme[1] an den von ihm verfochtenen Anschauungen festhält, erfordern dringend eine Richtigstellung. Beide Aufsätze, im folgenden als I und II bezeichnet, sollen zwei neue Beweise erbringen, daß die W. SCHMIDTsche Formel, die in einer *stabilen* Atmosphäre einen *abwärts* gerichteten Turbulenzwärmestrom ergibt, unrichtig ist. Ich komme zu dem gegenteiligen Schluß und werde auch zeigen, wo bei ERTEL die Fehlschlüsse liegen.

Der zweite Aufsatz sei zuerst vorgenommen. Herr ERTEL führt hier die statistischen Größen

$$\sigma_T = \sum \left(m \frac{\delta T}{T}\right) \quad \text{und} \quad \sigma_p = \sum \left(m \frac{\delta p}{p}\right)$$

ein und glaubt eine nur von dem ausgeglichenen vertikalen Temperaturgradienten α abhängige Verknüpfung dieser beiden Größen bewiesen zu haben; er findet in II (31): $\sigma_T = \alpha R \sigma_p / g$. Nun sind aber die beiden Größen jede für sich schon aus Beziehungen der Turbulenzlehre abschätzbar, so daß für eine weitere Relation zwischen ihnen kein Platz mehr wäre. Auch die Form der Gleichung II (31) ist derart, daß ihr kein realer Inhalt zukommen kann. Für eine isothermische Schichtung, bei der in bezug auf Turbulenzvorgänge keinerlei Ausnahmezustände gegenüber anderen Fällen zu erwarten sind, ist $\alpha = 0$ und daher nach dieser Gleichung entweder $\sigma_T = 0$ oder, wenn $\sigma_T \neq 0$ angenommen wird, $\sigma_p = \infty$! In Wirklichkeit ist $\sigma_T = 0$ zu erwarten in der Nähe der adiabatischen Schichtung ($\alpha = \Gamma$). Der Denkfehler, der zu Gl. II (31) führt, liegt, soviel ich sehen kann, in der Betrachtung über die polytropische Temperatur Θ_n, speziell in Gl. II (30). Im Gegensatz zur potentiellen Temperatur ϑ kann bei den Schwankungen von Θ_n kein Erhaltungs-

[1] Zur Frage des vertikalen Turbulenzwärmestromes. Meteorol. Z. Bd. 61 (1944) S. 12.

grundsatz in Anspruch genommen werden, deshalb ist die Gl. II (28) richtig, II (31) aber falsch.

Im folgenden will ich die obenerwähnte Abschätzung der Temperatur- und Druckschwankungen auf Grund der Turbulenzlehre näher durchführen, da uns dies, abgesehen von dem selbstständigen Interesse der Fragen, auch zu einem wichtigen Schluß bezüglich des SCHMIDTschen Wärmestromes führen wird. Statt der ERTELschen Schwankungsgrößen σ_T und σ_p ziehe ich diejenigen Größen vor, die man erhält, wenn man σ_T und σ_p noch durch $\sum |m|$ dividiert. Ich will die neuen Größen mit $\overline{\delta T/T}$ und $\overline{\delta p/p}$ bezeichnen. Bei der Abschätzung von $\overline{\delta T/T}$ nehme ich vorweg, daß sich $\overline{\delta p/p}$ in der Regel als so klein ergeben wird, daß man die individuellen Temperaturänderungen genügend genau als adiabatisch annehmen darf. Dann wird unter Einführung des vertikalen Mischungsweges l einfach magn $\overline{\delta T} = l(\Gamma - \alpha)$. In den untersten 500 m wird man bei kräftigem Wind l wie bei der Strömung im rauhen Rohr annehmen können, nämlich $l = 0{,}4\,z$ mit $z =$ Abstand vom Boden. Hiermit ergibt sich

$$\text{magn}\,\overline{\delta T} = 0{,}4\,z(\Gamma - \alpha). \tag{1}$$

Aus der Formel ergibt sich u. a., daß $\overline{\delta T}$ in der Höhe durch Messungen in Bodennähe nicht ermittelt werden kann. Messungen auf hohen Funktürmen wären wünschenswert.

Die Druckschwankungen $\overline{\delta p}$ hängen mit den Staudrucken der waagerechten turbulenten Geschwindigkeitsschwankungen u' zusammen, also magn $\overline{\delta p} = \varrho\,\overline{u'^2}$. Nun ist die scheinbare Schubspannung der turbulenten Strömung nach O. REYNOLDS $\tau = -\varrho\,\overline{u'\,w'}$ (wo w' die vertikale Geschwindigkeitsschwankung ist). Nach Messungen ist magn w' = magn u', so daß auch magn $\overline{\delta p} =$ magn τ geschrieben werden kann. Nach einer Faustformel kann der Bodenwert von τ zu $\tau_B = 0{,}002\,\varrho\,U^2$ angenommen werden, wobei U der Gradientwind ist. Damit ergibt sich nun

$$\text{magn}\,\overline{\delta p} = 0{,}002\,\varrho\,U^2. \tag{2}$$

Es gibt bisher keine brauchbaren Messungen der Druckschwankungen, der beste Faktor an Stelle von 0,002 ist daher bisher unbekannt. Seine Größenordnung dürfte aber durch 0,002 einigermaßen richtig getroffen sein, könnte aber z. B. auch 0,004 sein. Im übrigen ist nicht einmal das Vorzeichen bekannt, da über die Korrelation zwischen δp und dem Vorzeichen von m keine Feststellungen vorhanden sind.

An Formel (1) und (2) ist bemerkenswert, daß bei $\overline{\delta T}$ die Windgeschwindigkeit, bei $\overline{\delta p}$ die Höhe über dem Boden keine Rolle spielt.

Beide Formeln sind übrigens nur etwa auf die untere Hälfte der Reibungszone anwendbar. Nach oben hin werden beide Schwankungen wohl immer schwächer. Es sei auch ausdrücklich betont, daß die Formeln nur die Turbulenz durch kräftigen Wind wiedergeben, nicht aber die thermische Turbulenz, wie sie bei Einstrahlung und bei Kumulusbetrieb auftritt. Hier fehlen einstweilen nähere Daten.

Um ein Zahlenbeispiel anzugeben, sei angenommen $z = 300$ m, $\Gamma = 0{,}01°/\mathrm{m}$, $\alpha = 0{,}005°/\mathrm{m}$; $\overline{U} = 20$ m/sec. Dann ist $\overline{\delta T} \approx 120 \cdot 0{,}005 = 0{,}6°$, mit $T = 300°$ also $\overline{\delta T/T} \approx 0{,}002$. Für $\overline{\delta p}$ erhält man bei Anwendung der technischen Druckeinheit kg/m² mit $\varrho = 0{,}125$ $\overline{\delta p} \approx 0{,}002 \cdot 125 \cdot 400 = 0{,}1$ kg/m², mit $p = 10^4$ kg/m², also $\overline{\delta p/p} \approx 10^{-5}$. Im Hinblick auf die ERTELsche Kritik der W. SCHMIDTschen Formel sei auch der nach der ERTELschen Formel zu $\delta T/T = 0{,}002$ gehörige Wert von $\delta p/p$ ausgerechnet. Im technischen Maßsystem ist $R/q = 29{,}4$ m/Grad; mit $1/\alpha = 200$ m/Grad wird nach II (31) $\overline{\delta p/p} = 0{,}002 \cdot 200/29{,}4 = 0{,}0136$, also das 1360fache [oder mit dem größeren Faktor für Gl. (2) das 680fache] meines obigen Wertes. Mit $\overline{\delta p} = 0$ würde die W. SCHMIDTsche Formel

$$W_z = -c_p \eta (\Gamma - \alpha)$$

als genaues Resultat folgen, mit dem ERTELschen Wert die Formel II (34)

$$W_z = +c_p \eta \alpha .$$

Man sieht, daß sich mein $\overline{\delta p}$ von $\overline{\delta p} = 0$ nur um etwa den tausendsten Teil der Differenz zwischen meinem Wert und dem von Herrn ERTEL unterscheidet. Daraus folgt, daß das wahre Resultat in dem Beispiel sich um kaum viel mehr als um ein Tausendstel der Differenz der beiden Formeln von dem SCHMIDTschen Wert unterscheiden kann.

Es ist jetzt nur noch zu der ersten Arbeit von Herrn ERTEL Stellung zu nehmen. In einer Betrachtung über eine Energiebilanz, deren mathematische Eleganz ich gern anerkenne, führt Herr ERTEL den Beweis, daß der vertikale Wärmestrom im Mittel über die ganze Atmosphäre und über lange Zeiten aufwärts gerichtet ist, während er nach W. SCHMIDT angeblich immer die Richtung nach unten haben sollte. Herr ERTEL geht jedoch bei diesem letzteren Schluß an zwei Tatbeständen vorbei, erstens, daß die SCHMIDTsche Formel bei instabiler Schichtung (also überadiabatischem Temperaturgradient, oder in Wolkengebieten überfeucht-adiabatischem Temperaturgradient) nach oben gerichtet ist, zweitens, daß durch die Rolle des Wassers, das dampfförmig aufsteigt und in flüssiger oder fester Form herunterfällt, ebenfalls Wärme, nämlich ungefähr 600 cal für 1 g Wasser, nach oben transportiert wird. Die Austauschbeträge sind in diesen instabilen Bereichen, besonders in den Kumulus- und Nimbuswolken, besonders groß. Die aufwärtsgeführten Wärmemengen sind in ihrer Summe sicher reichlich genug, daß der resultierende Wärmestrom, so wie Herr ERTEL es wünscht, nach oben gerichtet sein kann und dabei trotzdem in den stabilen Zonen der SCHMIDTsche Austauschstrom ruhig nach unten gehen kann. *Die Ertelsche Formel I* (35) *und die Schmidtsche Formel I* (36) *widersprechen sich also nicht.*

Ich bemerke noch, daß in dem SCHMIDTschen Buch über den „Massenaustausch in freier Luft", S. 18 bis 20, das eben Gesagte auch schon Punkt für Punkt erörtert ist. SCHMIDT kommt allerdings zu dem Schluß, daß abgesehen von der Äquatorzone, überall im zeitlichen Mittel der Wärmestrom von oben nach unten überwiege. Wenn ich diesen radikalen Standpunkt nicht teile, so liegt dies einerseits an einer etwas anderen zahlenmäßigen Bewertung des Verhältnisses der Austauschgrößen in den instabilen und den stabilen Gebieten, andererseits an einer Erkenntnis, zu der die RICHARDSONsche Zahl

$$Ri = g\,\frac{(\Gamma - \alpha)}{T}\left(\frac{dU}{dz}\right)^{-2}$$

den Weg weist; turbulenter Austausch kommt nur bei kleinem oder aber negativem Ri zustande, also vor allem in der Bodenwindzone wegen des dort großen dU/dz, oder bei instabiler Lagerung, also Thermik (wobei bei Wolkenbildung das feuchtadiabatische Γ in Betrachtung gezogen werden muß); in beiden Fällen wirkt der Wärmestrom auf eine Annäherung an die (trockene bzw. feuchte) adiabatische Schichtung hin. Bei guter Stabilität und kleinem dU/dz, so daß $Ri > \frac{1}{4}$ ist[1], erlischt aller Austausch. Der abwärts gerichtete Wärmestrom ist also hauptsächlich in der Bodenwindzone zu erwarten; in den instabilen Gebieten ist er aufwärts gerichtet, in den stabilen Gebieten mit kleinem Geschwindigkeitsgradienten ist der turbulente Wärmestrom theoretisch gleich Null; ein schwacher Austausch mag durch inhomogene Ein- oder Ausstrahlung infolge ungleichmäßiger Verunreinigung der Luftschichten durch Dunst oder dergleichen verursacht werden (hier ist dann auch die turbulente Scheinreibung sehr schwach). Diese Bemerkungen glaubte ich ihres selbständigen Interesses wegen hier anfügen zu sollen.

[1] Theoretische Betrachtungen von G. I. TAYLOR und S. GOLDSTEIN. Proc. roy. Soc., Lond. (A) Bd. 132 (1931) S. 499 u. 524.

Nachrichten der Akademie der Wissenschaften zu Göttingen, Mathematisch-physikalische Klasse 1946, S. 102—105

Zur Berechnung des Wetterablaufes

(Vorgelegt in der Sitzung vom 9. August 1946)

Inhalt: Es wird ein rechnerisches Verfahren entwickelt, um für langsam ablaufende Wettervorgänge aus der Dichteverteilung zu einer Zeit t das Druck- und Geschwindigkeitsfeld sowie die zeitliche Weiterentwicklung zu ermitteln.

1. Bei der rein rechnerischen Verfolgung von Wettervorgängen muß als eine der wichtigsten Aufgaben die betrachtet werden, aus den durch Messungen gewonnenen Aussagen über den Zustand zu einer Zeit t die Beträge der zeitlichen Änderungen der Zustandsgrößen zu ermitteln, um mit deren Hilfe Aussagen über den Zustand zu einem späteren Zeitpunkt zu gewinnen. In dieser Allgemeinheit ist die Aufgabe aber zur Zeit kaum bewältigbar. Die meteorologischen Theoretiker begnügen sich deshalb meist damit, ihre Rechnungen an vereinfachten Schulbeispielen durchzuführen. Auch solche Aufgaben sind gerade noch schwierig genug.

Einfach und den Fachleuten seit langem vertraut sind die Zusammenhänge in der einzelnen Vertikalen. Die mittleren Vertikalbeschleunigungen weit ausgebreiteter Luftmassen sind so klein, daß sie gegenüber der Erdschwere überall vernachlässigt werden können. Es ergibt sich deshalb als Zusammenhang zwischen der Dichte ϱ und dem Druck p die einfache Beziehung

$$p(z_1) = \int_{z_1}^{\infty} g\,\varrho\,dz.$$

Daraus ergibt sich die zeitliche Druckänderung bei $z = z_1$

$$\dot{p}(z_1) = \left(\frac{\partial p}{\partial t}\right)_{z_1} = \int_{z_1}^{\infty} g\,\dot{\varrho}\,dz. \tag{1}$$

Man sieht aus Gl. (1), daß zur Ermittlung der Änderungen des Druckfeldes die Kenntnis der zeitlichen Dichteänderung nötig ist.

Zur Berechnung von $\dot{\varrho}$ dient der Erhaltungssatz der Masse:

$$\dot{\varrho} + \frac{\partial(\varrho u)}{\partial x} + \frac{\partial(\varrho v)}{\partial y} + \frac{\partial(\varrho w)}{\partial z} = 0. \tag{2}$$

Das Dichtefeld $\varrho = \varrho(x, y, z, t)$ sei für $t = t_1$ gegeben; gemäß Gl. (2) braucht man daneben das Geschwindigkeitsfeld u, v, w für $t = t_1$, bei dessen Berechnung aus dem Druckfeld auch die waagerechten Beschleunigungskomponenten $\mathfrak{B}_x = Du/dt$ und $\mathfrak{B}_y = Dv/dt$ benötigt werden, wo Du/dt eine Kurzbezeichnung für

$$\dot{u} + u \cdot \partial u/\partial x + v \cdot \partial u/\partial y + w \cdot \partial u/\partial z$$

ist. Zu $\mathfrak{B}_x$ und $\mathfrak{B}_y$, die relativ zur rotierenden Erde gemessen sein sollen, treten noch die „CORIOLOS-Beschleunigungen" $-\lambda v$ in x-Richtung und $+\lambda u$ in y-Richtung, wo $\lambda = 2\omega \sin\varphi$ ist, mit $\varphi =$ Mittelwert der geographischen Breite. Im Falle von turbulentem Vertikalaustausch treten mit dem Druckfeld in Wechselwirkung die scheinbaren Spannungen

$$\tau_{xz} = A \frac{\partial u}{\partial z} \quad \text{und} \quad \tau_{yz} = A \frac{\partial v}{\partial z} \ (A = \text{Austauschstärke}).$$

Damit ergeben sich die dynamischen Gleichungen

$$\varrho(\mathfrak{B}_x - \lambda v) = -\frac{\partial p}{\partial x} + \frac{\partial \tau_{xz}}{\partial z}; \quad \varrho(\mathfrak{B}_y + \lambda u) = -\frac{\partial p}{\partial y} + \frac{\partial \tau_{yz}}{\partial z}. \tag{3}$$

Aus den Gl. (3) läßt sich durch die Beziehung

$$\frac{\partial}{\partial y}\left(\frac{\partial p}{\partial x}\right) - \frac{\partial}{\partial x}\left(\frac{\partial p}{\partial y}\right) = 0$$

der Druck fortschaffen. Hieraus ergibt sich mit Rücksicht auf Gl. (2) die wichtige Beziehung

$$\lambda\left(\dot{\varrho} + \frac{\partial(\varrho w)}{\partial z}\right) = \operatorname{Rot}(\varrho\,\mathfrak{B}) - \frac{\partial}{\partial z}(\operatorname{Rot}\mathfrak{T})^{1} \tag{4}$$

($\mathfrak{B} =$ ebener Beschleunigungsvektor, $\mathfrak{T} =$ Spannungsvektor in einer waagerechten Schnittfläche.)

Eine zweite Gleichung für $\dot{\varrho}$ und w ergibt sich aus dem thermodynamischen Zusammenhang zwischen Druckänderung und Dichteänderung. Die einfachste physikalische Annahme ist adiabatisches Verhalten, das sich in erster Ordnung durch

$$\frac{1}{\varrho}\frac{D\varrho}{dt} = \frac{1}{\varkappa p}\frac{Dp}{dt} \tag{5}$$

ausdrücken läßt. Etwaige Wärmezu- und -abfuhr durch Strahlung, Kondensation oder turbulente Vermischung läßt sich nötigenfalls durch eine vorgeschriebene Änderung der potentiellen Temperatur ϑ berücksichtigen, indem man auf der rechten Seite von Gl. (5) noch $1/T \,.\, D\vartheta/dt$ abzieht. Für modellmäßige Betrachtungen kann man auch zur Vereinfachung der Rechnungen Volumbeständigkeit des geschichteten Mediums annehmen, wodurch statt Gl. (5) die einfache Beziehung $D\varrho/dt = 0$ gilt.

Im adiabatischen Fall liefert Gl. (5) mit Gl. (4) zusammen zwei simultane Differentialgleichungen erster Ordnung für $\int_{z_1}^{\infty} \dot{\varrho}\, dz$ und w, die längs der Vertikalen integriert werden können; im volumbeständigen

---

[1] Grad, Rot, Div für ebene Vektorfelder!

Fall läßt sich $\dot{\varrho}$ fortschaffen, wodurch eine gewöhnliche Differentialgleichung erster Ordnung für $w(z)$ verbleibt. Aber selbst in diesem Fall sieht die Rechnung zunächst ziemlich hoffnungslos aus. Die Lösung kann nur in dem Fall erhofft werden, daß man gegen die CORIOLIS-Glieder alle übrigen Beschleunigungsglieder in Gl. (3) als klein annimmt und sich durch ein planvolles System von Iterationen an die wahre Lösung heranarbeitet. Die Forderung der Kleinheit gegenüber den CORIOLIS-Gliedern gilt vor allem für die Glieder $\dot{u}$ und $\dot{v}$, die in der allgemeinen Lösung durch willkürliche Anfangsbedingungen frei wählbar und dann mit den CORIOLIS-Gliedern unmittelbar gekoppelt auftreten: $\dot{u}' = \lambda v'$; $\dot{v}' = -\lambda u'$ (u' und v' allein geben eine Bewegung im „Trägheitskreis“!).

In theoretischen meteorologischen Betrachtungen ist es in weitem Umfang üblich, sich mit den CORIOLIS-Gliedern allein zu begnügen („geostrophische Rechnung“). Das Problem wird dadurch linear; die Formeln werden sehr einfach und liefern bei Wettervorgängen großen horizontalen Ausmaßes für das Geschwindigkeitsfeld selbst einigermaßen brauchbare Näherungen. Für unsere Fragestellung hat aber diese Näherungslösung sehr bedenkliche Eigenschaften. Wie aus Gl. (4) zu sehen, wird in diesem Fall mit $\mathfrak{B}$ und $\mathfrak{T} = 0$ $\dot{\varrho} + \partial(\varrho\, w)/\partial z = 0$. Mit Gl. (1) folgt hieraus wegen $\varrho(\infty) = 0$

$$\dot{p}(z_1) = \int_{z_1}^{\infty} g\,\dot{\varrho}\,dz = (g\,\varrho\,w)_{z_1}. \tag{6}$$

Am Boden ist die Vertikalgeschwindigkeit $w = 0$. Hier ergibt sich also das unerfreuliche Resultat, daß das Geschwindigkeitsfeld, das vermöge der Erdschwere aus einer beliebigen anfänglichen Dichteverteilung folgt, gerade von solcher Art ist, daß die Druckverteilung am Erdboden sich nie ändert![1] Wenn wir die volle Gl. (4) anwenden, dann finden wir, daß gerade die in der üblichen Behandlungsart vernachlässigten Anteile als die Ursache für die Barometeränderungen betrachtet werden müssen. Mit dem ebenen Vektor $\mathfrak{B} = \mathfrak{i}\,u + \mathfrak{j}\,v$ läßt sich die richtige Gleichung für die Barometeränderungen am Boden (Index B) wie folgt schreiben:

$$\dot{p}_B = \frac{g}{\lambda}\left(\operatorname{Rot}\mathfrak{T}_B + \operatorname{Rot}\int_0^{\infty}\left(\varrho\,\frac{D\mathfrak{B}}{dt}\right)dz\right). \tag{7}$$

[1] Herr H. ERTEL glaubte in seinen Betrachtungen über „Singuläre Advektion“ [vgl. etwa Meteorol. Z. Bd. 53 (1936) S. 280] dieser unangenehmen Folgerung durch Annahme von Unstetigkeiten des Geschwindigkeitsfeldes zu entgehen. Er hat jedoch übersehen, daß man auf den Unstetigkeitsflächen Stetigkeit des Druckes verlangen muß. Bei Berücksichtigung dieser Forderung kommt gemäß einer kleinen Rechnung, die ich Herrn W. ROTHSTEIN verdanke, wieder das oben erwähnte Resultat zutage.

2. Zur Beurteilung des richtigen Vorgehens bezüglich der Iterationen ist es wichtig, sich Klarheit über die einzelnen Größenordnungen zu verschaffen. Ein bequemer Weg hierzu ergibt sich durch Einführung besonders dem Problem angepaßter neuer Maßeinheiten. Eine neue Zeiteinheit ergibt sich zwanglos durch das Reziproke von λ, für mittlere Breitengrade etwa 10^4 sec, also rd. $2^3/_4$ Stunden. Eine neue Masseneinheit soll so eingeführt werden, daß die mittlere Dichte die Größenordnung 1 bekommt, also Dichteeinheit rd. 10^{-3} mal der des CGS-Systems. Bei der Längeneinheit hat man die Wahl zwischen einem mit der Höhe der Atmosphäre zusammenhängenden Maß oder einer waagerechten Ausdehnung. Das Letztere ist hier vorzuziehen, da die CORIOLIS-Wirkungen von den waagerechten Abständen abhängen. Als geeignete Größenordnung der Längeneinheit L ergibt sich der durchschnittliche Durchmesser oder Radius eines Zyklons oder Antizyklons, also etwa $1000\,\text{km} = 10^8\,\text{cm}$. Es ist anzunehmen, daß dies bei den Zahlenrechnungen bequeme Zahlen liefert. Die Einheit der Geschwindigkeit wird damit gleich $\lambda L = 10^4$ cm/sec (100 m/sec). Die Höhe der Atmosphäre H, zu rd. 10 km angenommen, bekommt also hier das Maß $H = 0{,}01\,L$, oder um sich nicht an diese Zahl zu binden, $H = \beta L$. Die obige Forderung bezüglich Größe der Geschwindigkeiten heißt in den neuen Einheiten „Geschwindigkeiten klein gegen 100 m/sec"; die Größenordnung der Geschwindigkeit im neuen Maßsystem mag durch ε bezeichnet werden (also $\varepsilon \ll 1$!).

Es wird nun, um für die geplante Iteration einen Wegweiser zu erhalten, nötig sein, festzustellen, welche Potenzen von β und ε für die einzelnen Glieder in den Gleichungen einzuführen sind. Da die waagerechten Dimensionen des Wettergebildes von der Größenordnung L sind, haben Differentialquotienten nach x und y, soweit nichts Besonderes vorliegt, dieselbe Größenordnung in β und ε wie die Größen selbst. Differentiationen nach z, bei denen also H die charakteristische Länge ist, bringen den Faktor $L/H = 1/\beta$ hinzu. Für horizontale Änderungen der potentiellen Temperatur soll eine Zahl δ eingeführt werden, also $1/T$. Grad $\vartheta \sim \delta$ ($\sim$ = Zeichen für „Größenordnung"). Dieselbe Größenordnung gilt dann auch für $1/\varrho \cdot \operatorname{Grad} \varrho$. Die Größenordnung von p ergibt sich aus $p \sim \varrho g H \sim g \beta$; hierbei ist $g \approx 1000\,\text{cm/sec}^2$, wobei $1\,\text{cm/sec}^2 \sim 1\,L\,\lambda^2$ ist. Mit $\beta \sim 10^{-2}$ findet man also für einen Druck von 1000 mb die Zahl 10. Die Neigung der Isobarfläche Grad z ist von der Ordnung $\lambda u/g \sim \varepsilon/g$. Im Falle Grad $\vartheta \approx 0$ erhält man wegen $1/\varrho \cdot \operatorname{Grad} \varrho = -1/\varkappa p \cdot g \varrho \cdot \operatorname{Grad} z$ für dieses die Größenordnung $\delta' \sim \varepsilon/\varkappa p$ statt δ. Mit $p = 7$ für $\varrho = 1$ wird $\delta' \approx \varepsilon/10$. $\partial p/\partial x$ und $\partial p/\partial y$ haben gemäß Gl. (3) die Größenordnung von $\lambda \varrho u \sim \varepsilon$.

$\partial \tau_{xz}/\partial z$ erweist sich von derselben Größenordnung wie $\partial p/\partial x$, beschränkt sich in dieser Größe aber auf die Bodenreibungsschicht, soweit nicht ausgedehnter Vertikalaustausch durch Kumulusbildung vorliegt. Die Beschleunigung $\mathfrak{B}$ ist von der Größenordnung von $u \cdot \partial u / \partial x$, also $\sim \varepsilon^2$. Nach Gl. (4) ergibt sich also sowohl $\dot{\varrho}$ als auch $\partial(\varrho w)/\partial z$ von der gleichen Ordnung; damit ist mit Rücksicht auf die Größenordnung von $\partial \varrho / \partial z \sim 1/\beta \quad w \sim \beta\, \varepsilon^2$. Ferner ist $w\, \partial u / \partial z$ in Gl. (3) $\sim \beta\, \varepsilon^2 \cdot \varepsilon / \beta = \varepsilon^3$. Die Glieder mit w in den Gl. (3) sind also eine Ordnung kleiner als die übrigen Beschleunigungsglieder und können daher bei der iterativen Ermittlung des Geschwindigkeitsfeldes fürs erste beiseite gelassen werden.

3.[1] Dadurch ist die Frage der richtigen Art der Iteration im wesentlichen geklärt. Wir setzen für das Folgende etwa TAYLOR-Reihen nach t an, also

$$\varrho = \varrho_0 + \dot{\varrho}_0 t + \frac{1}{2} \ddot{\varrho}_0 t^2 + \cdots,$$

entsprechend für p, u und v. $\varrho_0(x, y, z)$ sei gegeben, dadurch auch $p_0(x, y, z)$. Die erste Näherung für u_0 und v_0 ergibt sich aus den „CORIOLIS-Gliedern" von Gl. (3). Von den Beschleunigungsgliedern können diejenigen von der Ordnung ε^2 bis auf $\dot{u}_0$ und $\dot{v}_0$, die vorläufig $= 0$ gesetzt werden mögen[2], aus dieser ersten Näherung genommen werden.

Bei numerischer Berechnung geht man zweckmäßig von den Differentialquotienten zu Differenzenquotienten über. Ein guter Ausgangspunkt scheint sich für die Ermittlung des Strömungszustandes in irgendeinem Horizont in den Druckwerten für neun ein horizontales Quadrat bildende Punkte darzubieten. Es ist hier möglich, für die Druckgradienten in allen neun Punkten auf zwei Ordnungen genaue Angaben zu gewinnen, aus denen dann auch die waagerechten Geschwindigkeiten und Beschleunigungen in diesen Punkten ermittelt werden können. Mit Rot$(\varrho\, \mathfrak{B})$ folgen aus Gl. (4) und (5) jetzt Angaben über $\dot{\varrho}_0$ und w_0. Durch Iteration in verschiedener Richtung sind weitere Verbesserungen möglich.

Die numerische Arbeit ist in jedem Fall sehr umfangreich. Sie kann aber auch von praktischem Nutzen für die Prognose werden, wenn

---

[1] Die endgültige Fassung dieses Abschnittes stammt vom 13. September 1946.

[2] Um etwaige, die Konvergenz der Potenzreihen nach t schädigende zu große Werte durch die auf S. 1169 erwähnten Störungen durch „Trägheitskreise" zu vermeiden, d. h. $\dot{\varrho}$ auf die unschädliche Ordnung ε^2 zu bringen, wird die Rechnung erforderlichenfalls für zwei weitere Wertepaare von $\dot{u}_0$ und $\dot{v}_0$, etwa $\dot{u}_0 = a$, $\dot{v}_0 = 0$ und $\dot{u}_0 = 0$, $\dot{v}_0 = a$ wiederholt. Damit kann ein endgültiges Wertepaar $\dot{u}_*$ und $\dot{v}_*$ so interpoliert werden, daß die obige Forderung ausreichend gut erfüllt wird. Diese Rechnung wird vor allem dann erforderlich sein, wenn in der Aufgabenstellung große Werte von Grad ϑ vorkommen. Wegen der Gesetzmäßigkeiten für $\mathfrak{T}$ vgl. etwa PRANDTL, Strömungslehre, S. 319ff.

es gelingen wird, für die „Quadrataufgabe" und die Lösung der simultanen Differentialgleichungen zwei besondere Rechenmaschinen zu bauen, die aus den an Skalen eingestellten Ausgangswerten die neuen Werte unter Einschluß der nötigen Iterationen ohne Zeitverlust an anderen Skalen ablesbar liefern[1].

[1] Eine einfachere Maschine solcher Art für die Lösung einer Differenzengleichung an Stelle der Differentialgleichung der laminaren Grenzschicht wird zur Zeit im Kaiser-Wihelm-Institut für Strömungsforschung entwickelt.

Nachrichten der Akademie für Wissenschaften zu Göttingen, Mathematisch-physikalische Klasse 1949, S. 13—18

Wettervorgänge in der oberen Troposphäre

(Vorgelegt in der Sitzung am 17. Juni 1949)

1. Die Voraussage von Schlechtwettergebieten (barometrischen Tiefdruckgebieten) an der atlantischen Küste von Europa war früher immer sehr schwierig gewesen, da diese Tiefdruckgebiete mit beträchtlichen Geschwindigkeiten von See her an Land kamen und daher — abgesehen von den Haupt-Schiffahrtskursen, von denen drahtlose Meldungen kommen — nicht rechtzeitig vor dem Eintreffen über Land beobachtet werden konnten. Durch die Einführung der Radiosonden, die die Wetterzustände bis in die Stratosphäre hinein an die Bodenstationen meldeten, und bei Doppelanpeilungen auch Angaben über Richtung und Stärke der Höhenwinde lieferten, konnten hierin erhebliche Fortschritte erzielt werden. Es zeigte sich, daß in der hohen Troposphäre und auch in den unteren Stratosphärenschichten ein charakteristisches Windsystem nach Abb. 1 mit Windgeschwindigkeiten bis weit über 100 m/sec auftritt, das einem neuen Tief vorausläuft und dieses sozusagen anmeldet, wobei die Höhe der Windgeschwindigkeit auch eine Angabe über die Stärke des Tiefs liefert. Am östlichen Ende divergiert dieses Gebilde regelmäßig und die Windgeschwindigkeit geht dabei auf ungefähr die Driftgeschwindigkeit des Tiefs herab. Es zeigte sich, daß der Anfang des Regengebietes unter dem rechten Rand des eigentlichen „Strahles" nachfolgt. Er ist in Abb. 1 durch ein × angedeutet. Der Pfeil gibt die ungefähre Driftrichtung des Tiefs an. Die Erscheinung hat also entschieden prognotischen Wert. Eine dynamische Erklärung des Zusammenhanges des Strahles mit dem Tief fehlte jedoch.

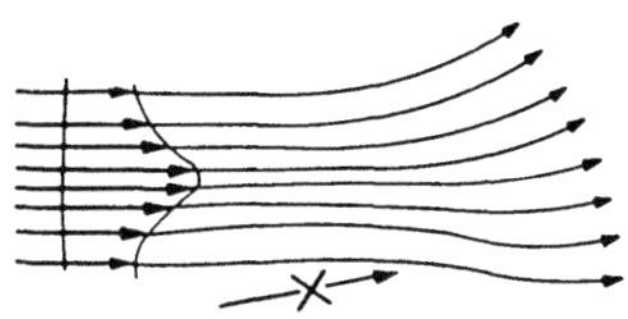

Abb. 1. Vorderende einer Strahlströmung

In letzterer Zeit hat mich gelegentlich anderer Zusammenarbeit Herr E. Kleinschmidt jun. mit vielfachem Material, sowohl eigenem zur Zeit noch unveröffentlichten, wie auch solchem der Rossbyschen Schule [*1*, *2*][1] versehen. An Hand dieses Anschauungsmaterials habe ich kürzlich eine dynamisch befriedigende Erklärung des Vorganges gefunden.

---

[1] s. Schrifttum S. 1178.

2. Um diese zu geben, benötige ich einige Sätze, die in den Grundzügen schon in meinem „Edinburghbericht“ [3] enthalten sind, die dem Leser aber bequemer in meinem Strömungslehrbuch [4] zugänglich sind. Es handelt sich in der Hauptsache um zwei Sätze:

a) Werden die Geschwindigkeiten einer auf der rotierenden Erde befindlichen bewegten Luftmasse relativ zum Erdboden gemessen, so folgt im Fall der Reibungslosigkeit aus dem THOMSONschen Satz, daß die Zirkulation einer geschlossenen, dauernd aus denselben Teilchen gebildeten Linie sich wie $2\omega F'$ ändert, wobei F' die senkrechte Projektion der von der Linie umschlossenen Fläche längs der Erdachse und ω die Winkelgeschwindigkeit der Erddrehung ist. Liegt die geschlossene Linie in einer waagerechten Ebene, so kann mit F = Fläche der Grundrißprojektion und φ = geographische Breite die Zirkulationsänderung auch gleich der Änderung von $2F\omega\sin\varphi$ gesetzt werden. Vergrößerung der Fläche gibt einen antizyklonalen Umlauf, Verkleinerung einen zyklonalen, wenn vorher die Zirkulation $= 0$ war.

b) Die CORIOLIS-Kräfte auf die Luftmassen ergeben bei antizyklonalem Umlauf einen Druck*anstieg* nach innen, bei zyklonalem aber einen Druck*abfall* nach innen.

Aus a) und b) ergibt sich, daß die mit der Erde mitrotierende Atmosphäre sich gegen Verschiebung von Luftmassen wehrt: Wird durch irgendwelche Fremdkräfte eine Luftmasse von ihrem Platz nach oben oder unten weggeführt, dann entsteht durch Näherrücken der verbleibenden Luftmassen eine zyklonale Strömung; die Drucksenkung in der Mitte bildet eine Gegenwirkung gegen Entfernen noch weiterer Luftmassen. Da, wo die weggeführte Luftmasse hingebracht wird, entsteht durch Auseinanderrücken der dortigen Massen ein Antizyklon und also am Ort der neuen Luftmasse ein Überdruck, der das Eindringen weiterer Massen zu hindern sucht.

3. Im unteren Stockwerk der Atmosphäre mag sich ein Wettervorgang vollziehen, der im Volksmund Landregen genannt wird. Der Fachmann nennt ihn eine Warmfront. Sie entsteht dort, wo eine etwa ruhige Kaltluftmasse gegen einen von Westen oder Südwesten herankommenden Warmluftstrom grenzt, der in mittleren und größeren Höhen unter der Wirkung der Erddrehung sich ungefähr der Frontlinie entlangbewegt. Die bodennahen Schichten werden jedoch unter der Wirkung des Druckgefälles und der Reibung am Boden um etwa 25° nach links abgelenkt und steigen ein Stück weit auf den Kaltluftkeil auf. Wegen Fortfalls der Bodenreibung unterliegen sie dabei der Rechtsablenkung und sammeln sich am Rand der Kaltluft an. Die nächste Wirkung ist zunächst die, daß die über ihnen befindliche Warmluft mehr und mehr angehoben wird und, da sie hierbei unter geringeren Druck kommt, sich adiabatisch abkühlt. Die Abkühlung hinwieder

bewirkt Kondensation eines Teiles des in ihr enthaltenen Wasserdampfes; das Wasser fällt als Regen aus, die sogenannte latente Wärme des Wassers verbleibt aber fast vollständig in der Luftmasse, deren Abkühlung verkleinernd. Die aufgestiegenen Luftmassen sind jetzt leichter geworden als die in der gleichen Höhe befindlichen nicht gehobenen Luftmassen und fangen jetzt an von selbst in Form von Wolkentürmen weiterzusteigen und weiteres Wasser abzuwerfen, bis entweder in großer Höhe die Hauptmenge des Wassers abgeschieden ist oder aber hohe wärmere Luftschichten dem Weitersteigen ein Ende setzen. Der erstere Fall hat unser besonderes Interesse, da hier die Störungen im „oberen Stockwerk" der Atmosphäre besonders groß sein werden. Die Auftriebstendenz der in der Wolkenluft zurückgelassenen Kondensationswärme bleibt nämlich nach dem Eintritt eines neuen Gleichgewichtes weiter bestehen; sie bewirkt, daß im unteren Stockwerk die seitlich befindlichen Luftmassen unter Erzeugung zyklonaler Geschwindigkeiten näher herangeholt werden. Die über der Wolkenluftmasse befindlichen Luftschichten, die zum Teil schon der besonders stabilen Stratosphäre angehören, weichen nach oben und nach der Seite aus und bilden hierbei einen Antizyklon. Die Wolkenmasse selbst nimmt an diesen Bewegungen teil, ihre waagerechten Verschiebungen bewirken auch hier eine zyklonale Geschwindigkeitsverteilung unten und eine antizyklonale oben. Sobald das Gleichgewicht eingetreten ist, erfolgen diese Bewegungen senkrecht zu den waagerechten Komponenten des Druckfeldes. Die kinematischen Sätze von Nr. 2 werden hierdurch gerade erfüllt.

Die Abb. 2 stellt einen südnördlichen Schnitt durch eine stark schematisierte Warmfront dar, die waagerechten Abmessungen sind etwa hundertmal stärker verkleinert als die senkrechten. Die Abbildung soll eine Idee von dem eben geschilderten Vorgang geben. Die dicken Pfeile bedeuten antreibende Kräfte, dünne Pfeile Bewegungsrichtungen, + erhöhter, — erniedrigter Druck; ⊗ westöstliche, ⊙ ostwestliche Winde. (Die in Abb. 2 gemachten Angaben über die Windrichtung entsprechen den Verhältnissen in der nördlichen Hemisphäre; für die südliche Hemisphäre gilt eine spiegelsymmetrische Figur.)

Dieses Windsystem bleibt, wenn von Reibungsvorgängen abgesehen wird, so lange bestehen, als die Temperaturverteilung bestehen bleibt. Die Berücksichtigung der Bodenreibung lehrt allerdings, daß in der Reibungsschicht dem System dauernd weitere Warmluft zugeführt wird, wodurch es mehr und mehr verstärkt wird. (Über andersartige Störungen siehe am Ende von Nr. 4.)

Die Warmluft der höheren Schichten zeigt im allgemeinen eine Drift von West nach Ost, häufig mit einer schwachen südnördlichen Komponente. Die Wettervorgänge driften mit dieser Strömung. In

Abb. 2 ist diese Drift noch nicht berücksichtigt[1]. In Abb. 3, die als Grundriß zu Abb. 2 zu betrachten ist, ist die Geschwindigkeit der gesamten West-Ost-Strömung im oberen Niveau dargestellt. Auf der Nordseite addiert sich zur Driftgeschwindigkeit die von der erwärmten Luftmasse induzierte Strömung mit der Driftströmung, auf der Südseite subtrahiert sie sich von dieser. Die erstere ist der „Strahl" (englisch „jet stream"). Die gegenwärtige Betrachtung lehrt also, *daß die aufgestiegene Wolkenluft die Ursache des über ihrem Nordrand befindlichen Strahles ist,* und nicht umgekehrt, wie mehrfach vermutet worden war, der Strahl die Ursache der Wetterverschlechterung ist.

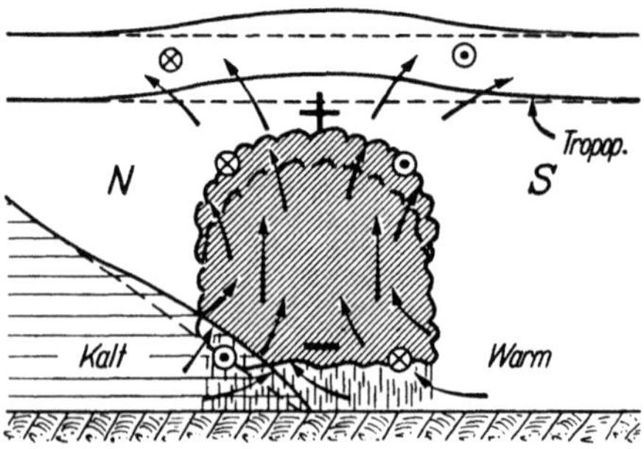

Abb. 2

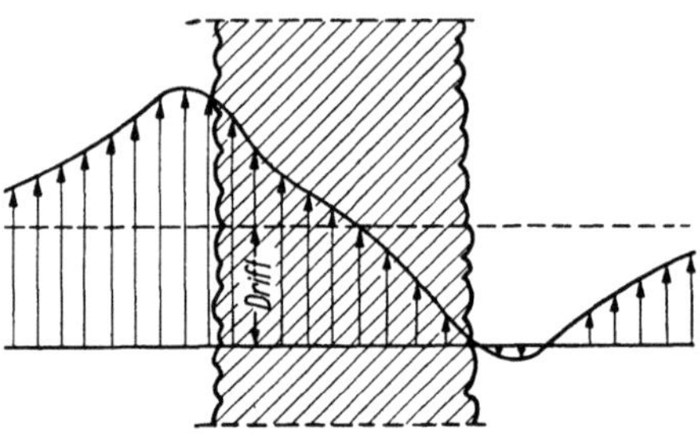

Abb. 3

Abb. 2 u. 3. Schematischer Aufriß und Grundriß einer Warmfront

4. Die Vorgänge entwickeln sich in weiten Ebenen von Nordamerika, denen nach Westen die weite, verhältnismäßig kühle Wassermasse des „pazifischen" Ozeans vorgelagert ist, viel regelmäßiger als in dem stark gegliederten Westeuropa, vor dem sich der Atlantik mit dem warmen Golfstrom befindet.

Ich entnehme der sehr wertvollen Arbeit von H. Riehl [2] ein Bild, das die Isothermen in der 200-Isobarenfläche zeigt. Diese liegt schon in der Stratosphäre. Im Ruhezustand ist in dieser die Temperatur praktisch konstant (rd. $-55°$ C). Wenn ein Bereich von dieser durch die unter ihm befindliche Wolkenluftmasse angehoben wird, so fließt davon ein Teil seitlich ab und entlastet die verbleibende Masse, die sich dadurch adiabatisch abkühlt; die Nachbarbezirke erfahren durch die verschobenen Massen eine Mehrbelastung und zeigen deshalb eine Erwärmung[2]. Das in Abb. 4 etwas vereinfacht wiedergegebene Bild 4a der Riehlschen Abhandlung zeigt einen von der Westküste bis zur

[1] Bei Berücksichtigung der Drift kommt zum Bild der Abb. 2 noch ein Druckabfall von Süd nach Nord hinzu, der den Druckabfall im Süden abschwächt, den im Norden aber verschärft.

[2] Die letzten beiden Sätze sind bei der Korrektur (25. September 1949) zugefügt.

Ostküste reichenden Streifen von kälterer Luft, umgeben von schwach erwärmten Zonen im Süden und viel stärker erwärmten Zonen nördlich des kalten Streifens. Die Mittellinie des Strahles, der in Vertikalschnitten ermittelt wurde, ist als dicke Linie eingezeichnet. Sie liegt, wie aus der Theorie folgt, zwischen dem kalten Streifen und dem nördlichen Warmluftgebiet.

Die Wettervorgänge der beschriebenen Art neigen dazu, unregelmäßig zu werden und sich mit der Zeit in einzelne Wirbel zu zerlegen. In Europa kommen sie meist schon in Wirbel zerlegt an, es kommen aber auch hier Neubildungen vor, die sich aus den vorerwähnten Gründen

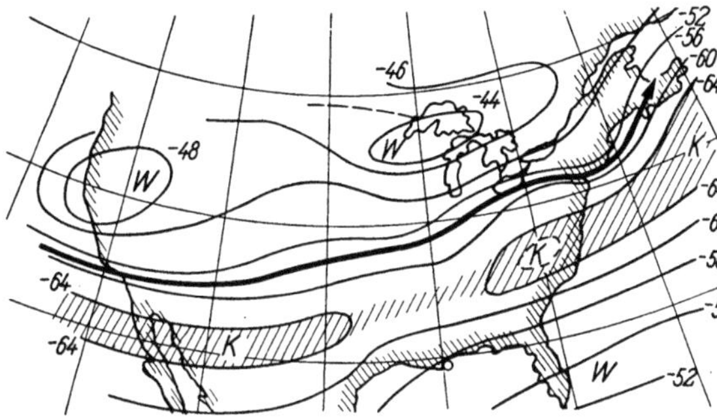

Abb. 4. Isothermen einer 200-mb-Fläche in USA am 28. 1. 1947 3h00

nicht so regelmäßig ausbilden wie die amerikanischen. Trotzdem können in ihnen die gleichen charakteristischen Eigenschaften wiedergefunden werden.

Bei isolierten Warmfrontstücken, an deren Enden der Kondensationsvorgang aussetzt, ergeben sich im mitdriftenden Bezugssystem Windsysteme, die die Wolkenluftmasse ringförmig umgeben. Wenn die Driftgeschwindigkeit und die Umlaufgeschwindigkeit von annähernd gleicher Größe ist, dann ist auf der linken Seite der driftenden Wolkenmasse der Strahl, auf der rechten Seite Windstille, wenigstens in der Nähe der Wolkenmasse. Vor dem Vorderende divergiert der Strahl. Die in Abb. 1 angegebene Form der Divergenzstelle ergibt sich dann, wenn, wie dies häufig vorkommt, in einiger Entfernung ein anderes Tief vorangeht.

Kritische Schlußbemerkung

Die Überlegungen der vorstehenden Betrachtung berücksichtigen allein die sogenannten CORIOLIS-Beschleunigungen, die von der Ortsänderung der Luftteilchen relativ zur Erde herrühren, nicht aber die Beschleunigungen relativ zu einem mit der Erde rotierenden Bezugssystem (geostrophische Behandlung). Die letzteren sind bei großräumigen und lange andauernden Strömungen gegenüber den CORIOLIS-Beschleunigungen von geringerer Größenordnung; hier ist die geostrophische Rechnung als Näherung berechtigt. Welchen Einfluß die Relativbeschleunigungen auf den Gesamtablauf der Strömungen haben, ist in den Ausführungen in meiner Vorlage „Zur Berechnung des Wetterablaufs" in Göttinger Nachr. Math.-phys. Kl. (1946) S. 102 dargelegt, siehe dort die Formel (4).

Zusammenfassung

Unter Anwendung hydrodynamischer Sätze wird gezeigt, daß die in den hohen Luftschichten über der kalten Seite von Warmfronten auftretenden strahlartigen Luftströme durch den Auftrieb der Wolkenmassen erzeugt werden. In einer kritischen Schlußbemerkung wird auf den Näherungscharakter der Überlegungen hingewiesen.

Schrifttum

[1] C. G. ROSSBY, On the nature of the general circulation of the lower atmosphere, enthalten in dem Sammelwerk The Atmospheres of the Earth an Planets, hrsg. von P. KUIPER, Univ. of Chigaco Press 1949, S. 16—48.

[2] H. RIEHL, Jet Stream in upper Troposphere and Cyclone Formation. Trans. Amer. Geophys. Union Bd. 29 (1948) S. 175—186.

[3] L. PRANDTL, Beiträge zur Mechanik der Atmosphäre, vorgelegt der Association météorologique, Edinburgh 1936, S. 171—201, vgl. bes. S. 187ff. Paris 1939.

[4] L. PRANDTL, Führer durch die Strömungslehre, 3. Aufl., S. 331—334. Braunschweig 1949.

Annalen der Meteorologie 3. Jg. (1950) S. 119

Über Mammatuswolken

Als Ergänzung zu der Abhandlung von Herrn F. WAGNER: „Mammatusform als Anzeichen für Absinkbewegung in Wolkenluft" [Annalen der Meteorologie (1948) S. 336] möchte ich hier eine Bemerkung über eigene Beobachtungen und Gedanken mitteilen. Ich habe diese Wolkenformen gelegentlich von Urlaubsreisen auf der Bayrischen Hochebene öfters beobachtet und aus den über das bezügliche Wettergeschehen gemachten Erfahrungen verhältnismäßig bald festgestellt, daß ein drohendes Gewölk, in dem sich Mammatusbeutel zeigen, einen auffällig harmlosen weiteren Verlauf nimmt. Ich habe später in einem längeren Gebirgstal, das sich von dem im Südwesten befindlichen Talabschluß nach Nordosten erstreckt, besonders schöne Mammatuswolken beobachtet, die sich dort bei einer Südwestströmung aus einer dickeren Wolke gebildet haben und die eilig talabwärts zogen, und dabei die genaueren Formen recht gut studieren können. Daß eine Labilität vorliegt, war mir nach den ganzen Bewegungsformen, die gewisse Ähnlichkeit mit den Strömungsformen in einer von unten her erhitzten Flüssigkeit zutage treten ließen, völlig klar und es bedurfte nicht allzu vielen Nachdenkens, um zu finden, daß offenbar eine Wolkenluftmasse über einer durchsichtigen Luftmasse liegen müßte und die Labilität durch eine Absinkbewegung geschaffen wird, bei der die Wolkenmasse sich langsamer erwärmt als die klare Luftmasse. Daß die Strömung hier talab verläuft, gab in diesem Fall auch gleich die Erklärung für das Absinken an sich. Einen Austritt von Fallstreifen, von denen Herr WAGNER berichtet, habe ich nirgends sehen können. Es ist auch verständlich, daß diese keine Gelegenheit hatten aufzutreten, da das ganze Phänomen äußerst rasch verlief. Die beigefügten Aufnahmen meiner Tochter, Frau H. WEBER-PRANDTL, geben sehr anschaulich den Verlauf der Erscheinung.

Die Analogie mit dem Aufwallen einer von unten beheizten Flüssigkeitsschicht gestattet natürlich auch Aussagen über die innere Bewegung einer Mammatuswolke und der ursprünglich unter ihr befindlichen klaren Luftschicht. Wenn man davon ausgeht, daß ursprünglich durch Unregelmäßigkeiten der Bewegung eine kleine Wellung vorhanden ist, so findet man in Analogie mit sonstigen Strömungsvorgängen längs einer Trennungsschicht, daß in der Wellung (*a*), vgl. Abb. 4, die klare Luft unter den Wellenbergen nach oben drängt, während die Wolkenluft über den Wellentälern nach unten strebt. Hieraus ergeben sich unter wachsenden Vertikalgeschwindigkeiten Formen wie (*b*) und unter Berücksichtigung der nun hinzukommenden waagerechten Geschwindigkeiten sehr bald auch solche nach (*c*). Es ist verständlich, daß beim Anblick von unten die Wolkenbeutel dunkel und die zwischen ihnen befindlichen Schichten der Klarluft hell erscheinen. Das Bild

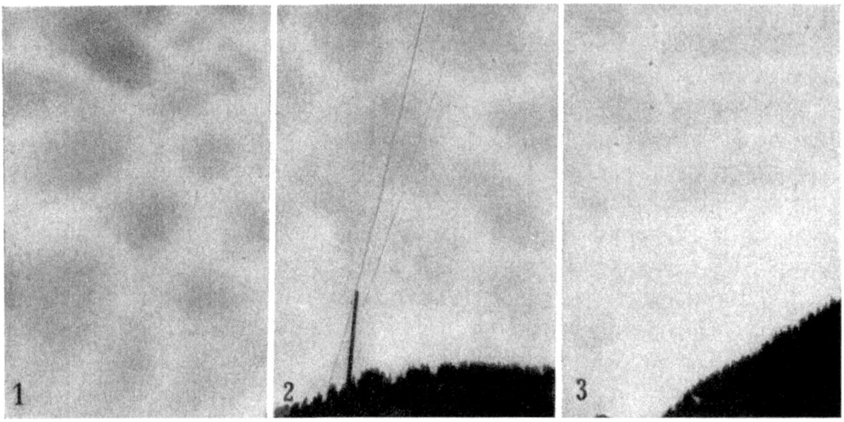

Abb. 1 bis 3

ändert sich etwas, wenn die Wolkenluft gegenüber der klaren Luft eine anfänglich waagerechte Gleitgeschwindigkeit besitzt. Die Wolkenbeutel und ebenso die zwischen ihnen befindlichen Beutel der klaren

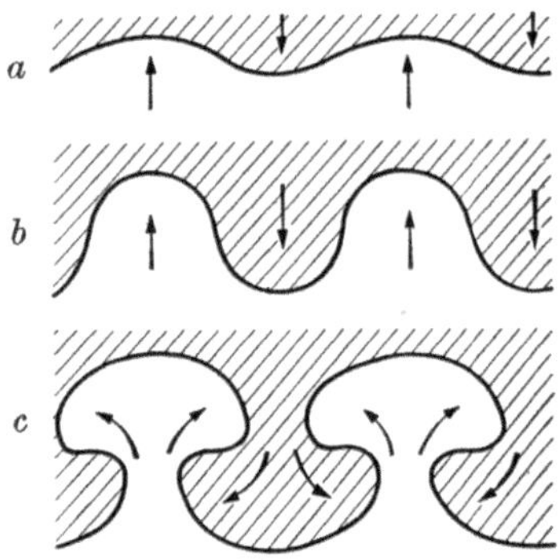

Abb. 4

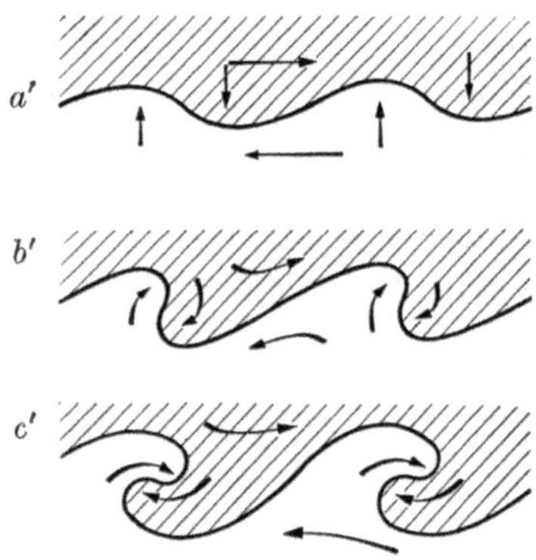

Abb. 5

Luft werden hier natürlich unsymmetrisch, vgl. Abb. 5; sie nehmen, wenn die Ausgangsform (*a'*) ist, mit der Zeit Formen wie (*b'*) und (*c'*) an.

Die beiden Figuren beziehen sich auf ebene Bewegungen; in Wirklichkeit läuft der Vorgang natürlich räumlich ab; weil die ursprünglich kleine Wellung räumlich war. Es entstehen so die traubenartigen Gebilde, die in den Aufnahmen zu sehen sind.

Berichte des Deutschen Wetterdienstes in der US-Zone Nr. 12 (1950) S. 198—200

Dynamische Erklärung des Jet-stream-Phänomens

Zusammenfassung

Durch Anwendung hydrodynamischer Sätze auf stabil geschichtete Luftmassen, die an der Erdrotation teilnehmen, wird gezeigt, daß die strahlartigen Luftströme, die über Regengebieten in den höheren Luftschichten auftreten, durch den Auftrieb der regnenden Luftmassen hervorgebracht werden.

Da mir die Tagungsleitung von sich aus eine längere Redezeit zugeteilt hat, als ich beansprucht hatte, sei mir eine populär gefaßte Vorbemerkung gestattet.

1. Die thermodynamischen und dynamischen Sätze, die ich für meine Betrachtungen nötig habe, sind zum Teil schon ziemlich alt; der neueste von ihnen steht in meinem Bericht an die Meteorologische Union in Edinburgh 1936; er ist erst 1939 in Paris gedruckt, gehört also immerhin jetzt schon 10 Jahre lang der meteorologischen Literatur an [*1*][1]. Ein Abschnitt dieses Berichtes bezieht sich darauf, daß eine stabil geschichtete Atmosphäre auf der rotierenden Erde, abgesehen von der unmittelbaren Äquatornähe, im Ruhezustand nach allen Richtungen völlig stabil ist, d. h. daß jede Luftmasse, die durch einen störenden Eingriff irgendwie verschoben ist, die Tendenz hat, in ihre Ausgangslage zurückzukehren.

Bei dynamischer Betrachtung der Lage findet man genauer, daß die gestörte Luftmasse eine Schwingung um die Ausgangslage vollführt. In der Senkrechten ist, soweit die Erddrehung nicht mitspielt, je nach der Stabilität der Schichtung die Schwingungszeit von der Größenordnung von fünf Minuten bis zu einer Viertelstunde, in der waagerechten Ebene handelt es sich um sogenannte Trägheitskreise, die für einen Umlauf einen halben „Pendeltag" erfordern. [Ein Pendeltag ist die Umlaufzeit des FOUCAULTschen Pendels ($T = 2\pi/\omega \sin \varphi$)]. Wird eine Verschiebung erzwungen, etwa durch eine fremde Masse, die sich eindrängt, so ergibt sich relativ zur Erde eine gleichförmige Geschwindigkeit senkrecht zur erzwungenen Verschiebung. Der ungefähre Betrag der Geschwindigkeit ergibt sich besonders einfach bei Betrachtung im absoluten Raum, er ist im einfachsten Fall nahezu gleich der Differenz der absoluten Geschwindigkeiten der Punkte des festen Erdbodens, die zur Ausgangslage und Endlage der Verschiebung gehören;

[1] s. Schrifttum S. 1186.

im absoluten System gewinnen nämlich die Luftteilchen durch den Akt der Verschiebung keine nennenswerte Horizontalgeschwindigkeit, sie werden nur auf Plätze des Erdbodens verschoben, deren absolute Geschwindigkeiten sich vermöge der Erddrehung entsprechend der Entfernung a unterscheiden (Unterschied angenähert $= a\,\omega \sin\varphi$).

Für den Vorgang, der das Thema meiner Mitteilung ausmacht, mag zunächst daran erinnert werden, daß in einer Luftmasse, die regnet, die latente Wärme des ausgeregneten Wassers in der Luftmasse verbleibt, und daß hierdurch offenbar ein beträchtlicher Auftrieb entsteht. Hieraus ist leicht zu erkennen, daß die nach oben drängende aktive Luftmasse andere Massen zur Seite drängt, also in Gegenden mit anderen absoluten Bodengeschwindigkeiten, und es ist klar, daß die einzelnen Beobachter die Windgeschwindigkeiten je von ihrem eigenen Standpunkt aus feststellen.

Das ist der Kern der Erklärung der strahlartigen Strömungen in der hohen Atmosphäre.

2. Dieser einfache Zusammenhang gibt das Wesentliche dessen wieder, was ich Ihnen in gelehrterer Form vortragen wollte. Das ungelöste Problem dabei ist jetzt natürlich die Ermittlung der waagerechten Wege der verschobenen Luftmassen[1].

Wichtig ist dabei auch die Bemerkung, daß man bei „lang dauernden Zuständen", d. h. solchen, deren Dauer groß gegen die eines Trägheitsumlaufes ist, in erster Näherung die Bewegung der Luftmassen als reibungslos ansehen darf, solange man von denjenigen Einflüssen absieht, die von der Reibungsschicht am Erdboden herrühren. Dagegen mögen Störungen in Betracht gezogen werden, die in großräumigen Dichteänderungen infolge von Ein- oder Ausstrahlung, vor allem aber solchen durch Kondensation von Wasserdampf bestehen. Die Dichteänderungen bringen primär nur vertikale Kräfte und vertikale Verschiebungen hervor. Soweit dabei waagerechte Versetzungen und im Zusammenhang damit Dichteunterschiede auftreten, ergeben sich auch waagerechte Druckunterschiede und unter deren Wirkung auch waagerechte Geschwindigkeiten, die sich im quasistationären Fall durch Coriolis-Kräfte mit dem Druckfeld ins Gleichgewicht setzen.

Einen guten Überblick gibt hier, wie ich unter anderem in meiner Strömungslehre [*1*] ausgeführt habe, ein aus dem Thomsonschen Satz von der zeitlichen Konstanz der Zirkulation längs einer geschlossenen „flüssigen Linie"[2] durch Übergang vom absoluten System zu einem mit der Erde mitrotierenden System hergeleiteter Satz von Bjerknes,

---

[1] Eine Abschätzung des Verhältnisses der waagerechten Wege zu den senkrechten findet sich u. a. in meinem Lehrbuch [*1*], S. 363.

[2] Linie, die während der Betrachtung aus denselben Flüssigkeitsteilchen besteht.

nach dem für eine horizontale geschlossene Linie die Relativzirkulation mit großer Annäherung der Formel

$$\Gamma + 2\omega \sin\varphi \cdot F = \Gamma_0 + 2\omega \sin\varphi \cdot F_0$$

folgt; F ist dabei die von der Linie eingeschlossene Fläche. In dem speziellen Fall, daß die anfängliche Relativ-Zirkulation $\Gamma = 0$ ist, wird hiernach irgendein späterer Wert $\Gamma_0 = 2\omega \sin\varphi\,(F_0 - F)$.

Wenn z. B. eine Luftmasse, die wärmer ist als ihre Umgebung, sich nach oben bewegt, um ein neues Gleichgewicht zu finden, dann drängt sie die über ihr befindlichen Luftmassen auseinander, und die seitlich unter ihr befindlichen Luftmassen strömen in dem verlassenen Raum zusammen. Oben werden also die dortigen ringförmigen „flüssigen Linien" ausgedehnt, unten schrumpfen sie zusammen, also wird oben Γ wegen $F > F_0$ negativ, unten aber wegen $F < F_0$ positiv, mit anderen Worten, die weggedrängte Luft oben gerät in eine antizyklonale Drehung, die angesaugte unten dagegen in eine zyklonale. Über der aufwärtsdrängenden Luft entsteht also eine Druckerhöhung, unter ihr eine Druckverminderung. Diese Wirkungen verstärken sich solange, bis durch beide Druckänderungen die aufsteigende Masse ins Gleichgewicht gebracht ist.

3. Die Beobachtungstatsachen der Strahlströmungen in der hohen Atmosphäre wurden mir im vergangenen Frühjahr durch meinen Mitarbeiter Dr. E. KLEINSCHMIDT auf Grund von fremden und auch eigenen Feststellungen nahegebracht. Klarheit gewann ich erst durch eine sehr ausführliche Beschreibung des Phänomens in einer Arbeit von H. RIEHL [*2*], einem Mitarbeiter der Chikagoer Meteorologenschule von C. G. ROSSBY. Ihr entnehme ich ein besonders typisches Beispiel. Es entstammt Beobachtungen des USA-Wetterdienstes. Die Abb. 1 zeigt in einem ungefähr nordsüdlich verlaufenden Vertikalschnitt in den gestrichelten Linien die Temperaturverteilung in einem ausgedehnten Schlechtwettergebiet, die in der Mitte eine beträchtliche Erwärmung und eine gewaltige Hebung der Tropopause erkennen läßt. Das Geschwindigkeitsfeld (das durch Integration der bekannten MARGULESschen Gleichung[1] ermittelt sein dürfte) ist durch die ausgezogenen Linien wiedergegeben. Die Zahlen sind Meilen pro Stunde. Man erkennt auf der linken Seite des Erwärmungsgebietes den gewaltigen Strahl des „Jet stream", der mit der Flaute rechts zusammen einen beachtlichen

[1] Es handelt sich um die Eindeutigkeitsbedingung des Druckfeldes

$$\frac{\partial}{\partial y}\left(\frac{\partial p}{\partial z}\right) = \frac{\partial}{\partial z}\left(\frac{\partial p}{\partial y}\right).$$

Diese liefert

$$g\frac{\partial \varrho}{\partial y} = 2\omega \sin\varphi \frac{\partial}{\partial z}(\varrho u).$$

Antizyklon darstellt. Wie groß die vertikalen Versetzungen sind, ist aus der gewaltigen Verlagerung der Tropopause zu sehen. (RIEHL gab nur die genähert waagerechten Teile der Tropopause an; die Zwischenstücke sind von mir selbst ergänzt. Sie sind durch keine Messung unmittelbar belegt, dürften aber irgendwo in dem Raum zwischen den Sondierungen verlaufen.)

Da der ganze Wettervorgang mit einer erheblichen Geschwindigkeit von West nach Ost triftet, addieren sich *links* die von den Aufstiegs-

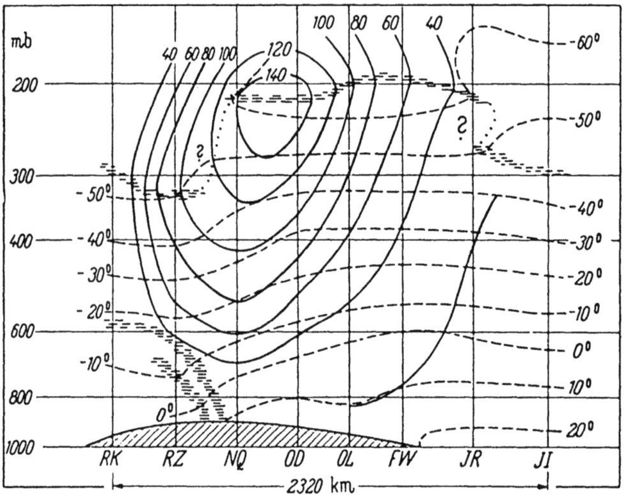

Abb. 1. Vertikalschnitt durch ein „Jet stream" nach RIEHL. Ausgezogen Linien konstanter geostrophischer Geschwindigkeit (in Meilen in der Stunde). Gestrichelt Temperaturen (in Grad C)

massen erzeugten Geschwindigkeiten und diejenigen der Triftströmung; *rechts* subtrahieren sich beide. Weiter rechts würde der Triftwind wieder sichtbar werden, wenn der Schnitt weiter nach Süden fortgesetzt worden wäre. (Der rechte Bildrand ist aber bereits die Südgrenze der USA gegen Mexiko!) Die Figur ist, wie bemerkt werden mag, ganz stark verzerrt. Das waagerechte Maß des Wettervorganges überdeckt die ganze nordsüdliche Erstreckung der USA. Die Endpunkte des Profils sind Bismarck in North-Dakota und Brownsville in Texas.

4. Gegenüber dem vorhin geschilderten theoretischen Schema, das sich auf eine frei schwebende Warmluftmasse bezieht, fehlt in Abb. 1 der Zyklon am unteren Ende fast ganz. Die Aufklärung ist einfach. Es handelt sich in unserem Fall um eine rd. 1200 km breite auf dem Boden aufgelagerte Warmluftmasse, deren Druckkräfte unmittelbar vom Erdboden aufgenommen werden. Daher wird der Zyklon hier nicht benötigt. Im Norden sperrt eine Kaltluftmasse den Zustrom. Im Süden erfolgt in der bodennahen Reibungszone ein Zustrom neuer Warmluft, der aber wegen des Reibungskontaktes mit dem Boden, da der Vorgang wie hier im wesentlichen zweidimensional verläuft, nicht zu einem ausgeprägten Zyklon führt. Die in Abb. 2 leicht abgeändert wiedergegebene RIEHLsche Isothermenkarte für die 200 mb-Fläche (für den 28. Januar 1947, 3 Uhr nachts) gibt eine gute Anschauung von dem ganzen Schlechtwettervorgang, der auch in der west-östlichen Richtung die ganzen Vereinigten Staaten überdeckt.

Die 200 mb-Fläche liegt in der Stratosphäre nahe der Tropopause. Über der Mitte der Schlechtwetterzone, wo die größten Hebungen der Tropopause erfolgten, zeigt sich ein Streifen mit besonders tiefen Temperaturen (in Abb. 2 durch Schraffur gekennzeichnet). In größerem Ab-

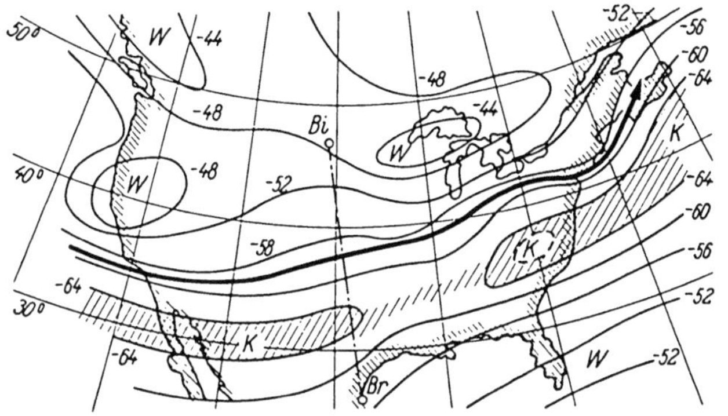

Abb. 2. Isothermen der 200-mb-Fläche nach RIEHL. Die strichpunktierte Gerade zeigt die Lage des Vertikalschnittes von Abb. 1

stand hiervon finden sich erwärmte Gebiete. Die Abkühlungen und Erwärmungen einer Schicht festgehaltenen Druckes (es handelt sich um die 200 mb-Schicht!) erklären sich daraus, daß die Stratosphäre, die vorher eine nahezu konstante Temperatur von rd. $-55°$ hatte, sich dort, wo durch Abfluß höherer Schichten eine Entlastung eingetreten ist, adiabatisch abkühlt, dort aber, wohin die abgeflossenen Massen sich neu eingeschichtet haben, sich durch die zusätzliche Belastung erwärmt. Die Linie der maximalen Höhenwinde, eben der ,,Jet stream", ist durch einen dicken Strich gekennzeichnet; sie liegt in Übereinstimmung mit der Theorie und mit dem Vertikalprofil von Abb. 1 (dessen Lage nach den RIEHLschen Angaben in der Karte durch eine strichpunktierte Linie angedeutet ist) ungefähr in der Mitte zwischen dem kalten Streifen und den nördlichen Warmluftmassen.

5. Vom energetischen Standpunkt aus mag ausgeführt werden, daß die örtliche Energiequelle, die zur Lieferung von kinetischer Energie aus der allgemeinen Zirkulation hinzukommt, in der Erwärmung der örtlichen Luftmassen durch Wasserdampfkondensation und der hierdurch hervorgerufenen Hebung der kondensierenden Massen und dessen, was über diesen liegt, zu suchen ist. Durch die Hebung werden Druckfelder geweckt, die von den gehobenen Massen Energie auf seitlich davon befindliche andere Massen weiterleiten und in diesen die gewaltigen Beträge von kinetischer Energie aufspeichern können, die sich später beim Zerfall des Strahles in einzelnen Zyklonen infolge seiner seitlichen Instabilität wieder entladen können. Durch neue Kondensation in den Zyklonen kann deren Energie weiter gesteigert werden.

Es mag hier betont werden, daß durch Betrachtungen solcher Art neues Licht auf die alte Frage der Entstehung der Energie der Stürme fällt. Das Neue ist, daß Sturmenergie in Massen, die selbst abseits von den thermodynamischen Umsätzen liegen, aufgespeichert werden kann und sich später nach einer Umgestaltung des entstandenen Geschwindigkeitsfeldes irgendwo konzentriert entladen kann. Weitere Ausführungen hierzu würden den hier gesteckten Rahmen überschreiten und müssen deshalb auf eine andere Gelegenheit vertagt werden.

Schrifttum

[*1*] L. PRANDTL, Beiträge zur Mechanik der Atmosphäre, der Association météorologique zu Edinburgh 1936 vorgelegt, S. 171—201. Paris 1939. Vgl. auch den „Führer durch die Strömungslehre“ des Verfassers, 3. Aufl., S. 331—334, auch S. 362. Braunschweig 1949. Siehe auch die Göttinger Dissertation „Rotationssymmetrische Gleichgewichtsstörungen in einer isothermen Atmosphäre“ von H. STÜMKE. Z. Geophys. Bd. 16 (1940) S. 129.

[*2*] H. RIEHL, Jet Stream in upper Troposphere and Cyclone Formation. Trans. Amer. Geophys. Union Bd. 29 (1948) S. 175.

[*3*] L. PRANDTL, Wettervorgänge in der oberen Troposphäre. Nachr. Akad. Wiss. Göttingen 1949, S. 13—18.

Schlußwort der Diskussion

Verschiedene Einwände gegen das theoretische Resultat, daß der Strahlstrom, der zu einem Regengebiet gehört, polwärts davon liegen muß, konnten bei Gesprächen als bloße Unterschiede der Bennenungen aufgeklärt werden. Die Antipassatströme, von denen Herr H. FLOHN berichtet hat, dürfen nicht mit den von H. RIEHL so bezeichneten „Jet streams“ verwechselt werden; in der PRANDTLschen Bezeichnung treten sie nur als „Triftströme“ auf und haben also mit den RIEHLschen nichtstationären Strahlströmen nichts zu tun.

Dem Vortrag sei noch nachgetragen, daß die Höchstgeschwindigkeit von 140 Meilen/Std. des RIEHLschen Beispiels bei 55 Meilen/Std. Triftgeschwindigkeit $140 - 55 = 85$ Meilen/Std. $= 37{,}5$ m/sec als dynamische Strahlgeschwindigkeit ergibt; dem würde eine Süd-Nord-Versetzung von etwa 500 km entsprechen.

VIII. MODELLVERSUCHSWESEN

Zeitschrift für Mathematik und Physik Bd. 54 (1906) S. 263—280
Festschrift 1906 „Die physikalischen Institute der Universität Göttingen", S. 95—111

Das Institut für angewandte Mathematik und Mechanik*[1]

Im 18. Jahrhundert waren an den Universitäten Fächer der angewandten Mathematik und Mechanik in beträchtlichem Umfang vertreten. Um speziell von Göttingen zu reden, so finden wir unter den Vorlesungen von SEGNER, PENTHER, TOBIAS MAYER, KÄSTNER die Themata: Praktische Feldmeßkunst, Maschinenlehre, Zivil- und Kriegsbaukunst, Mathematische Geographie, Hydrostatik, Hydraulik. Zur Unterstützung der Anschauung beim Unterricht diente die „Modellkammer", eine Sammlung von Modellen zur Mechanik, Statik, Hydraulik, Maschinenkunde[2]. Im 19. Jahrhundert haben THIBAUT (gestorben 1832) und ULRICH (gestorben 1879) den Unterricht in diesem Sinne weitergeführt. Auch LISTING hat noch über Maschinenkunde und über

---

* In Gemeinschaft mit C. RUNGE, Göttingen.

[1] Der vorliegende Aufsatz ist ein unwesentlich erweiterter Abdruck eines Kapitels aus der Festschrift „Die physikalischen Institute der Universität Göttingen", Leipzig 1906, herausgegeben von der „Göttinger Vereinigung zur Förderung der angewandten Physik und Mathematik".

Über das Wesen dieser von F. KLEIN 1898 ins Leben gerufenen Vereinigung mögen hier einige Worte Platz finden. Sie besteht zu einem Teile aus Herren der Großindustrie, zum andern Teil aus Mitgliedern der Göttinger Universität. Durch die Opferwilligkeit der industriellen Mitglieder sind im Laufe der Jahre die hier beschriebenen Institute und das Institut für angewandte Elektrizitätslehre entstanden, daneben sind andere Institute (besonders die physikalischen und chemischen Institute und die Königliche Bibliothek) mit namhaften Summen gefördert worden.

Über die Entstehung der Göttinger Vereinigung und ihre Entwicklung in den ersten Jahren lese man den Aufsatz von F. KLEIN im 1. Jg. der „Physikalischen Zeitschrift" Dezember 1899: „Über die Neueinrichtungen für Elektrotechnik und allgemeine technische Physik an der Universität Göttingen". Dieser Aufsatz ist außer im Schlußkapitel der „Festschrift" auch in der gelegentlich des Oberlehrer-Ferienkursus 1900 zu Göttingen herausgegebenen Schrift wieder abgedruckt: F. KLEIN und E. RIECKE, Über angewandte Mathematik und Physik in ihrer Bedeutung für den Unterricht an den höheren Schulen nebst Erläuterung der bezüglichen Göttinger Universitätseinrichtungen. B. G. Teubner 1900.

[2] Vgl. JOH. STEPH. PÜTTER, Versuch einer akademischen Gelehrtengeschichte von der Georg-August-Universität zu Göttingen I, S. 243ff. Göttingen 1765 (1. Teil) und 1788 (2. Teil).

die Theorie der Dampfmaschine gelesen. THIBAUT hinterließ der Universität eine Sammlung von geodätischen Instrumenten, die auch ULRICH noch benutzt hat. Unter den Gegenständen, in denen ULRICH unterrichtete, finden wir praktische Geometrie mit Übungen im Feldmessen und Nivellieren, landwirtschaftliche Baukunde, Maschinenkunde, Hydrostatik, Hydraulik. Indessen traten diese Fächer mehr und mehr in den Hintergrund gegenüber der Entwicklung der technischen Hochschulen und den glänzenden theoretischen Erfolgen von GAUSS, DIRICHLET, RIEMANN und CLEBSCH. Als ULRICH im Jahr 1879 starb, wurde

Abb. 1. Das Institut für angewandte Mathematik und Mechanik (Altes physikalisches Institut)

die Modellkammer von H. A. SCHWARZ, der seit 1875 den Lehrstuhl für Mathematik innehatte, aufgelöst. Es blieb die Sammlung mathematischer Instrumente und Modelle, die im wesentlichen aus der Schenkung von THIBAUTS geodätischen Instrumenten bestand und nun zu einer mathematischen Modellsammlung im modernen Sinne ausgestaltet wurde.

Es ist das Verdienst von F. KLEIN, den Unterricht in angewandter Mathematik und Mechanik neu belebt zu haben in der richtigen Erkenntnis, daß in den angewandten Fächern eine Fülle von pädagogisch wertvollen Aufgaben und Beispielen für den Mathematiker zu finden sind, und daß auch die Teilnahme an dem Fortschritt dieser Wissenschaften der Universität nicht vorenthalten bleiben darf. Seine Bestrebungen haben in der Errichtung des Institutes für angewandte Mathematik und Mechanik, das heute die Räume des alten physikalischen Institutes in Besitz genommen hat, einen gewissen Abschluß gefunden, und daher lohnt es sich, einmal die Wandlungen zu verfolgen, welche zu dem heutigen Stand der Dinge geführt haben.

Es sind zwei Reihen der Entwicklung zu betrachten, die in der jetzigen Abteilung A für angewandte Mathematik und der Abteilung B für angewandte Mechanik auslaufen.

Entwicklung der beiden Abteilungen

Die Abteilung A geht aus von der Sammlung mathematischer Instrumente und Modelle, zu der sie im Haushalt der Universität noch gehört. H. A. SCHWARZ, der die Sammlung verwaltete, schaffte eine Anzahl von Reißzeugen an und richtete im Herbst 1889 Übungen in konstruktiver Geometrie ein, eine Art mathematischen Zeichenunterrichts, der ähnlich gehandhabt wurde wie der auf den technischen Hochschulen übliche Unterricht in der darstellenden Geometrie. In einem Hörsaal des Auditoriengebäudes waren Zeichentische aufgestellt, an denen die Studierenden die Zeichenaufgaben ausführten unter Leitung von SCHWARZ selbst und den Privatdozenten HÖLDER und SCHÖNFLIES. Als SCHWARZ im Jahr 1892 nach Berlin berufen wurde, führte SCHÖNFLIES als Extraordinarius diesen Unterricht fort und verband damit auch Vorträge über projektive und darstellende Geometrie, wozu ihn ein eigener Lehrauftrag verpflichtete. Bei SCHÖNFLIES' Übersiedelung nach Königsberg im Jahr 1899 wurde als sein Nachfolger SCHILLING berufen und mit dem Unterricht in *darstellender Geometrie* und in *graphischer Statik* betraut. Für die Zeichenübungen wurde die frühere Amtswohnung des Direktors der Frauenklinik (Hospitalstr. 12) eingerichtet. Hier fand nun auch der geodätische Unterricht Unterkunft, den zunächst AMBRONN mit Instrumenten der Sternwarte aufgenommen hatte und den jetzt E. WIECHERT weiterführte[1] und auf höhere Geodäsie ausdehnte. Leider waren inzwischen die geodätischen Instrumente, die zu der Sammlung mathematischer Instrumente und Modelle gehörten, an die Sternwarte und an andere Institute abgegeben worden, weil nicht vorauszusehen war, daß sich der geodätische Unterricht gerade an die Sammlung mathematischer Instrumente wieder würde angliedern lassen. Hierfür wurde dadurch Ersatz geschaffen, daß einmal der Staat auf Befürworten des ersten Vorsitzenden der

[1] Als im Jahre 1897 SCHERING starb, dessen Lehrauftrag Mathematik, theoretische Astronomie, Geodäsie und mathematische Physik vereinigt hatte, wurde seine Stellung in zwei Extraordinariate verwandelt und BRENDEL und WIECHERT als seine Nachfolger berufen. BRENDEL übernahm die theoretische Astronomie, WIECHERT die Geophysik. Später hat BRENDEL auch den Lehrauftrag für Versicherungsmathematik erhalten, den vor ihm BOHLMANN an dem im Jahre 1895 gegründeten Versicherungsseminar gehabt hatte. Über den Unterricht in der niederen Geodäsie, wie WIECHERT ihn zunächst einrichtete, vergleiche dessen Aufsatz in der oben zitierten Schrift von F. KLEIN und E. RIECKE, Über angewandte Mathematik und Physik usw.

Göttinger Vereinigung, v. BÖTTINGER, 2000 Mark bewilligte und andererseits die Göttinger Vereinigung in verschiedenen Raten im ganzen bis jetzt 6000 Mark für die Erwerbung geodätischer Instrumente anwies. Zugleich schenkte der Norddeutsche Lloyd im Jahr 1901 eine Sammlung seiner nautischen Instrumente (Schiffskompasse und Sextanten), und KRUPP überwies der Sammlung eine Auswahl von Markscheideinstrumenten (1903).

Die neu erstandene Sammlung wurde zugleich mit den Unterrichtsmitteln der darstellenden Geometrie und graphischen Statik der Leitung SCHILLINGS unterstellt. Beides zusammen figurierte im Etat als eine Abteilung der Sammlung mathematischer Instrumente und Modelle „B. Abteilung für graphische Übungen und mathematische Instrumente“, und SCHILLING wurde im Jahre 1903 ihr selbstständiger Direktor, während die „Abteilung A für mathematische Modelle“ F. KLEIN unterstellt blieb.

Diese Einrichtung eines regelmäßigen Unterrichts in darstellender Geometrie, graphischer Statik und Geodäsie entsprach genau der neuen Prüfungsordnung, die am 12. September 1898 für das Lehramt an höheren Schulen in Preußen erlassen worden war. Die Prüfungsordnung kennt neben der reinen Mathematik das Prüfungsfach „angewandte Mathematik“ und schreibt vor (§ 22): „Von den Kanditaten, welche die Lehrbefähigung in der angewandten Mathematik nachweisen wollen, ist außer einer Lehrbefähigung in der reinen Mathematik zu fordern: Kenntnis der darstellenden Geometrie bis zur Lehre von der Zentralprojektion einschließlich und entsprechende Fertigkeit im Zeichnen; Bekanntschaft mit den mathematischen Methoden der technischen Mechanik, insbesondere der graphischen Statik, mit der niederen Geodäsie und den Elementen der höheren Geodäsie nebst Theorie der Ausgleichung der Beobachtungsfehler.“

SCHILLING hat sich über die verschiedenen Richtungen, in denen er den Unterricht ausgestaltete, in den Vorträgen ausgelassen, die er zu Ostern 1904 für den Ferienkursus der Oberlehrer der Mathematik und Physik gehalten hat.[1]

Im Herbst 1904 zog SCHILLING als Professor für darstellende Geometrie an die technische Hochschule in Danzig. An seiner Stelle in Göttingen wurde C. RUNGE berufen mit dem allgemeinen Lehrauftrag für angewandte Mathematik. Damit war eine erweiterte Auffassung des Lehramtes bekundet, die im Herbst 1905 *durch die Vereinigung mit der technischen Physik* in der Begründung des *Instituts für angewandte Mathematik und Mechanik* ihren abschließenden Ausdruck fand.

---

[1] FR. SCHILLING, Über die Anwendungen der darstellenden Geometrie, insbesondere über die Photogrammetrie. Zweiter Teil der „Neuen Beiträge zur Frage des mathematischen und physikalischen Unterrichtes an den höheren Schulen“. Vorträge, gesammelt von F. KLEIN und E. RIECKE. B. G. Teubner 1904.

Die zweite Entwicklungsreihe, die zu der *Abteilung B* für angewandte Mechanik führt, geht aus von der im Beginn des Jahres 1897 gegründeten *Abteilung für technische Physik*, die dem physikalischen Institut angegliedert wurde. Sie ist mit der Entstehung der *Göttinger Vereinigung* aufs engste verknüpft. Den unmittelbaren Anlaß zur Gründung der Abteilung gab zu Weihnachten 1896 die Schenkung einer namhaften Summe für diesen Zweck seitens einiger Herren aus der Industrie. Es waren dies die Herren Dr. v. BÖTTINGER in Elberfeld, Professor Dr. C. v. LINDE in München und Kommerzienrat KRAUSS in München. Der Plan wurde alsbald wesentlich gefördert durch die von der Regierung bereitwillig erteilte Erlaubnis, den maschinellen Teil der bereits genehmigten elektrischen Beleuchtungsanlage für die königliche Bibliothek dem geplanten Laboratorium einzuordnen.

Zur gleichen Zeit war es, unter Angliederung eines Lehrauftrages für landwirtschaftliche Maschinenlehre, ermöglicht worden, für die Stelle des Laboratoriumleiters eine außerordentliche Professur zu begründen; auch die Stelle eines Assistenten und eines Maschinisten wurde von der Regierung bewilligt.

Die Professur wurde zu Ostern 1897 dem Privatdozenten R. MOLLIER in München übertragen, der jedoch schon im Herbst 1897 wieder ausschied, um als *Nachfolger* ZEUNERS an die technische Hochschule Dresden überzusiedeln.

Unter MOLLIERS Leitung hatte man mit dem Bau eines ersten Pavillons (die Räume B 1, 2 und 3 des Planes auf Seite 1194) auf dem Grundstück des physikalischen Institutes begonnen, und es waren ein der erwähnten Beleuchtungsanlage dienender 10 pferdiger Gasmotor sowie eine 15 pferdige Dampfmaschine mit Kesselanlage bestellt worden.

Nach dem Weggang von MOLLIER wurde EUGEN MEYER, Dozent der technischen Hochschule Hannover, zunächst kommissarisch mit dem Ausbau der Anlage betraut, erst ein Semester später (Ostern 1898) siedelte er endgültig nach Göttingen über und übernahm zugleich mit der Professur auch das Direktorat des inzwischen zu einer selbständigen „Abteilung für technische Physik" erhobenen Institutes. Das erste Praktikum war bereits im Wintersemester zustande gekommen, indem im November die Gasmaschine und Anfang Januar die Dampfmaschine in Betrieb gekommen waren.

Dank der kräftigen Beihilfe der inzwischen gegründeten „Göttinger Vereinigung" konnte schon jetzt an einen weiteren Ausbau gedacht werden, zu dessen Ausführung der Staat einen namhaften Beitrag leistete. Es entstand im Frühjahr und Sommer 1898 ein Anbau, die Räume 4 und 5 des Planes auf Seite 1194 enthaltend; darin gelangten zur Aufstellung eine Kältemaschinenanlage mit Kohlensäurebetrieb und eine Generatorgasanlage; im großen Maschinensaal wurden zur gleichen Zeit eine 15pferdige Dampfmaschine, System DE LAVAL, ein 2pferdiger Petroleummotor (Geschenk des Herrn Kommerzienrat KUHN in Stuttgart) sowie ein 20pferdiger Dieselmotor — das Prunkstück und zugleich Schmerzenskind des Laboratoriums — aufgestellt. Nachdem noch im Anfang des Jahres 1899 für die beiden Dampfmaschinen ein Oberflächenkondensator in dem jetzt mit dem Maschinensaal vereinigten früheren Hofraum 1* aufgestellt war, war eine innerhalb der gezogenen Grenzen sehr vielseitige Einrichtung für das gesamte Lehrgebiet der Wärmekraftmaschinen erreicht. Es begann nun eine an Forschungsergebnissen reiche Zeit. Besonders bekannt geworden sind die Untersuchungen am Gasmotor und an der Gasgeneratoranlage, die den speziellen Neigungen MEYERS am meisten entsprachen.

Als EUGEN MEYER im Sommer 1900 einen Ruf an die technische Hochschule Charlottenburg annahm, wurde H. LORENZ, bis dahin außerordentlicher Professor in Halle, für die Stelle gewonnen. Unter seiner Leitung hat das Institut einen weiteren wichtigen Schritt vorwärts getan. Um in ähnlicher Weise, wie es für die Thermodynamik geschehen war, auch für Festigkeitslehre und Hydraulik Einrichtungen zu gewinnen, beschloß die „Göttinger Vereinigung", die inzwischen durch Gewinnung neuer Mitglieder zu einer stattlichen Gesellschaft erstarkt war, einen weiteren Neubau an die bisherigen Räume anzugliedern, mit dem nun ein gewisser Abschluß erreicht werden sollte. Der Bau, der im Herbst 1901 begonnen und im darauffolgenden Herbst bezogen wurde, wurde nicht wie die bisherigen Räume in Fachwerk, sondern in massiver Bauweise ausgeführt. Er erhielt auch ein Obergeschoß, in dem neben einigen anderen Räumen eine Dienstwohnung für den Maschinisten Platz fand.

Die innere Einrichtung dieses Baues wurde vom Staat übernommen. In dem Hauptsaale kamen Ende des Jahres 1902 eine Zerreißmaschine und eine Torsionsmaschine sowie eine elektrisch angetriebene Pumpe mit Windkessel zur Aufstellung. Später (1905) ist die Einrichtung noch durch eine Peltonturbine und eine hydraulische Presse vervollständigt worden.

LORENZ schied Ostern 1904 aus dem Amte, um an der neugegründeten technischen Hochschule in Danzig den Lehrstuhl für Mechanik einzunehmen. Nach einem Interregnum von einem Semester, in dem E. RIECKE das Institut verwaltete, wurde zum Herbst L. PRANDTL, bis dahin Professor an der technischen Hochschule Hannover, zum Direktor der Abteilung berufen.

Das Jahr 1905 brachte einen letzten sehr erfreulichen Fortschritt für das Institut. Nach dem Umzuge des physikalischen Institutes in das neue Haus an der Bunsenstraße wurden die alten Räume an die „angewandte Mathematik" und die „technische Physik" verteilt, so zwar, daß die an das Maschinenlaboratorium angrenzenden Räume am Leinekanal den Zwecken der technischen Physik, die an der Prinzenstraße denen der angewandten Mathematik überwiesen wurden; beiden Instituten gemeinsam ist ein Hörsaal und ein Lesezimmer.

Die Zusammengehörigkeit der beiden Institute, die ja keineswegs eine bloß äußerliche ist, ist bald nachher durch die gemeinsame Bezeichnung als „*Institut für angewandte Mathematik und Mechanik*“ zum Ausdruck gekommen.[1]

Beschreibung der Institutseinrichtungen

Was die Verteilung der Räume der Abteilung A betrifft (vergleiche Abb. 2), so ist die Sammlung der feineren geodätischen und nautischen Instrumente im Erdgeschoß in dem auf dem Plane mit A 1 bezeichneten Raume untergebracht — vergleiche die Abb. 3, die eine Auswahl der bemerkenswertesten Instrumente zur Anschauung bringt, von denen zwei Phototheodoliten, ein Zeisssches Telemeter (im Hintergrund) sowie ein vollständiger Schiffskompaß (links) besonders hervorgehoben werden mögen. Die Sammlung besitzt auch einen Zeissschen Stereokomparator, für den die Göttinger Vereinigung die Mittel zur Verfügung gestellt hat. Die übrigen Zimmer des Erdgeschosses (Plan A 2, 3, 4, 5) enthalten eine Sammlung von einfacheren geodätischen Geräten und sind auch für den geodätischen Unterricht bestimmt. In der ersten Etage dienen fünf Räume (Plan A 6, 7, 8, 9, 13) als Zeichensäle. Es sind hier etwa 60 Zeichentische so aufgestellt, daß sie bei Tage ausreichend durch das Tageslicht beleuchtet sind. Zugleich ist für künstliche Beleuchtung durch Nernstlampen und Auerbrenner Sorge getragen. In dem Raume 13 ist ein geeigneter Waschtisch zum Aufspannen der Zeichenbogen vorgesehen. Raum Nr. 10 ist Direktorzimmer, Nr. 12 als Dunkelkammer und Nr. 11 als Werkstatt eingerichtet. In dem Dachgeschoß befindet sich die Wohnung für den Hausverwalter.

Eine etwas ausführlichere Beschreibung verlangen die Einrichtungen der *Abteilung B*: ein Rundgang durch die Räume mag den augenblicklichen Stand des Laboratoriums vor Augen führen.[2]

Wir beginnen mit dem Wärmekraftmaschinensaal (1), der 1905 durch Hinzunahme des früheren Durchganges (1*) vergrößert worden

[1] Der bisherige Name „technische Physik“ ist aufgegeben worden, um das Arbeitsgebiet des Institutes von der angewandten Elektrizitätslehre wirksam zu unterscheiden, die auch zur technischen Physik gerechnet werden kann. Der Begriff Mechanik ist dabei in seinem weitesten Sinne, auch die Thermodynamik umfassend, genommen.

[2] Die im Text beigefügten Ziffern und Buchstaben beziehen sich auf den Plan (Abb. 2), in den die Maschinen sowie die sonstigen fest aufgestellten Einrichtungen eingetragen sind.

ist (Abb. 4). Er enthält die 15pferdige *Dampfmaschine* (*a*) (eine Einzylinderschiebermaschine von Knoevenagel in Hannover), die mit einem Einspritzkondensator (*b*) und einem Oberflächenkondensator (*c*) aus-

Abb. 2. Institut für angewandte Mathematik und Mechanik

A. *Abteilung für angewandte Mathematik*
1—5. Räume für Geodäsie, 6—9, 13. Räume für numerische und graphische Übungen, 10. Zimmer des Direktors, 11. Werkstätte, 12. Photographisches Zimmer,

B. *Abteilung für angewandte Mechanik*
1. Wärmekraftmaschinensaal, 2. Kesselraum, 3. Arbeitszimmer, 4. Kältemaschinenraum, 5. Gasgeneratorraum, 6. Treppenhaus, 7. Maschinensaal für Festigkeitslehre und Hydraulik, 8. Arbeitszimmer, 9. Mechanische Werkstätte, 10—14. Wohnung des Maschinenmeisters, 15. Meteorologisches Zimmer, 16. Photographisches Zimmer, 17. Zimmer des Direktors, 18. und 19. Arbeitsräume für einfachere mechanische und thermische Untersuchungen, 20—22. Arbeitsräume für mikroskopische und chemische Untersuchungen 23. Vorlesungssammlung (und Aerodynamik)

C. *Gemeinsame Räume*
1. Hörsaal, 2. Lesezimmer

gerüstet ist; als Hilfsvorrichtung zur Messung von Kondensat und Kühlwasser dient ein Behälter (d) auf einer Dezimalwaage und ein Meßgefäß (e). An die gleichen Leitungen wie die Dampfmaschine ist angeschlossen eine DE LAVALsche *Dampfturbine* (f) der Maschinenbauanstalt Humboldt in Kalk bei Köln, welche bei 24000 Umdrehungen pro Minute die gleiche Leistung entwickelt wie die Dampfmaschine bei 135 Umdrehungen.

Die 10pferdige *Gasmaschine* (g) der Gasmotorenfabrik Deutz ist die normale Betriebsmaschine des Maschinenlaboratoriums; sie treibt

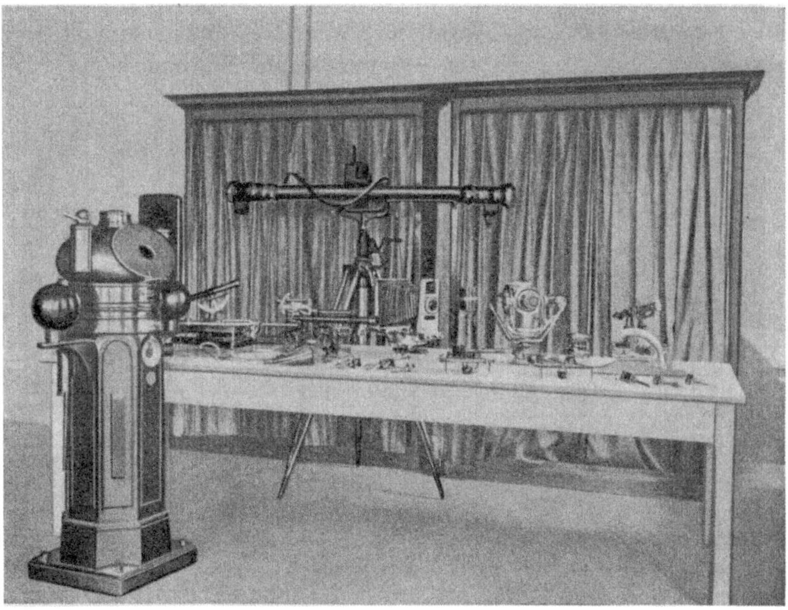

Abb. 3. Geodätische Instrumente

unter Zwischenschaltung eines Riemendynamometers (h) von Fischinger, das die durchgeleitete Arbeitsleistung zu messen gestattet, die Transmissionswelle (i) an der Westmauer des Saales, von der aus die Kältemaschine ($4a$) sowie die Kondensatpumpe des Oberflächenkondensators betrieben wird.

Von der Gasmaschine wird ferner der Universaldynamo (k) der Allgemeinen Elektrizitätsgesellschaft in Berlin angetrieben, der neben Gleichstrom von 80 Volt auch Ein-, Zwei- und Dreiphasenstrom liefern kann; er diente zusammen mit einer im Keller aufgestellten Batterie von 100 Ampere-Stunden-Kapazität, früher, wie schon erwähnt, zur Beleuchtung der königlichen Bibliothek, außerdem als Hilfsmaschine für das elektrotechnische Laboratorium; jetzt versorgt er nur mehr das Institut mit Strom.

Die Mitte des Saales wird eingenommen von einem 20pferdigen *Dieselmotor* (*l*) der Maschinenbaugesellschaft Nürnberg, der größten Maschine des Laboratoriums. Für die thermodynamische Untersuchung der Gasmaschine und des Dieselmotors dient neben den Einrichtungen zur Messung der Gas- bzw. Petroleumzufuhr ein großer Gasmesser (*m*) von Elster in Berlin zur Messung der angesaugten Verbrennungsluft; die Gefäße (*n*) dienen zur Messung des Kühlwassers beider Maschinen.

An allen vorgenannten Kraftmaschinen befinden sich Bremsen und Indiziervorrichtungen zur Ermittlung der Maschinenleistung, ferner vollständige Einrichtungen zur Aufstellung der Wärmebilanz.

Abb. 4. Wärmekraftmaschinensaal

Ein kleiner Petroleummotor (*o*) von Kuhn in Stuttgart vervollständigt die Sammlung von Wärmekraftmaschinen, in der freilich der modernste Typ, der Automobilmotor, bis jetzt noch fehlt.

Im Raum 2 finden wir den Dampfkessel (*a*) für die Dampfmaschinenanlage, einen stehenden Siederohrkessel von 20,3 m³ Heizfläche, geliefert von Knoevenagel in Hannover, hierzu gehörig ein Brunnen (*b*) zur Speisewassermessung. Der abgetrennte Teil des Raumes dient als Magazin; in einer Ecke befindet sich ein Schmiedefeuer.

Raum 3 ist das Arbeitszimmer des Assistenten und Ausgabestelle der Meßinstrumente. Hier wird auch die Besprechung und Berechnung der Praktikumsversuche vorgenommen.

In Raum 4 befindet sich eine Kohlensäure-Kälteanlage von 8000 W.-E. pro Stunde Kälteleistung, geliefert von der Maschinenfabrik L. A. Riedinger in Augsburg; *a* ist der Kompressor, *b* der Verdampfer, in dem die flüssige Kohlensäure verdampft und dadurch die zirkulierende Salzlösung kühlt; *c* ist der Kondensator, in dem die Kohlensäure wieder mit Hilfe von Kühlwasser verflüssigt wird.

Raum 5 enthält eine *Generatorgasanlage* (DOWSON-Gas) von der Gasmotorenfabrik Deutz, die 200 m³ Gas pro Stunde liefern kann. *a* ist der Generator, *b* der Dampfkessel, *c* und *d* sind Reinigungsapparate.

Abb. 5. Maschinensaal für Festigkeitslehre und Hydraulik

Im Hof befinden sich zwei Meßgasometer (*e*) zur abwechselnden Füllung und Entleerung sowie ein Sammel-Gasometer (*f*) von größerem Inhalt. Von dort führt auch eine Leitung zum Gasmotor, der, eigentlich für Leuchtgas gebaut, auch den Betrieb mit Generatorgas zuläßt. Neuerdings hat hier ein elektrisch betriebener Ventilator zu aerodynamischen Versuchen Aufstellung gefunden.

Wir gehen nun über den Hausflur (6), von dem aus eine Treppe in die im ersten Stock befindliche Maschinistenwohnung (10 bis 15) führt, und gelangen so in den Maschinensaal für Festigkeitslehre und Hydraulik (7) (Abb. 5). Es findet sich hier eine elektrisch angetriebene *Zerreiß-maschine* (*a*) von Mohr & Federhaff in Mannheim, mit der neben Zugversuchen auch Druck-, Biege- und Scherversuche mit nicht zu starken Probekörpern ausgeführt werden können; ihre größte Kraftleistung ist 15000 kg. Ferner ist eine *Torsionsmaschine* (*b*) von Amsler-Laffon in Schaffhausen (Maximalleistung 150 mkg) und eine *hydraulische Presse* (*c*) von 150000 kg Maximalkraft, geliefert von der Maschinenbaugesellschaft Nürnberg, vorhanden. Auf letzterer Maschine können Stücke bis zu 1,20 m Höhe gedrückt werden, so daß sie auch für Knickversuche verwendbar ist. Zur Formänderungsmessung dienen MARTENSsche Spiegelapparate, für feinere Kraftmessungen an der Presse dient eine Meßdose für 40000 kg Maximallast, gebaut von der Maschinenbaugesellschaft Nürnberg.

An hydraulischen Einrichtungen ist bis jetzt folgendes vorhanden: eine *Differential-Kolbenpumpe* (*d*) mit verstellbarem Hub und auswechselbaren Kolben von verschiedenen Durchmessern, für 10 Atmosphären Maximaldruck, geliefert von A. Knoevenagel in Hannover; sie wird durch einen 10pferdigen Elektromotor (*e*) mit Hilfe eines Vorgeleges angetrieben, und zwar ist die Einrichtung getroffen, durch elektrische Schaltung und auswechselbare Riemenscheiben jede Tourenzahl zwischen 60 und 400 Umdrehungen pro Minute einzustellen. Vermittels einer einfachen Hilfseinrichtung kann man die Pumpe auch als Luftkompressor laufen lassen. Mit der Pumpe steht in Verbindung ein *Windkessel* (*f*) von 1,8 m³ Inhalt und Einrichtungen zu Ausflußversuchen mit Luft und Wasser. Als Saugbehälter dient ein gemauerter Brunnen (*g*) von etwa 7 m³ Inhalt. Als Vertreter der hydraulischen Kraftmaschinen ist einstweilen ein 6pferdiges *Peltonrad* (*h*) von Breuer & Co. in Höchst a. M. vorhanden, das sein Kraftwasser von der Pumpe erhält und es behufs Messung der verbrauchten Menge in einen Behälter mit geeichten Ausflußmündungen ausgießt. Zur Vervollständigung der hydraulischen Einrichtungen ist projektiert eine Zentrifugalpumpe und eine von ihr getriebene Vollturbine. — Die in diesem Raume als Betriebsmittel verwendete Elektrizität wird dem städtischen Netz (Dreileiter mit ± 220 Volt) entnommen.

Das an den Maschinenraum angrenzende Zimmer (8) dient als Sammlungsraum für Instrumente und Festigkeitsproben sowie während des Praktikums als Vortrags- und Rechenzimmer; hier hat auch eine von Krupp in Essen dem Institut geschenkte Sammlung von Schießproben (Panzerplatten und Geschosse) sowie Festigkeitsproben Aufstellung gefunden. Raum 9 ist eine mechanische Werkstätte, enthaltend eine größere Leitspindeldrehbank (*a*) mit elektrischem Antrieb, eine kleinere Supportdrehbank (*b*) mit Fußbetrieb sowie eine Fräsmaschine (*c*).

Gehen wir nun durch das ganze Haus zurück und durch eine Tür im Maschinenraum einige Stufen hinauf zu den 1905 hinzugekommenen Räumen. Dort befindet sich das photographische Dunkelzimmer 16, daneben das Zimmer (17), das dem Direktor der Abteilung zum Arbeitszimmer dient. Raum 18 ist für hydrodynamische Untersuchungen bestimmt und hat zu diesem Zweck einen wasserdichten Fußboden mit Ablauf erhalten. Bis jetzt ist ein der Vollendung entgegengehender *hydrodynamischer Universalapparat*[1] aufgestellt, in dem sich ein durch eine Zentrifugalpumpe betriebener Wasserumlauf befindet; Leitvorrichtungen und Siebe sorgen für eine geordnete Bewegung; durch Einbau verschiedener Gerinne in den Apparat lassen sich Strömungen um Hindernisse, Überfälle, stehende Wellen, Fließen in geraden und krummen Gerinnen studieren.

Raum 19 ist für einfachere Untersuchungen über Mechanik und Wärmelehre bestimmt.

Durch das Treppenhaus gelangt man zu den Räumen 20 bis 22, von denen 20 und 21 für mikroskopische und metallographische Untersuchungen vorgesehen sind, während 22 als chemisches Zimmer eingerichtet ist. Der Saal 23 enthält neben einer Vorlesungssammlung für Mechanik einen Rundlauf für Anemometeruntersuchung und sonstige aerodynamische Versuche.

Den *beiden Abteilungen* gemeinsam ist, wie schon erwähnt, der Hörsaal (*C* 1 in Abb. 2) und das Lesezimmer (*C* 2). Der *Hörsaal* (der frühere physikalische Hörsaal) hat 70 Sitzplätze, die treppenförmig aufsteigen. An der Vorderwand befindet sich eine die ganze Breite einnehmende feste Wandtafel, über der herabklappbar ein großer Rechenschieber von 2,5 m Länge (ein Geschenk der Firma A. W. Faber) schwebt. Vor der Wandtafel hat ein Vorlesungstisch mit Einrichtung zum Aufbauen einfacher mechanischer Versuche Aufstellung gefunden. Ein lichtstarker Projektionsapparat, der auch die Abbildung von undurchsichtigen Gegenständen erlaubt, vervollständigt die Einrichtung. Die Mittel hierzu sind von der Göttinger Vereinigung zur Verfügung gestellt worden.

In dem *Lesezimmer* ist vorerst nur die Handbibliothek der Abteilung für angewandte Mechanik zur Aufstellung gelangt, doch ist beabsichtigt, im Laufe der Zeit die Bibliothek so zu erweitern, daß in ihr die wichtigste Literatur auf dem Gesamtgebiet der angewandten Mathematik und Mechanik zugänglich gemacht werden wird.

Unterrichtsbetrieb

Man kann die allgemeine Aufgabe des *Institutes für angewandte Mathematik*, wie sie sich jetzt entwickelt hat, so formulieren, daß die Mathematik in ihren Beziehungen zu experimentellen Wissenschaften gelehrt

[1] Vgl. hierzu L. PRANDTL, Über Flüssigkeitsbewegung bei sehr kleiner Reibung. Verhandl. des Intern. Mathematikerkongresses zu Heidelberg 1904, S. 484. Leipzig 1905.

werden soll, so zwar, daß die Studierenden nicht nur die mathematischen Theorien kennenlernen, sondern auch die numerische und graphische Durchführung der Probleme. Zu dem Zweck muß der Unterricht ähnlich gestaltet werden wie die in den experimentellen Wissenschaften schon seit langem üblichen praktischen Übungen. Die Studierenden arbeiten einzeln an den ihnen gestellten Aufgaben und werden dabei von dem Professor und seinem Assistenten beraten. Sie sollen zugleich die nötigen Fertigkeiten im Zeichnen und in der Handhabung geodätischer und mathematischer Apparate (Rechenschieber, Rechenmaschine, Planimeter usw.) erlernen, sowie auch die Kunst, eine Rechnung geeignet anzuordnen und zu kontrollieren.

Auch für die grundlegenden Elementarvorlesungen des mathematischen Gesamtbetriebes werden solche Übungen eingerichtet. Es lassen sich die Aufgaben so wählen, daß sie sich auf wirkliche Dinge beziehen, ohne daß es doch nötig wäre, zuviel Zeit mit der Auseinandersetzung der Aufgaben zu verlieren. Dabei ist immer Gewicht darauf gelegt, daß der Studierende den Ansatz, d. h. die mathematische Formulierung des Problems zu machen hat. Die mathematische Ausführung, nachdem der Ansatz gefunden ist, bildet in vielen Fällen den geringeren Teil der Aufgabe. Die Erfahrung lehrt, daß von dem Verständnis der mathematischen Beweise bis zu der Fähigkeit, sich der mathematischen Hilfsmittel zur Erforschung oder Beschreibung wirklicher Verhältnisse zu bedienen, noch ein weiter Schritt ist. Durch Vorlesungen allein wird diese Fähigkeit nicht genügend gepflegt.

Der individuelle Unterricht bei den Übungen hat zugleich den großen Vorzug, daß er auf die Auffassung des einzelnen eingehen, seine Einwände widerlegen, seine Mißverständnisse beseitigen und eigene Gedankenbildungen des Schülers ermutigen und vertiefen kann.

In dieser Weise ist im Sommer 1905 und im Winter 1905/06 die Differential- und Integralrechnung, im Sommer 1906 die Theorie der Differentialgleichungen behandelt worden. Daneben stehen Spezialvorlesungen. Im Winter 1905/06 wurden Vorlesungen und Übungen über die graphischen Methoden der Physik und Mechanik abgehalten.

Alle zwei Jahre findet eine Vorlesung über darstellende Geometrie statt, verbunden mit den nötigen Übungen. In der Geodäsie erteilte E. Wiechert einen regelmäßigen Unterricht durch Vorlesungen und Übungen, dessen Kursus zwei Semester umfaßt. Die Vorlesungen behandeln niedere und höhere Geodäsie, Nautik, Markscheidekunst und verwandte Gebiete, wobei auch die Rechnungsmethoden besprochen werden. In den Übungen wird gelehrt, wie man mit den geodätischen, nautischen und Markscheideinstrumenten umgeht, wie man sie justiert und wie man ihre Fehler bestimmt. Dazu kommen praktische Vermessungsübungen im freien Felde, bestehend in einer Triangulation, einer

Kleinvermessung, einer Nivellierung, einer barometrischen Höhenmessung und Aufnahmen mit tachymetrischen Instrumenten und Meßtisch. Die Ergebnisse der Messung werden teils durch Rechnung, teils durch Zeichnung verarbeitet.

Die Wahrscheinlichkeitsrechnung wird gewöhnlich als selbständige Vorlesung gelesen, entsprechend dem allgemeinen Interesse, welches diese Disziplin für die verschiedensten Gebiete, nicht nur des naturwissenschaftlichen Studiums, besitzt (z. B. für das Versicherungswesen).

Der Unterricht in der *Abteilung für angewandte Mechanik* gliedert sich in Vorträge (z. T. mit Übungen), in Praktika, sowie in Anleitung zu wissenschaftlichen Arbeiten. Die Einrichtungen des Institutes dienen dabei als Anschauungsmaterial bei den Vorträgen, hauptsächlich aber als Versuchsobjekte beim Praktikum und bei experimentellen Forschungen.

Das *Praktikum* wurde bisher in zwei Abteilungen von je einem Semester abgehalten. Die erste und am meisten besuchte[1] Abteilung umfaßt die Untersuchungen an den Wärmekraftmaschinen, einschließlich der Kältemaschine. Es werden dabei hauptsächlich diejenigen Messungen gemacht, die zur Ermittlung der indizierten und effektiven Leistung sowie zum Nachweis der thermodynamischen Gesetze dienen: Aufnahme von Indikatordiagrammen (und Planimetrierung), Messung der Umdrehzahl, des Bremsmomentes, der zugeführten Menge des Arbeitsmittels, Heizwertbestimmung, Messung der abgeführten Wärmemengen usw. In der anderen, von der ersten unabhängigen, Abteilung werden die wichtigsten Versuche auf dem Gebiete der Festigkeitslehre und Hydraulik gemacht: Zug, Druck, Biegung, Scherung, Torsion, Knickung an charakteristischen Materialien, unter Messung der feinen und groben Formveränderung; Untersuchung der Pumpe und des Pelton-Rades, Ausfluß von Wasser und Luft.

Die Zusammensetzung des Teilnehmermaterials ist — besonders beim Wärmemaschinenpraktikum — ziemlich bunt; hauptsächlich sind es Mathematiker und Physiker sowie Chemiker, aus höheren und niederen Semestern. Eine systematische Vorbereitung auf das Praktikum (durch vorhergegangene Vorträge über Maschinenwesen, Wärmelehre usw.) ist bei den wenigsten vorhanden. Da man so ungeübte Leute mit einer Maschine nicht allein lassen darf, wo doch durch einen einzigen falschen Handgriff leicht die ganze Messung verdorben, wenn nicht gar ein Unglück herbeigeführt werden könnte, so muß das Praktikum im großen und ganzen als ein Demonstrationspraktikum abgehalten werden, bei dem nach einem einleitenden Vortrag die Einzelaufgaben der Messung an die Studenten verteilt werden, und dann der Versuch

[1] Die größte Teilnehmerzahl war bisher 22; die Gesamtfrequenz seit der Gründung beträgt augenblicklich 210 Teilnehmer.

unter Leitung des Vortragenden vorgenommen wird; die Auswertung des Resultates geschieht in gemeinsamer Arbeit; hierauf erfolgt eine Besprechung der Ergebnisse, besonders Vergleich mit der Theorie und mit anderen Versuchsresultaten.

Da die selbständige Betätigung der Studierenden auf diese Weise wenig zur Ausbildung gelangt, ist außer dem bisherigen Praktikum die Einrichtung eines *Anfängerpraktikums* geplant, welches einfachere Aufgaben aus der Mechanik der starren Körper sowie aus der Festigkeitslehre und Hydraulik umfassen und so Gelegenheit geben soll, mit verhältnismäßig bescheidenen (und daher auch an Schulen beschaffbaren) Mitteln die wichtigsten mechanischen Messungen kennen und ausführen zu lernen.

Zu *selbständigen wissenschaftlichen Arbeiten* steht die ganze Laboratoriumseinrichtung den sich Meldenden offen. Allerdings muß eine gewisse Vertrautheit mit der Behandlung der Maschinen vorausgesetzt werden; doch steht dabei sachkundige Hilfe von seiten des Personals zur Verfügung. Größere Experimentalarbeiten sind bis jetzt vorgenommen worden am Gasmotor[1,2] und der Generatorgasanlage[1], an der Dampfturbine[3], am Dieselmotor[4] und an den Festigkeitsmaschinen[5,6], ferner Versuche über die spezifische Wärme des Wasserdampfes[7]. Nebenher gingen einige theoretische Arbeiten[8,9,10]. Augenblicklich in Arbeit oder Vorbereitung sind Versuche über Ausströmen von Druckluft[11], über

---

1 Eugen Meyer, Untersuchungen am Gasmotor. Z. VDI Bd. 45 (1901) S. 1297 u. 1341; Bd. 46 (1902) S. 945, 996, 1303 u. 1391; Mitteilungen über Forschungsarbeiten, hrsg. vom VDI, H. 3 (1901) S. 1 und H. 8 (1903) S. 55.

2 G. Horovitz, Über die Wärmeausnutzung in der Gasmaschine. Dissertation 1902.

3 E. H. Schütz, Die Ausnutzung des Dampfes in den Lavalturbinen. Dissertation 1901.

4 W. Luyken, Über den Verbrennungsprozeß im Dieselmotor. Dissertation 1904.

5 H. Hort, Über die Wärmevorgänge beim Zerreißversuch. Dissertation 1906.

6 S. Berliner, Das elastische Verhalten von Gußeisen bei langsamen Belastungswechseln. Dissertation 1906.

7 H. Lorenz, Die spezifische Wärme des überhitzten Wasserdampfes. Z. VDI Bd. 48 (1904) S. 698.

8 W. Hort, Die Entwicklung des Problems der stetigen Kraftmaschinenregelung. Dissertation 1904.

9 K. Giebel, Über den Einfluß der Hemmung auf den Gang der Uhr. Dissertation 1905.

10 S. Timoschenko, Über die Stabilität der Biegung eines I-Trägers bei Belastung in Richtung der größten Steifigkeit. St. Petersburg 1906.

11 L. Prandtl, Neue Untersuchungen über die strömende Bewegung der Gase und Dämpfe. Phys. Z. Bd. 8 (1907) S. 23. Vgl. hierzu auch L. Prandtl, Beiträge zur Theorie der Dampfströmung durch Düsen. Z. VDI Bd. 48 (1904) S. 348; Über die stationären Wellen in einem Gasstrahl. Phys. Z. Bd. 5 (1904) S. 599; ferner Enzyklop. math. Wiss. Bd. V, 5b (Strömende Bewegung der Gase und Dämpfe).

die elastischen Eigenschaften von Gußeisen und Steinen sowie Versuche mit den hydrodynamischen und aerodynamischen Apparaten.

Um das vorstehend entworfene Bild des Unterrichtsbetriebes zu vervollständigen, mag hier ein Verzeichnis der von den bisherigen Direktoren gehaltenen *Vorlesungen* folgen; wiederholt gehaltene Vorträge sind dabei nur einmal aufgeführt.

Allgemeine Maschinenlehre, Maschinentechnik, Technologie (für Hörer aller Fakultäten, insbesondere Juristen); landwirtschaftliche Maschinenlehre; Einführung in die Mechanik, Mechanik der Punktsysteme und starren Körper, technische Mechanik, dynamische Aufgaben der Technik, Festigkeitslehre, Hydromechanik, Hydraulik und Gasdynamik, Thermodynamik, technische Wärmelehre, Wärmemotoren, Theorie der mechanischen Meßinstrumente, technisches Zeichnen.

Die beiden Abteilungen des Institutes vereinigen sich im Seminarunterricht. Es werden hier von den Teilnehmern Vorträge gehalten, die ein Thema aus den technischen Wissenschaften behandeln. Dieser Unterricht bildet die Fortsetzung einer Reihe von Seminaren, die F. KLEIN seit 1899 gehalten hat[1]. Die Vorträge werden in gemeinsamen Besprechungen vorbereitet und diskutiert. Die technischen Wissenschaften sind reich an Kapiteln, deren volles Verständnis eine tiefe mathematische Bildung erfordert. Der Unterricht setzt sich zum Ziel, die Entwicklung der mathematischen Methoden zu vereinigen mit dem vollen Verständnis der praktischen Probleme in dem Umfang und in der Fassung, wie sie sich dem ausübenden Ingenieur darbieten.

---

[1] Die Gegenstände der KLEINschen Seminare waren:

Winter 1899—1900: Theorie des Schiffes. Sommer 1900: Technische Anwendungen der Elastizitätstheorie (zusammen mit ABRAHAM). Winter 1900—1901: Anwendungen der projektiven Geometrie. Sommer 1901: Geodäsie. Winter 1901 bis 1902: Technische Mechanik. Sommer 1902: Elementare Aufgaben der himmlischen Mechanik (zusammen mit SCHWARZSCHILD). Winter 1902—1903: Prinzipien der Mechanik (zusammen mit SCHWARZSCHILD). Sommer 1903: Graphische Statik mit Festigkeitslehre (zusammen mit SCHWARZSCHILD). Winter 1903—1904: Ausgewählte Kapitel der Hydrodynamik (zusammen mit SCHWARZSCHILD). Sommer 1904: Wahrscheinlichkeitsrechnung (zusammen mit BRENDEL, CARATHEODORY und SCHWARZSCHILD). Winter 1904—1905: Elastizitätslehre (zusammen mit PRANDTL, RUNGE und VOIGT). Sommer 1905: Elektrotechnik (zusammen mit PRANDTL, RUNGE und SIMON). Die Elektrotechnik wurde zusammen mit SIMON von PRANDTL und RUNGE im Winter 1905—1906 fortgesetzt. Im Sommer 1906 hielten PRANDTL und RUNGE ein Seminar über graphische Statik, im Winter 1906 bis 1907 über Anwendungen der partiellen Differentialgleichungen (gemeinsam mit M. ABRAHAM). Im Sommer 1907 sollen ausgewählte Probleme der Mechanik zur Behandlung gelangen.

Jahrbuch der Motorluftschiff-Studiengesellschaft 1906—1907, S. 71—72

Vorschläge für Arbeiten des Unterausschusses für dynamische Fragen der Motorluftschiff-Studiengesellschaft

Einer Aufforderung unseres Sprechers, Herrn Geh. Reg.-Rat F. Klein, gerne nachkommend, nennen wir einige Aufgaben, welche innerhalb des Unterausschusses für dynamische Fragen zu bearbeiten sein möchten und wie deren Bearbeitung zweckmäßig in Angriff genommen werden könnte. Von Aufgaben, die die *Motorluftschiffahrt speziell* betreffen, führen wir die folgenden an:

1. Luftwiderstandsmessungen an hinreichend großen Modellen von Luftschiffen zur Bestimmung der günstigsten Ballonform und zur Ermittlung der erforderlichen Maschinenleistung.

2. Messungen über die Druckverteilung am Modellballon als Grundlage für die statische Berechnung des Ballons (Festigkeit des Gerippes beim starren System, nötige innere Pressung beim Prallsystem usw.); Bestimmung des Druckmittelpunktes der Windkräfte.

3. Messungen der Geschwindigkeitsverteilung der Luftströmung am Modellballon zur Ermittlung der besten Aufstellung des Propellers usw.

4. Untersuchungen über die Stabilität der verschiedenen Ballonformen gegen Gleichgewichtsstörungen aller Art; Einfluß der Lage des Druckmittelpunktes und des Schwerpunktes sowie des Ortes der Propelleraufstellung.

5. Untersuchung über die günstigste Form von Propellern durch Studien der aerodynamischen Vorgänge.

Zu diesen Aufgaben kommen noch *Untersuchungen allgemeiner Art*, als Prüfungen von Geschwindigkeitsmessern, von Druckmeßapparaten usw.

Als Mittel zur Durchführung der unter 1 bis 5 aufgezählten Versuche scheint uns die Errichtung einer geeigneten Modellversuchsstation das Gegebene zu sein, nach Art der bekannten Schiffsmodell-Schleppanstalten, die eine so große praktische Bedeutung gewonnen haben.

Wir haben dieses Projekt eingehend diskutiert und uns über die praktische Ausführung und über die voraussichtlichen Kosten Klarheit zu schaffen gesucht. Es zeigt sich, daß, im Gegensatz zu den Schiffschleppanstalten, hier eine Einrichtung, bei der das Modell ruht und die Luft mittels eines Ventilators daran vorbeigeführt wird, solchen Anlagen vorzuziehen ist, bei welchen man das Modell mittels eines Motorwagens durch die ruhende Luft schleppen läßt.

Theoretisch sind beide Arten gleichwertig, da es nur auf die Relativbewegung zwischen Luft und Modell ankommt; praktisch ist die erstere Ausführung durch ihre Billigkeit und die Bequemlichkeit der Messungen weit überlegen. Bei der letzteren Anordnung muß, wenn nicht im Freien gearbeitet werden soll (was wenig empfehlenswert ist), ein sehr langes Gebäude errichtet werden, und dann sind trotzdem die Beobachtungszeiten wegen des beschränkten Weges sehr kurz. Bei der Bauart mit ruhendem Modell dagegen bleiben Beobachter und Meßinstrumente, die sich sonst auf dem Motorwagen befinden, an Ort und Stelle, und es kann die Beobachtungszeit beliebig ausgedehnt werden.

Anliegend geben wir einen vorläufigen Entwurf einer solchen Anstalt.

gez. E. Wiechert gez. L. Prandtl

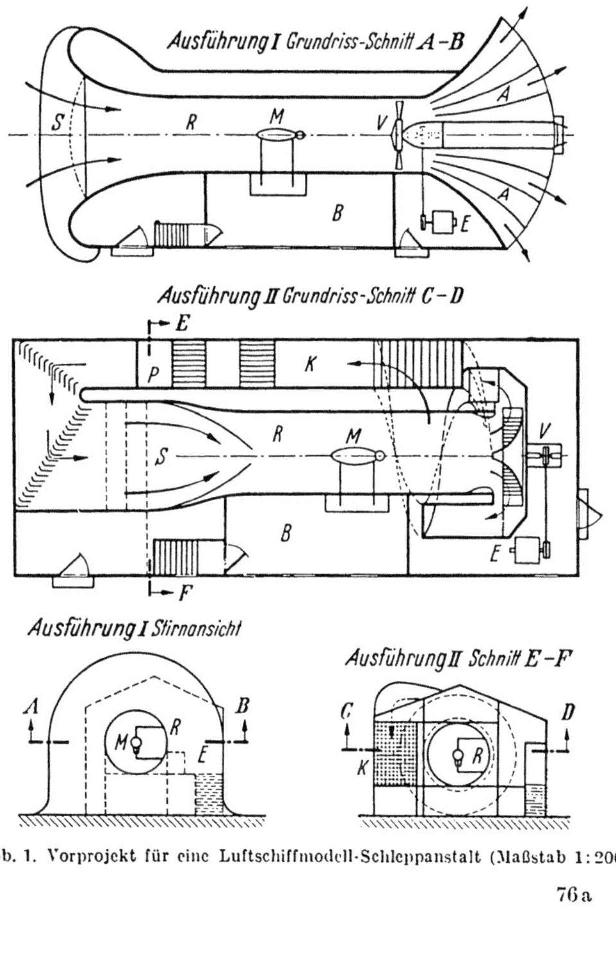

Abb. 1. Vorprojekt für eine Luftschiffmodell-Schleppanstalt (Maßstab 1:200)

Jahrbuch der Motorluftschiff-Studiengesellschaft 1906—1907, S. 73—75

Beschreibung der Pläne für eine Motorluftschiff-Modellversuchsanstalt

Für die Ausführung einer Modellversuchsstation mit ruhendem Modell scheinen uns wesentlich die folgenden beiden Möglichkeiten vorzuliegen, für die wir je eine Skizze beifügen (hier S. 1205, Abb. 1).

Bei der Ausführungsart I wird beständig Luft aus der Atmosphäre eingesaugt und am anderen Ende wieder ins Freie entlassen; bei der Ausführung II dagegen kreist ein und dieselbe Luftmenge durch den Apparat.

Der Hauptteil der Einrichtung ist in beiden Fällen eine weite Röhre R von etwa 3 m Durchmesser (zweckmäßig als Holzbau auszuführen), durch die ein Ventilator V einen Luftstrom hindurchsaugt. Die zu untersuchenden Modelle, die einen Durchmesser des Ballonkörpers bis zu etwa 40 cm bei einer Länge von 1,5 bis 2 m haben können, werden geeignet in der Mitte des zylindrischen Teiles der Röhre R befestigt. Die Meßinstrumente werden dabei von dem Beobachtungsraum B aus bedient und abgelesen.

Um bei der Ausführungsart I einen möglichst wirbelfreien Luftstrom zu erhalten, ist das Einströmungsende der Röhre R (in der Zeichnung links) trompetenartig erweitert. Ein dort angebrachtes Sieb S verhindert das Eindringen von Fremdkörpern und kann auch zur Regelung der Geschwindigkeitsverteilung im Innern des Rohres verwandt werden, indem in geeigneter Verteilung kleine Strömungshindernisse darauf angebracht werden.

Am anderen Ende der Röhre, hinter dem Ventilator (einem Schraubenventilator), befinden sich fächerförmige Auslaufkanäle A, die den Zweck haben, einen großen Teil der lebendigen Kraft der Luftströmung wieder in Druck zurückzuverwandeln; man erreicht durch diese Anordnung, daß hinter dem Ventilator sich eine Saugpressung herstellt, die den Arbeitsaufwand zur Bewegung der Luftmassen wesentlich vermindern hilft.

Die Länge des Baues würde etwa 22 m betragen, die größte Breite 9 m, die größte Höhe 7 m. Um die Einströmungsöffnung herum müßte ein Raum von etwa 15 m Umkreis frei bleiben, damit die Luftzuströmung ungestört vor sich gehen kann.

Als Nachteile dieser Bauart sind zu nennen der große Platzbedarf, außerdem vor allem die Abhängigkeit vom Wetter; es ist klar, daß damit nur bei ruhigem Wetter gearbeitet werden kann. Als Vorteil könnte man neben der Einfachheit der Anordnung wohl das anführen, daß — Windstille vorausgesetzt — der Luftstrom jedenfalls sehr wirbelfrei und gleichmäßig ausfällt.

Leitet man dagegen, entsprechend der Bauart II, die Luft, die durch den Ventilator gegangen ist, wieder zurück, so muß man allerhand künstliche Mittel anwenden, um die im Ventilator entstandenen heftigen Wirbel wieder zu beseitigen, und es gelingt dies nur unvollkommen. Der Vorteil, bei jedem Wetter arbeiten zu können, ist dagegen wohl abzuwägen.

Bei dieser Ausführungsart verwendet man zweckmäßig einen Zentrifugalventilator, dessen Gehäuse das Rohr R schraubenförmig umgibt und in einem Kanal K mündet, der die Luft wieder zum Einführungsende zurückführt. Durch Leitschaufeln L wird, gerade so wie bei meinen hydraulischen Versuchsapparaten, das Umlenken des Luftstromes bewirkt, Parallelrichter P und Siebe S bezwecken die Vernichtung der Wirbel und die Erreichung einer gleichmäßigen Strömung. Die Abmessung dieses Baues dürften etwa $23 \times 9 \times 6$ m sein.

Die maximale Geschwindigkeit ist einstweilen zu 20 m/sec angenommen. Dieser Wahl lag die folgende Überlegung zu Grunde: Die geometrische Ähnlichkeit der Luftströmung wird um so besser, je größer die Geschwindigkeit ist (auf strenge Ähnlichkeit in bezug auf Reibung muß hier ebenso wie bei den Schiffsmodell-Schleppanstalten verzichtet werden).

Für das Studium der freien Ballonbewegung (Stabilität der Fahrt usw.) wäre bei einem Modell, das wie die großen Luftschiffe das spezifische Gewicht der Luft hätte, das FROUDEsche Gesetz anzuwenden, nach dem sich die Geschwindigkeiten von Ballon und Modell wie die Wurzeln aus den Längen verhalten sollen. Man überzeugt sich aber leicht, daß bis zu einem gewissen Grade auch Ähnlichkeit erzielt werden kann, wenn man das Modellgewicht erhöht und gleichzeitig die Luftgeschwindigkeit steigert; ein derartiges Modell, das natürlich leichter herzustellen ist als ein leichtes und frei schwebendes, wird dann durch eine astatische Aufhängung von seinem Gewicht zu befreien sein.

Der Kraftbedarf des Elektromotors E, der zum Antrieb des Ventilators dient, wird bei der angenommenen Geschwindigkeit von 20 m/sec bei beiden Ausführungsarten voraussichtlich etwa 60 bis 70 PS betragen.

Die Kosten dürften sich bei beiden Ausführungsarten etwa die Waage halten, indem die Trompete und Auslaufkanäle der Ausführung I ungefähr die gleichen Schwierigkeiten bieten wie das Ventilatorgehäuse und die Rückführung mit ihren Beruhigungseinrichtungen in der Ausführung II.

Was das Personal der Versuchsanstalt betrifft, so dürfte es, wenn die Direktion von einem Mitglied des Ausschusses unentgeltlich übernommen würde, ausreichend sein, einen wissenschaftlichen Beobachter sowie einen Mechaniker anzustellen.

Göttingen, 6. 1. 1907 gez. L. PRANDTL

Jahrbuch der Motorluftschiff-Studiengesellschaft 1907—1908, S. 48—52

Vorarbeiten für eine Luftschiff-Modellversuchsanstalt

In der Sitzung der dynamischen Gruppe vom 6. Jauuar 1907 wurde beschlossen, einen Teil des für die Zwecke der Gruppe ausgesetzten Geldbetrages für Vorarbeiten zu der vom Berichterstatter geplanten Modellversuchsanstalt bereitzustellen.

Hierdurch war es ermöglicht worden, für die Bearbeitung dieser Aufgabe einen jungen Ingenieur anzustellen, einen Arbeitsplatz konnte das Institut für angewandte Mechanik der Universität Göttingen, das unter Leitung des Berichterstatters steht, einräumen. In diesem Institute waren auch bereits einige für die Zwecke der in Rede stehenden Arbeiten verwendbare Apparate vorhanden, so ein kräftiger Zentrifugalventilator mit einem langen 300 mm weiten Saugrohr, ferner ein Anemometer-Eichungsapparat (Rundlauf) von 5,5 m Durchmesser.

Für die Stelle wurde zum 1. März 1907 Herr Dipl-Ing. G. Fuhrmann gewonnen. Die erste Zeit seiner Tätigkeit verging damit, die nötigen Meßinstrumente (für Pressung, Strömungsgeschwindigkeit, Strömungsrichtung der Luft usw.) zu beschaffen und zu eichen; verschiedene Meßvorrichtungen mußten für die hier verfolgten Ziele erst neu entworfen und durchgebildet werden.

Es wurde nun eine Reihe von Detailfragen, die für die Konstruktion der Modellversuchsanstalt von Wichtigkeit waren, sozusagen durch Versuche an einem Modell der Modellversuchsanstalt zu klären gesucht. Umfangreiche Versuchsreihen wurden unternommen zum Studium von Beruhigungseinrichtungen für strömende Luft, die durch irgendwelche Ursachen (etwa durch einen Ventilator) in heftige Wirbelungen gebracht ist.

Es wurde die Wirkung von Sieben und von weiten und engen Blätterwerken aus Blech studiert, teils mit Hilfe von besonderen Instrumenten, welche die Ungleichmäßigkeit der Luftströmungen anzeigen, teils durch ihre Wirkung auf eine als Modell des Ballonmodells dienende Kugel.

Im Juli wurde im Auftrag der Geschäftsführung, die eine, wenn auch vorläufige, Untersuchung über die günstigste Form der Ballonenden wünschte, in das erwähnte Saugrohr des Ventilators eine Waage eingebaut, mittels derer man die Gesamtkraft der Luftströmung auf ein aus Blech hergestelltes Ballonmodell messen konnte. Die Enden des Modells waren auswechselbar an dem zylindrischen Mittelstück befestigt, so daß man durch Kombination der verschiedenen Stücke eine große Reihe von Luftschiff-Formen herstellen konnte. Als die günstigste erwies sich hinterher eine Form mit stumpfem Vorderteil und einer langgezogenen Spitze als Hinterteil (vgl. Abb. 1).

Durch feine Löcher, die auf der Oberfläche der Ballonmodelle verteilt waren, konnte man die Druckverteilung auf der Ballonoberfläche ermitteln. Berechnete man die Resultierende dieser Druckkräfte, so

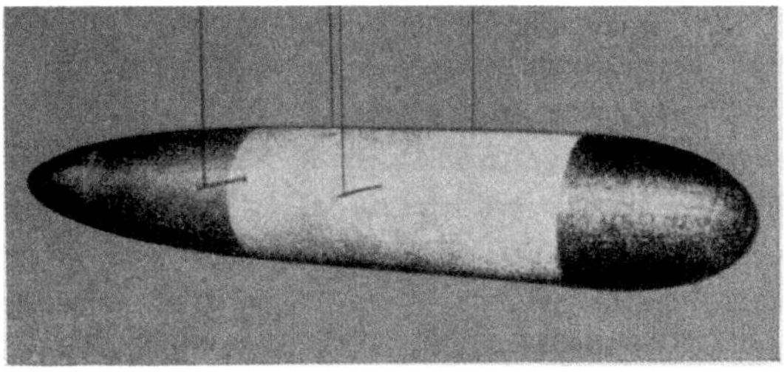

Abb. 1

konnte man aus der Differenz zwischen dieser Kraft und der an der Waage gemessenen Gesamtkraft die Resultante der Luftreibung ermitteln. Der Luftdruck auf die Hebel wurde durch eine besondere Versuchsreihe ermittelt, bei der das Modell besonders abgestützt und die Hebel frei beweglich waren. Bei der ursprünglich getroffenen Anordnung war der Luftdruck auf die Hebel sehr groß ausgefallen, es wurden deshalb die Hebel und Achsen so dünn wie möglich gemacht und sorgfältig zugeschärft, hernach wurden die wichtigsten Messungen wiederholt.

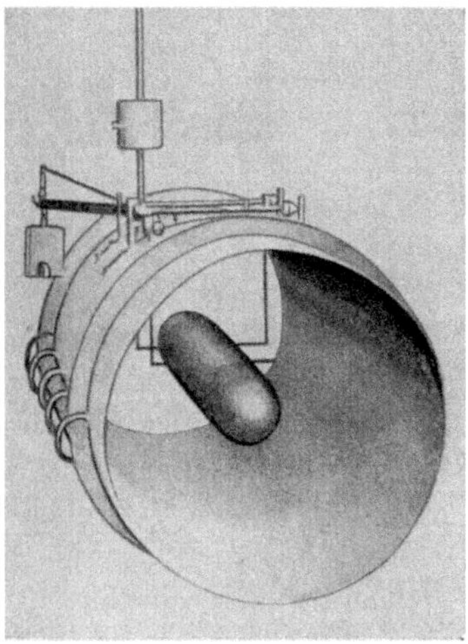

Abb. 2

Die Anbringung des Modells im Rohr ist auf Abb. 2 zu ersehen; Abb. 3 zeigt den Zusammenbau und läßt die Anordnung der Waghebel erkennen; rechts ist der weite Einströmtrichter des Saugrohres, links hinten das Mikromanometer für die Messung der Druckdifferenzen.

Mit dem gleichen Apparat wurde später noch der Luftwiderstand von Seilproben ermittelt. Es zeigte sich, daß der Luftwiderstandskoeffizient für ein quer zur Luftströmung gespanntes Seil 5- bis 10mal so groß ist, wie für einen Ballonkörper.

Inzwischen war man dem Entwurf der Anstalt, für welche die wichtigsten Details jetzt geklärt waren, nähergetreten, und so konnte der Hauptversammlung der Gesellschaft am 14. September ein fertiger Bauplan und ein Kostenanschlag vorgelegt werden. Der Plan wurde vom technischen Ausschuß gutgeheißen und seine Ausführung bei der Gesellschaft befürwortet.

Verhandlungen mit der Stadtverwaltung von Göttingen führten dazu, daß die Stadt gegen eine billige Pachtsumme ein Grundstück im Industrieviertel zur Verfügung stellte (von einem Anerbieten des Herrn Geheimrat von Böttinger, die Anstalt auf einem ihm gehörigen Grundstück zu errichten, konnte kein Gebrauch gemacht werden, da die Baupolizei wegen des zu befürchtenden Maschinenlärms die Errichtung der Anstalt in diesem Stadtviertel nicht zuließ).

Am 9. November traf die baupolizeiliche Genehmigung und gleichzeitig die endgültige Nachricht von Berlin ein, daß der Aufsichtsrat die

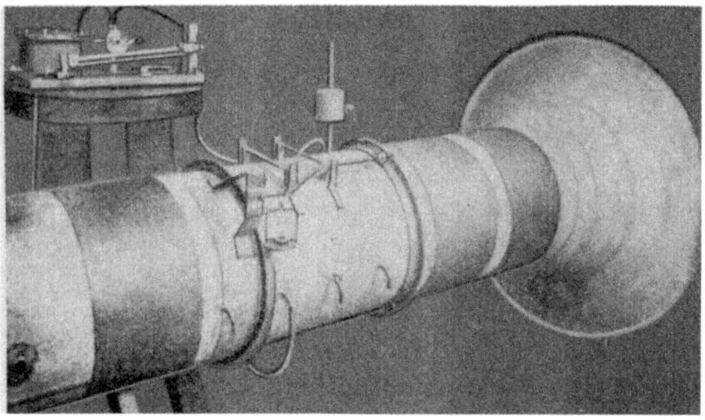

Abb. 3

Ausführung der Anstalt beschlossen habe; alsbald wurden die Bauarbeiten in Angriff genommen, doch konnten vor dem Eintreten des Frostwetters nur noch die Fundamentmauern hergestellt werden.

Augenblicklich ist der Rohbau fast vollendet. Das umstehende Bild (Abb. 4) zeigt den Zustand des Hauses um Mitte Februar.

Im Oktober bis Dezember wurde außer der Fertigstellung der nötigen Detailpläne vor allem eine größere Untersuchung über Ventilatoren durchgeführt. Es wurden in das mehrfach erwähnte Saugrohr nacheinander zwei elektrisch angetriebene Schraubenventilatoren verschiedener Systeme eingebaut, die als Modelle für den großen Ventilator dienten.

Ihre mechanischen Eigenschaften wurden eingehend studiert und schließlich die Entscheidung zugunsten des einen Systems getroffen. Später wurden noch die zweckmäßigsten Formen der Leitkanäle zur Geraderichtung der Luftströmung hinter dem Ventilator ausprobiert.

Die letzte Zeit brachte die Entwürfe von Meß- und Reguliervorrichtungen, unter den letzteren einen automatischen Regler, der die vom Ventilator erzeugte Druckdifferenz unabhängig von den Spannungsschwankungen im städtischen Leitungsnetz konstant halten soll.

Nach dem augenblicklichen Stand der Arbeiten zu urteilen, dürfte die Anstalt in etwa drei Monaten in Betrieb genommen werden können; dabei ist angenommen, daß die schwierige Arbeit, die Luftströmung so

Abb. 4

auszuregulieren, daß an allen Stellen des Versuchskanals hinlänglich konstante Geschwindigkeit herrscht, nicht allzuviel Zeit beanspruchen wird. — An Aufgaben für die Anstalt wird dann, besonders nachdem auch die Flugmaschinen von der M. St. G. in den Kreis ihrer Untersuchungen gezogen worden sind, auf lange hinaus kein Mangel sein.

Göttingen, im März 1908. gez. L. PRANDTL.

Zeitschrift des Vereins Deutscher Ingenieure Bd. 53 (1909) S. 1711—1719

Die Bedeutung von Modellversuchen für die Luftschiffahrt und Flugtechnik und die Einrichtungen für solche Versuche in Göttingen

(Vorgetragen am 16. Juni 1909 in der 50. Hauptversammlung des Vereins Deutscher Ingenieure zu Mainz)

„M. H., es besteht kein Zweifel darüber, daß Versuche mit Schiffsmodellen, wie sie zuerst der ältere FROUDE angestellt hat, für die moderne Entwicklung des Schiffbaus von größter Bedeutung waren und auch noch sind. Der starke Zuspruch, den die bekannten Schiffsmodell-Versuchsanstalten von seiten der Werften und Reedereien erfahren, ist das beste Zeugnis für die Wichtigkeit solcher Versuche.

Nun ist es sicher, daß für die *Luftschiffahrt* Modellversuche ähnlicher Art zum mindesten gleiche Bedeutung haben müssen; ja, man kann ruhig sagen, daß sie hier noch wichtiger sein werden, weil auf dem Gebiete der Luftschiffahrt so ungleich weniger praktische Erfahrungen vorliegen, als es bei der Wasserschiffahrt vor Einführung der Modellversuche der Fall war.

Die Zahl der *Aufgaben*, die hier zu erledigen sein werden, ist wegen der größeren Mannigfaltigkeit der Fahrzeuge (Luftschiffe und Flugmaschinen der verschiedensten Typen) wohl noch erheblich größer als bei den Schiffsmodell-Versuchsanstalten.

Eine der wichtigsten Aufgaben wird hier wie dort das Studium des Gesamtwiderstandes der *Luftschiffkörper*, insbesondere das Auffinden der Formen geringsten Widerstandes bei gegebenem Fassungsvermögen sein. Hiermit im Zusammenhang stehen die für die Konstruktion wichtigen Fragen nach der Druckverteilung an den Endstücken der Luftschiffkörper sowie nach der Reibung an den Seitenwänden in ihrer Abhängigkeit von Form und Oberflächenbeschaffenheit. Dann kommen, mit Rücksicht auf die Beurteilung der Stabilität und der Steuerfähigkeit, die bei den ausgeführten Luftschiffen schon viel Schwierigkeiten bereitet haben, Untersuchungen über die Richtkraft des fahrenden Luftschiffes und über die Wirksamkeit der Steuer; ferner interessieren Angaben über die Drachenwirkung des schräg gestellten Luftschiffes bei der Höhensteuerung.

Für die *Flugmaschinen* werden, als Grundlage für ihre Berechnung, eingehende Untersuchungen notwendig sein über Größe, Richtung und Lage der Resultierenden, einmal bei einzelnen Flächen von verschiedenen hierfür geeigneten Formen, dann bei Flächenkombinationen und schließlich bei ganzen Flugmaschinen; dabei wird immer die Abhängigkeit der zu messenden Kräfte von dem Neigungswinkel des Versuchsobjektes gegen die Bewegungsrichtung zu verfolgen sein. Die Fragen nach der Stabilität und Steuerfähigkeit treten bei der Flugmaschine in ähnlicher

Form wie bei den Luftschiffen auf, nur daß die Forderung nach ihrer Lösung *vor* der Inbetriebnahme des Fahrzeuges hier noch zwingender ist als bei den Luftschiffen, die, wenn sie auch schlecht steuern sollten, sich dann doch wenigstens in der Luft halten können.

Allen beiden Gruppen von Fahrzeugen sind gemeinsam die Fragen nach den geeigneten *Vortriebsmitteln* (Luftschrauben usw.), die ebenfalls durch das Studium von Modellen sehr gefördert werden können.

An Aufgaben ist also kein Mangel, und daß es weit zweckmäßiger, einfacher und billiger ist, all das, was Modelle lehren können, wirklich an Modellen zu versuchen, statt an großen kostspieligen Fahrzeugen, das leuchtet unmittelbar ein; es entsteht nur die Frage, inwieweit wirklich die am Modell gewonnenen Ergebnisse auf die große Ausführung übertragen werden können. Da muß nun leider festgestellt werden, daß eine völlig genaue Übertragbarkeit ebensowenig wie bei den Schiffsmodellversuchen besteht. Hier wie dort ist es die sogenannte Oberflächenreibung (skin friction), die sich der Ähnlichkeitsregel nicht genau fügt[1]. Dieser Umstand macht sich, wie leicht zu sehen, hauptsächlich bei den Versuchen geltend, wo es sich um Körper kleinsten Widerstandes handelt, weil hier der andere Teil des Widerstandes, der sogenannte Formwiderstand, Beträge von ähnlicher Größe wie der Reibungswiderstand annimmt. Man wird hier, ähnlich wie es für Wasser die beiden FROUDE und später SCHÜTTE[2] getan haben, auf Grund von besonderen Versuchen und von Vergleichen mit ausgeführten Luftschiffen Umrechnungsregeln finden müssen, für die wohl eine ähnliche Zuverlässigkeit wie dort zu erwarten sein wird. Handelt es sich übrigens nur um Vergleiche von einzelnen Luftschifformen untereinander, so fällt natürlich diese Schwierigkeit weniger ins Gewicht. Besser noch befindet man sich in dem Fall, daß die Tragkraft von Fliegerflächen, die Drachenwirkung von Luftschiffkörpern, die Wirkung von Luftschrauben usw. studiert werden soll; hier, wo es sich gerade um Flächen bzw. Körper großen Widerstandes handelt, macht die Reibung nur einen kleinen Teil der Gesamtkraft aus, so daß die durch sie verursachte Unsicherheit über geringfügige Beträge nicht hinausgehen wird.

In einem Punkt besteht ein wesentlicher Gegensatz zwischen den Wasserschiffen und den Luftschiffen: während die ersteren, von den Unterseebooten abgesehen, sich immer an der Wasseroberfläche bewegen, sind die Luftfahrzeuge von ihrem Medium allseitig umgeben,

---

[1] Dies spricht sich u. a. in dem Umstand aus, daß die Reibung nicht genau mit der zweiten Potenz der Geschwindigkeit wächst. W. FROUDE gibt für Wasser die 1,825. Potenz an (vgl. Brit Ass. Rep. (1872) S. 718 u. (1874) S. 249.

[2] Vgl. hierüber etwa R. E. FROUDE, Trans. Inst. Naval Arch. Bd. 29 (1888) S. 304, Bd. 33 (1892) S. 245 u. Bd. 46 (1904) S. 64; ferner J. SCHÜTTE, Jb. schiffbautechn. Ges. Bd. 2 (1901) S. 331.

befinden sich also in einem ähnlichen Zustande wie ein in der Tiefe fahrendes Unterseeboot. Bei dieser Bewegung im allseitig umgebenden Medium fällt eine Quelle von Widerständen, die bei Schiffen sehr merklich ist, fort: die Wellenbildung. Für die Modellversuche bringt dies die angenehme Folge mit sich, daß man hier an die bekannte FROUDEsche Modellregel nicht gebunden ist und daher die Geschwindigkeit unabhängig von dem Größenverhältnis zwischen Modell und Ausführung irgendwie passend wählen kann. Die FROUDEsche Regel, die besagt, daß sich die Geschwindigkeiten von Modell und Original verhalten müssen wie die Wurzeln aus entsprechenden Längen, wird nämlich gerade aus der Forderung erhalten, daß *unter dem Zusammenwirken von Schwere und Trägheit* geometrisch ähnliche Bewegungen entstehen sollen[1]. Im Inneren einer homogenen Flüssigkeit aber, als welche die Luft hier angesehen werden darf, ist die bewegende Wirkung der Schwere ausgeschaltet, daher entfällt die Regel.

[1] Der den verschiedenen Modellregeln zugrunde liegende Gedanke läßt sich kurz wie folgt darstellen: Damit zwei geometrisch ähnliche Systeme sich auch mechanisch ähnlich verhalten, d. h. in entsprechenden Zeiten geometrisch ähnliche Bewegungen vollführen, müssen die dabei beteiligten Kräfte in jedem Augenblick bei beiden Systemen in demselben Zahlenverhältnis zueinander stehen; denn dann gilt das gleiche auch von den Beschleunigungen, und es müssen sich daher bei entsprechenden Anfangsbedingungen geometrisch ähnliche Bedingungen entwickeln.

Es sei nun die Länge des Modells l_1, die der großen Ausführung l, die entsprechenden Geschwindigkeiten seien v_1 und v, entsprechende Zeiten t_1 und t, entsprechende Massen m_1 und m; es sei $l_1 = \lambda l$, $v_1 = \nu v$, $t_1 = \tau t$, $m_1 = \mu m$, wo λ, ν, τ, μ Zahlen bedeuten, die das Verhältnis zwischen Modell und Original angeben; es ist, da $v\,dt = ds$ und $v_1\,dt_1 = ds_1$ sein muß und $ds_1 = \lambda\,ds$, $dt_1 = \tau\,dt$ ist, notwendig

$$\nu \tau = \lambda. \tag{1}$$

Da die Masse $m = \delta V$ (Dichtigkeit mal Volumen) und $m_1 = \delta_1 V_1$, so ist weil $V_1 = \lambda^3 V$ ist,

$$\mu = \frac{\delta_1}{\delta} \lambda^3. \tag{2}$$

Bei dem Zusammenwirken von Schwere und Trägheit hat man die zwei Beschleunigungen

$$g \text{ (Schwere) und } \frac{dv}{dt} \text{ (Trägheit)}.$$

Ist, wie gewöhnlich, die Schwerebeschleunigung in allen Fällen dieselbe, so wird Ähnlichkeit erzielt, wenn auch dv/dt denselben Wert bei Original und Modell erhält, also

$$\frac{dv}{dt} = \frac{dv_1}{dt_1}, \quad \text{oder} \quad \frac{\nu}{\tau} = 1, \quad \nu = \tau.$$

Die Verbindung dieser Beziehung mit der obigen Gl. (1) ergibt $\nu = \tau = \sqrt{\lambda}$, d. h. die entsprechenden Geschwindigkeiten sollen sich verhalten wie die Wurzeln aus den Längen.

Gl. (2) gibt nun das Verhältnis der Massen an. Sollen Original und Modell sich in der gleichen Flüssigkeit bewegen, so ist für diese $\delta_1 = \delta$; da nun auch sämtliche Massen in beiden Systemen im gleichen Verhältnis stehen müssen, so ist damit für *alle Massen*

$$\mu = \lambda^3.$$

Es mag hier erwähnt werden, daß man bei Abwesenheit von Schwerewirkungen eine andere Ähnlichkeitsregel angeben kann (sie ist wohl von O. Reynolds zuerst angegeben worden), der sich auch die Reibungsvorgänge streng einordnen. Nach ihr müßten sich, die gleiche Flüssigkeit in beiden Fällen vorausgesetzt, die Geschwindigkeiten umgekehrt wie die Längen verhalten[1]. Man sieht indes sofort, daß hiermit, was die Luftschiffmodellversuche angeht, Unmögliches verlangt wird, weil für ein Modell im Maßstab 1:50 die 50fachen Geschwindigkeiten gefordert würden. Man wird sich also mit der Annäherung begnügen müssen.

Die Umrechnung vom Modell auf die große Ausführung erfolgt, wenn von den Abweichungen der Hauptreibung abgesehen werden soll, sehr einfach: *Die Kräfte verhalten sich wie die Flächen und wie die Quadrate der Geschwindigkeiten.*

Es erübrigt sich noch eine Bemerkung darüber, welche Rolle die Zusammendrückbarkeit der Luft bei unseren Untersuchungen und in der Luftschiffahrt überhaupt spielt. Da mit der Zusammendrückbarkeit der Luft auch eine Wellenbewegung im Zusammenhang steht (die „Schallbewegung"), so könnte vermutet werden, daß sich hieraus auch eine Quelle von Widerständen für die in Luft bewegten Körper herleitet, und daß andererseits wegen dieser Wellenbewegung eine besondere, von der Froudeschen abweichende Modellregel beachtet werden muß. Was den ersten Punkt betrifft, so ist zu sagen, daß allerdings solche Widerstände vorkommen, aber nur dann, wenn sich der Körper, wie das bei Geschossen der Fall ist, mit einer größeren Geschwindigkeit bewegt, als sich der Schall ausbreitet. Einflüsse der Zusammendrückbarkeit sind auch unterhalb der Schallgeschwindigkeit merkbar, aber nur, wenn die Bewegungsgeschwindigkeit einigermaßen gegen die Schallgeschwindigkeit in Betracht kommt. Die Modellregel für solche Fälle ist nun einfach die, daß unabhängig von der Modellgröße sich die Geschwindigkeiten verhalten müssen wie die jeweiligen Schallgeschwindigkeiten.

---

[1] Die Zähigkeit der Flüssigkeiten ist dadurch definiert, daß beim Übereinandergleiten von Flüssigkeitsschichten eine Schubspannung entsteht, die der seitlichen Geschwindigkeitsveränderung proportional ist: $\tau = k \frac{dw}{dy}$ (y = Koordinate senkrecht zur Geschwindigkeit w, k = Zähigkeitsziffer).

Zähigkeitskraft proportional Trägheitskraft ergibt: $F k \frac{dw}{dy}$ proportional $\delta V \frac{dv}{dt}$ (F = Fläche). Dies liefert $\lambda \frac{k_1}{k} \nu = \frac{\delta_1}{\delta} \lambda^3 \cdot \frac{\nu}{\tau}$, oder mit $\frac{\delta_1}{\delta} = \frac{k_1}{k} = 1$ (d. i. dieselbe Flüssigkeit in beiden Fällen) und $\nu \tau = \lambda$ die Regel

$$\nu \lambda = 1.$$

Anmerkung. Man kann natürlich, wenn man δ_1/δ und k_1/k nicht $= 1$ setzt, hieraus auch leicht die Ähnlichkeitsregeln für verschiedene Flüssigkeiten ableiten.

Für die bei Luftfahrzeugen vorkommenden Geschwindigkeiten bewegt sich jedoch, abgesehen etwa von den hohen Geschwindigkeiten von 100 m/sec und darüber, die gelegentlich bei den Flügeln von Luftschrauben gefunden werden, die Luft *genügend genau wie eine unzusammendrückbare Flüssigkeit*; selbst bei der hohen Geschwindigkeit von 50 m/sec (180 km/Std.) ergibt sich in der Druckverteilung an einem Luftschiffkörper rechnungsgemäß erst etwa 1% Abweichung gegenüber dem, was durch Ähnlichkeit aus den langsamen Bewegungen wird. — Es bleibt also dabei, daß eine Modellregel bei unseren Versuchen nicht beachtet zu werden braucht.

Es wird sich nun darum handeln, zu untersuchen, in welcher Weise die Modellversuche am zweckmäßigsten angestellt werden. Man kann hierfür verschiedene Einrichtungen treffen. Eine erste entspricht der in den Schiffsmodell-Versuchsanstalten üblichen Anordnung, bei der das Modell von einem auf Schienen laufenden Wagen durchs Wasser gezogen wird; an Stelle des Wagens kann, wie das auch für die Schiffsversuche schon vorgeschlagen worden ist, ein Windwerk treten, das das Versuchsmodell von dem einen Ende des Versuchraumes aus an einem Seil oder Draht durch den Raum schleppt; die erstere Anordnung liefert zwar bei Wasser, wo sich der Wagen mit den Meßgeräten über dem Wasser in Luft bewegt, sehr einwandfreie Ergebnisse, ist aber in dieser Form für Luft nicht verwendbar, da der Wagen hier, wo sich alles in demselben Medium bewegt, durch seine eigene Bewegung die Strömung um das Modell empfindlich stören würde. Man könnte nun freilich den Wagen hinter einer Wand oder im Obergeschoß laufen lassen und nur die Haltestangen durch einen schmalen Schlitz in den Modellschleppraum hereinragen lassen. Indes bleibt hier, wie auch bei der Anordnung mit Drahtzug der große Übelstand, daß es sehr schwierig sein dürfte, die verhältnismäßig sehr kleinen Luftkräfte von den großen Beschleunigungskräften der meist schweren Modelle mit genügender Genauigkeit zu trennen[1].

Das öfters angewandte Verfahren, das Modell an einem langen Arm im Kreis herumzuschwenken, läßt Bedenken darüber zu, inwieweit die Kräfte bei der Bewegung auf einem großen Kreis mit denen bei der geradlinigen Bewegung übereinstimmen; insbesondere aber ist dagegen einzuwenden, daß hier das Modell immer von neuem durch *die* Luft durchgeführt wird, die von den früheren Durchgängen her noch in Aufruhr ist.

---

[1] Der Vollständigkeit halber seien auch hier die Luftwiderstandsversuche mit frei fallenden Körpern erwähnt, die in den Händen eines geschickten Experimentators sehr gute Ergebnisse liefern können. [Vgl. Z. VDI Bd. 52 (1908) S. 463: Versuche von EIFFEL.]

Zu den bisher genannten Anordnungen, bei denen das Modell durch annähernd ruhige Luft bewegt wird, steht im Gegensatz diejenige Anordnung, bei der das Modell ruhend aufgehängt ist und die Luft, etwa mittels eines Ventilators, an ihm vorbeibewegt wird. Nach den Gesetzen der Relativbewegung muß sich hier genau dieselbe Wechselwirkung zwischen Modell und Luft einstellen wie bei dem bewegten Modell in ruhender Luft, wenn nur der Zustand der Luft bei der Ankunft vor dem Modell genau dem der ruhenden Luft im Falle des bewegten Modells entspricht; mit anderen Worten, wenn die Luft vor dem Modell in *gleichförmiger* Strömung ist. Nun weiß man aber, daß sich bei der Strömung von Luft und Wasser in Kanälen im allgemeinen weder eine räumlich gleichförmige Verteilung der Geschwindigkeit, noch überhaupt eine zeitlich gleichbleibende Strömung einstellt, sondern vielmehr immer Neigung zur Ausbildung von größeren und kleineren Wirbeln besteht. Daß aber zwischen dem Widerstand der Körper einerseits bei Bewegung in ruhiger Luft und andererseits in wirbelnder Strömung, wie sie auch der natürliche Wind darbietet, große Unterschiede bestehen, ist seit langem durch Versuche festgestellt; die Widerstandswerte im Wind ergeben sich bis zu 50% größer als die in ruhender Luft, was durch die von den Wirbeln hervorgerufene Veränderung der Luftströmung um den Körper erklärt werden muß[1].

Welcher Grad von Zuverlässigkeit den Ergebnissen dieses Versuchsverfahrens zukommt, das hängt nach dem Gesagten davon ab, *inwieweit es gelingt*, durch besondere Einrichtungen einen *gleichförmigen und wirbelfreien Luftstrom zu erzeugen*. Als Mittel hierzu besitzt man Leitvorrichtungen verschiedener Art und besonders Siebe, deren beruhigende Wirkung auf Flüssigkeitsströme bekannt ist.

Daß eine einwandfreie Versuchseinrichtung der zuletzt geschilderten Art etwas ungemein Erstrebenswertes ist, ist leicht zu sehen. Einmal ist die Zeitdauer einer Messung durch nichts beschränkt, es können daher hier die einzelnen zu beobachtenden Kraftkomponenten an empfindlichen Waagen bequem der Reihe nach abgelesen werden, während man bei bewegtem Modell wegen der Kürze der Fahrzeit auf die weniger genauen aufzeichnenden Geräte angewiesen ist. Daß die Pausen für die Rückfahrt des Modells wegfallen, sei nebenher erwähnt. Ferner läßt sich die Befestigung des ruhenden Modells wesentlich leichter halten als die des bewegten; dadurch, daß man noch alle Meßeinrichtungen außerhalb des Luftkanals verlegt, wird alles, was die Luftströmung auf das Modell stören könnte, auf ein geringstes Maß zurückgeführt. Wesentlich ist auch noch, daß die Schwierigkeiten, die

[1] Man vgl. hierüber die lesenswerte Abhandlung von R. Knoller, Die Gesetze des Luftwiderstandes, Wien 1909; auch in „Flug- und Motortechnik" III, Nr. 21 u. 22 (1909).

bei den anderen Anordnungen aus den Beschleunigungen des Modells und der Meßgeräte erwachsen, hier vermieden sind, ferner, daß man das Modell die ganze Zeit vor Augen hat und so etwa auftretenden Unregelmäßigkeiten leichter nachgehen kann.

Wie bereits erwähnt, kommt alles darauf an, daß in dem Versuchskanal ein möglichst gleichförmiger Luftstrom erzielt wird; in welcher Weise dies Ziel von uns zu erreichen versucht wurde, das wird sich am besten aus der Beschreibung der *Göttinger Modellversuchsanstalt* ergeben.

Vorher will ich noch kurz die beiden Bauarten erörtern, die für eine solche Anstalt möglich sind; es sind dies die offene und die geschlossene Bauart. Bei der ersteren wird die Luft aus dem Freien angesaugt und nach dem Verlassen des Versuchskanals auf der anderen Seite wieder hinausgestoßen; als Versuchskanal wird hier zweckmäßig das Saugrohr des Ventilators verwendet, da die Luft hier viel gleichförmiger strömt als hinter dem Ventilator, wo sie mit starken Wirbeln durchsetzt ist. Die geschlossene Anordnung, bei der die Luft, von einem Ventilator angetrieben, in einem ringartig geschlossenen Kanal kreist, erscheint auf den ersten Blick ungünstiger, da hier durch den Ventilator hindurchgetriebene Luft immer wieder im Versuchskanal verwendet werden muß und man deshalb mit den vorerwähnten Wirbeln rechnen muß.

Bei näherem Zusehen zeigt sich indes, daß sie der offenen Bauart trotzdem erheblich überlegen ist, denn sie ist nicht wie diese den Störungen durch den Wind ausgesetzt, die, wie Versuche im Kleinen gelehrt haben, selbst bei geringen Windstärken, wie sie fast ständig vorhanden sind, sehr empfindliche Geschwindigkeitsschwankungen hervorrufen.

Die Mühe, den vom Ventilator ausgestoßenen unregelmäßigen Luftstrom wieder so weit zu ordnen, daß er für die Modellversuche brauchbar wird, und den durch die Beruhigungseinrichtungen bedingten Arbeitsverlust wird man gern für den Vorteil, von den Witterungsverhältnissen unabhängig zu sein, in den Kauf nehmen[1].

M. H., lassen Sie mich nun zur Beschreibung der Modellversuchsanstalt Göttingen übergehen, die nach den eben auseinandergesetzten Gesichtspunkten entworfen ist.

Vorab mag über die Geschichte dieser aus Mitteln der Motorluftschiff-Studiengesellschaft in Berlin erbauten Anstalt das Folgende erwähnt werden. Als Mitglied des Technischen Ausschusses der Motorluftschiff-

[1] Die offene Bauart bleibt natürlich bei kleineren Versuchseinrichtungen verwendbar, die in genügend großen geschlossenen Räumen aufgestellt werden können; doch ist hier sehr darauf zu achten, daß sich die austretende Luft genügend beruhigt hat, bevor sie wieder von neuem angesaugt wird.

Studiengesellschaft schlug ich im Januar 1907 die Errichtung einer Modellversuchsanstalt vor; die Vorstudien wurden mir übertragen; im September 1907 wurde dann die Errichtung einer solchen Anstalt nach meinen Plänen und Kostenanschlägen von der Motorluftschiffahrt-Studiengesellschaft beschlossen. Das Haus wurde im Sommer 1908 fertig; seitdem wird an den inneren Einrichtungen gearbeitet, die jetzt nahezu vollendet sind[1].

Als Bausumme war ein Betrag von 20000 M ausgesetzt. Mit Rücksicht darauf, daß noch keinerlei Erfahrungen über die Zweckmäßigkeit der von mir vorgeschlagenen Einrichtung vorlagen, sollte die Versuchsanstalt, die gewissermaßen selbst zunächst einen Versuch bedeutete, so billig wie möglich gebaut werden. Der Kostenanschlag in der eben angegebenen Höhe, in dem nur der von der AEG uns geliehene Motor nicht einbegriffen ist, konnte denn auch innegehalten werden. Dem Entwurf wurde ein Versuchskanal von 2×2 m quadratischem Querschnitt zugrunde gelegt. Der Quadratquerschnitt wurde gewählt wegen des bequemen Aufbaus und wesentlich auch zum Zweck der leichten Begehbarkeit. Eine größere Kanalweite (etwa 3×3 m) war mir sehr erwünscht erschienen, war aber durch die genannte Begrenzung der Bausumme ausgeschlossen. Die Höhe von 2 m hat übrigens die angenehme Eigenschaft, daß man die Decke bequem mit den Händen erreichen kann; außerdem sind die für die Leitflächen (s. u.) erforderlichen Feinbleche gerade in der Länge von 2 m im Handel zu haben. Da für die Brettstärke der Wände je 2 cm abgehen, erhielt der Kanal die endgültigen Abmessungen von 1,96 m im Geviert.

Noch ein Wort über die Wahl des Ventilators. Ein Kreiselventilator wäre, sowohl was den Kraftbedarf als auch was die Gleichmäßigkeit des austretenden Luftstromes betrifft, weit günstiger gewesen als ein Schraubenventilator. Die Rücksicht auf die Einfachheit der Anlage und die geringen zur Verfügung stehenden Geldmittel ließ jedoch die Entscheidung zugunsten des Schraubenventilators fallen. Nach den Ergebnissen von Versuchen an kleinen Ventilatoren entschied ich mich für einen Mitteldruck-Schraubenventilator von 2 m Raddurchmesser der *Gebrüder Sulzer* in Ludwigshafen, der bei einer Höchstumlaufzahl von 500 in der Minute eine Luftgeschwindigkeit im Versuchskanal bis zu 10 m/sec erzeugt.

Um dem ringförmig geschlossenen Kanal die baulich einfache Rechteckgestalt geben zu können, sind in allen vier Ecken Leitschaufeln nach Abb. 1 angeordnet, durch die eine möglichst sanfte Umlenkung des in einzelne Bänder zerteilten Luftstromes erreicht wird.

---

[1] Näheres hierüber findet sich im Jahrbuch der Motorluftschiff-Studiengesellschaft 1907—1909.

Die Vorrichtungen zur Vergleichmäßigung und Beruhigung des aus dem Ventilator austretenden Luftstromes umfassen eine große Leitvorrichtung unmittelbar hinter dem Ventilator, der die Aufgabe zukommt, die aus dem Ventilator austretende Luft, die wesentlich nur die Fläche des Kreisringes erfüllt, wieder auf den ganzen Querschnitt zu verteilen, ferner einen groben und einen feinen Gleichrichter, von denen der erste aus 400, der zweite aus etwa 90000 parallelen Kanälen besteht. Schließlich folgt noch ein Sieb von 2 mm Maschenweite.

Die Abb. 2 und 3 lassen die Gesamtanordnung erkennen; man sieht bei V den Ventilator, dahinter die große Leitvorrichtung, E ist der zum Antrieb verwendete Elektromotor (ein 30 PS-Gleichstrom-Hilfspolmotor der AEG), G_1 und G_2 sind die beiden Gleichrichter. In den vier Ecken erkennt man die Leitschaufeln zur Umlenkung des Luftstromes; die beiden vor dem Ventilator haben je 20 Schaufeln, die beiden anderen, die in das Gleichrichtungssystem einbezogen sind, 40 und 80.

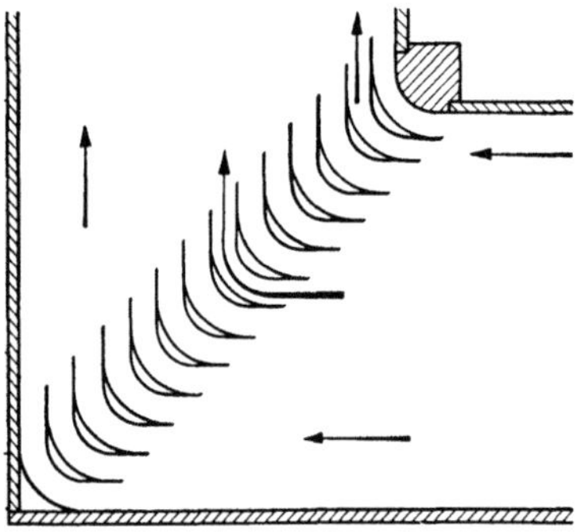

Abb. 1. Leitschaufeln

Dem Ventilator gegenüber befindet sich der Versuchskanal; der Ort, an dem die Modelle angebracht werden, ist in der Abbildung ersichtlich. Die Vorrichtungen zur Regelung des Elektromotors sowie die Meßeinrichtungen sind sämtlich in dem Arbeitsraum vor dem Versuchskanal vereinigt; außerdem besteht die Zwischenwand in ihrer oberen Hälfte aus Glasfenstern, so daß alle Beobachtungen von dem Arbeitsraum aus gemacht werden können. Der Aufriß läßt noch erkennen, daß der Versuchskanal zum Einbringen von Meßgeräten usw. von allen vier Seiten zugänglich ist. Der Raum über dem Kanal dient im übrigen als Modellager. Das bescheidene Äußere des Hauses ist in Abb. 4 dargestellt.

Die Schaltanlage des Elektromotors besteht aus einem normalen Metallanlasser in Verbindung mit Umschaltern, die gestatten, den Anker des Motors aus dem städtischen Dreileiternetz nach Belieben mit 220 oder 440 V zu beschicken, während die Feldwicklungen beständig unter 440 V stehen; hierdurch ist es möglich, den Motor mit der Hälfte der normalen Umdrehungszahl laufen zu lassen; ein regelbarer Nebenschlußwiderstand gestattet außerdem, die Umlaufzahl auf das Doppelte zu steigern, so daß im ganzen eine Veränderlichkeit der Umlaufzahl des Ventilators und damit auch der Windgeschwindigkeit im Verhältnis 1:4 erreicht wird. Da die Windkräfte sich wie die Quadrate

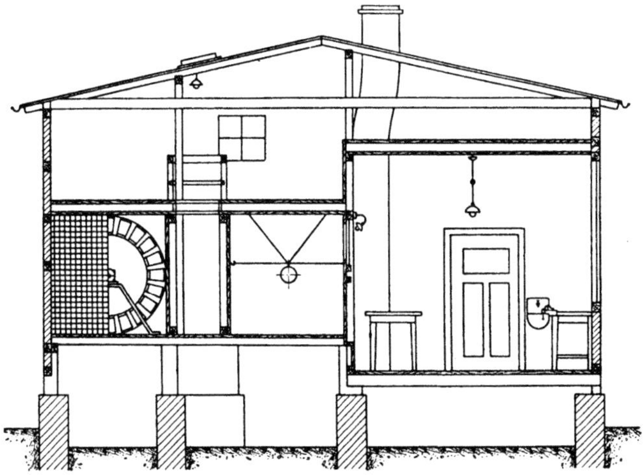

Abb. 2

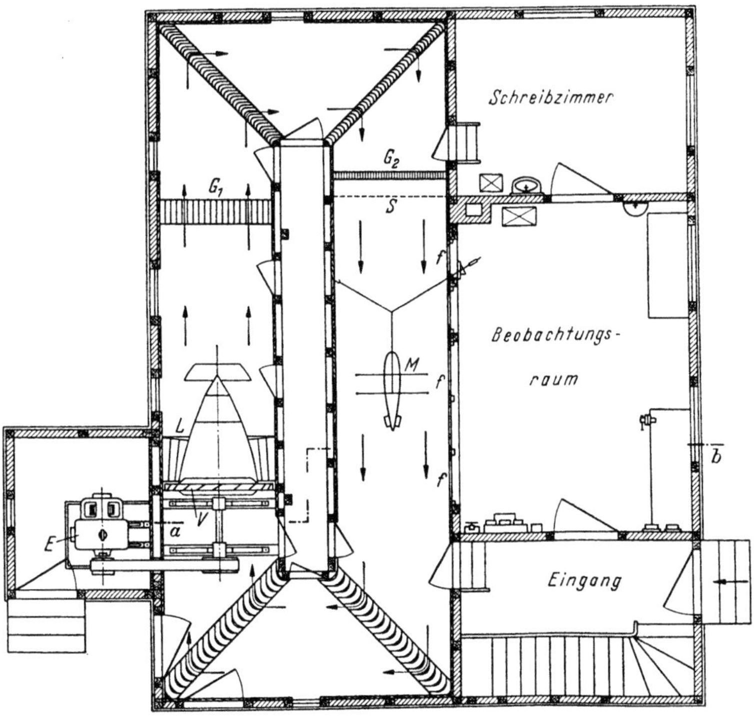

Abb. 3

Abb. 2 u. 3. Modellversuchsanstalt in Göttingen

Schnitt a—b Maßstab 1 : 100 f Fenster

der Geschwindigkeiten verhalten, können diese im Verhältnis 1:16 verändert werden, was für alle Fälle ausreichen dürfte.

Abb. 4. Modellversuchsanstalt in Göttingen

Abb. 5. Meßraum

In Abb. 5 sieht man (links) diese Schaltanlage, unten den Anlasser, links den Nebenschlußwiderstand, darüber den Druckregler (s. u.), rechts das zugehörige Relais und den selbsttätigen Nebenschlußregler.

Für eine gute Durchführung der Versuche war es unbedingt nötig, die einmal eingestellte Windgeschwindigkeit unabhängig von den

Spannungsschwankungen des Elektrizitätswerkes unverändert zu erhalten. Es wurde deshalb in den Nebenschlußstromkreis ein selbsttätiger Regelwiderstand eingebaut, der durch Vermittlung von Relais und Hilfsmotor von einer manometrischen Waage gesteuert wird, auf die der Druckunterschied zwischen den Räumen vor und hinter dem Ventilator einwirkt. An einer gleicharmigen Waage (Abb. 6 und 7) hängen zwei in einen Flüssigkeitsbehälter eintauchende Becher B_1 und B_2, deren Luftinhalt mit den genannten Räumen durch Röhren in Verbindung steht; ein einstellbares Laufgewicht G läßt die Waage bei dem gewünschten Überdruck im linken Becher einspielen. Die Kontakte sind nicht fest, sondern befinden sich auf einem besonderen Rückführwerk mit Zwischenschaltung einer Flüssigkeitsbremse, das einerseits

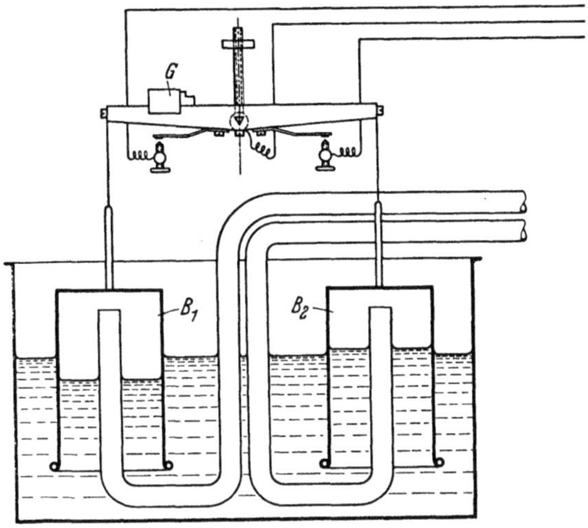

Abb. 6

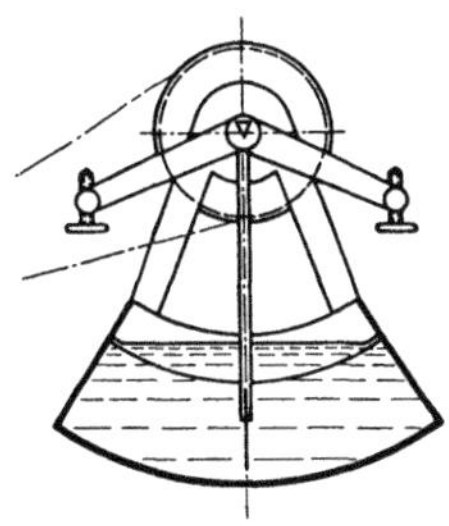

Abb. 7

Abb. 6 u. 7. Manometrische Waage

das Überregeln verhindert, andererseits aber dafür sorgt, daß die Waage bei allen Stellungen des Nebenschlußreglers dieselbe Ruhelage erhält, Abb. 7. Die Wirkung des Reglers zeigt sich aus Abb. 8, wo der zeitliche Verlauf der Luftgeschwindigkeit mit und ohne Regler in der Zeit der größten Störungen (Mittagszeit) dargestellt ist. Abb. 9 zeigt in größerem Zeitmaßstab die Schwankung der Geschwindigkeit bei einer absichtlichen Störung durch Verstellung des Nebenschlußwiderstandes. Diese Regelung bewährt sich sehr gut; sie befreit die Anlage nicht nur von den Spannungsschwankungen des städtischen Netzes, sondern auch von den Gangänderungen, die der Elektromotor sonst infolge der Erwärmung seiner Wicklungen aufweisen würde. Noch ein weiterer Vorteil wird durch das gewählte Regelprinzip erreicht: da sich die hauptsächlichen Beobachtungen der Anstalt auf Kräfte beziehen, die ebenso wie der Druckabfall im Versuchskanal der Dichte der Luft und dem Quadrat der Geschwindigkeit proportional sind, so werden durch Gleichhaltung des Druckabfalles auch diese Kräfte unabhängig von den Änderungen der Luftdichte im Versuchskanal in gleicher Stärke erhalten. Da sich diese Luft durch die

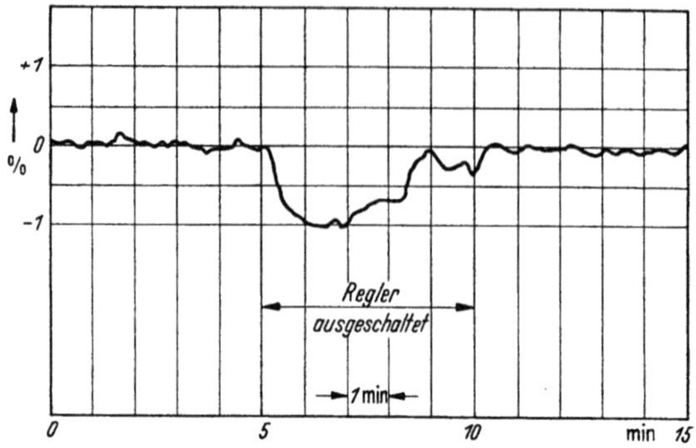

Abb. 8

Ventilatorarbeit im Verlauf eines Versuches sehr merklich erwärmt, ist dieser Gesichtspunkt nicht unwesentlich.

Zur Geschwindigkeitsmessung dienen zwei dem KRELLschen Pneumometer ähnliche Vorrichtungen, eine Art PITOT-Röhren in Verbindung

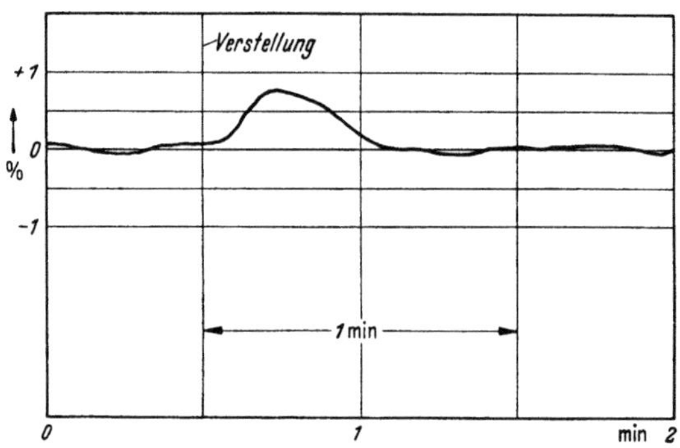

Abb. 9

mit einem Mikromanometer; sie besitzen eine dem Luftstrom entgegengesetzte Bohrung und ferner seitliche Bohrungen auf der Zylinderfläche (Abb. 10.) Der so entstehende Druckunterschied entspricht bei passender Formgebung gerade einer Geschwindigkeitshöhe. Diese Geräte lassen sich mit Hilfe von Rollenzügen von außen waagerecht und senkrecht verstellen und so an jeden Punkt des Querschnittes bringen. Das eine befindet sich vor dem Modell, in der Nähe des Siebes, das andere hinter dem Modell. Das zugehörige Mikromanometer, Abb. 11, ist mit einer Schreibvorrichtung verbunden, die gestattet, die Mikromanometerangaben eines senkrechten oder waagerechten Profils als Kurve aufzuzeichnen.

In Abb. 5 ist die Gesamteinrichtung dieser Geschwindigkeitsmessungen zu erkennen.

Außer diesen Geschwindigkeitsmessern ist noch für ein Gerät Sorge getragen, das dazu dient, die Strömungen in der nächsten Umgebung eines Modells abzutasten; dieses wird durch einen waagerechten Schlitz in der Mitte der Beobachtungswand eingeführt, der über die ganze Länge des Versuchskanals reicht; es wird dazu auf einem kleinen auf Schienen laufenden Wagen montiert, auf dem es beliebig geschwenkt und andererseits den Schlitz entlang geführt werden kann.

Abb. 12, die einen Schnitt durch den Kanal darstellt, läßt alle diese Einrichtungen erkennen.

An dieser Stelle mögen die Arbeiten zum Zweck der Regelung

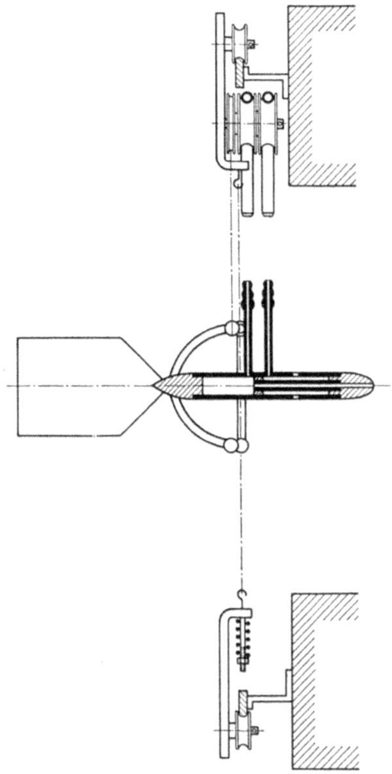

Abb. 10. Luftgeschwindigkeitsmesser

Abb. 11. Mikromanometer mit Schreibwerk und Verschiebevorrichtung für das Meßgerät

des Luftstromes Erwähnung finden, die sehr viele Mühe und Zeit gekostet haben, jetzt aber zu einem befriedigenden Abschluß geführt haben.

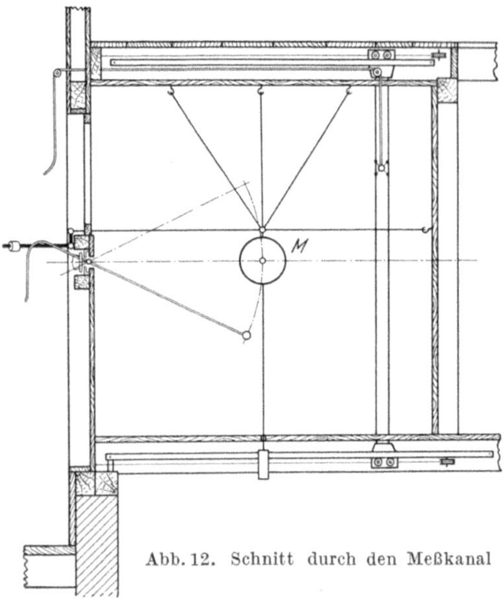

Abb. 12. Schnitt durch den Meßkanal

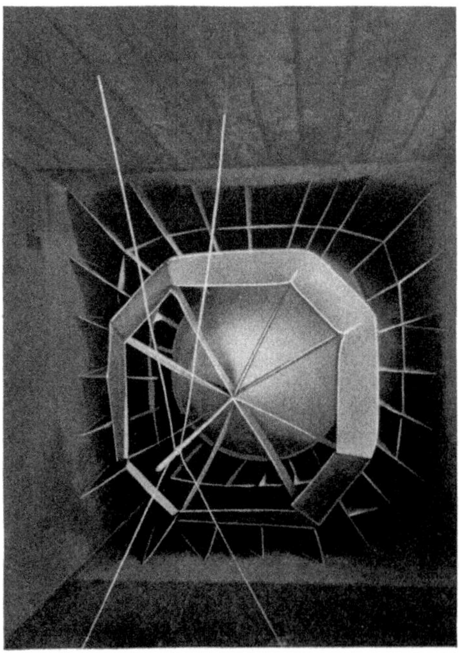

Abb. 13. Leitvorrichtung L

Der Plan dieser Arbeiten war folgender: Es wurde der aufzeichnende Geschwindigkeitsmesser vorübergehend hinter dem groben Gleichrichter G_1 (Abb. 3) eingebaut und nun die Schaufeln der großen Leitvorrichtung L (Abb. 13) so gebogen, daß eine möglichst gute Geschwindigkeitsverteilung in der Ebene von G_1 erreicht wurde. Als dies nach mancherlei Irrwegen erreicht war, wurden die Schaufelenden befestigt. Der Geschwindigkeitsmesser kam jetzt an seinen Platz im Versuchskanal, und es wurden nun je nach dem Ergebnis der Messungen die Eintrittsquerschnitte der Kanäle des groben Gleichrichters G_1 so verändert, daß die größeren Ungleichheiten in der Geschwindigkeitsverteilung verschwanden. Die Kanalwände des Gleichrichters G_1 (Abb. 14) tragen zu diesem Zweck auf der Eintrittseite doppelte Blechlappen, durch deren Auseinanderspreizen ein Strömungswiderstand (Verengung des Eintrittsquerschnittes) erzielt werden kann. Nachdem hiermit erreicht war, was sich erreichen ließ, wurden die kleinen noch vorhandenen Unregelmäßigkeiten dadurch tunlichst ausgeglichen, daß auf der Eintrittseite des feinen Gleichrichters G_2 eine große Anzahl dünner Drahtbügel passend verteilt wurde (Abbildung 15) die etwa den 20. Teil von G_2 darstellt. Die kleinen Zacken in den Geschwindigkeitskurven, die jetzt noch blieben, wurden nun noch durch das Sieb S wesentlich gemildert.

Abb. 14. Gleichrichter G_1

Eine Vorstellung von dem Erreichten gibt Abbildung 16, die links die Geschwindigkeitsverteilung in der Mittelebene des Versuchkanals vor Beginn der Ausgleichung, rechts den augenblicklichen Zustand darstellt. Es ist beabsichtigt, bei gelegener Zeit die Verteilung noch weiter zu verbessern.

Es erübrigt sich jetzt noch, die Vorrichtungen zu besprechen, die zu den eigentlichen Modellmessungen dienen. Bei ihrem Entwurf wurde als leitender Grundsatz vorausgestellt, daß durch sie innerhalb des Kanals möglichst wenig Störung verursacht werden sollte. Es wurde deshalb soweit als irgend möglich die Aufhängung der Modelle und die Übertragung der zu messenden Kräfte durch Drähte bewirkt.

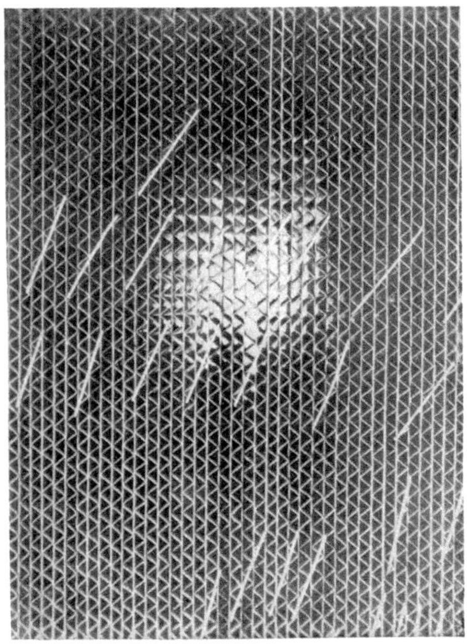

Abb. 15. Ausschnitt aus dem Gleichrichter G_2

Für die Messung des einfachen Längswiderstandes ist die in Abb. 17 dargestellte Anordnung gewählt worden. Das Modell ist an einem dünnen Stab o befestigt, der von vier Drähten a bis d, die zu je zweien ein senkrecht gestelltes Dreieck bilden, getragen wird. Die Längskraft im Draht e

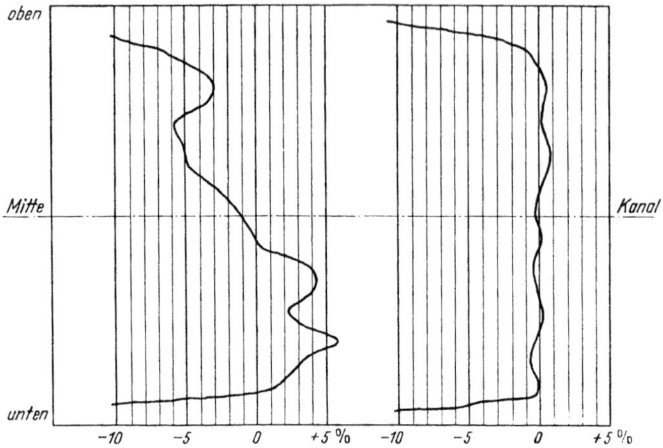

Abb. 16. Geschwindigkeitsverteilung im Versuchskanal (links vor, rechts nach der Ausgleichung)

überträgt sich in unveränderter Stärke auf die Drähte f und g, die mit e Winkel von 120° bilden; sie kann also mittels der

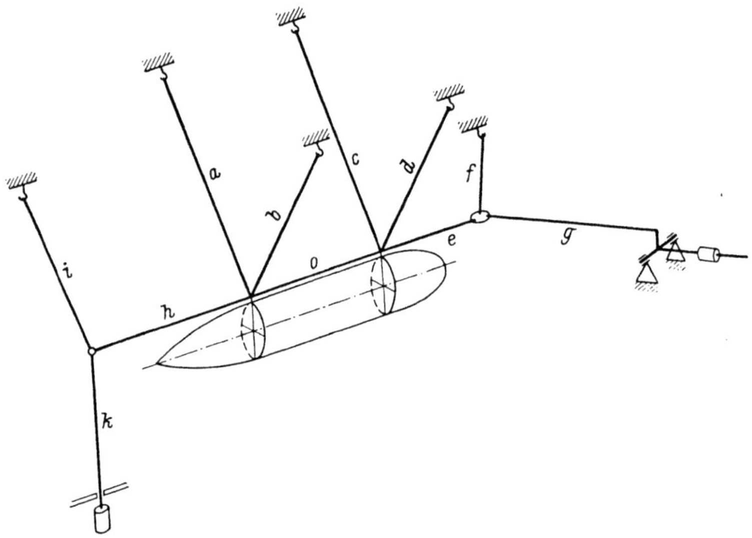

Abb. 17. Aufhängung des Modells für die Messung der Längskraft

Laufgewichtswaage am Ende von g gemessen werden. Durch die Drähte h, i und k, deren letzter ein passendes Gewicht trägt, wird eine Spannvorrichtung gebildet, die dafür sorgt, daß das Drahtsystem auch im unbelasteten Zustand seine Form behält.

Die Laufgewichtwaage ist in Abb. 18 dargestellt.

Eine Messung mit dieser Vorrichtung geht nun so vor sich, daß erst bei ruhender Luft die Waage zum Einspielen gebracht und abgelesen wird. Hierauf wird der Wind angestellt und — wenn man will, bei verschiedenen Windstärken — die Waage von neuem abgelesen. Der Unterschied der beiden Ablesungen ergibt die vom Luftstrom ausgeübte Kraft, in der allerdings noch die Wirkung des Luftstromes auf die Aufhängedrähte mit enthalten ist. Um diese noch zu ermitteln, wird das Modell durch anderweitige Hilfsmittel an seinem Ort festgehalten, und es werden nun dieselben Messungen an der leeren Auf-

Abb. 18. Laufgewichtwaage für die Messung der Längskraft

hängevorrichtung wiederholt. Bringt man die so erhaltenen Kräfte von den früheren in Abzug, so erhält man hiernach die Wirkung des Luftstromes auf das Modell allein.

Die Messung der zu den einzelnen Versuchen gehörigen Luftgeschwindigkeiten wird durch den aufzeichnenden Geschwindigkeitsmesser am hinteren Ende der Versuchsstrecke bewerkstelligt. Dieser wird zu dem Zweck an solche Stellen des Kanals gebracht, die nicht vom „Kielwasser“ des Modells, wenn man so sagen darf, gestört sind.

Für die Aufgabe, daß nämlich die Gesamtkraft des Luftstromes, die irgendeine Richtung innerhalb der senkrechten Längsebene hat, nach Größe, Richtung und Lage bestimmt werden soll, ergibt sich eine Lösung dadurch, daß man die in den Drahtpaaren a, b und c, d (Abb. 17) übertragenen senkrechten Kräfte ebenfalls mißt. Will man noch die Drehungskräfte um die Längsachse ermitteln, die z. B. beim Studium von Seitensteuerungen in Betracht kommen, so kann dazu eine vierte Waage (Abb. 19) dienen.

Es liefert so, wenn man wie früher verfährt, die bereits besprochene Waage, die von jetzt ab Waage I heißen möge, die waagerechte Komponente, die Mittelkraft aus den Ablesungen von Waage II und III die senkrechte Komponente der vom Luftstrom ausgeübten Kraft nach Größe und Lage. Die Waage IV liefert dann noch das seitliche Drehmoment. Man kann mit dieser Einrichtung, wenn man will, auch ganz allgemein die sechs Kraftkomponenten, die bei einem beliebigen unsymmetrischen Körper in Frage kommen, ermitteln, indem man den Körper ein zweites Mal in einer um die Längsachse um einen rechten Winkel gedrehten Stellung durchmißt. Die Waagen I und IV müssen dann dieselben Kräfte wie bisher ergeben, die Waagen II und III aber liefern die noch fehlenden Kraftkomponenten.

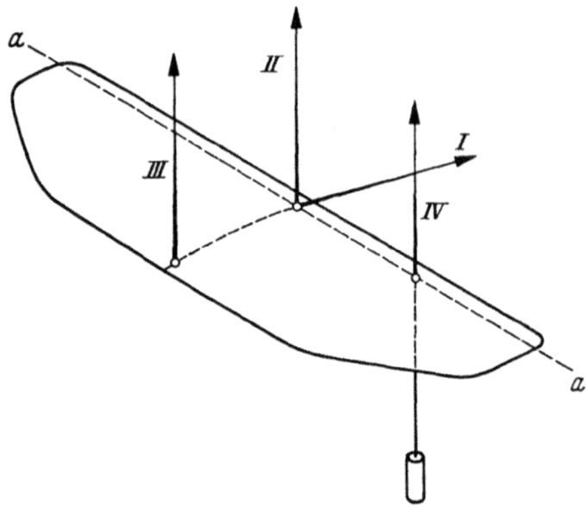

Abb. 19. Schema der vier Waagen

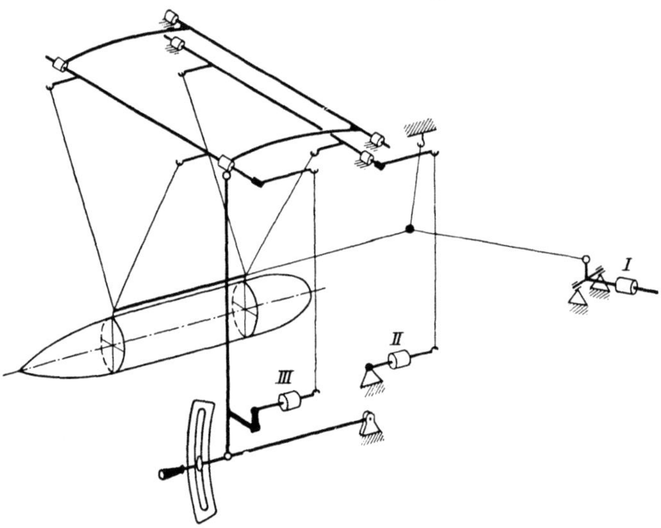

Abb. 20. Anordnung der Waagen für die Messung der seitlichen Kräfte

Da es häufig vorkommt, daß die in Rede stehenden Kräfte in ihrer Abhängigkeit vom Neigungswinkel des Versuchsgegenstandes gegen die Richtung des Luftstromes untersucht werden sollen, so ist die Einrichtung getroffen, daß die Waage III gehoben und gesenkt werden kann; dadurch wird das Modell um die waagerechte Querachse *a a* gedreht. Eine schematische Skizze der hierdurch sich ergebenden Anordnung der Waagen ist in Abb. 20 gegeben, in der der Übersichtlichkeit halber die Waage IV weggelassen ist. Die Hebevorrichtung der Waage III ist so entworfen, daß sowohl die Aufhängedrähte wie auch die Waaghebel bei der Bewegung einander parallel bleiben.

Die Laufgewichthebel und der Handgriff für die Hebevorrichtung sind vor die Beobachtungswand verlegt, so daß alle Verstellungen und Ablesungen von diesem festen Platz aus erfolgen können. Der Zusammenbau dieser Einrichtung ist aus Abb. 21 ersichtlich. Man erkennt die Laufgewichtarme der Waagen II, III und IV sowie die Bewegungsvorrichtung der Waage III.

Abb. 21. Laufgewichtwaagen und Übertragungshebel

Zu diesen Einrichtungen kommt noch hinzu eine Vorrichtung für die Untersuchung von Luftschrauben und anderen Vortriebsmitteln. Die Vorrichtung besteht im wesentlichen aus einem von einem Elektromotor angetriebenen Transmissionsdynamometer besonderer Konstruktion, von dem aus die Energie mittels einer Kardanwelle auf den in der Kanalmitte an Drähten aufgehängten Versuchsgegenstand übertragen wird.

Die Anordnung der Vortriebschrauben (Propeller), bei der die Längskräfte auf Waage I gemessen werden, ist in Abb. 22 angedeutet. Für das Studium der Hubschrauben ist eine andere Anordnung vorgesehen, bei der sämtliche Waagen I bis IV in Tätigkeit treten. Da es sich hier besonders um das Verhalten der Hubschrauben bei der waagerechten Fortbewegung der Flugvorrichtung handelt, kommen nicht bloß die Hubkraft und das Drehmoment um die Schraubenachse in Frage, sondern auch der Fahrtwiderstand und die Lage der resultierenden Hubkraft, die nicht mit der Schraubenachse zusammenfallen wird.

Die Beschreibung der Göttinger Anstalt möchte ich hiermit schließen. Sie werden, m. H., den Eindruck gewonnen haben, daß wir, wenn erst der Betrieb aufgenommen sein wird, ein reiches Feld der Tätigkeit auf

Jahre hinaus haben werden, wenn wir nur die einstweilen ins Auge gefaßten Arbeiten durchführen wollen; es besteht aber kein Zweifel, daß sich bei der Beschäftigung mit diesen Dingen immer neue Aufgaben einstellen werden. Es scheint mir daher bei der Fülle der Aufgaben, die den Modellversuchsanstalten zukommen werden, hier der geeignete Ort zu sein, um den Wunsch auszusprechen: es möge, wenn erst in der Göttinger Anstalt Betriebserfahrungen vorliegen werden, irgendwo eine ähnliche Anstalt in verbesserter Form erstehen, die sich mit der unsrigen in die Arbeit teilen wird.

M. H., meine Ausführungen über Modellversuche wären nicht vollständig, wenn ich nicht wenigstens erwähnte, daß neben den Messungen

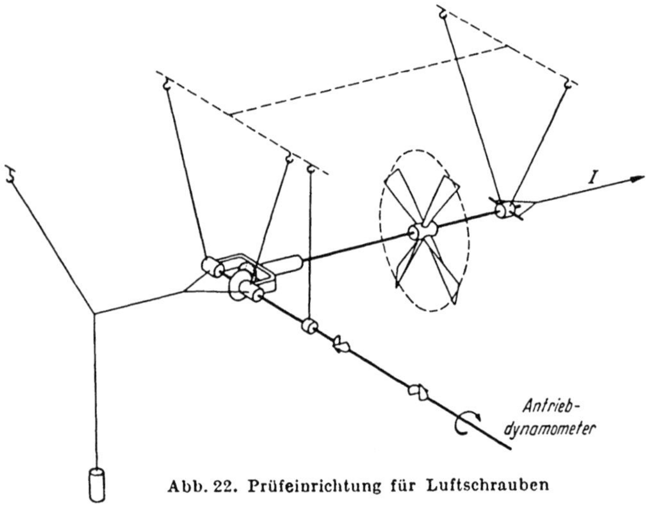

Abb. 22. Prüfeinrichtung für Luftschrauben

in der Versuchsanstalt auch solche in freier Luft mit betriebsfähigen Modellen (mit und ohne Motor) große Bedeutung haben. Es sind vor allem die Fragen der Stabilität der Bewegung, die nur auf diese Weise entschieden werden können.

Es genügt für die freie Bewegung eines Luftschiffes oder eines Fliegers nicht, daß die Kräfte an ihm im Gleichgewicht sind, sondern es muß verlangt werden, daß nach einer zufälligen Störung der Bewegungszustand wieder auf das Gleichgewicht zustrebt. Man kann nun freilich die Bedingungen der Stabilität theoretisch verfolgen und die in die Formeln eingehenden Größen der Richtkräfte und Dämpfungskräfte einzeln im Versuchskanal ermitteln; jedoch ist es meist sehr viel einfacher und auch zuverlässiger, das Modell in freier Bewegung zu erproben. Da in diesem Fall Schwere und Trägheit zusammenwirken, muß die Modellregel, daß die Gewichte sich wie die dritten Potenzen der Längen und die Geschwindigkeiten sich wie die Wurzeln der Längen verhalten, hier eingehalten werden, wenn allseitig sichere Ergebnisse erzielt werden sollen.

Es war ursprünglich meine Absicht gewesen, hier einige Versuche dieser Art vorzuführen, Ihnen unter anderem zu zeigen, wie Major v. Parseval die erforderliche Größe der Stabilisierungsflächen an seinen Schiffen bestimmt; mit Rücksicht auf den übrigen Stoff, der schon über Erwarten umfangreich geworden ist, habe ich aber darauf verzichtet. Ich konnte das um so mehr tun, als ein Vortrag von mir über diesen Gegenstand, den ich im Hannoverschen Bezirksverein gehalten habe, in der Vereinszeitschrift erscheinen soll. Außerdem mag erwähnt sein, daß derartige Versuche gerade in der nächsten Zeit in der Luftschiffahrtausstellung der Nachbarstadt Frankfurt in größerem Stil vorgenommen werden sollen, so daß jeder, der es will, dort Gelegenheit haben wird, sie kennenzulernen."

Zusammenfassung

Es werden die hauptsächlichsten Aufgaben der Luftschiffmodell-Versuchsanstalten aufgezählt, die bei den Versuchen einzuhaltenden Bedingungen werden erörtert; des weiteren werden die für die Errichtung solcher Anstalten maßgebenden Gesichtspunkte besprochen. Es folgt eine eingehende Beschreibung der nach diesen Gesichtspunkten entworfenen Göttinger Modellversuchsanstalt, inbesondere ihrer Einrichtungen zur Erzeugung eines gleichmäßigen Luftstromes, und ihrer verschiedenen Meßeinrichtungen. Den Abschluß bildet ein Hinweis auf die Versuche mit frei fliegenden Modellen.

Jahrbuch der Motorluftschiff-Studiengesellschaft 1908—1910, S. 138—148

Bericht des Prof. Dr. Prandtl

Die in Göttingen aus Mitteln der Motorluftschiffahrt-Studiengesellschaft errichtete Modellversuchsanstalt ist bereits seit längerer Zeit vollendet und in Betrieb genommen, eine kurze Beschreibung derselben, sowie ein Bericht über die bereits ausgeführten Versuche, dürfte daher von Interesse sein.[1]

Abb. 1 zeigt die Außenansicht, Abb. 2 den Grundriß der Anstalt. Das Wesentliche ist ein ringförmiger Luftkanal von 4 m^2 Querschnitt, in dem durch einen Ventilator V ein Luftstrom in beständigem Umlauf erhalten wird. Die höchste erreichbare Geschwindigkeit des Luftstromes beträgt etwa 10 m/sec. Hinter dem Ventilator ist ein Leitapparat L (s. Abb. 3) angebracht, um den Luftstrom, der aus dem Ventilator nur am äußeren Umfang austritt, wieder gleichförmig über den Kanalquerschnitt zu verteilen; um eine gute Umlenkung in den Ecken ohne erhebliche Wirbelbildungen zu erreichen, sind dort Leitschaufelsysteme l_1 bis l_4 eingebaut. Vor dem Leitapparat l_2 befindet sich noch ein luftdichter Absperrvorhang aus Wachstuch, der vom Beobachtungsraum aus bedient wird und die Luftgeschwindigkeit auf Null zu bringen gestattet, ohne daß man den Ventilator stillzusetzen braucht. Öffnet man bei abgesperrtem Vorhang die beiden in der Außenwand des Gebäudes befindlichen Türen T_1 und T_2, so ist dadurch eine Erneuerung des Luftinhaltes möglich, was besonders bei Strömungsversuchen mit Rauch wichtig ist. Zwei Gleichrichter g_1 und g_2 sowie ein feines Drahttuch S sorgen dafür, daß die Luftgeschwindigkeit in allen Punkten des Kanalquerschnittes gleiche Richtung und möglichst gleiche Größe besitzt. Der Gleichrichter g_1 (s. Abb. 4) besitzt 400 quadratische Kanäle von 10 cm Weite und 50 cm Tiefe, die zwecks Regulierung der Geschwindigkeit am Eintrittsquerschnitt mit auseinander zu biegenden Blechkappen versehen sind, mit deren Hilfe der Durchschnittsquerschnitt jedes einzelnen Kanals verändert werden kann. Der Gleichrichter g_2 besitzt etwa 82 000 dreieckige Kanäle von 10 cm Länge und etwa 0,4 cm^2 Querschnitt. Durch Verändern der Öffnungen des Gleichrichters g_1 wurde in sehr mühevoller und zeitraubender Arbeit erreicht, daß die Luftgeschwindigkeit im Beobachtungskanal jetzt fast gleichförmig verteilt ist. Die Abweichungen von der mittleren Geschwindigkeit betragen im größten Teil des Querschnittes nicht mehr als 1 bis 2%,

[1] Anmerkung der Schriftleitung: Die Abb. 1—10 dieser Arbeit entsprechen den nachstehend in Klammern gesetzten Abbildungsnummern der vorangehenden Arbeit: 1 (4), 2 (3), 3 (13), 4 (14), 5 (15), 6 (16), 7 (5), 8 (8), 9 (18), 10 (21).

nur am Rand sind naturgemäß stärkere Abweichungen vorhanden, diese spielen aber wegen der Kleinheit der Versuchsobjekte keine Rolle. Die letzte Ausregulierung wurde noch durch geringe Drosselung am feinen Gleichrichter g_2 bewirkt, indem die Öffnungen desselben an einzelnen Stellen durch darübergespannte Drahtbügel verengt wurden. Abb. 5 gibt einen Ausschnitt aus dem Gleichrichter g_2 wieder und läßt die dreieckigen Kanäle und die zur Ausregulierung benutzten Drahtbügel erkennen. Abb. 6 zeigt in zwei Diagrammen die ursprüngliche und die durch die Ausregulierung verbesserte Geschwindigkeitsverteilung in der senkrechten Mittelebene des Querschnittes, und zwar sind die Abweichungen in Prozenten der mittleren Geschwindigkeit dargestellt.

Der Ventilator wird angetrieben durch einen Elektromotor E von 34 PS, der in einem Anbau der Anstalt untergebracht ist und vom Beobachtungsraum aus gesteuert wird. Da die fortwährenden ziemlich erheblichen Spannungsschwankungen im städtischen Netz dauernde Tourenzahlschwankungen des Elektromotors zur Folge haben würden, andererseits die Messungen eine konstante Luftgeschwindigkeit erfordern, so war der Einbau eines automatischen Reglers notwendig, welcher, wie Versuche zeigten, die einmal eingestellte Luftgeschwindigkeit bis auf ganz geringe Schwankungen von weit weniger als einem halben Prozent konstant erhält. Der Hauptbestandteil dieses Reglers ist eine manometrische Waage, die an den Raum vor bzw. hinter dem Ventilator angeschlossen ist und bei einer einstellbaren Druckdifferenz einspielt; einer konstanten Druckdifferenz muß auch eine konstante Windgeschwindigkeit entsprechen. Ändert sich nun letztere, so betätigt der Druckregler durch elektrische Kontakte einen automatischen Nebenschlußregulator und stellt dadurch die alte Druckdifferenz und damit auch die alte Luftgeschwindigkeit wieder her. Diese Einrichtung bewährt sich sehr gut, sie ermöglicht vor allem auch, die Messungen sofort nach dem Einschalten des Motors zu beginnen, da man auf die Tourenzahländerung des Motors infolge der Erwärmung keine Rücksicht zu nehmen braucht. Die gesamte Schalt- und Reguliereinrichtung ist auf Abb. 7 sichtbar. Unter der Schalttafel steht der Anlasser, links von ihr befindet sich an der Wand ein Handregulator zum Einstellen der Tourenzahl. Über dem Handregulator erkennt man den automatischen Druckregler; der von ihm betätigte automatische Nebenschlußregulator befindet sich rechts neben der Schalttafel.

Abb. 8 zeigt nach einem aufgenommenen Diagramm den zeitlichen Verlauf der Geschwindigkeit mit und ohne Wirkung des Reglers; das Diagramm stellt die zeitlichen Abweichungen von der mittleren Geschwindigkeit in Prozenten derselben dar.

Die Luftgeschwindigkeit wird in zwei Querschnitten, vor und hinter den Modellen, mit einer Art von Pitot-Röhren gemessen. Diese Meßinstrumente können außen durch eine Führung auf jeden beliebigen Punkt des Querschnittes eingestellt werden und ermöglichen in Verbindung mit einem Mikromanometer mit Registriervorrichtung eine zuverlässige Aufnahme der Geschwindigkeitsverteilung über den Querschnitt. In Abb. 7 ist die eine der Meßvorrichtungen, die sich hinter dem Modell befindet, sichtbar. Man sieht hinter dem Glasfenster der Beobachtungswand das eigentliche Meßinstrument, vor der Beobachtungswand befindet sich das Handrad zur Bewegung des Instrumentes und links davon eine Teilung, die die Einstellung desselben abzulesen gestattet. Auf dem Tisch steht das Registrierinstrument. In der halben Kanalhöhe befindet sich auf der ganzen Länge der Beobachtungswand ein Schlitz, in dem ein kleiner Wagen (ebenfalls auf Abb. 7 sichtbar) geführt ist, mittels dessen Meßinstrumente in den Beobachtungskanal eingeführt und in der Längsrichtung desselben verschoben werden können. In der Mitte des Kanals wird nun das Modell aufgehängt, wie es im Grundriß der Anstalt schematisch angedeutet ist. Handelt es sich nur um die Bestimmung der Horizontalkomponente des Widerstandes, z. B. bei Ballonmodellen, so wird das Modell an feinen Drähten so aufgehängt, daß es nur eine horizontale Bewegung ausführen kann. Vom Kopf des Modells geht ein horizontaler Draht in Richtung der Kanalachse aus, der mit zwei anderen unter je 120 Grad vereinigt ist. Einer der letzteren ist durch die Kanalwand hindurchgeführt zu einer Waage (Abb. 9), welche so den Horizontalwiderstand des Modells mißt; der nicht unbeträchtliche Widerstand der Aufhängung muß natürlich durch eine besondere Messung abgetrennt werden. Soll auch die Vertikalkomponente des Widerstandes und die Lage der Resultierenden ermittelt werden, so erfolgt die Aufhängung des Modells nicht an festen Punkten der Decke, sondern an zwei weiteren Waagen, welche in Verbindung mit der Horizontalwaage die nötigen Angaben zur Bestimmung der genannten Größen liefern. Die Aufhängung der einen Waage ist beweglich und ermöglicht die Einstellung des Modells unter verschiedenen Neigungswinkeln zur Achse des Kanals. Dieses Waagensystem, das auch auf Abb. 7 sichtbar ist, ist in Abb. 10 besonders dargestellt. Die verstellbare Waage befindet sich links, unterhalb derselben sieht man den Handgriff des Hebels, der zur Verstellung der Waage dient; die Stellung der Waage und damit die Stellung des Modells im Kanal kann an einer Gradteilung abgelesen werden. Die andere Waage, die nicht verstellbar ist, befindet sich rechts unten, darüber ist noch eine dritte Waage, welche zur Messung von Drehmomenten um die Längsachse der Modelle dient.

Außer diesen Meßinstrumenten ist noch ein Dynamometer für Hub- und Zugschrauben vorgesehen und auch größtenteils schon fertiggestellt, der Einbau ist aber noch nicht erfolgt, weil die Anstalt bisher durch andere Widerstandsversuche fortgesetzt in Anspruch genommen war.

Diese Versuche erstrecken sich in der Hauptsache auf die Untersuchung des Luftwiderstandes von Ballonmodellen sowie der Tragwirkung von ebenen und gewölbten Platten, die unter verschiedenen Winkeln zur Stromrichtung eingestellt wurden; aus den Angaben der drei Waagen konnte dann die Resultierende des Luftwiderstandes der Größe und Lage nach ermittelt werden. Bei diesen Versuchen ergaben sich sehr merkwürdige Resultate, bei den ebenen Platten zum Teil ähnlich den schon von Dines gefundenen; es zeigte sich auch eine erhebliche Abhängigkeit der Auftriebswirkung vom Seitenverhältnis der Platten.

Abb. 11. Galvanoplastische Anlage

Die gewölbten Flächen wurden bisher nur mit einem einzigen Seitenverhältnis, aber mit verschieden starker, kreisbogenförmiger Wölbung durchgemessen, die Untersuchung von Platten von gleicher Wölbung, aber verschiedenem Seitenverhältnis, sowie auch von anderen als kreisbogenförmigen Wölbungen, ist für die nächsten Versuche vorgesehen. Von den Widerstandsversuchen an Ballonmodellen ist ein Teil im Auftrage von Major v. Parseval und der Zeppelin-Luftschiffbaugesellschaft ausgeführt. Für die Untersuchungen wurden zum Teil Modelle aus Ballonstoff, die entweder aufgeblasen wurden oder mit einem Metallgerippe versehen waren, meist aber Metallmodelle benutzt. Die letzteren bieten den Vorteil, daß man den Formwiderstand getrennt bestimmen kann; dies geschieht, indem man die Modelle mit feinen Anbohrungen versieht, und damit die Verteilung des Luftdruckes über die Oberfläche durch ein mit dem Innern des Modells verbundenes empfindliches Manometer ermittelt. Durch Integration der Druckverteilung erhält man dann den Formwiderstand des Modells, und als Differenz gegen den mit der Waage gemessenen Gesamtwiderstand den Reibungswiderstand. Die Metallmodelle werden, meist in drei Teilen, galvanoplastisch aus Kupfer hergestellt; hierfür ist eine galvanoplastische Anlage, bestehend aus zwei Bädern und einer Umformeranlage und den nötigen Schalt- und Reguliervorrichtungen, eingerichtet worden. Abb. 11 zeigt diese Anlage, über dem ersten Bad hängt das gerade fertiggestellte

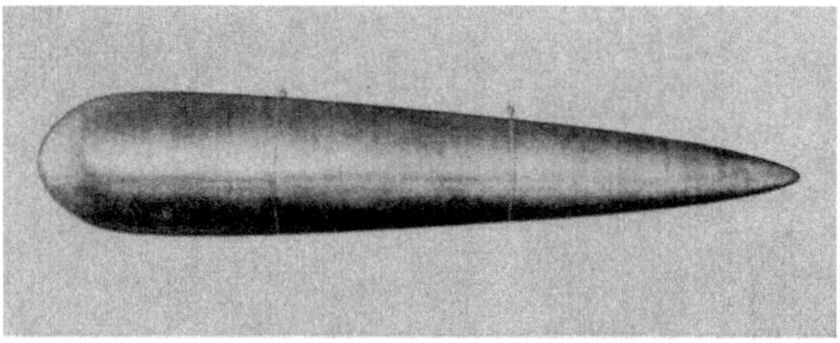

Abb. 12. Fertiges Modell

Vorderteil eines Modells; ein fertiges Modell ist in Abb. 12 sichtbar (seine wirkliche Länge beträgt etwa 1,04 m, sein Durchmesser 0,195 m). An einigen Ballonmodellen wurden auch Versuche über Stabilität und Einfluß der Steuerflächen ausgeführt. Außer den eben beschriebenen Versuchen wurden schon in größerem Umfange Luftwiderstandskoeffizienten von Metalldrähten und Rohren bestimmt, auch wurden gelegentlich (im Auftrage der Firma Siemens & Halske) Instrumente zur Messung von Luftgeschwindigkeiten geeicht.

Die in der Modellversuchsanstalt erhaltenen Resultate sollen möglichst fortlaufend in der „Zeitschrift für Flugtechnik und Motorluftschiffahrt" veröffentlicht werden, mit einem Teil der geschilderten Versuche ist dies bereits geschehen. (Heft 8, S. 87: Der Winddruck auf ebene schräg gestellte Platten von verschiedenem Seitenverhältnis; Heft 11, S. 129: Winddruck auf gewölbte Platten von verschiedenem Wölbungspfeil. Widerstands- und Druckmessungen an Ballonmodellen.) [Göttingen, den 21. Juni 1910.]

Jahrbuch der Motorluftschiff-Studiengesellschaft 1910—1911, S. 43—50

Bericht über die Tätigkeit der Göttinger Modellversuchsanstalt

A. Versuchstätigkeit

War das Jahr 1909 im wesentlichen dem Ausbau der inneren Einrichtung der Anstalt und dem Studium der Versuchsmethoden gewidmet, so konnte — ungefähr mit Beginn des Jahres 1910 — die eigentliche Versuchstätigkeit in vollem Umfang aufgenommen werden. Es mag im folgenden kurz geschildert werden, welcher Art die behandelten Aufgaben waren, und mit welchen Mitteln ihre Lösung angestrebt wurde.

1. Eine größere Reihe von Versuchen wurde vorgenommen, um die Gesetzmäßigkeiten des Widerstandes von Ballonkörpern zu studieren. Es wurden zu diesem Zweck, wie schon kurz im vorigen Jahrbuch erwähnt war, auf galvanoplastischem Wege kupferne Ballonmodelle von etwas über 1 m Länge und etwa 20 cm Durchmesser hergestellt. Man fertigte zunächst über einem Blechkern Formen aus Gips für die einzelnen Teile des Modells an, die mit Paraffin überzogen wurden. Die Paraffinoberfläche wurde nach einer Schablone getreu dem vorgeschriebenen Profil abgedreht und dann, nachdem sie mit Graphit leitend gemacht war, im galvanoplastischen Bade mit einem Kupferniederschlag überzogen. Nach Fertigbearbeitung auf der Drehbank wurde der Kupfermantel durch Ausschmelzen des Paraffins abgelöst, hierauf die einzelnen Teile zum fertigen Modell zusammengelötet.

Das Modell erhielt längs zweier gegenüberliegenden Meridianlinien zahlreiche feine Bohrungen, die zur Messung der Druckverteilung dienten. Hierzu wurde in der Weise verfahren, daß immer alle Löcher bis auf eines verklebt wurden; auf diese Weise stellte sich im Innern des Modells ein Druck her, der übereinstimmte mit dem Druck an der Stelle des offenen Loches; ein Mikromanometer, das mit dem Hohlraum in Verbindung stand, gestattete die Ablesung des Druckes. Durch abwechselndes Öffnen der einzelnen Löcher war man so imstande, die Druckverteilung, die die Luftströmung an der Oberfläche des Modells erzeugte, zu beobachten.

Die Gestalt der Modelle wurde nach einem Rechenverfahren ermittelt, das durch den besonderen Ansatz erlaubte, die Strömungsverhältnisse und insbesondere die Druckverteilung unter Annahme einer reibungslosen Flüssigkeit zu berechnen und so den Vergleich zwischen diesen mit hydrodynamischen Methoden erhaltenen Resultaten und den Messungen durchzuführen. Es mag hier kurz bemerkt werden, daß die Übereinstimmung zwischen den Ergebnissen der Rechnungen und der Beobachtungen sehr befriedigend ausgefallen ist.

Zur Widerstandsmessung wurden die Modelle an dem Waagensystem der Versuchsanstalt aufgehängt, dessen Schema durch die untenstehende Abbildung gegeben ist, zu der bemerkt werden mag, daß sich im Innern des Versuchskanals von 2×2 m Querschnitt nur das Modell und die

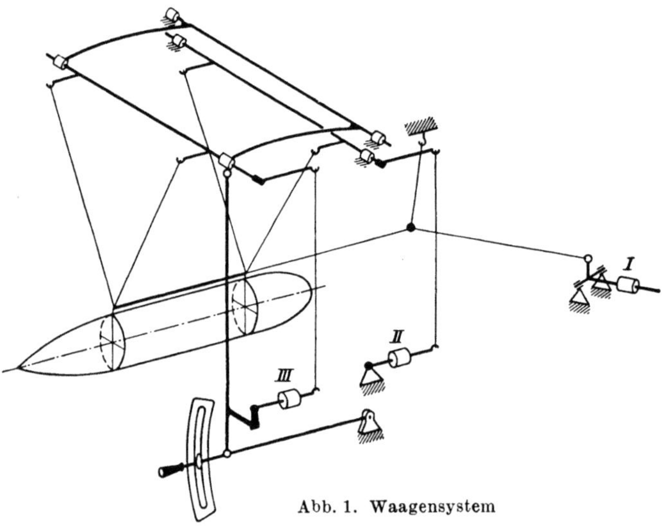

Abb. 1. Waagensystem

Aufhängedrähte befinden; alle Hebel und Waagen sind außerhalb angebracht. Die Waage *I* mißt den Widerstand, Waage *II* und *III* die Auftriebskräfte, die entstehen, wenn das Modell schräg im Luftstrom steht. Um die Neigung des Modells von außen verändern zu können, kann die Waage *III* mit ihrem ganzen Hebelwerk in einer Parallelogrammführung gehoben und gesenkt werden.

Die Beobachtung der Druckverteilung besitzt besonderes Interesse wegen der Ermittlung des „Druckwiderstandes“, d. h. desjenigen Widerstandes, der durch die Resultante aller Druckkräfte gebildet wird; dieser läßt sich aus der Druckverteilung rechnerisch ermitteln. Neben dem Druckwiderstand besteht als Resultante aller Reibungskräfte der „Reibungswiderstand“. Die Gesamtwirkung von Druckwiderstand und Reibungswiderstand, der „Gesamtwiderstand“, ist dasjenige, was man mit Hilfe der Waage beobachtet; hat man den Gesamtwiderstand und den Druckwiderstand ermittelt, so ergibt sich der Reibungswiderstand als Differenz.

An diese Versuche schlossen sich solche an, bei denen die Modelle durch Heben oder Senken der Waage *III* in eine schräge Lage zum Luftstrom gebracht wurden. Es ergaben sich so verschiedene wichtige Aufschlüsse über die Drehkräfte und dynamischen Auftriebe, wie sie durch Betätigung des Höhensteuers bei Motorluftschiffen auftreten.

Die abschließende Veröffentlichung über diese Versuchsreihen hat sich leider dadurch unliebsam verzögert, daß der Bearbeiter Herr Dipl.-Ing. G. Fuhrmann am 1. Oktober 1910 zur Ableistung seines einjährigen Dienstes zum Militär eingezogen wurde und eine Fertigstellung der Arbeit durch einen anderen Beobachter nicht geraten schien.

2. Neben diesen Arbeiten über den Widerstand von Ballonmodellen ging eine andere noch umfangreichere Versuchsreihe einher, die zur Klärung der Luftwiderstandgesetze für ebene und gewölbte Platten, die schräg vom Wind getroffen werden, unternommen wurde. Der Hauptteil dieser Untersuchungen, der sich mit den rechteckigen (ebenen und gewölbten) Platten beschäftigt, ist in dem in diesem Jahrbuch abgedruckten Bericht von Dr.-Ing. O. Föppl ausführlich behandelt, so daß ich mich kurz fassen kann. Es wurden an Platten, die meist aus Zinkblech angefertigt waren, Auftrieb, Widerstand und Lage der Resultierenden mittels der drei Waagen beobachtet und so die Gesetzmäßigkeiten erforscht, wie diese Größen von der Stärke der Wölbung, dem Seitenverhältnis des Rechteckes und dem Neigungswinkel gegen den Luftstrom abhängen.

Es folgten hierauf Versuche über den Einfluß von Abschrägung und Abrundung der seitlichen Plattenenden. Augenblicklich in Arbeit sind Versuche über die gegenseitige Beeinflussung von hintereinander angeordneten Flächen (Tragfläche und Schwanzfläche beim Aeroplan).

3. Von kleineren Arbeiten sind zu erwähnen: Untersuchungen über den Widerstand von kreisförmigen Platten und von Kugeln, ferner solche über den Widerstand von senkrecht vom Luftstrom getroffenen Drähten und Seilen, desgleichen eine Untersuchung über die Genauigkeit der Druckmessung durch Anbohrungen, des weiteren eine noch nicht abgeschlossene Versuchsreihe über die Reibung der Luft an zylindrischen Ballonkörpern verschiedener Länge.

4. Von Arbeiten in fremdem Auftrag sind zu erwähnen:

a) Ermittlung der Luftkräfte auf ein von Herrn Major v. Parseval eingesandtes Aeroplanmodell.

b) Im Auftrag der Zeppelin-Gesellschaft Widerstandsmessung an zwei eingesandten Ballonmodellen, die aus einem mit Zeug überspannten Metallgerippe bestanden; Herstellung zweier Kupfermodelle und Bestimmung ihres Widerstandes und der Druckverteilung.

c) Ermittlung der Luftkräfte für ein Aeroplanmodell der Herren Reiter und Lamprecht in Mahlsdorf bei Berlin.

d) Eichung von Geschwindigkeitsmessern (Pitotrohren) der Firma Siemens & Halske.

e) Eichung von Pitotrohren für eine vom Verein deutscher Ingenieure angeregte Forschungsarbeit über Luftgeschwindigkeitsmessung.

In diesem Zusammenhang sei erwähnt, daß die Einrichtungen der Anstalt von Zeit zu Zeit Herrn Regierungsbauführer CULEMEYER aus Hannover zu einer Untersuchung über den Luftwiderstand von hintereinandergereihten Körpern (zur Klärung von Fragestellungen über den Luftwiderstand der Eisenbahnzüge) zur Verfügung gestellt wurde.

5. Die Einrichtungen der Anstalt wurden im Berichtsjahr vervollständigt durch eine Vorrichtung zur Prüfung von Schraubenmodellen, mit der die Versuche demnächst beginnen sollen. Die Schrauben werden mittels eines Kegelrädergetriebes von einem besonderen Elektromotor angetrieben, dessen Drehzahl durch einen automatischen Regler konstant gehalten wird. Das Drehmoment wird an einem Kegelrad-Dynamometer mit Laufgewicht gemessen; zwei Universalnaben gestatten die Befestigung von zwei, drei und vier Propellerflügeln in solcher Weise, daß die Steigung der Flügel beliebig eingestellt werden kann. In Arbeit ist ein Aufmeßapparat für Luftschraubenmodelle, der die Flügelprofile auf Papier umzeichnet und so eine Kontrolle der richtigen Einstellung der Flügel gestattet.

B. Einiges Bemerkenswertes aus den Versuchsergebnissen

1. Zu den Versuchen über den Widerstand von Ballonmodellen wurden einerseits Formen mit zylindrischem Mittelteil und Enden verschiedener Art ähnlich dem Parseval II und den Zeppelin-Schiffen verwendet, andrerseits eine Reihe von Formen, deren Meridianlinie als einheitliche Kurve von vorne bis hinten durchlief. Es zeigte sich dabei deutlich, daß eine schlanke Zuspitzung am hinteren Ende viel wichtiger ist als am vorderen; doch darf man auch das Vorderende nicht zu stumpf ausführen. Die Formen ohne zylindrisches Mittelstück zeigten sich denen mit langem Zylinder überlegen, wohl hauptsächlich deshalb, weil man dadurch imstande ist, die Querschnittsübergänge sanfter zu gestalten. Die drei besten Formen, die sich durch überraschend kleine Widerstandswerte auszeichnen, sind in Abb. 2 bis 4 wiedergegeben.

Form I ist dabei die beste; sie ergibt einen Druckwiderstand, der gleich dem 32. Teil des Widerstandes einer Kugel von gleichem Volumen ist; der Gesamtwiderstand (Druckwiderstand plus Reibungswiderstand) wurde bei 10 m/sec gleich dem 21. Teil des Widerstandes der volumgleichen Kugel gefunden. Zum Verständnis der nachfolgenden Zahlenangaben mag vorausgeschickt werden, daß die Widerstandsziffern für Ballonmodelle zweckmäßig auf den Voluminhalt V bezogen werden, da hier in erster Linie die Frage steht, in welcher äußeren Gestalt man ein *gegebenenes Gasvolumen* am leichtesten transportieren kann. Der *Druckwiderstand* von geometrisch ähnlichen Körpern ist der dargebotenen Fläche proportional; diese verhält sich aber bei verschieden großen Volumeninhalten wie $V^{2/3}$[1]. Also kann man die Formel für den Druckwiderstand so schreiben:

$$W_D = \xi_D V^{2/3} \frac{\gamma v^2}{g}.$$

ξ_D ist ein nur von der Form, nicht aber von der Schiff- (oder Modell-) Größe abhängiger Zahlwert, der einen zutreffenden Vergleich über die

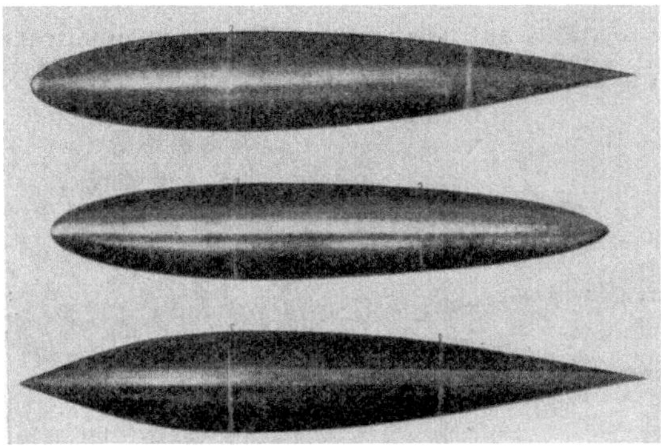

Abb. 2 bis 4

Güte der einzelnen Formen für den Gastransport ergibt. Für die drei Modelle sind für ξ_D die Zahlen

0,00816; 0,00853; 0,00927

gefunden worden.

Über den *Reibungswiderstand* haben die Versuche ergeben, daß er bei den unvollkommenen Modellen der 1,7. bis 1,8. Potenz der Geschwindigkeit proportional ist, bei den besten Modellen aber, bei denen offenbar — abgesehen vom hinteren Ende — keine störenden Wirbel auftraten, mit der 1,5. Potenz der Geschwindigkeit geht, wie es der Theorie entspricht. Während indes die Beziehungen für den Druckwiderstand in weitesten Grenzen gültig bleiben, wird man nach gewissen Erfahrungen auf hydraulischem Gebiete eine Ausdehnung der für den Reibungswiderstand erhaltenen Gesetze auf große Abmessungen nur mit Vorbehalt vornehmen dürfen (diese Lücke in unserer Kenntnis kann nur durch Versuche im großen ausgefüllt werden). Will man für den Reibungswiderstand eine Formel angeben, so kann man, der Theorie folgend, schreiben:

$$W_R = \varepsilon_R \frac{\gamma}{g} \sqrt{V v^3 \nu},$$

[1] Vgl. hierzu Z. Flugtechn. Motorl. 1. Jg. (1910) S. 157.

wobei wieder auf den Volumeninhalt des Ballons Bezug genommen ist; ε_R ist dabei wieder ein für die einzelne Ballonform charakteristischer Zahlenwert (der natürlich auch von der Rauhigkeit der Oberfläche abhängt); γ ist das Raumgewicht der Luft, ν das „kinematische Zähigkeitsmaß", das für Luft von mittlerer Temperatur und Dichtigkeit den Wert $\nu = 0{,}000014\ \mathrm{m^2/sec}$ hat. Die Zahl ε_R hat nach den Beobachtungen den Wert

$$2{,}1; \qquad 2{,}55; \qquad 1{,}8$$

für die drei Modelle.

Der *Gesamtwiderstand* folgt wegen des abweichenden Verhaltens des Reibungswiderstandes natürlich nicht genau dem quadratischen Widerstandsgesetz; wenn man für ihn Zahlen angibt, so ist deshalb die Angabe

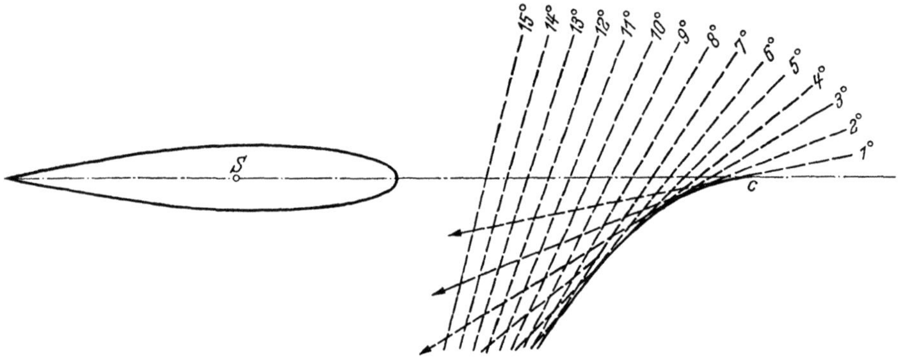

Abb. 5. Lage der Resultierenden für Modell I

der Modellgröße und der Geschwindigkeit nötig. Für die drei Modelle, die dasselbe Volumen von $0{,}0182\ \mathrm{m^3}$ hatten, ergibt sich, berechnet nach derselben Formel, wie oben für den Druckwiderstand angegeben, bei einer Geschwindigkeit von $10\ \mathrm{m/sec}$ eine Widerstandsziffer für den Gesamtwiderstand von

$$\xi_G = 0{,}0130; \qquad 0{,}0144; \qquad 0{,}0134.$$

Die Modelle sind auch in umgekehrter Richtung (mit dem spitzeren Ende nach vorne) in den Luftstrom gehängt worden und haben so ergeben

$$\xi_G = 0{,}0158; \qquad 0{,}0165; \qquad 0{,}0152.$$

Hieraus ist ersichtlich, daß man gut tut, den größten Querschnitt vor die Mitte zu legen.

Die Versuche über die Kräfte bei Schrägstellung des Modells haben (vgl. die Abb. 5) das zunächst überraschende Resultat ergeben, daß bei einem Ballonkörper ohne Stabilisierungsflächen die Richtungslinie der resultierenden Kraft weit außerhalb des Modells fällt. Die Sache wird verständlicher, wenn man bedenkt, daß bei Schrägstellung zu einer sehr kleinen Widerstandskraft ein ziemlich bemerkliches Drehmoment hinzukommt. Durch Stabilisierungsflächen wird, wie Abb. 6 zeigt, eine der Stabilität günstige Verlagerung der resultierenden Kraft erzielt unter gleichzeitigem starken Anwachsen der für die dynamische Höhensteuerung nutzbaren Auftriebskräfte.

2. Bezüglich der Untersuchung der ebenen und gewölbten Tragflächen muß der Hauptsache nach auf den nachfolgenden Originalbericht verwiesen werden. Einige besonders bemerkenswerte Umstände mögen aber hier schon Erwähnung finden.

Die Gesetzmäßigkeiten für Auftrieb und Widerstand der Platten haben sich um vieles verwickelter und mannigfaltiger ergeben, als man von vornherein vermuten konnte. Bei den gewölbten Platten scheinen sich (vgl. Abb. 22, S. 102[1]) zwischen den Neigungswinkeln 0° und 25° nicht weniger als vier Gesetze gegenseitig abzulösen; es läßt dies auf einen Wechsel in der Art der Wirbelgebilde längs der Platte schließen. Besonders auffällig sind die Verhältnisse bei Quadraten und Rechtecken von nahezu quadratischer Gestalt (Abb. 26, S. 108[1] und Abb. 39, S. 119[1]). Es ergeben sich hier z. B. beim ebenen Quadrat zwischen 38° und 42° Neigung zwei Werte des Widerstandes, die in gleicher Weise möglich sind, und die erhalten werden, wenn man die Platte, entweder von kleinen Winkeln oder von großen Winkeln kommend, auf einen dieser Winkel einstellt. Die zwei Zustände entsprechen zwei verschiedenen hier möglichen Strömungsarten (Abb. 19 und 20, S. 89[1]).

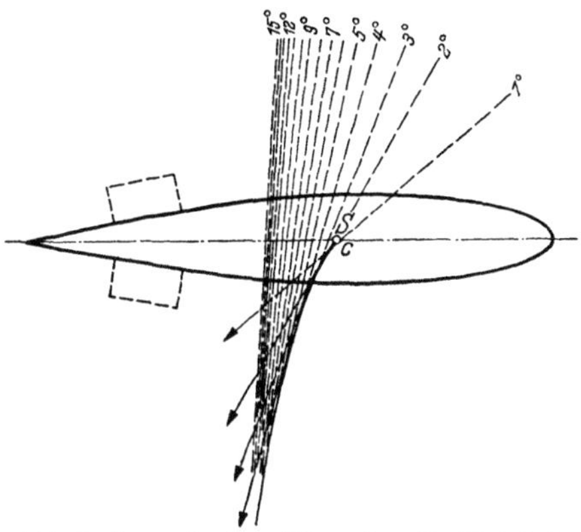

Abb. 6. Lage der Resultierenden für Modell I mit Stabilisierungsflächen

Auffallen mag ferner, wie stark das Verhältnis der Rechteckseiten die Auftriebskräfte beeinflußt, und wie sich selbst bei Seitenverhältnissen von 1 : 6 bis 1 : 8 noch ein recht bemerklicher Unterschied gegen das durch eine Extrapolation errechnete Seitenverhältnis 1 : ∞ ergibt. Es zeigt sich, daß für die Benutzung der Flächen im Aeroplan die Zahlen um so günstiger liegen, je größer das Seitenverhältnis (Breite zu Tiefe) gewählt wird.

[1] Anmerkung der Schriftleitung: Jahrbuch der Motorluftschiffstudiengesellschaft 1910—11, vgl. auch C IV 1,2.

Von den Versuchen über den Einfluß von Abrundungen und Abschrägungen der Flügelenden mag hier das Ergebnis mitgeteilt werden, daß bei stärkerer Wölbung (untersucht 1 : 13,5) eine Abschrägung oder Abrundung der hinteren Ecken zwar den Auftrieb vermindert, aber den Widerstand noch mehr verringert, so daß das „Traktionsverhältnis" Auftrieb : Widerstand günstiger wird; bei schwacher Wölbung dagegen (untersucht 1 : 25) war eine verbessernde Wirkung der Abschrägungen nicht zu bemerken.

3. Über die Ergebnisse der Versuche mit Kreisscheiben, Kugeln und Zylindern (Drähten und Seilen) mag hier das Folgende erwähnt werden. Schreibt man den Widerstand in Abhängigkeit von dem größten Querschnitt in der Strömungsrichtung, F:

$$W = \psi F \frac{\gamma v^2}{g}$$

($F = \pi d^2/4$ bei Scheibe und Kugel, $F = d\,l$ beim Zylinder), so ergibt sich für die Scheiben (in guter Übereinstimmung mit den Fallversuchen von Eiffel) $\psi = 0{,}55$; für die Kugel erhält man gerade $^2/_5$ hiervon, nämlich $\psi = 0{,}22$. Glatte Zylinder und Drähte von nicht zu kleinem Querschnitt (Grenze: Produkt $v \times d > 0{,}015\ \mathrm{m^2/sec}$) ergaben $\psi = 0{,}45$, dünnere Drähte etwas mehr; Seile ergaben je nach der Rauhigkeit Werte von ψ zwischen 0,50 und 0,60.

Um die Kugel mit den Ballonmodellen vergleichen zu können, sei noch erwähnt, daß die Widerstandsziffer bezogen auf $V^{2/3}$ hier $\xi_G = 0{,}267$ wird.

C. Verzeichnis der bisher erschienenen Publikationen, die im Zusammenhang mit den Arbeiten der Versuchsanstalt stehen

I. L. Prandtl, Die Bedeutung von Modellversuchen für die Luftschiffahrt und Flugtechnik und die Einrichtungen für solche Versuche in Göttingen. (Vorgetragen am 16. Juni 1909 in der Hauptversammlung des Vereins Deutscher Ingenieure zu Mainz.) Z. VDI Bd. 53 (1909) S. 1711 ff.

II. L. Prandtl, Einige für die Flugtechnik wichtige Beziehungen aus der Mechanik. 4. Teil: Luftwiderstand. Z. Flugtechn. Motorl. 1. Jg. (1910) S. 61 u. 73.

III. L. Prandtl, Bemerkungen über Dimensionen und Luftwiderstandsformeln. Z. Flugtechn. Motorl. 1. Jg. (1910) S. 157.

IV. Mitteilungen aus der Göttinger Modellversuchsanstalt. Z. Flugtechn. Motorl. 1. Jg. (1910) S. 87, 129, 161, 193, 259; 2. Jg. (1911) S. 83:

1. O. Föppl, Der Winddruck auf ebene, schräggestellte Platten von verschiedenem Seitenverhältnis.
2. O. Föppl, Winddruck auf gewölbte Platten von verschiedenem Wölbungspfeil.
3. G. Fuhrmann, Widerstands- und Druckmessungen an Ballonmodellen.
4. G. Fuhrmann, Verhalten von Ballonkörpern bei Schrägstellung.
5. O. Föppl, Einfluß des Seitenverhältnisses auf die Windkräfte bei gewölbten Platten.
6. O. Föppl, Widerstand von Drähten und Seilen.
7. O. Föppl, Einfluß von seitlichen Abschrägungen und Abrundungen auf die Windkräfte bei gewölbten Platten.

D. Personalien

Von den Mitteln der Motorluftschiff-Studiengesellschaft werden honoriert ein wissenschaftlicher Beobachter und ein Mechaniker; eine Beihilfe der „Göttinger Vereinigung für angewandte Physik und Mathematik" hat die Anstellung eines weiteren Beobachters ermöglicht, eine Beihilfe des Staates die eines weiteren Mechanikers.

Die Stelle des ersten Beobachters hat vom Beginn der Vorarbeiten im März 1907 an bis 1. Oktober 1910 Herr Dipl-Ing. Georg Fuhrmann innegehabt. Herr Fuhrmann hat an dem guten Gelingen des Baues und besonders der feinmechanischen Einrichtungen großen Anteil. Sein Nachfolger ist Herr Ingenieur Paul Béjeuhr, der augenblicklich zur Geschäftsleitung des „Deutschen Zuverlässigkeitsfluges am Oberrhein" beurlaubt ist. Die von der Göttinger Vereinigung unterhaltene Beobachterstelle hatte vom 1. Januar 1909 bis 1. Juni 1911 Herr Dipl.-Ing. O. Föppl inne; zu seinem Nachfolger ist Herr cand. math. Renner bestimmt, der bisher Herrn Béjeuhr vertreten hat. Der erste Mechaniker Kreutz ist seit 1. Mai 1908, der zweite Mechaniker Lotze seit 1. Juni 1909 in Diensten der Versuchsanstalt.

Jahrbuch der Motorluftschiff-Studiengesellschaft 1911—1912, S. 55—61

Bericht über die Tätigkeit der Göttinger Modellversuchsanstalt

A. Versuchstätigkeit

1. Zu den bisher von der Anstalt gepflegten Arbeitsgebiete ist neu hinzugekommen die *Prüfung von Schraubenmodellen.* Die Modelle können Durchmesser bis etwa 60 cm haben, die minutliche Umdrehungszahl kann in den Grenzen von 300 bis 1400 verändert werden. Die normale Nabenbohrung ist 16 mm.

Die Einrichtung ist im Prinzip aus Abb. 1 zu ersehen. Das zu prüfende Schraubenmodell S ist mittels der Lager L_1 und L_2 in der Längsrichtung

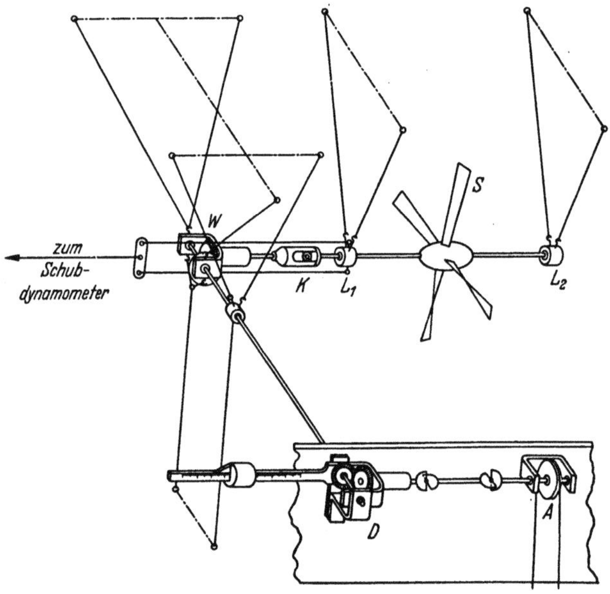

Abb. 1. Schraubenprüfeinrichtung

verschieblich aufgehängt. Es wird von dem Winkeltrieb W durch die Vermittlung der längsverschieblichen Kupplung K angetrieben. Der Schub wird mittels einer Laufgewichtswaage mit Winkelhebel gemessen, deren Bauart und Aufstellung ganz ähnlich wie bei der Einrichtung zur Luftwiderstandsmessung ist. Das Drehmoment wird in dem Kegelrad-Dynamometer D gemessen; die Messung erfolgt in der Weise, daß das Laufgewicht, dessen Führung an dem drehbar gelagerten Rahmen des Dynamometers befestigt ist, so weit verschoben wird, bis der Rahmen nicht mehr nach oben oder unten ausschlägt. Um dem Rahmen volle Beweglichkeit zu geben, ist zwischen ihn und die Antriebscheibe A eine Kardanwelle eingeschaltet. Es sei noch erwähnt, daß der Elektromotor, der zum Antrieb der Schraubenversuchseinrichtung dient, eine automatische Reglung besitzt, die mittels elektrischer Kontakte von einem Tachometer aus gesteuert wird. Eine Ansicht des Antriebes gibt Abb. 2, eine Ansicht der im Kanal befindlichen Teile Abb. 3.

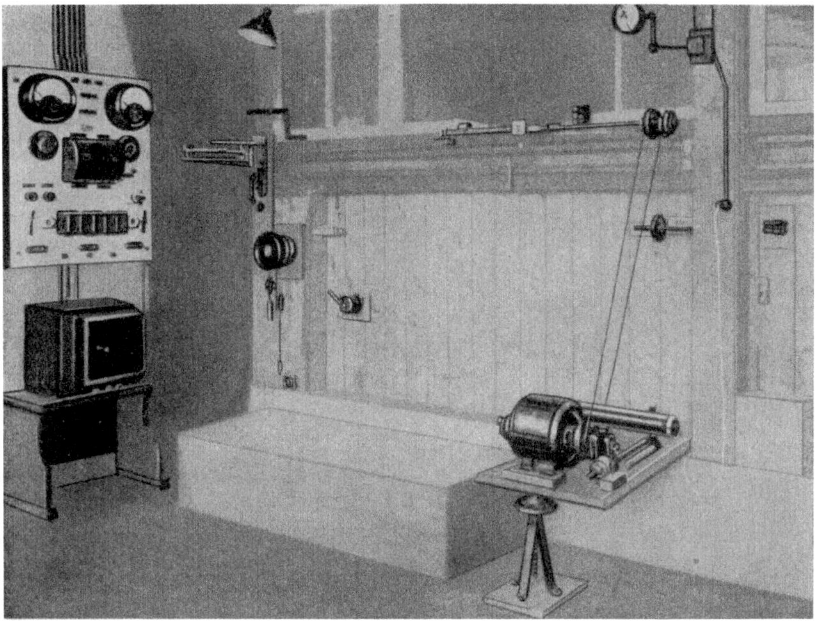

Abb. 2. Propellerantrieb und Waage für Schubmessung

Mit dieser Versuchseinrichtung ist bis jetzt eine große Versuchsreihe von Schrauben von möglichst einfacher geometrischer Form durchgeführt worden. Da hierbei beabsichtigt war, die Ergebnisse mit den Föpplschen Messungen an ebenen und gewölbten rechteckigen Platten zu vergleichen und so gewisse Einblicke in die Wirkungsweise der Luftschrauben zu bekommen, wurden rechteckige Flügelformen gewählt, die denen der Föpplschen Platten möglichst nachgebildet waren. Die Flügel wurden in drei Breiten (30, 45 und 60 mm) ausgeführt, dabei wurden, entsprechend den ebenen Platten bei Föppl, reine Schraubenflächen und, entsprechend den gewölbten Platten, Flächen hergestellt, die sich auf der ganzen Flügellänge mit gleichem Wölbungspfeil über der Schraubenfläche erhoben. Um je zwei, drei oder vier dieser Flügel zu einem Propeller vereinigen und sie unter verschiedenen Winkeln gegen die Schraubenachse einstellen zu können, wurden zwei Universalnaben gebaut, eine mit drei, eine mit vier Befestigungsstellen; die Flügel konnten dabei in

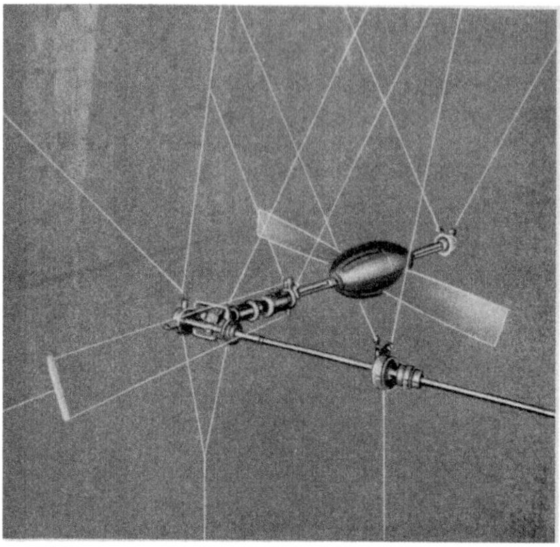

Abb. 3. Propellermodell im Kanal

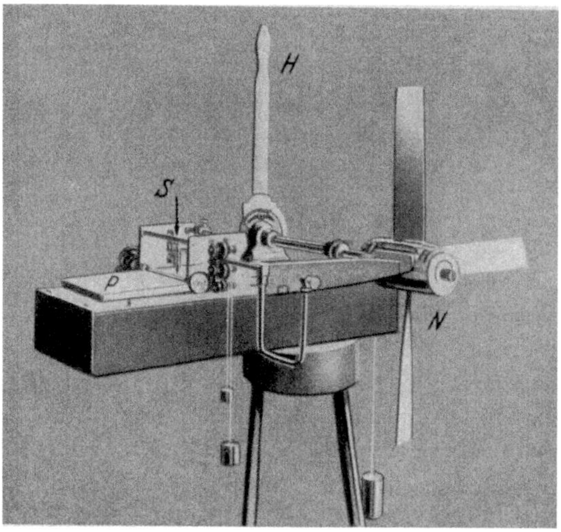

Abb. 4. Aufnahmeapparat für Propellermodelle

11 je um einen Grad gegeneinander verdrehten Stellungen befestigt werden. Die Universalnabe ist in Abb. 4 zu sehen (mit N bezeichnet).

Um die Gestalt der nach Schablonen aus Kupferblech getriebenen Schraubenflügel nachprüfen zu können, wurde ein Aufmeßapparat gebaut, der gestattet, die Flügelform auf mechanische Weise auf eine ebene Papierplatte umzuzeichnen. Der Propeller wird (vgl. Abb. 4) auf die mit dem Handhebel *H* drehbare Achse des Apparates gestellt. Zwei auswechselbare Fühlstifte legen sich durch die Wirkung kleiner Gewichte gegen die Vorder- oder Hinterfläche des Propellers. Mit der Achse des Handhebels ist durch Zahnräder und Zahnstange ein Schlitten verbunden, der die Papierfläche *P* trägt und der sich beim Verdrehen des Hebels proportional dem Drehwinkel verschiebt. Mit dem Fühlstift *F* ist der Schreibstift *S* verbunden. Wenn der Propeller gedreht wird, dann verschiebt sich der Schreibstift parallel und die Papierfläche senkrecht zur Propellerachse, und es entsteht eine Kurve, aus der das Profil des

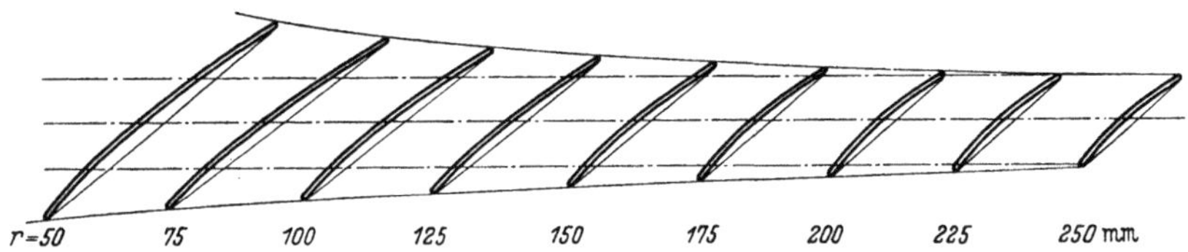

Abb. 5. Abbild eines Schraubenflügels von konstanter Breite und konstanter Wölbung

Propellers in dem Radius entnommen werden kann, in dem sich der Fühlstift befindet. Indem man den Schreibmechanismus radial verschiebt und die verschiedenen Profile aufnimmt, bekommt man eine Umzeichnung des ganzen Schraubenflügels auf die Papierebene. Die Umzeichnung ist der Art, daß eine reine Schraubenfläche durch eine Schar paralleler Linien dargestellt wird. Man kann deshalb die Abweichung eines Schraubenflügels von der reinen Schraubengestalt sehr leicht aus der Zeichnung entnehmen. Abb. 5 ist ein mit dem Apparat aufgenommenes Diagramm; es bezieht sich auf einen schwachgewölbten Flügel von 45 mm Breite. Die ausgezogenen Linien stellen die Schnitte in verschiedenen Radien dar, die gestrichelten parallelen Linien die Schraubenfläche, auf der der Flügel aufgebaut ist; die strichpunktierten Linien entsprechen den Radien der Fläche.

Die beschriebenen Schraubenversuche sind vollständig durchgeführt; da jede Zusammenstellung von Schraubenflügeln in vier Winkelstellungen durchgemessen wurde, sind, weil es zwei, drei und vierflügelige Schrauben von drei verschiedenen Breiten waren, und zwar eine Serie von Schraubenflächen und eine von gewölbten Flächen, im ganzen 72 Schrauben durchgemessen worden. Die rechnerische Durcharbeitung des Materials konnte bis jetzt leider nicht fertiggestellt werden, da der Beobachter, Herr Béjeuhr, bald nach Abschluß der Versuche aus dem

Dienste der Versuchsanstalt austrat. Die Bearbeitung ist mir indessen für die nächste Zeit zugesagt worden.

2. Eine andere Art von Propellerversuchen wurde mit Hilfe von galvanoplastisch hergestellten hohlen Propellermodellen ausgeführt. Es wurden vor allem Druckverteilungsmessungen nach Art der im vorigen Jahrbuch beschriebenen Messungen an Ballonkörpern durchgeführt. Ein Flügel des Propellermodells erhielt zu dem Zweck in einer Reihe von Querschnitten eine Anzahl feiner Löcher, von denen beim Versuch immer alle bis auf eines verklebt waren (siehe Abb. 6). Der Druck wurde aus dem Innern des Propellermodells mit einer Stopfbüchse abgeleitet und in einem Mikromanometer gemessen; von diesen Werten mußte noch die Zentrifugalkraft der Luft im Propellerinnern in Abzug gebracht

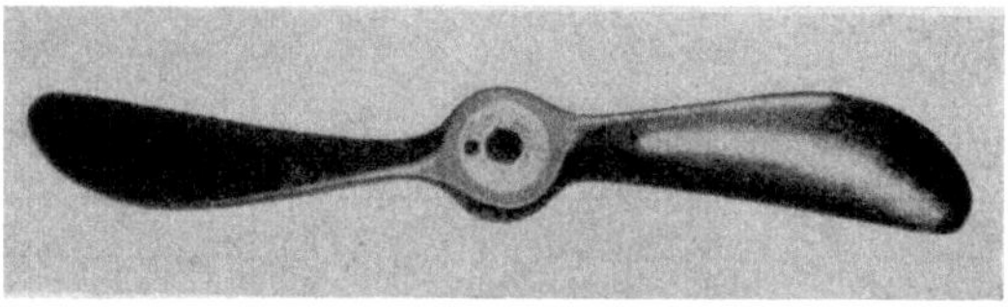

Abb. 6. Propellermodell mit Anbohrungen für die Druckmessung

werden. Aus der so erhaltenen Druckverteilung, die für einen der beobachteten Zustände in Abb. 7 dargestellt ist, lassen sich Schub und Drehmoment der Schraube, soweit sie aus Druckwirkung bestehen, errechnen. Die Differenz zwischen diesen und den am Dynamometer gemessenen Größen ergibt die Reibungswirkung. Die dargestellte Druckverteilung bezieht sich auf einen Standversuch an einem Modell von 408 mm Durchmesser bei einer Tourenzahl von 1200 pro Minute.

Um die Strömung durch den Propeller zu untersuchen, wurden einerseits Versuche mit Zuleitung von Rauch gemacht, andererseits wurde die Strömungsrichtung unmittelbar am Propeller dadurch beobachtet, daß man aus Löchern eines hohlen kupfernen Propellerflügels Schwefelwasserstoff austreten ließ. Die charakteristischen Zeichnungen, die sich hierbei auf der Vorder- und Rückseite des Propellers ergeben, sind aus Abb. 8 zu ersehen.

3. In Fortsetzung der früheren Versuche über ebene und gewölbte Platten wurde die Beeinflussung von zwei hintereinander angeordneten Flächen — einer Tragfläche und dem hinter ihr befindlichen Höhensteuer — studiert. Die Theorie ergibt, daß hinter der Tragfläche ein absteigender Luftstrom, entsprechend dem erzeugten Auftrieb, vorhanden ist. Die Auftriebsmessungen an dem Höhensteuer zeigten gute Übereinstimmung mit der Theorie. Weiter sind Messungen über die Luftkräfte an Doppeldeckern ausgeführt worden unter Veränderung des gegenseitigen Ab-

standes der Flächen; auch die Wirkung einer Verschiebung der oberen Platte nach vorn oder nach hinten wurde untersucht. Die Messungen sind indes noch nicht vollständig abgeschlossen.

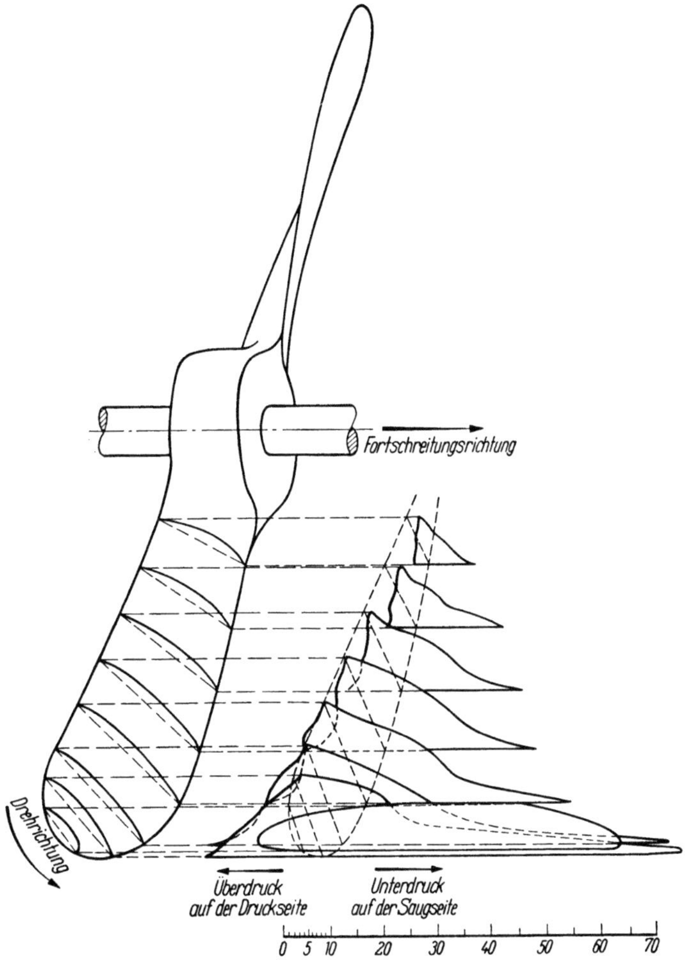

Abb. 7. Druckverteilung an einem Luftschraubenmodell

Weiter wurde — auf Wunsch von Herrn Professor von PARSEVAL — der Einfluß der Bodennähe auf Auftrieb und Widerstand der Tragflächen untersucht und auch mit den Ergebnissen der hydrodynamischen Theorie verglichen. Theorie und Versuch stimmen befriedigend zusammen, es zeigt sich insbesondere, daß der Einfluß, solange der Abstand vom Boden noch groß gegen die kleinere Abmessung der Tragfläche ist, nur verhältnismäßig unbedeutend ist.

4. An weiteren Messungen ist zu erwähnen eine größere Versuchsreihe, die im Auftrag des Luftschiffbaus Zeppelin durchgeführt worden ist. Es handelt sich um Ermittlung der Auftrieb- und Widerstandskräfte bei Schrägstellung des Ballonkörpers und um Untersuchung der Wirkung von Stabilisierungsflächen.

Ferner wurden im Zusammenhange mit Arbeiten des Instituts für angewandte Mechanik, die vom Verein deutscher Ingenieure unterstützt

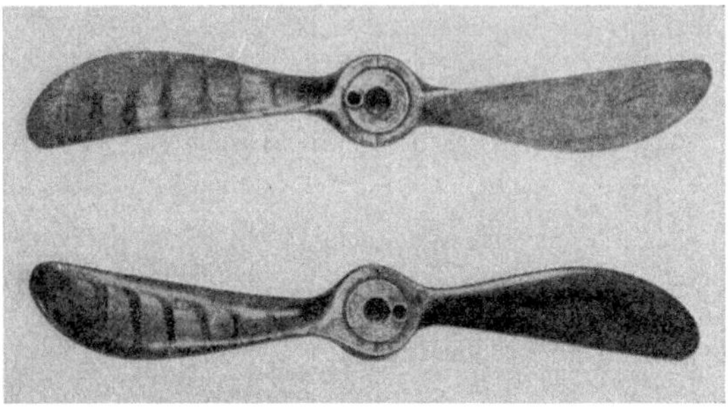

Abb. 8. Schraubenmodell mit angeätzten Strömungsfiguren. Oben Druckseite, unten Saugseite

werden, in der Versuchsanstalt Eichungen von einer Reihe von Geschwindigkeitsmessern durchgeführt und im Zusammenhange damit die Geschwindigkeitsmesser der Versuchsanstalt auf dem Rundlaufapparat neu geeicht.

Ein weiterer Geschwindigkeitsmesser wurde für Siemens & Halske geeicht. Einige Anemometereichungen in fremden Auftrag sind in Vorbereitung.

B. Personalien

Die von Mitteln der Motorluftschiff-Studiengesellschaft honorierte Beobachterstelle hatte bis zum 1. November Herr Ing. PAUL BÉJEUHR inne. Zu diesem Zeitpunkte trat an seiner Stelle Herr Dipl.-Ing. G. FUHRMANN wieder in den Dienst der Versuchsanstalt, nachdem er inzwischen sein Militärdienstjahr abgeleistet hatte. Die von der Göttinger Vereinigung unterhaltene Beobachterstelle, die bis zum 1. Juni 1911 Herr Dr.-Ing. O. FÖPPL innehatte, wurde zu diesem Zeitpunkt Herrn cand. math. H. RENNER übertragen. Leider wurde uns dieser junge Mitarbeiter, der zu den besten Hoffnungen berechtigte, durch einen tödlich verlaufenen Radunfall am 14. Juli 1911 entrissen. Wir werden ihm ein dauerndes Andenken bewahren. Als sein Nachfolger trat am 1. September 1911 Herr Dipl.-Ing. A. BETZ in den Dienst der Versuchsanstalt. Die Besetzung der Mechanikerstellen war die gleiche wie im Vorjahre.

C. Verzeichnis der im Berichtsjahr erschienenen Publikationen

L. PRANDTL, Ergebnisse und Ziele der Göttinger Modellversuchsanstalt. (Vorgetragen am 4. November 1911 in der Versammlung von Vertretern der Flugwissenschaft zu Göttingen.) Z. Flugtechn. 3. Jg. (1912) S. 33 — Verhandlungen der Versammlung von Vertretern der Flugwissenschaft zu Göttingen. München und Berlin 1912.

O. FÖPPL, Windkräfte an ebenen und gewölbten Platten. Drahtwiderstand. Z. Flugtechn. Motorl. 3. Jg. (1912) S. 65.

O. FÖPPL, Ergebnisse der aerodynamischen Versuchsanstalt von EIFFEL, verglichen mit den Göttinger Resultaten. Z. Flugtechn. Motorl. 3. Jg. (1912) S. 118.

Mitteilungen der Göttinger Modellversuchsanstalt. Z. Flugtechn. Motorl. 2. Jg. (1911) S. 165 u. 182.

G. FUHRMANN, Widerstands- und Druckmessungen an Ballonmodellen.

O. FÖPPL, Auftrieb und Widerstand eines Höhensteuers, das hinter der Tragfläche angeordnet ist.

Zeitschrift für Flugtechnik und Motorluftschiffahrt 3. Jg. (1912) S. 33—36

Ergebnisse und Ziele der Göttinger Modellversuchsanstalt

Wollen Sie mir erlauben, Ihnen in kurzen Zügen die Ziele darzulegen, welche wir uns mit der hiesigen Modellversuchsanstalt gesteckt haben. Dabei wird sich auch Gelegenheit ergeben, über unsere bisherigen *Ergebnisse* zu sprechen; freilich wird es bei der Kürze der zur Verfügung stehenden Zeit vielfach nötig sein, sich auf kurze Hinweise zu beschränken.

Zunächst ist es wohl zweckmäßig, einige kurze Erläuterungen über unsere Einrichtungen vorauszuschicken. Wir besitzen einen künstlichen Luftstrom, der einen Kanal von 2 × 2 m Quadratquerschnitt ausfüllt. Seine Geschwindigkeit ist in feinen Stufen von 1,5 bis 10 m/sec regelbar. Die Geschwindigkeitsverteilung über den Querschnitt ist mit Aufwand vieler Mühe leidlich gleichförmig gemacht. Ein solcher Luftstrom läßt sich zu einer Reihe verschiedener Zwecke verwenden. Zunächst kann man ihn zur Eichung von Geschwindigkeitsmessern benutzen, was mehrfach geschehen ist. Seine eigentlichen Aufgaben aber sind:

1. Messung des einfachen Luftwiderstandes (Widerstand in der Bewegungsrichtung).

2. Messung des zusammengesetzten Luftwiderstandes (Widerstand, Auftrieb, Drehmomente).

3. Untersuchung von Luftschrauben (Messung von Schub- und Drehmoment in Abhängigkeit von Tourenzahl und Windgeschwindigkeit).

Zu diesen dynamischen Messungen kommen noch:

4. Versuche über die Strömungsformen der Luft (photographische Festlegung unter Verwendung von Rauch u. dgl.).

Die Beschreibung der technischen Einrichtung glaube ich übergehen zu dürfen, da sie ja bei der Besichtigung der Anstalt in natura studiert werden können und außerdem längst beschrieben sind[1].

Lassen Sie mich nun zunächst von unseren verschiedenen Zielen sprechen; an die dabei zu machende Einteilung sollen sich die einzelnen Auseinandersetzungen über die bereits gelösten und über die viel größere Zahl der noch zu lösenden Aufgaben angliedern.

Wir wollen mit unseren Versuchen

1. *der Praxis unmittelbar dienen*, indem wir ihr Zahlwerte liefern, die sie nötig hat;

2. *durch systematische Versuchsreihen die Gesetzmäßigkeiten* des Luftwiderstandes für die wichtigsten Klassen von Objekten *erforschen*;

---

[1] Siehe Z. VDI 1909 und Jahrbuch der Motorluftschiff-Studiengesellschaft 1908/10.

3. *die Ergebnisse theoretischer Untersuchungen prüfen* und, wenn nötig, durch experimentelle Zahlwerte *ergänzen*;

4. *unsere eigenen Meßmethoden* durch sorgfältiges Studium der Geschwindigkeitsmessung, der Druckmessung, der Fehlereinflüsse von Kanalwänden und Befestigungsteilen, und durch Studium der Modellgesetze *auf eine möglichst sichere Basis bringen.*

Die Einzelausführungen mögen sich an diese Einteilung anschließen:

Zu 1. An Messungen, die der Praxis unmittelbar dienen sollen, sind bisher ausgeführt: Messung der Luftwiderstandsziffern für Drähte und Seile[1], Bestimmung des Widerstandes von Ballonmodellen verschiedener Form[2], Ermittlung von Auftrieb, Widerstand und Druckmittelpunkt von Tragflügeln verschiedener Formen und Profile, Ermittlung von Auftrieb, Widerstand und Drehmoment bei schräggestellten Ballonkörpern und Bestimmung der erforderlichen Stabilisierungsflächen[3], schließlich Eichung von Geschwindigkeitsmessern.

Alle hier aufgezählten Versuchsarten sind bereits mehrfach im Auftrage von Privaten und Gesellschaften ausgeführt worden; die Ergebnisse solcher Versuche im fremden Auftrag sind nicht veröffentlicht worden.

In Aussicht genommen sind folgende weitere Versuche: Bestimmung des Widerstandes von Bootskörpern von Flugmaschinen[4], Einfluß des Einbaues von Bootskörpern in die Tragflächen, Einfluß des Schraubenwindes auf die Tragflächen; Einfluß der Oberflächenbeschaffenheit und evtl. der Durchlässigkeit der Oberfläche auf den Widerstand; Ermittlung des Luftreibungswiderstandes verschiedener Flächen.

Zu 2. *An systematischen Versuchsreihen* sind bisher durchgeführt solche über die Luftkräfte an ebenen und gewölbten, rechteckigen Platten von verschiedenem Wölbungspfeil und Seitenverhältnis[5]. Die Ergebnisse dieser Versuche erwiesen sich als sehr viel verwickelter, als man von vornherein erwarten mochte. Es ergaben sich z. B., wenn man den Auftrieb (oder Widerstand) einer Platte in Abhängigkeit vom Neigungswinkel betrachtet, statt des alten Sinusgesetzes drei bis vier verschiedene, unstetig aneinander anschließende Gesetze. Betrachtet man dabei aber das Gesamtbild, das sich für eine Serie von Platten, etwa von gleichbleibendem Format und verschiedenem Wölbungsverhältnis ergibt, so

[1] Vgl. Mitt. 6 der Göttinger Modellversuchsanstalt. Z. Flugtechn. Motorl. 1. Jg. (1910) S. 259.

[2] Vgl. Mitt. 3 der Göttinger Modellversuchsanstalt. Z. Flugtechn. Motorl. 1. Jg. (1910) S. 130.

[3] Vgl. Mitt. 4 der Göttinger Modellversuchsanstalt. Z. Flugtechn. Motorl. 1. Jg. (1910) S. 161.

[4] Nach Anregung von Prof. Benndorf (Graz).

[5] Vgl. die ausführliche Abhandlung von O. Föppl im Jahrbuch der Motorluftschiff-Studiengesellschaft (1910/11) S. 51ff.; ferner: Mitt. der Göttinger Modellversuchsanstalt 1, 2 u. 5, Z. Flugtechn. Motorl. 1. Jg. (1910) S. 87, 129 u. 193.

zeigt sich in diesen Unstetigkeiten ein ganz gesetzmäßiger Gang. Man wird beim Anblick der Kurven, wie sie in der Ausstellung nebenan zu sehen sind, zu der Annahme geführt, daß jedem einzelnen dieser unstetig aufeinanderfolgenden Gesetze verschiedene Formen der Luftströmung um die Fläche herum entsprechen müssen. Bemerkenswert ist auch, daß der Luftwiderstand in sehr starkem Maße von dem Format der Platte, d. h. von dem Verhältnis Breite : Länge abhängt. Als besondere Merkwürdigkeit hebe ich hervor, daß sich bei der quadratischen Platte für Neigungswinkel zwischen 38° und 42° zwei um etwa 40% voneinander verschiedene Widerstände ergeben. Führt man die Platte von kleineren Neigungswinkeln kommend in dieses Gebiet, so erhält man die größeren, im anderen Fall die kleineren Widerstände. Eine Erklärung hierfür kann nur so gefunden werden, daß die Luft in den beiden Fällen die Platte in verschiedenen Bewegungsformen umströmt; durch Zuleiten von Rauch konnten wir dieses auch bestätigen[1].

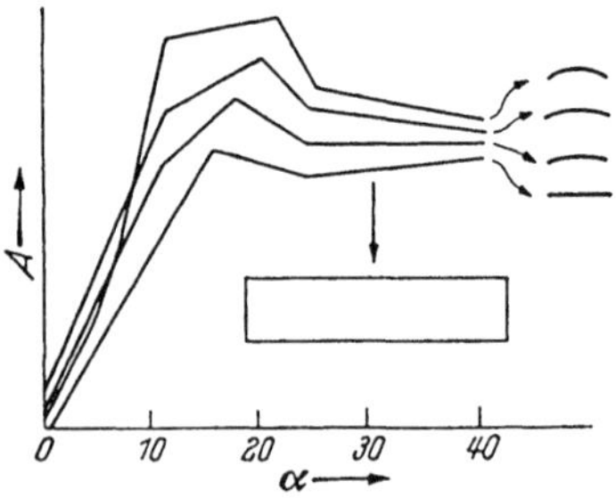

Abb. 1

An die genannten Untersuchungen schlossen sich solche über den Einfluß der Abrundung von Flügelenden an[2], es zeigt sich dabei, daß die Abrundung von geringem Einfluß ist; bei stark gewölbten Platten brachte sie eine Verbesserung, bei schwach gewölbten lagen die Unterschiede innerhalb der Fehlergrenzen.

In Bearbeitung ist eine größere Versuchsreihe an Modellpropellern: ebene und gewölbte Flügel von drei verschiedenen Breiten können mittels einer Versuchsnabe, die in der Ausstellung ausliegt, zu zweien, dreien oder vieren zu einem Propeller vereinigt und unter verschiedenen Steigungswinkeln eingestellt werden. Die Flügelformen sind dabei in möglichst engem Anschluß an die früher gemessenen ebenen und gewölbten Platten durchgebildet; wir hoffen auf diese Weise Beziehungen zwischen beiden Versuchsreihen zu gewinnen, die auch von theoretischem Interesse sein dürften.

Beabsichtigt sind systematische Versuche über die Verhältnisse beim Doppeldecker sowie Untersuchungen über dicke Flügelprofile von verschiedenen Umrißformen.

Zu 3. *Zur Prüfung von theoretischen Ergebnissen* wurde auch eine Reihe von Versuchen veranstaltet. Zunächst möchte ich eine Studie über

---

[1] Vgl. O. FÖPPL, Jahrbuch der Motorluftschiff-Studiengesellschaft (1910/11) S. 89.

[2] Vgl. Mitt. 7 der Göttinger Modellversuchsanstalt. Z. Flugtechn. Motorl. 2. Jg. (1911) S. 83.

die Druckverteilung an Ballonmodellen erwähnen[1]. Wir haben mittels mathematischer Methoden eine Reihe von Lenkballonformen ermittelt, für die sich auf Grund der Theorie die Strömungs- und Druckverhältnisse in einer idealen, reibungsfreien Flüssigkeit berechnen lassen. Die Modelle sind dann auf galvanoplastischem Wege in Kupfer ausgeführt worden und haben längs eines Meridians eine Reihe von Anbohrungen erhalten, mittels derer die Druckverteilung nun praktisch in der Versuchsanstalt gemessen worden ist. Es hat sich dabei eine sehr bemerkenswerte Übereinstimmung mit den theoretischen Resultaten ergeben. Nur am hinteren Ende, wo die dem Kielwasser analoge Wirbelschleppe ansetzt, zeigen sich Abweichungen in dem Sinne, daß der Druck nicht wieder zu derselben Höhe ansteigt, wie es die Theorie für die ideale Flüssigkeit fordert. Der Widerstand ist in der idealen Flüssigkeit gleich Null. Auch darin ergibt sich eine unverkennbare Annäherung an die Verhältnisse der idealen Flüssigkeit, daß der Druckwiderstand der besten Modelle zwar nicht Null, aber doch nur etwa $^1/_{30}$ von dem einer Platte von gleichem Querschnitt war.

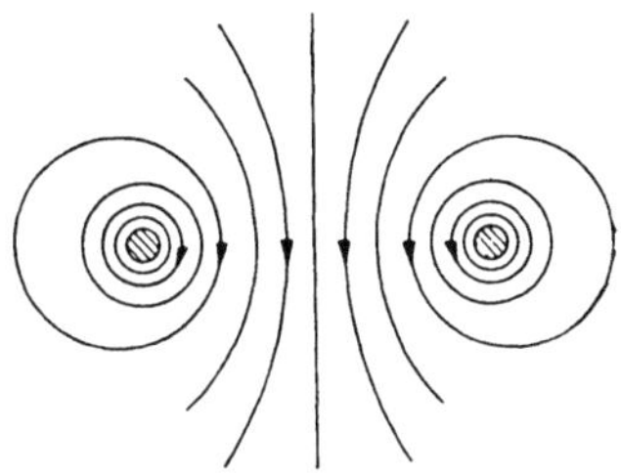

Abb. 2

Eine andere theoretische Untersuchung bezog sich auf die Strömungsverhältnisse der Luft hinter einem Aeroplan. Der vom Aeroplan erzeugte Auftrieb ist nach dem Prinzip von Aktion und Reaktion notwendig verknüpft mit einem absteigenden Luftstrom hinter dem Aeroplan. Es hat sich nun als sehr nützlich erwiesen, die näheren Umstände dieses absteigenden Luftstromes zu untersuchen. Es zeigt sich, daß der absteigende Luftstrom durch ein Wirbelpaar gebildet wird, dessen Wirbelfäden von den Flügelenden des Aeroplans ausgehen. Der Abstand der beiden Wirbel ist gleich der Spannbreite des Aeroplans, die Wirbelstärke gleich der Zirkulation der Strömung um den Aeroplan; die Strömung in der Umgebung des Aeroplans läßt sich vollständig angeben durch Überlagerung der gleichförmigen Strömung mit der eines in nebenstehender Weise aus drei geraden Stücken zusammengesetzten Wirbels.

Derartige Betrachtungen haben sich bereits sehr gut bewährt beim Studium der Beeinflussung einer Steuerfläche durch die voraufgehende Tragfläche[2]. Das vorhin angedeutete Strömungssystem ergibt an der Stelle, wo sich das Steuer befindet, einen ganz bestimmten absteigenden Luftstrom, dessen Stärke von dem Auftrieb der Tragfläche abhängt;

[1] Mitt. 8 der Göttinger Modellversuchsanstalt. Z. Flugtechn. Motorl. 2. Jg. (1911) S. 165.

[2] Mitt. 9 der Göttinger Modellversuchsanstalt. Z. Flugtechn. Motorl. 2. Jg. (1911) S. 182.

dementsprechend erhält die Steuerfläche in der waagerechten Lage Abtrieb, der bei einer bestimmten Aufdrehung verschwindet. Die beobachtete Aufdrehung stimmt in sehr befriedigender Weise mit der berechneten überein.

Dieselbe Theorie liefert durch Betrachtung der Veränderungen der Strömung am Aeroplan selbst, die von den seitlichen Wirbeln herrühren, eine Beziehung über die Abhängigkeit des Auftriebes von dem Seitenverhältnis des Aeroplans; sie liefert insbesondere eine Möglichkeit, die Versuchsergebnisse auf den unendlich breiten Aeroplan zu extrapolieren. Von den extremsten von uns gemessenen Seitenverhältnisse (1 : 9) bis zum Seitenverhältnis 1 : ∞ erhöhen sich dabei die Auftriebe noch ganz bedeutend, um etwa 30 bis 40%. Wie ich hier beifügen will, hatte diese Extrapolation das bemerkenswerte Ergebnis, daß die Resulate der KUTTAschen Theorie des unendlich breiten Aeroplans — wenigstens in dem Bereich kleiner Wölbungen und kleiner Steigungswinkel — durch die Ergebnisse des Experimentes wohl bestätigt werden.

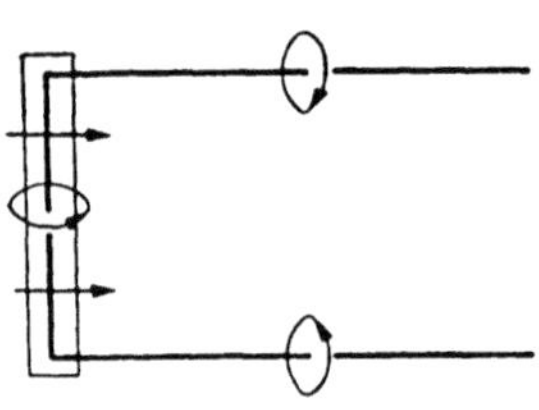

Abb. 3

Ausgehend von derselben Gedankenreihe, kann man auch die Aufgabe behandeln, eine Aeroplanfläche so zu berechnen, daß der Auftrieb in bestimmter, vorgegebener Weise über die Breite des Aeroplans verteilt ist. Die Prüfung dieser Berechnung durch das Experiment steht allerdings noch aus, sie soll in der nächsten Zeit durchgeführt werden.

Als weitere beabsichtigte Untersuchung, die auch der dritten Gruppe (Prüfung der Theorie) angehört, erwähne ich die Prüfung der bestehenden Schraubentheorien; wir wollen diese in der Weise ausführen, daß wir Schraubenmodelle, die nach den Angaben der einzelnen Theorien gearbeitet sind, auf ihre Güte und auf die Genauigkeit prüfen, mit der die der Rechnung zugrunde gelegten Daten und die Messungsergebnisse übereinstimmen. Weiter wollen wir durch photographische Aufnahmen des Strömungsbildes bei Luftschrauben die einer rationellen Schraubentheorie zugrunde zu legenden Annahmen zu klären versuchen.

Zu 4. Das sorgfältige *Studium der eigenen Meßmethoden* ist natürlich ein unbedingtes Erfordernis für die Zuverlässigkeit der erhaltenen Messungsergebnisse. Voran steht die Untersuchung der Einrichtungen, mit denen die Geschwindigkeit des Luftstromes gemessen wird, denn ein Fehler in der Geschwindigkeitsangabe würde sich in sämtlichen Ergebnissen der Versuchsanstalt widerspiegeln. Der hydrostatische Geschwindigkeitsmesser (Pitotröhre), den wir allein in unserer Anstalt verwenden, ist nach Erfahrungen, die wir schon seit längerer Zeit über die Frage der Luftgeschwindigkeitsmessung gesammelt haben, durchgebildet und jedes einzelne Exemplar in sorgfältiger Weise auf einer Rundlaufvorrichtung geeicht.

Über die Druckmessung, wie sie an den Ballonmodellen zur Verwendung kam, ist auch eine genauere Untersuchung angestellt worden. Es ist ja ersichtlich, daß man gerade da, wo man den Druck messen will, ihn durch eine Unterbrechung der glatten Oberfläche, nämlich durch die Anbohrung, stört, und es ist daher fraglich, ob der durch solche Anbohrungen gemessene Druck gleich dem Druck an der ungestörten Oberfläche ist. Wir haben versucht, Aufklärung hierüber dadurch zu erhalten, daß wir an einem Probekörper solche Druckmessungen mit den verschiedensten Geschwindigkeiten und Lochgrößen gemacht haben. Die Abweichungen, die sich unter ganz verschiedenen Versuchsbedingungen ergeben haben, blieben dabei in der Gegend von 1%.

Gegenstand unserer Studiums waren auch die Haltevorrichtungen. Es ergab sich dabei, daß die Kräfte, die von den Haltevorrichtungen aufgenommen wurden, in vielen Fällen sehr beträchtlich waren, obwohl wir uns bemühten, die Haltevorrichtungen so dünn wie nur möglich zu gestalten. Als Beispiel will ich erwähnen, daß die sechs Stahldrähte von etwa $^1/_6$ mm Stärke, die unsere kupfernen Ballonmodelle tragen, Widerstände ergeben, die bei den guten Modellen, deren Widerstand eben sehr klein ist, bis zu 30% des zu messenden Widerstandes ausmachten.

Sehr notwendig sind auch Untersuchungen über den Einfluß der Modellgröße und der Geschwindigkeit sowie über die Wirkung der Kanalwände. Die Absicht, solche Versuche zu machen, haben wir bereits seit langem, aber es ist wegen anderer noch dringenderer Aufgaben bisher noch nicht dazu gekommen. Sie sollen demnächst begonnen werden. Wir wollen zunächst eine Serie von senkrecht zum Wind gestellten Kreisplatten verschiedenen Durchmessers bei den verschiedensten Windstärken durchmessen. Die Ergebnisse dieser Versuche sollen eine Art von *Grundzahlen* liefern, die zum Vergleich unserer Werte mit denen anderer Versuchsmethoden dienen sollen. An diese Versuche sollen sich solche mit Ballonmodellen und Tragflügeln anschließen. Theoretische Betrachtungen über die mechanische Ähnlichkeit ermöglichen es dabei, in den Resultaten die Einflüsse der absoluten Modellgröße und die Störungen, die von den Kanalwänden herrühren, zu trennen. Wie Ihnen Herr Dr. Blasius in seinem Vortrag noch näher auseinandersetzen wird, sind in Fällen, wo man von den Störungen der Wände absehen darf, die Luftwiderstandsziffern nur abhängig von dem Produkt Länge × Geschwindigkeit. Vergleicht man demnach zwei Versuche, bei denen die Modellgröße verschieden, das erwähnte Produkt aber von gleicher Größe war, so ergibt eine Verschiedenheit in der Luftwiderstandsziffer einen reinen Einfluß der Kanalwände; vergleicht man anderseits die Widerstände ein und desselben Modells bei verschiedenen Geschwindigkeiten, so ist der Einfluß der Kanalwände derselbe, und die Änderung der Luftwiderstandsziffer kommt lediglich auf Kosten der Änderung des Produktes Länge × Geschwindigkeit.

Das Übertragungsgesetz, das zur Umrechnung von den Modellversuchen auf die Verhältnisse bei der großen Ausführung verhelfen soll, kann natürlich auf diese Weise nicht gefunden werden, denn diejenigen Werte des Produktes Geschwindigkeit × Länge, die sich bei wirklichen Luftfahrzeugen ergeben, können bei Modellversuchen auf keine Weise erreicht werden. Es ist demnach durchaus erforderlich, daß — wie es in der Diskussion heute vormittag mehrfach betont worden ist — Versuche mit den großen Objekten und gegebenenfalls solche mit Zwischengrößen hinzukommen.

Ein Anfang in dieser Richtung ist bereits von den Zeppelinwerken durch ihre schönen Anfahr- und Auslaufversuche[1] gemacht worden. Mit dem Wunsche, daß andere Werke ihnen hierin nachfolgen möchten, und daß vielleicht diese Göttinger Tagung den Anstoß dazu geben möchte, schließe ich meinen Bericht.

---

[1] Z. Flugtechn. Motorl. 2. Jg. (1911) S. 241 u. 255.

Jahrbuch der Motorluftschiff-Studiengesellschaft 1912—1913, S. 73—81

Bericht über die Göttinger Modellversuchsanstalt

A. Besitzveränderung

Die Begründerin und bisherige Erhalterin der Modellversuchsanstalt, die „*Motorluftschiff-Studiengesellschaft*", ist, nachdem sie ihre Liquidation beschlossen hatte, durch Vermittlung der „*Göttinger Vereinigung zur Förderung der angewandten Physik und Mathematik*", die bereits seit mehreren Jahren regelmäßig Mittel zum Betrieb der Anstalt beigesteuert hatte, mit der *Königlich Preußischen Unterrichtsverwaltung* behufs Übernahme der Modellversuchsanstalt in Verhandlung getreten. Die von der Motorluftschiff-Studiengesellschaft angebotenen Bedingungen wurden kurz vor Abschluß dieses Berichtes von der Unterrichtsverwaltung angenommen, und es ist dadurch die Modellversuchsanstalt in das Eigentum der Universität Göttingen übergegangen. Da die preußische Unterrichtsverwaltung in höchst dankenswerter Weise einen den bisherigen Leistungen der Motorluftschiff-Studiengesellschaft etwa entsprechenden Betriebszuschuß zugesagt hat, und die Göttinger Vereinigung ihren bisherigen jährlichen Beitrag auch weiter zur Verfügung stellt, erscheint das Weiterbestehen der Versuchsanstalt für die nächsten Jahre als gesichert.

Die Motorluftschiff-Studiengesellschaft hat in den Jahren 1907 bis 1912 einschließlich eines Betrages für Vorarbeiten eine Gesamtsumme von 45500 DM für die Modellversuchsanstalt aufgewandt, von der rd. 2500 DM für die Vorarbeiten, 20000 DM für Bau und Einrichtung und 22500 DM für den Betrieb während der Jahre 1908 — 1912 gerechnet werden können.

Die aerodynamische Wissenschaft ist der Motorluftschiff-Studiengesellschaft für diese Leistungen zu großem Dank verpflichtet.

B. Versuchstätigkeit

1. Die umfangreichste Arbeit des Berichtsjahres war leider unproduktiver Art; sie bestand in einer vollständigen Erneuerung der *Ausregulierung des Luftstromes* des Versuchskanals. Nachdem schon einige Zeit vorher bei den Geschwindigkeitsmessungen festgestellt worden war, daß die frühere gute Ausgleichung der Geschwindigkeit über den Kanalquerschnitt nicht mehr sehr befriedigend war, hatte sich das Übel im Herbst 1912 so verschlimmert, daß man sich zu einer Neuregulierung entschloß. Die Veränderungen waren, wie später festgestellt wurde, zum überwiegenden Teil durch das Rosten eines Siebes entstanden. Bei Gelegenheit dieser Erneuerungsarbeiten wurde die ganze Luftführung vom Ventilator bis zum Versuchskanal einer Nacharbeit unter-

zogen: Ein Leitapparat aus Zinkblech, der sich allmählich durch sein Eigengewicht verbogen hatte, wurde durch einen stärkeren aus Eisenblech ersetzt; im „feinen Gleichrichter“ wurden eine Anzahl Elemente, deren Form nicht genau genug war, durch neue ersetzt.

Die Neuregulierung wurde, abweichend von dem früheren Verfahren (Jb. Motorluftschiff-Studiengesellschaft 1908—1910, S. 141), dadurch bewerkstelligt, daß ein neues vor den feinen Gleichrichter gespanntes Sieb an den Stellen, wo die Geschwindigkeit zu groß war, einen einmaligen oder mehrmaligen dünnen Anstrich mit Eisenlack erhielt; an Stellen mit zu kleiner Geschwindigkeit wurden einzelne Drähte aus dem Sieb entfernt. Die letzten kleinen Unterschiede wurden dann in der früheren Art durch vorgehängte Drahtbügel ausgeglichen. Als Resultat der Ausgleichung ist bis jetzt erreicht worden, daß in dem mittleren Quadratmeter die Geschwindigkeit — von kleinen lokalen Störungen abgesehen — nirgends um mehr als $\pm 1^1/_2$% vom normalen Wert abweicht. Die Regulierungsarbeit soll noch fortgesetzt werden, um einige über größere Gebiete ausgedehnte Störungen zu beseitigen.

Bei Gelegenheit der Ausregulierung wurde auch noch ein weiterer Übelstand beseitigt, der uns schon seit längerem aufgefallen war. Die Geschwindigkeit zeigte in der Strömungsrichtung eine deutliche Zunahme (um etwa 1,4% auf jeden Meter der Kanallänge). Es kam dies davon her, daß beim Eintritt in die Versuchsstrecke durch die vorausgegangenen Gleichrichter und das Sieb eine fast bis zum Rand gleichförmige Geschwindigkeitsverteilung hervorgebracht wird, nun aber beim Entlangströmen an den Kanalwänden die Randschichten des Stromes verzögert und dadurch auch verdickt werden. Hierdurch wird wegen des konstanten Kanalquerschnittes der Querschnitt der mittleren Strompartien verkleinert, die Strömung hier also zu einer Geschwindigkeitserhöhung gezwungen. Um diesen Übelstand abzustellen, haben wir den Kanal durch Einfügung von passenden Zwischenlagen zwischen den vier Wänden und dem dahinter befindlichen Balkengerüst leicht konisch gemacht. Der Eintrittsquerschnitt wurde dabei in Höhe und Breite um 6 cm verringert, der Austrittsquerschnitt unverändert belassen. Durch diese Veränderung ist, der Vorausberechnung entsprechend, die Geschwindigkeitszunahme praktisch zum Verschwinden gebracht worden.

2. Bei den im vorjährigen Bericht bereits als abgeschlossen bezeichneten systematischen *Versuchen mit Schraubenmodellen* hat leider die rechnerische Durcharbeitung ergeben, daß die Versuche — wesentlich durch das mangelhafte Arbeiten der längsverschieblichen Kupplung (*K* in Abb. 1 des vorjährigen Berichtes) sowie der Kardanwelle des Dynamometers (*D*) — eine sehr geringe Genauigkeit aufweisen. Man

entschloß sich daher, nach einem entsprechenden Umbau der Versuchseinrichtung, die ganze Versuchsreihe zu wiederholen. Die neuen Versuche erwiesen sich als wesentlich besser als die alten; es wurden daher der weiteren Verarbeitung nur die neuen Versuche zugrunde gelegt. Ein näheres Eingehen auf die Ergebnisse erübrigt sich an dieser Stelle, da die im nächsten Abschnitt folgende Abhandlung von Herrn Dipl.-Ing. A. BETZ den Gegenstand in aller Ausführlichkeit behandelt.

3. An sonstigen Versuchsarbeiten ist zu erwähnen die Fortführung und Vollendung der Untersuchung über *Doppeldecker*. Diese hat — in guter Übereinstimmung mit theoretischen Überlegungen — ergeben, daß mit Doppeldeckern nicht dieselben günstigen Werte des Güteverhältnisses $A:W$ (Auftrieb:Widerstand) erreicht werden wie mit Eindeckern, daß aber die Doppeldecker doch, sobald nicht Schnelligkeit, sondern im Gegenteil große Tragfähigkeit bei geringer Geschwindigkeit in Frage kommt, von Vorteil sind. Von diesen Verhältnissen kann man sich mittels des folgenden Diagramms ein gutes Bild machen, in dem für einige Flächentypen das Güteverhältnis A/W als Ordinate zu einer Größe

$$\varphi = \frac{A}{\frac{\gamma}{g} v^2 l^2}$$

als Abszisse aufgetragen ist, die man passend als *spezifische Belastung, bezogen auf die Spannweite* (l), bezeichnen kann. Die Spannweite ist häufig durch andere Überlegungen im voraus bestimmt; hat man nun die Aufgabe, für eine gegebene Spannweite l eine Tragfläche so zu finden, daß sie bei einer gegebenen Geschwindigkeit v einen vorgeschriebenen Auftrieb A entwickelt, so ist die vorhin eingeführte spezifische Belastung φ völlig bestimmt; die günstigste Fläche ist dann diejenige, die bei diesem Wert von φ den kleinsten Widerstand, also das größte $A:W$ liefert. Man sieht aus Abb. 1, in der zu den Kurven von einer Reihe von Eindeckerflächen (nach den Messungen von O. FÖPPL) die Kurve für einen Doppeldecker (nach Messungen von A. BETZ) hinzugefügt ist, daß für kleine Werte von φ die Eindecker obenan stehen, für große dagegen der Doppeldecker.

4. *In fremdem Auftrag* sind Versuche verschiedener Art gemacht worden. Eichungen von Geschwindigkeitsmessern für das Institut für angewandte Mechanik der Universität Göttingen, für WILH. MOROLL in Leipzig; Eichung eines Windrichtungsanzeigers für die Firma Siemens und Halske; Bestimmung von Auftrieb und Widerstand sowie Lage des Druckmittelpunktes eingesandter Tragflächenmodelle von Mr. LANCHESTER in Birmingham, Dr. GEEST in Johannisthal u. a.; Messung an Schraubenmodellen. Für den Luftschiffbau Zeppelin wurden vergleichende Widerstandsmessungen an einem Luftschiff-

körper mit Laufgang und Gondeln und ohne diese Anhängsel gemacht, ferner Messungen über die Verteilung der Luftströmung in der Nachbarschaft des Luftschiffkörpers. Diese letzteren Messungen wurden unternommen, um die Frage der Messung der Eigengeschwindigkeit des Luftschiffes durch vom Luftschiff herabhängende Staugeräte zu klären; es ergab sich, daß unter der vorderen Gondel sehr gesetzmäßig verlaufende Geschwindigkeitsabweichungen von bis zu 2,5% der Fahrtgeschwindigkeit bestehen, unter der hinteren Gondel dagegen nur

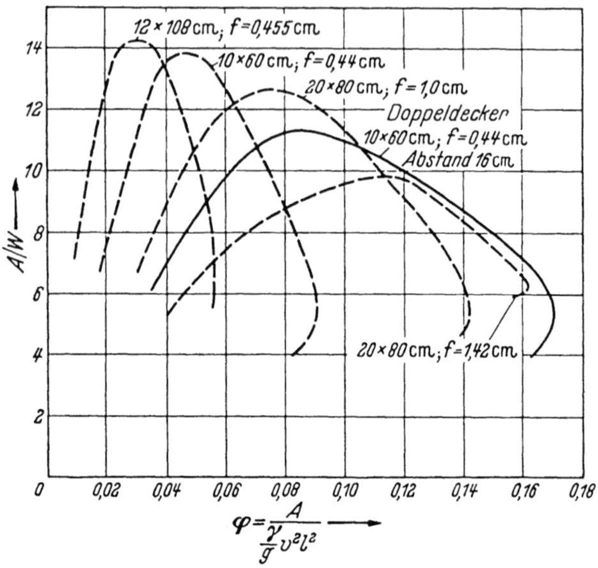

Abb. 1. Güteverhältnis von Tragflächen, abhängig von der spezifischen Belastung

solche bis zu 1%, so daß also mit Berücksichtigung der durch den Modellversuch ermittelten Korrektionen eine sehr zuverlässige Geschwindigkeitsmessung zu erwarten ist. — An weiteren Untersuchungen ist noch die Bestimmung des Windschattens hinter einem Ballonhallenmodell und Ermittlung der Druckverteilung bei einem Gasbehältermodell zu erwähnen.

5. In der Vorbereitung begriffen sind Versuche zum Studium des Ähnlichkeitsgesetzes. Es soll an einer größeren Reihe von kreisförmigen Platten, von Kugeln und von geometrisch ähnlichen Ballonmodellen die Abhängigkeit des Widerstandes von den Abmessungen und von der Geschwindigkeit untersucht werden. Um einen größeren Bereich von Geschwindigkeiten zu haben, ist eine Düse von 1,015 m Durchmesser angefertigt worden, die nach Art der Eiffelschen Versuchsanstalt einen freien Strahl innerhalb des Versuchskanals erzeugt. Bis

jetzt sind 23 m/sec damit erreicht worden, gegenüber 10 m/sec bei der bisherigen Einrichtung. Die Geschwindigkeit dürfte sich durch den Einbau eines Diffusors noch weiter steigern lassen. Einen Schnitt durch die Düse, die achteckigen Querschnitt hat, zeigt die Abb. 2.

In Vorbereitung sind ferner Versuche über die günstigsten Tragflächen- und Luftschraubenprofile, bei denen, um die Versuchsbedingungen möglichst zu vereinfachen, der Versuchskörper zwischen zwei parallelen Wänden aufgestellt werden soll, so daß eine ebene Strömung entsteht. Man scheidet auf diese Weise die verwickelten Vorgänge aus, die sich an den Flügelenden einstellen, und erhält einen reinlichen Aufschluß über das Verhalten des einzelnen Flügelelementes.

Beabsichtigt sind im Anschluß hieran Versuche zur Prüfung der Flügelelemententheorien, ferner Versuche über die die Seitenstabilität bestimmenden Größen, Versuche über die Strömungsvorgänge an den Flügelenden, endlich Versuche über den Einfluß des Flugzeugrumpfes auf die Trag- und Widerstandskräfte.

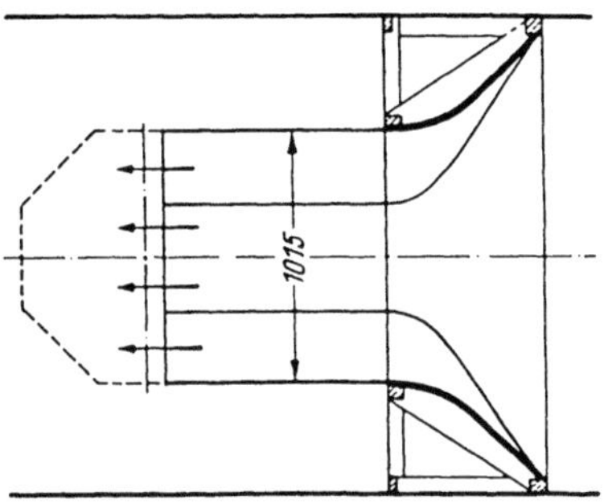

Abb. 2

6. Im Zusammenhang mit diesem Bericht über die Versuchstätigkeit der Modellversuchsanstalt sei erwähnt, daß die von der preußischen Unterrichtsverwaltung ins Leben gerufene *Luftschraubenprüfstelle der Universität Göttingen* in Arenshausen bei Göttingen in diesem Frühjahr dem praktischen Betrieb hat übergeben werden können. Die Prüfstelle hat den seinerzeit auf der Frankfurter Luftschiffahrtsausstellung „Ila“ in Betrieb gewesenen Schraubenprüfwagen erworben und einem Umbau unterzogen (Einbau eines besonderen Fahrmotors, Verstärkung des Rahmens usw.). Durch eine Reihe weiterer Verbesserungen, besonders an den Meßeinrichtungen, ist er jetzt zu befriedigendem Arbeiten gebracht. —

Die Arbeiten der Modellversuchsanstalt erfahren eine weitere Ergänzung durch *Arbeiten im Institut für angewandte Mechanik.* So werden hier an einer kleinen Modellschleppeinrichtung mittels Photographie und Kinematographie Versuche über die Strömungsformen bei der Bewegung von Körpern durchgeführt. Die Abb. 3 bis 9 geben ein Bild von diesen Arbeiten. Sie stellen die Strömung um eine Tragfläche bei verschiedenen Steigunsgwinkeln dar und lassen die verwickelten Wirbelungsvorgänge, die hierbei auftreten, gut erkennen.

Weiter werden Versuche über die Luftkräfte beim Bewegungsbeginn mittels einer kinematographischen Methode gemacht.

Abb. 3

Abb. 4

Abb. 5

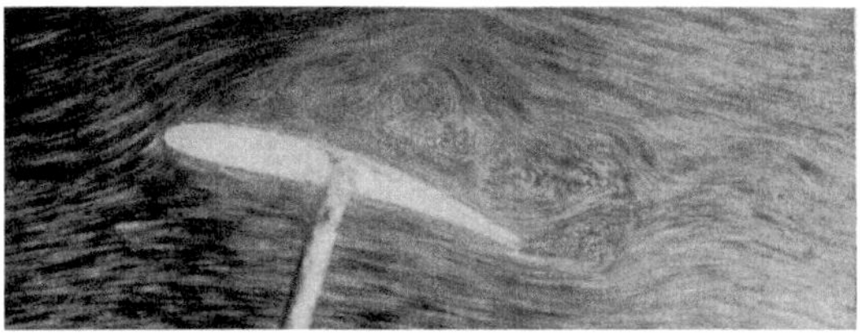
Abb. 6

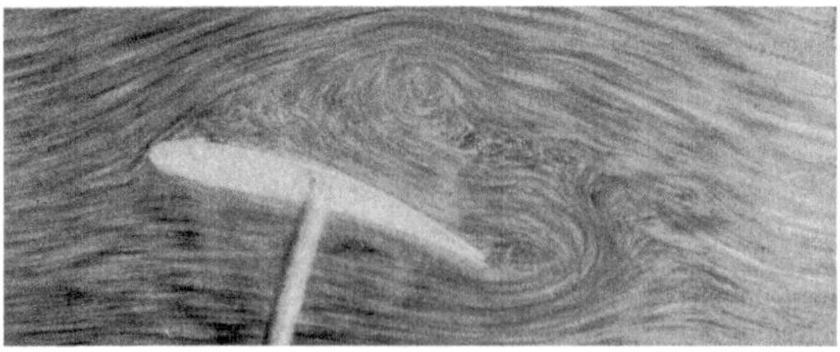
Abb. 7

Abb. 8

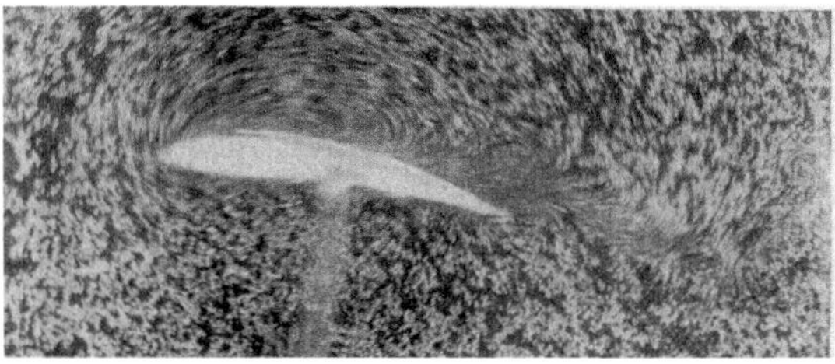

Abb. 9

Abb. 3 bis 9. Strömungsaufnahmen, nach dem AHLBORNschen Verfahren erhalten (Lykopodium auf Wasseroberfläche, mit Blitzlicht aufgenommen). Gleichförmige Bewegung eines Flügelprofils von SCHUKOWSKIscher Form, durch ruhendes Wasser, bei verschiedener Neigung gegen die Bewegungsrichtung. In Abb. 3 bis 7 ist die photographische Kamera mit dem Körper mitbewegt. Neigung der mittleren Sehne 0°, 8°, 13°, 17° und 19°. Die Strömung liegt, abgesehen von kleinen Ablösungen bei Abb. 3 bis 5 im wesentlichen an der Platte an, löst sich aber in Abb. 6 und 7 von ihr immer mehr ab. Dem entspricht ein Nachlassen des erst mit mit zunehmendem Winkel sehr stark anwachsenden Auftriebs. Man beachte die mit dem Auftrieb zusammenhängende vorn aufsteigende, hinten absteigende Strömung sowie ihr Fehlen bei Abb. 3. In Abb. 8 und 9 (Neigung 0° und 10°) ruht die photographische Kamera. Man beachte die Quellströmung am Kopf, den Nachlauf hinter der Platte sowie bei Abb. 9 die mit dem Auftrieb zusammenhängende Umlaufs- (Zirkulations-) Strömung

C. Personalien

Am 1. September 1912 wurde dem bisher von der Göttinger Vereinigung besoldeten Beobachter Herrn Dipl.-Ing. A. BETZ die Leitung der Schraubenversuche in Arenshausen (vgl. oben B 6) übertragen; er konnte jedoch wegen der häufigen Betriebspausen dieser Versuche noch weiter für die Anstalt tätig sein. Die erledigte Stelle wurde zum gleichen Zeitpunkt Herrn Dr.-Ing. C. WIESELSBERGER übertragen.

Herr Dr.-Ing. G. FUHRMANN, der die von Mitteln der Motorluftschiff-Studiengesellschaft unterhaltene Assistentenstelle seit Anbeginn — mit Unterbrechung während seines Militärdienstjahres — innegehabt hatte, schied Anfang Oktober 1912 aus, um in den Dienst der neugegründeten Deutschen Versuchsanstalt für Luftfahrt zu treten. Seine Stelle ist wegen einer Reihe von Schwierigkeiten erst am 1. Juli 1913 durch Herrn Dipl.-Ing. Dr. L. HEIS wieder besetzt worden.

Die Besetzung der Mechanikerstellen war die gleiche wie seit zwei Jahren.

D. Verzeichnis der im Berichtsjahr erschienen Publikationen

Mitteilungen der Göttinger Modellversuchsanstalt. Z. Flugtechn. Motorl. 3. Jg. (1912) S. 217, 4. Jg. (1913) S. 1 u. 89:

A. BETZ, Auftrieb und Widerstand einer Tragfläche in der Nähe einer horizontalen Fläche (Erdboden).

A. BETZ, Auftrieb und Widerstand eines Doppeldeckers.

G. FUHRMANN, Untersuchungen an einem Propellermodell.

L. PRANDTL, Abriß der Lehre von der Flüssigkeits- und Gasbewegung. Jena: G. Fischer 1913. (Sonderdruck von zwei Artikeln für das „Handwörterbuch der Naturwissenschaften" Bd. IV, S. 101 u. 544.)

A. BETZ, Ein Beitrag zur Erklärung des Segelflugs. Z. Flugtechn. Motorl. 3. Jg. (1912) S. 269.

A. BETZ, Wirtschaftliche Gesichtspunkte beim Entwurf von Flugzeugen. Z. Flugtechn. Motorl. 4. Jg. (1913) S. 79 u. 109.

C. WIESELSBERGER, Der Flug bei geringstem Brennstoffverbrauch. Z. Flugtechn. Motorl. 4. Jg. (1913) S. 16.

Berichte und Abhandlungen der Wissenschaftlichen Gesellschaft für Luftfahrt 1. Jg. (1920) S. 51—59
Zeitschrift für Flugtechnik und Motorluftschiffahrt 11. Jg. (1920) S. 84—87

Die Modellversuchsanstalt in Göttingen[1]

Meine Herren! Meine Absicht ist, Ihnen eine kurze Schilderung zu geben, wie es in der Göttinger Modellversuchsanstalt aussieht. Mehr habe ich nicht beabsichtigt. Ich hätte vielleicht mein Thema etwas anders gewählt, wenn ich geahnt hätte, daß der Beschluß gefaßt wird, die nächste Sitzung in Göttingen abzuhalten. Aber da der Vortrag mit Lichtbildern ist, konnte ich ihn im Augenblick nicht mehr umstellen, und so wollen Sie also entschuldigen, wenn in dem Vortrag manches vorkommt, was die Herren, die uns die Ehre schenken werden, nach Göttingen zu kommen, dort bei der Führung noch einmal zu hören bekommen mit Rücksicht auf diejenigen, die dann neu dazukommen werden.

Ich möchte zu Beginn ein paar Worte darüber sagen, wie es gekommen ist, daß eine solche Anstalt gerade in Göttingen entstanden ist, und unter welchen Bedingungen sie entstanden ist.

Der Anfang leitet sich her von der Motorluftschiff-Studiengesellschaft, die 1906 gegründet worden ist. Ich bin seinerzeit auf Vorschlag des geistigen Leiters der Göttinger Mathematik und Physik, Felix Klein, durch Exzellenz Althoff, der ja der eigentliche Gründer der Motorluftschiff-Studiengesellschaft war, in deren technischen Ausschuß gewählt worden und habe dort darauf hingewiesen, daß ähnliche Modellversuche ausgeführt werden müßten, wie es im Schiffbau schon längst üblich war. Die Sache fand Beifall und die Motorluftschiff-Studiengesellschaft bewilligte nach meinen Vorschlägen eine Summe von 20000 Mark. Mit dieser Summe ist diese erste kleine Anstalt in Göttingen im Spätherbst 1907 zu bauen begonnen worden. 1908 wurde sie fertig und eingerichtet. Dann wurde allmählich die Einrichtung, die ja aus dem Nichts geschaffen werden mußte, erprobt, und 1909 waren wir dann an der praktischen Arbeit. Diese kleine Anstalt hat während des Krieges noch fest gearbeitet und hat einen großen Teil des Versuchsmaterials, das in den technischen Berichten der Flugzeugmeisterei mitgeteilt ist, ausgeführt. Sie war von vornherein ein Provisorium, deshalb ist es klar, daß sie auf die Dauer nicht genügen konnte. Sie war auch mit zu kleinen Mitteln gemacht. Es war ja seinerzeit richtig, nicht gleich groß zu bauen, sondern erst die Verhältnisse zu

[1] Der Wortlaut des Vortrags ist auf Grund des Stenogramms wiedergegeben. Eine wesentlich ausführlichere Beschreibung wird in einiger Zeit in einem Buch erscheinen, das die Forschungsergebnisse der Anstalt zum Hauptinhalt haben wird.

studieren. Der kleine Bau hat aber darüber hinaus, daß er Studienobjekt für eine endgültige Anstalt war, auch praktische Arbeit genug geleistet.

Die Bestrebungen für einen zweiten Bau gehen ziemlich weit zurück. Eine erste Denkschrift habe ich im Februar 1911 verfaßt. 1912 gewannen wir dafür das Interesse der Kaiser-Wilhelm-Gesellschaft zur Förderung der Wissenschaften. Es war wieder Felix Klein, der mich dazu ermunterte, und es war — das muß ich hier ganz besonders betonen — unser bisheriger Vorsitzender, unser jetziges Ehrenmitglied, Herr Geheimrat v. Böttinger, der die keineswegs leichten Verhandlungen bei der Kaiser-Wilhelm-Gesellschaft mit solcher Energie gefördert hat, daß wir 1914 so weit waren, daß das Projekt nahe vor der Verwirklichung stand.

Es kam der Krieg und brachte unsere Pläne zum Stillstand. Man rechnete ja mit einem kurzen Kriege; niemand dachte daran, sofort die wissenschaftliche Arbeit stärker aufzunehmen. Aber zu Beginn des Jahres 1915, als man sah, daß die Sache länger dauern würde, fingen wir auf einem neuen Wege wieder an, unser Ziel zu erreichen, und zwar diesmal mit Unterstützung der Militärbehörden. Die Kaiser-Wilhelm-Gesellschaft hatte auf Grund einer Eingabe von mir, die im übrigen durch unseren Ehrenvorsitzenden, den Prinzen Heinrich, wesentlich gefördert worden ist, erreicht, daß die Kriegsverwaltung einen Betrag von zunächst 200000 Mark, der später auf 300000 Mark erhöht wurde, à fonds perdu zu der Anstalt gab. Auf dieser Grundlage konnten wir etwas Großes und nach dem Stande unserer Technik Vollendetes schaffen. Es war uns der Weg geebnet, um die Pläne, die wir hatten, zu verwirklichen, und zwar in einem über das Projekt von 1912 erheblich hinausgehenden Maßstabe.

Natürlich gab es schon 1915, noch viel mehr aber während der eigentlichen Bauzeit, allerhand Hemmnisse. Der Bau unterlag manchen Schwierigkeiten, ebenso die Lieferung der Apparate, und so verzögerte sich, nachdem wir im Herbst 1915 den Grundstein gelegt hatten, die Betriebseröffnung bis zum Ausgang des Winters 1916/17. Seit dieser Zeit ist die Anstalt tätig und hat unter dauernder Vermehrung des Personals für die Bedürfnisse der Heeresverwaltung und der Flugzeugfabriken gearbeitet. Daneben ist die wissenschaftliche Arbeit nicht vernachlässigt worden. Darüber konnte ich Ihnen ja im vorigen Jahre in Hamburg in einem theoretischen Vortrag berichten.

Die Anstalt hat zuletzt, wie ich hier erwähnen will, ein Personal von 50 Köpfen gehabt, Ingenieure, Angestellte und Arbeiter zusammengenommen. Jetzt ist diese Belegschaft wieder auf ein Drittel dieser Zahl eingeschrumpft. Es ist klar, daß ein solcher Hochbetrieb — wir haben damals in zwei Schichten täglich gemessen — nach dem Kriege nicht mehr aufrechterhalten werden konnte. Es war auch das Bedürfnis nicht mehr dazu vorhanden. Lange Zeit waren wir in banger Sorge, ob wir die Anstalt nicht überhaupt aus Mangel an Mitteln schließen müßten. Denn sie war doch im Kriege nicht lange genug im Betrieb, um selbst Geld in nennenswerter Menge zu verdienen. Sie hat dauernd Zuschüsse der Heeresverwaltung gebraucht, die für alle ungedeckten Unkosten großmütig aufkam. Wir haben jetzt die Hoffnung, daß die Anstalt, die in den letzten Jahren so von der Hand in den Mund leben mußte, auf festere Füße gestellt werden wird. Ich will erwähnen, daß sich am 3. Dezember ein Verein gegründet hat, der mit Mitgliederbeiträgen von 1000 Mark aufwärts die Anstalt stützen will, zunächst auf fünf Jahre, und ich möchte auch in diesem Kreise an diejenigen, die in der Lage sind, die Anstalt in dieser Weise zu stützen, und die der Ansicht sind, daß sie gestützt werden soll, den Appell richten, mit möglichst hohen Beiträgen diesem Verein beizutreten. Ich will nicht unerwähnt lassen, daß die Aussicht besteht, etwa die Hälfte der Betriebskosten der Anstalt aus Reichs- und Staatsmitteln zu decken, während die andere Hälfte von der Kaiser-Wilhelm-Gesellschaft, der Göttinger Vereinigung zur Förderung der angewandten Mathematik und Physik und diesem neuen Unterstützungsverein zusammengebracht werden soll. Es besteht begründete Hoffnung, daß wir auf dieser Grundlage wenigstens die nächsten Jahre hindurch noch so weiterarbeiten können, wie wir es in dem letzten Jahre getan haben.

Ich möchte nun nach diesen Vorbemerkungen dazu übergehen, Ihnen die Bilder vorzuführen, die Ihnen die Entwicklung der Anstalt zeigen.

Was ich Ihnen in Abb. 1 und 2 zeige, das ist die alte kleine Anstalt in den Ausmessungen 9×11 m. Sie erkennen im Grundriß den ringförmig geschlossenen Kanal, in dem ein Schraubengebläse (V) einen Windstrom so in Bewegung setzt, wie die Pfeile angeben. Verschiedene Beruhigungseinrichtungen und Umlenkschaufeln dienen dazu, einen möglichst verlustfreien und störungsfreien Strom hervorzurufen. An der Versuchsstelle erkennen Sie ein Luftschiffmodell (M).

Ich habe dieses Bild hauptsächlich deshalb gezeigt, obwohl es ja aus älteren Aufsätzen bekannt ist, weil Sie daran die Entwicklung sehen, die die Konstruktionsidee genommen hat. Mit Einzelheiten möchte ich mich bei diesem Bild nicht mehr befassen.

In dem Schnitt durch das Haus erkennen Sie wieder die Versuchsstelle mit dem Modell, links sehen Sie in der einen Hälfte das Gebläse und in der anderen Hälfte den sog. Gleichrichter (G_1) dargestellt, ein System von parallelen Kanälen, das die Querströmungen beseitigen soll.

In Abb. 3 sehen Sie die alte Anstalt in dem Zustand kurz vor dem Abbruch 1918. Ich möchte zu dem Abbruch erwähnen, daß wir 1918 den Entschluß gefaßt haben, die beiden räumlich ziemlich weit getrennten Anstalten zu vereinigen. Die alte war auf einem gepachteten Grundstück

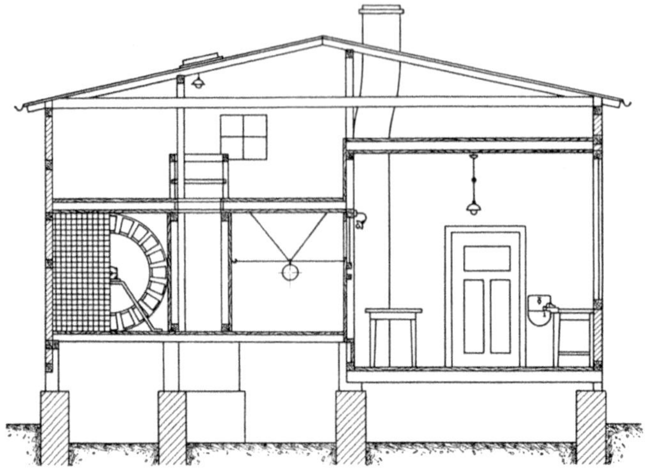

Abb. 1

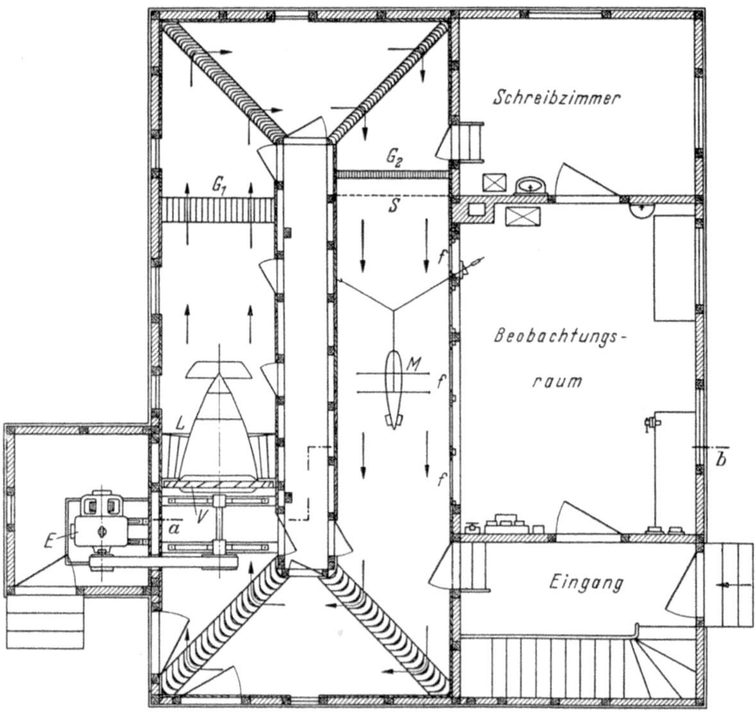

Abb. 2

Abb. 1 u. 2. Alte Anstalt. Unten: Grundriß, oben: Schnitt *a—b* (*V* = Ventilator, *L* = Leitvorrichtung, G_1 und G_2 grober und feiner Gleichrichter, *S* = Sieb, *M* = Modell, *f* = Fenster)

errichtet, woraus sich die Eigenschaft des Provisoriums besonders deutlich ergibt.

Im Gegensatz zu diesem Bild steht nun Abb. 4, die Ansicht der neuen Anstalt von Osten. Hier ein solid gebautes Haus, eine Halle aus Eisen-

Abb. 3. Alte Anstalt, Außenansicht kurz vor dem Abbruch

beton, die die Versuchseinrichtungen enthält, und vorn ein Bürogebäude, das Büro, Werkstatt und Wohnung des Hauswartes enthält. Rechts sehen Sie den Neubau der verlegten kleinen Anstalt, die mit

Abb. 4. Neue Anstalt, Ansicht von Osten

gewissen Verbesserungen jetzt nahezu fertig ist. Sie sollte im Spätherbst 1918 fertig werden, aber den Nachdruck, mit dem gebaut werden sollte, konnten wir nach dem Waffenstillstand nicht aufrechterhalten. Es mangelte bald an Zement, dann war eine Holzlieferung nicht vom Harz heranzubringen wegen Waggonmangel usw. Mit derartigen lieblichen Dingen möchte ich Sie aber nicht weiter aufhalten.

Bei Abb. 5 und 6 müssen wir etwas länger verweilen. Die erstere ist ein Längsschnitt durch die Versuchshalle und den Versuchskanal. Die Halle wird von einem Hand-Laufkran für 4 t bestrichen. Über die Baulichkeiten will ich hier nicht mehr viel sagen. Der Versuchskanal ist auch

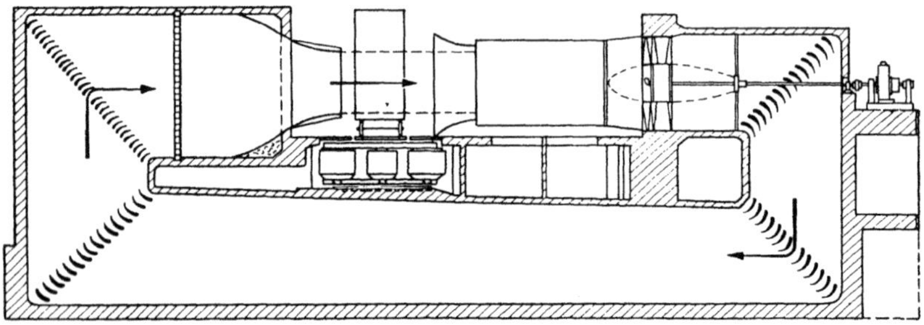

Abb. 5

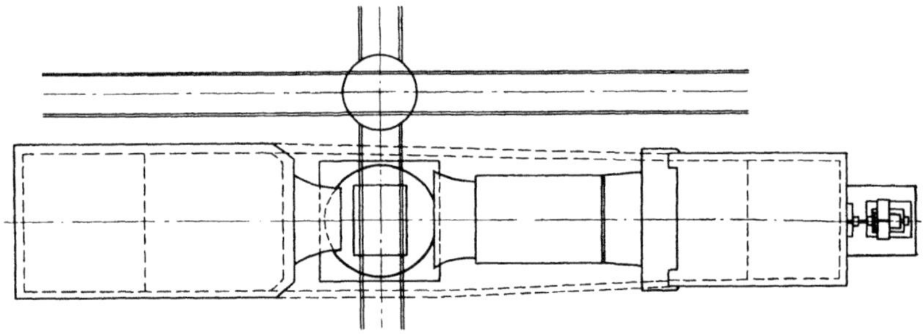

Abb. 6

Abb. 5 u. 6. Neuer Windkanal, Längsschnitt und Grundriß

hier ein vollständiger Umlauf. An dem Kanal wird Ihnen jedoch auffallen, erstens, daß er einen veränderlichen Querschnitt hat, und zweitens, daß er an der Versuchsstelle unterbrochen ist. Die freie Versuchsstelle haben wir dem Vorbild von EIFFEL entnommen. Man erkennt in Abb. 5 die EIFFELsche Düse und den Auffangtrichter, aber im Gegensatz zu EIFFEL, dessen Versuchskanal an der Düse anfängt und hinter dem Gebläse zu Ende ist, und der deshalb, weil an der Meßstelle Unterdruck vorhanden ist, eine luftdichte Kammer haben muß, in der der Experimentierende sich einschließen muß, haben wir die Rückleitung des Luftstromes eingeschlossen und sind dadurch in der Lage, den Versuchsplatz vollständig frei zugänglich zu machen. Wir können mit dem Kran an den Versuchsplatz heran und wir können, was ich hier gleich erwähnen will, die Versuchsgeräte, die Eisenbahnräder haben, auf Schienen fahren. Die Gleisanlage ist aus dem Grundriß Abb. 6 zu erkennen. Um mehr Platz zum Abstellen von Versuchseinrichtungen zu gewinnen, hat die Halle links und rechts zwei Vorbauten erhalten, von denen einer in Abb. 4 zu erkennen ist. Wenn wir also erst einen Tragflügelversuch haben, und es kommt dann ein Schraubenversuch daran, so kann der letztere in einem der Vorbauten vorbereitet werden, und es kann der Schraubenprüfwagen hereingefahren werden, und der Versuch kann beginnen.

Das ist ein großer Vorteil dieser Anlage. Ein anderer Vorteil des Rückführungskanals ist auch der, daß durch die geordnete Luftführung, wo die Luft in den Ecken durch gut geformte Leitschaufeln umgelenkt wird, der Luftstrom sehr ruhig und gleichmäßig wird.

Eine andere Besonderheit, die ich schon in einer ganz alten Göttinger Einrichtung für Wasserströmung hatte, ist die, daß hinter dem Gebläse der Querschnitt sich ganz allmählich erweitert und daß er kurz vor der Meßstelle stark zusammengezogen wird. Wir haben einen Querschnitt von 20 m^2 vor der ,,Düse“ und im Versuchsquerschnitt 4 m^2. Es wird also die Geschwindigkeit auf das Fünffache erhöht, die lebendige Kraft auf das Fünfundzwanzigfache, was zur Folge hat, daß die Unregelmäßigkeiten, die bei der Zuströmung erfolgen, nur Beträge von $^1/_{25}$ der lebendigen Kraft betreffen, die hinterher vorhanden ist. Es ist also ohne eine besondere Ausregulierung auf die Weise sichergestellt, bis auf 4% der lebendigen Kraft oder 2% der Geschwindigkeit, Gleichförmigkeit im Versuchsquerschnitt zu haben, wie ungleichförmig auch der Zustrom sei. Da auch in diesem schon eine leidliche Gleichförmigkeit herrscht, ist sie im Versuchsquerschnitt sehr befriedigend. Im Gegensatz zur alten Anstalt, wo wir die Gleichförmigkeit nur durch mühsame Retusche erhalten konnten, die im Laufe der Zeit öfter nachgearbeitet werden mußte, haben wir hier auf den ersten Schlag einen so gleichförmigen Luftstrom erhalten, wie es nur notwendig war.

Durch die geschilderte Anordnung wird auch sehr an Kraft gespart. In der alten Anstalt hatten wir dadurch, daß alles in demselben Querschnitt vor sich geht, daß also die Gebläsewirbel bei derselben Strömungsgeschwindigkeit in den Beruhigungseinrichtungen vernichtet werden, sehr große Energieverluste. Die Anstalt war in dem Punkt wenig wirtschaftlich. Bei der neuen Anlage ist auf größte Wirtschaftlichkeit gesehen worden. Wir haben deshalb die Beruhigungseinrichtung, nämlich einen sehr engen Gleichrichter mit Kanälen von etwa einem Durchlaß von Daumendicke an die Stelle der kleinsten Geschwindigkeit gelegt, wodurch in der Tat wenig Energie verlorengeht. Die Ausströmungsenergie aus der Düse wird, abgesehen von den Verlusten in der freien Strecke, für den weiteren Kreislauf verwertet, indem der ganze Strom ja wieder aufgefangen wird. Auf diese Weise wird die Luftleistung, also der Transport an kinetischer Energie durch den Versuchsquerschnitt, nahezu das Anderthalbfache von der Gebläseleistung an der Antriebswelle des Gebläses. Das ist dadurch möglich, daß die kinetische Energie durch das Auffangen zum Teil zurückgewonnen ist. Wir haben also an der Gebläsewelle nur etwas über $^2/_3$ der Luftleistung zu leisten.

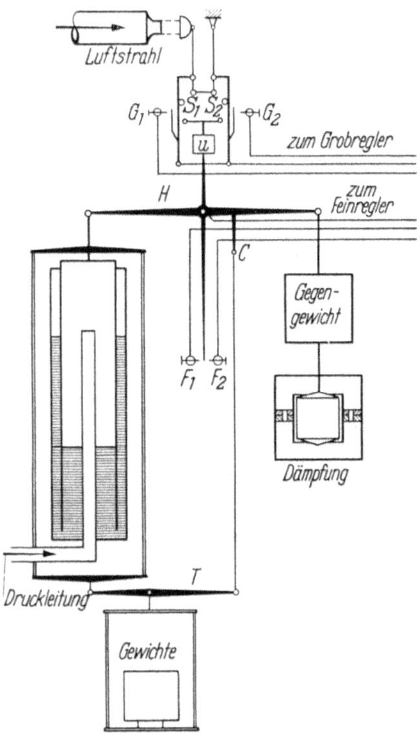

Abb. 7. Schema des Druckreglers (H = Waagebalken, F_1 und F_2 = Feinreglerkontakte, G_1 und G_2 = Grobreglerkontakte, S_1 und S_2 = Anschlagstifte, U = Astatisierungsgewicht)

Es ist weiter zu sprechen über die Motorenanlage. Wir haben in Göttingen Drehstrom zur Verfügung, der ja eine Drehzahlregelung nur schwer gestattet. Infolgedessen haben wir uns einen Umformer hingestellt, einen Drehstrommotor, der eine Dynamomaschine treibt, durch die der Gebläsemotor angetrieben wird. Mit diesem Maschinensatz ist noch eine kleinere Dynamomaschine für den Antrieb der Schraubenprüfanlage und eine Erregermaschine gekuppelt.

Die beiden Dynamos sind sog. LEONARD-Dynamos, sind also in der bekannten Schaltung ausgeführt, daß sie mit veränderlicher Spannung arbeiten, so daß die Gebläsewelle mit allen Drehzahlen arbeiten kann. Wir können die Gebläsewelle mit 50 Umdrehungen und mit 1100 Umdrehungen in der Minute laufen lassen und mit allen Drehzahlen dazwischen. Hierzu ist ein Reglersystem aus je einem Grobregler und einem Feinregler bestehend, vorhanden, das auf die Felderregung der Dynamos einwirkt. Der Feinregler ist in der neuen Anstalt ebenso wie in der alten automatisch betätigt durch eine Druckwaage, durch den „Druckregler“.

Abb. 7 gibt ein Schema des Druckreglers. Das ist reichlich verwickelt, und ich möchte hier seine Einrichtung nicht bis ins einzelne erklären. Das Wesentliche ist folgendes: der Überdruck, der in dem Düsenkasten herrscht, also in dem Raum, in dem die Verengung von 20 m² auf 4 m² vor sich geht, wird in das mit einer Sperrflüssigkeit gefüllte Gefäß unter einen Becher geleitet. Die Abbildung zeigt, wie durch den Druck der Spiegel innen tiefer steht als außen. Dem entspricht ein Auftrieb des

Bechers, der auf die Waage wirkt (H = Waaghebel). Die Waage ist durch unten aufgelegte Gewichte beschwert. Es ist ein Gewichtssatz, der so abgestuft ist, daß wir durch Auflegen der Gewichte 10, 15, 20 usw. bis 50 m/sec Windgeschwindigkeit einstellen.

Die Einrichtung ist in der neuen Anlage vollautomatisch, während in der alten noch eine grobe Regulierung von der Hand dazu nötig war. Wir brauchen in der Tat hier, wenn die Waage erst einmal belastet ist, nur auf einen Knopf zu drücken, und die ganze Maschinerie setzt sich in Bewegung und stellt sich auf die Geschwindigkeit ein, bei der die Waage spielt. Durch Drücken auf einen anderen Knopf stellt sich die ganze Maschinerie wieder ab.

Ich habe noch nicht von der Leistung gesprochen. Es handelt sich um eine Leistung von 300 PS an der Gebläsewelle. Wenn man an ein so kleines Elektrizitätswerk wie das Göttinger angeschlossen ist, ist man genötigt, auf das Werk Rücksicht zu nehmen und nicht allzu große Belastungsstöße zu machen. Der automatische Regler sorgt dafür, daß die Einschaltung genügend langsam vor sich geht.

Die Einrichtung will ich ganz kurz andeuten. Die Grobreglersteuerung ist in Abb. 7 oberhalb des Waagebalkens zu erkennen. Sie ist durch eine besondere Einrichtung mit einer Vorspannung versehen, so daß sie nur in Tätigkeit treten kann, wenn die Waage um grobe Beträge einseitig belastet ist. Sobald die Sache ungefähr stimmt, ist der Grobregler ausgeschaltet, und der Feinregler übernimmt die Arbeit, dessen Kontakt in Abb. 7 unter dem Waagebalken zu erkennen ist. Es ist nun dafür gesorgt, daß der Feinregler, wenn er an das Ende seiner Regulierung kommt, den Grobregler eine Stufe weiter schaltet und dann noch eine Stufe, und dies in einem langsamen Tempo, so daß, sobald die Sache stimmt, der Feinregler seine Arbeit wieder übernimmt.

Es war bei dieser Regulierung die Schwierigkeit vorhanden, daß nicht wie bei einer Dampfmaschine auf eine ganz bestimmte Drehzahl zu regulieren war, sondern die Sache mußte gehen bei Geschwindigkeiten von 5 bis 50 m, also in einem Bereich von 1 : 10. Diese Anforderung wird an keinen Kraftmaschinenregler gestellt. Infolgedessen hatten wir auch nötig, allerhand Witze aufzubringen, auf die wir, wie ich gern bestätigen will, erst im Laufe der Zeit gekommen sind: z. B. eine Stabilisierung des Waaghebels durch das Gestänge $C\ T$. Der Waaghebel wird hierdurch um so steifer in seinen Schwingungen, je mehr Gewichte daran hängen. Er ist durch das über dem Drehpunkt angebrachte Gewicht U so ausbalanciert, daß er fast astatisch schwingt, wenn die Waage unbelastet ist.

Es sind noch mehr Einzelheiten daran, die hier auf dem Bilde nicht angegebenen sind, und über die ich aus Mangel an Zeit nicht weiter sprechen will, so z. B. eine Art von „Rückführung“ zur Verhütung des

Überregulierens, eine verstellbare Dämpfung zur Beruhigung von Schwingungen usw.

Wir kommen jetzt zu den Versuchseinrichtungen. Zunächst in Abb. 8 ein genaueres Bild der Düse. Hierbei ist zu erwähnen, daß die Düse etwas drehbar ist. Man kann sie etwas auf und ab und rechts und links schwenken. Das ist nötig zur Justierung, wenn z. B. der Luftstrom etwas in die Höhe gerichtet ist. Man zerlegt ja die Kräfte an der Waage nach der Senkrechten und nach der Waagerechten. Bei der Eichung dieser Waage kommt nämlich die Schwere zur Wirksamkeit, denn man hängt dabei an

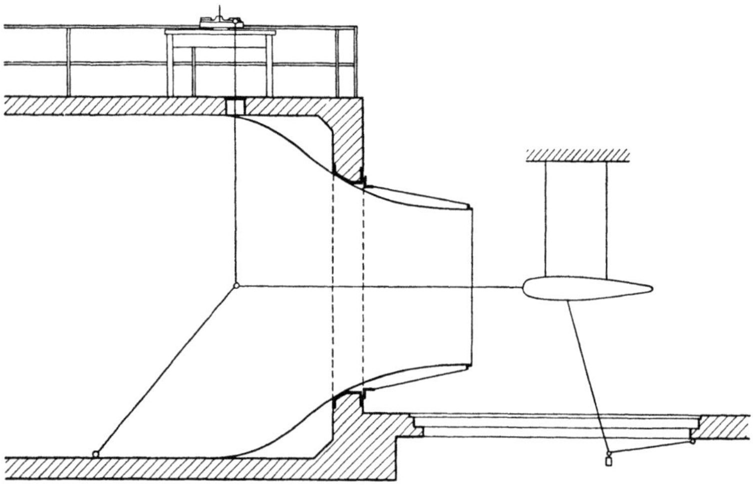

Abb. 8. Düse und Modellaufhängung für einfache Widerstandsmessung

die Waage Gewichte und sieht, wie die horizontale und vertikale Waage ausschlägt. Wenn der Luftstrom nicht waagerecht ist, ergibt sich also eine ungenaue Komponenten-Zerlegung, und da die Widerstände klein, die Auftriebe groß sind, macht der Fehler im Widerstand durch eine Komponente des Auftriebes sehr viel aus. Wir machen deshalb eine Kontrollmessung, indem wir einen Tragflügel einmal mit der gewölbten Seite nach oben und ein anderes Mal mit der gewölbten Seite nach unten messen. Das muß das Gleiche ergeben. Wenn nicht, dann steht die Düse falsch. Das ist ein wesentlicher Gesichtspunkt für genaue Messungen.

Abb. 8 zeigt eine Anordnung, die wir besonders in der ersten Zeit, als unsere Versuchseinrichtung noch nicht ganz fertig war, benützt haben, um einfache Widerstände zu messen. Das Modell hängt an den senkrechten Drähten. Der Draht unten mit dem Gewicht dient dazu, den waagerechten Meßdraht in Spannung zu halten. Dieser verzweigt sich in der Düse in zwei Drähte, wobei sich der zu messende Widerstand in zwei Kräfte nach diesen Richtungen zerlegt. Der eine Draht führt zu einer

Waage, die oben auf dem Düsenkasten steht, an der dann die Kraft abgelesen werden kann. Diese Einrichtung haben wir besonders benutzt, um naturgroße Objekte in den Versuchsstrom hereinzuhängen und ihren Widerstand zu messen. Verschiedene veröffentlichte Messungen sind auf diese Weise gemacht worden.

Abb. 9 zeigt eine Ansicht der Düse. Man erkennt hier eine Reihe von diagonal gespannten Stangen; diese dienen dazu, die erwähnte Justierung auszuführen. Die Düse selbst ist aus Blech auf einem Holzrahmen erbaut. Sie wird von einem Gußeisenring an der Mauer und von einem mit den Spannstangen an diesem befestigten leichten Eisenfachwerk getragen. Im übrigen wäre vielleicht dem, was ich über den Versuchskanal sagte, noch anzufügen, daß dieser, abgesehen von der Strecke zwischen der Düse und dem Gebläse, die aus Holz und Eisen gebaut ist, aus Eisenbeton besteht. Diese Bauart hat sich sehr bewährt. Auch die Umlenkschaufeln sind aus Eisenbeton gemacht, ähnlich wie Kanalisationsröhren hergestellt werden, und einfach mit dem Kran eingesetzt und vermauert.

Abb. 9. Ansicht der Düse. Im Vordergrund: Apparat zur Aufzeichnung von Geschwindigkeits- und Druckverteilungen

Die Einrichtung, die im Vordergrund von Abb. 9 dargestellt ist, dient zur Messung von Geschwindigkeitsverteilungen in dem Luftstrom, einerseits zur Prüfung der Gleichförmigkeit des Luftstromes, anderseits aber auch zur Ausmessung des Geschwindigkeitsfeldes in der Umgebung der Körper. Die Versuchseinrichtung ist noch verhältnismäßig neu, wir haben erst einige Versuche damit gemacht. Sonst hätte ich Ihnen ein Diagramm der Gleichförmigkeit des Luftstromes hier projiziert. Wenn ich es nicht tue, liegt es lediglich daran, daß unser registrierendes Manometer noch eines Umbaues bedarf, um wirklich sauber zu arbeiten. Aber ich denke, in Göttingen Ihnen derartige Diagramme vorlegen zu können. Die Einrichtung ist so, daß auf einem Wagen, der auf den beiden Holzschienen waagerecht verfahren werden kann, ein Turm aufgebaut ist, an dem ein zweiter Wagen lotrecht fährt, und durch diesen hindurch schiebt sich eine Lanze, die am Ende ein Staugerät trägt. Wir können so an alle Punkte hinkommen. Durch ein Schreibgerät für den Staudruck wird eine Linie aufgenommen, die bei einer dieser Bewegungen entsteht; wir können sowohl lotrecht wie waagerecht schreiben.

Abb. 10 und 11 zeigt eine Einrichtung, die sich am Versuchsplatz unter dem Fußboden befindet. (In Abb. 8 ist ihr Platz leer gelassen, entsprechend dem Zustand Anfang 1917.) Das ist ein sehr merkwürdiges Objekt: eine Drehscheibe mit Schwimmern und mit einer Versenkung. Wenn nämlich die Versuchsgeräte, die ja zunächst auf Rädern stehen, hereingefahren sind, darf man sie nicht auf Rädern stehenlassen, sondern muß sie auf feste Füße stellen, weil nur so genaue Wägungen möglich sind. Infolgedessen muß man, um die ziemlich schweren Geräte — es handelt sich um 500 bis 1500 kg — auf feste Füße zu stellen, eine besondere Einrichtung haben. Wir haben die Anordnung getroffen, daß der mittlere Teil des Geleises auf vier Schraubenspindeln abgesenkt werden kann, so daß dann die Einrichtung auf feste Füße zu stehen kommt. Diese festen Füße stehen entweder außerhalb der Drehscheibe oder nach Bedürfnis auch auf der Drehscheibe, wodurch die ganze Meßeinrichtung um mäßige Winkel geschwenkt werden kann (so daß wir also z. B. eine Schraube auch einmal schräg anblasen können).

Die Einrichtung hat nun, abgesehen davon, daß man sie auf einem Laufkranz *a* drehen kann, die weitere Besonderheit, daß ein Teil davon schwimmen kann. Sie sehen auf Abb. 10 und 11 große Töpfe *g*, und zwar sind es vier an der Zahl. In dem unteren Bild ist die untere Hälfte Draufsicht, die obere Hälfte ist ein Schnitt unterhalb der Decke des Versuchsraumes.

Der sog. schwimmende Rahmen *c* wird, wenn man Wasser in die Töpfe *g* hineinfüllt, von den Schwimmern getragen. Durch verschiedene Wasserfüllung der Töpfe wird ein Auftrieb erzeugt von 0 bis 2000 kg, so daß wir die schwersten Gegenstände darauf zum Schwimmen bringen können. Das Schwimmen hat den Zweck, daß eine horizontale Verschieblichkeit nach allen Seiten vorhanden ist, so daß, wenn wir an dem Objekt eine oder mehrere Waagen anbringen, wir dadurch die Kräfte messen können, ohne mit Reibungen kämpfen zu müssen.

Sie sehen in Abb. 10 als Beispiel ein Fahrgestell, das mit der Achse senkrecht aufgebaut ist, einfach verspannt, wie der Mast eines Schiffes, und das nun angeblasen werden kann. Dadurch, daß alles auf einer Drehscheibe ist, können wir es von allen Seiten anblasen.

Allerdings will ich erwähnen, daß wir bisher nur die Einrichtung für reine Widerstandsmessungen eingebaut haben. Sie soll aber auch noch für Seitenkraftmessungen ausgebaut werden.

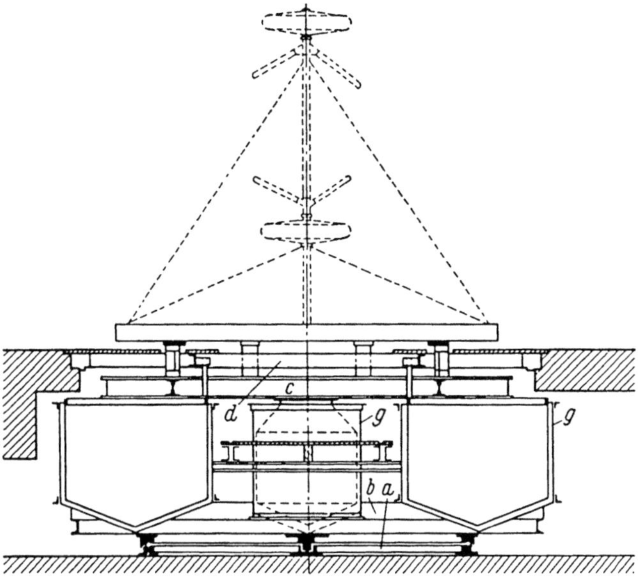

Abb. 10

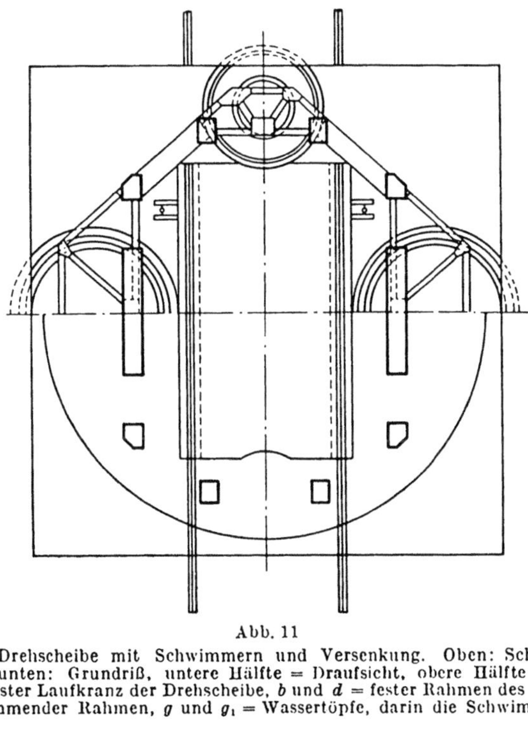

Abb. 11

Abb. 10 u. 11. Drehscheibe mit Schwimmern und Versenkung. Oben: Schnitt parallel der Windrichtung; unten: Grundriß, untere Hälfte = Draufsicht, obere Hälfte: Schwimmender Rahmen. (a = fester Laufkranz der Drehscheibe, b und d = fester Rahmen des drehbaren Teiles, c = schwimmender Rahmen, g und g_1 = Wassertöpfe, darin die Schwimmerkörper)

Das nächste Bild, Abb. 12, zeigt Ihnen das Schema derjenigen Meßeinrichtung, mit der wir vorwiegend gearbeitet haben, der sogenannten „Dreikomponentenwaage", die Auftrieb, Widerstand und Moment mißt. Sie ist nach dem Schema der wohlbewährten Einrichtung in der alten Anstalt gebaut mit einigen konstruktiven Verbesserungen und Einrichtungen,

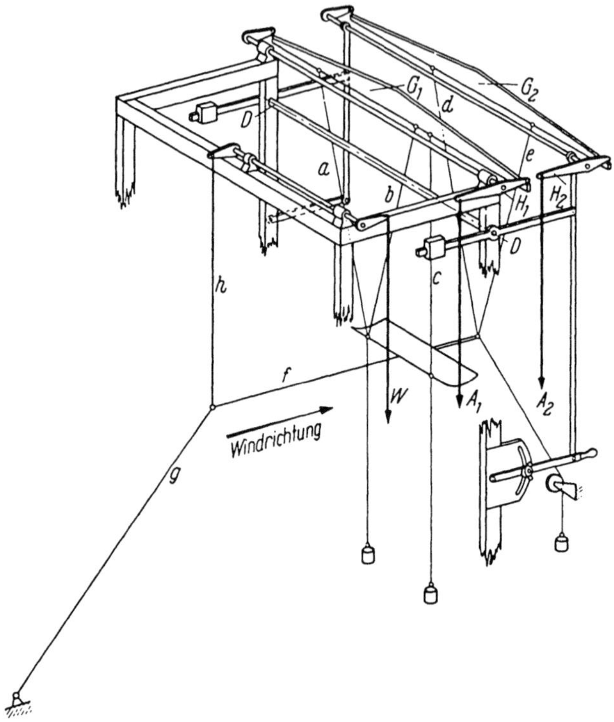

Abb. 12. Schema der Dreikomponentenwaage. (W = Widerstandswaage, A_1 und A_2 erste und zweite Auftriebswaage. Ablesewaagen sind fortgelassen)

auch für größere Kräfte. Die Tragflächen werden gewöhnlich kopfüber aufgehängt, damit der Auftrieb uns die Drähte spannt, anstatt sie zu entlasten. Im umgekehrten Falle kann es vorkommen, daß das Modell, wenn es nicht genügend beschwert ist, vom Auftrieb hochgehoben wird und bei dem hierauf folgenden Umkippen im Fallen die Drähte zerreißt. Auf die angegebene Weise jedoch kann nichts passieren. Wenn das Modell nicht schwer genug ist, um bei negativem Auftrieb zu halten, werden noch ein paar Gewichte an Spanndrähten darangehängt.

Das Modell ist aufgehängt an drei Systemen von Drähten: in der vorderen Ebene in einem Drahtsystem von drei Drähten (a, b, c), hinten an einem „V" (d, e) und außerdem einem letzten Draht (f) nach vorn, dem Luftstrom entgegengerichtet. Das sind sechs Drähte, entsprechend den sechs Freiheitsgraden des starren Körpers. Die Aufhängung ist statisch bestimmt, was sehr notwendig ist, damit alle Messungen glatt vor sich gehen. Irgendwelche derartigen Wägeeinrichtungen statisch bestimmt zu machen, ist ein durchaus wichtiger Grundsatz für eine zuverlässige Mehrkomponentenwaage, auch bei der Ausbildung der Gelenke der Waage ist überall darauf Rücksicht genommen. Es sind hier, wie ich erwähnen will, bei der Ausbildung der Waagschneiden eine Reihe von neuen Konstruktionen erwachsen.

Sie sehen nun, daß das vordere Drahtsystem an einer Brücke (G_1) hängt und das hintere an einer anderen Brücke (G_2). Die Aufhängepunkte können beliebig auf den Brücken verschoben werden. Die Brücken hängen nun an Waaghebeln, die zu je zweien durch eine Welle verbunden sind, so daß die Brücke parallel geführt ist. Auf der anderen Seite jedes vorderen Hebels (H_1 und H_2) greift je eine Zugstange an, die zu den mit A_1 und A_2 bezeichneten Pfeilen führt. In der Abbildung sind die Ablesewaagen absichtlich weggelassen. Sie befinden sich in Wirklichkeit ungefähr da, wo die Buchstaben stehen.

Der Widerstandsdraht f überträgt wieder wie in Abb. 8 seine Kraft auf zwei weitere Drähte g und h, deren letzterer an dem Hebel der Waage W angreift.

Im übrigen bedarf es wohl keiner Erwähnung, daß in Wirklichkeit diese Achsen nicht etwa in Lagern laufen, sondern in wohlausgebildeten Waagschneiden. Die Lager sind hier nur gezeichnet, um das Schema einfacher zu machen. Wie in der alten Anstalt kann die Waage A_2 mit allem Zubehör gehoben und gesenkt werden, um den Anstellwinkel des Modells zu ändern. Dies geschieht mittels des Hebels, der unten rechts zu erkennen ist, den man in verschiedenen Höhenlagen einstellen kann. Bei der Verstellung dieses Hebels, der mit den anderen Konstruktionsgliedern ein Parallelogramm bildet, so daß der Anstellwinkel des Modells mit dem Winkel des Hebels, der an einer Gradteilung abgelesen werden kann, übereinstimmt, wird um den Hebel hier die Waage A_2 auf- und abgeschwenkt.

Die Waage W gibt den Widerstand, die Waage A_1 gibt den Auftriebsanteil in der vorderen Ebene, die Waage A_2 den Auftrieb in der hinteren Ebene. Natürlich wird die Messung so gemacht, daß man zunächst alle Waagen ohne Wind abliest bzw. mit Tariergewichten auf Null stellt, dann den Wind anstellt und jetzt mit Wind wieder abliest; die Differenz der beiden Ablesungen gibt die Windkraft. Man kann auf diese Weise mit beliebig schweren Modellen arbeiten. Unsere Modelle sind meist massiv aus Gips auf einer Blechunterlage hergestellt.

In Abb. 13 sehen Sie ein Modell, gesehen aus dem Auffangtrichter, also von der Gebläseseite her gegen die Düse, mit seinen Aufhängedrähten. Man erkennt das vordere Drahtsystem a, b, c und das hintere Drahtsystem *d, e*. Der Widerstandsdraht ist nicht zu sehen, dagegen der vom Widerstandsdraht hochgehende Draht; der nach unten führende Draht ist ein Spanndraht, der die ganzen Drähte unter Spannung hält. Sie sehen im übrigen unsere Geschwindigkeitsmessung, die sehr einfach ist. Es ist ein kleines Staugerät, das oben links angebracht ist und in den Wind oben hereinreicht. Der Wind ist so gleichmäßig, daß wir nicht das Staugerät hin und her zu bewegen brauchen. Es genügt daher, es auf einen Punkt einzustellen.

Abb. 13. Modellaufhängung zur Dreikomponentenwaage, aus dem Auffangtrichter gegen die Düse gesehen

Eine Ansicht vom Versuchsplatz aus gegen das Gebläse zeigt Abb. 14. Was sie hier sehen, ist der Auffangtrichter und das Rohr, das die Luft dem Gebläse zuführt. Dieses Rohr ist eingeschaltet, weil wir uns vorbehalten haben, hier noch eine Ableitung des Windes durch den Keller nach dem Freien und eine Ansaugung von Frischluft aus dem Freien

Abb. 14. Ansicht des Versuchsplatzes gegen das Gebläse. (Links die Dreikomponentenwaage, ganz rechts die Hauptschalttafel)

in einem zweiten Kanal zum Gebläse zu machen, um solche Versuche durchzuführen, die Lufterneuerung nötig haben, wie z. B. Kühlerversuche, wobei der Luftstrom fortwährend aus Frischluft bestehen muß. Die Einrichtung ist bisher aber noch nicht ausgebaut. Im Vordergrunde steht die Dreikomponentenwaage.

In Abb. 15 zeige ich Ihnen nun noch das Schema einer Waage, die die Aufgabe erfüllen soll, sechs Kraftkomponenten zu messen, nämlich die drei Momente um die drei Hauptachsen: Moment um die Querachse, Moment um die Längsachse und Moment um die Hochachse. Diese Waage ist im wesentlichen fertig. Daß sie noch nicht im Betrieb ist, liegt hauptsächlich daran, daß wir während des Krieges nicht die Muße gehabt haben, diesen Apparat, der natürlich sehr kompliziert ist, fertig zu justieren. Wir sind aber jetzt daran und hoffen, bis zu Ihrem Besuch den Apparat im vollen Betrieb vorführen zu können.

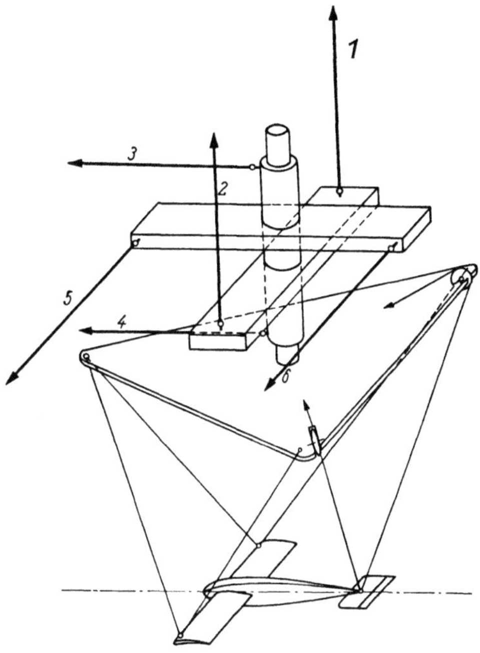

Abb. 15. Schema der Sechskomponentenwaage (die Zugstangen *1* und *2* liefern Auftrieb und Querrudermoment, *3* und *4* Widerstand und Höhenrudermoment, *5* und *6* Seitenkraft und Seitensteuermoment)

Ich will hier nur die Idee zeigen. Das Modell hängt wieder an sechs Drähten, diese sind aber hier an einer starren Scheibe befestigt. Die Kräftezerlegung erfolgt nicht am Modell, sondern an dieser Scheibe. Sie sehen hier die einfach als Pfeile angedeuteten Zugstangen, die die sechs Kraftkomponenten liefern. 1 und 2 geben zusammen den Auftrieb und in ihrer Differenz geben sie das Moment um die Längsachse; 3 und 4 geben den Widerstand und das Moment um die Querachse; 5 und 6 geben die Seitenkraft und das Moment um die Hochachse. An diese Stangen schließt sich noch ein Hebelsystem an, wobei die Zerlegung in Kraft und Moment jedesmal auch noch durchgeführt wird und außerdem der Momentenpunkt in die Mitte des Luftstromes gelegt wird.

Dieses komplizierte Hebelsystem erspart uns dann alle Rechnungen, und wir sehen an sechs Ablesewaagen, die in diesem Fall auch automatisch arbeiten, sofort das Resultat, nämlich die drei Kräfte und die drei Momente fix und fertig ausgerechnet, natürlich noch behaftet mit dem Widerstand der Drähte, der hinterher noch rechnerisch abgezogen werden muß. Wir haben uns da eine große Aufgabe gestellt, und daran hat es gelegen, daß die Waage solange zu ihrer Fertigstellung gebraucht hat.

In einem letzten Bild (Abb. 16 und 17) will ich noch die Schraubenprüfanlage zeigen, die auch nach einem neuen Gesichtspunkt entworfen ist. Alle Schraubenprüfanlagen müssen ja das Drehmoment der Schrauben und den Schub messen. Für den Schub bedarf man bei der gewöhnlichen Konstruktion einer längsverschieblichen Kupplung. Die bis jetzt bekannten längsverschieblichen Kupplungen bringen ein Moment in die Konstruktion, das sich mit genauer Wägung schlecht verträgt. Sie haben meistens Kugelführungen. Die Kugeln schlagen sich bei dem Kraftbetrieb mit der Zeit etwas in die Führung ein, und dann ist es mit der Meßgenauigkeit vorbei. Man müßte immer wieder die Laufflächen abschleifen oder durch neue ersetzen. Hier ist an Stelle einer längsverschieblichen Kupplung die ganze Einrichtung auf den „schwimmenden Rahmen" gesetzt, der in der Abbildung unten zu erkennen ist. Jetzt können wir, weil das ganze Getriebe horizontal schwimmt, die Schubwaage einfach an dem schwimmenden Rahmen angreifen lassen und sich um die längsbewegliche Kupplung herumgekommen. Das Drehmoment wird in dem Fall auch so gemessen, daß eine Waage das Kräftepaar aufnimmt, wobei der Schwimmer so eingerichtet ist, daß er gerade im indifferenten Gleichgewicht schwimmt.

Ich will nicht weiter auf Einzelheiten eingehen, sondern nur noch erwähnen, daß ein 50 PS-Elektromotor die Schraube mittels eines doppelten Kegelrädergetriebes antreibt. Dabei sind die ganzen Getriebeteile durch eine Umkleidung so eingehüllt, daß der Luftstrom nicht an sie herankommen kann. Sonst würde er auch Luftkräfte auf das Gestell ausüben, die den Schraubenschub fälschen würden. Wir können natürlich den kleinen Rumpfkörper hinter der Schraube durch Flugzeugrümpfe verkleiden. Wir brauchen dann nur diese Verkleidung selbst wieder an einer Waage beweglich machen, um die Wechselwirkung zwischen Rumpf und Schraube zu studieren.

Die Versuchseinrichtung für Schrauben ist bisher noch nicht in Tätigkeit getreten, weil die Maschinenfabrik durch die augenblicklich schwierigen Produktionsverhältnisse die Chrom-Nickel-Stahlzahnräder mehrere Male neu machen mußte, weil immer wieder ein Fehlguß oder ein Werkstattfehler vorgekommen war. Ich will noch erwähnen, daß wir die Schrauben, die 1 m Durchmesser haben, bis zu 5000 Umdrehungen betreiben wollen, um auf eine möglichst hohe Geschwindigkeit zu kommen zu dem Zweck, die Einflüsse der Kompressibilität der Luft studieren zu können.

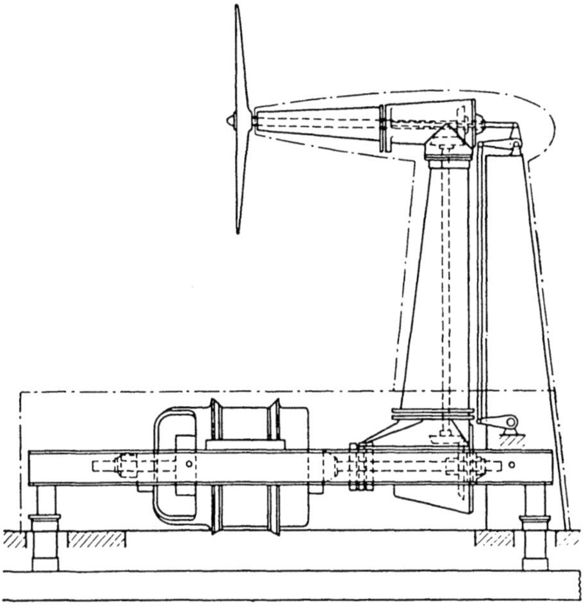

Abb. 16

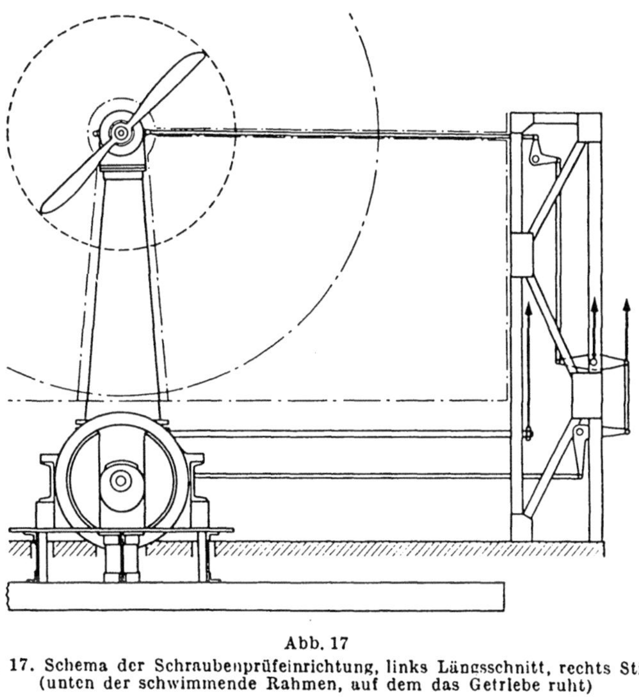

Abb. 17

Abb. 16 u. 17. Schema der Schraubenprüfeinrichtung, links Längsschnitt, rechts Stirnansicht (unten der schwimmende Rahmen, auf dem das Getriebe ruht)

Meine Herren! Damit habe ich Ihnen einen kleinen Überblick über die Göttinger Anstalt gegeben. Ich möchte der Beschreibung noch ein paar Zahlen nachtragen, die Sie wohl interessieren werden, nämlich welche Geschwindigkeit wir erreichen. Die Geschwindigkeit war in der alten Anstalt $9^1/_2$ m/sec. Das war natürlich sehr wenig. Aber ich sagte ja, was für ein Provisorium sie war. Die neue Anstalt ist auf 54 m/sec eingerichtet, und die Maschine erlaubt eine Forcierung, so daß wir auch 60 m/sec noch erreichen können, was einer Luftleistung von etwa 800 PS entspricht. Ich glaube, daß die Anstalt, soweit die Nachrichten aus feindlichen Ländern zutreffen, mindestens bis vor kurzem die stärkste und größte der Art war. Daß es möglich war, sie zu schaffen, verdanken wir natürlich der Großzügigkeit unserer Militärverwaltung, der ich hier noch meinen Dank aussprechen möchte.

Ich möchte meinen Vortrag nicht schließen, ohne hervorzuheben, daß ich ohne die hingebende und geistvolle Mitarbeit meiner Göttinger Mitarbeiter nicht in der Lage gewesen wäre, die Sache zu schaffen. Ich will ganz besonders meinen Mitarbeiter Herrn Dr. BETZ erwähnen, der hauptsächlich verantwortlich zeichnet für die Windkanalanlage, die er in Modellversuchen vorher geprüft hat und die bei der Ingangsetzung genau die Windstärke ergab, die wir berechnet hatten. Ich erwähne weiter Herrn Dr. WIESELSBERGER für die Konstruktion von verschiedenen feinen Apparaten. Vieles war auch Kompagnie-Arbeit; beim Druckregler z. B. haben wir alle zusammengearbeitet. Auch sonst ist es häufig nicht möglich, die Urheberschaften zu trennen. Auch Herr BETZ hat sich an den Waagenkonstruktionen stark beteiligt. Auch meinen bauleitenden Ingenieur aus der ersten Zeit des Baues muß ich rühmend erwähnen, Herrn Dr. THOMA, von dem die Idee stammt, den Kanal vertikal zu stellen und ihn aus Eisenbeton zu bauen. Das war tatsächlich ein ganz großer Fortschritt gegen unsere frühere Bauweise. Neben den Genannten haben sich eine Reihe von Herren in rastloser Arbeit mitbetätigt. Ich kann die Namen hier nicht alle nennen, möchte aber auch diesen Mitarbeitern meinen Dank zum Ausdruck bringen. (Lebhafter Beifall.)

Aussprache

Professor Dr. v. PARSEVAL: Meine Herren! Wir alle stehen unter dem Eindruck, daß wir in dem Vortrag des Herrn Professor PRANDTL eine ganz ungewöhnlich große und geistreiche Konstruktion und eine Anstalt gezeigt erhalten haben, die noch berufen ist, der Wissenschaft bedeutende Dienste zu leisten. Ich glaube, in Ihrer aller Sinn zu sprechen, wenn ich dem Herrn Professor PRANDTL und seinen hochverdienten Mitarbeitern unser aller Dank und unsere wärmste Bewunderung für die Sache ausspreche. (Beifall.)

Es würde ganz besonders interessieren, ob bei der Messung bei den vier Schwimmern die Waage nicht etwas unempfindlich wirkt. Wenn auf der einen Seite ein Schwimmer eintaucht und auf der anderen Seite herausgeht, so muß das bei den großen Auftriebsdifferenzen mit den großen Oberflächen Unempfindlichkeit verursachen[1].

Professor Dr. JUNKERS: Meine Herren, verzeihen Sie, wenn ich unter dem Eindruck dessen, was wir soeben gehört haben, noch einmal zurückkomme auf das, was ich mir gestern erlaubt habe, Ihnen vor Augen zu führen. Diese Arbeiten, die in Göttingen geleistet werden, stellen eine Saat dar, die für die Industrie überreiche Früchte tragen kann. Jede Mark, die wir hier anlegen, vertausendfacht sich zweifellos. Wir können stolz darauf sein, daß wir solche Anstalt und solche Männer haben, die in so hervorragender Weise arbeiten. Möchten uns diese Männer nicht aussterben, denen es nicht um den Mammon und um das äußere Ansehen zu tun ist, sondern um die Förderung der Kulturgüter, die doch, wenn man vom deutschen Geist redet, ein wesentlicher Bestandteil unseres deutschen Geistes sind, von dessen beabsichtigter Eroberung der Welt so viel die Rede ist.

Meine Herren, es handelt sich doch hier um ganz verschwindende Summen, die hierbei verzehrt werden, im Verhältnis zu dem, was in der Industrie verbraucht wird, wenn es sich da um Versuche handelt. Da handelt es sich nicht um Hunderttausende, sondern um viele Millionen. Wenn wir also einen kleinen Teil von dem, was in der Industrie an Versuchen verbraucht wird, dem Institut zuwenden, dann ist das, glaube ich, eine Ausgabe, die wohl die wirtschaftlichste ist, die im Industriebetrieb gemacht werden kann.

Meine Herren, ich darf also bei den heutigen Zuständen, wo von seiten des Staates noch nicht die Unterstützung erwartet werden kann, die diese Anstalt verdient, erwarten, daß um so freigebiger die Industrie die Mittel gibt, die ihr selbst wieder reichlich zugute kommen werden. (Beifall.)

In dem weiteren Verlauf der Aussprache wird von den Herren Dipl.-Ing. GSELL, Professor JUNKERS, Professor v. KÁRMÁN und dem Vortragenden im einzelnen über die Frage der wirtschaftlichsten und zweckmäßigsten Anordnung des Windkanals gesprochen. Wegen der mehrfachen, zum Teil durch Mißverständnisse hervorgerufenen Um-

[1] Die Beantwortung dieser Frage ist in der Aussprache versehentlich unterblieben. Prof. PRANDTL bemerkt dazu, daß der Schwerpunkt des schwimmenden Teiles der Schraubenversuchsanlage ziemlich hoch liegt und daß durch passende Wasserfüllung das Seitenmetazentrum beliebig an den Schwerpunkt herangebracht werden kann. Die Seitenschwimmer haben zu diesem Zweck einen nach oben verjüngten Querschnitt erhalten. Dadurch dürfte das Bedenken des Herrn v. PARSEVAL beseitigt sein.

wege dieser Aussprache wird statt des Stenogrammtextes hier nur ein Auszug gegeben.

Herr Dipl.-Ing. Gsell weist darauf hin, daß möglicherweise die Eiffelsche Anlage günstiger in ihrem Kraftverbrauch sein könnte als die Göttinger, da der bei ihr vorhandene Austrittsverlust am Ende der Rohrleitung kleiner ist als die Strömungsverluste in der Rückleitung der Göttinger Anlage. Bei der Göttinger Anordnung würde dadurch, daß man den Querschnitt hinter der Versuchsstelle erst allmählich in einem Diffusor erweiterte, bevor die Rückführung beginnt, noch Kraft gespart werden können.

Professor Prandtl antwortet, daß in der Tat die Anlage von Eiffel anscheinend um 5 bis 10% ökonomischer sei als die Göttinger. Im übrigen sei der Querschnitt der Göttinger Anstalt von der Versuchsstelle über das Gebläse und die Rückführung hin bis zur Düsenkammer stetig erweitert. Verluste entstünden aber in den Umlenkungen, und zwar bei jeder Umlenkung etwa 15% des dortigen Staudruckes. Im übrigen sprächen ja andere Gründe gewichtiger für die Wahl der Anlage als gerade der Gesichtspunkt einer kleinen Verbesserung der Ökonomie. Die Hauptverluste der Rückführung entstehen dadurch, daß die ersten zwei Umlenkungen in einem noch etwas kleinen Querschnitt — rd. 10 m² — vor sich gehen, doch war dies ein Kompromiß mit Rücksicht auf die Baukosten, die bei Verlängerung des Kanals entsprechend höher gewesen wären. Eiffel hat keine Umlenkungen nötig, und spart dadurch etwas Kraft, aber er nimmt in Kauf, daß sein Luftstrom auf irgend unregelmäßigen Wegen durch die Halle zur Ansaugestelle zurückkehrt und dabei allerhand unregelmäßige Wirbel- und Strudelbewegungen mitbringt. Daß Eiffel außer dem in der Schnittzeichnung seiner Anlage in seinem Buch zu sehenden Gleichrichter später noch einen zweiten in den konischen Teil der Düse eingebaut hat, läßt darauf schließen, daß ihm sein Luftstrom vorher noch zu unruhig war. Bei der geschlossenen Windführung hat man den Vorteil eines sehr gleichförmigen Zustromes zur Versuchsstelle, außerdem die sehr angenehme Freizügigkeit der Versuchseinrichtungen durch die Anordnung der Gleisanlage, durch die Benutzung des Kranes usw.

Professor Dr. Junkers berichtet, daß er bei der im Prinzip richtigen Erweiterung des Kanals hinter der Düse die Schwierigkeit gefunden habe, daß die Tragfläche den Strahl ablenke und auf diese Weise der Luftstrom den erweiterten Kanal nicht voll ausfüllt, was die Wirkung der Erweiterung beeinträchtige. Er halte die Göttinger Einrichtung für besser als die Eiffelsche.

Professor v. Kármán schließt sich dieser letzten Ansicht an und führt aus, daß man, wenn man wie bei dem von ihm für die österreichische Heeresverwaltung in Fischamend erbauten Windkanal eine leere Luftschiffhalle zur Verfügung habe, auch mit der EIFFEL-schen Anordnung sehr gute Ergebnisse erzielen könne. Bei dieser Anlage sei ein riesiger Effusor mit einem Enddurchmesser gleich dem 4fachen des Düsendurchmessers angeordnet worden, der etwa 75% der Strömungsenergie wieder in Druck verwandelt. Der Rückstrom sei in dem großen Bauwerk praktisch mit unmerklich kleiner Geschwindigkeit erfolgt. Wenn die Halle nicht zufällig zur Verfügung stehe, sondern erst für den Kanal gebaut werden solle, so wären solche Raumabmessungen der Kosten wegen natürlich ausgeschlossen.

Professor PRANDTL stimmt in seinem Schlußwort diesen Ausführungen zu und betont, daß mit Rücksicht auf die Baukosten, die eine sehr erhebliche Rolle spiele, bei der Göttinger Anlage auf das Maximum der Wirtschaftlichkeit bewußt verzichtet worden sei. Wenn er noch einmal neu zu bauen hätte, würde er das gewählte System jedenfalls beibehalten, wenn auch im einzelnen noch Verbesserungen möglich seien. Er schließt mit einem Dank für die Anerkennung, die ihm von den verschiedenen Rednern zuteil geworden sei und gibt der Bitte Ausdruck, daß alle diejenigen, die in der Lage sind, die Göttinger Arbeiten zu unterstützen, dies auch wirklich tun möchten.

Naturwissenschaften 10. Jg. (1922) S. 169—176

Die Aerodynamische Versuchsanstalt und ihre Bedeutung für die Technik[1]

Die Aerodynamik, die Strömungslehre luftförmiger Massen, war noch zu meiner Studienzeit im Lehrgang der technischen Hochschule etwas völlig Unbekanntes; einige wenige Angaben über den Winddruck auf Bauwerke und über den Luftwiderstand von Eisenbahnzügen, das war alles, was wir auf diesem Gebiet erfuhren. Wenn es heute anders ist, so hat den Löwenanteil daran die Luftfahrttechnik, der gesicherte Kenntnisse in der Aerodynamik eine Lebensnotwendigkeit waren. Sie führte diesem Gebiet, das bis dahin fast nur von Amateuren bearbeitet worden war, wissenschaftlich und technisch geschulte Kräfte, und vor allem auch reichliche Mittel zu, und man kann heute ohne Übertreibung sagen, daß durch die Arbeit der letzten 15 Jahre ein wohlbegründetes und auch in den Einzelheiten wohlausgebautes Lehrgebäude vorliegt, durch das der Luftfahrttechnik sichere Grundlagen für ihre Berechnungen geschaffen sind. Besonders bemerkenswert ist an diesem Lehrgebäude die innige Durchdringung von Theorie und Versuchserfahrung, um die mancher ältere Zweig der Technik die Luftfahrttechnik beneiden könnte[2]. In den Einzelheiten wird es natürlich noch weiterhin viel zu tun geben: Jede neuartige Flugzeugkonstruktion wird auch neue aerodynamische Aufgaben stellen, und auch sonst harren viele feinere Fragen noch der Lösung.

An der Entwicklung der Aerodynamik haben die meisten der großen Kulturländer ihren Anteil, Deutschland mit in der ersten Reihe. Hier war es zuerst die Motorluftschiff-Studiengesellschaft[3] (gegründet von Althoff und Rathenau Vater), die — neben eigenen Versuchen, die Herr v. Parseval leitete — die erste Göttinger Versuchsanlage errichtete. Die Anregung hierzu stammt von dem spiritus rector der Göttinger Mathematik und Physik, Felix Klein[4]. Entwurf und später die Leitung waren mir übertragen. Diese 1907 bis 1908 erbaute Anstalt war von vornherein nur als Provisorium gedacht, hat aber dann doch bis 1918 in Betrieb gestanden und hat bis zuletzt nützliche Arbeit geleistet.

---

[1] Vortrag vor der Hauptversammlung der Kaiser-Wilhelm-Gesellschaft am 6. Dezember 1921.

[2] Vgl. etwa Prandtl, Die neueren Fortschritte der flugtechnischen Strömungslehre. Z. VDI Bd. 65 (1921) S. 959.

[3] Vgl. Jahrbuch der Motorluftschiff-Studiengesellschaft 1906/07 ff.

[4] Vgl. Naturwissenschaften 7. Jg. (1919) S. 307 („Klein-Heft“).

Auf Grund der mit dieser Anstalt gemachten Erfahrungen ging ich, wieder auf Anregung von KLEIN, bereits 1911 daran, den Plan für ein wesentlich umfassenderes Forschungsinstitut auszuarbeiten, das über die flugtechnischen Dinge hinaus dem Gesamtgebiet der Strömungslehre gewidmet werden sollte. In diesen Plänen fand ich kräftige Unterstützung durch Herrn v. BÖTTINGER, der in der Kaiser-Wilhelm-Gesellschaft lebhaft dafür eintrat, daß das von mir geplante Institut als Kaiser-Wilhelm-Institut ausgeführt werden sollte. Zu den Kosten sollte der preußische Staat mit beitragen, wofür die Unterstützung des Kultusministeriums bereits gewonnen war. Die Verhandlungen zogen sich aber hin; als dann 1914 der Krieg ausbrach, mußte man den Plan zunächst fallenlassen. Jedoch zeigte sich bereits 1915, daß die Kriegsbehörden sich für die Sache interessierten, und so kam es dazu, daß derjenige Teil des geplanten Forschungsinstitutes, der mit der Luftfahrt zusammenhing, zur Ausführung kam, und zwar in wesentlich größeren Ausmaßen und wesentlich reicherer Ausstattung als dieses je vorher geplant war. Die kleine Anlage von 1907, die in einem anderen Stadtteil lag, wurde 1918 abgerissen und in verbesserter Form neben dem neuen Hauptbau wieder aufgeführt. Die Anstalt beschäftigte damals eine Belegschaft von 50 Köpfen, die freilich seitdem unter der Einwirkung der äußeren Verhältnisse stark verkleinert werden mußte. Zur Zeit sind es 15, nämlich außer dem Direktor 2 Ingenieure, 4 technische und 2 kaufmännische Hilfskräfte, 4 Handwerker, 1 Helfer und 1 Bote.

Um die Art der Arbeiten der Anstalt verständlich zu machen, muß ich kurz das Wichtigste über ihre *Einrichtungen* sagen. Die Hauptaufgabe der Anstalt ist das Studium des Luftwiderstandes, besonders die Messung der auftretenden Kräfte. Statt die zu untersuchenden *Körper* in einem *ruhenden Luftraum* zu *bewegen*, ist es vorteilhafter, *Luft* gegen *ruhende Körper* zu *blasen*; jedoch sind dabei besondere Vorsichtsmaßregeln zu treffen, damit die Luft ganz gleichförmig und geradlinig gegen den Körper herangeführt wird, da sonst keine genauen Ergebnisse erwartet werden können. Da nun die Luft, die aus einem Gebläse kommt, ähnlich durcheinander wirbelt wie das Wasser, das aus einem Mühlrad herauskommt, so bedarf es besonderer Einrichtungen, um einen solchen gleichförmigen Luftstrom zu erzeugen. Die hierfür in den verschiedenen Versuchsanstalten angewandten Mittel sind sehr mannigfaltig, aber auch von verschiedener Wirksamkeit. Wir glauben mit unserer neuen Anlage hierin das Beste erreicht zu haben, was bisher überhaupt erreicht worden ist. Die Luftführung ist aus Abb. 1[1] zu erkennen. Die Luft wird von einer großen Luftschraube in Be-

---

[1] Anmerkung der Schriftleitung: Siehe Abb. 5 u. 6, S. 1276.

wegung gesetzt; sie wird von dort aus, viermal um einen rechten Winkel umgelenkt, unter allmählicher Erweiterung ihres Querschnittes zu einer weiten Druckkammer geführt, wo sie noch einen „Gleichrichter“, d. h. ein System von engen parallelen Kanälen, zu passieren hat. Von der Druckkammer, die bei der großen Anlage in Göttingen einen Querschnitt von 20 m² hat, gelangt sie unter Verengung des Querschnittes auf 4 m² in die „Düse“, ein abgerundetes Mundstück, wobei der Druck sich in Geschwindigkeit umsetzt; in dem sich hier ausbildenden Druckabfall erhält jedes Luftteilchen, das ihn durcheilt, die gleiche Energie zugemessen. Die Luft fließt nun als freier Strom quer über den Versuchsplatz, um gleich dahinter wieder aufgefangen und dem Gebläse wieder zugeführt zu werden. Dadurch wird nicht nur ein sonst unerträglicher Zugwind in der Halle vermieden, sondern auch die Energie des Luftstromes, die sonst verloren wäre, für die Aufrechterhaltung des Strömungszustandes nutzbar gemacht. Wir können in der großen Anlage mit 300 PS bis zu 52 m/sec Geschwindigkeit in einem Querschnitt von 4 m² machen, wobei erwähnt werden mag, daß man eine Windstärke von 35 m/sec bereits als Orkan bezeichnet. Feinfühlige Regelapparate gestatten übrigens jede beliebige kleinere Windstärke bis zu einem nicht mehr fühlbaren Hauch von 1 m/sec herunter einzustellen, und eine völlig selbsttätige Einrichtung sorgt dafür, daß eine einmal eingestellte Windstärke entgegen den vom Elektrizitätswerk kommenden Stromschwankungen dauernd konstant bleibt.

Die Kürze der Zeit verbietet mir, auf die Meßeinrichtungen im einzelnen näher einzugehen. Diese sind ja auch in der Literatur mehrfach beschrieben worden[1]. Es mag hier nur zum Verständnis des Folgenden gesagt werden, daß unsere Versuche hauptsächlich in der Weise vorgenommen werden, daß der zu untersuchende Gegenstand an feinen Drähten unbeweglich aufgehängt wird, wobei die Drähte an Waaghebeln angreifen. Die Ablesewaagen werden einmal ohne Wind zum Einspielen gebracht, dann wieder, wenn der Wind angestellt ist. Der Unterschied beider Ablesungen liefert die Windkräfte. Für verschiedene Versuchsarten dienen verschiedene Versuchseinrichtungen, die auf Schienen fahrbar, gegeneinander ausgewechselt werden können. Am meisten wird ein Apparat mit drei Waagen gebraucht, der die drei Komponenten eines ebenen Kräftesystems zu ermitteln gestattet.

Abb. 2[2] zeigt einen Blick am Versuchsplatz mit der Dreikomponentenwaage und am Auffangtrichter vorbei nach dem Betongehäuse des Gebläses, Abb. 3[2] einen Durchblick vom Auffangtrichter nach der Düse.

---

[1] Am ausführlichsten in den „Ergebnissen der Aerodynamischen Versuchsanstalt“, I. Lief. München: Oldenbourg 1921. Kürzer in Z. Flugtechn. Motorl. 11. Jg. (1920) S. 84, und Beiheft 1 (1920) S. 51.

[2] Anmerkung der Schriftleitung: Für Abb. 2 u. 3 vgl. Abb. 14 u. 13 von S. 1286.

In der Mitte hängt an sechs Drähten ein Modell des großen Staakener Verkehrsflugzeuges von 1920. Einen Blick in die wiederaufgebaute kleine Anlage zeigen Abb. 4 und 5.

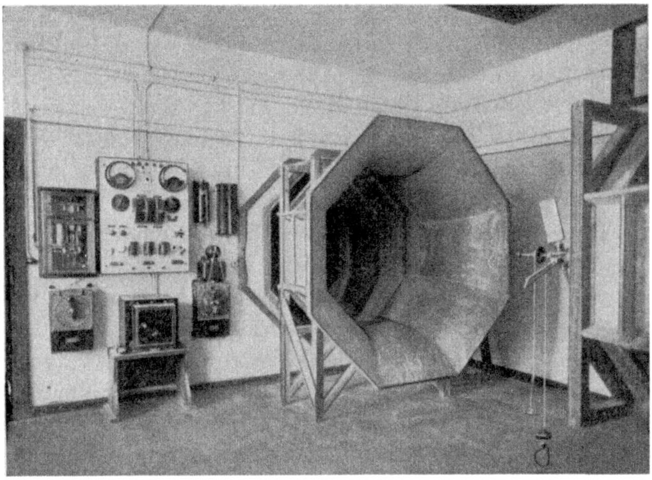

Abb. 4. Kleiner Windkanal. Blick gegen Auffangtrichter und Schaltwand

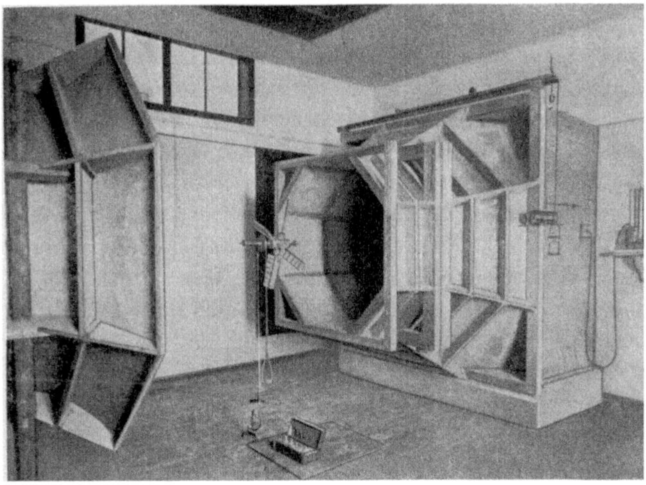

Abb. 5. Kleiner Windkanal. Blick gegen die Düse. Im Luftstrom ein Windmühlenmodell. Rechts das Manometer zur Ablesung der Luftgeschwindigkeit

Ich gehe nun über zu den *Aufgaben der Anstalt*. Sie ist, wie erwähnt, entstanden aus den Bedürfnissen des Luftfahrtwesens. Ihre Forschungserscheinungen haben aber einen viel größeren Verwendungskreis. Bezüglich der luftfahrttechnischen Aufgaben will ich mich hier ganz kurz fassen und dafür die Bedeutung der Anstalt für andere Zweige der Technik um so mehr hervorheben.

In der Luftfahrttechnik stand neben grundsätzlicher Klärung von verschiedenen Fragen betreffend die Luftkräfte auf Luftschiffkörper, Flugzeugtragflächen, Propeller usw. die Aufgabe voran, für diese Körper solche Formen zu finden, die sich für einen bestimmten Zweck als die günstigsten erweisen. Eine Frage dieser Art hat auch über die Luftfahrt hinaus Bedeutung: „*Welche Körperform hat unter vorgegebenen Bedingungen den kleinsten Luftwiderstand?*“ Da über diesen Punkt noch sehr unrichtige Anschauungen verbreitet sind, will ich ein wenig darauf eingehen. Durch Zusammenarbeiten der Theorie und der Versuche zeigte es sich sehr bald, daß die Formen kleinsten Luftwiderstandes vor allem hinten sehr schlank zulaufen müssen; vorn dürfen sie zugespitzt sein, eine eirunde Gestalt ist aber ebenso gut und ist häufig zweckmäßiger. Es möge z. B. die Aufgabe vorliegen, den in Abb. 6 oben dargestellten Körper „auf Luftwiderstand zu verkleiden“. Wir wollen den Widerstand des unverkleideten Körpers = 1 setzen. Das Aufsetzen eines Kegels auf die Vorderseite, das den älteren Anschauungen über das Zustandekommen des Luftwiderstandes entsprechen würde, gibt eine Verminderung auf die Hälfte bis $^1/_4$, je nach dem Winkel an der Kegelspitze. Durch Verkleiden in Form einer Granate wird die Verminderung auf etwa $^1/_5$ erreicht. Man kann aber noch viel weiter kommen, wenn man den Körper in *Fischform* verkleidet. Hierdurch läßt sich der Widerstand auf den 25. Teil und noch darunter vermindern. Man sieht leicht ein, welche Bedeutung die richtige Erkenntnis dieser Dinge für die Luftfahrzeuge hat, deren einzige Widerstände Luftwiderstände sind. Die ungeheure Überlegenheit der heutigen Flugzeugkonstruktionen gegenüber denen von vor 10 Jahren beruht neben der Verbesserung der Motoren ganz wesentlich auf der Verringerung aller Widerstände.

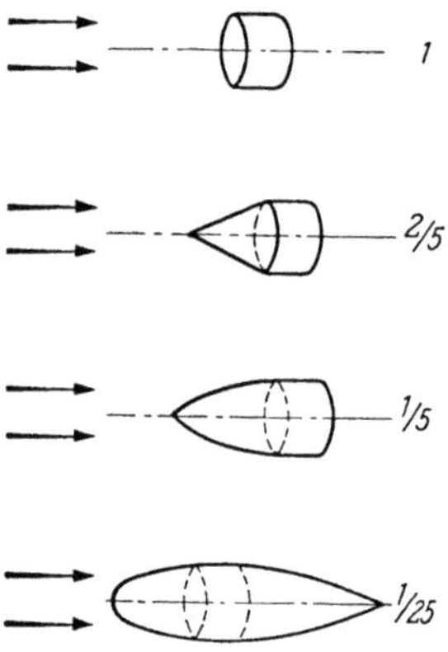

Abb. 6. Luftwiderstand von verschiedenen Verkleidungen eines Körpers

Es ist klar, daß die hier gewonnenen Ergebnisse auch auf anderen Gebieten der Technik nutzbringend verwendet werden können. Ein Aufsehen erregender Erfolg dieser Art ist der *neue Kraftwagen* des Herrn Dr. Rumpler, bei dem aller überflüssige Luftwiderstand nach streng flugtechnischen Gesichtspunkten vermieden ist. Abgesehen von der Brennstoffersparnis, die hierdurch, besonders bei großen Geschwindigkeiten, auftritt, hat man in diesem Fall noch den besonderen Vorteil, daß dem kleineren Luftwiderstand auch eine kleinere Luftunruhe hinter dem Wagen, d. h. eine kleinere Staubaufwirbelung, entspricht. Die Aerodynamische Versuchsanstalt hat an Modellen den Widerstand von zwei Kraftwagen gemessen, einmal von der RUMPLERschen Form und einmal von einer jetzt bei Reisewagen üblichen Form. Der Luftwiderstand ergab sich dabei durch die richtige Formgebung um 62 bis 65% vermindert.

Für *Eisenbahnfahrzeuge* haben diese Dinge ebenfalls nicht ganz geringe Bedeutung, sobald es sich um große Fahrgeschwindigkeiten handelt. Der Luftwiderstand wächst ja, wie bekannt, mit dem Quadrat der Geschwindigkeit, so daß er also z. B. bei 90 km/Std. 25mal so groß ist als bei dem Radfahrertempo von 18 km; etwaiger Gegenwind bringt entsprechende Vermehrung des Widerstandes. Man wird deshalb bei

Abb. 7. Auf Luftwiderstand verkleidetes Lokomotivenmodell

Schnellzügen merkliche Ersparnisse machen können, wenn bei der äußeren Formgebung die aerodynamischen Gesichtspunkte durchweg Berücksichtigung finden. Ein erster schüchterner Versuch in dieser Richtung ist in der von mir geleiteten Anstalt auf Antrag des Eisenbahn-Zentralamtes gemacht worden. Die Sache ist aber dann — anscheinend durch einen Wechsel in der Person des Referenten — wieder steckengeblieben. Es hat sich dabei darum gehandelt, was durch bloße Verkleidung der jetzigen Lokomotivenform zu erreichen ist. Auf Abb. 7 sehen Sie ein von uns maskiertes Lokomotivenmodell; vorn ist eine abgerundete Stirnfläche zugefügt und die oberen Aufbauten (Schornstein, Dampfdom) sind in einem einzigen Langkörper zusammengefaßt, der sich in dem abgeschrägten Führerhaus fortsetzt. Die Versuchsanordnung ist in Abb. 8 zu sehen. Wir haben, um den Boden im Strömungszustand nachzuahmen, zwei gleiche Modelle von Eisenbahnzügen spiegelbildlich zusammengesetzt, wobei an der Stelle, wo sich in Wirklichkeit der Boden befindet, eine Symmetrieebene der Strömung entsteht. Das Modell ist an Drähten so aufgehängt, daß es sich in der Längsrichtung verschieben kann; diese Verschiebung wird von einem nach vorne laufenden Draht, der zu einem

Waaghebel führt, verhindert. Der Luftwiderstand wird so auf diesen Waaghebel übertragen. Das ganze Versuchsgestell steht auf einer Drehscheibe, so daß das Modell auch auf Seitenwind untersucht werden kann.

Die Messungen, die bezüglich des Luftwiderstandes der bisherigen Lokomotivenform mit dem, was man aus älteren Versuchen darüber weiß, gut übereinstimmen, haben nun ergeben, daß der Widerstand der in ruhender Luft fahrenden Lokomotive mit Tender auf diese Weise um 30% vermindert wird. Bei Seitenwind schräg von vorn fanden wir bis zu 38% Verminderung. Diese *Luftwiderstandsverminderung* würde sich

Abb. 8. D-Zugmodell im Windkanal

beim praktischen Betrieb durch eine *Ersparnis an Kohle* bemerkbar machen. Man würde z. B. bei einem mit 90 km/Std. fahrenden D-Zug bei ruhiger Luft annähernd zwei Zentner Kohle in jeder Fahrstunde sparen können. Wenn der Zug aber gegen einen steifen Wind von 15 m/sec schräg von vorn anzukämpfen hat, so würde die Kohlenersparnis bei Einhaltung der genannten Geschwindigkeit bereits auf fünf Zentner pro Stunde steigen. Ich hebe dabei hervor, daß bei den Versuchen lediglich an einer vorhandenen Lokomotive äußerliche Änderungen angebracht waren, Tender und Wagen dagegen unverändert geblieben sind. Würde einerseits die Lokomotive von vornherein mit Rücksicht auf den Luftwiderstand gebaut und würden Tender und Wagen ebenfalls abgeändert, so wäre noch eine merklich höhere Ersparnis zu erwarten. Es ist allerdings damit zu rechnen, daß die Auseinandersetzung mit den Eisenbahnfachleuten über diese Dinge nicht gerade leicht sein wird, da viele betriebstechnische Forderungen, die natürlich wohl beachtet werden müssen, mit den Forderungen der Aerodynamik im Widerstreit stehen; aber wo ein Wille ist, da wird auch der Weg sich finden.

Ein ganz anderes Fragengebiet, auf dem die Aerodynamische Versuchsanstalt nützliche Arbeit leisten kann und auch schon geleistet hat, ist der *Winddruck auf Brücken und auf Hochbauten*. Man braucht die Angaben hierüber bekanntlich für die Festigkeitsberechnung dieser Bauwerke. Die bisher üblichen Berechnungen dieser Art können nur recht bescheidenen Ansprüchen genügen; zu ihren Gunsten läßt sich höchstens anführen, daß sie einfach sind. Die Übereinstimmung mit der Wirklichkeit ist in manchen Fällen gut, manchmal aber auch höchst mangelhaft. Gemäß den bisherigen Anschauungen, die auf NEWTON zurückgehen, ergibt der Wind nur auf der Luvseite Druckerhöhungen, auf den Seitenflächen und auf der Leeseite dagegen keine Wirkung. Die Versuche über die Druckverteilung an angeblasenen Körpern ergeben aber sowohl auf den Seitenflächen, wie auf der Leeseite Saugwirkungen von zum Teil sehr beträchtlicher Größe, die sich sogar bis auf Teile der Luvseite hin erstrecken können. Auch bezüglich des gesamten Widerstandes irgendeines Bauteiles ergeben sich recht beträchtliche Unterschiede. Hierüber gibt uns die Zusammenstellung auf Abb. 9 Auskunft.

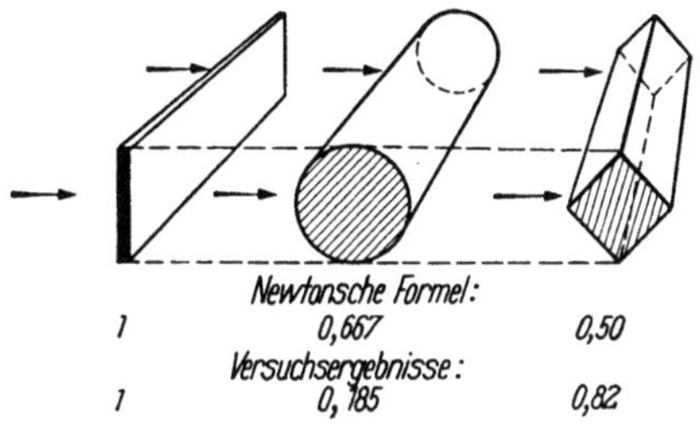

Abb. 9. Winddruck gegen längliche Körper

Die Winddrücke nach der NEWTONschen Rechenvorschrift sind in der ersten Zeile unter den Abbildungen angegeben, die nach den Versuchen in der darunterstehenden Zeile. Der Winddruck auf das Brett ist dabei willkürlich = 1 gesetzt worden. Man erkennt, welch große Abweichungen sich hier gegen die alte Theorie ergeben haben. Bezüglich des Zylinders sind die Akten allerdings noch nicht geschlossen, da nach unseren Beobachtungen eine Rauhigkeit der Oberfläche hier — im Gegensatz zu kantigen Körpern — großen Einfluß auf das Ergebnis zeigt, nämlich den Widerstand erheblich vergrößert[1]. Durch die angegebenen Zahlen wird die mir berichtete Beobachtung verständlich, daß nämlich bei einem großen Sturm in Schweinfurt vor etwa 34 Jahren die vierkantigen Fabrikschornsteine fast durchweg umgefallen seien, während die runden zum größten Teil stehengeblieben seien.

Für den *Bau elektrischer Kraftfernleitungen* ist ebenfalls der Winddruck sehr zu beachten. Der Widerstand der *Fahrdrahtleitungen* für elektrische Vollbahnen war auch bereits Gegenstand von Versuchen bei

[1] Es sei der Vollständigkeit halber noch erwähnt, daß unterhalb einer kritischen Geschwindigkeit (etwa $v_k = 4/d$, wo v die Geschwindigkeit in m/sec und d der Durchmesser in m ist) der Widerstand die Höhe des NEWTONschen Wertes erreicht, vgl. etwa PRANDTL, Festschrift der Kaiser-Wilhelm-Gesellschaft (Springer, Berlin) S. 178, oder WIESELSBERGER, Phys. Z. Bd. 22 (1921) S. 321.

uns. Auch für den Schiffbau gibt es eine Reihe von Fragen, für die unsere Arbeit von Nutzen wäre, sowohl solche der Festigkeit gegen Winddruck, der Vermeidung von Fahrtwiderstand, weiter die beste Ausbildung der Schiffs-Lüfter-Köpfe. Die ganzen Fragen der *Segeltechnik* verdienten auch einmal eine planmäßige Durchforschung mit unseren Mitteln. Ich will mich hier mit diesen Andeutungen begnügen.

Eine zur Zeit sehr stark diskutierte Frage ist die nach der Ausnützung der Energie des Windes durch Kraftwerke, sowohl von der Art der *Windmühlen*, wie auch von anderen Bauarten. Auch auf diesem Gebiet hat die Aerodynamische Versuchsanstalt schon gearbeitet und es sind bereits erhebliche Verbesserungen gegenüber der bisher bei Windmühlen üblichen Bauart geglückt, bei der durch Nichtberücksichtigung der Saugvorgänge eine recht wesentliche Einzelheit immer falsch ausgeführt wurde. Es handelt sich darum, daß nicht nur die Druckseite, sondern auch die Saugseite der Flügel eine aerodynamisch richtige Durchbildung erhalten muß[1]. (Es ist vielleicht nicht uninteressant, an diesem Punkte zu erwähnen, daß bei den Flugzeugen etwa $^2/_3$ des Gewichtes durch Saugwirkung an der Oberseite der Tragflächen und nur $^1/_3$ durch Druckwirkung auf die Unterseite getragen wird und daß gerade eine glatte und richtig gewölbte Saugseite für das Ergebnis besonders wichtig ist.) Die Versuche über Windkraftwerke werden, wie ich noch erwähnen will, an den im Luftstrom befindlichen Modellen in der Art gemacht, daß diese gebremst laufen und daß dabei die für die verschiedenen Umdrehungszahlen erforderlichen Bremskräfte gemessen werden[2]. Eine größere Untersuchung dieser Art an dem Modell eines neuartigen Großwindkraftwerkes ist augenblicklich im Gange. —

Die Strömungsgesetze der Luft und die des Wassers sind so nahe verwandt, daß man für viele Fragestellungen einen die Wasserbewegung betreffenden Versuch mit Luft machen kann. Es wird so z. B. möglich sein, gewisse, den Bau von Turbinen und Pumpen betreffende Fragen mit Hilfe von Versuchen in Luft zu machen, was gegenüber den immer nassen Wasserversuchen viel bequemer ist, aber auch schon durch die Tatsache, daß ein Mensch sich in dem Medium, in dem der Versuch vor sich geht, aufhalten kann, viele Anordnungen zur Beobachtung erst ermöglicht. Außerdem sind die Luftversuche meist ganz wesentlich billiger. Ein Problem dieser Art, das von allgemeiner Bedeutung ist und das gerade mit den Göttinger Mitteln besonders gut erledigt werden kann, ist die Untersuchung der Eigenschaften von Schaufelsystemen in beschleunigter bzw. verzögerter Strömung, wie sie bei Turbinen und Schaufelpumpen immer

[1] Nachträglich erfuhr ich, daß diese Erkenntnis sich auch anderwärts schon Bahn gebrochen hat. In Dänemark sollen bereits Windräder mit Flugzeugflügeln laufen.

[2] Auf Abb. 4 und 5 ist ein solcher Windmühlenversuch zu erkennen.

vorkommt. Über diese recht grundlegende Frage ist bisher noch sehr wenig Sicheres bekannt im Vergleich zu dem, was man über die Flügel in unbeschleunigter Strömung, d. h. die Flugzeugtragflügel, heute weiß.

Die Anstalt besitzt noch besondere kleinere Versuchseinrichtungen, in denen mehrfach Gebläse untersucht worden sind. Es hat sich dabei besonders um Vorstudien für das große, sehr wirtschaftlich ausgefallene Gebläse der Anstalt gehandelt. Auch Versuche über Luftkühlung sind ausgeführt worden.

Zum Schlusse weise ich noch darauf hin, daß der Göttinger Luftstrom eine Gelegenheit wie keine zweite bietet, Meßgeräte für die Anzeige der Luftgeschwindigkeit zu prüfen und zu eichen. Die Entwicklung zuverlässiger Geräte dieser Art war seinerzeit eine der ersten und für den eigenen Betrieb der Anstalt wichtigsten Aufgaben. Prüfungen in fremdem Auftrag sind auch bereits vielfach ausgeführt worden.

Die Göttinger Anstalt ist im Kriege durch die Kriegsbehörden reichlich mit Mitteln versehen worden. Seit dessen unglücklichem Ausgang ist sie, wie so viele andere Anstalten, notleidend geworden und stand mehrmals schon der Gefahr der Schließung gegenüber. Bisher ist ihr durch Zuschüsse des Reichs, der Kaiser-Wilhelm-Gesellschaft und seitens der Flugzeugindustrie immer wieder geholfen worden. Aber die Flugzeugindustrie ist durch die Knebelung, die sie immer noch seitens der alliierten Mächte erfährt, im Augenblick nicht mehr tragfähig genug. Ich wende mich deshalb mit einem Appell an die Behörden und die Industrie derjenigen Fachgebiete, auf denen die Anstalt gemäß meiner Schilderung nutzbringende Tätigkeit ausübt oder zu entfalten vermag. Das Reichsverkehrsministerium in seiner Abteilung für Luft- und Kraftfahrwesen, die Kaiser-Wilhelm- Gesellschaft und die Flugzeugindustrie bitte ich, mit herzlichem Dank für die bisherige wohlwollende Förderung, der Anstalt ihre Unterstützung auch weiterhin angedeihen zu lassen. Möchte es durch die gemeinsame Fürsorge erreicht werden, daß die Anstalt sich zum allgemeinen Nutzen nicht nur weiter erhalten, sondern auch in zweckentsprechender Weise fortentwickeln kann.

Naturwissenschaften 14. Jg. (1926) S. 425—427

Erste Erfahrungen mit dem rotierenden Laboratorium

In dem Festvortrag zur Einweihung des Kaiser-Wilhelm-Institutes für Strömungslehre, der in der Zeitschrift Naturwissenschaften, 14. Jg. (1926), H. 16,[1] abgedruckt ist, wird unter den geplanten Versuchseinrichtungen ein „rotierendes Zimmer" aufgezählt. Dieses ist in den letzten Monaten fertig geworden und hat dabei zunächst zu Beobachtungen über das Verhalten des Menschen in einem völlig geschlossenen, in Drehung befindlichen Raum Anlaß gegeben. Dabei stellten sich zu unserer Bestürzung Erscheinungen heraus, die den Zweck des rotierenden Zimmers, nämlich darin Versuche über Wasserströmung und andere mechanisch interessierende Vorgänge zu machen, in Frage zu stellen schienen. Um es kurz zu sagen, nicht nur das Gefühl für die Erhaltung des Körpergleichgewichtes war so arg gestört, daß die Ausführung von Ortsveränderungen äußerst mühsam war, sondern wir wurden regelrecht seekrank! So schwer rächte sich die Nichtübereinstimmung des Sehraumes mit dem durch das Gleichgewichtsorgan empfundenen Trägheitsraum. Es ist sehr bemerkenswert, daß wir bei Vorversuchen, als die Wände des rotierenden Zimmers noch nicht geschlossen waren, von all diesen Erscheinungen nichts bemerkt hatten. Hier sah man, wie beim gewöhnlichen Karussell, die nicht mitdrehende Umgebung, und die Empfindungen des Gleichgewichtsorgans waren in Einklang mit dem, was man sah[2]. Außer dem gewöhnlichen Schwindel, wie er auch sonst bei länger fortgesetztem Drehen auftritt, stellten sich hier weitere Störungen nicht ein. — Im übrigen zeigte die systematische Fortsetzung der Versuche und die Analyse der Empfindungen, die den einzelnen Arten von Bewegung entsprechen, doch sehr bald, daß eine „Hygiene des rotierenden Zimmers" sehr wohl möglich ist. Sie besteht ganz wesentlich darin, daß man alles Wenden und Neigen des Kopfes gänzlich vermeiden muß oder, wenn es nötig wird, es nur sehr langsam ausführt. In der Tat haben wir später bei Einhaltung dieser Regel die dreifache Drehzahl von der, bei der früher Seekrankheit auftrat, glatt vertragen. Es handelte sich dabei um vierzig Umdrehungen je Minute bei einem Innendurchmesser des kreisrunden Zimmers von rd. 3 m. Man wird

---

[1] Anmerkung der Schriftleitung: Vgl. hier S. 1538.

[2] Wie mir Herr Dr. Betz, hier, mitteilte, hat er bei gelegentlichen Fahrten auf einem U-Boot festgestellt, daß starke Schlingerbewegungen des Bootes bei ihm Übelkeit verursachten, wenn er im Innern des Bootes war, daß alles aber sehr bald wieder gut wurde, sobald er auf Deck kam und den Horizont sah. Die Nichtübereinstimmung zwischen Sehraum und Trägheitsraum scheint also, wenn auch nicht die einzige, so doch eine wesentliche Ursache der Seekrankheit zu sein. Die Berichte über Seekrankheit im Flugzeug stimmen damit gut überein.

dabei von einer Zentrifugalkraft gleich 2,4 mal Erdschwere an die Wand gedrückt und hat Mühe, auch nur einen Arm vorzustrecken; bei ruhiger Kopfhaltung sind aber keine weiteren Nachteile dabei aufgetreten.

Die bei Kopfbewegungen auftretenden Gefühle lassen sich etwa so beschreiben: Es sei angenommen, daß sich das Zimmer so dreht wie der Zeiger einer auf dem Boden liegenden Uhr. Dann hat man bei Neigen des Kopfes nach links den Eindruck, daß der Boden in der Blickrichtung sich abwärts neigt, bei Neigen nach rechts, daß der Boden in der Blickrichtung hochkommt. Bei Neigung des Kopfes nach vorn scheint der Boden sich nach links zu bewegen, beim Aufrichten des Kopfes nach rechts[1]. Führt man derartige Kopfdrehungen langsam hin und her schwingend aus, so hat man den Eindruck, als wenn man in einer großen Schaukel stände, die bei Seitenneigung des Kopfes vor- und zurückschwingt, bei Vornüberneigung dagegen links und rechts ausschwingt.

Sehr auffällig ist auch das Gefühl für Änderungen der Drehgeschwindigkeit des Zimmers. Beim Anlauf z. B. hat man, obwohl man nichts sieht, wonach man die Drehung beurteilen könnte, den deutlichen Eindruck, daß das Zimmer sich dreht. Später verschwindet dieser Eindruck; und man hat das Gefühl, in Ruhe zu sein, solange man sich nicht bewegt. Beim Abstellen (Bremsen) hat man den Eindruck, daß das Zimmer in entgegengesetztem Sinne wie früher rotierte. Verläßt man nach rascher Bremsung den Raum, so empfindet man denselben Schwindel, wie er sich nach länger fortgesetztem Drehen einzustellen pflegt („Drehschwindel").

Die hier beschriebenen Empfindungen haben alle eine gemeinsame Wurzel. Es ist bekannt, daß wir, wenn wir Drehungen mit dem Kopf oder auch mit dem ganzen Körper ausführen, den umgebenden Raum durchaus als ruhend empfinden. Dies kommt dadurch zustande, daß durch eine Einwirkung vom Gleichgewichtsorgan (den „Bogengängen") aus bei Drehungen nach rechts das Auge mit der gleichen Winkelgeschwindigkeit nach links dreht (und umgekehrt). Bei größeren Drehungen springt es nach einem gewissen Winkelweg immer wieder nach rechts zurück, um dann die Drehung nach links fortzusetzen. Das Auge fixiert also der Reihe nach gewisse ruhende Raumstellen und erweckt dadurch gerade den Eindruck, daß die Umgebung ruhe. Diese Augenbewegung wird auch im Dunkeln, ja selbst bei geschlossenem Auge, ausgeführt. Im drehenden Zimmer gleitet das Auge beim Anlauf im Uhrzeigersinn durch seine vom Gleichgewichtsorgan eingeleitete Bewegung nach links an der Wand entlang und erweckt dadurch die Empfindung einer nach

[1] Bei Drehung des Zimmers entgegengesetzt dem Uhrzeigersinn ist in vorstehenden Angaben rechts und links zu vertauschen.

rechts bewegten Wand. Bei jedem Zurückspringen erblickt es aber dieselbe Wandstelle in derselben Blickrichtung, so daß sich die Empfindung des Drehens mit der der Ruhe vermengt, ganz wie bei dem gewöhnlichen Drehschwindel. Die Augenbewegung kommt allmählich zum Stillstand, und es verbleibt der Eindruck der Ruhe. Beim Bremsen gibt die Änderung der Drehgeschwindigkeit dem Gleichgewichtsorgan einen neuen Impuls, jetzt in der umgekehrten Richtung, der wieder eine Augenbewegung verursacht und den Anschein der Rückwärtsdrehung hervorbringt.

Die Wirkung einer Neigung des Kopfes läßt sich auf derselben Grundlage erklären, und zwar erweisen sich die eigenartigen Erscheinungen, die oben beschrieben wurden, als von genau derselben Art, wie die Rückwärtsdrehung beim Bremsen. Das Gleichgewichtsorgan, das ja nicht auf die Drehgeschwindigkeit, sondern nur auf ihre zeitliche Änderung reagiert, hat bei lange andauernder Drehung allmählich „vergessen“, daß eine Drehung besteht, und empfindet daher in der Folge Unterschiede gegen diese Drehung als selbständige Drehungen. Bekanntlich kann man bei der Zusammensetzung von Drehgeschwindigkeiten wie bei der von Kräften operieren, wenn man die Drehgeschwindigkeiten durch Strecken parallel der Drehachse darstellt. Beim Neigen des Kopfes nach links z. B. wirkt die „vergessene“ Drehung A, vgl. die Abbildung, so weiter, daß sie relativ zum Gleichgewichtsorgan, also relativ zum Kopf fixiert erscheint. Die wirkliche Drehung hat die Lage B. Empfunden wird die Drehungsdifferenz C zwischen B und A, daneben während der Ausführung des Kopfneigens natürlich noch die Neigebewegung selbst. Durch die Reaktion des Gleichgewichtsorgans auf die letztere werden aber nur die normalen Empfindungen geweckt. Die Drehung C dagegen, die auch nach Anhalten des geneigten Kopfes weiter wirkt, wird als sehr störend empfunden und dauert so lange an, bis sie unter den Eindrücken, die das Auge weiterliefert, und die der Drehung C nicht entsprechen, wieder „vergessen“ wird. Im einzelnen ereignet sich folgendes: Die Drehung C, die vorn abwärts führt, bewirkt eine Aufwärtsbewegung des Auges und damit den Eindruck des Versinkens des Bodens. Die gleiche Überlegung führt bei Vorwärtsneigen des Kopfes usw. auf die anderen beschriebenen Erscheinungen.

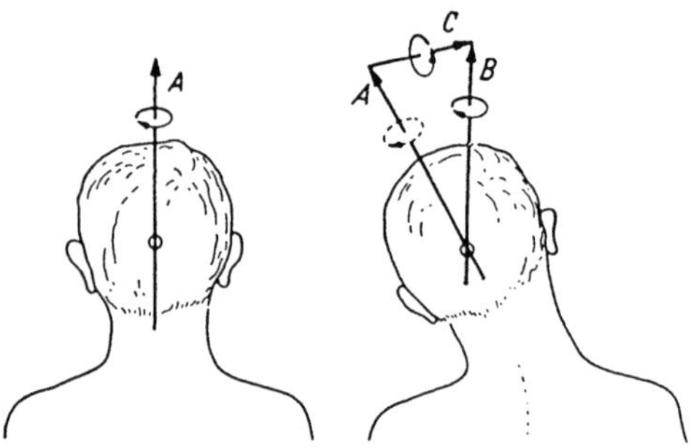

Abb. 1

Blickt man beim Vorwärtsneigen des Kopfes genau waagerecht nach vorn, so bemerkt man außer einer unangenehmen Störung des Gleichgewichtsempfindens sehr wenig, während bei gesenktem Blick die Wirkung sehr stark ist. Das ist durch Analyse der Augenbewegung gut verständlich. Einem Rad, das sich um die Blickrichtung als Achse langsam dreht, können die Augen nicht so folgen, daß der Eindruck eines stillstehenden Rades entsteht. Zu einer Drehung des Kopfes um die Blickrichtung als Achse gibt es also keine kompensierende Augenbewegung, und deshalb kommt beim Vorwärtsneigen im drehenden Zimmer, wobei die Drehachse C nach vorn gerichtet ist, keine Sehtäuschung zustande. Sie ist aber sehr wohl da, wenn die Blickrichtung mit der Achse C einen Winkel einschließt[1].

Zum Schluß sei noch bemerkt, daß die Änderung der resultierenden Schwerkraftrichtung (Resultierende aus Schwere und Zentrifugalkraft) nicht so stark empfunden wird, als man erwarten möchte. Man beobachtet, wenn man exzentrisch steht, deutlich eine Neigung des ganzen Raumes in dem erwarteten Sinn, aber die Neigung ist, offenbar unter der Gegenwirkung der Gesichtseindrücke, viel kleiner als die Neigung der resultierenden Kraft. Die Empfindungen durch die mechanischen Einwirkungen auf die Gliedmaßen, besonders die der ablenkenden Kraft im drehenden Raum (CORIOLIS-Kraft), sind genau die nach den Gesetzen der Mechanik erwarteten, wenn sie auch immer am eigenen Leibe beobachtet, überraschend wirken, wie z. B. die, daß man mit dem Bein linksherum kreisende Bewegungen mit Leichtigkeit (leichter als gewöhnlich) ausführen kann, rechtsherum dagegen nur mit großen Schwierigkeiten (dies für Drehung im Uhrzeigersinn).

Es steht sehr zu hoffen, daß das rotierende Laboratorium, nachdem der Mensch sich in ihm zurechtzufinden gelernt hat, auch seinem eigentlichen Zweck, Strömungsgesetze zu erforschen, eine reiche Ausbeute von Ergebnissen liefern wird. Anfänge sind auch hier schon gemacht. Hierüber hoffe ich später im Zusammenhang berichten zu können.

Nachtrag

Gelegentlich eines Vortrages über obiges Thema vor dem Niedersächsichen Gauverband der Deutschen Physikalischen Gesellschaft bin

[1] *Zusatz bei der Korrektur:* Inzwischen ist noch eine recht interessante Feststellung an zwei Personen gemacht worden, die infolge früherer Krankheit nur noch *ein* funktionsfähiges Bogengangsystem besitzen, nämlich, daß solche Personen im rotierenden Zimmer weder die oben beschriebenen störenden Empfindungen haben noch auch Schädigungen des Wohlbefindens erfahren. Es geht daraus hervor, daß es sich beim Zustandekommen der beschriebenen Erscheinungen anscheinend um eine Wechselwirkung der beiden Bogengangsysteme handelt (wofern man nicht annehmen will, daß auch das verbliebene Gleichgewichtsorgan der beiden Personen nicht mehr vollwertig ist, was nicht näher hat untersucht werden können).

ich darauf aufmerksam gemacht worden, daß die Beobachtungen über das Verhalten des Menschen im rotierenden Zimmer bereits vor etwa fünfzig Jahren von ERNST MACH beschrieben worden sind. In der Tat fand ich in seinen „Grundlinien der Lehre von den Bewegungsempfindungen", Leipzig 1875, S. 23 bis 31, ungefähr alle Beobachtungen beschrieben, über die ich in dem vorstehenden Aufsatz berichtet habe. MACH verwandte einen in einem vertikalen Rahmen drehbaren und neigbaren Stuhl, den er, um die Wirkung des Außenraumes auf die Gesichtsempfindung auszuschalten, mit einem papiernen Kasten umgeben hat. MACH erwähnt dabei, daß ähnliche Versuche bereits von PURKINJE, 1826, beschrieben worden seien (Physiologische Beobachtungen über den Schwindel", 10. Bulletin der Naturwissenschaftlichen Sektion der Schlesischen Gesellschaft, S. 35, Breslau 1825; s. a. 12. Bulletin 1826, S. 1).

Handbuch der Experimentellen Physik Bd. IV, 2. Teil, S. 63—106. Leipzig: Akademische Verlagsgesellschaft 1932.

Herstellung einwandfreier Luftströme (Windkanäle)

Bei Versuchsvorrichtungen verschiedener Art tritt die Aufgabe auf, einen Luftstrom von großer räumlicher und zeitlicher Gleichförmigkeit herzustellen. Es dürfte deshalb zweckmäßig sein, die für die Erreichung dieses Zweckes geeigneten Mittel im einzelnen zu besprechen.

§ 1. Zeitliche Gleichförmigkeit

Nur in wenigen Fällen wird es möglich sein, Luft aus einem mit Gewichten belasteten Gasometer oder aus einem großen Druckkessel zu entnehmen oder sie mittels eines vorher evakuierten Kessels aus der Atmosphäre abzusaugen. Es mag hierzu bemerkt werden, daß die letzterwähnte Anordnung eine besonders gute zeitliche Gleichförmigkeit ergibt, da trotz des allmählichen Ansteigens des Druckes in dem Vakuumkessel die Zuströmung solange ungeändert bleibt, als hinter der engsten Stelle des Kanalsystems die Schallgeschwindigkeit überschritten bleibt (vgl. Beitrag BUSEMANN „Gasdynamik", Handbuch der Experimentellen Physik Bd. IV). In geeigneten Fällen wird man den Luftstrom durch ein Kolbengebläse bzw. einen Kompressor oder eine Vakuumpumpe aufrechterhalten. Wegen der Ungleichförmigkeit der Luftlieferung in diesen Maschinen wird man hier einen größeren Kessel zwischen die Maschine und die Versuchsstelle schalten müssen. In der weitaus überwiegenden Anzahl der Fälle wird man sich aber eines Ventilators bedienen. Der Ventilator wird entweder vor oder hinter der Versuchsstelle anzuordnen sein, sofern die Luft nicht in einem Kreislauf von der Druckseite des Ventilators bis zur Saugseite geführt bleibt. Saugt der Ventilator aus der freien Luft an, so ist zu berücksichtigen, daß durch die am anderen Ende der Versuchseinrichtung austretende Luft die in dem Versuchsraum enthaltene Luft in meist unregelmäßig wirbelnde Bewegung versetzt wird, und daß diese Wirbel von dem Ventilator wieder angesaugt werden, wobei sich ihre Drehgeschwindigkeit gemäß den HELMHOLTZschen Wirbelsätzen wieder verstärkt. Ein sich drehendes Ventilatorrad erzeugt im allgemeinen einen geringeren Druckunterschied, wenn die ankommende Luft schon im gleichen Sinn dreht wie das Rad, und einen größeren, wenn sie im entgegengesetzten Sinn rotiert. Es ist deshalb zur Verbesserung der zeitlichen Gleichförmigkeit notwendig, durch eine Leitvorrichtung, z. B. einen Gleichrichter (vgl. unter § 2) solche Drehungen vor dem Eintritt in das Ventilatorrad zu beseitigen. Wo ein Übriges getan werden soll, empfiehlt es sich auch noch, die aus der Versuchseinrichtung ins Freie tretende Luft durch einen längeren aus Sieben oder gelochten Blechen oder engstehenden Latten hergestellten Käfig ausströmen zu lassen, wodurch die Luftbewegung in dem Versuchsraum wesentlich ruhiger gemacht werden kann. Befindet sich der Ventilator hinter der Versuchsstelle, so wird der Zustrom zu ihm im allgemeinen von vornherein gleichmäßiger sein. Unter Umständen empfiehlt sich aber auch hier eine Gleichrichtung des Stromes kurz vor dem Ventilator.

Was die Ventilatorbauarten betrifft, so kommen wegen ihres geringen Raumbedarfes und guten Wirkungsgrades hauptsächlich die Schraubenventilatoren in Betracht. Die Bauarten für geringere Druckunterschiede unterscheiden sich praktisch nicht viel von den bei den Flugzeugen verwendeten Luftschrauben. Für höhere Drücke muß man Räder mit zahlreichen gewölbten Flügeln und einer Leitvorrichtung zur Beseitigung der Drehung des Luftstrahles verwenden. Für die Anordnung des Schraubengebläses vor der Versuchsstelle empfiehlt es sich, auf alle Fälle eine solche Leitvorrichtung zur Beseitigung der Strahldrehung anzuordnen. Es ist bei diesen Ventilatoren vor allem darauf zu achten, daß die Strömungswiderstände des Kanalsystems für den angewandten Typ nicht zu groß werden. Nimmt die Durchflußgeschwindigkeit infolge Anwachsens der Widerstände unter ein gewisses Maß ab, so reißt die Strömung an den Schraubenflügeln ab, und der Ventilator arbeitet unregelmäßig.

Zentrifugalgebläse werden hauptsächlich angewandt bei hohen Widerständen des Kanalsystems und zur Erzeugung von hohen Geschwindigkeiten. Sie haben aber einen im Verhältnis zum Schraubenventilator sehr großen Raumbedarf. Auch bei ihnen empfiehlt sich eine Gleichrichtung des Zustromes. Zentrifugalventilatoren besitzen meist ein das Flügelrad umgebendes Spiralgehäuse für die aus dem Rad abströmende Luft. Nur für eine bestimmte Durchflußmenge ist die Erweiterung des Spiralgehäuses richtig. Diese Durchflußmenge ist meist daran erkennbar, daß das brummende Geräusch des Ventilators bei ihr am kleinsten ist. Bei den größeren Durchflußmengen nimmt der Wirkungsgrad ab, die Luftlieferung ist aber gleichmäßig. Bei kleineren Durchflußmengen wird sie aber leicht sehr stark ungleichmäßig, was davon herrührt, daß die umlaufende Luft zunächst das Spiralgehäuse ausfüllt und derjenige Teil von ihr, der wegen der zu hohen Widerstände nicht abfließen kann, nun durch das Schaufelrad hindurch nach der Saugseite zurückgedrängt wird. Da dieser Luftteil durch das Rad in Rotation versetzt ist, bilden sich im Saugstrom Wirbel aus, die unter Umständen eine Zeitlang wachsen und dann wieder vom Rad weggesaugt werden, so daß eine unregelmäßig pulsierende Bewegung eintritt. Manche Ventilatoren, bei denen der Durchgangsquerschnitt des Rades mit der Erweiterung des Spiralgehäuses nicht richtig zusammengestimmt ist, zeigen ein solches Pulsieren des Druckes in einem großen Bereich der Betriebszustände. Man kann hier häufig dadurch abhelfen, daß man den Austrittsquerschnitt des Rades zu einem gewissen Bruchteil verschließt, z. B. durch einen herumgelegten Streifen aus Blech oder Wachstuch od. dgl., der natürlich gegen Abschleudern gut gesichert werden muß.

Da die meist verwendeten elektrischen Antriebsmotoren einerseits Drehzahlschwankungen aufweisen, die von Spannungs- bzw. Frequenzschwankungen in dem Leitungsnetz herrühren, und andererseits besonders bei Gleichstrommotoren die Drehzahl sich mit der Erwärmung der Maschine langsam ändert, muß in irgendwelcher Weise für die Konstanthaltung der Drehzahl der Maschine, oder noch besser der Windgeschwindigkeit bzw. des Staudruckes gesorgt werden. Bei Luftwiderstandsversuchen empfiehlt sich speziell das letztere, vgl. auch § 5. Man kann hierzu irgendeine an dem Kanalsystem auftretende Druckdifferenz, die dem Staudruck proportional ist, konstant halten. Dies kann entweder unter Beobachtung eines Ablesegerätes (Mikromanometer od. dgl.) durch Regelung der elektrischen Maschine von Hand geschehen, oder es wird ein selbsttätiger Regler angeordnet, der diese Druckdifferenz konstant hält. Dieses letztere Verfahren hat sich in Göttingen, wo es seit 20 Jahren angewandt wird, sehr bewährt. Der wesentliche Teil des Reglers ist eine Druckwaage, die mit Gewichten so belastet werden kann, daß sie unter einem bestimmten Druck einspielt, und die bei Abweichungen des Druckes von diesem Wert elektrische Kontakte gibt, durch die ein kleiner Hilfsmotor gesteuert wird. Der Hilfsmotor verstellt dann einen Widerstand und ändert damit die Drehzahl der elektrischen Maschine. Damit keine dauernden Pendelungen des Reglers auftreten, muß etwas dafür getan werden, daß die Kontakte bereits unterbrochen werden, bevor der neue Gleichgewichtszustand erreicht wird. Die hier möglichen Einrichtungen sind von anderen Reglerarten bekannt und sehr mannigfaltig. Eine Ausführungsform besteht darin, daß gleichzeitig mit dem Regelvorgang die Kontakte langsam zur Seite gezogen werden und nach Beendigung des Regelvorganges unter Einwirkung einer Ölbremse wieder in ihre alte Stellung zurückkehren. Auch die Waage selbst muß zur Verhütung von Schwankungen durch kurze Stöße eine Ölbremse erhalten. Beschreibungen solcher Regler findet man in der Zeitschrift des Vereins Deutscher Ingenieure 1909, S. 1715 (Regler des ersten Göttinger Windkanals), weiter in der Arbeit von R. Kröner „Versuche in stark erweiterten Kanälen", Forschungsheft Nr. 222 des Vereins Deutscher Ingenieure 1920, S. 22 (kleiner Spezial-Windkanal), ferner in den „Ergebnissen der Aerodynamischen Versuchsanstalt zu Göttingen", I. Lief. München 1921, S. 20f. (großer Göttinger Windkanal).

In neuester Zeit kommt noch eine andere Art der Regelung in Aufnahme, die erstmalig auf Vorschlag von Dr.-Ing. M. SCHILHANSL bei einem Windkanal der „Deutschen Versuchsanstalt für Luftfahrt" in Berlin-Adlershof ausgeführt wurde[1]. Sie ist anwendbar, wenn vor der Versuchsstelle ein Raum ist, in dem Überdruck herrscht, und besteht darin, daß durch geeignete Klappen, die von einem Regler bedient werden, ein Teil der Luft seitlich herausgelassen wird, wodurch die Geschwindigkeit des Hauptluftstromes je nach der Größe der seitlichen Öffnungen mehr oder weniger vermindert wird.

O. SCHRENK[2] konnte zeigen, daß man auch den Luftstrom selbst dazu benutzen kann, die Öffnung zu regeln. Die mit einem Gewicht beschwerte Klappe in Abb. 1 öffnet sich bei einer kleinen Erhöhung der Ventilatordrehzahl etwas mehr; da hierdurch die vom Ventilator geförderte sekundliche Luftmenge steigt, sinkt der Druck wieder; bei geeigneter Dimensionierung der Klappe kann man es auf diese Weise erreichen, daß der Druck vor der Hauptöffnung gerade unverändert bleibt. Dazu sind allerdings je nach den Ventilatoreigenschaften gewisse Bedingungen einzuhalten, über die in der erwähnten Arbeit Näheres dargelegt wird.

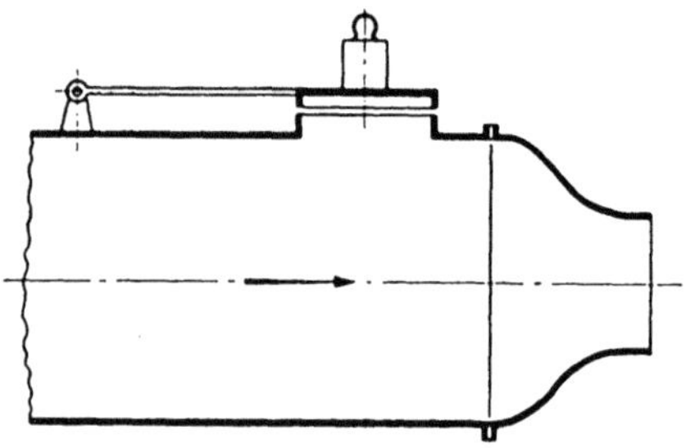

Abb. 1

§ 2. Örtliche Gleichförmigkeit

Die beste örtliche Gleichförmigkeit ist dadurch erzielbar, daß ruhende Luft aus einem großen Raume entnommen wird und durch eine wohl abgerundete Mündung der Versuchsstelle zufließt, denn jedes Luftteilchen durcheilt bei dieser Anordnung das Druckgefälle vom Ruhezustand (Druck p_0) bis zu dem niedrigeren Druck der Versuchsstelle (p_1) und bekommt dabei gemäß der BERNOULLIschen Gleichung eine Geschwindigkeit

$$w = \sqrt{\frac{2(p_0 - p_1)}{\varrho}}.^3$$

Da die Druckdifferenz $p_0 - p_1$ allen Teilchen gemeinsam ist, erhalten sie auch alle die gleiche Geschwindigkeit, und da vorher Ruhe herrschte,

[1] Vgl. den Bericht über das Deutsche Reichspatent Nr. 478364/62c in Z. Flugtechn. Motorl. Bd. 21 (1930) S. 26.

[2] O. SCHRENK, Ein einfacher Druck- und Geschwindigkeitsregler für Versuchsgebläse und Windkanäle. Ing.-Arch. Bd. 1 (1930) S. 350.

[3] ϱ = Luftdichte = i. M. $\frac{1}{8}\left[\frac{\text{kg sec}^2}{\text{m}^4}\right]$.

ist auch keine Rotation der einzelnen Teile der Luftströmung gegeneinander zu befürchten. Lediglich in unmittelbarer Nähe der Wände sind Störungen durch die Reibung des Luftstromes zu erwarten. Das gestörte Gebiet ist aber im allgemeinen von sehr kleiner Ausdehnung. In

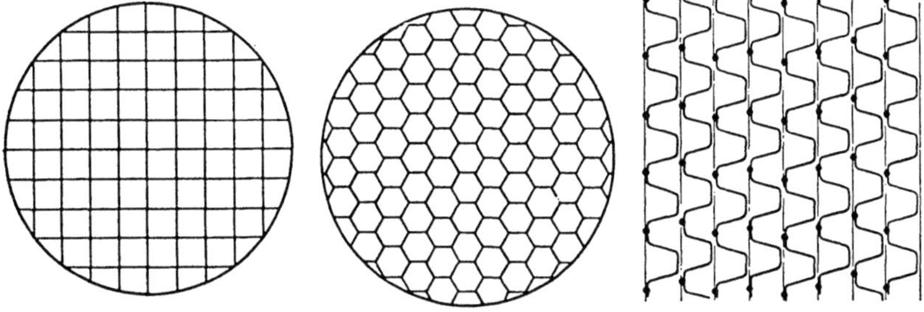

Abb. 2a—c. Verschiedene Arten von Gleichrichtern

der Praxis besteht nun freilich die Schwierigkeit, daß man nicht dauernd aus einem Raum Luft wegnehmen kann, ohne eine entsprechende Luftmenge dorthin zurückzuführen, und daß diese Ersatzluft im allgemeinen nicht genügend zur Ruhe kommt, bevor sie wieder angesaugt wird. Wenn auf eine geordnete Zurückführung der Luft keine besondere Sorgfalt verwendet wird, so zeigen sich häufig durch die Wirkung des aus der Vorrichtung austretenden Luftstrahles ziemlich starke Drehbewegungen der Luft in dem Raum, und es tritt jetzt beim Einsaugen der Luft in die Mündung die bereits erwähnte Verstärkung dieser Drehbewegung ein. Man kann sich gegen derartige drehende Bewegungen bis zu einem gewissen Grade durch Gleichrichten der Strömung schützen. Ein „Gleichrichter" ist allgemein gesprochen eine Leitvorrichtung, durch die die einzelnen Luftfäden parallel gerichtet werden. Man wendet für diesen Zweck häufig gekreuzte Bleche an, die, um sie zusammenfügen zu können, mit Einschnitten gemäß Abb. 3 versehen werden. Die Einschnitte des einen Systems sind dabei in der Richtung stromaufwärts angeordnet, die des anderen dazu senkrechten Systems in der Richtung stromabwärts. Der ganze Gleichrichter zeigt dann in der Strömungsrichtung gesehen ein Bild gemäß Abb. 2a. Man kann solche Gleichrichter auch durch Zusammenlöten von vierkantig oder sechskantig gezogenen dünnwandigen Metallröhren herstellen, vgl. Abb. 2b. Auch durch Aufeinanderschichten

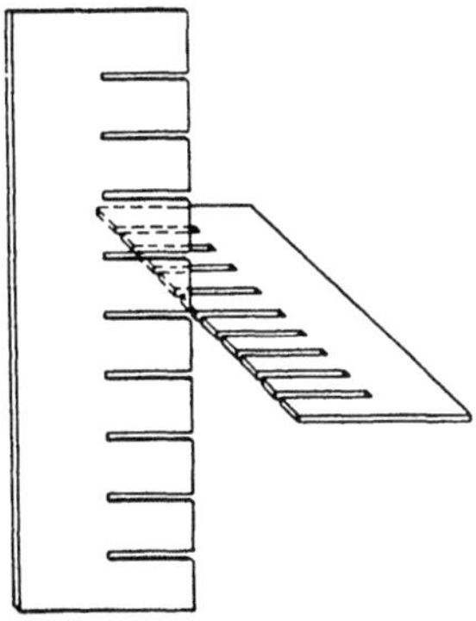

Abb. 3. Gekreuzte Bleche für die Herstellung eines Gleichrichters nach Abb. 2a

von gewöhnlichen kreisrunden Rohren lassen sich ganz gute Gleichrichter machen, die nur etwas mehr Strömungswiderstand haben. Eine weitere Art besteht darin, den Gleichrichter aus einer Folge von geraden und gewellten Blechstreifen aufzubauen, wobei zweckmäßig immer ein gewellter Streifen an dem benachbarten glatten Blechstreifen festgelötet oder -genietet wird (Abb. 2c). Auch Gleichrichter von der Form 2b lassen sich durch Wellblechstreifen erzeugen. Die Wellblechstreifen können hergestellt werden, indem man vorher auf die genaue Breite geschnittene Blechstreifen zwischen zahnräderartig gestalteten Walzen hindurchtreibt. Dabei ist darauf zu achten, daß die Bleche genau senkrecht zur Walzenachse zugeführt werden. Um hinterher eine symmetrische Wellenform zu bekommen, müssen die Zähne der Walzen unsymmetrisch gestaltet werden, siehe Abb. 4. Bezüglich der Feinheit der Teilung der Gleichrichter und der Tiefe in der Strömungsrichtung mag gesagt werden, daß eine Tiefe gleich der doppelten Teilung schon viel Nutzen bringt, daß aber im allgemeinen eine Tiefe etwa gleich der vier- bis siebenfachen Teilung vorgezogen wird. Legt man auf genaue Parallelität der einzelnen Teile des Luftstromes Wert, so muß auch der Gleichrichter sehr sorgfältig und in allen seinen Teilen gut parallel gearbeitet sein.

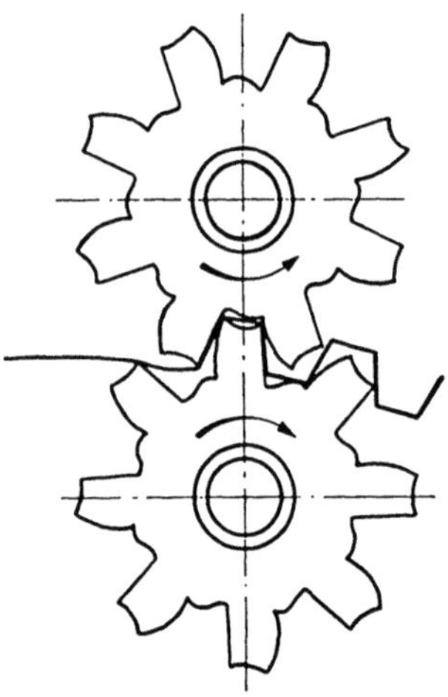

Abb. 4. Walzen zur Pressung der Blechstreifen für einen Gleichrichter nach Abb. 2c

Eine Vergleichmäßigung der *Größe* der Geschwindigkeit wird durch den Gleichrichter nicht erreicht. Als Mittel hierfür können angegeben werden erstens *Siebe*. Ein durchströmtes Drahtsieb liefert einen Strömungswiderstand, der annähernd proportional dem Quadrat der Geschwindigkeit ist. Daraus folgt, daß in einer Strömung, die örtlich nebeneinander verschiedene Geschwindigkeiten aufweist, an den Stellen größerer Geschwindigkeit ein größerer Widerstand entsteht als an den Stellen kleinerer Geschwindigkeit. In Verbindung mit dem Umstand, daß der endgültige Druckabfall für alle Stromfäden ungefähr derselbe ist, führt dies dazu, daß der schnellere Stromfaden sich beim Auftreffen auf das Sieb verbreitert, der langsamere sich zusammenzieht und so beim Durchtritt durch das Sieb die Geschwindigkeiten vergleichmäßigt werden. Diese Vergleichmäßigung ist aber immer mit einem großen Druckabfall im Sieb erkauft. Setzt man den Druckabfall im Sieb

$$p_1 - p_2 = c\,\frac{\varrho\, w^2}{2},$$

wobei c ein die Dichtigkeit des Siebes kennzeichnender Faktor ist, so wird ein vorher vorhandener, mäßiger Geschwindigkeitsunterschied ungefähr auf den Teil $\frac{1}{1+c}$ verringert. Ordnet man n Siebe in passenden, nicht zu kleinen Abständen hintereinander an, so hat man einen Druckabfall $n\,c\,\frac{\varrho\,w^2}{2}$ und eine Verringerung der Abweichungen im Verhältnis $\left(\frac{1}{1+c}\right)^n$. Zahlenrechnung überzeugt, daß eine solche Anordnung von n Sieben mit mäßigen Werten von c, z. B. $c = 1$, einen besseren Erfolg ergeben als ein einziges besonders dichtes Sieb mit der Widerstandszahl $c' = n\,c$. Aus Gründen der Energieersparnis wird man die Siebe möglichst in einem Querschnitt anordnen, in dem die Strömung geringere Geschwindigkeit aufweist.

Soweit es sich um zeitlich gleichbleibende örtliche Geschwindigkeitsunterschiede handelt, die etwa durch eine Aufnahme der Geschwindigkeitsverteilung mit einem Staugerät festgestellt sind, kann man mit Vorteil auch ein weitmaschiges Sieb verwenden, auf dem an den Stellen zu großer Geschwindigkeit einzelne Flicken von einem dichteren Sieb befestigt werden. Statt dessen kann man auch auf der stromaufwärts gelegenen Seite eines Gleichrichters Bügel aus Draht oder Blechstreifen einhängen, die dort, wo die Geschwindigkeit zu groß ist, den Strömungsquerschnitt verengen. Der Erfolg muß dann immer durch eine neue Aufnahme der Geschwindigkeitsverteilung nachgeprüft werden, und es ist so lange fortzufahren, bis die Gleichmäßigkeit der Geschwindigkeit befriedigt. Ein ähnliches Mittel besteht darin, daß man diejenigen Stellen des Siebes, wo die Geschwindigkeit zu groß ist, mit einer dünnen Lackfarbe, z. B. verdünntem Spirituslack, anstreicht. Durch den Lacküberzug werden die einzelnen Drähte etwas dicker, und es wird dadurch der Durchgangswiderstand des Siebes vermehrt. Bei jeder Anwendung von Sieben ist im übrigen zu beachten, daß sich sowohl durch Staubansatz, wie besonders auch durch Rosten der Durchgangswiderstand in ungleichförmiger Weise vergrößert und auf diese Weise auch eine mühsam erzielte Gleichförmigkeit der Geschwindigkeitsverteilung im Laufe der Zeit wieder verlorengehen kann.

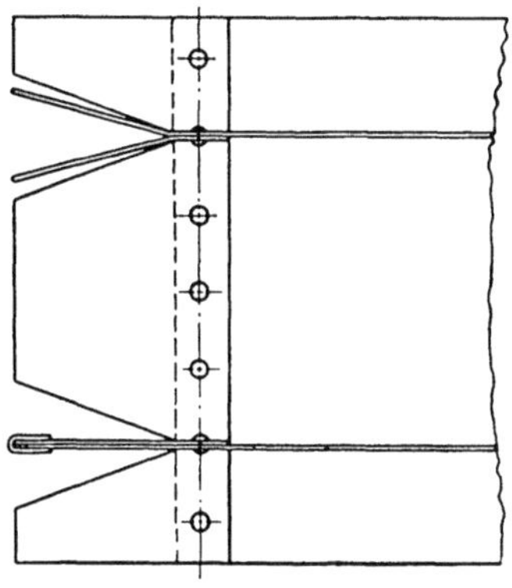

Abb. 5. Blechlappen zur Regulierung der Geschwindigkeitsverteilung

Wenn ein Gleichrichter, etwa von der Form Abb. 2a vorhanden ist, so kann auch das folgende Mittel angewendet werden: Man bringt an dem stromaufwärts gelegenen Ende der Gleichrichterbleche doppelte Lappen gemäß Abb. 5 an, die auseinandergebogen werden können, und die dadurch dem ankommenden Luftstrom einen regelbaren Widerstand entgegensetzen. Die Geschwindigkeitsverteilung wird hier nahe dem Gleichrichter zunächst stark unregelmäßig, gleicht sich aber beim Weiterströmen bald wieder aus. Auch hier wird man so vorgehen, daß man die Lappen so lange weiter aufbiegt oder sie durch eine Blechklammer wieder zusammenschließt, bis die vorhandenen Unterschiede der Geschwindigkeitsverteilung wieder ausgeglichen sind.

Ein weiteres Mittel zur Vergleichmäßigung der Größe der Geschwindigkeit, das zwar mehr Raumaufwand kostet, aber ungemein wirksam und auch im Betrieb sehr viel ökonomischer ist, besteht darin, daß man den Luftstrom, der aus einem Ventilator kommen mag, zunächst durch allmähliche Erweiterung des Kanalquerschnittes auf eine sehr kleine Geschwindigkeit bringt und nun durch eine Verengung des Kanals auf dem Versuchsquerschnitt ein Druckgefälle erzeugt, in dem den Luftteilchen wieder eine große Geschwindigkeit erteilt wird. Die Verhältnisse sind hier ähnlich wie bei der zu Anfang des Paragraphen geschilderten Ansaugung von ruhender Luft aus einem großen Raum. Wenn der große Querschnitt das n-fache von dem Querschnitt hinter der Verengung ist, so ist die mittlere Geschwindigkeit in dem großen Querschnitt der n-te Teil von der Geschwindigkeit im engen Querschnitt. Nach der BERNOULLIschen Gleichung ist also der Druckabfall vom großen zum kleinen Querschnitt

$$p_1 - p_2 = \frac{\varrho\, w^2}{2}\left(1 - \frac{1}{n^2}\right).$$

Die diesem Druckabfall entsprechende Energie wird jedem Luftteilchen quantitativ erteilt, und die Schwankungen beziehen sich nur auf die relativ kleine Ankunftsenergie von $\frac{1}{n^2}\,\frac{\varrho\, w^2}{2}$. Ist z. B. eine Verengung auf den fünften Teil des Querschnittes vorhanden, so ist die durchschnittliche Energie des ankommenden Stromes nur $\frac{1}{25}$, während $\frac{24}{25}$ jedem Teilchen in dem Druckgefälle mitgeteilt werden. Sind nun in der ankommenden Energie Schwankungen von $\pm 25\%$, so gibt dies in der endgültigen Energie Schwankungen von $\pm 1\%$. Dies entspricht einer Schwankung der Geschwindigkeit von $\pm 0{,}5\%$.

Eine sorgfältige Beseitigung aller Querbewegungen und Drehungen des Strahles durch einen Gleichrichter ist natürlich auch hier nötig. Falls eine Luftmasse um die Strömungsrichtung als Achse rotiert, so wird deren Durchmesser beim Übergang zu dem n-ten Teil des Querschnittes, dem eine Durchmesserverringerung auf den $\sqrt{n}$-ten Teil entspricht, ebenfalls auf $1/\sqrt{n}$ ihres ursprünglichen Durchmessers eingeengt. Dasselbe gilt auch für den Umfang einer in der Ebene quer zur Kanalachse gezogenen geschlossenen Linie. Die mittlere Geschwindigkeit der Umlaufsbewegung wird also beim Übergang vom großen zum kleinen Querschnitt gemäß dem THOMSONschen Satz (vgl. Beitrag PRANDTL, „Einführung in die Grundbegriffe der Strömungslehre", § 9, Bd. IV, 1 ds. Hdbchs.) auf das $\sqrt{n}$-fache steigen. Die Hauptgeschwindigkeit in Richtung der Kanalachse steigt dabei auf das n-fache, so daß die Querneigung der Stromlinien sich etwas vermindert, nämlich auf das $1/\sqrt{n}$-fache. Statt des THOMSONschen Satzes kann man natürlich auch den HELMHOLTZschen Wirbelsatz heranziehen, daß die Winkelgeschwindigkeit der Rotation sich proportional zu der Länge des Stückes der Wirbellinie ändert. Bei der Zusammenziehung des Querschnittes auf den n-ten Teil wird ein Wirbellinienstück, das sich parallel der Kanalachse erstreckt, auf die n-fache Länge ausgedehnt, woraus auch eine Steigerung der Winkelgeschwindigkeit auf das n-fache folgt. Da gleichzeitig der Halbmesser des Wirbelfadens auf den $\sqrt{n}$-ten Teil verringert wird, ist also die Umfangsgeschwindigkeit ($= \omega r$) auf das $\sqrt{n}$-fache gewachsen, dasselbe Ergebnis wie oben. Für eine Rotation um eine Achse quer zur Strömungsrichtung hat man dagegen eine Verkürzung des Wirbellinienstückes auf den $\sqrt{n}$-ten Teil und in der Richtung senkrecht zur Kanalachse und zur Wirbellinie ebenfalls eine Verringerung der Dimensionen auf den $\sqrt{n}$-ten Teil, so daß hier die Geschwindigkeitsunterschiede als auf den n-ten Teil verkleinert gefunden werden. Diese Beziehung für die longitudinalen Geschwindigkeitsunterschiede (um diese handelt es sich hier) stimmt völlig mit dem überein, was oben mit Hilfe der BERNOULLIschen Gleichung erhalten worden ist (da die Geschwindigkeit auf das n-fache gestiegen ist, und die Unterschiede auf den n-ten Teil verkleinert sind, sind die verhältnismäßigen Abweichungen auf das $1/n^2$-fache vermindert).

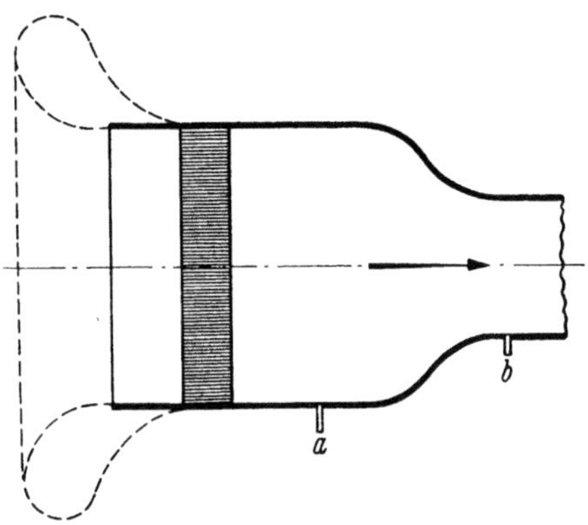

Abb. 6. Zweckmäßige Gestaltung des Windkanalteiles vor der Versuchsstrecke

Aus dem hier Dargelegten ist der Schluß zu ziehen, daß man, wo immer es räumlich möglich ist, eine weite Kammer gemäß Abb. 6 vor dem Versuchsquerschnitt anordnen sollte, die in ihrem Eintrittsquerschnitt einen sorgfältig hergestellten Gleichrichter enthält. Der Übergang zu dem Versuchsquerschnitt sollte in gut abgerundeter Form stattfinden, wobei aber eine steile Querschnittszusammenziehung von der in der Abbildung angegebenen Form unbedenklich ist. Zwischen dieser Querschnittsverengung und dem Gleichrichter sollte ein kurzes paralleles Stück eingeschaltet bleiben, da anderenfalls durch Ablenkung des Stromes unmittelbar hinter dem Gleichrichter ungleichmäßige Durchflußwiderstände entstehen, die der Gleichförmigkeit abträglich sind. Wird aus einem größeren Raum angesaugt, so empfiehlt es sich, einen in Abb. 6 gestrichelt gezeichneten Ansaugetrichter anzubringen.

An der fertiggestellten Versuchseinrichtung empfiehlt es sich, die Geschwindigkeitsverteilung sorgfältig nachzuprüfen; bezüglich der Größe der Geschwindigkeit geschieht dies zweckmäßig durch ein Staugerät (vgl. Beitrag MUELLER-PETERS, Geschwindigkeits- und Mengenmessung in Bd. IV, 1), bezüglich der Geschwindigkeitsrichtung durch lange leichte Fäden, die zweckmäßig an verschiedenen Punkten eines quer über den Versuchsquerschnitt ausgespannten Kreuzes aus dünnen Drähten angeknüpft werden. Auch die Ermittlung der Verteilung des statischen Druckes ist für genauere Arbeiten von Wichtigkeit (über Druckmessung vgl. Beitrag PETERS in Bd. IV, 1).

§ 3. Ausgestaltung der eigentlichen Versuchsstrecke

Für die Ausgestaltung derjenigen Strecke, in der die Versuche vor sich gehen sollen, gibt es zwei grundsätzlich verschiedene Ausführungsformen, den geschlossenen Kanal und den freien Strahl.

a) Geschlossener Kanal

Die älteren Windkanäle (vgl. Beitrag FLACHSBART, „Geschichte der experimentellen Hydro- und Aeromechanik", II. Kap. § 3 c) sind häufig als geschlossene Kanäle mit parallelen Wänden ausgeführt worden. Man hat bei dieser Bauform zu beachten, daß sich durch die Wandreibung eine in der Strömungsrichtung wachsende Schicht von verzögerter Luft ausbildet, durch die der Querschnitt für die nicht von der Reibung erfaßte Luft beim Weiterströmen immer kleiner wird. Es ergibt sich also eine Geschwindigkeitszunahme und ein mit dieser nach der BERNOULLIschen Gleichung zusammenhängender Druckabfall. Bei genaueren Versuchen, besonders mit Körpern von großem Volumen, wie z. B. Luftschiffmodellen, hat man sehr auf diesen Druckabfall zu achten. Er wirkt in dem Sinne, daß der Widerstand des Luftschiffmodells usw. erhöht erscheint. In den englischen Laboratorien, wo meist Windkanäle von dieser Bauart Verwendung finden, ist es nach dem Vorgang von I. R. PANNELL[1] üblich geworden, die von dem Druckabfall herrührende Kraft gleich dem Volumen des Körpers mal dem Druckabfall pro Längeneinheit

[1] Vgl. I. R. PANNELL, R. JONES und G. N. PELL, Experiments in a wind channel on elongated bodies of approximated streamline form. Reports and Memoranda (1918) S. 564.

zu setzen in Analogie zu dem archimedischen Auftrieb. Die Engländer nennen deshalb diese Kraft auch „horizontal buoyancy" (horizontalen Schwimmauftrieb) und ziehen sie von dem gemessenen Widerstand ab. Es wird allerdings, da der Luftschiffkörper selbst starke Änderungen an der ganzen Druckverteilung hervorruft, der Druckabfall in dem leeren Kanal gemessen und angenommen, daß die Störung durch die Wandreibung mit und ohne Modell die gleiche Größe besitzt. G. I. TAYLOR hat im übrigen kürzlich[1] nachgewiesen, daß man zu der von dem Körper verdrängten Luftmasse noch die für die beschleunigte Bewegung maßgebende „scheinbare Masse" hinzurechnen muß, um die in Rede stehende Korrektur richtig zu erhalten. Bei Luftschiffkörpern ist allerdings diese scheinbare Masse sehr gering.

In dem alten Göttinger Windkanal von 1908 haben wir diesen Mangel auch gelegentlich bei Widerstandsmessungen von Luftschiffmodellen festgestellt und haben ihn auf die Weise auszuschalten gesucht, daß wir den Kanal mit einer schwachen Querschnittserweiterung versehen haben, die so ausprobiert war, daß der Druck in dem leeren Kanal entlang der Kanalachse konstant blieb[2].

Es mag noch darauf hingewiesen werden, daß bei Windkanälen, bei denen im Versuchsquerschnitt Unterdruck herrscht, die durch Undichtheiten zuströmende Luft ebenfalls einen Druckabfall liefert, da ja die Luftgeschwindigkeit in der Strömungsrichtung entsprechend der durch die Undichtheiten eingeströmten Luft zunehmen muß. Auf das Modell wirkt dieser Druckabfall ebenso wie der im vorstehenden beschriebene.

b) Freier Strahl

Durch G. EIFFEL[3] ist zum erstenmal in einer größeren Versuchsanlage ein freier Strahl angewandt worden, der aus einem großen Raum kommend, durch eine abgerundete Düse in den Versuchsraum trat und diesen frei durchfloß (vgl. Abb. 14). Es zeigt sich, daß ein solcher Strahl, wenn er beim Austritt aus der Düse gut parallel gerichtet ist, den freien Raum geradlinig durchsetzt und nur von den Rändern her durch Vermischung mit der umgebenden ruhenden Luft allmählich aufgelöst wird. Über solche Vermischungsvorgänge vergleiche man die Ausführungen von TOLLMIEN im Handbuch der Experimental-Physik Bd. IV. Über den für Versuche brauchbaren Teil des Luftstrahles sind weiter unten

[1] G. I. TAYLOR, The forces on a body placed in a curved or converging stream of fluid. Proc. roy. Soc. London (A) Bd. 120 (1928) S. 260.

[2] Vgl. Jahrbuch der Luftfahrzeuggesellschaft Bd. 6 (1912/13) S. 76.

[3] Installation d'un laboratoire d'aérodynamique. Mém. de la Société des Ing. civ. de France (Bulletin de Janvier 1910). Auch G. EIFFEL, La résistance de l'air. Examen des formules et des expériences (Paris 1910), und G. EIFFEL, La résistance de l'air et l'aviation (Paris 1910).

Angaben gemacht. Der Druck in der Achse des Strahles ist, abgesehen von der unmittelbaren Nähe der Düse und des Auffangtrichters, sehr genau konstant, und man hat deshalb bei dieser Anordnung keinerlei Korrektur durch Schwimmauftrieb von der oben gekennzeichneten Art. Dies ist ein großer Vorteil, der zusammen mit der wesentlich bequemeren Zugänglichkeit der im Windstrom befindlichen Versuchsobjekte dem offenen Strahl immer mehr Anhänger verschafft. Viel Sorgfalt ist allerdings der Durchbildung der Düse und des Auffangtrichters zuzuwenden. Bei einer Düse, die anschließend an die Rundung kein oder nur ein kurzes paralleles Stück zeigt, wirkt die Kontraktion in der Rundung auch hinter dem Düsenende noch etwas nach, und man findet deshalb in der Strahlachse auch noch ein kurzes Stück außerhalb der Düse einen schwachen Druckabfall vor. Dieser kann vermieden werden, wenn das Düsenende ganz schwach erweitert ausgeführt wird. Es handelt sich hierbei um sehr kleine Beträge, die am besten an der fertigen Düse selbst oder gegebenenfalls durch einen Modellversuch für die jeweils verwendete Düsenform festgestellt werden können. Bei einer Versuchsdüse von der in Abb. 7 angegebenen Form, die recht gut befriedigt hat, nimmt der Durchmesser von der Stelle a bis b um 0,01 D zu.

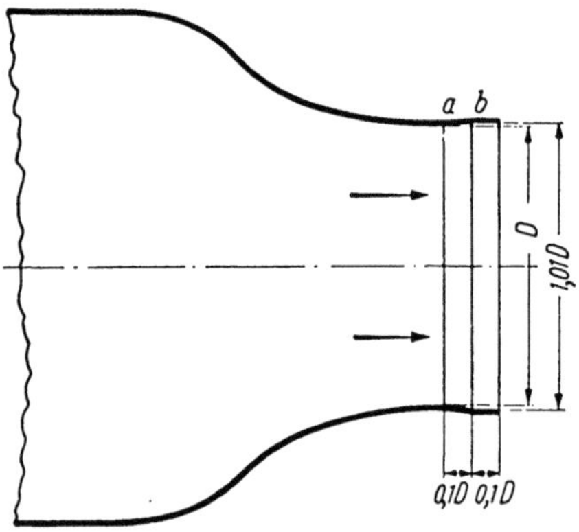

Abb. 7. Düse des Windkanals im Luftschrauben-Laboratorium der Aerodynamischen Versuchsanstalt Göttingen

Hinter der Versuchsstelle wird der Strahl zweckmäßig durch einen „Auffangtrichter" aufgenommen und so dem Ventilator zugeführt. Das Problem des besten Auffangtrichters ist noch nicht völlig befriedigend gelöst. Bei der EIFFELschen Bauart wie bei der Göttinger Bauart ist es erforderlich, daß die Luftmenge, die durch den Auffangtrichter hindurchtritt, mit der aus der Düse kommenden übereinstimmt. Da der Strahl sich aber inzwischen mit Teilen der umgebenden Luft gemischt hat, ist die strömende Menge größer geworden. Der Überschuß muß auf irgendeine Weise wieder ausgeschieden werden. Unter-

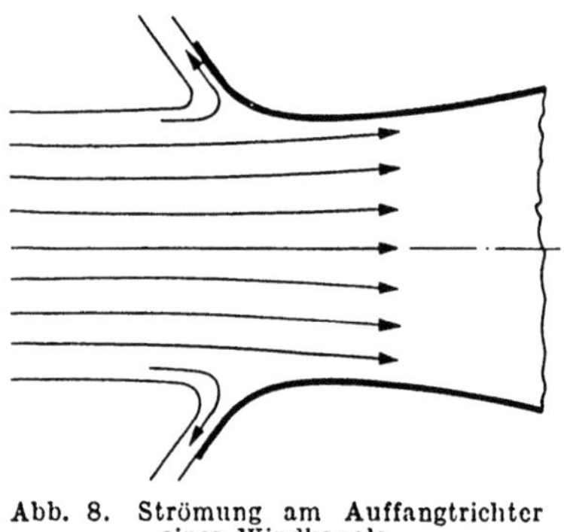

Abb. 8. Strömung am Auffangtrichter eines Windkanals

nimmt man weiter nichts, so bläst die Überschußmenge als ziemlich scharfer Strahl kegelförmig aus dem Auffangtrichter heraus, vgl. Abb. 8, und es empfiehlt sich jedenfalls, den Beobachter und auch das Hebelwerk der Versuchseinrichtung vor diesem abprallenden Wind zu schützen. Eine Möglichkeit der Verbesserung ist die, daß hinter dem Auffangtrichter noch ein Spalt gemacht wird, durch den überschüssige Luft austreten kann, eine andere die, daß man den Auffangtrichter da, wo die mitgerissene Luft aufprallt, siebartig durchlöchert ausführt. Beim Göttinger System können auch Öffnungen in dem stromabwärts gelegenen Kanal, vor oder hinter dem Gebläse, demselben Zweck dienen, beim EIFFELschen absichtliche Undichtheiten der Unterdruckkammer (vgl. die Beschreibungen der Kanäle in § 6). Ganz läßt sich der kegelförmige Luftstrahl allerdings nicht beseitigen.

Wichtig ist auch die Bemessung des engsten Querschnittes des Auffangtrichters. Wird dieser zu eng gemacht, so ergibt sich ein Druckabfall, der sich auch ein Stück in den freien Strahl hinein noch bemerklich macht. Bei zu großem Querschnitt stellt sich ein Druckanstieg ein. Jedenfalls erscheint es richtig, den engsten Durchmesser des Auffangtrichters etwas größer als den Düsendurchmesser zu machen. Um wieviel man ihn vergrößern soll, hängt davon ab, wie lang der freie Strahl im Verhältnis zum Düsendurchmesser ist. Nach Göttinger Erfahrungen ist bei einer Luftstrahllänge gleich dem 1,5fachen des Düsendurchmessers ein engster Durchmesser des Auffangtrichters gleich dem 1,1 bis 1,2fachen des Düsendurchmessers zweckmäßig.

Es mag noch bemerkt werden, daß leicht Schwingungen auftreten, bei denen der Windkanal als Orgelpfeife arbeitet, wenn der freie Strahl im Verhältnis zu seinem Durchmesser zu lang oder der Rand des Auffangtrichters zu klein gewählt wird oder ein Auffangtrichter überhaupt fehlt. Solche Schwingungen lassen sich bei der Göttinger Bauart, abgesehen von einer verbesserten Form des Auffangtrichters, auch dadurch vermindern oder beseitigen, daß man in dem unter Überdruck stehenden Rückführungskanal geeignete Öffnungen anbringt, durch die die Eigenschwingungen der Luft in diesem Kanal, ähnlich wie bei einer undicht gewordenen Orgelpfeife, gedämpft werden. Die näheren Umstände der Entstehung solcher Schwingungen sind durch O. SCHRENK untersucht worden[1].

Das nutzbare Gebiet, in dem eine gute Geschwindigkeitsverteilung vorhanden ist, ist wegen der geringeren Ausdehnung der Reibungsschicht an der Wand bei den geschlossenen Kanälen wesentlich länger als beim freien Strahl, wo die Wirbel, in denen sich die strömende Luft mit der

[1] O. SCHRENK, Versuche über den durch Resonanztöne in Freistrahlwindkanälen verursachten Lärm. Techn. Mech. u. Thermodynamik Bd. 1 (1930) S. 158 u. 197.

umgebenden ruhenden vermischt, verhältnismäßig rasch in das Strahlinnere vordringen. Man kann etwa annehmen, daß das einwandfreie Gebiet von einem Kegel begrenzt ist, dessen Erzeugende mit der Neigung 1 : 8 von der Düsenkante ausgehen. Dies würde also bedeuten, daß in einer Entfernung gleich zweimal dem Düsendurchmesser noch eine gesunde Strömung in einer Ausdehnung gleich dem halben Düsendurchmesser vorhanden ist. Für die meisten praktischen Zwecke dürfte diese Länge völlig ausreichen. Geschwindigkeitsverteilungen von solchen freien Strahlen sind u. a. in der II. Lieferung der „Ergebnisse der Aerodynamischen Versuchsanstalt zu Göttingen", München 1923, S. 71, mitgeteilt.

Wenn nach dem Vorstehenden der freie Strahl erhebliche Vorteile in bezug auf Meßgenauigkeit hat, wozu noch die größere Bequemlichkeit der Messungen hinzukommt, so darf dabei aber nicht unerwähnt gelassen werden, daß er gegenüber dem geschlossenen Kanal wesentlich mehr Strömungswiderstände aufweist, so daß zur Erreichung derselben Windgeschwindigkeit stärkere und daher auch teurere Maschinen erforderlich sind.

c) Ermittlung der Geschwindigkeit

Für die Ermittlung der Geschwindigkeit des Versuchsluftstromes sind grundsätzlich die verschiedenen in dem Beitrag MUELLER und PETERS in Bd. IV, 1 für die Messung von Luftgeschwindigkeiten angegebenen Methoden verwendbar. In der Praxis werden aber meist nur die folgenden verwandt:

1. In geschlossenen Kanälen wird man die Windgeschwindigkeit im allgemeinen durch ein Staugerät ermitteln, das mit einer Einrichtung versehen ist, um es in dem Versuchsluftstrom herumzubewegen und so einen guten Mittelwert der Geschwindigkeit zu erhalten. Wenn es sich um die Untersuchung der Strömungsvorgänge um einen im Luftstrom angebrachten Körper handelt (oder um Messung des Widerstandes eines solchen Körpers), so tritt die Frage auf, in welcher Weise man die im Kanal gemessene Geschwindigkeit auf den idealen Fall beziehen soll, daß der Körper sich in einer nach allen Seiten hin unendlich ausgedehnten Luftmasse bewegt. Die Kanalwände verursachen gewisse Abweichungen der Strömungsform von derjenigen, die sich in einer unendlich ausgedehnten Luftmasse ergeben würde. Es ist aus theoretischen Überlegungen herleitbar[1] und hat sich auch experimentell als richtig erwiesen[2], daß man den geringsten Fehler durch die endlichen Kanaldimensionen

[1] V. VALCOVICI, Über diskontinuierliche Flüssigkeitsbewegungen mit zwei freien Strahlen. Göttinger Dissertation 1913. In dieser Arbeit wird die Potentialströmung mit HELMHOLTZschen Trennungsflächen berechnet, die sich bei einer zum Luftstrom rechtwinklig gestellten Platte ergeben, wenn diese sich a) in einem Kanal mit parallelen Wänden, b) in einem freien Strahl befindet. Die genaue Widerstandszahl ist $\frac{2\pi}{4+\pi} = 0{,}8799$. Berechnet man im Falle a) die Wider-

bekommt, wenn man als diejenige Geschwindigkeit, die man der Geschwindigkeit des Körpers in einer unendlich ausgedehnten Luftmasse gleichsetzt, die wählt, die man etwas hinter dem Körper seitlich von ihm feststellt. Die Geschwindigkeit vor dem Körper ist merklich kleiner und ergibt, wenn man sie der Geschwindigkeit in der unendlich ausgedehnten Luftmasse gleichsetzt (also z. B. die Luftwiderstandszahlen aus den Widerstandsmessungen mit ihr ermittelt), wesentlich größere Abweichungen durch die endlichen Abmessungen des Kanals.

Wenn, wie meist bei der geschlossenen Windkanalbauart, die Luft aus einem größeren Raum (einer Halle usw.) angesaugt wird, so läßt sich auch der Druckabfall vom Außenraum bis zum Windkanal zur Geschwindigkeitsmessung benützen, wobei die Druckverluste in dem meist vorhandenen Gleichrichter empirisch bestimmt werden (indem man den Druckabfall mit den Angaben eines Staugerätes, das im Luftstrom herumbewegt wird, vergleicht). Will man den oben erwähnten Grundsatz berücksichtigen, daß die Geschwindigkeit seitlich hinter dem Körper gemessen werden soll, so kann man dies annähernd dadurch erreichen, daß man den Druckabfall zwischen dem Außenraum und einem Wandpunkt des Kanals stromabwärts von dem Versuchsobjekt mißt. Allerdings wird sich dies nur empfehlen, wenn der Kanal in der früher angegebenen Weise schwach erweitert ausgeführt ist, so daß der vom Anwachsen der Reibungsschicht herrührende Druckabfall kompensiert ist[3].

---

standszahl mit Hilfe der Geschwindigkeit seitlich hinter der Platte, so ergibt sich eine Widerstandszahl c_{w_1}, die sich sehr wenig mit dem Verhältnis Plattenbreite zu Kanalbreite ändert. Wählt man dagegen die Geschwindigkeit vor der Platte, so ergibt sich eine andere Widerstandsziffer c_{w_2}, die sehr viel größer und sehr stark veränderlich ist, vgl. die untenstehende Tabelle 1. Beim Strahl erhält man die Widerstandszahl c_{w_3}, die nun wieder sehr wenig veränderlich ist, vgl. die Tabelle 2. b ist die Plattenbreite, B die Breite des Kanals bzw. Strahles.

Tabelle 1. (*Kanal*)

$\frac{b}{B} = 0{,}045$	0,125	0,279
$c_{w_1} = 0{,}8818$	0,886	0,8972
$c_{w_2} = 1{,}378$	1,994	3,59

Tabelle 2. (*Strahl*)

$\frac{b}{B} = 0{,}035$	0,138	0,309
$c_{w_3} = 0{,}8786$	0,8756	0,8680

[2] C. Wieselsberger, Mitteilung Nr. 21 der Göttinger Modellversuchsanstalt. Z. Flugtechn. Motorl. Bd. 6 (1915) S. 127.

[3] Es mag noch betont werden, daß die Vorschrift, die Geschwindigkeit seitlich hinter dem Modell zu messen, auch bei Einhaltung dieser Maßregel nicht völlig genau ist, da durch die Verdrängungswirkung des Körpers und des Nachstromes hinter ihm die Geschwindigkeit neben ihm, strenggenommen, nicht konstant ist; jedoch sind die Änderungen, wenn das Modell genügend klein gegenüber dem Querschnitt des Windstromes ist, so klein, daß die dadurch entstehenden Ungenauigkeiten unterhalb der Meßgenauigkeit liegen. Bei zu großen Modellen ergeben sich aber auch andere Fehlerquellen (geänderte Druckverteilung usw.), so daß die Versuche hier immer ungenau ausfallen.

2. Bei Windkanälen mit freiem Strahl ist durch die Konstanz des Druckes auf der Strahloberfläche auch im Inneren des ungestörten Strahles konstante Geschwindigkeit vorhanden, so daß es hier gleichgültig ist, wo man die Geschwindigkeit mißt. Allerdings ist zu beachten, daß in der Nähe der Körper, die man in den Luftstrahl bringt, ein Druckfeld erzeugt wird, das natürlich auch Geschwindigkeitsänderungen mit sich bringt. Bei derjenigen Ausführung, bei der innerhalb der Düse kein Gleichrichter vorhanden ist (Gleichrichter im großen Querschnitt vor der Düse), läßt sich der Druckabfall in der Düse sehr gut zur Ermittlung der Geschwindigkeit heranziehen. Ist p_0 der Druck in dem Raum, der den freien Strahl umgibt, und p_1 der Druck in dem Düsenvorraum, und ist ferner w die Geschwindigkeit des Strahles und w_1 die Geschwindigkeit in dem großen Querschnitt vor der Düse, so ist, wenn sich zwischen beiden Querschnitten kein Gleichrichter befindet, nach der BERNOULLIschen Gleichung

$$p_1 - p_0 = \frac{\varrho}{2}(w^2 - w_1^2).$$

Da nach der Kontinuität

$$w_1 F_1 = w F$$

ist, wo F den Strahlquerschnitt und F_1 den großen Querschnitt vor der Düse bedeutet, so ergibt sich hieraus der Staudruck des freien Strahles zu

$$q = \frac{\varrho\, w^2}{2} = \frac{p_1 - p_0}{1 - \left(\frac{F}{F_1}\right)^2}.$$

Diese Beziehung hat sich bei der Nachprüfung als sehr genau erwiesen, so genau, daß man jetzt umgekehrt vorzieht, die Zahlenbeiwerte der Staugeräte mit dieser Methode zu bestimmen. Ist nur ein geschlossener Kanal mit Gleichrichter im engsten Querschnitt und ein Staugerät zur Verfügung, so muß der Beiwert des Staugerätes auf andere Weise, etwa durch Rundlaufeichung, ermittelt werden. Die Rundlaufeichung war auch bei dem ersten Göttinger Windkanal die Grundlage für die Ermittlung der Luftwiderstandszahlen. Wird ein Windkanal der geschlossenen Bauart mit einem Einlauf gemäß Abb. 6 ausgestattet, so kann aus der Differenz der in Anbohrungen bei a und b entnommenen Drücke der Staudruck q ganz wie oben beim Freistrahl ermittelt werden. Bei der Ermittlung des Staudruckes aus dem Druckabfall in der Düse sind die Ergebnisse von den etwaigen Fehlern einer Staugeräteichung völlig frei.

Es mag noch erwähnt werden, daß es für die Ermittlung von Luftwiderstandszahlen sehr zweckmäßig ist, den Staudruck unmittelbar festzustellen und nicht etwa die Geschwindigkeit, da in seine Formel die Dichte und die Geschwindigkeit in der gleichen Weise eingehen, wie in die Luftwiderstandsformel. Man braucht also bei Windkanalversuchen zur Ermittlung einer Widerstandszahl die Luftdichte gar nicht zu kennen, da sie sich bei der unmittelbaren Einführung des Staudruckes in die Widerstandsformel von selbst heraushebt. Etwas anderes ist es natürlich, wenn man etwa die REYNOLDSsche Zahl bestimmen will, bei der die Messungen gemacht sind; hierzu müssen Luftdruck und Temperatur des Luftstromes festgestellt werden.

§ 4. Ventilatoren für Windkanäle

Über das im § 1 Gesagte hinaus mag hier über die für Windkanäle geeigneten Ventilatoren noch das Folgende ausgeführt werden: Zentrifugalventilatoren mit Gehäuse beanspruchen unverhältnismäßig viel Platz und werden deshalb für Windkanäle im allgemeinen nicht in Frage kommen. Sie haben allerdings insofern einen Vorzug vor den Schraubenventilatoren, als sie für ein und dieselbe Zuströmungsgeschwindigkeit der Luft wesentlich geringere Umfangsgeschwindigkeiten aufweisen als die Schraubenventilatoren und daher im allgemeinen ruhiger arbeiten (der Lärm des Ventilators wächst mit der Umfangsgeschwindigkeit erheblich an, vgl. die Anmerkung am Schlusse dieses Paragraphen). Bei Zentrifugalventilatoren geht die Umfangsgeschwindigkeit $u = R\omega$ herunter bis etwa zum 1,5fachen der Ansaugegeschwindigkeit w, bei Schraubenventilatoren herunter bis zum zweifachen.

Der von einem Schraubenventilator erzeugte Drucksprung $p_2 - p_1$[1] hat abhängig von der Durchflußgeschwindigkeit w bei konstanter Drehzahl einen Verlauf, wie ihn etwa Abb. 11 zeigt. Der rechte Teil der Kurven, der nach links hin ansteigt, entspricht der gesunden Flügelströmung, der linke Teil der abgerissenen Strömung an den Flügeln. Der erstere Zustand ist für den Betrieb von Windkanälen unbedingt anzustreben. Die Wahl des Ventilators richtet sich einigermaßen danach, wo dieser angebracht ist. Bei Windkanälen mit wenig Strömungswiderstand und Anbringung des Ventilators in einem Querschnitt sehr hoher Geschwindigkeit erhält man einen schwach belasteten Ventilator, bei großen Widerständen bzw. bei Anbringung des Ventilators an einer Stelle kleiner Geschwindigkeit einen stark belasteten. Um ein Maß für Ventilatorbelastung aufzustellen, kann man die zu schaffende Druckdifferenz p_2-p_1 entweder mit dem Staudruck der mittleren Durchflußgeschwindigkeit $(\varrho/2)\, w^2$ oder mit dem Staudruck der Umfangsgeschwindigkeit der Flügelspitzen $(\varrho/2\, u^2)$ vergleichen. Man erhält so die beiden dimensionslosen Beiwerte

$$c_S = \frac{p_2 - p_1}{\frac{\varrho}{2} w^2}\ {}^{2}$$

[1] p_1 = Druck vor dem Ventilator, p_2 = Druck hinter dem Ventilator.

[2] Dieser Wert entspricht dem ebenfalls mit c_S bezeichneten Belastungsgrad der Propeller (vgl. Beitrag FLACHSBART, „Luftschrauben", 1. Kap., §§ 1 und 3, Bd. IV, 3 ds. Hdbchs). In den vom Verein Deutscher Ingenieure herausgegebenen „Regeln für Leistungsversuche an Ventilatoren und Kompressoren" (2. Aufl., Berlin 1926) wird der reziproke Wert $\sigma = 1/c_s$ verwandt.

und

$$\psi = \frac{p_2 - p_1}{\frac{\varrho}{2} u^2}.$$

Für c_S bis etwa 5 kann man einstufige Ventilatoren verwenden. Zweistufige sind bis etwa $c_S = 10$ verwendbar. Beim Überschreiten dieser Werte reißt die Strömung an den Flügeln ab, wobei der Wirkungsgrad rasch abfällt und meist auch das weiter unten erwähnte Brummen auftritt. Der erreichbare ψ-Wert hängt von der Zahl, Breite und Stellung der Flügel ab. Für Werte von ψ bis etwa 0,08 kann man einfache Luftschrauben von der Art, wie man sie bei Flugzeugen zu verwenden pflegt, mit Vorteil gebrauchen. Durch Vermehrung der Flügelzahl oder der Flügelbreite kann man etwa bis $\psi = 0{,}15$ kommen. Bei Anwendung eines Leitapparates hinter dem Laufrad kann man ψ noch weiter bis etwa $\psi = 0{,}4$ steigern. Für noch höhere ψ-Werte empfiehlt es sich, den Ventilator mehrstufig mit dazwischengeschalteten Leitapparaten auszuführen. Die zweckmäßige Größe des Neigungswinkels der Flügel bewegt sich etwa zwischen $\alpha = 15°$ und $\alpha = 40°$, gemessen im Außenradius. Zwei bewährte Flügelräder, das eine für schwache, das andere für starke Belastung, sind in Abb. 9 und 10 wiedergegeben. Die von ihnen erzeugten Drücke sind in Abb. 11 dargestellt. Die Wirkungsgrade richtig bemessener Ventilatoren dieser Art bewegen sich zwischen 0,7 und 0,85[1].

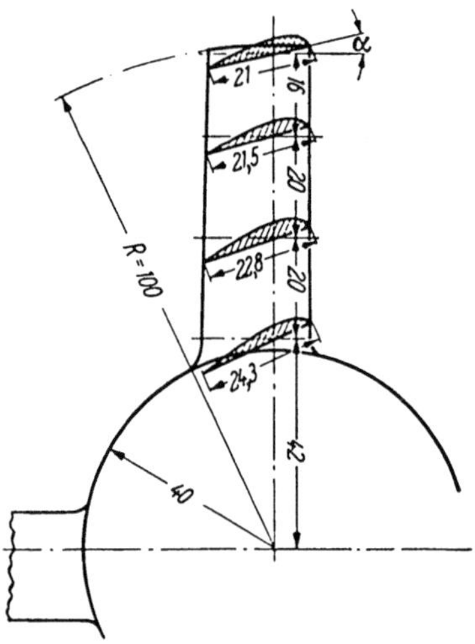

Abb. 9. Schraubenventilator mit vier schmalen Flügeln für schwache Belastung (Bauart BETZ)

Was den Lärm der Ventilatoren betrifft, der besonders bei Windkanälen für hohe Geschwindigkeiten sehr erheblich ist, so läßt sich darüber folgendes sagen: Der einzelne Flügel macht bei hohen Bewegungsgeschwindigkeiten ein pfeifendes oder zischendes Geräusch, soweit er sich durch eine homogene Luftmasse bewegt. Dieser Anteil des Lärmes wird aber in den meisten Fällen völlig zurücktreten gegen den Schall, der dadurch entsteht, daß der Flügel durch inhomogene Strömungen hindurchschlägt, wodurch bei jedem Wechsel der Zustromgeschwindigkeit eine Änderung der Drücke am Flügelrad eintritt, die sich als Schallwelle

[1] Die vorstehenden Einzelausführungen über Ventilatoren verdanke ich den Herren BETZ und FLACHSBART.

fortpflanzt. Versuche im kleinen haben gezeigt[1], daß eine Luftschraube bei sehr gleichförmigem Zustrom ganz wenig Lärm verursacht. Wenn in

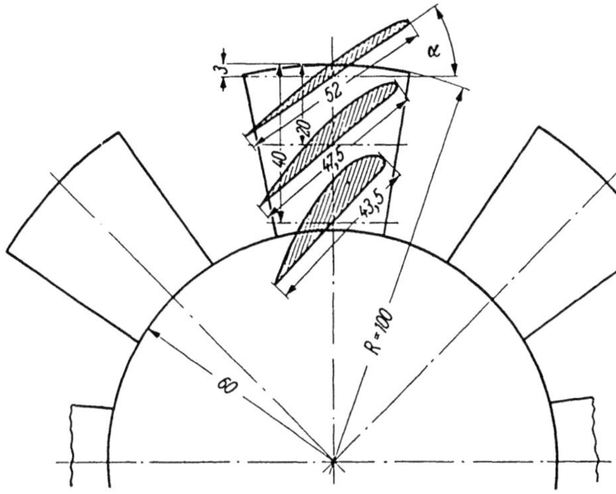

Abb. 10. Schraubenventilator mit acht breiten Flügeln für starke Belastung (Bauart BETZ)

den Zustrom ein Stab so hineingebracht wurde, daß die vom Stab erzeugten Wirbel die Schraube treffen, so entsteht sofort ein lauter Ton, dessen Frequenz mit der zeitlichen Aufeinanderfolge der Schraubenflügel übereinstimmt. In Analogie damit hat man sich den hauptsächlichen Teil des Lärmes der Windkanalventilatoren so vorzustellen, daß alle Inhomogenitäten der Strömung von den Schraubenflügeln durchschnitten werden und bei jedesmaligem Durchschneiden ein Schallimpuls entsteht. Deshalb herrscht auch der Flügelton am meisten in dem Getöse vor. Natürlich spielen Resonanzen dieser Töne durch den als Resonator wirkenden Windkanal dabei eine große Rolle.

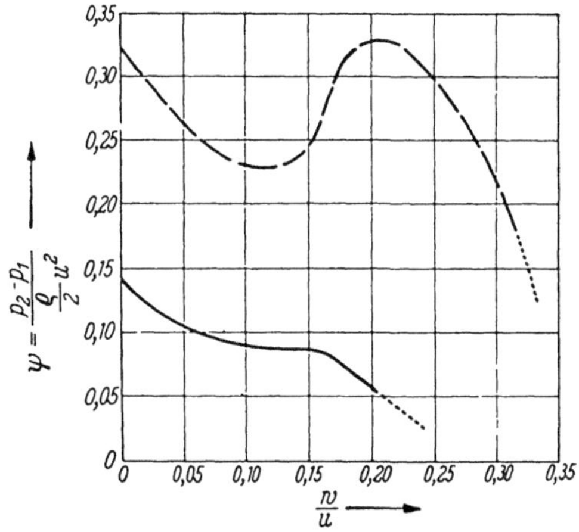

Abb. 11. Ventilatorcharakteristiken
——— für einen Ventilator nach Abb. 9 mit $\alpha = 16°$ (an den Flügelspitzen)
– – – für einen Ventilator nach Abb. 10 mit $\alpha = 34°$

[1] L. PRANDTL, Bemerkungen über den Flugzeugschall. Z. techn. Phys. 2. Jg. (1921) S. 244.

Anmerkung: Die hauptsächlichen Druckunterschiede an einem Flügel ergeben sich bei beiderseits anliegender Strömung[1] durch diejenigen Störungen der Zuströmung, welche eine Schwankung des Anstellwinkels hervorbringen. Ist v die Geschwindigkeit, mit der der Flügel durch die Luft schlägt, und ist w eine Geschwindigkeitsschwankung quer zur Flügelbewegung, so ist die Schwankung des Anstellwinkels $= w/v$, also die Schwankung des Druckes auf einer der beiden Seiten des Flügels rd.

$$\Delta p = \frac{1}{2} \frac{d c_a}{d \alpha} \frac{w}{v} \frac{\varrho v^2}{2} = \text{Zahl} \cdot \varrho v w.$$

Dieser Druckschwankung entspricht, wenn man sie als ebene Welle betrachtet, eine Geschwindigkeit der Schallbewegung

$$u = \frac{\Delta p}{\varrho c} = \text{Zahl} \cdot \frac{v w}{c},$$

wobei c die Schallgeschwindigkeit ist. Die Schallenergie in der Raumeinheit wird dann gemessen durch

$$\frac{\varrho u^2}{2} = \text{Zahl} \cdot \frac{\varrho v^2 w^2}{c^2}.$$

Im allgemeinen kommt ein anderes Ausbreitungsgesetz in Frage als das der ebenen Welle. Dies liefert noch einen von den räumlichen Verhältnissen abhängigen Zahlenfaktor von der Größenordnung Flügelfläche zu Kanalquerschnitt, der aber als konstant für die folgende Betrachtung belanglos ist. Aus der Formel geht folgendes hervor: Wird bei einer gegebenen Anordnung lediglich die Ventilatordrehzahl erhöht, so steigt mit der Flügelumfangsgeschwindigkeit auch die Geschwindigkeit des Luftstromes und damit auch die mittlere Geschwindigkeitsschwankung in den Inhomogenitäten des Luftstromes. Gemäß unserer Formel ergibt sich daher eine Zunahme der Schallenergie mit der vierten Potenz der Flügelgeschwindigkeit. Etwas andere Verhältnisse ergeben sich, wenn derselbe angesaugte Luftstrom mit gegebener Inhomogenität w einmal mit einem schnell laufenden Ventilatorrad von geringer Steigung und ein anderes Mal mit einem langsam laufenden von großer Steigung bearbeitet wird. In diesem Fall steigt offenbar, wenn von dem Einfluß des Gestaltfaktors abgesehen wird, die Schallenergie mit der zweiten Potenz der Flügelgeschwindigkeit.

Im übrigen gelten diese Beziehungen nur dann, wenn die Geschwindigkeit v klein ist gegenüber der Schallgeschwindigkeit c. Bei Annäherung an die Schallgeschwindigkeit ergeben sich durch die Wirkung der Kompressibilität noch größere Drücke als der obigen Formel entspricht; der Lärm wird dann ganz unerträglich. Im übrigen führen im allgemeinen auch Gründe der Festigkeit und des Wirkungsgrades zu Flügelgeschwindigkeiten, die erheblich unter der Schallgeschwindigkeit bleiben.

Bei abgerissener Strömung, also bei Betriebszuständen, die dem linken Teil der Kurven von Abb. 11 entsprechen, ergibt eine Anstellwinkeländerung nur geringe Druckänderungen. Hier tritt der Flügelton meist ganz zurück und macht einem eigenartigen Heulen Platz, das durch periodisches Abreißen und Wiederanlegen der Flügelströmung gedeutet werden kann.

---

[1] Vgl. die Bemerkung am Schluß der Anmerkung.

§ 5. Antrieb und Regulierung der Ventilatoren

Die meisten Windkanäle werden durch Elektromotoren angetrieben[1]. Wegen ihrer guten Regelbarkeit werden fast ausschließlich Gleichstrommotoren verwendet, bei den großen Windkanälen regelmäßig in der sogenannten WARD-LEONARD-Schaltung, die bequem eine Regelung der Geschwindigkeit im Verhältnis 1 : 10 und mehr gestattet. Das Schema einer solchen Schaltung zeigt Abb. 12. Von der Antriebsmaschine A, meist einem Asynchron-Drehstrommotor, wird ein Gleichstromdynamo D getrieben, dessen Feld in weiten Grenzen regelbar ist (wodurch die

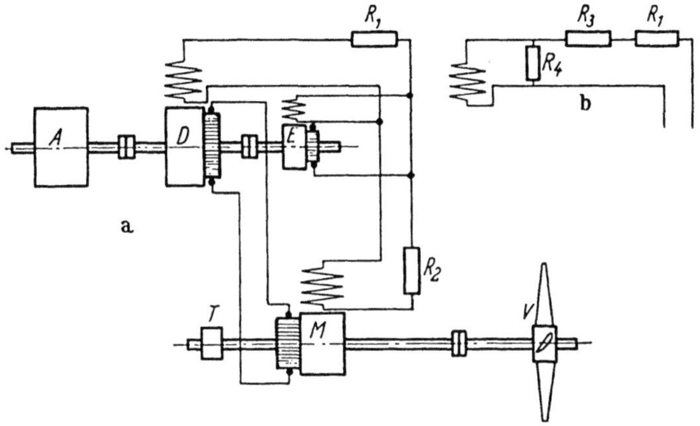

Abb. 12a u. b. WARD-LEONARD-Schaltung für den Ventilatorantrieb

Spannung des Dynamos verändert wird). Der Anker des Dynamos ist mit dem Anker des konstant erregten Gebläse-Gleichstrommotors M kurzgeschlossen, so daß die Drehzahl des Motors annähernd der geregelten Spannung proportional wird. Für die Erzeugung der Erregerströme ist eine kleine Erregermaschine E beigefügt.

Die Regulierung erfolgt meist so (Abb. 12a), daß mit einem Regulierwiderstand R_1 die Grobregulierung des Dynamos erfolgt, und daß durch Beeinflussung des Magnetfeldes des Motors M mit einem Widerstand R_2 eine Feinregulierung der Drehzahl des Ventilators V bewirkt wird. Die Grobregulierung erfolgt meist von Hand, die Feinregulierung häufig mit Hilfe von Automaten, wobei entweder die Ventilatordrehzahl oder der Staudruck des Luftstromes konstant gehalten wird. Das erstere kann z. B. erreicht werden, indem von einem kleinen Tachometer-Dynamo T auf der Ventilatorwelle ein verstellbares Relais betätigt wird, das den Widerstand R_2 in rascher Folge kurzschließt und wieder in Wirkung

[1] Vereinzelt findet sich unmittelbarer Verbrennungsmotoren-Antrieb, z. B. im Windkanal des Luftschiffbau Zeppelin in Friedrichshafen (Luftschiffmotore) und im 6 m-Kanal in Langley Field (U-Boot-Dieselmotore).

bringt (sogenannte TIRRIL-Regler). Diese Anordnung ist in verschiedenen Windkanälen der Vereinigten Staaten in Verwendung.

In den Göttinger Windkanälen wird die Regelung, wie schon erwähnt, durch Staudruckwaagen besorgt. Zum Unterschied von der obigen Schaltung erfolgt beim großen Göttinger Windkanal die Feinregelung nicht mittels des Widerstandes R_2 im Felde des Motors M, sondern mittels eines dem Widerstand R_1 vorgeschalteten Zusatzwiderstandes R_3 und eines parallel geschalteten Widerstandes R_4 (Abb. 12b). Bei kleinem Widerstand R_1 ist hauptsächlich R_3, bei großem R_1 dagegen R_4 wirksam. Eine ausführliche Beschreibung dieser Regulierung findet sich in der I. Lieferung der „Ergebnisse der Aerodynamischen Versuchsanstalt zu Göttingen", S. 25 bis 27. Es sei an dieser Stelle nur bemerkt, daß die Regulierung hier voll automatisch wirkt, d. h. den Grobregler mit umfaßt.

Wenn ein Gleichstromnetz zur Verfügung steht, so kann man eine Regelung der Drehzahl in weiten Grenzen auch durch eine Schaltung der in Abb. 13 skizzierten Art erreichen, die sich für die kleinen Drehzahlen eines Spannungsteilers bedient. R_1 ist bei geöffnetem Schalter S Vorschaltwiderstand, bei geschlossenem Schalter Spannungsteiler. R_2 ist Vorschaltwiderstand vor dem Magnetfeld. Bei Vorhandensein eines Dreileiter-Netzes ergeben sich weitere Möglichkeiten, vgl. die Schaltung des kleinen Göttinger Windkanals, II. Lieferung der „Ergebnisse der Aerodynamischen Versuchsanstalt zu Göttingen", S. 2.

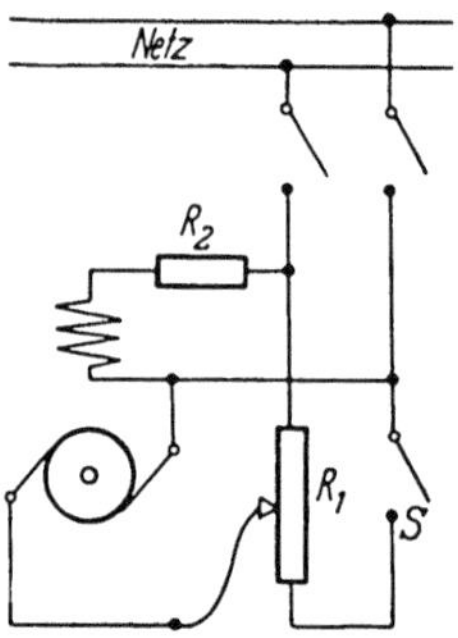

Abb. 13. Schaltung zur Regelung der Ventilatordrehzahl, wenn Gleichstrom zur Verfügung steht

Zur Frage, ob die Regelung der Ventilatordrehzahl oder die des Staudrucks vorzuziehen ist, mag das Folgende bemerkt werden. Für kurze Einzelversuche, bei denen man annähernd konstanten Barometerdruck und konstante Lufttemperatur erwarten kann, sind beide Methoden gleich gut. Bei längeren Versuchsreihen ist mit einer Veränderung der Luftdichte, hauptsächlich infolge Erwärmung der Luft zu rechnen, ferner ändert sich der Staudruck bei konstant gehaltener Ventilatordrehzahl auch dadurch, daß der Widerstand des zu untersuchenden Objektes, z. B. durch Anstellwinkeländerung verändert wird. Es besteht aber häufig ein Interesse, immer denselben Staudruck zu haben, nämlich dann, wenn Luftwiderstandszahlen ermittelt werden sollen, wofür es nötig ist, die abgelesenen Kräfte durch den zugehörigen Staudruck zu dividieren. Es ist dabei angenehmer, alle Ergebnisse einer Versuchsreihe durch denselben Staudruck zu dividieren, als durch einen, wenn auch nur mäßig veränderlichen Staudruck, wie er sich bei Festhaltung der Drehzahl ergibt. Aus diesem Grunde ist in Göttingen der Staudruckregelung der Vorzug gegeben worden. Die Drehzahlregelung hat unter Umständen den Vorzug, daß man auf im Handel befindliche Vorrichtungen zurückgreifen kann. Natürlich kann man auch mit dieser Regulierung konstanten Staudruck erhalten, wenn man in kürzeren Abständen die Drehzahl nach den Angaben eines Staudruck-Anzeigers neu einstellt.

§ 6. Ausgeführte Windkanäle[1]

Im folgenden sollen einige der bekannteren ausgeführten Windkanäle etwas näher beschrieben werden. Bei dieser Aufzählung ist keinerlei Vollständigkeit angestrebt und auch die historischen Gesichtspunkte

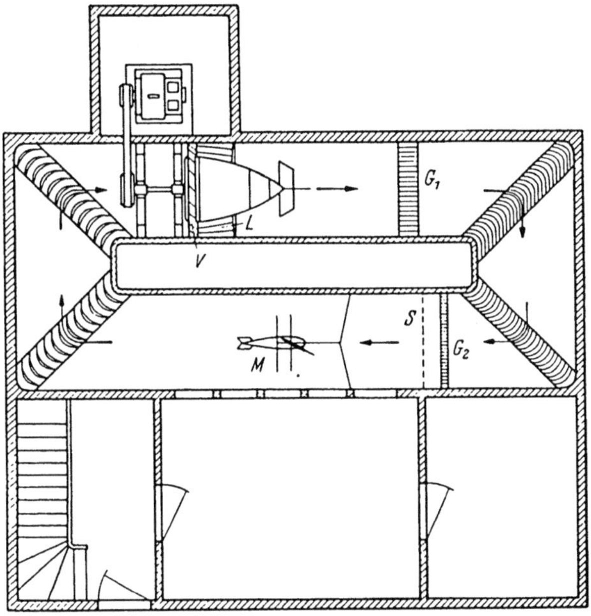

Abb. 14. Windkanal der Motorluftschiff-Studiengesellschaft zu Göttingen

sollen nur so weit erwähnt werden, daß die Entwicklung von den ersten größeren Ausführungen bis zu dem heutigen Stand der Dinge veranschaulicht wird[2]. Über die Vorläufer der Windkanäle in älterer Zeit

[1] Windkanal = englisch: wind tunnel, wind channel; französisch: soufflerie; italienisch: galleria del vento, tunnel aerodinamico.

[2] Zur Zeit gibt es in jedem der Kulturländer bereits eine große Anzahl von Windkanälen, die sich teils in den Forschungsanstalten, teils an Hochschulinstituten u. dgl. befinden. In Amerika zählte eine vor einiger Zeit erschienene Liste allein 16 Windkanäle auf, zu denen seitdem wohl noch weitere hinzugekommen sind.

vgl. den Beitrag FLACHSBART, „Geschichte der experimentellen Hydro- und Aeromechanik".

1. *Der Windkanal der Motorluftschiff-Studiengesellschaft zu Göttingen, erbaut 1907/08.*

Bei der Projektierung dieses Windkanals war die Wahl zu treffen zwischen einer offenen Bauart, die die Luft aus der Atmosphäre entnahm und sie wieder dahin entließ, und einer in sich ringförmig geschlossenen Bauart. Bei den Versuchen im kleinen zeigte sich, daß, wenn es nicht möglich ist, den Windkanal in eine größere Halle einzuschließen, nur die geschlossene Bauart ernstlich in Frage kommen konnte, da die Störungen durch den äußeren Wind selbst an verhältnismäßig windstillen Tagen zu groß waren. Es wurde die in Abb. 14 gezeigte Bauart gewählt. In den vier Ecken wurden zur Verminderung der Strömungsverluste und zur Vermeidung einer Störung der gleichmäßigen Geschwindigkeitsverteilung Leitschaufeln angebracht, die in Abb. 15 noch einmal etwas größer wiedergegeben sind. Der Grundgedanke war der, den Luftstrom in einzelne Bänder zu zerschneiden, die jedes für sich in einem schlanken Kanal umgelenkt wurden und sich hinterher wieder zwanglos aneinanderfügten.

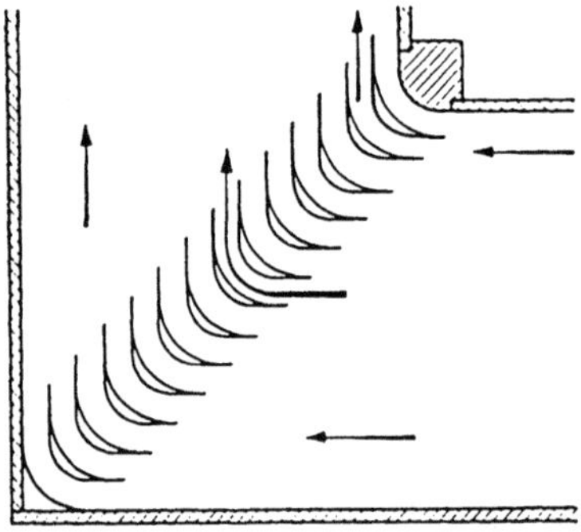
Abb. 15. Umlenkschaufeln im Windkanal Abb. 14

Es mag allerdings bemerkt werden, daß im Fall von Beschleunigungen und Verzögerungen der Strömung, wie sie bei pulsierenden Luftströmungen auftreten, von solchen Umlenkschaufeln Wirbel erzeugt werden, die mit der Schwankung der Zirkulation um die Schaufeln zusammenhängen. Die für die Versuchsstrecke verlangte Gleichförmigkeit wurde dadurch zu erreichen versucht, daß zunächst schon hinter dem Gebläse, einem vielflügeligen Schraubenventilator V mit großer Nabe, durch einen Leitapparat L eine Verteilung des Abstromes über den ganzen Querschnitt angestrebt wurde. Dann kam ein grober Gleichrichter G_1 mit Kanälen von 10×10 cm Querschnitt mit spreizbaren doppelten Lappen gemäß Abb. 5 am stromaufwärts gelegenen Ende. Nach dem Durchgang durch zwei Umlenker, von denen der zweite eine feinere Teilung als der erste hatte, kam der feine Gleichrichter G_2 bestehend aus vertikal hängenden geraden Blechen und Wellblechen mit einer Teilung von etwa 7 mm, vor dem später noch ein Sieb S angebracht worden ist. Durch längeres, ziemlich mühsames Herumprobieren wurde eine recht befriedigende Gleichförmigkeit (etwa 1,5% Geschwindigkeitsschwankung) erreicht, aber durch Verstauben und Verrosten des Siebes und durch andere

Ursachen war die erreichte Gleichförmigkeit nicht sehr haltbar und verlangte öftere Nacharbeit. Die Geschwindigkeitsverteilung wurde mit Hilfe eines Staugerätes, das an einer Führung in Drähten waagerecht und senkrecht über den ganzen Kanalquerschnitt bewegt werden konnte und mit einer Registriertrommel in Verbindung stand, aufgezeichnet, und zwar nicht nur bei den Regulierungsarbeiten, sondern auch bei den Modellmessungen (als Grundlage für die bei der Berechnung der Luftwiderstandsziffern einzuführenden Luftgeschwindigkeit). Der Druck in dem Kanalsystem stellt sich dadurch, daß die Strecke vom Ventilator bis zum feinen Gleichrichter möglichst dicht, die Versuchsstrecke aber absichtlich undicht ausgeführt wurde[1], so ein, daß hier derselbe Druck herrschte wie im Beobachtungsraum.

Durch die großen Widerstände des engen Gleichrichters und des Siebes und die ungünstige Ventilatorbauart wurden mit einem Motor von 34 PS nur Geschwindigkeiten von knapp 10 m/sec erreicht. Abgesehen von den erwähnten Mängeln hat die Anlage aber zufriedenstellend gearbeitet. Sie hat bis 1917 als einzige öffentliche Anstalt in Deutschland Dienste getan. Eine ausführliche Beschreibung befindet sich in der Zeitschrift des Vereins Deutscher Ingenieure Bd. 53, 1909, S. 1711, ferner finden sich Angaben in den verschiedenen Jahrgängen des „Jahrbuches der Motorluftschiff-Studiengesellschaft“ (1907/08 bis 1912/13).

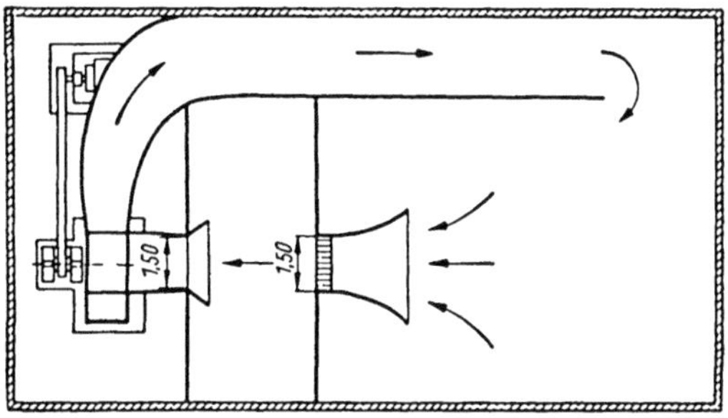

Abb. 16. EIFFELS Windkanal auf dem Champ de Mars

2. *Die Eiffelschen Anlagen auf dem Marsfeld in Paris und in Auteuil, erbaut 1909 bzw. 1911.*

Diese Anlagen arbeiten, wie bereits erwähnt, mit einem vom Versuchsraum aus zugänglichen freien Strahl. Der Versuchsraum steht während des Betriebes unter Unterdruck, und das Versuchspersonal ist genötigt, sich dort einzuschließen. Der Raum bleibt jedoch durch eine Schleusentür zugänglich. Der Luftstrom wird dadurch in Bewegung gebracht, daß durch einen Ventilator aus der Unterdruckkammer Luft weggesaugt wird und nun die gleiche Luftmenge durch eine trichterförmige Düse aus der Halle, die die Versuchseinrichtung umgibt, in den Unterdruckraum tritt und diesen in Gestalt eines freien Strahles durchströmt. Bei der ersten provisorischen Anlage auf dem Marsfeld in Paris (Abb. 16)

[1] Hier war in der ganzen Länge der Versuchsstrecke ein offener Schlitz vorhanden, durch den Sonden eingeführt werden konnten.

war ein Zentrifugalventilator verwendet, bei dem definitiven Bau in Paris-Auteuil[1] ein Schraubenventilator. Die letztere Anlage ist in Abb. 17 dargestellt. Man erkennt links den Ansaugetrichter, der mit zwei Gleichrichtern G_1 und G_2 ausgerüstet ist und rechts einen erweiterten Kanal, an dessen Ende ein mit einem Leitapparat versehener Schraubenventilator V arbeitet. Die Querschnittserweiterung dient dazu, die Austrittsenergie der Luft, die als verloren angesehen werden muß, zu verkleinern, und es wird dadurch erreicht, daß die Ventilatorleistung nur etwa ein Drittel der rechnerischen Luftleistung [ϱ $(Fw^3/2)$ mit F = Strahlquerschnitt und w = Strahlgeschwindigkeit] ist. Der Durchmesser des Versuchsluftstromes war in der Anlage auf dem Marsfeld zuerst = 1,50 m, später = 2,0 m,

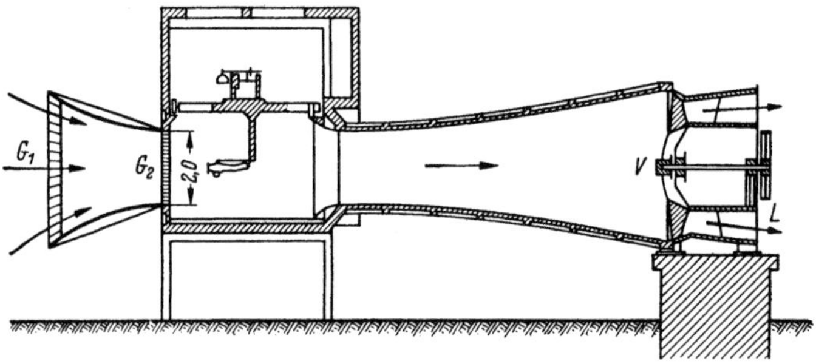

Abb 17. EIFFELS Windkanal in Auteuil

in der Anlage von Auteuil = 2 m. Die Höchstgeschwindigkeit der ersteren Anlage war 20 bzw. 12 m/sec, die der letzteren 32 m/sec, die Motorenstärke 68 bzw. 60 PS. Es sei noch erwähnt, daß bei der Anlage von Auteuil neben der Haupteinrichtung noch die etwas abgeänderte Einrichtung vom Marsfeld mit eingebaut war. Ob sie wirklich noch benutzt worden ist, ist dem Berichterstatter nicht bekannt.

Dadurch, daß die aus der Versuchseinrichtung ausströmende Luft sich in der Halle völlig selbst überlassen ist, und bei der unregelmäßigen Gestalt des Hallenraumes, der verschiedene Einbauten enthält, jedenfalls ziemliche Wirbel entstehen, ist damit zu rechnen, daß die Luft mit einer räumlich und zeitlich ziemlich ungleichförmigen Geschwindigkeitsverteilung vor dem Ansaugetrichter ankommt. Der Gleichrichter scheint erst nachträglich angebracht worden zu sein, um die Strömungsverhältnisse etwas zu verbessern. Der Aufenthalt in der Unterdruckkammer bringt einige Unbequemlichkeit mit sich, besonders bei hohen Luftgeschwindigkeiten, das ganze System scheint sich aber sowohl in Paris wie auch an anderen Orten, wo Windkanäle nach demselben System nachgebaut worden sind, bewährt zu haben.

[1] G. EIFFEL, Nouvelles recherches sur la résistance de l'air et l'aviation (Paris 1914).

Eine größere moderne Ausführung nach dem EIFFELschen Prinzip ist der Windkanal in Issy les Moulineaux (Abb. 18), erbaut 1923, der einen Düsendurchmesser von 3,0 m und eine Motorenstärke von 1000 PS aufweist und eine Maximalgeschwindigkeit von rd. 80 m/sec erreicht. Eine Beschreibung befindet sich in dem Cours de physique von E. ROTHÉ, 3 me partie, Aérologie et Aérodynamique (Paris 1928) S. 258.

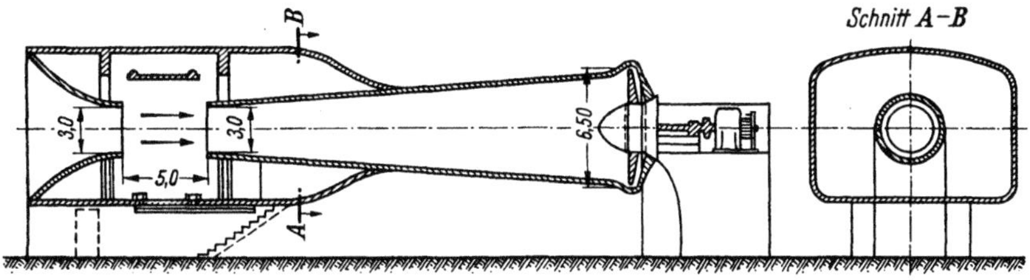

Abb. 18. Windkanal in Issy les Moulineaux

3. *Das NPL-System und verwandte Bauarten.*

Ein besonderes System von geschlossenen Windkanälen ist vom National Physical Laboratory in Teddington (England) entwickelt worden. Der erste Bau, 1912 errichtet[1], war von quadratischem Querschnitt 4 × 4 Fuß. Er saugte mit einem trichterförmigen Mundstück die Luft aus einer Halle an. Auf das Mundstück folgte ein Gleichrichter aus senkrechten und waagerechten Blechen und auf diesen mit gleichem Querschnitt die Versuchsstelle. Nach einer kleinen Erweiterung folgte eine gewöhnliche Luftschraube als Gebläse und hinter dieser zur Beruhigung des Austritts der Luft ein langgestreckter Käfig aus ziemlich dicht gestellten Holzlatten, zwischen denen die Luft in den Raum zurücktreten konnte. An der Versuchsstelle herrscht bei dieser Anordnung natürlich Unterdruck gegenüber dem Beobachtungsraum. Es war daher notwendig, den Kanal gut dicht zu halten.

Nach dem Muster dieses kleinen Kanals sind in England und Amerika zahlreiche Kanäle gebaut worden, teils auch mit 4 × 4 Fuß[2] Querschnitt, teils mit 7 × 7 Fuß Querschnitt. Ein besonders großer Kanal in Teddington hatte 7 × 14 Fuß Querschnitt, wobei zwei Schrauben nebeneinander als Gebläse dienen. Dieser Kanal[3] ist in Abb. 19 dargestellt. Er hat eine Maximalgeschwindigkeit von 30 m/sec und eine Motorenleistung von 2 × 200 PS.

Eine Besonderheit dieses Baues ist, daß das Gebäude durch eine durchlöcherte Zwischenwand (hergestellt aus Ziegelmauerwerk, wobei

---

[1] Eine Beschreibung hierüber von L. BAIRRTOW, J. H. HYDE und H. BOOTH befindet sich in Report and Memoranda (1913) S. 68.

[2] 1 engl. Fuß = 30,5 cm.

[3] Beschreibung in T. LAVENDER, The „Duplex" wind tunnel of the N. P. L. Reports and Memoranda Nr. 879, London 1923.

zwischen den Ziegeln Zwischenräume gelassen worden sind) in zwei Räume geteilt wird. Die Luft erfährt beim Passieren dieser Zwischenwand eine weitere Beruhigung und strömt daher dem Ansaugetrichter ruhiger zu. Vor den Luftschrauben befindet sich ebenfalls ein Gleichrichter, was die zeitliche Gleichförmigkeit verbessern dürfte.

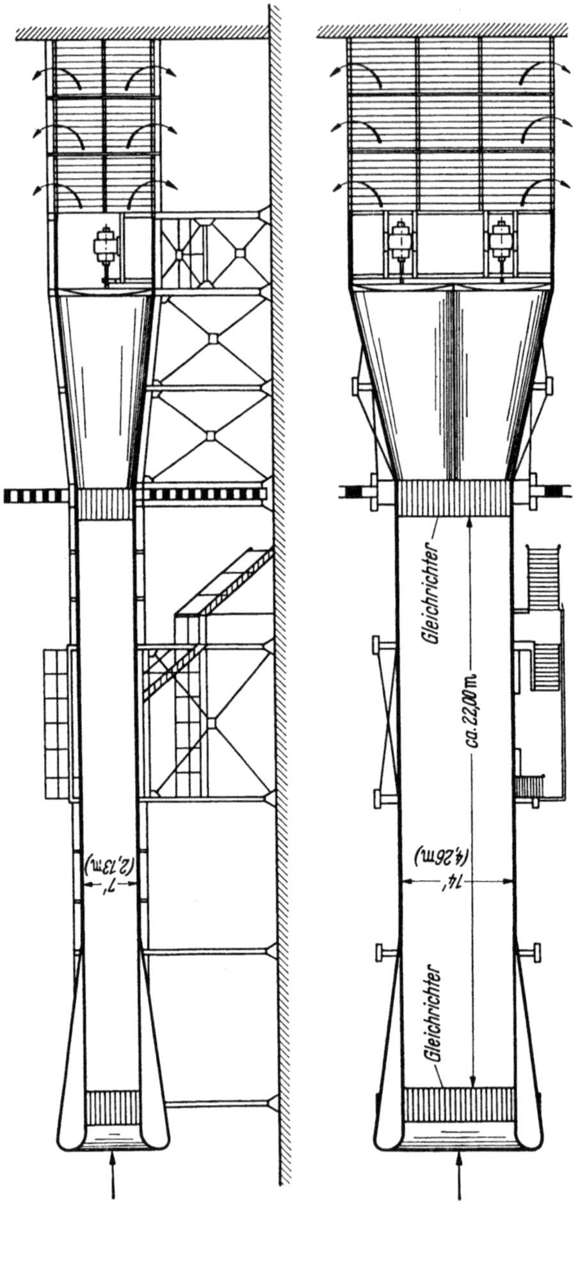

Abb. 19. Der 7 × 14 Fuß-Kanal des englischen National Physical Laboratory (NPL) in Teddington

Eine neue Bauart des 7 Fuß-Kanals[1] ist in Abb. 20 wiedergegeben. Man erkennt, daß der Diffusor vergrößert ist und der Lattenkäfig weggelassen wurde, da offenbar die durchlöcherte Zwischenwand bereits genügend Beruhigung schafft. Die Kanäle sind aus Holz mit Eisenkonstruktion gebaut und stellen voraussichtlich die wohlfeilste Konstruktion dieser Art dar.

Ähnliche Konstruktionen wie dieser letztere Kanal sind auch sonst vielfach ausgeführt worden, zum Teil mit rundem Querschnitt statt des quadratischen der englischen Konstruktionen. Der quadratische Querschnitt hat natürlich den Vorteil, daß der Mensch beim Aufbau der Versuchseinrichtungen sich bequemer bewegen kann, wenn er einen ebenen Fußboden und senkrechte Wände vorfindet. Der kreisrunde

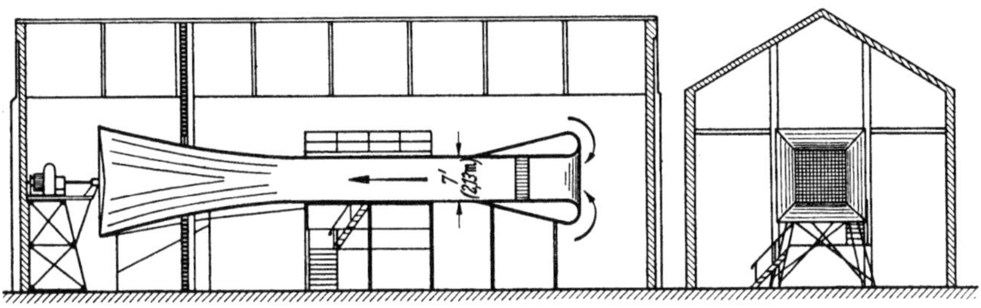

Abb. 20. Neuerer 7 × 7 Fuß-Kanal des NPL

Querschnitt bietet dem gegenüber eine etwas kleinere reibende Oberfläche, Kanäle dieser Art stehen in dem Aerotechnischen Laboratorium Saint Cyr bei Paris[2], ferner in dem Istituto Sperimentale Aeronautico in Rom[3] und in verschiedenen amerikanischen Universitätsinstituten.

4. *Aerodynamisches Laboratorium der Technischen Hochschule Wien.*

Dieses Laboratorium[4] ist ähnlich dem EIFFELschen nach dem Freistrahlprinzip gebaut, arbeitet jedoch nicht mit saugenden, sondern mit drückenden Ventilatoren, und es sind Düse und Gleichrichter durch ein dachartig angeordnetes, feingegliedertes System von Umlenkschaufeln ersetzt (vgl. Abb. 22), durch die die radial zuströmende Luft in einen

---

[1] The No. 2 7-foot wind channel at the Royal Aircraft Establishment. Report and Memoranda (1922) Nr. 847.

[2] Vgl. E. LEROUX, Cours d'aéronautique, S. 48. Paris 1927.

[3] Vgl. F. B. OLMEDA, Criteri del metodo sperimentale e disponibilità dell' impianto aerodinamico dell'Istituto (Rendiconti dell'Istituto Sperimentale Aeronautico Bd. 8, S. 181. Roma 1920). In dieser Veröffentlichung ist der ältere, 50 m/sec-Windkanal in Rom beschrieben. Die in die Übersicht am Schluß dieses Beitrages aufgenommenen Daten des neueren 80 m/sec-Windkanals, über den zur Zeit noch keine Veröffentlichung vorliegt, verdanke ich einer freundlichen Mitteilung des Herrn A. EULA, Rom.

[4] Vgl. die Beschreibung in dem Aufsatz von W. v. DOBLHOFF in der Z. Flugtechn. Motorl. 5. Jg. (1914) S. 105.

gleichgerichteten Strahl verwandelt wird. Im Gegensatz zu allen übrigen Anlagen bläst hier der Luftstrom nicht waagerecht, sondern senkrecht von oben nach unten. Die Anordnung ist aus Abb. 21 zu erkennen. Der freie Strahl, durch die Pfeile angedeutet, befindet sich im Erdgeschoß und steht unter atmosphärischem Druck. Die Luft tritt durch den Auffangtrichter und Diffusor in das Kellergeschoß, wo sie durch vier in den Ecken des Gehäuses befindliche Schraubenventilatoren mit anschließenden Diffusoren in das unter Überdruck stehende Dachgeschoß gefördert wird, von wo sie, nachdem die Strömung sich einigermaßen beruhigt

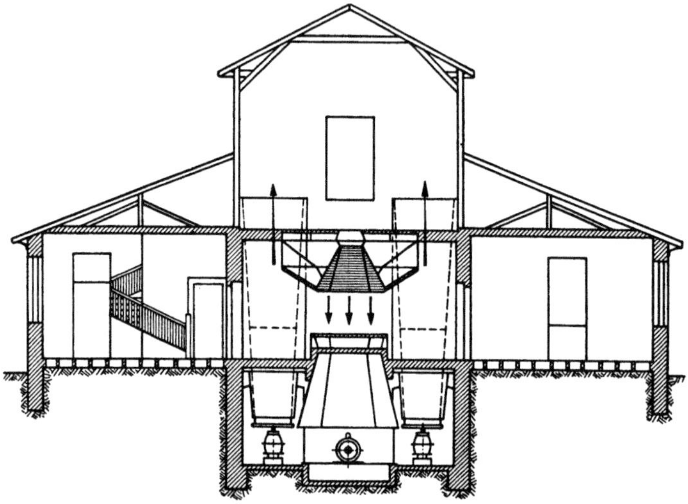

Abb. 21. Windkanal des Aerodynamischen Laboratoriums der Technischen Hochschule Wien

hat, durch die große Öffnung dem dachartigen Leitapparat zuströmt. Die Düse hat länglich achteckigen Querschnitt von etwa 2,5 m^2, eine größte Länge von 2 m und eine größte Breite von 1,4 m. Die größte Geschwindigkeit ist 22 m/sec, die Motorenstärke 4 $\times$ 7,5 PS.

5. *Der zweite Göttinger Windkanal, erbaut 1916/17.*

Da der erste Windkanal in Göttingen von vornherein als ein Provisorium gelten mußte, sind wir sehr zeitig an das Projekt eines neuen größeren Windkanals herangegangen. Dieses Projekt hat im Laufe der Zeit, da zunächst die Mittel zur Ausführung mangelten, manche Abwandlungen erfahren, das Grundsätzliche ist dabei aber geblieben. An der ersten Göttinger Einrichtung hatte sich zweifellos die ringförmig geschlossene Anordnung bewährt und war der Bauart, bei der die Luft aus einer Halle entnommen wird und wieder in diese entlassen wird, wegen der größeren Gleichförmigkeit der Strömung sicher vorzuziehen. Dagegen mußte man zur Vermeidung der großen Widerstände, die der erste Kanal aufwies, die Rückströmung, die Umlenkung um die Ecken und die räumliche Vergleichmäßigung durch Gleichrichter usw. mit kleinerer Strömungsgeschwindigkeit, also vergrößertem Querschnitt, vornehmen, wodurch natürlich auch die Kosten des Bauwerkes erheblich größer wurden. Der Übergang von diesem großen Querschnitt auf den Versuchsquerschnitt kurz vor der Versuchsstelle brachte zudem in bezug auf örtliche Gleichförmigkeit die Vorteile, die in § 2 beschrieben worden sind. Bezüglich der Ausgestaltung der Versuchsstelle als Freistrahl oder geschlossener Kanal hatten wir durch eine Zusatzeinrichtung bereits im ersten Windkanal Vorstudien gemacht, die die meßtechnische Überlegen-

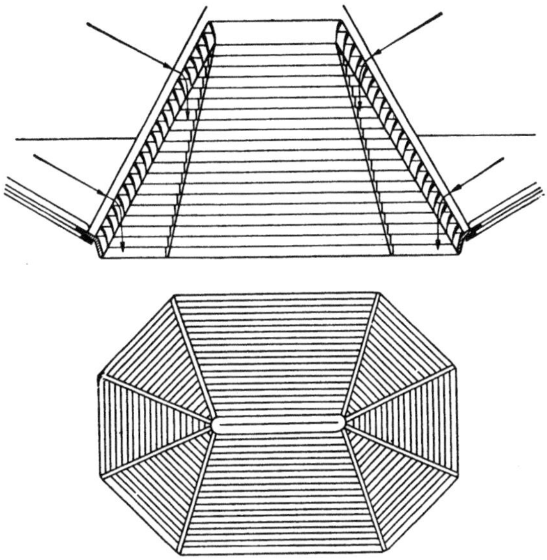

Abb. 22. Dachartiges System von Umlenkschaufeln im Windkanal Abb. 21, das Düse und Gleichrichter ersetzt

heit des freien Strahles erwiesen haben[1]. Da die Luft auf dem Wege vom Ventilator zur Düse in einem geschlossenen Kanal strömen sollte, war eine Unterdruckkammer nach Art der EIFFELschen unnötig, vielmehr konnte man den Freistrahl ähnlich, wie es in der Wiener Anlage schon der Fall war, in dem offenen Raum der Halle laufen lassen. Die Rückführung stand dann natürlich unter Überdruck. Der Umlauf war zuerst in horizontaler Ebene projektiert (Rückführung seitlich neben der Versuchsstelle). Auf einen Vorschlag meines damaligen Mitarbeiters H. THOMA haben wir uns aber dann entschlossen, den Umlauf in vertikaler Ebene anzuordnen, indem die Rückführung senkrecht unter den Versuchsplatz zu liegen kam. Die hierdurch erforderliche Höhe des ganzen Bauwerkes

[1] C. WIESELSBERGER, Mitteilung 21 der Göttinger Modellversuchsanstalt. Z. Flugtechn. Motorl 6. Jg. (1915) S. 127.

wurde dadurch bewältigt, daß die unter Überdruck stehenden Teile des Kanals — ebenfalls nach Vorschlag von H. THOMA — in Eisenbeton erbaut wurden. Der Rückführungskanal wurde dabei etwa 2 m in die Erde gelegt. Durch die senkrechte Anordnung ist der Arbeitsplatz von allen Seiten sehr gut zugänglich geworden. Die Versuchseinrichtungen sind auf einem Geleise mit Drehscheibe fahrbar angeordnet und können je nach Bedarf auf den Versuchsplatz gefahren werden. Abb. 23 zeigt einen Vertikalschnitt, aus dem die Gesamtanordnung deutlich hervorgeht. Der Querschnitt des Strahles ist = 4 m² (Durchmesser des einbeschriebenen Kreises der 16eckigen Düsenmündung 2,24 m). Der Querschnitt nimmt in dem geschlossenen Kanalsystem in der Strömungsrichtung bis zur Düse dauernd zu. Beim Ventilator ist er 7 m² und im größten Querschnitt beim Gleichrichter 20,25 m² (4,5 × 4,5 m quadratisch). Bei den Messungen

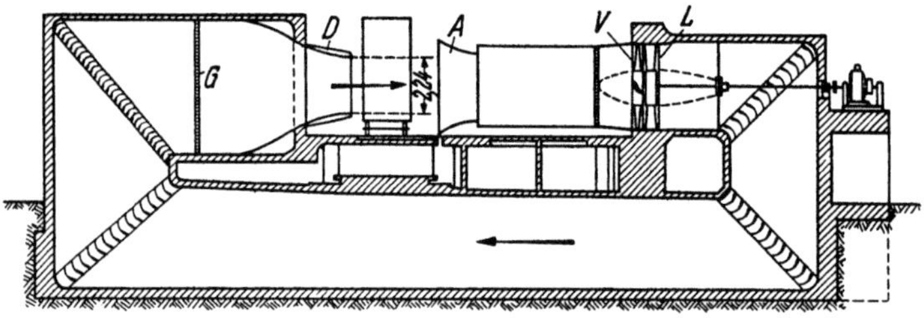

Abb. 23. Großer Windkanal der Aerodynamischen Versuchsanstalt Göttingen

kommt es sehr darauf an, daß der freie Strahl genau waagerecht fließt. Zu diesem Zweck ist die Düse *D* um geringe Winkelbeträge schwenkbar angeordnet. Die Umlenkschaufeln sind hier nach Art von Tragflügeln mit abgerundeter Eintrittskante und schneidenförmig zugespitzter Austrittskante geformt. Sie sind aus Eisenbeton hergestellt (in derselben Art, wie Zementröhren gemacht werden). Der Gleichrichter ist nach Abb. 2c aus glatten Blechen und Wellblechen zusammengesetzt. Die Motorleistung ist 300 PS, womit 58 m/sec erreicht werden. Eine Beschreibung des Windkanals mit Angabe der Einzelheiten findet sich in den „Ergebnissen der Aerodynamischen Versuchsanstalt“, I. Lieferung, S. 8f.

Die beschriebene Bauart hat verschiedentlich Nachahmung gefunden, wobei die Rückführung teils in senkrechter, teils in waagerechter Ebene angeordnet ist. Einer der ersten dieser Kanäle, derjenige der Zeppelinwerke in Friedrichshafen von 2,90 m Düsendurchmesser, erbaut von M. MUNK[1], zeigt dabei eine Abänderung derart, daß die zurückkehrende Luft zur Hälfte auf der rechten, zur Hälfte auf der linken Seite zurück geleitet wird. Dieselbe Anordnung findet sich bei einem in der nächsten Nummer beschriebenen sehr großen Windkanal des National Advisory

[1] M. MUNK, Die Windstromanlage des Luftschiffbau [Zeppelin]. Z. Flugtechn. Motorl. 12. Jg. (1921) S. 20 u. 35.

Committee for Aeronautics in Langley Field, vgl. Abb. 24, dessen Entwurf auch von M. MUNK stammt. Einige Windkanäle, deren Bau sich ziemlich eng an die Göttinger Bauart anlehnt, befinden sich in Japan und sind z. T. beschrieben in Report Nr. 15 of the Aeronautical Research Institute (Tokio 1926), ein weiterer steht im California Institute of Technologie in Pasadena[1].

6. *Einige neuere Konstruktionen.*

In der modernen Weiterentwicklung der Windkanäle sind zwei Richtungen als charakteristisch zu erkennen, einerseits eine gewaltige Ver-

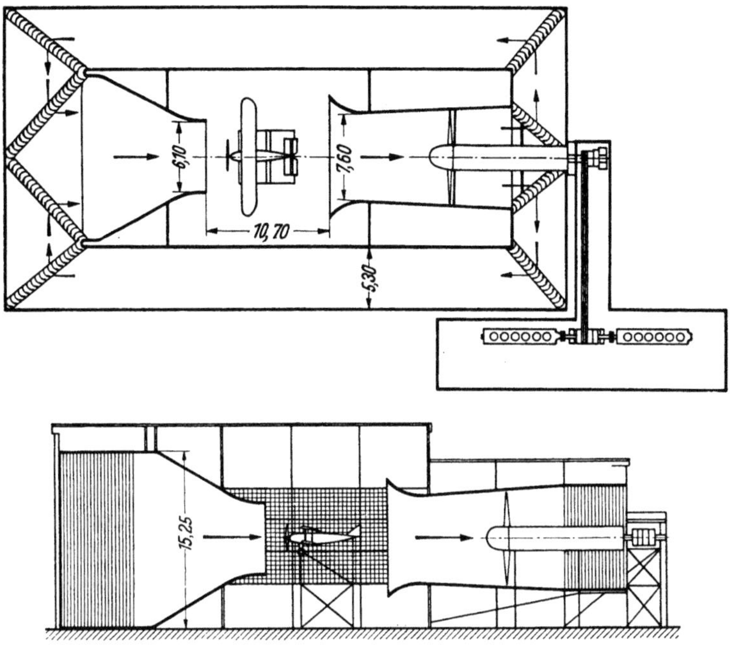

Abb. 24. 20 Fuß (6,10 m)-Windkanal des National Advisory Committee for Aeronautics in Langley Field (Amerika)

größerung der Abmessungen, andererseits der Übergang von atmosphärischer Luft zu Luft von hohem Druck. Der erstere Weg führt dahin, daß nicht mehr die Modelle, sondern die Flugzeuge selbst oder Teile von ihnen angeblasen werden, was besonders für das Studium der Motoren und Luftschrauben unter den wirklichen Betriebsverhältnissen, aber auch für die Messung von Widerständen und Auftrieben von der allergrößten

[1] Eine Beschreibung dieses Kanals, dessen Entwurf von TH. v. KÁRMÁN stammt, findet der Leser in C. B. MILLIKAN, „Wind-tunnel at the California Institute of Technology", Soc. Automotive Eng.-J. Nov. 1929. New York.

Bedeutung ist. Der zweite Weg[1] ermöglicht es, mit kleinen Modellen die REYNOLDSschen Zahlen der wirklichen Objekte zu erreichen, da durch die Verdichtung der Luft ihre Dichte steigt, nicht aber ihre Zähigkeit, und somit also die kinematische Zähigkeit umgekehrt proportional der Dichte verändert wird. Das Produkt Geschwindigkeit mal Länge kann gleich dem 20. Teil desselben Produktes für die große Ausführung genommen werden, wenn man mit Luft von 20 Atmosphären arbeitet.

Als Beispiele für den ersteren Weg können bisher genannt werden:

a) Der „Überwindkanal" des National Advisory Committee for Aeronautics in Langley Field, vgl. Abb. 24. Der Luftstrahldurchmesser ist hier 20 Fuß (6,10 m). Die Antriebsmaschine hat eine Stärke von 2000 PS.

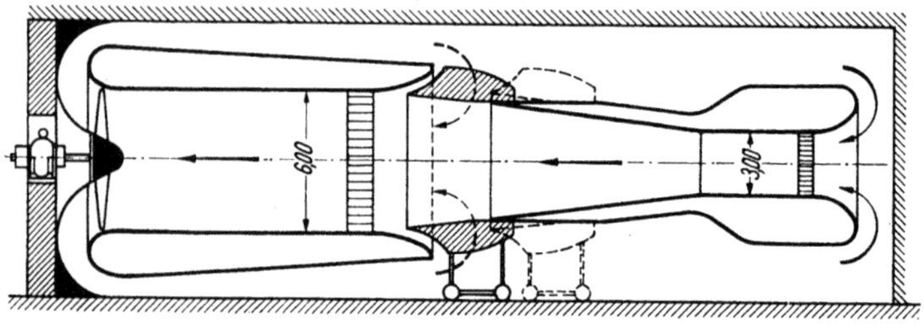

Abb. 25
Kombinierter 3 m und 6 m Windkanal des Zentralen Aero-Hydrodynamischen Instituts in Moskau

Die Maximalgeschwindigkeit ist rd. 50 m/sec. Der Antrieb erfolgt durch zwei Dieselmotoren[2].

b) Eine eigenartige Kombination eines 3 m-Kanals mit einem 6 m-Kanal stellt der Windkanal des Zentralen Aero-Hydrodynamischen Institutes in Moskau dar, vgl. Abb. 25. Er ist u. a. beschrieben von OZEROFF[3]. Der Umlauf ist hier geschlossen. Ein verschiebbares Mittelstück (in der Abbildung schraffiert) kann, wie angedeutet, zur Seite gefahren werden; in der schraffierten Stellung ist der Kanal geschlossen und für die Arbeit mit 3 m Durchmesser bereit. Wird das Mittelstück in die gestrichelte Stellung geschoben, so tritt die Luft unmittelbar in den 6 m-Querschnitt ein, und es können dann hier Versuche gemacht werden. Im 3 m-Querschnitt sind mit 820 PS 104 m/sec ohne Gleichrichter und 78m/sec mit

[1] Ziemlich gleichzeitig vorgeschlagen von W. MARGOULIS, der an die Verwendung von Kohlensäure dachte [vgl. C. R. Bd. 171 (1920) S. 997] und von M. MUNK, der Druckluft empfahl (vgl. Technical Note No. 60 oft the National Advisory Committee for Aeronautics. Washington 1921).

[2] Zusatz bei der Korrektur. Inzwischen ist in Langley Field ein zweiter noch größerer Windkanal gebaut worden, in dessen Luftstrahl ganze Flugzeuge Platz finden. Der ovale Querschnitt ist 30 × 60 Fuß (9,15 × 18,3 m). Dem Vernehmen nach sind mit 8000 PS 51 m/sec erreicht.

[3] G. A. OZEROFF, The Central Aero-Hydrodynamical Institute (Transactions of the Central Aero-Hydrodyn. Institute No. 30. Moskau 1927).

Gleichrichter erreicht, im 6 m-Querschnitt 30 m/sec. Die Geschwindigkeitsverteilung im 6 m-Teil ist, wie zu erwarten, nicht sehr gut.

c) Der einzige bisher in Betrieb befindliche Überdruckkanal[1] befindet sich in den Laboratorien des National Advisory Committee for Aeronautics in Langley Field. Der eigentliche Windkanal ist hier in einem starkwandigen Stahlkessel angeordnet. Er war ursprünglich nach dem geschlossenen Typ gebaut, ist aber neuerdings auf Freistrahl umgebaut worden (Abb. 26)[2]. Der Kessel hat 4,57 m Durchmesser und 54 mm Wandstärke. Der Maximaldruck ist 20 at, die Füllung wird durch 300pferdige Kompressoren hergestellt. Die Antriebsmaschine hat 250 PS, der Strahldurchmesser ist 1,52 m, die Maximalgeschwindigkeit bei 20 at

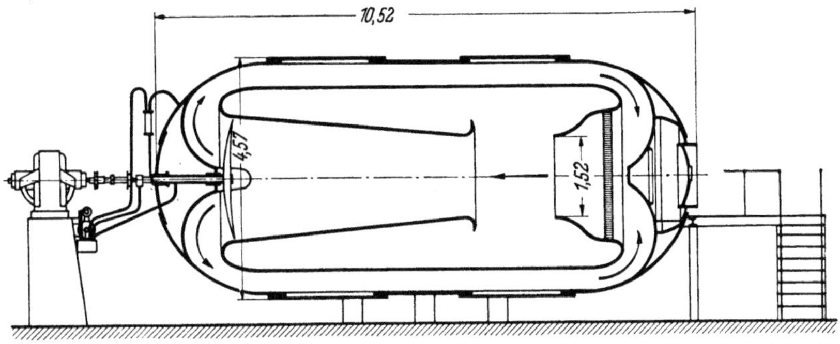

Abb. 26. Überdruck-Windkanal des National Advisory Committee for Aeronautics in Langley Field (Amerika)

24 m/sec. Alle Meßeinrichtungen müssen hier automatisch bzw. ferngesteuert ausgeführt werden, da sich im Inneren niemand aufhalten kann. Trotz dieser Komplikationen hat der Druckluftkanal bisher sehr wertvolle Arbeit geleistet. Eine Beschreibung findet sich in Report Nr. 227 des National Advisory Committee for Aeronautics, Washington, 1926.

d) Das umgekehrte Prinzip wie beim Überdruckkanal wurde mit Rücksicht auf Anforderungen, die bei Propellerversuchen auftreten, bei einem neueren Göttinger Kanal angewandt. Dieser Kanal ist im wesentlichen ähnlich wie der große Göttinger Kanal angeordnet, die freie Versuchsstrecke läßt sich aber durch Einschieben eines zylindrischen Zwischenstückes luftdicht abschließen. Da auch die übrigen Teile des Kanals hinreichend fest und luftdicht gebaut sind, kann man den Kanal auf etwa $\frac{1}{4}$ atm *evakuieren* und so einen Luftstrom mit geringerer

[1] Ein weiterer Kanal dieser Art ist in England im Bau. Strahldurchmesser 1,80 m, Innendurchmesser 5,20 m, Länge 15,50 m, Wandstärke 63,5 mm, Höchstdruck 25 at, dabei erwartete Windgeschwindigkeit 25 m/sec. (Nach Engineering 1930, S. 808.)

[2] Abb. 26 zeigt den neuen Zustand mit Freistrahl. Die Unterlage für diese Abbildung stellte der Leiter des Instituts, Dr. Lewis, freundlichst zur Verfügung.

Dichte erzeugen. Bei Luftschrauben arbeiten die Flügelspitzen vielfach in der Nähe der Schallgeschwindigkeit; die Zusammendrückbarkeit der Luft spielt dann bereits eine merkliche Rolle. Um die hierbei auftretenden Erscheinungen im Modell verfolgen zu können, ist es nötig, die gleichen Relativgeschwindigkeiten wie bei der großen Ausführung zu verwenden. Dabei ergeben sich aber sowohl für das Gebläse als auch für den Antrieb der Propellermodelle recht hohe Leistungen, wobei insbesondere der Propellerantrieb versuchstechnische Schwierigkeiten macht. Durch Verminderung des Druckes auf $\frac{1}{4}$ atm lassen sich diese Unannehmlichkeiten umgehen, denn die erforderlichen Leistungen sinken durch die Druckverminderung gleichfalls auf $\frac{1}{4}$. Der Kanal kann mit verschiedenen Düsen verwandt werden. Bei Atmosphärendruck ergibt eine Antriebsleistung von 225 PS bei 1,5 m Düsendurchmesser etwa 57 m/sec, bei 1 m Düsendurchmesser 77 m/sec; bei $\frac{1}{4}$ atm. Druck läßt sich mit der 1 m-Düse eine Geschwindigkeit von etwa 120 m/sec erreichen. Diese Angaben sind vorläufige Werte, da der erst kürzlich in Betrieb genommene Kanal z. Z. noch nicht seine endgültige bauliche Form hat.

§ 7. Übersicht über den Energieverbrauch von Windkanälen

Die nützliche Leistung eines Windkanals besteht darin, eine bestimmte Masse Luft auf die Geschwindigkeit w zu bringen, die an der Versuchsstelle gefordert wird. Die sekundliche Masse ist $\varrho F w$, die Leistung für die Masseneinheit $= w^2/2$, so daß sich die Leistung (Arbeit pro Sekunde) zu $\varrho \frac{F w^3}{2}$ ergibt. Es entsteht nun die Frage, welche andere Leistung durch den Ventilator aufzubringen ist. Da bei den Windkanälen mit geschlossenem Umlauf nur die Verluste zu decken sind und auch bei denen mit Austritt des Luftstromes in eine Halle die Geschwindigkeit vor dem Austritt durch einen Diffusor (allmähliche Erweiterung des Kanals) ermäßigt wird, ist im allgemeinen die erforderliche Antriebsleistung kleiner als die Nutzleistung der Luft in der Versuchsstrecke. Die günstigsten Verhältnisse in bezug auf den „Leistungsgrad" (Nutzleistung in der Versuchsstrecke : aufgewandte Leistung) ergeben sich bei Windkanälen, die mittels eines gut abgerundeten Ansaugetrichters die Luft aus einer Halle entnehmen und sie nach gehöriger Erweiterung hinter der Versuchsstelle wieder in die Halle entlassen. Es werden hier, den Ventilatorwirkungsgrad mit eingerechnet, normalerweise Leistungsgrade bis etwa 3 erreicht (unter besonders günstigen Bedingungen lassen sich jedoch Leistungsgrade bis 8,0 und darüber erzielen). Rechnet man nicht mit der an der Antriebswelle aufzubringenden Leistung, sondern mit der „Luftleistung", so ergeben sich bei einem Ventilatorwirkungsgrad von 0,75 demnach Leistungsgrade in der Gegend von 4 (bzw. 10). Dies gilt für Windkanäle mit Ausbildung der Versuchsstelle als geschlossener Kanal und wird auch hier nur erreicht, wenn der parallele Teil nicht zu lang und der Diffusor sehr gut ist und der Gleichrichter nur wenig Energie verzehrt. Bei den Windkanälen mit Freistrahl, sowohl denen der EIFFELschen Bauart wie denen der Göttinger Bauart, ergeben sich zusätzliche Verluste durch Vermischung des freien Strahles mit der umgebenden Luft, die um so größer sind, je länger der freie Strahl im Verhältnis zu seinem Durchmesser ist[1]. Die Verluste in den Gleichrichtern und in den Umlenkschaufeln des Göttinger Systems werden verhältnismäßig klein, wenn dafür gesorgt ist, daß die Geschwindigkeit an diesen Stellen klein ist. Man kann bei nicht zu engen Gleichrichtern etwa mit Druckverlusten von 0,30 bis 0,50 des örtlichen Staudruckes rechnen; bei Umlenkschaufeln findet man 0,15 bis 0,20 des Staudruckes, wenn der Luftstrom, der umgelenkt werden soll, sehr homogen ist. Bei starken Inhomogenitäten können in den Umlenkschaufeln sehr viel größere Verluste auftreten, die durch Sekundärströmungen zu erklären sind. Die Verluste, die unmittelbar vor und hinter dem Ventilator infolge der plötzlichen Querschnittsänderungen auftreten, lassen sich durch eine stromlinienförmige Verkleidung der Ventilatornabe klein halten[2]. Im allgemeinen ergeben sich für Windkanäle mit Freistrahl Leistungsgrade von 1,5 bis 2,2, in besonders günstigen Fällen bis etwa 3,5.

Es scheint nach den vorstehenden Ausführungen verführerisch zu sein, Windkanäle für große Leistungen mit möglichst hohem Leistungsgrad zu bauen. Jedoch hat diese Steigerung des Leistungsgrades auch ziemliche Nachteile. Sobald durch ein in den Windstrom gestelltes Modell ein nennenswerter Teil der Leistung in Form von Widerstandsarbeit verzehrt wird, sinkt die Geschwindigkeit des Luftstromes ab, und zwar um so mehr, je kleiner die Verluste des leeren Windkanals sind, je höher also der Leistungsgrad ist. Windkanäle mit kleinerem Leistungsgrad sind dagegen gegen zusätzliche Widerstände weniger empfindlich. Dies wirkt sich auch noch in folgender Weise aus. Der Wirkungsgrad des Diffusors ist, besonders wenn dieser nahe an der Grenze des erlaubten Erweiterungswinkels ist, bei schwankender Geschwindigkeit verschieden in der Periode der Beschleunigung und in der Periode der Verzögerung, und zwar ist er in der Beschleunigung besser, in der Verzögerung schlech-

[1] Unveröffentlichte Göttinger Messungen an einem Modell eines Windkanals Göttinger Bauart ergaben ungefähr linearen Abfall der Energie im Freistrahl. Hinter der Düsenmündung wurde in einer Entfernung gleich dem Düsendurchmesser eine Abnahme der Energie um 8% gemessen. Hierzu kommen noch weitere Verluste im Diffusor, da dieser um so unvollkommener arbeitet, je ungleichförmiger die Geschwindigkeit in seinem Eintrittsquerschnitt verteilt ist.

[2] Im großen Windkanal der Aerodynamischen Versuchsanstalt Göttingen brachte der Einbau der Nabenverkleidung (in Abb. 23 gestrichelt gezeichnet) eine Erhöhung des Leistungsgrades um 32%. Die Zahlenangaben über den Göttinger Kanal in diesem Artikel beziehen sich bereits auf den Zustand mit verkleideter Nabe.

Zusammenstellung der Daten für die wichtigsten neueren Windkanäle[1]

Land	Ort (Erbauer)	Baujahr	Abmessungen des Versuchsluftstroms: Durchmesser[2] D m	Abmessungen des Versuchsluftstroms: Fläche F m²	Höchstgeschwindigkeit d. Luftstroms in der Versuchsstrecke v. m/sek	Nennleistung des Motors N PS	Leistungsgrad des Windkanals[3]	Bemerkungen
Österreich	Wien (KNOLLER)	1911 bis 1912		2,50	22	$4 \times 7{,}5$	0,74	Querschnitt länglich 8eckig. Vgl. Abb. 21 u. 22
Frankreich	Auteuil (EIFFEL)	1911	2,0	3,14	32	$61^1/_2$	1,40	Abb. 17
	Issy les Moulineaux	1923	3,0	7,07	80	1000	3,02	Abb. 18
Deutschland	Göttingen (PRANDTL)	1916 bis 1917	2,24	4,00	58	300	2,18	Querschnitt 16eckig. Abb. 23
England	Teddington (NPL)	etwa 1920		$2{,}1 \times 4{,}2$ (7×14 Fuß) $= 8{,}82$	30	2×200	0,50	Abb. 19
Rußland	Moskau (Zentral. Aero-Hydrodyn. Inst.)	1926	3,0	7,50	104	820	8,5	ohne Gleichrichter
					78		3,6	mit Gleichrichter
			6,0	30,00	30		0,81	mit Gleichrichter. Querschnitt 8eckig. Abb. 25

ter[4]. Dies kann sich offenbar so auswirken, daß nun bei Verzögerungen wegen der vermehrten Widerstände die Verzögerung vergrößert wird,

[1] Eine Übersicht über die älteren Windkanäle befindet sich am Schluß des Beitrages FLACHSBART, „Geschichte der experimentellen Hydro- und Aeromechanik".

[2] Wo der Querschnitt des Luftstroms ein reguläres Polygon ist, wird hierunter der Durchmesser des einbeschriebenen Kreises angegeben.

[3] Definition:

$$\text{Leistungsgrad} = \frac{\text{Luftleistung i. d. Versuchsstrecke}}{\text{Nennleistung des Motors}} = \frac{\frac{\varrho}{2}\, v^3 F}{75\, N} = \text{i. M. } \frac{v^3 F}{1200\, N},$$

wo ϱ = Luftdichte = i. M. $\frac{1}{8}$ kg sec² m⁻⁴.

[4] Der Grund ist der, daß während der Beschleunigungsphase die resultierende Verzögerung im Diffusor verkleinert ist, während der Verzögerungsphase aber vergrößert und also der Diffusor in bezug auf Ablösung der Strömung das eine Mal sich wie ein schlankerer, das andere Mal wie ein steilerer verhält.

Zusammenstellung der Daten für die wichtigsten neueren Windkanäle[1] *

Land	Ort (Erbauer)	Baujahr	Abmessungen des Versuchsluftstroms: Durchmesser[2] D m	Abmessungen des Versuchsluftstroms: Fläche F m²	Höchstgeschwindigkeit d. Luftstroms in der Versuchsstrecke v. m/sek	Nennleistung des Motors N PS	Leistungsgrad des Windkanals[3]	Bemerkungen
Amerika	Langley Field (NACA)	1926	1,52	1,82	24	253½	0,74	Hochdruckwindkanal. Max. Druck 21 at. Abb. 26
	Langley Field (NACA)	1927	6,10	29,25	50	2000	1,52	„Überwindkanal". Abb. 24
	Pasadena	1929	3,05	7,30	77 87	760	3,6 5,3	offen geschlossen } Göttinger Typ
Italien	Rom (Istituto Sperimentale Aeronautico)	1929	1,60	2,01	80	360	2,38	„Tunnel Nr. 2". (NPL-Typ mit geschlossener, doppelseitiger Rückführung)

während umgekehrt während der Beschleunigung durch Absinken der Widerstände die Beschleunigung noch verstärkt wird, mit anderen Worten Schwankungen aus geringfügigen Ursachen können sich ungemein verstärken, wenn der gekennzeichnete Fall vorliegt, und es ergibt sich dann eine sehr schlechte zeitliche Gleichförmigkeit, die sich bis zu erheblichen Schwingungen steigern kann. Um derartige Störungen zu vermeiden, sind bei den Göttinger Windkanälen die Erweiterungen hinter der Versuchsstelle unter Verzicht auf Leistungsgrad absichtlich mit einer Stufe statt mit allmählicher Erweiterung ausgeführt, und in der Tat ist die zeitliche Gleichförmigkeit bei diesen Windkanälen relativ sehr gut.

* Fußnoten 1 bis 3 auf S. 1346.

Zeitschrift für Flugtechnik und Motorluftschiffahrt 24. Jg. (1933) S. 297

25 Jahre Windkanal

In diesem Sommer werden es 25 Jahre, seitdem Deutschland in einer kleinen, von der Motorluftschiff-Studiengesellschaft errichteten Versuchsanstalt in Göttingen den ersten Windkanal für die Zwecke der Luftfahrt erhielt. Es ist dies derselbe Kanal, in dem vor dem Kriege und auch noch während des Krieges bis 1917 alle einschlägigen Messungen für die deutsche Motorluftschiffahrt und Flugtechnik gemacht worden sind. Er wurde, nachdem der große von da ab hauptsächlich verwendete Windkanal errichtet worden war, 1918/19 an seiner alten Stelle abgebrochen und neben dem großen Windkanal wieder aufgebaut.

Es erschien uns gerechtfertigt, dem Jubiläum unseres ersten Windkanals ein bescheidenes Gedenkfest zu widmen. Außer einer *internen Feier* unter Beteiligung der dem Institut nahestehenden Reichs- und Staatsbehörden und der Kaiser-Wilhelm-Gesellschaft sollte eine kleine wissenschaftliche Tagung stattfinden.

Was den Zeitpunkt betrifft, so schien es uns angemessen, das Datum des Einzuges in den fertiggewordenen Bau zu wählen. Dies wäre Mitte Juli gewesen. Aus praktischen Erwägungen haben wir dann die Feier etwas vorverlegt, und es erwies sich auch als notwendig, die Feier von der Tagung abzutrennen. Die erstere findet am 30. Mai statt, die letztere am 6. bis 7. Juni.

Die Tagung interessiert hier naturgemäß stärker. Sie wird getragen von der Ortsgruppe Göttingen der *Gesellschaft für angewandte Mathematik und Mechanik*, jedoch sind nicht nur alle anderen Mitglieder dieser Gesellschaft, sondern auch diejenigen der *Wissenschaftlichen Gesellschaft für Luftfahrt* wie auch sonstige Fachgenossen *gerne willkommen*. Die Einladung ist in der „Luftschau" vom 15. Mai (Heft 9, S. 143) bekanntgegeben worden. Der Kreis der Vortragenden ist dem Anlaß entsprechend und um die Tagung in den notwendigen Grenzen halten zu können auf jetzige und ehemalige Mitarbeiter des Göttinger Institutes beschränkt worden. Die Vorträge behandeln theoretische und praktische Fragen der Lehre von den Tragflügeln und Propellern, weiter Fragen der Turbulenz und des Widerstandsmechanismus.

IX. Variae

Jahresberichte der Deutschen Mathematiker-Vereinigung Bd. 12 (1903) S. 444

Grundsätze für eine einheitliche Schreibung der Vektorenrechnung im technischen Unterricht

1. Die Vektorgrößen. Soll die Ausdrucksweise der Vektorenrechnung die ihr gebührende Verbreitung in den technischen Wissenschaften finden, so erscheint die *Verwendung eines bestimmten Alphabets* für die Bezeichnung der Vektorgrößen als *untunlich.* Reserviert man beispielsweise, wie das bisher in Deutschland die Regel bildet, das deutsche Alphabet für die Vektoren, so würden alle Größen, die irgendwann als Vektoren vorkommen können, in diesem Alphabet untergebracht werden müssen; die entsprechenden Zeichen des lateinischen Alphabets müßten dann der Darstellung des Absolutwertes dieser Vektorgrößen vorbehalten werden. Eine derartige Festlegung von zwei Alphabeten erscheint aber in technischen Lehrfächern wegen der vielen vorkommenden Größen und der mehrfach ineinandergreifenden Wissensgebiete kaum durchführbar.

Es wird daher der *Vorschlag* gemacht, die Vektoreigenschaft einer Größe *in der Handschrift* durch *Unterstreichen* des Buchstabens zum Ausdruck zu bringen; *in der Druckschrift* soll entsprechend *Fettdruck* angewendet werden, da Unterstreichen hier zu Umständlichkeiten führt. Hierdurch ist für die gedruckte Schrift gleichzeitig Übereinstimmung mit der gegenwärtig in England üblichen Schreibweise erzielt.

2. Die Operationszeichen. Als solche können *die gewöhnlichen in der Algebra gebräuchlichen* Verwendung finden, da eine Verwechslung mit skalaren Operationen nicht möglich ist. Es bedeutet also:
$=$ *die Gleichsetzung* („gleich nach Größe und Richtung"),
$+$ *die geometrische Summierung:* $\boldsymbol{a} + \boldsymbol{b} = \boldsymbol{c}$
$-$ *die geometrische Subtraktion:* $\boldsymbol{a} = \boldsymbol{c} - \boldsymbol{b}$
Für die *Multiplikation mit einem Skalar* wird einfache *Nebeneinanderstellung* angewandt: $\boldsymbol{v} = \boldsymbol{g}\, t$. Die *Produkte zweier Vektoren* werden zweckmäßig nach dem Vorgang von GIBBS, wie folgt bezeichnet: das *innere Produkt* $\boldsymbol{a} \cdot \boldsymbol{b}$, das *äußere* $\boldsymbol{a} \times \boldsymbol{b}$.

Beim äußeren Produkt, sowie bei sonstigen Flächen- und Drehungsgrößen soll der Pfeil mit dem Drehsinn durch eine *Rechtsschraube* verknüpft sein.

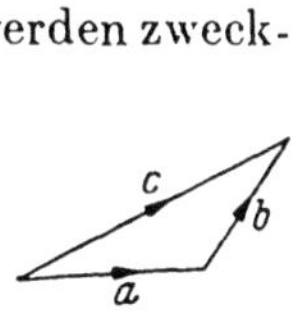

Abb. 1

Sollte aus pädagogischen Gründen eine besondere Bezeichnung der Operationszeichen gewünscht werden, so kann dies wieder durch Unterstreichen bzw. Fettdruck, oder — bei den Produkten — durch geeignete Einklammerung erreicht werden.

Jahresberichte der Deutschen Mathematiker-Vereinigung Bd. 13 (1904) S. 36—39

Über eine einheitliche Bezeichnungsweise der Vektorenrechnung im technischen und physikalischen Unterricht

(Vorgetragen am 24. September 1903 vor der mathematischen Abteilung der Naturforscherversammlung in Kassel)

Es ist wohl heutzutage überflüssig, über die Vorteile etwas zu sagen, welche für die Behandlung mechanischer und physikalischer Probleme in der Benutzung der Vektoranalysis liegen; nimmt doch ihre Verbreitung mit jedem Jahre zu. Je mehr Autoren aber sich dieser Ausdrucksweise zuwandten, desto mehr verschiedene Bezeichnungsweisen sah man auftauchen. Dieser Umstand veranlaßt mich, hier für eine Vereinheitlichung einzutreten. Daß von seiten der mathematischen Enzyklopädie ähnliche Bestrebungen ausgingen, erfuhr ich leider erst kürzlich.

Gestatten Sie, daß ich vorerst meinen persönlichen Standpunkt der Vektorensache gegenüber klarlege: ich bin nicht Vektorengelehrter, sondern nur Nutznießer; wenn ich trotzdem es unternehme, einen Schritt in dieser Sache zu tun, so gab die Veranlassung dazu das Bedürfnis, das sich mir beim Mechanikunterricht, den ich in Hannover zu geben habe, fühlbar machte. (Es sei nebenher bemerkt, daß beispielsweise drei neuere Mechanik-Lehrbücher, die von FÖPPL, HEUN und WERNICKE, alle drei grundverschiedene Bezeichnungen aufweisen.) Noch ein anderer Grund hat mich in dem Wagnis bestärkt: ich vermute, daß ich unter Ihnen, meine Herren, der einzige bin, der die neue Lehre bereits als Studierender in sich aufgenommen hat.

Bevor ich auf die Vorschläge selbst eingehe, möchte ich noch betonen, daß ich mir nicht anmaße, unseren *Gelehrten* irgendwelche Vorschriften machen zu wollen; mein Ziel ist nur, etwas für die *Schule* Brauchbares zu schaffen. Der Studierende, der den Vortragsstoff seines Lehrers in einem Buch nachstudieren will, oder der die Schule wechselt, soll nicht dadurch beschwert werden, daß er das Gelernte nun in einer ihm unbekannten Form wiederfindet. Anders der Mann der Wissenschaft: er sieht nach geringer Mühe den Kern der Sache, in welcher fremden Gestalt sie ihm auch entgegentreten wird.

Um die Angelegenheit schon vorher etwas zu klären, habe ich eine kurze Zusammenstellung meiner Vorschläge drucken lassen, und an mir bekannte Herren versandt[1]. Ich möchte diese Gelegenheit benutzen, um allen denen, die mir eine Meinungsäußerung, sei es zustimmend

[1] Herr GUTZMER hatte die Freundlichkeit, diesen Auszug auch im Jber. dtsch. Math.-Ver. Bd. XII, S. 444 abzudrucken.

oder nicht, gesandt haben, für ihr Interesse zu danken. Diesem Briefwechsel verdanke ich eine Reihe von neuen Gesichtspunkten.

Doch nun zur Sache selbst. Zunächst besteht die Frage: wie sind die *Vektorengrößen* zu bezeichnen? MAXWELL hatte *gotische Buchstaben*; aus diesen wurden bei den deutschen Autoren *deutsche* Buchstaben; man findet ferner einen Strich über den Buchstaben, auch Einklammerung; die neueren englischen Schriftsteller verwenden Fettdruck; andere haben gar keine weitere Bezeichnung und überlassen es dem aufmerksamen Leser, acht zu geben, welche Größen Vektoren sind und welche nicht.

Ich hatte bisher mit meinem Lehrer FÖPPL die deutschen Buchstaben in Gebrauch, bin aber dabei auf Schwierigkeiten gestoßen. Um eine gute Unterscheidung von Vektorgleichungen und skalaren Gleichungen zu erreichen, hat man in dieser Schreibweise zu jedem deutschen Buchstaben, der einen Vektor darstellt, immer auch noch, um den Absolutwert desselben auszudrücken, den entsprechenden lateinischen[1] nötig. Dadurch sind zwei Alphabete zugleich festgelegt. Auf gewissen Gebieten ist dies leicht durchführbar, so z. B. bei elektromagnetischen Theorien, wo immer wieder die wenigen Feldgrößen und Geschwindigkeiten auftreten. Aber schon, wenn man beispielsweise von der reinen Mechanik zur sogenannten technischen Mechanik übergeht, ist es nicht mehr möglich, alle Größen in dem System unterzubringen, ohne sich allzuweit von den üblich gewordenen Bezeichnungen zu entfernen. Wenn nun eine zwanglose Anwendung der Vektorbeziehungen auch in den technischen Lehrfächern möglich sein soll, wo die Zahl der vorkommenden Größen meist noch bedeutend höher ist, so ist eine derartige Bezeichnungsweise schlechterdings nicht zu brauchen. — Einen pädagogischen Nachteil des Sonderalphabets für die Vektoren möchte ich noch anführen, den ich beim Unterricht beobachten konnte: Der Umstand, daß für dieselben Größen, je nachdem sie alle parallel sind, oder verschiedene Richtungen besitzen, einmal lateinische Zeichen, das andere Mal deutsche Verwendung finden, macht den jungen Leuten Schwierigkeiten und verursacht hier und da Verwirrungen.

Man wird sich also zu einem System entschließen müssen, das von diesen Übelständen frei ist. *Mein Vorschlag geht nun dahin, in der Handschrift* die Vektoreigenschaften einer Größe *durch Unterstreichen*, im *Druck* entsprechend durch *fette Buchstaben* kenntlich zu machen. Für die Druckschrift ist damit Übereinstimmung mit der in der englischen Literatur üblich gewordenen Schreibweise erreicht.

---

[1] Der Vorschlag, den Absolutwert durch Einklammern zu bezeichnen, ist deshalb in der technischen Mechanik nicht brauchbar, weil die skalaren Gleichungen die Mehrzahl bilden. Die Vektorgleichungen geben die allgemeinen Sätze, die skalaren treten in den Anwendungen auf.

Für die Darstellung des Absolutwertes der Größen kommt natürlich die Unterstreichung bzw. der Fettdruck in Fortfall. Der Übergang von der Vektorgleichung zur skalaren ist hier sehr einfach; man braucht bloß das Vektormerkmal wegzulassen, ohne daß sonst noch an den Bezeichnungen etwas geändert zu werden braucht. Die HEUNsche Schreibweise, in Handschrift und Druck einen Strich über die Buchstaben zu setzen, besitzt die genannten Vorzüge auch, doch ist sie im Letternsatz umständlicher auszuführen und verspricht nicht dasselbe in bezug auf Internationalität.

Ich komme nun zu den *Operationszeichen*. Für die Gleichsetzung („gleich nach Größe und Richtung"), sowie für die geometrische Addition und Subtraktion wird man, da eine Verwechslung nicht möglich ist, die gewöhnlichen Zeichen beibehalten $\boldsymbol{a} + \boldsymbol{b} = \boldsymbol{c}$, $\boldsymbol{b} = \boldsymbol{c} - \boldsymbol{a}$. Die Multiplikation mit einem skalaren Faktor wird durch einfache Nebeneinanderstellung erreicht: $\boldsymbol{v} = \boldsymbol{g}\, t$.

Über die eben genannten Dinge ist schon beinahe Einhelligkeit vorhanden. Desto mehr Zersplitterung herrscht bezüglich der geometrischen Produkte von zwei Vektoren, dem sogenannten inneren (skalaren) und äußeren (vektoriellen)[1] Produkt. (Auch in den Zuschriften, welche ich erhielt, haben sich hauptsächlich hier Meinungsverschiedenheiten ergeben.)

HAMILTON schrieb $-\mathrm{S}\, A\, B$ und $\mathrm{V} A\, B$ (skalarer und vektorieller Anteil des Quaternionenproduktes von $A\, B$). HEAVISIDE übernahm die letztere Bezeichnung, schrieb aber das skalare Produkt einfach $\boldsymbol{A}\, \boldsymbol{B}$. GRASSMANN schrieb $[A \,|\, \underline{B}]$ und $|[A\, B]$; J. W. GIBBS $\boldsymbol{A} \bullet \boldsymbol{B}$ und $\boldsymbol{A} \times \boldsymbol{B}$. HEUN schreibt $\bar{a}\, \bar{b}$ und $\overline{a\, b}$.

Mein Lehrer FÖPPL hatte sich HEAVISIDE angeschlossen, und ich erinnere mich lebhaft, daß mir das $\mathrm{V}\, \mathfrak{A}\, \mathfrak{B}$ mit dem vorausgestellen V immer als etwas von einem eigentlichen Produkt verschiedenes vorgekommen ist, und es kam mir wie ein neuer Aufschluß vor, als ich zum erstenmal dieses Produkt in einer symmetrischen Schreibweise vor mir sah. Da es sich bei den geometrischen Produkten immer um *zwei* gleichwertige Faktoren handelt, scheint *ein Zeichen zwischen den Faktoren* als das einfachste und natürlichste. Auch Einklammerung gibt eine ausdrucksvolle Bezeichnung, ist aber bei mehrfachen Produkten schon umständlicher.

Ich habe mich nach langer Überlegung der Schreibweise von GIBBS angeschlossen, also $\boldsymbol{a} \bullet \boldsymbol{b}$ für das innere, $\boldsymbol{a} \times \boldsymbol{b}$ für das äußere Produkt. Beachtet man die Regel, daß bei mehrfachen Produkten die äußere

---

[1] Bei den Vektorenanalytikern ist das „äußere Produkt" ein (axialer) Vektor, im Gegensatz zur GRASSMANNschen Auffassung als „Plangröße". (Vgl. Enzyklop. math. Wiss. Bd. IV, **14**, 3).

Multiplikation vor der inneren, die innere vor der skalaren vorgenommen werden muß, so kann man mit GIBBS schreiben $\boldsymbol{a} \bullet \boldsymbol{b} \times \boldsymbol{c}$ und $\boldsymbol{a}\,\boldsymbol{b} \bullet \boldsymbol{c}$, ohne daß über den Sinn ein Zweifel entstehen könnte. Diese Schreibweise ist mir als besonders vorteilhaft und übersichtlich erschienen für die symbolischen Produkte mit dem HAMILTONschen Operator ∇. Die Überschrift eines Kapitels in der Vektoranalysis von GIBBS: „Die Divergenz $\nabla \bullet$ und der Curl $\nabla \times$" ist in einer anderen Symbolik schlechterdings nicht wiederzugeben.

Bezüglich des Pfeiles, den der Produktvektor der äußeren Multiplikation erhält, möchte ich vorschlagen, immer die Richtung zu wählen, welche die Drehung vom ersten zum zweiten Vektor zu einer *Rechtsschraube* ergänzt. Die Rechtsschraube ist jedem, der mit Instrumenten oder Maschinen zu tun hat, jedem Physiker oder Ingenieur, so geläufig, daß er bei jeder Richtung im Raum sofort instinktiv den Drehsinn finden wird. Die verschiedenen Uhrzeigersinn-Regeln sind *mir* wenigstens immer schwieriger vorgekommen.

Bei dieser Gelegenheit möchte ich, obwohl die Sache strenggenommen nicht zum Thema gehört, noch den Wunsch anschließen, daß womöglich das sogenannte *Rechts*-Koordinatensystem sich auch im übrigen Mathematikunterricht immer mehr einbürgern möge. Mir ist es immer als das Natürlichere vorgekommen; denn man erhält es in zwangloser Weise, wenn man zu dem waagerecht liegenden Koordinatensystem, wie es in der analytischen Geometrie der Ebene gebräuchlich ist, noch senkrecht nach oben die dritte Richtung hinzufügt.

Bezüglich der Operationszeichen möchte ich noch anfügen, daß es vielleicht aus pädagogischen Gründen hier und da erwünscht sein kann, dieselben etwas auffälliger, von den gewöhnlichen verschiedener zu gestalten; dazu könnte wieder Fettdruck bzw. Unterstreichung, bei den Produkten auch geeignete Einklammerung verwendet werden[1].

Anmerkung. Auf der Versammlung wurde auf Vorschlag des Herrn F. KLEIN, Göttingen eine Kommission eingesetzt, die die Sache mit allgemeinerem Ziel weiter verfolgen soll. Der Bericht der Kommission soll später an dieser Stelle veröffentlicht werden.

---

[1] *Nachtrag.* Eine Schreibweise, die in ihrer Art bemerkenswert ist, habe ich nachträglich in der SCHÖNFLIES-GRÜBLERschen Abhandlung in der Enzyklop. math. Wiss. (Bd. IV, 3, 7ff.) gefunden. Hier werden die Vektoren nicht besonders bezeichnet, dafür aber die Operationszeichen. Auch diese Bezeichnung (hier nur für die Addition ausgeführt: $a \mathbin{\overset{\frown}{+}} b = c$) ist pädagogisch einwandfrei und wäre in Erwägung zu ziehen.

Jahresberichte der Deutschen Mathematiker-Vereinigung Bd. 13 (1904) S. 436 bis 449

Über die physikalische Richtung in der Vektoranalysis

1. Man kann in der heutigen Entwicklung der Vektorenrechnung drei Auffassungen unterscheiden.

Die eine, die ich kurz die *geometrische* nennen will, baut sich auf den Anschauungen der GRASSMANNschen Ausdehnungslehre auf. Bei ihrer Begriffsaufstellung bildet einen wesentlichen Punkt eine systematische, gegen affine Transformationen invariante Begründung der Operationen, die zugleich auch für Räume von beliebig vielen Dimensionen brauchbar sein soll. Dieser Richtung hat kürzlich Herr MEHMKE, der sie als „deutsch-italienisch" bezeichnet, das Wort geredet[1].

Die zweite Auffassung zeigt als charakteristisches Merkmal das Bestreben, mit Hilfe von imaginären Größen für den dreidimensionalen Raum ein System zu schaffen, das der Geometrie der komplexen Ebene analog ist. Hierher gehört die HAMILTONsche Quaternionentheorie, hierher auch das System, das jüngst Herr MACFARLANE den Lesern der Jahresberichte der Deutschen Mathematiker-Vereinigung mitgeteilt hat[2]. Dieses System bringt die Vektoralgebra in unmittelbaren Zusammenhang mit der sphärischen Trigonometrie. Ich will diese Richtung hier die *trigonometrische* nennen.

Die dritte Auffassung ist die, welche ich in der Überschrift als die physikalische bezeichnet habe und welche in diesem Aufsatz näher beschrieben und mit anderen verglichen werden soll. Ich nenne sie die „physikalische", weil sie von den Physikern HEAVISIDE und GIBBS begründet wurde und gegenwärtig bei der Mehrzahl der Physiker, die überhaupt mit Vektoren rechnen, in Gebrauch ist (die technische Mechanik möchte ich hier mit zur Physik gerechnet wissen). Im Gegensatz zu den anderen Auffassungen, die beide großen Wert darauf legen, daß sich die einzelnen Begriffe, besonders die Definition der Produkte, nach einem einheitlichen Grundgedanken entwickeln, nimmt die physikalische Auffassung das Gute, wo sie es findet, und ordnet sich den Stoff, wie es ihren praktischen Zwecken dienlich erscheint. Freilich wird sie darob von den Vertretern der beiden anderen Richtungen nicht für voll angesehen. Herr MACFARLANE nennt das GIBBSsche System eine „Sammlung von Bruchstücken", im Gegensatz zu seinem System, das er als „a true vector-analysis" bezeichnet. Herr MEHMKE sagt

---

[1] Vergleich zwischen der Vektoranalysis amerikanischer Richtung und derjenigen deutsch-italienischer Richtung. Jber. dtsch. Math.-Ver. Bd. 13 (1904) S. 217. Im folgenden mit „M" zitiert.

[2] Jber. dtsch. Math.-Ver. Bd. 13 (1904) S. 228.

(in einem Brief an mich): Die amerikanische (d. h. GIBBSsche) Richtung schließt die deutsche aus, die deutsche aber schließt die amerikanische ein. Ich bemerke hier nebenbei, daß das, was Herr MEHMKE als „amerikanische Richtung" bezeichnet, sich von dem, was ich physikalische Richtung nenne, nur darin wesentlich unterscheidet, daß in der amerikanischen Richtung die Unterschiede in dem Verhalten bei Inversion nicht berücksichtigt werden[1].

Es erklärt also sowohl der Vertreter der geometrischen, wie auch der der trigonometrischen Richtung die physikalische Auffassung als ein unvollständiges Stück seiner Auffassung. Dabei ist aber zwischen den beiden Richtungen eine Verständigung so gut wie undenkbar. Hier die geometrische Erzeugung der Gebilde, dort Verwendung des Imaginären, hier Invarianz der Operation bei affiner Transformation und Anpassungsfähigkeit für mehrdimensionale Räume, dort Darstellung von endlichen Winkeldrehungen, daher keine Affinität und daher auch Beschränkung auf den dreidimensionalen Raum. Sollte man da nicht auf den Gedanken kommen, daß diejenige Auffassung, welche so das gemeinsame Mittelstück der beiden miteinander unvereinbaren Auffassungen darstellt, vielleicht doch eine selbständige Daseinsberechtigung hätte? Ich wenigstens meine, daß sie einstweilen zum mindesten als Verständigungsmittel dienen könnte, als eine Sprache, deren sich jemand bedienen wird, wenn er von allen verstanden zu werden wünscht. Was spätere Zeiten bringen werden, ob eine Auffassung die andere in dem friedlichen Wettstreit besiegen wird, wird man abwarten müssen. Für jetzt wird es gut sein, mit dem Gegebenen zu rechnen.

2. Im folgenden will ich mich bemühen, die Anschauungen und Ziele der physikalischen Richtung, so wie sie mir vorschweben, zu schildern und mit den anderen Anschauungen zu vergleichen.

Wenn ich hier die trigonometrische Richtung wenig erwähnen werde, so liegt das einmal daran, daß sie mir noch wenig geläufig ist, und daß überdies Herr MACFARLANE selbst der Verwendung des GIBBSschen Systems für die Praxis zustimmt, während Herr MEHMKE es beseitigt haben möchte.

Vorweg will ich bemerken, daß die ganze Denkweise der *physikalischen* Richtung einerseits und der *geometrischen* andererseits aufs innigste mit den Bedürfnissen der mit den Naturvorgängen beschäftigten *Physiker* und der abstraktes Denken übenden *Mathematiker* zusammenhängt. Es wird zu zeigen sein, daß die physikalische Auffassung innerhalb der freiwillig auferlegten Beschränkungen ebenso logisch ist, wie die geometrische; ein Vergleich mit dieser wird ergeben, daß ebenso,

[1] Vgl. ABRAHAM, Enzyklop. math. Wiss. Bd. IV, 14, 3. (Mechanik der deformierbaren Körper. Geometrische Grundbegriffe.) Dieser Artikel wird im folgenden kurz mit „A" bezeichnet.

wie für den Geometer das geometrische, so auch für den Physiker das physikalische System das einfachere ist.

Zunächst die erwähnten *Beschränkungen*: Herr MEHMKE hebt in seinem Aufsatz als Fehler des GIBBSschen Systems besonders die zwei hervor, einmal daß der Grad der Invarianz einer Operation (nämlich ob sie nur gegen *orthogonale* oder allgemein gegen *affine* Transformationen invariant ist) nicht zum Ausdruck kommt, besonders daß die Bildung des Vektorproduktes aus zwei Operationen von verschiedener Invarianz besteht; zweitens daß dieses System für Räume von mehr als drei Dimensionen nicht verwendbar ist. Zu dem *ersten Punkt* will ich folgendes bemerken: Wenn man von den Kräftesystemen am starren Körper und von den Schwerpunktsbeziehungen absieht — diese beiden Dinge wird man besser zur Geometrie rechnen —, dann kann man sagen, daß gerade die wichtigsten physikalischen Vorgänge und Zustände gegenüber affinen Transformationen nicht invariant sind, so daß man z. B. aus dem Verhalten einer Kugel in den wenigsten Fällen einen (quantitativen) Schluß ziehen kann auf das Verhalten eines beliebigen Ellipsoids. Wo die Natur selbst affine Transformationen hervorbringt, so bei elastischer Formänderung, bei thermischer Ausdehnung von Kristallen usw., da interessieren den Physiker weniger die affinen Beziehungen, als vielmehr die näheren Angaben der Formänderung; er wird nicht das vorher rechtwinklige Koordinatensystem durch die Deformation in ein schiefwinkliges überführen, sondern er wird gerade von seinem rechtwinklig bleibenden Koordinatensystem aus die in den Längen und Winkeln vor sich gehenden Änderungen betrachten. Ein anderer Fall von Affinität tritt bei den Zuständen von anisotropen Medien auf. Dort ist in besonders einfachen Fällen, nämlich immer dann, wenn der Vorgang sich vollständig innerhalb des Mediums abspielt, eine affine Abbildung auf einen mit isotropem Medium erfüllten Raum möglich; ein Beispiel hierfür ist die Wärmeströmung in einem allseitig von Nichtleitern begrenzten Kristall; die den Physiker hier am meisten interessierende Frage ist die nach der affinen Substitution; sie wird vollständig erledigt durch die Angabe des Leitfähigkeitsellipsoids, dessen Achsen und Winkel er von seinem rechtwinkligen Koordinatensystem aus angeben wird.

Ich will hier noch einen Satz aus dem bereits zitierten Enzyklopädieartikel von ABRAHAM anführen. Es heißt da (S. 5) von den Komponenten der physikalischen Größen:

„*Das Verhalten der Komponenten gegenüber der Gruppe aller Transformationen des rechtwinkligen Koordinatensystems charakterisiert vollständig die geometrische Natur der betreffenden Größe.*"

Hier möchte ich in diesem Satz besonders das Wort „rechtwinklig" betont wissen. Aus all dem Gesagten geht hervor, daß dem Physiker für seine Betrachtungen — wenigstens bei dem, was bis heute vorliegt — das rechtwinklige Koordinatensystem ausreicht[1]. Für ihn ist daher der Mangel, den die Geometer an dem Vektorprodukt finden, eher ein bloßer Schönheitsfehler, und er wird die Fortlassung des Bivektorbegriffs (M. 2)[2] unbedenklich finden, wenn er seine praktischen Ziele auch ohne ihn erreichen wird.

Der zweite Punkt wird sich schnell erledigen lassen. Das Interesse der Physiker für den dreidimensionalen Raum, in dem sich doch alle unsere Sinneswahrnehmungen abspielen und unsere geometrischen und physikalischen Vorstellungen bewegen, ist ein so überwiegendes, daß sie gern ein System, das ihnen sonst Vorteile bringt, gebrauchen werden, auch wenn es keiner Anwendung auf höhere Mannigfaltigkeiten fähig ist. Macht sich irgendwo und irgendwann das Bedürfnis nach der Abbildung eines Vorganges in einem mehrdimensionalen Raum geltend, so wird sich auch das Mittel finden, die dort vorzunehmenden Operationen passend zu definieren.

3. Unter Voraussetzung der eben genannten Beschränkungen, nämlich Verzicht auf mehrdimensionale Räume und schiefwinklige Koordinatensysteme, will ich nun ein System der Vektorrechnung entwickeln, von dem ich zwar nicht behaupten will, daß seine Auffassung in allen Einzelheiten von *allen* Physikern geteilt würde, wohl aber, daß es in seinen Zielen in vollständiger Übereinstimmung mit der Auffassung der Physiker steht. Wie aus dem oben angeführten Satz der Abrahamschen Abhandlung hervorgeht, ordnen die Physiker die ihnen vorkommenden Zustandsgrößen nach ihrem Verhalten bei Koordinatentransformationen in mehrere Klassen ein. Alle Größen, die gegen Drehung des Koordinatensystems invariant sind, werden *Skalare* genannt; alle diejenigen, deren „Komponenten" sich bei einer Drehung des Koordinatensystems verhalten wie die rechtwinkligen Koordinaten eines Punktes oder die rechtwinkligen Komponenten einer Strecke, faßt man unter dem Namen *Vektoren* zusammen. (Es gibt dann noch gerichtete Größen höherer Ordnung, auf die ich im Anhang II kurz zu sprechen kommen werde.) Anschaulicher, wenn auch weniger exakt, kann man gegenüber den Skalaren, welche keine ausgezeichnete Richtung im Raum besitzen, als Merkmal der Vektoren bezeichnen, daß sie immer zu einer bestimmten und mit einem bestimmten Sinn versehenen Richtung im Raum in Beziehung stehen; diese Richtung kann die Wirkungsrichtung der Zustandsgröße sein, oder die Richtung einer Drehachse, die Normale einer Fläche usw. Der Sinn unterliegt dabei irgendeiner besonders zu treffenden Festsetzung. Ein Vektor ist bestimmt durch die

[1] Auch bei Einführung von krummlinigen Koordinaten werden fast durchweg orthogonale Systeme verwendet.

[2] Soll bedeuten: Mehmke, Vergleich, Abs. 2.

Angabe seines Absolutwertes und seiner Richtung im Raum, einschließlich des Sinnes, bzw. durch Angabe der Werte seiner drei Komponenten.

In dem Vorstehenden tritt eine Verschiedenheit des Sprachgebrauchs gegenüber der geometrischen Richtung hervor, die einen wesentlichen Grund für manche bisherigen Mißverständnisse gebildet hat. Der Geometer versteht unter einem Vektor schlechthin eine *gerichtete Strecke*; für den Physiker ist die gerichtete Strecke nur eine spezielle Art aus der großen Klasse der Vektoren, allerdings eine Art, die wegen ihrer Einfachheit und Anschaulichkeit fast durchweg zur Veranschaulichung von Vektoroperationen benutzt wird. Es steht aber z. B. dem gar nichts im Wege, zur Veranschaulichung einer Vektorbeziehung auch einmal *Flächenstücke* zu verwenden. Da diese eine gewisse Größe besitzen, und ihre Stellung im Raum durch die Richtung der Normalen gekennzeichnet ist, und da sie auch durch die Werte der drei Projektionen auf die Koordinatenebenen bestimmt sind, die sich wie die Komponenten einer Strecke transformieren, sind solche Flächenstücke nach der oben gegebenen Definition Vektoren. Im Sinne dieser Definition wäre es z. B. auch vollständig korrekt, zu sagen, das GRASSMANNsche äußere Produkt von zwei Strecken (das ja ein solches Flächenstück darstellt) sei ein Vektor.

4. Bei manchen physikalischen Überlegungen wird man vor die Frage gestellt: Wie wird sich dieser Vorgang ändern, wenn man rechts und links vertauscht? Bei derartigen Schlüssen von dem Zustand eines Dinges auf den des spiegelbildlich symmetrischen Dinges findet man nun, daß die verschiedenen Vektoren sich in entgegengesetzter Weise verhalten. Bei der *Inversion*, d. h. Umkehrung der Vorzeichen aller Koordinaten (also „Punktsymmetrie") werden die Verhältnisse am einfachsten: die eine Gruppe, die „*polaren*" Vektoren (vgl. A. 2)[1] kehren bei der Inversion ihre Richtung um, die andere, die „*axialen*" Vektoren (A. 3) behalten ihre Richtung. Beispiele der ersten Art sind gewöhnliche Strecken, Geschwindigkeiten, mechanische Kräfte, elektrische Feldkraft und elektrischer Strom, Energiestrom usw.; der zweiten Art gehören an Drehgeschwindigkeiten, Drehmomente, Sektorengeschwindigkeiten, magnetische Feldkraft usw. (A. 22). Flächenstücke können beiden Arten angehören, je nachdem man ihren „Sinn" durch Unterscheidung einer positiven und negativen Seite (z. B. Außen- und Innenseite) oder durch Angabe eines bestimmten Umlaufssinnes festsetzt. Weiteres über diese Symmetrieunterscheidungen siehe in meinem Anhang I.

5. In M. 4 kann man zwischen den Zeilen lesen, daß die Unterscheidung zwischen Vektoren und Bivektoren in der „deutsch-italienischen" Richtung sich deckt mit der Unterscheidung zwischen den

[1] Bedeutet ABRAHAM siehe Abs. 2.

polaren und axialen Vektoren der Physiker. Man überzeugt sich indes leicht, daß das nicht zutrifft. So ist z. B. das Vektorprodukt zweier axialer Vektoren wieder ein axialer Vektor (vgl. Anhang I), während das Produkt zweier Bivektoren schon wegen der Dualität ein Vektor ist. Aber auch wenn man etwa durch eine andere Definition des letzteren Produktes diese Unstimmigkeit zum Verschwinden brächte (die Geometer würden sich hierauf wohl nicht einlassen), und wenn man dann konsequent alle axialen Vektoren durch Bivektoren ersetzen wollte, so käme doch durch die bei den Rechnungen vorkommende Bildung der *Ergänzung* (M. 18) der ganze Unterschied wieder herein. Denn die Ergänzung muß notwendigerweise, damit der physikalische Sinn nicht gestört wird, die Symmetrieverhältnisse der Größe aufweisen, von der sie abgeleitet ist; es wäre also die Ergänzung eines Bivektors ein axialer Vektor, die eines Vektors ein polarer Bivektor. Um ein paar Beispiele anzuführen: die axiale Natur eines Drehmomentes existiert ganz unabhängig davon, ob zu seiner geometrischen Darstellung nun der Bivektor $\boldsymbol{r}\,\boldsymbol{P}$ oder dessen Ergänzung, die Achsstrecke $|\boldsymbol{r}\,\boldsymbol{P}$ benutzt wird; die Arbeit einer Kraft $\boldsymbol{P}$ wird in der deutsch-italienischen Richtung gebildet als Produkt der Kraft mit der Ergänzung des Weges, $A = \boldsymbol{P}|\boldsymbol{s}$; würde hier die Ergänzung von $\boldsymbol{s}$ als ein normaler Bivektor angesehen, so ergäbe sich die Arbeit als ein Skalar zweiter Art (A. 11), während sie als Energiegröße notwendig ein Skalar erster Art ist.

Aus dem Vorstehenden geht auch hervor, daß man mit der Frage, ob eine bestimmte physikalische Größe, z. B. magnetische Kraft, als ein Vektor oder Bivektor anzusehen sei, keinen bestimmten Sinn verbinden kann, während der Aussage, die magnetische Kraft sei ein axialer Vektor, eine positive physikalische Bedeutung zukommt.

6. Wenn man (bei Verwendung der deutsch-italienischen Art) mit den in der Physik üblichen Dimensionsbetrachtungen nicht in Konflikt geraten will, so wird man zu der Feststellung gezwungen: „Die Ergänzung besitzt die Dimension der Größe, von der sie genommen ist." Der Grund für diese Festsetzung liegt wieder darin, daß die Dimension einer physikalischen Größe in deren Natur begründet ist und nicht abhängt von der willkürlich gewählten geometrischen Darstellung. So muß z. B. die Arbeit immer die Dimension des Produktes Kraft mal Länge haben, ob sie nun als Kraft mal Ergänzung des Weges oder Weg mal der Ergänzung der Kraft aufgefaßt wird. Man sieht hieraus auch, daß für den Physiker die Ergänzung einer Strecke nicht eine Fläche sein kann; sie ist vielmehr ein Bivektor mit der Dimension einer Länge; ebenso ist dann die Ergänzung eines Flächenstückes keine Strecke sondern ein Vektor mit der Dimension einer Fläche.

All diese zum Teil kniffligen Überlegungen, die man sich aber, um vor Irrtümern geschützt zu sein, bei Benutzung des Bivektors zu eigen machen muß, werden unnötig, sobald man den Bivektorbegriff fallen läßt und gemäß den Definitionen von Absatz 3 verfährt.

7. Ich komme jetzt zu den Produkten. Die Physiker unterscheiden deren zwei. Das eine liefert einen Skalar, das andere einen neuen Vektor. Das „skalare Produkt" $\boldsymbol{a} \circ \boldsymbol{b}$[1] ist gleich dem Produkt der Absolutwerte der Vektoren mal dem Kosinus des Zwischenwinkels, $= a\, b \cos \varphi$. Das „Vektorprodukt" $\boldsymbol{a} \times \boldsymbol{b}$ hat die Größe $a\, b \sin \varphi$, und als Richtung die gemeinsame Senkrechte der Richtungen von $\boldsymbol{a}$ und $\boldsymbol{b}$. Der Sinn wird nach einem Rechtssystem festgelegt.

Herrn Mehmke sowohl wie Herrn Macfarlane erscheint das einfache Hinstellen der Definitionen, wie es in den typischen Lehrgängen der physikalischen Richtung üblich ist, unbefriedigend, sie wollen eine planmäßige Herleitung der Begriffe. Demgegenüber „findet" der Physiker einfach, gerade wie er irgendeine Naturtatsache findet, daß die eben definierten Operationen ihm bei seinen Überlegungen ungemein häufig begegnen; wenn er sich dann noch beweisen kann, daß diese Operationen den Multiplikationsgesetzen folgen, dann hat er alles, was er braucht und freut sich seines Besitzes. Wenn z. B. die Vektorenrechnung mit der Mechanik zusammen gelehrt wird, so führt in der Tat der Begriff der Arbeit in einfachster Weise zum skalaren Produkt, der des Drehmoments zum Vektorprodukt.

Den zwei Produkten der Physiker gegenüber findet sich in dem Lernstoff der geometrischen Richtung nominell nur ein Punkt, definiert als das Erzeugnis einer Schiebung; aber dies ergibt ganz verschiedene Resultate je nach den Faktoren. Zwei Vektoren geben einen Bivektor, zwei Bivektoren einen (axialen) Vektor, ein Vektor und ein Bivektor geben einen Körperraum, also einen Skalar. Die hierbei noch fehlenden Produkte, das skalare Produkt von zwei Strecken oder von zwei Flächenstücken sowie das Vektorprodukt aus einem Flächenstück und einem Vektor, werden auf dem Umweg gewonnen, daß man — in ganz unsymmetrischer Weise — mit dem einen der beiden Faktoren zur „Ergänzung" übergeht. Bei dem skalaren Produkt mit seiner einfachen und ursprünglichen Bedeutung, seinen mit der gewöhnlichen Algebra übereinstimmenden Rechenregeln, will mir dieser Umweg über das äußere Produkt ganz und gar nicht gefallen.

8. In M. 28 ist die unsymmetrische Schreibweise des skalaren Produktes von drei Vektoren $\boldsymbol{a} \circ \boldsymbol{b} \times \boldsymbol{c}$, das den Inhalt des Parallelepipeds darstellt, gerügt. Wenn auch die Eleganz der deutsch-italienischen Schreibweise $(\boldsymbol{a}\ \boldsymbol{b}\ \boldsymbol{c})$ zuzugeben ist, so hat doch auch

[1] Gibbs schreibt $\boldsymbol{a} \cdot \boldsymbol{b}$; hier ist, um Verwechslung mit dem als Trennungszeichen benutzten Punkt der deutsch.-ital. R. auszuschließen, statt des Punktes ein kleiner Ring genommen.

die unsymmetrische Schreibweise gewisse Berechtigung. Die Unsymmetrie ist dieselbe wie die der allen geläufigen Aussage, daß der Inhalt eines Parallelepipeds gleich dem Produkt aus Grundfläche und Höhe ist, wobei auch willkürlich eine Fläche zur Grundfläche gewählt wird. Die Herrn MEHMKE umständlich erscheinende Umformung $\boldsymbol{a} \circ \boldsymbol{b} \times \boldsymbol{c} = \boldsymbol{c} \circ \boldsymbol{a} \times \boldsymbol{b} = \boldsymbol{b} \circ \boldsymbol{c} \times \boldsymbol{a}$ ist nichts weiter als die Aussage, daß man ebenso $\boldsymbol{b} \times \boldsymbol{c}$, wie $\boldsymbol{a} \times \boldsymbol{b}$, wie auch $\boldsymbol{c} \times \boldsymbol{a}$ als Grundfläche nehmen kann.

Einen Vorzug der unsymmetrischen Schreibweise ergibt das Folgende. Wie man die Komponente einer Kraft $\boldsymbol{P}$ nach einer bestimmten Richtung erhält, indem man die Kraft skalar mit einem Einheitsvektor in der betreffenden Richtung multipliziert, also etwa $P_x = \mathfrak{i} \circ \boldsymbol{P}$, genauso ist die Komponente eines Moments $\boldsymbol{M} = \boldsymbol{r} \times \boldsymbol{P}$: $M_x = \mathfrak{i} \circ \boldsymbol{r} \times \boldsymbol{P}$. Hier hat nur diese eine Gruppierung der Faktoren eine unmittelbare geometrische Bedeutung, und es liegt ein gewisser pädagogischer Vorzug darin, wenn man kategorisch erklären kann: „Komponenten bilden wir durch die skalare Multiplikation". Ich will auch erwähnen, daß obige Gleichung ohne weiteres verständlich ist, auch ohne daß erst von den Eigenschaften des dreifachen Produktes gesprochen wird.

9. Die Tabelle in M. 29 (Vergleich einiger Vektorausdrücke in beiden Schreibweisen) zeigt die bemerkenswerte Kürze der MEHMKEschen Schreibweise gegenüber der GIBBSschen. Doch ist dies nicht ohne weiteres als ein im System liegender Vorzug der geometrischen Auffassung zu nehmen, denn wenn heute die Physiker vereinbarten, das Vektorprodukt einfach $\boldsymbol{a}\,\boldsymbol{b}$ statt $\boldsymbol{a} \times \boldsymbol{b}$ zu schreiben, dann wäre genau dieselbe Kürze erreicht. Ich würde indes diese Schreibweise nicht befürworten, einmal weil ich aus pädagogischen Gründen gerade dieses Produkt mit seinem zum Teil von der gewöhnlichen Algebra abweichenden Rechenregeln nicht wie ein algebraisches schreiben möchte, zweitens weil dadurch eine Verwechslung mit dem Bivektor der Geometer vorkommen könnte, drittens aber, weil die einfache Nebeneinanderstellung im GIBBSschen System, schon für etwas anderes festgelegt ist, nämlich für die Dyadenrechnung, die sich für die Eingliederung der Rechnung von Formänderungen und Spannungen (allgemeiner von Tensorfeldern, A. 12 bis 19) in die Vektoranalysis als sehr nützlich zu erweisen beginnt. (Vgl. hierüber meinen Anhang II.) — In der MEHMKEschen Tabelle steht auf der Seite der GIBBSschen Bezeichnungen dreimal einem Bivektor gegenüber: „fehlt"; hierzu will ich nur bemerken, daß ich von meinem Standpunkt aus statt „fehlt" „entbehrlich" geschrieben hätte.

10. Bei dem Beispiel in M. 29, das die Überlegenheit der deutsch-italienischen Denkweise gegenüber der amerikanischen darzutun sucht, bin ich mit der Abfassung des Textes nicht ganz einverstanden.

Es handelt sich im wesentlichen um die Umformung des Ausdruckes für dT. Ich will versuchen, die Gedankenschritte beider Richtungen in möglichst gerechter Weise mit gleicher Ausführlichkeit darzulegen.

In der GIBBSschen Art ist $dT = \sum \boldsymbol{a}_i \times \boldsymbol{u} \circ \boldsymbol{a}_i \times d\boldsymbol{u}$; da dies als Produkt der drei Vektoren $\boldsymbol{a}_i \times \boldsymbol{u}$, $\boldsymbol{a}_i$ und $d\boldsymbol{u}$ aufgefaßt werden kann, kann man nach der Regel $\boldsymbol{a} \circ \boldsymbol{b} \times \boldsymbol{c} = \boldsymbol{a} \times \boldsymbol{b} \circ \boldsymbol{c}$ auch schreiben $dT = \sum (\boldsymbol{a}_i \times \boldsymbol{u}) \times \boldsymbol{a}_i \circ d\boldsymbol{u}$; weil die skalare Multiplikation zuletzt ausgeführt werden muß, ist dies auch gleich $(\sum (\boldsymbol{a}_i \times \boldsymbol{u}) \times \boldsymbol{a}_i) \circ d\boldsymbol{u}$.

In der MEHMKEschen Art ist $dT = \sum \boldsymbol{a}_i \boldsymbol{u} | \boldsymbol{a}_i d\boldsymbol{u}$. Nach der in M. 26 angegebenen Regel kann statt $|\boldsymbol{a}_i d\boldsymbol{u}$ auch $|\boldsymbol{a}_i| d\boldsymbol{u}$ geschrieben werden; nun kann der Ausdruck $\boldsymbol{a}_i \boldsymbol{u} |\boldsymbol{a}_i| d\boldsymbol{u}$ auch als dreifaches Produkt der Bivektoren $\boldsymbol{a}_i \boldsymbol{u}$, $|\boldsymbol{a}_i$ und $|d\boldsymbol{u}$ angesehen und wegen des assoziativen Gesetzes auch als $(\boldsymbol{a}_i \boldsymbol{u} | \boldsymbol{a}_i) | d\boldsymbol{u}$ geschrieben werden. Das distributive Gesetz gibt nun $dT = (\sum \boldsymbol{a}_i \boldsymbol{u} | \boldsymbol{a}_i) | d\boldsymbol{u}$.

Einen Vorteil zu Gunsten der deutsch-italienischen Richtung kann ich hier nicht finden.

11. Ich will nun nochmals kurz zusammenfassen, was über den Bivektor vom Standpunkt des Nutznießers physikalischer Richtung zu sagen ist: Eine stichhaltige Unterscheidung zwischen Vektoren und Bivektoren läßt sich, sobald man das rein geometrische Gebiet verläßt, nicht mehr durchführen. Seine Einführung bildet für den Lernenden in manchen Punkten eine Erschwerung des Stoffes (Nr. 5 und 6). Die Vorteile des Bivektors bezüglich Affinität werden die Physiker, wenigstens solange solche Untersuchungen keine größere Bedeutung in der Physik erlangen, als das heute der Fall ist, nicht in dem Maß ausnützen, daß sie seine Unbequemlichkeit mit in Kauf nehmen werden. Der Umstand, daß man bei der hier dargelegten Auffassung das System zunächst in seiner einfachsten Gestalt lehren und die feinere Unterscheidung zwischen axial und polar zu einem beliebigen Zeitpunkt nachholen kann, scheint mir pädagogisch ein großer Vorzug zu sein; demgegenüber wird man bei Einführung des Bivektors zu mancher Erörterung geführt, die dort gespart werden kann, die aber hier nötig wird, um Fehlern vorzubeugen (vgl. Nr. 7, Schluß). Der Vorschlag, daß ein Lehrer, der nur das skalare und das Vektorprodukt gebrauchen will, einfach $\boldsymbol{a}|\boldsymbol{b}$ und $|\boldsymbol{a}\boldsymbol{b}$ schreiben soll (M. 27) erscheint mir deshalb nicht empfehlenswert, weil dann der Schüler, wenn er später irgendwo auf ein dreifaches Produkt stößt, wieder ganz unbekannten Dingen gegenübersteht; bei der GIBBSschen Art ist, abgesehen von der Dyadenrechnung, die Produktsymbolik mit den zwei Produkten $\boldsymbol{a} \circ \boldsymbol{b}$ und $\boldsymbol{a} \times \boldsymbol{b}$ erschöpft.

12. Zum Schluß bemerke ich, daß mein Streben danach geht, Klarheit zu schaffen, und *reinliche Scheidung*. Da es sich nicht bloß um eine Schreibweise, sondern um diametral verschiedene Denkweisen handelt, wäre ein Versuch zur gewaltsamen Einigung einfach aussichtslos. *Was dringend nottut,* wofür ich auch in Kassel eingetreten bin[1], *ist eine einheitliche Symbolik für den Unterricht,* besonders in Mechanik und Physik. Daß sich hierfür das physikalische System als das einfachste und zweckmäßigste erweist, weil es aus dem Stoff selbst hervorgeht, darüber bin ich nicht zweifelhaft. Die zu vereinbarende Schreibweise müßte Verwechslungen mit den Schreibweisen der anderen Richtungen ausschließen, so daß aus der Schreibweise sofort die Denkrichtung des Schreibers zu erkennen wäre; auch wäre dadurch die Möglichkeit gegeben, im Bedürfnisfall leicht von einem System zum anderen überzugehen.

Anhang

Hier sollen noch einige Dinge Platz finden, die sich mir beim Studium des vorstehend behandelten Stoffes ergeben haben, dabei aber nur in loserem Zusammenhang mit dem eigentlichen Thema stehen.

I. *Zur Inversion*[2]. Beim Vergleich eines physikalischen Dings mit seinem punktsymmetrischen Abbild findet man, daß sich die verschiedenen geometrischen und physikalischen Größen (Skalare, Vektoren, Tensoren usw.) in zwei Gruppen einteilen lassen. Die der einen Gruppe haben im Abbild dasselbe Vorzeichen, bzw. dieselbe Richtung, wie im Original, die anderen dagegen kehren das Vorzeichen, bzw. die Richtung um. Ich werde hier, ohne damit eine bleibende Nomenklatur schaffen zu wollen, die letzteren Größen, da sie durch die Inversion beeinflußt werden, *inversible* Größen nennen, im Gegensatz dazu sollen die der ersteren Art, da sie auf ihrem Vorzeichen beharren, *remanente* Größen heißen. Die Skalare erster Art, die axialen Vektoren und axialen Tensoren sind also remanente Größen, die Skalare zweiter Art, sowie die polaren Vektoren und polaren Tensoren sind inversibel.

Um bei einer Größe, die durch Multiplikation oder Division aus anderen Größen gebildet ist, die Zugehörigkeit zu einer der beiden Gruppen festzustellen, kann man folgendermaßen verfahren: man gibt allen remanenten Größen die „Charakteristik" $+1$, allen inversiblen die Charakteristik -1, dann ist einfach das Produkt (bzw. der Quotient) der Charakteristiken die Charakteristik des Produktes (bzw. Quotienten). Differentiation kann hierbei als Division gelten. Da Raumstrecken zu den polaren Vektoren gehören, kann der Raumdifferentiator ∇ als eine inversible Größe betrachtet werden. Der Vektor $\underset{(-1\cdot+1=-1)}{\nabla\ U = \boldsymbol{V}}$ ist

[1] Vgl. Jber. dtsch. Math.-Ver. Bd. 13 (1904) S. 36. Damals war mir die deutsch-italienische Richtung noch wenig bekannt; mein Ziel betr. Vereinheitlichung betraf auch damals nur die physikalische Richtung.

[2] Vgl. Abraham siehe 1, 2, 3, 11, 22; ferner F. Klein: Zur Schraubentheorie von Sir Robert Ball. Z. Math. Phys. Bd. 47 (1899) S. 237ff.

hiernach inversibel, also ein polarer Vektor. Die Verbindungen von ∇ mit polaren Vektoren ergeben remanente Größen; so ist $\underset{(-1\cdot -1 = +1)}{\nabla \circ \boldsymbol{V} = \operatorname{div} \boldsymbol{V}}$ ein gewöhnlicher Skalar, $\nabla \times \boldsymbol{V} = \operatorname{rot} \boldsymbol{V}$ ein axialer Vektor.

Flächenstücke können, wie bereits in Nr. 4 erwähnt ist, beiden Gruppen angehören. Stellt man sich ganz auf den praktischen Standpunkt, der sich bei den physikalischen Symmetriebetrachtungen ergibt, so wird man sagen müssen, daß bei einer *geschlossenen* Fläche, z. B. bei der Oberfläche eines Körpers, in Original und Abbild das Innere dem Inneren und das Äußere dem Äußeren entspricht. Die nach außen gerichtete Normale eines Flächenstückes wird dann wegen dessen umgekehrter Lage in Original und Abbild entgegengesetzte Richtung haben (vgl. Abb. 1); wenn sie für den Sinn des Flächenstückes maßgebend ist, ist dieses ein *polarer* Vektor. Betrachtet man z. B. den „Fluß" eines Vektors durch eine geschlossene Oberfläche, so wird dem *Heraus*fließen wieder ein Herausfließen entsprechen müssen; das Oberflächenintegral des (polaren) Vektors $\boldsymbol{V}$, $\iint \boldsymbol{V} \circ d\boldsymbol{o}$ ist aber nur dann remanent, wenn $d\boldsymbol{o}$ ein polares Flächenelement ist.

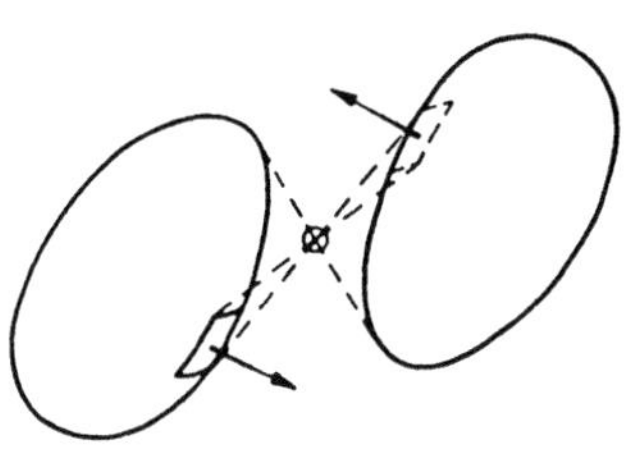

Abb. 1

Aus dem GAUSSschen Satz $\iint \boldsymbol{V} \circ d\boldsymbol{o} = \iiint \operatorname{div} \boldsymbol{V}\, d\tau$ ergibt sich leicht durch Abzählen der Charakteristiken, daß das Raumelement $d\tau$ (im Gegensatz zu dem inversiblen Körperraum $\boldsymbol{a} \circ \boldsymbol{b} \times \boldsymbol{c}$, aber in Übereinstimmung damit, daß es physikalisch keinen negativen Raum gibt) ein Skalar erster Art ist; ein solcher Skalar erster Art ergibt sich, wenn man den Raum als skalares Produkt einer polaren Fläche mit einer polaren Strecke auffaßt ($d\tau = d\boldsymbol{o} \circ d\boldsymbol{s}$). In dem STOKESschen Satz $\int \boldsymbol{V} \circ d\boldsymbol{s} = \iint \operatorname{rot} \boldsymbol{V} \circ d\boldsymbol{f}$ ist das Linienintegral auf der linken Seite ein Skalar erster Art (Arbeit des Vektors $\boldsymbol{V}$); hieraus ergibt sich leicht die Remanenz des Flächenstückes $d\boldsymbol{f}$. Dieses, einer *umrandeten* Fläche angehörend, steht mit einem Umlaufsinn, nämlich dem des über den Rand der Fläche genommenen Linienintegrals, in Beziehung; es ist also ganz in der Ordnung, daß sich dieses Flächenstück als ein *axialer* Vektor erweist.

II. *Über Dyadenrechnung.* Nach einem von Herrn V. FISCHER[1] ausgesprochenen Gedanken kann man durch folgenden Analogieschluß von Vektorfeldern zu höheren Feldern kommen: Ein Vektorfeld kann aus drei skalaren Feldern X, Y, Z erhalten werden, indem man sie

[1] „Vektordifferentiation und Vektorintegration", S. 41 u. 42, Leipzig 1904. Siehe auch Crelles Journal 1902, S. 233ff.

folgendermaßen mit den drei Einheitsvektoren kombiniert: $\boldsymbol{V} = \mathfrak{i}\,X + \mathfrak{j}\,Y + \mathfrak{k}\,Z$. Nimmt man nun drei Vektorfelder (Felder ersten Grades) $\boldsymbol{V}_1, \boldsymbol{V}_2, \boldsymbol{V}_3$, so ergibt sich ein Feld zweiten Grades in analoger Weise: $\boldsymbol{\Phi} = \mathfrak{i}\,\boldsymbol{V}_1 + \mathfrak{j}\boldsymbol{V}_2 + \mathfrak{k}\,\boldsymbol{V}_3$. Die drei Glieder der Summe sind *Dyaden*[1], die Summe selbst ist eine „Dyadische Form" (dyadic). Die Bedeutung eines Ausdruckes $\mathfrak{i}\,\boldsymbol{V}$ ist daraus zu entnehmen, daß gemäß der Definition der Dyaden $\boldsymbol{r} \circ \mathfrak{i}\,\boldsymbol{V} = (\boldsymbol{r} \circ \mathfrak{i})\,\boldsymbol{V}$ und $\mathfrak{i}\,\boldsymbol{V} \circ \boldsymbol{r} = \mathfrak{i}\,(\boldsymbol{V} \circ \boldsymbol{r})$ ist.

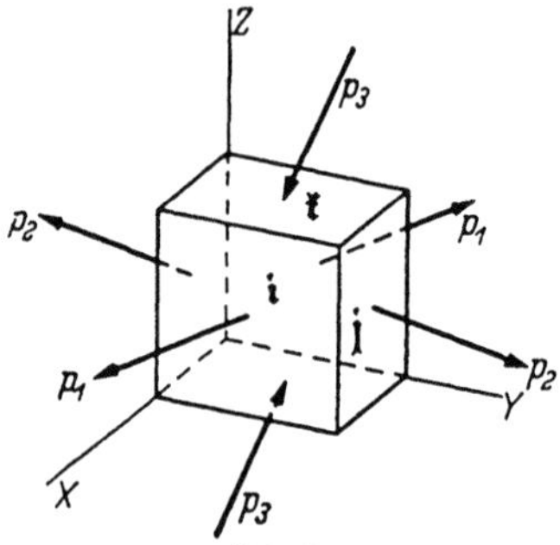

Abb. 2

Ein gutes Beispiel für diese Felder zweiten Grades ist der Spannungszustand im Inneren eines elastischen Körpers. Betrachtet man (vgl. Abb. 2) einen Einheitswürfel mit den Flächen $\mathfrak{i}$, $\mathfrak{j}$, $\mathfrak{k}$ senkrecht zur X, Y, Z-Achse (als Oberflächen eines Körpers sind dies polare Flächen), so findet man auf diesen Flächen Kräfte $\boldsymbol{p}_1$, $\boldsymbol{p}_2$, $\boldsymbol{p}_3$ vor. Der Spannungszustand ist dann vollständig gegeben durch die dyadische Form $\boldsymbol{\Phi} = \mathfrak{i}\,\boldsymbol{p}_1 + \mathfrak{j}\,\boldsymbol{p}_2 + \mathfrak{k}\,\boldsymbol{p}_2$. Es läßt sich nämlich mit Hilfe von $\boldsymbol{\Phi}$ für jede im Inneren des Körpers gedachte Fläche $\boldsymbol{a}$ die in ihr übertragene Kraft berechnen; sie wird $= \boldsymbol{a} \circ \boldsymbol{\Phi}$. Dieses Resultat läßt sich folgendermaßen einsehen: Schreibt man $\boldsymbol{a} = \mathfrak{i}\,a_1 + \mathfrak{j}\,a_2 + \mathfrak{k}a_3$, so sind $\mathfrak{i}\,a_1$, $\mathfrak{j}\,a_2$ und $\mathfrak{k}\,a_3$ die Projektionsflächen von $\boldsymbol{a}$ auf die Koordinatenebenen, also die Kathetenflächen des nebenstehenden Tetraeders, wenn $\boldsymbol{a}$ die (schraffierte) Hypotenusenfläche ist. Multipliziert man nun $\boldsymbol{a} \circ \boldsymbol{\Phi}$ nach der oben gegebenen Regel aus, so wird $\boldsymbol{a} \circ \boldsymbol{\Phi} = a_1 \boldsymbol{p}_1 + a_2 \boldsymbol{p}_2 + a_3 \boldsymbol{p}_3$, d. h. gleich der Resultierenden aus den Spannkräften auf die drei Kathetenflächen (da $\boldsymbol{p}_1$, $\boldsymbol{p}_2$, $\boldsymbol{p}_3$ die Spannkräfte auf der Flächeneinheit sind), also wegen des Gleichgewichtes der Kräfte an dem Tetraeder gleich der Spannkraft auf der Fläche $\boldsymbol{a}$.

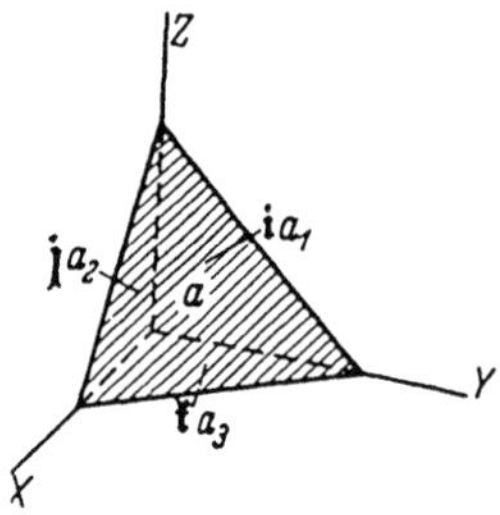

Abb. 3

Soweit der homogene Spannungszustand; beim heterogenen Spannungszustand liefert der Vektor $\nabla \circ \boldsymbol{\Phi} = \frac{\partial \boldsymbol{p}_1}{\partial x} + \frac{\partial \boldsymbol{p}_2}{\partial y} + \frac{\partial \boldsymbol{p}_3}{\partial z}$ die resultierende Kraft am Einheitswürfel; ist $\boldsymbol{P}$ die an der Volumeneinheit angreifende,, eingeprägte Kraft, so lautet die Gleichgewichtsbedingung $\nabla \circ \boldsymbol{\Phi} + \boldsymbol{P} = 0$. Der Gausssche Satz $\iint d\,\boldsymbol{o} \circ \boldsymbol{\Phi} = \iiint \nabla \circ \boldsymbol{\Phi}\, d\tau$ sagt hier aus, daß die Resultierende der Oberflächenkräfte Gleichgewicht hält mit derjenigen der an der Masse im Inneren angreifenden Volumenkräfte.

[1] Vgl. Wilson-Gibbs, Vektoranalysis, New York und London 1902, S. 260 ff

Ein verwandtes Gebiet für die Anwendung der Dyadenrechnung ist die Lehre von den Formänderungen. Ist $\boldsymbol{v}$ die Verschiebung der Punkte eines Körpers, so ist $\nabla \boldsymbol{v} \left(= \mathfrak{i} \frac{\partial \boldsymbol{v}}{\partial x} + \mathfrak{j} \frac{\partial \boldsymbol{v}}{\partial y} + \mathfrak{k} \frac{\partial \boldsymbol{v}}{\partial z}\right)$ der Ausdruck für den Formänderungszustand. Die Bedeutung von $\nabla \boldsymbol{v}$ läßt sich gut übersehen mit Hilfe der Bemerkung, daß $\boldsymbol{v} = \boldsymbol{v}_0 + \boldsymbol{r} \circ (\nabla \boldsymbol{v})_0 + \cdots$ die ersten Glieder der TAYLORschen Entwicklung für $\boldsymbol{v}$ von dem Punkt $\boldsymbol{r} = 0$ aus sind.

Das Elastizitätsgesetz ,d. h. der Zusammenhang zwischen Formänderung und Spannung wird, wenn λ und μ die in der mathematischen Physik gebräuchlichen Elastizitätsmoduln sind, durch folgende Dyadengleichung dargestellt:

$$\Phi = \lambda \operatorname{div} \boldsymbol{v}\, I + \mu(\nabla \boldsymbol{v} + \nabla \boldsymbol{v}_c);$$

hierbei ist I der „Idemfaktor“ [1], der unter den dyadischen Formen die Rolle der Einheit spielt, $\nabla \boldsymbol{v}_c$ ist die „konjugierte“ Form [2] zu

$$\triangle \boldsymbol{v} \left(\triangle \boldsymbol{v}_c = \frac{\partial \boldsymbol{v}}{\partial x}\, \mathfrak{i} + \frac{\partial \boldsymbol{v}}{\partial y}\, \mathfrak{j} + \frac{\partial \boldsymbol{v}}{\partial z}\, \mathfrak{k}\right)$$

Die Kraft an der Volumeneinheit wird dann

$$\nabla \circ \Phi = \lambda \nabla \circ I \operatorname{div} \boldsymbol{v} + \mu(\nabla \circ \nabla \boldsymbol{v} + \nabla \circ \nabla \boldsymbol{v}_c) = (\lambda + \mu) \nabla \operatorname{div} \boldsymbol{v} + \mu \nabla^2 \boldsymbol{v}.$$

(Es ist nämlich symbolisch $\nabla \circ I = \nabla$, ferner $\nabla \circ \nabla \boldsymbol{v}_c = \nabla \circ \boldsymbol{v} \nabla = (\nabla \circ \boldsymbol{v}) \nabla = \nabla \operatorname{div} \boldsymbol{v}$.) Der Ansatz $\nabla \circ \Phi + \boldsymbol{P} = 0$ liefert jetzt die bekannte Differentialgleichung des elastischen Gleichgewichtes.

Die Formänderungsarbeit pro Volumenelement wird mittels des skalaren Doppelproduktes (double dot product [3]) der zwei dyadischen Formen Φ und $\nabla \boldsymbol{v}$ erhalten:

$$A = \frac{1}{2} \Phi \overset{\circ}{\circ} \nabla \boldsymbol{v} = \frac{\lambda}{2} \operatorname{div} \boldsymbol{v}\, I \overset{\circ}{\circ} \nabla \boldsymbol{v} + \frac{\mu}{2} (\nabla \boldsymbol{v} + \nabla \boldsymbol{v}_c) \overset{\circ}{\circ} \nabla \boldsymbol{v}$$

nun ist $I \overset{\circ}{\circ} \nabla \boldsymbol{v} = \operatorname{div} \boldsymbol{v}$; setzt man im zweiten Glied,

$$\nabla \boldsymbol{v} = \frac{\nabla \boldsymbol{v} + \nabla \boldsymbol{v}_c}{2} + \frac{\nabla \boldsymbol{v} - \nabla \boldsymbol{v}_c}{2}$$

so erhält man, da

$$(\nabla \boldsymbol{v} + \nabla \boldsymbol{v}_c) \overset{\circ}{\circ} (\nabla \boldsymbol{v} - \nabla \boldsymbol{v}_c) = 0$$

ist,

$$A = \frac{\lambda}{2} (\operatorname{div} \boldsymbol{v})^2 + \frac{\mu}{4} (\nabla \boldsymbol{v} + \nabla \boldsymbol{v}_c) \overset{\circ}{\circ} (\nabla \boldsymbol{v} + \nabla \boldsymbol{v}_c).$$

Bei dem Problem der Drehung eines starren Körpers um einen festen Punkt läßt sich die Dyadenrechnung ebenfalls mit Vorteil anwenden. Die Massenverteilung in dem Körper ist für dieses Problem vollständig charakterisiert durch die dyadische Form $\Theta = \sum m(r^2 I - \boldsymbol{r}\, \boldsymbol{r})$, die als

---

[1] WILSON-GIBBS S. 288. [2] Ebenda S. 294. [3] Ebenda S. 306.

ein allgemeineres Trägheitsmoment angesprochen werden darf. ($\boldsymbol{r}$ ist dabei der Abstand einer jeden Masse m vom festen Punkt.) Der Drallvektor (Drehimpuls) bei einer Winkelgeschwindigkeit $\boldsymbol{u}$ ist dann einfach $\boldsymbol{B} = \boldsymbol{u} \circ \Theta$, die lebendige Kraft $L = \frac{1}{2} \boldsymbol{B} \circ \boldsymbol{u} = \frac{1}{2} \boldsymbol{u} \circ \Theta \circ \boldsymbol{u}$; dieser letztere Ausdruck stellt, wenn man die $\boldsymbol{u}$ als Radien auffaßt, für konstantes L die Gleichung eines Ellipsoids dar[1], nämlich die des Trägheitsellipsoids.

Diese Beispiele mögen hier genügen, um die Verwendbarkeit der Dyadenrechnung darzutun. Für den allgemeinen Unterricht an technischen Hochschulen möchte ich sie allerdings als zu schwierig nicht gerade empfehlen, für die mathematische Physik aber scheinen sie mir eine wertvolle Vervollständigung des vektoranalytischen Rüstzeuges darzustellen.

---

[1] Ebenda S. 372.

Zeitschrift für angewandte Mathematik und Mechanik Bd. 2 (1922) S. 161—163

Zur Einführung einer einheitlichen Vektorschreibweise

1. *Allgemeine Vorbemerkungen.*

Zu den Band 1, 1921, S. 421 bis 422, veröffentlichten Vorschlägen des AEF (Ausschuß für Einheiten und Formelzeichen) für die Vereinheitlichung der Vektorbezeichnungen seien mir als dem Mitglied zweier früherer Kommissionen für denselben Zweck die folgenden Bemerkungen gestattet. Die erste Kommission wurde, wie ich kurz bemerken will, auf Grund eines Referates von mir[1] 1903 von der Deutschen Mathematiker-Vereinigung eingesetzt. Sie ist daran gescheitert, daß von bestimmter Seite die GRASSMANNsche Auffassung, die die Operationen vom Gesichtspunkt ihrer Invarianz gegen affine Transformationen betrachtet, als die allein logisch zulässige erklärt und die Vektoranalysis der Physiker allen Gegenvorstellungen zum Trotz für innerlich verfehlt erklärt wurde[2]. Die zweite Kommission war eine internationale, sie wurde auf dem Mathematikerkongreß in Rom eingesetzt und hatte in Cambridge eine vorbereitende Sitzung; der Krieg verhinderte dann ihre Weiterarbeit, die allerdings infolge der Stellungnahme der Italiener auch unter keinem günstigen Stern gestanden hatte[3].

Es ist unter allen Umständen verdienstvoll, daß der AEF jetzt die besonders für den Unterricht recht wichtige Angelegenheit aufgegriffen hat. Allerdings kann das, was er festsetzen will, voraussichtlich nichts Endgültiges sein, denn mit der Zeit muß hier doch die internationale Regelung kommen. Dieser Umstand muß uns um so mehr veranlassen, schon jetzt die Angelegenheit mit möglichster Gründlichkeit durchzuarbeiten und ein System zu wählen, das auf spätere internationale Annahme Aussicht hat. Auch wäre zu überlegen, ob man sich nicht jetzt schon der Mitarbeit der befreundeten Neutralen versichern soll. Auf Herrn J. A. SCHOUTEN in Delft (Holland), einen der ersten Kenner des in Rede stehenden Gebietes, möchte ich besonders hingewiesen haben[4].

---

[1] Über eine einheitliche Bezeichnungsweise der Vektorenrechnung im technischen und physikalischen Unterricht. Jber. dtsch. Math.-Ver. (1904) S. 36.

[2] Vgl. R. MEHMKE, Vergleiche zwischen der Vektoranalysis amerikanischer Richtung und derjenigen deutsch-italienischer Richtung. Jber. dtsch. Math.-Ver. (1904) S. 217; ferner Entgegnung hierauf von L. PRANDTL, Über die physikalische Richtung in der Vektoranalysis. Ebenda S. 436.

[3] MARCOLONGO und BURALI-FORTI, Per l'unificatione delle notationi vettoriali, Circolo Math. di Palermo XXIII—XXVI 1907/08; Diskussion darüber in L'Enseignement mathématique 1909; vgl. auch das Buch derselben Verfasser: Omografie vettorali. Turin 1909.

[4] Herr SCHOUTEN hat inzwischen in einer Zuschrift Stellung genommen, die demnächst veröffentlicht werden soll. (Anm. d. Herausg.)

Bei der einzuführenden Schreibweise wird man, wenn schon die *Vereinbarungen* sich zweckmäßigerweise auf die wichtigsten, überall vorkommenden Dinge beschränken werden, doch sehr darauf bedacht sein müssen, daß man der Verfeinerung und der Fortbildung der Vektoranalysis, sei es nach Seite der Affinor- (Tensor-) Analysis, sei es nach der der vierdimensionalen Vektoranalysis (Relativitätstheorie), durch die getroffenen Festsetzungen keine Schwierigkeiten in den Weg legt. Ich erwähne, daß ich in der Relativitätstheorie nicht sachverständig genug bin und daß deshalb meine folgenden Ausführungen von diesem Gesichtspunkt aus vielleicht angreifbar sein könnten. Im übrigen arbeitet die moderne Relativitätstheorie mit einer von der Vektorrechnung ziemlich verschiedenen Symbolik, so daß die Rücksichtnahme auf sie in unserern derzeitigen Erwägungen wohl noch wird außer acht gelassen werden können. Daß die Affinorrechnung in der vom AEF vorgeschlagenen Bezeichnung möglich ist, hat das hübsche Buch von J. SPIELREIN[1] gezeigt.

2. *Der Gegenvorschlag und seine Begründung.*

Gewohnheiten spielen bei allen Bezeichnungsfragen eine große Rolle, man macht sich schwer von ihnen los. Wenn ich im folgenden für die GIBBSsche Bezeichnung eintrete, so bitte ich mir nicht die Gewöhnung, die mich zu dieser Stellungnahme führte, als Gegenargument vorhalten zu wollen. Ich habe die Vektorrechnung als Student in der MAXWELL-FÖPPLschen Bezeichnungsweise gelernt und bin dann auf dem Umweg über eine (nicht veröffentlichte) Klammerschreibweise 1903 unter dem Eindruck des WILSONschen Buches[2] zu der GIBBSschen Bezeichnung gekommen und habe seither an diesem Standpunkt festgehalten, weil ich diese Bezeichnungsweise in der Tat für die bestdurchdachte halte. Es kommt mir dabei nicht auf die besonderen *Symbole* an, sondern auf den *Grundsatz*, daß die Produkte von zwei Vektoren *durch ein Zeichen zwischen den Vektoren* bezeichnet werden[3]. Die GIBBSschen Symbole empfehlen sich aber durch ihre Internationalität[4].

Zunächst spricht hierfür ein mehr äußerlicher, aber nicht unwichtiger Grund. Für den Unterricht muß man verlangen, daß jedes an die Tafel geschriebene Zeichen von einem passenden Wort begleitet wird. In Göttingen wird das skalare Produkt $\mathfrak{a}\,\mathfrak{b}$ „$\mathfrak{a}$ mit $\mathfrak{b}$“, das Vektorprodukt $\mathfrak{a} \times \mathfrak{b}$ „$\mathfrak{a}$ an $\mathfrak{b}$“ gesprochen. Wie man bei der AEF-Schreibweise[5] des

[1] SPIELREIN, J., Lehrbuch der Vektorrechnung. Stuttgart 1916.

[2] WILSON, E. B., u. J. W. GIBBS, Vektoranalysis. New York 1901.

[3] Mit einer Ausnahme, von der noch zu sprechen sein wird.

[4] Daß die Italiener dieselbe Bezeichnung für das skalare Produkt gebrauchen, die GIBBS für das Vektorprodukt verwendet, ist zwar ärgerlich, kann aber wohl für uns kein Grund sein, die GIBBSsche Bezeichnung deshalb abzulehnen.

[5] Der Kürze halber sei mir diese Benennung gestattet, obschon die Schreibweise selbst älter ist und von einer Anzahl Autoren bereits benutzt wird.

Vektorproduktes $[\mathfrak{a}\,\mathfrak{b}]$ diese Forderung mit der der Kürze des Ausdruckes vereinigen soll, weiß ich nicht, denn „eckige Klammer auf, $\mathfrak{a}\,\mathfrak{b}$, eckige Klammer zu" ist sehr unbefriedigend, und auch der Ersatz „Vektorprodukt $\mathfrak{a}\,\mathfrak{b}$" ist nicht ganz erfreulich, da die bei längeren Formeln nicht immer eindeutige Stellung der Schlußklammer keinen lautlichen Ausdruck findet. Ich stelle gegenüber:

$$\mathfrak{a} \times \mathfrak{b} + \mathfrak{a} \times \mathfrak{c} = \mathfrak{a} \times (\mathfrak{b} + \mathfrak{c})$$

„$\mathfrak{a}$ an $\mathfrak{b}$ plus $\mathfrak{a}$ an $\mathfrak{c}$ gleich

$\mathfrak{a}$ an $\mathfrak{b}$ plus $\mathfrak{c}$ in Klammern

und

$$[\mathfrak{a}\,\mathfrak{b}] + [\mathfrak{a}\,\mathfrak{c}] = [\mathfrak{a}\,(\mathfrak{b} + \mathfrak{c})]$$

„Vektorprodukt $\mathfrak{a}\,\mathfrak{b}$ plus Vektorprodukt $\mathfrak{a}\,\mathfrak{c}$ gleich Vektorprodukt $\mathfrak{a}$, $\mathfrak{b}$ plus $\mathfrak{c}$ in Klammern."

Weiter ist die Kürze, wie sie sich in der Ausdrucksweise „die Divergenz $\nabla \cdot$ (Nabla mit) und die Rotation[1] $\nabla \times$ (Nabla an)" kundgibt, in der AEF-Schreibart auf keine Weise nachzuahmen.

Wichtiger scheint mir aber der Gesichtspunkt des *inneren Aufbaues* zu sein, wobei es mir notwendig erscheint, die *vollständige Lehre einschließlich des Affinors* in den Vordergrund zu stellen; denn wo es sich um innere Folgerichtigkeit handelt, müssen die Ansprüche der fortgeschrittenen Hörer voranstehen.

Daß der Affinor bei Gibbs *ohne* Zeichen zwischen den beiden Vektoren geschrieben wird und das skalare und Vektorprodukt *mit* einem Zeichen, ist sehr folgerichtig. Wenn die beiden dreigliedrigen Ausdrücke

$$\mathfrak{a} = \mathfrak{i}\,a_x + \mathfrak{j}\,a_y + \mathfrak{k}\,a_z$$

und

$$\mathfrak{b} = \mathfrak{i}\,b_x + \mathfrak{j}\,b_y + \mathfrak{k}\,b_z$$

nach den Regeln der Klammerrechnung ausmultipliziert werden, so ergibt sich der neungliedrige Ausdruck

$$\mathfrak{a}\,\mathfrak{b} = \mathfrak{i}\,\mathfrak{i}\,a_x b_x + \mathfrak{i}\,\mathfrak{j}\,a_x b_y + \cdots + \mathfrak{k}\,\mathfrak{k}\,a_z b_z .$$

Zunächst ist nur anzumerken, daß die Einheitsprodukte $\mathfrak{i}\,\mathfrak{i}$, $\mathfrak{i}\,\mathfrak{j}$, $\mathfrak{j}\,\mathfrak{i}$ ... sämtlich als unabhängig anzusehen sind, solange nicht durch ein beson-

[1] Die in den AEF-Vorschlägen angegebene Sprechweise „Rotor" für rot scheint mir nicht empfehlenswert. Mit dem Rotor (sprachlich richtiger Rotator!) wäre gegebenenfalls der axiale Vektor (also z. B. Drehmoment $\mathfrak{M}$, Winkelgeschwindigkeit $\mathfrak{u}$) im Gegensatz zum polaren Vektor als dem Vektor schlechthin zu bezeichnen. Man kann dann Sätze wie die folgenden bilden: „Die Rotation eines Vektors ist ein Rotor, die Rotation eines Rotors ist ein Vektor" usw. Daß die beiden Eigenschaften des Vektorfeldes, Divergenz (Quellung) und Rotation (Drehung) das gleiche sprachliche Geschlecht haben, ist aus sprachlichen Gründen erwünscht.

deres Zeichen eine bestimmte Verabredung getroffen wird. Daß der Neunerausdruck eine geometrisch invariante Bedeutung hat, nämlich in seiner Eigenschaft als Affinor, kann man in der Einleitung andeuten, bewiesen wird es natürlich erst später bei der Lehre von den dreifachen Produkten.

Durch die besondere Verabredung

$$\mathfrak{i}\mathfrak{i} = \mathfrak{j}\mathfrak{j} = \mathfrak{k}\mathfrak{k} = 1; \qquad \mathfrak{i}\mathfrak{j} = \mathfrak{j}\mathfrak{i} = 0 \quad \text{usw.},$$

die mit dem Punkt bezeichnet wird, erhält man das skalare Produkt; durch die Verabredung

$$\mathfrak{i}\mathfrak{i} = \mathfrak{j}\mathfrak{j} = \mathfrak{k}\mathfrak{k} = 0; \qquad \mathfrak{i}\mathfrak{j} = -\mathfrak{j}\mathfrak{i} = \mathfrak{k} \quad \text{usw.},$$

die mit dem Kreuz bezeichnet wird, das Vektorprodukt.

Der symbolische Vektor ∇ ohne Zwischenzeichen vor irgendeiner Größe bedeutet Raumdifferentiation schlechtweg. Daß die Ableitung eines Skalarfeldes ein Vektor, die eines Vektors ein Affinor, die eines Affinors eine gerichtete Größe dritter Stufe ist usw., stimmt formal vollkommen mit den Bezeichnungen $\nabla\varphi$, $\nabla\mathfrak{v}$, $\nabla\Phi$ usw. Der Skalar und der Vektor des Affinors $\nabla\mathfrak{v}$ sind dann $\nabla\cdot\mathfrak{v}$ (Divergenz) und $\nabla\times\mathfrak{v}$ (Rotation). Das zur Verschiebung $d\mathfrak{r}$ gehörige Differential wird in jedem Falle durch $d\mathfrak{r}\cdot\nabla$ vor der Feldgröße erhalten, also

$$d\varphi = d\mathfrak{r}\cdot\nabla\varphi; \qquad d\mathfrak{v} = d\mathfrak{r}\cdot\nabla\mathfrak{v}; \qquad d\Phi = d\mathfrak{r}\cdot\nabla\Phi.$$

Wenn man den vorstehenden Text in die Sprache der AEF-Bezeichnungen übersetzen will, so wird man feststellen, daß das keineswegs glatt möglich ist. Es rächt sich dabei in sehr fühlbarer Weise, daß in dieser Bezeichnung für das skalare Produkt von zwei Vektoren dieselbe Form gewählt wird wie für das Produkt eines Vektors mit einem Skalar. Man wird nämlich bei der Einführung des Operators ∇ hier zur Aufstellung folgender Sätze geführt: „Das Zeichen ∇ vor einem Skalar liefert den Gradient, vor einem Vektor liefert es die Divergenz, vor einem Affinor die vektorielle Ableitung.“ Die ∇-Ableitung erzeugt also mit einem Skalar und mit einem Affinor einen Vektor, mit einem Vektor dagegen einen Skalar, eine gegenüber dem folgerichtigen GIBBSschen Aufbau wenig erfreulich anmutende Regel.

Für das Produkt aus dem skalaren Produkt von zwei Vektoren und einem dritten Vektor läßt der AEF zwei Schreibweisen zu: $(\mathfrak{a}\,\mathfrak{b})\,\mathfrak{c}$ und $\mathfrak{a}\,\mathfrak{b}\cdot\mathfrak{c}$. Für die Affinorrechnung ist nur die zweite Schreibweise brauchbar, da die erstere den Affinor $\mathfrak{b}\cdot\mathfrak{c}$ zerschneiden und den fortzulassenden Vektor $\mathfrak{a}$ nicht freigeben würde; es würde sich daher auf alle Fälle empfehlen, die Klammerschreibweise fallenzulassen[1].

[1] Auch die alte Schreibweise $(\mathfrak{a}\,\text{grad})\,\mathfrak{v}$ anstatt $\mathfrak{a}\cdot\nabla\mathfrak{v}$ bei GIBBS sollte fallengelassen werden, da $\nabla\mathfrak{v}$ als Ableitung von $\mathfrak{v}$ (Affinor) den engeren Begriff bildet.

Bei Umformungen kommt der Fall vor, daß das skalare Produkt in dem obigen dreifachen Produkt durch einen einfachen Skalar ersetzt werden soll, z. B. $\mathfrak{a}\,\mathfrak{b} = n$, oder $= 2$. Folgerichtig würde man daher verlangen, daß dieses Produkt dann $\mathfrak{a}\,\mathfrak{b} \cdot \mathfrak{c} = n \cdot \mathfrak{c}$ bzw. $2 \cdot \mathfrak{c}$ geschrieben wird. Bei Durchführung dieser Regel für alle Produkte eines Skalars mit einem Vektor würde auch die oben dargelegte Regelwirtschaft aufhören, da der Gradient jetzt $\nabla \cdot \varphi$ geschrieben werden müßte und so in einer Reihe mit der Affinorableitung des Vektorfeldes $\nabla \cdot \mathfrak{v}$ stehen würde. Allerdings würde man sich mit dieser Festsetzung mit den üblichen Schreibregeln der Algebra etwas in Widerspruch setzen. Demgegenüber scheint es richtiger, die Algebra so zu lassen wie sie ist und dafür, damit ein folgerichtiges System entsteht, das GIBBSsche Verfahren anzunehmen.

Zeitschrift für Physik Bd. 15 (1923) S. 159—163

Polare und axiale Vektoren in der Physik

(Bemerkungen zu dem gleichnamigen Aufsatz von F. EMDE)[1]

1. Bei der Unterscheidung der vier Vektorarten, die Herr EMDE sehr anschaulich als Pfeil, Doppelschicht, Drehstrecke und Drehscheibe bezeichnet, vermisse ich die scharfe Betonung des KLEINschen Prinzips, daß irgendwelche geometrischen Begriffe nur dann einen bestimmten Sinn erhalten, wenn die zugehörige Transformationsgruppe fixiert wird. Die Unterscheidung zwischen streckenartigen und flächenartigen Vektoren hat einen tieferen Sinn nur dann, wenn affine Transformationen des Raumes, in den die Gebilde eingebettet sind, in Betracht gezogen werden, und in diesem Fall ist die Unterscheidung auch durchaus notwendig, da die Transformationseigenschaften der beiden Vektorarten bei der affinen Gruppe durchaus verschieden sind. In der Physik[2] werden solche affinen Transformationen des Raumes bisher nirgends in Betracht gezogen, daher erweist es sich als unnötig, in den Rechenregeln der Vektoranalysis zwischen strecken- und flächenartigen Vektoren zu unterscheiden, ja sogar die Möglichkeit der Unterscheidung fällt bei allen nicht rein geometrischen Vektoren von vornherein fort. (Bei geometrischen Anwendungen wird man dabei gern auch dort, wo affine Transformationen nicht in Frage kommen, aus Gründen der Anschaulichkeit von der Unterscheidung zwischen Strecken und Flächen Gebrauch machen.)

2. Die Unterscheidung zwischen den polaren Vektoren (Pfeil und Doppelschicht) und den axialen Vektoren (Drehstrecke und Drehscheibe) hat dagegen einen sehr guten physikalischen Sinn, da die zugehörige Gruppe, die der Spiegelungen bzw. die der Drehungen, ergänzt durch die Inversion (siehe unten) einen guten physikalischen Sinn hat. Die Frage, die hier zu stellen ist, ist die: Was wird, wenn ich von dem physikalischen Vorgange zu seinem genauen Spiegelbilde übergehe? Die Spiegelung an der YZ-Ebene eines rechtwinkligen Koordinatensystems z. B. gibt die neuen Koordinaten $x' = -x$; $y' = y$; $z' = z$. Für grundsätzliche Überlegungen erweist sich als noch einfacher als die Spiegelung die „Inversion", d. h. die Transformation

$$x' = -x; \qquad y' = -y; \qquad z' = -z.$$

Sie wird offenbar erhalten, wenn man zu jedem Punkt P auf der rückwärtigen Verlängerung der Geraden OP (O = Koordinatenursprung)

[1] Z. Phys. Bd. 12 (1922) S. 258.

[2] Abgesehen von der Relativitätstheorie, wo es sich um eine vierdimensionale Mannigfaltigkeit und daher auch um ganz andere Rechenregeln handelt.

einen Punkt P' so bestimmt, daß $\overline{OP'} = \overline{OP}$ wird. Die Inversion wird auch als Ergebnis einer Spiegelung und einer Drehung um 180° um die Normale des Spiegels oder aber auch als das dreier hintereinander ausgeführter Spiegelungen um drei zueinander senkrechte Ebenen erhalten.

Bei der Inversion wird ein Pfeil in einen entgegengesetzt gerichteten Pfeil übergeführt, ebenso auch eine Doppelschicht in die entgegengesetzte Doppelschicht. Drehstrecke und Drehscheibe dagegen bleiben ungeändert; die ersteren, die polaren Vektoren, ändern also ihr Vorzeichen, die zweiten, die axialen, behalten es. Bei den Skalaren hat man, worauf Herr Emde auch hinwies, ebenfalls zwei Sorten zu unterscheiden; die einen, die er die geraden nennt, behalten bei der Inversion ihr Vorzeichen, die anderen wechseln es. Das skalare Produkt aus zwei polaren oder zwei axialen Vektoren ist z. B. ein gerader Skalar, das aus einem polaren und einem axialen Vektor ist dagegen ein ungerader Skalar. Ich habe früher einmal[1] solche Größen, die bei der Inversion das Vorzeichen wechseln, „inversibel", die anderen, die es behalten, „remanent" genannt. Es gilt die allgemeine Regel: Inversibel ist ein Größe, wenn sie eine ungerade Anzahl von inversiblen Faktoren enthält; alle anderen Größen sind remanent. So ist also das Produkt von drei polaren Vektoren immer inversibel. Ist es ein Skalar, dann ist es ein solcher zweiter Art, ist es ein Vektor, dann ist es ein polarer Vektor usw.

3. Herr Emde glaubt aus formalen Gründen, hauptsächlich deshalb, weil die Geometrie sowohl ein remanentes wie ein inversibles Volumen liefert, die Entscheidung, ob irgendein physikalischer Vektor polar oder axial ist, ablehnen zu müssen. Ich bin in diesem Punkte anderer Meinung. Das Verhalten irgendeines Experimentes bei Wiederholung in genau spiegelbildlicher Anordnung ist, sobald es eindeutig ist, entscheidend dafür. Aus den Induktionsgesetzen wird entnommen, daß die elektrischen Vektoren und die magnetischen Vektoren von entgegengesetzter Symmetrie sind. Die Frage, welche Vektoren die polaren, welche die axialen sind, ist nun sofort entscheidbar, wenn man Erscheinungen findet, die beim Vorzeichenwechsel Änderungen *qualitativer* Art erfahren. Es gibt nun keine Erscheinung, die an einem magnetischen Südpol in anderer Form aufträte als an einem Nordpol; Südpol und Nordpol verhalten sich immer nur wie Spiegelbilder voneinander. Anders beim elektrischen Feld, wie der Stromdurchgang durch Gase und Elektrolyte zeigt. In einer Gasentladungsröhre oder Elektrolytzelle mit symmetrischer Elektrodenanordnung ergibt sich ein typisch unsymmetrischer Vorgang, der sich beim Umpolen in sein genaues Spiegelbild verwandelt. Es widersprechen also die magnetischen Erscheinungen nirgends dem axialen Charakter der magnetischen Vektoren, gewisse elektrische Erscheinungen zwingen da-

[1] Über die physikalische Richtung in der Vektoranalysis. Jber. dtsch. Math.-Ver. (1904) S. 436. Vgl. dort Anhang I, S. 446.

gegen dazu, die elektrischen Vektoren als polar zu erklären, womit nach den Induktionsgesetzen auch die axiale Natur der magnetischen Vektoren feststeht.

Um die EMDEschen Widersprüche zu vermeiden, muß das physikalische, Materie oder auch nur Energie enthaltende Volumen immer als ein gerader Skalar betrachtet werden. Meines Erachtens ist auch etwas anderes schon deshalb nicht zulässig, weil ein solches physikalisches Volumen eine wesentlich positive Größe ist und daher durch Übergang zum Spiegelbild nicht negativ werden kann. Wo die Formeln scheinbar einen ungeraden Skalar liefern, muß demnach ein ungerader Skalar vom Betrage 1 als Faktor zugefügt werden (vgl. auch weiter unten unter Nr. 4).

Die Masse ist als wesentlich positive Größe auch ein gerader Skalar; ein Massentransport daher ein polarer Vektor (wird bei Inversion ein Massentransport in entgegengesetzter Richtung). Für jeden, der sich zu der Anschauung bekennt, daß der elektrische Strom durch Elektronentransport entsteht, ist dessen polare Natur daher auch aus diesem Grunde ohne weiteres erwiesen. In der Mechanik ist die Bewegungsgröße ein Maß für den Massentransport und als solches ein polarer Vektor. Ihre zeitliche Ableitung, die Kraft, ist daher ebenfalls ein polarer Vektor.

Auf Grund dieser Ausführungen erscheint es nicht zweifelhaft, daß jeder physikalische Skalar oder Vektor durch ähnliche einfache Überlegungen eindeutig seinen Platz entweder bei den remanenten oder bei den inversiblen Größen erhalten kann. Die Durchführung im einzelnen mag hier unterbleiben.

4. Auf eine Bemerkung in Nr. 21 der EMDEschen Ausführungen sei hier zum Schluß noch kurz eingegangen. EMDE betrachtet das Vektorfeld

$$\mathfrak{B} = \mathfrak{j} \sin x + \mathfrak{k} \cos x$$

und findet durch Ausrechnung rot $\mathfrak{B} = \mathfrak{B}$ und folgert daraus, daß hier also $\mathfrak{B}$ axial und polar zugleich oder keines von beiden ist. So etwas *darf* in einem *physikalischen* Ansatz natürlich nie vorkommen. Für mein Empfinden ist auch schon der obige Ansatz unphysikalisch. Die Größe x ist dem Text zu der EMDEschen Formel gemäß eine Raumabmessung längs der x-Achse, kann also nur in Längeneinheiten gemessen werden. Der Sinus oder Kosinus einer Länge hat aber keinen bestimmten Sinn, es sei denn, daß die Einheit erst festgelegt wäre (was man aber besser in solchen Formeln nicht annimmt). Eine physikalisch brauchbare Form der Formel ist z. B.

$$\mathfrak{B} = \mathfrak{j} \sin \frac{x}{a} + \mathfrak{k} \cos \frac{x}{a},$$

wobei a eine gegebene Länge ist ($2\pi a$ ist die Ganghöhe des durch die Formel dargestellten schraubenartigen Gebildes). Jetzt ergibt die Ausrechnung der Rotation die in den Dimensionen vernünftige Formel

$$\operatorname{rot} \mathfrak{B} = \mathfrak{B}/a .$$

Prüft man die beiden letzten Formeln an Hand einer Spiegelung oder Inversion, wobei die Rechtsschraube in die Linksschraube übergeführt wird, so zeigt sich allerdings der EMDEsche Widerspruch auch hier wieder, indem in der ersten Formel a als gerader, in der zweiten als ungerader Skalar erscheint. Dies kommt aber daher, daß bei der Ausrechnnug das Vektorprodukt aus $\mathfrak{i}$ und $\mathfrak{j}$ durch $\mathfrak{k}$, also, $\mathfrak{B}$ als polar angenommen, ein axialer Einheitsvektor durch einen polaren ersetzt ist. Man ersieht hieraus, daß hier noch eine formale Lücke in dem Rechnen mit Inversionen vorhanden ist, die sich durch ein besonderes Zeichen für den ungeraden Skalar vom Betrage Eins beheben ließe. Will man diese „inversible Eins“ etwa mit 1^* bezeichnen, so würde durch Multiplikation mit diesem Faktor jede remanente Größe zur inversiblen und umgekehrt. Das Vektorprodukt aus $\mathfrak{i}$ und $\mathfrak{j}$ ist daher, $\mathfrak{i}, \mathfrak{j}, \mathfrak{k}$ polar angenommen, nicht $= \mathfrak{k}$, sondern $= 1^* \cdot \mathfrak{k}$. Die obige Formel lautet also richtig

$$\operatorname{rot} \mathfrak{B} = 1^* \mathfrak{B}/a ,$$

und a ist ein jetzt in beiden Formeln gerader Skalar[1].

Im übrigen dürfte das Rechnen mit Inversionen über die grundsätzlichen Feststellungen betreffend die Zuteilung der physikalischen Größen zu den erwähnten zwei Klassen hinaus nicht allzuviel Bedeutung gewinnen. Ich stimme daher darin mit Herrn EMDE überein, daß die formale Vektoranalysis des Physikers mit einer einzigen Art von Vektoren auskommt.

Zusammenfassung

1. Für die Definition geometrischer Größen ist die Transformationsgruppe entscheidend. Der Unterschied zwischen streckenartigen und flächenartigen Vektoren ist in der nicht relativistischen Physik ohne Bedeutung, da die affine Gruppe hier nicht zur Anwendung kommt.

2. Der Unterschied zwischen polar und axial knüpft an das Verhalten bei Spiegelsymmetrie an und ist physikalisch wichtig. Mit der Spiegelung verwandt ist die Inversion (deren Eigenschaften erläutert werden).

3. Entgegen der EMDEschen Ansicht wird eindeutige Zuordnung der physikalischen Größen zu den zwei Klassen gefordert. Dazu müssen Masse und Volumen als „gerade Skalare“ genommen werden. Die elektrischen Vektoren sind polar, die magnetischen axial; die mechanische Kraft ist polar.

4. In Anknüpfung an ein EMDEsches Beispiel wird gezeigt, daß beim Rechnen mit Inversionen ein Zeichen für den „ungeraden Skalar vom Betrage 1“ alles in Ordnung bringt.

[1] Würde $\mathfrak{B}$ als axial angenommen, dann wäre das Vektorprodukt aus dem polaren $\mathfrak{i}$, das aus dem Operator rot stammt, mit dem axialen $\mathfrak{j}$ aus der Formel zu bilden. Auch hier wäre, damit auch $\mathfrak{k}$ axial wird, der Faktor 1^* zuzufügen. Die Formel für rot $\mathfrak{B}$ bleibt also auch hier richtig.

Meteorologische Zeitschrift 49. Jg. (1932) S. 480—481

Vektorschreibweise in der Meteorologie

Zu den Darlegungen des Vektorausschusses der Deutschen Meteorologischen Gesellschaft in Heft 8 dieses Jahrganges, S. 309, möchte ich mir die folgenden kurzen Bemerkungen erlauben:

Da ich selbst seit bald 30 Jahren den Gebrauch der GIBBSschen Symbole Punkt und Kreuz für das skalare und das Vektorprodukt verfechte, freue ich mich festzustellen, daß ich in dem Vektorausschuß der Meteorologen einen neuen Mitstreiter gefunden habe. Was jedoch die Aussprache der Formeln (Nr. 6 und 7) betrifft, so muß ich leider feststellen, daß hierfür zwar dieselben Wörtchen „an" und „mit" verwendet werden, die ich seit vielen Jahren selbst in meinen Vorlesungen gebrauche, aber gerade in umgekehrtem Sinn: „an" für das skalare und „mit" für das Vektorprodukt. Ich möchte meinen, daß es in der Meteorologie noch Zeit genug ist, die Aussprache zugunsten des über 20 Jahre alten Gebrauches in der Hydrodynamik usw. zu ändern. Meine Begründung der beiden Wörtchen ist die: Beim skalaren Produkt kommt diejenige Komponente zur Multiplikation mit dem Betrag des anderen Vektors, die *mit* diesem geht, beim Vektorprodukt diejenige, die seitlich *an* dem anderen Vektor steht. Ferner wird Arbeit geleistet, wenn *mit* der Kraft ein Weg zurückgelegt wird, und es entsteht ein Drehmoment, wenn die Kraft *an* einem Hebelarm wirkt.

Zu 9: Das Wort „Gradient" findet man auch sonst bald für den positiven, bald für den negativen Wert des räumlichen Differentialquotienten. Mir scheint, daß aber der Gebrauch des positiven Wertes, also $\operatorname{grad} p = \nabla p$, im Zunehmen ist, so daß es vielleicht zu empfehlen wäre, daß die Meteorologen auch zu diesem Brauch übergehen.

Zu Nr. 10: Ich selbst spreche das Wörtchen „rot" als „Rotation" und nicht „Rotor" aus. Es hat dies den sprachlichen Vorteil, daß man zweimal das gleiche Geschlecht hat, wenn es heißt: die Divergenz und die Rotation. Das Wort „Rotor" ist im übrigen eine sprachliche Mißbildung es müßte richtig „Rotator" heißen.

Zu Nr. 11: Für die in Gl. (9) gegebene Größe hat sich hier seit längerem der Ausdruck „Affinor" eingebürgert, da durch Anwendung dieser Größe auf den Vektor $\mathfrak{r}$ eine affine Abbildung dieses Vektors entsteht. Es ist sehr zweckmäßig, das Wort „Tensor" für den „symmetrischen Affinor" aufzusparen, der sich in seinen Symmetrieeigenschaften von dem allgemeinen Affinor unterscheidet. Die Spannung in einem elastischen Körper ist z. B. ein Tensor, die Deformation aber ein Affinor, der in einen Tensor und in einen Rotator zerlegt werden kann (hier scheint mir dieses Wort zweckmäßig angewandt zu sein). [*Göttingen*, den 11. Oktober 1932.]

Nachtrag: Auf Grund eines Briefwechsels mit Herrn Prof. Dr. FRANZ BAUR möchte ich noch das Folgende anfügen.

1. Die von mir getroffene Wahl der Wörtchen „mit" und „an" für die Produkte zweier Vektoren ist natürlich in keiner Weise zwingend, es müßte aber unbedingt vermieden werden, daß nun gerade der umgekehrte Gebrauch von den zwei Wörtchen gemacht wird. Man würde dann lieber schon entsprechend dem englischen Brauch „$\mathfrak{a}$ Punkt $\mathfrak{b}$" und „$\mathfrak{a}$ Kreuz $\mathfrak{b}$" sagen.

2. Herr Professor BAUR macht mich auf seine Ausführungen über „Gradient und Gefälle" in der Meteorologischen Zeitschrift 1929, Heft 5, aufmerksam, wobei er empfiehlt, den Gradienten als Anstieg zu definieren und in der meteorologischen Anwendung, wo der Gradient bisher Gefälle bedeutet, eben das Wort „Gefälle" statt Gradient zu verwenden. Ich kann mich diesem Vorschlag nur anschließen.

3. Zu der Frage der Benennung „Affinor", Tensor" usw. bemerke ich, daß es mir nicht unbekannt ist, daß man das Wort „Tensor" heute in einem noch umfassenderen Sinn für verschiede Matrix-Größen gebraucht. Man muß sich aber fragen, ob dieser Gebrauch wirklich so zweckmäßig ist, oder ob man nicht ebensogut in solchen Fällen eben „Matrix" sagen kann. Ich halte mich in dieser Angelegenheit an ein Einteilungsprinzip für derartige Größen, das ich bei FELIX KLEIN gelernt habe, nämlich die geometrischen Größen einzuteilen je nach ihrem Verhalten bei Koordinatentransformation, speziell bei den Drehungen des Koordinatensystems. Diejenigen Größen, deren Komponenten sich bei Drehung des Koordinatensystems wie Punktkoordinaten benehmen, sind Vektoren (deshalb ist auch die „Plangröße" ein echter Vektor), diejenigen, deren Komponenten sich wie Quadrate und Produkte der Koordinaten transformieren, sind Tensoren. Danach ist von dem Affinor der Rotatoranteil mit seinen drei Komponenten ein Vektor und nur der Rest von sechs Komponenten ein Tensor. Es ist offenkundig, daß die beiden Arten, das Wort „Tensor" zu gebrauchen, miteinander in Widerspruch stehen. Auf dem Gebiet der Mechanik habe ich den hier befürworteten Gebrauch jedenfalls sehr zweckmäßig gefunden. [*Göttingen*, den 22. Oktober 1932.]

Regeln für Leistungsversuche an Ventilatoren und Kompressoren. Aufgestellt vom Verein Deutscher Ingenieure und dem Verein Deutscher Maschinenbau-Anstalten im Jahre 1912, S. 35—68. 2. Aufl.: VDI-Verlag 1926, S. 13—18.

Erläuterungsbericht zu den Regeln für Leistungsversuche an Ventilatoren und Kompressoren

Im Auftrage des Ausschusses
erstattet von Prof. Dr. L. PRANDTL, Göttingen,
und Dipl.-Ing. R. GOETZE, Bochum

Erster Teil

Gemeinsame Fragen und Sonderausführungen über Ventilatoren

Von Prof. Dr. L. PRANDTL [1]

I. Druck und Druckmessung

1. Der Begriff *Druck eines in Ruhe befindlichen Gases* (auch Pressung genannt) muß als bekannt vorausgesetzt werden. Druck wird gemessen durch die Kraft auf einer zu verabredenden Flächeneinheit (kg/cm², kg/m² usw.), oder durch eine Flüssigkeitshöhe (Quecksilberbarometer, Flüssigkeitsmanometer); die Druckeinheit ist hier 1 cm QS (Quecksilbersäule), 1 mm WS (Wassersäule) u. a. m. Wie leicht zu sehen, ist 1 mm WS = 1 kg/m². (Ein Quadratmeter, ein Millimeter hoch mit Wasser bedeckt, ergibt gerade 1 l, d. i. in Gewicht 1 kg.)

Häufig ist es bequem, statt mit den Drücken selbst (den „absoluten Drücken") mit *Druckdifferenzen* zu rechnen. Der Vergleichsdruck ist dabei meist der durch das Barometer angezeigte Atmosphärendruck (p_0). Ist der Gasdruck höher als der Atmosphärendruck, so heißt die Differenz $p - p_0$ „Überdruck", ist der Gasdruck dagegen kleiner als der Atmosphärendruck, so heißt die umgekehrte Differenz $p_0 - p$ „Unterdruck" oder wohl auch „Saugpressung". Ein Ansteigen des absoluten Druckes p bedeutet, wie man sieht, im Fall des Überdruckes auch ein Ansteigen des Überdruckes, im Fall des Unterdruckes dagegen eine Abnahme des Unterdruckes (vgl. Anm. 3, S. 1183).

2. *Eine Definition des Druckes einer strömenden Flüssigkeit* erhält man folgendermaßen: Man betrachte die ebene Grenzfläche zwischen zwei nebeneinander befindlichen kleinen Flüssigkeitsmengen. Die Kraft, mit der die beiden Flüssigkeitsmengen in der Grenzfläche gegeneinander gepreßt werden, oder die Kraft, mit der die materiell gedachte Scheidewand zwischen beiden Flüssigkeitsmengen von beiden Seiten her zusammengedrückt wird (immer berechnet auf die Flächeneinheit), ist der Druck der strömenden Flüssigkeit an der in Rede stehenden Stelle.

---

[1] Mit einem Zusatz über Anemometer von Ing. E. STACH, Bochum.

Anmerkung: Diese Definition ist nur so weit richtig, als die Flüssigkeit sich reibungsfrei bewegt. Reibungsspannungen, die sonst auftreten, bewirken, daß für verschieden orientierte Flächenstücke durch denselben Raumpunkt der in der obigen Weise definierte Druck verschiedene Werte annimmt. Hier gelangt man zu einer eindeutigen Festsetzung über den Druck in einem Punkt in der Weise, daß man den Mittelwert der Normalkomponenten des Druckes auf alle beliebig orientierten Flächenstücke, die den Punkt enthalten, oder, was auch bereits zu demselben Ergebnis führt, auf drei durch den Punkt gelegte zueinander senkrechte Flächenstücke nimmt.

Dieser Druck, der der Definition gemäß durch ein mit den Flüssigkeitsteilchen mitbewegtes Druckmeßgerät (z. B. ein Aneroidbarometer) beobachtet werden könnte, wird nach einer in der Technik üblichen Ausdrucksweise zur Unterscheidung von einer weiter unten (in Nr. 3) zu besprechenden anderen Druckgröße *statischer Druck* genannt.

3. Für den statischen Druck, den die Physiker als Druck schlechthin bezeichnen, besteht in einer widerstandslosen *stationären* Strömung längs einer Stromlinie folgender Zusammenhang mit der Geschwindigkeit w. Ist γ das Gewicht der Raumeinheit und g die Erdbeschleunigung, so besteht die Differentialbeziehung, die sich aus der Anwendung des Satzes: Kraft = Masse × Beschleunigung, herleiten läßt:

$$\frac{dp}{\gamma} + \frac{w\,dw}{g} = 0;$$

unter Berücksichtigung, daß γ meist eine Funktion von p ist, kann diese Gleichung integriert werden und liefert

$$\int \frac{dp}{\gamma} + \frac{w^2}{2g} = \text{konst.},$$

in Worten: Die Summe aus Druckhöhe und Geschwindigkeitshöhe ist in einer widerstandslosen stationären Bewegung längs einer Stromlinie konstant. Handelt es sich um so geringe Druckdifferenzen, daß das Raumgewicht γ als näherungsweise konstant angesehen werden kann, so kann für $\int \frac{dp}{\gamma}$ auch $\frac{p}{\gamma}$ gesetzt werden. Sind an zwei Punkten der Stromlinie die Drücke p und p_1 und die entsprechenden Geschwindigkeiten w und w_1, so ist nach obigem

$$\int_p^{p_1} \frac{dp}{\gamma} = \frac{w^2 - w_1^2}{2g},$$

oder mit der Näherungsformel für konstantes γ

$$p_1 - p = \frac{\gamma}{2g}\,(w^2 - w_1^2).$$

Trifft der Gasstrom auf ein Hindernis, so wird da, wo sich die Strömung vor dem Hindernis teilt, die Geschwindigkeit zu Null. Nach obiger

Beziehung ergibt sich hieraus ein Aufstau vor dem Hindernis, der mit vorstehender Annäherung die Größe $p_1 - p = \gamma\, w^2/2g$ hat.

Nimmt man an, daß das Hindernis sehr geringe Abmessungen hat, so kann man die Werte p und w in der Formel auch als diejenigen auffassen, die Druck und Geschwindigkeit an derselben Stelle annehmen würden, wenn das Hindernis nicht vorhanden wäre. Da man sich nun an jede Stelle der Strömung ein solches kleines Hindernis hingebracht denken kann, kann man auch den Staudruck p_1 an jeder Stelle als vorhanden ansehen.

Ist das Hindernis eine der Strömung entgegengekehrte Rohrmündung, so pflanzt sich der Druck p_1 in dem Rohr fort und wird dadurch meßbar.

Der Ausschuß hat sich, dem anscheinend verbreitetsten Sprachgebrauch folgend, darauf geeinigt, diesen Staudruck „*Gesamtdruck*" zu nennen. Der Unterschied zwischen Gesamtdruck (p_g) und statischem Druck (p_{st}), also die durch die Strömung an einem Hindernis erzeugte Drucksteigerung, wird als „*dynamischer Druck*" (p_d) bezeichnet. Es ist angenähert

$$p_d = p_g - p_{st} = \frac{\gamma\, w^2}{2g}\,.$$

Die genaue Formel für den Gesamtdruck ergibt sich mit Berücksichtigung der Veränderlichkeit von γ aus der Beziehung

$$\int\limits_{p_{st}}^{p_g} \frac{dp}{\gamma} = \frac{w^2}{2g}\,,$$

die für den jeweiligen Zusammenhang zwischen p und γ integriert werden muß.

Anmerkung 1. Um zu sehen, welchen Fehler man begeht, wenn man die Annäherungsformel benutzt und dabei für γ denjenigen Wert nimmt, der dem statischen Druck entspricht, mag folgende Rechnung dienen. Es handle sich um atmosphärische Luft von gewöhnlicher Temperatur ($\gamma = 1{,}2$ kg/m^3), und es sei $w = 60$ m/sec, dann ist die Drucksteigerung $p_1 - p = \gamma \dfrac{w^2}{2g}$ mit $g = 10$ m/sec^2 gleich $= 216$ kg/m^2.

Nach der Differentialformel für die Adiabate

$$\frac{d\gamma}{\gamma} = \frac{1}{k}\,\frac{dp}{p}\,,$$

ergibt sich nun mit $k = 1{,}4$ und $p = 10000$ kg/m^2 (1 metrische Atmosphäre) die verhältnismäßige Änderung der Dichte angenähert zu

$$\frac{\gamma_1 - \gamma}{\gamma} = \frac{1}{k}\,\frac{p_1 - p}{p} = 0{,}0154\,,$$

also rd. $1^1/_2\,^0/_0$; der Formelwert $\displaystyle\int\limits_{p}^{p_1} \frac{dp}{\gamma}$ wird angenähert gleich $\dfrac{p_1 - p}{\frac{\gamma_1 + \gamma}{2}}$ (durch ähnliche Rechnung wie unter Nr. III, 2); wird statt dessen $\frac{p_1 - p}{\gamma}$ gerechnet, so ist der verhältnismäßige Fehler

$$\frac{\frac{1}{\gamma} - \frac{2}{\gamma_1 + \gamma}}{\frac{1}{\gamma}} = \frac{\gamma_1 - \gamma}{\gamma_1 + \gamma} = \text{rd. } 0{,}0077,$$

also erst etwa $^3/_4$ $^0/_0$.

Anmerkung 2. Eine strömende Gasmenge vom Volumen V führt folgende mechanische Energie mit sich:

$$p\,V + \frac{m\,w^2}{2} = V\left(p + \frac{\gamma\,w^2}{2g}\right).$$

($p\,V$ ist die Arbeit, die nötig war, um die Gasmenge gegen einen widerstehenden Druck p an ihren Platz zu bringen, und stellt eine potentielle Energie dar; der zweite Ausdruck ist die kinetische Energie. Von den Volumenänderungen ist hierbei der Einfachheit halber wieder abgesehen worden, sonst kämen noch weitere Energieformen in Betracht.) Der Ausdruck $p + \frac{\gamma\,w^2}{2g}$, also der „Gesamtdruck", erscheint hiernach als die mechanische Energie der Volumeneinheit des Gases; die Gleichung $p + \frac{\gamma\,w^2}{2g} = \text{konst.}$ bedeutet hiermit nichts anderes als die Anwendung des Satzes von der Konstanz der Energie auf die stationäre Flüssigkeitsströmung.

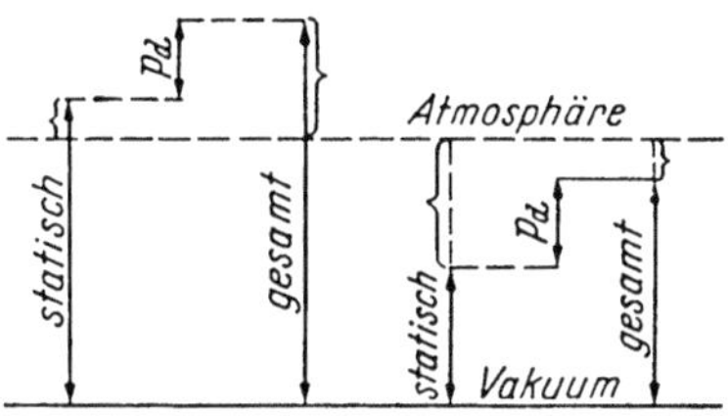

Abb. 1

Anmerkung 3. Im Anschluß an das unter Nr. I, 1 über Überdrücke und Unterdrücke Gesagte mag noch darauf hingewiesen werden, daß im Fall eines statischen Unterdruckes, weil dieser als negativer Druck zu rechnen ist, der dynamische Druck abgezogen werden muß, um den Gesamtunterdruck zu erhalten. Da der dynamische Druck immer positiv ist, ist also der absolute Gesamtdruck immer größer als der absolute statische Druck; ebenso bei Überdrücken; dagegen ist der Gesamtunterdruck kleiner als der statische Unterdruck. Abb. 1 veranschaulicht diese Verhältnisse; die gemessenen Über- und Unterdrücke sind dabei durch { Klammern angedeutet.

4. Bei der *Druckmessung* müssen zwei Dinge unterschieden werden, einmal die Druckentnahme an der Meßstelle und dann die Druckablesung. Die Frage der letzteren kann als völlig geklärt gelten. Für hohe und mittlere Drücke hat man die Federmanometer, für welche zuverlässige Eichungsverfahren vorliegen; für mittlere und kleinere Drücke eignen sich die Flüssigkeitsmanometer (meist als aufrechte U-Rohre ausgeführt) mit Quecksilber-, Wasser- und Alkoholfüllung; diese setzen lediglich einen gut geteilten Maßstab und gleichmäßige Weite der Meßrohre voraus, außerdem die Kenntnis des spezifischen Gewichtes der Manometerflüssigkeit (Temperatureinflüsse bei Wasser und besonders bei Alkohol!); für die kleinsten Drücke schließlich hat man die Mikromanometer, d. h. Flüssigkeitsmanometer mit geneigtem

Rohr, zu deren Füllung meist Alkohol verwendet wird (Wasser eignet sich schlecht, weil es an Glasoberflächen im allgemeinen unregelmäßig haftet und daher die geringen Druckunterschiede leicht fehlerhaft anzeigt).

Anmerkung. Bei Mikromanometern ist eine Eichung dringend zu empfehlen. Sie kann bei Instrumenten, die einen ausgedrehten zylindrischen Topf besitzen, leicht in der Weise vorgenommen werden, daß man aus einer Pipette schrittweise abgemessene Mengen der Meßflüssigkeit in den Topf des Mikromanometers fließen läßt und die zugehörige Stellung des Meniskus in der Meßröhre aufschreibt. Das Gewicht der zugegossenen Flüssigkeitsmengen, das man dadurch ermitteln kann, daß man entsprechende Flüssigkeitsmengen aus der Pipette auf eine feine Waage fließen läßt, wirkt dabei wie eine gleichmäßig auf den Topfquerschnitt verteilte Druckbelastung, die leicht auf kg/m² umgerechnet werden kann. Die erhaltenen Werte in kg/m² werden mit den abgelesenen Skalenteilen in einer Eichkurve oder Eichtabelle zusammengetragen. Ist dem Instrument eine Kompensationsskala beigegeben, so empfiehlt es sich, eine Nachprüfung durch obige, im Prinzip von RECKNAGEL angegebene Eichung vorzunehmen.

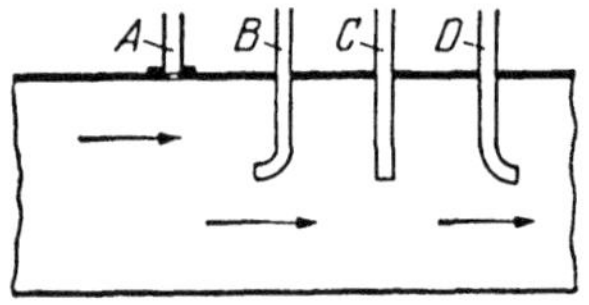

Abb. 2

Die *Druckentnahme* ist nur dort einfach, wo der durch die Strömung erzeugte „dynamische Druck“ (s. S. 1382) so klein ist, daß er gegen den zu messenden Druckunterschied nicht in Betracht kommt. Im anderen Fall aber bereitet sie ziemliche Schwierigkeiten. Das zur Druckentnahme in die Strömung eingeführte Gerät verursacht nämlich eine Störung in der Druckverteilung, und zwar werden die Druckunterschiede, die sich am Gerät einstellen, nicht kleiner, wenn man das Gerät kleiner macht; sie sind von der Größenordnung des dynamischen Druckes.

Von den vier Rohranschlüssen der Abb. 2 gibt die dem Strom entgegengewandte Mündung B, ein sogenanntes PITOT-Rohr, sehr genau den *Gesamtdruck* an. Von einer Anbohrung in der Kanalwand nach A wurde bisher immer angenommen, daß sie den statischen Druck liefere; durch neuere Versuche dürfte indes erwiesen sein, daß sich in der Anbohrung A ein Unterdruck gegenüber dem Druck im Kanalinneren von etwa 1 bis 3% des dynamischen Druckes einstellt, was für genauere Messungen zu beachten sein würde. Macht der dynamische Druck nur einen kleinen Teil des zu messenden Druckunterschiedes aus, so ist dieser Fehler meist belanglos, er entfällt ganz, wenn ein Druckunterschied zwischen zwei Stellen von gleicher Geschwindigkeit gemessen werden soll. Daß bei Anbohrungen in der Wand Unebenheiten der Kanalwand an der Anbohrungsstelle, ja selbst leichte Einbeulungen oder Gratbildungen das Meßergebnis recht merklich beeinflussen, sei nebenher erwähnt.

Bei den beiden Rohrmündungen C und D übt der vorbeistreichende Luftstrom kräftige Saugwirkung aus (stärker an C, etwas schwächer an D), wodurch beide einen niedrigeren Druck als den statischen Druck angeben, also zu einer unmittelbaren Verwertung ihrer Meßergebnisse unbrauchbar sind.

Zum Messen des statischen Druckes im Inneren der Strömung hat man verschiedene Geräte vorgeschlagen, die alle auf dem Grundgedanken des Rohranschlusses A beruhen; ältere Geräte dieser Art sind die SERsche Scheibe, Abb. 3, und das Hakenrohr mit seitlichen Bohrungen, Abb. 4, gegen die sich natürlich die gleichen Einwände machen lassen wie gegen die Anbohrung in der Wand. Das Hakenrohr verdient dabei den Vorzug vor der SERschen Scheibe, weil es in der richtigen Stellung, parallel zum Luftstrom, ein Maximum der Druckanzeige liefert, das durch Hin- und Herdrehen des Gerätes leicht gefunden werden kann. Die SERsche Scheibe liefert beim Hin- und Herdrehen nach der einen Seite größere, nach der anderen Seite kleinere Drücke und gibt deshalb in allen Fällen, wo die Stromrichtung nicht genau bekannt ist, unsichere Angaben. In der gleichen Weise wie die Bohrungen des Hakenrohres wirkt der Schlitz des später zu beschreibenden Normalstaugerätes, das deshalb als *Einheitsgerät* auch für die Messung des statischen Druckes empfohlen wird. Die Druckangabe bei Einstellung parallel zum Luftstrom liegt je nach Formgebung einige Hundertteile des dynamischen Druckes unter oder über dem statischen Druck. Beim Normalstaugerät ist sie sehr nahe gleich dem statischen Druck.

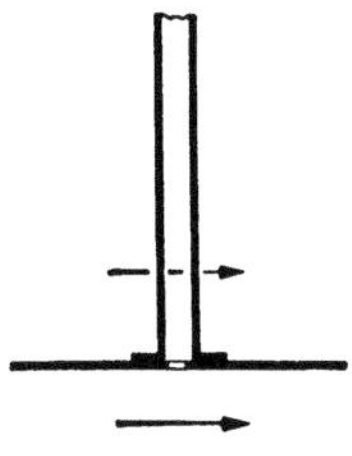

Abb. 3 SERsche Scheibe

Anmerkung. Der mehrfach gemachte Vorschlag, den statischen Druck mittels einer Stauscheibe zu ermitteln, deren ebene Flächen parallel zum Luftstrom eingestellt sind, hat einer genaueren Prüfung nicht standgehalten. Es zeigt sich, daß man so je nach der Formgebung der Stauscheibe einen um 10 bis 60 % des dynamischen Druckes zu niedrigen Wert erhält.

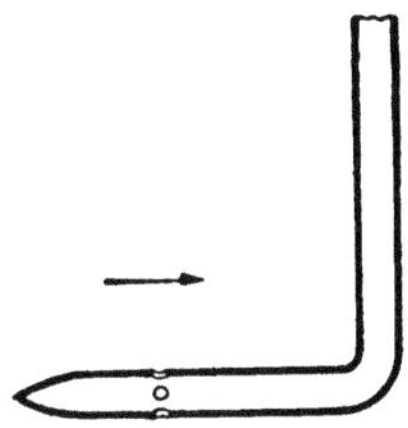

Abb. 4. Hakenrohr

5. Eine praktische Frage der Ventilatormessung ist nun: Soll zur Feststellung der Ventilatorleistung im Saug- und Druckrohr der *statische oder der Gesamtdruck* gemessen werden?

In die Formeln für die Nutzleistung muß der Gesamtdruck eingeführt werden, weil der Unterschied des Gesamtdruckes vor und hinter dem Ventilator unmittelbar den Energieunterschied der Luft vor und hinter dem Ventilator mißt. (Vgl. Nr. III, 3., S. 1398.) Trotzdem hat sich der Ausschuß entschlossen, in seinem Entwurf die Messung des *statischen* Druckes zu empfehlen (unter der stillschweigenden Voraussetzung, daß bis zum Inkrafttreten der Bestimmungen ein zuverlässiges Gerät für die Messung des statischen Druckes gefunden sein wird). Dies geschah wesentlich aus folgendem Grund: Bei der Strömung durch einen geraden Kanal ist, wenn nicht gerade sehr starke Drehung in den strömenden Luftmassen vorhanden ist (diese läßt sich durch Leitflächen leicht beheben), der statische Druck über dem Kanalquerschnitt nur sehr wenig veränderlich, es läßt sich deshalb leicht ein guter Mittelwert ermitteln; der Gesamtsdruck dagegen ist wegen der starken Veränderlichkeit der Geschwindigkeit über den Querschnitt ebenfalls ziemlich ungleichförmig verteilt, und für die Ermittlung eines zuverlässigen Mittelwertes bestehen ähnliche Schwierigkeiten wie bei der Geschwindigkeitsmessung (vgl. Nr. II, 3., S. 1392); der Umstand, daß man hier nicht wie bei der Geschwindigkeitsmessung imstande ist, die günstigste Stelle aufzusuchen, sondern möglichst kurz vor und hinter dem Ventilator messen soll, macht die Sache noch ungünstiger. Jedenfalls wird das Endergebnis viel weniger beeinflußt, wenn der statische Druck gemessen und der auf Grund einer günstig angeordneten Mengenmessung berechnete Betrag $\gamma\, w^2/2g$ (w = mittlere Geschwindigkeit = V/F) hinzugezählt wird, als wenn der Gesamtdruck unmittelbar gemessen wurde. — Diese ganze Frage ist wesentlich da von Bedeutung, wo der dynamische Druck $\gamma\, w^2/2g$ einen merklichen Teil des Gesantdruckes ausmacht, also vor allem bei Niederdruckventilatoren.

6. Für den Fall der Druckmessung in Gasen von anderem Raumgewicht als die atmosphärische Luft (Leuchtgas, heiße Luft usw.) ist bei der Druckmessung auch auf die Wirkung von Höhenunterschieden zwischen Druckentnahmestelle und Manometer zu achten. Wenn es nicht möglich ist, die Meßleitungen in ihrer ganzen Erstreckung waagerecht zu legen, so hängt das Messungsergebnis davon ab, mit welcher Gasart die Meßleitungen gefüllt sind. Um sichere Ergebnisse zu erzielen, kann man — etwa durch zeitweiliges Öffnen eines geeignet angebrachten Hahnes, s. Abb. 18, S. 1403, oder durch ähnliche Vorkehrungen — für eine einheitliche Füllung der Meßleitungen mit dem zu fördernden Gas sorgen. Ein anderes Verfahren besteht darin, daß man zeitweilig die Meßleitungen von den Druckentnahmestellen abschaltet und in der gleichen Höhe mit der Außenluft in Verbindung bringt, und nun die so erhaltene Manometereinstellung als Nullpunkt benutzt. In dem letzteren Fall wird der Druckunterschied in der Ventilatorleitung mit dem der Außenluft verglichen.

Zur Berechnung der Druckunterschiede, die durch Höhenunterschiede hervorgerufen werden, wird mit ausreichender Genauigkeit die Formel $p' - p'' = \gamma\, h$ benutzt, wo h der Höhenunterschied und γ das Raumgewicht der betrachteten Gassäule ist. Über den Einfluß der Höhenunterschiede bei der Leistungsberechnung siehe Nr. III, 5., S. 1403.

II. Mengen- und Geschwindigkeitsmessung

Die sekundliche (minütliche, stündliche) Liefermenge einer Gasförderungsanlage kann entweder unmittelbar mittels eines *Gasbehälters* oder einer *Gasuhr* bestimmt werden, oder aber mittelbar durch Messung des *Druckunterschiedes* an einer passend gewählten Querschnittsverengung im Kanal (Düsenmessung), oder durch Messung der *Geschwindigkeit* in einem Querschnitt des Kanals. In neuester Zeit ist noch die Messung der Wärmekapazität der durchströmenden Gasmenge im Thomas-Messer hinzugekommen.

1. Die Messung mittels Gasbehälters erscheint auf den ersten Blick als die zuverlässigste der eben ausgeführten Verfahrungsarten; doch wird sie sich nur in seltenen Fällen ausführen lassen, wie z. B. bei den Gassaugeanlagen der Gasfabriken und Hüttenwerke. Im übrigen dürfte sie wesentlich nur für solche Versuche in Betracht kommen, die zur Entscheidung von grundsätzlichen Fragen unternommen werden und daher erhöhte Genauigkeit erfordern, wie z. B. Versuche zur Eichung von anderen Geräten zur Mengenmessung. Es ist indes gar nicht leicht, eine sehr große Genauigkeit mit diesen Messungen zu erreichen, sobald es sich um große freistehende Gasbehälter handelt. Dadurch, daß das Gas einerseits von den durch Sonnenstrahlung erhitzten Metallwänden, andererseits von der großen von der Nacht her noch kühlen Wassermasse, die den unteren Abschluß bildet, umgeben wird, können an einem heiteren Tag ganz erhebliche Temperaturunterschiede im Gasinneren bestehen, ohne deren Kenntnis man leicht die Gasmenge um einige Hundertteile falsch errechnet. Ein einigermaßen zuverlässiges Ergebnis wird nur dann erzielt, wenn die Gastemperaturen im Inneren des Behälters gemessen werden, vor allem diejenige an der Rohrmündung, durch die das Gas in den Behälter eintritt oder aus ihm entnommen wird. Die Glockenbewegung setzt sich dann zusammen aus derjenigen durch das eintretende (oder austretende) Gas, aus der durch die zeitliche Temperaturänderung des bereits im Behälter befindlichen Gases entstehenden und der durch die Undichtheiten verursachten. Die beiden letzteren Beiträge lassen sich in ihrer Summe feststellen, indem man zwischen den eigentlichen Versuchen für kürzere Zeit die Rohrleitungen zum Gasbehälter dicht verschließt. Alles in allem sind die Messungen und die zugehörigen Berechnungen, wenn größere Genauigkeit angestrebt wird, ziemlich umständlich.

Gasuhren werden für Ventilatoren wohl nur in Ausnahmefällen, so bei Gassaugeanlagen, zur Verwendung kommen. Auch bei Kompressor-Untersuchungen werden sie in gewissen Fällen von Nutzen sein. Ihre Genauigkeit dürfte, günstige Umstände vorausgesetzt, die von Gasbehältermessungen nahezu erreichen.

Der *Thomas-Messer*, erfunden von Prof. CARL C. THOMAS an der Wiskonsin-Universität, beruht auf dem Grundgedanken, daß die Wärmezufuhr, die nötig ist, um einer Gasmenge eine bestimmte kleine Temperaturerhöhung zuzufügen, dem Gasgewicht proportional ist. Die Wärmezufuhr erfolgt mittels eines elektrischen Heizkörpers (h, Abb. 5); der Strom wird dabei durch einen Regler so gesteuert, daß der durch die beiden elektrischen Widerstandsthermometer t_1 und t_2 angezeigte Temperaturunterschied vor und hinter dem Heizkörper konstant gehalten wird. Ein an den Heizkörper angeschlossener Wattzähler, der in beliebiger Entfernung vom Gasmesser aufgestellt werden kann, zeigt dann unmittelbar die durch den Messer geflossenen Kilogramm oder Normalkubikmeter an. Die Angabe ist aus theoretischen Gründen unabhängig vom Druck und nahezu unabhängig von der Temperatur des Gases, der THOMAS-Messer dürfte sich deshalb vor allem zur Messung von Gasmengen mit sehr stark veränderlichem Druck (Gasfernleitungen usw.) eignen.

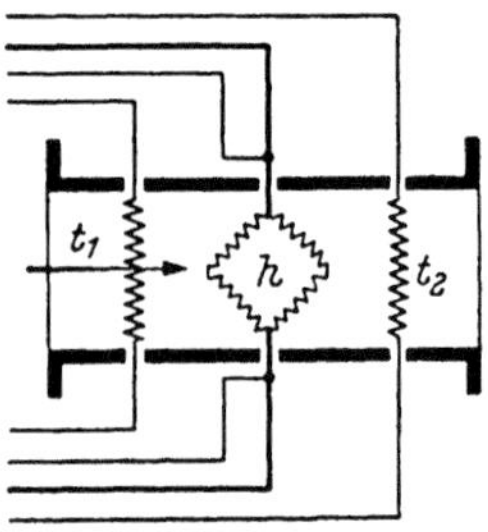

Abb. 5

2. Zur Mengenbestimmung mittels *Düsen* sind dem Grundgedanken nach alle Druckunterschiede geeignet, die an Querschnittsänderungen des Kanals auftreten. Man muß jedoch, um den Zusammenhang zwischen dem Druckunterschied und der Liefermenge zu kennen, das Verhalten der strömenden Gase bei Querschnittsänderungen der angewandten Art aus Eichversuchen mit geometrisch ähnlichen Kanalformen kennen. Dabei verdienen die Zuströmungsverhältnisse sorgfältige Beachtung. Wenn die Geschwindigkeit des ankommenden Gases nicht als sehr klein gegen die Düsengeschwindigkeit angesehen werden kann, so muß im allgemeinen auch für die Zuströmung die geometrische Ähnlichkeit gefordert werden. Für geometrisch ähnliche Verhältnisse steht der an der Düse irgendwie gemessene Druckunterschied p' in einem festen Zahlenverhältnis zu dem dynamischen Druck $p_d = \gamma\, w^2/2g$ in der Düse (w = mittlere Geschwindigkeit in der Düse). Ist der Düsenquerschnitt $= F$, so ist die sekundliche Liefermenge

$$V = \alpha\, F \sqrt{\frac{2g\,p'}{\gamma}}\,,$$

wobei α eine aus Eichversuchen zu ermittelnde Durchflußziffer ist. Zur Ermittlung von γ müssen in der Nähe der Düse die Temperatur und der absolute Druck bestimmt werden.

Was die geeigneten Düsenformen anbetrifft, so könnte bereits ein zylindrischer Ansaugestutzen mit oder ohne trompetenförmige Abrundung hierfür dienen; im ersteren Fall wäre der Abfall des statischen Druckes von außen nach innen sehr genau gleich dem dynamischen

Druck der mittleren Kanalgeschwindigkeit. — Doch wird es bei dieser Form häufig schwierig sein, die Zuströmungsverhältnisse denen bei der Eichung möglichst ähnlich zu machen. (Beim Ansaugen aus dem Freien wird seitlicher Wind stark stören, desgleichen beim Arbeiten im geschlossenen Raum die Strömungen durch den aus der Druckseite der Maschine wieder austretenden Luftstrom.) Diese Schwierigkeiten können vermieden werden, wenn in eine längere gerade Rohrstrecke eine Verengung eingebaut wird, Abb. 6 und 7, oder aber eine solche an das freie Austrittsende der Druckleitung, ebenfalls unter Zwischenschaltung einer geraden Rohrstrecke, gesetzt wird; zweckmäßig werden dabei, um Drehbewegungen des Gasstromes zu beseitigen, in einiger Entfernung

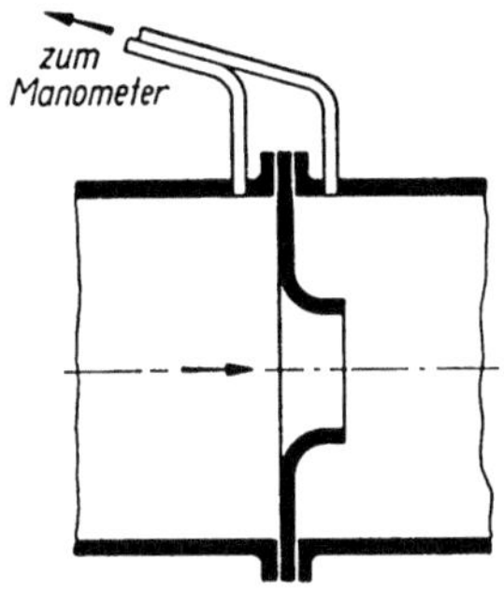

Abb. 6. Düse

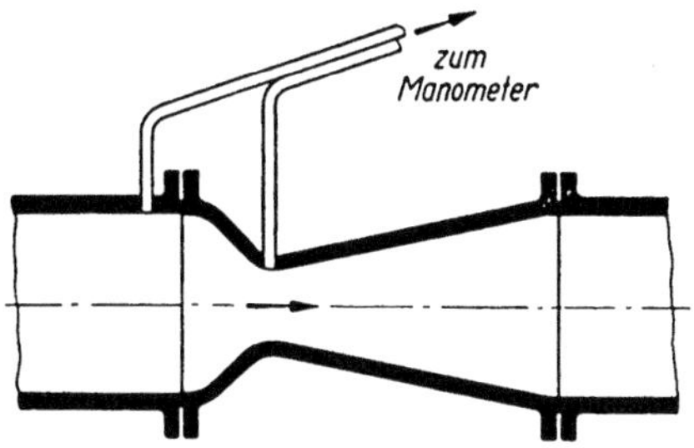

Abb. 7. Venturi-Düse

vor der Düse Gleichrichtungsflächen in den Kanal eingebaut. Als Düsenkörper wird man gewöhnlich abgerundete Mündungen verwenden, die den Vorteil einer fast unveränderlichen Ausflußziffer haben. Noch einfacher sind ebene Drosselscheiben mit einer kreisförmigen, am besten scharfkantigen Öffnung. Sie sind besonders bequem zwischen zwei Rohrflanschen einzubauen, haben aber den Nachteil, daß die Durchflußziffer mit dem Verhältnis Lochdurchmesser:Rohrdurchmesser stark veränderlich ist. Will man — beim Einbau im Inneren der Rohrleitung — die durch den Druckabfall bedingte Energie nicht ganz verlieren, so kann man an die Verengung wieder eine allmähliche Erweiterung anschließen und erhält so eine Einrichtung ähnlich dem Venturi-Wassermesser. Wegen des bequemeren Ein- oder Anbaues wird man aber meist die ersteren Formen vorziehen.

Die Eichung der Düsen wird man zweckmäßig mit Hilfe von Gasbehältern od. dgl. ausführen; besitzt man eine geeichte Düse (für gut abgerundete Düsen ist die Ziffer $\alpha = 0{,}97$ bis $0{,}995$), so lassen sich andere Düsen dadurch eichen, daß man sie mit der geeichten in nicht zu kurzen Abständen hintereinander in dieselbe Rohrleitung einbaut, wenn nötig, unter Zwischenschaltung von Beruhigungseinrichtungen.

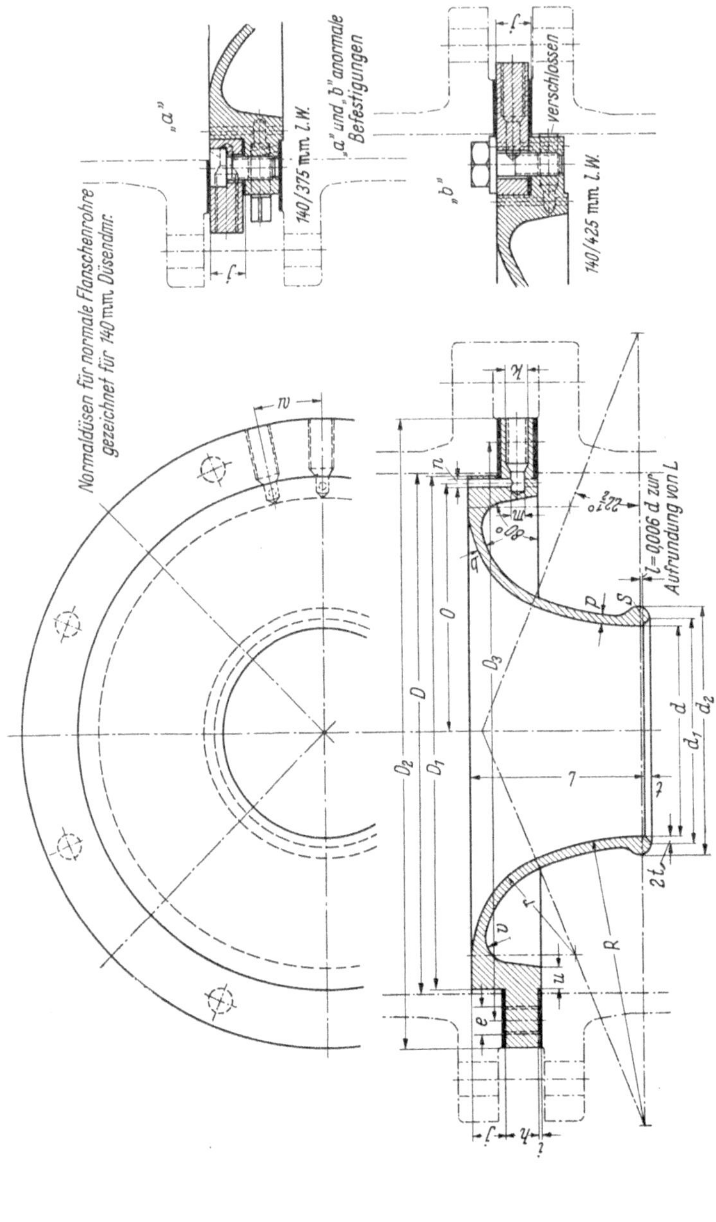

Abb. 8. Normaldüsen für normale Flanschenrohre, gezeichnet für 140 mm Düsendmr. 1 : 5

$\frac{d}{D}$	d_1	d_2	D_1	D_2	h	i	j	k	L einschl. l	m	n	O	p	q	R	r	S	t	u	v	w	e	Anzahl der Löcher	D_3
50 / 125	69	72	120	190	22	3	22	$^3/_8''$	42,5	9	4	57	5	—	70	25	5	2,5	10	8	50	$^1/_2''e$	4	155
70 / 175	80	94	170	244	22	3	22	$^3/_8''$	59,5	9	5	81	5	6	98	35	6	2,5	10	10	50	$^1/_2''e$	6	205
100 / 250	112	126	244	319	22	3	22	$^3/_8''$	85	9	5	118	6	8	140	50	6	3	12	12	50	$^5/_8''e$	6	285
140 / 350	152	168	344	418	22	3	22	$^3/_8''$	119	9	6	167	6	8	196	70	7	3	12	12	50	$^5/_8''e$	8	385
200 / 500	216	232	493	592	22	3	22	$^3/_8''$	170	9	6	241	7	9	280	100	7	4	13	15	50	$^3/_4''e$	12	540
280 / 700	296	315	692	790	22	3	22	$^3/_8''$	238	9	6	340	7	10	392	140	8	4	13	15	50	$^3/_4''e$	16	745
400 / 1000	416	440	990	1090	22	3	22	$^3/_8''$	340	9	6	488	8	12	560	200	10	4	15	20	50	$^7/_8''e$	20	1045

Die vorgenannten Ausflußziffern haben sich bei Düseneichungsversuchen mit einem 5000 m³-Gasbehälter der Gutehoffnungshütte in Oberhausen ergeben. Da die Ergebnisse hinsichtlich der Genauigkeit nicht völlig befriedigten, sind neue Düseneichungsversuche geplant, bei denen eine Anzahl Normaldüsen, die später als Eichgeräte für andere Gasmesser dienen sollen, möglichst genau geeicht werden wollen. Damit die Zu- und Abströmungsverhältnisse möglichst unverändert bleiben, sollen sie immer in Rohren von derselben Weite zur Verwendung kommen, wie es bei der Eichung war. Die Abmessungen dieser Normaldüsen gehen aus Abb. 8 und der Zahlentafel hervor, die von Herrn Direktor REGENBOGEN gemeinsam mit dem Berichterstatter ausgearbeitet worden sind. Die Rohrdurchmesser sind aus der Reihe der normalen Flanschenrohre so ausgewählt, daß jeder folgende Querschnitt ungefähr das Doppelte des Vorhergehenden ist. Die für die Luftführung in Betracht kommenden Flächen sind bei sämtlichen Düsen geometrisch ähnlich gewählt, was für die etwaigen Unterschiede der Ausflußziffern α besonders einfache Gesetzmäßigkeiten erwarten läßt. Der Düsendurchmesser d ist überall gleich $^2/_5$ des Rohrdurchmesser gewählt; die Abrundung der Düse besteht aus einem Korbbogen mit einem Halbmesser von $1{,}4d$ auf $22^1/_2{}^\circ$ und einem Halbmesser von $0{,}5d$ von $22^1/_2{}^\circ$ bis 90°.

Die Genauigkeit und Zuverlässigkeit der Düsenmessung dürfte bei günstiger Anordnung an die von sorgfältigen Gasbehältermessungen heranreichen oder diese noch übertreffen.

3. Sind die bisher besprochenen Messungsarten undurchführbar, so bleibt die Ermittlung der Liefermenge durch Messung der Stromgeschwindigkeit im Kanal übrig. Es ist dies in den meisten Fällen zwar das bequemste, aber auch ungenaueste Verfahren. Die Ungenauigkeit kommt einmal daher, daß die Geräte zur Geschwindigkeitsmessung durchschnittlich nicht sehr genaue Angaben liefern, dann aber hauptsächlich daher, daß die Geschwindigkeit meist ziemlich unregelmäßig über den Kanalquerschnitt verteilt ist. Eine besondere Fehlerquelle liegt hierbei darin, daß in der Nähe der Kanalwände immer ein starker Geschwindigkeitsabfall, Abb. 9, vorhanden ist, dem mit der Messung schlecht beizukommen ist, weil die Meßgeräte bei der Annäherung an die Wand in ihren Angaben nicht mehr zuverlässig sind; daher bleibt man über die Geschwindigkeiten auf einem Streifen von merklicher Breite am Rand des Querschnittes im unklaren. Will man einigermaßen sorgfältig verfahren, so wird man sich den Querschnitt in ungefähr flächengleiche Unterabteilungen einteilen, in deren Mittelpunkt je eine Messung

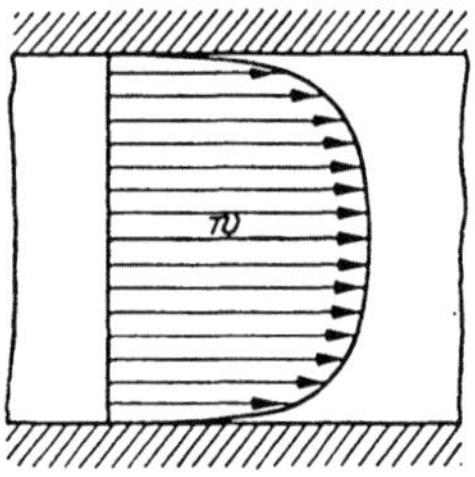

Abb. 9. Geschwindigkeitsverteilung

vorgenommen wird. Der Mittelwert der gemessenen Geschwindigkeiten ergibt dann, mit dem Kanalquerschnitt multipliziert, die gesuchte Liefermenge. Noch besser ist es in Hinsicht auf die Berücksichtigung des Geschwindigkeitsabfalles am Rand, die gemessenen Werte der Geschwindigkeit in einer zeichnerischen Darstellung zusammenzutragen und hieraus die mittlere Geschwindigkeit oder die Liefermenge durch ein geeignetes Verfahren der graphischen Integration zu ermitteln.

Von den Geschwindigkeitsmessern kommen in Betracht einerseits die *Anemometer*, andererseits die *Staugeräte*. Die Messung der Geschwindigkeit mit *Anemometern* setzt deren voraufgegangene Eichung voraus. Das bisher allgemein übliche Eichungsverfahren auf dem Rundlaufapparat wird von der Westfälischen Berggewerkschaftskasse in Bochum[1] für die Bergwerke und viele meteorologische Institute und von der Deutschen Seewarte in Hamburg[2] hauptsächlich für maritime Zwecke ausgeführt. Das Kennzeichen eines guten Anemometers ist die gerade Korrektionslinie. Wie verschieden bei Anemometern gleicher Bauart die Korrektionen ausfallen können, zeigt Abb. 10. Anemometer, die im Rundlauf geeicht sind, können mit Benutzung der Korrektion nur in weiten Rohren oder Kanälen richtig zeigen. In Rohren von 300 mm Durchmesser zeigen die Anemometer etwa 3% zuviel, in engeren Rohren bis zu 11% zuviel an.

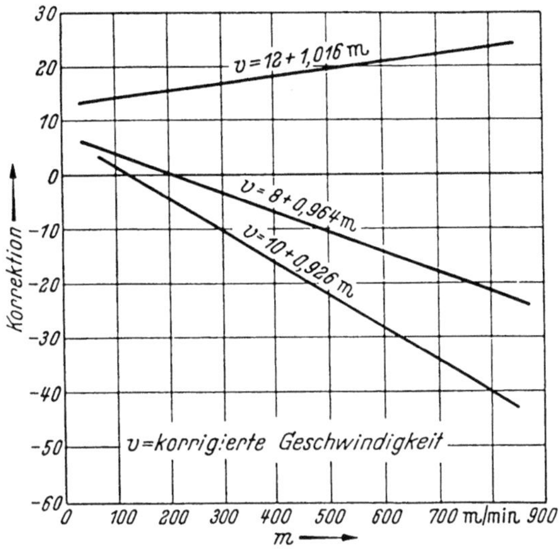

Abb. 10

Der Gehalt des zu messenden Gases an Staub oder mitgerissenem Wasser wird eine Verzögerung des Anemometermeßrades herbeiführen, die bei Flügelradanemometern größer sein wird als bei Schalenkreuzen, da diese größere Massenträgheit besitzen und auch den Staub oder das Wasser leichter wieder abschleudern. Die Höhe der genannten Einflüsse ist nicht im voraus bestimmbar und muß in jedem Fall ent-

[1] Stach, Die Anemometer-Prüfungsstation der Westfälischen Berggewerkschaftskasse „Glückauf" (1902) Nr. 47; (1903) Nr. 48.

[2] G. Neumayer, Anemometer-Studien auf der Deutschen Seewarte, bearb. von H. v. Hasenkamp 1897.

sprechend bewertet werden, wobei ein Gegenversuch mit einem Staugerät zweckmäßig ist.

Bei großen Luftgeschwindigkeiten (über 10 m/sec) kommen bei den Flügelradanemometern leicht Verbiegungen vor. In solchen Fällen sind die widerstandsfähigeren Schalenkreuzanemometer oder aber Staugeräte zu verwenden.

Die Abweichungen der Meßergebnisse mit mehreren geeichten Anemometern sind nicht größer als 1 bis 2%.

Eine andere Art, die Anemometer zu eichen, besteht darin, daß man ihre Angaben in einem sehr gleichmäßigen künstlichen Luftstrom beobachtet, dessen Geschwindigkeit mit geeichten Staugeräten ermittelt wird.

Die *Staugeräte* (Stauscheibe, PITOT-Rohr usw.) nutzen die Druckunterschiede aus, die das in dem strömenden Gas befindliche Gerät um sich herum erzeugt. Der Druckunterschied p'' ist dabei dem dynamischen Druck proportional (vgl. Nr. I, 3., S. 1381):

$$p'' = \beta \frac{\gamma w^2}{2g} .$$

Die Proportionalitätsziffer β ist durch Eichung zu ermitteln und für geometrisch ähnliche Geräte genügend genau als gleich zu erachten; deshalb genügt theoretisch für jede Gestalt eines solchen Gerätes *eine* Eichung. Die Eichung kann zweckmäßig an einer Rundlaufeinrichtung ausgeführt werden, wobei der Mitwind, etwa nach dem Verfahren von RECKNAGEL, ermittelt wird, oder aber in einem Rohr, dessen Liefermenge durch eine geeichte Düse bestimmt wird. In letzterem Fall treten dieselben Fehlerquellen auf wie bei der Mengenmessung mit Hilfe der Geschwindigkeiten; benutzt man hernach die so geeichten Geschwindigkeitsmesser zur Mengenbestimmung, so heben sich die Fehler zum großen Teil heraus; man erhält demnach mit an sich fehlerhaften Geschwindigkeitswerten wesentlich weniger fehlerhafte Liefermengen.

Von solchen Staugeräten ist wohl das verbreitetste die RECKNAGELsche *Stauscheibe*, Abb. 11 und 12[1]. Ihr Beiwert β wurde von RECKNAGEL zu 1,37 bestimmt. Neuere Versuche ergaben ausnahmslos größere Werte; dabei zeigte sich aber eine Erscheinung, die die Eignung der Stauscheibe zur Ermittlung der Luftgeschwindigkeit sehr in Frage stellt: der Beiwert β ist nicht genügend unveränderlich, sondern nimmt um so größere Werte an, je mehr Wirbel der Strömung beigemischt sind; er steigt von 1,43 bei glatter Strömung bis 1,6 und darüber.

Mit Geräten nach Abb. 13 (ein PITOT-Rohr, daß von einem Hakenrohr nach Abb. 4 umschlossen wird) hat man wesentlich bessere Er-

[1] Prof. G. RECKNAGEL, Über Luftwiderstand. Wiedemanns Annalen (1880) S. 677 — Z. VDI (1886) S. 849.

fahrungen gemacht. Der Beiwert β, der nahe gleich 1 ist, zeigt wesentlich geringere Veränderlichkeit mit der Durchwirbelung der Strömung, als die Stauscheibe.

Die Eigenschaften dieser Staugeräte sind ziemlich stark von der genaueren Formgebung abhängig; es ist deshalb nötig, bei Anfertigung

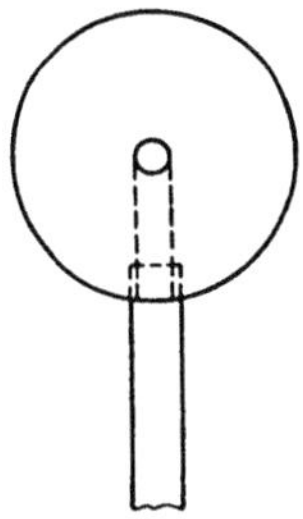

Abb. 11

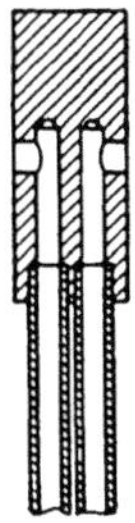

Abb. 12

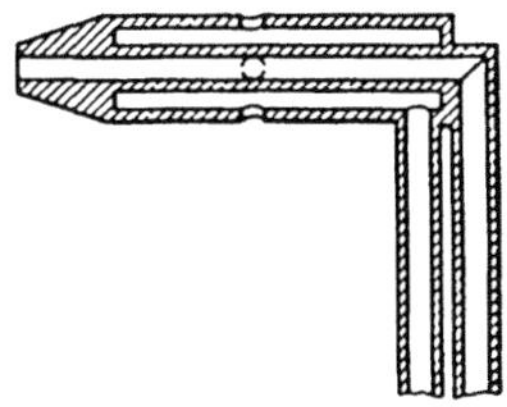

Abb. 13

Abb. 11 u. 12. Stauscheibe von RECKNAGEL

Abb. 13. PITOT-Rohr

von Kopien von geeichten Geräten alle Maßverhältnisse so genau als möglich einzuhalten.

Ein Gerät dieser Art, das in den letzten Jahren Verbreitung gefunden hat, ist das in Abb. 14 und 15 in zwei Ausführungsformen abgebildete „Staurohr“ von Prof. Dr. BRABBÉE[1]. Die kleinere Form (Abb. 14) hat nach einer in Göttingen vorgenommenen Vergleichung mit auf dem Rundlauf geeichten Geräten den Beiwert $\beta = 0{,}99$ ergeben, die größere $\beta = 0{,}995$. Bei geringen Neigungswinkeln der Geräteachse gegen die Stromrichtung sind die Druckangaben etwas höher als in der Normalstellung; da meist mit kleinen Richtungsabweichungen des Instrumentes gegen die Strömungsrichtung gerechnet werden muß, kann der praktische Mittelwert des Beiwertes β zu 1,0 angenommen werden[2].

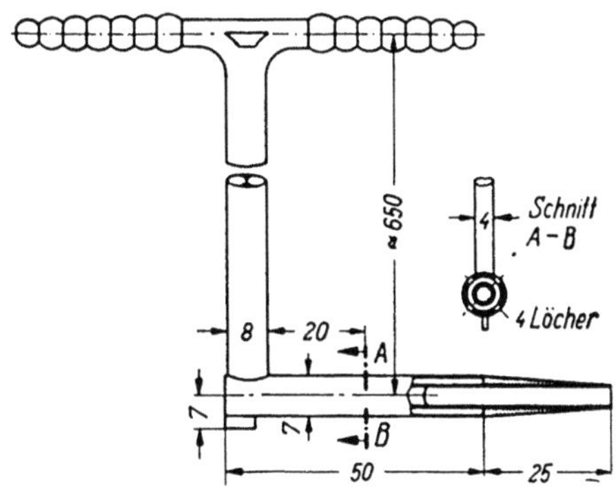

Abb. 14. Staurohr von BRABBÉE

[1] H. RIETSCHEL, Heft 1 der Mitteilungen der Prüfungsanstalt für Heizungs- und Lüftungseinrichtungen der Kgl. Techn. Hochschule zu Berlin, S. 32. München-Berlin: Oldenbourg 1910.

[2] Die hier gegebenen Zahlenwerte stehen in guter Übereinstimmung mit den im Jahre 1910 veröffentlichten Versuchsergebnissen der Prüfungsanstalt für Heizungs- und Lüftungseinrichtungen der Kgl. Techn. Hochschule Berlin.

Der Berichterstatter hat — mit Unterstützung des Vereins Deutscher Ingenieure — ebenfalls an der Vervollkommnung der Staugeräte gearbeitet. Ein vollkommenes Staugerät soll eine leicht zu reproduzierende Form aufweisen, es soll einen Beiwert $\beta = 1$ haben, damit es auch zur Messung des statischen Druckes geeignet ist; ferner soll es möglichst wenig empfindlich gegen Durchwirbelung der Strömung („Turbulenz") sein. Wünschenswert ist noch, daß die Druckanzeige bei mäßigen Verdrehungen der Geräteachse gegen die Stromrichtung unverändert bleibt. Diese Bedingungen haben sich — abgesehen von dem Turbulenzeinfluß, über den die Untersuchungen noch nicht abgeschlossen sind — in befriedigender Weise durch das in Abb. 16 abgebildete Gerät erfüllen lassen. Der Kopf des Gerätes ist halbkugelförmig mit einer zylindrischen Bohrung von etwa 0,3 des Durchmessers. Statt der hinteren Bohrungen ist ein ringsherum laufender Schlitz vorhanden, um für kleine Richtungsabweichungen nach allen Seiten symmetrische Verhältnisse zu erhalten. Der Beiwert β ist nach der Rundlaufeichung innerhalb der Fehlergrenzen gleich 1, so daß das Gerät als Einheitsgerät für die Messung des dynamischen und statischen Druckes geeignet erscheint. Seine Geschwindigkeitsangaben sind bis etwa 15° Richtungsabweichung praktisch unveränderlich. Für die Messung des statischen Druckes ist zu beachten, daß hierfür die Angaben nur in der Normalstellung und wenige Grade davon brauchbar sind. Bei Richtungsabweichungen zeigt das Gerät — ebenso wie ein Hakenrohr — einen tieferen Druck (bzw. größeren Unterdruck!) an.

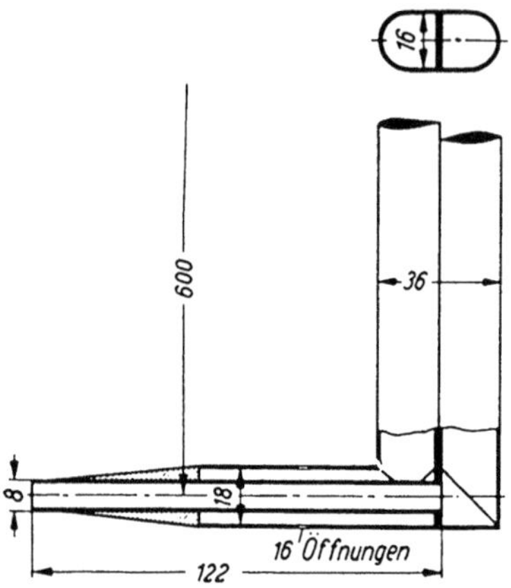

Abb. 15. Staurohr von BRABBÉE

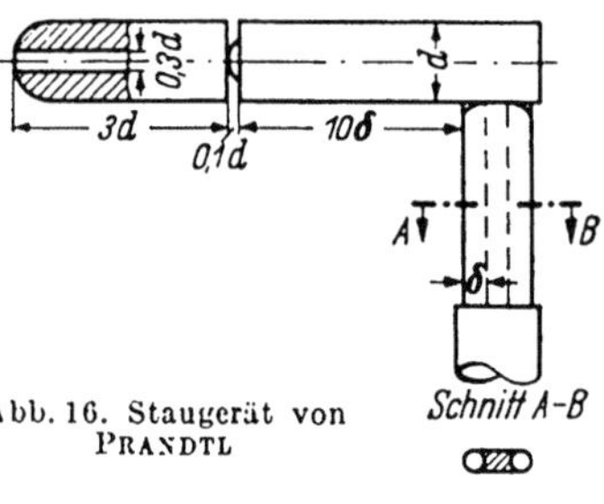

Abb. 16. Staugerät von PRANDTL

Das Gerät ist in drei Bauarten für reine Luft, für staub- und spänehaltige Luft und für Grubenbetrieb (letztere in sehr vergrößerten Abmessungen) ausgeführt worden und hat sich überall als brauchbar erwiesen.

III. Berechnung der Nutzleistung

1. Soll sekundlich eine Gasmenge V_1 aus einem Raum, in welchem der absolute Druck p_1 herrscht, angesaugt, auf den absoluten Druck p_2

verdichtet und in einen Raum, in dem dieser Druck p_2 herrscht, hineingeschoben werden, so wird dies mit der kleinstmöglichen Arbeitsleistung erreicht, wenn das Gas bei der niedrigsten zur Verfügung stehenden Temperatur *isothermisch* verdichtet wird. Diese geringste Arbeitsleistung ist als Nutzleistung der Gasförderungsmaschine anzusehen; die Formel hierfür, die als bekannt vorausgesetzt werden darf, lautet:

$$L = p_1 V_1 \ln \frac{p_2}{p_1}. \tag{1}$$

Die Frage, ob nicht statt der isothermischen Verdichtung die adiabatische zugrunde zu legen wäre, da sie dem wirklichen Verdichtungsvorgang näherkäme, ist im Ausschuß eingehend besprochen worden. Den Ausschlag gab der Gedanke, einen für alle Fälle gültigen *einheitlichen* Maßstab anzulegen. Dieser konnte nur durch die Isotherme gegeben werden; denn durch vielstufige Verdichtung mit Zwischenkühlung, wie sie etwa bei Turbokompressoren ausführbar erscheint, ist es ja möglich, sich der isothermischen Kompression so genau anzunähern, als man will; die adiabatische Kompression würde demnach in diesem Fall einen ganz falschen Maßstab ergeben, und nur die isothermische, die zudem den theoretisch kleinsten Leistungswert darstellt, erscheint zulässig.

2. Für geringe Druckunterschiede läßt sich die genauere Formel durch eine bequeme Näherungsformel ersetzen. Nach einer bekannten Reihenentwicklung ist nämlich

$$\ln \frac{1+x}{1-x} = 2\left(x + \frac{x^3}{3} + \frac{x^5}{5} + \cdots\right).$$

Setzt man

$$\frac{p_2}{p_1} = \frac{1+x}{1-x},$$

so ist

$$x = \frac{p_2 - p_1}{p_2 + p_1}.$$

Hiermit ergibt sich

$$p_1 V_1 \ln \frac{p_2}{p_1} = 2 p_1 V_1 \left(\frac{p_2 - p_1}{p_2 + p_1} + \frac{1}{3}\left(\frac{p_2 - p_1}{p_2 + p_1}\right)^3 + \cdots\right). \tag{2}$$

Führt man jetzt das Volumen V_m ein, das nach der isothermischen Zustandsänderung zu dem arithmetischen Mittel der beiden Drücke p_1 und p_2 gehört, wofür man also die Beziehung

$$\frac{p_1 + p_2}{2} V_m = p_1 V_1$$

hat, und vernachlässigt alle höheren Glieder der Reihe, so ergibt sich für Formel (2) die einfache Gestalt

$$L = V_m (p_2 - p_1). \tag{3}$$

Die geometrische Bedeutung dieser Annäherung läßt sich so ausdrücken, daß (vgl. Abb. 17) an Stelle der (waagerecht schraffierten) Hyperbelfläche die des berührenden Trapezes genommen ist.

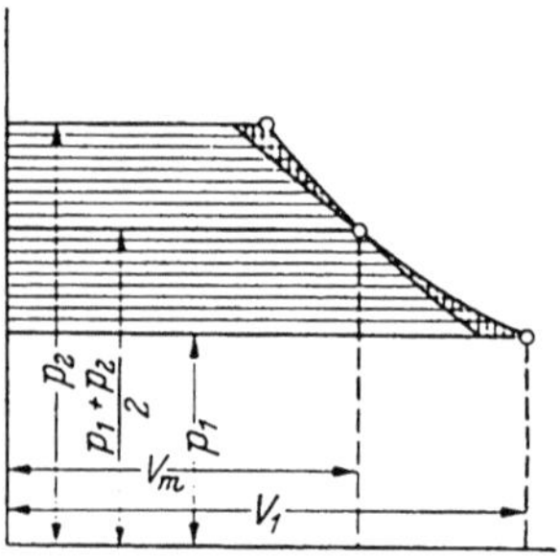

Abb. 17

Die im Wortlaut der Regeln angegebene Formel für V_m ergibt sich, wenn man die Liefermenge V_0, die an einer anderen Stelle des Kanals bei dem Druck p_0 und der Temperatur t_0 gemessen ist, nach dem Gasgesetz auf die Temperatur t_1 und den Druck $\frac{p_1+p_2}{2}$ umrechnet:

$$V_m = V_0 \frac{p_0(273^\circ + t_1)}{\frac{p_1+p_2}{2}(273^\circ + t_0)}.$$

Anmerkung. 1. Ein Urteil über den Geltungsbereich der Formel gewinnt man durch Berechnung der in Abb. 17 doppelt schraffierten Restfläche. Diese ist in erster Annäherung durch das erste vernachlässigte Glied der Reihe, entsprechend $x^3/3$, gegeben. Dieses ergibt sich zu

$$\frac{2}{3} p_1 V_1 \left(\frac{p_2 - p_1}{p_2 + p_1}\right)^3,$$

also, wenn wieder angenähert

$$2 p_1 V_1 \frac{p_2 - p_1}{p_1 + p_2} = L$$

und ferner

$$\frac{p_2 + p_1}{2} = p_m$$

gesetzt wird, zu

$$\frac{L}{12}\left(\frac{p_2 - p_1}{p_m}\right)^2.$$

Für Verdichtung vom Atmosphärendruck auf einen Überdruck von 2 m WS ist beispielsweise $\frac{p_2 - p_1}{p_1} = 0{,}2$; hierfür erhält man nach dem Vorstehenden einen Fehler der Näherungsformel von weniger als $^1/_3$%.

Die Formel (3) läßt sich übrigens, wie aus der Abb. 17 deutlich hervorgeht, auch für andere Zustandsgesetze verwenden, wenn nur V_m als Funktion von $\frac{p_1+p_2}{2}$ den jeweiligen Verhältnissen entsprechend berechnet wird.

2. Bei geringen Druckunterschieden sind, falls die Temperatur keine wesentliche Änderung erfährt, die Unterschiede von V_0, V_1, V_m so klein, daß praktisch von der Unterscheidung dieser Größen abgesehen werden kann. (Bei einem Druckunterschied $p_2 - p_1 = 100$ mm WS ergibt die Verwechslung von V_1 und V_m gerade $^1/_2$% Fehler.)

3. Ist das Gas nicht, wie bisher angenommen wurde, vor und hinter der Maschine, also in den Räumen, wo die Drücke p_1 und p_2 gemessen werden, merklich in Ruhe, so kann man den Anschluß an die vorstehenden Betrachtungen dadurch finden, daß man in der folgenden Weise den Fall der Bewegung auf einen gedachten Fall der Ruhe bezieht. Man denke sich den Ventilator mittels eines kurzen Ansaugestutzens aus einem ruhenden Raum ansaugend, in dem der Druck p_1 herrscht. Das austretende Gas werde durch einen allmählich erweiterten Kanal verlustlos wieder zur Ruhe gebracht und habe dort den Druck p_2. Die statischen Drücke im Ansaugestutzen und Austrittstutzen mögen p_1' und p_2' heißen, die entsprechenden Geschwindigkeiten w_1 und w_2; dann ist wegen der angenommenen verlustlosen Umsetzung im Saugstutzen und Austrittstutzen (vgl. Nr. I, 3., S. 1381)

$$p_1 = p_1' + \frac{\gamma_1 w_1^2}{2g}; \qquad p_2 = p_2' + \frac{\gamma_2 w_2^2}{2g}.$$

Wenn man so den Arbeitsvorgang auf ruhendes Gas vor dem Ansaugen und ruhendes Gas nach dem Austritt aus der Maschine zurückführen will, wie es dem Anfangs- und Endzustand des idealen Prozesses entspricht, so wird man also dazu geführt, als Drücke p_1 und p_2 in der Leistungsformel die Gesamtdrücke vor und hinter dem Ventilator einzuführen. Daß der Unterschied der Gesamtdrücke auch als Unterschied der Energie für die Volumeneinheit des Gases aufgefaßt werden darf, solange Volumenänderungen keine Rolle spielen, wurde schon früher erwähnt.

Es mag hier darauf hingewiesen werden, daß das in den Regeln vorgeschriebene Verfahren, den Gesamtdruck als die Summe aus dem statischen Druck und dem der mittleren Geschwindigkeit entsprechenden dynamischen Druck zu rechnen, nicht genau den Mittelwert der Energie des Gasstromes wiedergibt. Dieser läßt sich in die der mittleren Geschwindigkeit entsprechende Energie und in die der Abweichung von der mittleren Geschwindigkeit entsprechende Energie zerlegen. Das angegebene Rechenverfahren berücksichtigt nur den ersteren Teil; maßgebend hierfür war hauptsächlich der Grund, daß dieses Verfahren allein durchführbar erschien, es läßt sich aber zu seiner Begründung auch anführen, daß der zweite Teil im allgemeinen keine Nutzbarmachung mehr zuläßt und außerdem meist sehr klein gegenüber dem ersteren ist.

Das Volumen V_1 wird zweckmäßig auf den *Gesamt*druck p_1 berechnet. Der Ventilator wird dabei allerdings ein wenig zu schlecht beurteilt, denn er hat in Wirklichkeit das ein wenig größere Volumen V_1' zu fördern, das dem *statischen* Druck p_1' entspricht. Die Unterschiede sind indes nicht groß, und es läßt sich außerdem geltend machen, daß es eben ein Fehler ist, allzu große Geschwindigkeiten im Ein- und Austrittstutzen des Ventilators zu haben; der mehrfach erwähnte Grundgedanke, als Nutzleistung die kleinstmögliche Arbeitsleistung zu wählen, mit der die beabsichtigte Förderleistung erzielt werden kann, führt hier gerade zu der vorgeschlagenen Festsetzung.

4. Bei Ventilatoren ohne Saugleitung ist der Gesamtdruck p_1 gleich dem Druck im Ansaugeraum zu setzen; denn das Gas kommt mit diesem

Druck und einer vernachlässigbaren Geschwindigkeit vor dem Ventilator an. Die Verluste bei der Geschwindigkeitserzeugung im Eintrittstutzen fallen bei dieser Rechnungsweise dem Ventilator zur Last, wie es auch sein muß.

Weniger einfach liegen die Verhältnisse bei den Ventilatoren ohne Druckleitung, und es erwies sich bei den Ausschußberatungen als sehr schwierig, eine für alle Fälle befriedigende Festsetzung zu treffen. Die Schwierigkeit liegt in der Frage: soll die lebendige Kraft des austretenden Luftstromes, die in den meisten Fällen durch Verwirbelung im Austrittsraum verlorengeht, mit zur Nutzleistung gerechnet werden oder nicht? Der nächstliegende Gedanke ist, daß die lebendige Kraft des austretenden Luftstromes als vergeudete Energie nicht zur Nutzleistung gerechnet werden dürfe; dem entspricht es, daß in der Leistungformel an die Stelle des Gesamtdruckes hinter dem Ventilator einfach der statische Druck im Ausblaseraum gesetzt wird[1].

Die Schwierigkeiten dieser Festsetzung zeigen sich jedoch beim Vergleich mit dem Verfahren bei Ventilatoren *mit* Druckleitung. Einem Ventilator mit Druckleitung wird die lebendige Kraft der austretenden Luft als nützlich angerechnet, und zwar mit Recht; denn die Bewegung einer bestimmten sekundlichen Luftmenge durch eine vorgegebene Rohrleitung erfordert eine ganz bestimmte Geschwindigkeit, und es muß daher die Erzeugung dieser Geschwindigkeit als ein Teil der Nutzleistung angesehen werden. Andererseits steht es auch frei, diese Energie durch Anbringung eines Diffusors (d. h. eines allmählich erweiterten Kanals) am Ende der Druckleitung zum größten Teil in Form von Druck wieder zu gewinnen. Wenn dies in einem bestimmten Fall nicht geschieht, so ist die Energievergeudung jedenfalls nicht dem Ventilator, sondern der Rohrleitung zur Last zu legen.

Wenn man entsprechend dem Vorstehenden einem Ventilator mit Druckleitung den dynamischen Druck im Ausblasequerschnitt anrechnet, einem Ventilator ohne Druckleitung dagegen nicht, so ergibt sich in den Fällen, wo keine eigentliche Druckleitung vorhanden ist, wohl aber ein kürzeres oder längeres Ausblaserohr, die Unsicherheit, ob das eine oder das andere Rechenverfahren eingeschlagen werden soll. In all den Fällen, wo beim Verkauf des Ventilators die Verwendungsart noch gar nicht feststeht, man also noch nicht weiß, ob er eine Druckleitung erhalten wird oder nicht, ergibt sich dieselbe Unsicherheit. Es kommt noch ein anderer Gedanke hinzu, der besonders bei Ventilatoren von Wichtigkeit wird, die die Luft ohne wesentlichen Druckunterschied aus einem Raum in einen anderen schaffen. Hier besteht die Nutzleistung wesentlich nur darin, daß der Luft die zum Durchtritt durch eine ge-

[1] Diese Auffassung lag der Fassung des ersten Entwurfs zu den Regeln für Ventilatoren zugrunde.

gebene Öffnung erforderliche Geschwindigkeit erteilt wird. In Weiterführung dieses Gedankens müßte man in allen den Fällen, in welchen ein bestimmter größter Austrittquerschnitt gegeben ist, die diesem Querschnitt entsprechende lebendige Kraft mit zur Nutzleistung rechnen. Wenn man auch aus Gründen der Einfachheit diesen letzten Gedanken, der zur Ausführung die Ermittlung des größten zulässigen Austrittquerschnittes verlangen würde, nicht weiter verfolgt, so zeigt die Betrachtung doch, daß es Fälle gibt, in denen man einem frei ausblasenden Ventilator die lebendige Kraft des austretenden Luftstromes als Nutzleistung anrechnen muß.

Man kann nun diesen Schwierigkeiten dadurch gerecht werden, daß man bei Ventilatoren ohne Druckleitung zwei verschiedene Nutzleistungen definiert, eine „obere Nutzleistung" mit Einrechnung der lebendigen Kraft des austretenden Luftstromes und eine „untere Nutzleistung" mit Ausschluß der lebendigen Kraft des austretenden Luftstromes. Die Entscheidung, ob die obere oder untere Nutzleistung maßgebend sein soll, würde dann für jeden Einzelfall besonders zu treffen sein, und in all den Fällen, in denen dies unentschieden wäre, wie z. B. beim Verkauf des Ventilators ohne Kenntnis seiner späteren Verwendung, würden beide Werte anzugeben sein. Dieser Vorschlag ist im Ausschuß eingehend erwogen worden, jedoch ist man schließlich davon wieder abgekommen, weil er Umständlichkeiten mit sich bringt und unter Umständen in unlauterer Weise zu falschen Vergleichen verwendet werden könnte.

Der alte Vorschlag, bei Ventilatoren ohne Druckleitung immer nur die untere Nutzleistung zu rechnen, ergab in manchen Fällen, wie im vorstehenden gezeigt wurde, eine ungerechte Beurteilung; der Gegenvorschlag, immer die obere Nutzleistung zu rechnen, hätte zwar die Annehmlichkeit, für Ventilatoren mit und ohne Druckleitung nur ein einziges einheitliches Rechenverfahren zu liefern, gibt jedoch eine ganz falsche Beurteilung der Ventilatoren mit unmittelbar anschließendem Diffusor, die, z. B. als Hauptventilatoren zur Grubenbewetterung, so große wirtschaftliche Bedeutung haben. Es würde nämlich nach dieser Rechnung ein kleiner Diffusor, der dem austretenden Strom einen beträchtlichen Teil seiner Geschwindigkeit beläßt, wegen seiner geringeren Reibungsverluste günstiger beurteilt als ein großer Diffusor, der den Luftstrom mit sehr geringer Geschwindigkeit entläßt, während vom wirtschaftlichen Standpunkt dieser wegen der höheren Umsetzung von lebendiger Kraft in Druckenergie den Vorrang verdient. Die untere Nutzleistung, berechnet für den Austrittquerschnitt des Diffusors, gibt *hier*, wie sogleich gezeigt werden soll, den richtigen Maßstab.

Die Aufgabe des Diffusors ist, die lebendige Kraft des aus dem Ventilatorgehäuse austretenden Luftstromes möglichst vollständig in Druckenergie umzuwandeln. Die lebendige Kraft, mit der der Luftstrom den Diffusor verläßt, ist demnach zu den Verlusten des Diffusors zu rechnen, darf ihm also nicht zugute gerechnet werden. Man erhält demnach die Nutzleistung des Ventilators einschließlich Diffusor[1], indem man in die Leistungsformel an Stelle des „Gesamtdruckes hinter dem Ventilator" den *statischen* Druck am Austrittende des Diffusors einführt; dieser stimmt aber mit dem Druck der umgebenden Luft überein, der meist bequemer zu messen sein wird.

Ist so das Verfahren bei Ventilatoren mit unmittelbar anschließendem Diffusor klargestellt, so kann man sich bezüglich der übrigen Ventilatoren ohne Druckleitung auf den Standpunkt stellen, daß sie nur deshalb keinen Diffusor haben, weil dem irgendwelche technische Gründe entgegenstehen, und daß deshalb die lebendige Kraft des austretenden Luftstromes als ein *notwendiges* Übel angesehen werden darf und somit nach den früheren Betrachtungen zur Nutzleistung gerechnet werden darf. (Die fehlerhaften Angaben, bei denen ein frei oder in eine Druckkammer ausblasender Ventilator keinen Diffusor besitzt, obwohl die technische Möglichkeit dazu vorhanden ist, können hier nicht als maßgebend angesehen werden, dürften auch mit der Zeit von selbst verschwinden.) Deshalb kann für Ventilatoren ohne Druckleitung und ohne Diffusor die obere Nutzleistung als maßgebend angesehen werden, was zugleich den Vorteil hat, daß in Fällen, wo es zweifelhaft ist, ob eine Druckleitung vorliegt oder nicht, das Ergebnis nicht von dieser Unterscheidung abhängt.

Man macht sonach bei dieser Rechnungsart nicht den Ventilator, sondern die Einbauart für den Energieverlust verantwortlich. Bei der Beurteilung von Ventilatoren, deren Einbauart noch nicht festliegt, ist dieser Gesichtspunkt besonders einleuchtend.

Man könnte noch an den Zwischenfall denken, daß ein Ventilator mit einem Diffusor an eine Austrittsöffnung von vorgegebener Größe angeschlossen werden soll. Hier müßte nach den dargelegten Grundsätzen der dieser Öffnung entsprechende dynamische Druck dem Ventilator zugute gerechnet werden. Der Übergang zu einem freien Diffusor (ohne vorgegebene Austrittsöffnung) ergibt sich jetzt ganz ungezwungen, indem man den theoretisch zur Verfügung stehenden Endquerschnitt unendlich groß und damit den anzurechnenden dynamischen Druck gleich Null setzt.

---

[1] Wenn der Diffusor unmittelbar an das Ventilatorgehäuse anschließt, so kann meist nur die Leistung von Ventilator und Diffusor zusammen bestimmt werden, weil häufig schwer zu entscheiden ist, wo der Ventilator aufhört und der Diffusor anfängt; außerdem stellen sich der Ermittlung des Gesamtdruckes an der Übergangsstelle auch große praktische Schwierigkeiten entgegen.

5. Bei den bisherigen Betrachtungen ist ein Umstand noch nicht berücksichtigt worden, nämlich die Wirkung der Schwerkraft auf das zu fördernde Gas. Liegen die Stellen der Druckentnahme in verschiedener Höhe, so ist, wenn p_1 und p_2 die absoluten Gesamtdrücke und h der Höhenunterschied der beiden Druckentnahmestellen ist, die Leistung (ganz entsprechend wie bei Pumpen) ausgedrückt durch

$$L = V\,(p_2 - p_1 + \gamma h);$$

führt man die statischen Drücke p_1' und p_2' ein, so wird

$$L = V\left(p_2' - p_1' + \gamma h + \frac{\gamma}{2g}\,(w_2^2 - w_1^2)\right).$$

Werden die Drücke p_1' und p_2' einzeln mit Manometern gemessen, die in gleicher Höhe mit den Meßstellen sind, und deren einer Schenkel mit der Außenluft in Verbindung steht, Abb. 18, so zeigen, wenn p' und p'' die Drücke der Außenluft an diesen Stellen sind, die beiden Manometer die Druckunterschiede $p_1' - p'$ und $p_2' - p''$ an; der Unterschied der beiden Manometerablesungen ist demnach

$$\Delta p = p_2' - p_1' + p' - p''.$$

Ist γ_l das Raumgewicht der Außenluft, so ist ferner $p' - p'' = \gamma_l\,h$, also

$$\Delta p = p_2' - p_1' + \gamma_l h.$$

Zur Berechnung der Leistung braucht man nach obigem die Größe $p_2' - p_1' + \gamma h$, die sich durch Einführung von Δp auch

$$\Delta p + (\gamma - \gamma_l)\,h$$

schreiben läßt.

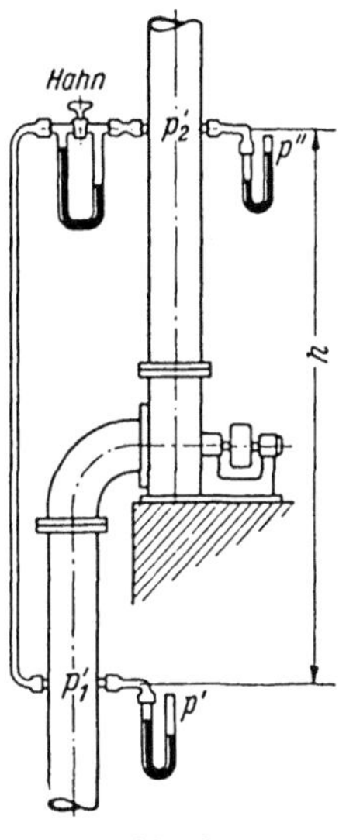

Abb. 18

Wenn nun $\gamma = \gamma_l$ ist, so ist demnach ein Einfluß des Höhenunterschiedes auf die Leistung nicht vorhanden. (Die Hebungsarbeit der Luft in der Ventilatorleitung wird durch das Herabsinken eines gleichen Volumens Außenluft geleistet.) Ist aber γ von γ_l verschieden, so ist zu Δp der Betrag $(\gamma - \gamma_l)\,h$ hinzuzufügen [bzw. für $\gamma < \gamma_l$ der Betrag $(\gamma_l - \gamma)\,h$ abzuziehen].

Wird der Druckunterschied mittels eines einzigen Manometers beobachtet, dessen beide Seiten an die beiden Meßöffnungen angeschlossen sind, so kommt es darauf an, mit welcher Gasart die Verbindungsleitungen gefüllt sind. Es spielt dann, wie man leicht sieht, das Gas in den Verbindungsleitungen dieselbe Rolle, wie vorher die Außenluft. Sind die Verbindungsleitungen mit dem zu fördernden Gas gefüllt, und herrscht dort dieselbe Temperatur wie in der Ventilatorleitung, so ist der am Manometer abgelesene Druckunterschied

$$\Delta p = p_2' - p_1' + \gamma h,$$

also wieder gerade gleich dem in der Leistungsformel vorkommenden Ausdruck.

Wird durch Abschalten der Meßleitungen von den Druckentnahmestellen (vgl. Nr. I, 6., S. 1386) ein Hilfs-Nullpunkt bestimmt, und ist Δp der von diesem aus gerechnete Druckunterschied, so mißt man die Differenz zwischen den Druckunterschieden des Gases und der Außenluft an den Meßstellen, gerade so wie bei den zwei Manometern, und es ist deshalb auch hier

$$p_2' - p_1' + \gamma h = \Delta p + (\gamma - \gamma_l)\, h.$$

6. Im Zusammenhang mit diesen Erörterungen über die Berechnung der Nutzleistung mögen noch einige Bemerkungen folgen, von denen sich die ersten beiden mit irrtümlichen Auffassungen beschäftigen, deren Vorhandensein in den Beratungen des Ausschusses festgestellt worden ist.

Es soll vielfach üblich sein, die Liefermenge auf 0° C und 760 mm Barometerstand umzurechnen und in der Formel für die Nutzleistung *diesen* Wert einzuführen. Das ist durchaus fehlerhaft; die Arbeitsleistung des Ventilators richtet sich nach dem Volumen des Gases in dem Zustand, in welchem es in den Ventilator eintritt, und nicht nach dem Volumen, welches das Gas haben *würde*, wenn die Temperatur 0° und der Druck 760 mm QS wäre. Die Dichte des Gases ist zwar nicht gleichgültig, bei derselben Umlaufzahl liefert ein Ventilator bei einem leichteren Gas entsprechend geringeren Druck, oder er muß, um denselben Druck zu erzeugen, schneller laufen; nimmt man aber den Druck, wie ihn der Ventilator liefert, und das Volumen des Gases in dem Zustand, in welchem es durch den Ventilator hindurchgefördert wird, so ist damit die Wirkung der verschiedenen Dichten schon richtig berücksichtigt, und das Produkt gibt ohne weiteres die richtige Arbeitsleistung. Das „Reduzieren auf 0° und 760 mm" hat nur in einem Fall einen Sinn, wenn es sich nämlich um irgendwelche stofflichen Eigenschaften des geförderten Gases handelt, z. B. um sein chemisches oder thermisches Verhalten, wenn es sich also darum handelt, die geförderten *Gewichtsmengen* festzustellen.

Bei Grubenventilatoren kommt es vielfach vor, daß die künstliche Wetterbewegung durch einen *natürlichen Wetterzug*, der in Temperaturunterschieden begründet ist, unterstützt (oder auch vermindert!) wird. Es soll nun vielfach üblich sein, den natürlichen Wetterzug bei abgestelltem Ventilator besonders zu messen und dann entweder die Liefermenge von der beim Ventilatorbetrieb gemessenen abzuziehen, oder aber den Druckunterschied, den der natürliche Wetterzug bei abgeschlossenem Wetterschacht hervorruft, von dem bei arbeitendem Ventilator gemessenen abzuziehen (dies für den Fall, daß der natürliche Zug die künstliche Wetterführung unterstützt; im entgegengesetzten Fall das sinngemäß Entsprechende). Beides ist fehlerhaft; denn die Drücke und Liefermengen, die bei arbeitendem Ventilator gemessen werden, sind schon das Ergebnis des Zusammenwirkens von natürlichem Zug und Ventilator (sie würden ohne natürlichen Zug anders ausgefallen sein). Bei den beiden angegebenen oder auch ähnlichen Verfahren würde demnach der Einfluß des natürlichen Wetterzuges doppelt in Rechnung gesetzt werden. Daß es das einzig Zulässige ist, die am Ventilator gemessenen Werte für Liefermenge und Druckunterschied in die Berechnung einzusetzen, geht übrigens schon daraus hervor, daß sich der Arbeitsvorgang ganz innerhalb des Ventilators vollzieht, und zwar bei gegebener Fördermenge und gegebenen Drücken (und Temperaturen) ganz unabhängig davon, durch welche außerhalb des Ventilators gelegene Umstände diese Fördermenge und diese Drücke entstanden sind.

Noch ein Punkt mag hier kurz erwähnt werden. In einer Bemerkung zu den „Allgemeinen Bestimmungen" heißt es, daß,

> wenn im Vertrage die Leistung des Ventilators auf reines Gas bezogen ist, etwaige Verunreinigungen des Gases (Staub, Späne, Wasser usw.) dem Ventilator zugute gerechnet werden sollen.

Diese Verunreinigungen wirken teils, solange sie im Luftstrom schweben, so, daß sie seine Reibung vergrößern, teils überziehen sie die Wände des Ventilators und das Flügelrad mit einer mehr oder minder rauhen Kruste und hemmen auch dadurch den freien Durchgang des Luftstromes. Eine Regel dafür, wie die Beeinflussungen solcher Verunreinigungen abgeschätzt werden könnten, läßt sich bei der Verschiedenartigkeit der vorkommenden Fälle nicht angeben; deshalb wurde dem Hersteller empfohlen, in jedem derartigen Fall mit dem Abnehmer entsprechende Verabredungen möglichst vor Eintritt in die Abnahmeversuche zu treffen.

IV. Gleichwertige Öffnung; Kennlinien

1. Unter Nr. 16 der Regeln ist zur Verwendung in den Lieferverträgen eine Größe empfohlen, die in der Bewetterungstechnik der Bergwerke bereits vielfach benutzt wird, die *gleichwertige Öffnung* oder äquivalente Grubenweite. Sie dient als Maßstab für den Gesamtwiderstand, den ein vorhandenes Leitungsnetz dem hindurchströmenden Gas bietet. Dieser Widerstand ist abhängig von der geometrischen Gestalt des Kanalnetzes, von der Beschaffenheit der Kanalflächen usw., im übrigen ist er proportional der Dichte des Gases und (annähernd wenigstens) dem Quadrat der Geschwindigkeit, oder was auf dasselbe hinauskommt, dem Quadrat der Durchflußmenge. Von der gleichen Art ist der Widerstand, den eine Öffnung in einer Wand dem Durchtritt der Gasmenge bietet. Berechnet man eine Öffnung so, daß zum Durchtritt einer gleichen Gasmenge der gleiche Druckunterschied nötig ist wie bei dem Leitungsnetz, so ist die Öffnung dem Kanalnetz „gleichwertig“. Die Formel für den Durchfluß durch eine Öffnung, die als bekannt vorausgesetzt werden kann, lautet:

$$V = \mu A \sqrt{\frac{2g(p_2 - p_1)}{\gamma}},$$

wo A die Fläche der Öffnung ist und μ die Ausflußziffer. Bei gegebenem V und $p_2 - p_1$ ist somit

$$A = \frac{V}{\mu} \sqrt{\frac{\gamma}{2g(p_2 - p_1)}}.$$

Die Ausflußziffer μ kann, da es sich ja nur um eine Rechnungs- und Vergleichsgröße handelt, irgendwie festgesetzt werden.

Für die Verhältnisse bei Bergwerken hat man, einem Vorschlag von MURGUE[1] folgend, $\mu = 0{,}65$ angenommen; da es sich hier immer um Luft von wenig schwankender Temperatur handelt, hat man $\gamma = 1{,}2$ kg/m³ gesetzt und die Zahlenfaktoren zusammengezogen, so daß sich

$$A = 0{,}38 \frac{V}{\sqrt{p_2 - p_1}}$$

ergibt.

Für die allgemeine Einführung dieser Größe in die Ventilationstechnik, die aus den unten zu nennenden Gründen sehr empfohlen werden muß, wird die Festsetzung $\mu = 1$ vorgeschlagen, was dem Ausfluß durch eine sehr vollkommene Düse entspricht. Man kann der so erhaltenen gleichwertigen Öffnung

$$A_1 = V \sqrt{\frac{\gamma}{2g(p_2 - p_1)}}$$

zum Unterschied von der im Bergbau üblichen, den Namen „gleichwertige Düse“ geben.

Will man ein unmittelbares Maß für den Widerstand eines Leitungsnetzes in Analogie zu dem Ohmschen Widerstand haben, von solcher Eigenschaft, daß der Widerstand von zwei hintereinandergeschalteten Leitungsstrecken gleich der Summe der Widerstände der einzelnen Strecken ist, so ergeben sich Größen der folgenden Art. Es ist

$$p_2 - p_1 = \zeta_1 \gamma \frac{w_1^2}{2g} + \zeta_2 \gamma \frac{w_2^2}{2g} + \cdots,$$

wo $\zeta_1, \zeta_2 \ldots$ WEISBACHsche Widerstandsziffern sind. Nun ist, wenn $F_1, F_2 \ldots$ die Querschnitte der verschiedenen Teilstrecken sind, unter

[1] D. MURGUE, Über Grubenventilatoren, S. 6.

Annahme eines konstanten Raumgewichtes γ das sekundliche Volumen

$$V = w_1 F_1 = w_2 F_2 = \ldots;$$

wenn man $w_1, w_2 \ldots$ hieraus ersetzt, ergibt sich:

$$p_2 - p_1 = \gamma \frac{V^2}{2g}\left(\frac{\zeta_1}{F_1^2} + \frac{\zeta_2}{F_2^2} + \cdots\right),$$

andererseits ergibt die Formel für die gleichwertige Düse:

$$p_2 - p_1 = \frac{\gamma V^2}{2g} \frac{1}{A_1^2},$$

so daß sich als Widerstandsmaß

$$\frac{1}{A_1^2} = \sum \frac{\zeta}{F^2}$$

ergibt.

Die gleichwertige Öffnung bzw. gleichwertige Düse bietet auch für den Ventilator selbst einen sehr brauchbaren Maßstab. Wird der Ventilator ohne größere Rohrleitung geprüft und das Druckrohr mit einem Schieber teilweise verschlossen, so ist — bei Anwendung der dem Ausflußvorgang entsprechenden Ausflußziffer — die gleichwertige Öffnung gleich der Schieberöffnung. Angaben über den von einem Ventilator erzeugten Druck, über seinen Wirkungsgrad usw. haben nur dann einen bestimmten Sinn, wenn der Widerstand der zugehörigen Kanalanlage, also die gleichwertige Öffnung derselben, mit angegeben ist. Für verschiedene gleichwertige Öffnungen liefert derselbe Ventilator bei der nämlichen Umlaufzeit verschiedenen Druck und verschiedenen Wirkungsgrad. Es muß deshalb den Herstellern von Ventilatoren dringend empfohlen werden, bei ihren Gewährleistungen für Wirkungsgrad und Druckerzeugung die gleichwertige Öffnung immer mit anzugeben.

2. Bei gleich gehaltener gleichwertiger Öffnung bestehen nun, wie viele Versuche gezeigt haben, die folgenden Gesetzmäßigkeiten:

Die Liefermenge ändert sich mit der ersten Potenz der Umlaufzahl;

der erzeugte Druckunterschied ändert sich proportional mit der Dichte des Gases und mit der zweiten Potenz der Umlaufzahl;

endlich, weil auch der Wirkungsgrad hierbei merklich konstant ist, ändert sich die erforderliche Leistung proportional mit der Dichte und mit der dritten Potenz der Umlaufzahl.

Diese Gesetzmäßigkeiten können dazu dienen, gewisse Kennzahlen zu definieren, die man zweckmäßig unter Zuhilfenahme von einigen für den Ventilator kennzeichnenden Größen, wie dem Ausblasequerschnitt F_a und der Umfangsgeschwindigkeit u des Schaufelrades, dimensionslos macht. (Dies hat abgesehen davon, daß diese Zahlen nun vom Maßsystem unabhängig, also reine Verhältniszahlen sind, noch den Vorteil, daß die Gesetzmäßigkeiten für verschiedene größere, jedoch geometrisch ähnliche Ausführungen einer und derselben Ventilatorart sowie für verschiedene Gasarten deutlich hervortreten.)

Entsprechend den drei obigen Gesetzmäßigkeiten kann man drei Kennziffern aufstellen:

1. eine *Lieferziffer* φ, mittels deren aus der Formel

$$V = \varphi F_a u \tag{1}$$

die Liefermenge folgt;

2. eine *Druckziffer* ψ zur Berechnung des Druckunterschiedes $p_2 - p_1$ mit Hilfe des der Umfangsgeschwindigkeit entsprechenden dynamischen Druckes $\gamma u/2g$

$$p_2 - p_1 = \psi \frac{\gamma u^2}{2g}; \tag{2}$$

3. eine *Leistungsziffer* λ für die aufzuwendende Leistung L_a (unter Abzug der Lagerreibung usw.):

$$L_a = \lambda F_a \frac{\gamma u^3}{2g}; \tag{3}$$

wie man sieht, folgt aus $L_a = V(p_2 - p_1)/\eta$ mit Hilfe von Gl. (1) und (2) sofort

$$\lambda = \frac{\varphi \psi}{\eta}$$

(η = Wirkungsgrad der Luftarbeit).

Die Kennziffern sind nach den erwähnten Gesetzmäßigkeiten konstant, solange die gleichwertige Öffnung A bzw. A_1 konstant ist, und ändern sich im allgemeinen, wenn diese Größe sich ändert. Trägt man sie als Ordinaten zu A_1 als Abszisse auf, so erhält man die *Kennlinien*. Um die Eigenschaften der Ventilatorart besser hervortreten zu lassen, kann man als Abszisse statt A_1 das Verhältnis $A_1/F_a = \alpha$ auftragen. [Auch das Verhältnis $\frac{\text{dynamischer Druck in der Ausblaseöffnung}}{\text{Gesamtdruckunterschied}}$, $\frac{p_{da}}{p_2 - p_1}$, für das sich, wegen $p_{da} = \frac{\gamma}{2g}\left(\frac{V}{F_a}\right)^2$ und $p_2 - p_1 = \frac{\gamma}{2g}\left(\frac{V}{A_1}\right)^2$ (vgl. S. 1407), auch $(A_1/F_a)^2 = \alpha^2$ schreiben läßt, ist hierfür verwendbar.]

Führt man für A_1 seinen Wert

$$V\sqrt{\frac{\gamma}{2g(p_2 - p_1)}}$$

ein, der gemäß Gl. (2) auch $V/u\sqrt{\varphi}$ geschrieben werden kann, und ersetzt mittels Gl. (1) V durch $\varphi F_a u$, so wird $A_1/F_a = \alpha = \varphi/\sqrt{\psi}$, also ergibt sich die Lieferziffer zu

$$\varphi = \alpha\sqrt{\psi};$$

hiermit erhält man schließlich für die Leistungsziffer:

$$\lambda = \frac{\varphi \psi}{\eta} = \frac{\alpha\sqrt{\psi^3}}{\eta}.$$

Hieraus ergibt sich, daß, wenn der Wirkungsgrad η gegeben ist, nur noch eine von diesen drei Kennziffern, z. B. $\psi = \frac{p_2 - p_1}{\gamma\, c^2/2g}$, in Abhängigkeit von $\alpha = A_1/F_a$ gegeben zu sein braucht.

Aus dem Verlauf der η- und ψ-Linien lassen sich, gleichen Einbau vorausgesetzt, sämtliche mechanischen Eigenschaften des Ventilators entnehmen. Für den praktischen Gebrauch ist es sehr bequem, sich aus den Werten der η- und ψ-Linien noch die φ- und λ-Linien zu berechnen, vgl. Abb. 19, da man dann jederzeit mittels der oben unter 1., 2. und 3. angegebenen einfachen Formeln den Zusammenhang zwischen Widerstand des Leitungsnetzes (A_1), Ventilatorgröße (F_a), Umfangsgeschwindigkeit (u), Liefermenge, Druckunterschied und aufzuwendender Leistung beurteilen kann. Die Kurven von Abb. 19 stellen zugleich, wenn die Maßstäbe passend gewählt werden, den Verlauf der Liefermenge, des Druckes und der aufzuwendenden Leistung bei Veränderung der gleichwertigen Düse dar, vorausgesetzt, daß die Drehzahl des Ventilators konstant gehalten wird.

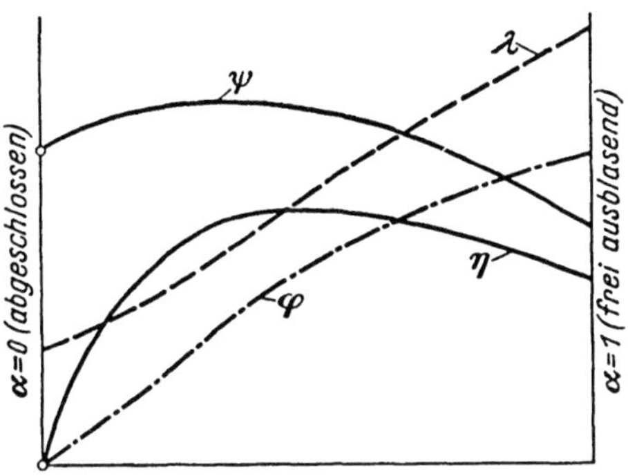

Abb. 19. Kennlinien

3. In dieser einfachen Form gelten die Beziehungen über die Kennlinien nur für Niederdruckventilatoren, bei denen die Volumenänderungen des Gases vernachlässigt werden dürfen; bei Hochdruckventilatoren und bei Turbokompressoren, wo diese Vernachlässigung nicht mehr erlaubt ist, ergibt sich eine gewisse Willkür in der Festsetzung der Kennziffern, da man diese auf verschiedene Volumina und verschiedene Zustandsänderungen (Isotherme, Adiabate) beziehen kann. Gründe der Einfachheit sprechen dafür, als Bezugsvolumen das Eintrittsvolumen (bzw. das dem Atmosphärendruck und der Temperatur des Kühlmittels entsprechende Volumen) zu wählen, als Zustandsänderung die Isotherme.

Man erhält so für die *Lieferziffer:*

$$\varphi = \frac{V_1}{F_a\, u}$$

(mit dieser Wahl ist $\varphi\, u$ die rechnerisch ganz bequem zu verwertende Geschwindigkeit, die die Gasmenge hätte, wenn sie im Ansaugezustand durch den Druckstutzen strömen würde); die *Druckziffer* wird

$$\psi = \frac{\int_{p_1}^{p_2} \frac{dp}{\gamma}}{\frac{u^2}{2g}} = \frac{p_1}{\frac{\gamma_1 u^2}{2g}} \ln \frac{p_2}{p_1};$$

für die *Leistungsziffer* ergibt sich:

$$\lambda = \frac{L_a}{F_a \frac{\gamma_1 u^3}{2g}}.$$

Für die Berechnung der gleichwertigen Düse liegt es nahe, das adiabatische Gesetz zu verwenden, weil Ausflußvorgänge nahezu adiabatisch zu verlaufen pflegen. Da es sich aber um eine reine Rechnungsgröße handelt, kann man Gründe der Einfachheit voranstellen und den Ausflußquerschnitt nach der Isotherme berechnen. Man erhält so für eine isotherme Expansion vom Druck p_2 auf p_1 und für ein Endvolumen gleich dem Anfangsvolumen V_1 die Formel:

$$A_1 = \frac{V_1}{\sqrt{2g \int_{p_1}^{p_2} \frac{dp}{\gamma}}} = V_1 \sqrt{\frac{\gamma_1}{2g\, p_1 \ln \frac{p_2}{p_1}}}.$$

Die Zweckmäßigkeit gerade dieser Wahl von φ, ψ, λ und A_1 zeigt sich dadurch, daß hier, wenn wieder $A_1/F_a = \alpha$ gesetzt wird, dieselben einfachen Beziehungen gelten, wie bei Niederdruckventilatoren; es ist nämlich wie dort

$$\varphi = \alpha \sqrt{\psi}$$

und — wegen $L_a = \frac{1}{\eta} p_1 V_1 \ln \frac{p_2}{p_1}$ — auch

$$\lambda = \frac{\varphi\,\psi}{\eta} = \frac{\alpha \sqrt{\psi^3}}{\eta}.$$

Bei Hochdruckventilatoren können für ψ und A_1 die folgenden Näherungsformeln verwendet werden, bei denen γ_m das nach der Isotherme dem Druck $\frac{p_1 + p_2}{2}$ entsprechende Raumgewicht ist:

$$\psi = \frac{2g(p_2 - p_1)}{\gamma_m u^2}; \qquad A_1 = V_1 \sqrt{\frac{\gamma_m}{2g(p_2 - p_1)}};$$

der Beweis hierfür erfolgt ganz entsprechend dem unter Nr. III für die Leistungsformel gegebenen.

Für den Fall, daß der erzeugte Druckunterschied nicht allein zur Überwindung von Strömungswiderständen, sondern auch zur Verrichtung von Nutzarbeit dient — bei Kompressoren dürfte dies die Regel sein —, verliert die gleichwertige Düse ihre eigentliche Bedeutung. Für solche Fälle dürfte es sich empfehlen, die Druckziffer ψ und die

Leistungsziffer λ abhängig von der Lieferziffer φ aufzutragen, was bei geeigneter Bestimmung der Maßstäbe nichts anderes bedeutet, als daß, unveränderliche Drehzahl der Maschine vorausgesetzt, der Verlauf des Druckes und der aufzuwendenden Leistung abhängig von der Liefermenge dargestellt wird.

Es mag noch bemerkt werden, daß die oben unter 2. angegebenen drei Gesetzmäßigkeiten nur für Niederdruckventilatoren streng gelten. Bei Hochdruckventilatoren bringen die mehr oder minder großen Änderungen des Raumgewichtes γ Abweichungen von diesen Gesetzmäßigkeiten hervor.

Für die drei Kennziffern, deren Formeln auf der Proportionalität der Menge, des Druckes und der Leistung mit der ersten bzw. zweiten und dritten Potenz der Umfangsgeschwindigkeit u aufgebaut sind, hat dies zur Folge, daß die Kennziffern nicht mehr unabhängig von u sind und sich daher die Kennlinien mit steigender Umfangsgeschwindigkeit langsam verschieben. Immerhin aber dürften sie bei der Ordnung von Versuchsergebnissen und bei Berechnungen der verschiedensten Art von großem Nutzen sein.

Jahrbuch der Deutschen Versuchsanstalt für Luftfahrt Bd. 1 (1913) S. 39—52

Das Projekt einer Reichsversuchsanstalt für Luftschiffahrt[1]

Gutachten über die Organisation und die technischen Einrichtungen, nebst einem Kostenanschlag, erstattet im Auftrage Seiner Exzellenz des Herrn Staatssekretärs des Reichsamtes des Innern

I. Leitende Grundsätze

Da zur Zeit noch in keiner Weise übersehen werden kann, wie sich die Luftschiffahrt in künftigen Jahrzehnten entwickeln wird, wird man heute auch auf dem Gebiet des luftschifftechnischen Versuchswesens nichts fertig in sich Abgeschlossenes, auf Jahrzehnte Ausreichendes schaffen können; man wird vielmehr damit rechnen müssen, daß der Anstalt mit der Ausdehnung ihres Forschungsgebietes, die die Weiterentwicklung der Luftschiffahrt mit sich bringen wird, immer neue Aufgaben gestellt werden. Man wird also von der zu schaffenden Organisation große Beweglichkeit und Anpassungsfähigkeit an zukünftige Aufgaben verlangen müssen. Zur Erreichung dieses Zieles erscheinen uns die folgenden Gesichtspunkte von Wichtigkeit:

1. Für den ersten Ausbau der Anstalt wird ein *verhältnismäßig kleiner einmaliger Betrag auszuwerfen* sein, mit dem die nötigsten Räumlichkeiten und Einrichtungen erstellt werden können, dann aber wird für *sehr reichliche Betriebsfonds* zu sorgen sein, die über die Deckung der laufenden Betriebsausgaben hinaus die Möglichkeit zur stetigen Erweiterung der Versuchseinrichtungen geben (um die Verhältnisse zu illustrieren, mögen hier die Zahlen der Göttinger Modellversuchsanstalt angeführt werden, die im kleinen unter ganz ähnlichen Bedingungen arbeitet, wie die Reichsversuchsanstalt es im großen tun soll: die Bau- und Einrichtungskosten betrugen etwa 24000 Mark, die jährlichen Ausgaben — persönliche und sächliche — betragen etwa 10000 Mark).

2. Für die Gebäude, besonders die für technische Zwecke dienenden, wird eine *billige Bauart* anzuwenden sein (Ziegelfachwerk od. dgl.), die ohne allzu große Kosten bauliche Umänderungen, wo sie sich erforderlich zeigen, vorzunehmen gestattet. Es empfiehlt sich auch, da in Johannisthal eine besondere Nötigung zur räumlichen Zusammendrängung noch nicht besteht, das *Barackensystem* anzuwenden, d. h. abgesehen vom Verwaltungsgebäude, für jeden technischen Zweck ein besonderes Gebäude zu errichten; die Erweiterungsfähigkeit jeder einzelnen Abteilung ist auf diese Weise am besten gewährleistet.

---

[1] Gemeinsam mit H. Hergesell.

3. Es wird für den Anfang nicht tunlich sein, eine große Anzahl von lebenslänglich angestellten Beamten zu einer festgefügten Organisation zusammenzufügen, sondern es wird im Gegenteil der Leiter der Anstalt mit weitgehenden Vollmachten auszustatten sein, wissenschaftliche und technische Hilfskräfte anzustellen und sie an denjenigen Stellen zu verwenden, wo die Arbeiten es erfordern.

4. Der Leiter der Anstalt soll auch durch keinen für die einzelnen Verwendungszwecke spezifizierten Etat in seiner Bewegungsfreiheit gebunden werden, sondern innerhalb des ihm zugebilligten Gesamtbetrages über die Zuführung der Mittel an die Einzelzwecke frei verfügen dürfen. An Stelle der vorherigen Spezifizierung wird dann eine nachträgliche Rechnungsablage treten müssen.

II. Organisation

Die Anstalt wird der Leitung eines *Direktors* unterstellt. Der Direktor ist in bezug auf seine Tätigkeit einem vom Reich zu ernennenden Kuratorium verantwortlich; in dieses Kuratorium sind ein oder mehrere Vertreter der Reichsbehörde aufzunehmen, von denen einer das Präsidium führt; außerdem besteht dasselbe aus einer größeren Anzahl von Fachmännern der Luftschiffahrtswissenschaft und Luftschiffahrtstechnik. Der Direktor hat in dem Kuratorium selbst Sitz und Stimme.

Das Kuratorium hat die Befugnis, *die Arbeiten von nicht der Versuchsanstalt angehörigen Forschern* durch Geldmittel aus einem besonderen für die Zwecke geschaffenen Fonds *zu unterstützen* (es wird auf diese Weise möglich, mit verhältnismäßig geringen Mitteln die Arbeitskraft von einer Reihe tüchtiger Männer für solche Spezialarbeiten auf dem Gebiet der Aeronautik zu gewinnen, die sich in einem normalen Laboratorium durchführen lassen). Das Kuratorium stellt zu diesem Zweck dem Direktor einen Teil dieses Fonds, etwa im Betrag von 10000 Mark, zur Verfügung, damit er kleinere, aber dringende Arbeiten dieser Art selbständig veranlassen kann. Bei der Bewilligung größerer Beträge ist stets die Entscheidung des Kuratoriums anzurufen.

Dem Direktor wird ein *Sekretär* beizugeben sein, der mit einigen Hilfskräften die *Korrespondenz* führt, der *Bibliothek* vorsteht und die *Auskunftserteilung* leitet.

Der Betrieb der Versuchsanstalt gliedert sich in *drei Abteilungen*, nämlich

1. die aerodynamische Abteilung,
2. die physikalische Abteilung,
3. die technische Abteilung.

Bei der Erläuterung der Aufgaben der einzelnen Abteilungen sei vorweg erwähnt, daß sämtliche Materialprüfungen (Festigkeitseigenschaften, Wetterbeständigkeit usw. von allen Baumaterialien für Luftfahrzeuge) bereits im Königlichen Materialprüfungsamt in Groß-Lichterfelde-West durchgeführt werden, daß ferner für die Untersuchung von Luftfahrzeugmotoren (Brennstoffverbrauch, Eigenwiderstände der Motoren, Studium der Vergasung, der Kühlung usw.) bereits das Laboratorium für Verbrennungsmaschinen an der Technischen Hochschule Charlottenburg besteht. Doch müßte dieses letztere durch besondere Einrichtungen in entsprechender Weise weiter ausgestaltet werden. Sollte diese aus irgendwelchen Gründen nicht statthaft sein, so müßte die technische Abteilung in diesem Sinne ausgebaut werden. Wir würden dann hierfür noch besondere Vorschläge und Anforderungen zu machen haben.

Die Aufgaben der *aerodynamischen Abteilung* werden vor allem sein: Studium der Luftbewegung und Bestimmung der Luftkräfte an Modellen von Ballonkörpern, von Aeroplanen und von Luftschrauben in einer zu errichtenden Modellversuchsanstalt; Studium von wirklichen Luftschrauben in Fahrt mittels eines Versuchswagens, der auf einem Geleise fährt; Versuche mit wirklichen Aeroplanflächen mittels des gleichen Versuchsorgans und im natürlichen Wind; Studium der Stabilitätsbedingungen für Luftfahrzeuge, der Wirkung der Steuerorgane, wobei auch die Veränderungen der Flächen durch Luftkräfte und künstliche Mittel (Verwindung usw.) in Betracht zu ziehen sind; Bestimmung des Luftwiderstandes von Drahtkabeln bei Drachen, Fesselballons und Luftschiffen; Studium der Strömungsverhältnisse im natürlichen Wind in der Nähe des Bodens, d. h. in denjenigen Höhenschichten der Atmosphäre, in denen im allgemeinen die Luftfahrzeuge fahren (hierbei sind die modernen Hilfsmittel der Aerologie zu benutzen, welche ja ähnliche Untersuchungen für alle Höhenschichten der Atmosphäre vornimmt); Eichung von Meßgeräten zur Bestimmung der Luftgeschwindigkeit mit Hilfe einer Rundlaufeinrichtung und durch andere Methoden.

Der *physikalischen Abteilung* wird es zukommen, diejenigen Aufgaben aus den verschiedenen Gebieten der Physik zu bearbeiten, die für die Luftschiffahrt von Bedeutung sind. Hierher gehören: Studium des Wärmeüberganges durch Ballonwände, Einfluß von Sonnenbestrahlung und Luftbewegung (Aspiration) auf die Temperatur des Traggases, Diffusion des Gases durch die Ballonwände; Studium der Frage der Heizung von abgeschlossenen Gasmassen zur Erzielung von Temperatur- und Auftriebsänderungen, sowie der Fragen der Ballastvermehrung durch physikalische und chemische Mittel; Studium der luftelektrischen Erscheinungen an Luftfahrzeugen (elektrisches Feld der freien Atmosphäre, Beeinflussung und Gefährdung der Luftfahrzeuge durch dasselbe, Anwendungen der Wellentelegraphie). Ferner würde der physikalischen Abteilung zuzuweisen sein das Studium und die Prüfung der Instrumente für die Luft-Navigation: Kompasse, Instrumente für astronomische Ortsbestimmung, Barographen, Thermographen, besonders zur fortlaufenden Kontrolle der Gastemperaturen. Untersuchungen über den Einfluß der Vibration auf das Verhalten der Instrumente gehören ebenfalls hierher.

Die *technische Abteilung* wird sich vor allem mit Fragen konstruktiver Natur zu befassen haben: Untersuchungen über die Tragfähigkeit und Steifigkeit der Trägerkonstruktionen der Aeroplane und der Gerüstluftschiffe, Versuche über den störenden Einfluß der vom Motor und der Schraube ausgehenden Erschütterungen, Festigkeitsuntersuchung von Luftschrauben in der Schleudervorrichtung und in Fahrt auf dem Versuchswagen (Ermüdungserscheinungen des Materials usw.), Untersuchung der Leistung der zu Luftfahrzeugen zu verwendenden Motoren und Getriebe.

Alle drei Abteilungen vereinigen sich bei gelegentlich zu veranstaltenden *Untersuchungen an gemieteten oder zu diesem Zweck zur Verfügung gestellten Luftfahrzeugen.*

Solche Versuche an wirklichen Luftschiffen und Flugmaschinen stellen eine notwendige Ergänzung der Einzelversuche dar, die immer unter irgendwie künstlichen Bedingungen vor sich gehen. Erst die Erprobung am wirklichen Fahrzeug liefert ein gutes Urteil über die Zuverlässigkeit der Einzelbeobachtungen; die Einzelbeobachtungen mußten dabei aber vorausgegangen sein, damit die Fülle der Erscheinungen beim wirklichen Fahrzeug eine richtige Deutung erfahren kann.

Bei dieser Gesamtuntersuchung erwähnen wir besonders folgende Punkte: Luftwiderstand des Tragkörpers und der Unterorgane (bei Luftschiffen: Gondeln, herabhängende Taue), Untersuchung über die Lage der Widerstandsmittelpunkte, Untersuchung der Steuerfähigkeit im Zusammenhang mit der Lage der Hauptpunkte (Schwerpunkt, Auftriebsmittelpunkt), der Verschiebung der Hauptpunkte während der Fahrt durch Ausgabe von Betriebsstoffen, Gas und Ballast; bei Luftschiffen besonders Änderung der Gastemperatur während der Fahrt unter dem Einfluß der natürlichen Ventilation, der Sonnenstrahlung, der Strahlung anderer Flächen (Erdboden, Wolken), Schwankungen des Auftriebes durch verschiedene Ursachen (Überschreiten der Prallhöhe, Heizung des Gases, künstliche Ballastvermehrung).

An der Spitze jeder der drei Abteilungen steht ein Fachmann des bezüglichen Gebietes als Abteilungsvorsteher, ihm zur Seite stehen wissenschaftliche Hilfsarbeiter und Laboranten, die in irgendeinem passenden Gewerbe ausgebildet sind. Für die drei Abteilungen gemeinsam ist eine feinmechanische Werkstatt und eine Hauptwerkstatt vorhanden, welch letztere eine Schmiede, Dreherei und Schlosserei, sowie Tischlerei enthält. Die Werkstätten stehen unter der Aufsicht eines

Werkmeisters, der zugleich Materialverwalter ist. Der Zweck der Werkstätte ist nicht nur der, die beim Betrieb der Versuchsanstalt vorkommenden kleineren Arbeiten selbst auszuführen, sondern es ist auch daran gedacht, solche größeren Versuchseinrichtungen, die nicht käuflich zu erwerben sind, sondern für die Zwecke der Versuchsanstalt erst neu entworfen werden müssen, in eigener Regie unter Aufsicht des Konstrukteurs auszuführen. (Ob die vorgeschlagene Zahl von 12 Handwerkern — die Laboranten eingerechnet — hierfür auf die Dauer ausreichen wird, erscheint sehr fraglich. Der Vorschlag bezieht sich indes wesentlich auf die erste Entwicklung der Anstalt, für die die Zwölfzahl genügen mag.)

Die Verteilung des technischen Personals auf die einzelnen Gruppen mag in folgender Weise vorgenommen werden: der aerodynamischen Abteilung, deren Aufgabenkreis der umfangreichste sein dürfte, werden vier, den beiden anderen je zwei wissenschaftliche Hilfsarbeiter zugeteilt; von den Laboranten kommen zwei (ein Klempner und ein elektrotechnisch ausgebildeter Monteur) auf die aerodynamische Abteilung, je einer (ein Glasbläser und ein Chauffeur) auf die physikalische und die technische Abteilung. Das Werkstattpersonal, das gelegentlich auch zu den Arbeiten der Abteilungen herangezogen werden wird, mag bestehen aus drei Feinmechanikern, drei Schlossern und Drehern und zwei Tischlern.

III. Bauliche Anlagen und technische Einrichtungen

Wir wollen in diesem Gutachten zunächst noch keinen bestimmten Platz vorschlagen; um jedoch zu bestimmten Vorschlägen bezüglich der aufzuwendenden Mittel zu gelangen, haben wir im folgenden ein rechtwinkliges Grundstück in der Ostecke des Flugplatzes der Flug- und Sportgesellschaft Johannisthal zugrunde gelegt, da in der Sitzung vom 4. November 1910 auf diesen Platz besonders hingewiesen worden ist. Wir möchten jedoch bei dieser Gelegenheit bemerken, daß die Auswahl eines anderen Platzes für gewisse Zwecke des Projektes gewisse Vorteile mit sich bringen könnte. So würde die Nähe eines größeren Sees, wie sie sich auch in der Nähe von Berlin befinden, es ermöglichen, die Gleisanlage mit Versuchswagen durch ein schnellfahrendes Motorboot zu ersetzen.

Das von uns in Johannisthal ins Auge gefaßte Grundstück ist nahe dem Bahnhof Adlershof gelegen und besitzt mit 125 m Länge und 80 m Breite einen Flächeninhalt von 10000 m², vgl. den Plan Abb. 1. Dieses Grundstück bietet reichlich Platz für eine spätere Erweiterung der Baulichkeiten der Anstalt über den jetzigen Plan hinaus, jedoch dürfte es sich empfehlen, auf einem anstoßenden Stück von wenigstens

5000 m² sich die Vorhand zu sichern für eine künftige abermalige Vergrößerung der Anstalt.

Von dem Grundstück soll ein Eisenbahngleis für den Versuchswagen in nordöstlicher Richtung parallel mit der Grenze des Flugplatzes entlangführen, in einer Gesamtlänge von etwa 1440 m. Für Ablassung des Grundstückes sowie des Streifens für das Gleis beansprucht die Flugplatzgesellschaft eine jährliche Pachtsumme von 3000 Mark.

In der Frage des *Versuchsgleises* war mit dem Königlichen Eisenbahnzentralamt in Berlin verhandelt worden wegen Mitbenutzung des

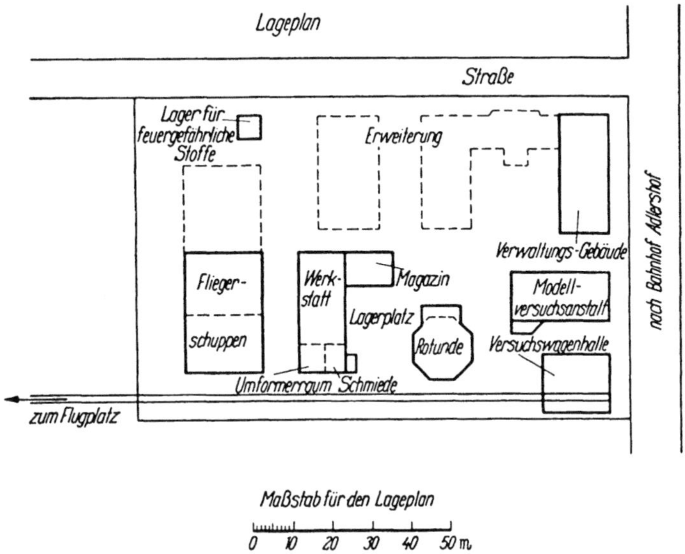

Abb. 1

Versuchsgleises des Eisenbahnzentralamtes bei Oranienburg. Es ergab sich aber die vollständige Unmöglichkeit der Mitbenutzung des Gleises, einmal wegen seiner elektrischen Oberleitung und wegen seiner starken Kurven, dann aber auch wegen seiner starken Inanspruchnahme durch die Versuche der Eisenbahnverwaltung. Dagegen hat es das Eisenbahnzentralamt dankenswerterweise übernommen, das für die Betriebsverhältnisse der Versuchsbahn geeignetste Schienenprofil zu ermitteln und die Preise für 1 km Gleislänge mitzuteilen. Es ergab sich der „Oberbau mit Schienen Nr. 11a" auf Holzschwellen mit einer Schienenhöhe von 115 mm und einem Schienengewicht von 27,4 kg/m.

Die für den ersten Ausbau projektierten Gebäude sind in solchen Abmessungen entworfen, daß sie für ihre Zwecke für die ersten zehn Jahre ausreichend sein dürften (die Aufzählung des Personals im vorhergehenden Abschnitt ist nach denjenigen Bedürfnissen, die sich heute schon einigermaßen überblicken ließen, vorgenommen. Für die zu schaffenden Räume schien es aber richtiger, etwas weiter auszugreifen; sie sind also für eine etwas größere Mitarbeiterzahl bemessen).

Ein „*Verwaltungsgebäude*" vereinigt die Amtszimmer des Direktors, des Sekretärs und der Abteilungsvorsteher, sowie die Arbeitsräume der Assistenten, außerdem die erforderlichen Nebenräume für die Verwaltung und eine Dienstwohnung für einen Unterbeamten; ferner ein physikalisches und ein kleines chemisches Laboratorium, ein photographisches Zimmer, einen Zeichensaal, eine Instrumentensammlung und schließlich die feinmechanische Werkstätte. Es hat eine Grund-

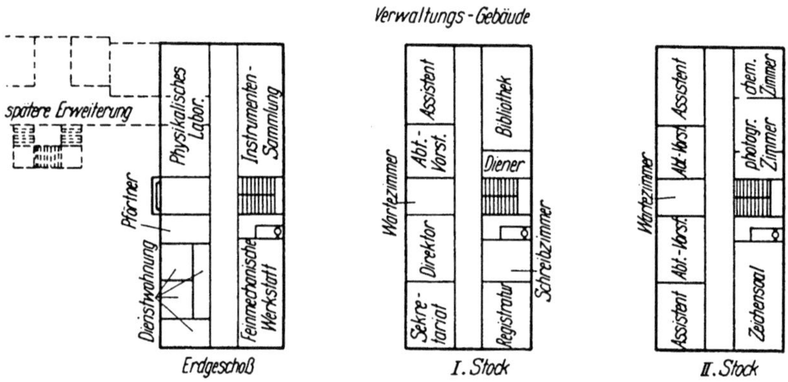

Abb. 2—4

fläche von 13 × 30 m und besitzt über dem Erdgeschoß zwei Stockwerke; dazu kommen noch einige Kellerräume für die Zentralheizung usw. Die Verteilung der Räume auf die einzelnen Geschosse ist aus der Planskizze, Abb. 2—4, zu ersehen.

Die *Hauptwerkstatt* mit einer Grundfläche von 30 × 10 m besteht der Hauptsache nach aus einem einzigen Raum, in dem, von einem Elektromotor betrieben, eine Reihe von Maschinen zur Eisen- und Holzbearbeitung aufgestellt sind, außerdem Werkbänke für Schlosser Tischler usw. Vom Hauptraum abgetrennt ist eine Schmiede und ein „Umformerraum", in dem die Maschinen Platz finden, die den in Johannisthal vorhandenen Drehstrom in den für den Betrieb der Modellversuchsanstalt, des Versuchswagens, des Rundlaufs usw. erforderlichen Gleichstrom verwandeln. An die Hauptwerkstatt ist ein Anbau angegliedert, der den Dienstraum des Werkmeisters sowie ein Magazin der erforderlichen Materialien enthält.

Die *Modellversuchsanstalt* (Abb. 5—7) weicht durch eine Reihe von Abänderungen, die ihre Leistungsfähigkeit und Vielseitigkeit erhöhen sollen, von ihrem Göttinger Vorbild ab. Statt des Schraubenventilators besitzt sie den ökonomischeren Zentrifugalventilator; eine besondere Vorrichtung gestattet es, statt mit geschlossenem Luftstrom mit offenem zu arbeiten, was bei Versuchen über Wärmeaustausch usw. von Wichtigkeit ist; vor dem Ventilator ist eine Eiffel-Kammer angebracht, in der der Luftstrom bequem zugänglich ist. Die ganzen Ausmaße sind etwas größer gewählt als in der Göttinger Anstalt. Der Querschnitt des eigentlichen Versuchskanals ist dabei zu $2 \times 2{,}5$ m angenommen, die größere Länge des Kanals läßt eine noch bessere Vergleichmäßigung, als es in Göttingen möglich war, erhoffen.

Die *Versuchswagenhalle* dient zur Aufnahme des Versuchswagens, auf dem gelegentlich Schrauben von 5 m Durchmesser, andererseits

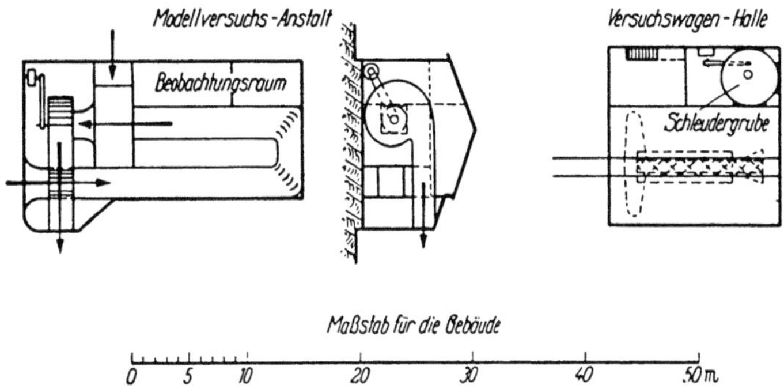

Abb. 5—7

aber wieder Aeroplanflächen in den der praktischen Verwendung entsprechenden Größenverhältnissen angebracht werden sollen; hieraus ergibt sich die Forderung einer Halle, deren Toreinfahrt in der Mitte $6^1/_2$ m hoch und im übrigen etwa 10 m breit sein muß; wegen der in größerer Entfernung vor und hinter dem Versuchskörper zu montierenden Meßinstrumente ergibt sich auch eine große Baulänge des Wagens. In einem Seitenraum der Versuchswagenhalle ist eine „Schleudergrube" angeordnet, in der die Luftschrauben auf ihre Festigkeit gegen Zentrifugalkräfte untersucht werden. Über der Schleudergrube befindet sich ein Lagerraum für Propeller usw.

Zur Aufnahme der Rundlaufvorrichtung mit 6 m langem Arm für Eichung von Geschwindigkeitsmessern und für gewisse Luftwiderstandsuntersuchungen dient eine *Rotunde*, die aus einem kreisförmigen Raum von 15 m Durchmesser nebst einem Vorraum zur Aufbewahrung der verschiedenen Hilfseinrichtungen besteht.

Für die Untersuchungen der technischen Abteilung, die häufig an räumlich ziemlich ausgedehnten Objekten (Flugmaschinenteilen u. dgl.) vorzunehmen sein werden, schien es geraten, einen normalen *Flugzeugschuppen*, etwa in der Bauart der Ballonhallenbau-Gesellschaft Arthur

Müller (Charlottenburg), zu verwenden. Man gewinnt auf diese Weise gleich eine Unterkunft für die gelegentlich zu Versuchen zu mietenden Flugzeuge, die Bauart hat überdies den Vorzug großer Billigkeit.

Es schien angemessen, einen Schuppen für zwei Flugzeuge zu wählen (15 × 30 m), da dann, wenn ein Flugzeug eingestellt ist, immer noch in der anderen Hälfte gearbeitet werden kann. An den eigentlichen Flugzeugschuppen schließen sich einige Nebenräume an, in denen einige kleinere Festigkeitsmaschinen und ein Motorenbremsstand Aufstellung finden (es sei dabei bemerkt, daß mit diesen Einrichtungen nicht in die Kompetenz des Materialprüfungsamtes und des Laboratoriums für Verbrennungsmaschinen eingegriffen wird; die Festigkeitsmaschinen dienen hier nicht zu Materialprüfungen, sondern für Vergleichsversuche bei den Untersuchungen über Konstruktionen sowie zur Eichung der verschiedenen verwendeten Dynamometer, ebenso dient der Motorenversuchsstand nicht dazu, Studien über die Motoren zu machen, sondern zu Vergleichsversuchen über die Motorleistung, die beim Studium der Motorwirkung in Flugzeugen notwendig werden).

Die Einrichtungen der Versuchsanstalt werden schließlich vervollständigt durch ein kleines *Lagerhaus für feuergefährliche Stoffe* (vor allem Benzin), das zweckmäßig auch einen Raum für die Aufnahme eines Kraftwagens erhalten wird.

Über die anzuwendende Bauweise mag vorgeschlagen werden, daß das Verwaltungsgebäude im Erdgeschoß massiv, in den oberen Stockwerken als Ziegelfachwerkbau ausgeführt wird. Die übrigen Gebäude, mit Ausnahme des Flugzeugschuppens, sind ebenfalls in Ziegelfachwerk gedacht, nur bei der Hauptwerkstatt wird diejenige Wand, die die Haupttransmission trägt, massiv ausgeführt werden müssen.

Die *Gruppierung der einzelnen Gebäude* auf dem Grundstück von 125 × 80 m (s. den Lageplan in Abb. 2) ist so vorgenommen, daß einerseits die zusammengehörigen Einrichtungen möglichst zusammenliegen, daß andererseits eine planvolle Erweiterung der Baulichkeiten später leicht vorgenommen werden kann.

Anmerkung der Schriftleitung: Es folgen detaillierte Kostenanschläge über die einmaligen Ausgaben in Höhe von 410000 Mark und die jährlichen Ausgaben in Höhe von 210000 Mark.

Handwörterbuch der Naturwissenschaften Bd. IV, Jena: Fischer 1913, S. 101—140.

Flüssigkeitsbewegung

Vorbemerkung

Die Lehre von der Flüssigkeitsbewegung ist, nachdem sie von den großen Mathematikern in der Mitte des 18. Jahrhunderts (LEONHARD EULER, DANIEL BERNOULLI u. a.) begründet und sowohl nach der theoretischen, wie praktischen Seite ausgebaut worden ist, späterhin in zwei getrennte und sich fast ganz entfremdete Wissenschaften zerfallen, die „Hydrodynamik" der Mathematiker und die „Hydraulik" der Ingenieure. Erst in der neuesten Zeit setzen die Bestrebungen wieder stärker ein, durch mathematische Vertiefung der Hydraulik und durch Kritik der Hydrodynamik an Hand der Erfahrung beide Wissenszweige wieder zu vereinigen.

In dem vorliegenden Artikel ist der Versuch gemacht, das Gesamtgebiet von einheitlichen Gesichtspunkten aus darzustellen. Dabei ist aus Zweckmäßigkeitsgründen hier *nur die volumbeständige Flüssigkeitsbewegung* behandelt; die Bewegungen *mit* Volumänderung, bei denen auch thermische Vorgänge mitspielen, sind in dem Artikel „*Gasbewegung*" behandelt. Da die Bewegungen von Gasen, sobald die Höhenerstreckung der Räume klein ist gegen die Höhe der „homogenen Atmosphäre" und die Geschwindigkeit klein gegen die Schallgeschwindigkeit, ohne merkliche Volumenänderung verlaufen, so gehören diese Gasbewegungen ebenso wie die der „inkompressiblen" Flüssigkeiten in den Bereich des gegenwärtigen Artikels. Deshalb hat auch das Kapitel *Luftwiderstand* in diesem Artikel Aufnahme gefunden; nur der Luftwiderstand der Geschosse wird wegen der bei den hohen Geschwindigkeiten auftretenden Verdichtungen und Verdünnungen in dem Artikel „*Gasbewegung*" behandelt.

Bei der Eigenart des zu behandelnden Wissensgebietes ließen sich häufig größere mathematische Auseinandersetzungen nicht ganz vermeiden. Im *systematischen Teil* (I und II) sind die wichtigsten Gedanken mit tunlichster Beschränkung der mathematischen Entwicklungen in größerem Druck wiedergegeben; die feineren mathematischen Ausführungen sind in kleinem Druck wiedergegeben. Eine Reihe von wichtigen Bemerkungen ist an die Behandlung der ebenfalls kleingedruckten Beispiele angeknüpft worden. In den *Einzelausführungen* (III) ist die Darstellung nach Möglichkeit so gewählt, daß der Text auch ohne die Formeln verständlich ist, so daß auch der nicht mathematische Leser sich zurechtfindet.

I. Kinematik der Flüssigkeiten

1. Darstellungsmethoden. Die allgemeinste und vollständigste Methode, die Bewegung einer Flüssigkeit darzustellen, besteht darin, daß man für die einzelnen Flüssigkeitsteilchen, die man z. B. durch ihre Koordinaten zur Zeit des Bewegungsbeginnes voneinander unterscheiden kann, den zeitlichen Verlauf der Bewegung, wie auch den des Druckes und der Dichte, angibt. Dies kann in mathematischer Form dadurch geschehen, daß man die augenblicklichen Koordinaten der Flüssigkeitsteilchen sowie ihren Druck und ihre Dichte als Funktionen der Anfangskoordinaten oder sonst irgendwie gewählter „Flüssigkeitskoordinaten" angibt.

Gewöhnlich begnügt man sich aber mit einer einfacheren Darstellung. Man kümmert sich nicht um das Schicksal jedes einzelnen Teilchens, sondern gibt nur den zeitlichen Verlauf der Geschwindigkeit, des Druckes und der Dichte an jedem Raumpunkt an. Die Verhältnisse sind am einfachsten zu erfassen, wenn man zunächst ein Momentbild herausgreift: Man findet da an jedem Raumpunkt eine Geschwindigkeit von bestimmter (im allgemeinen von Punkt zu Punkt veränderlicher) Größe und Richtung vor. Die Anschauung von einer solchen räumlichen Geschwindigkeitsverteilung, einem „Geschwindigkeitsfeld", läßt sich verbessern, indem man die sogenannten „*Stromlinien*" hindurchzieht, d. h. Linien, deren Tangentenrichtung überall mit der Richtung der Geschwindigkeit der Flüssigkeitsströmung übereinstimmt.

Zieht man die Stromlinien, die durch die Punkte einer kleinen geschlossenen Kurve hindurchgehen, so erhält man, Stetigkeit vorausgesetzt, eine Röhre, die sogenannte *Stromröhre*. Den flüssigen Inhalt einer Stromröhre nennt man „*Stromfaden*". Da nach Voraussetzung die Strömung der Flüssigkeit immer in Richtung der Stromlinien erfolgt, kann durch die Wand der Stromröhre Flüssigkeit weder austreten noch eintreten; sie fließt demnach in der Stromröhre wie in einem festen Kanal, und es muß deshalb, Volumenbeständigkeit vorausgesetzt, durch jeden Querschnitt dieses Kanals in jedem Moment gleich viel Flüssigkeit hindurchströmen. Man kann sich nun den ganzen Raum in solche Stromröhren aufgeteilt denken und erhält dadurch ein sehr anschauliches Bild des augenblicklichen Zustandes der Strömung. Es ist allerdings zu betonen, daß diese Darstellung im allgemeinen nur auf ein *Momentbild* zutrifft; das Stromröhrenbild wird im allgemeinen im Laufe der Zeit immer andere Gestalten annehmen, und es werden deshalb die *Bahnen*, die die einzelnen Flüssigkeitsteilchen beschreiben, durchaus anders verlaufen können, als das Momentbild der Stromlinien angibt.

Einfacher sind die Verhältnisse bei der sogenannten *stationären Bewegung*, d. h. bei einer solchen Bewegung, bei der die Geschwindigkeit an einem Punkte des Raumes dauernd dieselbe bleibt. Hier haben auch die Stromröhren dauernde Gestalt, und es stimmen deshalb auch die Bahnen mit den Stromlinien überein.

Um die Darstellung weiter zu vereinfachen, beschränkt man sich häufig auf die Betrachtung eines einzigen Stromfadens. Dieses, besonders von den Ingenieuren bevorzugte Verfahren ist vor allem da am Platze, wo es sich um Strömungsvorgänge in Rohrleitungen und Kanälen handelt. Man betrachtet entweder einen Stromfaden, der mittlere Verhältnisse aufweist, oder aber man betrachtet den ganzen Kanal als eine einzige Stromröhre und erhält dann Aussagen über die Mittelwerte der Geschwindigkeit in den einzelnen Kanalquerschnitten. Die Wirkung der Flüssigkeitsreibung, deren Berücksichtigung bei der strengen Behandlung fast unüberwindliche Schwierigkeiten bietet, läßt sich bei dieser vereinfachten „*eindimensionalen*" Darstellung den Ergebnissen der Versuche entsprechend summarisch berücksichtigen, was besonders für die praktische Anwendung von großer Bedeutung ist.

Das Gesamtgebiet der eindimensional behandelten Aufgaben wird heute unter dem Namen *Hydraulik* zusammengefaßt. Die mehrdimensionale Behandlung führt den Namen *Hydrodynamik*. Sie führt naturgemäß viel tiefer in das Verständnis der Strömungsvorgänge ein, erfordert aber zu ihrer Beherrschung umfassende mathematische Kenntnisse. Es ist dabei zu betonen, daß die mathematische Hydrodynamik ihre Aufgaben nur in einer stark idealisierten Form zu behandeln vermag. Insbesondere muß mit Rücksicht auf die Durchführbarkeit der Rechnungen meist auf die Berücksichtigung der Reibung verzichtet werden. Dies hat natürlich zur Folge, daß die Resultate nur in solchen Fällen Schlüsse auf die wirkliche Flüssigkeitsbewegung zulassen, in denen die Reibung von geringem Einfluß ist. Glücklicherweise weisen gerade die technisch wichtigsten Flüssigkeiten, Wasser und Luft, eine verhältnismäßig sehr geringe Reibung auf, so daß die für die „ideale reibungslose Flüssigkeit" gewonnenen Resultate der Hydrodynamik immerhin in vielen Fällen auf die wirklichen Flüssigkeiten angewandt werden können.

2. Kontinuität. Von dem im Abschnitt 1 besprochenen Momentbild der Geschwindigkeitsverteilung ist zu fordern, daß es der Kontinuität genügt, d. h. es müssen sich die einzelnen Flüssigkeitsteilchen so nebeneinander her bewegen, wie es der Erhaltung ihres Volumens entspricht. Wenn das ganze Strömungsfeld bereits in der besprochenen Weise in einzelne Stromröhren aufgeteilt ist, dann ist leicht zu sehen, was die Kontinuitätsbedingung zu bedeuten hat. Wie erwähnt, strömt die Flüssigkeit in einer Stromröhre wie in einer festen Röhre. Die Forderung, daß jedes Flüssigkeitselement sein Volumen beibehält, läßt sich hier einfach so formulieren, daß durch jeden Querschnitt der Stromröhre in der gleichen Zeit gleich viel Flüssigkeitsvolumen durchtreten muß; denn eine Ungleichheit des durchströmenden Volumens zwischen zwei Querschnitten würde eine Anhäufung oder Verringerung der Flüssigkeitsmasse zwischen ihnen darstellen. Bedeutet w die Geschwindigkeit und F den Querschnitt der Stromröhre, so ist das in der Zeiteinheit durch den Querschnitt hindurchströmende Volumen $V = F\,w$, es ist also die auf alle Querschnitt der Stromröhre angewandte Gleichung

$$F\,w = \text{konst.}, \tag{1}$$

die Kontinuitätsgleichung für eine Stromröhre. Wird in der Hydraulik ein ganzer Kanal oder eine ganze Röhre als eine einzige Stromröhre betrachtet, so gilt Gl. (1) ebenfalls, und zwar in der Weise, daß F den Querschnitt des ganzen Kanals und w den Mittelwert der Geschwindigkeit in diesem Querschnitt darstellt.

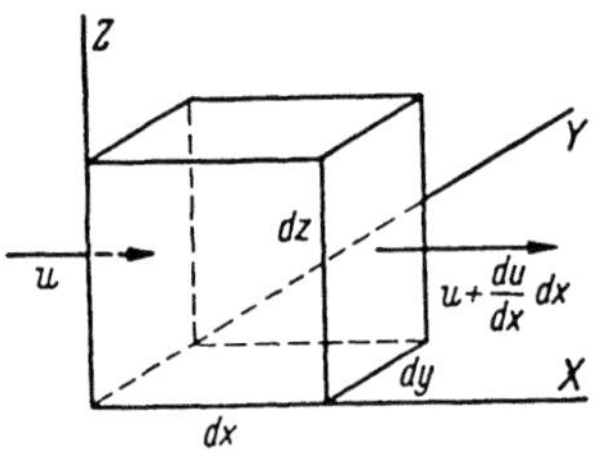

Abb. 1

Um die Kontinuitätsgleichung der mathematischen Hydrodynamik zu erhalten, betrachtet man ein Raumelement $dx\,dy\,dz$, und fordert, daß durch seine Seitenflächen ebensoviel Flüssigkeit eintritt als austritt. Sind u, v, w die Geschwindigkeitskomponenten in Richtung der Koordinatenachsen X, Y, Z, so strömt, wenn man zunächst nur die X-Komponente betrachtet, in der X-Richtung mehr aus als ein (vgl. Abb. 1)

$$dy\,dz\left(u + \frac{\partial u}{\partial x}\,dx\right) - dy\,dz\,u = dx\,dy\,dz\,\frac{\partial u}{\partial x}\,.$$

Ähnliche Beträge liefern die Y- und Z-Richtung. Die Bedingung, daß im ganzen ebensoviel ausströmt als einströmt, erhält demnach die Form:

$$\frac{\partial u}{\partial x} + \frac{\partial v}{\partial y} + \frac{\partial w}{\partial z} = 0. \tag{2}$$

Anmerkung: Die Größe $\frac{\partial u}{\partial x} + \frac{\partial v}{\partial y} + \frac{\partial w}{\partial z}$ wird *Divergenz* der Geschwindigkeit genannt.

Grenzt die Flüssigkeit gegen einen festen Körper oder gegen eine andere Flüssigkeit, so fordert die Kontinuität, daß die zur Grenzfläche senkrechte Geschwindigkeitskomponente auf beiden Seiten der Grenze dieselbe ist. Ist die Grenzfläche in Ruhe, so muß die Geschwindigkeitskomponente senkrecht zur Grenzfläche gleich Null sein, die Bewegung also in einem Vorbeigleiten parallel der Grenzfläche bestehen.

3. Drehbewegung und Drehungsfreiheit. Ein kinematischer Begriff, der weniger einfach zu fassen ist, als der der Kontinuität, dem darum aber nicht geringere Wichtigkeit zukommt, ist die Drehung des Flüssigkeitselementes. Sie kann definiert werden als der Mittelwert der Winkelgeschwindigkeiten, mit denen die Teilchen einer in der Flüssigkeit abgegrenzten kleinen Kugel um deren Mittelpunkt umlaufen. Eine mathematische Untersuchung zeigt, daß es genügt, die Mittelwerte von drei aufeinander senkrechten Richtungen zu nehmen. Zu einer vollständigen Aussage über die Drehung eines Flüssigkeitselementes ist neben einer Aussage über die Größe der Drehung auch eine solche über die Richtung ihrer Achse erforderlich. Die Drehung ist also ein Vektor.

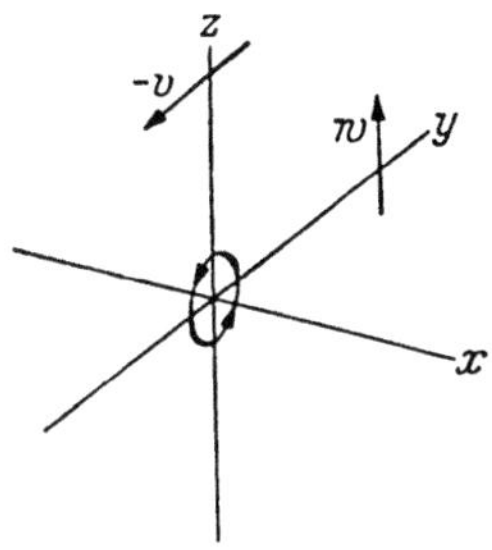

Abb. 2

Die Komponenten der mittleren Drehung sind für die drei Koordinatenachsen gesondert zu berechnen. Die Drehung um die X-Achse q_x wird erhalten aus der Z-Bewegung der Teilchen auf der Y-Achse und der Y-Bewegung der Teilchen auf der Z-Achse. Es ergibt sich also (vgl. Abb. 2)

$$q_x = \frac{1}{2}\left(\frac{\partial w}{\partial y} - \frac{\partial v}{\partial z}\right).$$

Für die anderen Koordinatenachsen ist entsprechend

$$\left.\begin{aligned} q_y &= \frac{1}{2}\left(\frac{\partial u}{\partial z} - \frac{\partial w}{\partial x}\right), \\ q_z &= \frac{1}{2}\left(\frac{\partial v}{\partial x} - \frac{\partial u}{\partial y}\right). \end{aligned}\right\} \tag{3}$$

Der volle Betrag der Drehung, dessen Doppeltes man auch *Rotation* (englisch: curl) *von w* nennt, wird als Vektorsumme der drei Komponenten (nach dem Kräfteparallelogramm) erhalten.

In der Dynamik der reibungsfreien Flüssigkeit spielt der Fall der *Drehungsfreiheit* eine besondere Rolle. Ihm entsprechen, wie leicht zu sehen, die Gleichungen

$$q_x = q_y = q_z = 0$$

oder

$$\frac{\partial w}{\partial y} = \frac{\partial v}{\partial z}; \qquad \frac{\partial u}{\partial z} = \frac{\partial w}{\partial x}; \qquad \frac{\partial v}{\partial x} = \frac{\partial u}{\partial y}.$$

Diese Gleichungen werden identisch erfüllt, wenn man die drei Geschwindigkeitskomponenten u, v, w durch die Beziehungen

$$u = \frac{\partial \Phi}{\partial x}; \qquad v = \frac{\partial \Phi}{\partial y}; \qquad w = \frac{\partial \Phi}{\partial z} \tag{4}$$

aus einem Potential Φ ableitet. Man nennt deshalb die drehungsfreie Bewegung auch „*Potentialbewegung*". Für die mathematische Behandlung ist es natürlich ein Vorteil, statt drei Funktionen nur eine angeben zu müssen. Die Flächen $\Phi =$ konst. stehen überall senkrecht zu den Stromlinien.

Von dem Bewegungszustand der drehenden Bewegung kann man sich ein zutreffendes Bild machen, indem man für jede Stelle des Raumes die Richtung der Drehachse ermittelt und nun diese Richtungen in derselben Weise durch Linien verbindet, wie das früher bei den Stromlinien geschehen ist. Für die so erhaltenen „*Drehungslinien*" oder „*Wirbellinien*" wird bewiesen, daß sie genau dieselben geometrischen Eigenschaften haben wie die Stromlinien einer volumbeständigen Flüssigkeit (die Divergenz der Rotation ist nach einem geometrischen Satz immer gleich Null). Die durch eine kleine geschlossene Kurve hindurchgezogenen Wirbellinien schließen sich zu einer „*Wirbelröhre*" zusammen; der flüssige Inhalt der Wirbelröhre wird *Wirbelfaden* genannt. Bedeutet q die Stärke der Drehung und F den Querschnitt, so ist das Produkt qF konstant in der ganzen Erstreckung der Wirbelröhre. Es ergibt sich hieraus auch, daß eine Wirbelröhre in der Flüssigkeit nirgends endigen kann, es sei denn an den Grenzen der Flüssigkeit.

Das doppelte Produkt von Winkelgeschwindigkeit und Querschnitt, $2qF$, wird *Wirbelstärke* genannt.

Mit der Wirbelstärke steht in engem Zusammenhang der Begriff der *Zirkulation*. Man erhält diese, wenn man längs einer geschlossenen Kurve jedes Linienelement multipliziert mit der Geschwindigkeitskomponente, die in die Richtung dieses Linienelementes fällt, und dann diese Produkte alle summiert (integriert).

Der Wert dieses „Linienintegrals", eben die Zirkulation (Γ), ist nun gleich der algebraischen Summe der Wirbelstärken derjenigen Wirbelröhren, die von der geschlossenen Kurve umschlungen werden.

Ist in einer im übrigen drehungsfreien Flüssigkeit ein Wirbelfaden vorhanden, so ist die Zirkulation für alle den Wirbelfaden umschlingenden geschlossenen Linien gleich der Stärke des Wirbelfadens, für alle ihn nicht umschlingenden

Linien gleich Null. (Für einen geraden Wirbelfaden ergibt sich hieraus leicht, daß die von dem Wirbelfaden verursachte Geschwindigkeit im Abstand r von der Wirbelachse umgekehrt proportional r, nämlich gleich $\frac{\Gamma}{2\pi r}$ ist.)

Für einen solchen Wirbelfaden in einer dehnungsfreien Flüssigkeit besteht eine vollkommene Analogie zu dem BIOT-SAVARTschen Gesetz der Elektrodynamik. Dem stromdurchflossenen Leiter entspricht der Wirbelfaden und der Stärke des magnetischen Feldes die Strömungsgeschwindigkeit. Jedes Element des Wirbelfadens liefert zur Strömungsgeschwindigkeit einen Betrag von der Größe $\frac{\Gamma \sin\alpha\, ds}{r^2}$ senkrecht zu ds und r (vgl. Abb. 3).

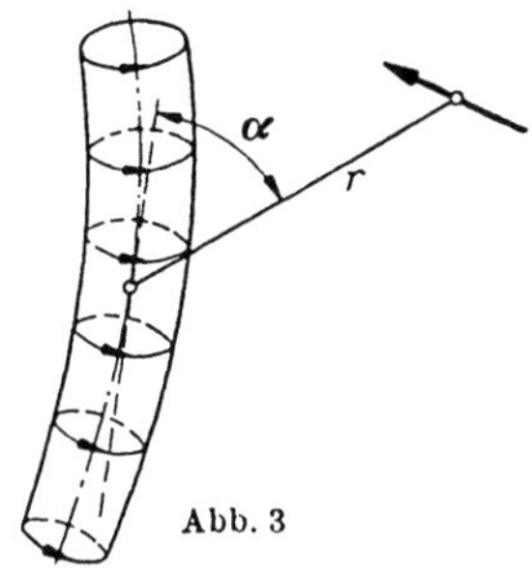

Abb. 3

Anmerkung: Bei der Potentialbewegung bedeutet das Linienintegral zwischen zwei Punkten nichts anderes als den Unterschied der Potentiale in diesen Punkten:

$$\int_1^2 w_s\, ds = \Phi_2 - \Phi_1;$$

es ist deshalb hier für geschlossene Linien gleich Null. Ausnahmen kommen bei den mehrdeutigen Potentialen vor, die viel Ähnlichkeit mit den Wirbelbewegungen haben (vgl. II, 2e).

Als ein weiteres Beispiel der Drehbewegung kommen die unstetigen Flüssigkeitsbewegungen in Betracht, wie sie in der Theorie der reibungsfreien Flüssigkeit betrachtet werden. Bei diesen Bewegungen bestehen in der Flüssigkeit Trennungsflächen, auf deren beiden Seiten die Flüssigkeit verschiedene Geschwindigkeiten hat. Man kann dieses Übereinanderweggleiten der beiden Flüssigkeitsteile auffassen als die Wirkung von dicht nebeneinanderliegenden Wirbelfäden, welche die Flüssigkeit in der Richtung senkrecht zur Geschwindigkeitsdifferenz durchziehen (vgl. Abb. 4).

Abb. 4

4. Beschleunigung. Die Berechnung der Beschleunigung in einer strömenden Flüssigkeit ist eine wichtige Voraufgabe für die dynamischen Untersuchungen. Bei einer *stationären* Flüssigkeitsbewegung entsteht eine Beschleunigung der einzelnen Flüssigkeitsteilchen dadurch, daß sie durch ihre Bewegung an Orte gelangen, wo die Geschwindigkeit anders ist als an dem bisherigen Ort. Teilt man die Beschleunigung in eine *longitudinale* und eine *transversale* Komponente, so erhält man zunächst für die erstere, indem man die Veränderung der Geschwindigkeit längs einer Stromlinie betrachtet (ds sei das Linienelement auf der Stromlinie):

$$\frac{dw}{dt} = \frac{\partial w}{\partial s}\frac{ds}{dt};$$

da aber ds/dt nichts anderes ist als die Geschwindigkeit w, so wird

$$\frac{dw}{dt} = w\frac{\partial w}{\partial s} = \frac{\partial}{\partial s}\left(\frac{w^2}{2}\right).$$

Der transversale Anteil der Beschleunigung ist nichts anderes als eine Zentripetalbeschleunigung. Ist r der Krümmungsradius der Stromlinie, so ist ihr Betrag gleich w^2/r. Ist die Strömung nicht stationär, so resultiert aus ihrer zeitlichen Veränderung ein weiterer Beitrag zur Beschleunigung; er ist gleich der zeitlichen Änderung, die die Geschwindigkeit an ein und demselben Ort erfährt.

Der vollständige Ausdruck der Beschleunigung in kartesischen Koordinaten ist nach EULER

$$\left.\begin{aligned} \frac{Du}{dt} &= \frac{\partial u}{\partial t} + u\frac{\partial u}{\partial x} + v\frac{\partial u}{\partial y} + w\frac{\partial u}{\partial z}, \\ \frac{Dv}{dt} &= \frac{\partial v}{\partial t} + u\frac{\partial v}{\partial x} + v\frac{\partial v}{\partial y} + w\frac{\partial v}{\partial z}, \\ \frac{Dw}{dt} &= \frac{\partial w}{\partial t} + u\frac{\partial w}{\partial x} + v\frac{\partial w}{\partial y} + w\frac{\partial w}{\partial z}. \end{aligned}\right\} \tag{5}$$

Anmerkung: Der Ausdruck $\frac{\partial u}{\partial t}$ heißt *lokaler* Differentialquotient, weil er die Veränderung bei festgehaltenem Ort wiedergibt. Die Glieder $u\frac{\partial u}{\partial x}$, $v\frac{\partial u}{\partial y}$ usw. nennt man *konvektive* Glieder, weil sie die Änderung angeben, die von der Ortsveränderung (Konvektion) herrühren. Die Summe von beiden, $\frac{Du}{dt}$, wird *substantieller* Differentialquotient genannt, weil er die Änderung angibt, die ein bestimmtes Teilchen der Substanz bei seiner Bewegung erfährt.

II. Dynamik

1. Druckgleichung. Das Fundament der Dynamik ist die Gleichung

$$\text{Kraft} = \text{Masse} \times \text{Beschleunigung}.$$

Als Kräfte kommen für die Flüssigkeiten in Betracht 1. Massenkräfte, wie z. B. die Schwerkraft, 2. Druckunterschiede, 3. Reibungskräfte.

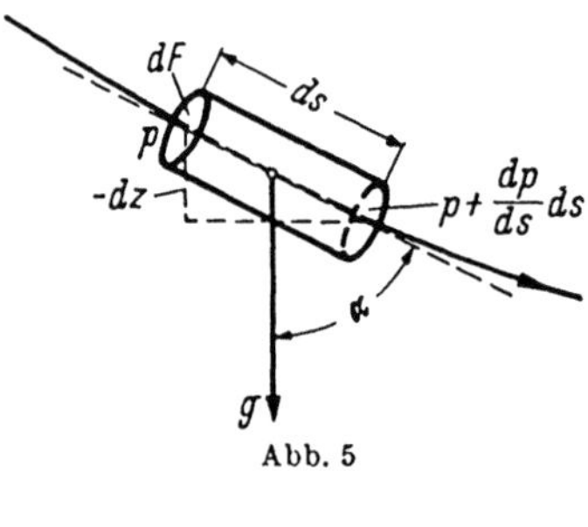

Abb. 5

Die Berücksichtigung der letzteren bereitet häufig sehr große mathematische Schwierigkeiten und ist im übrigen in vielen Fällen wegen der Kleinheit der Reibungskräfte ohne Belang.

Zur Berechnung der *longitudinalen* Beschleunigung, die vor allem von Wichtigkeit ist, wird nun in der Flüssigkeit ein Zylinderchen von der Länge ds und dem Querschnitt dF abgegrenzt, dessen Achse der Strömungsgeschwindigkeit parallel ist (Abb. 5). Ist ϱ die Dichte, d. h. die Masse der Volumeinheit, so ist die Masse des Teilchens $dm = \varrho\, dF\, ds$. Auf das Teilchen wirken nun die folgenden Kräfte:

Erstens ein Druckunterschied. An dem stromaufwärts gelegenen Ende des Zylinderchens habe der Druck den Wert p, er wirkt dann auf die dortige Endfläche dF mit einer Kraft $p\,dF$; an dem stromabwärts gelegenen Ende hat der Druck einen etwas veränderten Wert $p + \frac{\partial p}{\partial s} ds$, so daß sich also die resultierende Kraft aus den Drücken zu

$$p\,dF - \left(p + \frac{\partial p}{\partial s} ds\right) dF = -\frac{\partial p}{\partial s} ds\,dF$$

ergibt. Auf die Flüssigkeit wirkt ferner eine Massenkraft, deren Wirkung auf die Masseneinheit genommen g sei; schließt die Massenkraft mit der Richtung der Stromlinie einen Winkel α ein, so ergibt sich in der Richtung der Bewegung eine Kraft $\varrho\,dF\,ds\,g\cos\alpha$.

Aus der Gleichung:

$$\text{Beschleunigung} = \text{Kraft} : \text{Masse}$$

wird nun

$$\frac{dw}{dt} = -\frac{1}{\varrho}\frac{\partial p}{\partial s} + g\cos\alpha\,.$$

Für stationäre Bewegungen ist

$$\frac{dw}{dt} = \frac{\partial}{\partial s}\left(\frac{w^2}{2}\right);$$

führt man ferner unter der meist zutreffenden Voraussetzung, daß als alleinige Massenkraft die Schwerkraft wirkt, g also räumlich und zeitlich konstant ist, für $\cos\alpha$ $-\partial z/\partial s$ ein (vgl. Abb. 6), so sind sämtliche Glieder Differentialquotienten nach s, und man kann deshalb die Gleichung längs einer Stromlinie integrieren. Man erhält so die Gleichung

$$\frac{w^2}{2} + \frac{p}{\varrho} + g\,z = \text{konst.} \qquad (6)$$

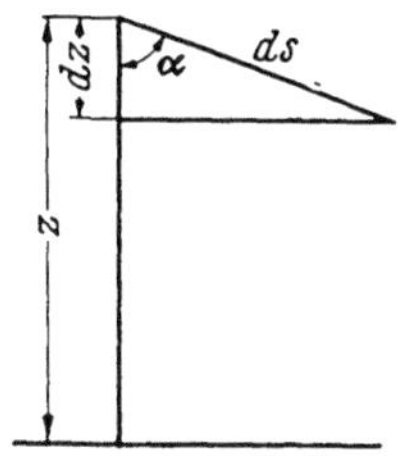

Abb. 6

Diese Gleichung wird *Bernoullische Gleichung* oder auch „*Druckgleichung*" genannt und bildet die Hauptgleichung für die eindimensionale Behandlung in der Hydraulik. Sie ist aber auch für die ganze Hydrodynamik von fundamentaler Bedeutung. Dividiert man alle Glieder der Gleichung mit g, so bekommen alle Glieder die Dimension einer Länge und erhalten dadurch besonders anschauliche Bedeutung. Wenn man noch beachtet, daß $\varrho\,g = \gamma$ das Gewicht der Volumeneinheit ist, so ergibt sich folgende Form für die Bernoullische Gleichung:

$$\frac{w^2}{2g} + \frac{p}{\gamma} + z = \text{konst.} \qquad (6a)$$

Das erste Glied $w^2/2g$, die Geschwindigkeitshöhe genannt, ist aus den Fallgesetzen bekannt. Sie ist diejenige Höhe, aus der ein Körper herabfallen muß, um die Geschwindigkeit w durch den freien Fall zu erlangen, und ist auch gleichzeitig diejenige Höhe, zu der ein Körper ansteigen kann, wenn er mit der Geschwindigkeit w senkrecht aufwärts geworfen wird. Das zweite Glied p/γ, Druckhöhe genannt, ist aus der Hydrostatik als diejenige Höhe bekannt, die eine Flüssigkeitssäule haben muß, um durch ihr Gewicht den Druck p zu erzeugen. Der dritte Summand, die Ortshöhe, ist die Höhe des betrachteten Punktes über einer irgendwie festgesetzten Horizontalebene.

Nach der BERNOULLIschen Gleichung ist also die Summe der drei Höhen in der ganzen Erstreckung einer Stromlinie konstant. Der Wert der Konstanten kann dabei von Stromlinie zu Stromlinie verschieden sein, und ist es insbesondere, wenn die Stromlinien verschiedenen Ursprung haben. Kommen alle Stromlinien aus einem Raum, in dem statische Verhältnisse (das ist Ruhe oder gleichförmige Bewegung) herrschen, so ist die Konstante für alle Stromfäden dieselbe, es gilt also die BERNOULLIsche Gleichung einheitlich für das ganze Gebiet. Dieser besondere Zustand ist identisch mit der im nächsten Abschnitt behandelten Potentialbewegung.

Im Falle der Hydrostatik $\left(\frac{w^2}{2g} = 0\right)$ würde sein $\frac{p'}{\gamma} + z =$ konst. Führt man die Differenz $p^* = p - p'$ ein, d. h. beachtet man nur den Betrag, um den sich der Druck im Falle der Bewegung von dem im Falle der Ruhe unterscheidet, so gilt demnach hierfür die Beziehung:

$$\frac{w^2}{2g} + \frac{p^*}{\gamma} = \text{konst.}$$

Durch diesen Kunstgriff erscheint die Wirkung der Massenkraft (Schwere) ausgeschaltet. Tatsächlich erfolgt auch die Bewegung im Inneren einer Flüssigkeit (da die Flüssigkeitsteilchen durch den hydrostatischen Druck ausbalanciert sind) gerade so, als ob die Schwerkraft nicht auf sie wirkte. Die Wirkungen der Schwerkraft sind dagegen nicht zu vernachlässigen bei der Bewegung einer freien Flüssigkeitsoberfläche bzw. bei der einer Grenzfläche zwischen zwei Flüssigkeiten von verschiedener Dichte. Hier ist die Schwere geradezu bestimmend für die Bewegung. Im folgenden soll, wo überall es angängig ist, einfachheitshalber die Wirkung der Schwere außer Betracht gelassen werden.

Die Druckunterschiede quer zur Strömungsrichtung regeln sich nach der Transversalbeschleunigung der Flüssigkeit; es ist, wie sich leicht ergibt, ein Druckanstieg von der Größe

$$\frac{\partial p}{\partial s'} = \varrho \frac{w^2}{r}$$

in der Richtung der äußeren Hauptnormale der Stromlinie vorhanden. Ist die Stromlinie gerade, so kann kein Druckunterschied quer zur Stromlinie vorhanden sein.

Der Zusammenhang der Druckverteilung mit der Geschwindigkeitsverteilung ergibt sich demnach bei stationärer Bewegung so, daß der Druck unter sonst gleichen Umständen um so kleiner ist, je größer die Geschwindigkeit, und daß er seinen größten Wert da erhält, wo die

Geschwindigkeit gleich Null ist. Einer Geschwindigkeitszunahme in der Stromrichtung entspricht ein Druckabfall (er dient zur Beschleunigung), einer Geschwindigkeitsabnahme ein Druckanstieg (erzeugt durch die Trägheitswirkung der Verzögerung). Quer zur Stromlinie ist ein Druckabfall nach der konkaven Seite der Stromlinie, ein Anstieg nach der konvexen Seite vorhanden. Ist die Strömung nicht stationär, so ist eine Steigerung der Geschwindigkeit mit einem Druckabfall in der Strömungsrichtung, eine Verlangsamung mit einem Druckanstieg verbunden.

Einige einfache Beispiele:

a) Ausfluß aus einem Gefäß unter dem Einfluß der Schwere (Abb. 7). Die Stromlinien stehen bei A unter dem Atmosphärendruck p_0, bei B (wegen der Parallelbewegung im Strahl) ebenso; es ist also (wenn die Geschwindigkeit bei A vernachlässigbar klein ist):

$$\frac{w^2}{2g} = z_A - z_B = h \quad \text{oder} \quad w = \sqrt{2gh}$$

(TORRICELLIsches Theorem).

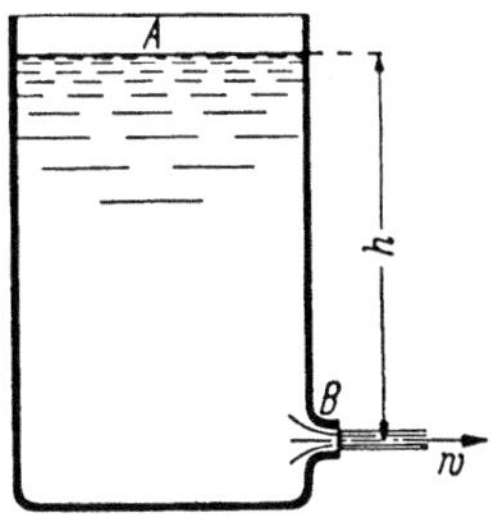

Abb. 7

b) Ausfluß unter einem Überdruck im Gefäß (Abb. 8). Herrscht innen der Druck p_1, außen p_2, so ist

$$\frac{w^2}{2} = \frac{p_1}{\varrho} - \frac{p_2}{\varrho}$$

oder

$$w = \sqrt{\frac{2(p_1 - p_2)}{\varrho}} = \sqrt{\frac{2g(p_1 - p_2)}{\gamma}}.$$

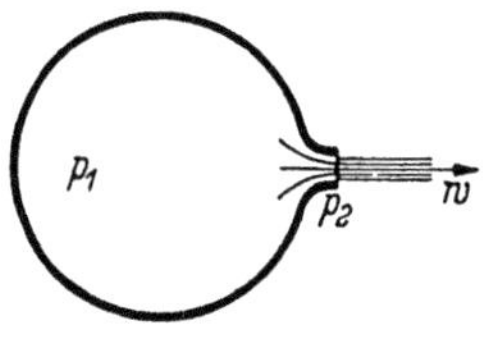

Abb. 8

c) Befindet sich in einer gleichförmigen Flüssigkeitsströmung (Geschwindigkeit w_0) ein Hindernis, so bildet sich an irgendeiner Stelle der vorderen Seite des Hindernisses eine Stauung aus, innerhalb deren sich die Strömung nach allen Richtungen zerteilt (s. Abb. 9). In der Mitte dieser Stauung, im „Staupunkt", ist die Geschwindigkeit relativ zum Hindernis gleich Null. Der Druck p_1 im Staupunkt ist demnach, wenn p_0 der Druck der ungestörten Flüssigkeit ist, wegen

$$\frac{p_1}{\varrho} + 0 = \frac{p_0}{\varrho} + \frac{w_0^2}{2},$$

$$p_1 = p_0 + \varrho \frac{w_0^2}{2}.$$

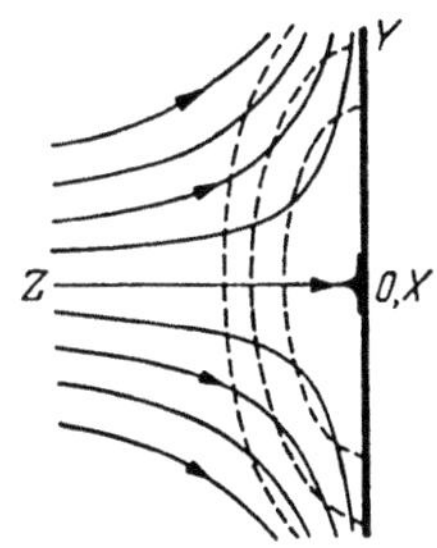

Abb. 9

Diese Beziehung wird zur Messung von Strömungsgeschwindigkeiten benutzt, vgl. Anhang b).

2. Eulersche Gleichungen. Potentialbewegung. In der mathematischen Theorie der reibungslosen Flüssigkeit wird das Grundgesetz der Dynamik: „Masse × Beschleunigung = resultierende Kraft" durch die von LEONHARD EULER aufgestellten Gleichungen zum Ausdruck gebracht. Ist p der Druck, ϱ die Dichte, und sind X, Y, Z die Komponenten der Massenkraft g, so werden die Beschleunigungen in den drei

Koordinatenrichtungen (vgl. I, 4)

$$\left.\begin{aligned}\frac{Du}{dt} &= -\frac{1}{\varrho}\frac{\partial p}{\partial x} + X,\\ \frac{Dv}{dt} &= -\frac{1}{\varrho}\frac{\partial p}{\partial y} + Y,\\ \frac{Dw}{dt} &= -\frac{1}{\varrho}\frac{\partial p}{\partial z} + Z.\end{aligned}\right\} \qquad (7)$$

Diese Gleichungen bilden zusammen mit der Kontinuitätsgleichung die vollständige mathematische Definition der idealen reibungsfreien Flüssigkeit.

Sehr wichtig ist nun der Satz von LAGRANGE, daß eine ideale homogene Flüssigkeit, wenn sie keine Drehung (vgl. I, 3) besitzt, unter der Wirkung von Druckkräften und von drehungsfreien Massenkräften niemals eine Drehung erlangen kann (die hauptsächlichste Massenkraft, die Erdschwere, ist bekanntlich immer drehungsfrei, besitzt ein Potential). Bewegungen aus der Ruhe heraus sind demnach immer drehungsfrei.

Nach I, 3 läßt sich die Strömung in solchen Fällen immer durch ein Potential Φ darstellen, was eine außerordentliche Vereinfachung der Aufgabe ist. Damit durch ein solches Potential eine mögliche Flüssigkeitsbewegung dargestellt wird, ist nur erforderlich, daß die aus dem Potential abgeleiteten Geschwindigkeiten der Kontinuität genügen. Die mathematische Bedingung hierfür ist:

$$\frac{\partial^2 \Phi}{\partial x^2} + \frac{\partial^2 \Phi}{\partial y^2} + \frac{\partial^2 \Phi}{\partial z^2} = 0. \qquad (8)$$

Ein Gewinn dieser Darstellung, den man nicht hoch genug einschätzen kann, ist darin zu sehen, daß man wegen des linearen Charakters der Gleichung durch Addition von zwei beliebigen Lösungen Φ_1 und Φ_2 immer wieder neue Lösungen gewinnen kann (Bei den Bewegungen mit Drehung ist dies nicht mehr der Fall.)

Sind bei einer Flüssigkeitsströmung die Geschwindigkeiten überall parallel zu einer Ebene, und ist die Strömung in senkrecht übereinanderliegenden Punkten aller Parallelebenen dieselbe, so spricht man von einer „*ebenen Strömung*".

Zur Darstellung einer ebenen Strömung genügen zwei Koordinaten x und y. Das Strömungspotential muß hier der Gleichung

$$\frac{\partial^2 \Phi}{\partial x^2} + \frac{\partial^2 \Phi}{\partial y^2} = 0$$

genügen. Für diese Gleichung kennt man sehr viele Lösungen, indem nämlich sowohl der reelle wie auch der imaginäre Teil einer jeden analytischen Funktion der komplexen Größe $x + iy$ eine Lösung darstellt. Schreibt man $\Phi + i\Psi = f(x + iy)$, so ist, wenn Φ als Potential genommen wird, Ψ die sogenannte „Stromfunktion". Diese ist der zwischen dem jeweils betrachteten Punkte und einem festen Punkte ($\Psi = 0$) in der Zeiteinheit hindurchströmenden Flüssigkeitsmenge proportional; die Linien Ψ = konst. sind deshalb Stromlinien. Durch die große Beweglichkeit dieser mathematischen Methode hat man bei der ebenen Strömung eine große Reihe schwieriger Aufgaben erledigen können, deren Durchführung bei der räumlichen Strömung unüberwindliche Hindernisse entgegenstehen.

Aus den EULERschen Gleichungen ergibt sich für die drehungsfreie Bewegung durch Integration die „Druckgleichung" in der Form:

$$\frac{\partial \Phi}{\partial t} + \frac{1}{2}(u^2 + v^2 + w^2) + \frac{p}{\varrho} - U = f(t).$$

U ist hierbei die Kräftefunktion der Massenkraft (im Fall der Erdschwere $= -g z$); $f(t)$ ist eine willkürliche Funktion der Zeit, die ausdrückt, daß durch Einwirkungen auf die Oberfläche der Flüssigkeit der Druck im ganzen Raume gleichzeitig um willkürliche Beträge geändert werden kann.

Beispiele: a) Bewegung um einen Staupunkt: Es sei $\Phi = a\left(\frac{1}{2}(x^2 + y^2) - z^2\right)$, so ist $u = a x$, $v = a y$, $w = -2az$. Die Stromlinien sind kubische Hyperbeln (vgl. Abb. 9). Es ist, wie es sein muß:

$$\frac{\partial u}{\partial x} + \frac{\partial v}{\partial y} + \frac{\partial w}{\partial z} = 0.$$

Ist die Bewegung stationär, so ist der Druck konstant auf Ellipsoiden: $x^2 + y^2 + 4z^2$ = konst.

b) Quellen und Senken. Dem Potential $\Phi = \mp \frac{c}{r}$ (r = Entfernung von einem festen Punkte O) entspricht ein Abströmen von dem Punkt O in der Richtung des Radius (oder ein Zuströmen) mit Geschwindigkeiten $\pm \frac{c}{r^2}$, wie es dem Entstehen oder Verschwinden von Flüssigkeit im Punkte O entspricht; die in der Zeiteinheit entstehende oder verschwindende Flüssigkeitsmenge ist $= 4\pi c$. Diese Lösung ist sehr vielseitig zu verwenden, auch da, wo es sich nicht, wie bei der Bewegung um eine sich aufblähende oder zusammenziehende Kugel (vgl. III, 3d), um ein wirkliches Entstehen oder Verschwinden von Volumen handelt.

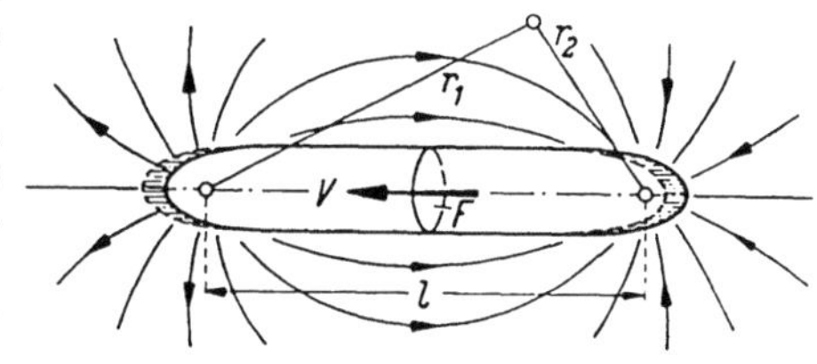

Abb. 10

Bewegt sich ein stabförmiger Körper in der Flüssigkeit mit der Geschwindigkeit V vorwärts, so wird an seinem vorderen Ende Flüssigkeit verdrängt, an seinem hinteren Ende fließt sie in dem frei gewordenen Raume zusammen (vgl. Abb. 10). Eine Flüssigkeitsbewegung, die diesen Verhältnissen Rechnung trägt, wird in der Tat erhalten, wenn man

$$\Phi = c\left(\frac{1}{r_2} - \frac{1}{r_1}\right)$$

setzt, wo $c = \frac{F V}{4\pi}$ ist (F = Querschnitt des Stabes). Betrachtet man diese Bewegung, die zunächst wegen der mit dem Körper vorrückenden Geschwindigkeitsverteilung nicht stationär ist, von einem Punkt aus, der sich mit dem Körper bewegt, so erhält man eine stationäre Bewegung, für die der Körper in Ruhe ist und der Flüssigkeitsstrom an dem Körper vorbeigleitet. Mathematisch wird $\Phi' = Vx + \Phi$ diese Strömung darstellen. Ihre Stromlinien sind in Abb. 11 wiedergegeben. An Hand der Druckgleichung überzeugt man sich, daß der Druck entlang der Körperoberfläche dem in den Abbildungen gezeichneten Verlauf entspricht.

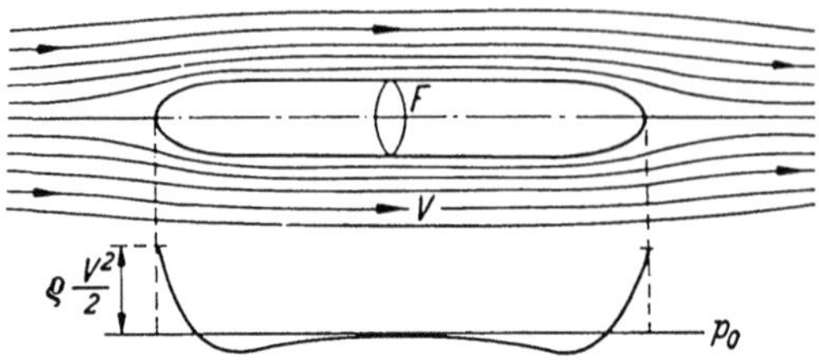

Abb. 11

c) *Bewegung einer Kugel.* Für eine Kugel vom Radius a, die sich mit der gleichförmigen oder beliebig ungleichförmigen Geschwindigkeit V in der Richtung der negativen X-Achse bewegt, ist $\Phi = V\frac{a^3 x}{2r^3}$, wobei $r = \sqrt{x^2 + y^2 + z^2}$ ist; für eine ruhende Kugel in einer mit der Geschwindigkeit V strömenden Flüssigkeit ist $\Phi = Vx\left(1 + \frac{a^3}{2r^3}\right)$. An der Kugeloberfläche erfolgt die Strömung längs den Meridianen, die Geschwindigkeit ist $w_t = \frac{3}{2}V\sin\varphi$; sie ist also am Äquator am größten, nämlich $\frac{3}{2}V$; die beiden Pole sind Staupunkte. Der Druck ist, gleichförmige Bewegung vorausgesetzt, an den Polen um $\frac{1}{2}\varrho V^2$ größer, am Äquator um $\frac{5}{8}\varrho V^2$ kleiner als in der ungestörten Flüssigkeit.

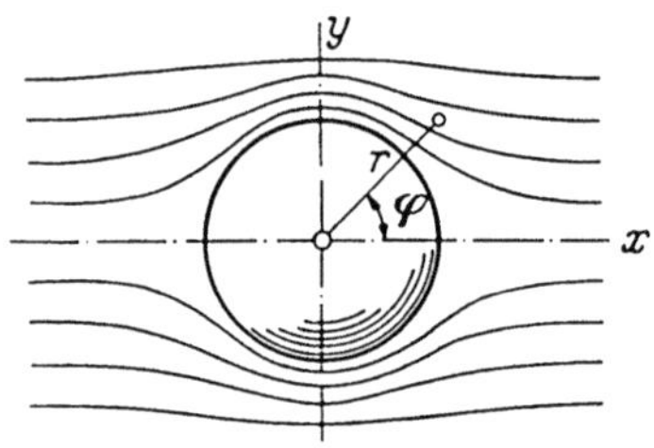

Abb. 12

d) *Ebene Bewegung.* Als Beispiele für die ebene Strömung mögen die folgenden angeführt werden, die die Beweglichkeit der komplexen Methode deutlich erweisen. Grenzen zwei ebene Wände unter einem Winkel α aneinander, so wird das komplexe Potential $Z = \Phi + i\Psi$, wenn $x + iy = z$ gesetzt wird, $Z = A\,z^{\frac{\pi}{\alpha}}$ (vgl. die Abb. 13 bis 17).

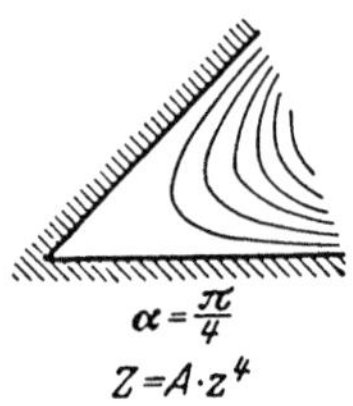

Abb. 13

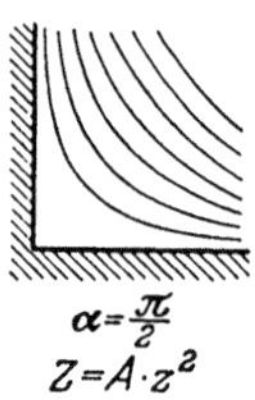

Abb. 14

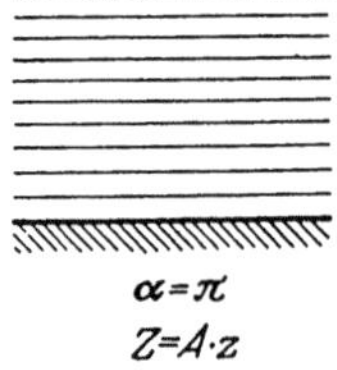

Abb. 15

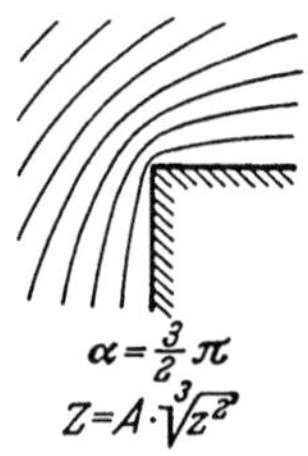

Abb. 16

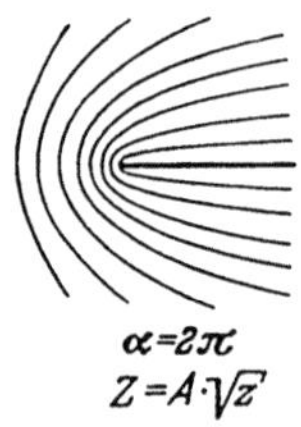

Abb. 17

Die Geschwindigkeit in der Ecke ist für $\alpha < \pi$ Null, für $\alpha > \pi$ unendlich.

Die Strömung um einen Kreiszylinder vom Radius a wird gegeben durch $Z = V\left(z + \frac{a^2}{z}\right)$. Da man nach den Methoden der Funktionentheorie eine große

Anzahl geometrischer Figuren auf den Kreis „abbilden" kann, und durch dieses Abbildungsverfahren sich Potential- und Stromlinien der drehungsfreien Bewegung richtig mit abbilden, lassen sich die Potentialbewegungen für Umströmung einer großen Anzahl von Zylindern berechnen, die solche Figuren zum Grundriß haben.

Anmerkung: Bei dieser Abbildung entspricht jedem Punkt der ursprünglichen Ebene ein Punkt der abgebildeten und daher jeder Linie wieder eine Linie. Die kleinsten Teile der Figuren werden ähnlich abgebildet, daher der Name konforme oder winkeltreue Abbildung.

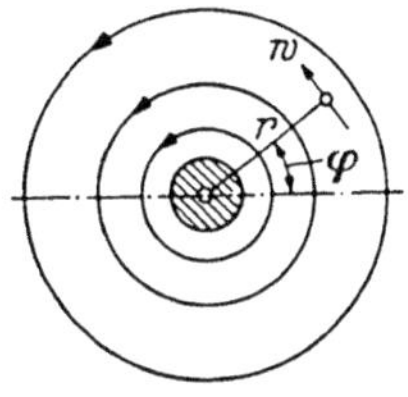

Abb. 18

e) *Potentialbewegung mit Zirkulation.* Ein besonderes Interesse beanspruchen Bewegungen von der Art der bereits in I, 3 angedeuteten drehungsfreien Umlaufsbewegungen. Man erhält eine Strömung in konzentrischen Kreisen mit Geschwindigkeiten $w = c/r$, durch das in Polarkoordinaten (r und φ) ausgedrückte Potential $\Phi = c\varphi$ (in komplexer Form: $Z = -ic \ln z$) (vgl. Abb. 18). Daß die Bewegung ein Umlaufen der Flüssigkeit in konzentrische Bahnen (einen Wirbel) darstellt, widerspricht keineswegs der Drehungsfreiheit. Denn die Aussage, daß die Bewegung drehungsfrei ist, bezieht sich nur auf den augenblicklichen Bewegungszustand jedes Flüssigkeitsteilchens.

Anmerkung: Der Bewegungszustand unterscheidet sich von der gewöhnlichen Potentialbewegung allerdings dadurch, daß die Zirkulation hier nicht Null ist; sie ist für einen Kreis $\Gamma = w \cdot 2\pi r = 2\pi c$; den gleichen Wert hat sie für alle beliebigen, die Achse einmal umschlingenden Linien; er entspricht dem Zuwachs des hier vieldeutigen Potentials bei einem Umlauf.

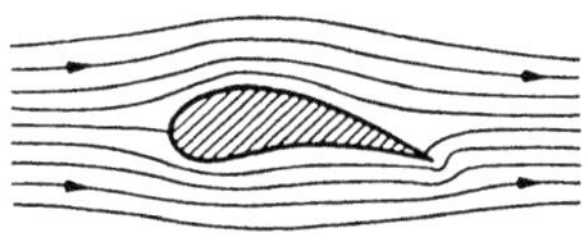
Abb. 19. Gewöhnliche Potentialströmung

Die Umlaufbewegung, die in dieser Weise um einen Kreis vom Radius a vor sich geht, läßt sich durch das in d) erwähnte Abbildungsverfahren auf beliebige andere Zylinder übertragen. Durch Kombination der in d) und e) beschriebenen Strömungen erhält man Strömungen, die für das Verständnis der Verhältnisse an einer Aeroplanfläche von Wichtigkeit sind. Die Abb. 19 bis 21 geben hiervon ein Beispiel.

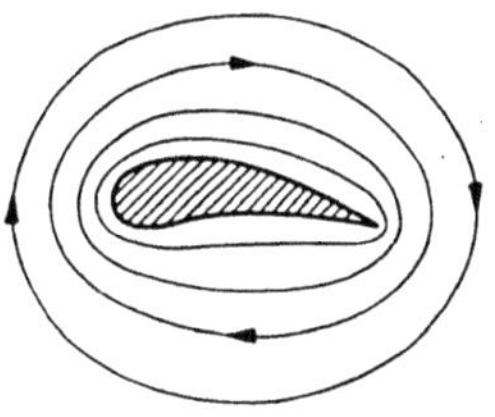
Abb. 20. Zirkulationsströmung

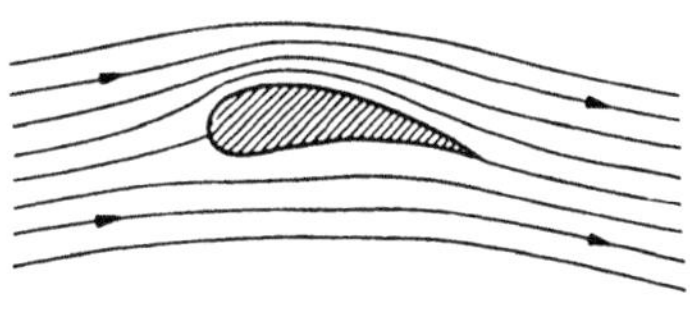
Abb. 21. Kombinierte Strömung

f) *Unstetige Potentialbewegung* (*Bewegung mit Trennungsflächen*). In der theoretischen Hydrodynamik werden — nach dem Vorgang von HELMHOLTZ — Bewegungen betrachtet, bei denen längs einer „Trennungsfläche" (vgl. I, 3). Flüssigkeitsteile mit endlich verschiedenen Geschwindigkeiten aneinandergrenzen. Rechnerisch durchführbar sind in der Hauptsache nur ebene Strömungen, und bei diesen sind, von Wellenbewegungen (III, 1) abgesehen, fast nur solche Fälle behandelt, bei denen die Flüssigkeit auf der einen Seite der Trennungsfläche in

Ruhe ist. Die Druckgleichung liefert hier sofort das Resultat, daß dann auf der anderen Seite der Trennungsfläche die Geschwindigkeit konstant ist. In solchen Fällen verhilft der Umstand zur Lösung, daß das Geschwindigkeitsbild (d. h. eine Auftragung der zu den einzelnen Flüssigkeitsteilchen gehörigen Geschwindigkeitsvektoren, auch *Hodograph* genannt) bei der komplexen Methode als eine konforme Abbildung des Strömungsbildes aufgefaßt werden kann. Es sind wesentlich solche Aufgaben gelöst worden, bei denen die Grenzen des Flüssigkeitsstromes zum Teil aus ebenen Wänden bestehen, bei denen die *Richtung* der Geschwindigkeit vorgegeben ist, zum anderen Teil aus „freien Grenzen", bei denen die *Größe* der Geschwindigkeit vorgeschrieben ist. Der Hodograph hat dann immer einen Kreissektor zum Umriß. Zwei Haupttypen solcher Strömungen sind „*Flüssigkeitsstrahlen*", die sich beim Ausströmen von Flüssigkeit zwischen zwei ebenen Wänden bilden, und *Umströmung von Platten* mit einem hinter den Platten befindlichen „Totwasser", vgl. Abb. 22 und 23. An den Figuren sind die Hodographen beigefügt, wobei die sich entsprechenden Punkte durch gleiche Buchstaben bezeichnet sind.

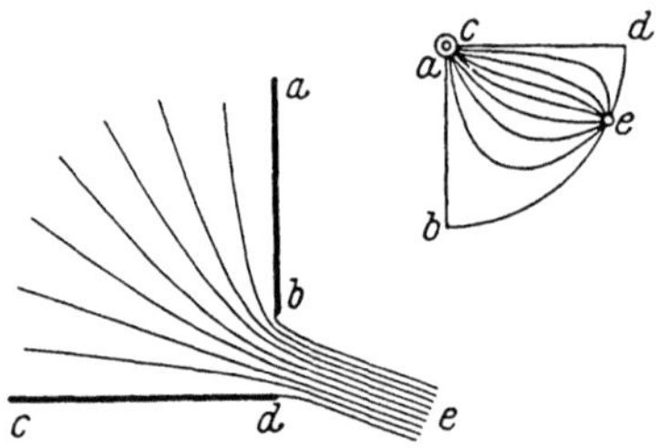

Abb. 22

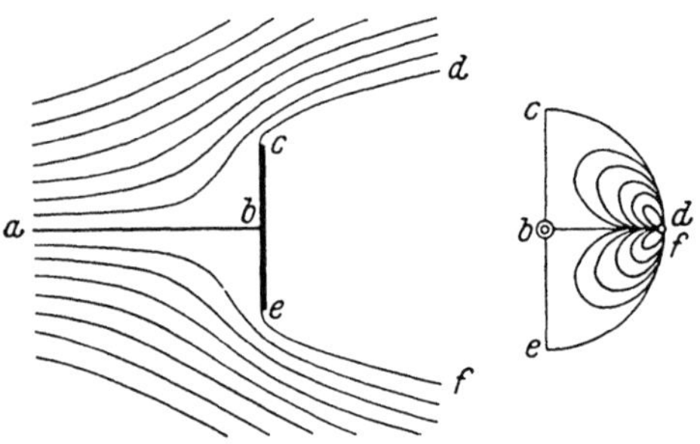

Abb. 23

Untersuchungen über den Bewegungszustand einer schwach gewellten Trennungsschicht zeigen, daß die Wellen sehr schnell anwachsen. Man schließt daraus, daß Trennungsschichten labil sind. In der Tat zeigen die Beobachtungen, daß Trennungsschichten, wo sie auftreten, sehr schnell in einzelne unregelmäßige Wirbel zerfallen.

3. Dynamik der Bewegung mit Drehung. Der allgemeine Fall der Bewegung einer reibungslosen Flüssigkeit, die Bewegung mit Drehung, ist weit schwieriger mathematisch zu beherrschen, als der der drehungsfreien Bewegung. Wären die wirklichen Flüssigkeiten vollkommen reibungslos, so würde seine Behandlung wenig Wichtigkeit haben, da durch äußere Einwirkung auf die Flüssigkeit niemals eine Drehung entstehen könnte. Faßt man jedoch die Theorie der reibungsfreien Flüssigkeit als eine — in vielen Fällen recht brauchbare — Annäherung für wirkliche Flüssigkeitsbewegungen auf, so gewinnt die Behandlung der drehenden Bewegung große Bedeutung, um so mehr, als bereits eine beliebig kleine Flüssigkeitsreibung genügt, im Laufe von einiger Zeit starke Drehbewegungen in einer Flüssigkeit hervorzurufen (vgl. II, 5e). Die Theorie vermag hier einige allgemeine Sätze aufzustellen, die zur qualitativen Beurteilung der Verhältnisse sehr nützlich sind; bis zu einer quantitativen Darstellung des einzelnen Vorganges vermag sie nur in besonders einfachen Fällen vorzudringen, so z. B. wenn sich nur einzelne Wirbelfäden von einfacher geometrischer Gestalt in einer sonst drehungsfreien Flüssigkeit befinden.

Vorangestellt werde ein Satz von W. THOMSON (LORD KELVIN): „Die Zirkulation längs einer flüssigen Linie ist in einer reibungslosen Flüssigkeit zeitlich konstant." Unter einer „flüssigen Linie" ist dabei eine Linie verstanden, die beständig aus denselben Flüssigkeitsteilchen besteht. Der Satz, der eine Folgerung der EULERschen Gleichung ist, gibt zusammen mit den in I, 3 behandelten kinematischen Sätzen über „Zirkulation" eine gute Anschauung von den Vorgängen. Insbesondere folgen aus ihm die berühmten Sätze von HELMHOLTZ, die dieser auf anderem Wege gewonnen hat. Diese Sätze lauten:

1. Jede Wirbellinie enthält dauernd dieselben Flüssigkeitsteilchen.

2. Die Wirbelstärke (I, 3) ist auf jedem Wirbelfaden räumlich und zeitlich konstant.

Zum Beweis wendet man den THOMSONschen Satz auf kleine geschlossene Linien an, die in einer Wirbelröhre (also in der Wandung eines Wirbelfadens) verlaufen. Für Linien, die den Wirbelfaden nicht umschlingen, ist die Zirkulation gleich Null; daraus, daß sie nach THOMSON Null bleiben muß, schließt man, daß die Flüssigkeitsteilchen einer Wirbelröhre dauernd eine Wirbelröhre bilden müssen (erster Satz). Daraus, daß für Linien, die den Wirbelfaden umschlingen, die Zirkulation konstant bleibt, folgt dann der zweite Satz. Aus dem ersten Satz wird entnommen, daß jedes Element eines Wirbelfadens sich so in der Flüssigkeit verschiebt als es die übrige Flüssigkeitsbewegung für ein Teilchen am gleichen Ort vorschreibt; aus dem zweiten folgt dabei, daß die Winkelgeschwindigkeit der Drehung bei einer Streckung oder Verkürzung des Wirbelfadenelementes sich proportional mit seiner Länge ändert (die Länge und die Winkelgeschwindigkeit sind beide umgekehrt proportional dem Querschnitt).

Beispiele: a) *Für gerade und parallele Wirbelfäden* in einer sonst drehungsfreien Flüssigkeit sind die Beziehungen besonders einfach. Jeder Faden bewegt sich so, wie die übrigen es ihm vorschreiben. Jeder erteilt ihm eine Geschwindigkeit umgekehrt proportional seinem Abstande und senkrecht zur Verbindungslinie. Bei zwei parallelen Wirbelfäden ergibt sich ein Kreisen der beiden um diejenige Achse, in die die resultierende Kraft fallen würde, wenn in den Wirbelachsen Kräfte proportional den Wirbelstärken angebracht wären (gleichgerichtete Kräfte, wenn die Wirbel gleichsinnig, und umgekehrt gerichtete, wenn die Wirbel von ungleichem Drehsinn). Für zwei entgegengesetzt umlaufende gleich starke Wirbel (ein „Wirbelpaar") ergibt sich ein geradliniges Fortwandern senkrecht zur Verbindungslinie mit der Geschwindigkeit $\Gamma/2\pi d$ (d = Abstand der Wirbelachsen).

b) Bei *kreisförmigen „Wirbelringen"* ergibt sich durch die Krümmung des Wirbelfadens ein schnelleres Fortschreiten als beim Wirbelpaar, und zwar um so schneller, je kleiner der Durchmesser der mit Drehung behafteten „Wirbelseele" ist; die Geschwindigkeit ist $\frac{\Gamma}{2\pi d}\left(\ln\frac{8d}{d_1}-\frac{1}{4}\right)$, wo d der Durchmesser des Ringes und d_1 der der Seele ist. Zwei Wirbelringe mit gemeinsamer Achse, die sich im gleichen Sinn bewegen, wirken so aufeinander ein, daß der vordere sich erweitert, der hintere aber sich zusammenzieht; dadurch nimmt die Fortschreitungsgeschwindigkeit des vorderen ab, die des hinteren zu; der hintere schlüpft schließlich durch den vorderen hindurch, und es beginnt das Spiel mit vertauschten Rollen von neuem. Zwei auf derselben Achse gegeneinander bewegte gleiche Wirbelringe vergrößern bei ihrer Annäherung ihre Durchmesser mit fortwährend wachsender Geschwindigkeit und verlangsamen dabei ihre Bewegung so, daß sie nicht miteinander in Berührung kommen. Da sich die mittlere Ebene zwischen den beiden Wirbelringen hierbei wie eine feste Wand verhält, so gilt das gleiche von einem gegen eine Wand prallenden Wirbelring.

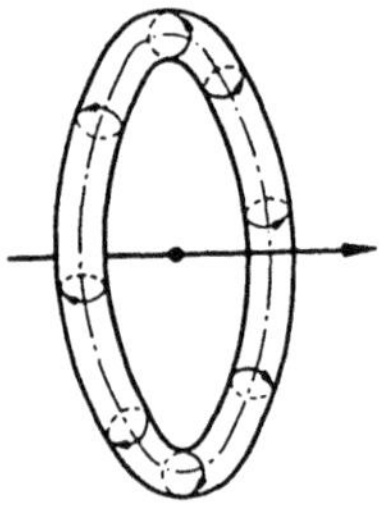

Abb. 24

Von den Wirbelringen ist bewiesen worden, daß sie gegen kleinere Störungen stabil sind und Schwingungen um die normale Lage wie um eine Gleichgewichtslage ausführen können. In der Tat beobachtet man an den bekannten Rauchringen, daß sie so lange zusammenhalten, bis die in Wirklichkeit vorhandene Reibung ihre Bewegung aufgezehrt hat.

c) Die in II, 2, Beispiel e) beschriebene *Potentialbewegung* mit *Zirkulation* ist in dieser Form nur möglich, wenn der Körper, um den die Zirkulation stattfindet, von einem Ende der Flüssigkeit bis zum anderen reicht (oder allgemeiner: wenn er den von der Flüssigkeit erfüllten Raum zweifach zusammenhängend macht). Bei einem allseitig von der Flüssigkeit umgebenen Körper, z. B. einem Aeroplan, ist eine Bewegung mit Zirkulation nur möglich, wenn von beiden Enden des Körpers Wirbelfäden ausgehen, deren Zirkulation mit der der Bewegung um den Körper übereinstimmt. Die beiden Wirbelfäden bilden in einiger Entfernung vom Aeroplan ein Wirbelpaar, das sich mit der Geschwindigkeit $\Gamma/2\pi d$ abwärts bewegt; die Distanz d ist dabei ungefähr gleich der Spannweite des Aeroplans.

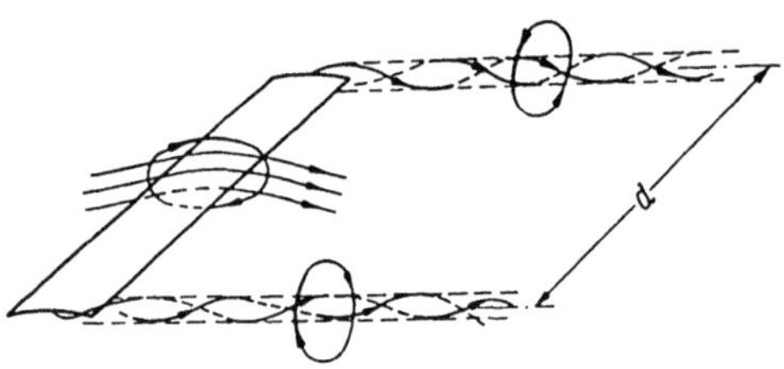

Abb. 25

4. Impulssätze für stationäre Bewegungen. Die Impulssätze der allgemeinen Mechanik, die unter dem Namen Schwerpunkts- und Flächensätze sehr bekannt sind, finden eine eigenartige Anwendung auf die stationären Bewegungen der Flüssigkeiten, wie auch auf Bewegungen nichtstationärer Art, deren zeitliche Mittelwerte als stationäre Bewegung angesehen werden können. Der Wert der Impulssätze besteht darin, daß sie nur Aussagen über Zustände an den *Grenzflächen* eines Gebietes enthalten, und man deshalb aus ihnen auch Schlüsse auf Vorgänge ziehen kann, deren Einzelheiten man nicht vollständig beherrscht.

Unter Impuls oder Bewegungsgröße einer Masse versteht man das Produkt aus Masse und Geschwindigkeit (der Impuls ist ein Vektor und hat daher genau wie die Geschwindigkeit drei Komponenten). Es ist die zeitliche Änderung des Impulses gleich der an der Masse angreifenden Kraft. In der Mechanik wird nun gezeigt, daß bei der Summierung über alle Massen eines mechanischen Systems alle inneren Kräfte des Systems sich fortheben, und nur die äußeren (von nicht zum System gerechneten Massen herrührenden Kräfte) übrigbleiben.

Die Änderung der Bewegungsgröße einer irgendwie abgegrenzten *stationär* bewegten Flüssigkeitsmasse besteht nun allein darin, daß die Grenzen der Flüssigkeitsmasse sich durch die Bewegung verschieben; im Inneren ist jedes Flüssigkeitsteilchen durch ein anderes ersetzt, das seine Geschwindigkeit angenommen hat. Was an den Grenzen vor sich geht, mag an einem Stromfaden gezeigt werden. In der Zeit dt verschwindet bei A und tritt hinzu bei B die Masse $dm = \varrho F_A w_A\, dt = \varrho F_B w_B\, dt$. Zur gesamten Impulsänderung liefert der Stromfaden bei B in der Zeit dt den positiven Beitrag $dm\, w_B$, in der Zeiteinheit also $\frac{dm}{dt} w_B = \varrho F_B w_B^2$ (in der Richtung von w_B), bei A ähnlich den negativen Beitrag $-\frac{dm}{dt} w_A = -\varrho F_A w_A^2$ (in der Richtung entgegengesetzt zu w_A). Als Kräfte kommen im Fall der Reibungslosigkeit außer etwaigen Schwerkräften lediglich die Drücke auf die Grenzflächen in Betracht. Will man nicht die Kräfte haben, die von außen auf die Flüssigkeitsmasse ausgeübt werden, sondern die Gegenwirkungen der Flüssigkeit, ihre Reaktionen, so braucht man nur in den obigen Beziehungen die Vorzeichen umzukehren. Es entspricht also der Flüssigkeitsströmung in Abb. 26 bei A eine Reaktion von der obengenannten Größe in der Richtung der eintretenden Strömung, bei B eine Reaktion *entgegengesetzt* der Richtung der austretenden Strömung.

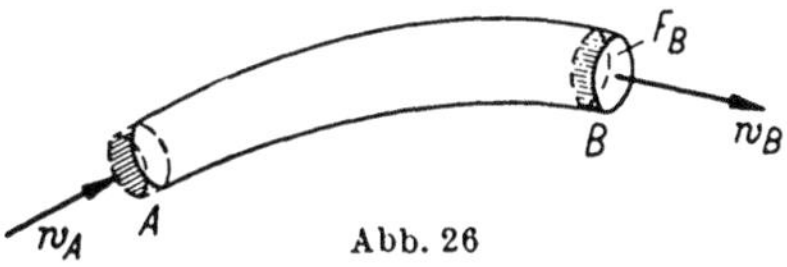

Abb. 26

Um die Impulssätze richtig anzuwenden, muß die fragliche Flüssigkeitsmasse zweckmäßig mit einer geschlossenen Fläche, der „Impulsfläche“ oder „Kontrollfläche“, umgeben werden (diese ist in einigen der folgenden Abbildungen durch ...... kenntlich gemacht), und es müssen für alle ein- und austretenden Stromfäden die vorstehenden Reaktionen gebildet werden. Die Reaktionskräfte müssen dann nach den Regeln der Statik mit sämtlichen äußeren Kräften ein Gleichgewichtssystem bilden, d. h. es muß sowohl die Kräftesumme wie auch die Momentensumme der Kräfte für alle Koordinatenachsen gleich Null sein. Sehr häufig ist es übrigens nur eine Komponentengleichung, die bei den speziellen Aufgaben interessiert.

Anmerkung: Im Falle nichtstationärer Bewegungen kommt noch ein weiterer Beitrag hinzu, der von der Impulsänderung im Inneren der Flüssigkeit herrührt. Wenn, wie häufig bei turbulenten Bewegungen, die nicht stationäre Bewegung einen gleichbleibenden Mittelwert der Bewegungsgröße besitzt, so lassen sich die Impulssätze wie bei stationären Bewegungen anwenden.

Beispiele: a) *Reaktion einer durch einen gekrümmten Kanal strömenden Flüssigkeit.* Die Flüssigkeit ströme (vgl. Abb. 27) mit einer Geschwindigkeit w_1 und einem Druck p_1 ein, dann ist nach dem oben Auseinandergesetzten der Impulstransport durch die Fläche F_1 gleich $\varrho F_1 w_1^2$; er ist gleichbedeutend mit einer von der einströmenden Flüssigkeit in ihrer Richtung ausgeübten Kraft. Dazu kommt noch eine Druckkraft in der gleichen Richtung gleich $p_1 F_1$. Eine entsprechende Kraft $F_2(\varrho w_2^2 + p_2)$ findet man am Ausströmungsende des Kanals, hier entgegengesetzt der Geschwindigkeit (also immer nach dem Inneren der Kontrollfläche gerichtet!). Durch die Resultante der beiden Kräfte ist die in Wirklichkeit durch Druckkräfte an der Wand erzeugte Kraftwirkung des Flüssigkeitsstromes auf den Kanal gefunden.

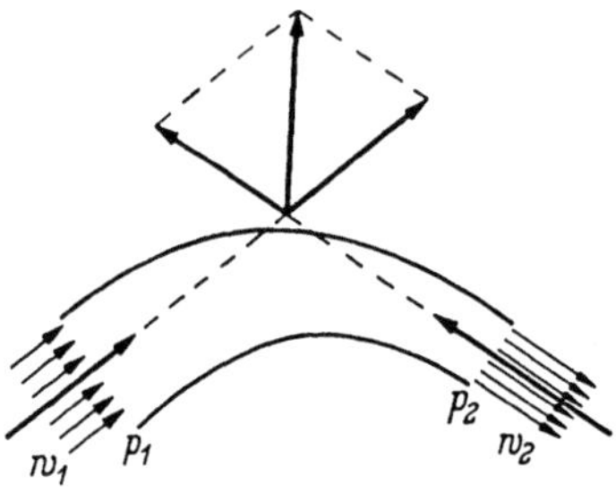

Abb. 27

b) *Reaktion ausfließender Strahlen.* Ein Strahl, der durch eine Öffnung aus einem Raum mit dem Druck p_1 in einen Raum mit dem Druck p_2 ausströmt, führt mit sich einen sekundlichen Impuls von der Größe $J = \varrho F_s w^2$, wo F_s der Strahlquerschnitt ist; mit $w = \sqrt{\frac{2(p_1 - p_2)}{\varrho}}$ (II, 1b) wird $J = 2F_s(p_1 - p_2)$. Da dieser Impuls ein Äquivalent in der Druckverteilung haben muß, folgt hieraus, daß durch den Wegfall des Überdruckes auf die Öffnung und die Druckabsenkung infolge der Zuströmung zur Öffnung ein gesamter Ausfall an Wandungsdruck gegenüber dem geschlossenen Gefäß entsprechend dem zweifachen Strahlquerschnitt entsteht. Dieser Druckausfall macht sich als Rückdruck, als „Reaktion des ausfließenden Strahles" bemerkbar. In einem besonderen Falle, nämlich dem der „Bordaschen Mündung" (vgl. Abb. 28) läßt sich aus der Größe des Impulses die sog. Kontraktionsziffer, das ist das Verhältnis des Strahlquerschnittes zum Lochquerschnitt bestimmen. Da nämlich hier auf allen Wandflächen, deren Druckkräfte Komponenten in der Strahlrichtung besitzen, der volle Überdruck herrscht, muß der Wegfall des Überdruckes im Mündungsquerschnitt dem Strahlimpuls gleich sein, also $F(p_1 - p_2) = 2F_s(p_1 - p_2)$, oder $F_s : F = \frac{1}{2}$.

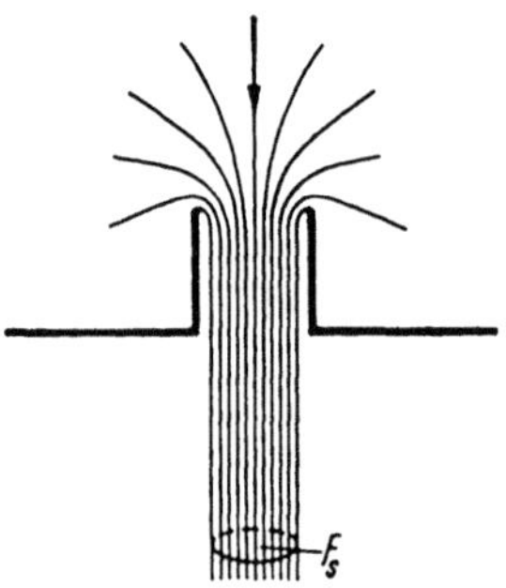

Abb. 28

c) *Plötzliche Erweiterung.* Tritt ein Flüssigkeitsstrom mit der Geschwindigkeit w_1 aus einem zylindrischen Rohrstück in ein weiteres, ebenfalls zylindrisches Rohr ein, so wird der Strahl sich, weil er labil ist (vgl. II, 2f), mit der umgebenden Flüssigkeit vermischen, und nach der Vermischung ungefähr gleichförmig mit einer mittleren Geschwindigkeit w_2 abströmen. Der Impulssatz erlaubt hier die Drucksteigerung $p_2 - p_1$ zu berechnen, ohne daß die Einzelheiten des Vermischungsvorganges bekannt wären. Es ist für die in Abb. 29 gezeichnete Impulsfläche, von der nur die beiden Stirnflächen Beiträge zu den Kräften liefern,

$$\frac{dm}{dt}(w_1 - w_2) = F_2(p_2 - p_1),$$

oder mit $dm/dt = \varrho F_2 w_2$:

$$p_2 - p_1 = \varrho\, w_2 (w_1 - w_2).$$

Bei einer allmählich erweiterten Röhre wäre nach der Druckgleichung $p_2' - p_1 = \frac{1}{2}\varrho(w_1^2 - w_2^2)$; durch die plötzliche Erweiterung ist demnach ein Druckverlust $p_2' - p_2$ entstanden, der, wie leicht zu sehen, die Größe $\frac{1}{2}\varrho(w_1 - w_2)^2$ hat. Da diese Formel mit der für den Verlust an kinetischer Energie beim unelastischen Stoß fester Körper übereinstimmt, hat man vielfach von einem „*Stoßverlust*" bei der plötzlichen Erweiterung gesprochen, obwohl hier von einem Stoßvorgang eigentlich nicht die Rede sein kann.

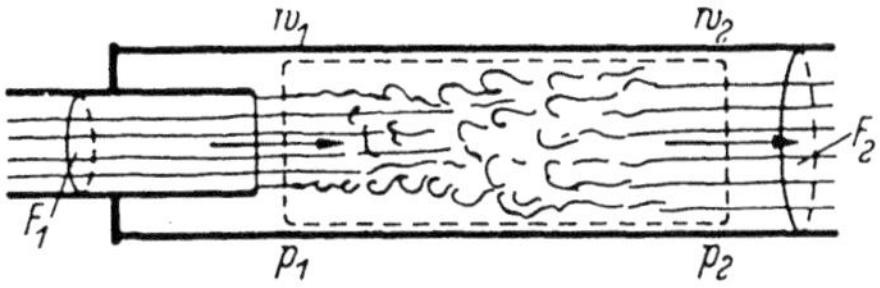

Abb. 29

d) *Schwebenderhalten von schweren Körpern in Luft.* Um in ruhender Luft eine Last schwebend zu erhalten, ist es nötig, fortwährend immer neue Luftmassen nach abwärts zu beschleunigen. Ist w die erteilte Endgeschwindigkeit und $dm/dt = M$ die in der Zeiteinheit in Bewegung gesetzte Masse, so ist, weil nennenswerte Druckunterschiede in den nach abwärts bewegten Massen nicht verbleiben, die erzielte Kraft gleich dem Impuls: $P = Mw$.

Die Anwendung des Impulssatzes auf eine abwärts bewegte Luftmasse, die von ruhender Luft umgeben ist, lehrt, daß die Bewegung sich zwar auf größere Massen ausbreiten kann, daß dabei aber der gesamte Impuls unverändert bleibt. Die Bewegung setzt sich bis zum Erdboden fort, wo die Luftmassen aufprallen und dabei den Impuls in Form von Druck an den Erdboden abgeben. Hieraus folgt, daß das Gewicht eines schweren Körpers (einer Flugmaschine) zwar durch Abwärtsbeschleunigen von Luftmassen beliebig lange in der Schwebe gehalten werden kann, daß aber die durch das Schweben dem Erdboden entzogene Belastung nach einiger Zeit durch die abwärts bewegten Luftmassen dem Erdboden vollständig wieder zurückerstattet wird.

Die abwärts bewegten Massen werden beim Aeroplan durch das in II, 3c) erwähnte abwärts wandernde Wirbelpaar gebildet, bei der Hubschraube durch einen nach abwärts gesandten Strahl.

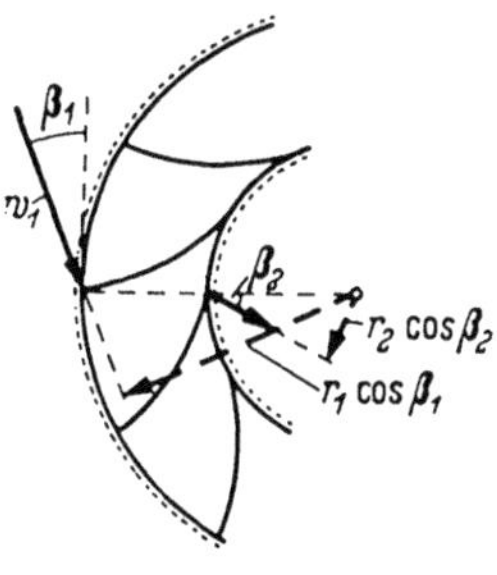

Abb. 30

e) *Eulersche Turbinengleichung.* Durch eine Turbine ströme eine sekundliche Wassermasse M. Die absolute Eintrittsgeschwindigkeit sei w_1, ihr Winkel mit der Bewegungsrichtung des Rades β_1, der Eintrittsradius r_1; w_2, β_2, r_2 seien die entsprechenden Größen für den Austritt, dann ist, gleichviel, was im Inneren des Rades vor sich geht, das Drehmoment, das vom Wasser auf die Turbine ausgeübt wird, gleich

$$M(w_1 r_1 \cos\beta_1 - w_2 r_2 \cos\beta_2).$$

Die günstigsten Arbeitsverhältnisse ergeben sich dann, wenn der Austritt in radialer Richtung erfolgt, also $\cos\beta_2 = 0$ ist (weil dann die verlorene lebendige Kraft des austretenden Wassers am kleinsten ist). Die Arbeitsleistung für diesen günstigsten Fall erhält man, wenn ω die Winkelgeschwindigkeit des Rades ist, zu $L = M r\, \omega\, w_1 \cos\beta_1$.

Bemerkung: Man hat ganz entsprechend den Impulssätzen auch Sätze über den Energietransport in Flüssigkeitsströmungen aufgestellt. Diese sind in dem Artikel „*Gasbewegung*" dargelegt, da ihre Anwendung dort von größerer Bedeutung ist.

5. Flüssigkeitsreibung. a) Zum Verständnis des Wesens der *Flüssigkeitsreibung* oder *Zähigkeit* sei zunächst folgendes einfache Beispiel betrachtet: Von zwei parallelen Platten, zwischen denen sich Flüssigkeit befindet, bewege sich die eine mit der Geschwindigkeit V in ihrer Ebene, während die andere in Ruhe ist (vgl. Abb. 31). Unter der Wirkung der Reibung stellt sich dann in der Flüssigkeit ein solcher Bewegungszustand ein, daß die unmittelbar an den Platten befindlichen Schichten dieselbe Geschwindigkeit haben wie die Platten, die zwischenliegenden Schichten aber mit Geschwindigkeiten, die dem Abstand von der ruhenden Platte proportional sind, übereinander weggleiten $\left(u = \frac{y}{a} V\right)$. Die Flüssigkeitsreibung äußert sich dabei durch eine Kraft, die der Bewegung der oberen Platte widersteht und die für die Flächeneinheit der Platte die Größe $\tau = \mu \frac{V}{a}$ hat. In etwas allgemeinerer Formulierung ist die bei dem Übereinanderweggleiten erzeugte Schubspannung

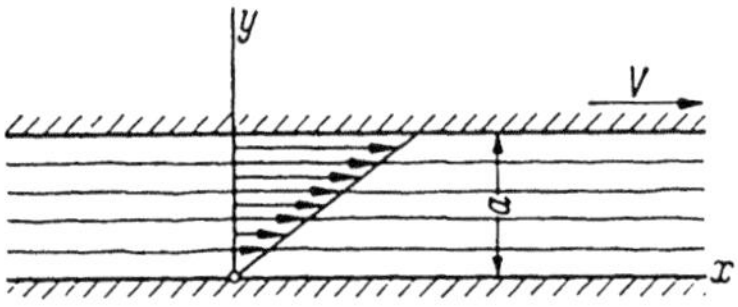

Abb. 31

$$X_y \text{ (oder } \tau_{xy}) = \mu \frac{du}{dy}\,. \tag{9}$$

vgl. den Artikel „*Elastizität*", I, 1). Die Größe μ heißt *Koeffizient der Flüssigkeitsreibung* oder *Zähigkeitsmaß.*

Die Kenntnis dieser Tatsache genügt bereits, um einige einfache Fälle zu behandeln, bei denen die Bewegung ebenfalls in einem einfachen

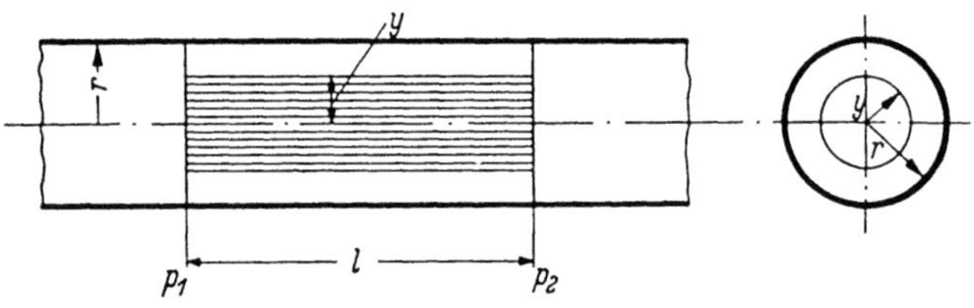

Abb. 32

Übereinanderweggleiten von Schichten besteht („*Laminarbewegung*", von lamina = Schicht). Hierher gehört die Bewegung einer reibenden („zähen") Flüssigkeit in einem geraden Rohr von Kreisquerschnitt. Die Druckdifferenz $p_1 - p_2$ bewirkt an einem zylindrischen Flüssigkeitskörper vom Radius y (Abb. 32) eine Kraft $(p_1 - p_2)\,\pi\,y^2$, die auf der Mantelfläche $2\pi\,y\,l$ eine Schubspannung pro Flächeneinheit $\tau = \frac{p_1 - p_2}{l}\,\frac{y}{2}$ hervorruft. Aus dem nach Gl. (9) zu τ gehörigen du/dy ergibt sich nun durch Integration unter Hinzufügung der Aussage, daß die äußerste

Flüssigkeitsschicht an der Wand haftet, die Geschwindigkeitsverteilung zu $u = \frac{p_1 - p_2}{4\mu l}(r^2 - y^2)$; die Durchflußmenge, d. h. das in der Zeiteinheit durch die Röhre fließende Volumen, läßt sich hieraus zu $Q = \frac{\pi r^4}{8\mu} \frac{p_1 - p_2}{l}$ berechnen. Diese Formel ist für die Erkenntnis des Reibungsgesetzes von grundlegender Bedeutung gewesen, da sie sich durch das Experiment mit großer Genauigkeit nachprüfen läßt; sie ergibt auch die besten Bestimmungen des Zähigkeitsmaßes μ. Ihr Ergebnis, daß die Durchflußmenge dem Druckgefälle auf die Längeneinheit und der vierten Potenz des Rohrhalbmessers proportional ist, wurde von POISEUILLE durch das Experiment gefunden. Das Gesetz führt deshalb seinen Namen. Es sei hier schon bemerkt, daß das POISEUILLEsche Gesetz nur in engen Röhrchen bei allen praktisch erreichbaren Geschwindigkeiten zutrifft. In weiteren Röhren tritt bei den größeren Geschwindigkeiten ein anderes Gesetz an seine Stelle. Diese Abweichung rührt indes keineswegs von einer Ungenauigkeit des Reibungsgesetzes her, dieses, sowie die Tatsache des Haftens an der Wand, ist vielmehr durch Versuche mit engen Röhren mit aller Genauigkeit bestätigt.

5b) Die allgemeine Theorie der Flüssigkeitsreibung lehrt, daß durch die Formänderung der einzelnen Flüssigkeitselemente Spannungen von ähnlicher Art entstehen wie bei den elastischen Körpern, nur mit dem Unterschied, daß diese Spannungen nicht den Formänderungen, sondern den Formänderungsgeschwindigkeiten proportional sind (NAVIER und POISSON).

Unter Verweisung auf den Artikel „*Elastizität*" (I, 4 a) sei hier einfach angegeben, daß diese Spannungen, die sich dem Flüssigkeitsdruck p überlagern, durch die Formeln

$$\begin{aligned} X_x &= 2\mu \frac{\partial u}{\partial x}; & X_y &= Y_x = \mu\left(\frac{\partial u}{\partial y} + \frac{\partial v}{\partial x}\right); \\ Y_y &= 2\mu \frac{\partial v}{\partial y}; & Y_z &= Z_y = \mu\left(\frac{\partial v}{\partial z} + \frac{\partial w}{\partial y}\right); \\ Z_z &= 2\mu \frac{\partial w}{\partial z}; & Z_x &= X_z = \mu\left(\frac{\partial w}{\partial x} + \frac{\partial u}{\partial z}\right) \end{aligned} \tag{10}$$

bestimmt sind.

Die resultierende Kraft, die aus der örtlichen Verschiedenheit dieser Spannungen entsteht, ist für die Volumeneinheit entsprechend den Gleichungen

$$X = \frac{\partial X_x}{\partial x} + \frac{\partial X_y}{\partial y} + \frac{\partial X_z}{\partial z} \quad \text{usw.}$$

der Elastizitätslehre (I, 5) unter Berücksichtigung der Kontinuitätsgleichung (2)

$$X_R = \mu\left(\frac{\partial^2 u}{\partial x^2} + \frac{\partial^2 u}{\partial y^2} + \frac{\partial^2 u}{\partial z^2}\right) = \mu \Delta u,$$

$$Y_R = \mu\left(\frac{\partial^2 v}{\partial x^2} + \frac{\partial^2 v}{\partial y^2} + \frac{\partial^2 v}{\partial z^2}\right) = \mu \Delta v,$$

$$Z_R = \mu\left(\frac{\partial^2 w}{\partial x^2} + \frac{\partial^2 w}{\partial y^2} + \frac{\partial^2 w}{\partial z^2}\right) = \mu \Delta w,$$

wo Δ die übliche Abkürzung für den LAPLACEschen Operator

$$\frac{\partial^2}{\partial x^2} + \frac{\partial^2}{\partial y^2} + \frac{\partial^2}{\partial z^2}$$

ist.

Die dynamischen Gleichungen für die volumbeständige reibende Flüssigkeit werden erhalten, indem man auf der rechten Seite der EULERschen Gleichungen (7) die durch ϱ dividierten Reibungskräfte X_R, Y_R, Z_R hinzufügt. Die für die X-Achse geltende lautet demnach:

$$\frac{Du}{dt} = \frac{\partial u}{\partial t} + u\frac{\partial u}{\partial x} + v\frac{\partial u}{\partial y} + w\frac{\partial u}{\partial z} = -\frac{1}{\varrho}\frac{\partial p}{\partial x} + X + \frac{\mu}{\varrho}\Delta u. \quad (11)$$

Durch Hinzunahme der Kontinuitätsgleichung (2) und der Bedingung für die durch feste Körper gebildeten Grenzen, daß die Geschwindigkeit hier mit der Geschwindigkeit der festen Körper übereinstimmt (die Flüssigkeit also an ihnen haftet), erhält man die vollständige mathematische Definition der volumbeständigen reibenden Flüssigkeiten.

5c) Leider kennt man keine einzige strenge Lösung dieses Gleichungssystems, bei der die für die Flüssigkeitsbewegungen gerade charakteristischen konvektiven Glieder (vgl. I, 4) mit den Reibungsgliedern in Wechselwirkung treten würden.

Die bereits erwähnte Gruppe von strengen Lösungen, die Laminarbewegungen, enthalten nur solche Fälle, bei denen ganze Schichten der Flüssigkeit sich wie starre Gebilde meist in geradliniger (sonst auch in drehender) Bewegung in sich verschieben. Andererseits stellen auch die Potentialbewegungen strenge Lösungen dar, indem bei ihnen wegen Gl. (8) die Reibungsglieder von selbst fortfallen. Jedoch vermögen die Potentialströmungen fast niemals den Bedingungen des Haftens an der Wand zu genügen, da infolge der Eigenart der Potentialströmung durch die Angabe der Begrenzung des Flüssigkeitsstromes die Geschwindigkeitsverhältnisse schon mitbestimmt sind. Es ist also dem eigentlichen Problem mit dieser Erkenntnis wenig genützt.

Man hat nun, da der direkte Weg verschlossen ist, versucht, auf Umwegen dem Ziele näherzukommen, indem man einerseits die Bewegungen bei sehr großer Reibung, andererseits die bei sehr kleiner, fast verschwindend kleiner Reibung studiert hat, um so wenigstens über die Grenzvorgänge, zwischen denen die Wirklichkeit liegen muß, Aussagen zu gewinnen.

Zur Klärung der Verhältnisse ist eine Betrachtung über *mechanische Ähnlichkeit* sehr nützlich. Es ist die Frage zu beantworten: wann wird bei geometrisch ähnlichen äußeren Umständen (geometrisch ähnlichen Kanälen, geometrisch ähnlichen Körpern in der Flüssigkeit usw.) auch die Bewegung der Flüssigkeit geometrisch ähnlich verlaufen? Man kann die Antwort zunächst so formulieren, daß die von den Beschleunigungen herrührenden Druckanteile in den verglichenen Fällen in demselben

Verhältnis zu den aus den Reibungswirkungen entstehenden Druckanteilen stehen müssen. Greift man etwa die Ausdrücke $u\frac{\partial u}{\partial x}$ und $\frac{\mu}{\varrho}\frac{\partial^2 u}{\partial x^2}$ als Vertreter der Beschleunigungs- und der Reibungsglieder heraus, so wird, wenn l eine Länge und w eine Geschwindigkeit der verglichenen Strömungen bedeutet, $u\frac{\partial u}{\partial x}$ sich mit $\frac{w^2}{l}$ und $\frac{\partial^2 u}{\partial x^2}$ mit $\frac{w}{l^2}$ proportional ändern; die Ähnlichkeit verlangt demnach, daß $\frac{w^2}{l} : \frac{\mu}{\varrho}\frac{w}{l^2} = \text{konst.}$ ist, oder

$$\frac{\varrho w l}{\mu} = \text{konst.} \tag{12}$$

Die vorstehende Größe, eine dimensionslose Zahl, wird nach dem Entdecker dieses Ähnlichkeitsgesetzes, Osborne Reynolds, die Reynoldssche Zahl genannt. Das Verhältnis μ/ϱ (Zähigkeit : Dichte) wird kinematisches Zähigkeitsmaß genannt und mit ν bezeichnet. Es hat die einfache Dimension L^2/T.

Irgendein Strömungszustand einer reibenden Flüssigkeit kann durch den Wert seiner Reynoldsschen Zahl $R = \frac{\varrho w l}{\mu} = \frac{w l}{\nu}$ charakterisiert werden. Die im vorstehenden genannten Fälle sehr großer Reibung und sehr kleiner Reibung können jetzt bestimmter als die Fälle sehr kleiner und sehr großer Reynoldsscher Zahl bezeichnet werden. Wie man sieht, ist neben dem Zähigkeitsmaße auch die Größe der Raumabmessungen und Geschwindigkeiten von entscheidendem Einfluß. Bei sehr winzigen räumlichen Abmessungen werden die für kleines R geltenden Gesetze für alle praktisch vorkommenden Geschwindigkeiten gelten, für große Abmessungen dagegen nur bei sehr kleinen Geschwindigkeiten oder bei sehr zähen Flüssigkeiten.

Es ist noch von Interesse, festzustellen, daß bei Einhaltung der Ähnlichkeit (gleiches R bei geometrisch ähnlichen äußeren Umständen) die bei der Bewegung auftretenden Druckunterschiede sich wie ϱw^2 oder, was wegen Gl. (12) dasselbe ist, wie $\mu w/l$ verhalten.

Werte des kinematischen Zähigkeitsmaßes ν in cm^2/sec

Wasser von 0°	0,0178	cm^2/sec
Wasser von 20°	0,0100	cm^2/sec
Wasser von 50°	0,0056	cm^2/sec
Wasser von 100°	0,0030	cm^2/sec
Quecksilber von 0°	0,00125	cm^2/sec
Quecksilber von 100°	0,00091	cm^2/sec
Glycerin von 20°	6,8	cm^2/sec
Luft von 0° und 760 mm QS.	0,133	cm^2/sec
Luft von 100° und 760 mm QS.	0,245	cm^2/sec
Luft von 0° und 7,6 mm QS.	13,3	cm^2/sec

5d) *Der Grenzfall der sehr kleinen Reynoldsschen Zahl, die „schleichende Bewegung“*, ist dadurch gekennzeichnet, daß die Trägheitseinflüsse gänzlich gegen die Reibungseinflüsse zurücktreten; es werden demnach sämtliche Beschleunigungsglieder vernachlässigt, und die Gleichungen erhalten die als NAVIERsche Gleichungen bekannte Gestalt:

$$\frac{\partial p}{\partial x} = \mu \Delta u; \qquad \frac{\partial p}{\partial y} = \mu \Delta v; \qquad \frac{\partial p}{\partial z} = \mu \Delta w;$$

von ihnen sind verschiedene Lösungen bekannt.

Erwähnung verdient die STOKESsche Lösung für die Bewegung einer Kugel, die einen Widerstand $= 6\pi \mu V a$ ergibt, und die für die Fallbewegung kleiner Tröpfchen von Bedeutung ist (V = Geschwindigkeit, a = Radius).

Es ist hier der Widerstand gleich Gewicht minus Auftrieb zu setzen, was eine Fallgeschwindigkeit $V = \frac{2}{9} \frac{\varrho_1 - \varrho}{\mu} g a^2$ ergibt. Die Formel gilt nur für REYNOLDSsche Zahlen, die klein gegen 1 sind. (Für Wassertröpfchen in Luft ergibt sich $V = 1{,}3 \cdot 10^6 a^2$, wobei a in cm einzusetzen ist; die Formel ist gültig für Tröpfchen, deren Radius kleiner als $^1/_{50}$ mm ist.)

5e) Der andere Grenzfall der *sehr großen Reynoldsschen Zahl oder der sehr kleinen Reibung* würde durch ein völliges Zurücktreten des Reibungseinflusses gekennzeichnet sein, also einfach die in II, 1 bis 3 behandelte Bewegung der reibungslosen Flüssigkeit ergeben, wenn nicht die Bedingung des Haftens an der Wand hinzukäme, die von der reibungsfreien Flüssigkeitsbewegung nicht erfüllt werden kann. Eine nähere Untersuchung zeigt nun, daß die wenig reibende Flüssigkeit sich zwar da, wo keine Wände sind, so gut wie eine reibungslose Flüssigkeit verhält, daß sich aber an den Wänden unter dem Einfluß der Reibung eine dünne „*Grenzschicht*“ ausbildet, in der die Geschwindigkeit von dem Wert, der der reibungsfreien Bewegung entspricht, auf denjenigen übergeht, den das Haften an der Wand erfordert. Je kleiner die Reibung ist, desto dünner ist die Grenzschicht.

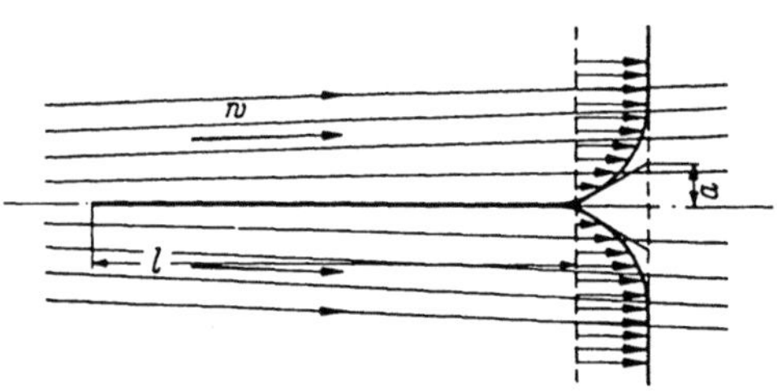

Abb. 33

Die quantitativen Verhältnisse lassen sich leicht durch die folgende Impulsbetrachtung für die stationäre Strömung entlang einer ebenen Platte abschätzen. Die Länge der Platte sei l, die Breite b, die Geschwindigkeit der Strömung w, die ungefähre Dicke der Grenzschicht a (Abb. 33), dann ist die sekundlich in die Grenzschicht geratene Masse $\sim \varrho a b w$ (das Zeichen $\sim$ bedeutet proportional); diese Masse, die mit der Geschwindigkeit w ankam, verliert in der Grenzschicht einen bestimmten Bruchteil davon; der Impuls, der dem entspricht, ist demnach $\sim \varrho a b w^2$. Dem Impuls muß gleich sein die durch die Reibung an der Wand auf die Flüssigkeit ausgeübte Kraft. Nach Gl. (9) kann diese gesetzt werden $\sim \mu l b \frac{w}{a}$. Aus der Proportionalität der beiden Ausdrücke folgt, daß $a \sim \sqrt{\frac{\mu l}{\varrho w}} = \sqrt{\frac{\nu l}{w}}$. Das Verhältnis $\frac{a}{l}$ ist demnach $\sim \sqrt{\frac{\nu}{w l}} = \frac{1}{\sqrt{R}}$, also eine reine Funktion der REYNOLDSschen Zahl. Diese Beziehung gilt in gleicher Weise für alle stationären Grenzschichten. Für Bewegungen, die zur Zeit $t = 0$ aus der Ruhe heraus beginnen, ist in der ersten Zeit die Dicke der Grenzschicht gegeben durch

$$a \sim \sqrt{\nu t}.$$

Die für die ganze Hydrodynamik *fundamentale Bedeutung* der Grenzschichten liegt nun darin, daß sich unter bestimmten Bedingungen Teile der Grenzschichten als Trennungsschichten (vgl. I, 3 und II, 2f.) in die freie Flüssigkeit hinausschieben und so zur *Ablösung der Strömung* von der Wand und zur Erzeugung von Wirbeln Anlaß geben. Eine notwendige Bedingung für diesen ,,Ablösungsvorgang" ist nach PRANDTL, daß die freie Flüssigkeit längs der Wand (für einen Beobachter, für den die Wand in Ruhe ist) verzögert strömt. Da diejenigen Ursachen, die die Verzögerung der freien Flüssigkeit hervorrufen (Druckdifferenzen usw.), auch auf die Flüssigkeitsteilchen in der Grenzschicht einwirken, die durch die Reibungswirkung schon *einen Teil ihrer Geschwindigkeit eingebüßt* haben, so kommt es hier leicht zu einer *Bewegungsumkehr*. Der so entstehende Rückstrom, der zwischen der Wand und der Vorwärtsströmung verläuft, erteilt durch Reibungswirkung immer neuen Flüssigkeitsmassen eine Geschwindigkeitsverminderung, so daß auch diese durch die bestehenden Druckdifferenzen zur Umkehr gebracht werden. Der Rückstrom nimmt auf diese Weise rasch an Breite zu und hebt nun die Vorwärtsströmung von der Wand ab. Ein Teil des Grenzschichtmaterials wird dabei von der äußeren Strömung als spiralig sich aufwickelnde Trennungsschicht fortgeführt, und es wird so von der Grenzschicht ausgehend das ganze Strömungsbild umgewandelt (vgl. Abb. 34 bis 36, die die Ablösungsbewegung gut veranschaulichen).

Die Vorgänge in den Grenzschichten sind rechnerisch verfolgt worden. Die Ergebnisse dieser Rechnungen stehen in vollem Einklang mit den Beobachtungen. Unter anderem ergibt sich aus der Rechnung, daß die Rückströmung in der Grenzschicht unabhängig von der (sehr kleinen) Reibung nach Zurücklegung eines bestimmten Weges beginnt.

Von der Bewegung der Flüssigkeit mit kleiner Reibung läßt sich demnach dieses aussagen: Beginnt die Bewegung von der Ruhe aus, so herrscht zunächst überall mit Ausnahme dünner Schichten an den festen Wänden Potentialbewegung. Sehr bald aber werden von solchen Stellen der Wand, an denen die Flüssigkeit verzögert, also mit Druckanstieg strömt, Wirbelschichten ausgesandt, und die Flüssigkeitsströmung löst sich von der Wand ab. Die Ablösungsstelle rückt dabei so weit gegen die Strömung vor, bis der Druckanstieg fast ganz beseitigt ist. Sind scharfe Kanten vorhanden, so heftet sich die Ablösungsstelle regelmäßig an diese (weil anderenfalls hier sehr große Beschleunigung und Verzögerung auftreten würde). Die Wirbelschichten zerfallen hinterher wegen ihrer Labilität in einzelne Wirbel, und es ergibt sich deshalb hinter der Ablösungsstelle ein ,,turbulentes" Durcheinanderwirbeln der Flüssigkeit.

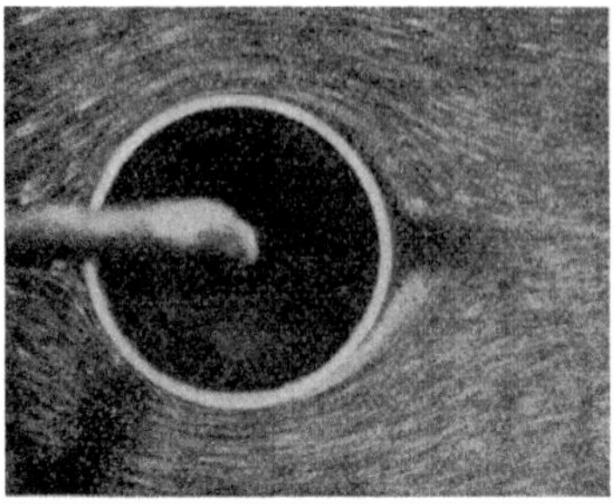

Abb. 34

An solchen Stellen der Wand, wo die Flüssigkeit beschleunigt, also mit Druckabfall in der Strömungsrichtung fließt, findet niemals Ablösung statt. Deshalb bleibt in der Umgebung des vorderen Staupunktes an einem Körper der drehungsfreie Charakter der Bewegung erhalten.

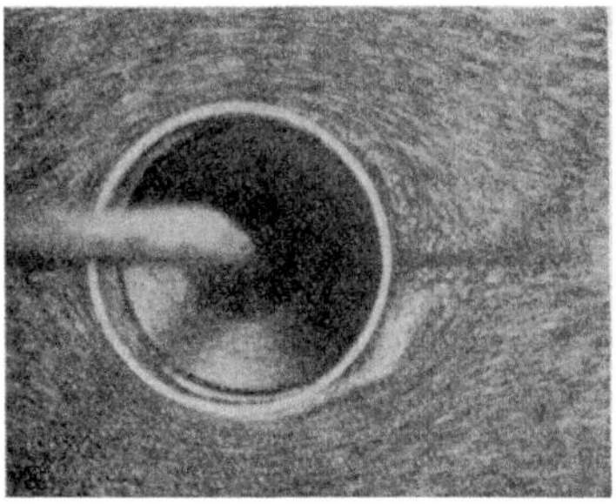

Abb. 35

Die im Dauerzustand vorhandenen Wirbelgebilde können sehr mannigfacher Art sein. Sie sind niemals völlig stationär, sondern in mehr oder weniger regelmäßiger periodischer Umgestaltung begriffen. Die Abb. 37 (nach einer photographischen Aufnahme des National Physical Laboratory, Teddington) gibt ein Beispiel von der Strömung um einen Körper im Dauerzustand. Den Übergang von dem Ablösungsvorgang (Abb. 34 bis 36) zum Dauerzustand veranschaulichen die Abb. 38 und 39 (sämtlich photographische Aufnahmen von H. RUBACH, Göttingen).

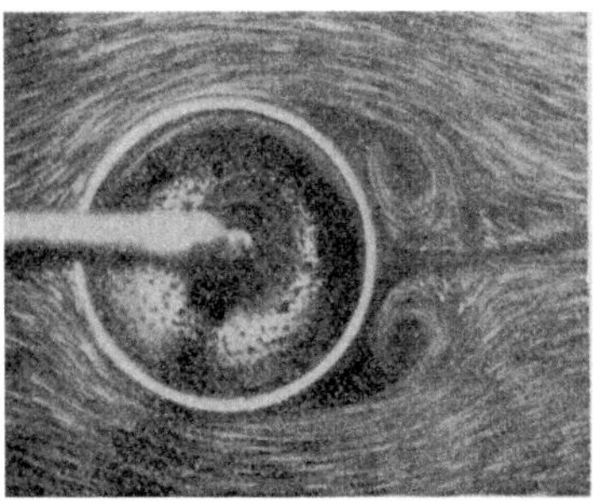

Abb. 36

Besteht die Bewegung lediglich aus kurzen Schwingungen, deren Amplituden klein sind gegen die Körperabmessungen (oder, genauer gesagt, gegen den kleinsten Krümmungsradius), so bleibt die Ablösung aus, und es gelten deshalb, abgesehen von der Grenzschicht, die Ergebnisse der Theorie der reibungslosen Flüssigkeit hier mit großer Genauigkeit (vgl. III, 3d).

5f) Der Widerstand, den die in der Flüssigkeit bewegten Körper erfahren, hat seinen Grund zum kleineren Teil darin, daß in den Grenzschichten hemmende Reibungskräfte geweckt werden (diese sind z. B. bei der vorhin betrachteten Platte proportional $b\sqrt{\mu\,\varrho\,l\,w^3}$), zum größeren aber darin, daß der bei der einfachen Potentialbewegung auftretende Staupunkt auf der Hinterseite des Körpers durch die Ablösung der Strömung in Wegfall kommt. Dieser Teil des Widerstandes ist demnach als von Druckdifferenzen herrührend proportional $\varrho\,w^2 F$. Fischförmige Körperformen mit schlank auslaufendem Hinterteil (vgl. Abb. 76) sind besonders günstig für die Erreichung eines kleinen Widerstandes. Die Gestaltung des Vorderteiles ist weniger wichtig, die Form muß nur wohl gerundet und nicht zu stumpf sein, damit nicht hier schon eine Ablösung erfolgt. Bei solchen Körpern von sehr kleinem Widerstand stimmt der experimentell beobachtete Druckverlauf sehr gut mit dem aus der Potentialbewegung berechneten überein, mit Ausnahme des Schwanzendes, wo auch hier eine Ablösung auftritt.

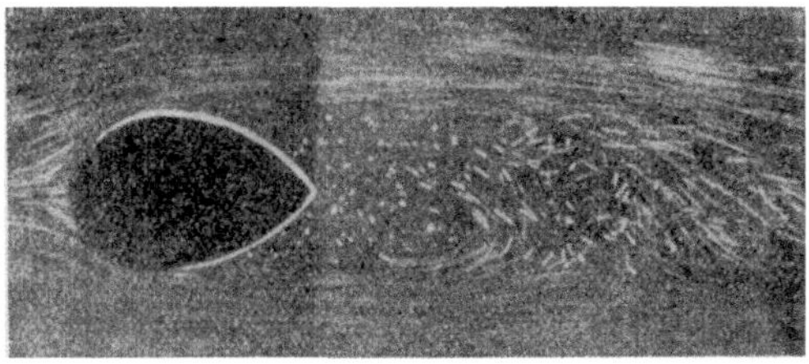

Abb. 37

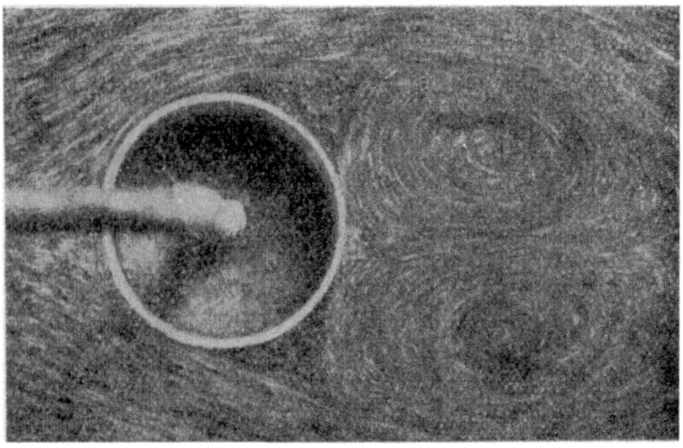

Abb. 38

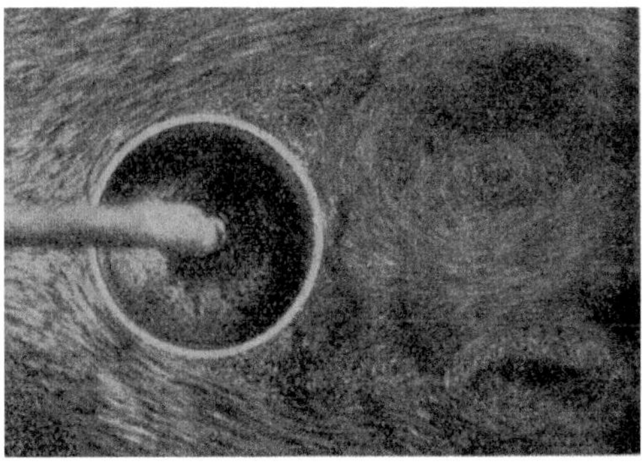

Abb. 39

Die Strömung mit Zirkulation [vgl. II, 2e) und Abb. 21] entsteht aus der gewöhnlichen Potentialströmung durch Abspaltung eines Wirbels beim Bewegungsbeginn (vgl. Abb. 40); dieser entfernt sich im Verlauf der Strömung immer weiter und läßt dabei eine Zirkulation, die der seinigen entgegengesetzt gleich ist, am Körper zurück.

Auch im Inneren von Kanälen bringt die Ablösung Verluste (proportional ϱw^2). Nach dem Gesagten ist es verständlich, daß die Strömung in einem verengten Kanale ohne merkliche Wirkung der Reibung, in einem erweiterten jedoch unter Ablösung und Wirbelbildung, also mit mehr oder minder großen Verlusten erfolgt.

5g) *Turbulenz.* Eine besondere Stellung nehmen die Laminarströmungen ein. Wie die Versuche gezeigt haben, gilt das in II, 5a) entwickelte Widerstandsgesetz nur unter einer gewissen Grenze der Geschwindigkeit. Bei größeren Geschwindigkeiten ergibt sich ein anderes Widerstandsgesetz. REYNOLDS hat entdeckt, daß bei einer kritischen Geschwindigkeit die bisher geradlinig verlaufende Bewegung in eine unregelmäßig wirbelnde, turbulente übergeht. Die kritische Geschwindigkeit entspricht bei Röhren von kreisförmigem Querschnitt (Radius r, mittlere Geschwindigkeit w) der REYNOLDSschen Zahl $w\,r/\nu = 1000$, also bei Wasser von 20° C eine Geschwindigkeit in cm/sec von $10 : r_{\mathrm{cm}}$.

Abb. 40

Die Ursachen der Turbulenz sind trotz großer Anstrengungen seitens der Theoretiker bisher noch nicht aufgeklärt. Man weiß nur, daß bei der Überlagerung der Laminarströmung mit gewissen Störungsströmungen ein anfängliches Anwachsen der Energie der Störung eintreten kann, wenn die REYNOLDSsche Zahl eine gewisse Grenze überschreitet, und daß dieses Anwachsen um so stärker

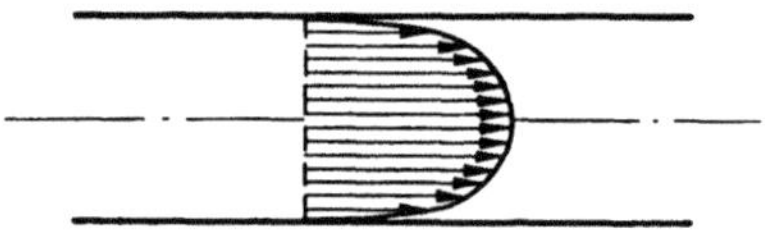

Abb. 41. Turbulente Strömung

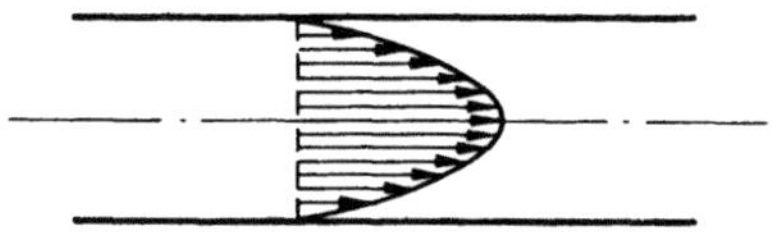

Abb. 42. Laminarströmung

ist, je größer die REYNOLDSsche Zahl ist. Daß es sich um keine gewöhnliche Labilität handelt, ist daraus zu entnehmen, daß die Laminarströmung durch sehr störungsfreie Einführung der Flüssigkeit in die Röhre auch noch bei beträchtlich höheren Geschwindigkeiten erhalten werden kann (dann genügt aber auch eine sehr kleine Störung, um den turbulenten Zustand herbeizuführen). Verschiedentliche nach der Methode der kleinen Schwingungen geführte Untersuchungen haben denn auch immer Stabilität gegenüber sehr kleinen Störungen ergeben.

Der ausgebildeten Turbulenz entspricht eine wesentlich andere Geschwindigkeitsverteilung über den Röhrenquerschnitt als der Laminarbewegung (vgl. Abb. 41 und 42), außerdem entsprechen ihr wesentlich höhere Strömungswiderstände. Aus den vorangegangenen Betrachtungen über mechanische Ähnlichkeit kann gefolgert werden, daß der Druckabfall in einem Rohr durch die Formel

$$\frac{p_2 - p_1}{l} = \frac{\mu\, w}{r^2} f(R) \tag{13}$$

dargestellt werden kann, wo w die mittlere Geschwindigkeit, r der Radius und $f(R)$ eine Funktion der REYNOLDSschen Zahl $R = w\,r/\nu$ ist. Nach den besten Versuchen an Wasser und Luft ist in glatteren Röhren über der kritischen Geschwindigkeit:

$$\frac{p_1 - p_2}{l} = 0{,}0665 \frac{\mu\, w}{r^2} R^{3/4},$$

also der Widerstand proportional mit $w^{1,75}$. In rauhen Röhren findet man dagegen annähernde Proportionalität mit w^2. Bei der Laminarströmung ist $\frac{p_1 - p_2}{l} = \frac{8\mu\, w}{r^2}$. Der erhöhte Widerstand läßt sich durch eine Impulsbetrachtung verstehen. Überlagert sich der mittleren Strömung eine turbulente „Mischbewegung", so werden Teile der in rascher Bewegung befindlichen mittleren Schicht an den Rand getragen und langsamer bewegte Teile vom Rand zur Mitte geführt. Betrachtet man eine zur Rohrwand konzentrische Kontrollfläche (II, 4), so sieht man, daß mehr Impuls heraus- als hereingetragen wird. Die hieraus folgende Abnahme des Impulsinhaltes kann nur durch die Druckdifferenz $p_1 - p_2$ wieder ausgeglichen werden.

REYNOLDS hat gezeigt, daß man die Wirkung einer der mittleren Bewegung $\bar{u}$, $\bar{v}$, $\bar{w}$ überlagerten Mischbewegung, deren Geschwindigkeiten u', v', w' den Mittelwert Null haben, dadurch darstellen kann, daß man zu den Reibungsspannungen nach Gl. (10) noch die Turbulenzspannungen

$$\begin{aligned} X_x &= -\varrho\,\overline{u'^2}; & X_y &= -\varrho\,\overline{u'\,v'} \\ Y_y &= -\varrho\,\overline{v'^2}; & Y_z &= -\varrho\,\overline{v'\,w'} \\ Z_z &= -\varrho\,\overline{w'^2}; & Z_x &= -\varrho\,\overline{w'\,u'} \end{aligned}$$

hinzunimmt ($\overline{u'^2}$ und $\overline{u'v'}$ bedeuten hierbei die zeitlichen Mittelwerte von u'^2 und $u'v'$).

In etwas anderer Weise hat BOUSSINESQ bei seinen Untersuchungen zur Hydraulik der Reibungsvermehrung in der turbulenten Flüssigkeitsströmung Rechnung getragen. Er setzt an Stelle des Reibungskoeffizienten μ ohne sonstige Änderung der Formeln einen Turbulenzkoeffizienten ε und nimmt den Wert dieser fiktiven Reibung der Erfahrung entsprechend an.

In noch einfacherer Weise verfährt die gewöhnliche Hydraulik, indem sie nach dem Vorgang von WELSBACH die Reibungs- und Turbulenzverluste in der BERNOULLIschen Gleichung summarisch durch Einführung von Druckverlusten nach meist empirischen Beziehungen berücksichtigt. Die Druckverluste werden meist in Teilen der Geschwindigkeitshöhe angegeben:

$$p_1 - p_2 = \zeta\,\varrho \frac{w^2}{2} \quad \text{oder} \quad h_1 - h_2 = \frac{p_1 - p_2}{\gamma} = \zeta \frac{w^2}{2g}$$

(vgl. III, 2). ζ heißt hierbei Widerstandsziffer.

III. Einzelausführungen

1. Bewegungen mit freier Flüssigkeitsoberfläche. a) Die Bedingung, die an der freien Grenze einer Flüssigkeit (gegen Luft oder auch gegen ihren eigenen Dampf) gewöhnlich angenommen wird, ist die, daß der

Druck der Luft mit dem konstanten Werte p_0 auf der Oberfläche lastet. Dies ist nicht streng richtig, da die Luft meist an den Bewegungen mehr oder minder teilnimmt und man deshalb die durch die Bewegung der Luft hervorgerufenen Druckunterschiede beachten müßte. In den weitaus meisten Fällen kann man indes wegen der geringen Dichte der Luft (etwa $^1/_{800}$ der des Wassers!) von diesen Einflüssen sowie auch von der durch die Schwere bedingten Druckzunahme der Luft bei Höhendifferenzen absehen.

Bei stark gekrümmter Flüssigkeitsoberfläche muß die Wirkung der Oberflächenspannung (Kapillarität) berücksichtigt werden, die darin besteht, daß hinter einer konvex gekrümmten Flüssigkeitsoberfläche der Druck der Flüssigkeit größer ist als der des angrenzenden Mediums, hinter einer konkaven dagegen kleiner.

Ist C die Kapillaritätskonstante, d. h. die Spannung, die auf der Längeneinheit in der Oberfläche wirkt, und sind r_1 und r_2 die Krümmungsradien zweier aufeinander senkrechter Richtungen in der Oberfläche (positiv gerechnet, wenn die Krümmung von der Luftseite her betrachtet konkav ist, negativ gerechnet, wenn sie konvex ist), so ist

$$p = p_0 - C\left(\frac{1}{r_1} + \frac{1}{r_2}\right). \tag{14}$$

Aus der Aussage über den Druck an der Oberfläche folgt mit Hilfe der Druckgleichung ein Zusammenhang zwischen Geschwindigkeitsänderung und Höhe. Für die *stationäre drehungsfreie Bewegung* ergibt sich, unter der Annahme konstanten Druckes an der Oberfläche, aus Gl. (6) für die Geschwindigkeit die Beziehung:

$$w = \sqrt{2g(z_0 - z)}\,;$$

z_0 (an Stelle der Konstanten in Gl. (6) eingeführt) ist dabei die Höhe eines ruhenden Wasserspiegels oder eines solchen Punktes (Staupunktes), an dem die Strömung vorübergehend zur Ruhe kommt. Die Geschwindigkeiten an der Oberfläche stimmen hier somit an allen Stellen mit der Geschwindigkeit $w = \sqrt{2gh}$ überein, die ein Körper beim freien Fall von der Höhe z_0 eines ruhenden Wasserspiegels bis zur Höhe z des in Rede stehenden Oberflächenpunktes erlangen würde.

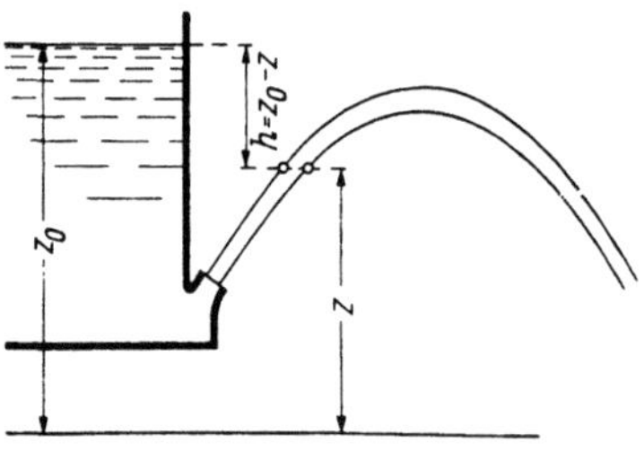

Abb. 43

Als *Beispiele* mögen angeführt werden die Bewegungen beim Ausströmen aus Gefäßen; soweit es sich um dünne Strahlen handelt, ist der Druck durch das ganze Innere des Strahles, abgesehen von der nächsten Umgebung der Ausflußöffnung, genügend genau gleich dem Atmosphärendruck und daher die Geschwindigkeit überall gleich der Fallgeschwindigkeit. Die Bewegungen erfolgen danach einfach gemäß den Wurfgesetzen (vgl. Abb. 43). In der nächsten Nachbarschaft der Ausflußöffnung herrscht wegen der meist vorhandenen Krümmung der Stromlinien (II, 1) im Strahlinnern ein Überdruck.

Der drehungsfreien Umlaufbewegung von (II, 2e) $\left(\text{Geschwindigkeit } w = \frac{c}{r}\right)$ entspricht eine freie Oberfläche, die durch die Gleichung $z = z_0 - \frac{c^2}{2r^2 g}$ gegeben ist, eine Trichterform, die man häufig auf Wasseroberflächen beobachten kann (vgl. Abb. 44).

Als Gegenbeispiel einer *nicht* drehungsfreien Bewegung mag die gleichförmige Rotation einer Wassermasse angeführt werden, wie sie sich in einem gleichförmig um eine senkrechte Achse umlaufenden Gefäß nach einiger Zeit einstellt. Ist die Winkelgeschwindigkeit $= \omega$, die Umlaufsgeschwindigkeit also $w = \omega r$, so erhält man $z = z_0 + \frac{\omega^2 r^2}{2g}$. Die Oberfläche ist hier ein Paraboloid (vgl. Abb. 45).

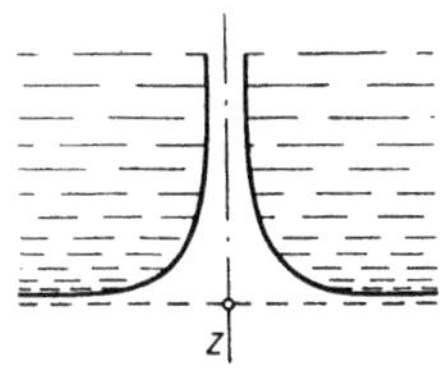

Abb. 44

1b) *Wellen in tiefem Wasser.* Das Gebiet der Wellenbewegungen auf einer Flüssigkeitsoberfläche ist sehr eingehend durchforscht, vornehmlich von englischen Gelehrten (Stokes, Lord Kelvin, Scott, Russell u. a.). Da hier keine Wände störende Reibungen ergeben, sind die Ergebnisse der Theorie in sehr guter Übereinstimmung mit der Beobachtung.

α) Der einfachste theoretische Ansatz ergibt sich unter der Annahme einer ebenen Wellenbewegung von sehr geringer Wellenhöhe; wird dabei die Annahme gemacht, daß Windstille herrscht, und die Wellen von fernher in das betrachtete Gebiet eindringen, dann ist sicher eine drehungsfreie Bewegung zu erwarten. Man kann also ein Strömungspotential ansetzen, und zwar ist für eine Wellenoberfläche $z_0 = A \cos \alpha (x - c t)$ (A Amplitude, c Fortpflanzungsgeschwindigkeit, Wellenlänge $\lambda = 2\pi/\alpha$)

$$\Phi = c A \sin \alpha (x - c t)\, e^{\alpha z}.$$

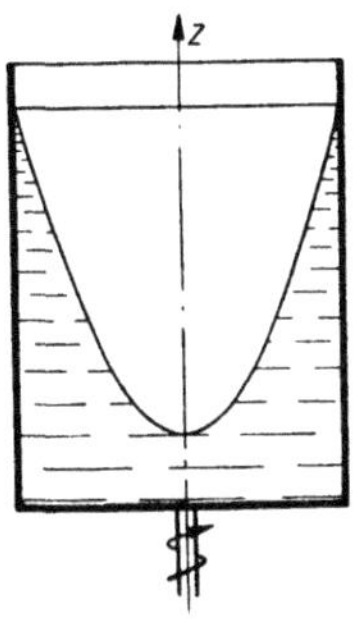

Abb. 45

Die Geschwindigkeiten sind hiermit:

$$u = c A \alpha \cos \alpha (x - c t)\, e^{\alpha z},$$

$$w = c A \alpha \sin \alpha (x - c t)\, e^{\alpha z}.$$

Die Bewegung läßt sich so charakterisieren, daß für eine nach rechts fortschreitende Welle an einem festgehaltenen Punkte des Raumes die resultierende Geschwindigkeit beständig dieselbe Größe hat (nämlich $= c A \alpha e^{\alpha z}$), und daß die Richtung der Geschwindigkeit sich gleichförmig im Sinne des Uhrzeigers bewegt und beim Vorübergang einer Welle gerade einmal herumdreht. Nach der Tiefe zu nimmt die Bewegung ungemein rasch ab; bereits in der Tiefe gleich einer halben Wellenlänge

$z = -\lambda/2 = -\pi/\alpha$ ist die Amplitude nur noch etwa der 23. Teil von der an der Oberfläche. Die Stromlinien dieser Wellenbewegung sind in Abb. 46 dargestellt. Die Bahnen der einzelnen Flüssigkeitsteilchen sind nahezu kreisförmig; da jedoch die Vorwärtsgeschwindigkeit in den Wellenbergen größer ist als die Rückwärtsgeschwindigkeit im Wellental, schließen sich die Bahnen nicht genau, sondern die Teilchen werden bei jedem Umlauf ein wenig in der Richtung der Wellenfortpflanzung verschoben.

Die Bedingung, daß an der Oberfläche konstanter Luftdruck herrschen soll, liefert nun die Größe der Fortpflanzungsgeschwindigkeit.

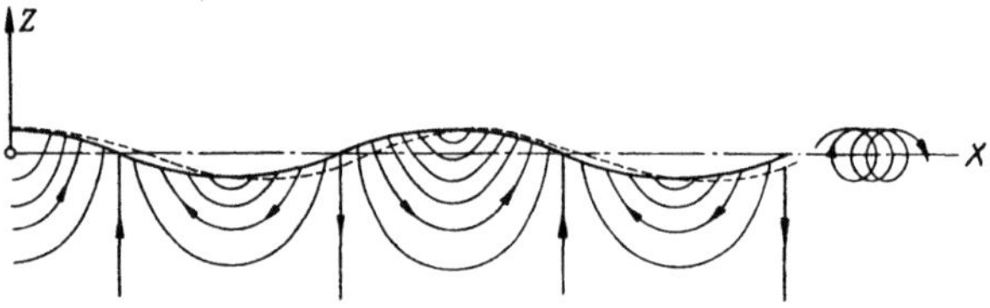

Abb. 46

Wird auf die Kapillarwirkungen keine Rücksicht genommen, was bei großen Wellenlängen zulässig ist, so ergibt sich die Fortpflanzungsgeschwindigkeit zu

$$c = \sqrt{\frac{g}{\alpha}} = \sqrt{\frac{g\,\lambda}{2\pi}}\,;$$

es laufen also die langen Wellen schneller als die kurzen.

Berücksichtigt man die Kapillarität nach Gl. (14), so erhält man:

$$c = \sqrt{\frac{g\,\lambda}{2\pi} + \frac{2\pi\,C}{\varrho\,\lambda}}\,. \tag{15}$$

Für lange Wellen überwiegt der erste Summand, für sehr kurze der zweite. Für die Wellenlänge $\lambda_1 = 2\pi\sqrt{\frac{C}{g\,\varrho}}$ hat die Fortpflanzungsgeschwindigkeit einen kleinsten Wert, nämlich $c_1 = \sqrt[4]{\frac{4g\,C}{\varrho}}$. Für Wasser ($\varrho = 1$, $C = 74$) wird $\lambda_1 = 1{,}72$ cm und $c_1 = 23{,}3$ cm/sec.

Man nennt Wellen, deren Wellenlänge größer ist als λ_1, *Schwerewellen*, die kleineren *Kapillarwellen*.

Die Verhältnisse der Wellen von endlicher Amplitude sind für den Fall der Schwerewellen näher untersucht (Stokes); es ergibt sich, daß die Wellenberge stärker gekrümmt sind als die Wellentäler. Die Grenzform, bei deren Überschreiten Schäumen eintritt, zeigt Kämme mit einem Winkel von 120°. Die Fortpflanzungsgeschwindigkeit steigt mit zunehmender Amplitude etwas an (um 20 % bei der Grenzform).

Anmerkung. Die vielfach beschriebene Gerstnersche *Welle*, bei der die Flüssigkeitsteilchen genaue Kreisbahnen beschreiben und die Wellenform eine Zykloide ist, ist physikalisch unmöglich, da bei ihr die Teilchen eine Drehung haben müßten, entgegengesetzt derjenigen, die die Reibung eines in der Wellenrichtung wehenden Windes erzeugen könnte.

β) Von der bisher als Fortpflanzungsgeschwindigkeit bezeichneten Geschwindigkeit c ist wohl zu unterscheiden die Geschwindigkeit, mit der eine „*Wellengruppe*“ fortschreitet. Unter Wellengruppe wird dabei eine Anzahl aufeinander folgender Wellen verstanden, vor und hinter denen der Flüssigkeitsspiegel in Ruhe ist. Durch Betrachtung der Interferenz von Wellenzügen mit wenig verschiedener Wellenlänge findet man die Beziehung für die Gruppengeschwindigkeit c':

$$c' = c - \lambda \frac{dc}{d\lambda}.$$

Die Rechnung ergibt für den Grenzfall der Schwerewellen $c' = \frac{1}{2} c$; für den der Kapillarwellen $c' = \frac{3}{2} c$; für die Minimalgeschwindigkeit c_1 ergibt sich $c_1' = c_1$. Man beobachtet dementsprechend, daß bei Schwerewellen fortwährend an der Front der Gruppe Wellen verschwinden und hinten entsprechend neue entstehen; bei Kapillarwellen entstehen im Gegensatz hierzu in regelmäßigen Abständen vor der Front neue Wellen, während hinten eine gleiche Anzahl verschwindet.

Bei der natürlichen durch Wind bewegten Wasseroberfläche bewegen sich Gruppen von Wellen verschiedener Längen und verschiedener Richtung durcheinander, so daß sehr verwickelte Interferenzbewegungen zustande kommen. Durch Entgegenbewegung von zwei gleichartigen Wellenzügen bzw. durch Reflexion der Wellen an einer senkrechten Ufermauer entstehen stehende Wellen (Plätscherwellen).

Ein *störendes Objekt in einer Flüssigkeitsoberfläche*, das sich gegen die Flüssigkeit verschiebt (eine Angelschnur oder ein Pfahl in fließendem Wasser, ein Schiffbug in ruhendem usw.), erzeugt so lange keine Wellen, als es sich mit kleinerer Geschwindigkeit als die kleinste Wellengeschwindigkeit c_1 bewegt. Bei etwas größerer Geschwindigkeit lagern sich, den Eigenschaften ihrer Gruppengeschwindigkeit entsprechend, nach vorn Kapillarwellen, nach hinten (in einem sektorförmigen Gebiet) Schwerewellen an. Bei großen Geschwindigkeiten treten die Kapillarwellen praktisch ganz zurück, und es ergibt sich ein System von Schwerewellen, das einen Sektor von 39° Zentriwinkel hinter dem störenden Objekt erfüllt und auf die halbe Länge des relativ zum Wasser zurückgelegten Weges zurückreicht. Bei einem Schiff ergibt sich ein solches

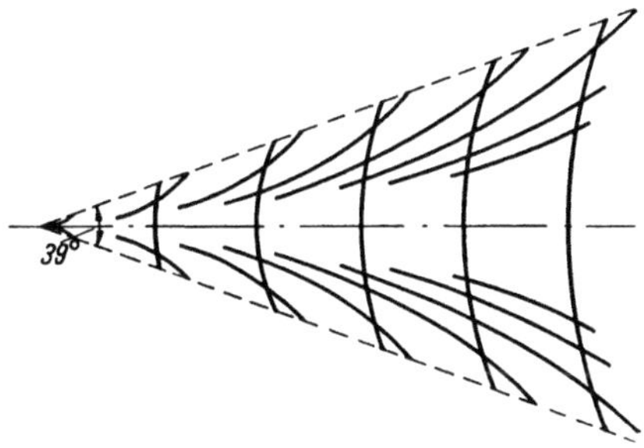

Abb. 47. Wellensystem. Nach EKMAN

Wellensystem, das vom Bug ausgeht, und ein ähnliches, vom Heck ausgehendes, das mit dem ersteren interferiert. Die theoretischen Untersuchungen über diesen Gegenstand (von LORD KELVIN u. a.) stehen in gutem Einklang mit der Beobachtung.

γ) Bei Wellen auf der Grenzfläche zwischen zwei übereinandergeschichteten Flüssigkeiten hat man in den Formeln an Stelle der Schwere g den Wert $g\frac{\varrho_1 - \varrho_2}{\varrho_1 + \varrho_2}$, an Stelle der Dichte ϱ den Wert $\varrho_1 + \varrho_2$ einzusetzen, sonst bleiben (für kleine Wellenamplituden) alle Verhältnisse ungeändert. Bewegen sich die beiden Flüssigkeiten längs ihrer Grenzfläche übereinander weg, so ist (Drehungsfreiheit in beiden Flüssigkeiten vorausgesetzt) die ebene Grenzfläche stabil, solange die Verschiebungsgeschwindigkeit V kleiner ist als $\frac{\varrho_1 + \varrho_2}{\sqrt{\varrho_1 \varrho_2}} c_1$, wo c_1 die kleinste Fortpflanzungsgeschwindigkeit bei gegeneinander ruhenden Flüssigkeiten ist (s. oben). Ist V größer als dieser Wert, so ist die Grenzfläche instabil, sie kräuselt sich. Für Wasser und Luft ist $\varrho_1 : \varrho_2 = 800$. Die Windgeschwindigkeit, bei der die Wellenbildung einsetzt, ist demnach $28{,}3 \cdot 23{,}3 = 660$ cm/sec. Die bei dieser Untersuchung vernachlässigte Reibung zwischen Wind und Wasser ist vermutlich bei den wirklichen Vorgängen ebenfalls von Einfluß.

δ) Die bei der Untersuchung von Wellenbewegungen angewandten Rechenmethoden finden häufig Anwendung beim Studium der Stabilität oder Instabilität einer Flüssigkeitsbewegung. Man nimmt irgendeine wellenförmige Störung an und sieht zu, ob die Amplitude sich dauernd in den anfänglichen Grenzen hält (oder auch abnimmt) oder ob sie zunimmt. Trifft für alle Wellenlängen der erstere Fall zu, so ist Stabilität vorhanden; gibt es anwachsende Wellen, so ist die Bewegung instabil.

Man erhält so in dem Fall der zwei übereinanderwegströmenden Flüssigkeiten immer Instabilität, wenn die Kapillarspannung zwischen ihnen Null ist (übereinandergeschichtete Gase). Die Instabilität führt zur Vermischung. Lange Wellen, deren Fortpflanzungsgeschwindigkeit bei gegeneinander ruhenden Gasschichten größer ist als $\frac{\sqrt{\varrho_1 \varrho_2}}{\varrho_1 + \varrho_2} V$, können dabei bestehenbleiben. Solche Wogen werden in der freien Atmosphäre, wo warme Luft über kältere geschichtet ist, vielfach beobachtet (HELMHOLTZsche Luftwogen).

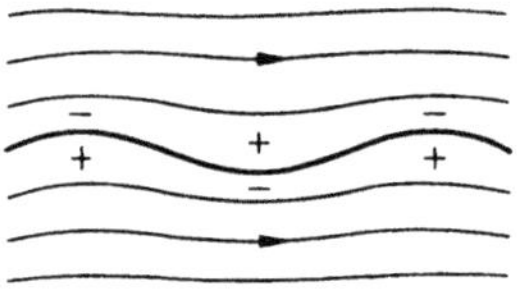

Abb. 48

Ist eine schwach gewellte dünne Wand in einer Flüssigkeitsströmung vorhanden, vgl. Abb. 48, so stellt sich in den hohlen Teilen erhöhter Druck ein, in den erhabenen Unterdruck. Die Flüssigkeitsströmung sucht demnach die Durchbiegung der Wand zu vergrößern. Das Flattern der Fahnen hat hierin seinen Grund.

Kehrt man in Abb. 48 die Strömungsrichtung der einen Seite um, so ändert das die Druckunterschiede nicht; man versteht hieraus leicht, daß Trennungsflächen instabil sind. Die Umgestaltung, die eine Trennungsfläche unter diesen Einflüssen bei einer anfänglich wellenförmigen Störung erfährt, ist in Abb. 49 dargestellt.

Erwähnung verdient ferner eine Untersuchung von LORD RAYLEIGH, die zeigt, daß ein zylindrischer Flüssigkeitsstrahl wegen der Kapillarkräfte instabil ist und deshalb in Tropfen zerfällt.

1 c) *Bewegungen in seichten Gewässern.* In einem seichten Gewässer pflanzen sich Wellen etwas langsamer fort als in einem tiefen, die Wirkung wird aber erst merklich, wenn die Tiefe weniger als ein Drittel der Wellenlänge beträgt. Für Wellen, die sehr lang gegenüber der Wassertiefe (a) sind, wird die Fortpflanzungsgeschwindigkeit unabhängig von λ

$$c_0 = \sqrt{g\,a}\,. \tag{16}$$

Abb. 49

Da bei diesen Wellen die Geschwindigkeit der Wasserbewegung bis zum Grund hinunter fast die gleiche Stärke behält (die Bahnen sind annähernd Ellipsen, die nach unten hin immer flacher werden), so nennt man sie *Grundwellen.* Die Gruppengeschwindigkeit stimmt hier mit der Wellengeschwindigkeit überein, so daß also Wellengruppen beliebiger Form sich ohne Verzerrung fortpflanzen.

Die genaue Formel für Schwerewellen von kleiner Amplitude bei endlicher Wassertiefe ist

$$\sqrt{\frac{g\,\lambda}{2\pi}\,\mathfrak{Tg}\,\frac{2\pi\,a}{\lambda}}\,,$$

da $\mathfrak{Tg}\,x$ (tangens hyperbolica) für kleine Werte $= x$, für große $= 1$ ist, ergeben sich hieraus die genannten Grenzfälle in einfacher Weise.

Anmerkung. Ob ein Gewässer als seicht anzusehen ist oder nicht, hängt also von der Größe der Wellenlänge ab. Für die Wellenbewegung der Ebbe und Flut z. B. ist der Ozean als seichtes Gewässer anzusehen.

Bei Wellen von großer Wellenhöhe laufen in seichtem Wasser die Wellenberge — entsprechend der dort größeren Wassertiefe — schneller als die Wellentäler, die Wellenberge werden deshalb nach vorn immer steiler und überstürzen sich schließlich.

Stehende Schwingungen werden in tiefen wie in seichten Becken beobachtet. Die Schwingungszeit ergibt sich z. B. in länglichen seichten Becken gleich der Zeit, die eine Grundwelle braucht, um die Länge des Beckens hin und zurück zu durchlaufen.

Eine andere Bewegungsform, die in seichten Gewässern und in Kanälen da vorkommt, wo zwei Strömungen mit verschiedenen Geschwindigkeiten aufeinanderstoßen, ist der *Schwall.* Die Wasseroberfläche bildet dabei eine Stufe, deren Übergangszone unregelmäßig turbulente Bewegungen aufweist.

Man kann die Aufgabe mit dem Impulssatz behandeln (ähnlich wie II, 4c) und findet das geometrische Mittel der Geschwindigkeiten, die der Schwall relativ zu den Flüssigkeitsmassen vor und hinter ihm hat, gleich der Geschwindigkeit der Grundwelle für das arithmetische Mittel der Wassertiefen:

$$(c - w_1)(c - w_2) = g \frac{a_1 + a_2}{2}.$$

Die Schwallhöhe hängt mit der Geschwindigkeitsdifferenz zusammen durch die Gleichung

$$w_2 - w_1 = (a_2 - a_1)\sqrt{\frac{2 a_1 a_2}{g(a_1 + a_2)}}.$$

Solche Stufenwellen werden beobachtet, wenn in der Brandung an flachem Strand Wellen gegen ruhendes oder gegenbewegtes Wasser anlaufen; in einigen Flüssen mit trichterförmig verengter Mündung (Ems, Seine, Garonne u. a.) entsteht infolge der Ebbe- und Flutbewegung ein gegen den Ebbestrom flußaufwärts wandernder Schwall. In Kanälen kann er bei plötzlicher Geschwindigkeitsänderung der Strömung (z. B. plötzlichem Abschluß) ebenfalls beobachtet werden.

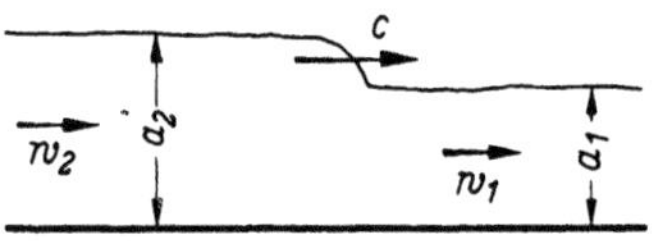

Abb. 50

1d) *Strömende Bewegung in offenen Kanälen.* Der Einfachheit halber soll nur die *stationäre Bewegung* behandelt und auch die Breite des rechteckig angenommenen Kanals konstant angenommen werden. Die Reibung sei vernachlässigt.

Für den Spiegel gilt dann die Beziehung, daß $w = \sqrt{2gh}$ ist, wo $h = z_0 - z$ als die Senkung des Spiegels gegen den eines Sees, aus dem das Wasser kommt, angesehen werden kann.

α) Unter der Annahme eines sehr wenig gekrümmten Bettes und Wasserspiegels lassen sich die Trägheitswirkungen der senkrechten Geschwindigkeitskomponenten (also die „Zentrifugalkräfte" der Wassermassen) vernachlässigen; dies gibt statische Druckverteilung in jedem Querschnitt und damit nach der Druckgleichung konstante Geschwindigkeit w für alle Punkte eines Querschnittes. Unter diesen Voraussetzungen werde die Bewegung über einen flachen Wehrrücken untersucht, bei der sekundlich ein bestimmtes Wasservolumen Q durch jeden Querschnitt strömt. Ist h die Spiegelsenkung und a die Wassertiefe, b die Breite, so ist

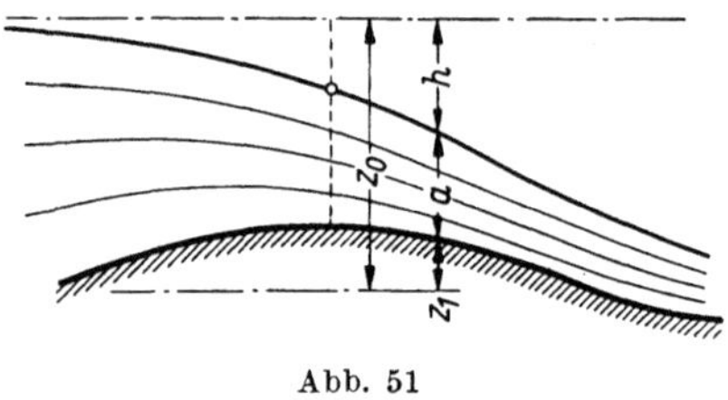

Abb. 51

$$Q = ab\sqrt{2gh};$$

ist ferner z_1 die Ordinate des Wehrrückens, z_0 die des Seespiegels, so ist (vgl. Abb. 51)

$$h + a = z_0 - z_1$$

oder

$$h + \frac{Q}{b\sqrt{2gh}} = z_0 - z_1.$$

Aus dieser Gleichung ergibt sich ein Verlauf von $z_0 - z_1$ mit h, den die Abb. 52 darstellt. $z_0 - z_1$ besitzt ein Minimum $= \frac{3}{2}\sqrt[3]{\frac{Q^2}{b^2 g}}$; steht der Seespiegel um wenig höher als diese Größe über dem Wehrrücken, so ist das Überströmen der gegebenen Menge Q unmöglich, steht er höher, so ergeben sich für jede Stelle des Wehres (jedes z_1) zwei Werte von a und h. Die Zeichnung ergibt für die verschiedenen Seespiegel die in Abb. 53 wiedergegebenen Gestalten des Wasser-

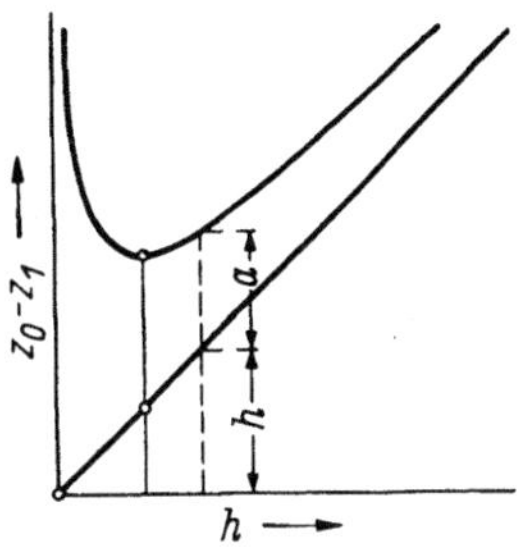

Abb. 52

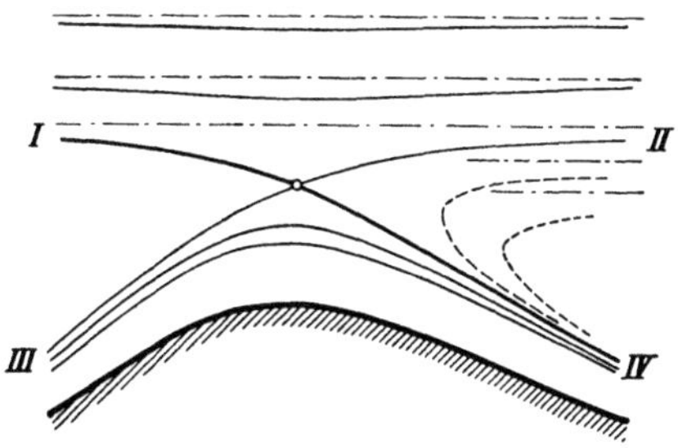

Abb. 53

spiegels. Sowohl die von I nach II führenden Kurven wie die von III nach IV führenden entsprechen möglichen Strömungen, wie dies aus Abb. 54 und 55 zu erkennen ist. Die Strömungsabbildung von Abb. 51 ist, wie man erkennt, die einzige von I nach IV führende Linie; sie gehört dem vorerwähnten tiefsten Seespiegel an. Mit $(z_0 - z_1)_{\min} = H$ ergibt sich die überfließende Menge zu $Q = b\sqrt{g(\frac{2}{3}H)^3}$ $= 0{,}385\, b\, H\sqrt{2gH}$, was mit der Beobachtung gut übereinstimmt.

Von den punktierten Kurven zwischen II und IV, die niedrigeren Spiegeln entsprechen, tritt der obere Ast ebenfalls in Erscheinung, indem bei einem Unterwasserstand, der höher ist als der in Abb. 51, sich durch einen stationären Schwall („Wassersprung") der Übergang von der Kurve I—IV aus herstellt (vgl. Abb. 56).

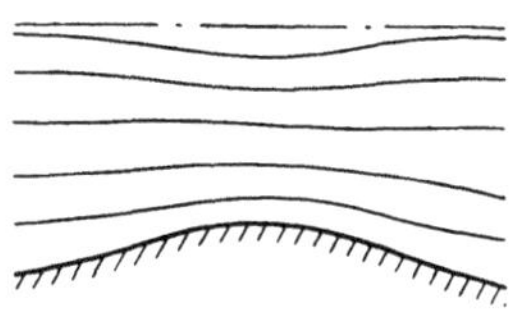

Abb. 54

Es verdient Erwähnung, daß bei dem Minimum von $z_0 - z_1$, also bei der Strömung nach Abb. 51, über dem Wehrscheitel $h = \frac{1}{2}a$ und deshalb $w = \sqrt{ga}$, also gleich der Geschwindigkeit c_0 der Grundwelle bei der Wassertiefe a ist. Da gezeigt werden kann, daß irgendwelche Anschwellungen des Wasserspiegels nur

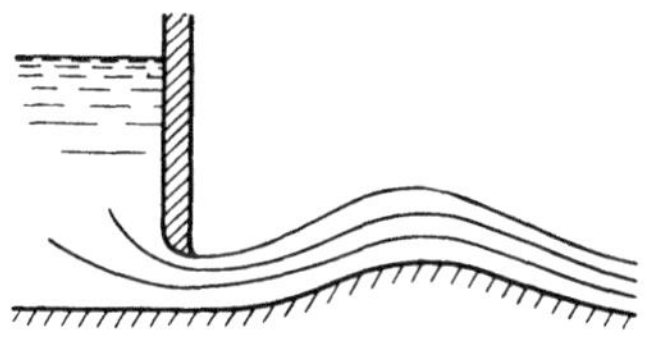

Abb. 55

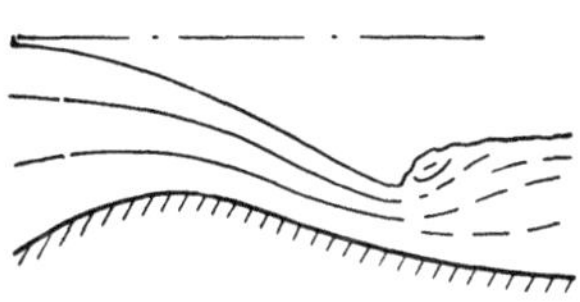

Abb. 56

dann flußaufwärts vordringen können, wenn die Strömungsgeschwindigkeit kleiner ist als die Grundwellengeschwindigkeit, so ist hieraus verständlich, daß, wenn ausgehend von der Strömung der Abb. 51 das Unterwasser ansteigt, der Schwall vor der mit größerer als Grundwellengeschwindigkeit erfolgenden Strömung zum Stehen kommt. Die Stelle, an der dies eintritt, bestimmt sich aus der unter c) für den Schwall abgeleiteten Beziehung, die hier $w_1 w_2 = g\,\frac{(a_1 + a_2)}{2}$ lautet.

Die in Abb. 54 und 55 zur Darstellung gebrachten Ergebnisse lassen sich so aussprechen, daß bei Strömungsgeschwindigkeiten, die kleiner sind als die Fortpflanzungsgeschwindigkeit der Grundwelle, über einer Bodenerhebung eine Spiegelsenkung entsteht, bei größeren Geschwindigkeiten als die der Grundwelle dagegen eine Spiegelerhebung, die stärker ist als die Bodenerhebung.

β) Bei stärkeren Bettkrümmungen und Spiegelkrümmungen müssen die senkrechten Beschleunigungen der Wassermassen berücksichtigt werden. Es gibt eine sehr brauchbare Annäherungstheorie, bei der ein linearer Zusammenhang der Krümmung einer Stromlinie mit der von Spiegel und Bett angenommen wird, und nun unter Berücksichtigung der durch die Zentrifugalkräfte modifizierten Druckverteilung Gleichungen für den Zusammenhang der mittleren Geschwindigkeit und der Spiegelkurve ermittelt werden. Diese eindimensionale Theorie liefert bereits alle wichtigen Details. Es ergeben sich, ganz entsprechend der exakten Wellentheorie, bei Geschwindigkeiten, die kleiner sind als die der Grundwelle, hinter einer quer zum Fluß verlaufenden Bodenunebenheit stationäre Wellen, wie sie auch beobachtet werden. Der stationäre Schwall ist ebenfalls unter gewissen Umständen von Wellen begleitet. Bei Annäherung an die Grundwellengeschwindigkeit wächst die Länge und Höhe der Wellen bedeutend an, über der Grundwellengeschwindigkeit bleibt allein eine Erhebung über der Bodenschwelle bestehen.

Von Unebenheiten an den Seitenwänden gehen bei mäßigen Geschwindigkeiten schräge Wellen, ähnlich den unter 1b) beschriebenen Schiffswellen aus; bei Geschwindigkeiten über der Grundwellengeschwindigkeit gesellen sich zu diesen schräge Grundwellen, die sich über die ganze Breite des Gerinnes fortpflanzen und sich vielfach gegenseitig durchkreuzen.

2. Strömung mit Widerständen (technische Hydraulik). a) *Ausfluß aus Mündungen.* Bei kleinen Mündungen in dünner Wand ist zunächst zu beachten, daß der Strahl sich wegen der beim Zuströmen auf die

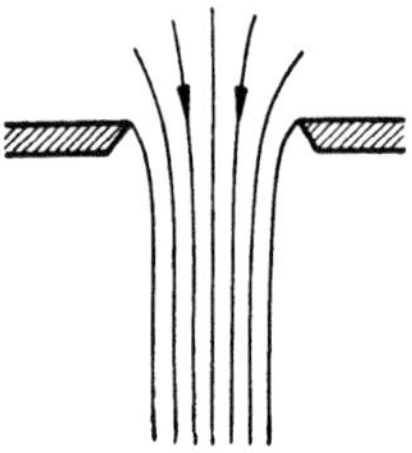

Abb. 57

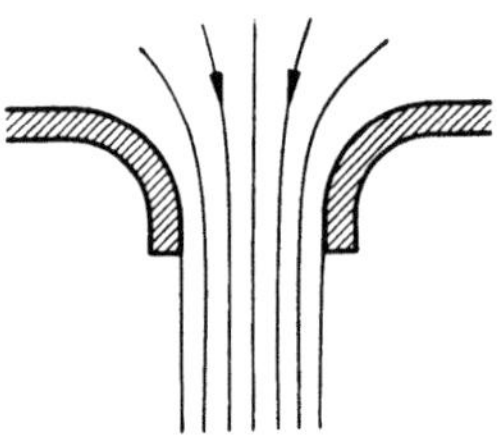

Abb. 58

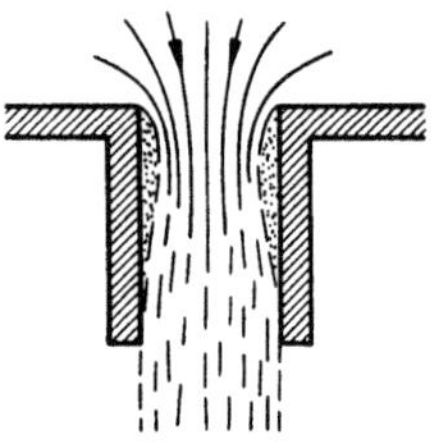

Abb. 59

Mündung vorhandenen radialen Geschwindigkeitskomponenten nach dem Durchgang durch die Mündung noch etwas zusammenzieht (Strahlkontraktion). Bei Mündungen in ebener Wand (Abb. 57) ist die Kontraktionsziffer α (Verhältnis von Strahlquerschnitt zu Lochquerschnitt) = 0,61 bis 0,64, bei kegelförmigen Ansatzröhren größer, bei guter Abrundung der Öffnung (Abb. 58) nahezu = 1. Außer der Kontraktion ist auch ein Geschwindigkeitsverlust vorhanden, der meist summarisch nach Versuchsergebnissen durch eine Geschwindigkeitsziffer φ berücksichtigt wird:

$$w = \varphi\sqrt{2gh}.$$

Die Ausflußmenge wird damit

$$Q = \alpha F \varphi \sqrt{2 g h}.$$

Das Produkt $\alpha \varphi = \mu$ wird Ausflußziffer genannt. Die Geschwindigkeitsziffer ist bei Mündungen der obigen Art je nach Form und Größe $\varphi = 0{,}96 \sim 0{,}995$. Bei scharfkantig anschließenden Ansatzröhren (Abb. 59) ist $\varphi = 0{,}8 \sim 0{,}88$; α ist hier $= 1$.

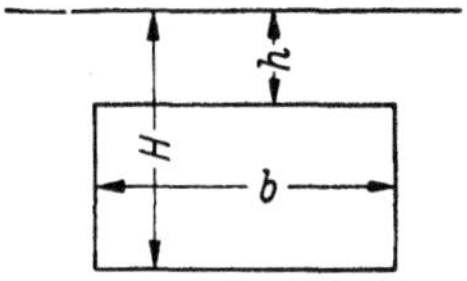

Abb. 60

Ist die Höhe der Öffnung nicht klein gegen h, so muß die Verschiedenheit von h für die einzelnen Stromfäden berücksichtigt werden. Man hilft sich in der technischen Hydraulik hier dadurch, daß man sich die Öffnung aus einer großen Anzahl kleiner Öffnungen zusammengesetzt denkt und für die kleinen Öffnungen nach den vorstehenden Formeln rechnet. Das Resultat für die große Öffnung wird sonach durch eine Integration erhalten. Man erhält z. B. so für eine rechteckige Öffnung von nebenstehenden Abmessungen (Abb. 60)

$$Q = \frac{2}{3} \mu b \sqrt{2 g} (H^{3/2} - h^{3/2}).$$

Ist eine merkliche Zuflußgeschwindigkeit (w_0) in dem Raum vor der Öffnung vorhanden, dann ist der ideelle Wasserspiegel, von dem aus die Höhen H und h gerechnet werden, um $w_0^2/2g$ höher anzusetzen als der des fließenden Wassers. Für einen Überfall, d. h. eine oben offene rechteckige Öffnung (Abb. 61) wird hierbei $h = 0$ gesetzt. Trotz der veränderten Verhältnisse stimmt die Ausflußziffer einigermaßen mit der für kleine Öffnungen überein. Es ist (nach PONCELET und anderen) $\mu = 0{,}60$ bis $0{,}585$ für $H : b = \frac{1}{4}$ bis 1. Für den in III, 1d behandelten flachen Wehrrücken ist theoretisch $\mu = 0{,}577$, praktisch etwas kleiner. Die Überfallbewegung ist deshalb sehr genau studiert, weil sie eine sehr bequeme und auch zuverlässige Methode zur Messung von Wassermengen ist.

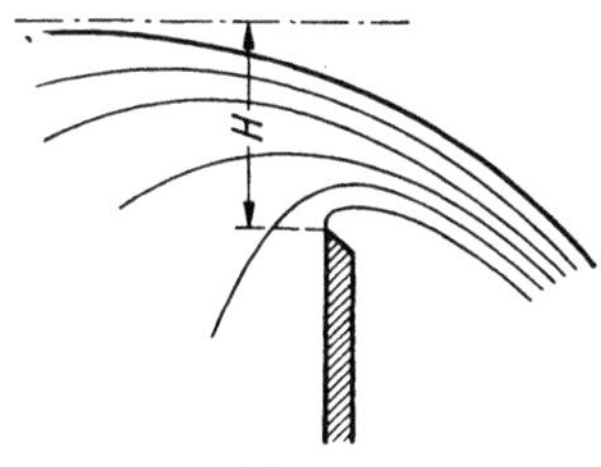

Abb. 61

2b) *Widerstände bei Querschnittsänderungen in Rohrleitungen* (für Flüssigkeiten und Gase gemeinsam gültig; bei Flüssigkeiten gibt man meist „Druckhöhen" $\frac{p_0 - p_1}{\gamma}$ usw. an, bei Gasen meist die Druckdifferenzen selbst; γ ist dabei $= g \varrho$).

Eine *allmähliche Verengerung* der Rohrleitung bringt nach II, 5f) keine merklichen Widerstände mit sich. Sie ist deshalb für die Messung der durchfließenden Mengen geeignet.

Es wird

$$Q = \sqrt{\frac{2 g (p_0 - p_1)}{\gamma \left(1 - \eta \left(\frac{F_1}{F_0}\right)^2\right)}}$$

(vgl. Abb. 62 und 63). Die Durchflußziffer μ ist nahezu $= 1$; η ist etwa 1,1 zu setzen und bedeutet eine Berücksichtigung der ungleichförmigen Geschwindigkeitsverteilung in der Zuströmung.

Die Verluste bei *allmählicher Erweiterung* sind ziemlich beträchtlich Die wirklich zu erreichenden Drucksteigerungen sind etwa 0,8 bis 0,85 der theoretischen, der Druckhöhenverlust also $\zeta\,\frac{w_1^2 - w_2^2}{2g}$ mit $\zeta = 0{,}15$ bis 0,2.

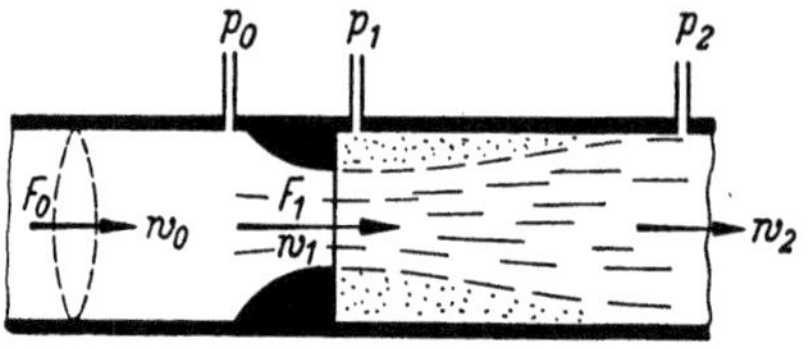

Abb. 62. Düsenrohr

Bei plötzlicher Erweiterung ergibt sich (vgl. II, 4c) ein Druckhöhenverlust von $\frac{(w_1 - w_2)^2}{2g}$. *Plötzliche Verengerung* ergibt dadurch einen Verlust, daß sich in der Verengerung eine Kontraktion einstellt und sich der Strahl dann wieder ausbreitet (Abb. 64). Der Verlust wird demnach gleich $\frac{w_1^2}{2g}\left(\frac{1}{\alpha} - 1\right)^2$. Der Geschwindigkeitsverlust in der Ansatzröhre Abb. 59 ist nach dem gleichen Gesichtspunkt zu beurteilen.

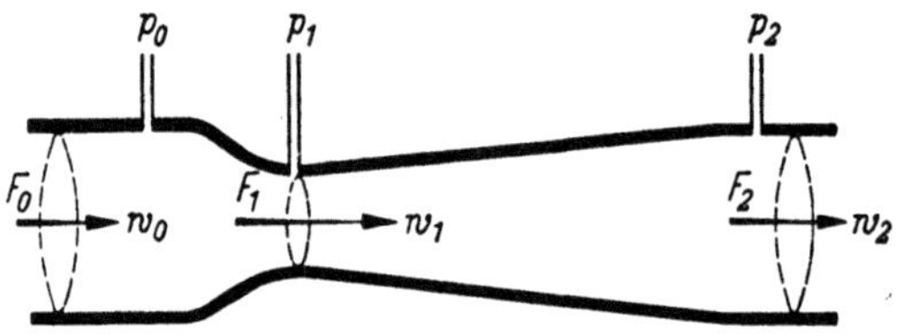

Abb. 63. Venturirohr

Bei einer Röhre nach Abb. 65 ist entsprechend der Verlust $p_0 - p_2 = \frac{w_0^2}{2g}\left(\frac{F_0}{\alpha F_1} - 1\right)^2$. Die Kontraktionsziffer ist in solchen Fällen von dem Verhältnis $F_1 : F_0$ abhängig. Da diese Einrichtung ebenfalls, wie die in Abb. 62 und 63 dargestellten, mittels Beobachtung der Druckdifferenz $p_0 - p_1$ zur Mengenmessung verwendet wird, sei angegeben, daß nach Versuchen von Weisbach $\alpha = 0{,}63 + 0{,}37\left(\frac{F_1}{F_0}\right)^3$ gesetzt werden kann.

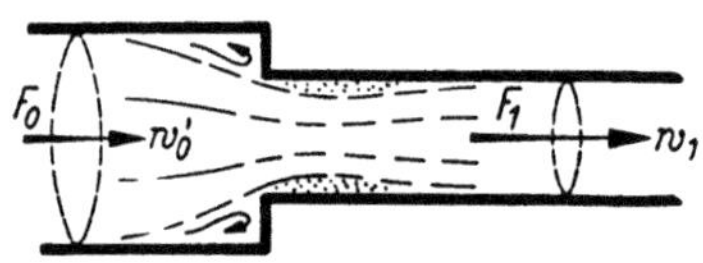

Abb. 64

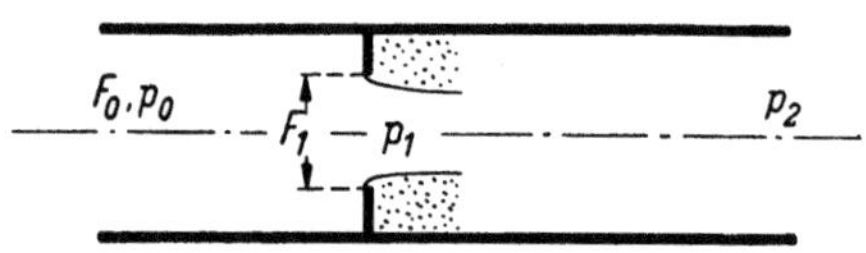

Abb. 65. Röhre mit Drosselscheibe

Die Drucksteigerung $p_2 - p_1$ in einem plötzlich oder allmählich erweiterten Rohr wird in den *Strahlapparaten* dazu verwendet, andere Flüssigkeiten anzusaugen und fortzuschaffen. Unter den Anwendungen sind zu nennen die Wasserstrahlluftpumpe, mit der man beträchtliche Luftleere herstellen kann (damit $p_2 - p_1$ gleich einer Atmosphäre wird, muß w_1 etwa 20 m/sec sein), ferner der Bunsenbrenner, bei dem der aus einer Düse austretende Gasstrahl Luft ansaugt und sich mit ihr mischt.

Eine andere Anwendung ist das Lokomotivblasrohr, bei dem der aus dem Zylinder strömende Dampf die Verbrennungsgase aus der Rauchkammer absaugt und so die Verbrennung unterhält. Eine sehr merkwürdige Anwendungsform ist der Injektor, der mittels Dampf angesaugtes Wasser in denselben Dampfkessel pumpt, aus dem der Dampf entnommen wird (die Wirkung ist durch die Dichtevermehrung zu

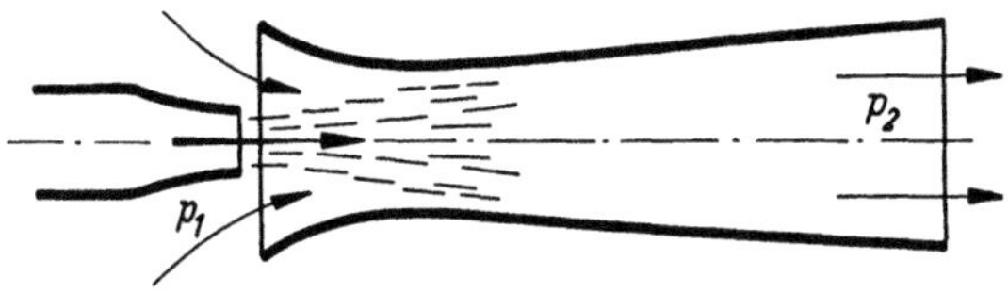

Abb. 66. Strahlapparat

erklären, die der Dampf bei seiner Kondensation auf dem Wasser erfährt). Auf die Theorie des Strahlapparates, die sich auf dieselben Beziehungen aufbaut, wie die der vorgenannten Apparate, kann hier nicht eingegangen werden.

2c) *Widerstände in geraden Kanälen und Flußläufen.* Die Widerstände in geraden glatten Rohrleitungen sind bereits in II, 5g) behandelt. Das dort besprochene Ähnlichkeitsgesetz trifft für *rauhe* Rohroberflächen nicht mehr genau zu, da im allgemeinen die Rauhigkeiten bei verschiedenen Rohrdurchmessern nicht geometrisch ähnlich sind. Man benutzt in der Praxis meist formal ein Gesetz, bei dem der Widerstand der zweiten Potenz der Geschwindigkeit proportional ist:

$$\frac{1}{l}\,\frac{p_1-p_2}{\gamma}=\frac{\lambda}{r}\,\frac{w^2}{2g}\,.$$

Die Widerstandsziffer λ ist dabei nicht als eine genaue Konstante anzusehen; sie ist vielmehr eine verwickelte Funktion des Durchmessers, der Geschwindigkeit, der Zähigkeit und der Rauhigkeit, die allerdings für den praktischen Anwendungsbereich keine allzu starke Veränderlichkeit zeigt. In glatten Rohren ist gemäß dem früheren $\lambda = 0{,}133\sqrt[4]{\frac{\nu}{w\,r}}$ zu setzen (BLASIUS), was für $R = w\,r/\nu = 2000$, 6000, 32000, 100000 und 500000 die Werte 0,020, 0,015, 0,010, 0,0075 und 0,005 ergibt. Für rauhe Röhren ist λ je nach der Rauhigkeit größer und steigt bis zum zweifachen bei kleinen und zum drei- bis vierfachen bei großen REYNOLDSschen Zahlen.

Die vielen Formeln für den Rohrwiderstand, die von älteren Experimentatoren stammen (so die von WEISBACH, DARCY, H. LANG u. a.), berücksichtigen nicht den Einfluß der Zähigkeit und geben ein unvollständiges und vielfach widersprechendes Bild der Sachlage. Rationelle Zusammenstellungen, bei denen die Widerstandswerte abhängig von der REYNOLDSschen Zahl dargestellt werden, sind erst in der letzten Zeit häufig geworden (vgl. etwa GÜMBEL, Schiffbautechnische Gesellschaft 1912).

Bei Kanälen und besonders bei natürlichen Flußläufen kommt eine weitere Verwicklung dadurch hinein, daß die Rauhigkeit des Bettes durch die Bodenart, besonders aber durch die Wassergeschwindigkeit selbst beeinflußt wird, indem die Korngröße desjenigen Bodenmaterials, das nicht weggeschleppt wird, um so größer ist, je größer die Wassergeschwindigkeit.

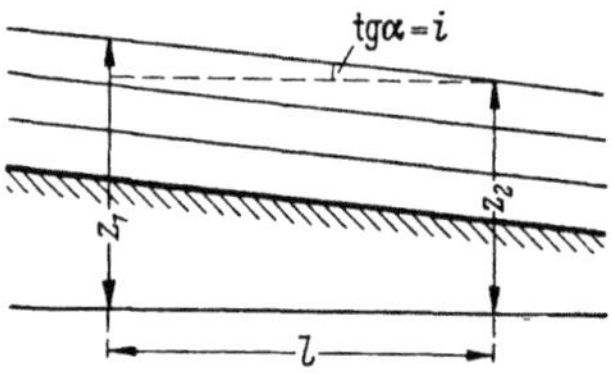

Abb. 67

Der Widerstand wird zweckmäßig durch das Spiegelgefälle $i = \frac{z_1 - z_2}{l}$ ausgedrückt. Bei der großen Rauhigkeit ist der Widerstand wesentlich durch Druckdifferenzen an den Bodenunebenheiten verursacht und daher bei gegebener Rauhigkeit ziemlich genau proportional mit dem Quadrat der Geschwindigkeit. Die Gestalt des Querschnittes wird meist durch den sogenannten hydraulischen Radius oder Profilradius:

$$r_h = \frac{\text{durchflossener Querschnitt}}{\text{benetzter Umfang}}$$

in die Formeln eingeführt (für ein Rohr von Kreisquerschnitt, wie für eine halbkreisförmige Rinne ist $r_h = \frac{1}{2} r$, für ein sehr flaches rechteckiges Bett gleich der Tiefe).

Die älteste Formel (von DE CHÉZY) setzt

$$i = \frac{\lambda_1}{r_h} \frac{w^2}{2g}$$

oder, wie die Formel gewöhnlich geschrieben wird

$$w = C \sqrt{r_h i}. \tag{17}$$

C hat dabei nach EYTELWEIN für Kanäle den Wert 51 $\mathrm{m}^{1/2}\,\mathrm{sec}^{-1}$.

Spätere Forscher haben die Formel dadurch verbessert, daß sie C nicht konstant, sondern als eine langsam veränderliche Funktion des Profilradius und einer Rauhigkeitsziffer annahmen. Da mit dem Gefälle auch die Rauhigkeit wechselt, findet man auch einen Einfluß von i auf die Größe von C. Auf eine Wiedergabe der Formeln muß hier verzichtet werden. Die Werte für C schwanken bei Tiefen von 0,5 bis 3 m von 80 bei Kanälen aus glattem Holz oder glattgeputztem Mauerwerk, 60 bis 70 bei rauheren Wänden, bis 32—50 bei Erdwänden und 24—40 bei Gerölle. Zum Vergleich sei erwähnt, daß diesen Zahlen Werten in λ von 0,006 bis 0,068 entsprechen.

Über die Verteilung der Geschwindigkeit über den Querschnitt sind vielfach Beobachtungen angestellt. Ein Beispiel für die sich ergebenden Isotachen (Linien gleicher Geschwindigkeit) ist in Abb. 68 gegeben. Die häufig gemachte Beobachtung, daß der Ort der größten Geschwindigkeit nicht an der Oberfläche, sondern etwas darunter ist, hat bis jetzt keine ausreichende Erklärung gefunden.

2d) *Ungleichförmige Strömung in Flüssen und Kanälen.* Die Bewegungszustände, die sich in einem Fluß vor oder hinter einem Wehr oder einer ähnlichen Unterbrechung des stetigen Laufes einstellen, haben das Interesse der Hydrauliker in hohem Maß in Anspruch genommen. Bei Vorgängen, die sich innerhalb relativ kurzer Flußstrecken abspielen, kann man in erster Annäherung von der Reibung absehen und erhält so die in III, 1d) dargelegten Gesetzmäßigkeiten. Für viele Fragen ist indes gerade die Berücksichtigung des Strömungswiderstandes von entscheidendem Einfluß. Man verwendet hierbei fast durchweg die einfache

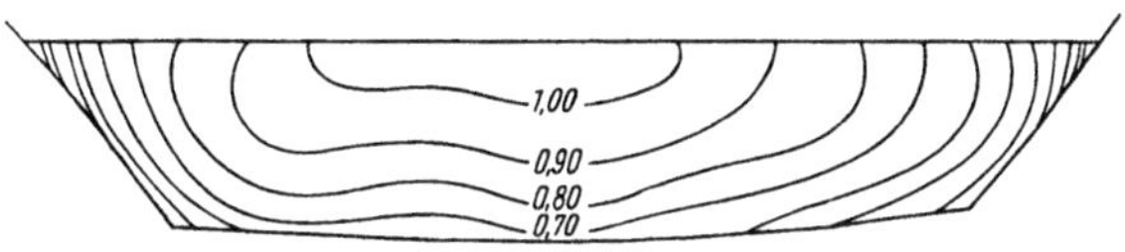

Abb. 68

Chézysche Formel, mit einem passend gewählten Wert von C. Für den Fall, daß die Krümmung der Bahnen der Wasserteilchen nicht berücksichtigt zu werden braucht, wird sonach das Spiegelgefälle $i = -dz/dx$ der Summe aus dem Widerstand $(C^2/r_h)\, w^2$ und der nach der Druckgleichung vorhandenen Beschleunigungswirkung $d(w^2/2g)/dx$ gleichzusetzen sein. Die Kontinuitätsgleichung $wF =$ konst. bringt, da der Stromquerschnitt von der Wassertiefe abhängig ist, das Spiegelgefälle mit dem Sohlengefälle i_1 in Verbindung.

Für einen breiten Fluß von gleichmäßiger Sohlenneigung und von der Breite nach konstanter Wassertiefe (wo also der Profilradius r_h gleich der Wassertiefe a wird) werden die Verhältnisse am einfachsten. Es zeigt sich, daß man zu unterscheiden hat, ob die dem gleichförmigen Strömen entsprechende Geschwindigkeit kleiner oder größer ist als die Fortpflanzungsgeschwindigkeit der Grundwellen (Gl. (16) und (17))

$$w = C\sqrt{a\, i_1} \lesseqgtr \sqrt{g\, a},$$

was einfach $i_1 \lesseqgtr \frac{g}{C^2}$ liefert.

Man nennt Wasserläufe, deren Sohlengefälle kleiner als der kritische Wert g/C^2 ist, „Flüsse", die mit einem größeren Gefälle „Wildbäche". Unter Annahme des Eytelweinschen Wertes für C wird das kritische Gefälle $= 0{,}0038$.

Die Rechnung ergibt nun für Flüsse oberhalb eines Stauwerkes stetigen Spiegelverlauf, für Wildbäche unstetigen Verlauf mit Wassersprung. Der Ausgleich einer abweichenden Geschwindigkeit unterhalb eines Hindernisses geht beim Wildbach immer stetig vor sich, beim

Fluß dagegen unstetig oder stetig, je nachdem die Grundwellengeschwindigkeit überschritten war oder nicht. In Abb. 69 und 70 sind die aus den Rechnungen folgenden „Staukurven" für ein bestimmtes Beispiel in stark verkürzter Darstellung wiedergegeben. Es sei hierzu erwähnt, daß der Fluß zwischen der „Spannschütze" und dem Wassersprung „wild" ist, während der Wildbach zwischen Wassersprung und der Spannschütze als Fluß läuft.

Wo starke Vertikalbewegungen auftreten, müssen die Vertikalbeschleunigungen berücksichtigt werden; eine Übertragung des in III, 1dβ Auseinandergesetzten auf den Fall der Strömung mit Reibung ergibt u. a., daß der Fluß ober-

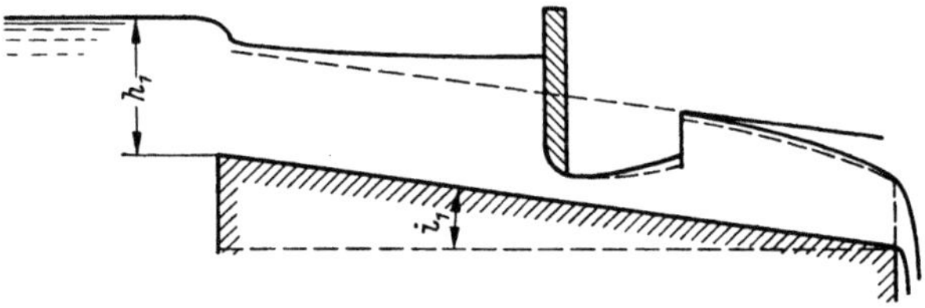

Abb. 69. Fluß

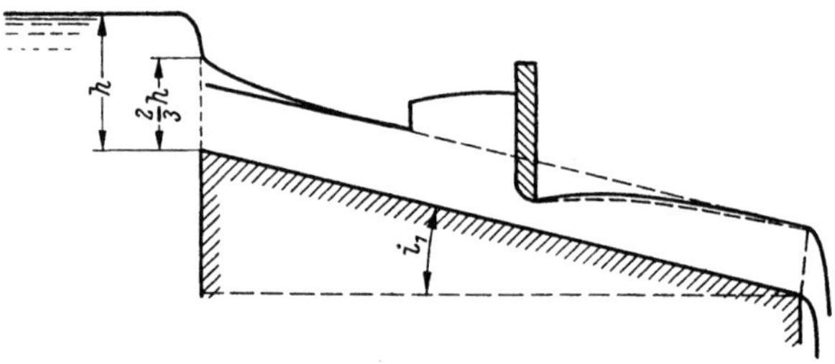

Abb. 70. Wildbach

halb des Stauwerkes ohne Wellen, unterhalb mit Wellen (von mit der Entfernung vom Stauwerk abnehmender Höhe) fließt. Der Wildbach fließt ohne Wellen, doch kann der Wassersprung, wenn das Gefälle nicht weit vom kritischen abweicht, durch Wellen abgelöst werden, von denen jede folgende stufenartig höher liegt (Boussinesq). Diese theoretischen Resultate stimmen gut mit der Beobachtung überein.

Zeitlich veränderliche Strömungen sind ebenfalls vielfach untersucht, so z. B. die Einwirkung von Ebbe und Flut auf Flußläufe, die zu sehr verwickelten Ergebnissen führt; ferner die Fortpflanzung von Hochwassern. Es ergibt sich hier, daß das Hochwasser, solange keine Überflutung der Ufer eintritt, mit etwa $^4/_3$ der Strömungsgeschwindigkeit weiter wandert (durch die wegen des höheren Wasserstandes schneller fließenden Wassermassen der Hochwasserwelle wird das im Fluß vorher vorhandene Wasser zusammengeschoben, so daß das Hochwasser schneller fortschreitet als das Wasser in ihm). Durch den

Eintritt von Überflutungen wird die Fortpflanzung des Hochwassers verlangsamt und die Höhe vermindert. Da die Wassermassen im Maximum des Hochwassers schneller fließen als die übrigen, so eilt das Maximum mit der Zeit vor, man findet deshalb regelmäßig, daß Hochwasser schnell steigen und langsam fallen.

Von besonderem Interesse, aber noch nicht sehr weit geklärt, sind die Fragen nach der Wechselwirkung eines Flusses mit seinem Bett. Die Sohle des Bettes ist dadurch, daß bei geringen Geschwindigkeiten vom Fluß mitgeführte Sinkstoffe abgesetzt, und bei größeren Geschwindigkeiten die Ablagerungen wieder angegriffen werden, in fortwährender Bewegung, so daß der Fluß durch seine Wasserbewegung die Form seines Bettes selbst bestimmt. Besonderen Einfluß hat natürlich die Aufeinanderfolge von Hochwasser und Niedrigwasser.

Die vielfach beobachteten Sandbänke wandern dadurch, daß sie stromaufwärts von der Strömung angegriffen werden und die in Bewegung gebrachten Massen sich hinter ihnen in ruhigerem Wasser wieder absetzen, langsam flußabwärts. In Krümmungen des Flusses gelangt das schneller fließende Oberflächenwasser durch Zentrifugalwirkung nach außen und drängt das mit Sinkstoffen angereicherte Tiefenwasser nach innen; die Wirkung ist eine Vertiefung des Bettes auf der Außenseite, Verflachung innen. Die weitere Folge ist eine fortwährende Zunahme der Krümmung; es erklärt sich hieraus die auffallend gewundene Form der meisten natürlichen Flußläufe (Mäanderbildung). Diese Vorgänge werden in den Flußbaulaboratorien im kleinen mit guter Übereinstimmung nachgeahmt.

3. Widerstand von Körpern in Flüssigkeit. a) *Allgemeine Bemerkungen über das Widerstandsgesetz.* α) Für den Widerstand, den eine Flüssigkeit der Bewegung eines in ihr befindlichen Körpers *vermöge ihrer Trägheit* entgegensetzt, hat schon NEWTON den Schluß gezogen, daß dieser Widerstand proportional der Flächenausdehnung des Körpers quer zur Bewegungsrichtung (F), ferner proportional der Dichte der Flüssigkeit (ϱ) und dem Quadrat der Geschwindigkeit (V) sein muß. Dieses Ergebnis läßt sich durch eine sehr einfache Betrachtung nachprüfen: Der Körper muß sekundlich eine Flüssigkeitsmasse $M = \varrho F V$ aus seiner Bahn räumen und erteilt dabei jedem Massenelement eine Geschwindigkeit, die seiner Geschwindigkeit proportional gesetzt werden kann. Der Widerstand ist gleich der sekundlich erteilten Bewegungsgröße

$$W \sim M V = \varrho F V^2.$$

Die näheren Einzelheiten der NEWTONschen Theorie, die den Flüssigkeitswiderstand nach den Gesetzen des elastischen Stoßes behandelt (NEWTON dachte sich das Medium als aus freischwebenden *ruhenden* Massenteilchen bestehend, die von dem bewegten Körper in regelmäßiger Weise reflektiert werden), haben sich allerdings nicht halten lassen; an Stelle der NEWTONschen Auffassung ist die hydrodynamische Auffassung getreten, nach der der Widerstand aus den bei der Umströmung des Körpers entstehenden Druckdifferenzen und Reibungsspannungen besteht. Ein prinzipieller Unterschied zwischen den Ergebnissen der alten und der neuen Theorie ist der, daß bei der alten nur die Gestaltung der nach vorn gekehrten Flächen des Körpers in Betracht gezogen wird, während man jetzt weiß, daß die eigentlichen Widerstandsvorgänge hinter dem Körper zu suchen sind und daß daher die Ausbildung der hinteren Teile von größter Bedeutung sein kann. Auch ist hervorzuheben, daß die alte Theorie den Widerstand irgendeines Körpers durch einfache Summierung über alle Flächenelemente (unter Verwendung eines für ebene Platten gewonnenen Gesetzes) erhalten wollte, während nach der hydrodynamischen Anschauung sofort einzusehen ist, daß dies unzulässig ist (Beispiel: die Strömung um ein Dieder, vgl. Abb. 71, muß einen ganz anderen Verlauf nehmen, als um zwei einzelstehende, gleichgeneigte Platten. Nach Versuchen von Eiffel ist denn auch der Widerstand eines aus zwei quadratischen Platten mit Winkeln von 30° gegen die Bewegungsrichtung bestehenden Dieders etwa 60% des der einzelstehenden Platten, während nach der alten Theorie beide Objekte den gleichen Widerstand haben müßten).

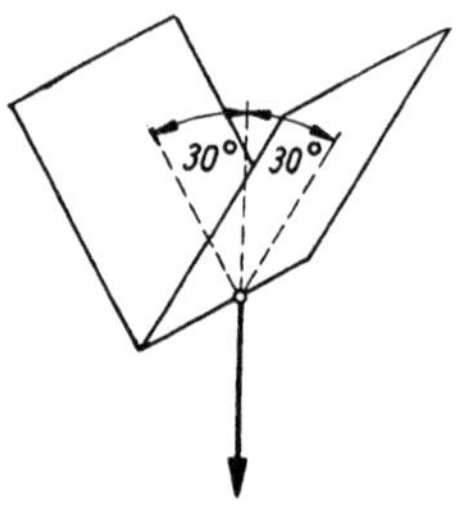

Abb. 71

Über die allgemeine Form des nach der Hydrodynamik zu erwartenden Widerstandsgesetzes für eine bestimmte Art von Körpern läßt sich aus den Betrachtungen über mechanische Ähnlichkeit (II, 5c) folgendes aussagen. So lange nur geometrisch und mechanisch ähnliche Fälle verglichen werden, bei denen also die Reynoldssche Zahl $R = V l/\nu$ (l ist irgendeine Vergleichslänge) denselben Wert hat, werden die Druckdifferenzen und Reibungsspannungen im selben Verhältnis zusammenwirken, der Widerstand ist dann dem Produkt einer Druckdifferenz (oder auch einer Reibungsspannung) mit einer Fläche, auf die die Druckdifferenz wirkt, proportional. Die Druckdifferenzen sind proportional ϱV^2 (vgl. etwa II, 2c), also der Widerstand $W \sim \varrho F V^2$.

Der Proportionalitätsfaktor ist dabei nur so lange unveränderlich, als die Reynoldssche Zahl unveränderlich ist; er ändert sich im allgemeinen mit ihr, kann also als Funktion von R geschrieben werden. Hiermit wird

$$W = \varrho F V^2 f(R).$$

Ist in einem bestimmten Fall eine merkliche Wirkung der Reibung nicht zu erwarten, so ergibt sich dem Vorstehenden gemäß eine merklich genaue Proportionalität des Widerstandes mit $\varrho F V^2$ für alle in Betracht kommenden Verhältnisse, das heißt die Funktion von R wird durch eine Konstante (ψ) ersetzt. Dies ist bei Platten, die senkrecht zu ihrer Ebene bewegt werden und bei ähnlichen Objekten ziemlich genau der Fall. Für kreisförmige Platten ist der Faktor etwa $\psi = 0{,}56$.

Spielt dagegen die Reibungswirkung die Hauptrolle, wie z. B. bei *Platten*, die in *ihrer Ebene* bewegt werden, so sind starke Abweichungen von NEWTONschen Gesetz zu erwarten.

Man findet (für $R > 2\,200\,000$) bei rechteckigen dünnen Platten nach Messungen von GEBERS etwa $f(R) = 0{,}0123\left(\frac{1}{R}\right)^{0{,}136}$ (dies gibt für $R = 2\,200\,000$ bzw. $120\,000\,000$ die Werte 0,0017 bzw. 0,0010); für kleinere R, wo die Strömung nicht mehr turbulent verläuft, wird nach der Theorie (BLASIUS) $f(R) = \frac{1{,}327}{2\sqrt{R}}$.

Für die allerkleinsten Geschwindigkeiten (R klein gegen 1) ergibt sich das STOKESsche Gesetz (vgl. II, 5d), dem ein zu $1/R$ proportionales $f(R)$, also ein Widerstand proportional V entspricht. Der Übergang zwischen diesem Gesetz und den obigen ist noch nicht genügend untersucht.

Anmerkung. Die vorstehenden Gesetze für große R gelten nur für glatte Oberflächen. Bei rauhen Oberflächen würde die mechanische Ähnlichkeit nur zutreffen, wenn bei ähnlichen Körpern auch die einzelnen Höcker usw. der rauhen Oberfläche geometrisch ähnlich sind. Da dies im allgemeinen nicht zutrifft, sind hier Abweichungen von den obigen Gesetzmäßigkeiten zu erwarten.

β) Im allgemeinen Fall eines allseitig von Flüssigkeit umgebenen bewegten Körpers läßt sich der Widerstand der Flüssigkeit immer in zwei Teile zerlegen, den *Druckwiderstand* und den *Reibungswiderstand*.

Man kann nämlich auf jedem Flächenelement die von der Flüssigkeit auf den Körper übertragene Kraftwirkung in eine Normalkomponente

Abb. 72

und eine Tangentialkomponente, d. i. in eine Druckkraft und eine Reibungskraft, zerlegen. Die Resultante aller Druckkräfte ist der Druckwiderstand, die Resultante aller Reibungskräfte der Reibungswiderstand. (Bei rauhen Oberflächen wird man dabei aus praktischen Rücksichten die Zerlegung nach einer dem mittleren Verlauf der Fläche angepaßten glatten Idealfläche vornehmen. Der nach der strengen Definition auf die einzelnen Rauhigkeiten entfallende Druckwiderstand wird so mit zum

Reibungswiderstand geschlagen.) Die Trennung des Gesamtwiderstandes in diese beiden Teile läßt sich im Experiment so durchführen, daß man die Druckverteilung um den Körper beobachtet, und daraus durch Rechnung den Druckwiderstand ermittelt. Ist der Gesamtwiderstand durch eine Kraftmessung beobachtet, so ergibt die Differenz den Reibungswiderstand. Von der Vorstellung ausgehend, daß zwar der Druckwiderstand stark von der Form des Körpers abhänge, daß aber der Reibungswiderstand im wesentlichen nur von der Größe der Oberfläche und nicht von der Form des Körpers abhängig sei, hat man die Trennung des Widerstandes in einen *Formwiderstand* und einen *Oberflächenwiderstand* vorgeschlagen. Neuere Versuche weisen indes darauf hin, daß auch der Reibungswiderstand stark von der Formgebung abhängt.

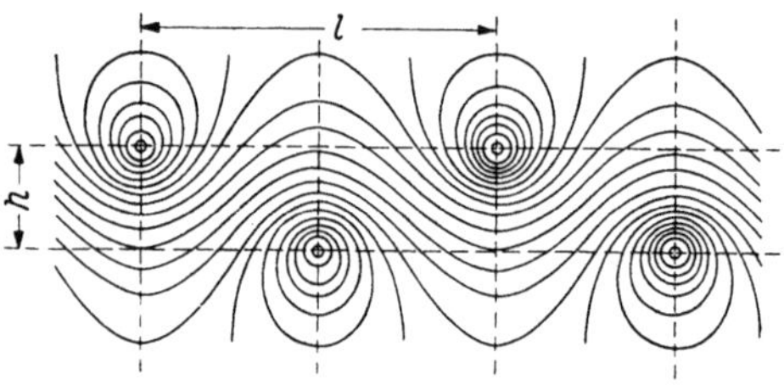

Abb. 73

γ) Bei Körpern, die sich an der freien Oberfläche der Flüssigkeit bewegen, kommt noch ein weiterer Widerstand, der *Wellenwiderstand*, hinzu, der durch das von dem Körper bei der Bewegung erzeugte Wellensystem verursacht wird (vgl. III, 1b). Da die Wellenbewegung unter dem Einfluß der Erdschwere vor sich geht (von den Kapillarkräften sei abgesehen), so ist hier ein anderes mechanisches Ähnlichkeitsgesetz maßgebend, wie bei den Reibungsvorgängen. Aus Geschwindigkeit (V), Länge (l) und Erdschwere (g) läßt sich eine dimensionslose Zahl V^2/gl bilden. Das zu erwartende Wellensystem wird bei zwei verschieden großen Ausführungen einer Schiffsform (z. B. Modell und Schiff) geometrisch ähnlich ausfallen, wenn diese Zahl denselben Wert annimmt, wenn sich also die Geschwindigkeiten verhalten wie die Wurzeln aus den Längen (FROUDEsches Gesetz).

Der Wellenwiderstand ist mit kleinen Änderungen der Schiffsform und der Geschwindigkeit sehr stark veränderlich; bei einer Verlängerung des Schiffskörpers kann er sowohl wachsen, wie abnehmen, je nachdem die Heckwelle, die mit dem vom Bug kommenden Wellensystem interferiert, dieses verstärkt oder abschwächt. — In seichtem Wasser kann sich das Wellensystem ganz erheblich modifizieren. Der Widerstand wächst ganz erheblich an, wenn das Schiff gerade mit der Geschwindigkeit der Grundwelle (III, 1c) fährt.

Dem Wellenwiderstand entspricht ein in dem Wellensystem vorhandener Impuls; am Schiff selbst macht er sich als ein Teil des Druckwiderstandes geltend. Der andere Teil des Druckwiderstandes, der dem gewöhnlichen Druckwiderstand eines allseitig von Flüssigkeit umgebenen

Körpers entspricht, findet sich in dem Impuls der Kielwasserwirbel wieder und heißt deshalb auch Kielwasserwiderstand.

Da der Reibungswiderstand und der Kielwasserwiderstand, abgesehen von den Störungen durch die Wellenbildung, die REYNOLDSsche Ähnlichkeit befolgt, der Wellenwiderstand aber die FROUDEsche Ähnlichkeit, sind streng übertragbare Modellversuche unmöglich. Da bei den Schiffen der Wellenwiderstand das Hauptinteresse besitzt, hält man sich bei den Versuchen in den Schiffsmodell-Schleppanstalten an die FROUDEsche Ähnlichkeit und berücksichtigt die anderen Widerstandsanteile nach Erfahrungsregeln.

δ) Eine wichtige Frage ist noch die, wie sich der Widerstand eines bewegten Körpers in ruhender Flüssigkeit zu der Kraft verhält, die eine strömende Flüssigkeit auf einen ruhenden Körper ausübt. Wenn die strömende Flüssigkeit sich in allen Teilen vollkommen gleichförmig bewegt, so kann nach den Gesetzen der allgemeinen Mechanik zwischen beiden Fällen kein Unterschied bestehen, da die Hinzunahme einer gemeinsamen gleichförmigen Bewegung (entgegengesetzt gleich der Geschwindigkeit des Körpers, so daß dieser in Ruhe versetzt wird) an dem Ablauf von mechanischen Vorgängen nichts ändert. Einen Unterschied aber macht es, ob die Flüssigkeit bei ihrer Bewegung gegen den Körper vollkommen gleichförmig oder ob sie *turbulent* strömt. Die Widerstände sind in der Regel im zweiten Fall größer. Da natürliche Flüssigkeitsströmungen (Wind, Strömung in Kanälen usw.) bei großen Abmessungen regelmäßig turbulent sind, wird man solche Unterschiede immer beobachten. Wenn man zum Zwecke von Widerstandsversuchen die Verhältnisse eines in ruhender Flüssigkeit bewegten Körpers mit einem in strömender Flüssigkeit ruhenden Modell nachahmen will, so wird man durch geeignete Beruhigungseinrichtungen (Leitflächen, Siebe) für einen angenähert gleichförmigen Flüssigkeitsstrom zu sorgen haben.

3b) *Hydrodynamische Betrachtungen über den Flüssigkeitswiderstand.* α) Die einfache Potentialströmung der reibungslosen Flüssigkeit liefert für einen gleichförmig bewegten Körper in sonst ungestörter Flüssigkeit niemals einen Widerstand, noch auch einen zur Bewegung senkrechten Auftrieb; nur Kräftepaare, die den Körper irgendwie zur Richtung der Relativbewegung gegen die Flüssigkeit einzustellen suchen, werden gefunden, ferner werden bei *ungleichförmiger* Bewegung Kräfte gefunden, die der Beschleunigung proportional sind, und die daher nichts anderes bedeuten als eine *Vermehrung der Trägheit des Körpers* durch die bei beschleunigter Bewegung mit zu beschleunigenden Flüssigkeitsmassen. Diese „scheinbare Masse" ist z. B. bei einer Kugel nach der Theorie gleich der halben von der Kugel verdrängten Flüssigkeitsmasse.

Daß die gewöhnliche Potentialbewegung in allseitig unbegrenzter Flüssigkeit nie einen Widerstand in der Bewegungsrichtung oder auch eine Kraft quer dazu ergeben kann, ist leicht aus dem Impulssatz zu ersehen, wenn man bedenkt, daß die durch den Körper in die Flüssigkeit hereingebrachte Störung, sowohl was die

Geschwindigkeits- wie die Druckabweichungen betrifft, nach allen Seiten sehr rasch, nämlich proportional zu $(l/r)^3$ abklingt (l Körperlänge, r Abstand des betrachteten Punktes). Mittels einer Kontrollfläche (II, 4) im Abstand r wird man also um so kleinere Beiträge zum Impuls vorfinden, je größer der Abstand r gewählt wird (denn die Fläche wächst nur wie r^2). Zum Zustandekommen eines Widerstandes müßte aber von dem Körper ein endlicher Betrag von Impuls in der Flüssigkeit zurückgelassen werden, und dieser daher auch in allen Kontrollflächen, die man um den Körper zieht, gefunden werden. Die Betrachtung ist, wie nebenher betont sein möge, für den Fall, daß ein zweiter Körper oder eine Wand in endlichem Abstand von dem untersuchten Körper vorhanden ist, nicht mehr gültig (weil man hier die Kontrollfläche nicht ohne weiteres ins Unendliche rücken kann). In der Tat zeigt eine nähere Untersuchung, daß Kräftewirkungen zwischen zwei Körpern oder einem Körper und einer Wand auch bei reiner Potentialbewegung vorkommen (vgl. III, 3d). Daß in der Bewegungsrichtung nur ein Widerstand gegen Beschleunigung, aber kein Widerstand bei gleichförmiger Bewegung auftreten kann, ist auch aus der Betrachtung der Energie der Flüssigkeitsbewegung herzuleiten. Diese kann zwar durch Geschwindigkeitsänderung vermehrt oder vermindert werden, aber sie erleidet in keiner Weise eine Zerstreuung, sondern bleibt um den Körper konzentriert. Diese Betrachtung bezieht sich jedoch nicht auf den Fall einer freien Wasseroberfläche; hier findet in den Wellen, die vom Körper ausgehen, eine Energiezerstreuung statt, die dem Wellenwiderstand entspricht.

β) Das Ergebnis der einfachen Potentialtheorie, daß der Widerstand Null ist, steht in unmittelbarem Zusammenhang damit, daß diese Theorie von der Flüssigkeitsreibung keinerlei Notiz nimmt. Die bei der Annahme einer sehr kleinen Reibung (II, 5e) auftretenden Trennungsschichten und die aus diesen entstehenden Wirbel sind der eigentliche Sitz des Druckwiderstandes.

Die *Helmholtz-Kirchhoffschen Trennungsschichten* an einer ebenen Platte (vgl. II, 2f und Abb. 23) liefern bereits einen Widerstand proportional $F\varrho V^2$, allerdings einen kleineren, als das Experiment ihn ergibt. Dies rührt davon her, daß bei KIRCHHOFF im „Totwasser" hinter der Platte derselbe Druck wie in der ungestörten Flüssigkeit herrscht, während sich nach den Beobachtungen hinter der Platte unter der Wirkung der dort vorhandenen Wirbel ein Unterdruck einstellt. Der Überdruck auf der Vorderseite wird dagegen von der KIRCHHOFFschen Theorie ziemlich genau wiedergegeben, da die Strömungsform hier nahezu mit der wirklichen übereinstimmt.

Bei der wirklichen Strömung um einen Körper beobachtet man häufig ein mehr oder minder regelmäßiges *Pendeln des Wirbelsystems* hinter dem Körper; bei ebenen Bewegungen (z. B. bei einem langen zylindrischen Stab) werden bei diesem Pendeln von dem Wirbelsystem abwechselnd rechts und links drehende Einzelwirbel abgespalten, die nun in regelmäßiger Reihe hinter dem Körper einherziehen, vgl. Abb. 72 (Aufnahme von RUBACH). Diese Beobachtung veranlaßte TH. v. KÁRMÁN, die Stabilität eines solchen Wirbelsystems zu untersuchen. Es zeigte sich, daß allein

ein ganz bestimmtes System stabil ist, nämlich eins mit einem Verhältnis des Abstandes der zwei Wirbelreihen h zur Teilung l von 0,283, vgl. Abb. 73 (die Stabilität ist nicht vollkommen, gegen Störungen von der Wellenlänge $2l$ ist das System indifferent). Der fortwährenden Neuerzeugung von solchen Wirbeln entspricht, wie eine Impulsbetrachtung zeigt, ein Widerstand. Es ist ein schöner Erfolg dieser Theorie, daß aus einer photographischen Ausmessung des Wirbelsystems und Beobachtung der Geschwindigkeit der Wirbel der Widerstand des wirbelerzeugenden Körpers in guter Übereinstimmung mit den Widerstandsversuchen gefunden wurde.

γ) Ein anderer Erfolg der Theorie, der auch zunächst für die ebene Strömung errungen wurde, ist die Erklärung des Auftriebes von Flügelprofilen durch die Potentialbewegung mit Zirkulation (II, 2e), von KUTTA und SCHUKOWSKI. Der letztere hat mittels des *Impulssatzes* den allgemeinen Beweis geführt, daß an irgendeinem sehr langen zylindrischen Körper (Länge l) ein Auftrieb von der Größe $\varrho\,\Gamma\,V\,l$ entsteht, wenn er mit der Geschwindigkeit V vorwärtsbewegt wird, und die Strömung dabei die Zirkulation Γ aufweist. Da die Zirkulation regelmäßig der Geschwindigkeit proportional ist, kommt man auch hier auf das quadratische Widerstandsgesetz.

Der Auftrieb kommt dadurch zustande, daß durch die Überlagerung der gewöhnlichen Potentialbewegung mit der Zirkulationsbewegung (vgl. Abb. 21) eine Verlangsamung der Strömung, also eine Drucksteigerung unter dem Flügel und zugleich eine Verschnellerung und daher eine Druckverminderung (Saugwirkung) über dem Flügel entsteht. Nach praktischen Messungen kann die Saugwirkung dabei das Dreifache der Druckwirkung betragen (entgegen der Laienvorstellung, daß die „Verdichtung der Luft unter den Flügeln“ die Hauptsache sei).

Die Zirkulationsbewegung, auch Peripteralbewegung genannt (LANCHESTER), hat bei einem allseitig von Flüssigkeit umgebenen Flügel (Tragfläche eines Aeroplans) die in II, 3c) beschriebenen, an den Flügelenden austretenden Wirbel im Gefolge (die Wirbel entstehen aus einer sich spiralig aufrollenden Trennungsschicht, die am Flügelende durch die Druckunterschiede erzeugt wird: die Flüssigkeit strömt auf der Saugseite nach innen ab, auf der Druckseite nach außen).

Das Wirbelpaar hat pro Längeneinheit die Bewegungsgröße $\varrho\,\Gamma\,d$ (d = Distanz der Wirbel voneinander). Da von dem Wirbelpaar pro Sekunde ein Stück von der Länge V neugebildet wird, ist demnach der dem Auftrieb gleichzusetzende Impuls $\varrho\,\Gamma\,d\,V$. Der Vergleich mit der obigen SCHUKOWSKIschen Formel, in der l die „tragende Länge“ des Flügels bedeutet, liefert $d = l$. Das Wirbelpaar wirkt auf die Form, in der die Flüssigkeit dem Flügel zuströmt, zurück, indem es einen absteigenden

Strom erzeugt, und dadurch den erzeugten Auftrieb im Vergleich mit dem aus den KUTTAschen und SCHUKOWSKIschen Rechnungen für den „unendlich breiten Flügel" folgenden vermindert (PRANDTL). Die an diese Gedankengänge geknüpften Rechnungen für einfache Aeroplanflächen wie für „Doppeldecker" haben durch das Experiment eine gute Bestätigung gefunden.

Mit dieser Bewegung ist auch ein Widerstand verknüpft, der der im Wirbelsystem gebliebenen Energie entspricht.

Ein aerodynamisch verwandter Vorgang liegt der Beobachtung von LORD RAYLEIGH zugrunde, daß ein Ball, der um eine zur Bewegungsrichtung senkrechte Richtung eine starke Rotation besitzt, beim Flug durch die Luft deutliche Ablenkungen aufweist; es ist sogar, wenn der Ball unter der Mitte angeschlagen wird, möglich, durch den entstehenden Auftrieb die Schwere zu überwinden. Die Erklärung hierfür ist, daß durch die Rotation eine unsymmetrische Ablösung der Grenzschicht verursacht wird, und so die zum Auftrieb nötige Zirkulation entsteht.

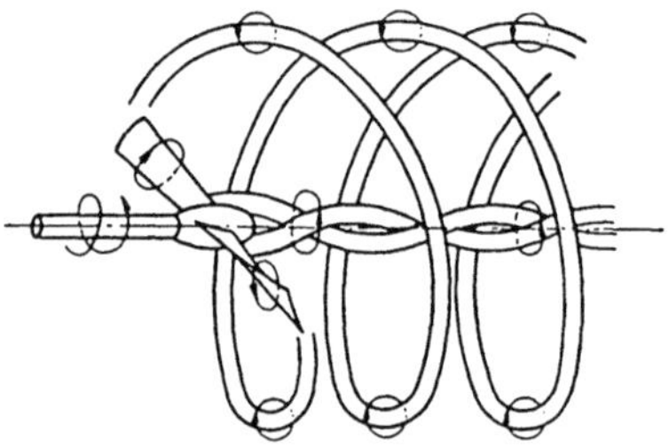
Abb. 74

δ) Die Vorgänge in Schraubenpropellern lassen sich nach den gleichen Grundsätzen beurteilen, wie die an den Tragflächen (Flügeln) der Aeroplane; die Verhältnisse werden hier allerdings so verwickelt, daß bisher noch keine rechnerischen Schlüsse aus dem hydrodynamischen Bilde haben gezogen werden können. Jeder Flügel der Schraube kann als ein im Kreise geführter Aeroplan angesehen werden und läßt ganz entsprechend Abb. 25 sowohl am äußeren Ende wie am inneren einen seiner Zirkulation entsprechenden Wirbel hinter sich. So ergibt sich das in Abb. 74 dargestellte Wirbelgebilde; der Raum zwischen dem äußeren und inneren Wirbelsystem ist dabei von dem Schraubenstrahl erfüllt, d. h. von den von der Schraube in Bewegung gesetzten Flüssigkeitsmassen, deren fortschreitende Bewegung dem Schraubenschub, deren drehende (Zirkulationsbewegung um das innere Wirbelsystem) dem Schraubendrehmoment entspricht. Eine schematische Darstellung der Strömung im Schraubenstrahl, bei der die Drehung im Strahl zur Vereinfachung vernachlässigt ist, gibt die Abb. 75.

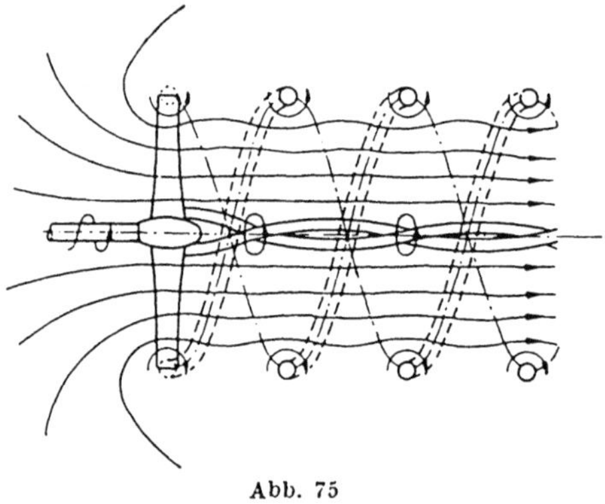
Abb. 75

Die älteren Schraubentheorien gehen entweder von der Vorstellung aus, daß einzelne voneinander hinreichend weit entfernte Flügel in ruhender Flüssigkeit eine schraubenförmig fortschreitende Bewegung ausführen und vernachlässigen so die gegenseitige Einwirkung der Flügel aufeinander (FROUDEsche Flügelblatttheorie), oder sie knüpfen ihre Betrachtungen an den Schraubenstrahl an, der zu diesem Zweck gewöhnlich als ein glatter Strahl mit homogener Geschwindigkeitsverteilung unter Hinzunahme einer gleichförmigen Rotation angesehen wird (RANKINEsche Schraubenstrahltheorie). Die Vorgänge innerhalb der Schrauben werden hierbei nach Art der Turbinentheorie behandelt.

Neuerdings ist mehrfach, zuerst von H. REISSNER, mit Erfolg versucht worden, die Ansätze beider Theorien zu vereinigen, und so in der Hinzunahme der Impulssätze zur Flügelblatttheorie die Wirkung der Schraubenblätter aufeinander angenähert zu berücksichtigen. Durch Hinzunahme von Erfahrungswerten vermögen diese nichthydrodynamischen Theorien praktisch durchaus befriedigende Ergebnisse zu liefern.

3c) *Der Flüssigkeitswiderstand nach den Ergebnissen der Experimente.* Da bei der großen Kompliziertheit der hinter einem Körper wirklich eintretenden Wirbelbewegung eine genaue mathematische Analyse bisher in keinem Falle durchführbar war, ist man immer auf die Versuche angewiesen. Die Experimente zeigen dabei je nach der Art ihrer Anstellung leicht große Abweichungen. Die älteren Versuche sind zum großen Teil unbrauchbar, weil man nur auf die Vorgänge auf der Vorderseite achtete und den Widerstandsvorgang durch irgendwelche seitlich oder hinter dem Körper befindliche störende Objekte veränderte. Von den neueren Versuchen zeigen diejenigen, bei denen die Körper in ruhender Luft geradlinig und annähernd gleichförmig bewegt werden, gute Übereinstimmung mit denen, wo ein gleichförmiger, nichtturbulenter Luftstrom an dem ruhenden Körper vorbeigeführt wird. Versuche, die am Rundlauf ausgeführt werden (d. h. an einem rotierenden Arm, mittels dessen die Körper im Kreise herum bewegt werden), zeigen, wenn der Kreis nicht gegenüber den Abmessungen des Objektes *sehr* groß ist, charakteristische Abweichungen. Untersuchungen in einem turbulenten Strom, wie auch im natürlichen Wind, der ebenfalls turbulent ist, geben große Abweichungen. Darauf, daß die Befestigungsteile nicht viel Luftwiderstand bieten, ist besonders zu achten.

Die Abhängigkeit der Luftwiderstandsziffern von der Formgebung der Körper ist sehr verwickelt und läßt die Aufstellung einfacher Gesetze in fast keinem Falle zu. Auffällig ist z. B. der große Einfluß der Gestalt des äußeren Umrisses bei ebenen Platten. Eine länglich rechteckige Platte verhält sich z. B. ganz anders als eine quadratische Platte (s. unten).

Einige geradezu paradoxe Ergebnisse mögen hier vorangestellt werden: Eine Kreisscheibe, ein Kreiszylinder von einer Länge gleich dem Durchmesser und einer von einer Länge gleich dem Anderthalbfachen des Durchmessers (alle senkrecht zur Kreisfläche bewegt) haben nach EIFFEL (Fallversuche am Eiffelturm) eine Widerstandsziffer 0,56; 0,55; 0,405. Die Zahlen sind in der Göttinger Modellversuchsanstalt (künstlicher Luftstrom) nachgeprüft und bestätigt worden. Daß der längere Zylinder weniger Widerstand hat wie der kürzere, kann nur so erklärt werden, daß in diesem Fall das Wirbelsystem (wahrscheinlich durch Anlegen der Strömung an die Mantelflächen des Zylinders) kleiner ausfällt als in den beiden anderen Fällen. — Eine quadratische Platte, die gegen die Bewegungsrichtung um 40° geneigt ist, hat, je nachdem sie von steileren oder flacheren Neigungen her in diese Stellung gebracht worden ist, verschiedene Widerstände. Die Widerstandsziffer ist im letzteren Fall um etwa 50% größer als im ersteren und um 55% größer als bei 90°! (O. FÖPPL, Göttinger Modellversuchsanstalt). Dem entspricht die Beobachtung von zwei verschiedenen Wirbelsystemen mit stärkerer und schwächerer Ablenkung der Strömung. Bei turbulenter Bewegung des Luftstromes bleibt die Erscheinung aus (RIAOUSCHINSKY). — Der Widerstand von Kugeln zeigt nach EIFFEL (künstlicher Luftstrom) folgende Merkwürdigkeit, die geeignet ist, die Verwendbarkeit von Kugeln zur Windstärkemessung in Frage zu ziehen: die Widerstandsziffer sinkt mit zunehmender Geschwindigkeit V zwischen den REYNOLDSschen Zahlen $Vr/\nu = 60000$ bis 75000 von etwa 0,21 auf etwa 0,085, um dann diesen $2^1/_2$ mal kleineren Wert bei allen bisher untersuchten größeren Geschwindigkeiten beizubehalten. Der verschiedene Widerstand spricht sich auch in der verschiedenen Gestalt der Wirbelgebilde aus. Eine Erklärung dieses Verhaltens fehlt vollständig.

Die folgenden *Zahlenangaben* über den Luftwiderstand einiger wichtigerer Objekte beziehen sich immer auf die dimensionslose Größe $W/\varrho F V^2$, die in III 3a) als $f(R)$ bezeichnet wurde, die aber hier, da es sich nur um das angenähert quadratische Luftwiderstandsgesetz handeln soll, als Konstante angesehen werden kann. Wenn, wie bei einfachen Widerständen üblich, als Fläche F die Projektion des Körpers in der Bewegungsrichtung gewählt ist, soll die Widerstandsziffer mit ψ bezeichnet werden. Wenn es sich dagegen um die Tragkräfte an Platten und Flügeln handelt, so ist es üblich, als Fläche F die größte Projektion (also bei ebenen Platten die Plattenfläche selbst) zu nehmen. Die auf diese Fläche bezogenen Ziffern mögen mit ζ bezeichnet werden, und zwar ist ζ_A die Auftriebsziffer ($A = \zeta_A\, \varrho F V^2$ die Auftriebskraft senkrecht zur Bewegung) und ζ_W die Widerstandsziffer ($W = \zeta_W\, \varrho F V^2$ der Widerstand in der Bewegungsrichtung).

Abb. 76

α) *Einfacher Widerstand.* Um einen Anhalt über die Zahlenwerte zu geben, sind hier einige Werte zusammengestellt:

Quadratische Platte, senkrecht zur Bewegungsrichtung	$\psi = 0{,}55$
Rechteckplatte, Seitenverhältnis 1 : 50, senkrecht zur Bewegungsrichtung	$\psi = 0{,}78$
(Zum Vergleich: KIRCHHOFFscher Wert für die unendlich lange Platte)	$\psi = 0{,}440$

Langer Kreiszylinder (Draht), Achse senkrecht zur Bewegungsrichtung, REYNOLDSsche Zahl $Vr/\nu > 500$ .... $\psi = 0{,}45$
(Bei kleineren REYNOLDSschen Zahlen etwas größer.)
Bestes Luftschiffmodell, vgl. Abb. 76 (Druckwiderstand) .... $\psi = 0{,}02$
Kreisplatte, Kugel, Zylinder mit Achse parallel zur Bewegungsrichtung s. oben

β) *Auftrieb und Widerstand von Tragflächen.* Hier interessiert die Abhängigkeit von dem Neigungswinkel α der Fläche (oder bei gewölbten Flügeln der Sehne des Profils) gegen die Bewegungsrichtung. In der Flugtechnik kommen hauptsächlich die kleinen Winkel, bis zu 10° etwa, in Frage, da nur bei diesen Winkeln große Auftriebe mit kleinen Widerständen erreicht werden (das Verhältnis $A/W = \zeta_A/\zeta_W$ ist ein Gütemaß für die Eignung einer Fläche als Tragfläche).

Die flachgewölbten Flächen erweisen sich als günstiger als die ebenen, weil sie sich der Zirkulationsströmung besser anpassen wie diese. Am günstigsten scheinen Profile zu sein, die, dem Vogelflügel ähnlich, an der Vorderkante leicht gerundet, an der Hinterkante scharf auslaufen, vgl. Abb. 77. — Von großem Einfluß ist auch die Umrißform der Flächen. Nur solche Flächen, deren Erstreckung quer zur Bewegungsrichtung (l) die in der Bewegungsrichtung gemessene Breite (b) um ein vielfaches übertrifft, ergeben günstige Verhältnisse. Die besten gemessenen Werte von A/W (bei 3 bis 5° Neigung der Sehne) sind bei ebenen Platten etwa 8, bei kreisförmig gewölbten etwa 15 (bei einem Wölbungspfeil von $^1/_{20}$ bis $^1/_{25}$ der Sehne). Bei Profilen nach Abb. 77 dürfte die Zahl 20 erreichbar sein.

Abb. 77

Für den Verlauf des *Auftriebes* solcher länglicher Flächen mit dem Winkel α ist sehr charakteristisch, daß in einem kleinen Winkelbereich (etwa 0 bis 8° bei ebenen, −3 bis 9° bei flachgewölbten Flächen) die Auftriebsziffer ζ_A nach einem annähernd geradlinigen Gesetz von Null bis zu einem Wert von 0,35 (bei ebenen Flächen) bis 0,5 (bei flachgewölbten Flächen) ansteigt und dann annähernd konstant wird oder langsam weiter steigt.

Die Vorgänge bei den kleinen Winkeln werden recht befriedigend durch die Ergebnisse der KUTTA-SCHUKOWSKIschen Theorie wiedergegeben, besonders, wenn man die durch die endliche Länge des Flügels erforderlichen Korrekturen anbringt.

Für ebene Flächen ist nach KUTTA $\zeta_A = \pi \sin\alpha$; nach dem Experiment erhält man an Stelle von $\pi = 3{,}14$

für das Seitenverhältnis	1 : 1	1 : 2	1 : 4	1 : 8
die Werte	0,95	1,4	2,0	2,5

Der *Widerstand* ergibt sich weniger abhängig vom Seitenverhältnis. Bei kleinen Winkeln ist annähernd $\zeta_W = c_1 + c_2 \sin^2\alpha$, wobei c_1 der sehr kleine Widerstand für die Stellung parallel zum Wind ist, und c_2 ungefähr mit den Zahlen der vor stehenden Tabelle übereinstimmt. Bei gewölbten Platten ist das allgemeine Verhalten ähnlich, nur daß sich schon bei kleinen negativen Winkeln der Sehne mit

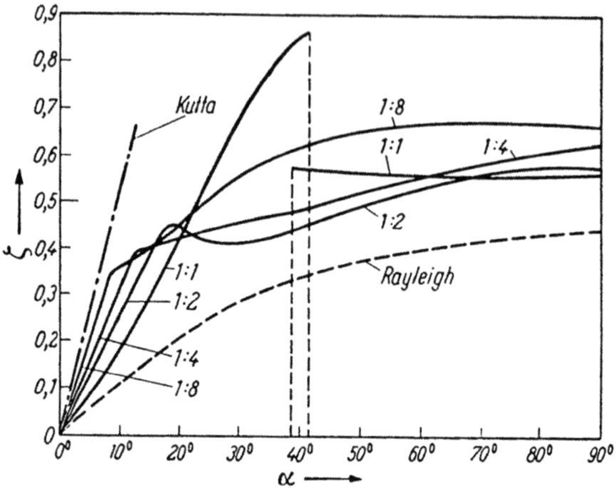

Abb. 78. Gesamtwiderstand von ebenen Flächen

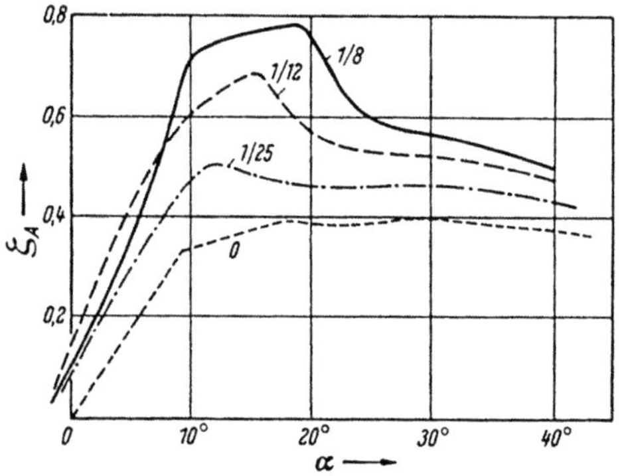

Abb. 79. Auftrieb von gewölbten Flächen

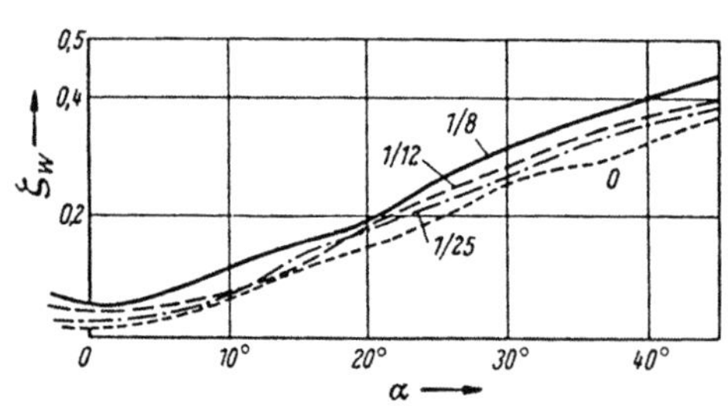

Abb. 80. Widerstand von gewölbten Flächen

der Bewegungsrichtung Auftrieb zeigt (er ist Null etwa bei $-3°$), und daß überhaupt größere Werte des Auftriebes erreicht werden, was aerodynamisch durch die günstigere, der Strömungsform angepaßte Gestalt zu erklären ist. Das Verhalten des Gesamtwiderstandes von ebenen Platten verschiedenen Seitenverhältnisses, sowie das von Auftrieb und Widerstand bei nach einem Kreisbogen gewölbten Platten vom Seitenverhältnis 1 : 4 und verschiedenem Wölbungsverhältnis (Verhältnis von Wölbungspfeil zur Sehne) ist in den Abb. 78 bis 80 dargestellt.

Bei „Doppeldeckern" (zwei Flügeln übereinander) findet man für jeden Flügel kleineren Auftrieb und ein geringeres Verhältnis A/W, weil jeder Flügel in dem absteigenden Luftstrom des anderen steht. Trotzdem sind sie oft vorteilhaft, weil sie in gegebenen Raumabmessungen größeren Auftrieb zu erzeugen vermögen als Eindecker.

3d) *Wechselwirkung zwischen mehreren in einer Flüssigkeit bewegten Körpern.* α) Bewegen sich mehrere Körper in einer Flüssigkeit, so treten

Kräfte zwischen ihnen auf, die allerdings in den meisten Fällen sehr klein ausfallen und sich daher der Beobachtung entziehen. Unter Voraussetzung der drehungsfreien Bewegung erhält man rechnerisch zwischen zwei Kugeln, die sich mit gleicher Geschwindigkeit hintereinander her bewegen, Abstoßung, zwischen solchen, die sich nebeneinander her bewegen, Anziehung. Man kann dieses Resultat dadurch erklären, daß bei den hintereinander her bewegten Kugeln zwischen ihnen die Geschwindigkeit gemindert und daher das Gebiet mit Überdruck vergrößert ist; bei den nebeneinander her bewegten Kugeln ist zwischen ihnen die Geschwindigkeit erhöht und daher der Druck erniedrigt. Die erstere Erscheinung ist wegen der hinter dem ersten Körper sich bildenden Wirbel in Wirklichkeit häufig in ihr Gegenteil verkehrt, die zweite aber, z. B. bei nebeneinander geschleppten Schiffen, sehr deutlich zu beobachten. Die Symmetrieebene zwischen beiden Körpern läßt sich in dem zweitbetrachteten Fall durch eine Wand ersetzen; man schließt hieraus, daß ein längs der Wand bewegter Körper sich der Wand zu nähern versucht. Hiermit hängt die Erscheinung zusammen, daß in einem Kanal fahrende Schiffe die Neigung haben, sich der Kanalwand zu nähern.

β) Zu sehr bemerkenswerten Ergebnissen wurde C. A. BJERKNES bei der Untersuchung der Bewegung einer Flüssigkeit geführt, in der sich Kugeln befinden, die eine rasche Hinundherbewegung ausführen oder deren Volumen sich periodisch ändert (pulsiert). Man kann beide Flüssigkeitsbewegungen, soweit sie eine einzige Kugel betreffen, durch sehr einfache, zeitlich periodische Potentiale darstellen: für die pulsierende Kugel $\Phi = \frac{A}{r} \cos \omega t$, für die in der X-Richtung schwingende $\Phi = \frac{A\,x}{r^3} \cos \omega t$; dabei ist $r = \sqrt{x^2 + y^2 + z^2}$ (vgl. II, 2b und c). Die Potentiale haben unverkennbare Ähnlichkeit mit den magnetischen Potentialen eines einzelnen Magnetpoles und eines kurzen Magnetstabes (ebenso mit den elektrostatischen Potentialen eines geladenen Körpers und eines Dipols). Die Schwingungsrichtungen und -stärken der Flüssigkeit stimmen sowohl im Falle gleichnamiger wie ungleichnamiger Pole (Kugeln, die gleichzeitig ihr Volumen vergrößern und verkleinern, bzw. solche, bei denen die Vergrößerung der einen mit der Verkleinerung der anderen zusammenfällt) mit den Richtungen und Stärken der magnetischen bzw. elektrischen Feldstärke überein, so daß also in kinematischer Hinsicht eine volle Analogie besteht (vgl. Abb. 81 und 82).

Das Bemerkenswerteste ist nun aber die Entdeckung, daß bei diesen Bewegungen *Anziehungen und Abstoßungen umgekehrt proportional dem Quadrat der Entfernung* auftreten, genau wie bei den magnetischen und elektrostatischen Wirkungen. Allerdings ist insofern ein fundamentaler Unterschied vorhanden, als bei der hydrodynamischen Analogie gleichnamige Pole sich anziehen, ungleichnamige sich abstoßen, während in der Elektrostatik und Magnetostatik das Umgekehrte zutrifft.

Der Sohn von C. A. Bjerknes, V. Bjerknes, hat nicht nur die Theorie seines Vaters vervollkommnet, sondern auch Versuchsapparate von hoher Vollkommenheit geschaffen, mit denen sich die elektrostatischen und magnetischen Vorgänge (auch verwickeltere) sehr getreu

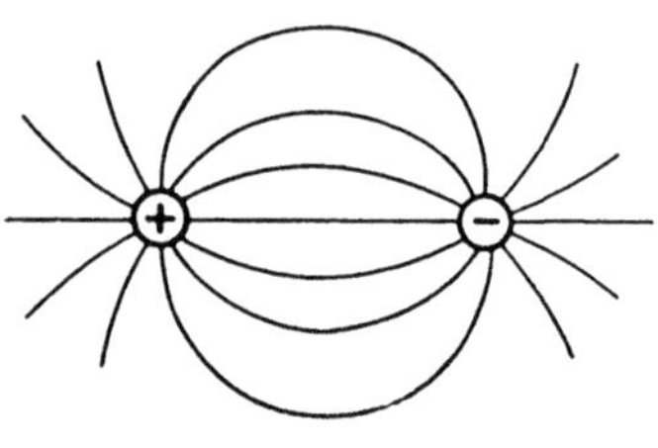

Abb. 81

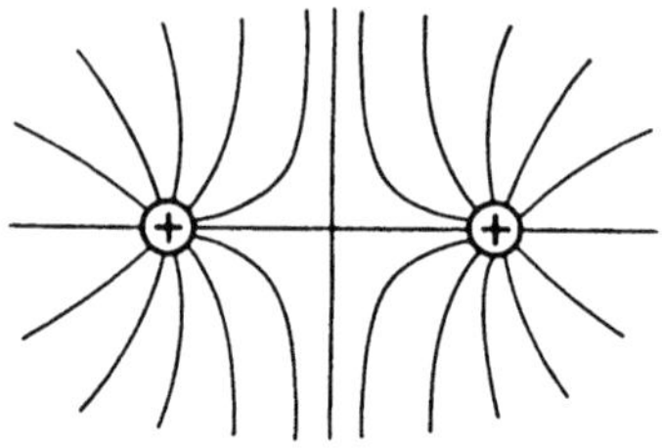

Abb. 82

nachahmen lassen. Daß die Vorgänge sich, trotz der Flüssigkeitsreibung, genau nach den Voraussagen der Theorie abspielen, liegt wesentlich daran, daß bei den kurzen und schnellen Schwingungen eine Grenzschichtablösung und Wirbelbildung nicht eintritt (vgl. II, 5e).

Anhang

Messung von Druck, Geschwindigkeit und Menge von bewegten Flüssigkeiten

a) Die Druckmessung in bewegter Flüssigkeit begegnet der Schwierigkeit, daß durch das Rohr (oder eine sonstwie geformte Sonde), das man in die strömende Flüssigkeit einführt, um den Druck an einer Stelle nach einem Druckmesser (Manometer, Mikromanometer usw., vgl. den Artikel „*Flüssigkeit*") hinzuleiten, der Druck gerade da gestört wird, wo man ihn messen will. Durch Verkleinerung der Sonde werden die Druckdifferenzen vor der Sondenöffnung nicht verkleinert, bleiben im Gegenteil von der Größenordnung des Staudruckes („dynamischen Druckes") $\varrho\frac{w^2}{2}$. Wenn Abweichungen von dieser Größenordnung nicht zulässig sind, so sind solche Formen der Sonde zu wählen, bei denen sich gerade der Druck der ungestörten Flüssigkeit einstellt.

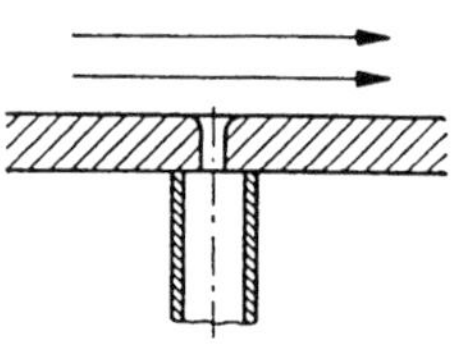

Abb. 83

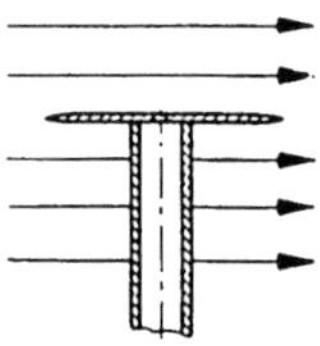

Abb. 84

Ist eine glatte Wand vorhanden, so gibt eine feine Anbohrung in der Wand den Druck der Flüssigkeit vor der Wand gut wieder; ein Grat am Lochrand oder Ein- oder Ausbeulungen am Loch müssen dabei peinlichst vermieden werden. Die Lochränder können leicht abgerundet werden, vgl. Abb. 83.

Um den Druck im Inneren zu messen, kann man in Verwendung des Grundgedankens der Wandanbohrung eine vor das Ende eines dünnen Rohres gelötete, in der Mitte durchbohrte, sehr feine Scheibe (Sersche Scheibe, Abb. 84) benützen, doch entstehen hier bei schräger Haltung gegen die Flüssigkeitsströmung sehr leicht Fehler. Besser ist ein Rohr mit seitlichen Anbohrungen oder Schlitzen, das parallel zur Strömungsrichtung gehalten wird (Abb. 85). — Es sei erwähnt, daß das, was hier schlechthin Druck genannt wird, in der technischen Literatur „*statischer Druck*" genannt wird.

Die Größe $p + \varrho \frac{w^2}{2}$, die, wenn von Druckdifferenzen durch Erdschwere abgesehen wird, einfach die Konstante der BERNOULLIschen Gleichung (II, 1)

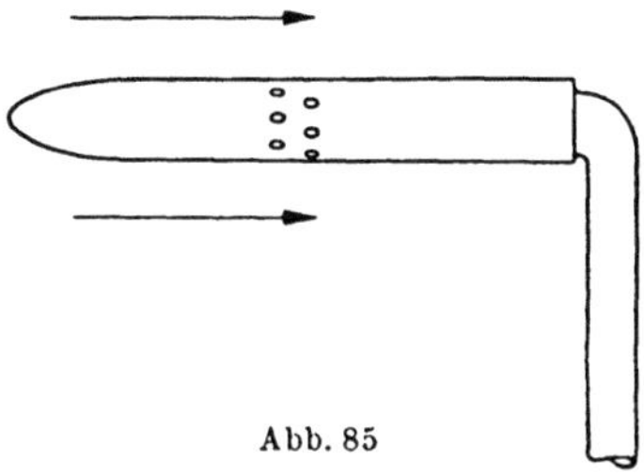

Abb. 85

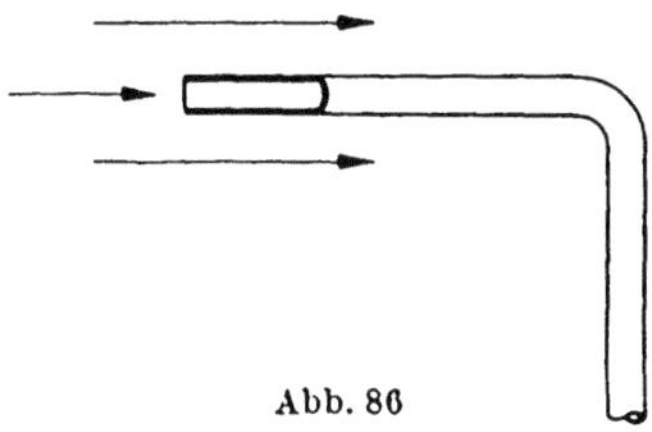

Abb. 86

bedeutet, läßt sich leicht dadurch beobachten, daß man eine Rohrmündung der Strömung entgegenstellt (da in der Rohrmündung die Strömung zur Ruhe kommt, findet eine Drucksteigerung um $\varrho \frac{w^2}{2}$ statt). Man hat diesen Druck, der die Summe aus dem „statischen Druck" und „dynamischen Druck" bildet, den „*Gesamtdruck*" genannt. Das Gerät (Abb. 86) führt den Namen PITOTsche Röhre.

In einer drehungsfreien Strömung ist der Gesamtdruck, wenn von Schwerewirkungen abgesehen wird, überall derselbe (die Schwerewirkungen heben sich bei der Beobachtung von selbst heraus, wenn das Manometer in derselben Höhe verbleibt, weil dann die Schwerewirkungen der Flüssigkeit in der Zuleitung zum Manometer die in der strömenden Flüssigkeit gerade ausgleichen). In einer geradlinig parallelströmenden Flüssigkeit ist der „statische Druck" nach den statischen Gesetzen verteilt (hiervon ist sein Name genommen), der Gesamtdruck aber, wenn die Bewegung nicht drehungsfrei ist, veränderlich.

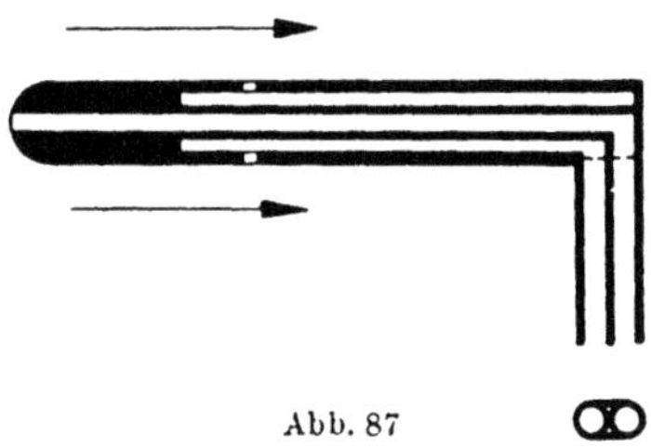

Abb. 87

b) Zur Geschwindigkeitsbestimmung kommen hauptsächlich zwei Methoden in Betracht, einerseits die manometrische Methode, andererseits die Methode der Flügelräder. Die erstere ergibt sich aus dem unter a) Gesagten. Die Differenz des Gesamtdruckes (p_1) und des statischen Druckes (p_0) hat den Wert $\varrho \frac{w^2}{2}$. Ist die Dichte bekannt, so kann hieraus w berechnet werden:

$$w = \sqrt{\frac{2(p_1 - p_0)}{\varrho}} = \sqrt{2g(h_1 - h_0)},$$

wenn die Drücke durch Flüssigkeitshöhen (h_1 und h_0) in den Manometerschenkeln gemessen werden.

Geräte, die zum Zweck dieser Geschwindigkeitsmessungen die beiden Druckmeßeinrichtungen (Abb. 85 und 86) vereinigen („Staugeräte"), gibt es in verschiedenen Ausführungsformen. Eine von ihnen ist in Abb. 87 dargestellt.

Von Flügelrädern wird sowohl bei Wassermessungen wie bei Windmessungen Gebrauch gemacht. Die ersteren heißen WOLTMANNsche Flügel oder hydrometrische Flügel (eine Ausführungsform zeigt Abb. 88), die letzteren Anemometer, bei denen man noch das Flügelradanemometer (Abb. 89) und das Schalenkreuzanemometer (Abb. 90) unterscheidet.

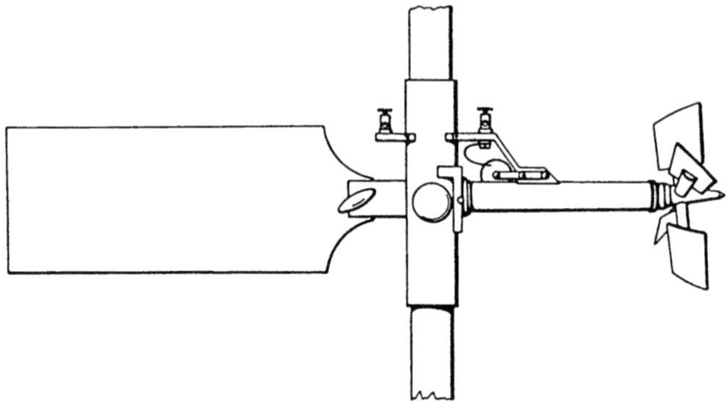

Abb. 88

Die Beobachtung geschieht z. B. dadurch, daß ein mit dem Flügelrad verbundenes Zählwerk eingerückt und nach einer bestimmten Zeit, z. B. zwei Minuten, wieder ausgerückt wird, die gezählten Umdrehungen, durch eine Korrektion verbessert, ergeben die Geschwindigkeit. Eine andere Art ist die, daß das Zählwerk

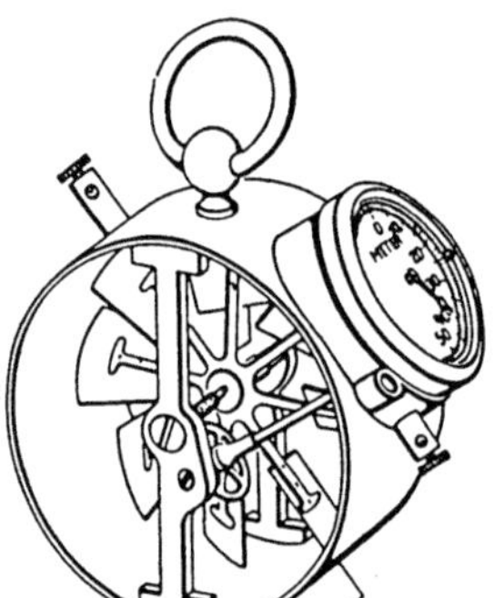

Abb. 89

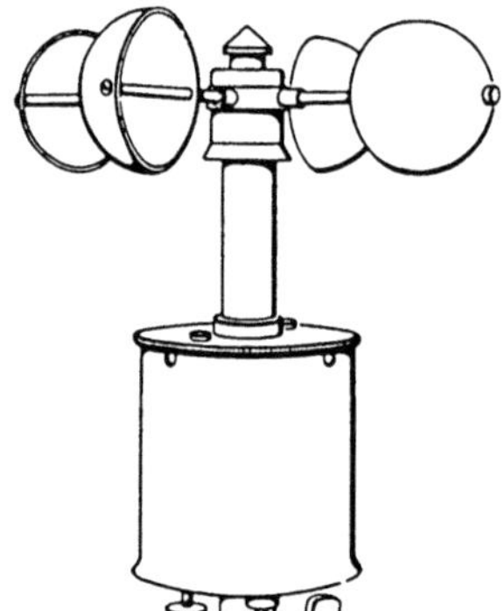

Abb. 90

nach einer bestimmten Anzahl von Umdrehungen ein elektrisches Signal gibt und nun die Zeiten zwischen zwei Signalen beobachtet werden.

Alle Flügelräder bedürfen einer Eichung; diese wird bei hydrometrischen Geräten meist dadurch ausgeführt, daß man sie mit gemessener Geschwindigkeit durch ruhendes Wasser schleppt, bei Anemometern dadurch, daß man sie an einem sich drehenden Arm (Rundlauf) im Kreise herum bewegt, wobei sehr auf den „Mitwind" geachtet werden muß, oder daß man sie in einem sehr gleichmäßigen künstlichen Luftstrom mit einem Staugerät vergleicht. Bei großen Genauigkeitsansprüchen ist auch die Eichung der Staugeräte anzuempfehlen.

Weitere Einrichtungen zur Geschwindigkeitsmessung sind die „Stoßplatte“ (eine meist kreisförmige Platte, bei der die Winddruckkraft mittels Federwaage gemessen wird), ferner neuerdings elektrische Einrichtungen, bei denen die Abkühlung eines elektrisch geheizten Drahtes durch die Flüssigkeitsströmung beobachtet wird. In manchen Fällen kann die Geschwindigkeit auch durch Beobachtung der Bewegung von Schwimmern, d. h. auf der Oberfläche oder im Inneren der Flüssigkeit treibenden Gegenständen beobachtet werden. Die Beobachtung der Windgeschwindigkeiten durch Pilotballons gehört ebenfalls hierher.

c) Zur Messung von in Kanälen und Rohrleitungen strömenden Flüssigkeitsmengen kann man in einem Querschnitt die Geschwindigkeitsverteilung beobachten und daraus die Menge berechnen. Dieses Verfahren, das bei großen Flüssigkeitsmengen (z. B. in Flüssen) häufig das einzig Mögliche ist, ist sehr umständlich, da zur Kenntnis der meist sehr unregelmäßigen Geschwindigkeitsverteilung sehr viele Beobachtungen erforderlich sind; es ist auch nicht sehr genau, weil besonders der Geschwindigkeitsabfall nach der Wand schlecht zu beobachten ist. Für rohere Messungen genügt es, aus der Geschwindigkeit in der Mitte des Kanals (z. B. mit Schwimmern ermittelt), auf Grund empirischer Formeln die mittlere Geschwindigkeit und damit die Menge zu berechnen.

Wo sie anwendbar sind, da sind die in III, 2a und b aufgeführten Methoden des Überfalles und der Druckdifferenz bei Querschnittsänderung bequemer und genauer. Von den letzteren Messungen wird besonders in der Form der Düsenmessung (Abb. 62) in neuester Zeit sehr viel Gebrauch gemacht.

Die zuverlässigste Methode ist die direkte Volumen- oder Gewichtsmessung durch Auffangen der strömenden Flüssigkeit in Behältern, Gasglocken usw. (oder ihre Entnahme aus solchen Behältern; wobei bei Gasen auf konstante Temperaturen zu achten ist). Solche Verfahren werden indes im allgemeinen nur bei kleinen Liefermengen anwendbar sein. — Weiter kommen noch die selbsttätigen Wassermesser und Gasmesser in Betracht, die teils auf dem volumetrischen Prinzip, teils auf dem der Flügelräder beruhen. Sie bedürfen für genauere Messungen sämtlich der Eichung.

Verzeichnis der wichtigsten Formelgrößen

a = Abstand, auch Wassertiefe,
h = Höhe, insbesondere Fallhöhe,
l = Länge,
λ = Wellenlänge (auch Rohrreibungsziffer),
r = Radius,
x, y, z = Raumkoordinaten,
F = Fläche,
c = Fortpflanzungsgeschwindigkeit (auch „Konstante“),
V = Verschiebungsgeschwindigkeit,
w = Strömungsgeschwindigkeit,
u, v, w = Geschwindigkeitskomponenten,
Γ = Zirkulation,
Φ = Strömungspotential,
g = Erdbeschleunigung,
ϱ = Dichte (Masse der Volumeneinheit),
γ = Raumgewicht (Gewicht der Volumeneinheit),
m = Masse,

M = Masse je Zeiteinheit,
Q = Ergiebigkeit einer Strömung (Volumen je Zeiteinheit),
μ = Zähigkeitsmaß (Reibungsziffer),
ν = kinematisches Zähigkeitsmaß,
R = REYNOLDSsche Zahl,
ψ, ζ = Widerstandsziffer,
A = Amplitude (auch Auftrieb),
W = Widerstand.

Literatur

I. Lehrbücher

a) *Hydrodynamik*

LAMB, H.: Lehrbuch der Hydrodynamik. Nach der 3. englischen Auflage übersetzt von J. FRIEDEL. Leipzig 1907.

WIEN, W.: Lehrbuch der Hydrodynamik. Leipzig 1900.

Kürzere Darstellungen in verschiedenen Werken über Mechanik (HELMHOLTZ, KIRCHHOFF, FÖPPL, VOIGT, WEBSTER u. a. m.).

b) *Hydraulik*

GRASHOF, F.: Theoretische Maschinenlehre, Bd. I. Leipzig 1875.

WEISBACH, J.: Lehrbuch der Ingenieur- und Maschinenmechanik, 5. Aufl. Braunschweig 1875.

LORENZ, H.: Technische Hydromechanik. München 1910.

c) *Aerodynamik*

LANCHESTER, F. W.: Aerodynamik, ein Gesamtwerk über das Fliegen. 2 Bde. Übersetzt von C. u. A. RUNGE. Leipzig 1909.

II. Zusammenfassende Darstellungen

Enzyklop. math. Wiss., Bd. 4 (Mechanik). Art. 15: Hydrodynamik, Physikalische Grundlegung, und Art. 16: Theoretische Ausführungen, von A. E. H. LOVE; Art. 17: Aerodynamik, von S. FINSTERWALDER; Art. 20: Hydraulik, von PH. FORCHHEIMER.

WINKELMANNS Handbuch der Physik, Bd. 2. Art. Hydrodynamik, von F. AUERBACH.

III. Monographien

(ausführliche Literaturangaben im LAMBschen Lehrbuch und in der Enzyklopädie)

a) *Wichtige historische Arbeiten*

BERNOULLI, D.: Hydrodynamica. Straßburg 1738.

EULER, L.: Principes généraux du mouvement des fluides. Hist. de l'Academie, Bd. II. Berlin 1755.

EULER, E.: De principiis motus fluidorum. Novi Comm. Bd. 16. Petersburg 1759.

LAGRANGE: Mehrere Arbeiten von 1760 an. Vgl. Oeuvres Bd. 1 u. 4 und Mécanique analytique.

STOKES, G. G.: On the theories of the internal friction of fluids in motion. Cambr. Phil. Soc. Trans. 1845.

v. HELMHOLTZ, H.: Über Integrale der hydrodynamischen Gleichungen, welche den Wirbelbewegungen entsprechen. Crelles J. Bd. 55 (1858).

v. HELMHOLTZ, H.: Über diskontinuierliche Flüssigkeitsbewegungen. Berliner Monatsberichte (1868).

KIRCHHOFF: Zur Theorie freier Flüssigkeitsstrahlen. Crelles J. Bd. 70 (1869).

THOMSON, W.: On Vortex Motion. Edinb. Trans. Bd. 25 (1869).

BAZIN: Recherches hydrauliques. Paris. Mém. prés. par div. savants Bd. 19 (1865).

BOUSSINESQ: Essai sur la théorie des eaux courantes. Paris. Mém. prés. par div. savants Bd. 23 u. 24 (1877).

REYNOLDS, O.: Experimental Investigation usw. Phil. Trans. Bd. 174 (1883); On the Dynamical Theory of viscous fluids usw. Phil. Trans. A Bd. 186 (1894).

b) *Einige neuere Arbeiten*

PRANDTL, L.: Über Flüssigkeitsbewegung bei sehr kleiner Reibung. Verhandl. d. III. Intern. Math. Kongr. 1904. Leipzig 1905.

AHLBORN, FR.: Hydrodynamische Experimental-Untersuchungen. Jb. Schiffbautechn. Ges. 1904, 1905 und 1909.

EIFFEL, G.: Recherches expérimentales sur la résistance de l'air, exéc. à la tour Eiffel. Paris 1907.

EIFFEL, G.: La résistance de l'air et l'aviation. Paris 1910.

Berichte der Göttinger Modellversuchsanstalt. Z. Flugtechn. Motorl. von 1910 ab, und Jb. Motorluftsch.-Studienges. 1910/11 und 1911/12.

BLASIUS, H.: Das Ähnlichkeitsgesetz bei Reibungsvorgängen. Z. VDI Bd. 56 (1912) und Heft 131 der Mitt. Forschungsarbeiten VDI (1913).

Dinglers Polytechnisches Journal Bd. 333 (1918) S. 179—182

41. Beiträge zur Frage der kritischen Drehzahlen

Der Meinungsstreit der Herren GÜMBEL und STODOLA in den Spalten dieser Zeitschrift[1] war für mich die Veranlassung, mich auch mit den strittigen Fragen über die kritischen Drehzahlen zu beschäftigen. Da ich glaube, daß einiges von dem, was ich fand, zur Aufklärung vorhandener Mißverständnisse beitragen oder sonst von Interesse sein wird, sei es mir gestattet, das Folgende hier auszuführen.

I. Stabilitätsfragen

1. Für die theoretische Entscheidung, ob irgendeine Bewegung stabil oder labil ist, spielen die genaueren Umstände, die der Behandlung der Aufgabe zugrunde gelegt werden, eine entscheidende Rolle. Die Antwort wird anders ausfallen, wenn zum Beispiel bei einer umlaufenden Welle angenommen wird, daß kein antreibender Motor und keinerlei Reibung vorhanden ist, und sich daher die Welle mit der ihr einmal gegebenen Energie weiterbewegt, oder wenn angenommen wird, daß die Drehzahl der Welle bei dem Vorgang, dessen Stabilität oder Labilität untersucht werden soll, völlig unverändert bleibt, was darauf hinausläuft, daß man das Trägheitsmoment der auf der Welle sitzenden Schwungmasse unendlich groß annimmt. Ein anderer, bis jetzt meines Wissens noch nicht untersuchter Fall ist der, daß die Welle mit einer elastischen Kupplung (es kann auch eine starre Kupplung sein, wobei dann die Drehungselastizität der Welle in Rechnung zu setzen wäre) mit einem Motor von bestimmtem Trägheitsmoment und bestimmten Eigenschaften des Drehungsmomentes verbunden ist. Bei dieser letz-

---

[1] GÜMBEL, Über mit Biegung verbundene Schwingungen von Wellen. Dinglers polytechn. J. Bd. 332 (1917) S. 235 u. 251. — STODOLA, Eine neue kritische Wellengeschwindigkeit. Dinglers polytechn. J. Bd. 333 (1918) S. 1 u. 17. — GÜMBEL, Eine neue kritische Wellengeschwindigkeit bei mit Biegung verbundenen Schwingungen? Dinglers polytechn. J. Bd. 333 (1918) S. 71. — Vgl. auch STODOLA, Neuere Beobachtungen über die kritischen Umlaufszahlen von Wellen. Schweiz. Bauztg. Bd. 68 (1916) S. 197; Bd. 69 (1917) S. 93; Bd. 70 (1917) S. 229. — Ferner O. FÖPPL, Schnellumlaufende Rotoren und kritische Geschwindigkeit. Z. ges. Turbinenw. 1916, H. 6 u. 7; und Kritische Schwingungen von schnellaufenden Rotoren. Z. ges. Turbinenw. 1918, H. 18, S. 157.

Zusatz bei der Korrektur: Inzwischen ist von STODOLA eine neue Entgegnung auf die GÜMBELschen Ausführungen erfolgt, Dinglers polytechn. J. Bd. 333, H. 14, S. 117ff. (Druckfehlerberichtigungen dazu H. 15, S. 135). Die Gedankengänge dieses Aufsatzes berühren sich zu einem Teile eng mit den vorliegenden Ausführungen; ich glaube aber doch, daß diese letzteren durch die andere Darstellungsart noch von einigem Wert für den Leser bleiben werden.

teren Fassung der Aufgabe lassen sich auch die Widerstände der schwingenden Welle richtig mit einführen, so daß man mit ihrer Lösung dem praktischen Problem sehr nahe kommen dürfte.

2. Eine wirklich zuverlässige Entscheidung darüber, ob eine Bewegung, wie die einer Welle in der Nähe des kritischen Zustandes, stabil oder labil ist, läßt sich im allgemeinen nur auf die Weise erreichen, daß man zunächst die „stationäre Bewegung" ermittelt und nun mit den Methoden der Dynamik untersucht, wie geartet die Nachbarbewegungen sind, die durch kleine Änderungen der Anfangslagen und Anfangsgeschwindigkeiten aus der stationären Bewegung hervorgehen. Stabilität ist dann vorhanden, wenn die Lagen und die Geschwindigkeiten bei allen denkbaren Nachbarbewegungen sich dauernd nur um Beträge von der Größenordnung der Anfangsstörung von denen der stationären Bewegung unterscheiden. Bei der Ausführung dieser Vorschrift ist jedoch zu beachten, daß durch kleine Änderungen der Anfangsbedingungen auch eine Änderung der zum Vergleich heranzuziehenden stationären Bewegung eintreten kann, was zu einem dauernden Anwachsen der Lagendifferenzen usw. zwischen der betrachteten Bewegung und der ursprünglichen stationären Bewegung führt, ohne daß dies eine Labilität bedeuten würde. Um solchen Fällen, die sich in der charakteristischen Gleichung durch das Nullwerden von Schwingungswurzeln verraten, gerecht zu werden, wird man festsetzen können, daß eine Bewegung dann stabil ist, wenn man zu einer beliebig gewählten „Nachbarbewegung" eine stationäre Bewegung so finden kann, daß die Lagen- und Geschwindigkeitsunterschiede zwischen diesen beiden Bewegungen dauernd klein bleiben.

Nach der eben gegebenen Definition ist es einleuchtend, daß die „Theorie der kleinen Schwingungen" vor allem geeignet ist, die Lösung solcher Aufgaben zu liefern. Wenn sie Stabilität ergibt, d. h., wenn die als klein angenommenen Abweichungen dauernd klein bleiben, dann ist ihr Ergebnis unter allen Umständen als zuverlässig anzusehen. Ergibt sie dagegen ein dauerndes Anwachsen der Ausschläge, so werden im weiteren Verlauf der Bewegung ihre Voraussetzungen, nämlich, daß die Abweichungen von der stationären Bewegung als sehr klein anzusehen sind, hinfällig, und es bedarf in diesem Fall einer besonderen Untersuchung, ob die Abweichungen über alle Grenzen weiter wachsen werden oder ob sie sich in mäßigen Grenzen halten werden. Da die mathematische Durchführung derartiger Untersuchungen jedoch meist sehr große Schwierigkeiten macht, wird man hier zweckmäßiger den Versuch entscheiden lassen.

3. In geeigneten Fällen wird an Stelle der strengen Untersuchung mit der Methode der kleinen Schwingungen auch eine vereinfachte Betrachtung über die Nachbarzustände der stationären Bewegung zum

Ziel führen. Manchmal, wie zum Beispiel in dem nachfolgend vorgeführten Fall, kommt man sogar mit statischen Betrachtungen aus. Es sei eine von einem Hauptstrommotor angetriebene Welle gegeben, die eine Scheibe mit exzentrisch liegendem Schwerpunkt trägt. Bei den Schwingungsbewegungen der Welle mögen dämpfende Kräfte mitwirken, die dafür sorgen, daß nach einer Störung jederzeit sehr bald die stationäre Bewegung eintritt, wenn die Drehzahl nicht geändert wird. Es sei ferner angenommen, daß das Trägheitsmoment der umlaufenden Massen groß genug ist, damit bei Störung des Gleichgewichtes die Drehzahl sich so langsam ändert, daß jeder einzelne Bewegungszustand des Systems, auch bei beschleunigter Drehung, immer in der unmittelbarsten Nachbarschaft des zu der augenblicklichen Drehzahl gehörigen stationären Zustandes liegt. Die Frage, ob irgendein Bewegungszustand in der Nähe der kritischen Bewegung stabil oder labil ist, ist jetzt auf die Frage zurückgeführt, ob das Kräftesystem, das aus dem antreibenden Moment des Motors und dem widerstehenden Moment der ausschwingenden Welle besteht, Stabilität oder Labilität ergibt. Stabilität ist vorhanden, wenn bei einer künstlich herbeigeführten Drehzahlverminderung das Motordrehmoment überwiegt, bei einer Drehzahlsteigerung dagegen das widerstehende Moment überwiegt. Denn in diesem Fall wird die alte Drehzahl wieder hergestellt. Findet dagegen das Umgekehrte statt, so entfernt sich die Drehzahl bei der geringsten Abweichung von dem richtigen Wert immer weiter nach oben oder unten von der Gleichgewichtslage; der Vorgang findet erst ein Ende, wenn eine stabile Gleichgewichtslage erreicht wird. Die labile Gleichgewichtslage wird daher im praktischen Betrieb des Getriebes niemals beobachtet, sie kann nur durch künstliche Hilfen beim Versuch eingestellt werden. Die eben geschilderten Verhältnisse sind in Abb. 1 zur Anschauung gebracht. Die Kurve *I–I* stellt das Motordrehmoment dar, die Kurve *II–II* das widerstehende Drehmoment. Die beiden Schnittpunkte *A* und *C* der beiden Kurven stellen nach dem eben Gesagten stabile Lagen, der Schnittpunkt *B* dagegen eine labile Lage dar. Denkt man sich die Kurve des Motordrehmomentes — durch Ändern eines Vorschaltwiderstandes oder dgl. — nach oben oder unten

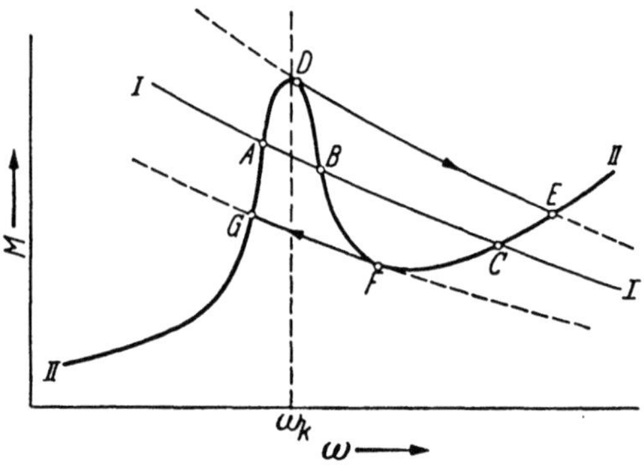

Abb. 1

verschoben, so erhält man weitere Gleichgewichtslagen, und man überzeugt sich leicht, daß der ganze Zweig der Kurve *II–II* zwischen den beiden Berührungspunkten mit den entsprechenden Motorkurven aus labilen Zuständen besteht. Die übrigen Teile der Kurve, die in der Abbildung stark ausgezogen sind, stellen stabile Betriebszustände dar. Würde statt des Hauptstrommotors ein Nebenschlußmotor gewählt, dessen Drehmomentkurve sehr viel steiler verläuft, so würde sich ein kleineres Gebiet als labil ergeben haben, ja man könnte durch hinreichend steilen Verlauf der Drehmomentskurve erreichen, daß das labile Gebiet gänzlich verschwindet. Allerdings würde in diesem Fall besonders zu untersuchen sein, ob unsere Annahmen hier noch zulässig sind.

Wenn man das oben genannte mechanische System von der Ruhe aus einschaltet, und die Drehzahl immer mehr steigert, so werden alle Zustände des ersten stabilen Zweiges der Reihe nach durchlaufen, bis der Punkt D erreicht wird. Bei der geringsten Überschreitung dieses Punktes ist ein Gleichgewicht nicht mehr möglich, das System beschleunigt sich nun von selbst weiter, bis es im Punkt E eine neue stabile Gleichgewichtslage findet. Verringert man nunmehr die Motordrehzahl wieder, so bleibt das System zunächst auf dem neuen Kurvenast, bis es am Punkt F angelangt ist. Wird dieser überschritten, so erfolgt ein neuer Sprung nach G.

Das soeben geschilderte Verhalten wird qualitativ auch noch in vielen Fällen zutreffen, in denen die hier gemachten Voraussetzungen nicht streng erfüllt sind. Daß im Fall von geringer Dämpfung beim Übergang von dem labilen zum stabilen Bewegungszustand merkliche Beträge von Schwingungsenergie in Drehungsenergie umgesetzt werden, wie Gümbel annimmt, ist nicht unwahrscheinlich; der Beweis hierfür ließe sich aus der genaueren Verfolgung der labilen Schwingungsbewegung gewinnen.

Die von Prof. Gümbel (1918) S. 47 erwähnten Versuche sowie die von Sommerfeld, bei denen ein kleiner Elektromotor mit einem exzentrischen Schwunggewicht einen Tisch zu Resonanzschwingungen brachte, werden durch das Vorstehende sehr zutreffend erklärt. Statt der Drehmomente hätte man natürlich auch die vom Motor zugeführte Leistung und die vom Getriebe verzehrte Leistung betrachten können, ohne daß sich an der Überlegung sonst etwas ändern würde.

4. Die vorstehende Betrachtungsweise versagt natürlich in dem Fall, daß es sich um einen Bewegungsvorgang *ohne Reibung* handelt, da hier die Antriebsleistung ebenso wie die verzehrte Leistung Null sind. Es liegt nahe, zu versuchen, an Stelle der Leistung den Energieinhalt des bewegten Systems zur Beurteilung der Sachlage heranzuziehen. Eine nähere Untersuchung lehrt jedoch, daß eine ähnlich

einfache Überlegung wie im vorigen Fall hier nicht zum Ziel führen kann. Wenn man nämlich aus dem Vergleich der Energieinhalte zweier stationärer Bewegungen bewiesen zu haben glaubt, daß die eine Bewegung in die andere übergehen kann, so ist es noch vollkommen fraglich, ob sie es auch wirklich tun wird, denn selbst, wenn die erstere Bewegung wirklich labil war, so wird zunächst eine nicht stationäre Schwingung entstehen, und da die Dämpfung gleich Null angenommen war — sonst durfte ja die Energiebetrachtung nicht angewendet werden —, so ist sehr fraglich, ob die Schwingung überhaupt wieder verschwindet und die Bewegung in die vorher ausersehene stationäre Bewegung übergeht. Man kann mit der Energiebetrachtung nur das mit Sicherheit aussagen, daß solche stationären Bewegungen, deren Energie größer als die gegebene ist, nicht erreicht werden können. Dagegen ist das Durchschreiten einer Drehzahl, deren stationäre Bewegung eine größere Energie als die gegebene besitzt, durchaus nicht ausgeschlossen, da sich die freien Schwingungen mit der stationären Bewegung auch in solcher Weise zusammensetzen können, daß die Energie dadurch kleiner wird als die der stationären Bewegung. Um sich dies klarzumachen braucht man nur daran zu denken, daß die Anfangsbewegungen bei der kritischen Drehzahl, bei denen die Ausschläge der Welle noch klein sind, gerade dadurch erhalten werden, daß man zur stationären Bewegung geeignete Schwingungen, die deren Amplitude vorübergehend nahezu aufheben, hinzunimmt. Wenn man mit Energiebetrachtungen etwas beweisen will, so kann dies nur in der Weise Erfolg haben, daß die Energie der stationären Bewegung mit der einer allgemeinen Nachbarbewegung, wie sie durch kleine Abänderungen der Anfangsbedingungen aus ihr entsteht, verglichen wird[1]. Der Fall, daß unter den Nachbarbewegungen gleicher Energie auch eine stationäre Bewegung vorkommt (daß also die Energiekurve eine waagerechte Tangente hat), hat nach dem von Prof. GÜMBEL gefundenen Resultat offenbar eine besondere Bedeutung, indem er die Grenze des stabilen und labilen Gebietes darstellt.

II. Zur neuen kritischen Geschwindigkeit

1. Da GÜMBEL die Richtigkeit der STODOLAschen Ansätze bezweifelt hat, möchte ich auf den Unterschied hinweisen, daß in den STODOLAschen Grundgleichungen (1) bis (3) das sich ungleichförmig drehende mecha-

---

Zusätze bei der Korrektur:

[1] STODOLA hat inzwischen in seinem neuen Aufsatz diesen Weg beschritten und gezeigt, daß er für die Zustände unterhalb der kritischen Geschwindigkeit, über deren Stabilität allerdings ohnehin keine Zweifel herrschen können, zum Ziele führt. Oberhalb der kritischen Geschwindigkeit scheint die Methode dagegen keine Aussage zu liefern.

nische System von einem gleichförmig umlaufenden Koordinatensystem aus betrachtet wird, während GÜMBEL das Koordinatensystem mit der ungleichförmig umlaufenden Welle fest verbindet und auf diese Weise eine andere Form für die Zusatzkräfte der Relativbewegung erhält als STODOLA. Das STODOLAsche Gleichungssystem ist vollkommen richtig und streng; man könnte sich allerdings fragen, ob die in den Gl. (5) gegebene neue Form desselben noch zulässig ist, wenn die Durchbiegung der Welle unter ihrem Eigengewicht nicht mehr als sehr klein angesehen werden kann. Ich habe dies untersucht[1] und festgestellt, daß auch diese Gleichungen bzw. ihre Lösungen so lange zu Recht bestehen, als der Winkel τ eine kleine Größe bleibt. Dies ist aber praktisch immer der Fall, so lange die Drehzahl nicht inmitten eines der kritischen Gebiete liegt; hier verliert aber, da die Ausschläge eben nicht mehr klein sind, die Methode der kleinen Schwingungen notwendigerweise ihre Beweiskraft. Die STODOLAsche Rechnung leistet also so viel, als man billigerweise von einer Theorie der kleinen Schwingungen verlangen kann.

2. Darüber, daß die neue kritische Drehzahl nicht genau mit der Hälfte der gewöhnlichen kritischen Drehzahl zusammenfällt, wird man sich nicht weiter wundern dürfen, wenn man beachtet, daß schon bei den Schwingungen der nicht umlaufenden Welle Unterschiede von der gleichen Größenordnung bestehen. Betrachtet man nämlich die Schwingungen einer an beiden Enden drehbar gelagerten Welle, die in ihrer Mitte eine Scheibe trägt, deren Schwerpunkt um den Betrag e von dem „Durchstoßpunkt" O absteht, so ergeben sich verschiedene Schwingungszahlen für die Schwingung in Richtung der Strecke e, die ohne Drehbewegung der Scheibe erfolgt, und für die Schwingung senkrecht zur Strecke e, die von einer Drehung der Scheibe begleitet ist.

Es sei y der Schwingungsausschlag in der letzteren Richtung, φ die zugehörige Winkeldrehung der Scheibe, dann ergeben sich für eine im Durchstoßpunkt angreifende Kraft K die Gleichungen

$$m \frac{d^2 y}{d t^2} = K \tag{1}$$

$$m q^2 \frac{d^2 \varphi}{d t^2} = K e \tag{2}$$

(q = Trägheitsradius). Wird $y = A \sin \omega t$ und $\varphi = B \sin \omega t$ gesetzt, so ergibt sich

$$\frac{d^2 y}{d t^2} = -\omega^2 y \quad \text{und} \quad \frac{d^2 \varphi}{d t^2} = -\omega^2 \varphi ;$$

---

[1] Diese Rechnung findet man in der neuen STODOLAschen Arbeit durchgeführt.

setzt man dies in Gl. (1) und (2) ein und dividiert, so erhält man

$$\frac{\varphi}{y} = \frac{e}{q^2}. \tag{3}$$

Aus Abb. 2 entnimmt man nun leicht, daß die Kraft K gleich $-\alpha(y + e\varphi)$ zu setzen ist; nach (1) ist aber $K = -m\,\omega^2\,y$, also erhält man unter Berücksichtigung von (3)

$$\omega_1^2 = \frac{\alpha}{m}\left(1 + \frac{e^2}{q^2}\right) = \omega_k^2\left(1 + \frac{e^2}{q^2}\right). \tag{4}$$

Die Schwingung in der Richtung der Strecke e ergibt einfach $\omega_2 = \omega_k$. Der Unterschied der beiden Schwingungszahlen ist also, ebenso wie die Abweichung der neuen kritischen Drehzahl von der Hälfte der alten, proportional dem Quadrat der Exzentrizität e, die ganzen Abweichungen werden daher überhaupt nur bei verhältnismäßig großen Exzentrizitäten bemerkbar.

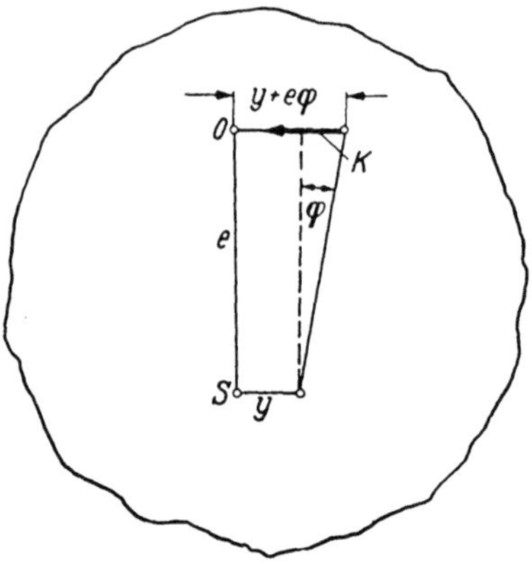

Abb. 2

2. Die durch Schwerkraftwirkung hervorgerufenen kritischen Zustände bei der halben kritischen Drehzahl dürften sich auch in dem Fall gut beobachten lassen, daß die Biegungssteifigkeit der Welle nach verschiedenen Richtungen verschieden groß ist, wie dies zum Beispiel der Fall ist, wenn die Welle eine Längsnut oder Abflachung aufweist. Die neue kritische Drehzahl zeigt sich in diesem Fall auch dann, wenn die Exzentrizität e gleich Null ist. Dieser Fall mag hier näher ausgeführt werden. Die freien Schwingungen ohne Wirkung der Schwere sind in einer anderen Einkleidung bereits in dem VI. Band der „Vorlesungen über technische Mechanik" von A. Föppl behandelt, vgl. dort S. 66—73. Es wird dort gezeigt, daß — unter Annahme eines unendlich großen Trägheitsmomentes — die Bewegung bei Drehzahlen zwischen Null und der kleineren der beiden Hauptschwingungen ω_1 und oberhalb der größeren Hauptschwingung ω_2 stabil, zwischen ω_1 und ω_2 aber labil ist.

Die Rechnung für die von der Schwerkraft verursachten Schwingungen gestaltet sich wie folgt: Es sei α die Elastizitätszahl der Welle in der Richtung des kleinsten Trägheitsmomentes der Welle, β die Elastizitätszahl in der Richtung des größten Trägheitsmomentes, y die Durchbiegung in der ersteren, z die Durchbiegung in der letzteren Richtung, dann ergibt sich für ein Koordinatensystem, das sich mit der Winkelgeschwindigkeit der Welle ω mitdreht:

$$m\ddot{y} = (m\omega^2 - \alpha)\, y + 2m\,\omega\,\dot{z} - m\,g\sin\omega t \tag{5}$$

$$m\ddot{z} = (m\omega^2 - \beta)\, z - 2m\,\omega\,\dot{y} - m\,g\cos\omega t. \tag{6}$$

Setzt man $y = A\sin\omega t$ und $z = B\cos\omega t$ und führt die Eigenschwingungszahlen

$$\omega_1 = \sqrt{\frac{\alpha}{m}} \quad \text{und} \quad \omega_2 = \sqrt{\frac{\beta}{m}}$$

ein, so ergibt sich nach kurzer Rechnung

$$A = -\frac{2g(4\omega^2 - \omega_2^2)}{\omega_1^2(4\omega^2 - \omega_2^2) + \omega_2^2(4\omega^2 - \omega_1^2)} \tag{7}$$

$$B = -\frac{2g(4\omega^2 - \omega_1^2)}{\omega_1^2(4\omega^2 - \omega_2^2) + \omega_2^2(4\omega^2 - \omega_1^2)}. \tag{8}$$

Die Diskussion des Ergebnisses zeigt, daß für

$$\omega = \frac{\omega_1}{2}: \quad B = 0 \quad \text{und} \quad A = -\frac{2g}{\omega_1^2},$$

also gleich dem Doppelten der größten Durchbiegung der ruhenden Welle in dieser Richtung ist; für $\omega = \omega_2/2$ ist umgekehrt $A = 0$ und

$$B = -\frac{2g}{\omega_2^2}.$$

Die kritische Geschwindigkeit, bei der die Formel unendliche Ausschläge liefert, liegt zwischen $\omega_1/2$ und $\omega_2/2$ und hat den Wert

$$\omega' = \frac{\omega_1\,\omega_2}{\sqrt{2(\omega_1^2 + \omega_2^2)}}. \tag{9}$$

Die vorstehenden Rechnungen beziehen sich auf unendlich großes Trägheitsmoment. Bei endlichem Trägheitsmoment werden die Einzelheiten wohl etwas abgeändert werden, das wesentliche Bild der Erscheinung dürfte jedoch erhalten bleiben.

Zusammenfassung: Dafür, ob eine Bewegung im kritischen Gebiet stabil oder labil ist, sind die genauen Umstände des Antriebes, der Kupplung mit anderen Massen usw. durchaus wesentlich. Die allgemeine Methode für den Stabilitätsbeweis ist die Methode der kleinen Schwingungen. Bei hinreichender Dämpfung können auch statische Betrachtungen ausreichen. Bei reibungslosen Vorgängen führen Betrachtungen über die Energie im allgemeinen nicht zum Ziel.

Die STODOLAschen Rechnungen über die neue kritische Geschwindigkeit werden als völlig einwandfrei erkannt. Die neue kritische Geschwindigkeit braucht nicht mit der Hälfte der alten kritischen Geschwindigkeit zusammenzufallen, da auch die Schwingungszahl der ruhenden Welle quer zur Richtung der Exzentrizität des Schwerpunktes nicht mit ihr zusammenfällt. Für eine Welle von ungleichem Querschnitts-Trägheitsmoment für verschiedene Biegungsrichtungen wird die neue kritische Geschwindigkeit berechnet.

Zeitschrift für technische Physik 2. Jg. (1921) S. 244—245

Bemerkungen über den Flugzeugschall

Im Anschluß an den Aufsatz von Herrn WAETZMANN in der Zeitschrift für technische Physik[1] möchte ich hier von zwei Beobachtungen berichten, die geeignet sind, das von Herrn WAETZMANN entworfene Bild zu vervollständigen.

1. Bei einem in der Nähe des Beobachters fliegenden Flugzeug ist in dem Flugzeugschall deutlich eine Komponente vorhanden, die dadurch entsteht, daß jeder einzelne Impuls der prasselnden Geräusche, die besonders vom Motor herrühren, das Ohr zweimal trifft, nämlich einmal unmittelbar und das zweite Mal nach Reflexion am Boden. Durch Sirenenversuche ist bekannt, daß ein solcher Schall, der aus zwei Impulsen besteht, bereits als ein Ton aufgefaßt wird. Es ist leicht zu beweisen, daß die Schwingungszahl dieses Tones $n = c/2h \cos \varphi$ ist, wo c die Schallgeschwindigkeit, h die Höhe des Ohres des Beobachters über dem Boden und φ die Zenitdistanz des Flugzeuges bedeutet. (Von einer etwaigen Krümmung der Schallstrahlen wird dabei abgesehen!)

Die durch den soeben beschriebenen Vorgang entstehende Klangmasse läßt sich leicht von dem übrigen Flugzeugschall trennen, wenn man durch Kniebeugen oder andere Bewegungen die Entfernung des Ohres vom Boden rasch ändert. Man hört dann deutlich ein Hinauf- und Wiederheruntergehen der zugehörigen Töne. Wenn das Flugzeug über den Beobachter hinwegfliegt, so werden diese Töne tiefer, solange sich die Zenitdistanz verkleinert, hinterher beim Entfernen des Flugzeuges wieder höher. Bei zunehmender Entfernung des Flugzeuges, die immer mit einer Annäherung der Zenitdistanz an einen rechten Winkel verbunden ist, verschwindet die ganze Erscheinung.

In der Aufzählung der Klangkomponenten, die Herr WAETZMANN gibt, scheinen diese Töne zu fehlen. Da Herr WAETZMANN in der Hauptsache mit Resonatoren beobachtet hat, ist dies auch verständlich; denn ein Schall aus nur zwei Impulsen wird vom Resonator praktisch wohl fast nicht verstärkt, verglichen mit der Resonanz, die er im Gehörorgan selbst findet, während eigentliche „Töne“ erhebliche Verstärkung erfahren.

2. Über den Schraubenschall habe ich während des Krieges einige Beobachtungen in der Aerodynamischen Versuchsanstalt zu Göttingen gemacht, deren Ergebnisse vielleicht einiges Interesse haben. Die von einem Elektromotor angetriebene Schraube wurde einerseits in der Halle

---

[1] Die Entstehung und die Art des Flugzeugschalles. Z. techn. Phys. 2. Jg. (1921) S. 166.

der Versuchsanstalt laufen gelassen, andererseits auch im Windkanal. Bezüglich der Luftströmung lag der Unterschied der beiden Aufstellungen hauptsächlich darin, daß im ersten Fall der von der Schraube erzeugte Luftstrahl im Raum herumwirbelte und die Schraube einen Teil der entstandenen Wirbel unmittelbar wieder ansaugte. Im zweiten Fall setzte die Schraube die Luft in der geschlossenen Kanalstrecke in langsamen Umlauf, wodurch die Luft des Schraubenstrahles aus dem Ansaugebereich der Schraube entfernt wurde und erst auf einem langen Wege völlig beruhigt wieder vor die Schraube gelangte.

Bei der ersten Aufstellung ergaben sich genau die von Herrn WAETZMANN beschriebenen Erscheinungen. Der Sirenenton der Schraube war immer deutlich wahrzunehmen, allerdings mit einer nicht zu überhörenden Unreinheit. Er wurde durch Gegenstände, die man nahe an die Schraube heranbrachte, verstärkt. Bei der zweiten Anordnung dagegen war sehr auffälligerweise der Sirenenton völlig verschwunden, solange der Zufluß oder Abfluß nicht gestört wurde. Hielt man aber in den Zustrom zur Schraube irgendeinen Gegenstand, beispielsweise eine kleine Holzlatte, so war der Sirenenton sofort deutlich vorhanden und diesmal von musikalischer Reinheit. Man konnte sogar mit großer Schärfe die Grenzfläche des Luftstromes abtasten, der durch die Schraube hindurchfloß, indem man die Latte so weit verschob, bis eben der Sirenenton hörbar wurde, und zwar gelang dies noch bei einer Entfernung von 2 bis 3 Schraubendurchmessern vor der Schraube.

Die gemeinsame Erklärung aller dieser Erscheinungen ist die, daß die Druckänderungen, die den Sirenenton erzeugen, auftreten, wenn der Schraubenflügel eine Stelle mit stark veränderter Geschwindigkeit passiert. Wenn er einen Wirbel der Strömung durchschneidet, ist also die Vorbedingung für einen Schall gegeben. Man weiß, daß solche Wirbel sich in der Luft hinter einem Hindernis ziemlich lange halten, und versteht hieraus leicht die Beobachtungen im Versuchskanal, durch dessen besondere Bauart die Luft dem Versuchsobjekt denkbar beruhigt zugeführt wird. Daß bei der in der Halle aufgestellten Schraube der Sirenenton immer da war, ist eine Folge davon, daß die Schraube die Wirbel des von ihr erzeugten Luftstrahles wieder ansaugt. Da diese Wirbel keine feste Position im Raum haben, wie die von der Latte erzeugten, sondern bald hier, bald dort durch den Schraubenkreis treten, und da an jedem Wirbel beim Durchsaugen durch die Schraubenebene nur eine geringe Anzahl von Impulsen entsteht, so ist der Ton merklich unrein.

Von etwas anderer Art sind die Sirenentöne, die ein Hindernis hinter der Schraube hervorruft. Hier ergeben sich einerseits Töne an dem Objekt durch das rhythmische Auftreffen der Schraubenwirbel; diese sind aber wegen der relativ geringen Luftgeschwindigkeit nur schwach. Andererseits ergeben sich Töne an dem Schraubenblatt durch die Verzerrung des Geschwindigkeitsfeldes, die das störende Objekt in der Schraubenkreisebene hervorruft. Diese Wirkung kann sich aber nur bemerkbar machen, wenn das störende Objekt ziemlich dicht hinter der Schraube aufgestellt ist. So ist es zu verstehen, daß, wie auch Herr Waetzmann hervorhebt, störende Körper hinter der Schraube wesentlich weniger Schall erzeugen als solche vor der Schraube.

Zeitschrift für Flugtechnik und Motorluftschiffahrt 13. Jg. (1922) S. 156—157

Zur Vorgeschichte der Wissenschaftlichen Gesellschaft für Luftfahrt

Da die Wissenschaftliche Gesellschaft für Luftfahrt in diesem Jahre auf ein zehnjähriges Bestehen zurückblicken kann, verlohnt es sich wohl, den Blick rückwärts zu richten auf die Zeit, in der sie entstanden ist. Den vielen der Gesellschaft später beigetretenen Mitgliedern dürfte es erwünscht erscheinen, über diese Dinge von jemand einen Bericht zu erhalten, der die Vorbereitungen zur Gründung und die Gründung nicht nur selbst in allen Phasen miterlebt, sondern auch tätigen Anteil daran hatte.

Die unmittelbare Vorgeschichte der Gründung führt nach *Göttingen* und im besonderen zu der „*Göttinger Vereinigung zur Förderung der angewandten Physik und Mathematik*". In dieser Vereinigung, die auf Grund der Werbetätigkeit des Göttinger Mathematikers Felix Klein entstanden war und seit ihrer Gründung (1897) sich allmählich zu einer stattlichen Gesellschaft entwickelt hatte, war zum ersten Mal in Deutschland ein Grundgedanke verwirklicht worden, der zwar in der Not der heutigen Zeit zum Allgemeingut geworden ist, damals aber noch sehr ungewöhnlich war, daß nämlich eine Verbindung hergestellt werden müsse zwischen den Lehr- und Forschungsstätten der Wissenschaft und den führenden Männern der Großindustrie. Die Göttinger Vereinigung hat diesen Gedanken in solcher Art verwirklicht, daß die an ihr teilnehmenden Industriellen nicht bloß Geldgeber, sondern auch Ratgeber waren und daß sie die Interessen der Institute auch dem Staate gegenüber sehr wirksam vertreten halfen. Die engere Aufgabe der Göttinger Vereinigung war dabei unter Führung von Klein die gewesen, die Fühlung zwischen reiner Universitätswissenschaft und technischem Wissen, die auf vielen Gebieten in der Zeit vorher fast ganz verlorengegangen war, durch Gründung und Weitererhaltung von Instituten wieder herzustellen, die die Grenzgebiete zwischen reiner Wissenschaft und Technik bearbeiten sollten. So war ein Institut für angewandte Elektrizität geschaffen, ein Institut für angewandte Mathematik (zeichnerische und rechnerische Methoden, Vermessungswesen), ferner das Institut für angewandte Mechanik, das seit 1904 dem Berichterstatter anvertraut ist und dem Studium der Mechanik, der Elastizität und Festigkeit, der Strömungslehre der Flüssigkeiten und Gase, sowie auch der Wärmemechanik der Kraftmaschinen dient.

Im Zusammenhang mit dem Studium der Strömungslehre, bei dem bereits einige Erfolge erzielt waren, wurde der Berichterstatter im Jahre 1906 in den Ausschuß der Motor-Luftschiff-Studien-Gesellschaft gewählt;

sein Vorschlag, Modellversuche für die Zwecke der Luftfahrt anzustellen, fand in diesem Ausschuß und bei der Leitung der Gesellschaft Beifall und so kam es 1907 zur Gründung der ersten kleinen Modellversuchsanstalt in Göttingen, die erst im Laufe des Krieges von der heutigen großen Anstalt abgelöst worden ist, aber neben ihr bis 1918 in Betrieb war.

Die Göttinger Vereinigung als solche, die diese Anstalt mit unterstützte, trat den Fragen der Luftfahrt noch näher bei ihrer Tagung gelegentlich der internationalen Luftfahrtausstellung in Frankfurt (1909). Die dort mit Herrn August Euler angeknüpften Beziehungen haben später dazu geführt, daß Herr Euler uns im Jahre 1911 anbot, in Göttingen Flugvorführungen zur Förderung des wissenschaftlichen Interesses an der Fliegerei zu veranstalten. Dieses Anerbieten war nun der besondere Anlaß, daß zunächst die damaligen Vertreter der Flugwissenschaft an den Hochschulen zu der Hauptversammlung der Göttinger Vereinigung, gelegentlich deren die Flugvorführungen stattfinden sollten, eingeladen wurden und gebeten wurden, selbst Vorträge beizusteuern. Der Gedanke fand so viel Anklang und freudige Zustimmung, daß wir uns entschlossen, noch einen Schritt weiter zu gehen, und auch die Behörden, die mit dem Flugwesen Beziehungen hatten, und auch eine Reihe uns bekannter im Luftschiff- und Flugzeugbau tätiger Männer einluden, an der Versammlung teilzunehmen. So ist in den Tagen vom 3. bis 5. November 1911 in Göttingen ein kleiner flugtechnischer Kongreß zustande gekommen. Es wurden von den Herren Ahlborn, Bendemann, Blasius, v. d. Borne, Föttinger, v. Parseval, Prandtl, Reissner und Runge neun wissenschaftliche Vorträge teils über aerodynamische Fragen, teils über Stabilitätsfragen gehalten, außerdem fand auf Grund eines ausführlichen Referates von Herrn Bendemann, damals Leiter der Luftschraubenprüfstelle in Lindenberg, eine große Aussprache statt über das Thema: In welchen Fragen kann die Wissenschaft der praktischen Luftfahrt nützliche Dienste leisten? Anknüpfend wurde auch über die unterrichtliche Tätigkeit auf dem Gebiete der Luftfahrt von den Vertretern der einzelnen Hochschulen berichtet[1]. Dazu kamen die Flugvorführungen von Herrn Euler, sowie ein Festvortrag von ihm und Referate seiner beiden damaligen Flugschüler Dr. Alex Meyer und v. Rottenburg über Fragen des öffentlichen und privaten Luftrechts. Der Kongreß verlief nicht zum mindesten durch den sehr gelungenen geselligen Teil, in einer Hochstimmung, wie ich sie bei keinem anderen bisher erlebt habe, wozu nicht wenig beitrug, daß alle Versammelten sich in dem Ziel, dem

[1] Über diese Aussprache sowie über die vorgenannten Vorträge gibt der gedruckte Versammlungsbericht Auskunft („Verhandlungen der Versammlung von Vertretern der Flugwissenschaft vom 3. bis 5. November 1911 zu Göttingen". München: Oldenbourg 1912). Die fachwissenschaftlichen Vorträge sind auch in der Z. Flugtechn. Motorl. 3. Jg. (1912) S. 25ff. u. 233ff. abgedruckt.

sie zustrebten, völlig einig waren, und daß sie sich im übrigen meist erst seit kurzem kannten, so daß Reibungen, die bei längerem Zusammenwirken von verschieden gearteten Menschen unvermeidlich sind, noch nirgends bemerkbar wurden. Es ist daher nicht verwunderlich, daß die allgemeine Stimmung, die auch in der Aussprache zum unmittelbaren Ausdruck kam, dahin ging, es müßte bald wieder eine solche Versammlung stattfinden. Uns von der Göttinger Vereinigung wurde das Mandat angetragen, dafür zu sorgen, daß diese Versammlung zustande kam.

Die Göttinger Vereinigung hat dieses Mandat gerne auf sich genommen und trat in nähere Erwägungen ein, wie dem geäußerten Wunsche am besten Rechnung getragen würde. Dabei kamen wir sehr bald zur Überzeugung, daß mit einer zweiten ähnlich der ersten einzuberufenden Versammlung die vorliegenden Aufgaben auch noch nicht völlig würden gelöst werden können und daß es viel richtiger sei, für die dauernde Pflege der deutlich in die Erscheinung getretenen Aufgaben eine besondere Gesellschaft zu gründen. Ein Rundschreiben, das am 20. Februar 1912 von uns, d. h. von den beiden Vorsitzenden der Göttinger Vereinigung, Geheimrat v. Böttinger und Geheimrat Klein, sowie dem Berichterstatter an die Teilnehmer der Novemberversammlung erging, schlug deshalb die Gründung einer Gesellschaft, die dem Zusammenschluß von technischen und wissenschaftlichen Vertretern der Luftschiffahrt und Flugtechnik dienen sollte, vor, und wies darauf hin, daß die in einigen Monaten in Berlin zu eröffnende „Allgemeine Luftschiffahrts-Ausstellung“ (Ala), bei der auch eine wissenschaftliche Abteilung vorhanden sein würde, den günstigen Boden für eine erneute Zusammenkunft bilden würde. Auf dieses Rundschreiben erhielten wir so viele Zustimmungserklärungen, daß die zu gründende Gesellschaft dadurch schon gesichert war. Unser erster Vorsitzender, Herr Geheimrat v. Böttinger, ließ es sich nunmehr nicht nehmen, sowohl durch persönliche Besuche bei den Reichs- und Staatsbehörden, zu denen er als Herrenhausmitglied offenen Zutritt hatte, wie durch Verhandlungen mit dem Luftfahrer-Verband, dem Kaiserlichen Aeroklub und dem Kaiserlichen Automobilklub der neuen Gesellschaft den Weg zu bereiten und dafür zu sorgen, daß nicht etwa durch Mißverständnisse der Gründung Schwierigkeiten entstehen würden. Er krönte seine Vorbereitungen damit, daß es ihm gelang, Seine Königliche Hoheit, den *Prinzen Heinrich von Preußen*, zur Annahme des Ehrenvorsitzes der Gesellschaft zu gewinnen. Als dann unter dem 23. März ein neues Rundschreiben, das zur Gründung der Gesellschaft aufforderte[1], an weitere Kreise versandt wurde, war der Boden so vor-

[1] Das Schreiben gab als die Ziele der neuen Gesellschaft an, daß sie „dem Zusammenschluß der wissenschaftlichen und technischen Kreise auf dem Gebiet der motorischen Luftfahrt“ dienen sollte. Diesen Zusammenschluß sollte sie durch Abhaltung von Versammlungen und Drucklegung der Verhandlungen aufrecht-

bereitet, daß nicht nur die Zahl von 170 Beitrittserklärungen bis zur Gründung erreicht worden war, sondern daß auch die Reichsämter und die preußischen Ministerien, soweit sie an der Luftfahrt interessiert waren, Vertreter zu dem Gründungsakt delegierten, die meist weiterhin treue Mitglieder des Vorstandsrates geblieben sind.

So war alles vorbereitet, um am Tage der Eröffnung der Ala zur Gründung zu schreiten, die dann auch unter Leitung unseres Ehrenvorsitzenden in einem Saale des preußischen Herrenhauses in einhelliger Stimmung aller Anwesenden vor sich gegangen ist. Eine Schwierigkeit ist dabei nur bezüglich der Namensfindung entstanden, in der wir Göttinger der Versammlung nicht vorzugreifen wünschten. Die verschiedensten Zusammensetzungen der Worte Wissenschaft, Technik, Luftfahrt und Flug wurden versucht, bis schließlich der von dem Ehrenvorsitzenden vorgeschlagene Name „Wissenschaftliche Gesellschaft für Flugtechnik" Annahme fand, freilich um später zum Ausdruck, daß nicht nur die Flugtechnik, sondern auch die Luftschiffahrt in den Kreis der Aufgaben gehörten, in „Wissenschaftliche Gesellschaft für Luftfahrt" geändert zu werden.

Über den Verlauf der Versammlung im einzelnen gibt der stenographische Bericht, der im Druck herausgegeben worden ist[2], in allen Einzelheiten Auskunft. Hier mag nur noch erwähnt werden, daß in der Gründungsversammlung ein *„vorläufiger geschäftsführender Ausschuß"* ernannt worden ist, der die Aufgabe übernahm, einen Satzungsentwurf auszuarbeiten und einen vorläufigen Vorstand zu wählen.

Diese Beratung hat am 4. Mai 1912 unter dem Vorsitz des Prinzen HEINRICH in den Räumen des Aeroklubs stattgefunden; sie wählte die Herren v. BÖTTINGER, v. PARSEVAL und PRANDTL in den geschäftsführenden Vorstand.

Die fachliche Tätigkeit wurde durch Einberufung des am 4. Mai beschlossenen *„Wissenschaftlich-technischen Ausschusses"* zum 14. Juli 1912 eröffnet. Dieser hat — teils in seinen Gesamtberatungen, teils innerhalb der zahlreichen für Einzelfragen eingesetzten Unterausschüsse — eine äußerst rege Tätigkeit entfaltet und bildete in den ersten Jahren das Hauptlebenszentrum der Gesellschaft. So waren die Vorbedingungen geschaffen, daß das in Göttingen gelegte Samenkorn in den nächsten Jahren reiche Früchte tragen konnte.

---

erhalten; sie sollte ferner durch Beratungen in Sonderausschüssen, Anregung von Forschungsarbeiten usw. das Gesamtgebiet fördern. Die technischen und technisch-wissenschaftlichen Fragen sollten dabei im Vordergrund stehen, wirtschaftliche, rechtliche und sportliche Fragen dagegen sollten außerhalb des Kreises der Erörterungen bleiben".

[2] „Wissenschaftliche Gesellschaft für Flugtechnik", stenographischer Bericht über die Versammlung zwecks Gründung der Gesellschaft am 3. April 1912. Berlin: Julius Springer 1912.

Naturwissenschaften 11. Jg. (1923) S. 640

Zur Hydrodynamik der Infusorien

Zu den METZNERschen Ausführungen über die Bewegungsphysiologie niederer Organismen in Heft 20 und 21 der „Naturwissenschaften", die ich mit größtem Interesse gelesen habe, sei mir vom Standpunkt der Hydrodynamik die folgende Bemerkung gestattet.

Wenn man erreichen will, daß bei einem Versuch mit einem vergrößerten (oder verkleinerten) Modell eine mit der ursprünglichen vergleichbare Bewegung entsteht, so muß man dafür sorgen, daß die aus der Massenträgheit der Flüssigkeit resultierenden Kräfte und die durch die Zähigkeit der Flüssigkeit hervorgerufenen am Modell im selben Verhältnis zueinander stehen, wie am Original. Von dieser „Modellregel" sind Ausnahmen nur insoweit zulässig, als durch nähere Untersuchungen festgestellt wird, daß der eine der beiden Einflüsse gegen den anderen belanglos klein ist; in einem solchen Fall kommt es natürlich nicht mehr darauf an, ob der belanglose Teil $^1/_{1000}$ oder $^1/_{100\,000}$ des anderen ist. Soweit verschiedene Flüssigkeiten miteinander zu vergleichen sind, wird das Verhältnis der Zähigkeitswirkungen zu denen der Massenträgheit, gemessen durch die „kinetische Zähigkeit" ν, die definiert ist als Quotient des Zähigkeitskoeffizienten und der Dichte der Flüssigkeit[1]. Die Dimension dieser Größe ist (Länge)^2/Zeit. Bedeutet l eine maßgebende Länge an dem zu untersuchenden Objekt und l' die entsprechende Länge am Modell, ferner t eine maßgebende Zeit am Objekt, z. B. die Schwingungszeit, t' die entsprechende Zeit am Modell, so besagt die Modellregel, daß vergleichbare Zustände dann eintreten, wenn

$$\frac{\nu\, t}{l^2} = \frac{\nu'\, t'}{l'^2}\,.$$

Die angeschriebenen Ausdrücke sind dimensionslos, d. h. sie sind reine Zahlen, wie es für das Verhältnis zweier gleichartiger Größen, hier Kräfte, sein muß. (Aus der Forderung, daß sich reine Zahlen ergeben müssen, läßt sich die Modellregel geradezu herleiten.)

Wir wollen diese Regel nun in der Weise anwenden, daß wir von der Infusorienwimper ein Modell im Maßstabe 10000 : 1 machen. Eine Wimper von 5μ Länge würde dabei durch ein Modell von 5 cm Länge wiedergegeben werden. Nehmen wir in beiden Fällen dieselbe Flüssigkeit ($\nu' = \nu$), so ist $t'/t = (l'/l)^2$ zu setzen, d. h. die Schwingungszeit des Modells müßte hundertmillionenmal so groß wie die des Originalobjektes gewählt werden. Wir wollen, um die Zeiten etwas zu verkleinern, für

[1] Vgl. z. B. Handwörterbuch der Naturwissenschaften, Artikel „Flüssigkeitsbewegung".

das Modell eine viel zähere Flüssigkeit wählen, z. B. statt Wasser das (bei 20° C) 680mal zähere Glyzerin. Dann wäre $t/t' = 10000^2/680 \cong 147000$. Nimmt man, entsprechend den raschesten von METZNER beschriebenen Objekten, eine Schwingungszeit von rd. $^1/_{40}$ sec an, so kommt man beim Modell auf 3680 sec, also rund eine Stunde Schwingungszeit! In Glyzerin eine Stunde für eine Schwingung, d. h. aber, daß die Trägheit praktisch völlig aus dem Spiel bleibt und nur die Zähigkeit eine Rolle spielt! Deshalb können wir uns auch, da hier die eingangs erwähnte Ausnahme vorliegt, nachträglich von der Modellregel frei machen. Wahrscheinlich kann man in Glyzerin, ohne daß Trägheitseinflüsse stören werden, bei der angegebenen Modellgröße bis auf 10 oder 20 Schwingungen in der Minute gehen.

Die Bewegungen einer sehr zähen Flüssigkeit sind noch sehr wenig erforscht, so daß zur Zeit von einem exakten Standpunkt aus keine bestimmte Antwort darüber erteilt werden kann, wie die Wirksamkeit der Wimper- und Geißelbewegung für die Fortbewegung zu verstehen sei. Sicher ist nur, daß alle Widerstände hier proportional der *ersten* Potenz der Geschwindigkeit sind, und daß alle Erklärungen, die einen Widerstand proportional dem Quadrat der Geschwindigkeit zugrunde legen, entschieden fehlerhaft sind. Demnach sind Unterschiede in der Schnelligkeit der Hin- und Rückbewegung der Wimper für das Vorwärtskommen gänzlich wirkungslos, da bei Erhöhung der Geschwindigkeit die Kraft in demselben Verhältnis zunimmt, in welchem die Bewegungszeit abnimmt. Die Erklärung der Wirksamkeit der Wimperbewegung muß daher in einer anderen Richtung gesucht werden. Gemäß der von Herrn METZNER gegebenen Beschreibung ist die Wimper beim Rückschlag ziemlich lang ausgestreckt, bei der Vorbewegung aber stark an den Körper herangebogen. Dies führt zu der Vermutung, daß in einem sehr klebrigen Medium, wie es Wasser für Geschöpfe von Infusoriendimensionen ist, eine um so größere Verschiebungswirkung durch ein seitlich herausgestrecktes Organ erreicht wird, je weiter ab vom Körper die Bewegung ausgeführt wird. Diese Auffassung läßt sich, wie ich glaube, auch theoretisch verstehen. Die Entscheidung durch zweckmäßig angestellte Versuche dürfte nicht allzu schwer sein.

Naturwissenschaften 13. Jg. (1925) S. 93—108

Magnuseffekt und Windkraftschiff[1]

Das FLETTNERsche Windkraftschiff, das durch eine ungewöhnlich eifrige Zeitungspropaganda in aller Munde ist, hat die Strömungslehre, die bis dahin ein bescheidenes Dasein, beschränkt auf den Kreis der engeren Fachleute, geführt hatte, plötzlich in den Vordergrund des allgemeinen Interesses gerückt; der wunderliche „FLETTNER-Rotor" zeigte nämlich ein Verhalten, das man sich mit den überkommenen Anschauungen über den Winddruck schlechterdings nicht erklären konnte, sollte doch der rotierende Zylinder dieselben Kraftwirkungen hervorbringen wie ein Segel mit 10 bis 15mal so großer Ansichtsfläche!

Die moderne Strömungslehre vermag nun nicht nur diesen zunächst so rätselhaften Vorgang völlig aufzuklären, sondern sie war bei der Entdeckung der großen Kräfte des rotierenden Zylinders sogar die planvolle Führerin gewesen. Da die Bekanntschaft mit den Gesetzen der Strömungslehre nicht genügend verbreitet ist, diese aber in ziemlich weitem Umfang vorausgesetzt werden müssen, wenn man zu einer wirklichen Erklärung der Erscheinung gelangen will, so ergreife ich gern die willkommene Gelegenheit, um die Leser an Hand des hier gegebenen Beispiels etwas in diese Lehre einzuführen.

Bevor ich aber auf diese Dinge näher eingehe, möge einiges über die *Entdeckungsgeschichte* der merkwürdigen Erscheinung Platz finden. Diese bezieht sich zunächst nicht auf den Zylinder, sondern auf die durch die Luft geworfene rotierende Kugel, deren Abweichungen von der gewöhnlichen Wurflinie bereits seit Jahrhunderten den Artilleristen und ebenso den Ballspielern aufgefallen waren.

Die Artilleristen waren, als man noch mit wirklichen „Kugeln" schoß, bereits frühzeitig auf gewisse unregelmäßige Abweichungen der Geschoßbahnen aufmerksam geworden. B. ROBINS hat bereits 1742 ausgesprochen, daß diese Abweichungen von der Rotation der Kugeln herrührten. Er hat später auch den versuchsmäßigen Nachweis dafür erbracht. Gegen 1830 war man, um die sonst ganz unregelmäßigen Rotationen zu beherrschen, dazu gekommen, Kugeln mit exzentrischem Schwerpunkt zu verwenden. Beim Schießen mit solchen exzentrischen Kugeln zeigte sich denn auch, daß der Schuß, wenn die Kugel mit „Schwerpunkt unten" geladen war, regelmäßig zu kurz ging (da der Druck der Pulvergase im Kugelmittelpunkt angriff, ergab sich hierbei eine Drehung der Kugel von oben nach vorn und unten). Lud man mit „Schwerpunkt oben", so ging der Schuß

---

[1] Erweiterte Wiedergabe eines Vortrags vor der Göttinger Physikalischen Gesellschaft am 17. November 1924.

zu weit. Entsprechend gab es bei „Schwerpunkt rechts“ Abweichung nach links. Diese Seitenabweichung ließ sich nun, wie Schießversuche mit mehreren hintereinander befindlichen Scheiben erwiesen, nicht durch einen seitlichen Stoß, den das Geschoß in der Mündungsebene erhalten hätte, erklären, denn die Flugbahn war deutlich nach der Seite gekrümmt, also mußten Luftkräfte im Spiel sein, die das Geschoß dauernd weiter ablenkten.

Um eine sichere Entscheidung der Angelegenheit herbeizuführen, machte der bekannte Berliner Physiker G. MAGNUS, der Lehrer von HELMHOLTZ, 1852 einige Laboratoriumsversuche[1]. Unter anderem setzte er einen zwischen Spitzen gelagerten Messingzylinder, der wie ein Kreisel mit einer Schnur in rasche Umdrehung versetzt werden konnte, auf einen leicht drehbar gelagerten Arm und blies mittels eines kleinen Zentrifugalgebläses einen Luftstrom gegen den Zylinder. Dieser wich in der Richtung senkrecht zum Luftstrom und senkrecht zur Zylinderachse aus, und zwar immer nach derjenigen Seite hin, auf der die Umfangsgeschwindigkeit mit dem Luftstrom gleichgerichtet war. Der Sinn der Ablenkung war in Übereinstimmung mit den Schießversuchen, und die Größe der ablenkenden Kraft, die MAGNUS allerdings nicht gemessen hat, schien ihm durchaus von solcher Größe zu sein, daß die Ablenkungen kugelförmiger Geschosse wirklich damit erklärt werden konnten[2]. Seither ist es üblich geworden, die ganze Erscheinungsgruppe mit dem Namen „Magnuseffekt“ zu belegen. Das Verdienst von MAGNUS um die erste laboratoriumsmäßige Klarlegung der Erscheinung erfuhr dadurch seine gerechte Würdigung.

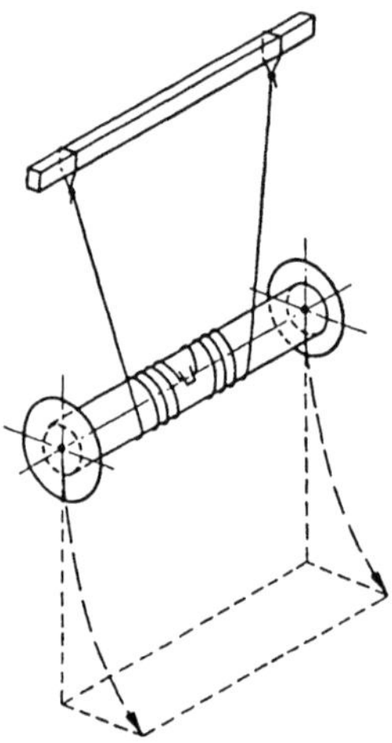
Abb. 1. Versuch zum Nachweis des Magnus-Effektes

Noch älter als bei den Artilleristen war übrigens die Kenntnis der Ablenkung rotierender Kugeln bei den Ballspielern. Beim Tennisball ist die Erscheinung ja ziemlich auffällig, und es ist jedem geübten Spieler geläufig, daß ein „geschnittener Ball“ deutlich von der Wurfbahn des nicht geschnittenen Balles abweicht[3]. Wird der Ball von rechts streifend

[1] Vgl. hierzu den Aufsatz über GUSTAV MAGNUS von P. PRINGSHEIM. Naturwissenschaften 13. Jg. (1925) S. 49. (Bei der Korrektur zugefügt.)

[2] MAGNUS behandelt in der gleichen Arbeit auch die Abweichungen rotierender Langgeschosse durch besondere Versuche und daran anknüpfende theoretische Betrachtungen. In den populären Darstellungen, die man jetzt vielfach in Tageszeitungen lesen konnte, wurden diese Dinge mit dem Magnuseffekt, mit dem sie nichts zu tun haben, vielfach in einen Topf geworfen.

[3] Nach G. T. WALKER erwähnt bereits JS. NEWTON 1671, daß der geschnittene Tennisball eine Raumkurve beschreibe.

angeschlagen, dann weicht er von der Vertikalebene, die seine anfängliche Flugrichtung enthält, nach links ab und umgekehrt. Von unten angeschlagene Bälle fliegen gestreckter, von oben angeschlagene kürzer als der normalen Wurflinie entspricht. Noch auffälliger sollen nach G. T. WALKER die Erscheinungen beim Golfball sein. Dieser erreicht, von unten angeschlagen, wesentlich längere Flugwege und Flugzeiten, als es nach den Fallgesetzen bei derselben Anfangsgeschwindigkeit möglich wäre, und es ist sogar das erste Bahnstück deutlich nach oben konkav! Bei fehlerhaftem (seitlichem) Anschlag sollen Seitenabweichungen bis zu 70 m aus der Vertikalebene durch die Anfangsrichtung vorkommen.

Der Magnuseffekt läßt sich auch sehr leicht ohne große Hilfsmittel im Hörsaal oder Zimmer demonstrieren. Hierzu eignen sich z. B. schon einfache aus Papier geklebte längliche Zylinder, die man so wirft, daß man ihnen gleichzeitig eine starke Rotation erteilt. (Am besten Wurf nach vorwärts, mit Handhaltung ähnlich wie beim Kegeln; Bahn ähnlich wie Abb. 2.) Die Erscheinungen werden besonders deutlich, wenn man den Zylinder sehr länglich macht; dabei empfiehlt es sich, ihn an den Enden mit überstehenden Scheiben aus Karton zu versehen, die einmal seine Steifigkeit und seinen Drehschwung erhöhen, aber auch eine aerodynamische Verbesserung darstellen. Wickelt man um einen solchen Zylinder, der durch einen passenden Einschnitt in der Mitte mit einer kleinen Nase versehen ist, einen mit beiden Enden an einem Holzstäbchen befestigten Faden, so weicht er beim Fallen deutlich in der in Abb. 1 angegebenen Weise nach der Seite aus. Auch ein dreiseitiges Prisma aus Papier, gegebenenfalls auch mit Endscheiben, das man zwischen den Fingerspitzen der einen Hand hält und mit einem Finger der anderen Hand an der mit dem Pfeil bezeichneten Stelle anschnippt, zeigt sehr auffällig eine Ablenkung, wie in Abb. 2 angegeben (die Versuche werden vorgeführt).

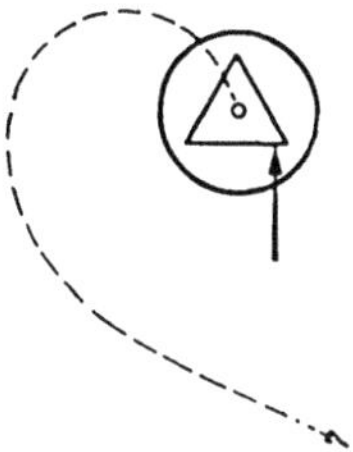

Abb. 2. Ein weiterer Versuch

Nun zu den *Erklärungsversuchen*! In den Kreisen der Artilleristen war man früher vielfach geneigt gewesen, die Erscheinung so zu erklären, daß die rotierende Kugel auf dem „Polster verdichteter Luft", das sich vor ihr bilde, eine vermehrte Reibung erführe, die die Seitenablenkung verursache. S. D. POISSON wies aber nach, daß die Luftreibung keineswegs ausreiche, um solche Wirkungen hervorzurufen. Vor allem aber zeigten die bereits erwähnten Versuche mit exzentrischen Kugeln, daß in Wirklichkeit die Ablenkung gerade nach der umgekehrten Seite erfolgte, als die „Polstertheorie" verlangte.

MAGNUS gab im Anschluß an seine Versuche eine Erklärung, die zwar den Effekt ein wenig verständlich macht, aber infolge des damaligen primitiven Zustandes der Strömungslehre uns Heutige gar nicht mehr zu befriedigen vermag[1]. Wesentlich mehr vermag uns dagegen die Darlegung zu geben, die LORD RAYLEIGH 1877 in Anknüpfung an die Flugbahnen geschnittener Tennisbälle veröffentlicht hat. Die Strömungslehre hatte inzwischen durch HELMHOLTZ, SIR WILLIAM THOMSON und andere bedeutende Fortschritte gemacht, die allerdings fast ausschließlich einer „idealen Flüssigkeit" ohne alle Reibung und Volumänderung galten. LORD RAYLEIGHS Rechnungen knüpften an die Strömung einer solchen idealen Flüssigkeit um einen in der Achsenrichtung unendlich ausgedehnten Kreiszylinder an und betrachtete die Strömungszustände, die entstehen, wenn die gewöhnliche „Potentialströmung" mit einer umlaufenden „Zirkulationsströmung" überlagert wird, und er errechnete die auf den Zylinder ausgeübte Kraft aus der Druckverteilung am Zylinder. LORD RAYLEIGH hebt aber selbst hervor, daß es ein schwacher Punkt seiner Theorie sei, daß die Rechnungen nur bei Abwesenheit von Flüssigkeitsreibung richtig seien, daß aber nach einem Satz von THOMSON die zirkulatorische Bewegung bei Abwesenheit von Reibung nicht entstehen können, oder, wenn sie einmal vorhanden sei, sich nicht ändern könne. Die Entstehung der Strömung, für die man offenbar doch die Flüssigkeitsreibung verantwortlich machen mußte, blieb also dunkel. Immerhin ist die Rechnung von LORD RAYLEIGH sehr lehrreich, und es ist für uns nützlich, sich mit ihr und auch mit den ihr zugrunde liegenden Theorien über die Bewegung einer idealen Flüssigkeit etwas genauer zu beschäftigen, denn die wirklichen Flüssigkeiten, wie Wasser und Luft, besitzen nur sehr geringe innere Reibung, so daß in günstigen Fällen eine Aussage über die Bewegungsart einer idealen Flüssigkeit auch eine angenähert richtige Aussage für eine wirkliche Flüssigkeit liefert. Ob ein

---

[1] MAGNUS geht zunächst davon aus, daß von einem Luftstrom, den man auf einen ruhenden Zylinder in einer Richtung senkrecht zur Achse bläst, Kerzenflammen oder kleine Windfahnen, die man seitlich vom Zylinder anbringt, gegen den Zylinder hin bewegt werden (offenbar dürfen sie dazu nicht in dem Luftstrom selbst stehen, sondern außerhalb desselben, so daß es sich also nur um einen dünnen Luftstrahl handeln kann). M. schließt nun aus diesem Verhalten der Flammen und Windfahnen, daß „die Bewegung der Luft längs der Zylinderfläche nicht, wie man allgemein annimmt, eine Vermehrung des Druckes gegen diese hervorbringt, sondern im Gegenteil eine Verminderung in einer gegen den Luftstrom senkrechten Richtung, und zwar eine um so größere, je größer die Geschwindigkeit der Luft ist". M. schließt nun weiter: „Dreht sich der Zylinder nicht, so ist die Verminderung des Druckes auf beiden Seiten gleich. Dreht er sich aber, so ist auf der Seite, die sich in gleicher Richtung mit der Luft bewegt, die Geschwindigkeit und folglich auch die Verminderung des Druckes größer als auf der anderen, wo eine der Luft entgegengesetzte Bewegung stattfindet." M. hat auf dieser letzten Seite einen Aufstau der Luft beobachtet und nimmt daher hier einen gleichen Überdruck an, wie er eintritt, wenn zwei entgegengesetzt gerichtete Wasserstrahlen gegeneinanderströmend aufeinanderprallen.

solcher „günstiger Fall“ vorliegt, bedarf dabei allerdings noch einer besonderen Untersuchung. Hierüber wird später noch einiges zu sagen sein.

Die gewöhnlich untersuchten Strömungen einer idealen Flüssigkeit, nämlich diejenigen, die in einer ursprünglich ruhenden Flüssigkeit durch Bewegung von Körpern in ihr oder durch Druckwirkung auf der Oberfläche entstehen, sind von derselben geometrischen Art wie die Strömungen der Elektrizität in einem homogenen körperlichen Leiter (oder auch wie das magnetische Feld in einem Raum mit unveränderlicher Permeabilität). Sie sind, wie der Fachausdruck lautet, aus einem Potential ableitbar, das der LAPLACEschen Differentialgleichung genügt. Das wesentliche Merkmal der Potentialströmung ist, daß die einzelnen Flüssigkeitselemente sich nicht drehen. Es hängt das eng mit der Reibungslosigkeit zusammen; ohne Zuhilfenahme der Reibung kann ein Flüssigkeitsteilchen nicht in Drehung versetzt werden.

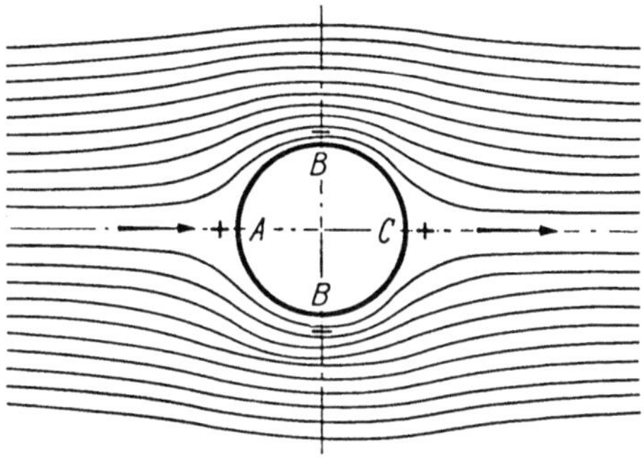

Abb. 3. Potentialströmung um einen Kreiszylinder

Die beiden Strömungen, von denen LORD RAYLEIGH ausgeht, sind in Abb. 3 und 4 veranschaulicht. Eine Strömung von derselben Form wie Abb. 3 ließe sich auch dadurch herstellen, daß man durch eine Blechtafel, in die in der Mitte ein kreisförmiges Loch geschnitten ist, einen elektrischen Strom schickt (man müßte dazu an den linken und rechten Rand des aus einem schlecht leitenden Metall bestehenden Blechs einen gut leitenden Kupferstreifen auflöten und den Strom durch die Kupferstreifen zuführen). Die Strömung von Abb. 4 ließe sich elektrisch nur so erzeugen, daß man das Blech mit dem kreisförmigen Loch längs eines Radius aufschlitzte und die Kupferschienen links und rechts von dem Schlitz anlötete. Magnetfelder von der Art der Abb. 4 sind dagegen sehr bekannt. Das Magnetfeld eines elektrischen Stromes, der durch einen senkrecht zur Zeichenebene durch den Kreismittelpunkt hindurchgehenden geraden Draht fließt, ist von dieser Art.

Die Strömung, die den eigentlichen Gegenstand der RAYLEIGHschen Betrachtung bildet, wird nun durch „Überlagerung“ (Superposition) der beiden Strömungen nach Abb. 3 und 4 erhalten. Man versteht darunter die Strömung, deren Geschwindigkeit in jedem Punkt durch Zusammensetzung der beiden Einzelgeschwindigkeiten nach dem Parallelogramm erhalten wird (das Potential entsteht einfach durch Addition der beiden

Potentialwerte in jedem Raumpunkt; das Stromliniensystem entsteht, wenn die beiden Stromliniensysteme so übereinander gezeichnet werden, daß die sekundlich geförderte Flüssigkeitsmenge zwischen je zwei Stromlinien überall dieselbe ist, einfach durch Zeichnen der Diagonalkurven, vgl. Abb. 5). Als Ergebnis der Überlagerung der Strömungen Abb. 3 und Abb. 4 entstehen nun je nach der Intensität der zirkulatorischen Bewegung von Abb. 4 verschiedene Formen; eine mit mäßiger Zirkulation zeigt Abb. 6, eine mit stärkerer Abb. 7.

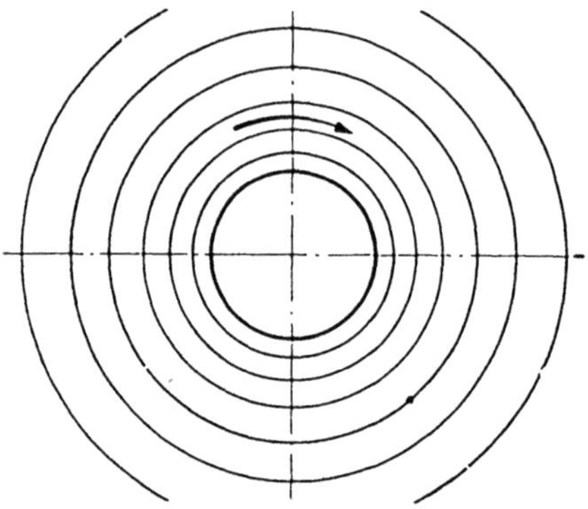

Abb. 4. Zirkulatorische Umströmung eines Kreiszylinders

Um zu verstheen, was mit diesen Strömungen erreicht ist, müssen wir uns nun mit der Druckverteilung in einer strömenden idealen Flüssigkeit befassen. Zunächst ist zu sagen, daß der Druck an einer und derselben Stelle nach allen Richtungen hin gleich ist, geradeso wie dies in einer ruhenden Flüssigkeit der Fall ist. Der Druck an zwei verschiedenen Stellen ist aber im allgemeinen verschieden groß. Wir wollen von dem Eigengewicht der Flüssigkeit absehen, was darauf hinauskommt, daß wir unter dem Druck, von dem wir hier reden, nur den Unterschied zwischen dem Druck im Bewegungszustand und dem in der Ruhe verstehen. Dieser Unterschied kann positiv oder negativ sein, und wir sprechen in diesem Zusammenhang von „Überdruck“ und „Unterdruck“. Wenn nun der Druck von irgendeiner Stelle A nach einer Stelle B hin, die beide auf derselben Stromlinie liegen, stetig sinkt, so hat jedes kleine Flüssigkeitsteilchen hinter sich einen etwas größeren Druck als vor sich, es wird daher in der Richtung sinkenden Druckes vorwärtsgetrieben, beschleunigt. Hatte es bei A bereits eine Geschwindigkeit nach B hin, so wird diese auf dem Wege nach B ständig wachsen; hat es umgekehrt in B eine beträchtliche Geschwindigkeit nach A zu, so wird es durch die entgegenstehenden Druckunterschiede verzögert (es hat dauernd vor sich einen etwas größeren Druck als hinter sich). Wieder ist es so, daß die Geschwindigkeit bei B, wo der Druck kleiner ist, größer ist als bei A. Die rechneri-

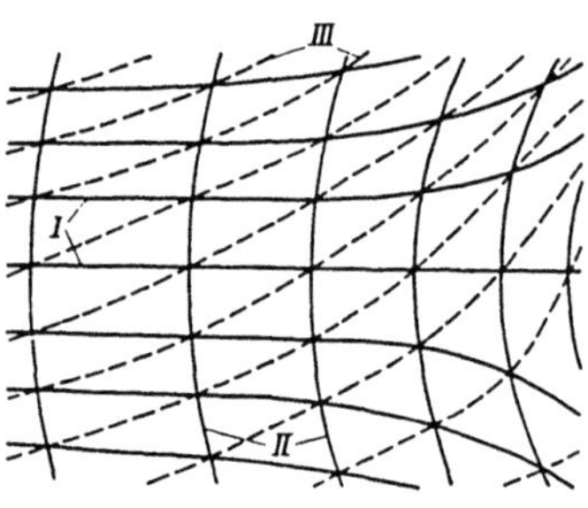

Abb. 5. Überlagerung zweier Strömungen. Aus den Stromliniensystemen I und II entsteht durch Zeichnung der Diagonalkurven das System III

sche Durchführung für eine stationäre (d. h. zeitlich gleichbleibende) Strömung in der idealen Flüssigkeit führt zu der Beziehung, daß die Summe aus dem Druck p und der Größe $\varrho \frac{v^2}{2}$ (ϱ = Dichte = Masse der Volumeinheit, v = Geschwindigkeit) auf einer Stromlinie konstant ist. Diese von D. BERNOULLI 1738 aufgestellte Beziehung, die vielfach „BERNOULLIsches Theorem“ genannt wird, hängt natürlich eng mit dem Energiesatz der Punktmechanik zusammen. Läßt man in einer glatten Rinne, Abb. 8, eine Kugel herunterrollen, so ist am tiefsten Punkt die Geschwindigkeit am größten, am höchsten am kleinsten, und es ist $h + \frac{v^2}{2g}$ = konst. (g = Erdbeschleunigung; wie zu erwarten, spielt der Druck bei der Strömung dieselbe Rolle wie hier die Höhe (h)!).

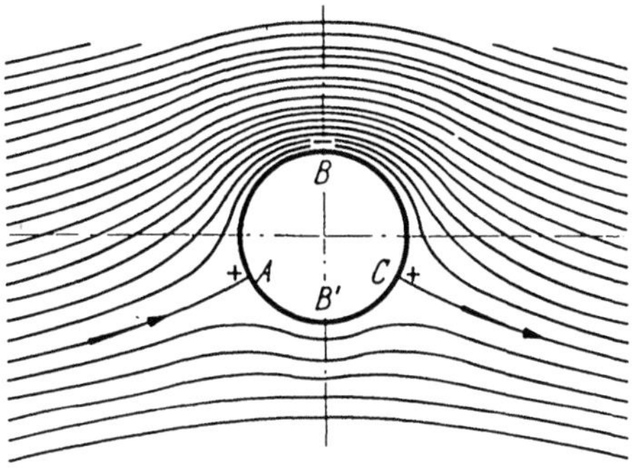

Abb. 6

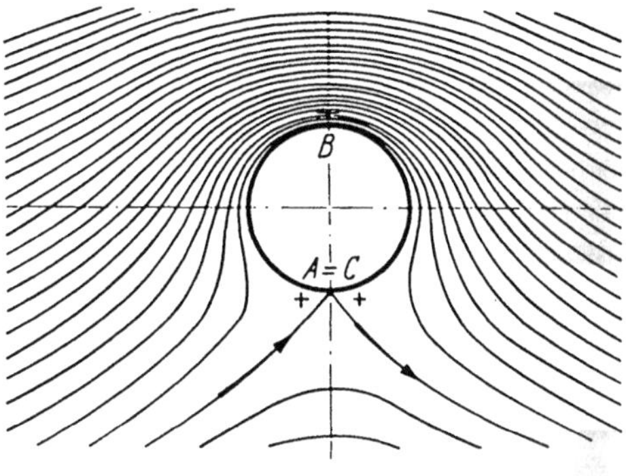

Abb. 7

Abb. 6 u. 7. Zirkulationsströmungen, aus Abb. 3 u. 4 durch Überlagerung entstanden

In den stationären Potentialströmungen ist übrigens $p + \varrho \frac{v^2}{2}$ nicht nur längs einer Stromlinie, sondern im ganzen Strömungsgebiet konstant.

Wir wenden diese Kenntnis nun auf die Strömungen von Abb. 3, 6 und 7 an. Am Punkte A dieser Strömungen kommt die Flüssigkeit für einen Augenblick völlig zur Ruhe, hier muß also nach dem BERNOULLIschen Theorem der Druck am größten sein, um $\varrho \frac{V^2}{2}$ größer als in dem ungestörten Strom (wenn V die Geschwindigkeit des ungestörten Stroms relativ zu unserem Körper — oder in anderer Auffassung die Geschwindigkeit des Körpers relativ zur ruhenden Luft — ist). An der Stelle B, wo uns das Zusammendrängen der Stromlinien das Maximum der Geschwindig-

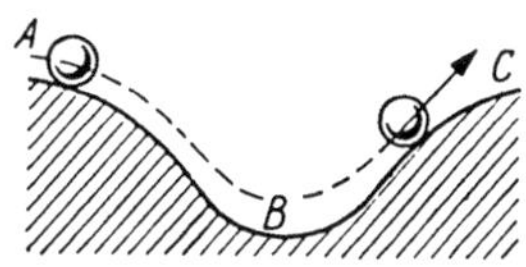

Abb. 8. Kugel unter dem Einfluß der Schwere

keit anzeigt, ist der Druck am kleinsten. Der Druck bei C wieder ist so groß wie bei A; in der symmetrischen Strömung, Abb. 3, ist auch der Druck bei B' geradeso groß wie bei B, bei den unsymmetrischen Strömungen, Abb. 6 und 7, dagegen ist der Druck bei B wesentlich kleiner als der bei B', und es ist daher als Gesamtwirkung der Drücke eine Kraft in der Richtung $B'B$ vorhanden, eben die MAGNUS-Kraft, für die auch der Name „Quertrieb" vorgeschlagen wurde. Ein Widerstand in der Bewegungsrichtung kann aus der Druckverteilung bei keiner der drei Strömungen abgelesen werden; es hängt dies eng mit der Ersetzung der wirklichen Flüssigkeit durch die ideale Flüssigkeit zusammen, die Überwindung von Widerstand bedeutet Leistung von Arbeit und könnte daher in der idealen Flüssigkeit ein Äquivalent nur in einer in der Flüssigkeit steckenbleibenden kinetischen Energie haben. Wenn die Strömung sich aber hinter dem Körper ebenso schließt, wie sie sich vor ihm geteilt hat, dann ist für eine solche Energie und infolgedessen auch für einen Widerstand kein Platz. Die RAYLEIGHsche Rechnung, und damit auch unsere letzte Überlegung, gilt übrigens nur für einen sehr langen Zylinder, bei dem die Zustände an den Enden nicht in Betracht gezogen werden. Für den kurzen Zylinder ist dies nicht angängig. Es mag hier nur kurz erwähnt werden, daß auch in der idealen Flüssigkeit bei der zirkulatorischen Bewegung an den Zylinderenden kinetische Energie in Form von Wirbeln auftritt, die in der Strömung verbleibt, und daß daher hier ein dieser Energie entsprechender Widerstand auftritt (ein sogenannter induzierter Widerstand, genau wie bei Tragflügeln). Man schließt daraus, und die Versuche bestätigen es, daß der MAGNUS-Effekt nur bei sehr langen Zylindern in annähernd voller Entwicklung beobachtet werden kann, und daß er bei kurzen Zylindern und bei Kugeln nur in einer durch die Wirbel stark beeinträchtigten Form auftritt[1]. Alle älteren Beobachtungen sind aber mit verhältnismäßig kurzen Körpern gemacht worden; die Göttinger Messungen von 1923 sind die ersten mit hinreichend langen Zylindern.

Noch zwei Bemerkungen mögen hier Platz finden. Erstens: Man kann die besprochenen Druckverteilungen noch auf eine andere Weise gut verstehen. Betrachtet man ein Flüssigkeitsteilchen, das sich längs einer gekrümmten Stromlinie bewegt, so wird man leicht erkennen, daß, um das Teilchen in der krummen Bahn zu führen, jeweils eine Kraft auf es

[1] Die in meiner Tragflügeltheorie, II. Mitt. (Göttinger Nachr. 1919, S. 134) durch Gl. (68) angegebene Auftriebsminderung von der Größe $W \operatorname{tg} \delta$ (δ = Winkel zwischen der Windrichtung und der Richtung der wegen ihrer Eigenbewegung schräg liegenden Wirbelachsen, W = induzierter Widerstand) kann bei kurzen Zylindern so groß werden, daß bei Zunahme der Zirkulation (vgl. das Folgende!), der Auftrieb wieder abnimmt oder sogar negativ wird. Diese Erscheinung ist aus der Saugkraft der Wirbel, die in der Richtung der Wirbelachsen wirkt, verständlich.

ausgeübt werden muß, die es nach der konkaven Seite der Bahnkurve hin ablenkt. Dies geht aber wieder in der Weise vor sich, daß der Druck auf der konvexen Seite etwas größer ist als auf der konkaven. (Man kann auch so sagen, daß das Teilchen in seinem Bestreben, geradeaus zu gehen, auf die konvexe Seite drückt und kann von einer „Zentrifugalkraft" sprechen.) Verfolgt man nun diese Druckunterschiede in Richtungen quer zu den Stromlinien bis zur ungestörten Strömung, wo der Druck ausgeglichen ist, so findet man wieder, daß in der Gegend von A, wo die Stromlinien nach dem Zylinder zu konvex sind, Überdruck, in der Gegend von B aber, wo sie gegen den Zylinder konkav sind, Unterdruck herrschen muß. Daß sich bei quantitativer Auswertung dieser Überlegung genau dieselben Drucke ergeben, wie nach dem BERNOULLIschen Theorem, ist durch die Verknüpfung gewährleistet, die diese Dinge in den Strömungsgesetzen finden.

Die zweite Bemerkung bezieht sich auf die Größe der MAGNUS-Kraft. LORD RAYLEIGH findet durch Ausrechnung der Druckverteilung eine Formel, nach der diese Kraft proportional dem Produkt aus der Geschwindigkeit V des Zylinders relativ zur ungestörten Flüssigkeit und derjenigen U der zirkulatorischen Umströmung nach Abb. 4 ist. Für ein Stück von der Länge l des „unendlich lang" gedachten Zylinders wird sie mit r = Zylinderradius, ϱ = Flüssigkeitsdichte

$$P = \varrho V U \cdot 2 \pi r l.$$

Es ist vielfach der Fehler gemacht worden, diese Umströmungsgeschwindigkeit mit der Umfangsgeschwindigkeit des rotierenden Zylinders zu verwechseln. Der Zusammenhang dieser beiden ist aber weder von vornherein gegeben noch auch überhaupt einfach; er ist einstweilen nur durch Versuche ermittelbar. In Abb. 6 ist übrigens $U = V$, in Abb. 7 $U = 2V$ angenommen.

Die obige RAYLEIGHsche Formel ist übrigens, wie bemerkt sein möge, ein Spezialfall der Formel von JOUKOWSKI (1906)

$$P = \varrho V \Gamma l,$$

die für alle Fälle gilt, wo eine Strömung eine seitliche Kraft hervorbringt, also für Tragflügel, Segel usw. Γ ist dabei die „Zirkulation", die in der Weise erhalten wird, daß man längs einer beliebigen das krafterzeugende Objekt umschlingenden geschlossenen Kurve jedes Linienstückchen mit der in seine Richtung fallenden Komponente der Geschwindigkeit multipliziert und diese Produkte alle addiert („integriert"). Diese „Zirkulation" hat bei den Potentialströmungen sehr bemerkenswerte Eigenschaften: Bei den gewöhnlichen Potentialströmungen, z. B. Abb. 3, ist sie für jede beliebige geschlossene Kurve gleich Null; bei den zirkulatorischen Potentialströmungen, z. B. Abb. 4, 6 und 7, ist sie für jede geschlossene Kurve, die das umströmte Objekt nicht umschlingt, ebenfalls gleich Null, für jede das Objekt einmal umschlingende geschlossene Kurve ist sie dagegen konstant, so daß also ihr Wert Γ ein Maß für die zirkulatorische Bewegung wird. Ist in Abb. 4 r der Radius einer beliebigen Stromlinie, so ist die Strömungsgeschwindigkeit u, wenn man als geschlossene Linie die kreisförmige Stromlinie wählt, voll einzusetzen, da sie ja genau in die Richtung des Linienelementes fällt, und es wird hier $\Gamma = 2\pi r u$, woraus wegen der Konstanz von Γ folgt, daß u umgekehrt proportional der Entfernung r sein muß.

Die soeben gewonnene Kenntnis vom Zirkulationsbegriff gibt uns jetzt auch die Möglichkeit, den schon andeutungsweise erwähnten wichtigen Satz von Sir William Thomson genauer zu formulieren. Er lautet, daß in einer *homogenen reibungslosen* Flüssigkeit die Zirkulation längs jeder dauernd aus denselben Flüssigkeitsteilchen bestehenden Linie sich im Verlauf der Zeit nicht ändern kann. Der Satz gilt unter den genannten Bedingungen ganz allgemein, nicht nur für „Potentialbewegungen", sondern auch für beliebig wirbelnde Bewegungen. Wenn man sich nun z. B. einen Zylinder zunächst ohne Drehung bewegt denkt, so ist nach dem bisherigen nirgends Zirkulation vorhanden (die Strömung nach Abb. 3!); wird er jetzt nachträglich in Rotation versetzt, so ist auf keine Weise einzusehen, wie jetzt plötzlich, entgegen dem Thomsonschen Satz, Zirkulation entstehen soll. Die Sache ist also, trotz der an sich recht befriedigenden Stromlinienbilder und Druckverteilungen, vom Standpunkt der idealen Flüssigkeit recht hoffnungslos, da man nicht einsieht, wie die Zirkulation entstehen kann.

Die Lösung für die einfache Umströmung des nicht rotierenden Zylinders, die wir in Abb. 3 kennengelernt haben, ist aber, genau betrachtet, um nichts befriedigender, denn man weiß, daß in einer wirklichen Flüssigkeit ein solcher Zylinder weit davon entfernt ist, keinen Widerstand zu besitzen, und man beobachtet auch in den wirklichen Flüssigkeiten ganz andere Strömungsformen als Abb. 3, nämlich Strömungen, die auf der Rückseite des Zylinders von Wirbeln erfüllt sind. Es wird sich zeigen, daß wir mit der Erklärung der Abweichung der einfachen Strömung mit Widerstand von dem Idealbild der Abb. 3 auch den Schlüssel zur Erklärung des Magnus-Effektes in die Hand bekommen.

III

Der Grund für das Versagen der Theorie der idealen Flüssigkeit diesen Problemen gegenüber kann angegeben werden. Die Reibungskräfte sind in den schwach reibenden Flüssigkeiten, zu denen Wasser und Luft gehören[1], zwar im Innern der Flüssigkeit so klein, daß sie gegen die

[1] Stark reibende sind z. B. Schmieröl, flüssiger Leim u. dgl.

Trägheitskräfte vernachlässigt werden können; aber in einer dünnen Schicht unmittelbar an der Oberfläche der eingetauchten Körper oder der festen Wände werden sie doch von gleicher Größenordnung wie die Trägheitskräfte. Wenn wir uns die Reibung der Flüssigkeit (ihre „Zähigkeit") immer mehr verkleinert denken, so werden die spezifischen Reibungswirkungen in dieser Schicht nicht kleiner, sondern nur die Schicht selbst wird dünner.

Daß eine solche Schicht existieren muß, kann man unschwer einsehen, denn alle messenden Versuche über das Verhalten reibender Flüssigkeiten zeigen einwandfrei, daß die an den Körper unmittelbar angrenzende Schicht an ihm haftet, d. h. relativ zu ihm in Ruhe ist. Die nächsten Schichten schieben sich übereinander weg, so daß die Geschwindigkeit jeder weiter entfernten Schicht größer ist als die der näher an der Wand liegenden Schicht. Es ergibt sich also eine den Körper oder die Wand einhüllende Zone, in der sich der Übergang von der Geschwindigkeit Null an der Wand bis zur Geschwindigkeit der von der Reibung nicht beeinflußten, freien Strömung vollzieht. Dieser Übergang wird durch Reibungskräfte vermittelt, und zwar sind diese, auf das Volumenelement berechnet, von der gleichen Größenordnung wie die durch die Trägheitswirkung der freien Flüssigkeit hervorgerufenen Druckkräfte, da ja die Geschwindigkeiten in der Reibungszone sich um endliche Beträge von denen in der freien Flüssigkeit unterscheiden. Die Art der Geschwindigkeitsverteilung in der Reibungszone wird durch Abb. 9 veranschaulicht. Ihre „Dicke" δ kann dabei praktisch zu $^1/_{50}$ bis $^1/_{300}$ des Zylinderdurchmessers angenommen werden, je nach der größeren oder kleineren Zähigkeit[1].

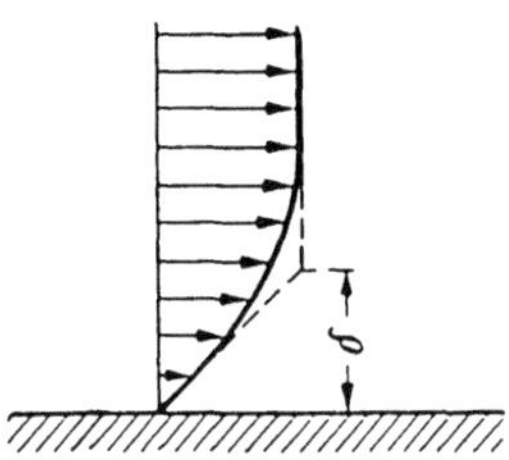

Abb. 9. Geschwindigkeitsverteilung in Nähe der Wand

Die nächste Frage ist nun offenbar die nach den Bewegungsgesetzen der Flüssigkeit in der Reibungszone, die von den Fachleuten gewöhnlich „Grenzschicht" genannt wird (eine nicht ganz glückliche Bezeichnung, die wir aber doch anwenden wollen, da sie eingeführt ist). Diese Gesetze sind der Berechnung ziemlich weitgehend zugänglich, doch sind die Rechnungen ziemlich schwieriger Art.

Die wichtigsten Ergebnisse lassen sich aber auch durch qualitative Betrachtungen verständlich machen. Die Teilchen in der „Grenzschicht" unterliegen einerseits wie die der freien Flüssigkeit den beschleunigenden

[1] Das richtige Maß ist die Reynoldssche Zahl $\mathfrak{R} = \frac{V d}{\nu}$, mit $\nu = \frac{\eta}{\varrho}$ = kinematische Zähigkeit (η = Zähigkeitsmaß, d = Zylinderdurchmesser). Es ist $\frac{\delta}{d} \sim \frac{1}{\sqrt{\mathfrak{R}}}$.

und verzögernden Druckunterschieden, andererseits der bremsenden Reibung an der Wand. Was aus dem Wechselspiel der beiden Kräfte entsteht, wollen wir uns an Hand eines konkreten Beispiels überlegen. Wir wählen dazu den Beginn der Bewegung eines Kreiszylinders aus der Ruhe heraus[1]. Für die freie Flüssigkeit gelten mit hinreichender Geuauigkeit die Sätze für die ideale Flüssigkeit. Da, wie vorausgesetzt, zu Anfang alles in Ruhe war, ist für jede geschlossene Linie die Zirkulation zunächst gleich Null und muß für die durch dieselben Flüssigkeitsteilchen gelegten Linien dauernd Null bleiben. Es ist also zunächst, gleichviel, ob der Zylinder bei der Ingangsetzung auch zu rotieren beginnt oder nicht, nur die Potentialströmung ohne Zirkulation möglich, also die nach Abb. 3, die nach Früherem diese Eigenschaft hat. Wir wollen annehmen, daß der Zylinder *nicht* rotiert und studieren jetzt die Verhältnisse in der Reibungszone. Wenn die Beschleunigung, während der abgeänderte Druckverhältnisse herrschen, vollzogen ist, und der Zylinder sich gleichförmig bewegt, ist bei A und C in Abb. 3, wie früher besprochen, hoher Druck, bei B niedriger Druck. Die Teilchen der freien Strömung gewinnen auf dem Wege von A nach B kinetische Energie und zehren diese auf dem Wege von B nach C gerade wieder auf. Die Teilchen in der Grenzschicht aber büßen durch die Reibung an der Wand einen Teil ihrer kinetischen Energie ein, sie haben nun nicht mehr genug Schwung, um in das Gebiet hohen Druckes bei C einzudringen, sie kommen vielmehr zum Stehen und kehren unter dem Druckgefälle, das von C nach B hin besteht, um. Die Verhältnisse sind dieselben wie bei einer Kugel auf der Wellenbahn Abb. 8, die auf ihrem Wege durch irgendeine Reibung etwas gebremst worden ist; sie wird unterhalb C, das sie nicht mehr erreichen kann, umkehren, und zurückpendeln. Bei der Grenzschichtströmung liegen die Dinge dadurch noch etwas anders als bei der rollenden Kugel, daß — was ich bisher übergangen hatte — von der freien Flüssigkeit her auf die Grenzschicht eine vorwärtstreibende Kraft ausgeübt wird. Diese bewirkt unter anderem, daß die rückläufige Bewegung etwas geringeren Umfang einnimmt, als es sonst der Fall wäre[2].

Im einzelnen ergibt sich nun folgendes: Die am meisten gebremsten inneren Schichten kehren zuerst um, die nächsten folgen ihnen; nur die äußersten Schichten der Reibungszone werden von der äußeren Strömung darüber weggeschleppt. Da nun die Grenzschicht von B her immer

---

[1] Derartige Aufgaben sind nur in der Art lösbar, daß man von einem Zustand ausgeht, für den man die Geschwindigkeiten aller Teilchen angeben kann. Der einfachste derartige Zustand ist der der vollkommenen Ruhe.

[2] Bei in der Strömungsrichtung sehr lang gestreckten Körpern kann die vorwärtstreibende Kraft das rückwärtstreibende Druckgefälle überwiegen. Dann bleibt die Wirbelbildung aus, und der Widerstand besteht nur noch aus Reibung. Beispiele: Fischform, Luftschiff, gewöhnliche Tragflügel.

neues gebremstes Material nachliefert, das ebenfalls umkehrt, so entsteht zwischen B und C ein sich mehr und mehr verdickender Knäuel von durch die Reibung in Drehung versetzter Flüssigkeit, die sich unter dem Druckgefälle nach B zu bewegt und nun, mit der vorwärtsgerichteten Strömung zusammenprallend, als „Wirbel" in die freie Flüssigkeit hinausgestoßen wird. So vollzieht sich allmählich, ausgehend von den unscheinbaren Vorgängen in der Grenzschicht, eine völlige Umgestaltung der Strömung. Diese löst sich jetzt in der Nähe von B unter Bildung von immer neuen Wirbeln völlig von der Wand ab und läßt zwischen sich und der Wand ein Gebiet mit unregelmäßigen schwachen Bewegungen zurück.

Einige Bilder, die ich vor zwanzig Jahren, wo ich mich zuerst mit diesen Dingen beschäftigte, mit einem primitiven Apparat angefertigt habe, mögen den Vorgang veranschaulichen. In einem kleinen Gerinne fließt, von einem Schaufelrad in Umlauf gesetzt, Wasser, in dem sich eine Aufschlämmung von Eisenglimmer befindet. Es ist dies ein aus feinen glänzenden Blättchen bestehendes rotes Mineral, das bei wirbelnden Wasserbewegungen durch Bevorzugung verschiedener Orientierungsrichtungen der einzelnen Teilchen in verschiedenen Gebieten des Wirbels starke Unterschiede

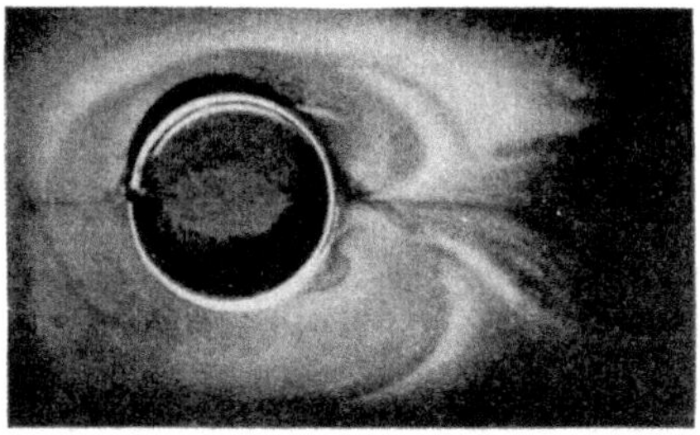

Abb. 10

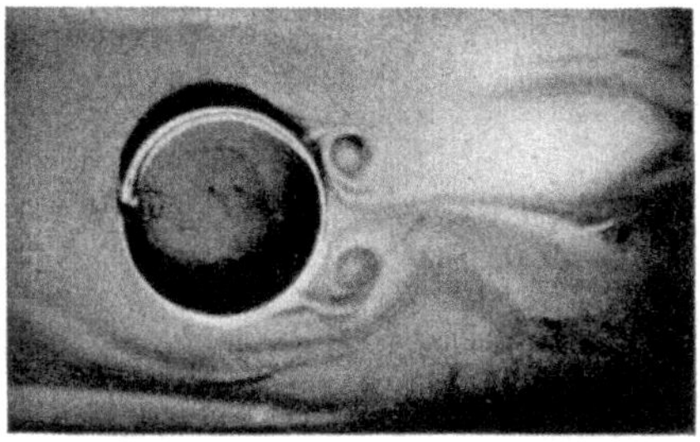

Abb. 11

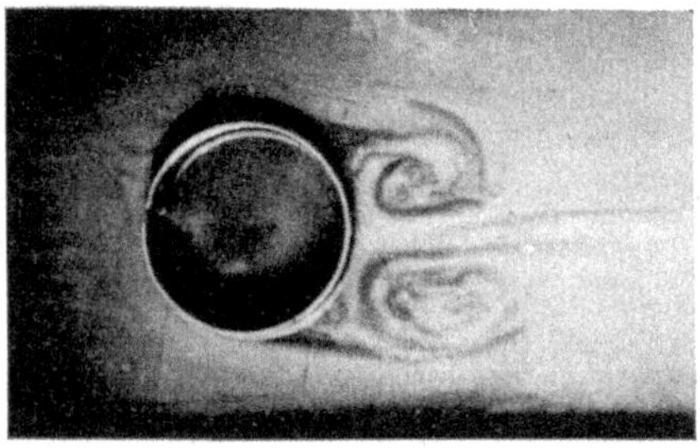

Abb. 12

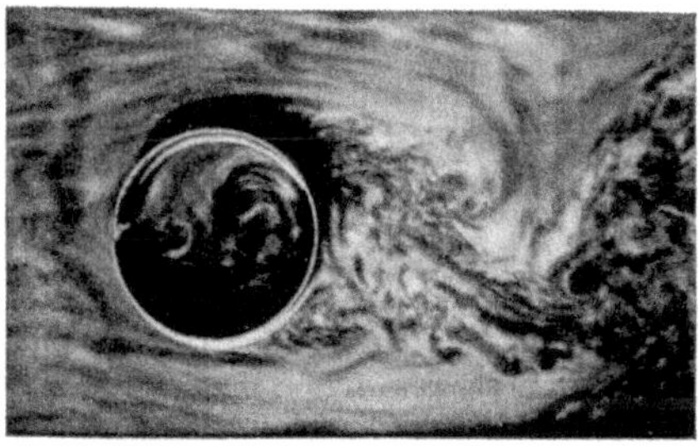

Abb. 13

Abb. 10—13. Strömung um einen Kreiszylinder in verschiedenen Entwicklungsphasen in der Reflexion des Sonnenlichtes ergibt. Die Abb. 10, 11 und 12 geben drei verschiedene Zustände der Strömung um einen Zylinder, die erste nach einem sehr kurzen Wege, die zweite nach einem ein wenig längeren, die dritte nach einem noch längeren. Abb. 13 gibt den Dauerzustand, der sich durch eine pendelnde Bewegung des Wirbelschweifes auszeichnet.

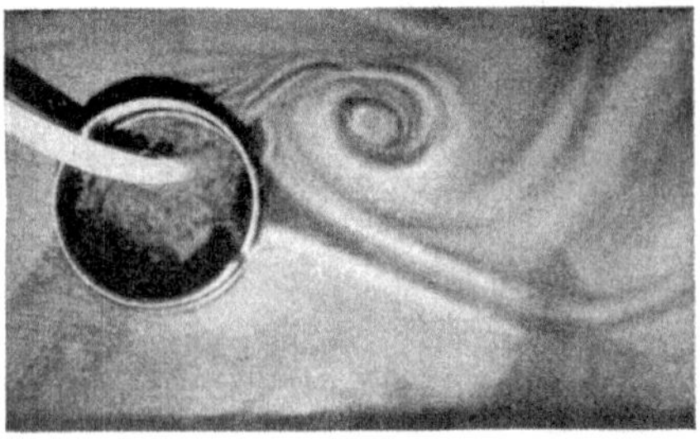

Abb. 14

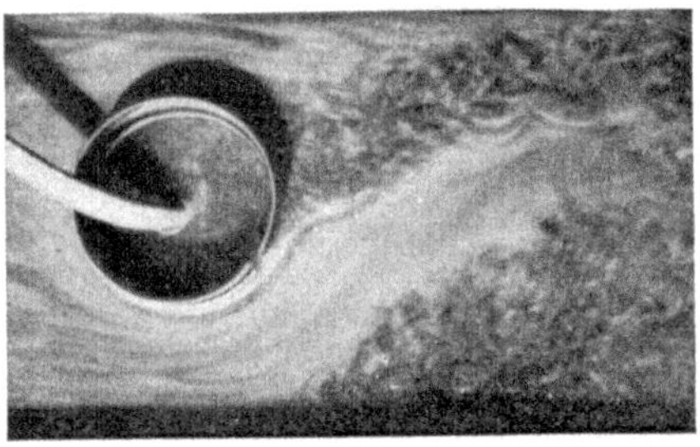

Abb. 15

Abb. 14 u. 15. Strömung um den abgesaugten Zylinder

Daß übrigens die Vorgänge in der Grenzschicht wirklich die Ursache der Wirbelbildung sind, dafür habe ich, ebenfalls damals vor 20 Jahren, in folgendem Versuch den schlagenden Beweis führen können. Ordnet man nämlich in der Gegend, wo die Rückströmung zuerst auftritt, einen Schlitz in dem Zylinder an, durch den dauernd etwas Wasser abgesaugt wird, so kann man dadurch das gebremste Flüssigkeitsmaterial entfernen, bevor es in Rückwärtsbewegung kommt. Die Wirkung, die in Abb. 14 und 15 dargestellt ist — man erkennt den in das Innere des Zylinders hineingesenkten Gummischlauch, der als Heber wirkt —, ist nun in der Tat die, daß auf der Seite des Zylinders, wo abgesaugt wird, der Wirbel, und auch die Ablösung der Strömung, ausbleibt! Bemerkenswert ist hier noch, daß die Ablösung der Strömung, die am Zylinder verhindert ist, dafür an der geraden Kanalwand eintritt.

Die Bedingung für die Ablösung ist eben nicht in der konvexen Form der Wand, wie sie beim Zylinder vorhanden ist, begründet, sondern darin, daß ohne die Ablösung die Strömung eine starke Verzögerung erfahren würde (die mit einem Druckanstieg verknüpft wäre). Wenn die übrigen Umstände so liegen, daß ein solcher Druckanstieg an einer geraden Wand auftreten müßte, so entsteht auch hier Rückströmung, dann der Wirbel und schließlich das Abschwenken der Strömung von der Wand. Es sei noch darauf aufmerksam gemacht, daß der Beginn der Wirbelbildung an der Kanalwand bereits in Abb. 14 angedeutet ist (bei *a*). Hätte man an der Wand auch einen Schlitz angebracht, so hätte man die Ablösung auch hier vermeiden oder wenigstens sehr zurückdrängen können, so daß jetzt der Druckanstieg und die Verzögerung der Strömung dauernd hätten erhalten bleiben können[1].

Beobachtungen über rotierende Zylinder habe ich damals nicht angestellt. Aus äußeren Gründen — ich siedelte im Herbst 1904 von Hannover, wo ich die erwähnten Versuche gemacht hatte, nach Göttingen über und hatte hier zunächst andere Aufgaben, mußte auch erst wieder eine Versuchseinrichtung ähnlich der Hannoverschen schaffen — kam ich erst mehrere Jahre später wieder zu Wasserversuchen (von 1907 an)

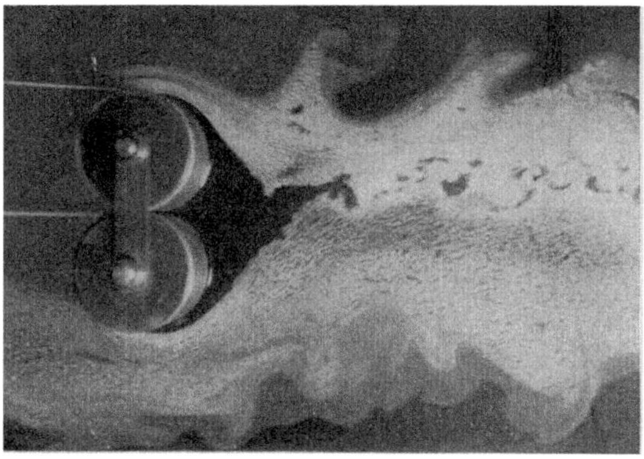

Abb. 16. Zwei gegenläufig rotierende Zylinder

und untersuchte jetzt u. a. die Strömung um zwei gegenläufige Zylinder, die sich berührend nebeneinander im Wasserstrome standen; hier war zu erwarten, daß bei genügender Umlaufgeschwindigkeit der Zylinder die Wirbelbildung und die Ablösung der Strömung ebenfalls ausblieb, da hier durch die Reibung an der Wand, die ja mit der Strömung mitlief, die Flüssigkeit nicht verzögert, sondern höchstens beschleunigt wurde. Das Experiment gab dieser Überlegung recht. Die Wände des Versuchsgerinnes und auch der Boden waren von mitlaufenden Tüchern bedeckt, so daß auch hier Ablösung vermieden werden sollte. Doch brachten diese über Rollen laufenden Tücher sonst viel Störung. Eine

[1] In letzter Zeit sind in der von mir geleiteten Versuchsanstalt die Versuche mit Absaugung an der Wand wieder aufgenommen worden. Es zeigt sich, daß man bei Anordnung von vielen feinen Schlitzen durch Absaugung von relativ geringen Flüssigkeitsmengen eine große Reihe von Strömungen herstellen kann, die sehr stark von dem Gewohnten abweichen (so z. B. Ablenkung eines freien Luftstromes um 180° durch Absaugung in der Hohlkehle). Es ist klar, daß Anwendungen des Absaugeverfahrens auf alle möglichen Fälle, wo eine Ablösung vermieden werden soll, also z. B. auf Tragflügel, Segel, Turbinen- und Propellerschaufeln, auf Schiffskörper, Schiffsruder, auf Turbinensaugrohre, Diffusoren usw. möglich sind.

Aufnahme einer solchen Strömung ist in Abb. 16 wiedergegeben[1]. Gelegentlich dieser Versuche ist auch einmal ein einzelner rotierender Zylinder untersucht worden, ohne daß allerdings damals viel Gewicht auf

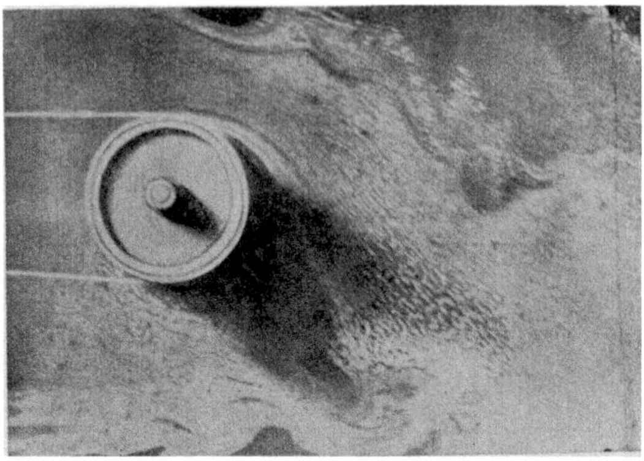

Abb. 17. Ein rotierender Zylinder

diese Sache gelegt worden wäre. Abb. 17 gibt die einzige erhalten gebliebene Aufnahmen wieder. Diese Aufnahmen, die nach der von Prof. AHLBORN in Hamburg ausgearbeiteten Methode durch Aufstreuen von Bärlappsamen auf das Wasser und Blitzlichtbeleuchtung gemacht sind, waren technisch sehr unvollkommen. Später haben wir die Aufnahmetechnik sehr verbessern können. Abb. 18 bis 21 zeigt eine von H. RUBACH hergestellte Bilderreihe aus dem Jahre 1913/14, die die Ablösungsvorgänge an Kreiszylindern sehr klar wiedergeben. Man sieht, wie zunächst Potentialströmung vorhanden ist; nur in einer schmalen Zone zeigt sich die beginnende Rückströmung. Das Wirbelpaar wächst nun rasch heran, gibt seinerseits da, wo es den Zylinder berührt,

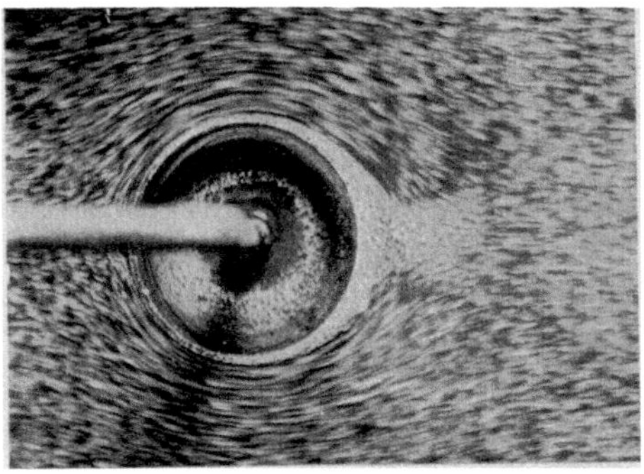

Abb. 18. Wirbelausbildung am Zylinder. Aufnahme von H. RUBACH

[1] Die kleinen Wirbelchen hinter dem Zylinderpaar stammen aus der hier rascher als die übrige Strömung laufenden Grenzschicht und haben mit den Ablösung erzeugenden Wirbeln nichts zu tun. Ähnlichen Ursprungs sind die von den schneller als das Wasser laufenden Wänden hervorgerufenen wolkigen Störungen zu beiden Seiten des mit Lykopodium bedeckten Stromes.

Anlaß zu sekundären Ablösungserscheinungen und Wirbeln. Später ist es von solchen Sekundärwirbeln völlig durchsetzt und wird immer unregelmäßiger, fällt schließlich um, um einer pendelnden Strömung mit Bildung immer neuer Wirbel Platz zu machen. — Aufnahmen von Strömungen an rotierenden Zylindern sind damals nicht gemacht worden. In einiger Zeit hoffe ich solche, wie auch solche an Absaugeströmungen, nachholen zu können.

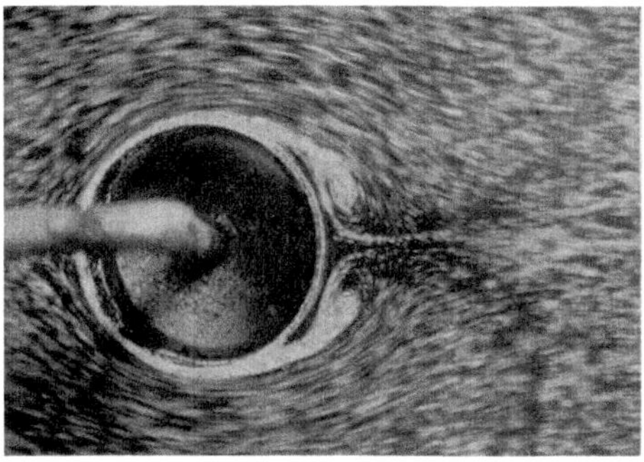

Abb. 19

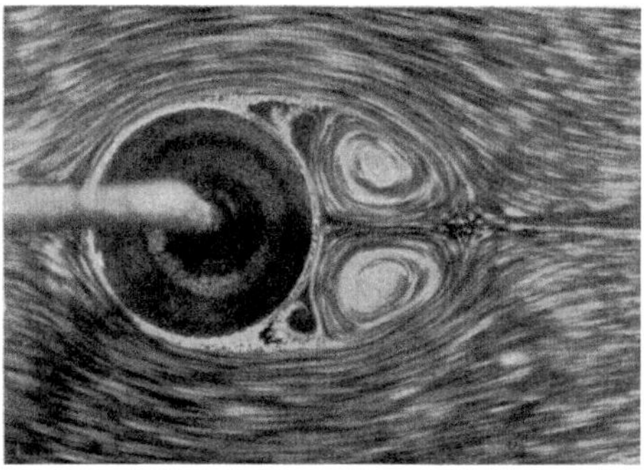

Abb. 20

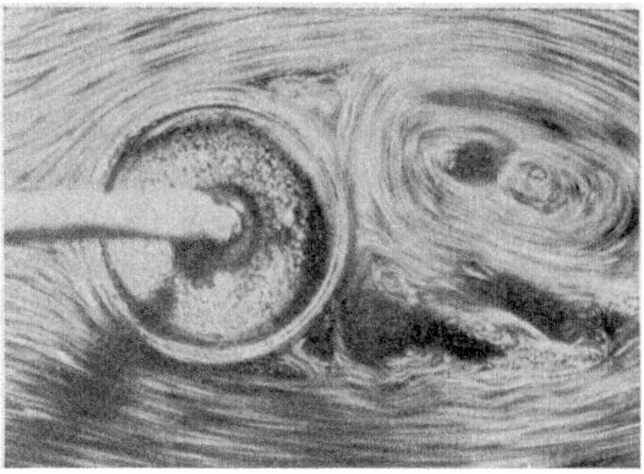

Abb. 21

Abb. 19—21. Wirbelausbildung am Zylinder. Aufnahmen von H. RUBACH

Was nun die Erklärung für die Entstehung der Zirkulationsströmung am rotierenden Zylinder betrifft, die uns zu einer befriedigenden Theorie des MAGNUS-Effektes noch fehlte, so ist diese durch die vorausgehenden vorbereitenden Darlegungen sehr einfach geworden. Bei genügend starker Rotation kommt auf der mitlaufenden Seite keine Verzögerung und daher auch keine Wirbelablösung zustande, auf der gegenläufigen Seite dagegen bildet sich der Wirbel, ähnlich wie bei dem Zylinder mit Absaugung. Für eine den Zylinder und den Wirbel zusammen umschlingende, ganz in der freien Strömung verlaufende Linie — *a b c d a* in Abb. 22 — ist die Zirkulation noch immer gleich Null; fügt man die zweimal in entgegengesetztem Sinn durchlaufene Linie *b d* hinzu, so wird dadurch nichts geändert, da der Hinweg den Herweg gerade aufhebt. Aus den betrachteten Wegen lassen sich aber zwei neue geschlossene Wege herstellen: *a b d a* und *c d b c*. Die letztere Linie, die den Wirbel für sich allein umschlingt, hat aber Zirkulation, also muß die den Zylinder umschlingende Linie *a b d a* die entgegengesetzt gleiche Zirkulation haben. Der Wirbel schwimmt mit der Strömung fort, und die Zirkulation um den Zylinder bleibt[1]. Bei schwacher Rotation des Zylinders wird nur der eine der beiden Wirbel kleiner, der andere größer als beim nicht rotierenden Zylinder. Die Zirkulation um den Zylinder wird hier gleich der Differenz der Zirkulationen der abgehenden Wirbel.

Um einem verbreiteten Irrtum zu begegnen, sei hervorgehoben, daß die kinetische Energie der zirkulatorischen Strömung mit der Luftreibungsarbeit, die der Zylinder bei der Rotation überwinden muß, nichts zu tun hat. Wie mein Mitarbeiter, Dipl.-Ing. Ackeret, gezeigt hat (in einer bisher unveröffentlichten Untersuchung), hat der Zylinder während der Ausbildung der Zirkulation bei seiner Fortbewegung einen Widerstand zu überwinden; die zugehörige Arbeit ist das Äquivalent der entstehenden Strömungsenergie.

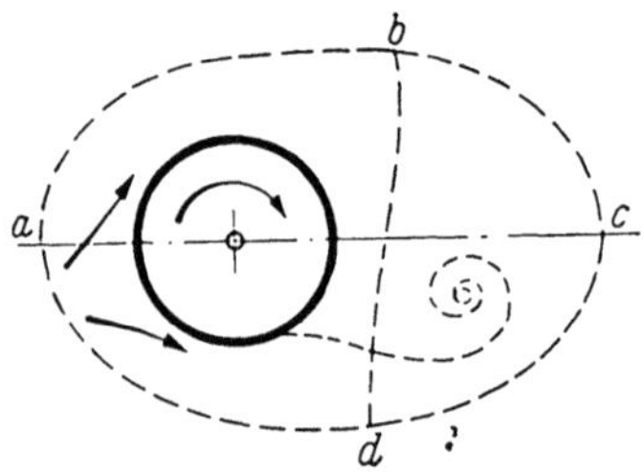

Abb. 22. Entstehung der Zirkulation

Die Luftreibung hat lediglich eine auslösende Wirkung; sie bewirkt nur, daß, wenn z. B. die Zirkulation durch Änderung der Drehgeschwindigkeit des Zylinders oder der Windgeschwindigkeit dem „Normalzustand" nicht mehr entspricht, solange mehr Wirbel des einen Drehsinnes als solche des anderen produziert werden, bis durch deren Abwandern eine dem augenblicklichen Zustand entsprechende Zirkulation entstanden ist.

Wir wollen uns nun vom Standpunkt unserer Kenntnis über das Verhalten der Grenzschicht die Strömung von Abb. 7 noch einmal genauer ansehen. Die Strömung umkreist hier den Zylinder in einheitlichem Sinne. Wird der Zylinder mit einer Umfangsgeschwindigkeit angetrieben, die größer als die größte Strömungsgeschwindigkeit ist, so erleidet die Grenzschicht nirgends eine Bremsung, sie wird vielmehr überall vorwärts gerissen, und es ist daher eine Wirbelablösung nach Erreichung der zu dieser Strömung gehörigen Zirkulation nicht mehr zu erwarten. Wir schließen daraus, 1. daß in einem solchen Fall das Strömungsbild der Abb. 7 wirklich angenähert erreicht wird, 2. daß der zugehörige

[1] Man beachte, daß der Thomsonsche Satz in der Reibungszone *nicht* gilt, daher können geschlossene Linien, die irgendwo Flüssigkeitsmaterial durchsetzen, das aus der Reibungszone stammt, eine von Null verschiedene Zirkulation haben.

Quertrieb das theoretische Maximum darstellt[1]. Wie groß muß nun die Umfangsgeschwindigkeit des Zylinders sein, damit dieser Zustand eintritt? Zunächst ergibt die Theorie für das Geschwindigkeitsmaximum der Strömung nach Abb. 3 (bei B und B') den Wert $2\,V$; die Umlaufgeschwindigkeit U der Zusatzströmung nach Abb. 4 ist demnach ebenfalls $= 2\,V$, so daß bei B und B' die Geschwindigkeiten $4\,V$ und 0 entstehen; also gilt die obige Betrachtung für Zylinderumfangsgeschwindigkeiten u, die größer als $4V$ sind. Indes ist zu erwarten, daß man auch noch um einiges unter den Wert $4V$ heruntergehen darf, da eine geringe Bremsung an der Stelle der maximalen Strömungsgeschwindigkeit offenbar keinen Schaden anrichten kann, da sie durch den Antrieb an den Stellen geringerer Strömungsgeschwindigkeit ausgeglichen wird.

Nach unseren früheren Rechnungen im Abschn. II kann nun auch die maximale theoretische Kraft angegeben werden. Es ist $\Gamma = 2\pi\, r\, U = 4\pi\, r\, V$, also

$$P_{\max} = 4\pi\varrho\, V^2\, r\, l.$$

Um auf die bei den Aerodynamikern übliche Zahl c_a („Auftriebszahl"[2]) zu kommen, dividieren wir P mit der Ansichtsfläche des Zylinders $F = 2r\,l$ und mit dem Staudruck $q = \varrho\,\frac{V^2}{2}$ und erhalten

$$(c_a)_{\max} = \frac{P}{qF} = 4\pi = 12{,}57^3.$$

Es mag hier angemerkt werden, daß diese Auftriebszahl etwa zehnmal so groß ist als diejenigen Werte, die bei gewöhnlichen Flugzeugtragflächen erreicht werden. Dies hängt damit zusammen, daß die Strömung bei dem rotierenden Zylinder in sehr viel stärkerem Maße abgelenkt wird, als eine Tragfläche dies vermag. Wenn wir die Druckverteilung der Strömung von Abb. 7 studieren, so liefert uns das BERNOULLIsche Theorem die Antwort, daß an der Stelle $A = C$ gegenüber der ungestörten Strömung ein Überdruck vom Betrage des einfachen „Staudruckes" $\varrho\,\frac{V^2}{2}$ herrscht;

[1] Dieser Schluß ist dadurch nicht ganz zwingend, daß vom Zylinder mitgerissene Flüssigkeitsteile durch Zentrifugalwirkung abgeschleudert werden und die Umgebung in umlaufende Strömung versetzen können, wodurch die Zirkulation noch etwas über den der Abb. 7 entsprechenden Betrag gesteigert hinaus werden kann. Doch kann diese Wirkung nicht sehr bedeutend sein, so daß die obige Behauptung angenähert richtig bleiben dürfte; sie wird auch durch die weiter unten erwähnten Versuche gestützt.

[2] Die Bezeichnung stammt aus der Flugtechnik, wo die Kraft, die dem Quertrieb des Segels entspricht, „Auftrieb" heißt.

[3] In Tageszeitungen ist ohne mein Verschulden verbreitet worden, daß ich diese Angabe bereits 1904 besessen hätte. Dies trifft nicht zu. Ich vermag die Sache selbst nicht mehr genau zu datieren; ich vermute aber, daß ich sie um 1918 zuerst erkannt habe.

an der Stelle B dagegen, wo die Geschwindigkeit $v = 4V$ ist, ist der Druck um den 16fachen Staudruck niedriger als bei A, der Unterdruck dort gegenüber dem Druck der ungestörten Strömung ist also gleich dem 15fachen des Staudruckes. Der weit überwiegende Anteil an der Quertriebskraft wird also durch Saugwirkungen erzielt! Dies wird bei der Betrachtung von Abb. 7 auch sehr sinnfällig, wenn man an die Zentrifugalwirkungen in der Flüssigkeit denkt, die offenbar in dem Teil über dem Zylinder sehr bedeutend sind[1].

IV

Versuche mit rotierenden Zylindern, Kugeln und anderen Körpern standen schon seit langem auf der Liste von Forschungsaufgaben der mir unterstellten „Aerodynamischen Versuchsanstalt", und sie waren uns durch die oben erwähnten theoretischen Überlegungen, die eine Prüfung wünschenswert erscheinen ließen, von neuem nahegebracht worden; jedoch hatten immer dringendere Aufgaben vorgelegen, die die Inangriffnahme hinauszuschieben zwangen. Den entscheidenden Anstoß gab schließlich der Umstand, daß wir im Frühjahr 1923 in den Besitz von sehr schnell laufenden kleinen Elektromotoren gelangten, die mein langjähriger verdienstvoller Mitarbeiter Dr. Betz für den Antrieb der Schrauben von Flugzeugmodellen entwickelt hatte[2]. Dies veranlaßte Herrn Ackeret, der allen Fragen, die mit den Grenzschichten zusammenhängen, das stärkste Interesse entgegenbrachte, nunmehr auch den rotierenden Zylinder zu untersuchen. Um die Verhältnisse im einzelnen möglichst denen, die in der Theorie angenommen werden, anzunähern, wurde der Zylinder zwischen zwei parallele Wände gestellt (der Strömungsvorgang sollte dadurch in allen Ebenen parallel zu den beiden Wänden der gleiche werden, und es sollten die schädlichen Umströmungen an den Zylinderenden vermieden werden). Die Umfangsgeschwindigkeit wurde bis zum Vierfachen der Windgeschwindigkeit gesteigert, aber zunächst blieb das höchste erreichbare c_a etwa $= 4$, statt des theoretischen Wertes 12,57. Ein Abtasten der Strömung belehrte uns bald, daß nur der mittelste Teil des Zylinders richtig arbeitete, an den Seiten aber die Strömung nicht an ihm haftenblieb und daher auch nur wenig abgelenkt wurde. Ich schrieb diese Abweichung von der erwarteten Strömung einer Ablösung des Luftstromes an den beiden Wänden zu, die der Ablösung von der Seitenwand in Abb. 15 entspräche. Zu ihrer Vermeidung schlug ich vor, an den Zylinderenden Scheiben anzubringen, die mit dem

[1] Auch bei gewöhnlichen gewölbten Flugzeugtragflächen überwiegt die Saugwirkung auf der Oberseite die Druckwirkung auf die Unterseite, wenn auch nicht in so extremem Maße wie beim rotierenden Zylinder.

[2] Vgl. Ackeret, Z. Flugtechn. Motorl. 15. Jg. (1924) S. 101.

Zylinder umlaufen sollten und durch die somit die Bremsung der Grenzschicht an den kritischen Stellen vermieden werden sollte (vgl Abb. 23). Der erwartete Effekt trat denn auch ein. Die Strömung lag bis zu den Wänden hin am Zylinder an, und die Widerstandszahl c_a wuchs auf etwa 10, unter ungefähr rechtwinkliger Ablenkung des 20 cm hohen Luftstromes durch einen Zylinder von 4 cm Durchmesser. Damit konnte man sehr zufrieden sein, denn wegen verschiedener durch die Reibung hervorgerufener Abweichungen konnte ein volles Erreichen der Zahl 12,57 gar nicht erwartet werden.

Über die Verwendungsmöglichkeiten des rotierenden Zylinders hatten wir bereits gelegentlich des theoretischen Resultates Überlegungen angestellt, sahen aber bei keiner von uns in Erwägung gezogenen Verwendung (Flugzeugflügel, Propeller[1], Windmühlenflügel, Turbinenschaufeln usw.) irgendeinen praktischen Gewinn. Ich habe meine Ansicht darüber bis heute noch nicht geändert. Man kann gegenüber den flügelartigen Gebilden durch Anwendung von rotierenden Zylindern, da diese 8- bis 10mal soviel Kraft auf der Flächeneinheit der Projektion aufnehmen, die in der Strömungsrichtung gemessene Tiefe sehr stark vermindern, aber dafür liegt im allgemeinen gar kein so großes Interesse vor, zumal eine Ausführungsform ohne bewegte Teile baulich viel bequemer ist und gute Tragflügelformen auch weniger Luftwiderstand in der Bewegungsrichtung haben. Es ist dabei wichtig, zu betonen, daß an der Spannweite des Flugzeuges, an dem Durchmesser der Windmühle usw. bei Ersatz der Flügel durch rotierende Zylinder nichts gespart werden kann, da die Leistungsgrenzen dieser Apparate wesentlich von der sekundlich erfaßten Luftmenge abhängen, diese aber hauptsächlich durch die Spannweite bzw. den Durchmesser bestimmt ist.

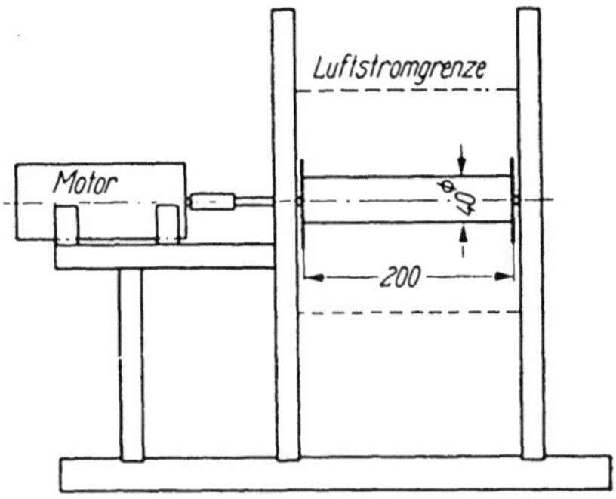

Abb. 23. Versuchseinrichtung

Den Fall des Schiffssegels, wo die Verhältnisse anders liegen und sich für den rotierenden Zylinder viele Vorteile ergeben, hatten wir damals leider nicht in Erwägung gezogen. Dies blieb Herrn A. FLETTNER, dem bekannten Erfinder des „FLETTNER-Schiffsruders" vorbehalten. Er hatte in der mir unterstellten Anstalt schon früher verschiedene Versuche zur Klärung der Eigenschaften seines Ruders ausführen lassen und war

[1] Einen Propeller mit rotierenden Zylindern hatte schon Prof. GÜMBEL in Berlin 1918 im Modell ausprobiert.

dann dazu übergegangen, den Gedanken seines Ruders[1] auf das Segelschiff zu übertragen. Dieses hatte in wirtschaftlicher Hinsicht gegenüber dem Dampfer und dem Dieselmotorschiff allmählich einen sehr schweren Stand bekommen, hauptsächlich durch die Notwendigkeit einer großen Mannschaft zur Bedienung der Segel und durch die häufigen Erneuerungsarbeiten an der Takelung. FLETTNER wollte daher Metallsegel einführen, die ähnlich wie die Tragflächen von Metallflugzeugen gebaut werden sollten und unter Zuhilfenahme von Windfahnen und Hilfsrudern automatisch jeweils die richtige Stellung zum Wind einnahmen. Schwierig war allerdings die Sturmfrage. Metallsegel konnten nicht gerefft werden, aber sie konnten durch Einstellung des Hilfsruders immer genau in die Windrichtung gebracht werden, so daß sie keinen Seitendruck erfuhren. Wie aber, wenn im Sturm das Hilfsruder havariert wurde und in einer Stellung stehenblieb, in der die Segel Volldruck erfuhren?! Es kam die weitere Enttäuschung dazu, daß ein zum Vergleich untersuchtes Schiffssegel der alten Art zeigte, daß die bisherigen Segel bei richtiger Einstellung zum Wind gar nicht so schlecht waren, als man anzunehmen geneigt war, sondern Kräfte hervorbrachten, die etwa 80% derjenigen von gleich großen Metallsegeln erreichten. Die Metallsegel mußten also, um die alten Segel vollwertig zu ersetzen, recht groß werden! Herr FLETTNER war daher auf der Suche nach anderweitigem Ersatz. Als ihm von den Göttinger Versuchen mit dem rotierenden Zylinder berichtet wurde, entschloß er sich rasch, die Verwendbarkeit solcher Zylinder für sein Segelschiff untersuchen zu lassen und trat dieserhalb mit uns in Verbindung. Auf Grund unserer Vorarbeiten konnten wir ihm gleich diejenige Form als günstigste vorschlagen, die dann auf dem Schiff zur Verwendung kam. Diese Form mußte nach dem oben Dargelegten langgestreckt sein, ferner waren an den beiden Enden überstehende Scheiben anzubringen. Die obere freie Scheibe hatte dabei etwas andere Aufgaben als die früher besprochenen Scheiben vor den Wänden. Ohne sie würde Luft von der Stirnseite des Zylinders her in das Unterdruckgebiet eindringen und so die Zirkulationsströmung auf einem beträchtlichen Teil der Zylinderlänge zerstören, und zwar um so mehr, je höher anderenfalls der Unterdruck gewesen wäre. Natürlich mußte die Scheibe mit umlau-

[1] Dieses Ruder unterscheidet sich von dem gewöhnlichen Steuerruder eines Schiffes dadurch, daß es wie eine Windfahne frei auf seiner Achse spielt und nicht durch eine Rudermaschine gewaltsam gedreht wird, sondern durch ein kleines an seiner Hinterkante angebrachtes Hilfsruder gesteuert wird, wobei das Hilfsruder dem Hauptruder gegenüber dieselbe Rolle spielt wie das gewöhnliche Ruder gegenüber dem Schiff. Die zum Steuern notwendigen Kräfte werden auf diese Weise selbst bei sehr großen Schiffen sehr klein, außerdem ist auch bei schwerer See die Steuerwirkung viel stetiger, da das Ruder den wechselnden Strömungen folgen kann. Man vgl. hierüber auch Naturwissenschaften 12. Jg. (1924) S. 1103/6 (E. FOERSTER, Die neuere Entwicklung des Schiffsantriebs).

fen, damit nicht die früher besprochene Ablösung an ihr eintrat. Die Scheiben hatten noch den weiteren Vorteil, der sich in den Versuchen

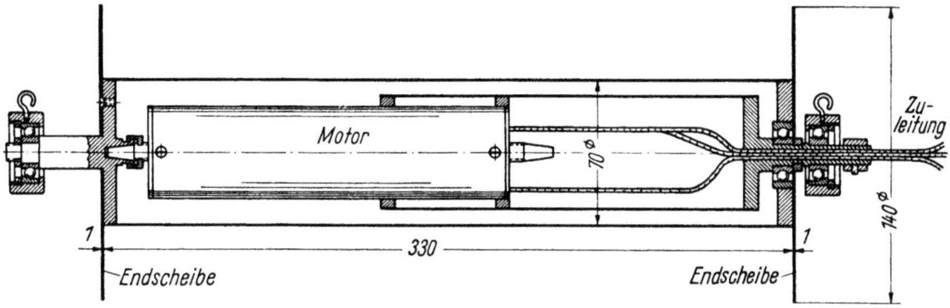

Abb. 24. Rotierender Zylinder mit eingebautem Motor

deutlich nachweisen ließ, daß durch sie der induzierte Widerstand verringert wird, indem der Randwirbel in zwei von den Scheibenrändern abfließende Wirbel aufgeteilt wird, was ähnlich wirkt wie der Übergang vom Eindecker zum Doppeldecker[1].

Es ist nun noch kurz von den weiteren Versuchen zu berichten. Zunächst wurde ein Zylinder mit innen eingebautem Elektromotor untersucht (Abb. 24), und zwar einmal ohne Scheiben und dann mit zwei Scheibenpaaren von verschiedenem Durchmesser. Abb. 25 zeigt die zusammengehörigen Werte von Auftriebszahl c_a und Widerstandszahl c_w[2] in Form eines „Polardiagramms"; dazu gestrichelt das Polardiagramm einer Flugzeugtragfläche (in der linken unteren Ecke). Abb. 26 zeigt c_a abhängig von u/v (Verhältnis der Umfangsgeschwindigkeit des Zylinders zur Windgeschwindigkeit). Man sieht, daß die Zylinder mit Scheiben in der Gegend von

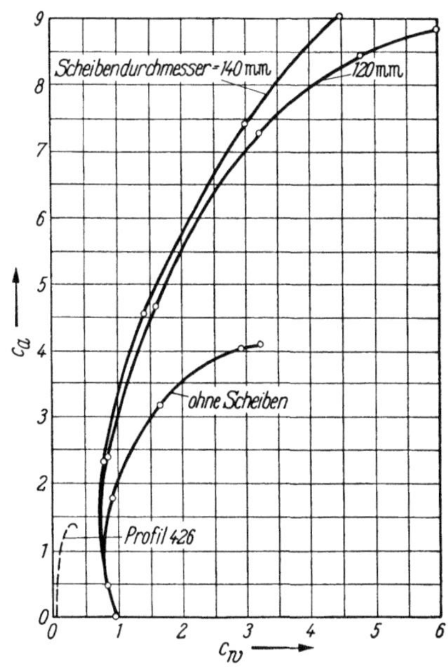

Abb. 25. Polarkurve: c_a = Auftriebszahl, c_w = Widerstandszahl

[1] Herr Flettner macht geltend, daß ihm gerade diese Wirkung von Scheiben von anderen Arbeiten her geläufig gewesen sei und daß er auch ohne unseren Vorschlag beim Zylinder Scheiben angeordnet hätte.

[2] Widerstand in der Windrichtung, dividiert durch $F q$.

$u/v = 4$ den Höchstauftrieb erreichen, und zwar rund $c_a = 10$; der Zylinder ohne Scheiben kommt ungefähr auf $c_a = 4$.

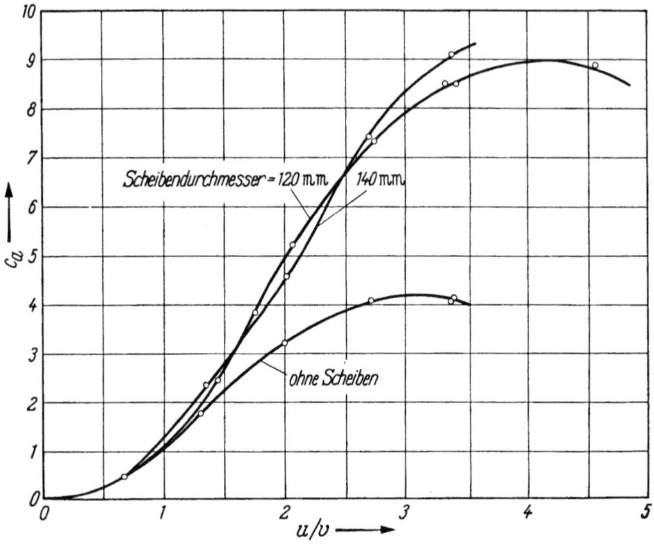

Abb. 26. c_a abhängig von u/v

Außerdem wurden die Windkräfte auf ein Modell des Rotorschiffes „Buckau" und auf das eines gleichwertig getakelten Segelschiffes der früheren Art ermittelt. Diese sind in Abb. 27 für einen relativen Wind[1] konstanter Richtung und Stärke in der Weise aufgetragen, daß die in die Fahrtrichtung fallende nützliche Komponente der Luftkraft in dem jeweiligen Kurs zum relativen Wind aufgetragen ist. Die Segelflächen der beiden Modelle, die in Abb. 28 wiedergegeben sind, verhielten sich dabei wie 1 : 9,8. Beim Segelschiffmodell mußten jedesmal die Segel dem jeweiligen Kurs entsprechend von neuem eingestellt werden; je nach der besseren oder schlechteren Einstellung ergaben sich Meßpunkte weiter außen oder innen. Das von den Meßpunkten bedeckte Gebiet ist in der Abb. 27 schraffiert. Beim „Rotor" ist eine Einstellung nur insofern möglich, als die Umfangsgeschwindigkeit der Windstärke angepaßt wird. Daß bei wechselnder Windrichtung keinerlei Verstellung nötig ist, ist ein

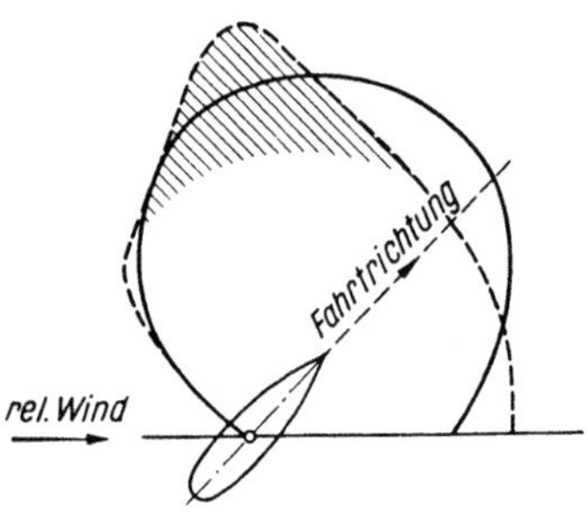

Abb. 27. Windkräfte an den Schiffsmodellen
—— Rotorschiff, - - - - Segelschiff

[1] Wind relativ zum fahrenden Schiff.

wichtiger Vorzug des Rotors. Beim Segelschiff verlangt jede größere Änderung der Windrichtung oder -stärke eine Änderung der Segel-

Abb. 28. Die beiden Schiffsmodelle. Die Rotoren enthalten je einen Elektromotor im Innern (Konstruktion nach Abb. 24)

stellung. Da diese besonders bei großen Schiffen sehr mühsam ist, unterbleibt sie häufig, solange es irgendwie geht, und es wird daher oft sehr wenig gut gesegelt. Beim Rotorschiff ergibt sich von selbst die richtige

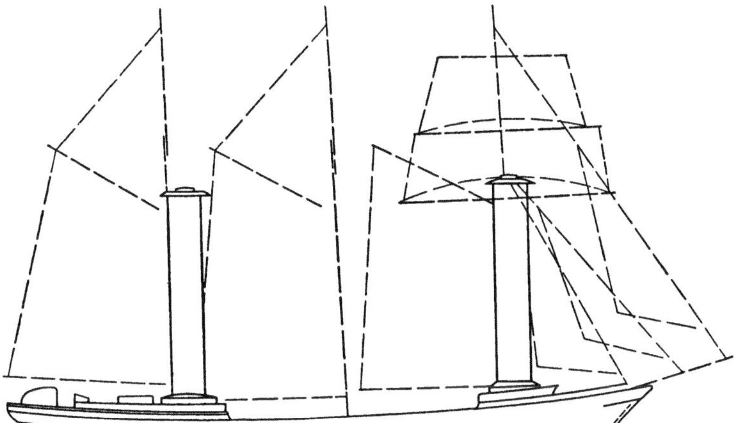

Abb. 29. Segelriß der „Buckau" vor und nach dem Umbau

Einstellung; die Drehzahl kann auch mit geringster Mühe auf das richtige Maß gebracht werden, da hierzu nur der Schiffsführer an einem Handrad zu drehen hat, durch das der Elektromotor gesteuert wird, der den Rotor antreibt. Nur wenn der Wind von Steuerbord zu Backbord wechselt, ist es nötig, die Drehrichtung der Rotoren umzukehren. Durch Laufenlassen der beiden Rotoren mit entgegengesetzter Drehrichtung kann man das Schiff am Platze drehen. Bei zunehmendem Wind wird von selbst u/v und damit c_a kleiner, d. h. die Windkraft nimmt langsamer zu als beim alten Segelschiff, wo man genötigt ist, Segel wegzunehmen. Eine weitere Schwächung ist dabei leicht durch Verringerung der Drehzahl möglich. Wird bei heftigem Sturm der Rotor ganz abgestellt, dann ist der Windangriff sehr gering, es wird $c_a = 0$ und $c_w = 0{,}3$[1]. Der Widerstand ist dann geringer als der der leeren Takelung eines gleichwertigen alten Segelschiffes.

Abb. 30. Blick von der Kommandobrücke der „Buckau" nach dem vorderen Rotor hin

Abb. 29 zeigt das Versuchsschiff „Buckau", einen Motorsegler von 600 Tonnen, vor und nach dem Umbau. Abb. 30 gibt einen Blick von der auf dem Hinterschiff befindlichen Kommandobrücke auf den vorderen Rotor, dessen Einzelheiten gut zu erkennen sind. Der mittschiffs befindliche Lademast dient zum Heben der Lasten, die auf dem Schiff verfrachtet werden sollen.

Bei einer Vorführungsfahrt der „Buckau" am 12. November 1924 konnte ich mich von der überaus sorgfältigen und schönen Durchführung der Konstruktion der Rotoren und ihres Antriebes seitens der *Germaniawerft* in Kiel überzeugen. Im Innern der Rotoren befindet sich eine mit der Schiffskonstruktion fest verbundene hohle, innen besteigbare Säule aus Stahlblech, die oben das Hauptlager trägt, in dem der Rotor hängt. Unten ist der Rotor zum zweitenmal gelagert. Der Antrieb erfolgt durch ein Zahnräderpaar knapp über dem Hauptlager, das von einem in LEONARD-

[1] Der größere Wert in Abb. 25 hängt damit zusammen, daß beim stillstehenden Modellzylinder die kritische Geschwindigkeit (genauer kritische REYNOLDSsche Zahl) noch nicht erreicht war. Vgl. etwa WIESELSBERGER, Phys. Z. Bd. 22 (1921) S. 321; L. PRANDTL, Festschr. d. Kaiser-Wilhelm-Ges. S. 178. Berlin 1921; Ergebnisse der Aerodynamischen Versuchsanstalt, II. Liefg., S. 23. München 1923.

Schaltung[1] betriebenen Elektromotor angetrieben wird. Die Rotoren sind aus 1 mm starkem Eisenblech mit einer inneren Versteifungskonstruktion hergestellt. Sie liefen praktisch geräuschlos; die Manövrierfähigkeit des Schiffes war nach dem Urteil der Fachleute ausgezeichnet. Die Erprobung im Sturm steht allerdings noch aus, da seit der Fertigstellung des Schiffes immer noch kein Sturm war. Doch braucht nichts Ernstliches befürchtet zu werden, da die Windkräfte ja bei stillstehenden Rotoren sehr klein sind[2].

Die Hauptfrage wird nun natürlich sein: Ist das Rotorschiff gegen den Dampfer und das Motorschiff wirtschaftlich wettbewerbsfähig? Die Berechnungen, die allerdings ganz außerhalb meines Arbeitsgebietes liegen, scheinen es zu beweisen. Ein wirklicher Beweis wird natürlich nur durch die Erfahrungen geliefert werden können, die man mit den Rotorschiffen machen wird, und bei denen vieles mitsprechen wird, was sich nicht von vornherein abschätzen läßt (Reparaturenkonto usw.!). Im übrigen sind auch hier die Aussichten m. E. gut, und es ist deshalb erfreulich, zu hören, daß eine Anzahl größerer Motorsegler in Rotorschiffe umgebaut werden sollen, durch die die Probe aufs Exempel gemacht werden wird. Schade nur, daß damit wieder ein Stück Poesie von der Maschine verdrängt wird. Doch man wird sich sagen müssen, daß das Segelschiff auch so nicht zu retten gewesen wäre; möge dem Neuen, das an seine Stelle tritt, der Erfolg gegönnt sein!

Literatur

ROBINS, B.: New principles of gunnery. London 1742.

ROBINS, B.: Mathematical tracts of gunnery, S. 200ff. London 1761.

POISSON, S. D.: Recherches sur le mouvement des projectiles. Paris 1839.

v. HEIM, J. P. G.: Beiträge zur Ballistik in besonderer Beziehung auf die Umdrehung der Artilleriegeschosse. Ulm 1848.

MAGNUS, G.: Über die Abweichung der Geschosse. Abhandl. Kgl. Akad. Wiss. Berlin 1852 = Poggendorffs Ann. Bd. 88 (1853) S. 1.

---

[1] Bei der LEONARD-Schaltung wird ein Gleichstrommotor von einem besonders zu ihm gehörigen Dynamo aus in der Weise angetrieben, daß das Magnetfeld des Motors von einer fremden Stromquelle mit konstanter Stärke, das des Dynamos regelbar mit veränderlicher Stärke erregt wird, während die beiden Anker unmittelbar aneinandergeschaltet sind. Dadurch liefert der Dynamo Strom von beliebig regelbarer Spannung, und der Motor läuft mit einer dieser Spannung proportionalen Drehzahl. Auf der Buckau befinden sich demnach, um die beiden Türme unabhängig voneinander betreiben zu können, neben den zwei Elektromotoren drei kleine Dynamos, einer für jeden Turm und einer für die allgemeinen Bordzwecke und für die Erregung der Magnetfelder.

[2] Zusatz bei der Korrektur: Die Sturmfahrt hat inzwischen stattgefunden. Das Schiff hat sich dabei gut bewährt. Es hat inzwischen seine Kauffahrtei-Fahrten aufgenommen.

STRUTT, J. W., u. LORD RAYLEIGH: On the irregular flight of a Tennis-Ball. Messenger of Mathematics Bd. 7 (1877) S. 14 = Sci. Papers, S. 344. Cambridge 1899.

WALKER, G. T.: Artikel „Spiel und Sport" in der Enzyklop. math. Wiss. Bd. IV 9 (1900) S. 136ff.

CRANZ, C.: Artikel „Ballistik" in der Enzyklop. math. Wiss. Bd. IV 18 (1903) S. 226ff.

PRANDTL, L.: Über Flüssigkeitsbewegung bei sehr kleiner Reibung. Verhandl. III. Internat. Mathematikerkongr. Heidelberg 1904, S. 484. Leipzig 1905.

LAFAY: Sur l'inversion du phénomène de Magnus. C. R. Bd. 151 (1910) S. 867.

LAFAY: Contribution expérimentale a l'aerodynamique du cylindre. Rev. Mécanique Bd. 30 (1912) S. 431ff.

PRANDTL, L.: Artikel „Flüssigkeitsbewegung" im Handwörterbuch der Naturwissenschaften. Jena 1913.

FÖTTINGER, H.: Neue Grundlagen des Propellerproblems. Jb. schiffbautechn. Ges. Bd. 19 (1918) S. 426ff.

PRANDTL, L.: Tragflügeltheorie. Nachr. Kgl. Ges. Wiss. Göttingen (1908) S. 451 u. (1909) S. 107.

BETZ, A.: Einführung in die Theorie der Flugzeugtragflügel. Naturwissenschaften 6. Jg. (1918) S. 557.

PRANDTL, L.: Tragflächenauftrieb und -widerstand in der Theorie. Jb. Wiss. Ges. Luftfahrt, S. 37ff. Berlin 1920.

v. KÁRMÁN, TH.: Über laminare und turbulente Reibung. Z. angew. Math. Mech. Bd. 1 (1921) S. 233.

Nachtrag bei der Korrektur

FLETTNER, A.: Die Anwendung der Erkenntnisse der Aerodynamik zum Windantrieb von Schiffen. Werft Reed. Hafen Bd. 5 (1924) S. 657.

BETZ, A.: Der Magnuseffekt, die Grundlage des Flettner-Rotors. Z. VDI Bd. 69 (1925) S. 9.

ACKERET, J.: Das Rotorschiff und seine physikalischen Grundlagen. Göttingen: Vandenhoeck u. Ruprecht 1925.

Naturwissenschaften 13. Jg. (1925) S. 1050—1053

Kinematographische Strömungsbilder[1]

Nach einer von Prof. F. AHLBORN in Hamburg ausgearbeiteten Methode[2] lassen sich Strömungsvorgänge in Wasser dadurch photographisch festhalten, daß man feine Teilchen (Lykopodiumsamen, auch Grassamen oder Aluminiumpulver) auf die Wasseroberfläche streut und nach Einleitung des Strömungsvorganges kurze Zeitaufnahmen macht. Jedes Teilchen beschreibt dann während der Belichtungszeit ein gewisses Wegstück und bildet sich daher als ein kurzer Strich ab. Die Gesamtheit aller Striche ergibt demnach ein Bild, das die Strömungsrichtung an jeder Stelle und — durch die Länge der Striche — auch die Größe der Geschwindigkeit erkennen läßt. Bei geeigneter Dichte der Bestreuung und geeigneter Strichlänge fügen sich die Striche so zusammen, daß man ohne weiteres die Stromlinien zu sehen glaubt.

Will man nun, um die zeitliche Aufeinanderfolge von Strömungsvorgängen festzuhalten, solche Aufnahmen mittels des Kinematographen machen, so ergibt sich leicht die Schwierigkeit, daß auf der einzelnen Aufnahme wegen der zu kurzen Belichtungszeit die Striche zu kurz werden und daß so die Stromlinienzeichnung nicht mehr erkennbar ist. Wir haben deshalb bei einem kinematographischen Aufnahmeapparat das Antriebswerk so abgeändert, daß die Belichtung etwa $\frac{7}{8}$ der Zeit für ein Bild andauert, und die Weiterbewegung des Filmstreifens in $\frac{1}{8}$ dieser Zeit erfolgt. Um den Mechanismus nicht zu überlasten, durften die beim Weiterbewegen des Films auftretenden Geschwindigkeiten nicht größer sein als bei dem gewöhnlichen Betrieb, wobei rund $\frac{2}{5}$ der Zeit für ein Bild für Belichtung und $\frac{3}{5}$ für das Wechseln angenommen werden kann (wenigstens bei unserem Apparat, einer älteren Bauart von LIESEGANG in Düsseldorf). Legt man sechzehn Bilder je Sekunde beim gewöhnlichen Betrieb zugrunde, so würden sich hier rund drei Bilder je Sekunde ergeben, was für unseren Zweck ausreichend war.

Die so erhaltenen „Filmzeitaufnahmen" eignen sich natürlich wenig zur Vorführung im Laufbild, sie wirken da durchaus unnatürlich, auch wenn man sie entsprechend verlangsamt wiedergibt, indem man — wie bei Trickaufnahmen — dasselbe Bildchen mehrmals hintereinander auf dem Positivfilm kopiert. Der Zweck solcher Aufnahmen ist auch gar nicht, sie im Laufbild vorzuführen, sondern sie Bild für Bild einzeln zu betrachten. Offenbar läßt sich aus den aufeinanderfolgenden Bildern die Bahn jedes Teilchens praktisch lückenlos weiterverfolgen, da ja jeweils

---

[1] In Gemeinschaft mit O. TIETJENS, Göttingen.

[2] Vgl. etwa Jb. Schiffbautechn. Ges. 1904, 1905 u. 1909.

nur ein Stück von $\frac{1}{8}$ der einzelnen Strecken ausfällt. Es lassen sich deshalb auch die Geschwindigkeitsänderungen (Beschleunigungen) ermitteln, aus denen dann auch Rückschlüsse auf das der Bewegung zugrunde liegende Kraftfeld gezogen werden können.

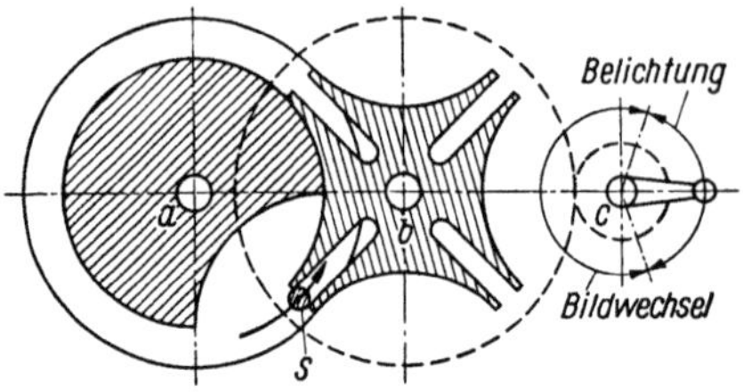

Abb. 1. Änderung der Antriebseinrichtung durch Einführung eines Maltheserkreuzes

Da die von uns benutzte Einrichtung auch für Bewegungsanalysen anderer Art verwendbar sein dürfte, mögen über den Mechanismus, den wir anwandten, einige Worte gesagt werden: Der Apparat besitzt neben der normalen 8-Bilderkurbel auch eine Achse für vier Bilder je Umdrehung. Auf diese haben wir ein „Maltheserkreuz“ gesetzt, wie es bei den kinematographischen Vorführungsapparaten üblich ist. In Abb. 1 ist a die Antriebsachse des Malthesertriebes, die ihrerseits mittels Schnurtrieb von einem Elektromotor angetrieben wird und die zur Sicherung ihres Ganges mit einem Schwungrad versehen ist. Die 4-Bilderachse b trägt das Maltheserkreuz und ein Zahnrad, das mit demjenigen der Greiferachse c in Eingriff steht (schematisch gezeichnet, in Wirklichkeit liegt noch das Zahnrad der 8-Bilderachse dazwischen). Die Wirkung des Mechanismus ist kurz gesagt die, daß bei gleichförmiger Drehung der Achse a das Maltheserkreuz während $\frac{3}{4}$ einer Umdrehung der Achse a ruht, dann aber in $\frac{1}{4}$-Umdrehung der Achse a vermittels des Steines s in anfangs sanft beschleunigter und am Ende wieder verzögerter Bewegung selbst eine Vierteldrehung ausführt. Die Greiferachse c macht dabei eine volle Umdrehung, von der nur das mittlere Stück zum Fortschalten des Films verwendet wird, so daß sich für Belichtung und Fortschalten etwa $\frac{7}{8}$ und $\frac{1}{8}$ der Umdrehung der Achse a ergeben.

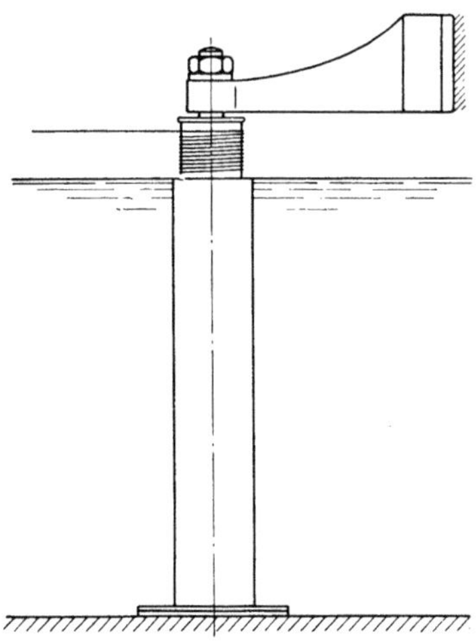
Abb. 2. Zylinder mit Antriebsschnur und Befestigungsarm

Die Aufnahmen, die wir bisher mit dem Apparat gemacht haben, beziehen sich auf die Strömungsvorgänge an rotierenden und nichtrotierenden Zylindern, für die nach den hiesigen Untersuchungen über den MAGNUS-Effekt[1] ein besonderes Interesse vorlag. Zu den Aufnahmen

[1] Vgl. Naturwissenschaften 13. Jg. (1925) S. 93ff.

stand ein Wasserbecken von 35 cm Breite und 30 cm Tiefe und etwa 3 m Länge zur Verfügung. Das Versuchsobjekt war ein in Kugellagern drehbar gelagerter Zylinder von 4,5 cm Durchmesser und 25 cm Länge, der mit seinem unteren Ende bis nahe an den Boden des Beckens reichte

Abb. 3

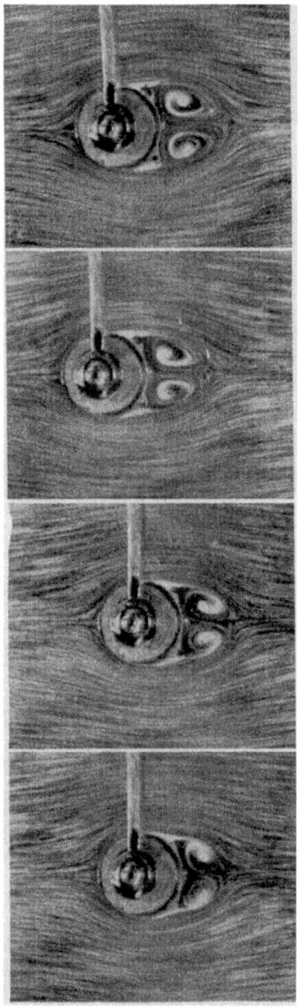

Abb. 4

und dort eine Scheibe von 9 cm Durchmesser trug; das andere Ende schnitt gerade mit der Wasseroberfläche ab, vgl. Abb. 2. Der Zylinder befand sich auf einem auf Schienen laufenden Wagen, der mit fallenden Gewichten in Bewegung gesetzt wurde. Da die Stromlinien der Relativbewegung der Flüssigkeit gegen die Zylinderachse aufgenommen werden sollten, befand sich der Aufnahmeapparat samt Motor auch mit auf dem

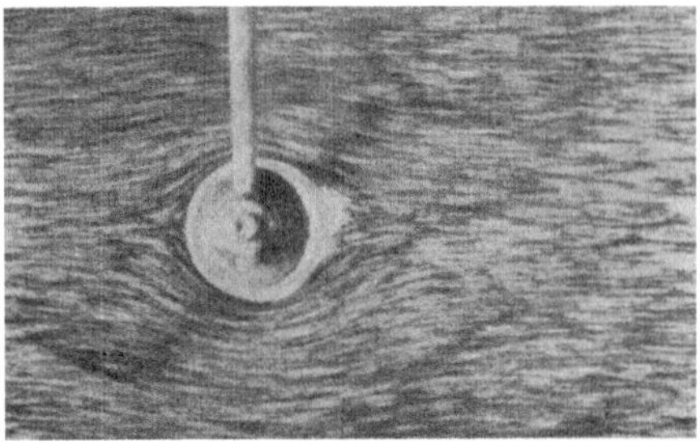

Abb. 5

Abb. 6

Abb. 7

Abb. 8
Abb. 5—8. Nichtrotierender Zylinder

Wagen. Die Drehung des Zylinders wurde durch eine Schnur bewirkt, deren eines Ende um eine oben am Zylinder befindliche Schnurrolle gewickelt war, und deren anderes Ende entweder am Rande des Wasserbeckens befestigt war, oder über eine dort befindliche feste Rolle nach dem Wagen zurückgeführt war, was die doppelte Drehzahl des Zylinders ergibt. Zur Erreichung anderer Drehzahlen ist die Schnurrolle gegen solche von anderem Durchmesser auswechselbar.

Die beiden Filmstreifen Abb. 3 und 4 zeigen deutlich den Unterschied zwischen der gewöhnlichen Filmaufnahme (Abb. 3) und der mit dem abgeänderten Apparat gewonnenen Filmzeitaufnahme (Abb. 4). In beiden Fällen handelt es sich um den gleichen Strömungsvorgang: Die Ausbildung eines Wirbelpaares hinter dem nichtrotierenden Zylinder. Man erkennt, wie — der geringeren Belichtungszeit wegen — die einzelnen Filmbildchen von Abb. 3 nichts über die Flüssigkeitsbewegung aussagen, sondern nur den augenblicklichen Zustand der Bestreuung zeigen, während die Filmzeitbildchen von Abb. 4 deutliche Stromlinienbilder sind, die einen guten Einblick in den gerade herrschenden Strömungszustand geben.

In den Abb. 5 bis 12 sind Vergrößerungen der Zeitfilmbilder wiedergegeben, und zwar zeigen die Abb. 5 bis 8 die Strömung um den nichtrotierenden Zylinder, während Abb. 9 bis 12 die entsprechenden Bilder für den rotierenden Zylinder darstellen. Die einzelnen Bilder folgen in dem Zeitfilm nicht unmittelbar aufeinander, sondern sind — unter Ausschaltung von einzelnen Bildern — so ausgewählt, daß besonders charakteristische Strömungsvorgänge zur Darstellung kommen. Die Strömungsrichtung ist auf sämtlichen Bildern von links nach rechts.

Man beobachtet (Abb. 5), wie sich zu Beginn der Strömung (im Zustand der Beschleunigung) fast reine Potentialströmung einstellt, und erkennt dann weiter auf Abb. 6, wie sich aus dem an zwei Stellen an der hinteren Zylinderwand angesammelten Grenzschichtmaterial zwei Wirbel zu bilden anfangen. Abb. 7 zeigt dieses Wirbelpaar in beträchtlich angewachsenem Zustand kurz vor dem Augenblick, wo es — da dieser Zustand labil ist — sich auflöst und einem unregelmäßig bewegten Totwassergebiet Platz macht. Abb. 8 zeigt den stationären Zustand.

Abb. 9 bis 12 geben die entsprechenden Vorgänge für den rotierenden Zylinder wieder, und zwar für den Fall, daß das Verhältnis der Umfangsgeschwindigkeit am Zylinder (u) zur ungestörten Strömungsgeschwindigkeit (v) gleich 4 ist ($u/v = 4$). Die Strömungsrichtung ist wieder von links nach rechts; die Rotation des Zylinders im Uhrzeigersinn. Im ersten Bild (Abb. 9) scheint kaum ein Unterschied im Vergleich zum nichtrotierenden Zylinder (Abb. 5) zu sein; auch hier herrscht im ersten Stadium der Bewegung Potentialströmung. Dann (Abb. 10 bis 12) macht sich aber der Einfluß der Rotation in immer stärkerem Maße geltend. Statt des Wirbelpaares bildet sich nur *ein* Wirbel aus, und zwar auf der Seite des Zylinders, wo die Wassergeschwindigkeit und die Umfangs-

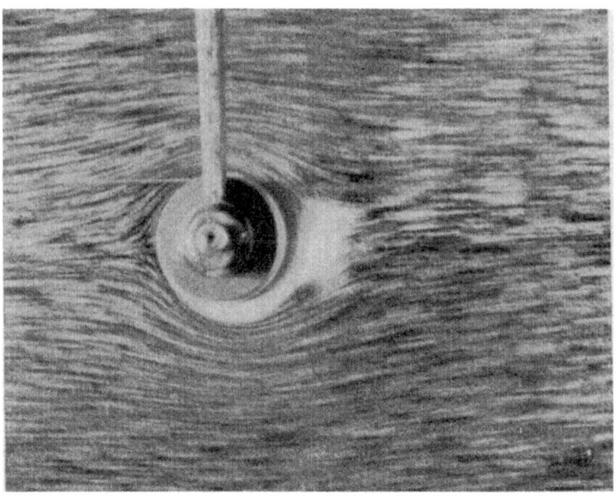

Abb. 9

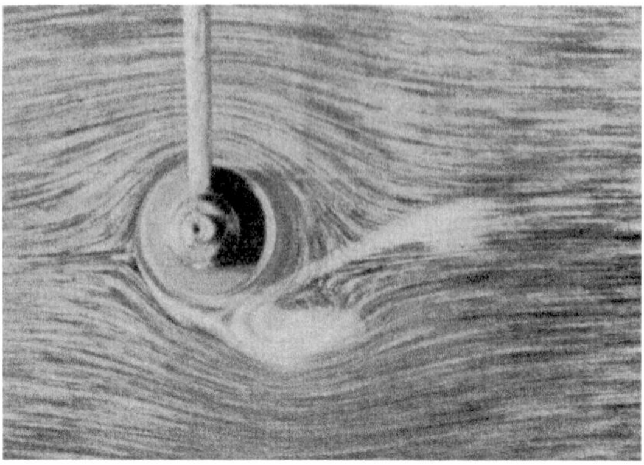

Abb. 10

Abb. 11

Abb. 12

Abb. 9—12. Rotierender Zylinder $u/v_\infty = 4$

geschwindigkeit entgegengesetzt gerichtet sind. Nachdem dieser sogenannte Anfahrwirbel sich bis zu einer gewissen (von der Rotation des Zylinders abhängigen) Stärke ausgebildet und vom Zylinder entfernt hat, verbleibt ein Strömungsbild, bei dem der vordere und der hintere Staupunkt fast zusammengerückt ist, und bei dem die ursprüngliche Strömungsrichtung eine ganz beträchtliche Ablenkung erfahren hat.

Man erkennt bei Abb. 12, wie sich auf der oberen Seite des Zylinders die Stromlinien zusammendrängen, entsprechend einer größeren Geschwindigkeit und damit einem geringeren Drucke (Unterdruck), und wie auf der unteren Seite eine Vergrößerung der Stromlinienabstände festzustellen ist, entsprechend einer geringeren Geschwindigkeit und somit einem größeren Drucke (Überdruck). Aus diesen Druckunterschieden resultiert die quer zur Strömung gerichtete Kraft, die als „Magnuseffekt“ bekannt ist, und die in unserem Falle von unten nach oben gerichtet ist.

VDI-Nachrichten 5. Jg., Nr. 32 (1925)
Naturwissenschaften 14. Jg. (1926) S. 335—338

Aufgaben der Strömungsforschung[1]

Es war der Wunsch der Kaiser-Wilhelm-Gesellschaft, daß in diesem Vortrag die Aufgaben der Strömungsforschung näher auseinandergesetzt werden möchten, denen das heute einzuweihende Institut gewidmet sein soll. Diesem Wunsch werde ich im folgenden nachkommen; vorher aber drängt es mich, in einem kurzen Rückblick derer zu gedenken, denen das Institut seine Entstehung verdankt.

Der erste Name, der hierbei genannt werden muß, ist der des großen Organisators der Göttinger Mathematik und Physik, FELIX KLEIN, auf den alle Institute der angewandten Wissenschaften in Göttingen zurückgehen. Unser Institut ist mit seiner Person besonders eng verknüpft, wie ich gleich noch schildern werde. Ich hatte gehofft, ihm am heutigen Tag meinen besonderen Dank abstatten zu können für alles, was ich durch ihn hier erreichen konnte und was ich ihm sonst verdanke, und ich glaube sicher zu sein, daß Sie alle sich gern diesem Dank angeschlossen hätten. Aber wie Sie wissen, haben wir ihn vor drei Wochen zur letzten Ruhe bestattet. In dem Wunsch, sein Andenken zu ehren, habe ich hier sein Bild anbringen lassen; es wird dauernd einen Ehrenplatz in diesem Haus erhalten.

Wenn ich nun die Wirksamkeit KLEINs für das Institut schildern soll, so möchte ich zunächst betonen, daß es ganz allein KLEINs Gedanke war, den Anwendungen der exakten Wissenschaften in Göttingen einen Platz zu schaffen, und daß er seine Pläne gegen die heftigsten Widerstände von außen wie von innen durchzusetzen verstanden hat. Ohne KLEIN wäre z. B. ich selbst, von Hause aus Ingenieur, niemals nach Göttingen gekommen. Dies ist es aber nicht, was ich vorhin meinte, sondern KLEIN hat in drei Phasen in durchaus entscheidender Weise in die Entwicklung eingegriffen, deren Endergebnis die Verwirklichung dieses Institutes ist. Die eigentliche Vorgeschichte beginnt mit dem Jahr 1906, mit der Gründung der „Motorluftschiff-Studiengesellschaft" durch ALTHOFF und RATHENAU SEN. Diese Gesellschaft berief einen umfangreichen Technischen Ausschuß, in den durch die Verbindung, die KLEIN mit ALTHOFF unterhielt, drei Göttinger berufen wurden, außer KLEIN selbst WIECHERT und ich. KLEIN wurde „Sprecher" der dynamischen Gruppe und verteilte die Aufgaben dieser Gruppe. Er hatte sich zum Ziel gesetzt, daß Göttingen sich in der Luftfahrtforschung

---

[1] Festvortrag, gehalten bei der Einweihung der Neubauten des Kaiser-Wilhelm-Institutes für Strömungslehre am 16. Juli 1925.

intensiv beteiligen müsse, und so stellte er mir die Aufgabe, etwas vorzuschlagen, was von meinem Fach (der Strömungslehre) aus für die Luftschiffahrt getan werden könne. Ich schlug damals eine Modellversuchseinrichtung für Luftschiffe und Flugzeuge vor und erhielt bald nachher Mittel für Vorarbeiten. Ein halbes Jahr darauf hatte ich fertige Pläne, und auf KLEINs Fürsprache wurde die Bausumme, ganze 20000 Mark, bewilligt und der Bau begonnen. Durch Werbung bei verschiedenen Stellen verstand KLEIN auch die erforderlichen Betriebsmittel herbeizuschaffen; die kleine Anstalt, die nach der Auflösung der Motorluftschiff-Studiengesellschaft in den Besitz der Göttinger Universität übergegangen war, hat so bis 1918, wo sie stillgelegt wurde, eine sehr ersprießliche Tätigkeit entfalten können.

Inzwischen war von VON HARNACK die „Kaiser-Wilhelm-Gesellschaft zur Förderung der Wissenschaften" gegründet worden; es war nun ein echt KLEINscher Gedanke, angesichts der für damalige Begriffe recht erheblichen Mittel, über die die neue Gesellschaft zu verfügen schien, den Schluß zu ziehen, daß Göttingen Anteil an diesen Mitteln haben müsse. Ich erhielt den Auftrag, eine Denkschrift auszuarbeiten über ein „Forschungsinstitut für Hydrodynamik und Aerodynamik". Ich habe mich, ohne viel Zutrauen zu dem meinem Gefühl nach reichlich kühnen Plan, des Auftrages nach besten Kräften entledigt. Wenn meine Eingabe und ein später nachgefolgter ins einzelne gehender Entwurf bei der Kaiser-Wilhelm-Gesellschaft dann doch Beachtung gefunden haben, so habe ich hier eines anderen Mannes in Dankbarkeit zu gedenken, der die Angelegenheit innerhalb des Senates der Kaiser-Wilhelm-Gesellschaft vorwärtstrieb, HENRY TH. VON BÖTTINGER. Als erster Vorsitzender der „Göttinger Vereinigung zur Förderung der angewandten Physik und Mathematik" war er mit KLEIN eng befreundet. Über diese „Göttinger Vereinigung" mag hier gesagt werden, daß sie zu einer Hälfte aus führenden Industriellen und zur anderen aus Göttinger Professoren bestand, und daß das Wertvollste an ihr nicht die von den Industriellen gewährten Geldmittel, sondern die persönliche Fühlungnahme zwischen den Vertretern der Wissenschaft und denen des werktätigen Schaffens war. BÖTTINGER hatte übrigens in Göttingen wertvolle Grundstücke erworben, mit dem ausgesprochenen Zweck, daß darauf Institute errichtet werden sollten. Er hat später das Grundstück der Aerodynamischen Versuchsanstalt, deren erster Kuratoriumsvorsitzender er wurde, geschenkt, und seine Erben haben der Kaiser-Wilhelm-Gesellschaft nicht nur den Grund für dieses neue Institut, sondern noch ein ansehnliches Gelände für Erweiterungsbauten geschenkweise überlassen.

Dank der Hilfe von BÖTTINGER bestanden nach recht schwierigen Verhandlungen im Sommer 1914 gute Aussichten auf eine baldige

Verwirklichung des Forschungsinstitutes, als der Kriegsausbruch alle Abmachungen zerschlug. Wieder war es nun KLEIN, der mich Anfang 1915 auf einen neuen Weg wies, den kriegswichtigen Teil des Institutes — die Aerodynamische Anstalt — mit Hilfe der Kriegsverwaltung zu schaffen. Zur wirklichen Durchführung dieses Planes hat nun wieder BÖTTINGER sehr viel beigetragen, und die Kaiser-Wilhelm-Gesellschaft, bei der ich nun schon eingeführt war, nahm das Institut unter ihre Fittiche.

Ich habe nun noch vom letzten Entwicklungsabschnitt zu berichten, der zu diesem Neubau geführt hat. Infolge der unglücklichen Verhältnisse nach dem Krieg schien es, als ob die Aerodynamische Anstalt die Ergänzung durch die übrigen Teile des früher geplanten Institutes nicht mehr erfahren würde, und so entschloß ich mich, als ich einen Ruf an eine sehr wichtige Lehrstelle der Münchener Technischen Hochschule erhielt, diesen anzunehmen, da ich die Göttinger Anstalt bei meinem treuen Mitarbeiter Dr. BETZ in guten Händen wußte, selbst aber in München wichtigere Aufgaben sah, als sie mir in Göttingen verblieben wären. Man hat mir dann aber zu meiner eigenen großen Überraschung — zu einer Zeit, wo anderwärts die wichtigsten Arbeiten aus Mangel an Mitteln eingestellt werden mußten — das neue Institut angeboten und mir dadurch die Abänderung des schon gefaßten Entschlusses, nach München zu gehen, ermöglicht. Ich weiß, welcher zähen und immer wieder vergeblich erscheinenden Arbeit es bedurft hat, die Behörden in so schwerer Zeit zur Hergabe von immerhin nicht unbeträchtlichen Mitteln zu bewegen, und ich möchte hier allen in Betracht kommenden Stellen, besonders aber auch einem Gönner, der durch sein persönliches Eingreifen erst die Durchführung des Baues ermöglichte, herzlichsten Dank sagen für die Hilfe, die sie unseren Plänen haben angedeihen lassen.

Wenn man nun das abgerundete Institut mit dem Entwurf von 1912 vergleicht, so zeigt sich, daß der im Krieg gebaute Teil ungefähr die dreifache Größe des Friedensentwurfes erhalten hat, während der neue Bau allerdings sich gegenüber dem früheren Plan eine recht starke Einschränkung hat gefallen lassen müssen. So hat sich der Schwerpunkt also stark verschoben, aber wir wollen uns dessen freuen, was wir nun haben, und es wird sich sicher auch recht viel mit dem verkleinerten Institut machen lassen.

Ich komme jetzt zu den Aufgaben des Institutes: Es ist vor allem dem *systematischen Studium der Strömungen* gewidmet, im Gegensatz zu anderen Anstalten, die ganz bestimmte technische Aufgaben bearbeiten. Um das Gebiet unserer Forschungsaufgaben besser kennzeichnen zu können, muß ich ein wenig über die physikalischen Eigenschaften sprechen, die die Flüssigkeiten charakterisieren. Diese sind, soweit sie hier in Betracht kommen, Dichte, Zähigkeit und Zusammendrückbarkeit. Die *Dichte*, gemessen durch die Masse, die in der Einheit des Volumens enthalten ist, kann dabei wohl als bekannt gelten. Die *Zähigkeit*, auch innere Reibung genannt, mag hier einfach dadurch der Vorstellung nahegebracht werden, daß dickes Öl oder flüssiger Leim als Beispiele von besonders zähen Flüssigkeiten und Wasser und noch mehr Alkohol und Benzin als solche besonders wenig zäher Flüssigkeiten genannt werden. Unter der *Zusammendrückbarkeit* wollen wir ganz allgemein das Verhalten gegenüber wechselnden Drücken, also nicht nur gegen Druckvermehrung, sondern auch gegen Druckverminderung ansehen. Die Luft z. B., die wir hier durchaus unter die Flüssigkeiten rechnen wollen, ist verhältnismäßig stark zusammendrückbar. Sie ändert das Volumen um etwas weniger als 10%, wenn sie bei Atmosphärendruck als Ausgangszustand eine Druckerhöhung von $\frac{1}{10}$ Atm. erfährt. Bei Wasser, das häufig als unzusammendrückbar gilt, sind solche Volumenänderungen übrigens auch möglich, erfordern aber rd. 2000 Atm. Im übrigen wird auch die Luft praktisch wie eine unzusammendrückbare Flüssigkeit strömen, wenn die dabei auftretenden Druckunterschiede klein gegen $\frac{1}{10}$ Atm. bleiben. Dies ist dann der Fall, wenn die Geschwindigkeiten klein sind gegen die Schallgeschwindigkeit.

Beim Wasser kommt es bei Druckverminderung bis nahe an das Vakuum heran zur Ausscheidung von Luft und zur Bildung von Dampfblasen, die dann bei erneuter Drucksteigerung wieder unter großem Getöse und, verbunden mit Zerstörungen an den mit dem Wasser in Berührung stehenden festen Körpern, zusammenstürzen. Man nennt diesen Vorgang *Kavitation* (Hohlraumbildung).

Wie mannigfaltig die zu erforschenden Erscheinungen bei der Flüssigkeitsströmung sind, mag daraus hervorgehen, daß bei ein und derselben Anordnung von festen Körpern, zwischen denen oder um die herum die Strömung vor sich geht, die Strömung jedesmal immer wieder anderen Charakter erhält, wenn der Anteil der Zähigkeit und der der Zusammendrückbarkeit an der Bewegung sich ändert. OSBORNE REYNOLDS hat vor ungefähr vierzig Jahren gezeigt, daß es, soweit die Zusammendrückbarkeit keine Rolle spielt, auf das Verhältnis der Trägheitswirkungen zu den Zähigkeitswirkungen ankommt, das durch die reine Zahl

$$\frac{\text{Länge} \times \text{Geschwindigkeit} \times \text{Dichte}}{\text{Zähigkeit}}$$

darstellbar ist. Ist diese Zahl, die man ihm zu Ehren „REYNOLDSsche Zahl“ nennt, in zwei Fällen vergleichbarer Art (also z. B. Bewegung einer Kugel in Luft und einer anderen Kugel in Wasser) dieselbe Zahl, so sind auch die strömenden Bewegungen genau vergleichbar, in anderen

Fällen dagegen nicht[1]. Man wird also nach dem Gesagten verstehen, was mit der Forderung gemeint ist, daß irgendein Strömungsvorgang durch alle REYNOLDSschen Zahlen hindurch verfolgt werden müsse. Für die Kugel z. B. ist diese Arbeit, was die Messung des Widerstandes bei der Bewegung in einer Flüssigkeit betrifft, von REYNOLDSschen Zahlen unter 1 bis etwa zu 1000000 hin geleistet, und es zeigen sich hier vier oder fünf wesentlich voneinander verschiedene Gesetze, je nach der Größe der REYNOLDSschen Zahl. Noch zu erforschen sind aber die zu diesen Widerstandskräften gehörenden Strömungsformen, denn erst durch diese wird man die beobachteten Gesetze verstehen lernen.

Wenn man an alle möglichen zu untersuchenden Körper denkt, so ist die Zahl der anzustellenden Versuche ungeheuer. Man wird daher von selbst dazu geführt, nur Körper von technischer Wichtigkeit, also neben Kugeln, Zylindern und Rotationskörpern vor allem Flugzeugtragflächen, Propeller- und Turbinenschaufeln usw., zu untersuchen. Mit Rücksicht auf die manchmal in der praktischen Anwendung auftretenden höheren Geschwindigkeiten, die bei Luft die Schallgeschwindigkeit erreichen oder sogar überschreiten, bei Wasser die Kavitationsgrenze erreichen, müssen im Laboratorium dieselben Geschwindigkeiten verwirklicht werden.

Bisher sprach ich nur von den in Flüssigkeiten bewegten Körpern. Für die in Röhren oder Gefäßen strömenden Flüssigkeiten gilt aber ganz Entsprechendes. Die Widerstände und Strömungsformen in geraden und krummen Röhren, in Abzweigstücken, in Absperrvorrichtungen usw. sind ebenfalls systematisch zu untersuchen. Die Vorgänge in umlaufenden Maschinen, wenigstens das Prinzipielle an diesen, kommen hinzu. Weiter interessieren auch die freien Flüssigkeitsstrahlen und die verschiedenen Bewegungsformen freier Flüssigkeitsoberflächen, Schwallbildungen u. dgl., ferner auch die Fließvorgänge in natürlichen Flußläufen und künstlichen Gewässern, bei denen die Fortbewegung der Flußsohle durch das Wasser und die dauernde Neubildung des Bettes durch die fortgeschwemmten und wieder angelagerten Geschiebeteile noch manche Aufgabe zu lösen geben. Auch die Strömungsvorgänge in der freien Atmosphäre sollen in den Kreis unserer Betrachtungen einbezogen werden. Schließlich sei auch die Anwendung der Strömungslehre auf die Lebewesen nicht vergessen. Die Fortbewegung der Wassertiere vom wimperschlagenden Infusorium bis zum schnellen Delphin, die der Flugtiere vom winzigen Mückchen bis zum Adler weist durch die sehr verschieden angewandten Mittel schon darauf hin, daß bei den kleinen REYNOLDSschen Zahlen ganz andere Bedingungen als bei

---

[1] Der Bau der REYNOLDSschen Zahl zeigt, daß kleine Abmessungen und kleine Geschwindigkeiten ebenso wirken wie große Zähigkeit und umgekehrt.

den großen herrschen. Ich bemerke dazu, daß ein Versuch mit einem vergrößerten Modell eines Infusoriums nach dem REYNOLDSschen Gesetz durchaus möglich ist. Man braucht nur das Modell in eine sehr zähe Flüssigkeit zu setzen und es sehr langsam zu bewegen.

Wenn ich nun kurz auf die Einrichtungen des neuen Institutes eingehe, so muß gesagt werden, daß wir bestrebt waren, mit den begrenzten Mitteln möglichst viel zu erreichen. Die beiden hier aufgestellten Kessel von je rd. 10 m^3 Inhalt können in sehr verschiedener Art benutzt werden. Einmal können sie luftleer gemacht werden, und es wird durch eine Einrichtung, die erst noch geschaffen werden muß, ermöglicht werden, daß die atmosphärische Luft, durch eine Rohrleitung stürzend, die Kessel in wenigen Sekunden wieder füllt. Wir erhalten so auf kurze Zeit einen Luftstrom von ansehnlichem Querschnitt mit einer sehr großen Geschwindigkeit, in dem wir Widerstandsversuche u. dgl. machen können. In Verbindung mit einer 20 m^3 fassenden Gasglocke kann dieselbe Einrichtung zur Eichung von Düsen und anderen Vorrichtungen zur Luftmengenmessung verwendet werden. Die beiden Kessel können ferner durch einen Kompressor mit Druckluft beschickt werden, in der ausfließenden Druckluft können dann Versuche gemacht werden. Weiter kann ein Kessel mit Druckluft und der andere mit Wasser gefüllt werden, und es kann nun das Wasser durch die Druckluft ausgetrieben werden, wodurch in der Wasserströmung auf kurze Zeit so große REYNOLDSsche Zahlen erzielt werden, wie sie sonst nur mit gewaltigen Pumpmaschinen zu erreichen wären. Weiter ist eine Umlaufpumpe vorhanden, die in den Wasserkessel arbeitet. Durch Wegpumpen der Luft aus dem Kessel kann dabei der Druck erniedrigt werden, so daß in der zu Versuchen dienenden Umlaufleitung, die noch im Bau ist, Kavitation eintritt. Für den Vergleichsversuch ohne Kavitation kann nötigenfalls durch Einleiten von Druckluft in den Wasserkessel der Druck in der Umlaufleitung erhöht werden. Die Pumpe kann auch in ein offenes Gerinne arbeiten und gibt so die Möglichkeit für Versuche ähnlich wie in Flußbaulaboratorien. Das Gerinne dient im übrigen auch als Schlepptank für Widerstandsversuche. Die heute vollendeten Versuchsanlagen sind damit aufgezählt. Es werden noch hinzukommen mehrere Tanks, hauptsächlich für Aufnahme von Strömungsbildern aller Art, einige Gebläse zur Erzeugung von Luftströmungen in Rohren und Kanälen und auch als Studiengegenstände für sich selbst und schließlich ein rotierendes Zimmer, in dem Versuche an rotierenden Objekten von mitrotierenden Beobachtern gemacht werden können. Dabei wird, abgesehen von Aufgaben des Turbinenbaues (Untersuchung eines isoliert rotierenden Schaufelkanals), auch die Meteorologie, mit der wir uns schon jetzt theoretisch beschäftigen, zum Wort kommen. Bei den Windströmungen auf der Erde ist nämlich die Erddrehung von ausschlaggebendem Einfluß. Solche Strömungen können also nur im rotierenden Laboratorium einigermaßen nachgeahmt werden.

Wenn ich von der Vakuumanlage und von dem rotierenden Zimmer absehe, dann sind alle Einrichtungen des Laboratoriums nichts an sich völlig Neues. Viele von den Versuchen sind in Sonderheit schon früher in kleinerem Maßstab in meinem hiesigen Institut für angewandte Mechanik gemacht worden, so daß wir auf manchem Gebiet schon Erfahrung besitzen und auch schon ungefähr wissen, was sich ergeben wird. Ich erwarte daher von dem neuen Institut weniger aufsehenerregende Entdeckungen als vielmehr eine solide systematische Durchforschung des ganzen Gebietes, zum Besten der an unserem Arbeitsgebiet interessierten Industriezweige und damit auch des allgemeinen Volkswohles.

Zeitschrift für angewandte Mathematik und Mechanik Bd. 7 (1927) S. 436—437
Jahrbuch der Wissenschaftlichen Gesellschaft für Luftfahrt (1927) S. 133

Vorführung eines hydrodynamischen Films[1]

Der Film, den ich zuerst gelegentlich meines Vortrages vor der Royal Aeronautical Society in London[2] gezeigt habe, behandelt die Bildung von Wirbeln hinter verschiedenen Objekten und ist deshalb sehr geeignet, zu zeigen, wie diese Wirbelbildung vor sich geht. Der Film besteht aus zwölf kurzen Stücken, von denen jedes einen Strömungsvorgang darstellt[3]. Die Aufnahmen sind nach der von Professor AHLBORN ausgearbeiteten Methode gewonnen, das Objekt wird mittels eines Wagens durch das ruhende Wasser geschleppt und die Kamera fährt — wenigstens bei der Mehrzahl der Bilder — mit dem Objekt mit, wodurch der Eindruck entsteht, als ob das Wasser strömte. Die Bewegung des Wassers wird dadurch sichtbar gemacht, daß feine Aluminiumflitterchen oder auch Grießkörnchen auf das Wasser gestreut sind. Bei der Verwendung von Aluminium ergibt sich dabei noch folgendes: Durch Kapillaranziehung bildet sich am Objekt selbst eine Anreicherung des Aluminiums, und es werden dadurch die Flüssigkeitsteile, die ursprünglich am Objekt angelegen sind, besonders gekennzeichnet; sie bilden auch in der Folgezeit deutliche weiße Streifen und beweisen, daß die Trennungsschicht, die den Wirbel bildet, aus solchen Flüssigkeitsteilchen besteht, die mit dem Körper in nahe Berührung gekommen sind.

Dem Film schicke ich einige Lichtbilder voraus, um Sie in die Materie einzuführen. (Es folgen Lichtbilder über die Strömung um Zylinder und Tragflügel und andere Objekte, vgl. den Londoner Vortrag.)

Die ersten zwei Stücke des Films beziehen sich auf die Bildung von Wirbeln hinter einer Platte beim Bewegungsbeginn, und zwar gibt das erste Stück eine Übersicht über den ganzen Vorgang und das zweite gibt Einzelheiten dessen, was an einer Ecke passiert, in größerem Maßstab wieder. Stück 3, 4 und 5 zeigt Ihnen die Vorgänge bei der Anfahrt eines Tragflügels, und es ist hier besonders schön zu erkennen, daß die Trennungsfläche, die den Anfahrwirbel bildet, aus den ursprünglich am Flügel angelegenen Teilchen besteht. Bei der Aufnahme 3 fährt der Aufnahmeapparat mit dem Flügel mit. Bei Aufnahme 4 dagegen fährt

---

[1] Vorgetragen auf dem Physiker- und Mathematikertag zu Kissingen, September 1927. Die Aufnahmen verdanke ich meinem Mitarbeiter Dr. TIETJENS.

[2] „The Generation of vortices in fluids of small viscosity", abgedruckt im J. Roy. Aeron. Soc. Bd. 31 (1927) S. 120; eine Veröffentlichung in deutscher Sprache ist in der Z. Flugtechn. Motorl. (1927) H. 21 erschienen.

[3] Die Stücke 2, 8 und 10 sind neu, sie sind in London noch nicht gezeigt worden.

er nicht mit, und man sieht jetzt, nachdem der Tragflügel verschwunden ist, den Anfahrwirbel sich am Platz weiterdrehen. Bei der Aufnahme 5 wird der Flügel ein kurzes Stück bewegt und dann wieder stillgesetzt. In diesem Fall wird die Zirkulation um den Flügel durch Ablösung an der Hinterkante wieder als Wirbel frei und vereinigt sich mit dem Anfahrwirbel zu einem Wirbelpaar, das sich nach den HELMHOLTZschen Gesetzen weiterbewegt. Stück 6 und 7 zeigt den Strömungsvorgang an einem Zylinder bei Beginn von der Ruhe aus, und zwar 6 den Vorgang im ganzen, 7 eine Großaufnahme der hinteren Zylinderhälfte. Man erkennt besonders an der Großaufnahme deutlich, daß die Strömung sich zuerst hinten wieder schließt, wie sie sich vorn geöffnet hat, daß aber dann unter der Wirkung des Druckanstieges in einer dünnen Schicht eine Rückströmung einsetzt und nun das Gebiet der Rückströmung immer mehr anschwillt und zu einem Wirbel wird. Die Rückströmung löst sich selbst auch wieder ab und bildet einen kleinen sekundären Wirbel. Das achte Stück gibt die entsprechenden Vorgänge an einem großen, flach gewölbten Körper wieder. Die Geschwindigkeit ist hierbei sehr klein gewählt worden, um eine besonders dicke Grenzschicht zu erhalten. Die Aufnahme ist mit vier Bildchen in der Sekunde erfolgt, um bei der Vorführung (rd. 16 Bildchen/sec) noch einen guten Bewegungseindruck zu bekommen. Trotz der Verschnellerung entwickelt sich die Rückströmung hier besonders langsam und ist sehr deutlich zu sehen.

Die nächsten Aufnahmen zeigen die verschiedenen Möglichkeiten, durch Einwirkung auf die wandnahen Flüssigkeitsschichten die Wirbelbildung zu beeinflussen. Das neunte Stück zeigt die Vorgänge bei einem schnell rotierenden Zylinder. Hier bleibt der Wirbel der einen Seite vollständig aus, weil an der Zylinderoberfläche keine Verzögerung der der Flüssigkeit eintritt; in Verbindung mit dem allein entstandenen anderen Wirbel erscheint eine zirkulatorische Umströmung des Zylinders, die dann verbleibt und die die Ursache des Auftriebes des rotierenden Zylinders ist. Das zehnte Stück zeigt die Wirkung der Absaugung der wandnahen Schichten bei einem Kreiszylinder. Es wird in dem einen hinteren Quadranten Flüssigkeit nach dem Inneren des Zylinders abgesaugt und so dasjenige Material weggenommen, das den Wirbel erzeugen würde. In der Tat bleibt der eine der beiden Wirbel hier vollständig aus. Später wird die Absaugung abgestellt und es stellt sich nun das gewöhnliche Totwasser wieder her.

Die letzten beiden Filmstücke zeigen eine Strömung in einem Kanal mit Absaugung der wandnahen Schichten. Zuerst ist die Absaugung nicht im Gang und man erhält an der Stelle, wo der Kanal sich erweitert, den gewöhnlichen Strahl. Jetzt wird die Absaugung an einer Seite in Gang gebracht (das Erscheinen einer Hand zeigt dies an) und nun legt sich sehr bald die Strömung an einer Seite an. Wie die Strömung aussieht, wenn die Absaugung auf beiden Seiten in Gang ist, zeigt das letzte Stück. Es ergibt sich der sehr ungewöhnliche Anblick einer Potentialströmung mit starker Verzögerung. Nun wird die Absaugung auf der einen Seite abgestellt, und sofort beginnt sich der Strom unter Bildung eines charakteristischen Wirbels von dieser Seite abzulösen[1].

[1] Anmerkung der Schriftleitung: Dieser Film ist später überarbeitet und durch einen weiteren ergänzt worden. Kopien dieser beiden Filme sind unter der Bezeichnung C 1 und C 2 vom „Institut für den wissenschaftlichen Film" in Göttingen zu beziehen.

Physikalische Zeitschrift 29. Jg. (1928) S. 487—489

Bemerkung über den Wärmeübergang im Rohr

Die Frage nach den Wärmemengen, die bei der Strömung einer Flüssigkeit durch ein Rohr zwischen der Rohrwand und der Flüssigkeit ausgetauscht werden, wenn Rohr und Flüssigkeit verschiedene Temperatur haben, ist in letzter Zeit mehrfach behandelt worden, vgl. etwa die kürzlich in der Physikalischen Zeitschrift erschienene Arbeit von A. SELLERIO[1] sowie die Arbeit von TEN BOSCH in der Zeitschrift des Vereins deutscher Ingenieure, 1926. In diesen Arbeiten wird u. a. eine Beziehung behandelt, die ich früher einmal angegeben habe[2] und die inzwischen von G. I. TAYLOR[3] noch einmal gefunden worden ist. Diese Beziehung behandelt das Zusammenwirken der nur durch Wärmeleitung beteiligten laminaren Schicht an der Rohrwand und der überwiegend durch Konvektion wirkenden inneren Flüssigkeitsmasse. Sie enthält noch zwei auf die turbulente Flüssigkeitsströmung im Rohr bezügliche Größen, von denen besonders die eine in meiner früheren Arbeit ganz unbestimmt bleiben mußte. In der Zwischenzeit sind auf diesem Gebiet erfreuliche Fortschritte gemacht worden, so daß es sich lohnt, die damaligen Rechnungen jetzt wieder aufzunehmen.

Da es für die Leser wohl so am bequemsten ist, übernehme ich hier die Bezeichnungen von SELLERIO. Die in Rede stehende Beziehung ist von ihm in seiner Gl. (IV) wiedergegeben. Diese lautet

$$h = \frac{\lambda \mu c_p u_m}{8} \frac{1}{1 + \frac{u_1}{u_m}\left(\frac{c_p \eta}{\chi} - 1\right)}. \tag{1}$$

Darin ist h die „Wärmeübergangszahl“, d. h. die sekundlich bei 1° Temperaturdifferenz zwischen Wand und Flüssigkeit durch die Flächeneinheit der Rohrwand tretende Wärmemenge. λ ist die Widerstandsziffer der Rohrströmung, definiert durch die Gleichung

$$-\frac{dp}{dx} = \lambda \frac{\mu}{2r} \frac{u_m^2}{2}, \tag{2}$$

[1] Phys. Z. 29. Jg. (1928) S. 55.

[2] Eine Beziehung zwischen Wärmeaustausch und Strömungswiderstand der Flüssigkeiten. Phys. Z. 11. Jg. (1910) S. 1072, vgl. dort Gl. (11) und (12). Herr SELLERIO hatte die Freundlichkeit, in Phys. Z. 29. Jg. (1928) S. 398 schon auf die Übereinstimmung dieser Gleichungen mit seiner Formel (IV) hinzuweisen.

[3] Technical Report of the Adv. Comm. for Aeronautics 1916/17, S. 423; vgl. auch den STANTONschen Artikel „Friction“ in Glazebrooks Dictionary of Applied Physics, Bd. I, S. 401. London 1922.

μ die Dichte, u_m die mittlere Geschwindigkeit, u_1 die Geschwindigkeit an der Grenze zwischen der laminaren Flüssigkeitsschicht an der Wand und der turbulenten Innenmasse; ferner ist r der Rohrradius, c_p die spezifische Wärme, η die Zähigkeit und χ die Wärmeleitung der Flüssigkeit. Durch die angedeuteten Fortschritte der Lehre von den turbulenten Strömungen können nicht nur für λ bessere Angaben als damals gemacht werden, sondern auch für u_1/u_m, das damals unbestimmt blieb, kann jetzt eine Formel angegeben werden, in der allerdings ein Zahlwert noch offenbleibt. H. BLASIUS[1] hat die im Bereich von REYNOLDSschen Zahlen $\mathfrak{R} = u_m r/\nu$ von 1200 bis 50000 sehr gut stimmende Formel angegeben:

$$\lambda = 0{,}3164 \sqrt[4]{\frac{\nu}{u_m d}},$$

die wir in

$$\lambda = 0{,}266 \sqrt[4]{\frac{\nu}{u_m r}} = 0{,}266\,\mathfrak{R}^{-1/4} \tag{3}$$

umschreiben können

$$\left(\nu = \frac{\eta}{\mu} = \text{kinematische Zähigkeit}\right).$$

Über die Geschwindigkeitsverteilung konnte festgestellt werden, daß in dem turbulenten Gebiet der zeitliche Mittelwert der Geschwindigkeit in der Wandnähe proportional der siebenten Wurzel aus dem Wandabstand ist[2]. Mit geringem Fehler kann diese Beziehung bis zur Rohrmitte verwendet werden, so daß mit y = Wandabstand[3]

$$u = u_{\max}\left(\frac{y}{r}\right)^{1/7} \tag{4}$$

ist. An der Wand herrscht Laminarströmung mit einem Geschwindigkeitsanstieg $du/dy = \tau/\eta$, wo τ die Schubspannung in den wandnahen Teilen der Flüssigkeit ist, für die aus dem BLASIUSschen Gesetz die Beziehung

$$\tau = 0{,}0225\,\mu\, u_{\max}^{7/4}\left(\frac{\nu}{r}\right)^{1/4} = 0{,}0225\,\mu\, u_{\max}^2\left(\frac{\nu}{u_{\max} r}\right)^{1/4} \tag{5}$$

folgt[4]. $u_{\max} r/\nu = \mathfrak{R}_1$ ist dabei eine im Verhältnis $u_{\max}/u_{\text{mittel}}$ vergrößerte REYNOLDSsche Zahl (das Verhältnis ist etwa = 1,2). Es sei nun für die

[1] Mitteilungen über Forschungsarbeiten, hrsg. vom VDI, H. 131 (1913).

[2] Vgl. etwa v. KÁRMÁN, Z. angew. Math. Mech. Bd. 1 (1921) S. 233; zwischen dieser Beziehung und der BLASIUSschen Widerstandsformel existiert eine logische Verknüpfung, s. Abschn. 4.

[3] Gemäß dem Nachstehenden ist y nicht genau der wirkliche Abstand von der Wand, sondern dieser Abstand verringert um $\frac{6}{7}$ der Dicke der laminaren Schicht (die allerdings häufig sehr klein ist).

[4] v. KÁRMÁN, s. S. 241.

Rechnung angenommen, daß Laminargebiet und Turbulenzgebiet eine scharfe Grenze hätten, und daß die Grenze da liegt, wo du/dy nach Gl. (4) $= \tau/\eta$ mit τ gemäß Gl. (5) ist, und daß im Laminargebiet die Geschwindigkeit linear, also mit konstantem du/dy, zu Null geht; es ergibt sich also

$$\frac{1}{7}\,\frac{u_{\max}}{r}\left(\frac{r}{y}\right)^{6/7} = 0{,}0225\,\frac{\mu}{\eta}\,u_{\max}^2\,\Re_1^{-1/4};$$

links kann $(r/y)^{6/7}$ durch $(u_{\max}/u)^6$ ersetzt werden, rechts kann $\mu\, u_{\max}/\eta = u_{\max}/\nu = \Re_1/r$ gesetzt werden. Damit erhält man

$$\left(\frac{u_{\max}}{u}\right)^6 = 0{,}1575\,\Re_1^{3/4}$$

oder

$$\frac{u}{u_{\max}} = 1{,}363\,\Re_1^{-1/8}. \tag{6}$$

Das aus dieser Rechnung ermittelte u ist gerade das frühere u_1, so daß nun das gesuchte Verhältnis

$$\frac{u_1}{u_m} = \frac{u_{\max}}{u_m}\,1{,}363\,\Re_1^{-1/8}$$

ist. Mit $u_{\max}/u_m = 1{,}2$ und Einführung von $\Re$ an Stelle von $\Re_1$ wird

$$\frac{u_1}{u_m} = 1{,}2^{7/8}\cdot 1{,}363\,\Re^{-1/8} = 1{,}60\,\Re^{-1/8}. \tag{7}$$

Damit sind die fraglichen Angaben gewonnen, und es wird also die Wärmeübergangszahl, mit $0{,}266/8 = 0{,}03325$ und $\mu\, u_m = (\eta/r)\,\Re$:

$$h = 0{,}03325\,\frac{c_p\,\eta}{r}\;\frac{\Re^{3/4}}{1 + 1{,}6\,\Re^{-1/8}\left(\frac{c_p\,\eta}{\chi} - 1\right)}. \tag{8}$$

Es sei jedoch ausdrücklich erwähnt, daß der Zahlenfaktor 1,6 in Gl. (7) und (8) sehr unsicher ist. In Wirklichkeit ist keine scharfe Grenze des Laminargebietes und des Turbulenzgebietes zu erwarten, da die Wirbel sich bei Annäherung an die Wand ganz allmählich verlieren dürften. Das rein laminare Gebiet, das nur durch Wärmeleitung ohne Konvektion an dem Wärmeübergang beteiligt ist, wird hierdurch offenbar verkleinert, doch ist einstweilen Bestimmtes über den Einfluß auf unseren Zahlwert nicht zu sagen. Versuchszahlen, die bei STANTON (a. a. O.) angegeben sind, lassen einen Zahlwert 1,0 bis 1,1 an Stelle von 1,6 besser erscheinen. Die Entscheidung kann durch Wärmeübergangsversuche in Flüssigkeiten größerer Zähigkeit bei nicht zu kleinen REY-

NOLDSschen Zahlen gewonnen werden[1]; es ist bemerkenswert, daß hier eine rein hydrodynamische Frage durch eine Wärmeübergangsbeobachtung geklärt werden kann.

Für die beiden Sonderfälle $c_p\,\eta/\chi = 1$ und $c_p\,\eta/\chi = \infty$ (das erste näherungsweise erfüllt bei Gasen, das zweite bei sehr zähen Flüssigkeiten von geringeren Wärmeleitvermögen) ergibt die Formel (8) einfache Potenzgesetze; im ersteren Fall wird h proportional $\mathfrak{R}^{3/4}$, im zweiten proportional $\mathfrak{R}^{7/8}$; für Werte von $c_p\,\eta/\chi$ zwischen diesen Grenzen ergeben sich Werte von h, die zwischen diesen beiden Formeln liegen.

Eine für die Anwendung wichtige Frage ist noch die: Welche Temperatur soll man für die Wärmeleitung und für die Zähigkeit in Formel (8) zugrunde legen, da doch beide Größen von der Temperatur stark abhängen. Ich stimme hierin mit Herrn TEN BOSCH[2] überein, der vorschlägt, den Mittelwert zwischen der Wandtemperatur T_w und derjenigen an der Grenze der Laminarschicht gegen das Turbulenzgebiet (T_1) dafür zu wählen. Die Berechnung von T_1 kann so erfolgen, daß man die der Gl. (1) zugrunde liegende Beziehung

$$\frac{T_1 - T_w}{u_1\,\eta}\,\chi = \frac{T_m - T_1}{u_m - u_1}\,c_p\,, \tag{9}$$

die die Gleichheit der durch Leitung in der Laminarschicht übertragenen Wärmemenge mit der durch Konvektion im Turbulenzgebiet fortgeführten zum Ausdruck bringt, nach T_1 auflöst. Dies liefert

$$T_1 = T_w + (T_m - T_w)\,\frac{\dfrac{u_1}{u_m}\,\dfrac{c_p\,\eta}{\chi}}{1 + \dfrac{u_1}{u_m}\left(\dfrac{c_p\,\eta}{\chi} - 1\right)}\,, \tag{10}$$

woraus die gesuchte Mitteltemperatur $\frac{T_w + T_1}{2}$ unter Einführung vorläufiger Werte von η und χ berechnet werden kann. Gegebenenfalls ist die Rechnung mit den verbesserten Werten zu wiederholen.

Zusammenfassung. Eine frühere Formel für den Wärmeübergang im Rohr wird durch neuere Angaben über Eigenschaften der turbulenten Flüssigkeitsströmung ergänzt und eine Vorschrift für die bei der Ermittlung der Konstanten der Flüssigkeit zugrunde zu legende Mitteltemperatur angegeben.

---

[1] Dabei wäre zu beachten, daß der Versuchsstrecke eine Anlaufstrecke von wenigstens 50 Rohrdurchmessern vorgeschaltet ist und daß der Druckabfall für die Wärmeübergangsströmung selbst gemessen wird. Die Temperaturunterschiede sollen klein gewählt werden, damit die Unterschiede in η und χ nicht zu groß werden.

[2] Z. VDI Bd. 70 (1926) S. 912.

Nachtrag bei der Korrektur

In der Zwischenzeit ist über den Wärmeübergang strömender Flüssigkeiten eine Arbeit von L. SCHILLER und TH. BURBACH[1] erschienen, in der u. a. eine neue sehr einfache Formel, dort als Gl. (2) bezeichnet, vorgeschlagen wird. Für die Analyse der Forschungsergebnisse möchte ich aber meiner Formel doch den Vorzug geben, und die obigen Darlegungen lassen mich erwarten, daß der Exponent der Potenzformel abhängig von $\sigma = \chi/\eta\, c_p$ zwischen $\frac{3}{4}$ und $\frac{7}{8}$ variieren wird. Immerhin ist es bemerkenswert, daß die SCHILLERsche Formel die Wärmeübergangsversuche für Luft und für Wasser gleich befriedigend darzustellen vermag.

---

[1] Phys. Z. 29. Jg. (1928) S. 340.

Handbuch der Experimentalphysik Bd. IV, 1. Teil, S. 3—41. Leipzig: Akademische Verlagsgesellschaft 1931

Einführung in die Grundbegriffe der Strömungslehre

§ 1. Vorbemerkung

Das Gebiet der Strömungslehre hat in den letzten Jahren von verschiedenen Seiten ausführliche Behandlung erfahren. Im besonderen finden sich in den Gesamtdarstellungen der reinen und angewandten Physik, die in den letzten Jahren erschienen sind, zusammenfassende Darstellungen verschiedener Art: In dem MÜLLER-POUILLETschen Lehrbuch der Physik, Bd. I, eine bequeme Einführung in den Gegenstand, in dem GEIGER-SCHEELschen Handbuch der Physik, Bd. VII, eine mehr theoretische Darstellung, die sich besonders für fortgeschrittene Leser eignet, und in dem Handbuch der Physikalischen und Technischen Mechanik von AUERBACH und HORT, Bd. V und VI, eine große Reihe von Einzeldarstellungen bis weit in die technischen Anwendungen hinein. Unter diesen Umständen mag es genügen, hier lediglich zur ersten Orientierung derjenigen Leser, denen das Gebiet noch nicht hinreichend vertraut ist, die einfachsten und wichtigsten Beziehungen kurz darzulegen und dann noch die wichtigsten Sätze der hydrodynamischen Theorie zu formulieren[1]. Für das Verständnis der folgenden Kapitel, die sich hauptsächlich mit dem hydrodynamischen und aerodynamischen Versuchswesen und mit den Ergebnissen der experimentellen Forschung befassen, dürften diese kurzen Darlegungen zunächst ausreichen. Für die Vertiefung des Studiums in den Einzelgebieten sei auf die oben erwähnten zusammenfassenden Darstellungen sowie auf die vorhandenen Monographien und Lehrbücher[2] verwiesen.

In den folgenden Abschnitten findet man keine grundsätzliche Einteilung in Bewegungen der Flüssigkeiten und Bewegungen der Gase. Die experimentellen Methoden sind freilich für Wasser und Luft meist ziemlich verschieden, aber innerlich besteht eine so starke Gemeinsam-

---

[1] Vgl. Beitrag 2 (FALKENHAGEN).

[2] Vgl. etwa hier das Folgende:

a) *Über Hydraulik:* „Hydraulik" von PH. FORCHHEIMER. Leipzig 1914. Lehrbuch der Hydraulik von TH. PÖSCHL. Berlin 1924.

b) *Über Hydrodynamik und Aerodynamik:* Vorträge aus dem Gebiete der Hydro- und Aerodynamik (Innsbruck 1922), hrsg. von TH. v. KÁRMÁN und T. LEVI-CIVITA. Berlin 1924. Vier Abhandlungen zur Hydrodynamik und Aerodynamik von L. PRANDTL und A. BETZ. Göttingen 1927 (Auslieferung durch J. Springer, Berlin). Mathematische Strömungslehre von Dr. WILH. MÜLLER. Berlin 1928. O. TIETJENS: Hydro- und Aerodynamik, nach Vorlesungen von L. PRANDTL. Berlin 1929. In Vorbereitung: Abriß der Strömungslehre von L. PRANDTL (erweiterter Abdruck aus dem Lehrbuch MÜLLER-POUILLET).

keit der Bewegungsgesetze, daß es richtig schien, überall da, wo es möglich ist, diese Gemeinsamkeit in der Darstellung hervortreten zu lassen.

Die Gase sind zwar in viel höherem Maße zusammendrückbar als die Flüssigkeiten. Zur merklichen Zusammendrückung gehören aber beträchtliche Druckänderungen. Die Frage ist also so zu stellen, ob bei der Strömung eines Gases solche beträchtlichen Druckänderungen auftreten oder nicht. Ist dies nicht der Fall, so sind die Volumenänderungen in der strömenden Gasmasse nur gering, und es ist dann eine Forderung der Denkökonomie, sie vollständig zu vernachlässigen. Solche Gasströmungen unterscheiden sich dann in nichts mehr von denen volumbeständiger Flüssigkeiten. Zu dieser Art von Gasströmungen gehören diejenigen mit kleinen und mäßig großen Geschwindigkeiten sowie mit mäßigen Höhenabmessungen der bewegten Gasmasse. Betrachtet man Volumenänderung von 1% als vernachlässigbar klein, so kann man eine Luftströmung als volumbeständig behandeln für Geschwindigkeiten bis zu rd. 50 m/sec und für Höhenausdehnungen bis zu 100 m[1]. Wenn man Volumenänderungen von 10% noch vernachlässigen will, so kann man bis 150 m/sec und 1000 m Höhe gehen. Die Volumenänderungen werden jedoch sehr beträchtlich und beeinflussen die Strömungsform in fühlbarer Weise, wenn die Strömungsgeschwindigkeiten von der Größenordnung der Schallgeschwindigkeit (rd. 340 m/sec) werden. Bei Strömungsgeschwindigkeiten, die größer als die Schallgeschwindigkeit sind, ergibt sich sogar ein gegenüber dem bei gewöhnlichen Flüssigkeiten üblichen Verhalten völlig geänderter Charakter der Strömung.

§ 2. Darstellung der Flüssigkeitsbewegungen

Die Flüssigkeiten und Gase bestehen in Wirklichkeit aus Ansammlungen von gegeneinander beweglichen Molekeln, die in heftiger Wärmebewegung gegeneinander begriffen sind. Diese Bewegungen entziehen sich jedoch der Beobachtung, und man ersetzt deshalb in den theoretischen Betrachtungen die wirklichen Flüssigkeiten und Gase durch gedachte kontinuierliche Medien. Die vollständige Angabe der Bewegung eines solchen Kontinuums würde darin bestehen, daß man für jedes Teilchen die Bahn, die es im Laufe der Zeit beschreibt, in ihrer Abhängigkeit von der Zeit angibt, wobei im allgemeinen die Bahnen unmittelbar benachbarter Teilchen immer benachbart bleiben. Meist begnügt man sich jedoch mit einer einfacheren Angabe, die darauf verzichtet, die Individualität jedes Flüssigkeitsteilchens im

---

[1] Für andere zweiatomige Gase sind die Höhen umgekehrt proportional dem Molgewicht zu verändern, die Geschwindigkeiten umgekehrt proportional der Wurzel.

einzelnen zu verfolgen, und die darin besteht, daß man für jeden Zeitmoment die Verteilung der Geschwindigkeiten im ganzen Raum angibt. Werden die Geschwindigkeiten durch ihre rechtwinkligen Komponenten u, v und w angegeben, so hat man also drei Funktionen der Raumkoordinaten x, y, z und der Zeit t zur Beschreibung der Bewegung nötig. Dies ist die Methode, die in der mathematischen Hydrodynamik meist verwendet wird.

Um eine anschaulichere Darstellung vom augenblicklichen Strömungszustand einer Flüssigkeit zu gewinnen, hat man die sogenannten Stromlinien eingeführt, die den „Kraftlinien" der elektrischen und magnetischen Kraftfelder ganz analog sind, nämlich Linien, die überall in der Richtung der Geschwindigkeit verlaufen, d. h. deren Tangente überall die Richtung des Geschwindigkeitsvektors zeigt.

Solche Bewegungen, die in der Zeit unverändert andauern, bei denen also an ein und demselben Raumpunkt dauernd dieselbe Geschwindigkeit sowohl der Größe wie der Richtung nach vorhanden ist, werden „stationäre Bewegungen" genannt. Bei den stationären Bewegungen sind also die Geschwindigkeitskomponenten u, v, w nur Funktionen der Raumkoordinaten x, y, z, nicht aber der Zeit. Die Stromlinien sind hier zeitlich unverändert und stimmen mit den Bahnen der Teilchen überein. Bei zeitlich veränderlichen Bewegungen ist das dagegen durchaus nicht der Fall, da die Stromlinien ein Bild der augenblicklich *nebeneinander* vorhandenen Geschwindigkeitsrichtungen geben, die Bahnen aber die im Laufe der Zeit von *einem* Teilchen *nacheinander* eingenommenen Geschwindigkeitsrichtungen zeigen.

Es mag hier auch darauf hingewiesen werden, daß die Stromlinien ein und derselben Strömung, ebenso wie die Bahnlinien, ganz verschiedenes Aussehen haben, wenn das Bezugssystem gewechselt wird, wenn also z. B. bei der Bewegung eines Körpers in einer Flüssigkeit der Beobachter einmal relativ zu der ungestörten Flüssigkeit in Ruhe ist und ein andermal sich mit dem Körper mitbewegt, so daß für ihn nun der Körper ruht und die Flüssigkeit dem Körper entgegenströmt.

Die Stromlinien können sichtbar gemacht werden, wenn man auf die Flüssigkeitsoberfläche oder in das Flüssigkeitsinnere kleine Teilchen streut, die die Bewegung der Flüssigkeit mitmachen. Bei einer kurzen Zeitaufnahme zieht jedes Teilchen auf der photographischen Platte einen kurzen Strich. Diese Striche fügen sich bei hinreichend dichter Bestreuung, wenn man die Aufnahmen betrachtet, zu einem Stromlinienbild zusammen (Bahnlinien würde man erhalten, wenn man bei wenig dichter Bestreuung lange Zeitaufnahmen macht). Die beiden Bilder Abb. 1 und 2 stellen Aufnahmen der gleichförmigen Bewegung eines elliptischen Zylinders in ruhender Flüssigkeit von zwei Bezugssystemen aus dar, die eine (Abb. 1) ist von einer ruhenden Kamera, die andere (Abb. 2) von einer mit dem Zylinder mitbewegten Kamera aufgenommen. Die Aufnahmen sind durch Bestreuung der Wasseroberfläche mit Aluminiumpulver erhalten (vgl. auch Beitrag TIETJENS, Handb. Exp. Physik, Bd. IV, 1. Teil. Leipzig: Akad. Verl.-Ges. 1931, S. 669) und stellen daher die Bewegung der Oberfläche dar, die in diesem Fall aber mit der Bewegung in der Tiefe übereinstimmt.

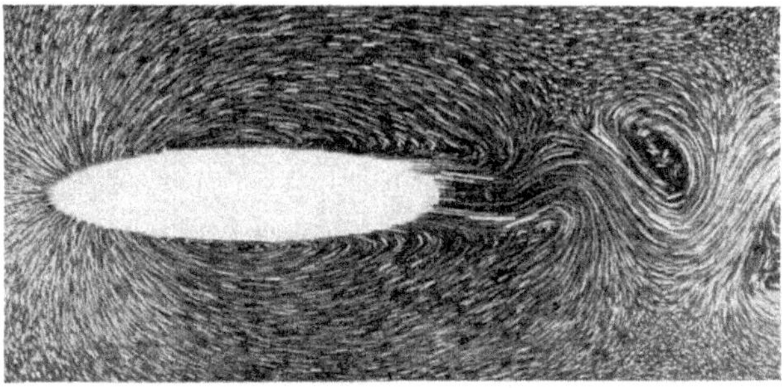

Abb. 1. Bewegung eines elliptischen Zylinders in Wasser, Kamera stillstehend

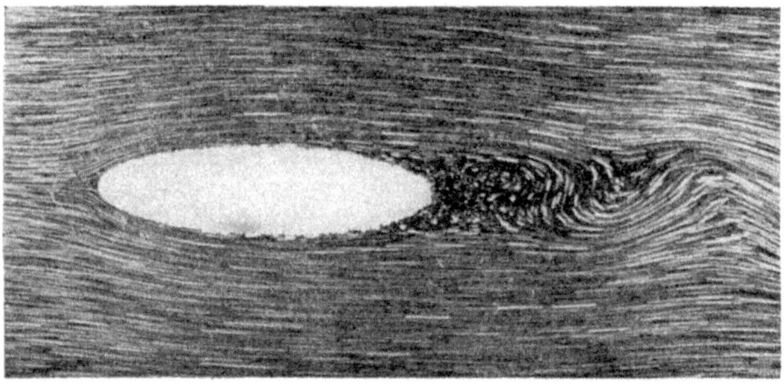

Abb. 2. Bewegung eines elliptischen Zylinders in Wasser, Kamera mitfahrend

Zieht man durch alle Punkte einer geeigneten kleinen geschlossenen Kurve die Stromlinien, so bilden diese, wenn das „Geschwindigkeitsfeld“ überall stetig ist, auf beliebig lange Erstreckung eine Röhre; diese hat die besondere Eigenschaft, daß die Flüssigkeit in ihr in dem betrachteten Augenblick wie in einer festen Röhre strömt (denn sie strömt definitionsgemäß parallel den Stromlinien; ein Durchdringen durch die Röhrenwand würde eine Geschwindigkeitskomponente quer zu dieser, also quer zu den Stromlinien voraussetzen, was deren Definition widerstreitet). Man nennt solche Röhren „Stromröhren“, ihr flüssiger Inhalt wird als „Stromfaden“ bezeichnet. Bei stationären Bewegungen bleiben die Stromröhren dauernd bestehen, und die Teilchen in ihnen fließen dauernd darin wie in einer festen Röhre. Bei nichtstationären Bewegungen dagegen sind in einem späteren Augenblick im allgemeinen andere Teilchen miteinander durch Stromröhren verbunden als vorher. Man kann den ganzen von der Flüssigkeit erfüllten Raum in solche Stromröhren aufgeteilt denken und erhält damit ein sehr anschauliches Bild von der Flüssigkeitsströmung.

Bei vielen einfacher gearteten Aufgaben, besonders Strömungen durch Röhren und Kanäle, ist es erlaubt, den ganzen von der Strömung erfüllten Raum als einen einzigen Stromfaden anzusehen. Man kümmert sich dann nicht um die Unterschiede der Geschwindigkeiten in einem Querschnitt, sondern strebt nur Aussagen über die mittlere Geschwindigkeit dortselbst an. Von diesem Verfahren machen besonders die Ingenieure bei ihren praktischen Berechnungen einen umfangreichen Gebrauch.

§ 3. Kontinuität

Nicht jedes beliebige Geschwindigkeitsfeld stellt eine mögliche Flüssigkeitsströmung dar, sondern es ist zu fordern, daß die Konstanz der Materie gewahrt bleibt. Nirgends kann Materie verschwinden noch auch neue entstehen. Die Formulierung dieser Bedingung wird am einfachsten bei den stationären Bewegungen, wenn die Gestalt der Stromlinien bereits hinreichend bekannt ist. Man betrachtet dann einen Stromfaden und hat nur auszudrücken, daß durch jeden Querschnitt desselben in der Zeiteinheit gleich viel Masse strömt.

Ist F der Querschnitt des Stromfadens an einer bestimmten Stelle, w[1] die mittlere Geschwindigkeit in diesem Querschnitt und ϱ die Dichte dortselbst, so ist das in der Zeiteinheit durch den Querschnitt fließende Flüssigkeitsvolumen $= F w$ und die in der Zeiteinheit hindurchfließende Masse $= \varrho F w$. Die Kontinuität fordert also, daß $\varrho F w$ in allen Querschnitten desselben Stromfadens denselben Wert haben muß. Hieraus folgt auch, daß ein Stromfaden einer stationären Strömung im Innern der Flüssigkeit nirgends aufhören kann. Er kann sich von einer Grenze des betrachteten Raumes bis an eine andere Grenze dieses Raumes erstrecken, oder er kann in sich zurücklaufen.

Handelt es sich um Strömungen, bei denen keine Volumenänderungen auftreten, also z. B. um solche einer unzusammendrückbaren Flüssigkeit, so gelten die im Vorstehenden für die durch einen Querschnitt fließende Masse ausgesprochenen Beziehungen auch für das Volumen, und da

[1] Der Buchstabe w für Strömungsgeschwindigkeiten (statt v) ist deshalb gewählt, weil bei Rechnungen über die Strömungen von Gasen mit merklicher Volumenänderung mit v das Volumen der Masseneinheit bezeichnet werden soll, im Einklang mit der Bezeichnungsweise der Thermodynamik, die in diese Dinge mit hineinspielt.

hier keinen Augenblick lang durch einen Querschnitt eines Stromfadens mehr Volumen hindurchfließen kann als durch irgendeinen anderen, kann hier auch die Beschränkung auf stationäre Bewegungen fallen. Für volumenbeständige Strömungen gilt also allgemein

$$F w = \text{konst.}, \tag{1}$$

d. h. die Geschwindigkeit ist dem Querschnitt des Stromfadens umgekehrt proportional. Teilt man den ganzen von der Flüssigkeit durchströmten Raum in lauter Stromröhren auf, durch die sämtlich in der Zeiteinheit gleiche Flüssigkeitsmengen fließen, so werden sich da, wo die Geschwindigkeit groß, also der Stromfadenquerschnitt klein ist, viele Stromfäden zusammendrängen, da, wo die Geschwindigkeit klein ist, werden sie sich entsprechend weiter ausdehnen. Die Zahl der Stromfäden, die jeweils die Flächeneinheit durchsetzen, ist proportional zu der Geschwindigkeit an diesem Ort. Das Stromröhrenbild dient also bei der volumenbeständigen Strömung nicht nur durch seine Richtung an jedem Ort, sondern auch durch seine Dichtigkeit zur Veranschaulichung der Strömung.

Wird bei der vereinfachten Darstellung von Strömungen durch vorgegebene Kanäle die ganze Strömung als ein einziger Stromfaden behandelt, so geben die vorgegebenen Querschnitte gleich die Stromfadenquerschnitte ab, und es läßt sich die mittlere Geschwindigkeit an jeder Stelle einer derartigen volumenbeständigen Strömung aus der Beziehung

$$F w = Q \tag{1a}$$

ermitteln, wobei Q das in der Zeiteinheit geförderte Volumen („Fördervolumen", „Ergiebigkeit" der Strömung) bedeutet. Man nennt eine solche Behandlung einer Strömung, bei der nur noch eine unabhängige Veränderliche, nämlich die längs der Röhrenachse gemessene Entfernung des betreffenden Querschnittes von irgendeinem Anfangspunkt in Betracht kommt, „eindimensionale Behandlung", im Gegensatz zu der dreidimensionalen Behandlung, bei der die räumliche Veränderlichkeit der Geschwindigkeit und der übrigen Größen voll berücksichtigt wird. Soweit es sich um Wasser handelt, faßt man die Gesamtheit der eindimensional behandelten Aufgaben unter dem Sammelnamen *Hydraulik* zusammen. Die mehrdimensional behandelten Aufgaben werden dagegen unter dem Namen *Hydrodynamik* zusammengefaßt. Bei den Aufgaben, die aus dem Gebiet der Luftfahrt und aus anderen Anwendungsgebieten der Luftströmungen stammen, verwendet man auch gern den Namen *Aerodynamik*. Bezüglich der dreidimensionalen Behandlung wird auf den folgenden Beitrag sowie auf die erwähnten ausführlicheren Lehrgänge verwiesen.

§ 4. Kräfte in Flüssigkeiten

Von der Lehre vom Gleichgewichtszustand einer ruhenden Flüssigkeit sind für das Nachstehende die folgenden Sätze von Wichtigkeit:

1. Die Flüssigkeiten setzen einer Gestaltsänderung, die mit verschwindend kleiner Geschwindigkeit erfolgt, keinen merklichen Widerstand entgegen. Im Zusammenhang damit ist der Druck an einem Punkt der ruhenden Flüssigkeit nach allen Richtungen hin gleich (der Spannungstensor also eine Kugel).

2. In einer schweren Flüssigkeit herrscht in jeder Fläche senkrecht zur Schwererichtung konstanter Druck.

3. In der Richtung der Schwere nimmt der Druck auf die Längeneinheit um $\gamma = g\,\varrho$ zu, wo ϱ die Dichte, g die Fallbeschleunigung ist (γ ist damit das Gewicht der Raumeinheit). In einem begrenzten Raum kann die Fallbeschleunigung als überall parallel und konstant angesehen werden; dann ist der Druck p in einer Höhe z über einer gegebenen Ebene, in der der Druck p_0 herrscht, gleich $p_0 - \gamma z$.

Die Methode, mit der diese Beziehungen abgeleitet zu werden pflegen, besteht darin, daß man das Kräftegleichgewicht an einem kleinen, aus der Flüssigkeit herauspräparierten Körperchen betrachtet. Für die letztere Beziehung eignet sich z. B. ein Zylinderchen mit der Achsenrichtung parallel der Lotrichtung. Der Druck am unteren Ende des Zylinderchens ist dann größer als der am oberen Ende, und der Unterschied der Druckkräfte oben und unten hält dem Gewicht des Zylinderinhaltes das Gleichgewicht.

Die beiden Kräfte Schwere und Druckunterschied finden sich auch bei den bewegten Flüssigkeiten vor, nur daß das Druckgefälle hier irgendwelche beliebige Richtungen aufweist. Zu diesen beiden Kräften auf das betrachtete Flüssigkeitselement kommen hier noch die von der Flüssigkeitsreibung verursachten Kräfte. Diese Reibungskräfte werden durch die Formänderungen der Flüssigkeitsteilchen geweckt und können in allen Fällen, wo es sich nicht um übermäßig zähe Flüssigkeiten handelt, als genau proportional den Formänderungsgeschwindigkeiten angesehen werden. Das Maß für die Größe der zu einer bestimmten Formänderungsgeschwindigkeit gehörigen Reibungskräfte wird „Zähigkeit" genannt. In § 11 werden darüber nähere Angaben folgen. Hier mag nur festgestellt werden, daß die gewöhnlichen Flüssigkeiten (Wasser, Luft usw.) eine sehr geringe Zähigkeit besitzen und deshalb unter den meist vorliegenden Verhältnissen nur sehr geringe Reibungswiderstände aufweisen. Es hat deshalb einen guten Sinn, beim Studium der Flüssigkeitsbewegung den Grenzfall der gänzlich reibungslosen Flüssigkeit zu studieren. Dies empfiehlt sich um so mehr als nur die reibungslose Flüssigkeit einfache mathematisch gut beherrschbare Gesetze liefert, während das mathematische Studium der Vorgänge mit Reibung fast immer sehr mühselig, in den meisten Fällen aber sogar hoffnungslos ist. Natürlich stimmen die Bewegungen der wirklichen Flüssigkeiten, auch wenn ihre Zähigkeit nur gering ist, nicht völlig mit den für die reibungslose Flüssigkeit berechneten überein, deshalb ist es in sehr vielen Fällen nötig, die theoretisch erhaltenen Gesetze durch den Versuch zu überprüfen.

§ 5. Bernoullische Gleichung

Für die stationäre Strömung einer reibungslosen Flüssigkeit ergibt sich ein sehr einfacher Zusammenhang zwischen dem Druck und der Geschwindigkeit der Flüssigkeit, der im Grunde nichts anderes aussagt, als daß bei der Bewegung eines Flüssigkeitsteilchens seine Energie konstant bleibt. Für volumenbeständige homogene schwere Flüssigkeiten läßt sich diese Beziehung so ausdrücken, daß die Summe der folgenden drei Höhen konstant ist: Ortshöhe z, Druckhöhe p/γ und Geschwindigkeitshöhe $w^2/2g$ [1]:

$$z + \frac{p}{\gamma} + \frac{w^2}{2g} = \text{konst.} \tag{2a}$$

Diese Formulierung der in Rede stehenden Beziehung findet sich vor allem in der Literatur der Wasserbau- und Wasserkraftingenieure, da im Wasser Druckhöhen durch die Steighöhe $h = p/\gamma$ gemessen werden und auch die Geschwindigkeitshöhen mit Hilfe des Pitot-Rohres (vgl. § 6, c) in Steighöhen einer Wassersäule abgelesen werden können. Bei den Aerodynamikern ist es mehr üblich, Drücke anzugeben. Dort findet man daher eine Gleichung bevorzugt, die aus der vorigen durch Multiplikation mit $\gamma = \varrho\, g$ entsteht. Sie lautet

$$\gamma z + p + \varrho \frac{w^2}{2} = \text{konst.} \tag{2b}$$

Das erste Glied ist der Gewichtsdruck einer Flüssigkeitssäule, das dritte der sogenannte Staudruck (vgl. § 6, c). Unsere Beziehung sagt offenbar folgendes aus:

Zunächst ist, wenn die Geschwindigkeit $w = 0$ gesetzt wird, das hydrostatische Druckgesetz erfüllt: $p + g\, z =$ konst. Ist die Geschwindigkeit dagegen von Null verschieden, so ist der Druck um so niedriger, je größer die Geschwindigkeit ist. Unter sonst gleichen Umständen ist er also an einem Punkt der Strömung, wo die Geschwindigkeit Null ist, am höchsten, und am tiefsten da, wo das Geschwindigkeitsmaximum ist.

---

[1] Höhe, die ein Körper im luftleeren Raum fallen muß, um die Geschwindigkeit w zu erlangen.

Alle Ableitungen einer Gesetzmäßigkeit aus dem Energieprinzip sind mit Vorsicht zu genießen, und es ist zur Klärung des Geltungsbereiches unserer Formel besser, andere Ableitungen heranzuziehen, die dieses Prinzip nicht benutzen. Man gelangt zu der Beziehung (2a) bzw. (2b) auch in folgender Weise:

Wir wenden die NEWTONsche Gleichung *Kraft* = *Masse* × *Beschleunigung* auf ein kleines Zylinderchen an, dessen Achse wir zweckmäßig in die Richtung der Geschwindigkeit der stationären Strömung legen und sehen dann, was für Aussagen sich durch Integration der erhaltenen Beziehung gewinnen lassen. Die Beschleunigung ergibt sich bei der stationären Bewegung daraus, daß ein herausgegriffenes Flüssigkeitsteilchen von seinem Ort an andere Orte gelangt, an denen eine andere Geschwindigkeit herrscht. Die longitudinale Beschleunigung, die hier zunächst allein ermittelt werden soll, ist die auf die Zeiteinheit bezogene Größenänderung der Geschwindigkeit. In dem Zeitabschnitt dt ändert sich die Geschwindigkeit um

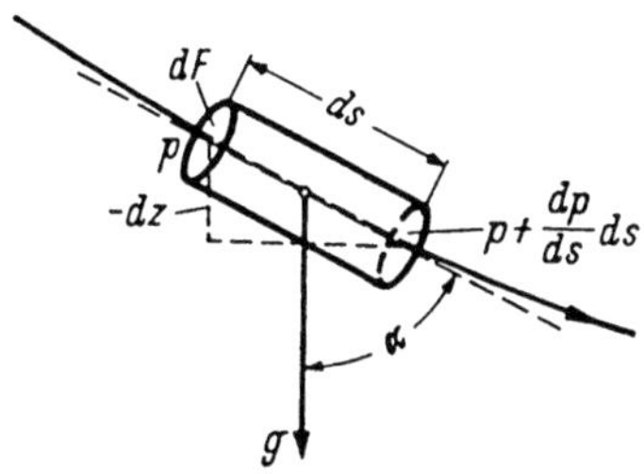

Abb. 3

$$dw = \frac{\partial w}{\partial s} ds,$$

wobei offenbar die Ortsänderung $ds = w\,dt$ ist. Wir erhalten also die Beschleunigung

$$\frac{dw}{dt} = w\frac{dw}{ds} = \frac{d}{ds}\left(\frac{w^2}{2}\right).$$

An unserem Zylinderchen, das den Querschnitt dF und die Länge ds haben mag, vgl. Abb. 3, und dessen Masse infolgedessen $= \varrho\, dF\, ds$ ist, wirken nun die folgenden Kräfte:

Erstens ein Druckunterschied. Der Druck an dem stromaufwärts gelegenen Ende des Zylinderchens habe den Wert p, er wirkt dann auf die dortige Endfläche dF mit einer Kraft $p\,dF$. An dem stromabwärts gelegenen Ende hat er den etwas veränderten Wert $p + \frac{\partial p}{\partial s} ds$, so daß sich also die Resultierende aus den beiden Druckkräften zu

$$p\,dF - \left(p + \frac{\partial p}{\partial s} ds\right) dF = -\frac{\partial p}{\partial s} ds\, dF$$

ergibt. Auf die Flüssigkeit wirkt ferner die Schwerkraft, deren Wirkung auf die Masseneinheit $= g$ sei; schließt die Richtung der Schwerkraft mit der Strömungsrichtung einen Winkel α ein, so ergibt sich an der

Masse $\varrho\, dF\, ds$ in Richtung der Bewegung eine Kraftkomponente

$$= \varrho\, dF\, ds\, g \cos\alpha\,.$$

In der Gleichung: Kraft = Masse × Beschleunigung hat jetzt jedes Glied den Faktor $dF\, ds$, der infolgedessen fortgelassen werden kann (d. h., das willkürlich gewählte Teilchenvolumen ist für das Endergebnis ohne Belang). Dividiert man nun noch durch ϱ, so wird

$$-\frac{1}{\varrho}\frac{\partial p}{\partial s} + g\cos\alpha = \frac{d}{ds}\left(\frac{w^2}{2}\right). \tag{3}$$

Gewöhnlich handelt es sich bei der Massenkraft allein um die Schwerkraft, dann ist g nach Größe und Richtung konstant, und für $\cos\alpha$ kann, vgl. Abb. 3, mit z = vertikale Koordinate, $-\frac{\partial z}{\partial s}$ geschrieben werden.

Hiermit sind sämtliche Glieder Differentialquotienten nach s; die Gl. (2) kann daher in diesem Fall längs der Stromlinie integriert werden. Aus

$$\frac{1}{\varrho}\frac{\partial p}{\partial s} + g\frac{\partial z}{\partial s} + \frac{\partial}{\partial s}\left(\frac{w^2}{2}\right) = 0$$

wird somit

$$\frac{p}{\varrho} + g\,z + \frac{w^2}{2} = \text{konst.} \tag{4}$$

Dies ist eine dritte Form unserer Gleichung, deren Summanden Energien je Masseneinheit darstellen. Das Wesentliche, was aus dieser Ableitung folgt, ist, daß unsere Gleichung zunächst nur für die längs einer Stromlinie befindlichen Teilchen gültig ist, denn sie ist durch eine Integration längs einer Stromlinie erhalten worden, und es ist durchaus möglich, daß die Integrationskonstante, die auf der rechten Seite der Gleichung steht, bei verschiedenen Stromlinien verschiedenen Wert hat. Diese Bemerkung ist von sehr großer Wichtigkeit, wie sich noch zeigen wird. Die Gleichung wird nach ihrem Entdecker, Daniel Bernoulli (1738), *Bernoullische Gleichung* genannt.

§ 6. Folgerungen aus der Bernoullischen Gleichung

Die Bernoullische Gleichung ist eine der wichtigsten Beziehungen der Hydrodynamik der reibungslosen Flüssigkeit. Einige charakteristische Beispiele für ihre Anwendung mögen hier folgen.

a) Stationäre Bewegung von freien Flüssigkeitsoberflächen

Herrscht auf der Oberfläche ein konstanter Druck (der Luftdruck), so reduziert sich die Bernoullische Gleichung, die wir hier in der Gestalt (2a) verwenden wollen, auf

$$\frac{w^2}{2g} + z = \text{konst.},$$

eine Beziehung, die auch in der Punktmechanik für schwere, auf reibungsloser Bahn geführte Massenpunkte erhalten wird. Ist in irgendeiner Höhe z_1 $w = 0$, dann ist die Geschwindigkeit w irgendeiner anderen tiefer gelegenen Stelle z

$$w = \sqrt{2g(z_1 - z)} = \sqrt{2gh}. \tag{5}$$

Diese Beziehung gilt z.B. für die Oberflächenteilchen einer stationären Wellenbewegung in einem Fluß, ferner für den Überfall über ein Wehr u. dgl.; sie gilt aber auch für Stromlinien, die von einer freien Oberfläche ausgehen und später wieder einer anderen freien Oberfläche angehören, wie es bei dem Ausfluß aus einem Gefäß der Fall ist, wo eine Stromlinie an dem freien Wasserspiegel beginnt und sich später in dem freien Strahl, der aus der Öffnung herausfließt, wiederfindet. In dieser Anwendung heißt die vorstehende Beziehung „TORICELLIsches Theorem".

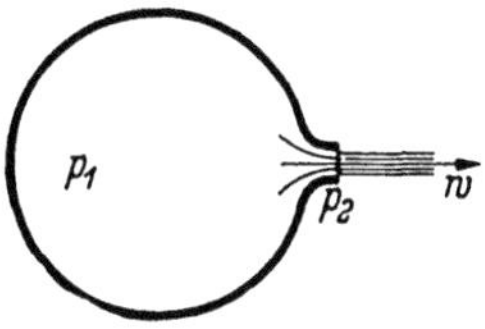

Abb. 4

b) Für den *Ausfluß aus einem Gefäß unter der Wirkung eines inneren Überdruckes* kann man die Betrachtung folgendermaßen führen:

In dem Gefäß, Abb. 4, herrsche der Druck p_1, im Außenraum der Atmosphärendruck p_0. Für eine Stromlinie, die waagerecht verläuft, ist $z_A = z_B$, die BERNOULLIsche Gleichung liefert daher, wenn die Geschwindigkeit bei A als vernachlässigbar klein angesehen wird,

$$p_0 + \frac{\varrho w^2}{2} = p_1 + 0,$$

also

$$w = \sqrt{\frac{2(p_1 - p_0)}{\varrho}} = \sqrt{\frac{2g(p_1 - p_0)}{\gamma}}. \tag{6}$$

Bezeichnet man die Höhe $\frac{p_1 - p_0}{\gamma}$, d. i. die Höhe einer Flüssigkeitssäule vom Raumgewicht γ, zwischen deren oberem und unterem Ende der Druckunterschied $p_1 - p_0$ herrscht, mit h, so wird aus Formel (6) wieder $w = \sqrt{2gh}$.

Die Formel (6) gibt uns eine Möglichkeit, die Größe derjenigen Geschwindigkeit abzuschätzen, bis zu der es noch erlaubt ist, ein Gas als volumenbeständige Flüssigkeit zu behandeln. Die Grenzgeschwindigkeit w_1 hängt natürlich von der Größe derjenigen Dichteschwankung ab, die man noch zulassen will, und ist daher um so kleiner, je höher die gestellten Ansprüche an die Genauigkeit sind. Nimmt man etwa die zulässige Dichteänderung $\frac{\Delta\varrho}{\varrho} = 1\%$, also 0,01, so ergibt sich für die Druckdifferenz Δp, da wegen $p v^{\varkappa} =$ konst.[1] oder $p =$ konst. $\varrho^{\varkappa}$ $\frac{\Delta p}{p} \approx \varkappa \frac{\Delta\varrho}{\varrho}$ ist, $\Delta p = \varkappa\, p_0 \frac{\Delta\varrho}{\varrho}$; in kg/m² ergibt dies, wenn es sich um Luft von gewöhnlichem Druck handelt, rd. $1{,}4 \cdot 10330 \cdot 0{,}01 = 144{,}5\,\text{kg/m}^2$; mit einem Mittelwert von $\varrho = 0{,}125\,\text{kg sec}^2/\text{m}^4$ wird somit

$$w_1 = \sqrt{\frac{2\Delta p}{\varrho}} = \sqrt{2312} = \text{rd. } 48\ \text{m/sec.}$$

Läßt man 10 v. H. Dichteschwankung zu, dann erhält man aus unserer Näherungsformel eine $\sqrt{10}$mal größere Geschwindigkeit, also rd. 150 m/sec. Die Wirkung der Dichteschwankung ist zweierlei Art; kinematisch ändern sich die Stromfadenquerschnitte, dynamisch wird das Maß der zu einer Beschleunigung gehörigen Druckänderung beeinflußt.

c) Aufstau vor einem Hindernis

Befindet sich in einer gleichförmigen Flüssigkeitsströmung von der Geschwindigkeit w_0 ein Hindernis, so staut sich unmittelbar vor dem Hindernis die Strömung an und zerteilt sich nach allen Seiten, um das Hindernis zu umfließen, vgl. Abb. 5. Im Mittelpunkt des Staugebietes, dem „Staupunkt", kommt die Strömung völlig zur Ruhe. Die BERNOULLIsche Gleichung liefert also für die durch den Staupunkt gezogene Stromlinie, wenn der Druck am Staupunkt p_1 und der ungestörte Druck in der gleichen Höhe p_0 heißt,

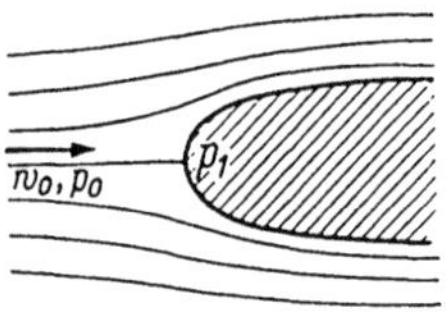

Abb. 5
Staupunktströmung

$$p_1 + 0 = p_0 + \frac{\varrho\, w_0^2}{2},$$

also

$$p_1 = p_0 + \varrho \frac{w_0^2}{2}. \tag{7}$$

Der Druckanstieg $p_1 - p_0 = \varrho \frac{w_0^2}{2}$ führt den Namen „*Staudruck*". In der Ingenieurliteratur findet man dafür auch die Bezeichnung „dynamischer Druck". Die Beobachtung dieses Druckanstieges liefert ein Mittel zur Feststellung von Strömungsgeschwindigkeiten. Wird ein Körper mit der Geschwindigkeit v durch ruhende Luft (oder Flüssigkeit) bewegt, so spielt sich bezüglich eines mit ihm mitbewegten Bezugssystems die Strömung ebenso wie vorstehend beschrieben ab. Auch in diesem Fall wird daher eine Druckerhöhung $= \varrho \frac{v^2}{2}$ beobachtet. — Weist das Hindernis am Staupunkt eine Anbohrung auf, so pflanzt sich der Druck p_1 durch diese ins Innere fort und kann zu einem Meßinstrument geleitet

[1] Gesetz für adiabatische Zustandsänderung, d. h. Zustandsänderung ohne Wärmezufuhr und -abfuhr.

werden. Zur Messung des Druckes $p_1 = p + \varrho \frac{w^2}{2}$ in irgendeiner Strömung genügt als „Hindernis" ein einfaches, umgebogenes Rohr, vgl. Abb. 6, das nach seinem Erfinder PITOT-Rohr heißt. Den Druck p_1, den das PITOT-Rohr an irgendeiner Stelle in einer strömenden Flüssigkeit anzeigt, nennen die Ingenieure den „Gesamtdruck" im Gegensatz zu dem Druck der ungestörten Flüssigkeit p, den sie den „statischen Druck" nennen. Es ist also in dieser Ausdrucksweise

Gesamtdruck = statischer Druck + dynamischer Druck.

Die Messung des statischen Druckes in einer strömenden Flüssigkeit macht Schwierigkeiten, da jede Sonde, die man in die Flüssigkeit bringt, das Druckfeld an ihrem Ort stört. Über die Form von geeigneten Drucksonden vergleiche man die Ausführungen in § 10, ferner die ausführliche Darlegung im Beitrag PETERS[1].

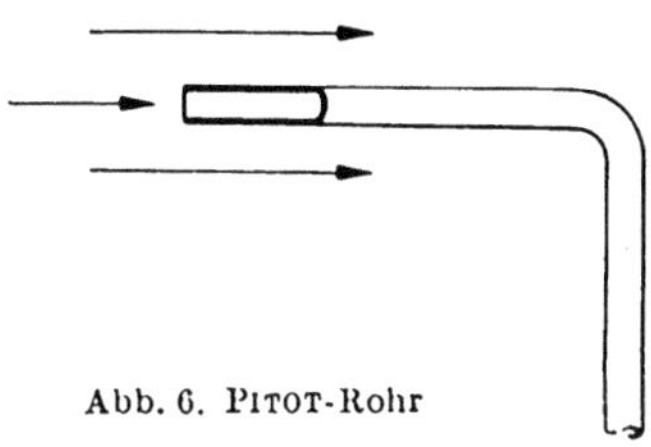

Abb. 6. PITOT-Rohr

Eine andere Einteilung des Druckes einer strömenden Flüssigkeit, die allerdings nur für homogene volumenbeständige Flüssigkeiten streng durchführbar ist, ist die folgende: Man kann den Druck (statischen Druck im obigen Sinne) zerlegen in zwei Summanden, von denen der eine nur von der Schwerewirkung und der andere nur von den Bewegungsvorgängen abhängt. Der erstere für sich allein liefert eine Druckverteilung in der Flüssigkeit, wie sie die Schwere in einer *ruhenden* Flüssigkeit hervorrufen würde, der letztere eine Druckverteilung, wie sie in einer der Schwere nicht unterworfenen, aber massenträgen Flüssigkeit vorhanden sein würde. Die beiden Anteile mögen „Schweredruck" und „Bewegungsdruck" heißen. Für den Schweredruck gilt also:

Druckhöhe + Ortshöhe = konst.,

für den Bewegungsdruck dagegen:

Druckhöhe + Geschwindigkeitshöhe = konst.

Es mag bemerkt werden, daß bei einer Druckmessung mit Hilfe einer beweglichen Sonde und einem fest stehenden Meßgerät, das mit der Sonde durch einen Schlauch oder dgl. verbunden ist, der Schweredruck am Ort des Meßgerätes nach dem Prinzip der kommunizierenden Gefäße unverändert bleibt, wenn die Sonde bewegt wird. Man beobachtet also mit einer solchen Sonde (vgl. § 10) nur den Bewegungsdruck.

Bei der vorstehenden Einteilung bleibt bei jedem der Druckanteile eine Konstante willkürlich, und nur die Summe der beiden Konstanten muß so sein, daß

---

[1] Handb. Exp. Physik, Bd. IV, 1. Teil, S. 490 ff. Leipzig: Akad. Verl.-Ges. 1931.

die Summe der Drücke den wirklichen statischen Druck liefert. (In manchen Fällen kann man den Schweredruck gleich dem Druck der ruhenden Flüssigkeit unter den gleichen Bedingungen machen und findet dann, soweit die BERNOULLIsche Gleichung gilt, den Bewegungsdruck gleich dem Negativen des Staudrucks oder dynamischen Drucks. In vielen Fällen ist es aber schwer, eindeutig anzugeben, welchen Druck eine ruhende Flüssigkeit unter sonst gleichen Bedingungen haben würde. In diesem Fall bleibt die Einteilung unbestimmt. Sie ist aber trotzdem nützlich, da sie erlaubt, die Bewegungsvorgänge von den Schwerewirkungen losgelöst zu betrachten.

§ 7. Druckunterschiede quer zur Stromlinie

Bei der Ableitung der BERNOULLIschen Gleichung war von der longitudinalen Komponente der Beschleunigung des Flüssigkeitsteilchens ausgegangen worden, und sie lehrte die Druckunterschiede längs der Stromlinie kennen. Um die Druckunterschiede in einer Richtung quer zur Strömung zu ermitteln, muß man in ähnlicher Weise die Transversalkomponente der Beschleunigung betrachten. Wenn r der Krümmungsradius der Bahnkurve ist, so ist die Transversalkomponente der Beschleunigung (Zentripetalbeschleunigung) für einen mit der Geschwindigkeit w bewegten Punkt $= w^2/r$. Sie hat die Richtung nach dem Krümmungsmittelpunkt der Stromlinie.

Betrachtet man in ähnlicher Weise wie früher die Kräfte an einem Prisma, dessen Achse quer zur Stromlinie in der Richtung nach deren Krümmungsmittelpunkt hin gelegt ist, und sieht man der Einfachheit halber von der Schwerewirkung ab, so daß also nur der „Bewegungsdruck" betrachtet wird, so findet man als Ausdruck der Beziehung, daß die transversale Kraftkomponente gleich der Masse mal der transversalen Beschleunigung ist, die Beziehung

$$\frac{\partial p}{\partial s'} = \varrho \frac{w^2}{r} \tag{8}$$

in der ds' ein Bogenelement in der Richtung von dem Krümmungsmittelpunkt weg ist. Die Formel bringt die Zentrifugalwirkung in einer krummlinigen Strömung zum Ausdruck. Der Druck steigt von der konkaven Seite der Stromlinie zur konvexen hin an, und zwar um $\varrho \frac{w^2}{r}$ für die Längeneinheit. Durch diese Beziehung sind also nebeneinander liegende Stromfäden miteinander verknüpft. Wichtig ist vor allem die Feststellung, daß bei geradliniger Strömung ($r = \infty$), soweit vom Schweredruck abgesehen wird, ein Druckunterschied quer zur Strömungsrichtung nicht bestehen kann.

Es mag hier bemerkt werden, daß diejenigen Strömungen, die aus einem Raumteil mit verschwindender Geschwindigkeit kommen, für alle Stromlinien denselben Wert der BERNOULLIschen Konstanten zeigen, wie sich daraus ergibt, daß die BERNOULLIsche Gleichung in diesem Raum in die Gleichung der Hydrostatik übergehen muß. (Das gleiche gilt auch dann, wenn in dem Raumteil die Geschwindigkeit aller Teilchen dieselbe ist und sich zeitlich nicht ändert.) Derartige Strömungen haben also die Eigenschaft, daß in ihnen die BERNOULLIsche Gleichung nicht nur auf jeder einzelnen Stromlinie, sondern auch in dem ganzen Strömungsraum ohne Bindung an die Stromlinien gilt. Die Strömungen von dieser letzteren Eigenschaft bilden eine wichtige Sondergruppe. Es handelt sich um die von der mathematischen Hydrodynamik sehr eingehend studierten „*Potentialströmungen*", deren Kennzeichen es ist, daß der Geschwindigkeitsvektor als Gradient eines Potentials dargestellt werden kann, in Komponenten geschrieben

$$u = \frac{\partial \Phi}{\partial x}, \qquad v = \frac{\partial \Phi}{\partial y}, \qquad w = \frac{\partial \Phi}{\partial z}.$$

Diese Strömungen haben die besondere Eigenschaft, daß die mittlere Drehgeschwindigkeit der einzelnen Flüssigkeitsteilchen überall Null ist. Unsere Formel für das Druckgefälle quer zur Stromlinie läßt diese Eigenschaft deutlich erkennen. Aus $\frac{p}{\varrho} + \frac{w^2}{2} =$ konst. läßt sich durch Differentiation nach s' für $\frac{1}{\varrho}\frac{\partial p}{\partial s'}$ ein zweiter Ausdruck herleiten, nämlich

$$\frac{1}{\varrho}\frac{\partial p}{\partial s'} = -w\frac{\partial w}{\partial s'}.$$

Durch Gleichsetzen mit dem früheren Ausdruck für $\frac{1}{\varrho}\frac{\partial p}{\partial s'}$ ergibt sich nun

$$\frac{\partial w}{\partial s'} + \frac{w}{r} = 0.$$

Für eine Strömung mit dem Krümmungsradius r ergibt sich die Winkelgeschwindigkeit eines aus flüssigen Teilchen längs der Stromlinie gebildeten Stäbchens $= w/r$. Die Winkelgeschwindigkeit eines entsprechenden Stäbchens in der Richtung des Krümmungsradius ist aber $\partial w/\partial s'$. Die halbe Summe dieser beiden Ausdrücke ist also die mittlere Winkelgeschwindigkeit eines Flüssigkeitsteilchens an dieser Stelle und unsere Gleichung sagt aus, daß sie Null ist.

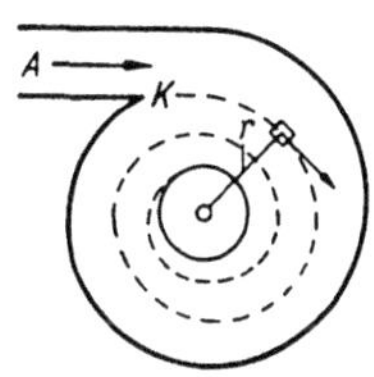

Abb. 7
Strömung durch ein Spiralgehäuse

Als Beispiel für eine solche Bewegung sei die Strömung in einem Spiralgehäuse nach Abb. 7 betrachtet. Alle Stromlinien beginnen in der Parallelströmung bei A, und es mag dort die Geschwindigkeit aller Stromfäden dieselbe sein, so daß — bei der Druckgleichheit in der Parallelströmung — die BERNOULLIsche Konstante auf allen Stromlinien dieselbe ist. Die Krümmungsradien der einzelnen Stromlinien können genähert gleich dem vom Mittelpunkt O aus gezogenen Radius r, und das Bogenelement ds' kann $= dr$ gesetzt werden. Dann ist gemäß dem Vorstehenden

$$\frac{dw}{dr} + \frac{w}{r} = 0,$$

oder

$$\frac{dw}{w} = -\frac{dr}{r},$$

oder integriert $\ln w = \ln C^1 - \ln r$, also $w = C/r$. Die Geschwindigkeit nimmt also nach innen beträchtlich zu[2]. Der Druck ergibt sich aus der BERNOULLIschen Gleichung zu $p = \text{konst.} - \frac{\varrho C^2}{2r^2}$. Gelangt die Flüssigkeit innen auf einem Radius r_1 ins Freie (Druck p_0), so ist der Druck an einer anderen Stelle

$$p = p_0 + \varrho \frac{C^2}{2}\left(\frac{1}{r_1^2} - \frac{1}{r^2}\right):$$

Bei einigermaßen kleinem Radius des Abflußloches können also sehr bedeutende Überdrücke bei A auftreten, die ihr Äquivalent in der großen Austrittsenergie im Abflußloch haben.

§ 8. Zusammenfluß zweier Flüssigkeitsströme

Unsere Feststellung, daß die BERNOULLIsche Gleichung in einer stationären Strömung zunächst nur für diejenigen Flüssigkeitsteilchen gilt, die durch eine Stromlinie miteinander verbunden sind, gewinnt eine besondere Bedeutung in dem Fall, daß zwei Flüssigkeitsströme verschiedener Herkunft sich hinter einer scharfen Kante zu einem Strom vereinigen, vgl. Abb. 8. Hier ist offenbar im allgemeinen die Konstante der BERNOULLIschen Gleichung in beiden Strömen nicht dieselbe, wobei zur Vereinfachung angenommen werden mag, daß sie innerhalb der einzelnen Ströme je einen einheitlichen Wert hat. Da zu beiden Seiten der Fläche, die die beiden Ströme trennt („Trennungsfläche"), der Druck der gleiche sein muß, ist daher die Geschwindigkeit auf beiden Seiten verschieden. Auch wenn in einem Sonderfall die BERNOULLIsche Konstante beider Ströme

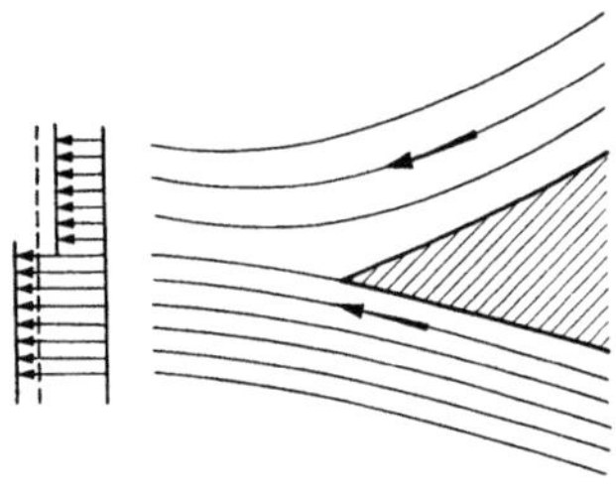

Abb. 8. Zusammenfluß zweier Flüssigkeitsströme

[1] Integrationskonstante.

[2] Die Radialkomponente der Geschwindigkeit ergibt sich bei konstanter Höhe des Spiralgehäuses ebenfalls proportional $1/r$, so daß also der Winkel der Stromlinien mit den Radien überall derselbe ist, die Stromlinien also logarithmische Spiralen werden.

gleich ist, kann noch die Richtung der Strömung auf beiden Seiten verschieden sein. In der Trennungsfläche wechselt also in den betrachteten Fällen die Geschwindigkeit sprungweise. In dem ersterwähnten Fall handelt es sich um einen longitudinalen Geschwindigkeitssprung, im zweiten um einen transversalen.

Derartige Trennungsflächen werden vielfach beobachtet. Sie bleiben allerdings dadurch nicht lange in der ursprünglichen Form bestehen, daß sie labil sind. Sie zeigen eine starke Neigung dazu, daß irgendwelche zufällige Ausbuchtungen schnell anwachsen und sich die Geschwindigkeitsunterschiede an einigen Stellen anhäufen, an anderen vermindern. Die Trennungsfläche zerfällt dadurch in eine große Zahl meist unregelmäßiger Wirbel.

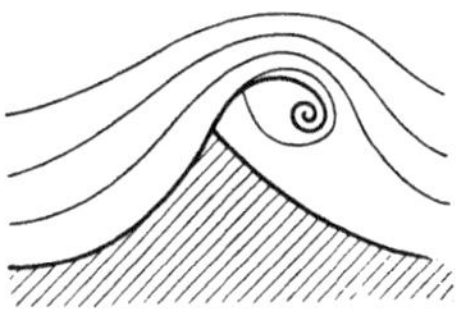

Abb. 9. Trennungsfläche und Wirbel an einer scharfen Kante

Eine wichtige Klasse von Trennungsflächen sind diejenigen, die entstehen, wenn eine scharfe Kante von der Flüssigkeit umströmt wird. Diese Trennungsflächen rollen sich von ihrer Bildung an in einen Wirbel wachsender Größe ein, vgl. Abb. 9. Man kann den Vorgang in folgender Weise dem Verständnis näherbringen: Nimmt man für einen Augenblick einen Wirbel auf der stromabwärts gelegenen Seite von der scharfen Kante an, so ergibt sich eine Störung, bei der die um den Wirbel herumströmende Flüssigkeit an der Kante mit der von vorn kommenden Flüssigkeit zusammenfließt. Die von vorn kommende Strömung sei dabei stärker. Dabei wird eine Trennungsfläche an der Kante erzeugt, die denselben Umlaufsinn hat wie der Wirbel, und die durch die Strömung sich um den Wirbel herumschlingen wird, so selbst ein Teil des Wirbels werdend. In Wirklichkeit sind der Wirbel und die Trennungsfläche von vornherein eine Einheit und wachsen zusammen aus winzigen Anfängen zur endlichen Größe heran. Der Wirbel wird dabei, während er wächst, durch die Strömung von der Kante fortgeführt. Abb. 10 zeigt die Strömungsaufnahme von einem solchen Wirbel.

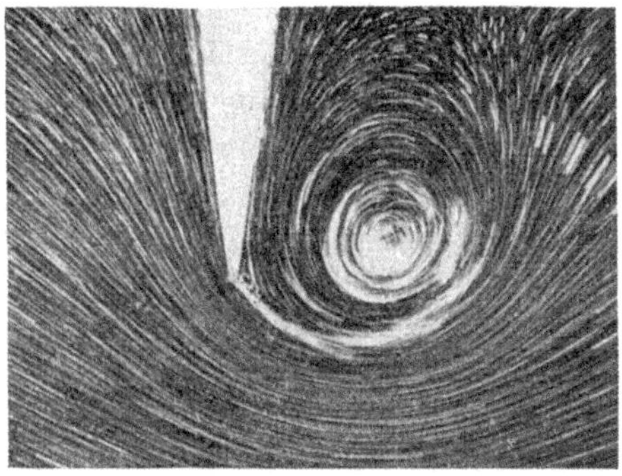

Abb. 10. Wirbel hinter einer scharfen Kante. Die besonders weiß erscheinenden Flüssigkeitsteile stammen aus der unmittelbaren Nähe des Körpers und stellen die „Trennungsschicht" dar. Man bemerkt bereits einen deutlichen Zerfall der Trennungsschicht

Transversale Geschwindigkeitssprünge ergeben sich z. B. bei dem Zusammenfluß hinter einer unter kleinem Winkel gegen die Bewegungsrichtung geneigten Platte. Auf der „Druckseite“ streben die Stromlinien unter der Wirkung des sich hier ausbildenden Überdruckes nach links und rechts auseinander, auf der „Saugseite“ werden sie durch den Unterdruck zusammengebogen. An der Hinterkante der Platte hat die Strömung daher — von der Mitte abgesehen — auf der Druckseite eine Komponente nach dem Seitenrand zu, auf der Saugseite dagegen eine nach der Mitte zu; im stationären Fall muß wegen der Stetigkeit des Druckes und weil alle Stromlinien einheitlichen Ursprung haben, der Betrag der Geschwindigkeit auf beiden Seiten der Trennungsfläche je derselbe sein, der Geschwindigkeitssprung ist daher hier rein tangential. Erfahrungsgemäß rollen sich auch solche Trennungsflächen von den Seitenrändern her ein und ergeben so zwei Wirbel, die auf der ganzen von der Platte durchfahrenen Bahn zu finden sind. Diese Vorgänge sind für das theoretische Studium der Flugzeugtragflügel sehr wichtig geworden, da sich zeigte, daß die Bewegung, die der Tragflügel in der Luft hinterläßt, mit Hilfe des Studiums der Trennungsfläche, die er erzeugt, rechnerisch verfolgt werden kann.

§ 9. Einige wichtige Begriffe und Sätze

Im folgenden mögen einige Begriffe erläutert und einige Sätze wiedergegeben werden, die in der theoretischen Hydrodynamik eine große Rolle spielen, und die hier wenigstens zur Kenntnis des Lesers gebracht werden sollen:

1. Unter dem Linienintegral eines Geschwindigkeitsfeldes versteht man die Summe der Produkte jedes Elementes der in Frage kommenden Linie mit der Komponente der Geschwindigkeit, die in die Richtung des Linienelementes fällt, also

$$\int w\, ds \cos(w, ds)\,.$$

Dieser Ausdruck ist in genau derselben Form gebildet, wie bei einem Kraftfeld die Arbeit der Kraft längs eines vorgegebenen Weges gebildet wird.

2. Im Fall einer Potentialbewegung ist das Linienintegral für eine Kurve zwischen zwei Punkten A und B gleich der Differenz des Strömungspotentials an diesen beiden Punkten[1]. Danach ist also im Fall der Potentialbewegung das Linienintegral nur von der Lage des Anfangs- und Endpunktes der Linie abhängig, von dem gewählten Weg aber

[1] Über das Strömungspotential vgl. § 7. In Koordinatendarstellung (u, v, w = rechtwinklige Komponenten der Geschwindigkeit) ist das Linienintegral

$$\int (u\,dx + v\,dy + w\,dz) = \int\left(\frac{\partial\Phi}{\partial x}dx + \frac{\partial\Phi}{\partial y}dy + \frac{\partial\Phi}{\partial z}dz\right) = \Phi + \text{konst.}$$

unabhängig. In dem Fall, daß das Gebiet, in dem Potentialströmung herrscht, begrenzt ist, darf die Linie natürlich nur innerhalb dieses Gebietes verlaufen, wenn der Satz gelten soll.

3. Für einen geschlossenen Weg ist nach dem Vorstehenden das Linienintegral gleich Null. In Fällen, in denen ein Zusammenfluß stattfindet oder stattgefunden hat, kann es allerdings, wenn die Linie die Trennungsfläche durchsetzt, auch von Null verschieden sein. Man nennt den Betrag des Linienintegrals längs einer geschlossenen Linie in einem solchen Fall „Zirkulation". In dem Beispiel des Spiralgehäuses von § 7 war die Geschwindigkeit (genauer ihre Komponente senkrecht zum Radius) $w = C/r$. Wählt man als geschlossene Linie einen Kreis vom Radius r, so wird die Zirkulation

$$\Gamma = \frac{C}{r} 2\pi r = 2\pi C.$$

Sie erweist sich also als konstant. Es liegt in diesem Fall eine Abart der Potentialbewegung vor, bei der das Gebiet „zweifach zusammenhängend" ist. Die nähere Untersuchung zeigt, daß für alle möglichen geschlossenen Linien, die das flüssigkeitsleere Gebiet im Innern einfach umschlingen, die Zirkulation den vorgegebenen konstanten Betrag hat.

4. Von William Thomson (Lord Kelvin) ist der folgende, für viele Betrachtungen sehr wichtige Satz aufgestellt worden. In einer beliebigen Bewegung einer reibungslosen homogenen Flüssigkeit bleibt für eine geschlossene Linie, die dauernd aus denselben Flüssigkeitsteilchen gebildet wird, die Zirkulation zeitlich konstant. Aus diesem Satz, dessen Beweis hier übergangen werden muß, folgt u. a. folgendes:

Ist die Flüssigkeit zu Anfang in Ruhe, so ist offenbar für jede beliebige geschlossene Linie die Zirkulation gleich Null. Da sich für die aus denselben Flüssigkeitsteilchen gebildeten Linien nach dem Thomsonschen Satz nichts ändern kann, muß sie also dauernd Null bleiben, die Bewegungen, die durch die Einwirkung auf die Oberfläche der Flüssigkeit in dieser hervorgerufen werden, müssen daher notwendig Potentialströmungen sein. Diese Potentialbewegungen können gemäß dem in § 8 Dargelegten allerdings durch Trennungsflächen durchsetzt sein. Man überzeugt sich leicht, daß keine im Ruhezustand in der Flüssigkeit geschlossene Linie sich bei der Bewegung so verschiebt, daß sie eine Trennungsfläche durchsetzt. Quer über die Trennungsflächen herüber liefert also der Thomsonsche Satz keine Aussage, und es ist kein Widerspruch gegen ihn, daß eine die Trennungsfläche durchsetzende geschlossene Linie Zirkulation aufweist. Es entspricht aber wieder dem Thomsonschen Satz, daß die Zirkulation um einen Wirbel herum, genommen längs der aus denselben Flüssigkeitsteilchen gebildeten Linie, zeitlich konstant bleibt.

5. Mit dem THOMSONschen Satz hängen auch die berühmten HELMHOLTZschen Wirbelsätze zusammen. Bei diesen werden Linien betrachtet, die an allen Stellen in der Richtung der Rotationsachse der drehenden Flüssigkeitsteilchen gezogen werden. HELMHOLTZ weist nach, daß die auf einer solchen „Wirbellinie" gelegenen Flüssigkeitsteilchen (immer unter Voraussetzung einer reibungslosen homogenen Flüssigkeit) dauernd auf einer Wirbellinie bleiben, und daß die Abstände benachbarter Teilchen bei einer Dehnung der Wirbellinie sich proportional der Winkelgeschwindigkeit der Flüssigkeitsteilchen verändern. Für ein aus solchen Wirbellinien aufgebautes fadenförmiges Gebilde von endlichen, aber kleinen Querdimensionen, das man einen Wirbelfaden nennt, gilt noch, daß dieser Wirbelfaden nirgends in der Flüssigkeit endigen kann, es sei denn an ihren Grenzen, und daß er räumlich und zeitlich konstante Stärke hat. Unter dieser Stärke verstehe man nichts anderes als die Zirkulation um seinen Querschnitt herum. Diese kann auch gleich dem zweifachen Produkt aus Querschnittsfläche und Winkelgeschwindigkeit gesetzt werden[1], so daß sich, in Übereinstimmung mit dem früher Gesagten, ergibt, daß die Winkelgeschwindigkeit dort groß ist, wo der Querschnitt klein ist und umgekehrt.

§ 10. Druckmessung

Betrachtet man eine Strömung entlang einer Wand mit einem Einschnitt gemäß Abb. 11, so werden im Beginn von beiden scharfen Kanten Wirbel ausgehen. Wenn sich diese entfernt haben, bleibt eine Strömung mit einer Trennungsfläche nach Abb. 11 übrig. Hier grenzt nun strömende Flüssigkeit an ruhende, und es muß erwartet werden, daß der Druck in beiden Flüssigkeitsteilen gleich ist. Schließt man also an den ruhenden Flüssigkeitsteil durch eine Leitung ein Druckmeßgerät an, so gelingt es dadurch, den Druck in der angrenzenden strömenden Flüssigkeit zu messen. Statt eines Einschnittes kann auch ein irgendwie gestaltetes Loch, z. B. eines von kreisförmigem Querschnitt, verwendet werden. Die Ränder des Loches oder Schlitzes müssen gut eben sein, keinesfalls darf ein Grat in die strömende Flüssigkeit vorstehen, da dadurch der Druck in der nun gewölbten Trennungsfläche erheblich von dem der benachbarten Flüssigkeitsteile abweichen würde. Eine mäßige Abrun-

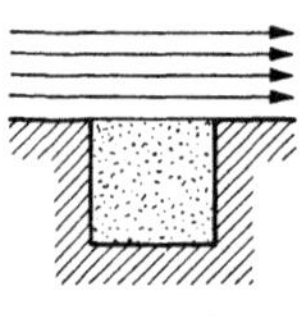

Abb. 11. Strömung an einem Einschnitt oder an einer Anbohrung

[1] Dies ist für den Fall, daß sich die Flüssigkeit wie ein starrer Körper dreht, leicht so einzusehen. Ist ω die Winkelgeschwindigkeit, so ist im Radius r die Geschwindigkeit $w = \omega r$, die Zirkulation also $\Gamma = 2\pi r \cdot w = 2\pi r^2 \omega$. Dies ist aber 2 × Querschnittsfläche πr^2 × Winkelgeschwindigkeit ω.

dung der Lochränder ist zulässig. Weiteres über Druckmessung findet sich im Beitrag PETERS[1].

Man kann diese Art von Druckmessung mit der Messung des „Gesamtdruckes" durch ein PITOT-Rohr in *einem* Gerät vereinigen, wenn man das PITOT-Rohr mit einem zweiten Rohr umgibt, das entweder seitliche Anbohrungen oder aber auch einen Schlitz trägt, durch den der Druck in der strömenden Flüssigkeit sich nach innen fortpflanzt, vgl. Abb. 12. Führt man die beiden Innenräume eines solchen „Staugerätes" zu den beiden Seiten eines Differenzmanometers, so gibt offenbar die Differenz unmittelbar den Staudruck oder dynamischen Druck $q = \varrho\, w^2/2$ an. Weitere Einzelheiten über diese Methode der Geschwindigkeitsmessung finden sich im Beitrag PETERS[2].

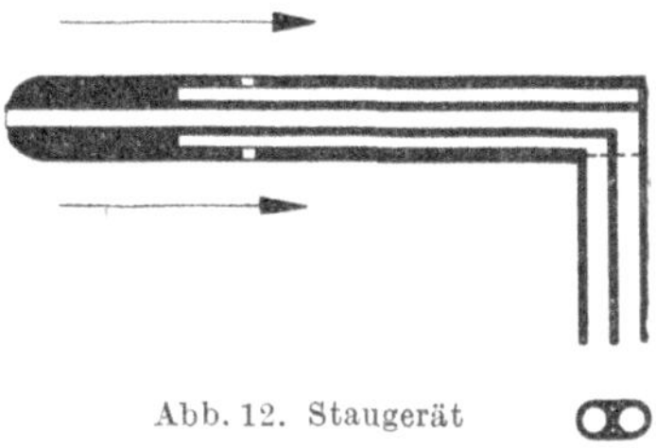

Abb. 12. Staugerät

§ 11. Der Impulssatz

Der Impulssatz der Hydrodynamik gründet sich auf den Satz aus der Dynamik von Massensystemen, der aussagt, daß in einem irgendwie abgegrenzten System dieser Art die Änderung der Summe der Bewegungsgrößen der Massen, auf die Zeiteinheit berechnet, gleich ist der Resultierenden der von außen auf das System einwirkenden Kräfte. Bewegungsgröße ist dabei die mit der Masse multiplizierte Geschwindigkeit. Bei der Anwendung dieses Satzes auf eine stationäre Flüssigkeitsströmung findet man nun, wenn man von einem irgendwie innerhalb der Flüssigkeit abgegrenzten Bereich die Änderung der Summe der Bewegungsgrößen in einem kleinen Zeitteilchen verfolgt, daß im Innern des Bereiches immer jedes Flüssigkeitsteilchen durch ein anderes ersetzt ist, das nicht nur seinen Ort einnimmt, sondern auch seine frühere Geschwindigkeit hat. Die zeitliche Änderung unserer Summe kommt also nur dadurch zustande, daß an den Rändern des Bereiches nach Ablauf des Zeitteilchens gegenüber dem früheren Zustand Massen hinzugekommen sind oder fehlen. Diese Massen, mit ihren Geschwindigkeiten multipliziert, stellen also die Änderung der Bewegungsgröße unseres Systems dar. Diese Änderung, auf die Zeiteinheit berechnet, nennen wir den Impuls und setzen ihn gleich der Resultierenden aller äußeren Kräfte. Als solche treten gewöhnlich auf die Drücke an der Grenzfläche unseres Bereiches und die Schwerkräfte, die an der Flüssigkeitsmasse im Innern des Bereiches angreifen. Einige Beispiele mögen die Anwendung des Impulssatzes zeigen.

[1] Handb. Exp. Physik, Bd. IV, 1. Teil, S. 489. Leipzig: Akad. Verl.-Ges. 1931.
[2] Handb. Exp. Physik, Bd. IV, 1. Teil, S. 505. Leipzig: Akad. Verl.-Ges. 1931.

a) Reaktion ausfließender Strahlen

Ein Strahl, der durch eine Öffnung aus einem Raum mit dem Druck p_1 in einen Raum mit dem Druck p_2 ausströmt, führt mit sich einen Impuls, der wie folgt berechnet werden kann:

Ist die Geschwindigkeit w und der Strahlquerschnitt $= F_s$, so tritt in der Sekunde durch diesen Querschnitt eine Masse $= \varrho\, F_s\, w$ ins Freie. Der Impuls dieser Masse wird erhalten, wenn man sie mit der Geschwindigkeit w multipliziert, er ist also $J = \varrho\, F_s\, w^2$; mit

$$w = \sqrt{\frac{2(p_1 - p_2)}{\varrho}}$$

(vgl. § 6, b) wird $J = 2F_s(p_1 - p_2)$, also gleich dem Zweifachen der Kraft, die von dem Druckunterschied $p_1 - p_2$ auf einen Kolben von der Größe des Strahlquerschnittes ausgeübt würde. Da dieser Impuls ein Äquivalent in der Druckverteilung haben muß, folgt hieraus, daß durch den Wegfall des Überdruckes auf die Öffnung und die Druckabsenkung in deren Umgebung infolge der Zuströmung zur Öffnung zusammen ein Ausfall an Wandungsdruck gegenüber dem geschlossenen Gefäß entsprechend dem zweifachen Strahlquerschnitt entsteht. Dieser Druckausfall macht sich als Rückdruck, als „Reaktion des ausfließenden Strahles“ bemerkbar. Diese Reaktion läßt sich unschwer nachweisen, wenn man ein Gefäß mit seitlicher Öffnung auf einen leicht beweglichen Wagen stellt. Das Gefäß setzt sich dann in der dem ausfließenden Strahl entgegengesetzten Richtung in Bewegung.

b) Schwebenderhalten von schweren Körpern in Luft

Um in ruhender Luft eine Last schwebend zu erhalten, ist es nötig, fortwährend immer neue Luftmassen nach abwärts zu beschleunigen. Ist w die erteilte Endgeschwindigkeit, die der Einfachheit halber als gleichförmig angesehen werden mag, und $dm/dt = M$ die in der Zeiteinheit in Bewegung gesetzte Masse, so ist, wenn nennenswerte Druckunterschiede in den nach abwärts bewegten Massen nicht verbleiben, die erzielte Kraft gleich dem Impuls: $P = M\,w$. Diese Betrachtung trifft z. B. auf eine frei schwebende Hubschraube mit großer Annäherung zu, wenn die Hubschraube genügend weit vom Boden entfernt ist. Dann bildet sich ein senkrecht nach unten gerichteter Luftstrahl aus, der den Impuls $M\,w$ enthält. Der Luftstrahl wird sich bei hinreichend großem Weg mit ruhender Luft aus der Umgebung vermischen und dadurch verlangsamen. Der Impuls bleibt dabei aber ungeändert, da die bewegte Masse entsprechend vergrößert ist. Der Strahl überträgt schließlich durch Aufprallen auf den Erdboden, wobei er seinen Impuls verliert, das Gewicht der Hubschraube als Druckkraft auf den Boden.

Die sekundlich neu erzeugte kinetische Energie in dem vorstehenden Beispiel ist $M\frac{w^2}{2}$. Diese muß durch den Motor der Hubschraube aufgebracht werden. Da Mw gegeben ist (= dem zu hebenden Gewicht), ist $M\frac{w^2}{2}$ um so kleiner, je größer M und je kleiner daher w ist. Es gilt also möglichst große Massen zu erfassen und diesen kleine Geschwindigkeiten zu erteilen, wenn die Motorstärke in vernünftigen Grenzen bleiben soll.

§ 12. Zähigkeit (Innere Reibung)

Wie bereits erwähnt, besitzen alle wirklichen Flüssigkeiten Zähigkeit, d. h. sie setzen jeder mit endlicher Geschwindigkeit vor sich gehenden Formänderung einen Reibungswiderstand entgegen. Besonders zähe Flüssigkeiten sind z. B. Honig, Glyzerin, dicke Öle u. a. m. Zum Verständnis des Wesens der Zähigkeit sei zunächst folgendes einfache Beispiel betrachtet: von zwei parallelen Platten, zwischen denen sich Flüssigkeit befindet, bewege sich die eine mit der Geschwindigkeit V in ihrer Ebene, während die andere in Ruhe ist (vgl. Abb. 13). Unter der Wirkung der Reibung stellt sich dann in der Flüssigkeit ein solcher Bewegungszustand ein, daß die unmittelbar an den Platten befindlichen Schichten dieselbe Geschwindigkeit haben wie die Platten (an den Platten „haften"), die zwischenliegenden Schichten aber mit Geschwindigkeiten u, die dem Abstand von der ruhenden Platte proportional sind, übereinander weggleiten:

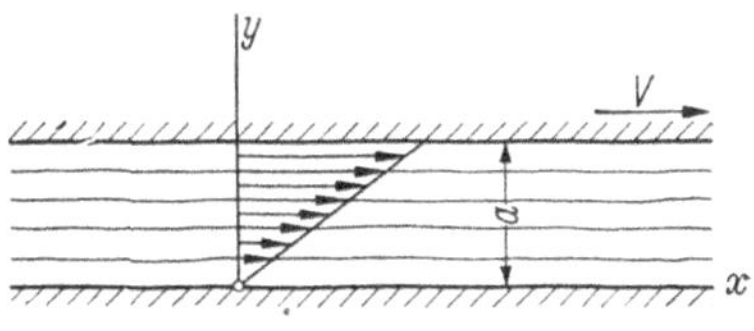

Abb. 13

$$u = V\frac{y}{a}.$$

Die Flüssigkeitsreibung äußert sich dabei durch eine Kraft, die der Bewegung der oberen Platte Widerstand leistet und die für die Flächeneinheit der Platte die Größe $\tau = \mu\frac{V}{a}$ hat. In etwas allgemeinerer Formulierung ist die bei dem Übereinanderweggleiten erzeugte Schubspannung

$$\tau = \mu\frac{du}{dy}. \qquad (9)$$

Die Größe μ heißt Koeffizient der Flüssigkeitsreibung oder Zähigkeitsmaß, auch kurz Zähigkeit[1]. Die Kenntnis dieser Tatsachen genügt

[1] Die Bezeichnung μ ist bei den Hydrodynamikern üblich, nach dem Vorbild englischer Forscher. Die Physiker bezeichnen die Zähigkeit meist mit η (Dimensionen im CGS-System = $g\,cm^{-1}\,sec^{-1}$).

bereits, um einige einfache Fälle zu behandeln, bei denen die Bewegung ebenfalls in einem einfachen Übereinanderweggleiten von Schichten besteht (sogenannte „Laminarbewegung", von lamina = Schicht.) Hierher gehört die Bewegung einer reibenden (zähen) Flüssigkeit in einem geraden Rohr von Kreisquerschnitt. Der Druckunterschied $p_1 - p_2$ bewirkt an einem zylindrischen Flüssigkeitskörper vom Radius y (Abb. 14) eine Kraft $(p_1 - p_2)\pi y^2$; die Gegenkraft besteht aus der

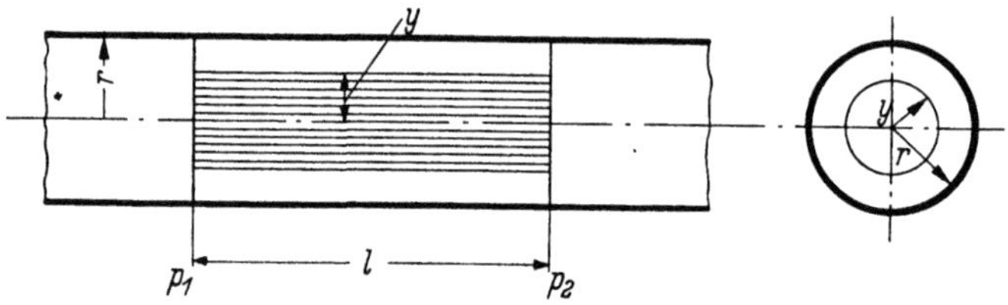

Abb. 14

Reibung auf der Mantelfläche $2\pi y l$, die pro Flächeneinheit $= \tau$, im ganzen also $= 2\pi y l \tau$ ist. Durch Gleichsetzen beider Kräfte ergibt sich[1]

$$-\tau = \frac{p_1 - p_2}{l} \frac{y}{2}. \tag{10}$$

Aus Gl. (9) ergibt sich $du/dy = \tau/\mu$; durch Integration wird hieraus, wenn man gleich noch die Integrationskonstante so bestimmt, daß die äußerste Flüssigkeitsschicht an der Rohrwand haftet, also in Ruhe ist,

$$u = \frac{p_1 - p_2}{4\mu l}(r^2 - y^2). \tag{11}$$

(r = Rohrradius). Die Durchflußmenge läßt sich nun auch berechnen. Es ist

$$Q = \int_0^r 2\pi y \, dy \, u = \frac{\pi r^4}{8\mu} \frac{p_1 - p_2}{l}. \tag{12}$$

Diese Formel ist für die Erkenntnis des Reibungsgesetzes von grundlegender Bedeutung gewesen, da sie sich durch den Versuch mit großer Genauigkeit nachprüfen läßt; sie ergibt auch die besten Bestimmungen des Zähigkeitsmaßes μ. Die Gl. (4) wird gewöhnlich Poiseuillesches Gesetz genannt[2]. Es ist jedoch schon von G. Hagen[3] die Proportionalität der Durchflußmenge mit dem Druckgefälle auf die Längen-

---

[1] Minuszeichen, da τ hier entgegengesetzt wirkt wie im ersten Beispiel.

[2] Poiseuille, C. R. Bd. 11 (1840); Bd. 12 (1841).

[3] G. Hagen, Poggendorffs Ann. Bd. 46 (1839) S. 423.

einheit und mit der vierten Potenz des Rohrhalbmessers festgestellt worden, weshalb man das Gesetz richtiger „HAGEN-POISEUILLESches Gesetz“ nennt.[1]

Von der Strömung in Rohren ist ausführlich im Beitrag SCHILLER[2] die Rede. Es mag aber schon hier bemerkt werden, daß das HAGEN-POISEUILLESche Gesetz nur in engen Röhrchen bei allen praktisch erreichbaren Geschwindigkeiten zutrifft. In weiteren Röhren tritt bei den größeren Geschwindigkeiten ein anderes Gesetz an seine Stelle; das Druckgefälle ist nahezu proportional dem Quadrat der Geschwindigkeit. Diese Abweichung rührt indes keineswegs von einer Ungenauigkeit des Reibungsgesetzes (9) her, dieses sowie die Tatsache des Haftens an der Wand ist vielmehr durch Versuche mit engen Röhren bei den meisten Flüssigkeiten mit aller Genauigkeit bestätigt. Die erwähnte Abweichung hängt vielmehr damit zusammen, daß die Strömung nicht mehr, wie hier vorausgesetzt, geradlinig verläuft. Es zeigt sich, daß bei den höheren Geschwindigkeiten eigenartige Mischbewegungen eintreten, durch die nicht nur die Bewegungsform, sondern auch die Größe des Strömungswiderstandes gänzlich geändert wird. Man nennt diese Erscheinung „*Turbulenz*“.

Eine hinreichend einleuchtende Erklärung für die Notwendigkeit der Entstehung der Turbulenz kann ohne Eingehen auf schwierigere Erörterungen kaum gegeben werden[3]. Dagegen sind die Wirkungen der Mischbewegungen, wenn man diese einmal als gegeben annimmt, hinreichend aufgeklärt. Durch diese Mischbewegungen wird Strömungsimpuls von den Stellen größerer Geschwindigkeit zu denen kleinerer Geschwindigkeit hingetragen, und es werden dadurch die Geschwindigkeiten stark vergleichmäßigt. Diese Impulsvermischung wirkt daher ganz ähnlich wie die Reibung durch die Zähigkeit, nur in sehr viel stärkerem Maß und mit dem Unterschied, daß in der Nähe der Wand, wo die quer gerichteten Mischbewegungen aufgehalten werden, diese Reibung sehr viel kleiner ausfällt als im Innern der Flüssigkeit. Man hat deshalb bei den turbulenten Bewegungen kleine Geschwindigkeitsunterschiede im Innern und große am Rand. Der Unterschied zwischen der turbulenten Bewegung in einem Rohr und der Laminarbewegung zeigt sich deutlich an der Art der Geschwindigkeitsverteilung in beiden

---

[1] Diese Ehrenrettung verdankt man WOLFG. OSTWALD, Kolloid-Z. Bd. 36 (1925) S. 99.

[2] Handb. Exp. Physik, Bd. IV, 2. Teil. Leipzig: Akad. Verl.-Ges. 1931.

[3] Die Entstehung der Turbulenz kann darauf zurückgeführt werden, daß in solchen weiten Rohren die zufällig vorhandenen Störungen sich hinreichend lange auswirken, um Geschwindigkeitsverteilungen entstehen zu lassen, die dynamisch instabil sind und die eine Durchwirbelung herbeiführen. Gewisse Arten von solchen Anfangsstörungen vermögen dabei selbst aufzuwachsen und sind bestimmend für den Vorgang, wenn gröbere Störungen fehlen.

Fällen, vgl. Abb. 15 und 16. Die Größe, die bei der Turbulenz an der Stelle der Zähigkeit μ in Formel (9) auftritt, wird „Austausch" genannt. Wird dieser mit A bezeichnet, so ist also die „scheinbare Schubspannung"

$$\tau' = A \frac{du}{dy}. \tag{13}$$

Der Austausch A ist danach groß im Innern der Flüssigkeit und geht mit der Annäherung an die Wand gegen Null.

Es mag hier bemerkt werden, daß in turbulenten Strömungen Wärme, chemische Zusammensetzung, Staubgehalt und anderes mehr nach den gleichen Gesetzen zwischen den benachbarten Flüssigkeitsgebieten ausgetauscht werden wie der Bewegungsimpuls. Die Gleichungen für den Wärmestrom, für den Transport einer chemischen oder mechanischen

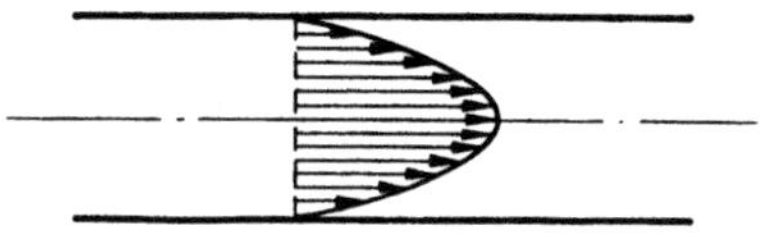

Abb. 15. Geschwindigkeitsverteilung der Laminarströmung im Rohr

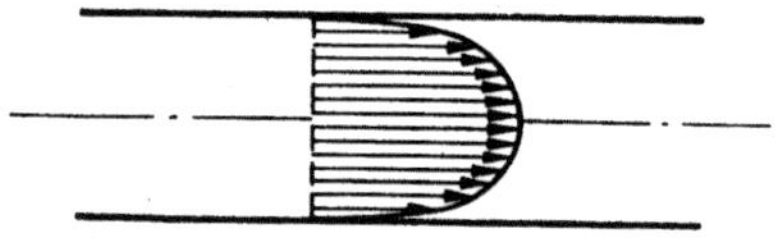

Abb. 16. Geschwindigkeitsverteilung der turbulenten Strömung im Rohr

Beimengung usw. entsprechen ganz dem Bau von Gl. (13), und der Wert des Austausches A ist in einem gegebenen Fall derselbe für alle diese Erscheinungen[1].

Weiteres über Turbulenz findet man im Beitrag Tollmien[2].

§ 13. Ähnlichkeitsgesetz

Um in die sehr mannigfachen Wechselwirkungen zwischen den an der reibungslosen Flüssigkeit studierten Trägheitswirkungen und den in Wirklichkeit immer hinzukommenden Zähigkeitswirkungen eine gewisse Ordnung zu bekommen, ist es zweckmäßig, eine Betrachtung über mechanische Ähnlichkeit anzustellen. Es handelt sich um die Frage, wann bei geometrisch ähnlichen äußeren Bedingungen (geometrisch ähnlichen Kanälen, geometrisch ähnlichen Körpern in der Flüssigkeit usw.) auch die Bewegung der Flüssigkeit geometrisch ähnlich verlaufen wird. Man kann die Antwort zunächst so formulieren, daß hier in den

[1] Der Zusammenhang zwischen Scheinreibung und Wärmestrom ist von O. Reynolds entdeckt worden: Proc. Lit. and Philos. Soc. Manchester Bd. 14, 1874/75 = Papers Bd. I, S. 81. In ihrer vollen Allgemeinheit scheint die Beziehung von W. Schmidt erkannt worden zu sein, vgl. seine Schrift: Der Massenaustausch in freier Luft und verwandte Erscheinungen. Hamburg 1925.

[2] Handb. Exp. Physik, Bd. IV, 1. Teil, S. 289. Leipzig: Akad. Verl.-Ges. 1931.

zu vergleichenden Fällen an ähnlich gelegenen Stellen das Verhältnis der drei Kräfte Druckgefälle, Reibungskraft und Trägheitskraft das gleiche sein muß. Da zwischen den drei Kräften die Bedingung des Gleichgewichthaltens besteht, brauchen nur zwei von ihnen weiter betrachtet zu werden, als welche Trägheitskraft und Reibungskraft gewählt werden mögen. Die verschiedenen geometrisch ähnlichen Strömungen sollen nun durch irgendwelche charakteristische Längen l_1, l_2 usw. (z. B. Durchmesser oder Länge eines Körpers, lichte Weite eines Kanals od. dgl.) und durch charakteristische Geschwindigkeiten w_1, w_2 usw. (z. B. Bewegungsgeschwindigkeit eines Körpers oder mittlere Geschwindigkeit in einem bestimmten Kanalquerschnitt) gekennzeichnet werden. Die Dichten und Zähigkeiten können auch verschieden sein und ϱ_1, ϱ_2 usw., bzw. μ_1, μ_2 usw. heißen.

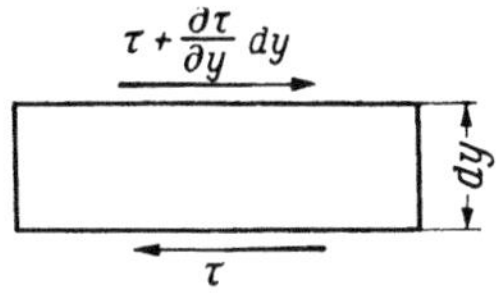

Abb. 17

Für die Trägheitskraft an der Volumeneinheit haben wir bei der Ableitung der BERNOULLIschen Gleichung in § 5 den Ausdruck $\varrho w \frac{dw}{ds}$ kennengelernt. Da der angenommenen Ähnlichkeit wegen die w-Werte an entsprechenden Punkten und daher auch kleine Differenzen davon sich wie die charakteristischen Geschwindigkeiten w_1, w_2 und die Längen ds_1 und ds_2 sich wie die charakteristischen Längen l_1, l_2 verhalten, werden sich die Trägheitskräfte an der Volumeneinheit bei ähnlichen Strömungen wie die Produkte $\varrho \frac{w^2}{l}$ verhalten. Die Reibungskräfte an der Volumeneinheit lassen sich in der Weise erhalten, daß man zunächst die Wirkung von Spannungen τ an einem Körperelement studiert. Wenn an der unteren Fläche in Abb. 17 eine Spannung τ, an der oberen Fläche eine Spannung $\tau + \frac{d\tau}{dy} dy$ herrscht, so ergibt sich eine Überschußkraft $\frac{d\tau}{dy} dy$, bezogen auf ein Körperchen von einer Grundfläche gleich der Flächeneinheit und der Höhe dy. Auf die Volumeneinheit bezogen wird diese Kraft dann offenbar $= d\tau/dy$. Mit

$$\tau = \mu \frac{dw}{dy}$$

wird diese Kraft auf die Volumeneinheit dann $= \mu \frac{d^2 w}{dy^2}$. Bei unseren ähnlichen Strömungen werden sich also die Reibungskräfte wie die Größe $\mu \frac{w}{l^2}$ verhalten (eine zweimalige Differentiation bedeutet eine zweimalige Division mit der Länge dy, die sich wieder wie l verhält).

Unsere Forderung der mechanischen Ähnlichkeit kommt also darauf hinaus, daß $\varrho\, w^2/l$ und $\mu\, w/l^2$ in den verglichenen Fällen in einem festen Verhältnis stehen. Seiner Bedeutung nach (Verhältnis zweier Kräfte pro Volumeneinheit) muß dieses Verhältnis eine reine Zahl sein. Es ist

$$\frac{\varrho\, w^2}{l} : \frac{\mu\, w}{l^2} = \frac{\varrho\, w\, l}{\mu},$$

die mechanische Ähnlichkeit zweier Systeme 1 und 2 ist also zu erwarten, wenn

$$\frac{\varrho_1\, w_1\, l_1}{\mu_1} = \frac{\varrho_2\, w_2\, l_2}{\mu_2} = \text{konst.} \tag{14}$$

ist. Man nennt diese Zahl, die das Verhältnis der Trägheitskräfte zu den Zähigkeitskräften charakterisiert, zu Ehren des Entdeckers dieses Ähnlichkeitsgesetzes, OSBORNE REYNOLDS, die „*Reynoldssche Zahl*". Das Verhältnis μ/ϱ (Zähigkeit:Dichte) wird kinematisches Zähigkeitsmaß genannt und mit ν bezeichnet. Es hat die einfache Dimension L^2/T.

Irgendein Strömungszustand einer reibenden Flüssigkeit kann durch den Wert seiner REYNOLDSschen Zahl $Re = \frac{\varrho\, w\, l}{\mu} = \frac{w\, l}{\nu}$ charakterisiert werden. Dabei bedeutet kleine REYNOLDSsche Zahl überwiegende Zähigkeitskräfte und große REYNOLDSsche Zahl überwiegende Trägheitskräfte. Wie man aus dem Bau der Formel (14) erkennt, ist neben dem Zähigkeitsmaß auch die Größe der Raumabmessungen und Geschwindigkeiten von entscheidendem Einfluß. Bei sehr winzigen räumlichen Abmessungen werden die für kleines Re geltenden Beziehungen für alle praktisch vorkommenden Geschwindigkeiten gelten, bei großen Abmessungen dagegen nur für sehr kleine Geschwindigkeiten oder für sehr zähe Flüssigkeiten. Es ist noch von Interesse, festzustellen, daß bei Einhaltung der Ähnlichkeit (gleiches Re bei geometrisch ähnlichen äußeren Umständen) die bei der Bewegung auftretenden Druckunterschiede sich wie $\varrho\, w^2$ oder, was wegen Gl. (14) bis auf einen Zahlenfaktor dasselbe ist, wie $\mu\, w/l$ verhalten.

Das Eintreten oder Nichteintreten der Turbulenz wird auch von dem Ähnlichkeitsgesetz regiert. Zur Erfüllung der mechanischen Ähnlichkeit genügt es dabei aber nicht, daß nur die Rohre oder Kanäle geometrisch ähnlich sind, sondern es müssen auch die ganzen Zustromverhältnisse zum Rohr usw. ähnlich sein. Für ein Rohr vom Kreisquerschnitt (Radius r), das scharfkantig an eine ebene Wand angesetzt ist, gilt nach neueren Messungen[1] für die mittlere Geschwindigkeit $\overline{w}$ eine allerdings nicht sehr scharfe Grenze, die etwa durch den Wert der REYNOLDSschen Zahl $w\, r/\nu = 1400$ gegeben ist. Bei kleineren REYNOLDSschen Zahlen ergibt sich laminare Strömung, bei größeren turbulente. Einzelheiten über diese Dinge findet man in dem Beitrag von

[1] L. SCHILLER: Untersuchungen über laminare und turbulente Strömung. Forsch. Gebiete Ingenieurwes. H. 248 (1922).

Schiller über Strömung durch Rohre[1]. Aus der Formel geht hervor, daß die kritische Geschwindigkeit in sehr engen Rohren (Kapillarrohren) bei sehr hohen Geschwindigkeiten liegt, in weiten Rohren dagegen bei sehr kleinen Geschwindigkeiten, so daß im allgemeinen in Kapillarrohren immer laminare Strömung, in weiten Rohren immer turbulente Strömung angetroffen wird. In zähen Flüssigkeiten liegt die kritische Geschwindigkeit höher als in leicht beweglichen Flüssigkeiten.

Die Turbulenz tritt im übrigen nicht nur in Rohren und Kanälen auf, sondern auch beim Entlangströmen an ebenen und auch an gewölbten Flächen. Der Reibungswiderstand (siehe unten) folgt verschiedenen Gesetzen, je nachdem Laminarströmung oder Turbulenz herrscht. Man vergleiche hierüber die Beiträge von Muttray und Horn[1].

§ 14. Widerstand von Körpern in Flüssigkeiten

Der Widerstand von Körpern, die in einer Flüssigkeit bewegt sind, besteht im allgemeinen aus zwei Teilen, dem Druckwiderstand und dem Reibungswiderstand. Man kann die Kraft, die in einem Element der Oberfläche wirkt, immer in zwei Komponenten zerlegen, deren eine senkrecht auf dem Flächenelement steht, die andere dem Flächenelement parallel ist (Normalkraft und Tangentialkraft). Die Resultierende der Normalkräfte (Drücke) ist der „*Druckwiderstand*", diejenige der Tangentialkräfte (Reibungskräfte) der „*Reibungswiderstand*". Die beiden Widerstandsanteile sind in der Weise der Messung zugänglich, daß man einerseits durch Anbohrungen an dem Körper, die durch das Innere des Körpers hindurch in geeigneter Weise mit Druckmeßgeräten verbunden werden, die Druckverteilung beobachtet und die Komponenten der Druckkräfte nach den Achsenrichtungen durch Integration ermittelt, und daß man andererseits die Gesamtkräfte durch Wägung feststellt. Die Differenz zwischen dem auf der Waage gemessenen Widerstand und und dem Druckwiderstand ist dann der Reibungswiderstand.

In sehr vielen Fällen überwiegt der Druckwiderstand. Solange die verglichenen Strömungen mechanisch ähnlich sind, unterscheidet sich der Betrag des Druckwiderstandes von der Kraft, die man rechnerisch erhält, wenn man eine charakteristische Fläche F des Körpers (Hauptspantfläche oder Projektionsfläche od. dgl.) mit dem Staudruck q multipliziert, nur durch einen Zahlenfaktor, da der Druckunterschied zwischen ähnlich gelegenen Punkten in den verglichenen Fällen, wie erwähnt, dem Wert ϱw^2 $(= 2q)$ proportional ist und dasselbe dann auch für die Resultierende der Drücke gilt. Der erwähnte Zahlenfaktor

[1] Handb. Exp. Physik, Bd. IV, 2. und 3. Teil. Leipzig: Akad. Verl.-Ges. 1931.

heißt Widerstandszahl und mag mit c_{w_1} bezeichnet werden. Es ist also der Druckwiderstand

$$W_1 = c_{w_1} F q = c_{w_1} F \frac{\varrho w^2}{2}.$$

Sind die Strömungen nicht geometrisch ähnlich, so ist von vornherein nicht sicher, ob der Zahlenfaktor in dem einen Fall der gleiche ist wie in dem anderen, es ist also zu erwarten, daß im allgemeinen c_w eine Funktion der REYNOLDSschen Zahl ist. Die exakte Durchführung der im vorigen Paragraphen angedeuteten Ähnlichkeitsbetrachtung zeigt, daß man auch den Reibungswiderstand durch eine analoge Formel ausdrücken kann, wie es oben für den Druckwiderstand geschah, also

$$W_2 = c_{w_2} F q = c_{w_2} F \frac{\varrho w^2}{2}.$$

Für den gesamten Widerstand ergibt sich demgemäß eine entsprechende Formel mit $c_w = c_{w_1} + c_{w_2}$:

$$W = c_w F q = c_w F \frac{\varrho w^2}{2}. \tag{15}$$

In der Abhängigkeit von der REYNOLDSschen Zahl zeigt c_{w_2} allerdings meist einen anderen Gang als c_{w_1}. Die Beziehung, daß die Widerstandszahlen geometrisch ähnlicher Körper nur von der REYNOLDSschen Zahl abhängen, stellt das Ähnlichkeitsgesetz des Widerstandes dar. Sie enthält offenbar die Aussage, daß aus der Abhängigkeit des Widerstandes von der Geschwindigkeit unmittelbar die Abhängigkeit vom Körperdurchmesser und die von der Zähigkeit (also auch von der Temperatur folgt). Das Ähnlichkeitsgesetz ist durch die Versuche gut bestätigt worden, vgl. besonders die Beiträge von MUTTRAY[1] und von SCHILLER[1].

Statt $\varrho w^2/2$ kann natürlich überall

$$\frac{\varrho w l}{2\mu} \frac{\mu w}{l} = \frac{1}{2} R \frac{\mu w}{l}$$

geschrieben werden; während die erstere Schreibweise auf den Staudruck und daher auf den Druckwiderstand hinweist, ist die zweite Schreibweise, die die Zähigkeit formelmäßig hervortreten läßt, für Reibungswiderstände geeigneter. Bei stark überwiegender Zähigkeit (kleiner REYNOLDSscher Zahl) wird der Widerstand proportional der ersten Potenz der Geschwindigkeit und proportional der ersten Potenz der Längenabmessung, sowie proportional der Zähigkeit der Flüssigkeit gefunden (STOKESsches Gesetz, vgl. den eben erwähnten Beitrag von SCHILLER). In unserer allgemeinen Formel (15) erhält man solche Zustände, wenn man c_w proportional $1/R$ setzt. Aus dem Ausdruck von

[1] Vgl. Fußnote 1 von S. 1581.

Gl. (15) läßt sich mit der obigen Umformung schreiben $W = c_w R \frac{\mu w F}{2l}$, wo $c_w R$ eine neue Konstante und F/l eine Längenabmessung ist. Bei überwiegender Trägheitswirkung (großer REYNOLDSscher Zahl) überwiegt im allgemeinen der Druckwiderstand, man hat dann Widerstände, die proportional der Dichte, dem Quadrat der Geschwindigkeit und proportional der dargebotenen Fläche sind, und es wird daher hier c_w näherungsweise konstant. Bemerkenswerterweise macht sich auch bei ganz hohen REYNOLDSschen Zahlen die Wirkung der Zähigkeit immer noch durch kleinere oder größere Änderungen in dem Zahlenwert von c_w geltend, worüber in den nächsten Paragraphen noch einiges zu sagen sein wird.

§ 15. Strömungen mit kleiner Zähigkeit

Es ist schon erwähnt worden, daß selbst bei sehr hohen REYNOLDSschen Zahlen, wo im Inneren der Flüssigkeit also die Reibungskräfte im Verhältnis zu den Trägheitskräften ungemein klein sind, die Zähigkeit doch nicht wirkungslos bleibt. Dies hängt damit zusammen, daß alle natürlichen Flüssigkeiten und Gase die Eigenschaft haben, daß sie an den Oberflächen der festen Körper haften, d. h. daß die letzte mit dem Körper in Berührung stehende Flüssigkeitsschicht relativ zum Körper in Ruhe ist. Strömt die übrige Flüssigkeit mit irgendeiner endlichen Geschwindigkeit an dem Körper vorbei, so ergeben sich also durch das Haften der letzten Schicht innerhalb der Flüssigkeit nahe an der Wand noch große Geschwindigkeitsunterschiede, und dieser Umstand bleibt nicht ohne Folgen für den ganzen Bewegungsvorgang. Die Dicke der Schicht, die von den Reibungsvorgängen an der Wand erfaßt wird, läßt sich in folgender Weise durch eine Impulsbetrachtung abschätzen.

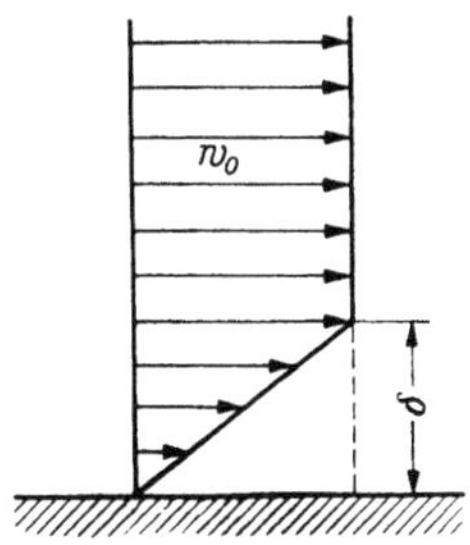

Abb. 18. Vereinfachtes Schema der Grenzschichtströmung

Die Geschwindigkeitsverteilung in einem Augenblick mag zur Vereinfachung in der Art von Abb. 18 angenommen werden. Innerhalb eines Streifens von der Dicke δ mag die Geschwindigkeit von dem Wert Null linear bis zu ihrem Wert w_0 anwachsen. Außerhalb mag sie konstant gleich w_0 sein. Die Schichtdicke δ wird durch die Wirkung der Reibung an der Wand mit der Zeit wachsen, und es ändert sich dadurch die Bewegungsgröße der Strömung. Über einem Wandstück von der Größe einer Flächeneinheit ist die Minderung der Bewegungsgröße durch das Vorhandensein der Reibungsschicht gegenüber der Strömung mit konstanter Geschwindigkeit offenbar entsprechend dem Inhalt des Dreiecks gleich $\varrho w_0 \delta/2$ (für eine andere als dreieckige Verteilung würde statt $\frac{1}{2}$ ein anderer Zahlenfaktor stehen). Wenn sich δ im Verlauf der Zeit ändert, so ist also eine Änderung der Bewegungsgröße vorhanden im Betrag von $\frac{\varrho w_0}{2} \frac{d\delta}{dt}$. Die Reibung an der Wand ist aber gemäß Formel (9) von § 12 $= \frac{\mu w_0}{\delta}$. Das Gleichsetzen dieser beiden Ausdrücke liefert $\delta \frac{d\delta}{dt} = \frac{2\mu}{\varrho} = 2\nu$ oder integriert $\frac{\delta^2}{2} = 2\nu t$, also $\delta = 2\sqrt{\nu t}$. Man sieht also, daß die Dicke der Reibungsschicht proportional $\sqrt{\nu t}$ wächst, wenn t die Zeit ist, die seit dem Beginn der Bewegung verstrichen ist. Bei einer stationären Bewegung mit der Geschwindigkeit w_1 entlang einer Wand von der Länge l ist die Zeit, während der die Flüssigkeitsteilchen die Wand berühren, offenbar $t_1 = l/w_1$. Für die Dicke der Reibungsschicht am Ende einer Wand von der Länge l ergibt sich also $\delta = \text{Zahl} \cdot \sqrt{\nu\, l/w_1}$. Durch Einführung der REYNOLDSschen Zahl $R = w_1 l/\nu$ erhält man hieraus die Beziehung $\delta = \text{Zahl} \cdot l/\sqrt{R}$. Dies gilt für laminare Reibungsschichten, die man auch Grenzschichten nennt. Die turbulenten Reibungsschichten, die bei REYNOLDSschen Zahlen $w\, l/\nu$ von 200000 und darüber aufzutreten pflegen, sind wegen der Mischbewegungen wesentlich dicker. Hierbei werden immer wieder schnellbewegte Flüssigkeitsteilchen nahe an die Wand herangebracht, so daß sich hier ziemlich dünne Grenzschichten ausbilden (die entsprechende Zeit t ist hier die Zeit, die ein- und derselbe Flüssigkeitsballen an der Wand verweilt, bis er von dem nächsten abgelöst wird). Dadurch ergeben sich auch bei sehr geringer Zähigkeit (sehr hohen REYNOLDSschen Zahlen) recht merkliche Beträge der Reibungskräfte.

Die durch die Wirkung einer kleinen Zähigkeit an der Körperoberfläche sich bildenden verzögerten Reibungsschichten, sowohl die schlicht wie die turbulent strömenden, haben noch eine äußerst wichtige Eigenschaft. Sie geben nämlich unter gewissen Bedingungen den Anlaß zur Bildung von freien Trennungsschichten und von Wirbeln. Wenn in der äußeren Flüssigkeit, die an die Reibungsschicht grenzt, irgendwelche beschleunigende oder verzögernde Druckunterschiede vorhanden sind, so wirken diese Druckunterschiede auch auf die Flüssigkeit der Reibungsschicht ein. Wird die äußere Strömung durch ein Druckgefälle in der Bewegungsrichtung beschleunigt, so erfahren auch die Flüssigkeitsteilchen in der Reibungsschicht, die langsamer strömen, einen Antrieb in der Bewegungsrichtung, die Strömung wird daher in allen ihren Teilen ihren Weg längs der Körperoberfläche fortsetzen. Besteht dagegen ein Druckgefälle entgegen der Strömungsrichtung, das die äußere Strömung verzögert, so werden dadurch die bereits langsameren Teilchen der Reibungsschicht noch stärker aufgehalten und werden daher nach völliger Aufzehrung ihrer kinetischen Energie zur Umkehr gebracht; während also die mit größerer Energie begabte äußere Strömung weiter vorwärts fließt, ergibt sich jetzt zunächst der Wand eine Rückströmung. Da nun immer neues Flüssigkeitsmaterial längs der Wand, das stromaufwärts eine Bremsung erfahren hat, dasselbe Schicksal erleidet, sammelt sich in kurzer Zeit immer mehr abgebremste Flüssigkeit zwischen der Wand und der äußeren Strömung an, so daß sich der rückläufige Strom rasch verbreitert und durch ihn die äußere Strömung mehr und mehr von der Wand abgehoben wird (sich von dieser „ablöst"). Auf diese Weise entsteht eine Geschwindigkeitsverteilung, die sehr ähnlich ist derjenigen bei den Trennungsschichten an scharfen Kanten. Wie auch dort rollt sich das Strömungsgebilde in kurzer Zeit zu einem Wirbel zusammen. Das durch Reibung gebremste Flüssigkeitsmaterial findet sich dabei der Hauptsache nach in dem Wirbelkern wieder. Zur Illustration der hier beschriebenen Vorgänge mögen die Abb. 19 bis 24 dienen, die die Ausbildung der Wirbel an einem Kreiszylinder bei Beginn aus der Ruhe heraus darstellen. Die photographische Kamera fährt bei den Aufnahmen mit dem Zylinder mit, die Bilder zeigen deshalb die Umströmung des scheinbar ruhenden Zylinders. Die Bewegung ist zu Beginn eine reine Potentialströmung, sehr bald aber, vgl. Abb. 20, ergibt sich in einem schmalen Bereich auf der Hinterseite Rückströmung, aus der sich ein Wirbel entwickelt. In Abb. 22 zeigt sich zwischen dem Wirbel und dem Zylinder ein kleiner sekundärer Wirbel, dessen Entstehung daraus erklärt werden kann, daß die Strömung im Wirbel vom Staupunkt an zunächst beschleunigt, dann aber wieder verzögert verläuft, so daß auch hier die Bedingungen für die Ablösungen der Strömung gegeben sind. Die fertige sekundäre Ablösung zeigt Abb. 23. Die Wirbel wachsen weiter und werden instabil, ein sehr viel späteres Stadium mit pendelnder Strömung und abwechselnder Neubildung von Wirbeln rechts und links zeigt Abb. 24.

Die wesentliche Erkenntnis aus dem Vorangehenden ist also die, daß in einer Strömung mit in der Strömungsrichtung zunehmender Geschwindigkeit die Flüssigkeit immer an der Wand anliegend vorwärts strömt, daß aber in einer Strömung mit in der Strömungsrichtung abnehmender Geschwindigkeit durch die Umkehr der inneren Teile der Reibungsschicht eine Ablösung der äußeren Strömung von der Wand und eine Bildung beträchtlicher Wirbel entstehen kann; sie wird sicher eintreten, wenn die Geschwindigkeitsabnahme stark genug ist, bei schwächerer Abnahme kann sie aber auch ausbleiben.

Als Beweis für die Richtigkeit dieser Auffassung kann der Umstand angeführt werden, daß durch Bewegung der Wand mit der Flüssigkeit, wie es bei einem rotierenden Zylinder auf der einen Seite der Fall ist, der Wirbel auf dieser Seite ausbleibt, während er auf der anderen

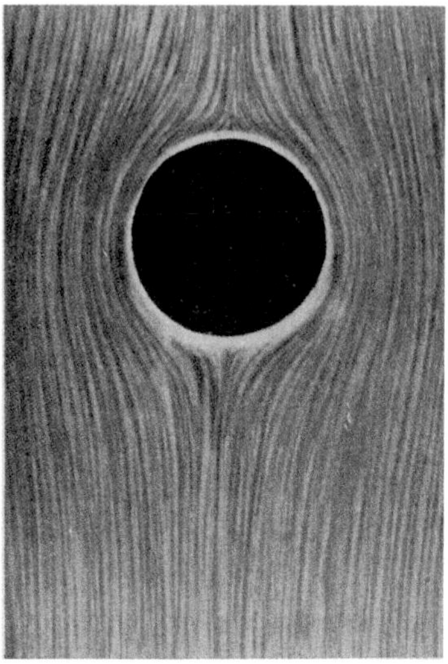

Abb. 19

Abb. 20

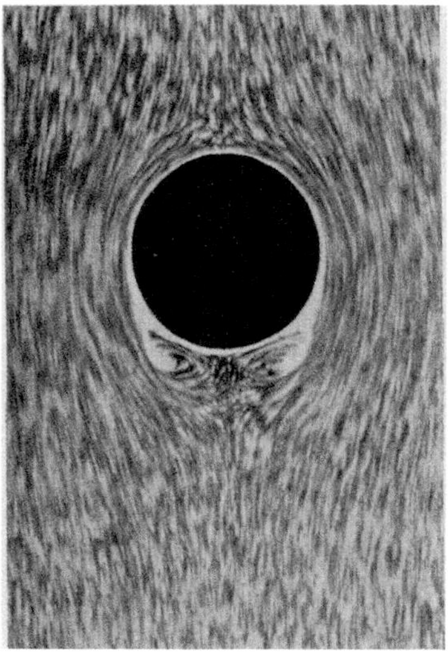

Abb. 21

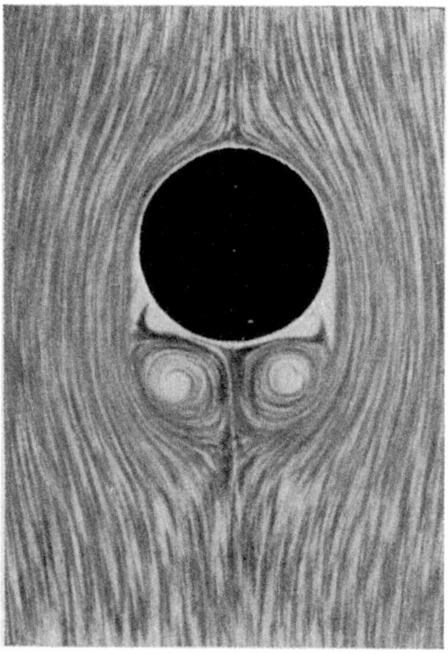

Abb. 22

Abb. 19—22. Ausbildung der Wirbel bei der Strömung um einen Kreiszylinder

Abb. 23

Abb. 24

Abb. 23 u. 24. Weiterbildung der Wirbel bei der Strömung um einen Kreiszylinder

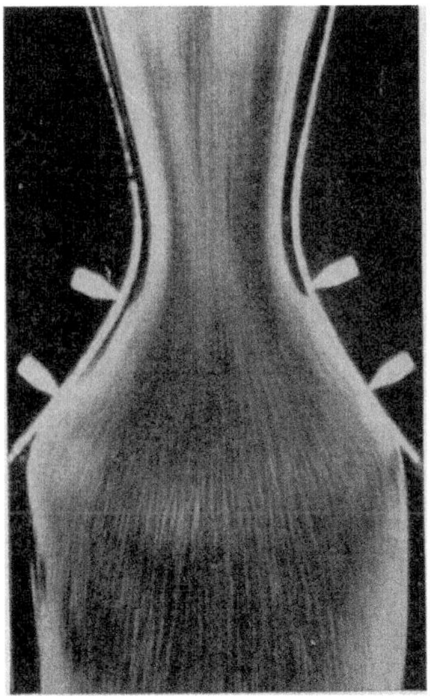

Abb. 25

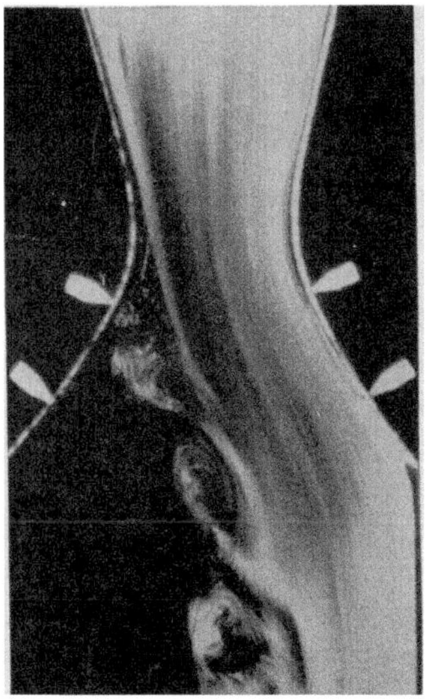

Abb. 26

Abb. 25 u. 26. Strömung durch einen verengten und wieder erweiterten Kanal mit Absaugung durch Schlitze in der Wand Abb. 25 beiderseits abgesaugt Abb. 26 rechts abgesaugt

Seite sich kräftig ausbildet[1]. Abb. 4, S. 676 im Beitrag TIETJENS[2] stellt die Strömung dar, die in einem solchen Fall nach Abwanderung des einseitigen Wirbels entsteht. Diese Strömung ist mit einem starken Quertrieb verbunden, wie sich aus dem Strömungsverlauf leicht ergibt. Auch wenn man durch Absaugen der durch Reibung verzögerten Flüssigkeit durch die siebartig durchlöcherte Wand oder auch durch einen oder mehrere Schlitze in der Wand dafür sorgt, daß keine Ansammlungen von gebremster Flüssigkeit entstehen können, bleiben die Wirbel aus[3], vgl. Abb. 25; die unter den weißmarkierten Stellen befindlichen Schlitze führen das Wasser der Reibungsschicht ab, und es gelingt dadurch, die Strömung in dem stark erweiterten Kanal ohne Wirbel und Strahlbildung zu verzögern. Wird die Absaugung auf der einen Seite abgestellt, so löst sich die Strömung unter Bildung eines Wirbels von dieser Seite ab, bleibt an der anderen Seite aber liegen, so daß sich eine Strömung nach Abb .26 ergibt. Werden auch die Schlitze der anderen Seite abgestellt, so bekommt man unter erneuter Wirbelbildung eine Strömung mit einem geraden Strahl, wie er in so stark erweiterten Kanälen auch sonst regelmäßig aufzutreten pflegt (vgl. Abb. 27).

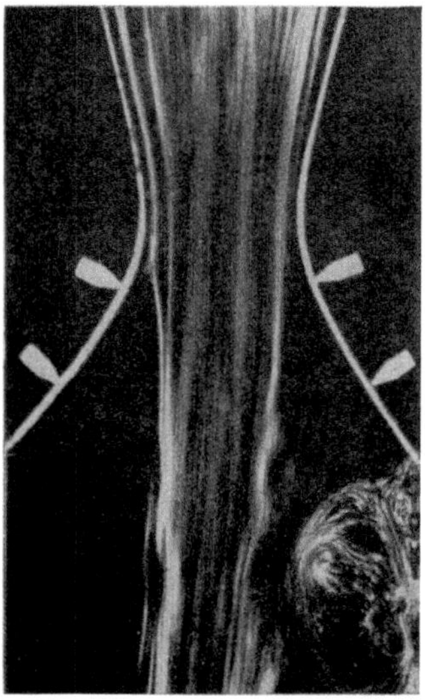

Abb. 27. Strömung durch einen verengten und wieder erweiterten Kanal, nicht abgesaugt

In den vorstehenden Betrachtungen ist der Vereinfachung wegen ein Umstand unerwähnt geblieben, durch den die Wirbelbildung bei schwächeren Verzögerungen der Strömung unterbleiben kann. Es handelt sich um folgendes: Die Reibungsschicht wird nicht nur durch ihre Berührung mit der Wand gebremst, sondern sie wird auch durch ihre Berührung mit der äußeren Strömung wieder angetrieben. Wenn daher die Verzögerung nur sehr allmählich eingeleitet wird, dann kann dieser Antrieb genügen, um Rückströmung zu vermeiden, und dann wird auch die Ablösung ausbleiben. Bei den schlicht strömenden Grenzschichten ist der Antrieb der äußeren Strömung auf das Grenzschichtmaterial allerdings ziemlich gering; viel stärker ist er bei den turbulenten Reibungsschichten infolge des lebhaften Impulsaustausches durch die

[1] Vgl. etwa L. PRANDTL, Magnuseffekt und Windkraftschiff. Naturwissenschaften 13. Jg. (1925) S. 93; J. ACKERET, Das Rotorschiff. Göttingen 1925.

[2] Handb. Exp. Physik, Bd. IV, 1. Teil. Leipzig: Akad. Verl.-Ges. 1931.

[3] J. ACKERET, Grenzschichtabsaugung. Z. VDI Bd. 70 (1926) S. 1153.

Mischbewegung. Durch diesen Umstand wird auch bewirkt, daß bei hinten stumpf abgerundeten Körpern (z. B. Kugeln) die Ablösungsstelle wesentlich weiter hinten liegt, das Wirbelgebiet also kleiner wird, wenn die Reibungsschicht turbulent ist. Bilder von solchen Strömungen sind in Abb. 23 und 24 im Beitrag TIETJENS[1] wiedergegeben. Über den Widerstand einer Kugel vgl. Beitrag MUTTRAY[2].

In der Technik ergibt sich die Aufgabe, trotz Druckanstieges eine Ablösung der Strömung zu vermeiden, weil nur so die Strömungsverluste klein gehalten werden können. Die Aufgabe wird in der Weise gelöst, daß die Form der Körper genügend schlank gehalten wird bzw. Kanäle nur ganz allmählich erweitert werden, um dem Antrieb der äußeren Strömung das Übergewicht über den Druckanstieg zu ermöglichen. Die Lösung gelingt aber im allgemeinen immer nur in dem Fall befriedigend, daß die Reibungsschicht in dem verzögerten Teil turbulent strömt.

---

[1] Vgl. Fußnote 2 von S. 1588.
[2] Vgl. Fußnote 1 von S. 1581.

Proc. General Discussion on Lubrication and Lubricants held in London 1937
(8 Seiten)

A re-examination of the hydrodynamic theory of bearing lubrication

Though the hydrodynamic theory of bearing lubrication has been widely accepted, it has also met with criticism and even those who accept the theory consider that the conditions under which it leads to reliable conclusions require further clarifications. For this reason a machine (Fig. 1) was built to enable experiments to be made on lubricated bearing brasses under particularly clear conditions. By means

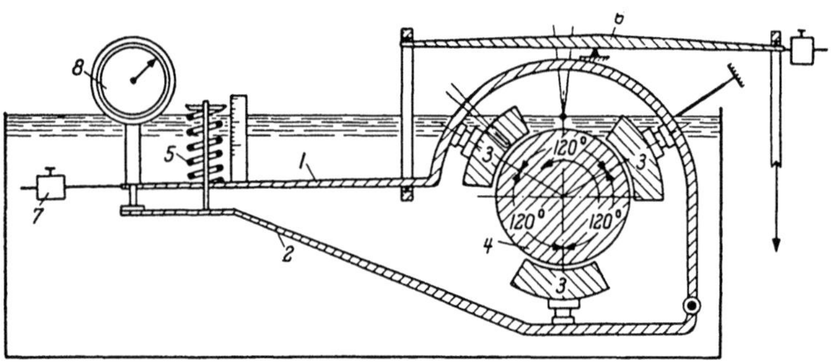

Fig. 1. Bearing-Testing Apparatus

of levers 1 and 2, which constitute a pair of tongs, three brasses 3, with ball joints, are mounted on a polished steel shaft 4, driven by a variable-speed motor. The bearing is loaded by means of an adjustable spring 5. The levers 1 and 2 are suspended from a lever 6, the other end of which carries a scale pan. A movable weight 7 ist provided to balance the unloaded tongs. As the three loading forces on the brasses due to the tongs form 120 deg. angles and are all equal, application of the principle of virtual displacement shows that the movement of levers 1 and 2, which can be read on dial 8, ist proportional to the total radial movement of the three brasses. Torque due to friction results in a load on the lever 6, which can be measured by adding weights on the scale pan. The load on the tongs is very small compared with that on the brasses, so that the resulting difference in pressure can be neglected. The bearing brasses, which so far have had an axial width of 60 mm. and a circumferential length of 20 mm., are, as stated, free to move on their ball joints. Owing to the pressure distribution in the oil wedge they automatically assume a position parallel to the axis. The first experiments were made with brasses which, when stationary, fitted perfectly on the shaft, i. e. their inside radius was the same as that of the shaft. Thus they correspond to the sliding pads of a MICHELL bearing, the theory of which has been particularly well worked out.[1]

In the tests, carried out by FRÖSSEL, the oil supplied in abundance to the three brasses was found to gather into a thick swelling before each brass. Nevertheless the brasses lifted but little from the shaft and on the whole it was impossible to get the same readings from one day to another. Further, the figures obtained did not agree with theory. It was then decided to submerge the whole of the rubbing parts in oil. The brasses had to be lifted from the shaft at starting, but they then took up position accurately, so that readings taken at intervals of months always came out the same, just as if they had been taken in the same hour. The behaviour now corresponded in every detail to theoretical expectations.

The following notation is used: η is the viscosity of the oil; u is the peripheral speed of the journal, l the circumferential length of the brass, h_m the mean thickness of the oil film, p_m the mean pressure in the oil film, and τ_m the average shearing stress on the surface of the journal. Then if, on the one hand, some of the constant geometrical data are suppressed,

$$\tau_m \sim \frac{\eta\, u}{h_m}. \tag{1}$$

On the other hand, the pressure rise in the direction of flow, dp/dx, which can be expressed as p_m/l by suppressing numerical factors, can be connected as follows with the shearing stress τ_m:

$$\frac{p_m}{l} \sim \frac{\tau_m}{h_m}. \tag{2}$$

By eliminating τ_m from equations (1) and (2),

$$\frac{p_m}{l} \sim \frac{\eta\, u}{h_m^2}, \tag{3}$$

so that

$$h_m \sim \sqrt{\frac{\eta\, u\, l}{p_m}}. \tag{4}$$

By introducing the load intensity per axial unit length of the brasses, $P = p_m\, l$, then $\eta\, u/p_m\, l$ can be written $\eta\, u/P$, a dimensionless quantity, which is characteristic for the bearing, and may be written shortly as B. Equation (1) then becomes

$$h_m \sim l\sqrt{\frac{\eta\, u}{P}} = l\sqrt{B}. \tag{5}$$

[1] Cf. L. PRANDTL, "Abriß der Strömungslehre", p. 109, or "The Physics of Solids and Fluids", p. 292 (1st ed.). The problem was first treated by OSBORNE REYNOLDS, Phil. Trans. Roy. Soc. part 1 (1886), or "Papers", vol. 2, p. 228.

From equation (1)

$$\tau_m \sim \frac{\eta u}{l\sqrt{B}} \sim \frac{1}{l}\sqrt{\eta u P} = \frac{P}{l}\sqrt{B}. \qquad (6)$$

For a proof of equations (5) and (6) h_m or τ_m can be plotted against the expressions on the right-hand side of the equation so that the relationship must be linear (Fig. 2 and 3). In place of the mean thickness h_m, the measurable variation in distance between journal and bearing-brass joint is represented by h_γ. The factor $\sqrt{l/r}$ employed in Fig. 2 and also

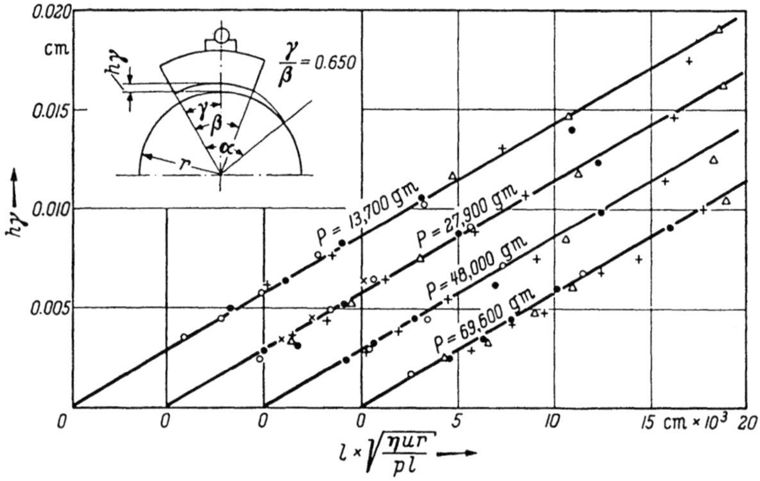

Fig. 2. Film Thickness h_γ depending on $l\sqrt{B\,r/l}$[1]
× 44 ○ 88 ● 176 + 264 △ 352 cm. per sec.

in Fig. 4, which are taken from another publication, can be neglected. Individual readings correspond to different loads, different peripheral velocities and also different oil viscosities. It will be seen that straight-line relationship is well maintained and that very small thicknesses—varying from 0,02 to 0,2 mm.—of the oil film can be measured satisfactorily.

The Michell theory requires that at a constant centre of pressure (0,65l in the experiments), the lift of the front edge and rear edge should remain in the same relation. Therefore, the angle of tilt of the pad must be directly proportional to h_m/l, so that

$$\frac{h_m}{l} \sim \sqrt{B} = \sqrt{\frac{\eta u}{P}}.$$

[1] The values of P in Figs. 2—4 indicate the total load on one of the brasses and not the specific load P of the formulae.

The distortion of the bearing brasses in the apparatus, as compared with the stationary position, was measured by means of a mirror attached to one of the brasses and observed through a telescope fitted with a scale.

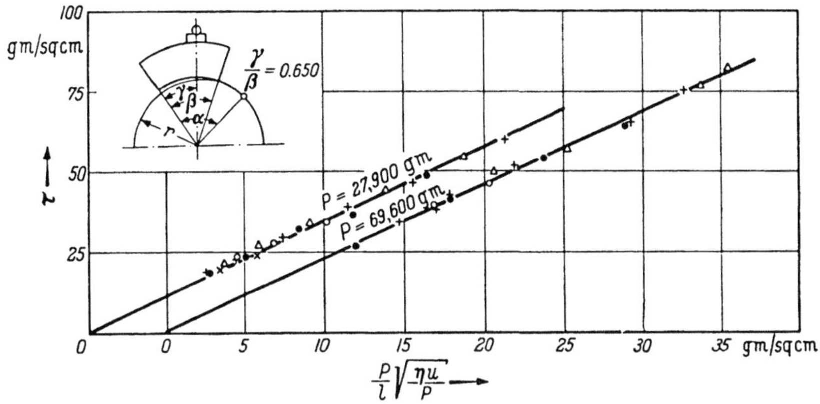

Fig. 3. Shearing Stress τ depending on $P/l\sqrt{B}$
× 44 ○ 88 ● 176 + 264 △ 352 cm. per sec.

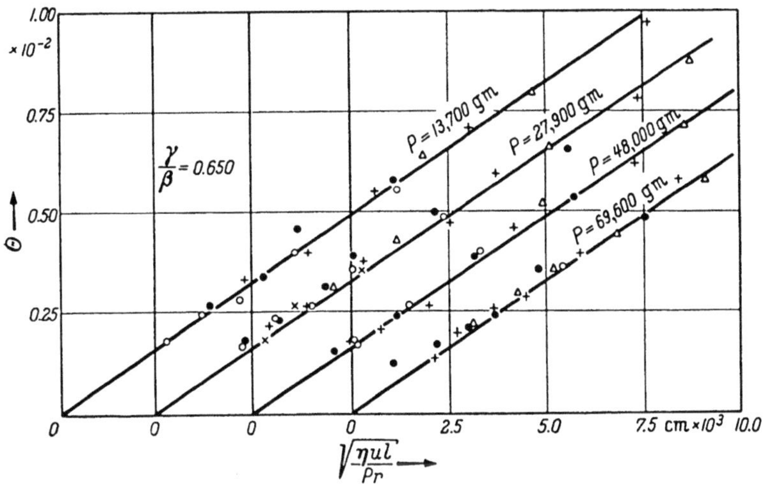

Fig. 4. Distortion of the Bearing Brasses
× 44 ○ 88 ● 176 + 264 △ 352 cm. per sec.

Fig. 4 records some of such measurements and the proportionality is again seen to be good. One of the brasses was provided with holes which were connected to a pressure gauge. The pressures recorded (Fig. 5) not only gave the exact picture which would have been expected from theory, but were quite repeatable.

The conclusion is drawn that the hydrodynamic theory is correct in every respect. Deviations are to be expected with higher loads, under which the oil temperature due to frictional heat increases substantially from the front to rear edge of the brasses, so that the viscosity cannot be considered to be constant over the whole area. For the loads employed in the experiments, the oil temperature, measured by means of a thermocouple (Fig. 1), should be much the same as that of the brasses.

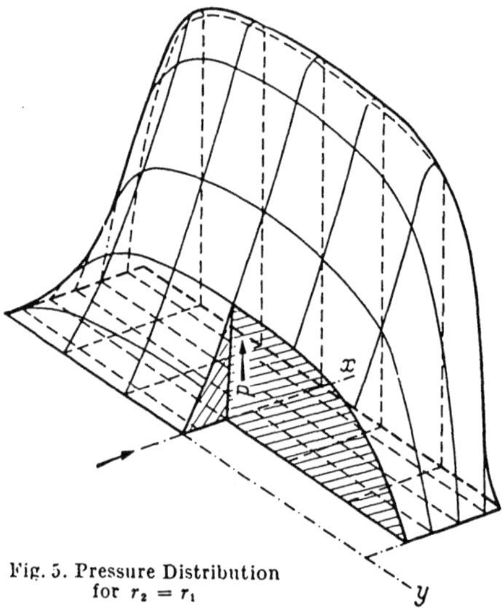

Fig. 5. Pressure Distribution for $r_2 = r_1$

The following explanation of the unsatisfactory action of the research apparatus, in which the oil was only thrown on to the journal, is put forward. The oil film carried by the journal from one brass to another apparently became covered with a film of air which was not dispersed by the incoming oil but was drawn into the bearing clearance by the rotation of the journal. The expression $\tau_m h_m/\eta u$ (cf. equation (1)), which should according to theory be somewhat greater than unity, has been derived for the values of τ_m measured under these service conditions and for the estimated values of h_m, which lie at the lower limit of experimental accuracy. As the value of the expression was found to be considerably less than unity in the tests, some form of "air lubrication" must be assumed, one oil film sliding over the other in such a way that the air film acts as a lubricant. The local reduction in viscosity due to a rise in temperature could also play a part. However, the values obtained for the foregoing expression are so small that such an explanation must be rejected. The presence of the film of air provides an explanation why hydrodynamic theory does not apply in this case. It is probable that such a penetration of a thin layer of air may also occur in commercial bearings.

Further tests were carried out with brasses whose radius was 1 mm. larger than that of the journal. This gives conditions for the oil wedge which are similar to those obtained when a cylindrical pad is moved over a flat surface, the radius of curvature being

$$r' = \frac{1}{1/r_2 - 1/r_1} = \frac{r_1 r_2}{r_1 - r_2}, \tag{7}$$

where r_1 and r_2 are the radii of the bearing brass and journal respectively. These experiments should throw light on conditions in an ordinary bearing with a large clearance. In this case variation of the load on the brasses does not result as before in similar distributions of the pressure, but the pressure zone decreases with decrease in the oil film thickness h_0. This can also be seen from a geometrical consideration. The distribution of the pressure depends on the ratio between the thickness of the oil film in one particular place and the smallest thickness of the oil film. Obviously, a characteristic length for the pressure film zone is the distance between the place with the smallest oil thickness and that where the thickness is twice as great. Simple geometrical considerations provide a value for such a distance of $\sqrt{2r'h_0}$, abbreviated as l_0, which, in applying the aforementioned dimensions, will play the same part as the length of the bearing brass l. This holds good only when l_0 ist small compared with the actual length of the bearing brass, as only in this case is the pressure zone, practically confined to the middle area of the length of the brass. When this condition is fulfilled, equations (5) and (6) can be written

$$h_0 \sim l_0 \sqrt{\frac{\eta u}{P}} \tag{5a}$$

and

$$T \sim l_0 \tau_m \sim P \sqrt{\frac{\eta u}{P}}. \tag{6a}$$

The applicability of equation (6a), where T represents the resultant circumferential stress, is obvious. Equation (5a), on the other hand, when l_0 is replaced by its equivalent $\sqrt{2r'h_0}$, still contains h_0 on the right-hand side. On squaring and abbreviating this equation then

$$h_0 \sim r' \frac{\eta u}{P}, \tag{8}$$

which is sufficiently confirmed by the experiments under the abovementioned restrictions.

The pressure distribution also depends, with the same restrictions, on the length l_0, which means that practically similar curves are obtained under different loads and speeds when the measured pressures are made dimensionless with the pressure P/l_0, and are plotted on the abscissa x/l_0 (Fig. 7). The deviation of the single curves of Fig. 7 at the lower left-hand side is due to the finite length of the brass which, according to the experiment, appears longer or shorter, depending on its relation to the length l_0. In Fig. 7 the calculated pressure distribution is represented by a dotted curve. The deviation from the observed curves is due to the fact that the calculation is made for two-dimensional flow, therefore for a bearing of infinite axial length.

From the theoretical point of view the following question is not yet settled and should, therefore, be cleared up by these experiments. When for such a bearing it is assumed that the position of the narrowest oil wedge is exactly in the middle, so that the wedges are equally wide at both ends and that the pressure at both ends is equal to atmospheric pressure, then the pressure distribution will be as in Fig. 6, curve a, which obviously gives a resulting force equal to zero. To the high pressure in front of the narrowest areas correspond the equally high under-pressures behind those areas. From physical considerations it would be expected that, as the oil is never entirely free from air, the under-pressure would at most approach the absolute vacuum; but then cavitation would occur. Through this the effect of the revolving shaft on the oil layer is diminished, the flow-through being also diminished, so that the pressure distribution changes. The question is: What is the final condition of equilibrium? If air can enter from the rear then the state at which the minimum pressure appears at the pressure p_0, is obviously that which produces the smallest possible flow-through (Fig. 6, curve b); then at a still smaller flow-through the minimum pressure would be above atmospheric pressure (dotted curve), which is incompatible with the conditions laid down above. Curve b is according to STIEBER (1933[1]), who assumed that the air enters into the bearing either from the side surfaces or in a tongue shape from behind. STIEBER shows that the oil flow is consistent with the condition of continuity only when the pressure gradient is zero. For this, the air-free part of the oil flow must satisfy the condition $dp/dx = 0$ at the transition to the state $p = \text{constant} = p_0$.

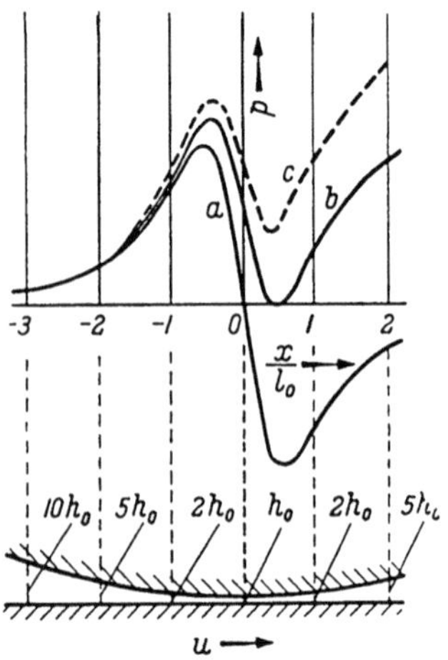

Fig. 6. Theoretical Pressure Distribution for $r_2 > r_1$

The question is now: What happens when the oil wedge is enclosed on all sides with oil so that no air can enter? A minimum oil pressure, approximating to a vacuum, was expected. During observation, the measuring pipe was connected to a water-jet pump to prevent air from the pressure gauge entering the bearing. The pump was regulated so as to draw a constant quantity of oil from the bearing, check being

[1] STIEBER, W.: "Das Schwimmlager, Hydrodynamische Theorie des Gleitlagers". Berlin: VDI-Verlag 1933. See also Forschung vol. 4 (1933) p. 259.

kept on the amount by observing the level in a glass tube. With a wide lubricating wedge, under-pressures up to 20 cm. of mercury were observed, whereas with thinner wedges (higher loads) the under pressure decreased so much as to be hardly noticeable, so that the pressure distribution curve approximated to curve *b* of Fig 6. The explanation of this behaviour is that the oil in the bearing wedge tends to liberate gas, so that through the reflux of the oil through the narrowest part of the wedge the bubbles are retained near the point of separation. The oil becomes visibly

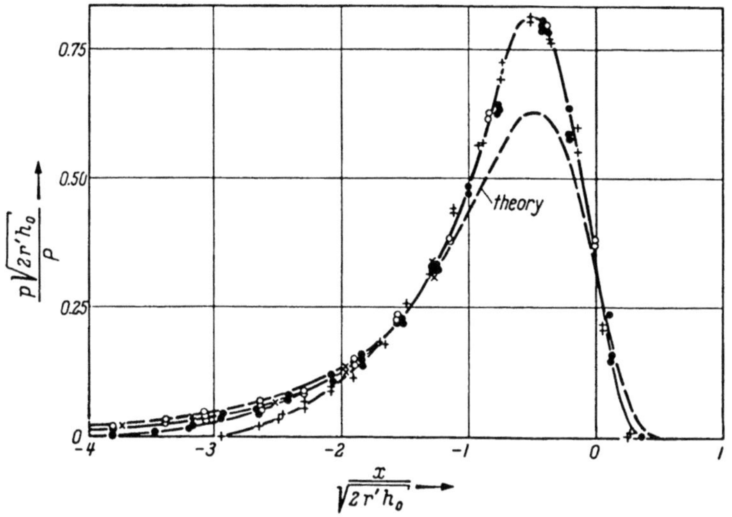

Fig. 7. Non-Dimensional Representation of the Pressure Distribution for $r_2 > r_1$
$+$ h_0 = 0.00280 cm. ○ h_0 = 0.00080 cm.
● h_0 = 0.00148 cm. × h_0 = 0.00029 cm.

warm at higher loads and thus tends to liberate gas. That the oil when warmed tends to liberate gas has been proved by a special experiment. The conclusion is, therefore, that STIEBER's hypothesis is correct for bearings totally enclosed in oil. It is intended to carry out further experiments with "bushes" made of glass[1].

Conclusion. These investigations prove that the hydrodynamic theory gives fully correct results, provided that the entry of air into the bearing is prevented, otherwise a layer of air between the oil film on the journal and the bearing brass will considerably reduce the oil film thickness. For bearings where there is a considerable difference between the radii of the journal and the bearing brass, the postulate of Stieber concerning a minimum oil flow is confirmed.

[1] Since this paper was written, these experiments have been carried out and clearly show the gas production behind the narrowest part of the oil wedge (Sept. 1937).

Vervielfältigung 1944. Annalen der Physik 6. Folge, Bd. 1 (1947) S. 59—64

Zum Wesen der Oberflächenspannung

Entgegen der bei manchen Physikern herrschenden Ansicht, daß die Oberflächenspannung keine echte Spannung von der Art derjenigen einer dünnen Haut sei, wird nachgewiesen, daß die Anwendung der Gesetze der Statik eine solche echte Spannung nicht nur gebieterisch verlangt, sondern auch, daß diese Spannung sich aus einem gegebenen molekularen Anziehungsgesetz quantitativ berechnen läßt.

1. In einem modernen deutschen Lehrbuch der Experimentalphysik findet sich bezüglich der Oberflächenspannung folgende Bemerkung:

„Bei der Deutung der Erscheinungen, die durch die Oberflächenenergie hervorgerufen werden, durch den Begriff der Oberflächenspannung ist wohl zu beachten, daß es sich durchaus um Kräfte handelt, die senkrecht zur Oberfläche stehen. Kräfte in Richtung der Oberfläche, wie man sie sich etwa vorstellen könnte, wenn man die Oberflächenspannung mit einer die Flüssigkeit einhüllenden gespannten Haut vergleicht, sind nicht vorhanden“[1].

Unmittelbar anschließend ist der Versuch beschrieben, bei der die „nicht vorhandene Kraft“, die eine Seifenlamelle zwischen einem festgehaltenen Drahtbügel und einem lose daraufgelegten Draht hervorbringt, durch Wägung bestimmt wird, und weiter der andere, wo der im Inneren einer Seifenblase herrschende Überdruck durch ein U-Rohr-Manometer bestimmt wird, beides Vorgänge, deren Deutung sich aus der Vorstellung von der gespannten Haut unmittelbar aufdrängt! Beide Versuche werden mühsam durch das Energieprinzip erklärt, während die statische Überlegung das Resultat auf einen Schlag liefert[2].

In einem ebenso modernen Lehrbuch der theoretischen Physik findet man ganz ähnlich den Satz:

„Wir nennen die am cm angreifende ‚Kraft‘ S, wobei wir aber im Auge behalten wollen, daß diese Spannung nicht dem molekularen Sachverhalt entspricht, sondern mehr eine bequeme Rechnungsgröße darstellt.“

Hier ist also wenigstens die praktische Anwendung der an den Spannungsbegriff anknüpfenden Ableitungen zugelassen.

Ich habe diese beiden Textstellen einem weiteren theoretischen Physiker vorgelegt, der sie als in Ordnung befindlich erklärte.

Ich kann mir diesen verwunderlichen Zustand nur so erklären, daß vielen der heutigen Physiker die anschaulichen Grundvorstellungen der

---

[1] Sperrungen wie im Original. [2] Vgl. Fußnote 2, S. 1599.

Lehre vom Kräftegleichgewicht, speziell dem in einem kontinuierlichen Medium, abhanden gekommen sind! Wenn man diese Sätze[1] richtig auf irgendeinen Vorgang anwendet, an dem Oberflächenspannungen mitwirken, so kommt man in keiner Weise an der Tatsache vorbei, daß in der Oberfläche eine echte Spannung von der Art wie die Spannungen in einer dünnen Haut zur Wirkung kommt[2].

Die Maßzahl für die Oberflächenspannung S ist natürlich ebenso eine Energie auf der Flächeneinheit wie eine Kraft auf der Längeneinheit, denn diese beiden Größen haben dieselbe Dimension, und man kann alle statischen Beziehungen immer auch als Arbeitsgleichungen schreiben, wenn man die bei einer kleinen Deformation auftretenden Verschiebungen mit betrachtet. Aber die Gleichgewichtsgleichungen machen die Betrachtungen der Verschiebungen unnötig. Dabei gebe ich gerne zu, daß ab und an auch Fälle vorkommen, wo die Aussagen über die Verschiebungen leichter gewonnen werden können als die für das Kräftegleichgewicht, wobei dann der Arbeitssatz bequemer zum Ziele führt.

2. In dem Wunsch, klar zu sehen, wie aus den Anziehungskräften eine Spannung längs der Oberfläche entsteht, habe ich mir folgendes Gedankenmodell zurechtgelegt: Der amorphe Molekelhaufen der Flüssigkeit werde für eine bequeme Anwendung der Gleichgewichtsgesetze durch eine inkompressible Flüssigkeit ersetzt; die Inkompressibilität ist angenommen, um in rechnerisch bequemer Form die Abstoßungskräfte zu repräsentieren. Die Anziehungskräfte werden dagegen als Fernkräfte eingeführt. Der rechnerischen Bequemlichkeit wegen ist ein sehr einfaches Anziehungsgesetz angenommen, nämlich Anziehung proportional der Entfernung für Entfernungen $r < R$; für $r > R$ soll die Kraft $= 0$ sein,

---

[1] Es handelt sich in erster Linie um den Satz, daß in einem kontinuierlichen Medium Gleichgewicht dann und nur dann vorhanden ist, wenn die Kräfte an jedem beliebig durch Schnitte abgetrennten Teil des Kontinuums Gleichgewicht halten. In jeder Schnittfläche müssen dabei die Kräfte, die von außen her durch die Schnittfläche auf Massenteilchen innerhalb einwirken, als äußere Kräfte in die Gleichgewichtsbedingungen eingeführt werden, genauso, wie wenn es sich um das Gleichgewicht von starren Körpern handeln würde (daß man sich dabei die elastischen oder flüssigen Gebilde wirklich als erstarrt vorstellen müßte, ist ein veraltetes Vorurteil; es handelt sich nur darum, daß die Kräfte so, wie man es für starre Körper gelernt hat, im Gleichgewicht stehen. Das Gleichgewicht bringt es dann von selbst mit sich, daß keine Bewegung eintritt, das Gebilde also freiwillig „starr" bleibt).

[2] Beispiel: Druck in der Seifenblase. Man führt einen Schnitt entlang einer Durchmesserebene. Dieser trifft eine Fläche $F = \pi r^2$ des Luftraumes in der Blase, auf der je Flächeneinheit eine Kraft gleich dem inneren Überdruck p wirkt, und eine Länge $l = 2\pi r$ der Seifenhaut, auf der je Längeneinheit die Kraft $2S$ (zwei Oberflächen!) wirkt. Beide Kräfte, ein Druck und ein Zug, müssen Gleichgewicht halten, wenn die Blase frei schwebt, also eine weitere Kraft nicht vorhanden ist. Es ist also $p\pi r^2 = 2S\,2\pi r$, also $p = 4S/r$. Wäre S keine echte Kraft, dann bestände kein Gleichgewicht.

entsprechend der Tatsache, daß die wirklichen Anziehungskräfte sehr rasch abklingen, wenn die Entfernung die Wirkungssphäre überschreitet. Es steht nichts im Wege, durch Überlagerung mehrerer solcher Kraftfelder mit verschiedenem R irgendein anderes Anziehungsgesetz anzunähern, vgl. Abb. 1. Man könnte auch Anziehungs- und Abstoßungsgesetze so kombinieren, daß der hydrostatische Flüssigkeitsdruck, mit dem die folgende Rechnung arbeitet, gerade Null wird. Die wesentlichen Eigenschaften, im besonderen auch die Oberflächenspannung als Ergebnis der Anziehungswirkungen in Verbindung mit dem hydrostatischen Druck, ergeben sich aber schon bei dem einfachen Modell, so daß ich mich im folgenden auf dieses beschränken will.

3. Zur Durchführung der Rechnung sei zunächst der *hydrostatische Druck* der hypothetischen Flüssigkeit berechnet. Das Anziehungsgesetz soll gemäß dem oben Gesagten lauten: Die Kraft, mit der die Masse dm von der Masse dm' im Abstand r angezogen wird, soll $c\,r\,dm\,dm'$ sein, wenn $r < R$ ist, und 0, wenn $r > R$ ist. Ein an dem von Flüssigkeit erfüllten Gebiet ausgerichtetes Koordinatensystem sei durch x, y, z bezeichnet. Die Flüssigkeitsoberfläche sei eben und werde durch die Ebene $z = 0$ gegeben. $z > 0$ ist das Gebiet der Flüssigkeit. x, y, z seien die Koordinaten des angezogenen Teilchens $dm = \varrho\,dx\,dy\,dz$. Im Mittelpunkt dieses Teilchens sei der Koordinatenursprung eines zweiten, dem ersten parallelen Koordinatensystems x' y' z'. Das anziehende Teilchen dm', dessen Lage gegenüber dm von Wichtigkeit ist, wird also zweckmäßig durch seine Koordinaten x' y' z' gegeben[1]. Es ist dabei $dm' = \varrho\,dx'\,dy'\,dz'$.

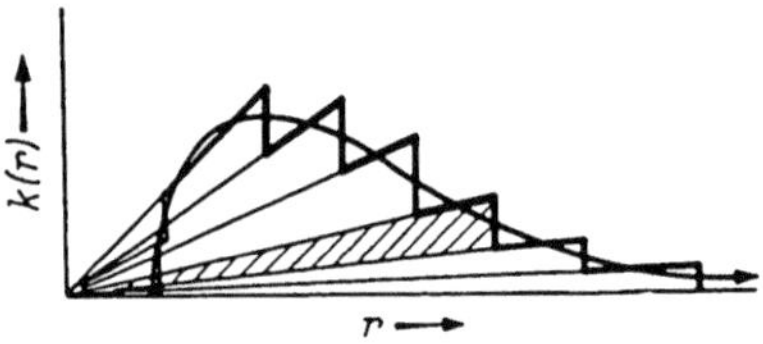

Abb. 1

Für die Berechnung des Druckes interessieren nur die Kräfte senkrecht zur Flüssigkeitsoberfläche, also die z-Komponente der Kraft $c\,r\,dm\,dm'$. Für Teilchen mit $z > R$ ist das Anziehungsgebiet eine Kugel um dm, die Resultierende aller Anziehungskräfte also $= 0$. Für Teilchen mit $z < R$ fehlen die Anziehungen der aus dem Flüssigkeitsspiegel herausragenden Kalotte. Wir brauchen also nur die Anziehung aller Teilchen dieser Kalotte auf dm zu rechnen und davon das Negative zu nehmen. Die von einem dm' in z-Richtung ausgeübte Kraft ist dann (nach unten positiv) $= c\,r\cos\alpha\,dm\,dm' = z'\,dm\,dm'$, siehe Abb. 2. Die Gesamtwirkung der Kalotte auf dm ist dann

$$K(z)\,dm = dm\,c\,\varrho \int_z^R \pi(R^2 - z'^2)\,z'\,dz',$$

[1] Zur Vermeidung von Minuszeichen ist es dabei bequem, die positiven Richtungen des zweiten Koordinatensystems entgegengesetzt denen des ersten anzunehmen.

was nach kurzer Rechnung für die Masseneinheit

$$K(z) = \frac{\pi c \varrho}{4} (R^2 - z^2)^2 \tag{1}$$

ergibt. Die Kraft an der Volumeneinheit ist $= \varrho K(z)$. Diese ist identisch mit dem Druckgradienten dp/dz; der Druck selbst wird somit, wenn p_G der Gasdruck auf der Flüssigkeitsoberfläche ist

$$p = p_G + \varrho \int_0^z K(z)\, dz = p_G + \frac{\pi c \varrho^2}{4} \left(R^4 z - \frac{2}{3} R^2 z^3 + \frac{1}{5} z^5 \right). \tag{2}$$

Für $z \geqq R$ ergibt dies, da hier $K(z) = 0$ ist,

$$p_1 = \text{konst.} = p_G + \frac{2}{15} \pi c \varrho^2 R^5. \tag{3}$$

p_1 ist das, was in der VAN DER WAALSschen Betrachtung „Binnendruck" genannt zu werden pflegt. Abb. 3 zeigt den Verlauf von $p(z)$.

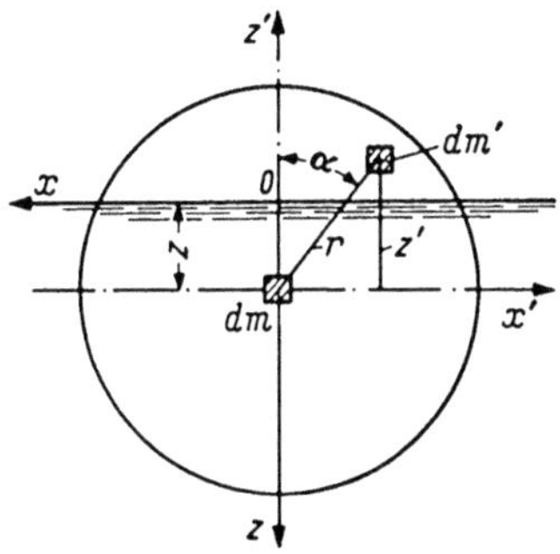

Abb. 2

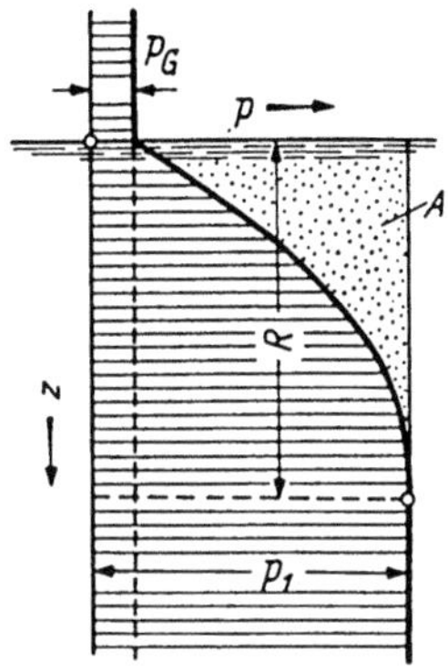

Abb. 3

4. Wenn man nun die *Kraft parallel der Oberfläche* erfahren will, so muß man gemäß den Regeln der Festigkeitslehre nach der resultierenden Kraft fragen, die durch eine gedachte Schnittfläche senkrecht zur Oberfläche, also z. B. durch die Ebene $x = 0$ hindurch von der einen zur anderen Seite übertragen wird. Diese Kraft, die wir zweckmäßig für einen Bereich gleich der Längeneinheit in der y-Richtung berechnen werden, da dieser Wert unmittelbar die unserem Anziehungsgesetz entsprechende Kapillarkonstante darstellt, besteht aus zwei Teilen, einerseits der Abstoßungskraft, die der Druck p in der Ebene $x = 0$ hervorbringt, andererseits der Resultierenden derjenigen Anziehungskräfte, die die Ebene $x = 0$ durchsetzen. Im Inneren der Flüssigkeit heben sich diese beiden Kräfte genau auf. Für die Teilchen der Randzone $z < R$ bleibt jedoch eine Differenz übrig, und diese ist die Oberflächenspannung. Die Rechnung wird am bequemsten, wenn man vom Inneren ausgeht und einerseits vom

Druck p den Druck im Inneren abzieht, und außerdem von den Anziehungen diejenigen im Inneren abzieht, was nach dem Vorgesagten am Endergebnis nichts ändert. Es ist dann für die Randzone wegen der Druckminderung gegenüber dem Druck im Inneren eine Zugkraft A, und wegen des Minus an Anziehungskräften gegenüber denen im Inneren eine Druckkraft B einzuführen. Die Rechnung ergibt, daß der Anteil A überwiegt, also eine Spannung des gewohnten Vorzeichens resultiert.

5. Die Rechnung ist für den Betrag A sehr einfach. Es ist nur $\int_0^R (p_1 - p)\, dz$ zu bilden, was gemäß Gl. (2) und (3) nach kurzer Rechnung

$$A = \frac{1}{24} \pi c \varrho^2 R^6 \tag{4}$$

ergibt (siehe auch Abb. 3, punktiertes Gebiet).

Etwas weniger bequem ist die Ermittlung von B. Es interessieren nur die Komponenten der Anziehungskräfte senkrecht zur Schnittfläche, also diejenigen parallel zur x-Achse. Diese sind gemäß unserem Ansatz $= c x'\, dm\, dm'$. Für ein Teilchen dm mit den Koordinaten x, z (y sei $= 0$) kommen die Teilchen dm' jenseits der Ebene $x = 0$ in Frage, von diesen wieder diejenigen außerhalb des Flüssigkeitsspiegels, also diejenigen, deren Bereich in Abb. 4 durch Punktierung gekennzeichnet ist. Für die wirksamen Teilchen ist also jeweils $x' \geqq x$ und $z' \geqq z$.

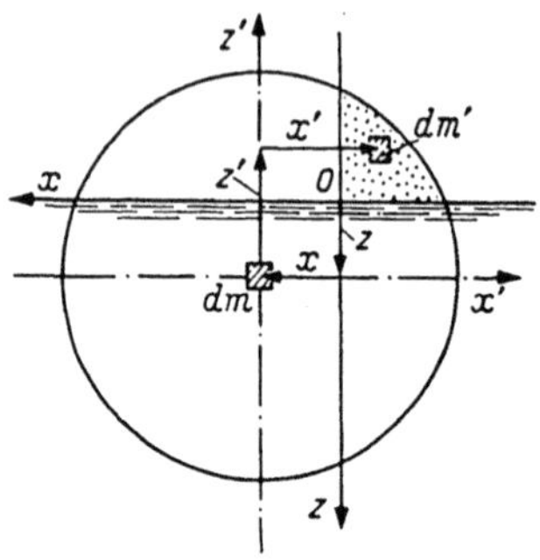

Abb. 4

Von der sechsfachen Integration über $dx\, dy\, dz$ und $dx'\, dy'\, dz'$ ist eine, die über dy, trivial, da diese Verschiebung parallel zur Flüssigkeitsoberfläche und zur Schnittfläche ist. Da die Kraft auf die Längeneinheit ermittelt werden soll, kann an Stelle von dy also die Einheit gesetzt werden.

Es bleibt also bezüglich der angezogenen Teilchen die Integration über $dx\, dz$ und bezüglich der anziehenden die über $dx'\, dy'\, dz'$ auszuführen. Die Reihenfolge der Integrationen ist an sich gleichgültig, man wird deshalb eine solche auswählen, bei der das Resultat am bequemsten erreicht wird. Es zeigte sich, daß es sich empfiehlt, zuerst die nach z' und z vorzunehmen, dann die nach y', schließlich die nach x' und x. Es wird damit

$$\frac{B}{c \varrho^2} = \int_0^R dx \int_x^R x'\, dx' \int_{-R'(x')}^{+R'(x')} dy' \int_0^{R''(x' y')} dz \int_z^{R''(x' y')} dz'. \tag{5}$$

Hierbei ist

$$R'(x') = \sqrt{R^2 - x'^2} \quad \text{und} \quad R''(x' y') = \sqrt{R^2 - x'^2 - y'^2}.$$

Die innersten beiden Integrationen ergeben $\frac{1}{2} R''^2$, die nächste $\frac{2}{3} R'^3$, die nach x' gibt $\frac{2}{15}(R^2 - x^2)^{5/2}$, die letzte

$$\frac{B}{c\,\varrho^2} = \frac{2}{15} \int_0^R dx (R^2 - x^2)^{5/2} = \frac{2}{15}\,\frac{5\pi}{32}\text{[1]} = \frac{\pi}{48}. \tag{6}$$

Damit ist genau $B = \frac{1}{2} A$ und daher die Oberflächenspannung

$$S = A - B = \frac{1}{48} \pi\, c\, \varrho^2 R^6. \tag{7}$$

Man kann nun sofort auch den allgemeineren durch Abb. 1 veranschaulichten Fall behandeln. Für ein Anziehungsgesetz, das durch Überlagerung von Beiträgen $dm\, dm'\, r\, \varphi(R)\, dR$ für $r < R$ und Null für $r > R$ entsteht (also $\varphi(R)\, dR$ an Stelle von c!), ergibt sich

$$S = \frac{\pi\, \varrho^2}{48} \int_0^\infty R^6\, \varphi(R)\, dR. \tag{8}$$

Aus dem Rechnungsgang der Formel (8) erweist sich leicht, daß die Beziehung $S = \frac{1}{2} A$ auch für das allgemeine Anziehungsgesetz gültig bleibt.

[1] Fräulein H. Zimmer hatte die Freundlichkeit, mir diesen Wert mit Hilfe der Substitution $x = R \sin\varphi$ und dreimalige partielle Integration auszurechnen.

Physikalische Blätter 4. Jg. (1948) S. 89—92

Mein Weg zu hydrodynamischen Theorien

Auf der Physikertagung in Göttingen am 6. September 1947 wurde Professor PRANDTL zum Ehrenmitglied der Deutschen Physikalischen Gesellschaft in der britischen Zone gewählt. Bei der Abendveranstaltung in kleinem Kreise zu Ehren der neuen Ehrenmitglieder, zu der Dr. R. G. J. FRAZER eingeladen hatte, sprach in Erwiderung auf die Glückwunschansprache Prof. HEISENBERGS Professor PRANDTL über seine Arbeitsweise. Er hat sich auf Bitte der Physikalischen Blätter freundlicherweise bereit erklärt, seine Ausführungen einem größeren Kreise zugänglich zu machen.

Dem Wunsch von Herrn BRÜCHE komme ich besonders deshalb gerne nach, weil ich mich bisher noch nie näher über die Methoden geäußert habe, die es mir öfters ermöglicht haben, bei meinen Problemen neue Wege zu gehen, und besonders auch, weil ich glaube, mit solchen Ausführungen gerade den jungen Fachgenossen nützliche Hinweise geben zu können. Bei der Wiedergabe meiner kurzen Stegreif-Rede glaube ich mich mit Rücksicht auf diese Gründe nicht streng an das damals Gesagte halten zu müssen, ziehe es vielmehr vor, auch einige andere Gedanken mit einzuflechten, die mir in dieser Hinsicht lehrreich erscheinen.

Herr HEISENBERG hatte in den mir gewidmeten freundlichen Ausführungen unter anderem auch behauptet, daß ich die Fähigkeit hätte, den Gleichungen ohne Rechnung anzusehen, welche Lösungen sie hätten. Ich mußte antworten, daß ich zwar diese Fähigkeit nicht hätte, daß ich aber mir von den den Aufgaben zugrunde liegenden *Dingen* eine möglichst eingehende *Anschauung* zu verschaffen strebe und die Vorgänge zu *verstehen* suche. Die Gleichungen kommen erst später daran, wenn ich die Sache glaube verstanden zu haben; sie dienen einerseits dazu, *quantitative* Aussagen zu gewinnen, die natürlich durch Anschauung allein nicht zu erreichen sind; andererseits sind die Gleichungen ein gutes Mittel, um für meine Schlüsse Beweise beizubringen, die auch andere Leute anzuerkennen geneigt sind. Wenn, wie dies öfters vorkommt, bei den Rechnungen kleine Differenzen großer Zahlen auftreten, dann liegt die Entscheidung natürlich allein bei den Rechnungen.

Die vorerwähnte Art von Anschauung läßt sich durchaus erlernen, wie ich an verschiedenen Schülern feststellen konnte, sie erfordert freilich ein besonderes Training.

In dem altmodischen Mathematikunterricht, den ich um 1890 auf der höheren Schule genoß, gab es noch keine Funktionen, sondern nur konkrete Einzelbeispiele. Es war deshalb im ersten Studiensemester eine richtige Erleuchtung für mich, daß es „Veränderliche" und „Funktionen einer Veränderlichen" gab. Mit einer wahren Begierde habe ich mir damals den Verlauf der verschiedenen Funktionen $y = x^n$ mit positiven und negativen n auf kariertem Papier aufgemalt, ebenso e^x und $\log x$ sowie später Potenzreihen und Fourierreihen. In Beispielen zur Mechanik gewöhnte ich mich allmählich daran, die Kräfte und Beschleunigungen in den Gleichungen und in Skizzen zu „sehen" oder mit dem Muskelsinn „nachzufühlen", ebenso die Spannungen im Inneren der belasteten festen Körper usw. Im letzteren Fall traten die Spannungen in einem Stabquerschnitt als Funktionen von zwei Veränderlichen auf, die veranschaulicht werden mußten, etwa durch Karten mit Höhenschichten. Auch Stromlinien einer zweidimensionalen Strömung ließen sich als Höhenlinien einer „Stromfunktion" auffassen und dadurch auch als räumliches Modell dieser Funktion veranschaulichen. So gab es eine Menge von Arten, sich Bilder von den zu suchenden Lösungen aufzumalen. Derartige „Spielereien" führten mich unter anderem auf eine hübsche Beziehung zwischen Schubspannungsverteilungen und Seifenhäuten[1].

Eine andere Technik, die sich enger an die Gleichungen anschließt, besteht in der Übung, zu einer vorgegebenen Kurve $y = f(x)$ nach Augenmaß den Verlauf des Differentialquotienten df/dx oder des Integrals aufzuzeichnen. Wenn es sich dabei etwa um die Lösungskurve einer Differentialgleichung handelt, läßt sich auf solche Weise eine Anschauung von dem Zusammenwirken der einzelnen Glieder der Gleichung bzw. von ihrer verschiedenen Größenordnung gewinnen.

Bei hydrodynamischen Aufgaben kann man sich üben, aus dem Geschwindigkeitsbild qualitative Schlüsse auf die Beschleunigungen der einzelnen flüssigen Elemente zu ziehen. Andererseits ist es sehr belehrend, an Hand von Beispielen die einzelnen Glieder der Navier-Stokesschen Gleichungen als Beschleunigungs- bzw. Reibungskräfte auszudeuten und sich so in die Wirkungsweise dieser Gleichung einzufühlen.

Was nun die speziellen Aufgaben betrifft, denen ich mich jeweils zugewandt habe, so erhielt ich mehrmals die Anregung dazu in veröffentlichten Arbeiten, die meinen Widerspruch erregten; aber auch eigene Mißerfolge haben mich gelegentlich zu heftigem Nachdenken veranlaßt. Ein solcher Fall ist mir in besonderer Erinnerung geblieben. In einer größeren Luftleitungsanlage in der Maschinenfabrik Nürnberg hatte ich ein konisch erweitertes Rohr angeordnet, um dadurch Druck wiederzugewinnen; der Druckwiedergewinn ist aber ausgeblieben und dafür ist eine Ablösung der Strömung eingetreten. Heute weiß ich, daß ich nur den Konus etwas schlanker hätte machen müssen, um Erfolg zu haben. Damals wurde ich aber gerade von Nürnberg weg an die T. H. Hannover berufen und der Firma war der entgangene Druckwiedergewinn nicht wichtig. Mir aber kam die Frage, wieso eine Strömung, statt an der Wand

[1] Phys. Z. Bd. 4 (1903) S. 758; auch Jber. dtsch. Math.-Ver. Bd. 13 (1904) S. 31.

entlang zu fließen, sich von dieser ablöste, nicht aus dem Sinn, bis 3 Jahre später die „Grenzschichttheorie" die Lösung brachte.

Was die Arbeiten betrifft, die meinen Widerspruch erweckt hatten, so will ich ein altes und ein neues Beispiel anführen. In der Zeit kurz nach 1900 stieß ich in mehreren Veröffentlichungen auf die Behauptung, daß ein ausfließender Druckluftstrahl keine größere Geschwindigkeit erreichen könne als Schallgeschwindigkeit, obwohl bei einem Druckverhältnis größer als 1,9 die Energie zu größeren Geschwindigkeiten ausreichte. Der Grund für diese „Theorie" war, daß in Photographien solcher Strahlen stationäre Wellen zu sehen waren, woraus geschlossen wurde, die mittlere Geschwindigkeit müsse Schallgeschwindigkeit sein. Die Sache ließ sich aber leicht zurechtrücken.

Die EULERschen Gleichungen lieferten mit der Kontinuitätsgleichung für ein zusammendrückbares Medium stationäre Wellen mit Überschallgeschwindigkeit[1]!

In neuester Zeit konnte ich gegen die irrige Anschauung, daß die Oberflächenspannung keine echte Spannung wie die einer dünnen Haut wäre, sondern nur eine Energie, nachweisen, daß die molekularen Anziehungskräfte neben dem Binnendruck auch eine echte Hautspannung liefern[2].

Im Fall der Grenzschichttheorie, wie auch bei anderen Aufgaben führte ein heuristisches Prinzip zur Lösung, das ich auch für andere Fälle zur Anwendung empfehlen kann, wo es sich um nichtlineare Probleme handelt[3]. Dieses Prinzip läßt sich etwa so formulieren:

„Wenn das volle Problem mathematisch hoffnungslos erscheint, empfiehlt es sich, zu untersuchen, was sich ereignet, wenn ein wesentlicher Parameter des Problems zur Grenze Null strebt". Dabei wird angenommen, daß das Problem streng lösbar ist, wenn der Parameter von vornherein gleich Null gesetzt wird und daß für sehr kleine Werte des Parameters vereinfachte Näherungslösungen möglich sind. Es muß dabei noch untersucht werden, ob der Grenzübergang und der direkte Weg mit dem Parameter gleich Null zu derselben Endlösung führt. Es seien solche Randbedingungen gewählt, daß dies zutrifft. Für die physikalische Zuverlässigkeit der Lösung gibt der alte Satz „*Natura non facit saltus*" die Richtschnur: In der Natur wird der Parameter möglicherweise klein, er wird aber nicht Null. Also ist immer der erste Weg der physikalisch richtige!

Für den, der die Grenzschichttheorie kennt, brauche ich nicht zu sagen, daß der in Rede stehende Parameter hier die Zähigkeit (η) ist

[1] Phys. Z. Bd. 5 (1904) S. 599.

[2] Ann. Phys. (6) Bd. 1 (1947) S. 59.

[3] Bei linearen Problemen treten die hier behandelten Schwierigkeiten nicht auf; wo eine „Linearisierung" gelingt, werden sie durch diese überwunden.

(oder auch, da die Dichte ϱ nicht Null wird, die „kinematische Zähigkeit" $\nu = \eta/\varrho$, die die einfache Dimension cm²/sec hat).

In zähen Flüssigkeiten ist an ruhenden Wänden die Geschwindigkeit immer Null, in nicht reibenden Flüssigkeiten bleibt sie aber endlich. Der Übergang $\nu = 0$ ist so, daß die Schichtdicke δ, in der die Zähigkeit sich bemerklich macht, mit $\nu \to 0$ auch gegen Null geht; dadurch rückt in der Grenze $\nu = 0$ die endliche Geschwindigkeit an die Wand selbst.

Wenn t eine für den Vorgang charakteristische Zeit ist, wird aus Dimensionsgründen $\delta \sim \sqrt{\nu t}$.

Beim Strömen einer Flüssigkeit längs einer Wand von der Länge l mit einer Geschwindigkeit u ist dabei $t \sim l/u$ [1]. Die Rechnungen, die in einfacheren Fällen auf gewöhnliche Differentialgleichungen 3. Ordnung und vom 2. Grad, in verwickelteren auf damit verwandte Reihenentwicklungen führen, zeigen u. a., daß bei Druckanstieg entgegen der Strömung in der Grenzschicht Rückströmungen eintreten können, während außen noch Vorwärtsströmung herrscht. Dies führt im Regelfall zur Ablösung, durch die ein weiterer Druckanstieg unterbunden wird! Nur wenn keine Ablösung eintritt, konvergiert in der Grenze $\nu = 0$ die Lösung mit Grenzschicht gegen die klassische Lösung der idealen Flüssigkeit.

Beim *Tragflügel* strebt man zwecks äußerster Widerstandsverringerung, die Ablösung zu vermeiden und erhält so ein Problem der letzteren Art. Die Strömung ist wegen der mit der Auftriebserzeugung verbundenen Zirkulation mit Wirbeln behaftet und deshalb schwer berechenbar, die Aufgabe kann aber durch Annahme von fast verschwindenden Auftriebskräften „linearisiert" werden und beschränkt sich dann auf sehr kleine Abweichungen von der Parallelströmung; ausgehend von den ersten Anfängen[2] wurde sie durch zahlreiche Fachgenossen soweit gefördert, daß heute die Druckverteilung für beliebig gegebene Flügelgestalt, auch bei ausgeschlagenen Querrudern, in allen Einzelheiten vorausbestimmbar ist, und zwar praktisch ohne Beschränkung auf besonders kleine Auftriebe.

Vielleicht ist die Bemerkung nicht ohne Interesse, daß auch hier mich ein Widerspruch zu der ersten Beschäftigung mit der Theorie des Tragflügels angeregt hat[3].

Über die Turbulenz noch eine kurze Bemerkung. Die Rechnungen über die ausgebildete Turbulenz bauen sich auf empirischen Feststellungen auf und liegen sonach außerhalb des hier behandelten Gedankenkreises.

---

[1] Verhandl. d. III. Internat. Math.-Kongr. (Heidelberg 1904) S. 484.

[2] Göttinger Nachr. (1918) S. 451 u. (1919) S. 107.

[3] Es handelt sich um eine irrige Vorstellung von dem Wirbelsystem des Tragflügels in dem sonst verdienstvollen Buch von F. W. LANCHESTER, Aerodynamics. Deutsche Übersetzung 1909. Siehe besonders die Abb. 81, 82 und 85 in Bd. I.

Dagegen dürften sich einige kurze Ausführungen zum Problem der Entstehung der Turbulenz und zur kritischen REYNOLDSschen Zahl lohnen. Hier handelt es sich um die Berechnungen von Störungsbewegungen von gegebenen Lösungen der Differentialgleichungen. Die Bemühungen zahlreicher Verfasser hatten, abgesehen von einem Beispiel von LORD RAYLEIGH, das aber mit der idealen Flüssigkeit rechnete, niemals anwachsende Störungen ergeben. Der erste Fall von Anwachsen einer Störung ergab sich beim Studium der Schwingungen einer Grenzschicht an ebener Wand, deren Geschwindigkeitsprofil nach RAYLEIGH bei Reibungslosigkeit stabil wäre; bei Berücksichtigung der als sehr klein vorausgesetzten Zähigkeit ergab sich jedoch eine Instabilität, siehe die von mir veranlaßte Dissertation von Herrn O. TIETJENS[1], doch erlaubte die Rechnung, die eine schwingende sekundäre Grenzschicht innerhalb der normalen Grenzschicht untersuchte, nicht, eine kritische REYNOLDSsche Zahl als Stabilitätsgrenze zu ermitteln. Dies gelang erst Herrn W. TOLLMIEN bei der verfeinerten Weiterführung dieser Aufgabe[2].

Nähere Angaben werden demnächst in einem Bericht über laminare Grenzschichten von TOLLMIEN im Aerodynamikband der FIAT-Review of German Science zu finden sein, auch in der in Vorbereitung befindlichen neuen Auflage meines „Führers durch die Strömungslehre". Mit diesen beiden Hinweisen glaube ich solchen Lesern dieser Zeilen behilflich sein zu sollen, denen meine Ausführungen ein näheres Interesse für die moderne Strömungslehre geweckt haben könnten.

---

[1] Vorbericht von mir in Z. angew. Math. Mech. Bd. 1 (1921) S. 431 und Phys. Z. Bd. 23 (1922) S. 19. Hauptbericht von O. TIETJENS in Z. angew. Math. Mech. Bd. 5 (1925) S. 200.

[2] Göttinger Nachr. Math.-phys. Kl. (1929) S. 21.

X. VERZEICHNIS DER NICHT ABGEDRUCKTEN VERÖFFENTLICHUNGEN

1. Handbuchbeiträge und Buchdarstellungen

Verhandlungen der Versammlung von Vertretern der Flugwissenschaft 1911 zu Göttingen. Zusammengestellt im Auftrage der Göttinger Vereinigung zur Förderung der angewandten Physik und Mathematik.
München-Berlin: Oldenbourg 1912.

Ergebnisse der Aerodynamischen Versuchsanstalt zu Göttingen.
I. Lieferung (mit C. WIESELSBERGER und A. BETZ).
München-Berlin: Oldenbourg 1921, 2. Aufl. 1923, 3. Aufl. 1925, 4. Aufl. 1935.

Ergebnisse der Aerodynamischen Versuchsanstalt zu Göttingen.
II. Lieferung (mit C. WIESELSBERGER und A. BETZ).
München-Berlin: Oldenbourg 1923, 2. Aufl. 1929.

Ergebnisse der Aerodynamischen Versuchsanstalt zu Göttingen.
III. Lieferung (mit A. BETZ).
München-Berlin: Oldenbourg 1927, 2. Aufl. 1935.

Mechanik der flüssigen und gasförmigen Körper.
MÜLLER-POUILLETS Lehrbuch der Physik, 11. Aufl., Bd. 1, 2. Teil, S. 991—1183.
Braunschweig: Vieweg 1929.

Equilibrium of Liquids and Gases. Chapt. IV of ,,The Physics of Solids and Fluids", p. 153—204.
London: Blackie and Son 1929.

The Flow of Liquids and Gases I, II. Chapt. V, VI of ,,The Physics of Solids and Fluids", p. 205—372.
London: Blackie and Son 1929.

Abriß der Strömungslehre.
Braunschweig: Vieweg 1931, 2. Aufl. 1935.

Ergebnisse der Aerodynamischen Versuchsanstalt zu Göttingen.
IV. Lieferung (mit A. BETZ).
München-Berlin: Oldenbourg 1932, 2. Aufl. 1935.

The Mechanics of Viscous Fluids.
DURAND: Aerodynamic Theory Bd. III, Abschn. G, S. 34—208.
Berlin: Springer 1935.

Anschauliche und nützliche Mathematik.
Öffentliche Vorlesung Wintersemester 1931/32 Universität Göttingen.
Ausgearbeitet von G. MESMER.
Göttingen: Selbstverlag 1937.

Führer durch die Strömungslehre.
Braunschweig: Vieweg 1942, 2. Aufl. 1944, 3. Aufl. 1949, 4. Aufl. 1956, 5. Aufl. 1957.

Turbulenz. Naturforschung und Medizin in Deutschland 1939—1946 (FIAT-Review), Bd. 11: Hydro- und Aerodynamik, 3. Beitrag S. 55—78.
Weinheim: Chemie-Verlag 1948 (englische Ausgabe) bzw. 1953 (deutsche Ausgabe).

Hydro- und Aerodynamik.
Moskau 1951.
(Russische Übersetzung des Buches „Führer durch die Strömungslehre", 3. Aufl.)

Essentials of Fluid Dynamics.
London and Glasgow: Blackie and Son 1952.
(Englische Übersetzung des Buches „Führer durch die Strömungslehre", 3. Aufl.)

Guide à travers la Mécanique des Fluides.
Paris: Dounod 1952.
(Französische Übersetzung des Buches „Führer durch die Strömungslehre", 3. Aufl.)

Dynamika Przeplywow.
Warschau 1956.
(Polnische Übersetzung des Buches „Führer durch die Strömungslehre", 3. Aufl.)

2. Zuschriften und Diskussionsbeiträge

Die Berechnung von Gleitfliegern.
Z. VDI Bd. 53 (1909) S. 847.

Bemerkung zu C. Cranz u. W. Schmundt: Magnuskraft und Windturmsegler.
Z. angew. Math. Mech. Bd. 4 (1924) S. 514/15.

Zum Turbulenzproblem.
Z. angew. Math. Mech. Bd. 6 (1926) S. 339 und 428.

Bemerkung zu dem Aufsatz von A. Einstein: Die Ursache der Mäanderbildung und das sogenannte Baersche Gesetz.
Naturwissenschaften 14. Jg. (1926) S. 619/20.

Berichtigung zu dem Aufsatz von G. Sachs: Beitrag zum Härteproblem.
Naturwissenschaften 15. Jg. (1927) S. 265.

Berichtigung zu Band 2 des „Handbuch der Physik".
Phys. Z. 28. Jg. (1927) S. 199.

Zur Leistungsanalyse der Flugzeuge. Entgegnung auf die Abhandlung von Dr. H. Borck.
Illustrierte Flug-Woche Nr. 7 (1928) S. 171.

Durchflußbeiwerte der IG-Meßmündungen für Wasser, Öle, Dampf und Gas. Aufsatz von Dr. R. Witte.
Z. VDI Bd. 72 (1928) S. 1493—1502.

Bemerkung zu der Arbeit F. Ahlborn, Die Theorie der diskontinuierlichen Flüssigkeitsbewegungen und die Wirklichkeit.
Phys. Z. 4. Jg. 29 (1928) S. 118/19.

Entgegnung zu „K. Scholler, Beitrag zur Ermittlung der Grenzschicht".
Z. Techn. Phys. Bd. 9 (1928) S. 77.

Zuschrift betr. dynamische und kinematische Zähigkeit.
Z. Techn. Phys. Bd. 9 (1928) S. 366.

Diskussionsbeitrag zu E. V. Telfer: Frictional Resistance and Strip Resistance Similarity.
Trans. North East Coast Inst. Eng. a. Shipbuilders, Newcastle Vol. 45 (1929).

Diskussionsbemerkung zum Vortrag von L. Schiller.
Vorträge Geb. Aerodyn. u. verw. Geb. Aachen 1929. Springer, Berlin 1930, S. 78.

Erörterungsbeitrag zu „Reibungswiderstand".
Im Buchwerk der Konferenz über hydromechanische Probleme des Schiffsantriebs.

Ergebnisse der Hamburger Schiffbau-Versuchsanstalt. Hamburg 1932, S. 87, 223, 337, 404 und Werft, Reederei, Hafen 13. Jg. (1932) S. 211/13.

Diskussionsbemerkung zu WESTERGAARD: Water pressures on dams during earth-quakes.
Proc. Amer. Soc. Civ. Eng. (1932) p. 649.

Bemerkung zu den Arbeiten von H. CRANZ und H. QUEST über die experimentelle Lösung von Torsionsaufgaben.
Ing.-Arch. IV (1933) S. 606.

Einfluß der Wandrauhigkeit auf den Wärmeübergang an Wasser.
Forschung Bd. 5 (1934) S. 5.

3. Nachrufe und Glückwünsche

Nachruf: GEORG FUHRMANN (Berlin).
Phys. Z. 15. Jg. (1914) S. 902—904.

Nachruf: PAUL BÉJEUHR.
Z. Flugtechn. Motorl. Bd. 7 (1916) S. 39—40.

Nachruf: H. TH. v. BÖTTINGER.
Z. Flugtechn. Motorl. Bd. 11 (1920) S. 169.

Nachruf: AUGUST FÖPPL.
Beton u. Eisen Bd. 23 (1924) S. 263/64.

Nachruf: WALTER BIRNBAUM.
Z. Flugtechn. Motorl. Bd. 16 (1925) S. 140.

FELIX KLEIN zum Gedächtnis.
Z. Flugtechn. Motorl. Bd. 16 (1925) S. 275.

KLEIN und die angewandten Wissenschaften.
Sitzungsber. Berliner Math. Gesellschaft XXV. Jg. (1926).

Nachruf: FELIX KLEIN und die Förderung der angewandten Wissenschaften.
Naturwissenschaften Bd. 7 (1929) S. 307.

Nachruf: CARL RUNGE.
Nachr. Ges. Wiss. Göttingen. Geschäftliche Mitt. 1926/27.
Naturwissenschaften Bd. 15 (1927) S. 227—229.

Nachruf T. E. STANTON.
Z. VDI Bd. 70 (1934) S. 114.

ALBERT BETZ zum 50. Geburtstag.
Luftfahrtforsch. Bd. 12 (1935) S. 247.

Nachruf: ERICH TREFFTZ.
Z. angew. Math. Mech. Bd. 17 (1937) S. 1.

ARNOLD SOMMERFELD zum siebzigsten Geburtstage.
Z. angew. Math. Mech. Bd. 19 (1939) S. 63.

ADOLF BAEUMKER, fünfzig Jahre.
Luftfahrtforsch. Bd. 18 (1941) S. 241/42.

ALBERT BETZ zum sechzigsten Geburtstage. 25. Dezember 1945.
Betz-Festschrift der Aerodynamischen Versuchsanstalt Göttingen (1945).

GEORG HAMEL siebzig Jahre.
Z. angew. Math. Mech. Bd. 28 (1948) S. 129.

FELIX KLEIN und die Anwendungen der Mathematik.
Universitätsbund Göttingen, Jg. XXVI (1949), H. 1, S. 7.

XI. VERZEICHNIS DER BEI LUDWIG PRANDTL ENTSTANDENEN DISSERTATIONEN[1]

1. Anthes, H.: Versuchsmethode zur Ermittlung der Spannungsverteilung bei Torsion prismatischer Stäbe.
Dissertation Hannover 1906.
Dinglers polytechn. J. 87. Jg. Bd. 321 (1906) S. 342.
2. Adler, M.: Strömung in gekrümmten Rohren.
Dissertation TH München 1934.
Z. angew. Math. Mech. Bd. 14 (1934) S. 257.
3. v. Baranoff, A.: Über die Plastizität des Tones.
Dissertation Göttingen 1925 [1926].
Z. techn. Phys. 7. Jg. (1926) S. 77.
4. Berliner, S.: Über das Verhalten des Gußeisens bei langsamen Belastungswechseln.
Dissertation Göttingen 1906.
Ann. Phys. 4. Folge, Bd. 20 (1906) S. 527 (Auszug).
5. Betz, A.: Beiträge zur Tragflügeltheorie mit besonderer Berücksichtigung des einfachen rechteckigen Flügels.
Dissertation Göttingen 1919 [1920].
6. Birnbaum, W.: Das ebene Problem des schlagenden Flügels.
Dissertation Göttingen 1923.
Z. angew. Math. Mech. Bd. 4 (1924) S. 277 (Auszug).
7. Blasius, H.: Grenzschichten in Flüssigkeiten mit kleiner Reibung.
Dissertation Göttingen 1907.
Z. Math. Phys. Bd. 57 (1908) S. 1.
8. Blenk, H.: Der Eindecker als tragende Wirbelfläche.
Dissertation Göttingen 1924 [1928].
Z. angew. Math. Mech. Bd. 5 (1925) S. 36 (Auszug).
9. Boeder, P.: Über Strömungsdoppelbrechung.
Dissertation Göttingen 1932.
Z. Phys. Bd. 75 (1932) S. 258.
10. Boehm, J.: Strömungsvorgänge an einem Düsenkühler.
Dissertation Göttingen 1942; vervielfältigt durch ZWB 1943.
11. Edler v. Bohl, J. G.: Das Verhalten paralleler Luftstrahlen.
Dissertation Göttingen 1940.
Ing.-Arch. Bd. 11 (1940) S. 295.
12. Boltze, E.: Grenzschichten an Rotationskörpern in Flüssigkeiten mit kleiner Reibung.
Dissertation Göttingen 1909.
13. Bose, N. K.: Beiträge zur Aerodynamik des Doppeldeckers. (Mit Zusätzen von L. Prandtl.)
Dissertation Göttingen 1923 [1924].
Z. angew. Math. Mech. Bd. 7 (1927) S. 1.
14. Braun, G.: Die ebene kompressible Potentialströmung als Variations- und Eigenwertproblem.

---

[1] Zahlen in eckigen Klammern nennen das Jahr des Zitates der betr. Dissertation im „Jahresverzeichnis Deutscher Universitätsschriften".

Dissertation Göttingen 1933.
Ann. Phys. 5. Folge, Bd. 15 (1932) S. 645.

15. BREZINA, O.: Untersuchungen über die Zeitgesetze der unelastischen Formänderung beim Zink und Flußeisen.
Dissertation Göttingen 1923.
Phys. Z. Bd. 24 (1923) S. 338 (Auszug).
16. BURI, A.: Eine Berechnungsgrundlage für die turbulente Grenzschicht bei beschleunigter und verzögerter Grundströmung.
Dissertation ETH Zürich 1931.
17. CASSEBAUM, H.: Über das Verhalten von weichem Flußstahl jenseits der Proportionalitätsgrenze.
Dissertation Göttingen 1910.
Ann. Phys. 4. Folge, Bd. 34 (1911) S. 106.
18. CHANG, H. C.: Aufrollung eines zylindrischen Strahles durch Querwind.
Dissertation Göttingen 1942.
19. CORDES, G.: Untersuchungen zur statischen Druckmessung in turbulenter Strömung.
Dissertation Göttingen 1937.
Ing.-Arch. Bd. 8 (1937) S. 245.
20. DEIMLER, W.: Stabilitätsuntersuchungen über symmetrische Gleitflieger.
Dissertation Göttingen 1910.
21. DEUTLER, H.: Experimentelle Untersuchungen über die Abhängigkeit der Zugspannungen von der Verformungsgeschwindigkeit.
Dissertation Göttingen 1932.
Phys. Z. Bd. 33 (1932) S. 247.
22. DÖNCH, F.: Divergente und konvergente turbulente Strömungen mit kleinen Öffnungswinkeln.
Dissertation Göttingen 1926.
VDI-Forschungsarbeit, H. 282 (1926).
23. DUMITRESCU, D. T.: Strömung an einer Luftblase im senkrechten Rohr.
Dissertation Göttingen 1941.
Z. angew. Math. Mech. Bd. 23 (1943) S. 139.
24. FABRICIUS, W.: Studien über inhomogene gekrümmte Strömungen.
Dissertation Göttingen 1937.
Ing.-Arch. Bd. 7 (1936) S. 410.
25. FETTE, H.: Strömungsversuche im rotierenden Laboratorium.
Dissertation Göttingen 1934.
Z. techn. Phys. 14. Jg. (1933) S. 257.
26. FÖRTHMANN, E.: Über turbulente Strahlausbreitung.
Dissertation Göttingen 1934.
Ing.-Arch. Bd. 5 (1934) S. 42.
27. FRÖSSEL, W.: Berechnung der Reibung und Tragkraft eines endlich breiten Gleitschuhes auf ebener Gleitbahn.
Dissertation Göttingen 1941.
Z. angew. Math. Mech. Bd. 21 (1941) S. 321.
28. FUHRMANN, G.: Theoretische und experimentelle Untersuchungen an Ballonmodellen.
Dissertation Göttingen 1912.
Jb. d. Motorluftschiff-Studien-Ges. 1911/12.
29. GHATAGE, V. M.: Modellversuche über die gegenseitige Bewegung von Luftmassen verschiedener Temperaturen.
Dissertation Göttingen 1936.

30. GIEBEL, K.: Der Einfluß der Hemmung auf den Gang der Uhr.
Dissertation Göttingen 1905.
31. HERBERT, H.: Über den Zusammenhang der Biegungselastizität des Gußeisens mit seiner Zug- und Druckelastizität.
Dissertation Göttingen 1909.
VDI-Forschungsarbeit, H. 89 (1909).
32. GRUSCHWITZ, E.: Die turbulente Reibungsschicht in ebener Strömung bei Druckabfall und Druckanstieg.
Dissertation Göttingen 1932.
Ing.-Arch. Bd. 2 (1931) S. 321.
33. HIEMENZ, K.: Die Grenzschicht an einem in den gleichförmigen Flüssigkeitsstrom eingetauchten geraden Kreiszylinder.
Dissertation Göttingen 1911.
Dinglers polytechn. J. Bd. 326 (1911) S. 321.
34. HIRSCH, P.: Über die Bewegung von Kugeln in ruhenden Flüssigkeiten.
Dissertation Göttingen 1921.
Z. angew. Math. Mech. Bd. 3 (1923) S. 93.
35. HOCHSCHILD, H.: Versuche über Strömungsvorgänge in erweiterten und verengten Kanälen.
Dissertation Berlin 1909.
VDI-Forsch.-Heft 114 (1912). Auszug in Z. VDI Bd. 57 (1913) S. 655.
36. HOMANN, F.: Einfluß großer Zähigkeit bei Strömung um Zylinder und Kugel.
Dissertation Göttingen 1936.
1. Teil: Forsch. Gebiete Ing.-Wes. Bd. 7 (1936) S. 1.
2. Teil: Z. angew. Math. Mech. Bd. 16 (1936) S. 153.
37. HORT, H.: Die Wärmevorgänge beim Längen von Metallen[1].
Dissertation Göttingen 1906.
Mitt. Forsch. Ing.-Wes. H. 41 (1907).
38. JACOBS, W.: Studien zum Rauhigkeitsproblem.
Dissertation Göttingen 1939.
1. Teil: Ing.-Arch. Bd. 9 (1938) S. 343.
2. Teil: Z. angew. Math. Mech. Bd. 19 (1939) S. 87.
39. v. KÁRMÁN, TH.: Untersuchungen über Knickfestigkeit.
Dissertation Göttingen 1909.
Mitt. Forsch. Ing.-Wes. H. 81 (1909).
40. KINNER, W.: Die kreisförmige Tragfläche auf potentialtheoretischer Grundlage.
Dissertation Göttingen 1937.
Ing.-Arch. Bd. 8 (1937) S. 47.
41. KÖNIG, E.: Potentialströmung durch Gitter[2].
Dissertation Göttingen 1922 [1923].
Z. angew. Math. Mech. Bd. 2 (1922) S. 422 (Auszug).
42. KOPPE, M.: Reibungseinfluß auf stationäre Rohrströmungen bei hohen Geschwindigkeiten.
Dissertation Göttingen 1947.
43. KRIENES, K.: Die elliptische Tragfläche auf potentialtheoretischer Grundlage.
Dissertation Göttingen 1940.
Z. angew. Math. Mech. Bd. 20 (1940) S. 65.

---

[1] Von anderer Seite angeleitete Arbeit.
[2] Von anderer Seite angeleitete Arbeit.

44. KRÖNER, R.: Versuche über Strömungen in stark erweiterten Kanälen.
Dissertation Berlin 1919.
VDI-Forsch.-Heft 222 (1920).
45. KROPATSCHECK, F.: Die Mechanik der großen Zirkulation der Atmosphäre.
Dissertation Göttingen 1935.
Beitr. Phys. freien Atmosphäre Bd. 22 (1935) S. 272.
46. KÜCHEMANN, D.: Störungsbewegungen in einer Gasströmung mit Grenzschicht.
Dissertation Göttingen 1938.
Z. angew. Math. Mech. Bd. 18 (1938) S. 207.
47. LIEBERS, F.: Untersuchungen zum nichtstationären Problem der Tragflügeltheorie.
Dissertation Göttingen 1924 [1928].
48. LUDLOFF, H.: Stabilitätsuntersuchung der Wellenbewegung eines rotierenden Flüssigkeitssystems.
Dissertation Göttingen 1925.
Ann. Phys. 5. Folge Bd. 8 (1931) S. 615.
49. LUDWIEG, H.: Über Potentialströmungen mit unstetigen Randbedingungen.
Dissertation Göttingen 1939.
50. MAGIN, E.: Optische Untersuchung über den Ausfluß von Luft durch eine Lavaldüse.
Dissertation Göttingen 1908.
Mitt. Forsch. Ing.-Wes. H. 62 (1908).
51. MEYER, TH.: Über zweidimensionale Bewegungsvorgänge in einem Gas, das mit Überschallgeschwindigkeit strömt.
Dissertation Göttingen 1908.
Mitt. Forsch. Ing.-Wes. H. 62 (1908).
52. MOTZFELD, H.: Die turbulente Strömung an welligen Wänden.
Dissertation Göttingen 1937.
Z. angew. Math. Mech. Bd. 17 (1937) S. 193.
53. MUNK, M.: Isoperimetrische Aufgaben aus der Theorie des Fluges.
Dissertation Göttingen 1918 [1919].
54. MUSSMANN, H.: Die elastische Nachwirkung und ihr Zusammenhang mit der optischen Nachwirkung.
Dissertation Göttingen 1937.
Ann. Phys. 5. Folge, Bd. 31 (1938) S. 121.
55. NAHME, R.: Beiträge zur hydrodynamischen Theorie der Lagerreibung.
Dissertation Göttingen 1940.
Ing.-Arch. Bd. 11 (1940) S. 191.
56. NIKURADSE, J.: Untersuchung über die Geschwindigkeitsverteilung in turbulenten Strömungen.
Dissertation Göttingen 1925 [1928].
VDI-Forschungsarbeiten H. 281 (1926).
57. PAESCHKE, W.: Experimentelle Untersuchungen zum Rauhigkeits- und Stabilitätsproblem in der bodennahen Luftschicht.
Dissertation Göttingen 1937.
Beitr. Phys. freien Atmosphäre Bd. 24 (1937) S. 163.
58. POHLHAUSEN, E.: Ebene Potentialströmung um Doppeldecker[1].
Dissertation Göttingen 1920 [1921].

[1] Von anderer Seite angeleitete Arbeit.

59. POHLHAUSEN, K.: Zur näherungsweisen Integration der Differentialgleichung der laminaren Grenzschicht.
Dissertation Göttingen 1921 [1922].
Z. angew. Math. Mech. Bd. 1 (1921) S. 252.
60. PUNNIS, B.: Zur Berechnung der laminaren Einlaufströmung im Rohr.
Dissertation Göttingen 1947.
61. RIEDEL, W.: Beiträge zur Lösung des ebenen Problems eines elastischen Körpers mittels der AIRYschen Spannungsfunktion.
Dissertation Göttingen 1927.
Z. angew. Math. Mech. Bd. 7 (1927) S. 169.
62. RIEGELS, F.: Zur Kritik des HELE-SHAW-Versuches.
Dissertation Göttingen 1938.
Z. angew. Math. Mech. Bd. 18 (1938) S. 95.
63. ROSENBROOK, G.: Instabilität der Gleitschicht im schwach divergenten Kanal.
Dissertation Göttingen 1937.
Z. angew. Math. Mech. Bd. 17 (1937) S. 8.
64. ROUX, L.: Turbulente Windströmungen auf der rauhen Erdoberfläche.
Dissertation Göttingen 1935.
Z. Geophys. 11. Jg. (1935) S. 165.
65. RUBACH, H.: Über die Entstehung und Fortbewegung des Wirbelpaares hinter zylindrischen Körpern.
Dissertation Göttingen 1914.
VDI-Forschungsarbeiten H. 185 (1916).
66. SCHADE, TH.: Theorie der schwingenden kreisförmigen Tragfläche auf potentialtheoretischer Grundlage.
Dissertation Göttingen 1941.
Luftf.-Forschg. Bd. 17 (1940) S. 387.
67. SCHLICHTING, H.: Über das ebene Windschattenproblem.
Dissertation Göttingen 1930.
Ing.-Arch. Bd. 1 (1930) S. 533.
68. SCHMIDT, W.: Turbulente Ausbreitung eines Stromes erhitzter Luft.
Dissertation Göttingen 1942.
Z. angew. Math. Mech. Bd. 21 (1941) S. 265 u. 351.
69. SCHUH, H.: Laminarer Wärmeübergang in Grenzschichten bei hohen Geschwindigkeiten.
Dissertation Göttingen 1946.
70. SCHWABE, M.: Über Druckermittlung in der nichtstationären ebenen Strömung.
Dissertation Göttingen 1935.
Ing.-Arch. Bd. 6 (1935) S. 34.
71. STEICHEN, A.: Beiträge zur Theorie der zweidimensionalen Bewegungsvorgänge in einem Gase, das mit Überschallgeschwindigkeit strömt.
Dissertation Göttingen 1909.
72. STÜMKE, H.: Rotationssymmetrische Gleichgewichtsstörungen in einer isothermen Atmosphäre nebst einem Modellversuch mit rotierender Flüssigkeit.
Dissertation Göttingen 1940.
Z.Geophys. Bd. 16 (1940) S.127.
73. STÜPER, J.: Der durch einen Freistrahl hindurchgestreckte Tragflügel.
Dissertation Göttingen 1932.
Ing.-Arch. Bd. 3 (1932) S. 338.

74. SZABLEWSKI, W.: Über die Ausbreitung eines Heißluftstrahles in bewegter Luft.
Dissertation Göttingen 1947.
75. THIRIOT, K. H.: Über die laminare Anlaufströmung einer Flüssigkeit über einem rotierenden Boden bei plötzlicher Änderung des Drehungszustandes.
Dissertation Göttingen 1940.
Z. angew. Math. Mech. Bd. 20 (1940) S. 1.
76. TIETJENS, C.: Beiträge zum Turbulenzproblem.
Dissertation Göttingen 1923.
Z. angew. Math. Mech. Bd. 5 (1925) S. 200 (Auszug).
77. TOLLMIEN, W.: Zeitliche Entwicklung der laminaren Grenzschichten am rotierenden Zylinder.
Dissertation Göttingen 1925 [1928].
78. WENDT, F.: Turbulente Strömungen zwischen zwei rotierenden konaxialen Zylindern.
Dissertation Göttingen 1934.
Ing.-Arch. Bd. 4 (1933) S. 577.
79. WIEGHARDT, K.: Über die Auftriebsverteilung des einfachen Rechteckflügels über die Tiefe.
Dissertation Göttingen 1939.
Z. angew. Math. Mech. Bd. 19 (1939) S. 257.
80. WIESELSBERGER, C.: Zur Theorie des Tragflügels bei gekrümmter Flugbahn.
Dissertation Göttingen 1922 [1923].
Z. angew. Math. Mech. Bd. 2 (1922) S. 325 (Auszug).
81. WUEST, W.: Über die Entstehung von Wasserwellen durch Wind.
Dissertation Göttingen 1941.
Z. angew. Math. Mech. Bd. 29 (1949) S. 239 (erweiterter Auszug).

XII. BIOGRAPHISCHE DATEN UND EHRUNGEN

12.1 Biographische Daten

4. 2. 1875:	Geboren zu Freising.
1. 1. 1900:	Ingenieur der Vereinigten Maschinenfabrik Augsburg und Maschinenbaugesellschaft Nürnberg, Werk Nürnberg.
29. 1. 1900:	Promotion zum Dr. phil. an der Universität München.
1. 10. 1901:	Etatsmäßiger Professor für Mechanik an der Technischen Hochschule Hannover.
1. 9. 1904:	a. o. Professor der technischen Physik an der Universität Göttingen.
22. 6. 1907:	o. Professor für angewandte Mechanik an der Universität Göttingen.
1907–1908:	Errichtung der ersten Modellversuchsanstalt für Luftfahrtzwecke in Göttingen.
4. 5. 1912:	Gründungsmitglied und Geschäftsführendes Vorstandsmitglied der Wissenschaftlichen Gesellschaft für Luftfahrt Berlin.
19. 1. 1914:	o. Mitglied der Gesellschaft der Wissenschaften zu Göttingen.
21. 9. 1922:	Gründungsmitglied und Vorsitzender der Gesellschaft für angewandte Mathematik und Mechanik.
1923:	Berufung auf den ordentlichen Lehrstuhl für Mechanik der Universität München. (Abgelehnt zugunsten Göttingens.)
16. 7. 1925:	Ernennung zum Direktor des „Kaiser-Wilhelm-Instituts für Strömungsforschung".
1947:	Emeritierung bei der Universität Göttingen und der Kaiser-Wilhelm-Gesellschaft.
15. 8. 1953:	Gestorben zu Göttingen.

12.2 Ehrungen

Kaiserliche Gesellschaft der Liebhaber der Naturwissenschaften, der Anthropologie und Ethnographie.
Ernennung zum Ehrenmitglied.
Moskau, 13. 10. 1911.

Deutsches Museum, München.
Wahl zum lebenslänglichen Mitglied des Ausschusses.
München, 28. 10. 1912.

Königliche Gesellschaft der Wissenschaften in Göttingen.
Ernennung zum Mitglied in der mathematisch-physikalischen Klasse.
Göttingen, 24. 2. 1915.

Technische Hochschule Danzig.
Dr.-Ing. E. h. „in Anerkennung hervorragender Leistungen auf dem Gebiete der Elastizitätslehre und der Strömungserscheinungen, insbesondere seiner für die wissenschaftliche Begründung und Entwicklung der Flugtechnik bahnbrechenden Forschungen und Versuche".
Danzig, 30. 1. 1920.

London Mathematical Society.
Ernennung zum Ehrenmitglied.
London, 15. 5. 1924.

Freistaat Bayern.
Goldener Ehrenring mit dem Bayrischen Staatswappen.
München, 7. 5. 1926.

Wissenschaftliche Gesellschaft für Luftfahrt e. V. Berlin.
Als Erstem die Medaille für hervorragende Verdienste verliehen.
Berlin, Wiesbaden, 17. 9. 1927.

Londoner Naturwissenschaften.
Ernennung zum Mitglied.
London, 21. 6. 1928.

Österreichischer Ingenieur- und Architektenverein.
Ernennung zum korrespondierenden Mitglied.
Wien, 16. 12. 1928.

Königliche Wissenschaftliche Gesellschaft zu Upsala.
o. Mitglied.
Upsala 1928.

Verein Deutscher Ingenieure.
Verleihung der GRASHOF-Denkmünze.
Königsberg, 23. 6. 1929.

Technische Hochschule Zürich.
Ehrendoktor „in Würdigung seiner hervorragenden Arbeiten auf dem Gebiete der angewandten Mechanik und insbesondere der Strömungsforschung".
Zürich, 75-Jahr-Feier der Hochschule, 7. 11. 1930.

Society of Mechanical Engineers Tokyo.
Ernennung zum Ehrenmitglied.
Tokyo, 1930.

The Daniel Guggenheim Medal Board of Award.
Daniel Guggenheim Medal.
Pasadena, 1930.

Deutsche Technische Hochschule in Prag.
Ernennung zum Ehrendoktor der technischen Wissenschaften.
Prag, 7. 5. 1932.

Institute of the Aeronautical Sciences.
Ernennung zum Ehrenmitglied.
New York, 1933.

Wissenschaftliche Gesellschaft für Luftfahrt.
Ernennung zum Ehrenmitglied.
Berlin, 4. 2. 1935.

Norge Tekniske Hoiskole.
Ernennung zum Doktor ehrenhalber.
Trondheim, 15. 9. 1935.

Carl-Zeiss-Stiftung.
Verleihung des im Jahre 1921 begründeten ERNST-ABBE-Gedächtnispreises.
Weimar und Jena im Oktober 1935.

Akademie der technischen Wissenschaften Warschau.
Ernennung zum korrespondierenden Mitglied.
Warschau, 21. 12. 1935.

Lilienthalgesellschaft für Luftfahrtforschung.
Präsident.
Berlin, 25. 3. 1936.

Kaiserlich Deutsche Akademie der Naturforscher.
Ernennung zum Mitglied.
Halle, 22. 5. 1936.

Ingeniörs Vetenkaps Akademien.
Ernennung zum Korresponderande Ledamot av akademien.
Stockholm, 16. 11. 1936.

Deutsche Akademie der Luftfahrtforschung.
Ernennung zum ordentlichen Mitglied auf Lebenszeit.
Berlin, April 1937.

Associazione Italiana Di Aerotecnica A. I. D. A.
Diploma Di Socio Onorario.
Rom, 17. 3. 1937.

Preußische Akademie der Wissenschaften.
Ernennung zum Mitglied.
Berlin, 6. 11. 1937.

Deutsches Reich.
Verleihung des goldenen Treudienst-Ehrenzeichens.
Berlin, 26. 10. 1938.

Bayerische Akademie der Wissenschaften.
Ernennung zum korrespondierenden Mitglied.
München, Juli 1942.

Universität Bucuresti.
Ernennung zum Doktor ehrenhalber.
10. 11. 1942.

Verleihung des LEIBNIZ-Preises 1943.
13. 2. 1944.

Deutsche Physikalische Gesellschaft.
Wahl zum Ehrenmitglied.
Göttingen, 6. 9. 1947.

Universität München.
Doktorgrad der Philosophischen Fakultät II. Sektion erneuert.
München, 28. 1. 1950.

Österreichischer Gewerbeverein.
EXNER-Medaille.
Wien 1951.

Akademia Taurinensis Proferendis Scientarium Finibus Institutia.
Ernennung zum Mitglied der Akademie.
Taurinorum, 15. 11. 1951.

T. C. Istanbul Universitesi.
Fahri Doktorluk Diplomasi (Doctor Scientarium Honoris Causa).
Istanbul, 17. 7. 1952.

Rheologische Gesellschaft.
Ernennung zum ersten Ehrenmitglied.
Berlin-Dahlem, 27. 9. 1952.

Bundesrepublik Deutschland.
Das Große Verdienstkreuz.
Bonn, 5.1. 1953.

721/29/60 — III/18/203

GPSR Compliance

The European Union's (EU) General Product Safety Regulation (GPSR) is a set of rules that requires consumer products to be safe and our obligations to ensure this.

If you have any concerns about our products, you can contact us on ProductSafety@springernature.com

In case Publisher is established outside the EU, the EU authorized representative is:

Springer Nature Customer Service Center GmbH
Europaplatz 3
69115 Heidelberg, Germany

Batch number: 10620143

Printed by Printforce, the Netherlands